U0223765

国家出版基金资助项目

现代数学中的著名定理纵横谈丛书

丛书主编　王梓坤

ENTROPY THEOREM OF SHANNON INFORMATION

Shannon信息熵定理

刘培杰数学工作室　编

哈尔滨工业大学出版社
HARBIN INSTITUTE OF TECHNOLOGY PRESS

内容简介

本书详细地介绍了 Shannon 定理的相关知识及应用.全书共四十三章,读者可以较全面地了解 Shannon 定理这一类问题的实质,并且还可以认识到它在其他学科中的应用.

本书适合数学专业的本科生、研究生,以及数学爱好者阅读和收藏.

图书在版编目(CIP)数据

Shannon 信息熵定理/刘培杰数学工作室编. —哈尔滨:哈尔滨工业大学出版社,2018.9
(现代数学中的著名定理纵横谈丛书)
ISBN 978 - 7 - 5603 - 7488 - 8

Ⅰ.①S… Ⅱ.①刘… Ⅲ.①信息熵 Ⅳ.①O236

中国版本图书馆 CIP 数据核字(2018)第 151806 号

策划编辑　刘培杰　　张永芹
责任编辑　张永芹　　穆青
封面设计　孙茵艾
出版发行　哈尔滨工业大学出版社
社　　址　哈尔滨市南岗区复华四道街 10 号　邮编 150006
传　　真　0451 - 86414749
网　　址　http://hitpress.hit.edu.cn
印　　刷　哈尔滨市石桥印务有限公司
开　　本　787mm×960mm　1/16　印张 75　字数 815　千字
版　　次　2018 年 9 月第 1 版　2018 年 9 月第 1 次印刷
书　　号　ISBN 978 - 7 - 5603 - 7488 - 8
定　　价　288.00 元

代

序

读书的乐趣

你最喜爱什么——书籍.

你经常去哪里——书店.

你最大的乐趣是什么——读书.

这是友人提出的问题和我的回答.真的,我这一辈子算是和书籍,特别是好书结下了不解之缘.有人说,读书要费那么大的劲,又发不了财,读它做什么?我却至今不悔,不仅不悔,反而情趣越来越浓.想当年,我也曾爱打球,也曾爱下棋,对操琴也有兴趣,还登台伴奏过.但后来却都一一断交,"终身不复鼓琴".那原因便是怕花费时间,玩物丧志,误了我的大事——求学.这当然过激了一些.剩下来唯有读书一事,自幼至今,无日少废,谓之书痴也可,谓之书橱也可,管它呢,人各有志,不可相强.我的一生大志,便是教书,而当教师,不多读书是不行的.

读好书是一种乐趣,一种情操;一种向全世界古往今来的伟人和名人求

1

教的方法,一种和他们展开讨论的方式;一封出席各种活动、体验各种生活、结识各种人物的邀请信;一张迈进科学宫殿和未知世界的入场券;一股改造自己、丰富自己的强大力量.书籍是全人类有史以来共同创造的财富,是永不枯竭的智慧的源泉.失意时读书,可以使人重整旗鼓;得意时读书,可以使人头脑清醒;疑难时读书,可以得到解答或启示;年轻人读书,可明奋进之道;年老人读书,能知健神之理.浩浩乎!洋洋乎!如临大海,或波涛汹涌,或清风微拂,取之不尽,用之不竭.吾于读书,无疑义矣,三日不读,则头脑麻木,心摇摇无主.

潜能需要激发

我和书籍结缘,开始于一次非常偶然的机会.大概是八九岁吧,家里穷得揭不开锅,我每天从早到晚都要去田园里帮工.一天,偶然从旧木柜阴湿的角落里,找到一本蜡光纸的小书,自然很破了.屋内光线暗淡,又是黄昏时分,只好拿到大门外去看.封面已经脱落,扉页上写的是《薛仁贵征东》.管它呢,且往下看.第一回的标题已忘记,只是那首开卷诗不知为什么至今仍记忆犹新:

日出遥遥一点红,飘飘四海影无踪.

三岁孩童千两价,保主跨海去征东.

第一句指山东,二、三两句分别点出薛仁贵(雪、人贵).那时识字很少,半看半猜,居然引起了我极大的兴趣,同时也教我认识了许多生字.这是我有生以来独立看的第一本书.尝到甜头以后,我便千方百计去找书,向小朋友借,到亲友家找,居然断断续续看了《薛丁山征西》《彭公案》《二度梅》等,樊梨花便成了我心中的女英雄.我真入迷了.从此,放牛也罢,车水也罢,我总要带一本书,还练出了边走田间小路边读书的本领,读得津津有味,不知人间别有他事.

当我们安静下来回想往事时,往往会发现一些偶然的小事却影响了自己的一生.如果不是找到那本《薛仁贵征东》,我的好学心也许激发不起来.我这一生,也许会走另一条路.人的潜能,好比一座汽油库,星星之火,可以使它雷声隆隆、光照天地;但若少了这粒火星,它便会成为一潭死水,永归沉寂.

抄,总抄得起

好不容易上了中学,做完功课还有点时间,便常光顾图书馆.好书借了实在舍不得还,但买不到也买不起,便下决心动手抄书.抄,总抄得起.我抄过林语堂写的《高级英文法》,抄过英文的《英文典大全》,还抄过《孙子兵法》,这本书实在爱得狠了,竟一口气抄了两份.人们虽知抄书之苦,未知抄书之益,抄完毫末俱见,一览无余,胜读十遍.

始于精于一,返于精于博

关于康有为的教学法,他的弟子梁启超说:"康先生之教,专标专精、涉猎二条,无专精则不能成,无涉猎则不能通也."可见康有为强烈要求学生把专精和广博(即"涉猎")相结合.

在先后次序上,我认为要从精于一开始.首先应集中精力学好专业,并在专业的科研中做出成绩,然后逐步扩大领域,力求多方面的精.年轻时,我曾精读杜布(J. L. Doob)的《随机过程论》,哈尔莫斯(P. R. Halmos)的《测度论》等世界数学名著,使我终身受益.简言之,即"始于精于一,返于精于博".正如中国革命一

3

样,必须先有一块根据地,站稳后再开创几块,最后连成一片.

丰富我文采,澡雪我精神

辛苦了一周,人相当疲劳了,每到星期六,我便到旧书店走走,这已成为生活中的一部分,多年如此.一次,偶然看到一套《纲鉴易知录》,编者之一便是选编《古文观止》的吴楚材.这部书提纲挈领地讲中国历史,上自盘古氏,直到明末,记事简明,文字古雅,又富于故事性,便把这部书从头到尾读了一遍.从此启发了我读史书的兴趣.

我爱读中国的古典小说,例如《三国演义》和《东周列国志》.我常对人说,这两部书简直是世界上政治阴谋诡计大全.即以近年来极时髦的人质问题(伊朗人质、劫机人质等),这些书中早就有了,秦始皇的父亲便是受害者,堪称"人质之父".

《庄子》超尘绝俗,不屑于名利.其中"秋水""解牛"诸篇,诚绝唱也.《论语》束身严谨,勇于面世,"己所不欲,勿施于人",有长者之风.司马迁的《报任少卿书》,读之我心两伤,既伤少卿,又伤司马;我不知道少卿是否收到这封信,希望有人做点研究.我也爱读鲁迅的杂文,果戈理、梅里美的小说.我非常敬重文天祥、秋瑾的人品,常记他们的诗句:"人生自古谁无死,留取丹心照汗青""休言女子非英物,夜夜龙泉壁上鸣".唐诗、宋词、《西厢记》《牡丹亭》,丰富我文采,澡雪我精神,其中精粹,实是人间神品.

读了邓拓的《燕山夜话》,既叹服其广博,也使我动了写《科学发现纵横谈》的心.不料这本小册子竟给我招来了上千封鼓励信.以后人们便写出了许许多多的"纵横谈".

从学生时代起,我就喜读方法论方面的论著.我想,做什么事情都要讲究方法,追求效率、效果和效益,方法好能事半而功倍.我很留心一些著名科学家、文学家写的心得体会和经验.我曾惊讶为什么巴尔扎克在51年短短的一生中能写出上百本书,并从他的传记中去寻找答案.文史哲和科学的海洋无边无际,先哲们的明智之光沐浴着人们的心灵,我衷心感谢他们的恩惠.

读书的另一面

以上我谈了读书的好处,现在要回过头来说说事情的另一面.

读书要选择.世上有各种各样的书:有的不值一看,有的只值看20分钟,有的可看5年,有的可保存一辈子,有的将永远不朽.即使是不朽的超级名著,由于我们的精力与时间有限,也必须加以选择.决不要看坏书,对一般书,要学会速读.

读书要多思考.应该想想,作者说得对吗?完全吗?适合今天的情况吗?从书本中迅速获得效果的好办法是有的放矢地读书,带着问题去读,或偏重某一方面去读.这时我们的思维处于主动寻找的地位,就像猎人追找猎物一样主动,很快就能找到答案,或者发现书中的问题.

有的书浏览即止,有的要读出声来,有的要心头记住,有的要笔头记录.对重要的专业书或名著,要勤做笔记,"不动笔墨不读书".动脑加动手,手脑并用,既可加深理解,又可避忘备查,特别是自己的灵感,更要及时抓住.清代章学诚在《文史通义》中说:"札记之功必不可少,如不札记,则无穷妙绪如雨珠落大海矣."

许多大事业、大作品,都是长期积累和短期突击相结合的产物.涓涓不息,将成江河;无此涓涓,何来江河?

　　爱好读书是许多伟人的共同特性,不仅学者专家如此,一些大政治家、大军事家也如此.曹操、康熙、拿破仑、毛泽东都是手不释卷,嗜书如命的人.他们的巨大成就与毕生刻苦自学密切相关.

王梓坤

1

第三篇　基本定理篇

3

第四篇　理论篇

第五篇　应用篇

第六篇 经典文献篇

7

第一篇

初等篇

从天平称重问题谈起

§0 从一道高考试题谈起

2016 年 6 月 15 日,法国杰出数学家、Fields 奖获得者 Cédric Villani 出席"华为欧洲创新日"活动,并发表了题为《数学之美》的演讲. 1973 年 10 月 5 日, Villani 出生于法国中南部城市 Brive-la-Gaillarde. 1998 年,在巴黎第九大学获博士学位,专攻 Boltzmann 方程和分子运动论;2000 年 9 月起任巴黎高等师范学校教授;2008 年,获欧洲数学会奖;自 2009 年起,任 Poincaré 研究所主任;2009 年,获 Fermat 奖;2010 年,获具有"数学 Nobel 奖"之称的 Fields 奖,该奖项每四年在世界数学家大会颁发一次,获奖人数只有 2 到 4 人,且获奖者年龄不能超过 40 岁.

在 Villani 的演讲中指出:

"首先,我想介绍一下 Shannon. Shannon

是一位天才数学家,信息理论的创始人,同时他还是将数学融入通信领域的第一人. 这是非常抽象的层面,解决了如何运用数学思维通过信道传输更多数据的问题,以及如何通过代码确保信息的正确使用. Shannon 所在的 Bell 实验室是目前行业创新的典范,通过电信改变世界的面貌. 电信行业的许多产品都是由 Bell 实验室发明的,例如手机、晶体管、卫星通信,甚至 Linux 环境、C 语言和安卓系统都来源于 Bell 实验室. 这一切都建立在通信理论的基础上.

"Shannon 解决了电信行业面临的许多复杂问题,而大多数电信行业的工程师并不具备解决这些问题所需要的思维和工具. Shannon 在 Bell 实验室的地位举足轻重,即便在他离开后,Bell 实验室仍保留了他的办公室,并终身为他发工资. 2016 年是 Shannon 100 周年诞辰,在行业合作伙伴华为的帮助下,我们今年将为 Shannon 举办隆重的 100 周年诞辰庆典.

"第二位是陈省身. 毫无疑问,陈省身是 20 世纪中国最伟大的数学家,曾在法国和德国接受教育,这两个国家是当时数学界的翘楚. 他还曾在美国进行过数学研究,并在加州创办了美国国家数学科学研究所. 该研究所在某些方面与 Poincaré 研究有些类似. 20 世纪 80 年代,他的数学理念在全球广为流传. 在这里使用陈省身的例子是因为,我昨天听说,华为将在法国设立数学研究中心,恰好陈省身也在海外数学研究方面有所建树. 中国有个成语叫'落叶归根',这个词用来描述陈省身非常贴切. 意思是说,随着年龄的增长,我们会离开自己的家乡,越走越远,但取得一定的成就后,

我们终究还是会回到自己的家乡,并为家乡造福.数学家和研究人员都知道这一规律.我们一生中会去到很多国家,但最后还是回到我们所属之地:我们工作的地方、置身的社区以及我们自己的内心.陈省身先生在中国基础科学发展史上具有举足轻重的地位."

陈省身先生曾说过一句发人深省的话:"在中国,如果一件事与吃没有联系的话,恐怕是没什么前途."(大意如此)仿此我们是否也可以这样评论初等数学研究和科普呢? 在中国(东南亚似乎都是如此),一种理论、一种方法如果与高考试题无关,那么它的前景就堪忧了.所以我们一定要从高考题谈起.

（Ⅰ）设函数 $f(x) = x\log_2 x + (1-x)\log_2(1-x)$ $(0 < x < 1)$,求 $f(x)$ 的最小值;

（Ⅱ）设正数 $p_1, p_2, p_3, \cdots, p_{2^n}$ 满足 $p_1 + p_2 + p_3 + \cdots + p_{2^n} = 1$,证明:$p_1\log_2 p_1 + p_2\log_2 p_2 + p_3\log_2 p_3 + \cdots + p_{2^n}\log_2 p_{2^n} \geqslant -n$.

（2005 年高考试题全国卷一理科第 22 题）

解 （Ⅰ）令
$$g(x) = x\log_2 x \quad (0 < x < 1)$$
得
$$g'(x) = 1 \cdot \log_2 x + x \cdot \frac{1}{x\ln 2} = \log_2 x + \frac{1}{\ln 2}$$
$$g''(x) = \frac{1}{x\ln 2} > 0$$
所以函数 $g(x)$ 是区间 $(0,1)$ 上的下凸函数.

又因为 $0 < x < 1$,所以 $0 < 1 - x < 1$.

由 Jensen 不等式,得

$$\frac{g(x) + g(1-x)}{2} \geqslant g\left[\frac{x + (1-x)}{2}\right]$$

$$= g\left(\frac{1}{2}\right) = -\frac{1}{2}$$

当且仅当 $x = 1 - x$，即 $x = \frac{1}{2}$ 时，等号成立.

所以 $f(x) \geqslant -1$，当且仅当 $x = \frac{1}{2}$ 时，等号成立.

所以当 $x = \frac{1}{2}$ 时，$f(x)$ 取得最小值 -1.

（Ⅱ）**证明** 由（Ⅰ）知，函数 $g(x)$ 是区间 $(0,1)$ 上的下凸函数.

因为正数 $p_1, p_2, p_3, \cdots, p_{2^n}$ 满足

$$p_1 + p_2 + p_3 + \cdots + p_{2^n} = 1$$

所以 $p_1, p_2, p_3, \cdots, p_{2^n} \in (0,1)$.

由 Jensen 不等式，得

$$\frac{g(p_1) + g(p_2) + g(p_3) + \cdots + g(p_{2^n})}{2^n}$$

$$\geqslant g\left(\frac{p_1 + p_2 + p_3 + \cdots + p_{2^n}}{2^n}\right)$$

$$= g\left(\frac{1}{2^n}\right) = \frac{1}{2^n}\log_2 \frac{1}{2^n} = -\frac{n}{2^n}$$

当且仅当

$$p_1 = p_2 = p_3 = \cdots = p_{2^n} = \frac{1}{2^n}$$

时，等号成立.

所以

$$p_1\log_2 p_1 + p_2\log_2 p_2 + p_3\log_2 p_3 + \cdots + p_{2^n}\log_2 p_{2^n} \geqslant -n$$

当且仅当

$$p_1 = p_2 = p_3 = \cdots = p_{2^n} = \frac{1}{2^n}$$

时,等号成立.

注 为了让读者体会用 Jensen 不等式解题的优势,下面转录该试题的命题人给出的标准答案:

(Ⅰ)**解** 对函数 $f(x)$ 求导数

$$\begin{aligned}
f'(x) &= (x\log_2 x)' + [(1-x)\log_2(1-x)]' \\
&= \log_2 x + \frac{1}{\ln 2} - \log_2(1-x) - \frac{1}{\ln 2} \\
&= \log_2 x - \log_2(1-x)
\end{aligned}$$

于是

$$f'\left(\frac{1}{2}\right) = 0$$

当 $0 < x < \frac{1}{2}$ 时,$f'(x) < 0$,$f(x)$ 在区间 $\left(0, \frac{1}{2}\right)$ 上是减函数;当 $\frac{1}{2} < x < 1$ 时,$f'(x) > 0$,$f(x)$ 在区间 $\left(\frac{1}{2}, 1\right)$ 上是增函数.

所以 $f(x)$ 在 $x = \frac{1}{2}$ 时取得最小值,$f\left(\frac{1}{2}\right) = -1$.

(Ⅱ)**证法 1** 用数学归纳法证明.

(ⅰ)当 $n = 1$ 时,由(Ⅰ)知命题成立.

(ⅱ)假定当 $n = k$ 时命题成立,即若正数 $p_1, p_2, p_3, \cdots, p_{2^k}$ 满足

$$p_1 + p_2 + p_3 + \cdots + p_{2^k} = 1$$

则

$$p_1\log_2 p_1 + p_2\log_2 p_2 + p_3\log_2 p_3 + \cdots + p_{2k}\log_2 p_{2k} \geqslant -k$$

当 $n = k+1$ 时,若正数 $p_1, p_2, \cdots, p_{2k+1}$ 满足

$$p_1 + p_2 + \cdots + p_{2k+1} = 1$$

令

$$x = p_1 + p_2 + p_3 + \cdots + p_{2k}$$

$$q_1 = \frac{p_1}{x}, q_2 = \frac{p_2}{x}, \cdots, q_{2k} = \frac{p_{2k}}{x}$$

则 $q_1, q_2, \cdots, q_{2k}$ 为正数,且

$$q_1 + q_2 + q_3 + \cdots + q_{2k} = 1$$

由归纳假设知

$$q_1\log_2 q_1 + q_2\log_2 q_2 + \cdots + q_{2k}\log_2 q_{2k} \geqslant -k$$

$$p_1\log_2 p_1 + p_2\log_2 p_2 + \cdots + p_{2k}\log_2 p_{2k}$$

$$= x(q_1\log_2 q_1 + q_2\log_2 q_2 + \cdots + q_{2k}\log_2 q_{2k} + \log_2 x)$$

$$\geqslant x(-k) + x\log_2 x \qquad (1)$$

同理,由

$$p_{2k+1} + p_{2k+2} + \cdots + p_{2k+1} = 1 - x$$

可得

$$p_{2k+1}\log_2 p_{2k+1} + \cdots + p_{2k+1}\log_2 p_{2k+1}$$

$$\geqslant (1-x)(-k) + (1-x)\log_2(1-x) \qquad (2)$$

综合(1)(2)两式,得

$$p_1\log_2 p_1 + p_2\log_2 p_2 + \cdots + p_{2k+1}\log_2 p_{2k+1}$$

$$\geqslant [x + (1-x)](-k) + x\log_2 x + (1-x)\log_2(1-x)$$

$$\geqslant -(k+1)$$

即当 $n = k+1$ 时,命题也成立.

根据(i)(ii)可知,对一切正整数 n,命题成立.

证法 2 令函数

8

$$g(x) = x\log_2 x + (c-x)\log_2(c-x)$$
$$(\text{常数 } c > 0, x \in (0, c))$$

那么

$$g(x) = c\left[\frac{x}{c}\log_2\frac{x}{c} + \left(1 - \frac{x}{c}\right)\log_2\left(1 - \frac{x}{c}\right) + \log_2 c\right]$$

利用（Ⅰ）知，当 $\dfrac{x}{c} = \dfrac{1}{2}\left(\text{即 } x = \dfrac{c}{2}\right)$ 时，函数 $g(x)$

取得最小值.

于是对任意 $x_1 > 0, x_2 > 0$，都有

$$x_1\log_2 x_1 + x_2\log_2 x_2 \geqslant 2 \cdot \frac{x_1 + x_2}{2}\log_2\frac{x_1 + x_2}{2}$$
$$= (x_1 + x_2)\left[\log_2(x_1 + x_2) - 1\right] \quad (3)$$

下面用数学归纳法证明结论.

（ⅰ）当 $n = 1$ 时，由（Ⅰ）知命题成立.

（ⅱ）假设当 $n = k$ 时命题成立，即若正数 p_1, p_2,

$p_3, \cdots, p_{2^k}$ 满足

$$p_1 + p_2 + p_3 + \cdots + p_{2^k} = 1$$

则

$$p_1\log_2 p_1 + p_2\log_2 p_2 + p_3\log_2 p_3 + \cdots + p_{2^k}\log_2 p_{2^k} \geqslant -k$$

当 $n = k + 1$ 时，$p_1, p_2, \cdots, p_{2^{k+1}}$ 满足

$$p_1 + p_2 + \cdots + p_{2^{k+1}} = 1$$

令

$$H = p_1\log_2 p_1 + p_2\log_2 p_2 + \cdots +$$
$$p_{2^{k+1}-1}\log_2 p_{2^{k+1}-1} + p_{2^{k+1}}\log_2 p_{2^{k+1}}$$

由式（3）得到

$$H \geqslant (p_1 + p_2)\left[\log_2(p_1 + p_2) - 1\right] + \cdots +$$
$$(p_{2^{k+1}-1} + p_{2^{k+1}})\left[\log_2(p_{2^{k+1}-1} + p_{2^{k+1}}) - 1\right]$$

因为
$$(p_1 + p_2) + \cdots + (p_{2^{k+1}-1} + p_{2^{k+1}}) = 1$$
由归纳法假设知
$$(p_1 + p_2)\log_2(p_1 + p_2) + \cdots + (p_{2^{k+1}-1} + p_{2^{k+1}}) \cdot$$
$$\log_2(p_{2^{k+1}-1} + p_{2^{k+1}}) \geqslant -k$$
得到
$$H \geqslant -k - (p_1 + p_2 + \cdots + p_{2^{k+1}-1} + p_{2^{k+1}}) = -(k+1)$$
即当 $n = k + 1$ 时命题也成立.

所以对一切正整数 n, 命题成立.

不难看出, 这道压轴题, 用 Jensen 不等式解答, 是一道中等难度的题, 否则, 是一道超高难度的题. 这启示我们, 对于学有余力的同学, 应把课程标准和考试大纲作为学习的最低要求, 超越课程标准和考试大纲是一个理性的选择. 著名教育家 B. A. 苏霍姆林斯基曾经指出: "如果教师引导最有才能的学生超出教学大纲的范围, 那么集体的智力生活就会变得丰富多样, 从而影响到最差的学生也不甘落后. "

如果我们对教师提出更高的要求, 希望他们了解本题的背景, 那就更加完美了. 这方面苏联数学家做得比较好, 我们可从下面的介绍中看出.

§1 假币问题

在各国的数学竞赛中有许多用天平称假币的问题, 特别是有一类无砝码的天平称假币问题, 如 1947

年基辅市数学奥林匹克试题.

试题 A　已知在 80 个金币中有一个假币,质量较轻,要求用一架没有砝码的天平称量 4 次而找出假币,问怎样称量?

试题 B　已知有 13 个银币,其中恰有一个假币,其质量与真币不同.

(1)如何使用无砝码的天平称量 3 次而找出假币?

(2)求证:上述做法不一定能判断出假币比真币质量大还是小,若增加一个已知的真币,则可称量 3 次后找出假币并断定其质量大小.

(3)若 14 个银币中恰有一个假币,则无法用天平称量 3 次而找出假币.

（1986 年中国国家集训队训练题）

这些问题的解答很容易在题解中找到,我们关心的是它们的背景. 据 Jaglom 介绍它与 Shannon 信息论有密切关系.

Shannon 是一位美国数学家、工程师,1936 年毕业于密歇根大学,1940 年在麻省理工学院获数学博士学位,1940～1956 年在美国 Bell 公司的数学实验室工作,1956 年以后任麻省理工学院教授,同年被选为美国国家科学院院士、美国科学艺术研究院院士. 1948 年他发表了题为《通信中的数学理论》(*A Mathematical Theory of Communication*)的文章,开创了信息论.

信息论中一个重要的概念为信息熵.

设信源 Z 的信源空间为

$$[X \cdot P]: \begin{cases} X: a_1, a_2, \cdots, a_r \\ P(Z): P(a_1), P(a_2), \cdots, P(a_r) \end{cases}$$

其中 $0 \leqslant P(a_i) \leqslant 1 (i = 1, 2, \cdots, r)$，$\sum\limits_{i=1}^{r} P(a_i) = 1$，现以 $P_i (i = 1, 2, \cdots, r)$ 代表 $P(a_i)(i = 1, 2, \cdots, r)$，显然，$0 \leqslant P_i \leqslant 1 (i = 1, 2, \cdots, r)$，$\sum\limits_{i=1}^{r} P_i = 1$，这时，信源 Z 的信息熵可表示为

$$H(X) = - \sum_{i=1}^{r} P_i \log P_i$$

下面我们用信息论的方法给出这类没有砝码的天平称假币问题的一个统一处理.

§2 推　广　1

推广 1　有同一规格的 25 个硬币，其中 24 个有同样的质量，而另外的一个（假的）比其他硬币轻一点. 试问：在没有砝码的天平上称多少次，才能发现这个假硬币？

需要确定实验 β 的结局，这时有 25 个可能结局（假硬币可以是这 25 个硬币中的任何一个），我们自然认为这些结局是等概率的，因此，$H(\beta) = \ln 25$. 换句话说，在此情形下确定假硬币是与得到用 $\ln 25$ 来度量的信息有关的. 由称一次（随便怎样的）而构成的实验 α_1，可以有 3 个结局（天平可能向左端或右端倾斜，也可能保持平衡），所以

12

$$H(\alpha_1) \leqslant \ln 3$$

因此,在进行这种实验时所得到的信息 $I(\alpha_1,\beta)$ 不会超过 $\ln 3$. 现在考虑相继称 k 次所构成的复合实验 $A_k = \alpha_1\alpha_2\cdots\alpha_k$,它可给出不超过 $k\ln 3$ 的信息. 若实验 A_k 能完全决定实验 β 的结局,则应有

$$H(A_k) \geqslant I(A_k,\beta) \geqslant H(\beta) \text{ 或 } k\ln 3 \geqslant \ln 25 \quad (1)$$

由此得到 $3^k \geqslant 25$,即

$$k \geqslant \log_3 25 = \frac{\ln 25}{\ln 3}$$

而因 k 是整数,故 $k \geqslant 3$.

可以毫无困难地指出,称 3 次就可以确定假硬币. 为了使进行实验 α_1 所得的信息尽可能地大,必须使这个实验的结局有尽可能相接近的概率. 我们假定在每个天平盘中各放 m 个硬币(显然,在天平两盘中放不同数目的硬币是没有意义的,因为这时,对应实验的结局已预先知道,所以得到的信息为零),有 $25 - 2m$ 个硬币没有放在天平盘上. 因为假硬币是在给定的有 n 个硬币的组中的概率等于 $\dfrac{n}{25}$(因为实验 β 的全部结局,我们认为是等概率的),那么,实验 α_1 的 3 个结局将各有概率 $\dfrac{m}{25}, \dfrac{m}{25}$ 和 $\dfrac{25-2m}{25}$. 当 $m = 8$ 而 $25 - 2m = 9$ 时,这三个概率彼此最为接近. 假若我们在天平两端各放 8 个硬币,那么,称第一次(实验 α_1)就能使我们分出 9 个硬币为一组(若天平平衡)或 8 个硬币为一组(若天平向一端倾斜),在这一组里有假硬币,在这两种情形下,当称第二次(实验 α_2)时,为了得到最大的信息,应该从这组中各放 3 个硬币在天平两端. 这时,复合实验 α_1,α_2 使人们可以分出有 3 个(或 2 个)硬币为一组,其中有假硬币. 当称第三次(实验 α_3)时,我们仍然是把剩下的可疑的硬币中各放一个在天平的两端,这样就容易地发现了假硬币.

同样可以指出:在 n 个硬币构成的一组中,能够发现一个假硬币(较轻的)的最少的称量次数 k,可由不等式

$$3^{k-1} < n \leqslant 3^k \text{ 或 } k-1 < \frac{\ln n}{\ln 3} \leqslant k \qquad (2)$$

来决定. 若 n 是很大的数,则 k 以很大的精确程度来说便由 $\frac{\ln n}{\ln 3}$ 决定,即由确定假硬币的实验 β 的熵与称一次时可得到的最大信息之比决定.

把问题提得更一般一些而得到的这类结果,今后对我们将是有用的. 首先显然可知:如果有 n 个硬币,其中有一个是假的——比其他的较重一些——那么,在天平上不用砝码来称量时,能够发现这个假硬币的最少的次数 k,也同样可由不等式(2)决定. 即以较重的硬币代替较轻的硬币,实际上不改变我们的讨论. 现在来考虑更一般的情形,即我们的 n 个硬币分成两组——甲组由 a 个硬币组成,乙组由 $b = n - a$ 个硬币组成,且已知这 n 个硬币中的某一个是假的,若这个硬币属于甲组,则它比其他的较轻;而若它属于乙组,则它较其他的为重. 这时也可证明:能发现假硬币的最少的称量次数 k,也是由不等式(2)所决定. 当 $b = 0$ 时,这个命题就变成上面所讲过的命题了.

事实上,因为显然,我们感兴趣的实验 β 可以有 n 个不同的结局,所以 $3^k \geq n$. 否则,称 k 次所构成的实验 $A_k = \alpha_1 \alpha_2 \cdots \alpha_k$ 无论如何也不能唯一地确定实验 β 的结局(因为这时

$$I(A_k, \beta) \leq H(A_k) < k \ln 3 = \ln 3^k < \ln n = H(\beta)$$

像以往一样,我们认为 β 的各结局是等概率的). 另一方面,当 $n \leq 3^k$ 时,假硬币总可以用称 k 次来分辨出,这容易用数学归纳法证明. 事实上,若 $k = 1$,即 $n = 1, 2$ 或 3,则我们的命题几乎是显然的. 当 $n = 1$ 时,假硬币预先已知,而当 $n = 2$(且 $a = 2$ 或 $b = 2$)和 $n = 3$ 时,要确定假硬币,只需比较一组中的两个硬币的质量就够了. 现在假设当 $n \leq 3^k$ 时,我们已经证明了假硬币总可以用不多于 k 次的称量而分辨出,且设 $3^k < n \leq 3^{k+1}$. 容易看出:这时总可以这样从甲组中选出偶数 $2x$ 个硬币,从乙组中选取偶数 $2y$ 个硬币,使 x 和 y 两数满足条件

$$2x + 2y \leq 2 \cdot 3^k$$
$$n - (2x + 2y) \leq 3^k$$

即

$$3^k \geq x + y \geq \frac{n - 3^k}{2}$$

现在,我们从甲组中放 x 个硬币,从乙组中放 y 个硬币在天平的两个盘上,剩下

$$n_1 = n - 2x - 2y \leq 3^k$$

个硬币没有利用. 若这样称时(实验 α_1),天平保持平衡,则表示假硬币在 n_1 个未称的硬币之中(即在第一

15

次未被称的甲组的 $a_1 = a - 2x$ 个硬币之中,或在乙组中未被称的 $b_1 = b - 2y$ 个硬币之中);若天平向一端倾斜,则假硬币或在位于较轻的一端的甲组的 x 个硬币之中,或在位于较重一端的乙组的 y 个硬币之中. 但因

$$n_1 \leqslant 3^k, x + y \leqslant 3^k$$

则由所做的假设,在这两种情形下,再称不多于 k 次后,我们就可以分辨出假硬币①. 因而,用称不多于 $k + 1$ 次,从 $n \leqslant 3^{k+1}$ 个硬币中,一定可以找出一个假硬币. 这个讨论就完成了上面所述命题的证明.

现在来考虑这一类的如下更复杂一点的问题,它们在中学数学竞赛中是很受欢迎的.

§3　推　广　2

推广 2　现有同一规格的 12 个硬币,其中的 11 个有同样的质量,而另一个(假的)有不同的质量(并且不知道是比真的质量大还是小). 用没有砝码的天平来称时,能发现假硬币并查明它是比其他的硬币质量大还是小,最少需要称多少次? 对于 13 个硬币的情

---

① 若 $n > 2$,则当 $x = y = 1$ 或 $a_1 = b_1 = 1$ 时的情形,现在就没有例外了. 要知道:除甲组中的一个可疑硬币和乙组中的一个可疑硬币外,我们现在还有几个明显不是假的("真的")硬币,且只要比较一个真硬币的质量与一个可疑硬币的质量,我们就可用称一次而分辨出假硬币.

形,试解这同样的问题.

这里考虑实验 β 有 24(或 26)个可能结局(12 个或 13 个硬币中的每一个都可能是假的,且它可比真的质量大或小).若认为全部结局是等概率的,则实验 β 的熵 $H(\beta)$ 就等于 $\ln 24$ 或 $\ln 26$.由此可见,需要分别得到 $\ln 24$ 或 $\ln 26$ 个单位信息.因为进行称 k 次的复合实验 $A_k = \alpha_1 \alpha_2 \cdots \alpha_k$ 后,我们可以得到不大于 $k \ln 3 = \ln 3^k$ 的信息,而 $3^3 = 27$,所以,初看起来这似乎是真实的,在 12 个硬币或 13 个硬币的情形,称 3 次就都可能找出假硬币,并查明它是比其他硬币的质量大还是小.但是,事实上,在 13 个硬币的情形下,称 3 次可能是不够的.这个事实利用对第一次称时所得到的信息的较为仔细的计算,就可很简单地证明.

事实上,第一次称时,可以在天平的两端各放 1,2,3,4,5 或 6 个硬币,对应的实验用 $\alpha_1^{(i)}$ 表示,其中 i 可以等于 1,2,3,4,5 或 6.若 $i = 1,2,3$ 或 4,且第一次称的结果天平保持平衡,则实验 $\alpha_1^{(i)}$ 就指出:假硬币是剩下的 $13 - 2i$ 个硬币中的一个.因为这个数不小于 5,所以就剩下 10 个(或者还要多)可能的结局,而两次随后的称量不能保证查出假硬币,并查明它比其他硬币的质量大还是小(因 $2\ln 3 = \ln 9 < \ln 10$).若 $i = 5$ 或 6,在实验 $\alpha_1^{(i)}$ 中,天平的一端(例如右端)质量大些.那么,实验 $\alpha_1^{(i)}$ 就指出:或者假硬币质量较大,是 i 个右端硬币中的一个;或者假硬币质量较小,是 i 个左端硬币中的一个.因此,在这里,我们还剩下实验 β 的 $i + i = 2i \geqslant 10$ 个可能的结局,而为了查明其中哪一个

在实际中发生,再称两次是不够的.

现在回到 12 个硬币的情形. 设在第一次称时,在天平的两托盘上各放 i 个硬币(实验 $\alpha_1^{(i)}$). 若这时天平保持平衡(实验的结局 P,今后我们将使用这类表示法),则假硬币是未被称过的 $12 - 2i$ 个硬币之一,这些硬币给出所考虑的实验 β 的(总数 24 个结局中的)$2(12 - 2i)$ 个等概率结局. 若右端质量较大(结局 Π),则或者假硬币质量较大,是 i 个右端硬币之一;或者假硬币质量较小,是 i 个左端硬币之一,这两种情形给出 β 的 $2i$ 个结局. 同样,左端质量较大(结局 Π)的情形,又给出了 β 的 $2i$ 个结局. 这样一来,实验 $\alpha_1^{(i)}$ 的 3 个结局就各有如下的概率

$$\frac{2(12 - 2i)}{24} = \frac{6 - i}{6}, \frac{2i}{24} = \frac{i}{12} \text{和} \frac{i}{12}$$

由此立即得到:在 6 个实验 $\alpha_1^{(1)}$,$\alpha_1^{(2)}$,$\alpha_1^{(3)}$,$\alpha_1^{(4)}$,$\alpha_1^{(5)}$,$\alpha_1^{(6)}$ 中,实验 $\alpha_1^{(4)}$ 有最大的熵,它的 3 个结局是等概率的,所以这时我们得到最大的信息,因而从它开始就是最合理的. 其次,分别考虑两种情况:

(1)当第一次称时天平保持平衡. 这时假硬币是 4 个未被称过的硬币之一. 我们应当称两次来确定其中正好是哪一个为假硬币,且查明它是比其他硬币的质量大还是小. 因为实验 β 剩下有 $2 \times 4 = 8$(个)可能的结局,而

$$2\ln 3 = \ln 9 > \ln 8$$

所以可以期望这样做是可能的. 但若从这 4 个硬币中

取出两个,在天平的两盘中各放一个,剩下两个硬币不称(实验 $\alpha_2^{(1)}$),而天平保持平衡,那么,我们必须用最后一次称来确定仍旧是可能的 4 个结局中正好哪一个出现,但这是不可能的(因 $4 > 3$);若在天平的两端各放这 4 个硬币中的两个(实验 $\alpha_2^{(2)}$),而结果一端质量较大,那么,我们仍然遇到实验 β 的 4 个可能的结局,必须至少再称两次,才能完全确定其中哪一个出现. 这样一来就产生了下面的印象:对于 12 个硬币的情形,称 3 次对于解决问题是不够的.

然而,这个结论下得太早了. 需知我们的存品中还有 $4 + 4 = 8$(个)明显是真的硬币,它们可以参与第二次称. 所以,实验 α_2 的可能的不同方式比上述两种要多得多. 用 $\alpha_2^{(i,j)}$ 表示这样的实验:在天平的右端放 4 个可疑的硬币中的 i 个,而在左端放这些硬币中的 $j(j \leqslant i)$ 个和 $i-j$ 个明显是真的硬币(不用说,在天平的两端都放真的硬币是没有意义的). 这时,$\alpha_2^{(1,1)}$ 和 $\alpha_1^{(2,2)}$ 是上面已考虑过的实验 $\alpha_2^{(1)}$ 和 $\alpha_2^{(2)}$. 我们分别用 $p(P),p(\Pi)$ 和 $p(\varLambda)$ 表示实验 $\alpha_2^{(i,j)}$ 中天平两端保持平衡,右端质量较大或左端质量较大的概率. 这些概率是容易计算的,它们分别等于 $\alpha_2^{(i,j)}$ 有结局 P,Π 或 $\varLambda$ 时实验 β 的结局数与仍然可能的 β 的结局总数(等于 8)之比. 显然,因为 $i + j \leqslant 4$,那么所有的实验 $\alpha_2^{(i,j)}$ 都容易列举出来. 各概率 $p(P),p(\Pi)$ 和 $p(\varLambda)$ 的值汇集在表 1 中,其中也列出了实验 $\alpha_2^{(i,j)}$ 的熵(按十进制单位)

Shannon 信息熵定理

$$H(\alpha_2^{(i,j)}) = -p(P)\ln p(P) - p(\Pi)\ln p(\Pi) - p(\varLambda)\ln p(\varLambda)$$

表 1

i	j	$p(P)$	$p(\Pi)$	$p(\varLambda)$	$H(\alpha_2^{(i,j)})$
1	1	$\dfrac{1}{2}$	$\dfrac{1}{4}$	$\dfrac{1}{4}$	0.452
1	0	$\dfrac{3}{4}$	$\dfrac{1}{8}$	$\dfrac{1}{8}$	0.320
2	2	2	$\dfrac{1}{2}$	$\dfrac{1}{2}$	0.301
2	1	$\dfrac{1}{4}$	$\dfrac{3}{8}$	$\dfrac{3}{8}$	0.470
2	0	$\dfrac{1}{2}$	$\dfrac{1}{4}$	$\dfrac{1}{2}$	0.452
3	1	0	$\dfrac{1}{2}$	$\dfrac{1}{2}$	0.301
3	0	$\dfrac{1}{4}$	$\dfrac{3}{8}$	$\dfrac{3}{8}$	0.470
4	0	0	$\dfrac{1}{2}$	$\dfrac{1}{2}$	0.301

　　从表 1 中可看出,实验 $\alpha_2^{(2,1)}$ 和 $\alpha_2^{(3,0)}$ 有最大的熵. 所以,为了得到最大的信息,在称第二次的过程中,应该把 4 个可疑的硬币中的两个放在一端,而把其中一个和明显是真的一个放在另一端;或者把 3 个可疑的硬币放在一端,而在另一端放 3 个明显是真的硬币. 不难看出,在这两种情况下,我们都可以用称第三次来完全确定 β 的结局. 事实上,若实验 $\alpha_2^{(2,1)}$ 或 $\alpha_2^{(3,0)}$ 有

结局 P,则假硬币是未进行称第二次的那个唯一的可疑硬币. 这时,为了查明它是比其他硬币的质量大还是小,就需把它和 11 个明显是真的硬币之一的质量进行比较(称第三次). 若实验 $\alpha_2^{(2,1)}$ 有结局 Π,则或者假硬币是两个右端硬币之一,且这个硬币比其余硬币的质量大;或假硬币是放在左端的那个唯一的可疑硬币,且它比其他硬币的质量小,比较两个右端硬币的质量(称第三次)后,我们就可知道 β 的结局(若这两个硬币有同样的质量,则假硬币是第三个可疑硬币;否则,假硬币是两个被称硬币中质量较大的一个). 若实验 $\alpha_2^{(3,0)}$ 有结局 Π,则假硬币是放在右端的 3 个硬币之一,且它较其他硬币的质量大. 比较这 3 个硬币中任何两个的质量(称第三次)后,我们就可知道 β 的结局(若这两个硬币质量相等,则第三个可疑硬币是假硬币;否则,这两个硬币中质量大的一个是假硬币). 当实验 $\alpha_2^{(2,1)}$ 或 $\alpha_2^{(3,0)}$ 有结局 Π 时,可同样地进行分析.

　　(2)第一次称时,天平的一端(如右端)质量大. 这样,或者 4 个右端硬币之一是假的,且较其余的质量大;或者 4 个左端硬币之一是假的,且较其余的质量小. 第二次称时,我们可把 i_1 个右端硬币和 i_2 个左端硬币放在天平的右端,而在左端,则放 j_1 个右端硬币,j_2 个左端硬币和未参与第一次称的硬币中的 $(i_1+i_2)-(j_1+j_2)$ 个明显是真的硬币(我们假定 $i_1+i_2 \geqslant j_1+j_2$). 这里也可以列出和前面类似的表,并确定出对 i_1,i_2,j_1 和 j_2 的所有可能的值的实验的熵. 但是因为这里可能的不同情况的数目非常大,所以我们一开始就无法删除其中的某些情况,这样做应认为是合适的.

我们指出,因为进行第三次称(实验 α_3)后,可以得到的关于 β 的结局的信息,不超过 $\ln 3$(因 $H(\alpha_3) \leqslant \ln 3$),那么,在称两次之后,实验 β 应该只剩下不多于 3 个可能的结局;否则,实验 α_3 就不可能唯一地确定 β 的结局. 由此,首先可以得到:未参与第二次称的可疑硬币的个数,不应该超过 3. 因为在实验 α_2 有结局 P 的情形,正是这些硬币被留下而成为嫌疑硬币了. 因此,就可得到

$$8 - (i_1 + i_2 + j_1 + j_2) \leqslant 3$$
$$i_1 + i_2 + j_1 + j_2 \geqslant 5$$

或者,因

$$i_1 + i_2 \geqslant j_1 + j_2$$

故

$$i_1 + i_2 \geqslant 3$$
$$j_1 + j_2 \geqslant 5 - (i_1 + i_2)$$

其次,若实验 $\alpha_2^{(i_1, i_2, j_1, j_2)}$ 有结局 Π,那么,或者在右端的 i_1 个右端硬币之一是假的,且质量大;或者在左端的 j_2 个左端硬币之一是假的,且质量小. 在有结局 Π 的情形,可完全同样地推出:放在右端的 i_2 个左端硬币之一是假的,或者在左端的 j_1 个右端硬币之一是假的. 由此又得到两个不等式

$$i_1 + j_2 \leqslant 3$$
$$i_2 + j_1 \leqslant 3$$

自然要求这两式成立. 最后,显然也应该有不等式

$$i_1 + j_1 \leqslant 4, i_2 + j_2 \leqslant 4$$

$$(i_1 + i_2) - (j_1 + j_2) \leqslant 4$$

现在我们计算出满足上述这些条件的所有情形,并列于表 2 中.

表 2

i	i	j	j	$p(P)$	$p(\Pi)$	$p(\Pi)$	$H(\alpha_2^{(i_1,i_2,j_1,j_2)})$
2	1	2	1	$\frac{1}{4}$	$\frac{3}{8}$	$\frac{3}{8}$	0.470
2	1	2	0	$\frac{3}{8}$	$\frac{1}{4}$	$\frac{3}{8}$	0.470
2	1	1	1	$\frac{3}{8}$	$\frac{3}{8}$	$\frac{1}{4}$	0.470
1	2	1	2	$\frac{1}{4}$	$\frac{3}{8}$	$\frac{3}{8}$	0.470
1	2	0	2	$\frac{3}{8}$	$\frac{3}{8}$	$\frac{1}{4}$	0.470
1	2	1	1	$\frac{3}{8}$	$\frac{1}{4}$	$\frac{3}{8}$	0.470
3	1	1	0	$\frac{3}{8}$	$\frac{3}{8}$	$\frac{1}{4}$	0.470
1	3	0	1	$\frac{3}{8}$	$\frac{1}{4}$	$\frac{3}{8}$	0.470
2	2	1	1	$\frac{1}{4}$	$\frac{3}{8}$	$\frac{3}{8}$	0.470
2	2	1	0	$\frac{3}{8}$	$\frac{1}{4}$	$\frac{3}{8}$	0.470
2	2	0	1	$\frac{3}{8}$	$\frac{3}{8}$	$\frac{1}{4}$	0.470
3	2	1	0	$\frac{1}{4}$	$\frac{3}{8}$	$\frac{3}{8}$	0.470
2	3	0	1	$\frac{1}{4}$	$\frac{3}{8}$	$\frac{3}{8}$	0.470

因此,我们看到:在这里,实验 α_2 已不像前面那样只有两种,而是有 13 种之多,对于这些情况,实验 α_2 包含关于实验 β 的同样的最大信息 0.470 个十进制单位(十分明显,这里信息 $I(\alpha_2,\beta)$ 等于熵 $H(\alpha_2)$).当任取这样的一个实验 α_2 时,为了使得再称一次(第三次)就有可能完全确定 β 的结局,这个信息是足够了.例如,在实验 $\alpha_2^{(2,1,2,1)}$ 有结局 P 的情形下,两个没参与第二次称的左端硬币之一是假的.因为我们知道这个硬币比真的硬币质量小,那么,要想找出它,只要比较这两个硬币的质量(或比较这两个硬币之一和一个明显是真的硬币的质量)就够了.在这个实验有结局 $\varPi$ 的情形下,或者在右端的两个右端硬币之一是假的且质量较大,或者在左端的唯一的一个左端硬币是假的且质量较小.我们要想找出假硬币,只要比较两个可疑的右端硬币的质量就够了.当实验 $\alpha_2^{(2,1,2,1)}$ 有结局 $\varLambda$ 时,可同样地研究.

这样就完全完成了对 12 个硬币的情形的研究.现在我们可以转到 13 个硬币的情形,并证明这时称 4 次就足够了(以前我们只证明了在这种情形下称 3 次是不够的).在天平的两端各放 4 个硬币,其余的 5 个硬币搁在一块.若一端质量较大,则我们就得到了其余的 5 个硬币搁在一边不称.若一端质量较大,则我们就得到了已讨论过的情形,即在关于 12 个硬币的问题中分析过的第一次称时有结局 $\varPi$ 的情形(只有非本质的不同,现在不是 4 个,而是 5 个明显是真的硬币),这时,称第三次就可以发现假硬币,并可知道它是比其他硬币的质量大还是小.若天平的两端是平衡的,则我们就

不是从 4 个,而是必须从 5 个可疑硬币中分辨出假硬币来. 这里,开始时我们可以比较可疑硬币中的任一个与一个明显是真的硬币的质量,若它们的质量不同,则我们的问题就立即解决了;相反,我们又归结到 4 个可疑硬币的情形,对这 4 个可疑硬币,称两次就可以分辨出假硬币,并查明它比其余硬币的质量大还是小.

现在来推广上述问题的条件.

§4　推　广　3

推广 3　现有同一规格的 n 个硬币,其中有一个是假的,比其他的质量大或质量小. 用没有砝码的天平来称时,要能找出假硬币,并确定它比其他硬币的质量大还是小,最少的称量次数 k 应是多少?

首先,由于这里所考虑的实验 β(像以往一样,我们认为它的全部结局是等概的)的熵等于 $\ln 2n$,而由称 k 次所构成的实验 $A_k = \alpha_1 \alpha_2 \cdots \alpha_k$ 的熵不超过 $k\ln 3 = \ln 3^k$,所以应有 $2n \leqslant 3^k$,即 $n \leqslant \dfrac{3^k}{2}$. 或因 n 和 k 都是整数,而 3^k 是奇数,所以 $n \leqslant \dfrac{3^k - 1}{2}$. 因而可以判定

$$k \geqslant \log_3(2n+1) = \frac{\ln(2n+1)}{\ln 3}$$

例如,若 $n > \dfrac{3^3 - 1}{2} = 13$,则称的次数少于 3 次就不可能确定假硬币.

也可以毫无困难地看出：甚至在 $n = \dfrac{3^k - 1}{2}$ 的情形下，称 k 次也不是总可以发现假硬币，并确定它是比其他硬币的质量大还是小（例如，当 $n = 13$ 时，不是在各种情况下都可以由称 3 次来确定假硬币的）. 这种一般情形的证明，原则上和上面对于 $n = 13$ 和 $k = 3$ 的特殊情形的证明没有不同. 事实上，在估计实验 $A_k = \alpha_1 \alpha_2 \cdots \alpha_k$ 的熵时，我们直到现在为止，都是从每一次单独称的熵可以等于 $\ln 3$ 这一点出发的. 然而，在我们这种情形下，因为 $n = \dfrac{3^k - 1}{2}$ 不能用 3 整除，第一次称（实验 α_1）的熵已经不能达到这个值（因为第一次称的三个结局无论怎样也不可能是等概的）. 由于

$$n - 1 = \frac{3(3^{k-1} - 1)}{2}$$

能用 3 整除，那么显然可见，当第一次称时，在天平的两端各放 $\dfrac{n-1}{3} = \dfrac{3^{k-1} - 1}{2}$ 个硬币，而剩下的 $\dfrac{n+2}{3} = \dfrac{3^{k-1} + 1}{2}$ 个暂搁一边，总是较有利的. 这时，实验 α_1 的 3 个结局的概率（分别等于 $\dfrac{n-1}{3} : n = \dfrac{1}{3} - \dfrac{1}{3n}, \dfrac{n-1}{3} : n = \dfrac{1}{3} - \dfrac{1}{3n}$ 和 $\dfrac{n+2}{3} : n = \dfrac{1}{3} + \dfrac{2}{3n}$）就彼此最为接近. 因而，对应实验的熵 $H(\alpha_1)$ 就比在任何其他的情形要大. 但是容易相信，此后仍然是这样大的不肯定性程度，使得称 $k - 1$ 次时，它不可能完全消失. 这可最简单地证明如下：假设第一次称时，天平平衡，则这时假硬币就在没

有参与这次称的 $\dfrac{n+2}{3}=\dfrac{3^{k-1}+1}{3}$ 个硬币中. 这时,我们

有兴趣的实验 β 就还剩下有 $3^{k-1}+1$ 个等概率结局

(假硬币可以是 $\dfrac{3^{k-1}+1}{2}$ 个未被称过的硬币中的任何一

个,且它又可以比真的硬币质量大或小). 查出了这些

可能性中哪一个实际上出现,我们就会得到等于

$\ln(3^{k-1}+1)$ 的信息,它超过了在称 $k-1$ 次的结果中

可能得到的最大信息

$$\ln 3^{k-1}=(k-1)\ln 3$$

可类似地证明:当另外任意选取 α_1 (第一次称)时,这

个实验可能有这样的结局,即这时为了唯一地查明实

验 β 的结局,再称 $k-1$ 次是不够的.

　　这时,我们就看到,若 $n\geqslant\dfrac{3^{k-1}}{2}$,则称 k 次可能是够

的. 现在将证明:若 $n<\dfrac{3^{k-1}}{2}$(或 $n\leqslant\dfrac{3^{k}-3}{2}$),换句话说,

若

$$k\geqslant\log_3(2n+3)=\dfrac{\ln(2n+3)}{\ln 3}$$

则称 k 次足够了[①],我们将用这样的方法来完成这个问

题的解.

　　现在我们从下面的辅助问题开始:设除了其中之

一是假的 n 个硬币外,我们至少还有一个明显是真的

---

①　这个命题有两个明显的例外:若 $n=1$,则不可能确定
假硬币是比真的硬币质量大还是小(这时根本没有假硬币);若
$n=2$,则不可能分辨出假硬币.

硬币. 要求分辨出假硬币, 并确定它是比其他硬币的质量大还是小. 这时, 我们可以像以前一样断定: 若 $n > \dfrac{3^k - 1}{2}$, 则称 k 次是不够的(因为原实验的不肯定性程度当然不会因为增加了一个真硬币而有所改变). 但现在我们已不能断定说: 当 $n = \dfrac{3^k - 1}{2}$ 时, 称 k 次就显然不可能确定假硬币. 事实上, 只要利用增加的真硬币, 我们就可以做到使第一次称的 3 个结局的概率比以前更加接近, 因而, 这次称就会得到更多的信息. 为此, 只需在天平的两端各放 $\dfrac{n+2}{3} = \dfrac{3^{k-1} + 1}{2}$ 个硬币(所利用的 $3^{k-1} + 1$ 个硬币之一是我们所拥有的真硬币), 而把剩下的 $\dfrac{n-1}{3} = \dfrac{3^{k-1} - 1}{2}$ 个可疑硬币暂搁一边. 这时容易看出: 第一次称的各个结局的概率就各等于

$$\left[\frac{n+2}{3} + \left(\frac{n+1}{3} - 1 \right) \right] : 2n = \frac{1}{3} + \frac{1}{6n}, \frac{1}{3} + \frac{1}{6n}$$

和

$$\frac{n-1}{3} : n = \frac{1}{3} \frac{1}{3n}$$

因而实验 α_1 的熵 $H(\alpha_1)$ 在这里也就较大. 为了要提供用称 k 次来分辨出假硬币, 并确定它是比其他硬币的质量大或小的可能性, 这个不大的差别就已经足够了.

为了证明在由我们支配的(即使一个明显是真的硬币)情况下, 当 $n \leqslant \dfrac{3^k - 1}{2}$ 时, 我们可方便地用数学归纳法, 称 k 次就足够了. 这个命题当 $k = 1$(即当 $n = 1$)

时是十分明显的. 现在假设它对于某个值 k 已经证明了, 而我们要来证明在这种情形下, 当 $\dfrac{3^k - 1}{2} \leqslant n \leqslant \dfrac{3^{k+1} - 1}{3}$ 时, 称 $k + 1$ 次是足够的, 由此就应该得到我们的命题在任何情况下都正确. 第一次称时, 从我们的 n 个硬币中取出 x 个硬币, 放在天平的一端, 而在另一端放 n 个硬币中的 $x - 1$ 个和一个明显是真的硬币, 这时, 剩下的 $n_1 = n - (2x - 1)$ 个硬币没被利用. 我们这样选取 x, 使

$$2x - 1 \leqslant 3^k \quad \text{和} \quad n - (2x - 1) \leqslant \dfrac{3^k - 1}{2}$$

即

$$3^k \geqslant 2x - 1 \geqslant n - \dfrac{3^k - 1}{2}$$

显然, 当 $n \leqslant \dfrac{3^{k+1} - 1}{2}$ 时, 由于

$$n - \dfrac{3^k - 1}{2} \leqslant \dfrac{3^{k+1} - 1}{2} - \dfrac{3^k - 1}{2} = 3^k$$

这是可以做到的, 若在第一次称时天平平衡, 则以后剩下的只是在 $n_1 \leqslant \dfrac{3^k - 1}{2}$ 个未称的硬币中找假硬币, 因为此外我们有一个明显是真的硬币, 那么(根据归纳法假设), 称 k 次就可以做到这点. 若一端质量较大, 则剩下有 $2x - 1 \leqslant 3^k$ 个可疑硬币. 这时我们就知道: 若某 a 个硬币之一是假的, 则它就比其余硬币的质量小; 而若 b 个剩余的硬币($a + b \leqslant 3^k$)之一是假的, 则它的质量较大(若一端质量较大, 则 $a = x - 1, b = x$; 若另一端

质量较大,则 $a = x, b = x - 1$). 这时,相继称 k 次总是可以分辨出假硬币的.

现在回到我们原来的 $n \leqslant \dfrac{3^k - 3}{2}$ 个硬币,其中有一个是假的. 在第一次称时,两端各放 $\dfrac{3^{k-1} - 1}{2}$ 个硬币,这时有

$$n_1 = n - 2\frac{3^{k-1} - 1}{2} \leqslant \frac{3^k - 3}{2} - (3^{k-1} - 1) = \frac{3^{k-1} - 1}{2}$$

个硬币没有利用. 若两端平衡,则未利用的 $n_1 \leqslant \dfrac{3^{k-1} - 1}{2}$ 个硬币是可疑的. 此外,因为有 $3^{k-1} - 1$ 个明显是真的硬币,所以,根据上面所证明过的,相继地称 $k-1$ 次,就可以分辨出假硬币,并断定它是比真硬币的质量大或还是小. 若一端质量较大,则有 $3^{k-1} - 1 < 3^{k-1}$ 个可疑硬币,且知道:若确定的 $a = \dfrac{3^{k-1} - 1}{2}$ 个硬币之一是假的,则它就比真硬币的质量小;而若另外的 $b = \dfrac{3^{k-1} - 1}{2}(= a)$ 个硬币之一是假的,则它的质量较大,我们随后再称 $k-1$ 次也就可分辨出假硬币. 因而,前面所做的关于所需的次数的命题的证明,就全部完成了.

还需指出,当 n 很大时,由不等式

$$k - 1 < \frac{\ln (2n + 3)}{\ln 3} \leqslant k$$

所以定的次数 k 可以以很大的精确度用比值 $\dfrac{\ln 2n}{\ln 3}$ 来代替

（意思是当 n 增大时，比值 $k:\dfrac{\ln 2n}{\ln 3}$ 迅速地趋向于 1）.

直到现在为止，我们总是认为各硬币中只有一个是假的（具有和其他硬币不同的质量）. 然而，可以假设已给的硬币中有两个或更多个假硬币，也还有更困难的问题，即假硬币的个数本身也是未知的[①]. 也可以认为：各假硬币可以有两种或更多种不同的质量. 解决所有这类问题（照例是很复杂的）的钥匙，就是信息论.

§5　讨　　论

在上节中，我们把 §1 中所引进的熵和信息的概念应用到了分析数学游戏这类的某些逻辑问题上. 今后我们将看到这一类的讨论在解决一系列十分实用的问题时也是有用的. 在这里更详细地讨论全部所考虑过的推广的总的思想是更加合理的. 这时我们自然也把问题提得更一般些.

§1～§2 中的全部例子，都是按照一个模型做出来的. 在所用这些例子中，我们所关心的都是可以有有限数 n 种不同回答的问题，即我们谈到过的关于可以有 n 个不同结局 $B_1, B_2, \cdots, B_n$ 的实验 β. 为了查出 n

---

①　当 $n=\dfrac{3^k-3}{2}$ 时，包含在实验 α_1（第一次称）中的关于 β 的信息 $I(\alpha,\beta)$ 就正好等于 $\ln 3$.

31

个回答中哪一个是正确的,利用一些辅助的实验 α. 这些实验 α 中的每一个,都可以有 $m < n$ 个不同的结局. 这些实验 α 或者是可以有两个不同回答"是"和"不是"的问题,或者是用没有砝码的天平来称,这时可以有 3 个不同的结局:P, Π 和 Π. 要求指出为了查明对我们所关心的问题的正确答案(即为了确定实验 β 的结局)所必需的辅助实验 α 的最少个数,并叙述正好是怎样才可以最快地找到这个答案.

显然,在所有这类问题中,实际上是要求最合理地利用包含在各个辅助实验 α 的结果中的关于实验 β 的结局的信息. 然而,信息这个名词在这里是当作普通的意义来使用,而完全不是当作较专门的意义来使用的. 事实上,量 I 是具有纯粹的统计意义的. 要知道,它的定义本身就是以概率的概念为基础的. 而在我们的这些问题中,不出现任何的多次重复实验,因而不管怎样的概率都未参与.

我们在上面实际上经常利用的情况可解释如下:假设我们多次解同一个问题(即找同一个问题的正确答案),并且在不同的场合,正确的答案是不同的,而这些答案中的每一个都有确定的正确概率,我们认为对应的概率 $p(B_1), p(B_2), \cdots, p(B_n)$ 是任意的,但是是由我们预先所给出的. 这时,只要在这样的意义下来精确地使用"实验"这个名词,我们就可以说"查出正确答案的实验 β". 实验 β 的概率表如表 3 所示.

表 3

实验结局	B_1	B_2	$\cdots$	B_n
概率	$p(B_1)$	$p(B_2)$	$\cdots$	$p(B_n)$

可见 β 的熵是 $-p(B_1)\ln p(B_1)-p(B_2)\cdot$ $\ln p(B_2)-\cdots-p(B_n)\ln p(B_n)$，像通常一样，我们用 $H(\beta)$ 表示它. 因为各辅助实验 α 总是直接指出在这种意义下查明 β 的结局，即知道 β 的结局也就完全确定了 α 的结局. 那么，给出实验 β 的 n 个结局的概率也就能够确定任何一个这样的实验 α_1 的 m 个结局的概率. 其次，由 β 的结局完全确定 α_1 的结局就可得到：条件熵 $H_\beta(\alpha_1)=0$，而条件熵 $H_{x_1}(\beta)$ 是 β 和 α_1 这两个实验的两个熵之差 $H(\beta)-H(\alpha_1)$. 但是，条件熵 $H_{x_1}(\beta)$ 等于分别包含在实验 α_1 可能的不同结局 $A_1,A_2,\cdots,$ A_m 中的关于实验 β 的各个熵 $H_{A_1}(\beta),\cdots,H_{A_m}(\beta)$ 的平均值. 因此至少对于这 m 个结局中的一个结局 A_i，熵 $H_A(\beta)$ 不小于 $H(\beta)-H(\alpha_1)$. 这样一来，在查出实验 α_1 的结果之后，实验 β 剩余的熵（不肯定性程度）不会小于差 $H(\beta)-H(\alpha_1)$ 的这种情形，是一定可能的.

显然，我们可以推广上面的讨论. 选取无论怎样的一系列辅助实验（试验）$\alpha_1,\alpha_2,\cdots,\alpha_k$，即考虑某个复合实验 $A_k=\alpha_1\alpha_2\cdots\alpha_k$. 这时我们将认为：各个实验 $\alpha_1,$ $\alpha_2,\cdots,\alpha_k$ 不应该是无关的，即前一个实验的结果可以影响到进行后一个试验的条件，甚至可能当有了前若干个实验 α 的某些特殊结局时，所有以后的实验就不必要了，即可以把它们理解为唯一严格确定了结局的一些实验（这意味着复合实验 A_k 是由不多于 k 个实验

α 所组成,但不是务必恰好由 k 个这样的实验所组成).在前面所考虑过的例子中,给出实验 β 的结局,总是确定了复合实验 A_k 的结局,这样,根据 β 的各个结局的概率,就可以找到复合实验 A_k 的不同结局的概率.所以,对 A_k 使用"实验"这个名词也不会引起误会.还需要指出,假若各个实验 $\alpha_1,\alpha_2,\cdots,\alpha_k$ 中每一个都可以有不多于 m 个结局,那么,A_k 的不同结局总数就不会超过 m^k.从 β 的结局决定了 A_k 的结局这一点就可得到:实验 β 的复合实验 A_k 实现的条件下的平均条件熵 $G_{A_k}(\beta)$ 等于实验 β 和 A_k 的两个熵之差 $H(\beta)-H(A_k)$.所以,至少对 A_k 的一个结局(即对 k 个实验 $\alpha_1,\alpha_2,\cdots,\alpha_k$ 的某些确定的结局),β 的剩余熵不会小于 $H(\beta)-H(A_k)$.

现在假设差 $H(\beta)-H(A_k)$ 大于零.这时,至少对复合实验 A_k 的一个结局,在实验 β 的结局中还保留着某种不肯定性.换句话说,当多次重复进行由 k 个实验 α 所组成的整个复合实验,且只分出这些实验有某些预先确定的结果的场合时,对我们的基本问题的回答,有时是这一个答案正确,而有时是另一个答案正确.由此就可推出:在复合实验 A_k 具有所指结局的情形下,我们还不可能根据这个结局唯一地查出对所考虑问题的各种回答中正好哪一个是正确的.这就表示:要想查出这一点,k 个实验 α 在这里是不够的.

在前面证明 3 个推广时,也曾进行过这种讨论.当时还考虑到了这种情况,即当至少在 β 的各结局的概率 $p(\beta_1),p(\beta_2),\cdots,p(\beta_n)$ 的某一种选取下,使不等式

$$H(\beta) - H(A_k) > 0$$

成立时,就总可以得出这一类的结论:根据 k 个实验 α 的各个结局,不可能查出 β 的结局,只考虑最不利的,即当实验 β 的熵取最大值时,也就是当这个实验的全部结局等概率($p(\beta_1) = p(\beta_2) = \cdots = p(\beta_n) = \dfrac{1}{n}$)时的情况,通常是不够的. 但前面我们就正是这样做的,那时说过:"由于没有关于 β 的可能结局的任何消息,我们认为全部结局是等概率的." 很明显,当这样选取 β 的各个结局的概率时,就将成立等式

$$H(\beta) = \ln n$$

至于谈到复合实验 A_k,那么,在具体问题中精确地计算它的熵常常是不简单的. 但在许多情况下,能够做到局限于最简单的估计

$$H(A_k) \leqslant \ln m^k = k\ln m$$

这是从 A_k 的不同结局的个数不可能超过 m^k 推出的. 在更复杂的情况下,我们精确地估计过实验 β 最大的剩余熵,这种熵是相应于第一次实验 α_1 的最大的失败结局的,且只在此后,曾那样简单地进行过以下的实验 $\alpha_2, \cdots, \alpha_k$,即其中每个实验的熵不超过 $\ln m$. 还需指出,从

$$H(A_k) \leqslant k\ln m$$

这一估计,立即就可推出一个重要的不等式

$$k \geqslant \frac{\ln n}{\ln m} \tag{1}$$

它当然可以不用信息论的概念导出. 它只表示,当存在 n 个不同的可能性时,利用不同结局的个数小于 n 的

复合实验,不能唯一地分出其中的某一种可能性[①]. 前面我们对实验 α 的必需个数的估计常可归结到只是利用这个最简单的不等式.

在

$$H(\beta) - H(A_k) > 0$$

时,根据复合实验 A_k 的结局,不可能唯一地决定 β 的结局,这一基本结论也可以验证几个另外的结论. 若复合实验 A_k 的结局,在任何情况下都可唯一地决定 β 的结局,则 $H_{A_k}(\beta) = 0$. 而这就表示:由于有等式

$$I(A_k, \beta) = H(\beta) - H_{A_k}(\beta)$$

包含在实验 A_k 中的关于实验 β 的信息 $I(A_k, \beta)$,应该等于 β 的不肯定性程度,即

$$I(A_k, \beta) = H(\beta)$$

另一方面,因为这时实验 β 的结局唯一地决定了复合实验 A_k 的结局,那么同时就有

$$I(\beta, A_k) = H(A_k)$$

因此,若复合实验 A_k(由不多于 k 个试验 α 所组成)在任何情形都能唯一地指出对于所提的问题(即求出实验 β 的结局)的正确答案,则应该有等式 $H(A_k) =$

----

① 在美国数学杂志《美国数学会报告》(*Bulletin of the American Mathematical Society*)的 1956 年的一期中,曾经提出了关于在硬币的总个数等于 n,而假硬币的个数等于 $N > 1$ 或未知的条件下,为了发现假硬币并查明它是比真硬币的质量大或小(所有的假硬币均有不同于真硬币的质量的同一个质量)的最少的称的次数的问题. 其中指出了所提出的问题可以有实用意义.

$H(\beta)$. 例如,在推广 2 的条件下,容易看出:首先

$$H(\alpha_1) = \ln 3 = 0.477\cdots 十进制单位$$

(第一次称的全部结局是等概的);其次,在第一次称的任何结局下,第二次(实验 α_2)这样选取,使得它的 3 个结局的概率分别为 $\dfrac{1}{4}$, $\dfrac{3}{8}$ 和 $\dfrac{3}{8}$,因而

$$H_{\alpha_1}(\alpha_2) = -\frac{1}{4}\ln\frac{1}{4} - \frac{3}{8}\ln\frac{3}{8} - \frac{3}{8}\ln\frac{3}{8} = 0.470\cdots$$

十进制单位

再次,在 α_2 有一个概率是 $\dfrac{1}{4}$ 的结局这种情形下,第三次称(实验 α_3)就归结到去比较明知有不同质量的两个硬币,即有熵 $\ln 2$,而在其余 $\dfrac{3}{4}$ 的情形(当 α_2 的两个结局中任一个都有概率 $\dfrac{3}{8}$ 时)下,它可以有相等概率的 3 个结局,即有熵 $\ln 3$. 所以,这时

$$H_{\alpha_1\alpha_2}(\alpha_3) = \frac{1}{4}\ln 2 + \frac{3}{4}\ln 3 = 0.433\cdots 十进制单位$$

而因为

$$H(\beta) = \ln 24 = 1.380\cdots 十进制单位$$

那么,就有

$$\begin{aligned}
H(A_3) = H(\alpha_1\alpha_2\alpha_3) &= H(\alpha_1) + H_{\alpha_1}(\alpha_2) + H_{\alpha_1\alpha_2}(\alpha_3)\\
&= 0.477 + 0.470 + \cdots + 0.433\\
&= 1.380\cdots 十进制单位 = H(\beta)
\end{aligned}$$

果然像它所应该的一样,但若等式 $H(A_k) = H(\beta)$ 不成立,而有不等式 $H(A_k) < H(\beta)$,这就表示实验 A_k 一定不能唯一地指出正确的答案.

同样地容易理解:关于 β 的结局完全确定各实验 α 的结局的假定,对于最后这个结论的成立不是必需的. 若这个假定不成立,那么,给出 β 的各个结局的概率就还不能够唯一地断定辅助实验 α 的全部结局的概率. 所以在这里,只要假设关于借助于各实验 α 而确定 β 的结局的那些实验多次地进行,就应该进一步给出最后这些概率. 那么,信息

$$I(A_k, \beta) = H(\beta) - H_{A_k}(\beta)$$

就将等于熵 $H(\beta)$;另一方面,由于恒有

$$I(A_k, \beta) = H(A_k) - H_{\beta}(A_k) \leqslant H(A_k)$$

所以应有不等式

$$H(\beta) \leqslant H(A_k)$$

由此可见,像前面一样,若 $H(A_k) < H(\beta)$ 是复合实验 $A_k = \alpha_1 \alpha_2 \cdots \alpha_k$ 的结局,任何时候也不能唯一地确定 β 的结局. 由此就可得到能够确定 β 结局的各实验 α 的最少个数 k 的确定估计. 但是,在这里所考虑的情形下,用这种方法所得到的估计,比起当 β 的结局唯一地确定全部实验 α 的各结局的情形,是很不精确的. 这是由于现在各实验 α 已不是直接指出查明 β 的结局,因而包含在 k 个试验 $\alpha_1, \alpha_2, \cdots, \alpha_k$ 中的关于 β 的信息 $I(A_k, \beta)$ 就不是等于熵 $H(A_k)$,而是小于这个熵了.

作为例子,假设在推广 3 的条件中,不要求查明假硬币是比真硬币的质量大还是小(只要求指出这个假硬币). 我们认为 n 个现有的硬币中每一个均以确定的概率可以是假的,这时,我们可以计算实验 β 的全部结局的概率. 此外,假若认为假硬币有确定的概率是比

其余硬币的质量大或小，那么，也可以确定任何实验 α 的全部结局的概率，使能完全正确地谈到实验 α 和 β 的熵以及包含在其中的关于另一个的信息. 特别地，若认为实验 β 的全部结局是等概率的(即认为 n 个硬币中的每一个都有同样的概率是假的)，那么，实验 β 的熵 $H(\beta)$ 就等于 $\ln n$；另一方面，由于各实验 α 中的每一个的熵都不超过 $\ln 3$(因这类实验像以前一样可以有 3 个不同的结局 $P, \varPi, \varLambda$)，因而，复合实验 $A_k = \alpha_1 \alpha_2 \cdots \alpha_k$ 的熵，就不超过 $k\ln 3$. 由此推出：为要确定假硬币所必需的最小的次数 k，应该满足不等式

$$k \geqslant \frac{\ln n}{\ln 3} \qquad (2)$$

从这个估计所得出的数 k，小于为发现假硬币并查明它是比其余硬币的质量大还是小所需要的，由下式定出的最少的称的次数 k

$$k \geqslant \frac{\ln 2n}{\ln 3} \qquad (3)$$

(由于实验 β 有 $2n$ 个不同的缘故，每个硬币可以比其余硬币的质量小，也可以比其余硬币的质量大). 但估计式(3)是十分精确的，例如，当 $k = 3$ 时，它给出 $n \leqslant 13$. 而事实上，像我们所知道的，称 3 次就能分辨出一个假硬币，并发现它是比其余硬币的质量大还是小的个数最多等于 12 (参看前面的推广 2). 对应的 §2 中的估计式(2)是很不精确的，因为它只能推出当 $k = 3$ 时，$n \leqslant 27$. 但事实上可以说，称 3 次可以分辨出一个假硬币，不查出它是比其余硬币的质量大还是小的个数，最多只等于 13. 这个原因在于这里各实验 α (即称硬

币)不是直接指出确定 β 的结局(它们会包括不相干的信息,即关于假硬币的质量的信息),所以,每个这样的实验只添入显然比 $\ln 3$ 小的数量到关于 β 的结局所积累的信息中,因而实验 α 的个数就应该大于 $\dfrac{\ln n}{\ln 3}$.

现在我们转到这样的问题,即可以证明:用不多于 k 个辅助实验,我们假设多次重复地进行判定所想定的数 x 的实验,并且仍然假设对于全部 10 个数,被猜中的概率是相同的. 对于解此问题的第一个方法,大约有 $\dfrac{6}{10} = \dfrac{3}{5}$ 的场合,提出 3 个问题就够了;而有 $\dfrac{4}{10} = \dfrac{2}{5}$ 的场合(这时,$x = 2,3,9$ 或 10),需要提出 4 个问题. 因此,提出的问题的平均值为

$$\frac{3}{5} \times 3 + \frac{2}{5} \times 4 = \frac{17}{5} = 3.4$$

对于解此问题的第二个方法,在实验总数的 $\dfrac{2}{10} = \dfrac{1}{5}$ 的场合(即 $x = 9$ 或 10),用两个问题便能找到 x,但是,在其余的 $\dfrac{8}{10} = \dfrac{4}{5}$ 的场合,需要提出 4 个问题才行. 所以在这里,所提出的问题数的平均值就等于

$$\frac{1}{5} \times 2 + \frac{4}{5} \times 4 = \frac{18}{5} = 3.6$$

由此可见,平均来说,判定 x 值的第二个方法比第一个方法要稍微不利些,这个情况具有一般性.

这个结论对于解问题时利用熵和信息这两个概念来说,也透露出了进一步的一线希望. 显然,只是在所解的问题本身有统计特性时,才应用这些本质上具有

统计特性的概念,即和多次重复同一个实验有关时,才会是完全适宜的.问题全部在于:假若我们所关心的不是为了一次查明任何一个实验 β 的某一结局所需要的各实验 α 的确切个数,而是当多次重复实验时这个数的平均值,那就可以理解上面所讲过的推广1,2,3了.假若这时还约定认为 β 的全部结局是等概的,那么,当这样选取各实验 $\alpha_1,\alpha_2,\cdots,\alpha_k$ 使它们的个数的平均值最小时,这些实验的个数对 β 的任何结局,就大致是相同的了.所以,所要求的实验个数的最大值,一般地说,将是尽可能最小的.

现在我们来试一试放弃 β 的各结局等概这个条件.举个例子:假定某人想定一个确定的数 x,这个数可以取 n 个值之一,我们需要在向想定这个数的人提出无论怎样的一些问题后,猜出这个数,而这个人只对问题回答"是"或"不是".这时我们认为,我们预先就有关于数 x 的一定的信息,使得我们认为这个数的 n 个可能值不是等概的,即其中之一与其他的比较起来更可靠地成为被猜测的数[①].这时应该怎样提出一些问题呢?

例如,若被猜测的数为某个确定的值 x_0 这件事有很大的概率(比如说,若这个概率等于 0.99 或更大),

----

①　我们着重指出:在这里计算可能性的个数等价于"在Hartley(1928 年他最后建议用 $\ln k$ 这个数来描述有 k 个不同结局的实验的不肯定性程度)意义下"采用不肯定性程度的最简单概念.

那么,当然首先就应该问 x 是否不等于数 x_0,虽然在否定回答的情形下,我们解答一个问题只得到了很小的收获(x 的可能值的集合只减少了一个值). 在一般情况下得到每次划分 x 的可能值的集合成为这样的两部分,即使所设想的数属于这两部分中的某一部分的概率尽可能地接近,这样的划分可获得实验 α 的最大可能的熵,这里实验 α 是提出关于 x 是否不属于这两部分的某一部分的问题. 因而,也就获得包含在 α 中的,关于我们所关心的实验 β 的最大可能信息. 诚然,这时我们已不可能获得在最不利的情况下可能需要的问题最大个数的最小值. 但同时,一般说来,问题总数的平均值却比任何其他方式提出的问题都要小(或者,在任何情况下,都不大).

我们不做最后这个命题的严格证明,后面只限于用一个简单的特别例子来检验它. 至于最一般的情形,它只可比较容易地证明:为确定 x 所需要的问题数的平均值 l 总不小于 $\dfrac{H(\beta)}{\ln 2}$(其中,像通常一样,$H(\beta)$ 是我们所关心的实验 β 的熵)[①]. 这个结果是不等式 $k \geqslant$ $\dfrac{\ln n}{\ln 2}$ 的推广,这个不等式是关于 x 的全部可能值是等

---

① 为了具体起见,可以这样想象:所想定的数写出来了,而猜的人却看了这个记录,但又不完全确信他所看到的(但是,不用说,这个条件的严格意义是和下面的假定有关的,即在猜测程序的多次重复过程中,某一个数较其他的数被猜测的时候多).

概的情形的. 借助类似于对上述不等式所进行过的讨论,就可看出这个结果是有根据的. 事实上,显然,在任何情形下,回答一个问题所得到的信息都不可能超过 $\ln 2$. 因此,给出了 k 个问题,我们就得到不超过 $k\ln 2$ 的信息. 现在,若按照无论怎样由我们选取的方法提出一些问题,且这时所设想的数是 n 个数中某一个数的概率有已给定的值,我们来多次地(比如说 10 000 次)判定所设想的数 x. 那么,判定一个数 x 所得到的平均信息就等于 $H(\beta)$,而 10 000 次重复猜测后所得到的总信息,就将接近于 $10\,000H(\beta)$. 这时,所提出的问题数,有时可以依猜测正是以哪个数 x 为转移而有本质的改变(想起以下的情形就够了,即存在着有很大的被猜测概率的确定的数 x). 然而,根据平均值 l 的定义,在全部 10 000 次实验中,为判定 x 所提出的问题总数将接近于 $10\,000l$(这意味着,平均来说,一次判定 x 正好需要 l 个问题). 由此就可得出结论:有不等式

$$10\,000H(\beta) \leqslant 10\,000l\ln 2$$

即

$$l \geqslant \frac{H(\beta)}{\ln 2} \qquad (4)$$

这就是我们所要证明的. 考虑到不等式(4)对于消息传输的理论极为重要,我们后面还要进行完全不同的很精致的证明,它是较为形式化的,但是思想较简单.

对于推广 1,只要认为不同的硬币有不同的概率是假的(例如,这可以在这种意义下来理解,即不同硬币的外形引起不同程度的怀疑),也可以把问题的条

43

件做某些推广. 在这种情形下, 每次称时, 最合理的是将可疑硬币划分成这样的三部分, 即使得假硬币在硬币个数相等的天平左端和右端这两部分中, 与在搁在一边未称的第三部分中, 这两者的概率总是彼此尽可能地更接近. 还可以证明

$$l \geq \frac{H(\beta)}{\ln 3} \tag{5}$$

其中 $H(\beta)$ 是由确定假硬币所构成的实验的熵. 当硬币的个数很大而其中每一个是假硬币的概率很小时, 这个平均值 l 将总是很接近于 $\frac{H(\beta)}{\ln 3}$.

现在举出一个简单的例子来解释这个事实, 即当判定所设想的 x (不超过某一个 n) 时, 最有利的是每次划分 x 的 n 个可能的集合成这样的两部分, 使 x 属于这一部分或另一部分的概率, 彼此尽可能地接近.

设 x 的可能值的个数 n 等于 4, 这时由不等式

$$k - 1 < \frac{\ln n}{\ln 2} \leq k$$

决定的数 k 等于 2. 现在假设有理由认为数 x 的一个值 x_0 比其他的 3 个数 x_1, x_2, x_3 有更大的概率, 设 p 是 x 等于 x_0 的概率, 而 q 是 x 等于 x_1 的概率 (其中 i 是数 1, 2, 3 中的任何一个, $p > q, p + 3q = 1$). 作为第一个问题, 可以问 x 是否与 x_0 或 x_1 这两个数之一相同, 也可以一下子就提出 x 是否不等于 x_0. 提出这两个问题所构成的两个实验, 我们分别用 $\alpha_1^{(1)}$ 和 $\alpha_1^{(2)}$ 表示. 显然, 实验 $\alpha_1^{(1)}$ 有两个结局, 其概率各为 $p + q$ 和 $2q$ (因而 $H(\alpha_1^{(1)}) = -(p + q)\ln(p + q) - 2q\ln(2q))$, 而实验

$\alpha_1^{(2)}$ 的两个结局各有概率 p 和 $3q$（因而 $H(\alpha_1^{(2)}) = -p\ln p - 3q\ln(3q)$）. 若 $p > \dfrac{1}{2}$，那么，不用说，实验 $\alpha_1^{(2)}$ 的两个结局的概率就比实验 $\alpha_1^{(1)}$ 的两个结局的概率更为接近；若 $\dfrac{1}{2} > p > q$，那么就应该分别比较两实验 $\alpha_1^{(1)}$ 和 $\alpha_1^{(2)}$ 的两个结局的概率之差 $(p+q) - 2q = p - q$ 和 $3q - p$. 因为若 $p > 2q$，即若 $p > \dfrac{2}{5}$（因 $q = \dfrac{1-p}{3}$，

而当 $p > \dfrac{2}{5}$ 时，$p > \dfrac{2}{3}(1-p)$），则有

$$p - q > 3q - p$$

于是我们可得出结论：当 $p > \dfrac{2}{5}$ 时，应当从 $\alpha_1^{(2)}$ 开始；

而当 $p < \dfrac{2}{5}$ 时，就应当从实验 $\alpha_1^{(1)}$ 开始. 可以看出，当

$p = \dfrac{2}{5}$ 时，我们从这两个实验中的哪一个开始，都是没有区别的.

　　假如我们从"x 是否不等于 x_0 和 x_1 这两个数中的某一个"这个问题开始，那么，我们就把 x 的可能值的集合分成了数目上相等的两部分，这时，不论对第一个问题的回答如何，我们只用两个问题就总可以判定出 x. 而若我们从"x 是否不等于数 x_0"这个问题开始，那么，我们就有确定的机会用一个问题就判定出 x，这个机会的概率正好等于 x 与 x_0 相等的概率，即等于 p. 但是，如果 x 不等于 x_0，那么，我们就不能保证用下一个问题就能判定出 x. 对 x 是否不等于数 x_1 这个问题，可

以得到肯定的回答①（其概率等于 q），但也可得到否定的回答②（其概率等于 x 与 x_2 或 x_3 相等的概率，即等于 $2q$），而在后面这种情形，还需要提出第三个问题. 这样一来，当从 $\alpha_1^{(2)}$ 开始时，用一个问题就可确定 x 的概率为 p，需要用两个问题的概率为 q，而必须提出第三个问题的概率为 $2q$. 由此显然可知，这时问题个数的平均值就等于

$$p \cdot 1 + q \cdot 2 + 2q \cdot 3 = p + 8q$$

若 $p > \dfrac{2}{5}$，就不难验证 $p + 8q < 2$（因 $p + 8q = \dfrac{8 - 5p}{3}$，这是由于 $q = \dfrac{1 - p}{3}$）. 因此，我们确信当 $p > \dfrac{2}{5}$ 时，从实验 $\alpha_1^{(2)}$ 开始，事实上是较为合理的.

　　下面我们来严格地证明不等式（4）和（5）. 这时，我们需要下面的事实：设 $p_1, p_2, \cdots, p_n$ 是某 n 个正数，其和为 1，而 $q_1, q_2, \cdots, q_n$ 是另外任意的 n 个正数，其和不大于 1. 这时恒有

$$-p_1 \ln p_1 - p_2 \ln p_2 - \cdots - p_n \ln p_n$$
$$\leqslant -p_1 \ln q_1 - p_2 \ln q_2 - \cdots - p_n \ln q_n \qquad (6)$$

这里只指出，当 $n = 2, p_1 = p_2 = \dfrac{1}{2}$ 时，这个不等式有形式

①　当数 n 很大而 x 的每一个个别值的概率很小时，也可以证明：这个平均值最接近于 $\dfrac{H(\beta)}{\ln 2}$.

②　肯定的回答即回答"等于"，否定的回答即回答"不等于".

$$-\frac{1}{2}\ln q_1 - \frac{1}{2}\ln q_2 \geqslant -\ln \frac{1}{2}$$

或另一种形式

$$\frac{1}{2}\ln q_1 + \frac{1}{2}\ln q_2 \leqslant \ln \frac{1}{2}$$

$$\sqrt{q_1 q_2} \leqslant \frac{1}{2} = \frac{q_1 + q_2}{2}$$

由此可见,这时它就归结为两个数的算术平均值和几何平均值之间的著名不等式.

现在重新回到带有 n 个结局 $B_1, B_2, \cdots, B_n$ 的实验 β. 为了查出 β 的各对局中哪一个事实上出现,假设进行了一系列的实验(辅助实验) α,其中第一个都可以有 m 个不同的结局;为了确定 β 的结局所可能需要的各实验的最大个数,我们像以前一样也用 k 表示;设 n_1 是 β 的那些结局的个数,利用一个实验 α_1 就可以发现它们;n_2 是 β 的那些可以用两个实验 α_1 和 α_2 发现的结局的个数;n_k 是 β 的只有用 k 个实验 α_1, $\alpha_2, \cdots, \alpha_k$ 才可以发现的那些结局的个数,显然,$n_1 + n_2 + \cdots + n_k = n$.

我们指出,可以用一个试验 α_1 发现的 β 结局的个数 n_1,显然不会超过 α_1 的结局的个数 m 满足

$$n_1 \leqslant m$$

这时,$n_1 = m$ 只有在(当然是兴趣不大的) $n = m$ 时成立. 因而实验 α_1 的每个结局都和 β 的唯一的结局相对应时才成立. 而若存在这样的实验 α_1,它没有唯一地确定 β 的结局,即必须进行下一个实验 α_2 的情形,那么就必然有 $n_1 < m$. 这时,没有唯一地确定 β 的结局的

实验 α_1 的结局个数等于 $m-n_1$. 因为实验 α_2 的结局个数等于 m, 那么, 可以用两个实验 α_1 和 α_2 来发现的 β 的那些结局的个数 n_2 必然满足不等式

$$n_2 \leqslant (m-n_1)m = m^2 - n_1 m$$

同样, 若在某些情形还需要进行第三个辅助实验 α_2, 那么, 必然有

$$n_2 < (m-n_1)m$$

并且至多在实验 α_2 的 $(m-n_1)m - m_2$ 个结局下, 需要进行实验 α_2. 同样因为实验 α_2 自己总有 m 个不同的结局, 于是显然有

$$n_2 \leqslant \left[(m-n_1)m - n_2 \right]m = m^3 - n_1 m^2 - n_2 m$$

同样也可证明

$$n_4 \leqslant \left[(m^3 - n_1 m^2 - n_2 m) - n_3 \right]m$$
$$= m^4 - n_1 m^3 - n_2 m^2 - n_3 m$$

最后, 对于那些恰好需要 k 次实验来找出 β 结局的个数 n_k, 由归纳法容易得到

$$n_k \leqslant \left[(m^{k-1} - n_1 m^{k-2} - n_2 m^{k-3} - \cdots - n_{k-2}m) - n_{k-1} \right]m$$
$$= m^k - n_1 m^{k-1} - n_2 m^{k-2} - \cdots - n_{k-2}m^2 - n_{k-1}m$$

把右端所有的项, 除第一项 m^k 外, 都移到左端, 并用 m^k 来除所得到的不等式的两端, 我们就可得到

$$\frac{n_k}{m^k} + \frac{n_{k-1}}{m^{k-1}} + \cdots + \frac{n_2}{m^2} + \frac{n_1}{m} \leqslant 1$$

我们用 $l_i (i=1,2,\cdots,n)$ 表示在如下情形为了找出 β 的结局所需进行的各试验 α 的个数, 即原来这时这个结局就是结局 B_i. 这时, n 个数 l_i 中的 n_1 个数将等于 1, n_2 个数等于 2, $\cdots\cdots$, n_k 个数等于 k. 所以, 最后

这个不等式就可以改写成下面的形式

$$\frac{1}{m^{l_1}} + \frac{1}{m^{l_2}} + \cdots + \frac{1}{m^{l_m}} \leqslant 1$$

现在,我们提醒一下:为了使不等式(6)成立,只需使所有的数 p_i 的和等于 1,而所有的数 $q_i(i=1,2,\cdots,n)$ 的和不大于 1. 所以,特别地,我们可以在这个不等式中假设 p_i 等于实验 β 的第 i 个结局 B_i 的概率,而 $q_i = \frac{1}{m^{l_i}}$,这样就有

$$-p_1 \ln p_1 - p_2 \ln p_2 - \cdots - p_n \ln p_n$$
$$\leqslant -p_1 \ln \frac{1}{m^{l_1}} - p_2 \ln \frac{1}{m^{l_2}} - \cdots - p_n \ln \frac{1}{m^{l_n}}$$

显然,这个不等式的左端是实验 β 的熵 $H(\beta)$. 现在,只要我们用 $l_i \ln m$ 来代替右端的 $-\ln \frac{1}{m^{l_i}}(i=1,2,\cdots,n)$,就可得到

$$H(\beta) \leqslant (p_1 l_1 + p_2 l_2 + \cdots + p_n l_n) \ln m$$

但是,根据平均值的定义, $p_1 l_1 + p_2 l_2 + \cdots + p_n l_n$ 这个和正好等于所需要的实验 α 的个数的平均值 l,因此,我们就得到了基本的不等式

$$l \geqslant \frac{H(\beta)}{\ln m}$$

这就是我们希望证明的结果:当 $m=2$ 时(例如在各个实验 α 都是对其回答只有"是"或"不是"的一些问题时的情形),它就成为不等式(4);而当 $m=3$ 时(例如在各个实验 α 都是用没有砝码的天平来称的情形),就成为不等式(5).

49

信息论的历史

本章首先叙述信息论的历史与发展过程,然后说明信息论中的信息、通信等基本概念.

第一章

§1 历史背景

人类和其他动物的明显区别是具有一种本能以外的通信手段. 通信手段不限于声音,还有文字、绘画、雕刻、印刷等方面. 其他动物不是没有通信手段,但不像人类通信发展到那样的高度. 准确、无误和有效的通信是人类社会不可缺少的东西. 虽然通信技术如光通信,电通信已经非常发达,但是信息通信的本质,以及妨碍通信的噪声,在概率论的基础上加以理论的探讨,还是到了20世纪的中叶才开始的.

自然,现在完善的信息论,是人类多年关于通信本质研究的结果,是逐渐形成

的理论,与通信技术密切相关,它的迅速发展则是由电通信的出现所促成的. 举一个熟知的例子,26 个英文字母中,E 是出现最频繁的字母,Morse 电报就分配它短的码,这样就缩短了英文信息传送的平均时间(但是,妙的是用 Morse 码对日文来说,就没有这样的考虑). 其次,我们回顾一下自从电通信发展以来信息论的形成.

过去,家庭用的收音机使用振幅调制,在 1922 年 Bell 电话研究所的 J. R. Carson 就指出,它是具有一定的频带宽度,并且开始明确了边带的概念. 其后,发明了现在长途电话使用的单边带通信方式,讨论了调频,指出了调制指数小的调频方式对宽频带的带宽点的不实用性. 此外,与信息论有关的研究是关于噪声波形的统计研究,这些都是最早的研究.

1924 年 H. Nyquist 及 K. Küpfmüller 两人独立地指出,电信信号的传输速率与信道带宽有比例关系. 这种想法在 1928 年被 R. V. L. Hartley 推广了. Hartley 的想法也可以说是现在信息论的基础,他把信息考虑为代码或是单语的序列,把它所代表的语义当作次要的而不予考虑. 于是由 S 个代码序列中选 N 个码即构成 S^N 个可能的信息,他指出"信息量 H"定义为 $H = N\log S$ 是合理的. 传输一定的信息量时,带宽及传输时间的乘积为常数,他论述了当带宽越小,传输时间越长,带宽越大,传输时间越短. 但 Hartley 的理论,没有考虑到噪声和概率统计,现在的理论比他的想法可以说进步很多了.

在 1940 年,冈田和藤木两人曾指出:信息的传输与能量的传输没有直接关系. 他们曾讨论了 Hartley 信息量的各种具体例子.

信息论的进一步发展是由于各种各样新通信方式的出现,作为通信的本质即信息的传输,要求在更广泛的基础上加以研究,又因为统计数学和妨碍通信的噪声理论的发展,信息论只有考虑到噪声及利用了数学统计的处理方法,才形成了理论. 从社会环境来说,在第二次世界大战期间,为了制造新武器,动员了许多数学家、物理学家开展了以电子学为中心的军事科学研究,这也是促使信息论发展的重要原因.

关于噪声的理论,V. D. Landon 在 1936 年及 1941 年曾讨论过噪声的波形,指出它的峰值与有效值之比,不论噪声的带宽如何,常为 3.6 ~ 4. K. Fränz 在 1940 年讨论了射频接收机的检波器问题,1943 年 P. A. Mann 及 1947 年泷保夫对噪声波形做了细致讨论,都是关于噪声波形的理论. 1945 年及 1948 年 Bell 研究所的 S. O. Rice 曾讨论了随机噪声的统计性质,并对噪声与正弦波叠加的情况,做了详细的数学分析.

关于通信方式的发展,E. H. Armstrong 在 1936 年最初使用了调频通信装置,调制指数很大时,带宽虽然变大,但有抑制噪声的作用. 随着在第二次世界大战时期,脉冲技术的急速发展,脉冲幅度调制(PAM)、脉冲宽度调制(PWM)、脉冲频率调制(PFM)、脉冲位置调制(PPM)等各种通信方式发展起来,其中特别重要的是对噪声抑制效果最大的脉冲编码调制(PCM). 早在

1939 年, H. Reeves 曾对他的原理申请专利, 1948 年 Bell 电话研究所克服了技术上的困难完成了制造. 此种脉冲编码调制, 后来对信息论的形成起到了决定性的作用.

在第二次世界大战时期和战后, 电子计算机和各种武器的自动控制的蓬勃发展, 刺激了英美诸国在这方面的研究, 在信息传输形式的广泛基础上, 把噪声也考虑在内的研究才探明了信息通信的本质.

1946 年 D. Gabor 讨论了信号的长度、频率的不确定性. 其后 Szilard, Weiner, Brillouin 等人讨论了信息量与热力学第二定律的关系, 高桥又讨论了信息论与统计力学的关系.

Wiener 在战时曾研究抑制噪声的滤波器设计问题. 把信号及噪声看作随机过程, 作出了信号波形与信号上重叠噪声波形之间最小均方误差的滤波器设计. 所花的代价是时间的推迟, 推迟越多, 错误概率越小. 他还研究了预测器, 给出了比输入信号早一段时间的信号值具有均方误差的预测器设计. 时间越提前, 错误概率越大.

此后, 李郁荣用电子线路实现了 Wiener 相关器和预测器, 能把信号噪声比为 -20 分贝的埋藏在噪声中的周期信号用相关器提取出来, 能够改善信号噪声比达 $+20$ 分贝左右.

第二次世界大战开始时, Wiener 与当时哈佛大学的医学家 A. Rosenblueth 试图把现代各学科中通信及自动控制的基本问题综合成一门新的学问, 他们在很长一段时期内,同各方面的学者举行了学术讨论会,终于在 1947 年命名为控制论. 此种气氛和刺激对于近代信息论的发展有不可否认的影响. 在这种气氛中,除 Wiener 的相关器及预测器外,还对信息量得出了新的定义,这就是 R. A. Fisher 的不同定义,用了统计力学的熵的形式.

1948 年 Bell 电话研究所的 Shannon 提出了最完善的统一的信息论. 即把 Hartley 的信息量在概率论更广泛的基础上加以定义,同时发展了有噪声时信息传输的理论. 比他较早一些时间,W. G. Tuller 曾讨论了有噪声干扰的信道的信息传输量问题. Shannon 利用熵的形式,导入了通信容量这一新的重要概念. 由于 Shannon 划时代的贡献,使信息论很快地形成了雏形. 其后,经过许多学者的努力,才使这个理论渐趋丰富与完善.

通常"通信理论"与"信息论"几乎是同义语. 重要的区别在于后者与控制论有相同的含义,而前者是控制论中与通信有关的一部分而已. 从另一种观点说,所谓"信息论",即是通信系统中用近代数理统计学的方法探究信息传输问题的科学. 关于信息本质的科学从广义来说,除调制问题、传输理论、频谱分析问题外,有人从物理学的角度认为热力学、量子力学也有信息论的本质问题.

§2 信息是什么

"信息",在辞典(如日文广辞苑)上的意义是所观察事物的知识,"通信"是两人以上互相交换信息或意志. 如果不是交换,就叫作单方传输了. 但在定义信息量时,"信息""通信"的意义就与通常的含义不同,必须注意使用了抽象化的概念."通信"放在下一节讨论,本节只叙述"信息".

同样一件特定的通信内容,对不同的接收者来说,常引起不同的情感. 例如1956年埃及纳赛尔总统宣布苏伊士运河国有化时,英法两国感到挫伤,阿拉伯诸国莫不称快. 从信息论来说,对不同的人,由于接收的意义不同,不能看作与信息量有关. 信息的接收是把事情本身、时间和内容都撇除,使之抽象化,在各种情况下,问题在于代表不同的知识. 从这个角度看来,在苏伊士运河国有化问题上,重要的是事情发生以后苏联对中东的影响,英国在地中海霸权的丧失,纳赛尔总统的盛衰等事情发生的可能性. 假定可以猜到纳赛尔的盛衰,此外没有其他的可能性,那么苏伊士运河的国有化就算不得什么大信息了. 若一切的可能性都相等,那就无从猜测国际形势的变化,于是这就成为国际形势中的一个大信息.

收音机中人们喜欢收听的"20 个扉"[①]恰好适合信息量的概念. 猜谜的人提出 20 个问题获得信息, 来判断谜底是什么. 后提的问题应和以前提的尽量不同, 并且提的问题要最大可能地与谜底有关, 这样才能有效地利用这 20 个信息所构成的信息量.

不只是"简单地有多少个可能性", 而更重要的是"这样或那样的事件有多少程度的可能性". Hartley 只是由"有多少个可能性"这一点出发建立信息论, 而 Shannon 理论的出发点是"这样或那样的事件有多少程度的可能性", 这里使用了统计概率论, 这是近代信息论发展的基础.

信息论最重要的一点是, 当通信文已经知道的时候, 注重的不在此特定的通信文本身的意义及内容, 而是此特定通信文以外可能产生多少种通信文, 又各通信文实际上有多少出现概率. 换言之, 重要的不是"我们述说的事物", 而是"我们所能述说事物的大概程度".

我们用语言交换信息, 即进行通信, 不论使用自然语或人工语, 如果文章的长度相同, 则含有不同意义的单字越多的文章, 它的信息量愈大. 例如用 48 个日文字母写的文章, 与夹杂着难解的汉字所写的文章相比较, 不论读和写, 前者因为字母少, 因之很容易. 反之,

------

① "20 个扉"是日本民间流行的一种猜谜形式. 猜的人可以向出"谜"的人提出 20 个问题, 故称 20 个扉. 出谜的人要诚实回答问题.

后者的信息量较大. 然而夹杂着汉字的文章,汉字数以万计,但大部分的汉字出现的可能性不大,如果限制使用一部分汉字,则不费很大的劳力也能写或读.

在电报中所用的代码是一种广义的人工语,亦有相同的情况,单位码的种类多的通信系统,同一时间所送的信息比较多. 例如对于脉冲编码调制,不管其技术上的难易,用三元码通信比用二元码通信,在一定时间内,会送出更多的信息.

§3　如何进行通信

我们如何进行信息通信呢? 例如我们给远方的人打电报,把电文写在纸上交给邮电局,电报员把文字变成 Morse 电码电流(或电传打字电码电流),通过线路传送出去. 在线路中途有时受到噪声的干扰而产生错字,收信局再把电码电流译成文字,印刷之后,送交收信人.

又如长途电话,打电话人的声音经过炭质送话器变成声音电流送到长途电话局,换成载波电流经过很长的线路,到达目的地的电话局,再变换成声音电流,经过听电话人的电话耳机把声音电流变成声音,再传到听电话的人. 此种情况下,在线路、交换机、中继器内可能混入噪声.

信息论是把以上所述各个实际出现的情况加以抽象化、理想化,成为通信系统模型的数学理论. 由图1

看出,这个模型分成下列五部分.

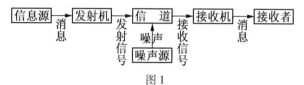

图 1

(1)信息源产生要传输信息的来源称为信息源,从信息源产生的信息叫作消息. 如打电报的人的大脑即是信息源,写在纸上的文字即是消息. 在电通信中,电报、电传打字中所用的字母序列(包括标点在内)、电话或无线电广播的声压变化的时间函数、电视中对应的时间及空间坐标的函数、黑白电视中的二元坐标系所表示的点(x,y)处光强度的时间t的函数$f(x,y,t)$,都是消息的例子.

(2)发射机把消息变成适合于信道传输信号的装置叫发射机. 例如,Morse 电报的情况,发射机就是把电文变成点、划、空白等电码序列所用的电报机,在电话的情况下,发射机是把声压按比例变成电流的炭质送话器. 但是,从信息论看来,声压、电流等表示信息的物理要素间的变化,不是重要的事,重要的是在通报时能把字母或电码序列变成别的电码序列,从这种性质着眼,发射机有时亦称为变换器. 例如在 Morse 电报情况下,字母变换成电流的技术问题,从信息论的立场看来并不重要,重要的是字母序列的适当限制,例如不使字母空白连续发生两次,不使单语空白与字母空白连续发生的限制,即具有一定时间长度的电码序列的变换是很重要的.

（3）信道是信号由发射机传输到接收机时所使用的媒介. 例如电线、同轴电缆、一定频带宽度的无线电波,在光通信中的光线等都是媒介. 信号在信道传送的中途,能受到噪声的干扰,由发射机发出的信号,不一定正确地传送到接收机. 此外,信号一般受到的失真,在接收机中普通是能够还原的,可是,本质上妨碍信息传送的噪声却与这种失真是不同的.

（4）接收机是把信道传送来的信号与噪声的混合接收下来,把原来的消息加以还原,它进行和发射机相反的操作. 此时电码的变换器的作用非常重要.

（5）接收者即是接收消息的人或物.

以上的通信模型,不仅适用于电气通信系统,即使像神经系统等广义的通信系统也是适用的,它们只有形式上的差别,根本上是相同的. 信息交换是由相对方向的两个通信系统组成,各个方向的通信系统即是上述的模型. 这模型对观察自然界也是形成一个信息观察系统,并且在某种程度上也适用于社会现象中各种形式的信息传输.

为了数学上处理的方便,数量通常可分为离散的及连续的两种情况. 电报的电文是由离散的信息源发生的离散的消息,Morse 电报的点、划信号是离散的信号,其传送的信道亦称为离散的. 但是电话的消息和信号都是连续的,它的信息源、信道皆称为连续的. 但处理的数量,有时同时有离散的及连续的,即所谓混合型的,这在数学上很困难,实际上也不重要.

第二篇

基础篇

初 等 概 念

第 二 章

§1 引 言

在本章,我们将要介绍的信息论是从 1948 年 Shannon 的工作出发. 在他的奠基性的论文中,Shannon 提出了一个数学概型,对于信息的产生与传输这些概念从量的方面给以定义,并且他叙述和证明了一些非常一般的结果,表明了这些定义的重要与有效. 自从 1948 年以来,已有许多文章对于 Shannon 的原始工作加以简化和推广. 同时,又有许多各种各样的工作试图把信息论应用到物理、化学以及生物学与心理学的各种不同的分支中去.

本章的主要内容多是演绎性的,也就是说,从少量的定义出发来推论其他的一切东西,这种途径正是我们将要采用的. 另一方面,信息论又引用了像信息容量、信息源、信息传输率这样一些带有某种直观意义的名词. 因此, 在数学上每进展一步的时候, 把我们的结果与直观所提示的东西加以比较, 是很有意义的. 我们将会看到, 信息论的基本概念很容易借助于直观来加以解释. 当然, 我们不能够对于信息论的一些更高深的结果也做同样的要求, 这里指的是那些复杂的根本性的极限定理, 它们对于愿意进行深入钻研的人们, 能够起引导作用.

当我们试图建立一个定量的理论(对于像"信息的产生"与"信息的传输"这些概念要给以明确的含义)时, 即刻就碰到两个困难. 首先, 我们必须建立一个数学模型, 从而可以谈论信息的产生与传输. 其次, 我们必须对于所包含的信息给出量的刻画. 初看起来, 好像第二个问题可以直接随着第一个问题的解决而得到解决. 当进一步考虑问题时, 就会发现事情并不是这样.

直观地讲, 当我们知道了一个预先不能肯定其是否发生的事件发生时, 我们认为是获得了信息. 而且, 至少在一定的限度内可以合理地认为: 事件愈是有可能发生, 当我们知道它确实发生时, 我们所得到的信息就愈少. 暂且忽略这点, 我们已能进行一些形式的讨论. 设 x 代表一个事件(就是这个事件的发生)而 x' 是它的对立事件(也就是这个事件不发生), 又令 p_x 与 $p_{x'}$ 分别代表这两个事件的概率, 于是

$$p_x + p_x{'} = 1$$

令 I_x 表示我们知道了事件 x 发生而获得的信息量. 既然 x 仅由它的概率所决定, 我们可以假定 I_x 是 p_x 的一

个函数,就是说

$$I_x = I(p_x)$$

此处 $I(\ )$ 是在 p_x 的值域(即 $0 < p_x \leqslant 1$)上定义的非负函数,在目前的讨论中 $p_x = 0$ 和 $p_x = 1$ 的场合是没有什么意义的. 类似地,我们令 $I_{x'} = I(p_{x'})$. 因为获得信息量 I_x 的概率为 p_x,获得信息量 $I_{x'}$ 的概率为 $p_{x'}$,所以获得信息量的平均值(或期望值)就是 $p_x I(p_x) + p_{x'} I(p_{x'})$. 类似地,如果我们有一组互不相容的事件 $x_1, \cdots, x_n$,而且

$$p_{x_1} + \cdots + p_{x_n} = 1$$

那就可以把 $p_{x_1} I(p_{x_1}) + \cdots + p_{x_n} I(p_{x_n})$ 作为我们知道了究竟是哪一个 x_i 发生而获得的信息量的平均值. 在计算这个信息量的平均值时,如果 $p_{x_i} = 0$,则与之相应的一项显然应当略而不计. 现在还一点也看不出应当如何来选定函数 $I(\ )$.

  但是,可以继续这种讨论来得到对于 $I(\ )$ 的形状的较强的约制. 考虑三个互不相容的事件 x, y, z,而

$$p_x + p_y + p_z = 1$$

于是

$$H(x, y, z) = p_x I(p_x) + p_y I(p_y) + p_z I(p_z)$$

就表示我们知道了在 x, y, z 之中哪一个发生而获得的信息量的平均值. 为了明确在 x, y, z 之中哪一个真正发生,可以先明确 x 究竟发生或是不发生,而当 x 不发生时,再进一步明确 y, z 之中哪一个发生. 明确第一件事所获得的信息量显然是 $p_x I(p_x) + (1 - p_x) \cdot I(1 - p_x)$,我们用 $H(x, x')$ 来代表它. 如果 x 不发生,

则 y 与 z 的（条件）概率就分别是 $\dfrac{p_y}{p_{x'}}$ 与 $\dfrac{p_z}{p_{x'}}$. 因而明确第

二件事所获得的信息量就是 $\dfrac{p_y}{p_{x'}}I(\dfrac{p_y}{p_{x'}}) + \dfrac{p_z}{p_{x'}}I(\dfrac{p_z}{p_{x'}})$，我们

用 $H(y,z|x')$ 来代表它. 但是，只当事件 x' 发生时，我们才获得后一个信息量，所以我们可以取 $H(x,x') + p_{x'}H(y,z|x')$ 作为明确 x,y,z 之中哪一个真正发生所获得的总的平均信息量. 于是，对于一切可能的正数 p_x,p_y,p_z，要求函数 $I(\ \ )$ 满足关系式

$$H(x,x') + p_{x'}H(y,z|x') = H(x,y,z)$$

就是很合理的了.

让我们用 p_x,p_y,p_z 表示出函数 H；这就是说，我们令

$$H(x,x') = H(p_x,1-p_x)$$
$$H(x,y,z) = H(p_x,p_y,p_z)$$

和

$$H(y,z|x') = H\left(\frac{p_y}{1-p_x},\frac{p_z}{1-p_x}\right)$$

于是，我们要求下面的关系成立

$$H(p_x,p_y,p_z) = H(p_x,1-p_x) + (1-p_x)H\left(\frac{p_y}{1-p_x},\frac{p_z}{1-p_x}\right)$$

如果 x 是一个复合事件，可以运用同样的推理；这就是说，我们假设 x 由互不相容的事件 $u_1,\cdots,u_{n-1}$ 组成，它们的概率分别为 $p_1,\cdots,p_{n-1}$. 于是我们得到

$$H(u_1,\cdots,u_{n-1},y,z) = H(u_1,\cdots,u_{n-1},x') + p_{x'}H(y,z|x')$$

或者，令

66

$$q_1 = p_y, q_2 = p_z, p_n = p_{x'}$$

我们得到

$$H(p_1, \cdots, p_{n-1}, q_1, q_2) = H(p_1, \cdots, p_n) + p_n II(\frac{q_1}{p_n}, \frac{q_2}{p_n})$$

这是一个很强的要求;事实上,我们很快就会看到,它已经足够决定 $H(p_1, \cdots, p_n)$ 的形状,而不必考虑 H 是如何通过 $I(\ )$ 而定义的. 由于在前面提过的一件事:当 $p_i = 0$ 时, $p_i I(p_i)$ 这一项应当略而不计,因此,即使某些 p_i 是零的时候,仍然要求 $H(p_1, \cdots, p_n)$ 有定义,而且它在区域 $p_i \geqslant 0, i = 1, \cdots, n, p_1 + \cdots + p_n = 1$ 内是连续的. 我们现在可以叙述如下的定理:

定理 下面三个条件确定了函数 $H(p_1, \cdots, p_n)$ (只剩一个常数因子没有确定,这个因子刚好用来确定信息量单位的大小):

1. $H(p, 1-p)$ 是线段 $0 \leqslant p \leqslant 1$ 上 p 的连续函数.

2. $H(p_1, \cdots, p_n)$ 对它的自变量 $p_1, \cdots, p_n$ 来讲,是对称的函数.

3. 如果 $p_n = q_1 + q_2 > 0$,则

$$H(p_1, \cdots, p_{n-1}, q_1, q_2) = H(p_1, \cdots, p_n) + p_n H(\frac{q_1}{p_n}, \frac{q_2}{p_n})$$

以后,我们总是做这样的了解:函数 $H(p_1, \cdots, p_n)$ 仅仅对于整个一组概率有定义,也就是说,对于一组非负的数(其和数为1)有定义.

把定理的证明分成下面一串引理来进行.

引理 1 等式 $H(1, 0) = 0$ 成立.

证 由条件3,有

$$H(\frac{1}{2},\frac{1}{2},0) = H(\frac{1}{2},\frac{1}{2}) + \frac{1}{2}H(1,0)$$

但是,由条件2与3,我们有

$$H(\frac{1}{2},\frac{1}{2},0) = H(0,\frac{1}{2},\frac{1}{2}) = H(0,1) + H(\frac{1}{2},\frac{1}{2})$$

由此推得$H(1,0)=0$,这是因为

$$H(1,0) = H(0,1)$$

引理2 等式

$$H(p_1,\cdots,p_n,0) = H(p_1,\cdots,p_n)$$

成立.

证 由于条件2,我们可以假定 $p_n > 0$,于是,利用条件3,再应用引理1,就得到我们的结果.

引理3 我们有

$$H(p_1,\cdots,p_{n-1},q_1,\cdots,q_m)$$

$$= H(p_1,\cdots,p_n) + p_n H(\frac{q_1}{p_n},\cdots,\frac{q_m}{p_n})$$

其中

$$p_n = q_1 + \cdots + q_m > 0$$

证 当 $m=2$ 时,这个等式恰好就是条件3. 我们按 m 来进行数学归纳法;由引理2,显然只需考虑 $q_i > 0(i=1,2,\cdots,m)$ 的场合. 假定对于某个 m,我们所要推证的论断对于一切 n 皆成立. 于是,利用条件3,我们就有

$$H(p_1,\cdots,p_{n-1},q_1,\cdots,q_{m+1})$$

$$= H(p_1,\cdots,p_{n-1},q_1,p') + p'H(\frac{q_2}{p'},\cdots,\frac{q_{m+1}}{p'})$$

68

$$= H(p_1, \cdots, p_n) + p_n H(\frac{q_1}{p_n}, \frac{p'}{p_n}) + p' H(\frac{q_2}{p'}, \cdots, \frac{q_{m+1}}{p'})$$

其中

$$p' = q_2 + \cdots + q_{m+1}$$

但是,又有

$$H(\frac{q_1}{p_n}, \cdots, \frac{q_{m+1}}{p_n}) = H(\frac{q_1}{p_n}, \frac{p'}{p_n}) + \frac{p'}{p_n} H(\frac{q_2}{p'}, \cdots, \frac{q_{m+1}}{p'})$$

把这个关系代入上面的等式,我们就得到引理对于 $m+1$ 的论断.

引理4 我们有

$$H(q_{11}, \cdots, q_{1m_1}; \cdots; q_{n1}, \cdots, q_{nm_n})$$

$$= H(p_1, \cdots, p_n) + \sum_{i=1}^{n} p_i H(\frac{q_{i1}}{p_i}, \cdots, \frac{q_{im_i}}{p_i})$$

其中

$$p_i = q_{i1} + \cdots + q_{im_i} > 0$$

证 利用引理 3. 我们有

$$H(q_{11}, \cdots, q_{1m_1}; \cdots; q_{n1}, \cdots, q_{nm_n})$$

$$= p_n H(\frac{q_{n1}}{p_n}, \cdots, \frac{q_{nm_n}}{p_n}) +$$

$$H(q_{11}, \cdots, q_{1m_1}; \cdots; q_{n-1,1}, \cdots, q_{n-1,m_{n-1}}; p_n)$$

把 p_n 移到最左边,继续简化下去,经过 n 个步骤,我们最后就得到所期望的结果.

现在,对于 $n \geq 2$,设

$$F(n) = H(\frac{1}{n}, \cdots, \frac{1}{n})$$

而且 $F(1) = 0$. 对于 $m_1 = \cdots = m_n = m, q_{ij} = \frac{1}{mn}$ 的场合,

利用前面一条引理,我们得到

$$F(mn) = F(m) + F(n)$$

当 $m = 1$ 或者 $n = 1$ 时,这个关系式显然成立. 又对于

$H(\frac{1}{n},\cdots,\frac{1}{n})$ 运用引理 3,我们得到

$$H(\frac{1}{n},\cdots,\frac{1}{n}) = H(\frac{1}{n},\frac{n-1}{n}) + \frac{n-1}{n}H(\frac{1}{n-1},\cdots,\frac{1}{n-1})$$

从而有

$$\eta_n \equiv H(\frac{1}{n},\frac{n-1}{n}) = F(n) - \frac{n-1}{n}F(n-1)$$

我们现在证明下面的:

引理 5 当 $n \to \infty$ 时

$$\mu_n = \frac{F(n)}{n} \to 0$$

并且

$$\lambda_n \equiv F(n) - F(n-1) \to 0$$

证 由 $H(p, 1-p)$ 的连续性可以推出

$$\eta_n \to H(0,1) = 0 \quad (n \to \infty)$$

又有

$$n\eta_n = nF(n) - (n-1)F(n-1)$$

于是

$$nF(n) = \sum_{k=1}^{n} k\eta_k$$

或者

$$\frac{F(n)}{n} = \frac{1}{n^2}\sum_{k=1}^{n} k\eta_k = \frac{n+1}{2n}\frac{2}{n(n+1)}\sum_{k=1}^{n} k\eta_k$$

其中 $\frac{2}{n(n+1)}\sum_{k=1}^{n} k\eta_k$ 就是序列 $\eta_1, \eta_2, \eta_2, \eta_3, \eta_3, \eta_3, \cdots$

的前 $\dfrac{n(n+1)}{2}$ 项的算术平均数,而这个序列的极限是零. 于是,当 $n \to \infty$ 时

$$\frac{2}{n(n+1)} \sum_{k=1}^{n} k\eta_k \to 0$$

从而有

$$\lim_{n \to \infty} \frac{F(n)}{n} = 0$$

最后,当 $n \to \infty$ 时,我们有

$$\lambda_n \equiv F(n) - F(n-1) = \eta_n - \frac{1}{n}F(n-1) \to 0$$

我们现在来确定 $F(n)$ 的形状. 由于

$$F(nm) = F(m) + F(n)$$

我们只需知道当 n 为质数时 $F(n)$ 的值. 事实上,对于任何 n,令 $n = p_1^{\alpha_1} \cdots p_s^{\alpha_s}$ 是 n 的质因数分解式;我们就有

$$F(n) = \alpha_1 F(p_1) + \cdots + \alpha_s F(p_s)$$

对于一切的质数 p,我们令

$$F(p) = c_p \ln p$$

这里 $\ln$ 表示通常的自然对数. 于是

$$F(n) = \alpha_1 c_{p_1} \ln p_1 + \cdots + \alpha_s c_{p_s} \ln p_s$$

引理 6 序列 $c_p (p = 2, 3, 5, 7, 11, \cdots)$ 具有最大项.

证 假定引理不成立;那就可以找到一串质数 $p_1 < p_2 < p_3 < \cdots$ 使得 $p_1 = 2$ 而 p_{i+1} 是一切大于 p_i 的质数之中使得不等式 $c_{p_{i+1}} > c_{p_i}$ 成立的最小者. 由于这种构造,如果 q 是一个小于 p_i 的质数,则 $c_q < c_{p_i}$. 对于 $i > 1$,令 $p_i - 1 = q_1^{\alpha_1} \cdots q_s^{\alpha_s}$ 是 $p_i - 1$ 的质因数分解式. 现在

$$\lambda_{p_i} = F(p_i) - F(p_i - 1)$$
$$= F(p_i) - \frac{F(p_i)}{\ln p_i} \ln(p_i - 1) +$$
$$c_{p_i} \ln(p_i - 1) - F(p_i - 1)$$
$$= \frac{F(p_i)}{p_i} \frac{p_i}{\ln p_i} \ln \frac{p_i}{p_i - 1} +$$
$$\sum_{j=1}^{s} \alpha_j (c_{p_i} - c_{q_j}) \ln q_i$$

因为 $p_i - 1$ 必须是偶数, q_i 之中一定有一个是 2. 又因为 $c_{p_i} > c_{q_j}$ (对于 $j = 1, 2, \cdots, s$), 我们有

$$\sum_{j=1}^{s} \alpha_j (c_{p_i} - c_{q_j}) \ln q_j \geqslant (c_{p_i} - c_2) \ln 2 \geqslant (c_{p_2} - c_2) \ln 2$$

但是, 当 $i \to \infty$, $p_i \to \infty$; 根据引理 5, $\lambda_{p_i} \to 0$ 并且 $\frac{F(p_i)}{p_i} \to 0$, 同时又容易证明

$$\frac{p_i}{\ln p_i} \ln \frac{p_i}{p_i - 1} \to 0$$

因此, 我们必须有

$$(c_{p_2} - c_2) \ln 2 \leqslant 0$$

或

$$c_{p_2} \leqslant c_2$$

这与 p_2 的定义相矛盾.

用同样方法可以证明序列 $c_p (p = 2, 3, 5, \cdots)$ 具有最小项.

引理 7 $F(n) = c \ln n$, 其中 c 是常数.

证 只需证明所有的 c_p 相等. 假定有质数 p' 使得 $c_{p'} > c_2$. 设 p 是使得 c_p 成为最大项的那个质数; 于是

$c_p > c_2$. 设 m 是正整数, $q_1^{\alpha_1} \cdots q_s^{\alpha_s}$ 是 $p^m - 1$ 的质因数分解式. 由

$$F(mn) = F(m) + F(n)$$

可以得出

$$\frac{F(p^m)}{\ln p^m} = c_p$$

于是, 正如引理 6 中证明的一样, 我们可得到

$$\lambda_{p^m} \geqslant \frac{F(p^m)}{p^m} \frac{p^m}{\ln p^m} \ln \frac{p^m}{p^m - 1} + (c_p - c_2) \ln 2$$

令 $m \to \infty$, 我们有

$$(c_p - c_2) \ln 2 \leqslant 0$$

这就与 $c_p > c_2$ 相矛盾. 用完全同样的办法, 可以证明, 不可能存在任何质数 q 使得 $c_q < c_2$; 这样一来, 一切 c_p 皆相等. 我们现在能够完成定理的证明了.

令 $p = \dfrac{r}{s}$ (r, s 皆整数). 根据引理 4, 我们有

$$H\left(\frac{1}{s}, \cdots, \frac{1}{s}\right) = H\left(\frac{r}{s}, \frac{s-r}{s}\right) + \frac{r}{s} H\left(\frac{1}{r}, \cdots, \frac{1}{r}\right) +$$

$$\frac{s-r}{s} H\left(\frac{1}{s-r}, \cdots, \frac{1}{s-r}\right)$$

从而有

$$H(p, 1-p) = F(s) - pF(r) - (1-p)F(s-r)$$

$$= c\ln s - pc\ln r - (1-p)c\ln(s-r)$$

$$= c\left(p\ln \frac{s}{r} + (1-p)\ln \frac{s}{s-r}\right)$$

$$= c\left(p\ln \frac{1}{p} + (1-p)\ln \frac{1}{1-p}\right)$$

由于 H 的连续性, 这个结果即刻推广到一切的无理数

p. 利用条件 3,按 n 进行数学归纳法就得到

$$H(p_1,\cdots,p_n) = c \sum_{i=1}^{n} p_i \ln \frac{1}{p_i}$$

我们注意到,$H(p_1,\cdots,p_n)$ 具有形状 $\sum_{i=1}^{n} p_i I(p_i)$,并且,如果我们取 $c > 0$,即 $I(p)$ 是 $1-p$ 的一个增函数.

注 记

(1) Shannon 的原始工作曾经转载于 Shannon 与 Weaver 的早期论文中. 在 Brillouin 的论文中详细地讨论了信息论在物理学中的应用;Quastler 曾汇编了两个论文集,这些论文讨论了信息论在化学、生物学与心理学中的各种可能的应用.

早在 Shannon 的工作之前,人们已经认识到大多数的通信系统都具有统计的性质. 在 Wiener 的开创性论文里特别强调了这一点,而且,他是第一个利用通信系统的统计性质来研究预测与滤过问题的人. 但是,公平地说,像通路和信息量这样一些概念,以及基本的翻码定理的陈述,却完全是属于 Shannon 的.

(2) 除了我们加于 $H(p_1,\cdots,p_n)$ 的三个条件之外,如果还要求

$$F(n) = H(\frac{1}{n},\cdots,\frac{1}{n})$$

是 n 的增函数,则对 $H(p_1,\cdots,p_n)$ 的形状的推导就会大大简化. 在 Khintchine 的工作中,对于 $H(p_1,\cdots,p_n)$ 除了要求条件 1 与 2,又假定引理 2 与 4 成立,并且要求

$$H(p_1,\cdots,p_n)\leqslant F(n)$$

从而推导出 $H(p_1,\cdots,p_n)$ 的形状. 我们在这里所采用
的简洁的证明属于 Fadiev. 至于用到的一个事实:从

$$\lim_{i\to\infty} a_i = a$$

可以推出

$$\lim_{n\to\infty}\frac{1}{n}\sum_{i=1}^{n} a_i = a$$

这可以利用通常的 $\varepsilon-\delta$ 方法很容易地推证出来.

§2 信　息

假定我们有一个含有 q 个符号 $s_1,s_2,\cdots,s_q$ 的信
源字母表,每个符号的概率各为

$$p(s_1)=p_1,p(s_2)=p_2,\cdots,p(s_q)=p_q$$

当我们接收到其中的一个符号时,我们得到多少信息
呢? 例如,若 $p_1=1$(当然此时所有其他的 $p_i=0$),那
么收到它就毫不"意外",所以没有信息,因为我们知
道消息必定是什么. 反之,若这些概率差异很大,那么
在小概率事件发生时,我们会感到比较意外,因而我们
获得的信息比大概率事件发生时获得的信息要多. 所
以信息与事件发生的概率有点像反比例关系.

我们还直观地感到"意外"是可加的——由两个
独立符号得到的信息是分别从各个符号所得信息的
和. 由于复合事件的概率是两个独立事件概率的乘积,
所以很自然地把信息量定义为

$$I(s_i) = \log_2 (\frac{1}{p_i})$$

这样就得到如下的结果

$$I(s_1) + I(s_2) = \log_2 (\frac{1}{p_1 p_2}) = I(s_1 s_2)$$

此式清楚地表明如果概率取积,那么信息量就取和. 所以这一定义和我们头脑中关于信息应该是什么的概率大致吻合.

所谓"不确定性""意外"和"信息"都是有联系的. 在事件(实验,消息符号的接收,等等)发生之前,有一定量的不确定性. 当事件发生时有一定量的"意外",而在事件发生之后有一定量的信息增益. 所有这些数量都是相同的.

这是根据符号的概率来建立的一个工程定义,而不是根据这个符号对人的实际意义来建立的定义. 对信息论一知半解的人在这一点上认识往往非常模糊. 他们根本不明确这是一个纯粹技术性的定义,这一定义仅仅抓住了信息一词在通常的概念中所包含的丰富内容的一小部分.

为了说明这一定义和信息的"通常含义"差别有多大,我们来考虑这样一个问题:"什么书含有最多的信息?". 当然,为了使问题明确,我们必须说明书的页数,印刷铅字的大小以及所用印刷铅字的种类(字母表). 一旦这些细节明确以后,这一问题的回答是很清楚的:"完全随机和均匀地选择铅字排成的那本书含有最多的信息!"每一个新符号的出现将作为完全意外的事件(这一陈述的理由将在§4中加以阐明).

对数的底应取多少呢？这仅仅是一个习惯问题，因为不同底的对数相互间有一定的比例关系．这可由下面的基本关系得到

$$\log_a x = \frac{\log_b x}{\log_b a} = (\log_a b)\log_b x$$

用以 2 为底的对数是比较方便的；这样得到的信息单位称为比特（bit，二元数字的缩写）．如果用 e 为底，则信息的单位称为奈特（nat），在进行微积分运算时要用它．最后也有用 10 作底的，这时的单位称 Hartley．这一单位取名于 R. V. L. Hartley，因为是他首先提出用对数来度量信息的．

我们经常在两种不同的意义上使用"比特"这一名词，它既可以作为以 2 为基的数制中的一个数字也可以作为信息的单位．它们是不一样的，所以在容易引起混淆的情况下，当我们是指前述的定义时，就应该小心地说"信息比特"．

把一种底的对数换成另一种底的对数是很容易的，只要利用下面这些数值就可以了

$$\log_{10} 2 = 0.301\ 03\cdots,\ \log_2 10 = 3.321\ 93\cdots$$
$$\log_{10} e = 0.434\ 29\cdots,\ \log_e 10 = 2.302\ 59\cdots$$
$$\log_e 2 = 0.693\ 15\cdots,\ \log_2 e = 1.442\ 70\cdots$$

§3　熵

如果我们在接收到符号 s_i 时得到 $I(s_i)$ 单位的信息,那么按平均计算,我们得到的信息是多少呢? 回答很简单,由于获得 $I(s_i)$ 信息的概率是 p_i,所以平均讲从符号 s_i 得到的信息是

$$p_i I(s_i) = p_i \log_2 \frac{1}{p_i}$$

由此对符号 s_i 的整个字母表取平均,我们得到

$$\sum_{i=1}^{q} p_i \log_2 \frac{1}{p_i}$$

按习惯,对这一重要的量,我们记以(对基数为 r 的情况)

$$H_r(s) = \sum_{i=1}^{q} p_i \log_r \frac{1}{p_i} \qquad (1)$$

并把它称为具有符号 s_i 和概率 p_i 的信号系统 S 的熵.
显然

$$H_r(s) = H_2(s)\log_r 2$$

这就是在只考虑符号 s_i 的概率下这一分布的熵.在 §10 中我们要考虑 Markov 过程的熵.

很重要的一点是要知道像"考虑信源的熵"这样的话可能毫无意义,除非我们同时把一个信源的模型考虑在内. 我们用随机数作为一个例子,我们有产生这一伪随机数的公式. 现在假设我们有一张这种数的表,而我们事先不知道这就是随机数,那么我们就可能根

据每个数的发生频率来计算它的熵. 由于随机数发生器可以很好地模拟随机数, 我们将会发现每一个新数的到来对我们来讲是完全意外的. 但若我们知道用来产生这个表的公式, 那么在经过若干个数以后, 我们就完全能够预测下一个将是什么数——它的到来将毫不使人意外. 所以我们对信源熵的估计取决于我们所采用的信源模型.

熵函数(1)涉及的只是概率的分布——它是概率分布 p_i 的函数且不涉及 s_i. 例如, 若概率为 0.4, 0.3, 0.2 和 0.1, 则得到表 1. 所以这一分布的熵是 1.846 44 (近似值). 虽然我们应当把熵函数写成 p 的函数 $H(p)$, 但是我们将经常用字母 s 来表示并写成 $H(s)$, 只是在只有两个事件时偶尔也把它写成 $H(p)$.

表 1

p	$p\log\dfrac{1}{p}$
0.4	0.528 77
0.3	0.521 09
0.2	0.464 39
0.1	0.332 19
和	1.846 44

函数 $p\log_2\dfrac{1}{p}$ 画在图 1 中. 由

$$\frac{\mathrm{d}}{\mathrm{d}p}\left(p\log_2\frac{1}{p}\right) = \frac{\mathrm{d}}{\mathrm{d}p}\left(p\log_e\frac{1}{p}\right)\log_2 e = \log_2\frac{1}{p} - \log_2 e$$

我们看到在 $p=0$ 处有无穷大的斜率而在 $p=\dfrac{1}{e}$ 时达到最大值.

对 $p=0$ 处的值还需要利用这样的关系式

$$\lim_{x\to 0}(x\log_e x)=0$$

为证明这一点,我们把它写成 $\lim\limits_{x\to 0}\left(\dfrac{\log_e x}{\frac{1}{x}}\right)$,并利用

l'Hospital法则对分子分母分别微分

$$\lim_{x\to 0}\left(\dfrac{\frac{1}{x}}{-\frac{1}{x^2}}\right)=\lim_{x\to 0}(-x)=0$$

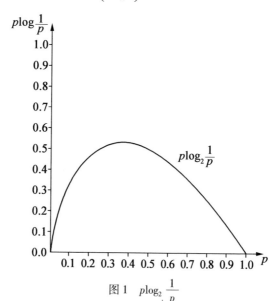

图 1　$p\log_2\dfrac{1}{p}$

作为分布的熵的另一个例子让我们考虑信源字母

表 $S = \{s_1, s_2, s_3, s_4\}$，此处 $p_1 = \dfrac{1}{2}, p_2 = \dfrac{1}{4}, p_3 = \dfrac{1}{8}, p_4 = \dfrac{1}{8}$. 基数 $r = 2$，我们得到熵为

$$H_2(S) = \frac{1}{2}\log_2 2 + \frac{1}{4}\log_2 4 + \frac{1}{8}\log_2 8 + \frac{1}{8}\log_2 8$$

$$= \frac{1}{2} \times 1 + \frac{1}{4} \times 2 + \frac{1}{8} \times 3 + \frac{1}{8} \times 3$$

$$= 1\frac{3}{4}（信息比特）$$

作为熵的概念的应用，我们来考虑抛钱币的问题. 钱币的两面被认为是同样可能的

$$I(s_i) = \log_2\left(\frac{1}{2}\right)^{-1} = \log_2 2 = 1$$

$$H_2(S) = \frac{1}{2}I(s_1) + \frac{1}{2}I(s_2) = 1$$

由两个事件组成的分布是非常普通的. 如果 p 是第一个事件（符号）的概率，则熵函数为

$$H_2(p) = p\log_2\frac{1}{p} + (1 - p)\log_2\left(\frac{1}{1 - p}\right)$$

图 2 给出这一函数的图形. 注意在 $p = 0$ 和 $p = 1$ 处曲线具有垂直的切线，因为

$$\frac{\mathrm{d}}{\mathrm{d}p}\left[p\log_2\frac{1}{p} + (1 - p)\log_2\left(\frac{1}{1 - p}\right)\right]$$

$$= \left[\log_e\frac{1}{p} - 1 - \log_e\left(\frac{1}{1 - p}\right) + 1\right]\log_2 e$$

$$= \log_2\frac{1}{p} - \log_2\left(\frac{1}{1 - p}\right)$$

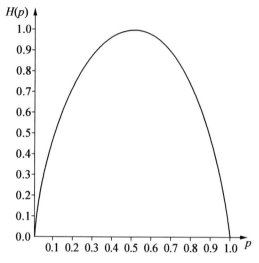

图 2　只有两个概率时分布的熵函数

类似地,在滚动一个完全平衡的骰子时

$$I(s_i) = \log_2 \left(\frac{1}{6}\right)^{-1} = \log_2 6$$

而它的熵是

$$H(S) = 6\left[\frac{1}{6}I(s_i)\right] = \log_2 6 = 2.5849\cdots \text{(信息比特)}$$

从这一例子可以看到,当所有概率都相等时,对字母表平均的信息和一个事件的信息相同.

分布的熵函数概括了分布的一个方面,这很像统计学中的期望概括了分布的一个方面那样. 熵同时具有算术中值(期望)和几何中值的性质.

§4 熵函数的数学性质

熵函数度量了不确定性、意外，或者从某种现象（例如消息的接收以及实验的结果）中所获得的信息的数量. 所以这是事件发生概率的一个重要的函数. 例如在设计一个实验时我们总是希望获得最多的信息，使熵函数达到最大值. 为此我们需要至少是部分地控制各个实验结果的概率；我们需要适当地"设计这个实验". 在很多情况下最大熵越来越成为一个判决的准则. 所以，不管我们今后对熵函数采用何种用法，现在来对它本身进行一些研究也是值得的.

熵函数具有不少极其有用的数学性质，在深入讨论这一理论之前，我们先对它进行一些简单介绍. $\log_e x$ 的第一个性质可以在图 3 中看到.

画出 $(1,0)$ 处的切线，我们就得到它的斜率是

$$\frac{\mathrm{d}(\log_e x)}{\mathrm{d}x}\bigg|_{x=1} = 1$$

所以切线方程式是

$$y - 0 = 1(x - 1)$$

或

$$y = x - 1$$

这样我们就得到对所有大于零的 x 都成立的不等式

$$\log_e x \leqslant x - 1 \tag{1}$$

等号只有在 $x = 1$ 处才成立.

我们需要的第二个结果是两个概率分布之间的关系. 设第一个概率分布是 x_i,当然 $\sum x_i = 1$,第二个概率分布是 y_i, $\sum y_i = 1$. 现在来考虑涉及两个分布的表示式

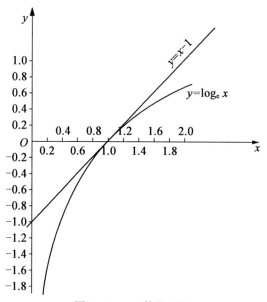

图 3 $\log_e x$ 函数的上限

$$\sum_{i=1}^{q} x_i \log_2 \frac{y_i}{x_i} = \frac{1}{\log_e 2} \sum_{i=1}^{q} x_i \log_e \frac{y_i}{x_i}$$

利用前面的关系式(1),我们得到

$$\frac{1}{\log_e 2} \sum_i x_i \log_e \frac{y_i}{x_i} \leqslant \frac{1}{\log_e 2} \sum_i x_i \left(\frac{y_i}{x_i} - 1 \right)$$

$$\leqslant \frac{1}{\log_e 2} \sum_i (y_i - x_i)$$

$$\leqslant \frac{1}{\log_e 2} \left(\sum_i y_i - \sum_i x_i \right)$$

84

$$= 0$$

把对数的底再改成 2,就得到基本的不等式

$$\sum_{i=1}^{q} x_i \log_2 \left(\frac{y_i}{x_i} \right) \leqslant 0 \qquad (2)$$

注意上式中的等号只有在所有 $x_i = y_i$ 时才成立.

　　人们很自然会问在什么样的概率分布下熵取最大值(最小值很明显地发生在有一个 $p_i = 1$ 而所有其他的概率都等于零的时候). 由前所述,我们有

$$H_2(S) = \sum_i p_i \log_2 \frac{1}{p_i} \quad \left(\sum_i p_i = 1 \right)$$

　　现在先考虑下式的值

$$H_2(S) - \log_2 q = \sum_{i=1}^{q} p_i \log_2 \frac{1}{p_i} - \log_2 q \sum_{i=1}^{q} p_i$$

$$= \sum_{i=1}^{q} p_i \log_2 \frac{1}{q p_i}$$

$$= \log_2 e \sum_{i=1}^{q} p_i \log_e \frac{1}{q p_i}$$

利用不等式(1)就得到

$$H_2(S) - \log_2 q \leqslant \log_2 e \sum_{i=1}^{q} p_i \left(\frac{1}{q p_i} - 1 \right)$$

$$\leqslant \log_2 e \left(\sum_{i=1}^{q} \frac{1}{q} - \sum_{i=1}^{q} p_i \right)$$

$$\leqslant \log_2 e^{(1-1)} = 0$$

所以

$$H_2(S) \leqslant \log_2 q \qquad (3)$$

上式中的等号只有在所有 $p_i = \dfrac{1}{q}$ 时才成立.

　　这一重要结果可以用另一种办法推导出来,利用

Lagrange 乘数并考虑函数

$$f(p_1,p_2,\cdots,p_q) = \frac{1}{\log_e 2} \sum_i p_i \log_e \left(\frac{1}{p_i}\right) + \lambda \left(\sum_i p_i - 1\right)$$

$$\frac{\partial f}{\partial p_j} = \frac{1}{\log_e 2}\left[\log_e\left(\frac{1}{p_j}\right) - 1\right] + \lambda = 0$$

$$(j = 1,2,\cdots,q)$$

由于此式中的所有参数都是常数,所以 p_i 必定具有相同的值. 如果它们相同,则每一个的值必为 $\frac{1}{q}$,此处 q 是指分布中有 q 个元素. 这样,最大熵就是

$$H_2(S) = \log_2 q$$

除了这种完全等可能的分布以外,所有其他分布的熵都小于 $\log_2 q$.

标准的具有 A,B,C,D 和 F 的给分制可以用来说明这一原理的简单通俗的应用. 其中 F 具有特殊的意义,即学生必须重修这门课程. 把 F 除外以后,如果我们想利用这种给分制获得最多的信息量,那么我们就应该使这几个等级的分数等可能地发生. 当然,我们可能希望把最好的学生特别区分开来,因而只给少数人得 A. 然而,这样一来我们就给信息以一种与我们定义过的意义不同的含义. 在美国大学研究院中只给 A 和 B 的习惯是对这种信号系统的明显的浪费. 在概率分布中有一个是 1 而其余全是 0 这种极端的情况就是传送固定的信号,而这是不传送信息的. 这就是"老是诉苦的人很快就引不起人们注意"的原因.

§5　熵 和 编 码

现在我们来证明平均码长 L 和熵 $H(S)$ 之间的一个基本关系式. 对任何一个具有确定字长 l_i 的 r 元即时码,由 Kraft 不等式有

$$K = \sum_{i=1}^{q} \frac{1}{r^{l_i}} \leqslant 1 \qquad (1)$$

现定义数值 Q_i 有

$$Q_i = \frac{r^{-l_i}}{K} \qquad (2)$$

显然

$$\sum_{i=1}^{q} Q_i = 1$$

所以 Q_i 可以看成是一个概率分布. 这样,我们就可以利用 §4 基本的不等式(2)有

$$\sum_{i=1}^{q} p_i \log_2 \left(\frac{Q_i}{p_i} \right) \leqslant 0$$

把其中的对数项展开成对数之和,可以看到其中的一项就是熵函数

$$H_2(S) = \sum_{i=1}^{q} p_i \log_2 \frac{1}{p_i} \leqslant \sum_{i=1}^{q} p_i \log_2 \frac{1}{Q_i}$$

把式(2)代入上式右端就得到

$$H_2(S) \leqslant \sum_{i=1}^{q} p_i (\log_2 K - \log_2 r^{-l_i})$$

$$\leqslant \log_2 K - \sum_{i=1}^{q} p_i l_i \log_2 r$$

由 Kraft 不等式 $K \leqslant 1$, 可有 $\log_2 K \leqslant 0$. 在上式中去掉这一项只会加强这个不等式, 这样我们就得到

$$H_2(S) \leqslant \sum_{i=1}^{q} (p_i l_i) \log_2 r = L \log_2 r$$

或

$$H_r(S) \leqslant L \qquad (3)$$

此处 L 是平均的码字长

$$L = \sum_{i=1}^{q} p_i l_i \qquad (4)$$

这就是我们所要的基本结果; 熵给出了任何即时可译码平均码字长度的下限. 根据 McMillan 不等式, 这一结果也适用于任何唯一可译码.

对于有效的二元码 $K = 1$, 而 $\log_2 K = 0$. 所以不等式只有在(二元情况时)

$$p_i \neq Q_i = 2^{-l_i}$$

时才成立.

§6 Shannon-Fano 编码

在 §5 中我们假定已经知道的是码字长 l_i. 实际上更多的情况是概率 p_i 已经给定. 此时 Huffman 编码可以给出码字长度, 但是根据这一方法得到的每一个码字长度都和整个概率集合有关.

Shannon-Fano 编码不像 Huffman 编码那样有效, 但是它有一个优点就是你可以直接从概率 p_i 得到码

字长 l_i. 设给定信源符号 $s_1, s_2, \cdots, s_q$ 及其相应的概率 $p_1, p_2, \cdots, p_q$. 则对每一个 p_i 存在一个整数 l_i 使得

$$\log_r \frac{1}{p_i} \leqslant l_i < \log_r \frac{1}{p_i} + 1 \qquad (1)$$

去掉对数就得到

$$\frac{1}{p_i} \leqslant r^{l_i} < \frac{r}{p_i}$$

再取每一项的倒数, 就有

$$p_i \geqslant \frac{1}{r^{l_i}} > \frac{p_i}{r}$$

由于 $\sum p_i = 1$, 所以对这些不等式取和就得到

$$1 \geqslant \sum_{i=1}^{q} \left(\frac{1}{r^{l_i}}\right) > \frac{1}{r} \qquad (2)$$

此式给出的正是 Kraft 不等式. 所以存在一个具有上述码字长度的即时可译码.

　　为得到概率 p_i 分布的熵, 我们把式(1)乘以 p_i 并取和

$$H_r(S) = \sum_{i=1}^{q} p_i \log_r \frac{1}{p_i} \leqslant \sum_{i=1}^{q} p_i l_i < H_r(S) + 1$$

用这个码的平均码字长 L(§5 的式(4))来表示, 我们得到

$$H_r(S) \leqslant L < H_r(S) + 1 \qquad (3)$$

这样, 对于 Shannon-Fano 编码码字平均长的下限仍然是熵. 同时, 熵还是上限的组成部分. 对于 Huffman 编码要直接找到上限很不容易, 但是由于 Huffman 码是最优码, 所以它至少和 Shannon-Fano 编码一样好.

　　怎样按这个方法进行具体的编码呢? 我们只要把

它们按概率排列,然后依次指定就可以了. 例如由概率

$$p_1 = p_2 = \frac{1}{4}, p_3 = p_4 = p_5 = p_6 = \frac{1}{8}$$

我们得到 Shannon-Fano 编码的码字长

$$l_1 = l_2 = 2, l_3 = l_4 = l_5 = l_6 = 3$$

然后我们指定

$$s_1 = 00, s_2 = 01, s_3 = 100, s_4 = 101, s_5 = 110, s_6 = 111$$

我们已经证明 Shannon-Fano 编码满足 Kraft 不等式,而这一不等式保证我们有足够的码字指派给信源符号以得到一个即时码. 根据这种有次序的指定方法可以很方便地得到译码树.

这说明即使用 Shannon-Fano 编码效果也相当好,但是现在来看一看左边的等号何时成立是很有意思的. 首先,假如每一个概率 p_i 恰好是基 r 的幂的倒数,那么在这种指定码字长的办法下将有等式——平均码字长恰好等于熵. 为真正得到这个码字,我们只要把具有要求长度和依次增长的 r 进数指派给它们就可以了.

§7 Shannon-Fano 编码比最优编码差多少

既然 Huffman 码是最优的,而我们刚才讨论的 Shannon-Fano 编码(经常是)是次优的,所以很自然地要问"Shannon-Fano 编码比最优编码差多少?"现在就来考虑一个实例.

设有信源字母表 s_1, s_2, 概率为

$$p_1 = 1 - \frac{1}{2^k}, p_2 = \frac{1}{2^k} \quad (k \geqslant 2)$$

我们得到

$$\log_2 \frac{1}{p_1} \leqslant \log_2 2 = 1$$

因为 $l_1 = 1$, 但对 l_2 我们有

$$\log_2 \frac{1}{p_2} = \log_2 2^k = k = l_2$$

按 Huffman 编码两个码字都只有一位, 但按 Shannon-Fano 编码, 则 s_1 是一位而 s_2 是 k 位.

我们不必马上担心它的效率低, 让我们先来算一下平均的字长. 显然, Huffman 码的平均字长是

$$L_{\mathrm{H}} = 1$$

对 Shannon-Fano 编码, 我们有

$$L_{\mathrm{SF}} = 1\left(1 - \frac{1}{2^k}\right) + k \frac{1}{2^k} = 1 + \frac{k-1}{2^k}$$

这样我们就得到下面的表 2.

表 2

k	$1 + \dfrac{k-1}{2^k}$
2	$1 + \dfrac{1}{4} = 1.25$
3	$1 + \dfrac{1}{4} = 1.25$
4	$1 + \dfrac{3}{16} = 1.1875$

续表 2

5	$1 + \dfrac{1}{8} = 1.125$
6	$1 + \dfrac{5}{64} = 1.078\ 125$
⋮	⋮

作为效率损失的另一个例子,设所有的信源符号具有相同的概率 $\dfrac{1}{q}$. Shannon-Fano 编码将有

$$\log_2 q \leq l \leq \log_2 q + 1$$

如果 q 不是 2 的幂,则 Huffman 码中的有些码字将可缩短而 Shannon-Fano 编码却不是这样.

由此可知使用 Shannon-Fano 编码时平均字长的损失是不大的,而且我们在下面还要看到这在理论上更不成问题;只是在实用上 Huffman 编码比 Shannon-Fano 编码更优越.

§8 码 的 扩 展

我们已经在最简单的情况,即符号 s_i 互相独立且具有确定概率 p_i 的情况下介绍了熵的概念. 现在我们要把这一概念推广到扩展码和 Markov 过程中去. §8 和 §10 就进行这一工作.

用熵函数来衡量, Shannon-Fano 编码和 Huffman

码比较只有在概率的倒数不恰好是基 r 的幂时才有损失. 如果我们每次不是对一个信源符号进行编码而是每次对 n 个信源符号组进行编码, 那么我们就有希望更好地接近下限 $H_r(S)$.

更为重要的是, 扩展后的概率较之原来的概率差异更大. 所以我们可以预料扩展越大, Huffman 编码和 Shannon-Fano 编码就越会都是有效的. 下面先来看一下码的扩展的概念.

定义 具有概率 $Q_i = p_{i_1} p_{i_2} \cdots p_{i_n}$ 及形式为 s_{i_1}, $s_{i_2}, \cdots, s_{i_n}$ 的符号集称为信源字母表 $s_1, s_2, \cdots, s_q$ 的 n 次扩展.

每一个含有 n 个原始符号的组现在成为一个新的符号 t_i, 其概率为 Q_i. 我们把这一字母表记作 $S^n = T$.

这一新的系统的熵很容易进行如下计算

$$H_r(S^n) = H_r(T) = \sum_{i=1}^{q^n} Q_i \log_r \frac{1}{Q_i}$$

$$= \sum_{i=1}^{q^n} Q_i \log_r \frac{1}{p_{i_1} p_{i_2} \cdots p_{i_n}}$$

把式中的对数项展开成对数的和, 我们得到

$$\sum_{i=1}^{q^n} Q_i \log \frac{1}{p_{i_1} p_{i_2} \cdots p_{i_n}} = \sum_{i=1}^{q^n} Q_i \sum_{k=1}^{n} \log_r \frac{1}{p_{i_k}}$$

$$= \sum_{k=1}^{n} \sum_{i=1}^{q^n} p_{i_1} p_{i_2} \cdots p_{i_n} \log_r \frac{1}{p_{i_k}}$$

在这一对 k 取和的和式中每一个典型项为

$$\sum_{i=1}^{q^n} p_{i_1} p_{i_2} \cdots p_{i_n} \log_r \frac{1}{p_{i_k}}$$

$$= \sum_{i_1=1}^{q} \sum_{i_2=1}^{q} \cdots \sum_{i_n=1}^{q} p_{i_1} p_{i_2} \cdots p_{i_n} \log_r \frac{1}{p_{i_k}}$$

对每一个不包含 i_k 的取和,其和是 1(因为概率之和为 1). 这样就只留下对 i_k 取和的项,但

$$\sum_{i_k=1}^{q} p_{i_k} \log_r \frac{1}{p_{i_k}} = H_r(S)$$

由于和式中的其他和具有与此相同的形式,所以所有各项的和为

$$H_r(T) = H_r(S^n) = nH_r(S) \qquad (1)$$

一个字母表的 n 次扩展的熵是原始字母表熵的 n 倍. 但同时要注意它有 q^n 个符号.

现在我们可以把§6 式(3)的结果用到扩展 T 上来. 我们得到(此处 L_n 是 n 次扩展的平均字长)

$$H_r(S^n) \leqslant L_n < H_r(S^n) + 1$$

把式(1)代入并除以 n,即

$$H_r(S) \leqslant \frac{L_n}{n} < H_r(S) + \frac{1}{n} \qquad (2)$$

因为扩展的每一个 t_i 中有 n 个符号,所以 $L = \frac{L_n}{n}$ 是字长的更恰当的度量. 这样,对于一个码的足够大的 n 次扩展来讲,我们总可以使平均码字长 L 任意接近于熵 $H_r(S)$. 这就是 Shannon 的无干扰编码定理:码的 n 次扩展满足式(2).

§9　扩展的一个例子

假设信源字母表是 s_1, s_2，概率是 $p_1 = \dfrac{2}{3}, p_2 = \dfrac{1}{3}$.

其熵为

$$H_2(S) = \frac{2}{3}\log_2 \frac{3}{2} + \frac{1}{3}\log_2 3 = \log_2 3 - \frac{2}{3}$$

$$= 1.584\ 9\cdots - 0.666\ 6\cdots$$

$$= 0.918\ 295\ 8\cdots$$

用 Huffman 编码得到的是

$$s_1 = 0, s_2 = 1$$

所以平均码长是 1. 用 Shannon-Fano 编码得到的是

$$l_1 = 1, l_2 = 2$$

而平均码长是

$$\frac{2}{3} \times 1 + \frac{1}{3} \times 2 = 1 + \frac{1}{3}$$

用 Shannon-Fano 编码法对此码扩展进行编码,对二次扩展

$$\log_2 \frac{9}{4} \le l_1 \qquad (l_1 = 2)$$

$$\log_2 \frac{9}{2} \le l_2 \qquad (l_2 = 3)$$

$$\log_2 \frac{9}{2} \le l_3 \qquad (l_3 = 3)$$

$$\log_2 \frac{9}{1} \le l_4 \qquad (l_4 = 4)$$

其平均码长是

$$L_{SF} = \frac{4}{9} \times 2 + \frac{2}{9} \times 3 + \frac{2}{9} \times 3 + \frac{1}{9} \times 4$$

$$= \frac{8 + 12 + 4}{9} = \frac{24}{9} = 2.666\cdots$$

很凑巧的是,在这一情况下,我们刚好可以对所有扩展的概率进行计算,以便进行 Shannon-Fano 编码. 对 n 次扩展将有(表3):

表3

项数	概率
$C(n,0)$	$\frac{2^n}{3^n}$
$C(n,1)$	$\frac{2^{n-1}}{3^n}$
$\vdots$	$\vdots$
$C(n,i)$	$\frac{2^{n-i}}{3^n}$
$\vdots$	$\vdots$
$C(n,n)$	$\frac{1}{3^n}$

为找出相应的码字长 l_i,按

$$\log_2 \frac{1}{p_i} = \log_2 \left(\frac{3^n}{2^{n-i}} \right)$$

$$= n\log_2 3 - (n - i)$$

$$= n(\log_2 3 - 1) + i \leqslant l_i$$

$$(i = 1, 2, \cdots, n) \tag{1}$$

令

　　　A_n 是大于 $n(\log_2 3 - 1)$ 的第一个整数　　（2）

则平均的码字长为

$$L_{\mathrm{SF}}(n) = \frac{1}{3^n} \sum_{i=0}^{n} \mathrm{C}(n, i) 2^{n-i} (A_n + i)$$

$$= \frac{1}{3^n} \{ A_n \sum_{i=0}^{n} \mathrm{C}(n, i) 2^{n-i} +$$

$$\sum_{i=0}^{n} [n - (n - i)] \mathrm{C}(n, i) 2^{n-i} \}$$

　　但是，我们知道，$(1 + x)^n$ 的二项式展开由定义可以写成下列两种形式

$$(1 + x)^n = \sum_{i=0}^{n} \mathrm{C}(n, i) x^i = \sum_{i=0}^{n} \mathrm{C}(n, i) x^{n-i} \tag{3}$$

将上式中的第二种形式进行微分并乘以 x，我们得到

$$n(1 + x)^{n-1} x = \sum_{i=0}^{n} \mathrm{C}(n, i)(n - i) x^{n-i} \tag{4}$$

将 $x = 2$ 代入式（3）和（4），我们得到

$$3^n = \sum_{i=0}^{n} \mathrm{C}(n, i) 2^{n-i}$$

和

$$(\frac{2n}{3}) 3^n = \sum_{i=0}^{n} \mathrm{C}(n, i)(n - i) 2^{n-i}$$

所以最后得到

$$L_{\mathrm{SF}}(n) = \frac{1}{3^n} (A_n 3^n + n 3^n - \frac{2n}{3} 3^n) = A_n + \frac{n}{3}$$

其中 A_n 由式（2）可知

$$A_n \geqslant n(\log_2 3 - 1) = n \times 0.584\ 962\ 5\cdots$$

下面我们给出 A_n 数值的一个表(表 4),在这个表的最后一列同时给出了 Huffman 编码的结果.

表 4

n	$\dfrac{n}{\log_2 3 - 1}$	A_n	$\dfrac{L_{SF}(n)}{n}$	$\dfrac{L_H(n)}{n}$
1	0.584 9⋯	1	1.333 33⋯	1.000 00
2	1.169 9⋯	2	1.333 33⋯	0.944 44⋯
3	1.754 9⋯	2	1.000 00⋯	0.938 27⋯
4	2.339 8⋯	3	1.083 33⋯	0.938 27⋯
5	2.924 8⋯	3	0.933 33⋯	0.922 63⋯
6	3.509 8⋯	4	1.000 00⋯	
7	4.094 7⋯	5	1.047 62⋯	
8	4.679 7⋯	5	0.958 33⋯	
9	5.264 6⋯	6	1.000 00⋯	
10	5.849 6⋯	6	0.933 33⋯	

由 §5 式(3)知它的下限是 $H(S) = 0.918\ 29\cdots$. Shannon-Fano 编码不是有规则地逼近这一熵,但是按照早先的结果(§8),它最后是肯定要趋于这一极限的.

到此为止,我们的讨论结果可归纳如下:

1. 由 §5 方程(3),任何即时码的平均码长都满足

$$H_2(S) \leqslant L\log_2 r$$

2. 由 §6 方程(3)表明

$$H_2(S) \leqslant L_{\mathrm{SF}} \log_2 r < H_2(S) + \log_2 r$$

3. Huffman 编码是最优的,所以

$$L_{\mathrm{H}} \log_2 r \leqslant L_{\mathrm{SF}} \log_2 r$$

4. 由 §8 方程(2),n 次扩展满足

$$H_2(S) \leqslant \frac{L \log_2 r}{n} < H_2(S) + \frac{\log_2 r}{n}$$

把所有上述结果归纳起来就得到

$$H_2(S) \leqslant \frac{L_{\mathrm{H}}(n) \log_2 r}{n} \leqslant \frac{L_{\mathrm{SF}}(n) \log_2 r}{n} < H_2(S) + \frac{\log_2 r}{n}$$

式中 $L_{\mathrm{H}}(n)$ 是 n 次扩展 Huffman 编码的平均码字长,而 $L_{\mathrm{SF}}(n)$ 是 n 次扩展 Shannon-Fano 编码的平均码字长. 上面的表与这一结论是一致的. 这一串接不等式也清楚地说明我们在 §7 中的陈述为什么是正确的,在那里我们说用 Shannon-Fano 编码代替最优的 Huffman 编码,当 n 很大时理论上的损失是很小的. 对于不大的 n 值,实际的损失则可能比较大.

§10 Markov 过程的熵

Markov 过程表示输入数据流的某些结构形式. 特别是用它来处理相邻符号之间的相关. 下面我们来讨论 Markov 过程的熵.

假设我们已经知道前 m 个符号为

$$s_{i_1}, s_{i_2}, s_{i_3}, \cdots, s_{i_m}$$

下一个符号是 s_i 的概率是多少呢? 这一条件概率在

数学上可写作

$$p(s_i | s_{i_1}, s_{i_2}, \cdots, s_{i_m})$$

注意这时的符号序列是

$$s_{i_1}, s_{i_2}, \cdots, s_{i_m}, s_i$$

对零阶 Markov 过程这一概率只依赖于符号 s_i, 按以前的记法, 它写作 p_i. 对一阶 Markov 过程则需要有一对符号的双字母频率.

按照我们对信息数量的"意外"程度的定义, 当我们已经知道(系统已处在这样的状态)

$$s_{i_1}, s_{i_2}, \cdots, s_{i_m}$$

时再接收到符号 s_i 所得到的信息是

$$I(s_i | s_{i_1}, s_{i_2}, \cdots, s_{i_m}) = \log_2 \left[\frac{1}{p(s_i | s_{i_1}, s_{i_2}, \cdots, s_{i_m})} \right]$$

这样, 对字母表 S 取平均的熵显然可由下式给出

$$H(S | s_{i_1}, s_{i_2}, \cdots, s_{i_m})$$

$$= \sum_S p(s_i | s_{i_1}, s_{i_2}, \cdots, s_{i_m}) \log_2 \left[\frac{1}{p(s_i | s_{i_1}, s_{i_2}, \cdots, s_{i_m})} \right]$$

这是在给定符号序列 $s_{i_1}, s_{i_2}, \cdots, s_{i_m}$ 的条件下信源字母表 S 的条件熵.

然后再来考虑这一大的系统, 并把 Markov 过程中这一状态发生的概率考虑进去. 设 $p(s_{i_1}, s_{i_2}, \cdots, s_{i_m})$ 是状态 $s_{i_1}, s_{i_2}, \cdots, s_{i_m}$ 发生的概率. 这样, 很自然地就把 Markov 系统的熵定义为这一状态发生的概率乘以这一状态下的条件熵, 也即

$$H(S) = \sum_{S^m} p(s_{i_1}, s_{i_2}, \cdots, s_{i_m}) H(S | s_{i_1}, s_{i_2}, \cdots, s_{i_m})$$

按前述条件熵的定义, 就得到

$$H(S) = \sum_{S^m} \sum_{S} p(s_{i_1}, s_{i_2}, \cdots, s_{i_m}) \cdot$$
$$p(s_i \mid s_{i_1}, s_{i_2}, \cdots, s_{i_m}) \cdot$$
$$\log_2 \left[\frac{1}{p(s_i \mid s_{i_1}, s_{i_2}, \cdots, s_{i_m})} \right]$$

但由

$$p(s_{i_1}, s_{i_2}, \cdots, s_{i_m}) p(s_i \mid s_{i_1}, s_{i_2}, \cdots, s_{i_m})$$
$$= p(s_{i_1}, s_{i_2}, \cdots, s_{i_m}, s_i)$$

得到 Markov 过程的熵为

$$H(S) = \sum_{S^{m+1}} p(s_{i_1}, s_{i_2}, \cdots, s_{i_m}, s_i) \cdot$$
$$\log_2 \frac{1}{p(s_i \mid s_{i_1}, s_{i_2}, \cdots, s_{i_m})}$$

§11 Markov 过程的一个实例

作为例子,让我们考虑图 4 所示(二元字母表的)的 Markov 过程. 这个二阶 Markov 过程由以下的概率所确定

$$p(0|0,0) = 0.8 = p(1|1,1)$$
$$p(1|0,0) = 0.2 = p(0|1,1)$$
$$p(0|0,1) = 0.5 = p(1|1,0)$$
$$p(1|0,1) = 0.5 = p(0|1,0)$$

系统处在特定状态 $0,0$;$0,1$;$1,0$ 和 $1,1$ 的概率是多少呢? 利用这些状态之间明显的对称性,我们看到

$$p(0,0) = p(1,1)$$

及

101

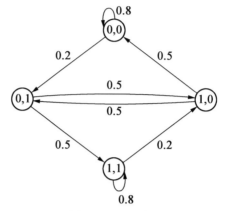

图 4   Markov 过程

$$p(0,1) = p(1,0)$$

所以就有

$$p(0,0) = 0.5p(0,1) + 0.8p(0,0)$$

$$p(0,1) = 0.2p(0,0) + 0.5p(1,0)$$

这两个方程化简后得到相同的结果

$$0.2p(0,0) - 0.5p(0,1) = 0 \qquad (1)$$

由于系统必定处在这四个状态中的一个,故又有

$$p(0,0) + p(0,1) + p(1,0) + p(1,1) = 1$$

或

$$2p(0,0) + 2p(0,1) = 1 \qquad (2)$$

解式(1)和(2)得

$$p(0,0) = \frac{5}{14} = p(1,1)$$

$$p(0,1) = \frac{2}{14} = p(1,0)$$

这些概率称为遍历过程的平稳概率.

在一般情况下,平稳概率在原理上可以计算得到,但在实际上却很难得到. 对刚才的例子,我们继续做下去可以得到平稳状态时的一些概率,如表 5 所示:

表 5

s_{i_1}, s_{i_2}, s_i	$p(s_i \mid s_{i_1}, s_{i_2})$	$p(s_{i_1}, s_{i_2})$	$p(s_{i_1}, s_{i_2}, s_i)$
0,0,0	0.8	$\dfrac{5}{14}$	$\dfrac{4}{14}$
0,0,1	0.2	$\dfrac{5}{14}$	$\dfrac{1}{14}$
0,1,0	0.5	$\dfrac{2}{14}$	$\dfrac{1}{14}$
0,1,1	0.5	$\dfrac{2}{14}$	$\dfrac{1}{14}$
1,0,0	0.5	$\dfrac{2}{14}$	$\dfrac{1}{14}$
1,0,1	0.5	$\dfrac{2}{14}$	$\dfrac{1}{14}$
1,1,0	0.2	$\dfrac{5}{14}$	$\dfrac{1}{14}$
1,1,1	0.8	$\dfrac{5}{14}$	$\dfrac{4}{14}$

根据表 5 就可以计算熵

$$
\begin{aligned}
H(S) &= \sum_{2^3} p(s_{i_1}, s_{i_2}, s_i) \log_2 \left[\frac{1}{p(s_i \mid s_{i_1}, s_{i_2})} \right] \\
&= 2\left[\frac{4}{14} \log_2 \left(\frac{1}{0.8} \right) \right] + 2\left[\frac{1}{14} \log_2 \left(\frac{1}{0.2} \right) \right] +
\end{aligned}
$$

$$4\left[\frac{1}{14}\log_2\left(\frac{1}{0.5}\right)\right]$$

$$=\frac{4}{7}(\log_2 10 - 3) + \frac{1}{7}(\log_2 10 - 1) +$$

$$\frac{2}{7}(\log_2 2) = 0.801\ 377(\text{比特}/\text{二元数字})$$

§12 伴 随 系 统

为了求出 Markov 信源的熵, 我们需要找到 Markov 过程处在各个状态的概率. 但前面已指出, 它们常常很难找到. 所以我们需要用一些方法给出熵的界限. 现在我们就要来介绍一种方法, 这种方法是建立在伴随系统的基础上的.

怎样来求一个 Markov 过程的熵的界限呢? 为简单起见, 我们只考虑一阶 Markov 过程. 对于 n 阶 Markov 过程本质上没有什么差别, 只是在推导时用的一些记号有所不同.

我们在 §4 中已经知道, 关于两个分布的基本的不等式是我们的基本工具, 所以现在就对这已知的分布 $p(s_i)$, $p(s_j)$ 和 $p(s_j,s_i)$ 写出这一不等式, 这里 $p(s_j,s_i)$ 是一对符号的发生概率, $p(s_i,s_j)$ 也是, 而且

$$\sum_j p(s_j,s_i) = p(s_i) = p_i$$

$$\sum_i p(s_j,s_i) = p(s_j) = p_j$$

所以利用 §4 式 (2) 就可得到

$$\sum_{S^2} p(s_j, s_i) \log_2 \left[\frac{p(s_i) p(s_j)}{p(s_j, s_i)} \right] \le 0$$

上式只有在所有的 i 和 j 下均有

$$p(s_j, s_i) = p(s_i) p(s_j)$$

时才取等号. 根据条件概率的表示式

$$p(s_j, s_i) = p(s_i | s_j) p(s_j)$$

就得到

$$\sum_{S^2} p(s_j, s_i) \log_2 \left[\frac{p(s_i)}{p(s_i | s_j)} \right] \le 0$$

将式中的对数项展开并移项得

$$\sum_{S^2} p(s_j, s_i) \log_2 \left[\frac{1}{p(s_i | s_j)} \right] \le \sum_i \sum_j p(s_j, s_i) \log_2 \left[\frac{1}{p(s_i)} \right]$$

再一次利用条件概率的关系式就得到

$$\sum_j p(s_j) \sum_i p(s_i | s_j) \log_2 \left[\frac{1}{p(s_i | s_j)} \right]$$

$$\le \sum_i p(s_i) \log_2 \left[\frac{1}{p(s_i)} \right] \le H(\bar{S})$$

式中 $H(\bar{S})$ 是原始符号的熵, 我们将把这个原始符号系统称为伴随系统. 所以我们有

$$\sum_j p(s_j) H(S | s_j) \le H(\bar{S})$$

这样, Markov 过程的熵便以伴随系统的熵为其界限. 伴随系统是一个无记忆信源, 信源符号的概率是 $p(s_i) = p_i$.

上式只有在 $p(s_j, s_i) = p_i p_j$ 时才成为等式. 因而也就证明约束只能使熵减少.

根据上述 Markov 信源的熵的计算以及扩展的熵的计算就不难计算 Markov 过程的扩展的熵. 为使记号

简单起见,下面我们只考虑一阶 Markov 链. 我们有

$$H(S^n) = \sum_{S^n} \sum_{S^n} p(t_j, t_i) \log_2 \left[\frac{1}{p(t_i \mid t_j)} \right]$$

$$= \sum_{S^{2n}} p(t_j, t_i) \log_2 \left[\frac{1}{p(t_j \mid t_i)} \right]$$

由于这是一个一阶 Markov 过程,所以

$$p(t_i \mid t_j) = p(s_{i_1}, s_{i_2}, \cdots, s_{i_n} \mid s_{j_n})$$

多次重复应用原始的条件概率关系式就得到

$$p(t_j, t_i) = p(s_{i_1} \mid s_{j_n}) p(s_{i_2} \mid s_{i_1}) \cdots p(s_{i_n} \mid s_{i_{n-1}})$$

$$H(S^n) = \sum_{S^{2n}} p(t_j, t_i) \log_2 \left[\frac{1}{p(s_{i_1} \mid s_{j_n})} \right] + \cdots +$$

$$\sum_{S^{2n}} p(t_j, t_i) \log_2 \left[\frac{1}{p(s_{i_n} \mid s_{i_{n-1}})} \right]$$

对不在对数中的符号取和以后,上式中的每一项都可以化简成

$$\sum_{S^{2n}} p(t_j, t_i) \log_2 \left[\frac{1}{p(s_i \mid s_j)} \right]$$

$$= \sum_{S^2} p(s_j, s_i) \log_2 \left[\frac{1}{p(s_i \mid s_j)} \right] \leqslant H(\bar{S})$$

所以正如我们所料

$$H(S^n) \leqslant n H(\bar{S})$$

§13 信 息 通 道

    信息通道是介质的一个统计模型,信号通过这个介质进行传输或是在这个介质中进行存储. 在实际上

对传输时可能达到的保真度受到种种具体的限制. 对这一概念我们需要用公式加以描述,以便计算有多少信息真正通过一个给定的信道.

图 5 说明了我们所谓的信道指的是什么. 一个信道是用一组条件概率 $P(b_j \mid a_i)$ 来加以描述的. $P(b_j \mid a_i)$ 是当输入为 a_i 时输出为 b_j 的概率. a_i 取自一个有 q 个字母的字母表,而 b_j 取自一个有 s 个字母的字母表. 我们用大写的 P 表示信道概率. 字母表的大小 q 和 s 不一定相同. 例如在纠错码中可能收到符号的字母表就远大于发送符号的字母表,因而 $s \geq q$. 另一方面也有可能不管输入符号是两个中的哪一个,信道却总是送出同一个符号,这样就有 $s \leq q$.

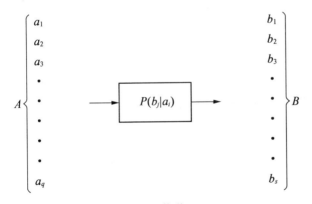

图 5　信道

在这一模型中信道完全为条件概率矩阵所描述,即

$$|P_{i,j}| = |P(b_j \mid a_i)|$$

请注意下标的次序在习惯上是颠倒写的. 它的每一行

包含了输入特定符号 a_i 下输出为 b_j 的所有概率. 这一矩阵在图 5 中也可以看到.

信道转移矩阵具有如下的性质:

1. 第 i 行相应于第 i 个输入符号 a_i.

2. 第 j 列相应于第 j 个输出符号 b_j.

3. 每一行中全部元素的和为 1, 即

$$\sum_{j=1}^{s} P_{i,j} = \sum_{j=1}^{s} P(b_j \mid a_i) = 1$$

这一等式只是表示对于每一个输入符号 a_i 肯定会有一个输出, 而 $P(b_j \mid a_i)$ 给出了这一输出的概率分布.

4. 假设 $p(a_i)$ 是输入符号 a_i 的发生概率, 则

$$\sum_{i=1}^{q} \sum_{j=1}^{s} P(b_j \mid a_i) p(a_i) = 1$$

这一等式表示如果系统有输入, 则必然会有输出.

概率 $P_{i,j}$ 完全描述了信道的特性. 当然我们总是假定信道是稳恒的, 即这些概率不随时间而改变, 而且我们暂时还假定发生的差错全部相互独立.

§14 小 结

我们已经介绍了熵的概念并把这一概念应用于各种信息源, 从而求得信源编码所可能达到的界限. 作为不确定性, 信息的度量的熵是在这种情况下使用的一个很自然的数学工具. 实际上熵的用途已远远超过了这一狭隘的领域, 但在这里我们不想再做进一步的介

绍.

Shannon 的无干扰编码定理表明：只要我们用足够大的信源的扩展，就可以使编码消息的平均长度任意接近信源的熵. 在简单信源和 Markov 信源两种情况下，我们都证实了这一点，然而我们还没有对所有可能形式的信源加以证明. 无干扰编码定理是 Shannon 主要结果的前奏，Shannon 的主要结果是证明，即使在有噪声(差错)时，我们也能找到一个合适的编码系统.

$H(X)$ 的基本性质

§1 引 言

在前一章里,我们证明了对于 $H(p_1,\cdots,p_n)$ 的几条简单而合理的要求就足以完全地确定它(只剩一个常数因子没有确定).这个结果虽然有趣,但是并不能因而推论 $H(p_1,\cdots,p_n)$ 这个量具有什么有益的或是有意义的应用.我们在这里希望强调的是:$H(p_1,\cdots,p_n)$ 的用处不在于它能够满足第二章的条件,而在于它确实作为一个重要的角色出现在许多翻码和通信的基本问题中.此后我们只假定

$$H(p_1,\cdots,p_n) = -c \sum_{i=1}^{n} p_i \ln p_i$$

这种形状而不加其他评论,让以后的各种定理来证实它.证明这些定理正是我们的主要目的.

§2　基本不等式

设 X 是包含有限个元素 x 的抽象集合,又设 $p(\ )$ 是定义在 X 上的概率分布,这就是说,对于 X 的每一个子集合 Q,我们定义 $p(Q)$ 为一个非负的数,具有性质

$$p(X) = 1 \text{ 以及 } p(Q_1 \cup Q_2) = p(Q_1) + p(Q_2)$$

只要 Q_1 与 Q_2 不相交. 我们把事物(X,x)的全体与$p(\ )$称为一个有限的概率空间.

由第二章所做的讨论,我们可以把任何一个有限概率空间看成一个信息源. 我们把非负的数 $-\sum\limits_{X} p(x) \log p(x)$ 定义为这个信息源的信息量 $H(X)$,今后我们把对数一律了解为以 2 为底. 对数的底的选择显然是对单位大小的一种规定;在我们所做的这种规定之下,信息量单位称为二进制的信息量单位. 为了不引起混淆,我们把 $0 \cdot \log 0$ 这个不定型算作零.

假定(X,x)与(Y,y)是两个有限的抽象空间. 我们用 $X \otimes Y$ 表示由一切对偶(x,y)所组成的有限的抽象空间,$p(\ ,\ )$表示定义在 $X \otimes Y$ 上的概率分布. 把这个信息源的信息量写成

$$H(X,Y) = -\sum\limits_{X} \sum\limits_{Y} p(x,y) \log p(x,y)$$

分布 $p(\ ,\ )$ 在(X,x)上引起一个分布

$$p(x) = \sum_Y p(x,y)$$

同样地,在 (Y,y) 上引起了一个分布

$$p(y) = \sum_X p(x,y)$$

这样定义的两个信息源,它们的信息量仍以 $H(X)$ 与 $H(Y)$ 来表示,而无须考虑到 $p(x)$ 或 $p(y)$ 的来源. 对于每一个满足条件 $p(y) > 0$ 的 y,条件概率

$$p(x \mid y) = \frac{p(x,y)}{p(y)}$$

是 X 上的一个概率分布. 因此,我们可以定义一个条件信息量

$$H(X \mid y) = -\sum_X p(x \mid y)\log p(x \mid y)$$

以及平均条件信息量

$$H(X \mid Y) = \sum_Y p(y)H(X \mid y)$$
$$= -\sum_Y \sum_X p(x,y)\log p(x \mid y)$$

最后,设 $X_i(i = 1, 2, \cdots, n)$ 是有限个有限的抽象空间. 用 $\prod_{i=1}^n \otimes X_i$ 表示由一切"向量" $(x^1, \cdots, x^n)$(第 i 分量 x^i 是 X_i 的一个元素) 所组成的集合,用 $p(\ , \cdots,)$ 表示定义在 $\prod_{i=1}^n \otimes X_i$ 上的一个概率分布. 由于

$$\{X_1 \otimes \cdots \otimes X_j\} \otimes \{X_{j+1} \otimes \cdots \otimes X_n\} = \prod_{i=1}^n \otimes X_i$$

像 $H(X_1, X_2 \mid X_3, X_4, X_5)$ 这样的记号就有确切的定义,这只要把它写成像 $H(X \mid Y)$ 那样的形式,即 $H(X_1 \otimes X_2 \mid X_3 \otimes X_4 \otimes X_5)$.

我们就要对以上定义的各种信息量证明一些不等式,它们表明了这些基本的信息量函数从直观上看来应该满足的某些性质. 在以后的各章中将要经常地用到这些不等式.

引理 1　如果 $\{p_i\}$, $\{q_i\}$ $(i=1,2,\cdots,n)$ 是两组非负的数使得

$$\sum_{i=1}^{n} p_i = \sum_{i=1}^{n} q_i = 1$$

则

$$-\sum_{i=1}^{n} q_i \log q_i \leqslant -\sum_{i=1}^{n} q_i \log p_i$$

式中等号成立的必要和充分条件是 $p_i = q_i, i = 1,\cdots,n$.

证　根据算术平均数与几何平均数之间的不等式关系有

$$\left(\frac{p_1}{q_1}\right)^{q_1} \left(\frac{p_2}{q_2}\right)^{q_2} \cdots \left(\frac{p_n}{q_n}\right)^{q_n} \leqslant 1$$

式中等号成立的必要和充分条件是 $p_i = q_i, i = 1,\cdots,n$. 对不等式两端取对数,我们得到

$$\sum_{i=1}^{n} q_i \log \frac{p_i}{q_i} \leqslant \log 1 = 0$$

由此立刻得到所要的不等式.

引理 2　设 $\{p_i\}$ $(i=1,\cdots,n)$ 如同引理 1 所要求的一样. 又设 $\sum_{i=1}^{n} a_{ij} = \sum_{j=1}^{n} a_{ij} = 1$, 而且 $a_{ij} \geqslant 0, i,j = 1,\cdots,n$. 令 $p'_i = \sum_{j=1}^{n} a_{ij} p_j$, 则

$$-\sum_{i=1}^{n} p'_i \log p'_i \geqslant -\sum_{i=1}^{n} p_i \log p_i$$

式中等号成立的必要和充分条件是：$\{p'_i\}$ 是 $\{p_i\}$ 的重新排列.

证 我们有

$$- \sum_{i=1}^{n} p'_i \log p'_i = - \sum_{i=1}^{n} \sum_{j=1}^{n} a_{ij} p_j \log p'_i$$

$$= - \sum_{j=1}^{n} p_j \sum_{i=1}^{n} a_{ij} \log p'_i = - \sum_{j=1}^{n} p_j \log \prod_{i=1}^{n} p'^{a_{ij}}_i$$

$$\geqslant - \sum_{j=1}^{n} p_j \log \sum_{i=1}^{n} a_{ij} p'_i \geqslant - \sum_{j=1}^{n} p_j \log p_j$$

其中第一个不等式是由于算术平均数与几何平均数之间的关系，即

$$\prod_{i=1}^{n} p'^{a_{ij}}_i \leqslant \sum_{i=1}^{n} a_{ij} p'_i \quad (j = 1, 2, \cdots, n)$$

第二个不等式是由于引理 1，这因为

$$\sum_{j=1}^{n} \sum_{i=1}^{n} a_{ij} p'_i = 1$$

如果我们要求相等的关系在各处皆成立，那么，首先对于满足条件 $p_j > 0$ 的 j，等式

$$\prod_{i=1}^{n} p'^{a_{ij}}_i = \sum_{i=1}^{n} a_{ij} p'_i$$

必须成立，而由引理 1，又必须有

$$\sum_{i=1}^{n} a_{ij} p'_i = p_j \quad (j = 1, \cdots, n)$$

但是，由于

$$\prod_{i=1}^{n} p'^{a_{ij}}_i \geqslant 0$$

从最后的等式显然可以推得：等式

$$\prod_{i=1}^{n} p'^{a_{ij}}_i = \sum_{i=1}^{n} a_{ij} p'_i$$

对于使得 $p_j = 0$ 的那些 j 也能成立. 对于每一个固定的 j,既然这个等式成立,这就要求凡是指数 a_{ij} 不为零的 p'_i 都必须彼此相等. 用 $p(j)$ 表示它们的共同的数值. 于是

$$p_j = \sum_{i=1}^{n} a_{ij} p'_i = p(j) \quad (j = 1, \cdots, n)$$

这样一来,每一个 p_j 等于某一个 p'_i,另一方面,由于对每一个 i 必定至少有一个 j 使得 $a_{ij} > 0$,因而每一个 p'_i 必须等于某一个 p_j. 最后,假定某一个 p'_i 取值等于 q,令 A 表示使得 $p'_i = q$ 的一切 i 所组成的集合. 设 B 表示由这样的 j 所组成的集合:对于每一个 $j \in B$,至少存在一个 $i \in A$ 使得 $a_{ij} > 0$. 这使得当 $j \in B$ 而 $i \notin A$ 时有 $a_{ij} = 0$,否则就有某一个 $i \notin A$ 使得 $p'_i = q$. 于是,对于 $j \in B$,有

$$\sum_{i=1}^{n} a_{ij} = \sum_{i \in A} a_{ij} = 1$$

因而

$$\sum_{j \in B} \sum_{i \in A} a_{ij} = n(B)$$

$n(B)$ 表示集合 B 的元素的个数. 另一方面,由 B 的定义,对于 $i \in A, j \notin B$,有 $a_{ij} = 0$. 这使得当 $i \in A$ 时有

$$\sum_{j=1}^{n} a_{ij} = \sum_{j \in B} a_{ij} = 1$$

于是

$$\sum_{i \in A} \sum_{j \in B} a_{ij} = n(A), \text{或 } n(A) = n(B)$$

但是,当 $j \in B$ 时,有

$$p_j = \sum_{i=1}^{n} a_{ij}p'_i = q$$

这样一来，$\{p'_i\}$ 正好是 $\{p_i\}$ 的一个重新排列.

定理 包含 n 个元素的信息源的信息量的最大值是 $\log n$，只当这些元素具有相等的概率时，信息源的信息量才达到这个最大值.

证 设 $p_i(i=1,\cdots,n)$ 是使得某个信息源的信息量成为最大的概率分布，并在引理 2 中令 $a_{ij}=\dfrac{1}{n}$，$i,j=1,\cdots,n$. 于是

$$p'_1 = \cdots = p'_n = \frac{1}{n}$$

而信息量将要增大，除非

$$p_1 = \cdots = p_n = \frac{1}{n}$$

（这时，信息量等于 $\log n$），这就证明了我们的定理.

引理 3

$$H(X,Y) \leqslant H(X) + H(Y)$$

式中等号成立的必要和充分条件是

$$p(x,y) = p(x)p(y)$$

即 X 与 Y 在概率上是相互独立的.

证

$$H(X) + H(Y) = -\sum_{X,Y} p(x,y)\left[\log p(x) + \log p(y)\right]$$
$$= -\sum_{X,Y} p(x,y)\log p(x)p(y)$$

但是

$$\sum_{X,Y} p(x)p(y) = 1$$

于是,由引理 1 有

$$- \sum_{X,Y} p(x,y) \log p(x)p(y)$$

$$\geqslant - \sum_{X,Y} p(x,y) \log p(x,y) \ = II(X,Y)$$

式中等号成立的必要和充分条件是

$$p(x)p(y) = p(x,y)$$

引理 4

$$H(X|Y) \leqslant H(X)$$

式中等号成立的必要和充分条件是 X 与 Y 在概率上相互独立.

证　这是引理 3 的一个直接推论,因为

$$H(X) + H(Y) \geqslant H(X,Y) = H(X) \geqslant H(X|Y)$$

引理 5

$$H(X_1,\cdots,X_n) \leqslant H(X_1) + \cdots + H(X_n)$$

式中等号成立的必要和充分条件是 $X_i (i = 1,\cdots,n)$ 在概率上相互独立.

证　可以把 $H(X_1,\cdots,X_n)$ 写成 $H(X_1 \otimes X_2 \otimes \cdots \otimes X_{n-1}, X_n)$,逐次地运用引理 3 就立刻得到引理的证明.

引理 6

$$H(X_1|X_2,\cdots,X_{n+1}) \leqslant H(X_1|X_2,\cdots,X_n)$$

式中等号成立的必要和充分条件是

$$p(x^1,x^{n+1}|x^2,\cdots,x^n)$$
$$= p(x^1|x^2,\cdots,x^n) p(x^{n+1}|x^2,\cdots,x^n)$$

证　令

$$Y = X_2 \otimes \cdots \otimes X_n, Z = X_{n+1}$$

并删去 X_1 的足标,我们要证明的事情就成为

$$H(X\,|\,Y,Z) \leqslant H(X\,|\,Y)$$

式中等号成立的必要和充分条件是

$$p(x,z\,|\,y) = p(x\,|\,y)p(z\,|\,y)$$

证明的步骤可以仿照引理 4 的证明,因为除了附加条件以外,条件概率的许多属性几乎与普通概率的完全一样. 事实上,

$$H(X\,|\,Y) - H(X\,|\,Y,Z)$$

$$= -\sum_X \sum_Y p(x,y)\log p(x\,|\,y) +$$

$$\sum_X \sum_Y \sum_Z p(x,y,z)\log p(x\,|\,y,z)$$

$$= -\sum_Y p(y)\Big[\sum_X p(x\,|\,y)\log p(x\,|\,y)\Big] +$$

$$\sum_Y p(y)\Big[\sum_X \sum_Z p(x,z\,|\,y)\log p(x\,|\,y,z)\Big]$$

现在

$$p(x\,|\,y) = \sum_Z p(x,z\,|\,y)$$

并且

$$p(x\,|\,y,z) = \frac{p(x,z\,|\,y)}{p(z\,|\,y)}$$

简言之,我们可把 y 看作是出现在所有这些概率中的一个不相干的附加记号. 于是,由引理 4 有

$$-\sum_X p(x\,|\,y)\log p(x\,|\,y)$$

$$\geqslant -\sum_X \sum_Z p(x,z\,|\,y)\log p(x\,|\,z,y)$$

式中等号成立的必要和充分条件是

$$p(x,z\,|\,y) = p(x\,|\,y)p(z\,|\,y)$$

§3　无干扰情况下的翻码定理

　　以上证明的一系列引理是关于各种信息量之间的一些关系. 我们就要证明一个有意义的重要结果,这个结果表明信息量与一些更初等的概念的关系.

　　设有一个包含 N 个元素 $x_1, \cdots, x_N$ 的信息源(X, x),以及一个包含 D 个元素 $a_1, \cdots, a_D$ 的抽象集合 A. 我们希望对于每个 $x \in X$ 对应一个由一些 a 组成的有限序列,除了对于不同的 x 应该对应不同的序列,只要求在这些序列之中不能有某一个序列是由另一个较短的序列再加上一些 a 而得到. 令 n_i 表示对应于 x_i 的序列的长度,于是可以把 $\sum\limits_{i=1}^{N} p(x_i) n_i$ 叫作这些对应序列的平均长度 L. 显然, L 与我们如何选择序列与 x_i 相对应是有关系的. 问题在于:一切可能的平均长度之最小界限应该划在哪儿?

　　首先让我们指出,挑选序列与 x_i 相对应的时候,我们所提出的那个要求可以保证:如果把一些这样的序列连续地排成一列之后,我们仍然可以一一地加以辨认. 我们先从一条简单的引理开始,它可以对于这些序列的平均长度给出一个下界.

　　引理　设 $n_i (i = 1, \cdots, N)$ 是一组正整数. 要使得一组 N 个合乎上述要求的序列存在,并且这些序列分别以 $n_1, \cdots, n_N$ 作为它们的长度,必须而且只需

$$\sum_{i=1}^{N} D^{-n_i} \leqslant 1.$$

证　令 w_j 表示这组序列之中长度为 j 的序列的个数（如果有这样的序列）. 于是

$$w_1 \leqslant D$$

显然又有

$$w_2 \leqslant (D - w_1) D$$

$$w_3 \leqslant [(D - w_1) D - w_2] D = D^3 - w_1 D^2 - w_2 D$$

而且，一般地，我们有

$$w_n \leqslant D^n - w_1 D^{n-1} - w_2 D^{n-2} - \cdots - w_{n-1} D$$

显然，这些条件既是必要的又是充分的. 把上面那个一般的不等式除以 D^n，就得到

$$\sum_{j=1}^{n} w_j D^{-j} \leqslant 1$$

但是

$$\sum_{i=1}^{n} w_j D^{-j} = \sum_{n_i \leqslant n} D^{-n_i}$$

此时，等式右端的项数是 $\sum_{j=1}^{n} w_j$，这就是长度不超过 n 的序列的个数. 如果 n 就等于那些序列的最大长度 M，于是 $n_i \leqslant M, i = 1, 2, \cdots, N$，而且

$$\sum_{n_i \leqslant M} D^{-n_i} = \sum_{i=1}^{N} D^{-n_i}$$

这证明了引理的必要性部分. 至于充分性的部分，给了

$$\sum_{i=1}^{N} D^{-n_i} \leqslant 1$$

要求我们找一组适合要求的序列，这些序列之中有 w_1

个长度为 1 的，w_2 个长度为 2 的，等等，这些 w_j 满足不等式

$$\sum_{j=1}^{M} w_j D^{-j} \leqslant 1$$

但是由此可以推得

$$w_1 D^{-1} \leqslant 1, w_1 D^{-1} + w_2 D^{-2} \leqslant 1$$

等等，而这也正好是上面说过的能够构造出一组适合要求的序列的充要条件.

这个引理使我们能够立即得出最小平均长度 L 的一个下界. 利用 §2 的引理 1，又由于

$$\sum_{i=1}^{N} \frac{D^{-n_i}}{\sum_{i=1}^{N} D^{-n_i}} = 1$$

我们有

$$- \sum_{i=1}^{N} p(x_i) \log p(x_i)$$

$$\leqslant - \sum_{i=1}^{N} p(x_i) \log \frac{D^{-n_i}}{\sum_{i=1}^{N} D^{-n_i}}$$

$$= \log \sum_{i=1}^{N} D^{-n_i} + \sum_{i=1}^{N} p(x_i) n_i \log D$$

$$\leqslant \sum_{i=1}^{N} p(x_i) \log D$$

这是因为

$$\log \sum_{i=1}^{N} D^{-n_i} \leqslant \log 1 = 0$$

这样一来

$$\sum_{i=1}^{N} p(x_i) n_i \geqslant \frac{H(X)}{\log D}$$

让我们指出，等号成立的条件是：对于每一个 i，$p(x_i) = D^{-n_i}$，这自然要有

$$\sum_{i=1}^{N} D^{-n_i} = 1$$

显然地，对于一个给定的信息源和一个包含 D 个元素的集合 A，一般地讲，这个下界是不一定能达到的. 然而，我们可以证明：如果我们构造这个信息源的 M 次乘积，对于每个长度为 M 的 x – 序列对应一个 a – 序列，则这些 a – 序列的平均长度被 M 除之后就能够逼近下界 $\dfrac{H(X)}{\log D}$.

为了证明这一点，暂且让 (Y, y) 代表任何一个包含 K 个元素的信息源. 对于 $i = 1, \cdots, K$，设 n_i 是满足不等式

$$-\frac{\log p(y_i)}{\log D} \leq n_i < -\frac{\log p(y_i)}{\log D} + 1$$

的正整数. 于是

$$\sum_{i=1}^{K} D^{-n_i} \leq \sum_{i=1}^{K} p(y_i) = 1$$

因而根据前一个引理可以有一个长度为 n_i 的序列与 y_i 相对应. 平均长度

$$L = \sum_{i=1}^{K} p(y_i) n_i$$

满足不等式

$$\frac{H(Y)}{\log D} \leq L < \frac{H(Y)}{\log D} + 1$$

现在，令 $Y = X \otimes \cdots \otimes X$ 是 X 的 M 次乘积. 我们把依

次排列的 x 算作是相互独立的，即是说，如果 $u = (x_1, \cdots, x_M)$ 是 $X \otimes \cdots \otimes X$ 的一个元素，我们就取

$$p(u) = p(x_1) \cdots p(x_M)$$

于是有

$$H(X \otimes \cdots \otimes X) = MH(X)$$

根据刚刚证得的结果，我们可以用如此的一些 a - 序列来与 $X \otimes \cdots \otimes X$ 的元素相对应，使得它们的平均长度 L_M 满足不等式

$$\frac{H(X \otimes \cdots \otimes X)}{\log D} \leqslant L_M < \frac{H(X \otimes \cdots \otimes X)}{\log D} + 1$$

把 $H(X \otimes \cdots \otimes X)$ 换成 $MH(X)$，又把不等式两端除以 M，我们得到

$$\frac{H(X)}{\log D} \leqslant \frac{L_M}{M} < \frac{H(X)}{\log D} + \frac{1}{M}$$

这样一来，当 $M \to \infty$ 时有

$$\frac{L_M}{M} \to \frac{H(X)}{\log D}$$

这个结果常常被称作无干扰情况下的翻码定理，因为在我们构造 x - 序列与 a - 序列之间的一一对应关系的整个过程中，在数学上并没有考虑任何随机（即干扰）的因素.

注　记

（1）关于算术平均数与几何平均数之间的不等式的证明，可以在 Hardy，Littlewood 与 Polya 的文献中找到. 那里的叙述是：在条件 $q_i > 0, i = 1, \cdots, n$，以及

$$\sum_{i=1}^{n} q_i = 1 \text{ 之下}$$

123

$$a_1^{q_1}\cdots a_n^{q_n} \leqslant \sum_{i=1}^{n} q_i a_i$$

式中等号成立的必要和充分条件是所有的 a_i 皆相等. 这显然可以直接推出我们在引理 1 中所用的不等式, 只要 q_i 皆是正数. 如果

$$q_1 = \cdots = q_m = 0$$

而其余的 q_i 都是正数. 由于我们所做的规定

$$0 \cdot \log 0 = 0$$

我们必须令

$$(\frac{p_1}{q_1})^{q_1}\cdots(\frac{p_m}{q_m})^{q_m} = 1$$

因此我们有

$$(\frac{p_1}{q_1})^{q_1}\cdots(\frac{p_n}{q_n})^{q_n} \leqslant \sum_{i=m+1}^{n} q_i \frac{p_i}{q_i} = \sum_{i=m+1}^{n} p_i \leqslant 1$$

要求等号成立就是要求 $\sum_{i=m+1}^{n} p_i = 1$, 而且 $\frac{p_i}{q_i}(i = m+1,\cdots,n)$ 皆相等, 由此显然可以推出 $p_i = q_i, i = 1,\cdots,n$.

（2）对于 $H(X|Y)$ 的表达式中由于 $p(x|y)$ 无定义而不确定的各项的处理, 需要考虑到要求等式

$$H(X|Y) = H(X,Y) - H(Y)$$

恒成立. 容易看出, 由此可以推得, 不确定的各项可以忽略不计. 在今后, 对于这样的不确定的项也将采取同样的办法. 这是因为, 这些项只在概率为零的点集上是无定义的, 而考察一个函数的性质时, 常常只需要在一个概率为 1 的点集上加以考虑.

（3）关于码子的可构造性的充要条件, 首先见于

Kraft 的论文中;用来证明无干扰情况下的翻码定理则见于 Fano 的论文.

在对应的序列之中,如果允许一个序列可以由另一个较短的延伸出来,则 L 就不一定以 $\dfrac{H(X)}{\log D}$ 作为下界. 如果取 $X = \{x_1, x_2, x_3\}$, $p(x_1) = p(x_2) = 2p(x_3) = \dfrac{2}{5}$, 且 $A = \{a_1, a_2\}$, 则由对应关系

$$x_1 \rightarrow a_1, x_2 \rightarrow a_2, x_3 \rightarrow (a_1, a_2)$$

可得

$$L = p(x_1) + p(x_2) + 2p(x_3) = \frac{6}{5}$$

但是

$$H(X) = \log 5 - \frac{4}{5} > \frac{6}{5}$$

于是

$$L < \frac{H(X)}{\log D} = H(X)$$

这使我们看到,试图由

$$H(p_1, \cdots, p_D) \leqslant \log D$$

直接推论 $\dfrac{H(X)}{\log D}$ 是一个下界是不适当的.

(4)可以把 §3 的结果进一步加强,关于这点,我们将参照 McMillan 的论文加以说明.

设 $\{s_i\}$ $(i = 1, \cdots, N)$ 是一组 a - 序列. 如果在这一组序列之中,没有任何一个序列是另一个序列的延伸,则称这一组序列是不可简化的. 于是,§3 的引理指明:一组不可简化的序列 $s_1, \cdots, s_N$ 的长度 $n_1, \cdots, n_N$ 必

须满足不等式

$$\sum_{i=1}^{N} D^{-n_i} \leqslant 1$$

而且,反过来,对于任何一组满足这个不等式的正整数 $n_1, \cdots, n_N$, 我们总可以构造一组不可简化的序列 $s_1, \cdots, s_N$, 而它们的长度分别为 $n_1, \cdots, n_N$. 我们已经指出过,一组不可简化的序列具有这样的性质,即从任意多个这些序列所组成的长序列中仍然可以把它们一一地辨认出来. 但是,要使得这个性质得到满足,不可简化性的要求并不是必要的,这可以从序列 0,01 这个例子看出来. 显然,对于由这两个序列组成的任何一个长串,总可以把这些序列一一地辨认出来. 但是,遇有 0 出现时,需要"延迟"一个单位再来辨认,为的是好判断它的后面是否跟随着 1.

对"可译性"给一个确切的定义,并找出它的充分条件,并不很容易. 因此,有些令人意外的是,我们即将叙述并加以证明的一个结果,它并不需要可译性的确切的定义,却只利用一条性质,而对于满足可译性的任何合理的定义的一组序列 $s_1, \cdots, s_N$, 我们总可以指望它们具有这个性质. 这个性质就是:如果把序列 $s_1, \cdots, s_N$ 看成 N 个元素,要求由这些元素组成的不同的序列 (s – 序列) 也一定是不同的 a – 序列. 把具有如此性质的一组序列叫作可译的,我们现在来证明下面的结果:

如果一组 a – 序列 $s_1, \cdots, s_N$ 是可译的,它们的长度是 $n_1, \cdots, n_N$,则

$$\sum_{i=1}^{N} D^{-n_i} \leqslant 1$$

证　在开始证明之前,让我们指出,既然一组不可简化的序列总是可译的,则我们将要证明的命题的逆命题就已经隐含在 §3 的引理之内.

设 $s_1, \cdots, s_N$ 是一组可译的序列,它们的长度是 $n_1, \cdots, n_N, M = \max(n_1, \cdots, n_N)$,又设 $w_j(j = 1, \cdots, M)$ 是这些 a – 序列中长度为 j 的 s_i 的个数. 因而我们要证明的就是

$$\sum_{j=1}^{M} w_j D^{-j} \leqslant 1$$

为此,只需证明多项式 $Q(x) - 1\left(Q(x) = \sum_{j=1}^{M} w_j x^j\right)$ 在复数平面的圆域 $|x| < D^{-1}$ 内无零点. 因为

$$Q(0) - 1 = -1$$

而 $Q(x) - 1$ 是连续函数,于是,当 $x = D^{-1}$ 时,$Q(x) - 1$ 不能是正数. 即是说

$$Q(D^{-1}) - 1 \leqslant 0$$

或

$$Q(D^{-1}) \leqslant 1$$

为要证明这个事实,令 $N(k)$ 表示长度为 k 的 s – 序列的个数(在计算长度时,要先把 s – 序列看成 a – 序列之后,再进行计算). 根据可译性的假设,不同的 s – 序列确定不同的 a – 序列,因而

$$N(k) \leqslant D^k$$

标准的比较判别法表明,无穷级数 $1 + N(1)x + N(2)x^2 + \cdots$ 对于满足 $|x| < D^{-1}$ 的任何复数 x 是收敛的. 我们令

$$F(x) = 1 + N(1)x + N(2)x^2 + \cdots$$

则 $F(x)$ 在 $|x| < D^{-1}$ 内为解析的. 现在,那 $N(k)$ 个 s – 序列又可分为 $C_1, \cdots, C_M$ 这些组,其中 C_j 是由第一个元素的长度等于 j 的那些 s – 序列所组成的. 显然, C_j 所包含的 s – 序列的个数是 $w_j N(k-j)$;于是,我们有

$$N(k) = w_1 N(k-1) + w_2 N(k-2) + \cdots + w_M N(k-M)$$

为了保证这个等式对一切正整数 k 皆有效,需要假定 $N(0) = 1$,而对于负数 k, $N(k) = 0$. 于是

$$
\begin{aligned}
F(x) - 1 &= \sum_{k=1}^{\infty} x^k N(k) \\
&= \sum_{k=1}^{\infty} x^k \sum_{j=1}^{M} w_j N(k-j) \\
&= F(x) Q(x)
\end{aligned}
$$

或者

$$F(x) = \frac{1}{1 - Q(x)}$$

这些形式上的演算对于 $|x| < D^{-1}$ 当然是有意义的. 既然 $F(x)$ 在 $|x| < D^{-1}$ 内是解析的,因而 $1 - Q(x)$ 不可能在这个区域内有零点.

熵与交互信息

§1 熵与信息的度量

设 X 表示一个随机试验,它有 J 个可能结果,记作 $a_1, a_2, \cdots, a_J$. 它们出现的概率分别为 $p(a_1), p(a_2), \cdots, p(a_J)$. Shannon 用自信息

$$I\{X = a_j\} = -\log p(a_j) \qquad (1)$$

来度量试验结果为 a_j 这一事件所提供的信息,而用自信息的平均值——熵

$$H(X) = -\sum_{j=1}^{J} p(a_j) \log p(a_j) \quad (2)$$

来度量一次随机试验所提供的(平均)信息. 对此我们可以进一步做如下的解释:

当试验者进行试验之前,他不能准确预测试验结果是什么,而只能根据他所了解的试验结果的先验概率 $p(a_1), p(a_2), \cdots, p(a_J)$ 来预测它们出现的可能性,换句话

第四章

说,试验结果存在不定性,但是对不同的先验概率分布,这种不定性的程度应是不同的. 显然,当先验概率分布为退化分布,即

$$p(a_j) = 1 \quad (j = k)$$
$$p(a_j) = 0 \quad (j \neq k)$$

时,试验者能准确预测试验结果为 a_k ,这时不定性应等于零. 另一方面,当先验概率分布为等概分布,即

$$p(a_j) = \frac{1}{J} \quad (1 \leqslant j \leqslant J)$$

时,各个试验结果出现的可能性都一样,这时不定性应为最大. 下节将证明,熵正好具有不定性度量的上述性质. 因此用熵 $H(X)$ 来度量随机试验 X 的不定性是很恰当的. 试验者进行试验后获得了试验结果,从而消除了他在试验前预测试验结果时存在的不定性. 因此用同一个量 $H(X)$ 来度量一次随机试验 X 所提供的信息也是恰当的.

在信息传输问题中,设 U 表示信源产生的一个随机消息,它可能取 M 个消息 $u_1, u_2, \cdots, u_M$ 中的任何一个,其概率分别为 $p(u_1), p(u_2), \cdots, p(u_M)$. 将它传送给受信者. 我们可以做类似的解释,当受信者收到消息之前,他不能准确预测发送的消息是什么,消息存在不定性. 如上所述,可用熵

$$H(U) = - \sum_{m=1}^{M} p(u_m) \log p(u_m)$$

来度量消息的不定性. 当受信者收到消息后,若传送是无噪的,他获得了准确的发送信息,从而消除了消息对他的不定性. 因此可用同一个量 $H(U)$ 来度量一个随机消息 U 所提供的信息.

从以上两个例子可以看出,用熵作为信息度量可以解释许多问题. 现在我们给出一般离散随机变量的熵的定义.

设 $\mathfrak{X} = \{a_1, a_2, \cdots, a_J\}$ 为一有限集,X 为在 $\mathfrak{X}$ 中取值的随机变量. 由基本事件的概率

$$P\{X = a_j\} = p(a_j) \quad (j = 1, 2, \cdots, J)$$

给出 $\mathfrak{X}$ 上的一个概率分布,称为随机变量 X 的分布.

定义 一个概率分布 $p = \{p_1, p_2, \cdots, p_M\}$($p_i \geqslant 0$,$1 \leqslant i \leqslant M$;$\sum\limits_{i=1}^{M} p_i = 1$)的熵定义为

$$H(p) = -\sum_{i=1}^{M} p_i \log p_i \qquad (3)$$

其中规定 $0 \log 0 = 0$. 一个随机变量 X 的熵定义为 X 的分布的熵

$$
\begin{aligned}
H(X) &= -\sum_{j=1}^{J} p(a_j) \log p(a_j) \\
&= -\sum_{x} p(x) \log p(x) \qquad (4)
\end{aligned}
$$

其中 $\sum\limits_{x}$ 表示对一切 $x \in \mathfrak{X}$ 求和.

当用熵度量信息时,它的单位决定于对数取什么为底. 通常应用的两种单位是比特和奈特,前者对数取 2 为底,后者取 e 为底. 今后以 log 表示以 2 为底的对数,而以 ln 表示以 e 为底的对数,它们之间的关系是

$$\ln p(x) = \ln 2 \log p(x)$$

“熵”这个词是从统计力学中借用来的,但信息论中的熵与统计力学中的熵虽有同样的公式,却是两个不同的概念,二者的联系正在探讨中.

131

例 考虑信源符号集 $\mathscr{U} = \{0,1\}$,U 为在 $\mathscr{U}$ 中取值的随机变量,称为二值随机消息. 如电码中的一位二进数字就是这一情形. 这里顺便说明一点:为了表达方便,有时将信源编码器和信源译码器分别并入信源和受信者,而将信源编码器输出的数字序列看作信源产生的消息. 在这种意义下,二值消息是最常见的情形.

设 $P\{U=1\} = p$,则

$$P\{U=0\} = 1-p$$

故消息 U 提供的信息为

$H(U) = h(p)$

$$\equiv -p\log p - (1-p)\log(1-p) \text{(比特)} \quad (5)$$

$h(p)$ 是 p 的函数,它的曲线示于图 1 中. 从图中看出,$h(p)$ 关于点 $p = \dfrac{1}{2}$ 对称,$h(0) = 0$,随着 p 的增大而上升,在 $p = \dfrac{1}{2}$ 处达到极大值 $h(\dfrac{1}{2}) = 1$. 这些性质再一次说明熵是很好的不定性度量,同时也说明一个二值等概消息提供一比特信息.

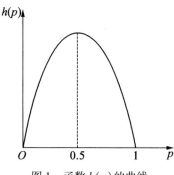

图 1 函数 $h(p)$ 的曲线

§2 熵的基本性质

熵具有一系列好的性质,这些性质恰好是它作为一个不定性度量或信息度量所应该满足的. 首先我们证明几个信息论中最常用的不等式.

引理1 对 $u > 0$,有

$$\ln u \leq u - 1 \quad （等号成立当且仅当 u = 1） \quad （1）$$

$$\ln u \geq 1 - \frac{1}{u} \quad （等号成立当且仅当 u = 1） \quad （2）$$

证 用数学分析中函数求极值的方法:令

$$f(u) = u - 1 - \ln u$$

由

$$f(1) = 0, \frac{\mathrm{d}f(u)}{\mathrm{d}u}\bigg|_{u=1} = 0$$

以及

$$\frac{\mathrm{d}^2 f(u)}{\mathrm{d}u^2} > 0, u > 0$$

推知, $f(u)$ 为 $u > 0$ 上的凸函数,且在 $u = 1$ 处达到其严格极小值 0,证得(1). 在(1)中以 $\frac{1}{u}$ 代 u 即得(2).

引理2 设 $p = \{p_1, p_2, \cdots, p_J\}, q = \{q_1, q_2, \cdots, q_J\}$ 为任二概率分布,且 $q_j = 0 \Rightarrow p_j = 0$,则

$$\sum_{j=1}^{J} p_j \log q_j \leq \sum_{j=1}^{J} p_j \log p_j \quad （3）$$

等号成立当且仅当 $p = q$.

证 不妨设 $p_j > 0, q_j > 0, 1 \leqslant j \leqslant J.$ 否则,可将它们先从和式中删去. 于是由(2)有

$$\sum_{j=1}^{J} p_j \log \frac{p_j}{q_j} = (\ln 2)^{-1} \sum_{j=1}^{J} p_j \ln \frac{p_j}{q_j}$$

$$\geqslant (\ln 2)^{-1} \sum_{j=1}^{J} p_j \left(1 - \frac{q_j}{p_j}\right)$$

$$= (\ln 2)^{-1} \sum_{j=1}^{J} (p_j - q_j)$$

$$= 0 \qquad\qquad (4)$$

等号成立当且仅当 $p_j = q_j, 1 \leqslant j \leqslant J.$

引理 3 设 $a_j \geqslant 0, b_j \geqslant 0 (j = 1, 2, \cdots, J)$, $\sum_{j=1}^{J} a_j = A, \sum_{j=1}^{J} b_j = B$, 且 $b_j = 0 \Rightarrow a_j = 0$, 则

$$\sum_{j=1}^{J} a_j \log \frac{a_j}{b_j} \geqslant A \log \frac{A}{B} \qquad (5)$$

等号成立当且仅当 $\frac{a_j}{A} = \frac{b_j}{B}, 1 \leqslant j \leqslant J.$

证 令

$$p_j = \frac{a_j}{A}, q_j = \frac{b_j}{B}$$

则

$$p = \{p_1, p_2, \cdots, p_J\}, q = \{q_1, q_2, \cdots, q_J\}$$

满足引理 2 的条件. 将 p_j, q_j 代入(4)证得(5).

下面我们来表述和证明熵的基本性质. 设 X 为在有限集 $\mathcal{X} = \{a_1, a_2, \cdots, a_J\}$ 中取值的随机变量

$$P\{X = a_j\} = p(a_j) \quad (j = 1, 2, \cdots, J)$$

定理 1 $H(X) \geqslant 0$,等号成立当且仅当 X 退化为

常值,即对某一 $a_k \in \mathfrak{X}, P\{X = a_k\} = 1$.

证 由

$$f(u) = -u\log u \geqslant 0 \quad (0 \leqslant u \leqslant 1)$$

等号成立当且仅当 $u = 0$ 或 1 证得(注意前面的约定 $0\log 0 = 0$).

定理 2 $H(X) \leqslant \log J$,等号成立当且仅当 X 的分布为等概分布,即

$$p(a_j) = \frac{1}{J} \quad (1 \leqslant j \leqslant J)$$

证 由引理 1 的(2)有

$$\log J - H(X) = (\ln 2)^{-1} \sum_{j=1}^{J} p(a_j) \ln (Jp(a_j))$$

$$\geqslant (\ln 2)^{-1} \sum_{j=1}^{J} p(a_j)(1 - \frac{1}{Jp(a_j)})$$

$$= (\ln 2)^{-1} \sum_{j=1}^{J} (p(a_j) - \frac{1}{J}) = 0$$

等号成立的充要条件是 $Jp(a_j) = 1$,即

$$p(a_j) = \frac{1}{J} \quad (1 \leqslant j \leqslant J)$$

设 Y 为在有限集 $\mathscr{Y} = \{b_1, b_2, \cdots, b_K\}$ 中取值的随机变量. 二维随机变量 (X, Y) 的分布记作

$$P\{X = a_j, Y = b_k\} = P(a_j, b_k) \quad (1 \leqslant j \leqslant J, 1 \leqslant k \leqslant K)$$

按定义,随机变量 (X, Y) 的熵定义为 (X, Y) 的分布的熵,即

$$H(X, Y) = -\sum_{j=1}^{J} \sum_{k=1}^{K} P(a_j, b_k)\log P(a_j, b_k) \quad (6)$$

定理 3

$$H(X,Y) \leqslant H(X) + H(Y) \tag{7}$$

等号成立当且仅当 X,Y 为相互独立的随机变量,即

$$P(a_j, b_k) = p(a_j)q(b_k) \quad (1 \leqslant j \leqslant J, 1 \leqslant k \leqslant K)$$

其中

$$p(a_j) = \sum_{k=1}^{K} P(a_j, b_k) \quad (1 \leqslant j \leqslant J)$$

$$q(b_k) = \sum_{j=1}^{J} P(a_j, b_k) \quad (1 \leqslant k \leqslant K)$$

分别为 X,Y 的分布.

证 由引理 1 的(2)有

$$H(X) + H(Y) - H(X,Y)$$

$$= \sum_{j=1}^{J} \sum_{k=1}^{K} P(a_j, b_k) \log \frac{P(a_j, b_k)}{p(a_j)q(b_k)}$$

$$= (\ln 2)^{-1} \sum_{j=1}^{J} \sum_{k=1}^{K} P(a_j, b_k) \ln \frac{P(a_j, b_k)}{p(a_j)q(b_k)}$$

$$\geqslant (\ln 2)^{-1} \sum_{j=1}^{J} \sum_{k=1}^{K} P(a_j, b_k) \left[1 - \frac{p(a_j)q(b_k)}{P(a_j, b_k)} \right]$$

$$= 0$$

等号成立当且仅当

$$P(a_j, b_k) = p(a_j)q(b_k) \quad (1 \leqslant j \leqslant J, 1 \leqslant k \leqslant K)$$

熵的上述性质说明:在有 J 个可能结果的试验中,以等概分布的试验提供的信息最多. 对于两个试验,以相互独立的试验提供的信息最多. 两个独立试验所提供的信息等于各个试验所提供的信息之和,用归纳法,熵的这一性质容易推广到多个随机变量的情形.

设 $X_1, X_2, \cdots, X_N$ 为 N 个随机变量,它们分别在有

限集 $\mathfrak{X}_1, \mathfrak{X}_2, \cdots, \mathfrak{X}_N$ 中取值. N 维随机变量 $(X_1, X_2, \cdots, X_N)$ 的分布记作

$$P\{X_1 = x_1, X_2 = x_2, \cdots, X_N = x_N\} = P(x_1, x_2, \cdots, x_N)$$
$$(x_i \in \mathfrak{X}_i, 1 \le i \le N)$$

仍按定义, 随机变量 $(X_1, X_2, \cdots, X_N)$ 的熵定义为它的分布的熵

$$H(X_1, X_2, \cdots, X_N)$$
$$= -\sum_{x_1} \sum_{x_2} \cdots \sum_{x_N} P(x_1, x_2, \cdots, x_N) \log P(x_1, x_2, \cdots, x_N)$$

$$(8)$$

定理 4

$$H(X_1, X_2, \cdots, X_N) \le H(X_1) + H(X_2) + \cdots + H(X_N)$$

$$(9)$$

等号成立当且仅当 $X_1, X_2, \cdots, X_N$ 为相互独立的随机变量.

证 用数学归纳法即得.

下面举一个例子说明熵的这些性质的一个简单应用.

例 猜物游戏: 把班上的同学分成两组, 面对面地排成两行, 由其中一组同学随机地商定一物, 让另一组同学来猜. 方法是由该组第一个同学问他对面的同学一个问题, 回答只能用"是"或"否". 然后依次这样做, 看第几个同学能猜着. 我们的问题是为猜着该物需要问多少个问题, 怎样选择问题好. 化成信息论的模型, 把第一组同学可能商定的物的全体看作随机变量 X 的取值集, 并假定 X 是等概分布的. 每提一个问题, 由于回答只能用"是"或"否",因此相当于把被猜物所在的集分成两部分. 通过回答缩小其所在的范围,直到最后唯一确定为止. 由定理 2,为从每个问题的回答中得到最多的信息,必须将集尽量等分. 由定理 3,为从若干个问题的回答中得到最多的信息就要选择相互独立的问题. 为得到数值结果,我们将猜物改为猜数.

设 $\mathfrak{X} = \{0,1,2,\cdots,63\}$ 为被猜的数所在的集. X 为在 $\mathfrak{X}$ 中取值的随机变量,X 的分布为等概分布,即

$$P\{X = j\} = p_j = \frac{1}{64} \quad (0 \leqslant j \leqslant 63)$$

于是所猜数的不定性为

$$H(X) = - \sum_{j=0}^{63} p_j \log p_j = \log 64 = 6(\text{比特})$$

为了猜着该数需要获得 6 比特的信息. 而从每个问题的回答中至多获得 1 比特信息,若提的问题是相互独立的,则 6 个问题就足以确定所猜的数. 设被猜的数为 $x = 5$,则这些问题是:(1)$x < 32$ 吗?"是". (2)$x < 16$ 吗?"是". (3)$x < 8$ 吗?"是". (4)$x < 4$ 吗?"否". (5)$x < 6$ 吗?"是". (6)$x < 5$ 吗?"否". 于是唯一地猜到 $x = 5$. 乍一看,未必能看出这些问题的独立性,但只要把 0 到 63 用六位二进制数表示就可看出,每个问题相当于问其中的一位是 0 还是 1,故它们确实是相互独立的.

更多的概念

第 五 章

§1　条　件　熵

当将单个离散随机变量的概率空间视为信源时,相当于讨论离散信源的平均信息含量,即信源熵. 实际应用中,常常需要考虑两个或两个以上的概率空间之间的相互关系,此时要引入条件熵的概念.

条件熵的定义是:在联合符号集合 XY 上的条件自信息量的联合概率加权统计平均值. 在给定 y 条件下,x 的条件自信息量为 $I(x|y)$,进一步在给定 Y(即各个 y)条件下,X 集合的条件熵 $H(X|Y)$ 定义为

$$H(X|Y) \triangleq \sum_{XY} P(xy)I(x|y)$$

$$= -\sum_{XY} P(xy)\log P(x|y) \quad (1)$$

相应地,在给定 X(即各个 x)条件下,Y 集合的条件熵 $H(Y|X)$ 为

Shannon 信息熵定理

$$H(Y|X) \triangleq \sum_{XY} P(xy) I(y \mid x)$$

$$= - \sum_{XY} P(xy) \log P(y \mid x) \qquad (2)$$

值得注意的是:条件熵是用联合概率 $P(xy)$,而不是用条件概率 $P(x|y)$ 或 $P(y|x)$ 进行加权平均. 这是因为:先取在一个 y 条件下,X 集合的条件熵 $H(X|y)$,由熵的定义有

$$H(X|y) = \sum_{X} P(x \mid y) I(x \mid y)$$

$$= - \sum_{X} P(x \mid y) \log P(x \mid y)$$

进一步把 $H(X|y)$ 在 Y 集合上取上数学期望,就得到条件熵 $H(X|Y)$,即

$$H(X|Y) = \sum_{Y} P(y) H(X \mid y)$$

$$= - \sum_{X} \sum_{Y} P(y) P(x \mid y) \log P(y \mid x)$$

$$= \sum_{XY} P(xy) \log P(y \mid x)$$

条件熵 $H(Y|X)$ 可以衡量信号通过信道后损失信息量的多少;条件熵 $H(X|Y)$ 表示收到全部输出符号之后,对信道输入符号集还存在的平均不确定性,它是由于存在噪声干扰的缘故. 所以 $H(X|Y)$ 称为信道疑义度. 对于无噪信道,疑义度等于零,即

$$H(X|Y) = 0$$

§2　联　合　熵

联合熵也称共熵,是符号集合 XY 上的每个元素对 x_iy_j 的自信息量的概率加权统计平均值. 其定义式 $H(XY)$ 为

$$H(XY) \triangleq \sum_{i=1}^{n} \sum_{j=1}^{m} P(x_iy_j) I(x_iy_j)$$

$$= - \sum_{i=1}^{n} \sum_{j=1}^{m} P(x_iy_j) \log P(x_iy_j) \qquad (1)$$

§3　各种熵的性质

一、联合熵与信源熵、条件熵的关系

联合熵与信源熵、条件熵存在下述关系

$$H(XY) = H(X) + H(Y|X) \text{ 和 } H(XY) = H(Y) + H(X|Y)$$

$$(1)$$

证　对于离散联合集 XY,共熵为

$$H(XY) \triangleq \sum_{i=1}^{n} \sum_{j=1}^{m} P(x_iy_j) I(x_iy_j)$$

$$= - \sum_{i=1}^{n} \sum_{j=1}^{m} P(x_iy_j) \log P(x_iy_j)$$

$$= - \sum_{i=1}^{n} \sum_{j=1}^{m} P(x_iy_j) \log \left[P(x_i) P(y_j \mid x_i) \right]$$

$$= - \sum_{i=1}^{n} \sum_{j=1}^{m} P(x_iy_j) \log P(x_i) -$$

$$\sum_{i=1}^{n} \sum_{j=1}^{m} P(x_i y_j) \log P(y_j \mid x_i)$$

$$= -\sum_{i=1}^{n} \sum_{j=1}^{m} P(x_i) P(y_j \mid x_i) \log P(x_i) + H(Y \mid X)$$

$$= -\sum_{i=1}^{n} P(x_i) \log P(x_i) \sum_{j=1}^{m} P(y_j \mid x_i) + H(Y \mid X)$$

$$= H(X) + H(Y \mid X)$$

同理可证

$$H(XY) = H(Y) + H(X \mid Y)$$

此式表明:共熵等于前一个集合 X 出现的熵加上前一个集合 X 出现的条件下,后一个集合 Y 出现的条件熵. 如果集 X 和集 Y 相互统计独立,则有

$$H(XY) = H(Y) + H(X) \tag{2}$$

此时

$$H(X \mid Y) = H(X)$$

式(2)则表示熵的可加性. 而式(1)称为熵的强可加性.

由式(1)可得到

$$H(X) - H(X \mid Y) = H(Y) - H(Y \mid X) \tag{3}$$

此条性质可推广到多个随机变量构成的概率空间之间的关系. 设有 N 个概率空间 $X_1, X_2, \cdots, X_N$,其联合熵可表示为

$$H(X_1 X_2 \cdots X_N) = H(X_1) + H(X_2 \mid X_1) + \cdots + H_N(X_N \mid X_1 X_2 \cdots X_{N-1})$$

$$= \sum_{i=1}^{N} H(X_i \mid X_1 X_2 \cdots X_{i-1}) \qquad （4）$$

如果 N 个随机变量相互独立,则有

$$H(X_1 X_2 \cdots X_N) = \sum_{i=1}^{N} H(X_i) \qquad （5）$$

二、联合熵与信源熵的关系

联合熵与两个集合的信源熵之间存在关系

$$H(XY) \le H(X) + H(Y) \qquad （6）$$

当且仅当两个集合相互独立时,上式取等号,此时可得联合熵的最大值,即

$$H(XY)_{max} = H(X) + H(Y) \qquad （7）$$

证　按熵的定义有

$$H(XY) - H(X) - H(Y)$$

$$\triangleq - \sum_{i=1}^{n} \sum_{j=1}^{m} P(x_i y_j) \log P(x_i y_j) -$$

$$\left(- \sum_{i=1}^{n} P(x_i) \log P(x_i) \right) -$$

$$\left(- \sum_{j=1}^{m} P(y_j) \log P(y_j) \right)$$

$$= - \sum_{i=1}^{n} \sum_{j=1}^{m} P(x_i y_j) \log P(x_i y_j) +$$

$$\sum_{i=1}^{n} \sum_{j=1}^{m} P(x_i y_j) \log \left[P(x_i) P(y_j) \right]$$

$$= \sum_{i=1}^{n} \sum_{j=1}^{m} P(x_i y_j) \log \frac{P(x_i) P(y_j)}{P(x_i y_j)}$$

$$\le \log e \sum_{i=1}^{n} \sum_{j=1}^{m} P(x_i y_j) \left[\frac{P(x_i) P(y_j)}{P(x_i y_j)} - 1 \right]$$

$$= \log \mathrm{e} \Big[\sum_{i=1}^{n} \sum_{j=1}^{m} P(x_i) P[y_j] -$$

$$\sum_{i=1}^{n} \sum_{j=1}^{m} P(x_i y_j) \Big] = 0$$

$$H(XY) \leqslant H(X) + H(Y)$$

若集 X 和集 Y 统计独立,则

$$P(x_i y_j) = P(x_i) P(y_j)$$

显然

$$H(XY) - H(X) - H(Y)$$

$$= \sum_{i=1}^{n} \sum_{j=1}^{m} P(x_i y_j) \log \frac{P(x_i) P(y_j)}{P(x_i y_j)} = 0$$

故

$$H(XY) - H(X) - H(Y) = 0$$

当集合 X 和 Y 取自同一符号集合

$$H(X) = H(Y) = H(Z)$$

且

$$H(XY) \leqslant 2H(X) \qquad (8)$$

此性质同样可以推广到 N 个概率空间的情况

$$H(X_1 X_2 \cdots X_N) \leqslant H(X_1) + H(X_2) + \cdots + H(X_N)$$

$$(9)$$

同理,等号成立的充要条件是概率空间 $X_1, X_2, \cdots, X_N$ 相互统计独立.

三、条件熵与信源熵的关系

$$H(Y \mid X) \leqslant H(Y) \qquad (10)$$

证 在 $[0,1]$ 区域中,设

$$f(\lambda) = -\lambda \log \lambda \qquad (11)$$

它是 $[0,1]$ 区域内的 $\cap$ 型凸函数,并设

$$\lambda_j = P_{ij} = P(x_i | y_j) \qquad (12)$$

且

$$P_j = P(Y = y_j) \geqslant 0 \quad (\sum_j P_j = 1)$$

根据 Jensen 不等式

$$\sum_{j=1}^{m} P_j f(\lambda_j) \leqslant f\left[\sum_{j=1}^{m} P_j \lambda_j\right]$$

以及式(11)与(12),得

$$-\sum_{j=1}^{m} P_j P(x_i | y_j) \log P(x_i | y_j)$$

$$\leqslant -\sum_{j=1}^{m} P_j P(x_i | y_j) \log \left[\sum_{j=1}^{m} P_j P(x_i | y_j)\right]$$

$$= P_i \log P_i \qquad (13)$$

其中,边沿分布

$$P_i = P(X = x_i) \quad (i = 1, 2, \cdots, n)$$

然后,将不等式(13)两边对一切 i 求和,有

$$-\sum_{i=1}^{n} \sum_{j=1}^{m} P_j P(x_i | y_j) \log P(x_i | y_j)$$

$$\leqslant -\sum_{i=1}^{n} P_i \log P_i$$

从而得

$$H(X|Y) \leqslant H(X)$$

等式成立的条件当且仅当集 X 和 Y 统计独立,即

$$P(x_i | y_j) = P(x_i)$$

§4 互 信 息

一、单个消息的互信息

信息熵是信源输出的信息量,而真正被接收者收到的信息量是互信息. 它是与收发双方都有关系的相对量,是指接收者从信源发送者中所获得的信息量.

由 Shannon 不等式有

$$H(U_1) \geqslant H(U_1 \mid U_2)$$

即

$$H(U_1) - H(U_1 \mid U_2) \geqslant 0$$

若令 $U_1 = U$ 为发送者,$U_2 = V$ 为接收者,则它们之间的互信息量 $I(U;V)$ 可定义为

$$
\begin{aligned}
I(U;V) &= H(U) - H(U \mid V) \\
&= E[-\log p_i] - E[\log Q_{ij}] \\
&= E\left[-\log \frac{p_i}{Q_{ij}}\right] \\
&= E[i(u_i;v_j)]
\end{aligned}
\tag{1}
$$

称 $i(u_i;v_j)$ 为互信息密度.

对于互信息,有如下定理.

定理 1 互信息具有下列性质:

(i)对称性

$$
\begin{aligned}
I(U;V) &= H(U) - H(U \mid V) \\
&= H(U) + H(V) - H(U;V) \\
&= H(V) - H(V \mid U)
\end{aligned}
$$

$$= I(V;U) \qquad (2)$$

（ii）非负性

$$I(U;V) \geqslant 0 \qquad (3)$$

（iii）互信息不大于信源熵

$$I(U;V) \leqslant H(U)$$

$$I(U;V) = I(V;U) \leqslant H(V) \qquad (4)$$

证　（i）由互信息定义，有

$$I(U;V) = H(U) - H(U|V)$$

$$= -\sum_i p_i \log p_i + \sum_i \sum_j r_{ij} \log Q_{ij}$$

$$= -\sum_i \sum_j r_{ij} \log \frac{p_i}{Q_{ij}} \times \frac{q_j}{q_j}$$

$$= -\sum_i \sum_j r_{ij} \log p_i -$$

$$\sum_i \sum_j r_{ij} \log q_j + \sum_i \sum_j r_{ij} \log r_{ij}$$

$$= H(U) + H(V) - H(U;V)$$

$$= -\sum_i \sum_j r_{ij} \log \frac{p_i q_j}{p_i P_{ji}}$$

$$= H(V) - H(V|U)$$

$$= I(V;U)$$

这一性质，说明互信息具有对称性.

（ii）由互信息定义与 Shannon 不等式显见，即

$$H(U) \geqslant H(U|V)$$

$$H(U) - H(U|V) \geqslant 0$$

所以

$$I(U;V) = H(U) - H(U|V) \geqslant 0$$

（iii）由互信息定义与 Shannon 不等式显见，即

$$I(U;V) = H(U) - H(U|V) \leqslant H(U)$$
$$I(V;U) = H(V) - H(V|U) \leqslant H(V)$$

进一步,若 $U = V$,即接收的 V 即为发送的 U,这时

$$I(U;V) = H(U) - H(U|U) = H(U)$$

若当 U,V 间统计独立,则

$$I(U;V) = H(U) - H(U|V) = H(U) - H(U) = 0$$

这时,接收者 V 未能从发送者 U 中获得任何信息.

至此,我们已讨论了熵 $H(U)$、条件熵 $H(U|V)$,$H(V|U)$、联合熵 $H(U;V)$ 以及互信息 $I(U;V)$. 它们之间的关系可以用一个形象、直观的图形(图 1)表示.

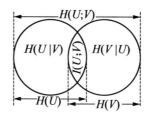

图 1 熵、条件熵、联合熵与互信息间的关系图

下面,我们讨论互信息的性质,有下列定理.

定理 2 互信息 $I(U;V)$ 是先验概率 $p_i = p(u_i)$ 的上凸函数;是条件转移概率 $P_{ji} = P(v_j|u_i)$ 的下凸函数.

证 为了证明方便,将互信息改写为

$$I(U;V) = H(V) - H(V|U)$$

$$= -\sum_i \sum_j p_i P_{ji} \log \frac{q_j}{P_{ji}}$$

$$= -\sum_i \sum_j p_i P_{ji} \log \frac{\sum_i p_i P_{ji}}{P_{ji}}$$

$$= I(p_i;P_{ji}) \tag{5}$$

148

当信道给定时，P_{ji} 不变，设 $P_{ji} = P_{ji}^0$，这时

$$I(p_i; P_{ji}) = I(p_i; P_{ji}^0) = I(p_i)$$

设

$$p_i^\theta = \theta p_i' + (1 - \theta) p_i''$$

其中 $0 \leqslant \theta \leqslant 1$，即 p_i^θ 为 p_i' 与 p_i'' 的内插值，则

$$
\begin{aligned}
q_j^\theta &= \sum_i p_i^\theta P_{ji}^0 = \sum_i [\theta p_i' + (1 - \theta) p_i''] P_{ji}^0 \\
&= \theta q_j' + (1 - \theta) q_j''
\end{aligned}
$$

要证明 $I(p_i)$ 是 p_i 的上凸函数，由上凸函数的定义，只需证明

$$\theta I(p_i') + (1 - \theta) I(p_i'') \leqslant I[\theta(p_i') + (1 - \theta)(p_i'')]$$

$$(6)$$

即

$$
\begin{aligned}
&\theta I(p_i') + (1 - \theta) I(p_i'') - \\
&I[\theta(p_i') + (1 - \theta)(p_i'')] \\
&= \theta \sum_i \sum_j p_i' P_{ji}^0 \log \frac{P_{ji}^0}{q_j'} + \\
&\quad (1 - \theta) \sum_i \sum_j p_i'' P_{ji}^0 \log \frac{P_{ji}^0}{q_j''} - \\
&\quad \sum_i \sum_j [\theta(p_i') + (1 - \theta)(p_i'')] P_{ji}^0 \log \frac{P_{ji}^0}{q_j^\theta} \\
&= \theta \sum_i \sum_j p_i' P_{ji}^0 \log \frac{P_{ji}^0 \cdot q_j^\theta}{q_j' \cdot P_{ji}^0} + \\
&\quad (1 - \theta) \sum_i \sum_j p_i'' P_{ji}^0 \log \frac{P_{ji}^0 \cdot q_j^\theta}{q_j'' \cdot P_{ji}^0} \\
&\leqslant \theta \log \sum_j \left[\sum_i p_i' P_{ji}^0 \right] \frac{q_j^\theta}{q_j'} +
\end{aligned}
$$

$$(1 - \theta) \log \sum_j \left[\sum_i p''_i P_{ji}^0 \right] \frac{q_j^\theta}{q''_j}$$

$$= \theta \log \sum_j q_j^\theta + (1 - \theta) \log \sum_j q_j^\theta$$

$$= \theta \log 1 + (1 - \theta) \log 1 = 0$$

上凸性得证. 上式中"≤"引用了 Jensen 不等式.

下面再证明互信息是对条件转移概率 P_{ji} 的下凸函数. 这时, 可以认为, 信源特性给定, 即 $p_i = p_i^0$ 不变

$$I(p_i, P_{ji}) = I(p_i^0, P_{ji}) = I(P_{ji})$$

同理, 可设

$$P_{ji}^\theta = \theta P'_{ji} + (1 - \theta) P''_{ji}$$

其中 $0 \leqslant \theta \leqslant 1$, 即 P_{ji}^θ 为 P'_{ji} 与 P''_{ji} 的内插值. 则

$$q_j^\theta = \sum_i p_i^0 P_{ji}^\theta = \sum_i \left[\theta P'_{ji} + (1 - \theta) P''_{ji} \right] p_i^0$$

$$= \theta q'_j + (1 - \theta) q''_j$$

要证明 $I(P_{ji})$ 是 P_{ji} 的下凸函数, 只需证明

$$I\left[\theta(P'_{ji}) + (1 - \theta)(P''_{ji}) \right]$$

$$\leqslant \theta I(P'_{ji}) + (1 - \theta) I(P''_{ji}) \tag{7}$$

即

$$I\left[\theta(P'_{ji}) + (1-\theta)(P''_{ji}) \right] - \left[\theta I(P'_{ji}) + (1-\theta) I(P''_{ji}) \right]$$

$$= \sum_i \sum_j \left[\theta(P'_{ji}) + (1 - \theta)(P''_{ji}) \right] p_i^0 \log \frac{P_{ji}^\theta}{q_j^\theta} -$$

$$\theta \sum_i \sum_j P_i^0 P'_{ji} \log \frac{P'_{ji}}{q'_j} -$$

$$(1 - \theta) \sum_i \sum_j p_i^0 P''_{ji} \log \frac{P''_{ji}}{q''_j}$$

$$= \theta \sum_i \sum_j p_1^0 P'_{ji} \log \frac{P_{ji}^\theta \cdot q'_j}{q_j^\theta \cdot P'_{ji}} +$$

$$(1 - \theta) \sum_i \sum_j p_i^0 P''_{ji} \log \frac{P_{ji}^\theta \cdot q''_j}{q_j^\theta \cdot P''_{ji}}$$

$$\leq \theta \log \sum_i \sum_j p_i^0 P'_{ji} \frac{P_{ji}^\theta \cdot q'_j}{q_j^\theta \cdot P'_{ji}} +$$

$$(1 - \theta) \log \sum_i \sum_j p_i^0 P''_{ji} \frac{P_{ji}^\theta \cdot q''_j}{q_j^\theta \cdot P''_{ji}}$$

$$= \theta \log \sum_j \Big[\sum_i p_i^0 P_{ji}^\theta \Big] \frac{q'_j}{q_j^\theta} +$$

$$(1 - \theta) \log \sum_j \Big[\sum_i p_i^0 P_{ji}^\theta \Big] \frac{q''_j}{q_j^\theta}$$

$$= \theta \log \sum_j q'_j + (1 - \theta) \log \sum_j q''_j$$

$$= \theta \log 1 + (1 - \theta) \log 1 = 0$$

下凸性得证. 上式中不等号引用了 Jensen 不等式.

二、消息序列的互信息 $I(U;V)$

类似于对信源熵的研究, 我们在研究单个消息 (符号) 互信息的基础上, 将进一步讨论消息序列的互信息. 为此, 有如下定理.

定理 3　若 $U = (U_1, \cdots, U_l, \cdots, U_L)$, $V = (V_1, \cdots, V_l, \cdots, V_L)$ 分别表示发送端与接收端的消息序列, 则有:

（i）若各发送 U_l 无记忆, 则

$$I(U;V) \geqslant \sum_{l=1}^{L} I(U_l;V_l) \tag{8}$$

（ii）若 U 与 V 间信道无记忆, 则

$$I(U;V) \leqslant \sum_{l=1}^{L} I(U_l;V_l) \tag{9}$$

（iii）若 U_l 无记忆且 U 与 V 间信道无记忆，则

$$I(U;V) = \sum_{l=1}^{L} I(U_l;V_l) \qquad (10)$$

证 （i）

$$\sum_{l=1}^{L} I(U_l;V_l) - I(U;V)$$

$$= \sum_{l=1}^{L} \left[H(U_l) - H(U_l \mid V_l) \right] - \left[H(U) - H(U \mid V) \right]$$

$$= \sum_{l=1}^{L} E\left[\log \frac{P(u_l \mid v_l)}{p(u_l)} \right] - E\left[\log \frac{P(u \mid v)}{p(u)} \right]$$

$$= E\left[\log \frac{P(u_1 \mid v_1) \cdots P(u_L \mid v_L)}{p(u_1) \cdots p(u_L)} \right] -$$

$$E\left[\log \frac{P(u \mid v)}{p(u_1) \cdots p(u_L)} \right]$$

（由于信源各 u_l 无记忆）

$$= E\left[\log \frac{P(u_1 \mid v_1) \cdots P(u_L \mid v_L)}{P(u \mid v)} \right]$$

$$\leqslant \log E\left[\frac{P(u_1 \mid v_1) \cdots P(u_L \mid v_L)}{P(u \mid v)} \right]$$

（引用 Jensen 不等式）

$$= \log \sum_{u} \sum_{v} q(v) P(u \mid v) \cdot \frac{P(u_1 \mid v_1) \cdots P(u_L \mid v_L)}{P(u \mid v)}$$

$$\leqslant \log \sum_{u} \sum_{v} q(v_1) \cdots q(v_L) P(u_1 \mid v_1) \cdots P(u_L \mid v_L)$$

$$= \log \sum_{u} \sum_{v} P(u_1 v_1) \cdots P(u_L v_L) = \log 1 = 0$$

（ii）

$$I(U;V) - \sum_{l=1}^{L} I(U_l V_l)$$

$$= E\Big[\log\frac{P(v\mid u)}{q(v)}\Big] - \sum_{l=1}^{L} E\Big[\log\frac{P(v_l\mid u_l)}{q(v_l)}\Big]$$

$$= E\left[\log\frac{\prod\limits_{l=1}^{L}P(v_l\mid u_l)\prod\limits_{l=1}^{L}q(v_l)}{\prod\limits_{l=1}^{L}P(v_l\mid u_l)\cdot q(v)}\right]$$

（引用 Jensen 不等式）

$$\leq \log\sum_{v}\Big[\sum_{u}p(u)P(v\mid u)\Big]\cdot\frac{\prod\limits_{l=1}^{L}q(v_l)}{q(v)}$$

$$= \log\sum_{v}q(v_1)\cdots q(v_L) = \log 1 = 0$$

（iii）若同时满足（i）和（ii）条件,显然上述两个结论同时成立,所以等式成立.

推论　若定理 3 中条件（iii）成立,且同时又进一步满足平稳性,则有

$$I(U;V) = \sum_{l=1}^{L} I(U_l;V_l) = LI(U;V) \qquad (11)$$

证　由平稳性,即推移不变性,这时互信息 $I(U_l;V_l)$ 与时间序号 l 无关,且各 l 分量项相等. 故上述推论成立.

类似于熵的链规则,互信息亦有下列定理.

定理 4

$$I(U;V) = \sum_{l=1}^{L} I(U;V_l\mid V_1^{l-1}) \qquad (12)$$

证　先证 $l=2$,这时,有

$$I(U;V_1V_2) = H(U) - H(U\mid V_1V_2)$$
$$= H(U) - E\big[-\log P(u\mid v_1v_2)\big]$$

$$= H(U) + E\left[\log \frac{P(u|v_1)P(v_2|uv_1)}{P(v_2|v_1)}\right]$$

$$= H(U) - H(U|V_1) - H(V_2|UV_1) + H(V_2|V_1)$$

$$= I(U;V) + I(U;V_2|V_1)$$

当 $l = 3$ 时,有

$$I(U;V_1^3) = I(U;V_1) + I(U;V_2^3|V_1)$$

$$= I(U;V_1) + I(U;V_2|V_1) + I(U;V_3|V_2V_1)$$

推广,可得

$$I(U;V) = \sum_{l=1}^{L} I(U;V_l \mid V_1^{l-1})$$

三、信息不增性原理

信息不增性原理又称为信号数据处理定理,是信息处理中应遵守的最基本的原理. 在信息处理中,经常要对所获得的数据信息进行进一步分类与归并处理,即需要将所接收到的有限数据空间 (Y,q) 归并为另一类处理后的有限数据空间 $(Z = D(Y),p)$.

它可以表示为

$$\begin{bmatrix} Y \\ q \end{bmatrix}\begin{bmatrix} y_1,\cdots,y_j,\cdots,y_m \\ q_1,\cdots,q_j,\cdots,q_m \end{bmatrix} \Rightarrow \begin{bmatrix} Z = D(Y) \\ P \end{bmatrix} = \begin{bmatrix} z_1,\cdots,z_l,\cdots,z_s \\ p_1,\cdots,p_l,\cdots,p_s \end{bmatrix}$$

其中,$z_l = \sum_{j \in m'} y_j$,而 $m' \subset m$,即将 m' 个元素归并为一个子集合. 其对应概率为

$$p_l = p(y_j \in z_l) = \sum_{j \in m'} q_j$$

下面,我们讨论经过数据处理以后与处理以前相比较,两者从发送端所获得的互信息是增加了,还是减少了. 为此有如下定理.

定理 5　在信息处理中,数据经过归并处理后,下

154

列结论成立：

　　（i）
$$I(X;Y) \geqslant I[X;D(Y)] \tag{13}$$

　　（ii）
$$H(X) \geqslant I(X;Y_1^L) \geqslant I(X;Y_1^{L-1})$$
$$\geqslant \cdots \geqslant I(X;Y_1^2) \geqslant I(X;Y_1) \geqslant 0 \tag{14}$$

其中，X 表示信道输入的发送端信号，Y 表示信道输出的接收端未处理的信号，$Z = D(Y)$ 表示接收端处理后的信号.

　　证　（i）设
$$p(X = x_i \mid Y = z_l) = P_{il}$$
$$p(X = x_i \mid Y = y_j) = Q_{ij}$$
$$p(Y = y_j) = q_j$$

所以
$$p(Y = z_l, X = x_i) = r_{il} = p_l P_{il} = \sum_{j \in m'} q_j Q_{ij}$$

则
$$I[X;D(Y)] - I(X;Y)$$
$$= H(X) - H(X \mid D(Y)) - H(X) + H(X \mid Y)$$
$$= \sum_i \sum_j p_l P_{il} \log P_{il} - \sum_i \sum_j q_j Q_{ij} \log Q_{ij}$$
$$= \sum_i \sum_l \left(\sum_{j \in m'} q_j Q_{ij} \right) \log \frac{P_{il}}{Q_{ij}}$$
$$\leqslant \log \left[\sum_i \sum_l \sum_{j \in m'} q_j Q_{ij} \cdot \frac{P_{il}}{Q_{ij}} \right]$$
　　（由 Jensen 不等式）
$$= \log \sum_i \sum_l p_l P_{il} = \log 1 = 0$$

可见,经过分类或归并性信息处理后,信息只可能减少,不可能增加. 这是一切归并性信息处理所必须遵守的基本原则,也是指导归并性数据处理理论的最基本的定理.

（ii）先证

$$I(X;Y_1^2) \geq I(X;Y_1)$$

即

$$I(X;Y_1) - I(X;Y_1^2)$$

$$= H(X) - H(X|Y_1) - H(X) + H(X|Y_1Y_2)$$

$$= \sum_i \sum_{j_1} q_{j_1} Q_{ij_1} \log Q_{ij_1} - \sum_i \sum_{j_1} \sum_{j_2} q_{j_1j_2} Q_{ij_1j_2} \log Q_{ij_1j_2}$$

$$= \sum_i \sum_{j_1} \sum_{j_2} q_{j_1j_2} Q_{ij_1j_2} \log \frac{Q_{ij_1}}{Q_{ij_1j_2}}$$

$$\leq \log \Big[\sum_i \sum_{j_1} \sum_{j_2} q_{j_1j_2} Q_{ij_1j_2} \cdot \frac{Q_{ij_1}}{Q_{ij_1j_2}} \Big]$$

（由 Jensen 不等式）

$$= \log \Big[\sum_i \sum_{j_1} \Big(\sum_{j_2} q_{j_1j_2} \Big) Q_{ij_1} \Big]$$

$$= \log \sum_i \sum_{j_1} q_{j_1} Q_{ij_1} = \log 1 = 0$$

同理可证

$$I(X,Y_1^3) \geq I(X,Y_1^2)$$

故定理得证.

这个定理说明,要想从发送者获得更多、更精确的信息,即在信息处理中尽可能少得丢失信息,就必须付出代价. 比如多次接触信源,在测量中多次独立测量,就可以提高测量精度. 但是无论怎么增加测量次数,也决不会获得超过信源所提供的信息熵 $H(X)$.

§5　李天岩谈熵

美国密歇根州立大学的李天岩教授 1987 年 8 月 14 日在北京大学数学系做了一个精彩的关于熵的报告：

在我们日常生活中,似乎经常存在着"不确定性"的问题. 比如说,天气预报员常说"明天下雨的可能性是 70%". 这是我们习以为常的"不确定性"问题的一个例子. 一般不确定性问题所包含"不确定"的程度可以用数学来定量地描述吗? 在多数的情况下是可以的. 20 世纪 40 年代末,由于信息理论的需要而首次出现的 Shannon 熵,20 世纪 50 年代末以解决遍历理论经典问题而崭露头角的 Kolmogorov 熵,以及 20 世纪 60 年代中期为研究拓扑动力系统而产生的拓扑熵等概念,都是关于不确定性的数学度量,它们在现代动力系统和遍历理论中,扮演着十分重要的角色. 在自然科学和社会科学中的应用也日趋广泛. 本节的主旨在于引导尽量多的读者在这一引人入胜的领域中探幽访景,而不必在艰深的数学语言中踟蹰不前. 物理、化学家们也许对他们早已熟悉的热力学熵更觉亲切,我们在最后也将给古典的 Boltzmann 熵作一番数学的描述.

1. Shannon 熵

设想我们有两个五分硬币,一个硬币表面光滑,材料均匀,而另一个硬币则表面粗糙,奇形怪状. 我们把硬币上有人头的那面叫正面,另一面称反面.然后在一个光滑的桌面上旋转硬币,等它停下后,看其是正面还是反面.这是一个不确定性的问题:可能是正面,也可能是反面.第一个硬币,由于正面和反面的对称性,正面或反面朝上的概率各为一半.但对第二个硬币来说,由于材料磨损,正面和反面不再对称.可能正面朝上的概率为70%,反面朝上的概率为30%,对"究竟会是正面?还会是反面?"这一不确定性问题来说,第一个硬币"不确定"的程度显然比第二个硬币要大许多.若要下赌注的话,我想还是下第二个硬币的正面朝上较为保险,不是吗?现在假设铸币局的先生们别出心裁,把硬币设计成图2所示的形状,其上为正,其下为反.则无论我们怎样旋转之,最终总是正面朝上,它"不确定"的度量应该为零——其结果在未旋转前都已确定,哪来什么"不"确定度呢?

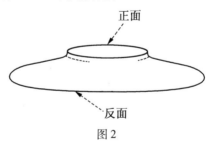

图 2

有了这些直接的观察,我们可以在数学上做文章了,假设样本空间 X 有 n 个基本事件,其基本事件 w_i 的概率为 $p_i, i = 1, 2, \cdots, n$. 我们记之为 $(X; p_1, \cdots, p_n)$. 当然,我们有基本关系式

$$\sum_{i=1}^{n} p_i = 1 \quad (p_i \geqslant 0, i = 1, 2, \cdots, n)$$

我们要定义一个函数 H,它的定义域是所有的样本空间,它在样本空间 $(X; p_1, \cdots, p_n)$ 的值我们用 $H(p_1, \cdots, p_n)$ 来表示(X 省略掉). 我们拿这个数来刻画具有概率分别为 $p_1, p_2, \cdots, p_n$ 的事件 $w_1, w_2, \cdots, w_n$ 的样本空间的"不确定度". 若要 $H(p_1, \cdots, p_n)$ 精确地反映试验结果的不确定度,似乎必须满足下列三个基本条件:

（ⅰ）对固定 n 来说,H 是 $(p_1, \cdots, p_n)$ 的连续函数(这是数学上很基本的要求).

代替硬币,让我们来掷骰子,这骰子是一个材料均匀,各面光滑的正立方体. 当我们将它掷到桌面上时,每个面朝上的概率都是 $\dfrac{1}{6}$. 究竟是哪面朝上的不确定度显然比旋转光滑对称硬币哪面朝上的不确定度要大许多. 这个事实若用 H 来表达,应当是

$$H\left(\frac{1}{6}, \frac{1}{6}, \frac{1}{6}, \frac{1}{6}, \frac{1}{6}, \frac{1}{6}\right) > H\left(\frac{1}{2}, \frac{1}{2}\right)$$

一般来说,H 应当满足:

（ⅱ）若 $p_i = \dfrac{1}{n}$, $i = 1, \cdots, n$, 则对应的 $H\left(\dfrac{1}{n}, \cdots, \dfrac{1}{n}\right)$ 应当是 n 的单调递增函数.

现在有一笔研究经费要分配给工程系的一名教授或数学系的两名教授之一. 假设工程系教授 A 获得这笔经费的可能性是 $\dfrac{1}{2}$,数学系教授 B 获此经费的可能

性为 $\frac{1}{3}$，则数学系教授 C 获此经费的可能性为 $\frac{1}{6}$．事实上，这笔经费现在在教务长那里，他认为为了公平起见，工程系获此资助的可能性为 $\frac{1}{2}$，而数学系获此资助的可能性亦为 $\frac{1}{2}$．工程系若获此资助，系主任只会给教授 A，没有其他的候选人，但在数学系教授获资助的前提下，教授 B 获资助的可能性为 $\frac{2}{3}$，而教授 C 获资助的可能性为 $\frac{1}{3}$（图 3）．这两种"绝对不确定"和"相对不确定"分析应给出同样的结果．也就是说，教授 A，B，C，获此研究费的不确定度 $H\left(\frac{1}{2},\frac{1}{3},\frac{1}{6}\right)$ 应当等于教务长将它分给工程系或数学系的不确定度，即 $H\left(\frac{1}{2},\frac{1}{2}\right)$ 加上若是分到数学系教授 B 或教授 C 得此资助的不确定度 $H\left(\frac{2}{3},\frac{1}{3}\right)$，但这个不确定度是在此经费分到数学系的前提下，这种可能只有 $\frac{1}{2}$，因此

$$H\left(\frac{1}{2},\frac{1}{3},\frac{1}{6}\right)=H\left(\frac{1}{2},\frac{1}{2}\right)+\frac{1}{2}H\left(\frac{2}{3},\frac{1}{3}\right)$$

将此分析一般化，我们有下列条件：

（ⅲ）若某一试验分解成多个相继的试验，则原来的 H 值应为相应的各个 H 值之加权和．

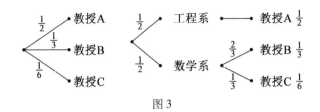

图 3

下面我们来证明一个重要结论：

定理 1　满足条件（ⅰ）（ⅱ）和（ⅲ）的函数 H 恰好具有形式

$$H(p_1,\cdots,p_n) = -K\sum_{i=1}^{n} p_i \log p_i \qquad (*)$$

其中 K 为某个固定正常数.

证明　我们分三步来证明此定理.

第一步：记

$$A(n) = H\left(\frac{1}{n},\frac{1}{n},\cdots,\frac{1}{n}\right) \quad (n \text{ 为正整数})$$

断言

$$A(s^m) = mA(s) \quad (s \text{ 和 } m \text{ 均为正整数})$$

我们先对 $s=2,m=3$ 用图 4 所示来证明此断言，即我们要证明

$$H\left(\frac{1}{8},\cdots,\frac{1}{8}\right) = 3H\left(\frac{1}{2},\frac{1}{2}\right)$$

由条件（ⅲ）得

$$H\left(\frac{1}{8},\cdots,\frac{1}{8}\right)$$

$$= H\left(\frac{1}{2},\frac{1}{2}\right) + \left[\frac{1}{2}H\left(\frac{1}{2},\frac{1}{2}\right) + \frac{1}{2}H\left(\frac{1}{2},\frac{1}{2}\right)\right] +$$

$$\left[\frac{1}{4}H\left(\frac{1}{2},\frac{1}{2}\right) + \frac{1}{4}H\left(\frac{1}{2},\frac{1}{2}\right) + \frac{1}{4}H\left(\frac{1}{2},\frac{1}{2}\right) +\right.$$

$$\frac{1}{4} H\left(\frac{1}{2}, \frac{1}{2}\right)\Big]$$

$$= H\left(\frac{1}{2}, \frac{1}{2}\right) + H\left(\frac{1}{2}, \frac{1}{2}\right) + H\left(\frac{1}{2}, \frac{1}{2}\right)$$

$$= 3H\left(\frac{1}{2}, \frac{1}{2}\right)$$

由归纳法易知,一般地,有

$$H\left(\frac{1}{s^m}, \cdots, \frac{1}{s^m}\right) = H\left(\frac{1}{s}, \cdots, \frac{1}{s}\right) + s\left[\frac{1}{s} H\left(\frac{1}{s}, \cdots, \frac{1}{s}\right)\right] +$$

$$s^2\left[\frac{1}{s^2} H\left(\frac{1}{s}, \cdots, \frac{1}{s}\right)\right] + \cdots +$$

$$s^m\left(\frac{1}{s^{m-1}} H\left(\frac{1}{s}, \cdots, \frac{1}{s}\right)\right]$$

$$= H\left(\frac{1}{s}, \cdots, \frac{1}{s}\right) + \cdots + H\left(\frac{1}{s}, \cdots, \frac{1}{s}\right)$$

$$= mH\left(\frac{1}{s}, \cdots, \frac{1}{s}\right)$$

这就证明了断言.

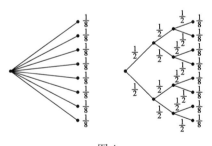

图 4

现在设正整数 t, s, n 和 m 满足

$$s^m \leqslant t^n < s^{m+1}$$

两边取对数,则有

162

$$m\log s \leqslant n\log t < (m+1)\log s$$

即

$$\frac{m}{n} \leqslant \frac{\log t}{\log s} < \frac{m}{n} + \frac{1}{n}$$

故有

$$\left| \frac{m}{n} - \frac{\log t}{\log s} \right| < \frac{1}{n} \qquad (1)$$

由条件(ii),A 是其自变量的单调递增函数,且由我们刚证的断言,有

$$mA(s) \leqslant nA(t) < (m+1)A(s)$$

即

$$\frac{m}{n} \leqslant \frac{A(t)}{A(s)} < \frac{m}{n} + \frac{1}{n}$$

故有

$$\left| \frac{m}{n} - \frac{A(t)}{A(s)} \right| < \frac{1}{n} \qquad (2)$$

由式(1)和(2),我们得到

$$\left| \frac{A(t)}{A(s)} - \frac{\log t}{\log s} \right| < \frac{2}{n}$$

因为 n 可以取任意自然数,而上式左边与 n 无关,故有

$$\frac{A(t)}{A(s)} = \frac{\log t}{\log s}$$

或

$$\frac{A(t)}{\log t} = \frac{A(s)}{\log s} = K$$

其中 K 为一固定正常数,这样我们有

$$A(t) = K\log t$$

由此

$$H\left(\frac{1}{n},\cdots,\frac{1}{n}\right) = K\log n = -K\sum_{i=1}^{n}\frac{1}{n}\log\frac{1}{n}$$

即本定理对特殊情形

$$p_i = \frac{1}{n} \quad (i=1,\cdots,n)$$

成立.

第二步:现在对 p_i 取一般的非负有理数来证明此定理. 我们对 $p_1 = \frac{1}{2}, p_2 = \frac{1}{3}, p_3 = \frac{1}{6}$ 来描述证明的思想,作出图 5.

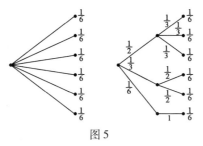

图 5

根据条件(ⅲ),有

$$H\left(\frac{1}{6},\cdots,\frac{1}{6}\right) = H\left(\frac{1}{2},\frac{1}{3},\frac{1}{6}\right) + \frac{1}{2}H\left(\frac{1}{3},\frac{1}{3},\frac{1}{3}\right) +$$
$$\frac{1}{3}H\left(\frac{1}{2},\frac{1}{2}\right) + \frac{1}{6}H(1)$$

故有

$$H\left(\frac{1}{2},\frac{1}{3},\frac{1}{6}\right) = H\left(\frac{1}{6},\cdots,\frac{1}{6}\right) - \frac{1}{2}H\left(\frac{1}{3},\frac{1}{3},\frac{1}{3}\right) -$$
$$\frac{1}{3}H\left(\frac{1}{2},\frac{1}{2}\right) - \frac{1}{6}H(1)$$

这样分解的目的在于我们可用第一步证明的结果来证

164

明第二步.

令 $n_1 = 3, n_2 = 2, n_3 = 1$,则

$$p_1 = \frac{1}{2} = \frac{n_1}{n_1 + n_2 + n_3}$$

$$p_2 = \frac{1}{3} = \frac{n_2}{n_1 + n_2 + n_3}$$

$$p_3 = \frac{1}{6} = \frac{n_3}{n_1 + n_2 + n_3}$$

将上面的结果抽象化,我们就有

$$H(p_1, p_2, p_3) = A\left(\sum_{i=1}^{3} n_i\right) - \sum_{i=1}^{3} p_i A(n_i)$$

对一般情形,我们可依同法处理,设 $p_1, \cdots, p_r$ 为

非负有理数,满足 $\sum_{i=1}^{r} p_i = 1$,则存在自然数 $n_1, \cdots, n_r$,

使得

$$p_i = \frac{m_i}{\sum_{j=1}^{r} n_j} \quad (i = 1, \cdots, r)$$

利用条件(ⅲ),我们得到如下等式

$$H(p_1, p_2, \cdots, p_r) = A\left(\sum_{i=1}^{r} n_i\right) - \sum_{i=1}^{r} p_i A(n_i)$$

由第一步证明之结果

$$A(n) = K\log n$$

代入上式,有

$$H(p_1, \cdots, p_r) = K\log\left(\sum_{i=1}^{r} n_i\right) - \sum_{i=1}^{r} p_i(K\log n_i)$$

$$= K\left[\sum_{i=1}^{r} p_i\left(\sum_{i=1}^{r} n_j\right)\right] - K\sum_{i=1}^{r} p_i \log p_i$$

$$= -K\sum_{i=1}^{r}p_i\log\frac{n_i}{\sum_{j=1}^{r}n_j} = -K\sum_{i=1}^{r}p_i\log p_i$$

故我们证明了式（＊）对任何满足 $\sum_{i=1}^{r}p_i = 1$ 的非负有理数 $p_1,\cdots,p_r$ 成立.

第三步:设 $p_1,\cdots,p_r$ 为任意非负实数, $\sum_{i=1}^{r}p_i = 1$, 由条件（ⅰ）, H 为 $p_1,\cdots,p_r$ 的连续函数,而任何实数均可由有理数列来任意逼近,故第二步证明结果隐含了式（＊）在实数情形之正确性,定理证毕.

由定理中式（＊）可知,若对某一个 i 有 $p_i = 1$,则

$$H(p_1,\cdots,p_n) = 0$$

这正好和我们的愿望相符, $p_i = 1$ 意味着对应的事件总是发生的,因而不确定度为零.

因此,我们可以给出如下关于熵的定义,这个定义的熵,又称为 Shannon 熵.

定义 1   由式

$$H(p_1,\cdots,p_n) = -\sum_{i=1}^{n}p_i\log p_i$$

定义的数 $H(p_1,\cdots,p_n)$ 称为对应于样本空间 $(X,p_1,\cdots,p_n)$ 的熵.

在本节之初,我们已知旋转光滑硬币时,正面朝上有 $\frac{1}{2}$ 的概率,反面朝上也有 $\frac{1}{2}$ 的概率,它的不确定度为最大,既然熵是关于不确定度的一种数学度量,这就自然地要求当

$$p_1 = p_2 = \cdots = p_n = \frac{1}{n}$$

时,H 给出最大值. 要注意的是,我们在推导 H 表达式的三个基本条件中,并无强加此项要求. 现在我们要证明,这个直观的要求,事实上是可由上述三个基本条件推出的结论.

命题 1 设

$$H(p_1, \cdots, p_n) = -\sum_{i=1}^{n} p_i \log p_i$$

则

$$H\left(\frac{1}{n}, \cdots, \frac{1}{n}\right)$$

$$= \log n = \max\left\{ H(p_1, \cdots, p_n) : p_i \geqslant 0, \sum_{i=1}^{n} p_i = 1 \right\}$$

证明 由初等微积分知函数 $\log u$ 是 u 的严格凹函数. 任给 $p_1, \cdots, p_n > 0, \sum_{i=1}^{n} p_i = 1$,有

$$H(p_1, \cdots, p_n) = -\sum_{i=1}^{n} p_i \log p_i = \sum_{i=1}^{n} p_i \log \frac{1}{p_i}$$

$$\leqslant \log\left(\sum_{i=1}^{n} \frac{p_i}{p_i} \right) = \log n = H\left(\frac{1}{n}, \cdots, \frac{1}{n}\right)$$

当某 $\cdot p_i$ 为零时,比如说 $p_1 = 0$. 这就好像一个只有 $n-1$ 个基本事件的样本空间. 由上面的推论

$$H(0, p_2, \cdots, p_n) \leqslant H\left(\frac{1}{n-1}, \cdots, \frac{1}{n-1}\right) < H\left(\frac{1}{n}, \cdots, \frac{1}{n}\right)$$

第二个不等号是由于条件(ⅱ).

这节定义的熵起源于信息理论的研究,是 C. E.

Shannon 在 1948 年引进的. 在此基础上,苏联数学家 A. N. Kolmogorov(1903—1987)在 1958 年给出了动力系统熵的概念,从而揭开了现代遍历理论研究的新篇章.

2. Kolmogorov 熵

我们再来做旋转光滑硬币的游戏. 为了方便起见,我们称硬币的正面为 1,反面为 0. 我们考察连续旋转 n 次,其每次正反面出现的各种可能性. 旋转一次,有两种可能性,或正面朝上,或反面朝上,即 1,0;旋转两次有 $4 = 2^2$ 种可能性,即 11,10,01,00;一般来说,旋转 n 次则有 2^n 种可能性. 把连续旋转 n 次的任一可能结果看成一个"基本事件",则得到一个具有 2^n 个基本事件的样本空间,其每一基本事件有同样的概率 2^{-n}. 上节中所谈 Shannon 熵给出了这个样本空间的不确定度——$n\log 2$. 我们要进一步问:如果我们已知旋转硬币第一次,第二次,……,第 $n-1$ 次的结果,那么第 n 次会是正面或会是反面的不确定度该是多少?

我们希望能用数学上的语言来描述这个问题. 我们首先考察定义在 $[0,1]$ 上的函数

$$f(x) = 2x(\bmod 1)$$

也就是

$$f(x) = \begin{cases} 2x, 0 \leqslant x < \dfrac{1}{2} \\ 2x-1, \dfrac{1}{2} \leqslant x \leqslant 1 \end{cases} \qquad (\text{图 6})$$

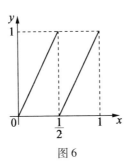

图 6

取 Lebesgue 测度 m 作为 $[0,1]$ 上的测度. 令 $\overline{A} =$ $\left\{\left[0,\dfrac{1}{2}\right],\left[\dfrac{1}{2},1\right]\right\}$ 为 $[0,1]$ 上的一个划分,则

$$f^{-1}(\overline{A}) = \left\{f^{-1}\left(\left[0,\dfrac{1}{2}\right]\right), f^{-1}\left(\left[\dfrac{1}{2},1\right]\right)\right\}$$

$$= \left\{\left[0,\dfrac{1}{4}\right]\cup\left[\dfrac{1}{2},\dfrac{3}{4}\right],\left[\dfrac{1}{4},\dfrac{1}{2}\right]\cup\left[\dfrac{3}{4},1\right]\right\}$$

也是 $[0,1]$ 上的一个划分. 任给两个划分 $\overline{A}$ 和 $\overline{B}$,令 $\overline{A}\vee\overline{B}$ 为由下式定义的划分

$$\overline{A}\vee\overline{B} = \{A\cap B : A\in\overline{A}, B\in\overline{B}\}$$

由此有

$$f^{-1}(\overline{A})\vee\overline{A} = \left\{\left[0,\dfrac{1}{4}\right],\left[\dfrac{1}{4},\dfrac{1}{2}\right],\left[\dfrac{1}{2},\dfrac{3}{4}\right],\left[\dfrac{3}{4},1\right]\right\}$$

如此这般继续下去,我们会有

$$\bigvee_{i=0}^{n-1} f^{-i}(\overline{A}) = \left\{\left[\dfrac{i-1}{2^n},\dfrac{i}{2^n}\right] : i = 1,\cdots,2^n\right\}$$

的划分. 这个划分里的每个区间 $\left[\dfrac{i-1}{2^n},\dfrac{i}{2^n}\right]$ 都有 2^{-n} 的 Lebesgue 概率测度. 事实上,它和旋转硬币 n 次那个样

本空间里的 2^n 个基本事件是一一对应的.

拿 $n=3$ 其中的一个简单情况来看,把 $\left[\dfrac{3}{8},\dfrac{4}{8}\right]$ 这个区间左端的 $\dfrac{3}{8}$ 写成

$$\frac{3}{8}=\frac{0}{2}+\frac{1}{2^2}+\frac{1}{2^3}$$

然后将 $\left[\dfrac{3}{8},\dfrac{4}{8}\right]$ 这个区间和 011(第一次反面,第二次正面,第三次正面)对应. 一般来说,我们可以把 $\left[\dfrac{i-1}{2^n},\dfrac{i}{2^n}\right]$ 这个区间左端的 $\dfrac{i-1}{2^n}$ 写成

$$\frac{i-1}{2^n}=\frac{a_1}{2}+\frac{a_2}{2^2}+\cdots+\frac{a_n}{2^n}$$

其中 $a_k=0$ 或 $1,k=1,\cdots,n$. 这个区间对应的是旋转硬币 n 次出现 $a_1,a_2,\cdots,a_n$ 的基本事件. 总的来说,旋转硬币 n 次,2^n 个基本事件的概率都是 2^{-n} 的样本空间. 拿

$$f(x)=2x(\bmod 1)$$

和划分

$$\overline{A}=\left\{\left[0,\frac{1}{2}\right],\left[\frac{1}{2},1\right]\right\}$$

来描述,则是:拿划分 $\overset{n-1}{\underset{i=0}{\vee}}f^{-i}(\overline{A})$ 里的 2^n 个元素 $\left[\dfrac{i-1}{2^n},\dfrac{i}{2^n}\right]$ 做基本事件,Lebesgue 概率测度都是 2^{-n} 的样本空间.

"已知旋转硬币第一次,第二次,……,第 $n-1$ 次

的结果,那么第 n 次会是正面或反面的不确定度是多少?"的这一问题,拿

$$f(x) = 2x(\bmod 1)$$

和划分

$$\bar{A} = \left\{ \left[0, \frac{1}{2} \right], \left[\frac{1}{2}, 1 \right] \right\}$$

来描述,事实上是在问:已知 $x, \cdots, f^{n-1}(x)$ 在划分 $\bar{A}$ 里的位置,那么 $f^n(x)$ 会在 $\left[0, \frac{1}{2} \right]$ 里或在 $\left[\frac{1}{2}, 1 \right]$ 里的不确度是多少?

　　让我们来看 $n = 4$ 这个特殊情形,比如说我们已知前三次的结果,它们是 101(第一次正面,第二次反面,第三次正面),这在 $\bigvee_{i=0}^{2} f^{-i}(\bar{A})$ 中所对应的区间是 $\left[\frac{5}{2^3}, \frac{6}{2^3} \right]$,因为

$$\frac{5}{2^3} = \frac{1}{2} + \frac{0}{2^2} + \frac{1}{2^3}$$

仔细地看,这个区间事实上是

$$\left[\frac{1}{2}, 1 \right] \text{和} f^{-1}\left(\left[0, \frac{1}{2} \right] \right) = \left[0, \frac{1}{4} \right] \cup \left[\frac{1}{2}, \frac{3}{4} \right]$$

以及

$$f^{-2}\left(\left[\frac{1}{2}, 1 \right] \right) = \left[\frac{1}{8}, \frac{1}{4} \right] \cup \left[\frac{3}{8}, \frac{1}{2} \right] \cup \left[\frac{5}{8}, \frac{3}{4} \right] \cup \left[\frac{7}{8}, 1 \right]$$

的交集,也就是说

$$\left[\frac{5}{2^3}, \frac{6}{2^3} \right] = \left[\frac{1}{2}, 1 \right] \cap f^{-1}\left(\left[0, \frac{1}{2} \right] \right) \cap f^{-2}\left(\left[\frac{1}{2}, 1 \right] \right)$$

元素 x 在这交集所代表的意义是

$$x \in \left[\frac{1}{2}, 1\right], f(x) \in \left[0, \frac{1}{2}\right] 和 f^2(x) \in \left[\frac{1}{2}, 1\right]$$

一般来说,已知前三次旋转硬币的结果,相当于已知 $x, f(x), f^2(x)$ 在划分 $\overline{A} = \left\{\left[0, \frac{1}{2}\right], \left[\frac{1}{2}, 1\right]\right\}$ 中的位置. 问第四次是正面还是反面的不确定度相当于问 $f^3(x)$ 究竟是在 $\left[0, \frac{1}{2}\right]$ 中还是在 $\left[\frac{1}{2}, 1\right]$ 中的不确定度.

已知 $x, f(x), \cdots, f^{n-1}(x)$ 在那里,问 $f^n(x)$ 在那里的不确定度,当 n 趋近于无穷大时的变化,就是我们在这一节要谈的 Kolmogorov 熵.

我们将把我们的着眼点放在一般的概率测度空间和定义在它上面的可测变换. 设 (X, Σ, μ) 为一概率测度空间. 即 X 为一集合, Σ 为 X 上的一些子集合所构成的一个 σ - 代数, μ 为 Σ 上的概率测度,也就是说 $\mu(X) = 1$. 假设 $f: X \rightarrow X$ 为一个可测变换. 这是指, Σ 中每个元素 A 的逆象 $f^{-1}(A)$ 仍在 Σ 中. 我们任取 X 的一个有限划分 $\overline{A} = \{A_1, \cdots, A_m\}$, 即 $\overline{A}$ 中每个集合 A_i 属于 Σ, 它们之间互不相交(交集的测度为 0)且并集恰为 X. 这样 $\overline{A}$ 可看成具有"基本事件" $A_1, A_2, \cdots, A_m$ 且有概率分布 $\mu(A_1), \cdots, \mu(A_m)$ 的一个有限样本空间. 这个样本空间经常被称为试验结果. 上节中谈到这个试验结果的 Shannon 熵应为

$$H(\overline{A}) = -\sum_{i=1}^{n} \mu(A_i) \log \mu(A_i)$$

对给定的 f 集族

$$f^{-1}(\overline{A}) = \{f^{-1}(A_1), \cdots, f^{-1}(A_m)\}$$

也给出 X 的一个划分. 首先我们要提出这样的问题:
在试验结果

$$\overline{A} = \{A_1, \cdots, A_m\}$$

为已知的前提下,试验结果

$$f^{-1}(\overline{A}) = \{f^{-1}(A_1), \cdots, f^{-1}(A_n)\}$$

的不确定度为多少? 也就是说,我们欲知:已知 x 在 A_i
中,问 $f(x)$ 在何处的不确定度为多少? 我们可以从条
件概率的角度来探讨之. 为简单起见,设 $n = 3$,即

$$\overline{A} = \{A_1, A_2, A_3\}$$

假设已知 x 在 A_1 中,我们来看 $f(x)$ 在 A_1, A_2 或 A_3 的
概率为多少. 对 $i = 1, 2, 3, f(x) \in A_i$ 当且仅当 $x \in$
$f^{-1}(A_i)$,故 x 在 A_1 中且 $f(x)$ 在 A_i 中之集合为 $A_1 \cap$
$f^{-1}(A_i)$,因而其条件概率为

$$\frac{\mu(A_1 \cap f^{-1}(A_i))}{\mu(A_1)}$$

由 Shannon 熵的定义知,在 $x \in A_1$ 的条件下,$f(x)$
会在 A_1,或 A_2,或 A_3 的不确定度应为

$$H_1 = -\sum_{i=1}^{3} \frac{\mu(A_1 \cap f^{-1}(A_i))}{\mu(A_1)} \log \frac{\mu(A_1 \cap f^{-1}(A_i))}{\mu(A_1)}$$

类似地,在 $x \in A_2$ 或 $x \in A_3$ 的条件下,试验结果

$$f^{-1}(\overline{A}) = \{f^{-1}(A_1), f^{-1}(A_2), f^{-}(A_3)\}$$

的不确定度应分别为

$$H_2 = -\sum_{i=1}^{3} \frac{\mu(A_2 \cap f^{-1}(A_i))}{\mu(A_2)} \log \frac{\mu(A_2 \cap f^{-1}(A_i))}{\mu(A_2)}$$

和

$$H_3 = -\sum_{i=1}^{3} \frac{\mu(A_3 \cap f^{-1}(A_i))}{\mu(A_3)} \log \frac{\mu(A_3 \cap f^{-1}(A_i))}{\mu(A_3)}$$

由推导 Shannon 熵定义的条件（ⅱ）易知，在试验结果 $\overline{A} = \{A_1, A_2, A_3\}$ 为已知的条件下，试验结果

$$f^{-1}(\overline{A}) = \{f^{-1}(A_1), f^{-1}(A_2), f^{-1}(A_3)\}$$

的不确定度 $H(f^{-1}(\overline{A}) \mid \overline{A})$ 为 H_1, H_2 和 H_3 的加权和，即

$$H(f^{-1}(\overline{A}) \mid \overline{A}) = \sum_{i=1}^{3} \mu(A_i) H_i$$

$$= -\sum_{i=1}^{3} \sum_{j=1}^{3} \mu(A_1 \cap f^{-1}(A_j)) \log \frac{\mu(A_i \cap f^{-1}(A_j))}{\mu(A_i)}$$

如此，对一般的有限划分 $\overline{A} = \{A_1, \cdots, A_m\}$，我们可得到所谓的"划分 $f^{-1}(\overline{A})$ 关于划分 $\overline{A}$ 的条件 Shannon 熵"

$$H(f^{-1}(\overline{A}) \mid \overline{A}) = -\sum_{j=1}^{m} \sum_{i=1}^{m} \mu(A_i \cap f^{-1}(A_j)) \cdot$$

$$\log \frac{\mu(A_i \cap f^{-1}(A_j))}{\mu(A_i)}$$

下面，我们来给出上述 $H(f^{-1}(\overline{A}) \mid \overline{A})$ 的另一等价形式以便后面推广.

命题 2　$H(f^{-1}(\overline{A}) \mid \overline{A}) = H(\overline{A} \bigvee f^{-1}(\overline{A})) - H(\overline{A}).$

证明

$$H(f^{-1}(\overline{A}) \mid \overline{A})$$

$$= -\sum_{i=1}^{n} \sum_{j=1}^{n} \mu(A_i \cap f^{-1}(A_j)) \cdot \log \frac{\mu(A_i \cap f^{-1}(A_j))}{\mu(A_i)}$$

$$= -\sum_{i=1}^{n}\sum_{j=1}^{n}\mu(A_i \cap f^{-1}(A_j))\big[\log\mu(A_i \cap f^{-1}(A_j)) - \log\mu(A_i)\big]$$

$$= -\sum_{i=1}^{n}\sum_{j=1}^{n}\mu(A_i \cap f^{-1}(A_j))\log\mu(A_i \cap f^{-1}(A_j)) +$$

$$\sum_{i=1}^{n}\sum_{j=1}^{n}\mu(A_i \cap f^{-1}(A_j))\log\mu(A_i)$$

$$= H(\overline{A} \vee f^{-1}(\overline{A})) + \sum_{i=1}^{n}\mu(A_i)\log\mu(A_i)$$

$$= H(\overline{A} \vee f^{-1}(\overline{A})) - H(\overline{A})$$

命题 2 在直观上看也很显然:试验结果 $\overline{A} \vee f^{-1}(\overline{A})$ 的不确定度 $H(\overline{A} \vee f^{-1}(\overline{A}))$ 应为试验结果 $\overline{A}$ 的不确定度 $H(\overline{A})$ 和在试验结果 $\overline{A}$ 为已知条件下试验结果 $f^{-1}(\overline{A})$ 的不确定度 $H(f^{-1}(\overline{A}) \mid \overline{A})$ 之和.

上述已知试验结果 $\overline{A}$ 问试验结果 $f^{-1}(\overline{A})$ 的不确定度,相当于已知 x 在 $\overline{A}$ 中的位置问 $f(x)$ 在 $\overline{A}$ 中的位置的不确定度. 已知 $x, f(x), \cdots, f^{n-1}(x)$ 在划分 $\overline{A}$ 中的位置,问 $f^n(x)$ 在 $\overline{A}$ 中的位置的不确定度,则相当于已知试验结果

$$\bigvee_{i=0}^{n-1}f^{-i}(\overline{A}) = \overline{A} \vee f^{-1}(\overline{A}) \vee \cdots \vee f^{-(n-1)}(\overline{A})$$

问试验结果 $f^{-n}(\overline{A})$ 的不确定度. Kolmogorov 熵基本上是在刻画这个不确定度在当 n 趋近于无穷大时的渐近性质.

任给自然数 n, $\bigvee_{i=0}^{n-1}f^{-i}(\overline{A})$ 和 $f^{-n}(\overline{A})$ 都是 X 的有限

划分,在已知试验结果 $\bigvee\limits_{i=0}^{n-1}f^{-i}(\overline{A})$ 的条件下,试验结果 $f^{-n}(\overline{A})$ 的不确定度实际上是划分 $f^{-n}(\overline{A})$ 关于划分 $\bigvee\limits_{i=0}^{n-1}f^{-i}(\overline{A})$ 的条件 Shannon 熵,它是

$$H\left(f^{-n}(\overline{A}) \mid \bigvee_{i=0}^{n-1}f^{-i}(\overline{A})\right) = H\left(\bigvee_{i=0}^{n}f^{-i}(\overline{A})\right) - H\left(\bigvee_{i=0}^{n-1}f^{-i}(\overline{A})\right)$$

定义 2 设 $\overline{A} = \{A_1,\cdots,A_m\}$ 为 X 的有限划分,则可测变换 $f:X\to X$ 关于 $\overline{A}$ 的熵定义为

$$h_\mu(f,\overline{A}) = \limsup_{n\to\infty} H\left(f^{-n}(\overline{A}) \mid \bigvee_{i=0}^{n-1}f^{-i}(\overline{A})\right)$$

定义 3 设 (X,Σ,μ) 为一概率空间,$f:X\to X$ 为一可测变换,则 f 的 Kolmogorov 熵定义为

$$h_\mu(f) = \sup\{h_\mu(f,\overline{A}):\overline{A} \text{ 为 } X \text{ 的有限划分}\}$$

对一般的可测变换 $f:X\to X$,上述定义 2 中的上极限符号不能改为极限符号,但对遍历理论中所研究的一类重要可测变换 —— 保测变换,我们可以证明极限 $\lim\limits_{n\to\infty} H(f^{-n}(\overline{A}) \mid \bigvee\limits_{i=0}^{n-1}f^{-1}(\overline{A}))$ 确实存在并有另一等价定义. 该定义显然不及前者直观易懂,但它却给出了计算上的许多方便,所谓保测变换是指 $f:X\to X$,任给 $A\in\Sigma,f^{-1}(A)\in\Sigma$ 且有

$$\mu(f^{-1}(A)) = \mu(A)$$

定义 2′ 设 $\overline{A} = \{A_1,\cdots,A_m\}$ 为 X 的有限划分,则保测变换 $f:X\to X$ 关于 $\overline{A}$ 的熵定义为

$$h_\mu(f,\overline{A}) = \lim_{n\to\infty} \frac{1}{n}H\left(\bigvee_{i=0}^{n-1}f^{-i}(\overline{A})\right)$$

在证明此定义合理且与定义 2 等价之前,我们首先注意到如下事实:若 f 为保测变换,则

$$H(f^{-1}(\bar{A})) = H(\bar{A})$$

这由条件

$$\mu(f^{-1}(A)) = \mu(A)$$

易见,若 $\bar{C}$ 和 $\bar{D}$ 为 X 的两个有限划分,我们记 $\bar{C} \le \bar{D}$,若 $\bar{C}$ 的每一元素是 $\bar{D}$ 中某些元素之并(即 $\bar{D}$ 是 $\bar{C}$ 的一个加细). 我们需要下列引理,其证明稍后给出.

引理 1 若 $\bar{C} \le \bar{D}$,则

$$H(\bar{A} \mid \bar{C}) \ge H(\bar{A} \mid \bar{D})$$

现在可以叙述并证明等价的定理.

定理 2 若 $f : X \to X$ 为保测变换,则对 X 的任一有限划分 $\bar{A}$ 有

$$\lim_{n \to \infty} H\left(f^{-n}(\bar{A}) \mid \bigvee_{i=0}^{n-1} f^i(\bar{A})\right) = \lim_{n \to \infty} \frac{1}{n} H\left(\bigvee_{i=0}^{n-1} f^i(\bar{A})\right)$$

证明 设 $n = 1$,则

$$H(f^{-1}(\bar{A}) \mid \bar{A})$$

$$= H(f^{-1}(\bar{A}) \vee \bar{A}) - H(\bar{A})$$

$$= H(f^{-1}(\bar{A}) \vee \bar{A}) - H(f^{-1}(\bar{A}))$$

$$= H(\bar{A} \mid f^{-1}(\bar{A}))$$

当 $n = 2$ 时

$$H(f^{-2}(\bar{A}) \mid \bar{A} \vee f^{-1}(\bar{A}))$$

$$= H(f^{-2}(\bar{A}) \vee f^{-1}(\bar{A}) \vee \bar{A}) - H(f^{-1}(\bar{A}) \vee \bar{A})$$

$$= H(f^{-2}(\overline{A}) \vee f^{-1}(\overline{A}) \vee \overline{A}) - H(f^{-2}(\overline{A}) \vee f^{-1}(\overline{A}))$$

$$= H(\overline{A} \mid f^{-2}(\overline{A}) \vee f^{-1}(\overline{A}))$$

用归纳法易证,一般地,有

$$H\left(f^{-n}(\overline{A}) \mid \bigvee_{i=0}^{n-1} f^{-i}(\overline{A})\right) = H\left(\overline{A} \mid \bigvee_{i=0}^{n} f^{-i}(\overline{A})\right)$$

由上述引理1,$H\left(\overline{A} \mid \bigvee_{i=0}^{n} f^{-i}(\overline{A})\right)$是 n 的单调递减函数,故极限存在. 然而,定义 2 中的极限实际上存在. 另一方面,对 $i = 1, 2, \cdots, n-1$,由

$$H\left(f^{-i}(\overline{A}) \mid \bigvee_{j=0}^{i-1} f^{-j}(\overline{A})\right) = H\left(\bigvee_{j=0}^{i} f^{-j}(\overline{A})\right) - H\left(\bigvee_{j=0}^{i-1} f^{-j}(\overline{A})\right)$$

各式相加,有

$$H\left(\bigvee_{i=0}^{n-1} f^{-i}(\overline{A})\right) = H(\overline{A}) + \sum_{i=1}^{n-1} H\left(f^{-i}(\overline{A}) \mid \bigvee_{j=0}^{i-1} f^{-j}(\overline{A})\right)$$

$$= \sum_{i=0}^{n-1} H\left(f^{-i}(\overline{A}) \mid \bigvee_{j=0}^{i-1} f^{-j}(\overline{A})\right)$$

$$= \sum_{i=0}^{n-1} H\left(\overline{A} \mid \bigvee_{j=0}^{i} f^{-j}(\overline{A})\right)$$

故有

$$\frac{1}{n} H\left(\sum_{i=0}^{n-1} f^{-i}(\overline{A})\right) = \frac{1}{n} \sum_{i=0}^{n-1} H\left(\overline{A} \mid \bigvee_{j=0}^{i} f^{-j}(\overline{A})\right)$$

借用初等微积分的已知结果

$$\lim_{n \to \infty} a_n = L \Rightarrow \lim_{n \to \infty} \frac{1}{n} \sum_{i=0}^{n-1} a_i = L$$

我们得到

178

$$\lim_{n\to\infty}\frac{1}{n}H\Big(\bigvee_{i=0}^{n-1}f^{-i}(\overline{A})\Big)$$

$$=\lim_{n\to\infty}\frac{1}{n}\sum_{i=0}^{n-1}H\Big(\overline{A}\mid\bigvee_{j=0}^{i}f^{-j}(\overline{A})\Big)$$

$$=\lim_{n\to\infty}H\Big(\overline{A}\mid\bigvee_{i=0}^{n}f^{-i}(\overline{A})\Big)$$

$$=\lim_{n\to\infty}H\Big(f^{-n}(\overline{A})\mid\bigvee_{i=0}^{n-1}f^{-i}(\overline{A})\Big)$$

现在我们来证明引理 1.

设 $\overline{A}=\{A_i\}$，$\overline{C}=\{C_j\}$，$\overline{D}=\{D_k\}$，我们要证

$$-\sum_{j}\sum_{i}\mu(C_j)\frac{\mu(A_i\cap C_j)}{\mu(C_j)}\log\frac{\mu(A_i\cap C_j)}{\mu(C_j)}$$

$$\geqslant-\sum_{k}\sum_{i}\mu(D_k)\frac{\mu(A_i\cap D_k)}{\mu(D_k)}\log\frac{\mu(A_i\cap D_k)}{\mu(D_k)}$$

$$=-\sum_{k}\sum_{i}\sum_{j}\mu(C_j\cap D_k)\frac{\mu(A_i\cap D_k)}{\mu(D_k)}\log\frac{\mu(A_i\cap D_k)}{\mu(D_k)}$$

只需证明对每一 i 和 j，有

$$\mu(C_j)\frac{\mu(A_i\cap C_j)}{\mu(C_j)}\log\frac{\mu(A_i\cap C_j)}{\mu(C_j)}$$

$$\leqslant\sum_{k}(C_j\cap D_k)\frac{\mu(A_i\cap D_k)}{\mu(D_k)}\log\frac{\mu(A_i\cap D_k)}{\mu(D_k)}$$

令

$$\phi(x)=x\log x,\phi(0)=0$$

则上式为

$$\phi\Big(\frac{\mu(A_i\cap C_j)}{\mu(C_j)}\Big)\leqslant\sum_{k}\frac{\mu(C_j\cap D_k)}{\mu(C_j)}\phi\Big(\frac{\mu(A_i\cap D_k)}{\mu(D_k)}\Big)$$

179

由于 ϕ 是凸函数 $\left(\text{这由 } \phi''(x) = \dfrac{1}{x} > 0 \text{ 可知}\right)$ 和假设

$\overline{C} \leqslant \overline{D}$，易知

$$\sum_k \frac{\mu(C_j \cap D_k)}{\mu(C_j)} \phi\left(\frac{\mu(A_i \cap D_k)}{\mu(D_k)}\right)$$

$$\geqslant \phi\left(\sum_k \frac{\mu(C_j \cap D_k)}{\mu(C_j)} \frac{\mu(A_i \cap D_k)}{\mu(D_k)}\right)$$

$$= \phi\left(\frac{\mu(A_i \cap C_j)}{\mu(C_j)}\right)$$

即我们证明了

$$H(\overline{A} \mid \overline{C}) \geqslant H(\overline{A} \mid \overline{D})$$

历史上，引进 Kolmogorov 熵概念的主要动力是关于概率空间保测变换之间共轭关系的不变量的研究. 设 (X_1, Σ_1, μ_1) 和 (X_2, Σ_2, μ_2) 为两个概率空间, $T_1: X_1 \rightarrow X_1$ 和 $T_2: X_2 \rightarrow X_2$ 为保测变换. 我们说 T_1 和 T_2 共轭是指存在一个保测同构 $\phi: (X_2, \Sigma_2, \mu_2) \rightarrow (X_1, \Sigma_1, \mu_1)$，使得

$$\phi \circ T_2^{-1} = T_1^{-1} \circ \phi$$

我们称一个数量为共轭保测变换的"不变量"是指两个保测变换若是共轭，这个数量一定一样. 这个数量若不一样，这两个保测变换一定不共轭. 共轭的保测变换具有同样的遍历性质. 我们若能找到关于共轭保测变换的不变量，我们就可从本质上刻画不同共轭类保测变换的特征, Kolmogorov 熵就是这样的一个重要的不变量.

早在 1943 年，人们就知道 Bernoulli 的 $\left(\dfrac{1}{2}, \dfrac{1}{2}\right) -$

双边移位算子和 $\left(\dfrac{1}{3},\dfrac{1}{3},\dfrac{1}{3}\right)$ – 双边移位算子都具有

可数个 Lebesgue 谱点，因而是谱同构的；但不知道它们共轭，直到 1958 年才由 Kolmogorov 证明了它们分别具有 log 2 和 log 3 的 Kolmogorov 熵，故非共轭；从而消除了遍历理论中这个重大悬念，并开创了一个崭新的研究领域. 我们这里介绍的 Kolmogorov 熵的概念是由 Kolmogorov 的学生 J. G. Sinai 在 1959 年改进的，他和 Kolmogorov 在 1958 年给出的原始定义稍有不同.

3. 拓扑熵

连续性是自然界的基本属性之一. 数学上连续的概念是由拓扑来刻画的. 拓扑空间 X 中由所有开集生成的 Borel 代数相当于测度空间里的 σ – 代数. 拓扑空间上的连续映射相当于测度空间里的可测变换. 由此，我们可以将前面所谈的 Kolmogorov 熵在拓扑空间里作相似的定义来描述连续映射的不确定性. 在这过程中最大的困扰是：一般拓扑空间中并没有一个相似于测度空间里"测度"的度量.

假设 X 为一个 Hausdorff 空间 $f:X\to X$ 为一连续映射. 由一般拓扑学知，X 存在有限开覆盖. 设 $\overline{A}=\{A_1,\cdots,A_m\}$ 为 X 的一个有限开覆盖，$\overline{A}$ 中能覆盖 X 的子集族称为 $\overline{A}$ 中的子覆盖. 我们称 $\overline{A}$ 中的子覆盖为"极小"，如果在 $\overline{A}$ 中没有一个比它元素少的子覆盖. 通常用 $N(\overline{A})$ 来代表 $\overline{A}$ 中极小子覆盖里元素的个数. 若把极小子覆盖里的每一个开集当作一个"基本事

件",大家的概率都是 $\dfrac{1}{N(\overline{A})}$,则得到一个样本空间,它

的 Shannon 熵可以很轻易地算出是 $\log N(\overline{A})$. 我们称

这个数目为开覆盖 $\overline{A}$ 的熵,同时用符号 $H(\overline{A})$ 来表示.

当 $\overline{A}$ 为 X 上的开覆盖时

$$f^{-1}(\overline{A}) = \{f^{-1}(A) : A \in \overline{A}\}$$

也是一个开覆盖,若 $\{A_1, \cdots, A_{N(\overline{A})}\}$ 是 $\overline{A}$ 中的一个极小

子覆盖,$\{f^{-1}(A_1), \cdots, f^{-1}(A_{N(\overline{A})})\}$ 是 $f^{-1}(\overline{A})$ 的一个子

覆盖,但不一定是极小,所以

$$N(f^{-1}(\overline{A})) \leqslant N(\overline{A}) \tag{3}$$

若 $\overline{A}, \overline{B}$ 为 X 上的两个开覆盖,则 $\overline{A} \vee \overline{B}$ 代表 $\{A \cap$

$B | A \in \overline{A}, B \in \overline{B}\}$ 这个开覆盖. 若 $\{A_1, \cdots, A_N\}$ 是 $\overline{A}$ 的一

个子覆盖,$\{B_1, \cdots, B_M\}$ 是 $\overline{B}$ 的一个子覆盖,则

$$\{A_i \cap B_j : i = 1, \cdots, N, j = 1, 2, \cdots, M\}$$

是 $\overline{A} \vee \overline{B}$ 的一个子覆盖. 因此

$$N(\overline{A} \vee \overline{B}) \leqslant N(\overline{A}) N(\overline{B}), H(\overline{A} \vee \overline{B}) \leqslant H(\overline{A}) + H(\overline{B})$$
$$\tag{4}$$

我们仍用 $\overset{n-1}{\underset{i=0}{\vee}} f^{-i}(\overline{A})$ 来代表 $\overline{A} \vee f^{-1}(\overline{A}) \vee \cdots \vee$

$f^{-n+1}(\overline{A})$,同时用 $N(\overline{A}, f, n)$ 表示覆盖 $\overset{n-1}{\underset{i=0}{\vee}} f^{-i}(\overline{A})$ 中极小

子覆盖元素的个数. 相似于定义 2′,我们定义:

定义 4 连续映射 f 关于有限覆盖 $\overline{A}$ 的拓扑熵定

义为

$$h_{\text{top}}(f,\overline{A}) \equiv \lim_{n\to\infty}\frac{1}{n}H\Big(\bigvee_{i=0}^{n-1}f^{-i}(\overline{A})\Big)$$

$$= \lim_{n\to\infty}\frac{1}{n}\log N(\overline{A},f,n)$$

定义 5　紧致 Hausdorff 拓扑空间 X 上的连续映射 f 的拓扑熵为

$$h_{\text{top}}(f) = \sup\{h_{\text{top}}(f,\overline{A}) : A \text{ 为 } X \text{ 的有限开覆盖}\}$$

要使上述关于拓扑熵的定义合理,必须证明定义 4 中的极限存在. 为此我们求助于下列仍然是初等微积分的结果.

引理 2　设实数序列 $\{a_n\}_{n\geq 1}$ 满足条件 $a_{n+p}\leq a_n + a_p, \forall n,p$,则 $\lim\limits_{n\to\infty}\dfrac{a_n}{n}$ 存在且等于 $\inf\limits_{n}\dfrac{a_n}{n}$.

证明　固定 $p > 0$,每个 $n > 0$ 可写成 $n = kp + i$,其中 $0 \leq i < p$,则

$$\frac{a_n}{n} = \frac{a_{i+kp}}{i+kp} \leq \frac{a_i}{kp} + \frac{a_{kp}}{kp} \leq \frac{a_i}{kp} + \frac{ka_p}{kp} = \frac{a_i}{kp} + \frac{a_p}{p}$$

当 $n\to\infty$ 时 $k\to\infty$,故有

$$\limsup_{n\to\infty}\frac{a_n}{n} \leq \frac{a_p}{p} \leq \inf_{p}\frac{a_p}{p}$$

另一方面,从不等式

$$\inf_{p}\frac{a_p}{p} \leq \liminf_{n\to\infty}\frac{a_n}{n}$$

可知,极限 $\lim\limits_{n\to\infty}\dfrac{a_n}{n}$ 存在且等于 $\inf\limits_{n}\dfrac{a_n}{n}$.

定理 3　设 X 为紧致 Hausdorff 空间,$f: X\to X$ 连

续,任给 X 的有限开覆盖 $\overline{A}$,极限 $\lim\limits_{n\to\infty}\dfrac{1}{n}\log N(\overline{A},f,n)$ 存在.

证明 由定义知

$$\log N(\overline{A},f,n) = H\left(\bigvee_{i=0}^{n-1} f^{-i}(\overline{A})\right)$$

我们令其为 a_n. 由(3)(4)可知

$$a_{n+p} = H\left(\bigvee_{i=0}^{n+p-1} f^{-i}(\overline{A})\right)$$

$$= H\left(\bigvee_{i=0}^{n-1} f^{-i}(\overline{A}) \vee \bigvee_{i=n}^{n+p-1} f^{-i}(\overline{A})\right)$$

$$\leqslant H\left(\bigvee_{i=0}^{n-1} f^{-i}(\overline{A})\right) + H\left(f^{-n}\left(\bigvee_{i=0}^{p-1} f^{-i}(\overline{A})\right)\right)$$

$$= a_n + a_p$$

定理结论恰由引理 2 推得.

拓扑熵是由 R. Adler,A. Konhein 及 M. Mcandrew 在 1965 年引进的,它是为了研究关于拓扑共轭不变量应运而生的. 拓扑共轭的定义可如下给出.

定义 6 设 $T:X\to X$ 和 $S:Y\to Y$ 分别为紧致拓扑空间 X 和 Y 上的连续映射. 若存在同胚 $\phi:X\to Y$ 使得

$$\phi \circ T = S \circ \phi$$

则称 T 拓扑共轭于 S. 这时,ϕ 就称为一个共轭.

我们可以证明,拓扑熵是拓扑共轭性的一个不变量,也就是说,两个拓扑共轭的连续映射有相同的拓扑熵,反之亦然,事实上,两个拓扑共轭的连续映射在本质上给出相同的遍历性质,因此,拓扑熵数学地刻画了

不同共轭类的拓扑动力系统的性质.

　　我们已知拓扑空间 X 加上其全体开集张成的 Borel σ – 代数 β 构成一个可测空间 (X,β),而 β 上给定的任何一个概率测度 μ 就构成一个概率测度空间 (X,β,μ). X 上的任一连续映射 f 同时也为 (X,β,μ) 上的可测变换,因而就有一个 Kolmogorov 熵随之确定. 另一方面,Borel 代数 β 上存在着众多不同的概率测度,这样就有了对应于不同概率测度的 Kolmogorov 熵组成的数集. 然而,作为连续映射 f 的拓扑熵之定义与测度无关,它是唯一确定的. 我们自然发出疑问:这两种熵有何内在联系? 既然拓扑熵概念是由 Kolmogorov 熵概念衍生而来,我们有信心认为它们的确存在着情同手足的关系. 这方面的结果丰富多彩,比如说:

　　定理 4　设 f 为紧致拓扑空间 X 上的连续映射,则
$$h_{\text{top}}(f) = \sup\{h_\mu(f) : \text{概率测度 } \mu \text{ 关于 } f \text{ 遍历}\}$$

　　本节拓扑熵中,空间为紧致的假设并非必要. 20 世纪 70 年代初 Dinaburg 和 Bowen 分别给出了拓扑熵的等价定义. 这些定义的优越远在于它们引导了一系列关于拓扑熵和测度熵(Kolmogorov 熵)之间联系结果的证明. Bowen 的定义是对更广泛的距离空间上一致连续映射族而言的;且导致了 n – 环面上自同构拓扑熵公式的几何证明. 可惜,这位在遍历理论研究中做出突出成就的数学家 R. E. Bowen(1947—1978)刚过而立之年就与世长辞了.

　　4. Boltzmann 熵

　　热力学中熵是一个极其重要的概念,最初由 R.

Clausius (1822—1888) 引进. 后来 L. Boltzmann (1844—1906) 在他 1866 年发表的关于气体动力学理论的开创性工作中给出了熵的另一形式, 这个熵在物理, 化学的若干领域里自始至终扮演着关键性的角色. 可是 Boltzmann 熵和我们先前定义的 Kolmogorov 熵或拓扑熵并非一致. 尽管如此, 它们在数学的背景下, 仍存在着千丝万缕的联系. 在这最后一节, 我们将遨游于 Boltzmann 熵的数学描述.

设 $(X, p_1, \cdots, p_n)$ 为一有限样本空间, 则其 Shannon 熵为

$$H(p_1, \cdots, p_n) = -\sum_{i=1}^{n} p_i \log p_i$$

现设 (X, Σ, μ) 为一测度空间. 记 $L^1(X)$ 为定义在 X 上的 Lebesgue 可积函数全体. $L^1(X)$ 中满足等式

$$\int_X f(x)\,\mathrm{d}x = 1$$

的非负函数 $f(x)$ 称为密度函数, 其集合记为 D. 易见等式

$$\mu_f(A) = \int_A f(x)\,\mathrm{d}\mu \quad (A \in \Sigma)$$

定义了 (X, Σ) 上的一个概率测度, 其对应的密度就是 $f(x)$, 概率空间 (X, Σ, μ_f) 可看成是无穷样本空间. 由 Shannon 熵的启迪, 我们可以如下定义 f 的 Boltzmann 熵. 为此, 令函数 $\eta(u)$ 定义为 (图 7)

$$\eta(u) = \begin{cases} -u\log u, & u > 0 \\ 0, & u = 0 \end{cases}$$

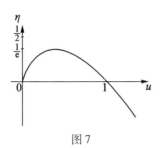

图7

定义 7　设 $f \in D$ 且 $\eta(f) \in L^1(X)$，则 f 的 Boltzmann 熵定义为

$$H(f) = \int_X \eta(f(x)) \,\mathrm{d}\mu$$

$$= -\int_X f(x) \log f(x) \,\mathrm{d}\mu$$

由 $\eta(u)$ 定义知

$$\eta'(u) = -(\log u + 1), \eta''(u) = \frac{1}{u} < 0$$

因而 η 是 $[0, \infty)$ 上的严格凹函数. 由 Taylor 展式,任给 $u, v \geqslant 0$ 有

$$\eta(u) = \eta(v) + \eta'(v)(u-v) + \frac{\eta''(\xi)}{2!}(u-v)^2 + \cdots$$

$$< \eta(v) + \eta'(v)(u-v)$$

即

$$-u\log u \leqslant -v\log v - (\log v + 1)(u-v)$$

简化之,便有著名的 Gibbs 不等式

$$\mu - \mu\log u \leqslant v - u\log v$$

任给函数 $f, g \in D$,由 Gibbs 不等式和积分的单调性

$$\int_X (f(x) - f(x)\log f(x)) \,\mathrm{d}\mu$$

187

$$\leqslant \int_X \left(g(x) - f(x) \log g(x) \right) \mathrm{d}\mu$$

由于

$$\int_X f(x) \, \mathrm{d}\mu = \int_X g(x) \, \mathrm{d}\mu = 1$$

我们有如下重要的积分不等式, $\forall f, g \in D$, 有

$$- \int_X f(x) \log f(x) \, \mathrm{d}\mu \leqslant - \int_X f(x) \log g(x) \, \mathrm{d}\mu \quad (5)$$

在有限样本空间 $(X, p_1, \cdots, p_n)$ 中, Shannon 熵在 $p_1 = p_2 = \cdots = p_n = \dfrac{1}{n}$ 时为最大; Boltzmann 熵在概率测度空间里也有类似的性质.

命题 3 设 $\mu(X) < +\infty$, 则密度函数 $f_0(x) = \dfrac{1}{\mu(X)}$ 满足

$$H(f_0) = \log \mu(X) = \max \{ H(f) : f \in D \}$$

证明 首先易见 $f_0 \in D$. 其次, 任给 $f \in D$, 由不等式 (5), 有

$$H(f) = - \int_X f(x) \log f(x) \, \mathrm{d}\mu \leqslant - \int_X f(x) \log \frac{1}{\mu(X)} \mathrm{d}\mu$$

$$= \log \mu(X) \int_X f(x) \, \mathrm{d}\mu = \log \mu(X) = H(f_0)$$

为了描述一些与 Boltzmann 熵有关的条件极值问题, 我们引进一些概率论常用的术语. 设 X 为一个随机变量, 即 X 为某一固定样本空间上的可测实函数. $f(x)$ 为这个测度空间的密度函数, 则

$$E(X) = \int_{-\infty}^{\infty} x f(x) \, \mathrm{d}x$$

称为 X 的期望值; 而数

$$\text{var}(X) = \int_{-\infty}^{\infty} (x - E(X))^2 f(x)\,\mathrm{d}x$$

则称为 X 的方差. 期望值是关于随机变量 X 平均值的一个度量, 方差则表示随机变量偏离其平均值的程度. 下列性质可以很轻易地被验证.

（ⅰ）$E(aX + bY) = aE(X) + bE(Y)$；

（ⅱ）$\text{var}(cX) = c^2 \text{var}(X)$；

（ⅲ）$\text{var}(X) = E(X^2) - E(X)^2$；

（ⅳ）若 X 和 Y"独立", 则

$$\text{var}(X + Y) = \text{var}(X) + \text{var}(Y)$$

设有一列独立随机变量 $\{X_k\}_{k \geqslant 1}, E(X_k) = m_k,$ $\text{var}(X_k - m_k) = \sigma_k^2.$ 令

$$S_n = \sum_{k=1}^{n} (X_k - m_k)$$

则

$$\text{var}(S_n) = \text{var}\left(\sum_{k=1}^{n} (X_k - m_k) \right)$$

$$= \sum_{k=1}^{n} \text{var}(X_k - m_k) = \sum_{k=1}^{n} \sigma_k^2$$

我们标准化 S_n, 即令

$$T_n = \frac{S_n}{\sqrt{\text{var}(S_n)}}$$

则

$$E(T_n) = 0, \text{var}(T_n) = 1$$

概率理论中有个非常重要的基本定理 —— 中心极限定理. 它大概的意思是说, 在渐近状态下, 通常随

机变量 T_n 的概率分布是遵循 Gauss 分布规律的. 也就是说

$$\lim_{n \to \infty} P(a \leqslant T_n \leqslant b) = \frac{1}{\sqrt{2\pi}} \int_a^b e^{-\frac{\pi^2}{2}} du$$

其中 P 为样本空间的概率分布.

但是, 为什么大家都遵循的是 Gauss 分布规律, 而不是其他的分布规律呢? 事实上, 这和热力学第二定律有异曲同工之妙. 热力学第二定律大致是说, 自然界的规律是, 向"熵"高的方向发展. 从这个角度来看, 在

$$E(T_n) = 0, \mathrm{var}(T_n) = 1$$

的条件下, Gauss 分布的确有最大的 Boltzmann 熵. 我们用下面的命题, 对这点略加说明.

记

$$\overline{D} = \left\{ f \in D : \int_{-\infty}^{\infty} xf(x)\mathrm{d}x = 0, \int_{-\infty}^{\infty} x^2 f(x)\mathrm{d}x = 1 \right\}$$

命题 4　设 $f_0(x) = \dfrac{1}{\sqrt{2\pi}} e^{-\frac{x^2}{2}}$, 则 $f \in D$ 且

$$H(f_0) = \max\{ H(f) : f \in \overline{D} \} = \log \sqrt{2\pi} + \frac{1}{2}$$

证明　由公式

$$\int_{-\infty}^{\infty} e^{-x^2}\mathrm{d}x = \sqrt{\pi}$$

易知

$$\int_{-\infty}^{\infty} f_0(x)\mathrm{d}x = \frac{1}{\sqrt{2\pi}} \int_{-\infty}^{\infty} e^{-\frac{x^2}{2}}\mathrm{d}x = 1$$

即 $f_0 \in D$, 又由部分积分法易证

$$\int_{-\infty}^{\infty} xf_0(x)\mathrm{d}x = 0$$

以及

$$\int_{-\infty}^{\infty} x^2 f_0(x)\,\mathrm{d}x = 1$$

即 $f_0 \in \overline{D}$. 任给 $f \in \overline{D}$,由不等式(5)有

$$
\begin{aligned}
H(f) &= -\int_{-\infty}^{\infty} f(x)\log f(x)\,\mathrm{d}x \\
&\leqslant -\int_{-\infty}^{\infty} f(x)\log\!\left(\frac{1}{\sqrt{2\pi}}\mathrm{e}^{-\frac{x^2}{2}}\right)\mathrm{d}x \\
&= -\int_{-\infty}^{\infty} f(x)\left[\log(\mathrm{e}^{-\frac{x^2}{2}}) - \log\sqrt{2\pi}\right]\mathrm{d}x \\
&= \log(\sqrt{2\pi}) + \frac{1}{2} = H(f_0)
\end{aligned}
$$

类似地,记

$$\overline{\overline{D}} = \left\{ f \in D, \int_0^{\infty} x f(x)\,\mathrm{d}x = \frac{1}{\lambda} \right\}$$

比照上述证明,有:

命题 5　设 $f_0(x) = \lambda\,\mathrm{e}^{-\lambda x}$,则 $f_0 \in \overline{\overline{D}}$. 且

$$H(f_0) = \max\{H(f) : f \in \overline{\overline{D}}\} = 1 - \log\lambda$$

上述两命题可推广到下述一般情形. 设 $g \in L^{\infty}$,给定约束

$$\int_X g(x) f(x)\,\mathrm{d}x = \overline{g}$$

则 $H(f)$ 在此约束下,最大值的密度函数应为

$$f_0(x) = \frac{\mathrm{e}^{-rg(x)}}{\displaystyle\int_X \mathrm{e}^{-rg(x)}\,\mathrm{d}x}$$

其中 r 为一常数. 同样,若有两个约束

$$\int_X g_1(x) f(x)\,\mathrm{d}x = \overline{\overline{g}}_1$$

$$\int_X g_0(x) f(x) \, \mathrm{d}x = \overline{g}_2$$

则密度函数

$$f_0(x) = \frac{\mathrm{e}^{-(r_1 g_1(x) + r_2 g_2(x))}}{\displaystyle\int_X \mathrm{e}^{-(r_1 g_1(x) + r_2 g_2(x))} \, \mathrm{d}x}$$

给出了 $H(f)$ 在这两个约束下的最大值 $H(f_0)$, 其中 r_1, r_2 为两常数. 更一般地, 我们有:

命题 6 设 (X, Σ, μ) 为一测度空间, 非负函数 $g_1, \cdots, g_m \in L^\infty(X)$ 及正常数 $r_1, \cdots, r_m$ 满足条件

$$\frac{\displaystyle\int_X g_i(x) \prod_{j=1}^m \mathrm{e}^{-r_j g_j(x)} \, \mathrm{d}\mu}{\displaystyle\int_X \prod_{j=1}^m \mathrm{e}^{-r_j g_j(x)} \, \mathrm{d}\mu} = \overline{g}_i \quad (i = 1, \cdots, m)$$

则使 $H(f)$ 在约束

$$\int_X g_i(x) f(x) \, \mathrm{d}x = \overline{g}_i \quad (i = 1, \cdots, m)$$

下, 最大值的密度函数为

$$f_0(x) = \frac{\displaystyle\prod_{i=1}^m \mathrm{e}^{-r_i g_i(x)}}{\displaystyle\int_X \prod_{i=1}^m \mathrm{e}^{-r_i g_i(x)} \, \mathrm{d}\mu}$$

证明 为简单起见, 令

$$z = \int_X \prod_{i=1}^m \mathrm{e}^{-r_i g_i(x)} \, \mathrm{d}\mu$$

则

$$f_0(x) = z^{-1} \prod_{i=1}^m \mathrm{e}^{-r_i g_i(x)}$$

不难算出

192

$$H(f_0) = \log z + \sum_{i=1}^{m} r_i \overline{g_i}$$

任给密度函数 f 满足上述约束条件,由不等式(5) 知

$$H(f) \leqslant -\int_X f(x) \log \left[z^{-1} \prod_{i=1}^{m} e^{-r_i g_i(x)} \right] \mathrm{d}\mu$$

$$= -\int_X f(x) \left[-\log z - \sum_{i=1}^{m} r_i g_i(x) \right] \mathrm{d}\mu$$

$$= \log z + \sum_{i=1}^{m} r_i \overline{g_i} = H(f_0)$$

特别当 $m = 1$ 时,若 $g(x)$ 看成是系统的能量时

$$f_0(x) = z^{-1} e^{-rg(x)}$$

恰好就是 Gibbs 典型分布函数,且

$$z = \int_X e^{-rg(x)} \mathrm{d}\mu$$

为其分析函数,而对应的最大熵

$$H(f_0) = \log z + r\overline{g}$$

恰好就是众所周知的热力学熵.

相对熵密度与任意二进信源的若干极限性质

河北工学院基础部的刘文教授和河北煤炭建工学院基础部的杨卫国教授研究指出：

设 $\{X_n, n \geq 1\}$ 是字母集 $E = \{0,1\}$ 上的任意二进信源，其联合分布为

$$P(X_1 = x_1, \cdots, X_n = x_n)$$
$$= p(x_1, \cdots, x_n) > 0$$
$$(x_i \in E, 1 \leq i \leq n) \qquad (1)$$

令

$$f_n(\omega) = -\frac{1}{n} \log p(X_1, \cdots, X_n) \quad (2)$$

其中 $\log$ 为自然对数. $f_n(\omega)$ 称为 $\{X_i, 1 \leq i \leq n\}$ 的相对熵密度. 研究 $\{f_n, n \geq 1\}$ 在一定意义下的极限性质是信息论中的一个重要问题, 本章的目的是要利用这个概念研究任意二进信源的一类极限性质.

设 $\{X_n, n \geq 1\}$ 是具有分布 (1) 的任意二进信源, $p_n \in (0,1), n = 1, 2, \cdots,$ 是给

定的实数列,令

$$\varphi_n(\omega) = \frac{1}{n}\sum_{i=1}^{n}\Big[X_i\log p_i + (1-X_i)\log(1-p_i) -$$

$$\frac{1}{n}\log p(X_1,\cdots,X_n)\Big] \tag{3}$$

$\varphi_n(\omega)$ 称为 $\{X_i, 1\le i \le n\}$ 相对于乘积分布 $\prod_{i=1}^{n} p_i^{x_i}(1-p_i)^{1-x_i}$ 的熵密度偏差.

定理1　设 $\{X_n, n\ge 1\}$ 是具有分布(1)的任意二进信源, $\{a_n, n\ge 1\}$ 为一数列, $\varphi_n(\omega)$ 是由(3)定义, c 为非负常数, $\alpha > 0$. 设

$$b_\alpha = \limsup_{n\to\infty}\frac{1}{n}\sum_{i=1}^{n} a_i^2 p_i e^{\alpha|a_i|} < +\infty \tag{4}$$

$$D(c) = \{\omega \mid \limsup_{n\to\infty}\varphi_n(\omega) \ge -c\} \tag{5}$$

则:

（ⅰ）当 $c \le \alpha^2 b_\alpha$ 时

$$\limsup_{n\to\infty}\frac{1}{n}\Big(\sum_{i=1}^{n} a_i X_i - \sum_{i=1}^{n} a_i p_i\Big) \le 2\sqrt{cb_\alpha}$$

$$(\omega \in D(c)) \tag{6}$$

（ⅱ）当 $c > \alpha^2 b_\alpha$ 时

$$\limsup_{n\to\infty}\frac{1}{n}\Big(\sum_{i=1}^{n} a_i X_i - \sum_{i=1}^{n} a_i p_i\Big) \le \frac{2c}{\alpha}$$

$$(\omega \in D(c)) \tag{7}$$

（ⅲ）当 $c \le \alpha^2 b_\alpha$ 时

$$\liminf_{n\to\infty}\frac{1}{n}\Big(\sum_{i=1}^{n} a_i X_i - \sum_{i=1}^{n} a_i p_i\Big) \ge -2\sqrt{cb_\alpha}$$

$$(\omega \in D(c)) \qquad (8)$$

（iv）当 $c > \alpha^2 b_\alpha$ 时

$$\lim_{n \to \infty} \inf \frac{1}{n}\left(\sum_{i=1}^{n} a_i X_i - \sum_{i=1}^{n} a_i p_i \right) \geqslant -\frac{2c}{\alpha}$$

$$(\omega \in D(c)) \qquad (9)$$

（v）当 $c = 0$ 时

$$\lim_{n \to \infty} \frac{1}{n}\left(\sum_{i=1}^{n} a_i X_i - \sum_{i=1}^{n} a_i p_i \right) = 0$$

$$(\omega \in D(c)) \qquad (10)$$

证 取 $\Omega = [0,1)$，其中的 Lebesque 可测集的全体 F 和 Lebesque 测度 P 为所考虑的概率空间.

设各阶区间的全体（包括零阶区间 $[0,1)$）为 $\mathscr{A}$，λ 为实常数. 在 $\mathscr{A}$ 上定义集函数 μ 如下：令 $\mu([0,1)) = 1$. 设 $\delta_{x_0 \cdots x_n}$ 是 n 阶区间，令

$$\mu(\delta_{x_1 \cdots x_n}) = \exp\left\{ \lambda \sum_{i=1}^{n} a_i x_i \right\} \prod_{i=1}^{n} \frac{p_i^{x_i}(1 - p_i)^{1-x_i}}{1 + (e^{\lambda a_i} - 1)p_i}$$

$$(11)$$

易知 μ 是 $\mathscr{A}$ 上的可加集函数. 由此知存在 $[0,1)$ 上的增函数 f_λ，使得对任何 $\delta_{x_1 \cdots x_n}$ 有

$$\mu(\delta_{x_1 \cdots x_n}) = f_\lambda(\delta_{x_1 \cdots x_n}^{+}) - f_\lambda(\delta_{x_1 \cdots x_n}^{-})$$

其中 $\delta_{x_1 \cdots x_n}^{-}$ 与 $\delta_{x_1 \cdots x_n}^{+}$ 分别表示 $\delta_{x_1 \cdots x_n}$ 的左、右端点. 令

$$t_n(\lambda, \omega) = \frac{\mu(\delta_{x_1 \cdots, x_n})}{P(\delta_{x_1 \cdots x_n})} = \frac{f_\lambda(\delta_{x_1 \cdots x_n}^{+}) - f_\lambda(\delta_{x_1 \cdots x_n}^{-})}{\delta_{x_1 \cdots x_n}^{+} - \delta_{x_1 \cdots x_n}^{-}}$$

$$(\omega \in \delta_{x_1 \cdots x_n}) \qquad (12)$$

设 f_λ 的可微点的全体为 $A(\lambda)$，则

$$P(A(\lambda)) = 1$$

有

$$\lim_{n \to \infty} t_n(\lambda,\omega) = 有限数 \quad (\omega \in A(\lambda)) \quad (13)$$

由(13) 有

$$\limsup_{n \to \infty} \frac{1}{n}\log t_n(\lambda,\omega) \leqslant 0 \quad (\omega \in A(\lambda)) \ (14)$$

由(11) 及(12) 有

$$\frac{1}{n}\log t_n(\lambda,\omega) = \frac{\lambda}{n}\sum_{i=1}^{n} a_i X_i - \frac{1}{n}\sum_{i=1}^{n}\log(1 +$$
$$(e^{\lambda a_i} - 1)p_i) + \varphi_n(\omega)$$
$$(\omega \in [0,1)) \quad (15)$$

由(14) 与(15) 有

$$\limsup_{n \to \infty}\Big[\frac{\lambda}{n}\sum_{i=1}^{n} a_i X_i - \frac{1}{n}\sum_{i=1}^{n}\log(1 +$$
$$e^{\lambda a_i} - 1)p_i) + \varphi_n(\omega)\Big] \leqslant 0 \quad (\omega \in A(\lambda)) \ (16)$$

由(5) 与(16) 有

$$\limsup_{n \to \infty}\Big[\frac{\lambda}{n}\sum_{i=1}^{n} a_i X_i -$$
$$\frac{1}{n}\sum_{i=1}^{n}\log(1 + (e^{\lambda a_i} - 1)p_i)\Big] \leqslant c$$
$$(\omega \in A(\lambda) \cap D(c)) \quad (17)$$

当 $\lambda > 0$ 时，将式(17) 两边同除以 λ 得

$$\limsup_{n \to \infty}\Big[\frac{1}{n}\sum_{i=1}^{n} a_i X_i -$$
$$\frac{1}{n}\sum_{i=1}^{n}\frac{1}{\lambda}\log(1 + (e^{\lambda a_i} - 1)p_i)\Big] \leqslant \frac{c}{\lambda}$$

$$(\omega \in A(\lambda) \cap D(c)) \qquad (18)$$

由(18)以及上极限性质

$$\limsup_{n \to \infty}(a_n - b_n) \leqslant c$$

$$\Rightarrow \limsup_{n \to \infty}(a_n - c_n) \leqslant \limsup_{n \to \infty}(b_n - c_n) + c \qquad (19)$$

及不等式

$$\log(1 + x) \leqslant x \quad (x > -1) \qquad (20)$$

$$0 \leqslant e^x - 1 - x \leqslant x^2 e^{|x|} \qquad (21)$$

有

$$\limsup_{n \to \infty} \frac{1}{n} \Big[\sum_{i=1}^{n} a_i X_i - \sum_{i=1}^{n} a_i p_i \Big]$$

$$\leqslant \limsup_{n \to \infty} \frac{1}{n} \sum_{i=1}^{n} \Big\{ \frac{1}{\lambda} \log \Big[1 +$$

$$(e^{\lambda a_i} - 1) p_i \Big] - a_i p_i \Big\} + \frac{c}{\lambda}$$

$$\leqslant \lambda \limsup_{n \to \infty} \frac{1}{n} \sum_{i=1}^{n} a_i^2 p_i e^{\lambda |a_i|} + \frac{c}{\lambda}$$

$$(\omega \in A(\lambda) \cap D(c)) \qquad (22)$$

当 $0 < \lambda \leqslant \alpha$ 时,由(22)及(4)有

$$\limsup_{n \to \infty} \frac{1}{n} \Big[\sum_{i=1}^{n} a_i X_i - \sum_{i=1}^{n} a_i p_i \Big] \leqslant b_\alpha \lambda + \frac{c}{\lambda}$$

$$(\omega \in A(\lambda) \cap D(c)) \qquad (23)$$

（ⅰ）当 $0 < c \leqslant \alpha^2 b_\alpha$ 时,函数

$$g(\lambda) = b_\alpha \lambda + \frac{c}{\lambda} \quad (0 < \lambda \leqslant \alpha)$$

在 $\lambda = \sqrt{\dfrac{c}{b_\alpha}}$ 处取得最小值 $g\Big(\sqrt{\dfrac{c}{b_\alpha}}\Big) = 2\sqrt{cb_\alpha}$,于是在

198

式（23）中令 $\lambda = \sqrt{\dfrac{c}{b_\alpha}}$，得

$$\limsup_{n \to \infty} \frac{1}{n} \Big[\sum_{i=1}^{n} a_i X_i - \sum_{i=1}^{n} a_i p_i \Big] \le 2 \sqrt{cb_\alpha}$$

$$\Big(\omega \in A\Big(\sqrt{\frac{c}{b_\alpha}}\Big) \cap D(c) \Big) \qquad (24)$$

由于

$$P\Big(A\Big(\sqrt{\frac{c}{b_\alpha}}\Big)\Big) = 1$$

故由（24）知（6）成立.

（ⅱ）当 $c = 0$ 时（6）亦成立.

（ⅲ）当 $c > \alpha^2 b_\alpha$ 时，在式（23）中取 $\lambda = \alpha$ 得

$$\limsup_{n \to \infty} \frac{1}{n} \Big(\sum_{i=1}^{n} a_i X_i - \sum_{i=1}^{n} a_i p_i \Big) \le \alpha b_\alpha + \frac{2c}{\alpha} \le \frac{2c}{\alpha}$$

$$(\omega \in A(\alpha) \cap D(c)) \qquad (25)$$

由于 $P(A(\alpha)) = 1$，故由（25）知此时式（7）成立.

类似，利用当 $\lambda < 0$ 的式（17）可以证明式（8）~

（10）成立.

证毕.

注　在式（16）中令 $\lambda = 0$，注意到 $P(A(0)) = 1$，

有

$$\limsup_{n \to \infty} \varphi_n(\omega) \le 0 \qquad (26)$$

由（26）及 $D(0)$ 的定义有

$$\lim_{n \to \infty} \varphi_n(\omega) = 0 \quad (\omega \in D(0)) \qquad (27)$$

在定理1中取 $\alpha = 1, a_n = 1 (n = 1, 2, \cdots)$，我们得

如下的：

推论1　令

$$b = \limsup_{n \to \infty} \frac{e}{n} \sum_{i=1}^{n} p_i \qquad (28)$$

$$S_n = \sum_{k=1}^{n} X_k \qquad (29)$$

则当 $c \leqslant b$ 时,有

$$\limsup_{n \to \infty} \frac{1}{n} \left(S_n - \sum_{i=1}^{n} p_i \right) \leqslant 2\sqrt{cb} \quad (\omega \in D(c))$$

$$(30)$$

$$\liminf_{n \to \infty} \frac{1}{n} \left(S_n - \sum_{i=1}^{n} p_i \right) \geqslant -\sqrt{cb} \quad (\omega \in D(c))$$

$$(31)$$

当 $c = 0$ 时,由 (30) 与 (31) 得

$$\lim_{n \to \infty} \frac{1}{n} \left(S_n - \sum_{i=1}^{n} p_i \right) = 0 \quad (\omega \in D(0)) \quad (32)$$

推论 2 在定理 1 的条件下,令

$$b = \limsup_{n \to \infty} \frac{1}{n} \sum_{i=1}^{n} (\log p_i)^2 p_i^{\frac{1}{2}} \qquad (33)$$

则:

（ⅰ）当 $c \leqslant \dfrac{b}{4}$ 时,有

$$\limsup_{n \to \infty} \frac{1}{n} \left[\sum_{i=1}^{n} (-\log p_i) X_i - \sum_{i=1}^{n} (-\log p_i) p_i \right] \leqslant \frac{8\sqrt{c}}{e}$$
$$(\omega \in D(c)) \qquad (34)$$

$$\liminf_{n \to \infty} \frac{1}{n} \left[\sum_{i=1}^{n} (-\log p_i) X_i - \sum_{i=1}^{n} (-\log p_i) p_i \right] \geqslant -\frac{8\sqrt{c}}{e}$$
$$(\omega \in D(c)) \qquad (35)$$

（ⅱ）当 $c > \dfrac{b}{4}$ 时,有

$$\limsup_{n \to \infty} \frac{1}{n} \big[\sum_{i=1}^{n} (-\log p_i) X_i - \sum_{i=1}^{n} (-\log p_i) p_i \big] \leqslant 4c$$
$$(\omega \in D(c)) \qquad\qquad (36)$$

$$\liminf_{n \to \infty} \frac{1}{n} \big[\sum_{i=1}^{n} (-\log p_i) X_i - \sum_{i=1}^{n} (-\log p_i) p_i \big] \geqslant -4c$$
$$(\omega \in D(c)) \qquad\qquad (37)$$

证　　在定理 1 中，令 $a_i = -\log p_i (i = 1, 2, \cdots)$，

$\alpha = \dfrac{1}{2}$，注意到函数 $(\log x)^2 x^{\frac{1}{2}}$ 在区间上有最大值

$16\mathrm{e}^{-2}$，即

$$\max_{0 < x < 1} \{ (\log x)^2 x^{\frac{1}{2}} \} = 16\mathrm{e}^{-2} \qquad\qquad (38)$$

由 (4)(33) 与 (38) 有

$$b_{\frac{1}{2}} = \limsup_{n \to \infty} \frac{1}{n} \sum_{i=1}^{n} a_i^2 p_i \mathrm{e}^{\frac{|a_i|}{2}}$$

$$= \limsup_{n \to \infty} \frac{1}{n} \sum_{i=1}^{n} (\log p_i)^2 p_i^{\frac{1}{2}}$$

$$= b \leqslant 16\mathrm{e}^{-2} \qquad\qquad (39)$$

当 $c \leqslant \dfrac{b}{4}$ 时，由 (6) 与 (39) 有

$$\limsup_{n \to \infty} \frac{1}{n} \big[\sum_{i=1}^{n} (-\log p_i) X_i - \sum_{i=1}^{n} (-\log p_i) p_i \big]$$

$$\leqslant 2\sqrt{bc} \leqslant \frac{8\sqrt{c}}{\mathrm{e}} \quad (\omega \in D(c))$$

由 (8) 与 (39) 有

$$\liminf_{n \to \infty} \frac{1}{n} \big[\sum_{i=1}^{n} (-\log p_i) X_i - \sum_{i=1}^{n} (-\log p_i) p_i \big]$$

$$\geqslant -2\sqrt{bc} \geqslant -\frac{8\sqrt{c}}{\mathrm{e}} \quad (\omega \in D(c))$$

故(34)与(35)成立.

当 $c > \dfrac{b}{4}$ 时,(36)与(37)可直接由(7)与(9)得出.

定理 2 在定理 1 的条件下,设 $\alpha > 0$,有

$$d_\alpha = \limsup_{n \to \infty} \frac{1}{n} \sum_{i=1}^{n} a_i^2 (1 - p_i) e^{\alpha |a_i|} < + \infty \quad (40)$$

则有:

(i) 当 $c \leqslant \alpha^2 d_\alpha$ 时,有

$$\limsup_{n \to \infty} \frac{1}{n} \big[\sum_{i=1}^{n} a_i (1 - X_i) -$$

$$\sum_{i=1}^{n} a_i (1 - p_i) \big] \leqslant 2 \sqrt{c d_\alpha}$$

$$(\omega \in D(c)) \quad (41)$$

(ii) 当 $c > \alpha^2 d_\alpha$ 时,有

$$\limsup_{n \to \infty} \frac{1}{n} \big[\sum_{i=1}^{n} a_i (1 - X_i) - \sum_{i=1}^{n} a_i (1 - p_i) \big] \leqslant \frac{2c}{\alpha}$$

$$(\omega \in D(c)) \quad (42)$$

(iii) 当 $c \leqslant \alpha^2 d_\alpha$ 时,有

$$\liminf_{n \to \infty} \frac{1}{n} \big[\sum_{i=1}^{n} a_i (1 - X_i) - \sum_{i=1}^{n} a_i (1 - p_i) \big] \geqslant - 2 \sqrt{c d_\alpha}$$

$$(\omega \in D(c)) \quad (43)$$

(iv) 当 $c > \alpha^2 d_\alpha$ 时,有

$$\liminf_{n \to \infty} \frac{1}{n} \big[\sum_{i=1}^{n} a_i (1 - X_i) - \sum_{i=1}^{n} a_i (1 - p_i) \big] \geqslant - \frac{2c}{\alpha}$$

$$(\omega \in D(c)) \quad (44)$$

202

当 $c = 0$ 时,有

$$\lim_{n \to \infty} \frac{1}{n} \Big[\sum_{i=1}^{n} a_i (1 - X_i) - \sum_{i=1}^{n} a_i (1 - p_i) \Big] = 0$$

$$(\omega \in D(0)) \qquad\qquad (45)$$

证明与定理1类似,此处从略.

推论3　　在定理2的条件下,令

$$d = \limsup_{n \to \infty} \frac{1}{n} \sum_{i=1}^{n} \big[\log(1 - p_i) \big]^2 (1 - p_i)^{\frac{1}{2}} \quad (46)$$

则:

(i) 当 $c \leqslant \dfrac{d}{4}$ 时,有

$$\limsup_{n \to \infty} \frac{1}{n} \Big[\sum_{i=1}^{n} (1 - X_i)(-\log(1 - p_i)) -$$

$$\sum_{i=1}^{n} (1 - p_i)(-\log(1 - p_i)) \Big] \leqslant \frac{8\sqrt{c}}{\mathrm{e}}$$

$$(\omega \in D(c)) \qquad\qquad (47)$$

$$\liminf_{n \to \infty} \frac{1}{n} \Big[\sum_{i=1}^{n} (1 - X_i)(-\log(1 - p_i)) -$$

$$\sum_{i=1}^{n} (1 - p_i)(-\log(1 - p_i)) \Big] \geqslant -\frac{8\sqrt{c}}{\mathrm{e}}$$

$$(\omega \in D(c)) \qquad\qquad (48)$$

(ii) 当 $c > \dfrac{d}{4}$ 时,有

Shannon 信息熵定理

$$\limsup_{n \to \infty} \frac{1}{n} \Big[\sum_{i=1}^{n} (1 - X_i)(-\log(1 - p_i)) -$$

$$\sum_{i=1}^{n} (1 - p_i)(-\log(1 - p_i)) \Big] \leqslant 4c$$

$$(\omega \in D(c)) \qquad (49)$$

$$\liminf_{n \to \infty} \frac{1}{n} \Big[\sum_{i=1}^{n} (1 - X_i)(-\log(1 - p_i)) -$$

$$\sum_{i=1}^{n} (1 - p_i)(-\log(1 - p_i)) \Big] \geqslant -4c$$

$$(\omega \in D(c)) \qquad (50)$$

证　在定理 2 中令

$$a_i = -\log(1 - p_i) \quad (i = 1, 2, \cdots)$$

$$\alpha = \frac{1}{2}$$

由 (40)(46) 与 (38) 有

$$d_{\frac{1}{2}} = \limsup_{n \to \infty} \frac{1}{n} \sum_{i=1}^{n} a_i^2 (1 - p_i) e^{\frac{|a_i|}{2}}$$

$$= \limsup_{n \to \infty} \frac{1}{n} \sum_{i=1}^{n} (\log(1 - p_i))^2 (1 - p_i)^{\frac{1}{2}}$$

$$= d \leqslant 16 e^{-2} \qquad (51)$$

当 $c \leqslant \dfrac{d}{4}$ 时,由 (41) 与 (51) 有

$$\limsup_{n \to \infty} \frac{1}{n} \Big[\sum_{i=1}^{n} (1 - X_i)(-\log(1 - p_i)) -$$

204

$$\sum_{i=1}^{n} (1 - p_i)(-\log(1 - p_i))\Big]$$

$$\leqslant 2\sqrt{cd} \leqslant \frac{8\sqrt{c}}{e} \quad (\omega \in D(c))$$

由(43)与(51)有

$$\liminf_{n \to \infty} \frac{1}{n}\Big[\sum_{i=1}^{n} (1 - X_i)(-\log(1 - p_i)) -$$

$$\sum_{i=1}^{n} (1 - p_i)(-\log(1 - p_i))\Big]$$

$$\geqslant -2\sqrt{cd} \geqslant -\frac{8\sqrt{c}}{e} \quad (\omega \in D(c))$$

故(47)与(48)成立.

当 $c > \dfrac{d}{4}$ 时,(49)与(50)可直接由(42)与(44)推出.

定理 3　设 $\{X_n, n \geqslant 1\}$ 是具有分布(1)的任意二进信源,$\{f_n(\omega), n \geqslant 1\}$ 是由(2)定义的熵密度序列,$D(c), b, d$ 分别有 (5)(33) 与 (46) 定义,$H(p, (1-p))$ 表示 Bernoulli 分布$(p, 1-p)$ 的熵,即

$$H(p, 1-p) = -[p\log p + (1-p)\log(1-p)] \tag{52}$$

令

$$\max\Big\{\frac{b}{4}, \frac{d}{4}\Big\} = A, \min\Big\{\frac{b}{4}, \frac{d}{4}\Big\} = a \tag{53}$$

则:

（i）当 $c \leqslant a$ 时,有

$$\limsup_{n \to \infty} \left[f_n(\omega) - \frac{1}{n} \sum_{i=1}^{n} H(p_i, 1-p_i) \right] \leqslant \frac{16\sqrt{c}}{e}$$

$$(\omega \in D(c)) \tag{54}$$

$$\liminf_{n \to \infty} \left[f_n(\omega) - \frac{1}{n} \sum_{i=1}^{n} H(p_i, 1-p_i) \right] \geqslant - \left(c + \frac{16\sqrt{c}}{e} \right)$$

$$(\omega \in D(c)) \tag{55}$$

（ ii ）当 $c > A$ 时,有

$$\limsup_{n \to \infty} \left[f_n(\omega) - \frac{1}{n} \sum_{i=1}^{n} H(p_i, 1-p_i) \right] \leqslant 8c$$

$$(\omega \in D(c)) \tag{56}$$

$$\liminf_{n \to \infty} \left[f_n(\omega) - \frac{1}{n} \sum_{i=1}^{n} H(p_i, 1-p_i) \right] \geqslant -9c$$

$$(\omega \in D(c)) \tag{57}$$

（ iii ）当 $a < c \leqslant A$ 时,有

$$\limsup_{n \to \infty} \left[f_n(\omega) - \frac{1}{n} \sum_{i=1}^{n} H(p_i, 1-p_i) \right] \leqslant \frac{8\sqrt{c}}{e} + 4c$$

$$(\omega \in D(c)) \tag{58}$$

$$\liminf_{n \to \infty} \left[f_n(\omega) - \frac{1}{n} \sum_{i=1}^{n} H(p_i, 1-p_i) \right] \geqslant - \left(\frac{8\sqrt{c}}{e} + 5c \right)$$

$$(\omega \in D(c)) \tag{59}$$

（ iv ）当 $c = 0$ 时,有

$$\lim_{n \to \infty} \left[f_n(\omega) - \frac{1}{n} \sum_{i=1}^{n} H(p_i, 1-p_i) \right] = 0$$

$$(\omega \in D(0)) \tag{60}$$

证 （ i ）当 $c \leqslant a$ 时,由(34)与(47)有

$$\limsup_{n\to\infty} \frac{1}{n}\left\{-\sum_{i=1}^{n}\left[X_i\log p_i + (1-X_i)\log(1-p_i)\right] + \right.$$

$$\left.\sum_{i=1}^{n}\left[p_i\log p_i + (1-p_i)\log(1-p_i)\right]\right\}$$

$$= \limsup_{n\to\infty} \frac{1}{n}\left\{-\sum_{i=1}^{n}\left[X_i\log p_i + (1-X_i)\log(1-p_i)\right] - \right.$$

$$\left.\sum_{i=1}^{n}H(p_i,1-p_i)\right\}$$

$$\leqslant \frac{16\sqrt{c}}{e}\quad (\omega \in D(c)) \tag{61}$$

由(61)(3)(19)与(26)有

$$\limsup_{n\to\infty}\left[f_n(\omega) - \frac{1}{n}\sum_{i=1}^{n}H(p_i,1-p_i)\right]$$

$$\leqslant \limsup_{n\to\infty}\varphi_n(\omega) + \frac{16\sqrt{c}}{e} \leqslant \frac{16\sqrt{c}}{e}\quad (\omega \in D(c))$$

故(54)成立.

由(35)与(48)有

$$\liminf_{n\to\infty} \frac{1}{n}\left\{-\sum_{i=1}^{n}\left[X_i\log p_i + (1-X_i)\log(1-p_i)\right] - \right.$$

$$\left.\sum_{i=1}^{n}H(p_i,1-p_i)\right\} \geqslant -\frac{16\sqrt{c}}{e}\quad (\omega \in D(c)) \tag{62}$$

由(62)(3)(5)及下极限的性质有

$$\liminf_{n\to\infty}\left[f_n(\omega) - \frac{1}{n}\sum_{i=1}^{n}H(p_i,1-p_i)\right]$$

$$\geqslant \liminf_{n \to \infty} \varphi_n(\omega) - \frac{16\sqrt{c}}{e}$$

$$\geqslant -\left(c + \frac{16\sqrt{c}}{e}\right) \quad (\omega \in D(c))$$

故(55)成立.

类似,由(36)(49)(3)(26)及上极限的性质可得(56);由(37)(50)(3)与(5)可得(57);由(34)(36)(47)(49)(3)(26)可得(58);由(35)(37)(48)(50)(3)与(5)可得(59).

当 $c = 0$ 时,由(54)与(55)即得(60).

证毕.

定理4 设 $\{X_n, n \geqslant 1\}$ 是状态空间为 $S = \{0,1\}$ 的非齐次 Markov 信源,其初始分布与转移矩阵列分别为

$$(q(0), q(1)) \quad (q(i) > 0, i = 0,1) \quad (63)$$

与

$$(p_n(i,j)) \quad (p_n(i,j) > 0, i,j \in S, n \geqslant 2) \quad (64)$$

其中

$$p_n(i,j) = P(X_n = j \mid X_{n-1} = i)$$

又设

$$(p_k(0), p_k(1)) \quad (p_k(j) > 0, j \in S, k \geqslant 1)$$

是 S 上的一列分布, $f_n(\omega)$ 为 $\{X_k, 1 \leqslant k \leqslant n\}$ 的相对熵密度. 若

$$\lim_{n \to \infty} \frac{1}{n} \sum_{k=2}^{n} \left| \frac{p_k(i,j)}{p_k(j)} - 1 \right| = 0 \quad (\forall i,j \in S) \quad (65)$$

则

$$\lim_{n\to\infty}\Big[f_n(\omega) - \frac{1}{n}\sum_{i=1}^{n}H(p_i(0),p_i(1))\Big] = 0 \quad (66)$$

证　采用定理 1 证明中所给出的 $\{X_n, n \geqslant 1\}$ 在概率空间 $([0,1), F, P)$ 中的实现. 此时 $\{X_n, n \geqslant 1\}$ 的联合分布及相应的熵密度为

$$p(x_1,\cdots,x_n) = q(x_1)\prod_{k=2}^{n}p_k(x_{k-1},x_k) \quad (67)$$

$$f_n(\omega) = -\frac{1}{n}\Big[\log q(X_1) + \sum_{k=2}^{n}\log p_k(X_{k-1},X_k)\Big]$$

$$(68)$$

在(3) 中, 令

$$p_k = p_k(1), 1 - p_k = p_k(0)$$

注意到

$$X_k \log p_k + (1 - X_k)\log(1 - p_k) = \log p_k(X_k)$$

由(3) 与(68) 有

$$\varphi_n(\omega) = \frac{1}{n}\sum_{k=1}^{n}\log p_k(X_k) -$$

$$\frac{1}{n}\Big[\log q(X_1) + \sum_{k=2}^{n}\log p_k(X_{k-1},X_k)\Big]$$

$$= -\frac{1}{n}\Big[\log q(X_1) - \log p_1(X_1) +$$

$$\sum_{k=2}^{n}\log\frac{p_k(X_{k-1},X_k)}{p_k(X_k)}\Big] \quad (69)$$

引入定义在 S 上的两个函数

$$I_i(x) = \begin{cases}1, x = i \\ 0, x \neq i\end{cases} \quad (i = 0,1)$$

并利用不等式

$$\log x \le x - 1 \quad (x > 0)$$

有

$$\frac{1}{n} \sum_{k=2}^{n} \log \frac{p_k(X_{k-1}, X_k)}{p_k(X_k)}$$

$$= \frac{1}{n} \sum_{k=2}^{n} \sum_{i=0}^{1} \sum_{j=0}^{1} I_i(X_{k-1}) I_j(X_k) \log \frac{p_k(i,j)}{p_k(j)}$$

$$\le \frac{1}{n} \sum_{k=2}^{n} \sum_{i=0}^{1} \sum_{j=0}^{1} I_i(X_{k-1}) I_j(X_k) \left[\frac{p_k(i,j)}{p_k(j)} - 1 \right]$$

$$\le \frac{1}{n} \sum_{k=2}^{n} \sum_{i=0}^{1} \sum_{j=0}^{1} \left| \frac{p_k(i,j)}{p_k(j)} - 1 \right| \tag{70}$$

由 (65) 与 (70) 有

$$\limsup_{n \to \infty} \frac{1}{n} \sum_{k=2}^{n} \log \frac{p_k(X_{k-1}, X_k)}{p_k(X_k)} \le 0 \quad (\omega \in [0,1)) \tag{71}$$

由 (71) 与 (69) 有

$$\liminf_{n \to \infty} \varphi_n(\omega) \ge 0 \quad (\omega \in [0,1)) \tag{72}$$

由 (5) 与 (72) 有 $D(0) = [0,1)$,于是由定理 3 的 (60) 知 (66) 成立.

证毕.

推论 4　设定理 4 的条件满足,如果

$$\liminf_{n \to \infty} \frac{1}{n} \sum_{i=1}^{n} H(p_i(0), p_i(1)) > 0 \tag{73}$$

则 $\{X_n, n \ge 1\}$ 是信息稳定的,因而对此信源定长编码定理成立.

证　由于 $\{f_n(\omega), n \ge 1\}$ 关于 n 一致可积,且

$$E(f_n) = \frac{1}{n}H(X_1,\cdots,X_n)$$

其中 $H(X_1,\cdots,X_n)$ 是 $(X_1,\cdots,X_n)$ 的熵,故由(66)有

$$\lim_{n\to\infty}\left[\frac{1}{n}H(X_1,\cdots,X_n) - \frac{1}{n}\sum_{i=1}^{n}H(p_i(0),p_i(1))\right] = 0$$

$$(74)$$

由(66)与(74)有

$$\lim_{n\to\infty}\left[f_n(\omega) - \frac{1}{n}H(X_1,\cdots,X_n)\right] = 0 \qquad (75)$$

由(74)(73)及下极限性质有

$$\lim_{n\to\infty}\inf\frac{1}{n}H(X_1,\cdots,X_n)$$

$$\geq \liminf_{n\to\infty}\frac{1}{n}\sum_{i=1}^{n}H(p_i(0),p_i(1)) > 0 \qquad (76)$$

由(75)与(76)有

$$\lim_{n\to\infty}\left[-\frac{\log p(X_1,\cdots,X_n)}{H(X_1,\cdots,X_n)} - 1\right] = 0 \qquad (77)$$

故 $\{X_n, n \geq 1\}$ 是信息稳定的.因而对此信源定长编码定理成立.

推论5　设 $\{X_n, n \geq 1\}$ 是以(63)为初始分布,(64)为转移矩阵列的非齐次 Markov 信源.又设

$$(1-p,p) = (p_0,p_1) \quad (p > 0) \qquad (78)$$

为 S 上一概率分布,如果

$$\lim_{n\to\infty}\frac{1}{n}\sum_{k=2}^{n} |p_k(i,j) - p_j| = 0 \quad (\forall i,j \in S)$$

$$(79)$$

则

$$\lim_{n\to\infty}[f_n(\omega) - H(p, 1-p)] = 0 \qquad (80)$$

证　由(79)有

$$\lim_{n\to\infty}\frac{1}{n}\sum_{k=2}^{n}\left|\frac{p_k(i,j)}{p_j} - 1\right| = 0 \quad (\forall i, j \in S) \quad (81)$$

由(81)及定理4即得(80).

显然, 无记忆信源的 Shannon-McMillan 定理是本推论的特殊情况.

引理　设 $\{X_n, n \geqslant 1\}$ 是具有分布(1)的二进信源, $D(c)$ 由(5)定义, $0 \leqslant a_n \leqslant 1 (n = 1, 2, \cdots)$, 则:

(i)

$$\limsup_{n\to\infty}\frac{1}{n}\Big[\sum_{i=1}^{n}a_i X_i - \sum_{i=1}^{n}a_i p_i\Big] \leqslant c + 2\sqrt{c}$$

$$(\omega \in D(c)) \qquad (82)$$

(ii) 当 $0 \leqslant c < 1$ 时

$$\liminf_{n\to\infty}\frac{1}{n}\Big[\sum_{i=1}^{n}a_i X_i - \sum_{i=1}^{n}a_i p_i\Big] \geqslant c - 2\sqrt{c}$$

$$(\omega \in D(c)) \qquad (83)$$

证明与定理1类似, 此处从略.

定理5　设 $\{X_n, n \geqslant 1\}$ 是具有分布(1)的任意二进信源, $\varphi_n(\omega)$ 与 $D(c)$ 分别由式(3)或(5)定义, $A_n(\omega)$ 表示 $X_1, X_2, \cdots, X_n$ 中 0 游程的个数, 则:

(i)

$$\limsup_{n\to\infty}\frac{1}{n}\Big[A_n(\omega) - \sum_{i=1}^{n}p_{i-1}(1-p_i)\Big] \leqslant 4\sqrt{c}(1 + \sqrt{c})$$

$$(\omega \in D(c)) \qquad (84)$$

（ ii ）

$$\liminf_{n\to\infty} \frac{1}{n}\Big[A_n(\omega) - \sum_{i=1}^{n} p_{i-1}(1-p_i)\Big] \leqslant -4\sqrt{c}$$

$$(\omega \in D(c)) \tag{85}$$

其中 $p_0 = 1$.

证　设 $\delta_{x_1\cdots x_n}$ 是 n 阶区间，$A_n(x_1,\cdots,x_n)$（简记为 A_n）是 $x_1,x_2,\cdots,x_n$ 中 0 游程的个数，则

$$A_n(\omega) = A_n(x_1,\cdots,x_n) \quad (\omega \in \delta_{x_1\cdots x_n}) \tag{86}$$

在 $\mathscr{A}$ 上定义集函数 μ 如下：令

$$\mu([0,1)) = 1 \tag{87}$$

$$\mu(\delta_{x_1\cdots x_n}) = \lambda^{A_n(x_1,\cdots,x_n)}\prod_{i=1}^{n} \frac{p_i^{x_i}(1-p_i)^{1-x_i}}{[1+(\lambda-1)(1-p_i)]^{x_{i-1}}}$$

$$\tag{88}$$

其中 $x_0 = 1, \lambda > 0$ 为常数. 由于

$$A_1(0) = 1, A_1(1) = 0$$

故有

$$\mu(\delta_0) + \mu(\delta_1) = \frac{\lambda(1-p_1)}{1+(\lambda-1)(1-p_1)} + \frac{p_1}{1+(\lambda-1)(1-p_1)}$$

$$= 1 = \mu([0,1)) \tag{89}$$

当 $n \geqslant 1$ 时有

$$A_n(x_1,\cdots,x_n)$$
$$= \begin{cases} A_{n-1}(x_1,\cdots,x_{n-1}), & x_n = 1 \\ A_{n-1}(x_1,\cdots,x_{n-1}) + x_{n-1}, & x_n = 0 \end{cases} \tag{90}$$

由（88）与（90）易知 μ 是 $\mathscr{A}$ 上的可加集函数，由此知存在 $[0,1)$ 上的单增函数 f_λ，使得对任何 $\delta_{x_1\cdots x_n}$ 有

$$\mu(\delta_{x_1\cdots x_n}) = f_\lambda(\delta_{x_1\cdots x_n}^+) - f_\lambda(\delta_{x_1\cdots x_n}^-)$$

令

$$t_n(\lambda,\omega) = \frac{\mu(\delta_{x_1\cdots x_n})}{P(\delta_{x_1\cdots x_n})} = \frac{f_\lambda(\delta^+_{x_1\cdots x_n}) - f_\lambda(\delta^-_{x_1\cdots x_n})}{\delta^+_{x_1\cdots x_n} - \delta^-_{x_1\cdots x_n}}$$

$$(\omega \in \delta_{x_1\cdots x_n}) \qquad (91)$$

设 f_λ 的可微点的全体为 $A(\lambda)$. 与式(14)类似有

$$\limsup_{n\to\infty} \frac{1}{n}\log t_n(\lambda,\omega) \leqslant 0 \quad (\omega \in A(\lambda)) \quad (92)$$

由(3)(86)(88)及(91)有

$$\frac{1}{n}\log t_n(\lambda,\omega) = \frac{A_n(\omega)}{n}\log \lambda - \frac{1}{n}\sum_{i=1}^{n} X_{i-1} \cdot$$

$$\log[1 + (\lambda - 1)(1 - p_i)] + \varphi_n(\omega)$$

$$(\omega \in [0,1)) \qquad (93)$$

其中补令 $X_0 \equiv 1$. 由(92)与(93)有

$$\limsup_{n\to\infty}\left\{\frac{A_n(\omega)}{n}\log \lambda - \frac{1}{n}\sum_{i=1}^{n} X_{i-1} \cdot\right.$$

$$\left.\log[1 + (\lambda - 1)(1 - p_i)] + \varphi_n(\omega)\right\} \leqslant 0 \quad (\omega \in A(\lambda))$$

$$(94)$$

由(94)与(5)有

$$\limsup_{n\to\infty}\left\{\frac{A_n(\omega)}{n}\log \lambda - \frac{1}{n}\sum_{i=1}^{n} X_{i-1} \cdot\right.$$

$$\left.\log[1 + (\lambda - 1)(1 - p_i)]\right\} \leqslant c$$

$$(\omega \in A(\lambda) \cap D(c)) \qquad (95)$$

设 $\lambda > 1$. 将式(95)两边同除以 $\log \lambda$ 得

$$\limsup_{n\to\infty}\left\{\frac{A_n(\omega)}{n} - \frac{1}{n}\sum_{i=1}^{n} \frac{X_{i-1}\log[1 + (\lambda - 1)(1 - p_i)]}{\log \lambda}\right\}$$

$$\leqslant \frac{c}{\log \lambda} \quad (\omega \in A(\lambda) \cap D(c)) \qquad (96)$$

由式(96)及上极限的性质,并注意到不等式

$$1 - \frac{1}{x} \leqslant \log x \leqslant x - 1 \quad (x > 0)$$

有

$$\limsup_{n \to \infty} \left[\frac{1}{n} A_n(\omega) - \frac{1}{n} \sum_{i=1}^{n} p_{i-1}(1 - p_i) \right]$$

$$\leqslant \limsup_{n \to \infty} \left\{ \frac{1}{n} \sum_{i=1}^{n} X_{i-1} \frac{\log[1 + (\lambda - 1)(1 - p_i)]}{\log \lambda} - \right.$$

$$\left. \frac{1}{n} \sum_{i=1}^{n} p_{i-1}(1 - p_i) \right\} + \frac{c}{\log \lambda}$$

$$\leqslant \limsup_{n \to \infty} \left\{ \frac{\lambda - 1}{1 - \frac{1}{\lambda}} \cdot \frac{1}{n} \sum_{i=1}^{n} X_{i-1}(1 - p_i) - \right.$$

$$\left. \frac{1}{n} \sum_{i=1}^{n} p_{i-1}(1 - p_i) \right\} + \frac{c}{1 - \frac{1}{\lambda}}$$

$$= \limsup_{n \to \infty} \left\{ \lambda \left[\frac{1}{n} \sum_{i=1}^{n} X_{i-1}(1 - p_i) - \right. \right.$$

$$\left. \frac{1}{n} \sum_{i=1}^{n} p_{i-1}(1 - p_i) \right] +$$

$$\left. \frac{\lambda - 1}{n} \sum_{i=1}^{n} p_{i-1}(1 - p_i) \right\} + c + \frac{c}{\lambda - 1}$$

$$\leqslant \limsup_{n \to \infty} \lambda \left[\frac{1}{n} \sum_{i=1}^{n} X_{i-1}(1 - p_i) - \right.$$

$$\left. \frac{1}{n} \sum_{i=1}^{n} p_{i-1}(1 - p_i) \right] +$$

$$(\lambda - 1) + c + \frac{c}{\lambda - 1} \quad (\omega \in A(\lambda) \cap D(c)) \quad (97)$$

由式(82)有

$$\limsup_{n\to\infty}\left[\frac{1}{n}\sum_{i=1}^{n}X_{i-1}(1-p_i)-\frac{1}{n}\sum_{i=1}^{n}p_{i-1}(1-p_i)\right]$$

$$\leqslant 2\sqrt{c}+c \quad (\omega\in D(c)) \tag{98}$$

设 $B(c)$ 是 $D(c)$ 中使式 (98) 成立的 ω 的全体,则

$$B(c)\subset D(c)\ \text{且}\ P(B(c))=P(D(c))$$

于是由 (97) 与 (98) 有

$$\limsup_{n\to\infty}\frac{1}{n}\left[A_n(\omega)-\sum_{i=1}^{n}p_{i-1}(1-p_i)\right]$$

$$\leqslant\lambda(2\sqrt{c}+c)+\lambda-1+c+\frac{c}{\lambda-1}$$

$$(\omega\in A(\lambda)\cap B(c)) \tag{99}$$

易知当 $c>0$ 时函数

$$g(\lambda)=\lambda(2\sqrt{c}+c)+\lambda-1+c+\frac{c}{\lambda-1} \quad (\lambda>1)$$

在 $\lambda=\dfrac{1+2\sqrt{c}}{1+\sqrt{c}}$ 处取得最小值

$$g\left(\frac{1+2\sqrt{c}}{1+\sqrt{c}}\right)=4\sqrt{c}(1+\sqrt{c}) \tag{100}$$

于是在 (99) 中令 $\lambda=\dfrac{1+2\sqrt{c}}{1+\sqrt{c}}$,并利用 (100) 得

$$\limsup_{n\to\infty}\frac{1}{n}\left[A_n(\omega)-\sum_{i=1}^{n}p_{i-1}(1-p_i)\right]$$

$$\leqslant 4\sqrt{c}(1+\sqrt{c}) \quad \left(\omega\in A\left(\frac{1+2\sqrt{c}}{1+\sqrt{c}}\right)\cap B(c)\right) \tag{101}$$

由于

216

$$P\left(A\left(\frac{1 + 2\sqrt{c}}{1 + \sqrt{c}} \right) \right) = 1 , B(c) \subset D(c)$$

且

$$P(B(c)) = P(D(c))$$

故由式(101)知当 $c > 0$ 时式(84)成立. 当 $c = 0$ 时(84)亦成立.

类似地,利用当 $0 < \lambda < 1$ 的式(95)可以证明式(85)成立.

推论6　在定理5的记号下有

$$\lim_{n \to \infty} \frac{1}{n} \left[A_n(\omega) - \sum_{i=1}^{n} p_{i-1}(1 - p_i) \right] = 0$$

$$(\omega \in D(0)) \qquad\qquad (102)$$

证　在(84)与(85)中令 $c = 0$ 即得.

推论7　如果 $\{X_n, n \geqslant 1\}$ 相互独立,且

$$P(X_n = 1) = p_n$$

$$P(X_n = 0) = 1 - p_n \quad (n = 1, 2, \cdots)$$

则

$$\lim_{n \to \infty} \frac{1}{n} \left[A_n(\omega) - \sum_{i=1}^{n} p_{i-1}(1 - p_i) \right] = 0$$

证　这是因为此时

$$D(0) = [0, 1)$$

一个随机变量序列熵率不存在的例子

第七章

熵率概念在信息论中是一个非常重要的概念,江苏大学理学院的陶建燕教授 2016 年证明了一个随机变量序列熵率是不存在的.

定义 1 设 X 是在有限字母集 X 上取值的离散随机变量,其熵定义为

$$H(X) = -\sum_{x \in X} p(x) \log p(x)$$

注 本章中对数 $\log$ 的底数均取 2 且规定 $\log 0 = 0$,熵的单位为比特(bit).

对于 n 维随机变量可类似地定义其联合熵. 设 n 维随机变量 $(X_1, X_2, \cdots, X_n)$ 服从联合分布 $p(x_1, x_2, \cdots, x_n)$,定义其联合熵为

$$H(X_1, X_2, \cdots, X_n)$$
$$= -\sum_{x_1 \in X_1} \sum_{x_2 \in X_2} \cdots \sum_{x_n \in X_n} p(x_1, x_2, \cdots, x_n) \cdot$$
$$\log p(x_1, x_2, \cdots, x_n)$$

定义 2　设 $\{X_n, n \geqslant 1\}$ 为概率空间 (Ω, F, P) 上的随机变量序列,若极限

$$\lim_{n \to \infty} \frac{1}{n} H(X_1, X_2, \cdots, X_n)$$

存在,则称其为随机变量序列 $\{X_n, n \geqslant 1\}$ 的熵率,记为 $H(X)$.

然而并不是所有的随机变量序列的熵率都存在,下面我们将给出其详细的证明过程.

设独立随机变量序列 $\{X_n, n \geqslant 1\}$ 在 $\{0,1\}$ 中取值,其中 $p_i = P(X_i = 1)$,$q_i = P(X_i = 0)$ 且

$$p_i = P(X_i = 1)$$

$$= \begin{cases} \dfrac{1}{2}, 2k < \log \log i \leqslant 2k+1 \\ 0, 2k+1 < \log \log i \leqslant 2k+2 \end{cases} \quad (k \in \mathbf{N})$$

则 $\lim\limits_{n \to \infty} \dfrac{1}{n} H(X_1, X_2, \cdots, X_n)$ 不存在.

由于 $\{X_n, n \geqslant 1\}$ 为独立随机变量序列,所以我们有

$$\lim_{n \to \infty} \frac{1}{n} \sum_{k=1}^{n} H(X_k) = \lim_{n \to \infty} \frac{1}{n} H(X_1, X_2, \cdots, X_n)$$

于是,要证明 $\lim\limits_{n \to \infty} \dfrac{1}{n} H(X_1, X_2, \cdots, X_n)$ 不存在,只要证明 $\lim\limits_{n \to \infty} \dfrac{1}{n} \sum\limits_{k=1}^{n} H(X_k)$ 不存在. 由于

$$p_i = P(X_i = 1) = \begin{cases} \dfrac{1}{2}, 2^{2^{2k}} < i \leqslant 2^{2^{2k+1}} \\ 0, 2^{2^{2k+1}} < i \leqslant 2^{2^{2k+2}} \end{cases} \quad (k \in \mathbf{N})$$

于是,当 $i \in (2^{2^{2k}}, 2^{2^{2k+1}}]$ 时

$$p_i = P\{X_i = 1\} = \frac{1}{2}$$

$$q_i = P\{X_i = 0\} = \frac{1}{2}$$

这时

$$H(X_i) = -\frac{1}{2}\log\frac{1}{2} - \frac{1}{2}\log\frac{1}{2} = 1$$

当 $i \in (2^{2^{2k+1}}, 2^{2^{2k+2}}]$ 时

$$p_i = P\{X_i = 1\} = 0$$

$$q_i = P\{X_i = 0\} = 1$$

$$H(X_i) = -0\log 0 - 1\log 1 = 0$$

于是

$$H(X_i) = \begin{cases} 1, 2^{2^{2k}} < i \leqslant 2^{2^{2k+1}} \\ 0, 2^{2^{2k+1}} < i \leqslant 2^{2^{2k+2}} \end{cases} \quad (k \in \mathbf{N})$$

下面证明 $\lim\limits_{n\to\infty} \dfrac{1}{n}\sum\limits_{k=1}^{n} H(X_k)$ 不存在.

取 $n = 2^{2^{2k+1}}$，这时

$$\frac{1}{n}\sum_{i=1}^{n} H(X_i) = \frac{1}{2^{2^{2k+1}}}\sum_{i=1}^{2^{2^{2k+1}}} H(X_i)$$

$$= \frac{1}{2^{2^{2k+1}}}\sum_{i=0}^{k} (2^{2^{2i+1}} - 2^{2^{2i}})$$

$$\geqslant \frac{1}{2^{2^{2k+1}}}(2^{2^{2k+1}} - 2^{2^{2k}})$$

由于

$$\lim_{k\to\infty} \frac{1}{2^{2^{2k+1}}}(2^{2^{2k+1}} - 2^{2^{2k}}) = 1$$

于是

$$\limsup_{k \to \infty} \frac{1}{2^{2^{2k+1}}} \sum_{k=1}^{2^{2^{2k+1}}} H(X_k) \geqslant 1$$

取 $n = 2^{2^{2k+2}}$，这时

$$\frac{1}{n} \sum_{i=1}^{n} H(X_i) = \frac{1}{2^{2^{2k+2}}} \sum_{i=1}^{k} (2^{2^{2i+1}} - 2^{2^{2i}})$$

$$\leqslant \frac{1}{2^{2^{2k+2}}} (k+1)(2^{2^{2k+1}} - 2^{2^{2k}})$$

由于

$$\lim_{k \to \infty} \frac{1}{2^{2^{2k+2}}} (k+1)(2^{2^{2k+1}} - 2^{2^{2k}}) = 0$$

于是

$$\liminf_{k \to \infty} \frac{1}{2^{2^{2k+2}}} \sum_{k=1}^{2^{2^{2k+2}}} H(X_k) \leqslant 0$$

综上所述 $\lim\limits_{n \to \infty} \dfrac{1}{n} \sum\limits_{k=1}^{n} H(X_k)$ 不存在，即 $\lim\limits_{n \to \infty} \dfrac{1}{n} H(X_1,$ $X_2, \cdots, X_n)$ 不存在.

第三篇
基本定理篇

信息量与熵

关于信息量的数学表达式,根据信息量所应满足的条件,我们自然地导出了熵的形式,然后再阐述熵的性质.

§1 信息量的数学表达式

信息量的数学公式如何表示呢? 以后将要谈到,由信息源产生的消息一般可以用 Markov 过程表示,此处只谈构造最简单的信息源,即消息完全不受过去影响的信息源.

为了理解上的便利,现在用概率论的语言加以说明. 设有 n 个不同事件(即信息论中所谓消息使用的字母),从中任选一个,选择反复进行构成偶然事体(即信息源),且前一选择与后一选择无关,各事件出现的概率为 $p_1, p_2, \cdots, p_n$. 此种事体的

Shannon 信息熵定理

信息量以 $H(p_1,p_2,\cdots,p_n)$ 表之,希望有下列性质:

（ⅰ）信息量 $H(p_1,p_2,\cdots,p_n)$ 为 $p_1,p_2,\cdots,p_n$ 各自变量的连续函数.

（ⅱ）当 $p_i(i=1,2,\cdots,n)$ 都是 $\dfrac{1}{n}$ 时,H 是 n 的单调递增函数.

（ⅲ）一个事件的选择分成两个步骤时,未分之前的 H 即是既分之后 H 的加权和.

这个（ⅲ）的意义如图 1（a）所示,三个事件的概率为 $p_1=\dfrac{1}{2},p_2=\dfrac{1}{3},p_3=\dfrac{1}{6}$. 变成图 1（b）时,先取概率 $\dfrac{1}{2}$ 的两个事件中的任一个,第二阶段分别选择概率为 $\dfrac{2}{3},\dfrac{1}{3}$ 的事件. 选择三个事件的概率与分两个步骤无关,各个概率最后是相同的,此时希望下式成立

$$H(\frac{1}{2},\frac{1}{3},\frac{1}{6})=H(\frac{1}{2},\frac{1}{2})+\frac{1}{2}H(\frac{2}{3},\frac{1}{3})$$

加权系数 $\dfrac{1}{2}$ 是由于在第二选择阶段,从时间上说,只成一半了.

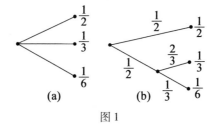

图 1

满足上列三个条件的 H,必然是统计力学的熵的形式.首先考虑 $p_i(i=1,2,\cdots,n)$ 都是相等的情况,置

$$H\left(\frac{1}{n},\cdots,\frac{1}{n}\right)=A(n)$$

由条件(ⅲ),等概率下发生的 s^{α} 个事件,等于概率为 $\frac{1}{s}$ 的 s 个事件分解为 α 阶段重复的选择,如图 2(a),于是得出

$$A(s^{\alpha})=\alpha A(s)$$

同样对于与 s 不同的 t,得

$$A(t^{\beta})=\beta A(t)$$

当 β 适当大时,选取满足下式的 α 有

$$s^{\alpha}\leqslant t^{\beta}<s^{\alpha+1}$$

取对数,以 $\beta\log s$ 除它,得

$$\frac{\alpha}{\beta}\leqslant\frac{\log t}{\log s}<\frac{\alpha}{\beta}+\frac{1}{\beta} \tag{1}$$

另一方面,由条件(ⅱ),得公式

$$\alpha A(s)\leqslant\beta A(t)<(\alpha+1)A(s)$$

上式除以 $\beta A(s)$ 得

$$\frac{\alpha}{\beta}\leqslant\frac{A(t)}{A(s)}<\frac{\alpha}{\beta}+\frac{1}{\beta}$$

把上式和式(1)联合起来,设 ε 为任意小的正数,α,s,t 相当大时,取充分大的 β,可得

$$\left|\frac{A(t)}{A(s)}-\frac{\log t}{\log s}\right|<\varepsilon \tag{2}$$

换言之,对于充分大的 β,我们有

$$A(t)=-K\log t \tag{3}$$

由条件(ⅱ)知 K 为正数.

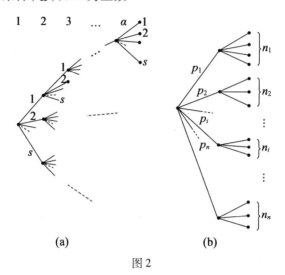

(a)　　　　　　　(b)

图 2

今设 n 个事件的概率 $p_1,p_2,\cdots,p_n$ 都是有理数, n_i 为整数,则可取

$$p_i = \frac{n_i}{\sum\limits_{i=1}^{n} n_i}$$

即 $\sum\limits_{i=1}^{n} n_i$ 个事件以相等的概率选择时,如图 2(b), n 个事件的选择概率为 $p_1,p_2,\cdots,p_n$,在第二阶段就可以等概率分解各 n_i 个事件.所以由条件(ⅲ)和前半部分的证明,这个选择的信息量为

$$K\log \sum_{i=1}^{n} n_i = H(p_1,\cdots,p_n) + K\sum_{i=1}^{n} p_i \log n_i$$

于是得

$$H(p_1,\cdots,p_n) = K\Big(\sum_{i=1}^{n} p_i \log \sum_{i=1}^{n} n_i - \sum_{i=1}^{n} p_i \log n_i \Big)$$

$$= -K\sum_{i=1}^{n} p_i \log \frac{n_i}{\displaystyle\sum_{i=1}^{n} n_i} = -K\sum_{i=1}^{n} p_i \log p_i \quad (4)$$

由条件(ⅰ)知 H 是 p_i 的连续函数,有理数稠密地存在在区间内,p_i 为无理数时可以用有理数近似,所以由条件(ⅰ),对无理数的 p_i,式(4)同样成立. 常数 K 是任意的,当单位的值一经选定就规定好了. 因此下列定理成立.

定理　满足条件(ⅰ)(ⅱ)(ⅲ)的信息量可用下式且仅用下式表示

$$H(p_1,\cdots,p_n) = -K\sum_{i=1}^{n} p_i \log p_i \qquad (5)$$

其中 K 为正的常数.

这个 H 与统计力学中熵的形式完全一样. 它表示信息源(偶然事体)中一个字母(事件)平均负担的信息量,同时也是信息源中特定消息选择的自由度,或是表示统计推断的不确定性. 熵是信息论中最重要的表示式. 定理中,三个条件对以下的理论不是必要的,但信息量表示式的合理性十分重要.

与统计力学一样,上列定理中的 H 叫概率 $p_1,p_2,\cdots,p_n$ 的熵. 以下用 x 表示随机变数,而以 $H(x)$ 表示其熵.

当 $K=1$ 并以 2 为对数底时,在(5)中信息量的单位叫比特(bit)[①]. 这对于以下所述的继电器、触发器等

---

① 　J. W. Tukey 建议,为了使数学上的二进位数与信息量的单位比特相区别,单位用必尼特(binit).

电子计算机所用的电子线路的稳定动作状态的两个位置而言,也是适合的.但是在解析计算上取 e 为底比较方便,此时称其单位为奈特(nat).在数值计算中,采用常用对数,这时单位称为十进位单位.今后若不需特别指定对数的底,即取任意底都可以时,就简单用比特表示单位熵,或者不标明单位.

在实际应用上,对数以 2 为底非常便利.当 $p_i = 2^{-m}(i=1,2,\cdots,n$ 且 $n=2^m)$ 时,其熵就是

$$H = -\sum 2^{-m}\log_2 2^{-m} = m(\text{比特}) \qquad (6)$$

取对数底为 2 时,在"是"与"否"之间选一个相当于在最简单的信息基础上的信息量,二者之一选一个,反复进行 m 段,便能在 2^m 个中指定出一个."是"与"否"又可对应于 m 段继电器的上下接点,根据继电器的连接,可以指定一个状态(图 3 表示 $n=2^2=4$ 的例).设想这里各段的继电器负担着一个信息,全体共 m 倍.各接点的上位置表示 0,下位置表示 1,m 段的接点能表示二进位 m 个数码所表示的数,并能在 0 到 2^m-1 共 2^m 个端子中唯一指定某一端子(图 3 中第 2 段接点的位置表示二进位数的 10,它在十进位数中即是 2,图中标码为"2"的端子即所指定的端子).因为它们都是相同的,故由 2^m 个中选取一个的信息量叫 m 比特的信息.

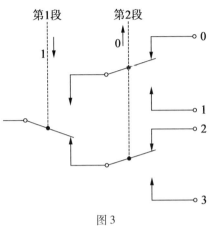

图3

在信息论中,关于单位的选择很重要,即在单位时间内,偶然事体选择的次数问题. 现在假定每次选择的继续时间不同,设在单位时间内平均发生的次数为 γ,用这 γ 乘式(5)(令 $K=1$,其单位取比特),得一新的单位"比特/秒",写成

$$H' = \gamma H (\text{比特/秒}) \tag{7}$$

这个量称为偶然事体反复选择时在单位时间内的信息量,它具有动态的概念,与(5)不含时间的静态概念不同,式(5)的单位简单地只写"比特",以后所述的事体,除了信息源的字母选择以外,又考虑到信道上构成信号的代码,不管是字母或是代码,为了清楚起见,常写成"比特/字母"或"比特/代码".[①]但它们没有时间

————————

① 在以后,偶然事体的事件考虑为代码序列时,记其单位为"比特/代码序列",一个代码序列包含有 k 个代码时,以 k 除之,可得"比特/代码".

231

概念,必须与(7)的单位有严格的区别.

§2 离散随机变数的熵的性质

假定离散随机变数经过一段时间后取到 n 个不同的互相独立的值,则其熵如§1所述为

$$H = - \sum_{i=1}^{n} p_i \log_2 p_i (\text{比特}) \qquad (1)$$

本节将对多个随机变数推广熵的定义,并说明熵的一些性质[①].

(ⅰ)变数为两小时,有

$$H = - \{ p \log_2 p + (1-p) \log_2 (1-p) \} (\text{比特}) \quad (2)$$

这如图4所示.

(ⅱ)当 p_i 仅有一个,且取值为1,其他 p_i 都是零时,(1)的熵 H 才取值为0,即只有一个事体被确定时, H 等于0,除此以外, H 恒为正值.

(ⅲ)当所有的 p_i 取值 $\dfrac{1}{n}$ 时, H 达到最大值 $\log_2 n$. 物理意义为相当于最不确定的情况.

(ⅳ)设有两个离散的随机变数 x 及 y,经过一定的时间, x 取 n 个相异的值, y 取 m 个相异的值,彼此不一定独立. 两个变数 x 及 y 取 i 及 j 的联合分布概率为 $p(i,j)$,这 x 及 y 的联合分布的熵,或联合熵定义为

---

① 以下的证明不困难,读者可以自己试做一下.

$$H(x,y) = -\sum_{i=1}^{n}\sum_{j=1}^{m} p(i,j)\log p(i,j) \qquad (3)$$

H
（比特）

$H=-p\log_2 p-(1-p)\log_2(1-p)$

图4

另一方面，x 及 y 各个单独的熵不外是（1）的形式，用联合分布概率 $p(i,j)$ 改写时，得出

$$\begin{cases} H(x) = -\sum_{i=1}^{n}\sum_{j=1}^{m} p(i,j)\log \sum_{j=1}^{m} p(i,j) \\ H(y) = -\sum_{i=1}^{n}\sum_{j=1}^{m} p(i,j)\log \sum_{i=1}^{n} p(i,j) \end{cases} \qquad (4)$$

容易证明，联合熵满足下列不等式

$$H(x,y) \leqslant H(x) + H(y) \qquad (5)$$

当 x 与 y 彼此独立时，即

$$p(i,j) = p(i) \cdot p(j)$$

时，等号成立.

（V）概率 $p_1, p_2, \cdots, p_n$ 向着彼此相等的趋势变化时，熵 H 逐渐变大. 例如 $p_1 < p_2$ 时，若 p_1 增大，p_2 减少，则 $|p_1-p_2|$ 比以前小，于是 H 增大. 一般地说，对概

233

率 $p_1, p_2, \cdots, p_n$ 施以平均化的变换时,有

$$p'_i = \sum_i a_{ij} p_j \quad (i = 1, 2, \cdots, n)$$

且

$$\sum_i a_{ij} = \sum_j a_{ij} = 1 \text{ 及 } a_{ij} \geqslant 0$$

在这种变换下,除了简单的置换以外(此时 H 不增大也不减少),熵 H 会增大.

这与统计力学的 H 定理所述的熵的增大的法则是相同的,证明也是利用熵的凸函数性质,方法相同.

(vi)以下定义两个随机变数的熵. 设 x 及 y 为两个随机变数,当 x 取值 i 时,y 取值 j 的条件概率为 $p_i(j)$. 此时,取 x 的各个值对应的 y 的熵,即 x 各值的概率的加权平均,可得出对应于 x 的 y 的条件熵. 即

$$H_x(y) = - \sum_{i=1}^n P_i \sum_{j=1}^m p_i(j) \log p_i(j) \quad (6)$$

其中 P_i 为 x 取值 i 的概率. 此即已知 x 时 y 的平均不确定性. 由概率论得关系式如下

$$\begin{cases} p_i(j) = \dfrac{p(i,j)}{P_i} \\ P_i = \displaystyle\sum_{j=1}^m p(i,j) \end{cases}$$

利用上式,式(6)可改写为

$$H_x(y) = - \sum_{i=1}^n \sum_{j=1}^m p(i,j) \log p(i,j) +$$
$$\sum_{i=1}^n \sum_{j=1}^m p(i,j) \log \sum_{j=1}^m p(i,j)$$
$$= H(x,y) - H(x)$$

或写成

$$H(x,y) = H(x) + H_x(y) \qquad (7)$$

（vii）由式（5）及（7）得出

$$H(x) + H(y) \geqslant H(x,y) = H(x) + H_x(y)$$

即

$$H(y) \geqslant H_x(y) \qquad (8)$$

此式说明当 x 为已知时，y 的不确定性不会增大. 设 x 与 y 是相互独立的，则上式等号成立.

§3 连续随机变数的熵的性质

声音经过微音器后的电压或电视信号的电压这类有连续值的连续随机变数的熵，可以和§2离散的变数同样地定义出来.

随机变数 x 的概率密度为 $p(x)$ 时，其熵的定义即是"$\sum$"号换为积分号的§1 的式（5）有

$$H = - \int_{-\infty}^{\infty} p(x) \log p(x) \mathrm{d}x \qquad (1)$$

当对数底为 2 时，H 的单位为比特.

设 n 个随机变数的联合分布概率密度为 $p(x_1, x_2, \cdots, x_n)$，其联合分布熵即联合熵定义为

$$H = - \int \cdots \int p(x_1, x_2, \cdots, x_n) \cdot$$
$$\log p(x_1, x_2, \cdots, x_n) \mathrm{d}x_1 \cdots \mathrm{d}x_n \qquad (2)$$

在两个变数 x 及 y 的特殊情况下，其联合熵和条件熵各为

$$H(x,y) = -\iint p(x,y) \log p(x,y)\,\mathrm{d}x\mathrm{d}y \qquad (3)$$

$$H_x(y) = -\iint p(x,y) \log \frac{p(x,y)}{p(x)}\mathrm{d}x\mathrm{d}y \qquad (4)$$

$$H_y(x) = -\iint p(x,y) \log \frac{p(x,y)}{p(y)}\mathrm{d}x\mathrm{d}y \qquad (5)$$

其中

$$p(x) = \int p(x,y)\,\mathrm{d}y, p(y) = \int p(x,y)\,\mathrm{d}x \qquad (6)$$

以上五个式子中的 x 及 y 对应的概率密度在式(2)中同样可看作 n 个变数的联合分布概率密度. 即 x 及 y 各表示变数组 $x_1,x_2,\cdots x_n; y_1,y_2,\cdots,y_n$ 时,式(3)至(6)都能从一元情况推广到多元情况. 此时下述的熵的性质与 §2 的情况大部分是相同的[①].

(i)设 x 在 Euclid 空间中体积为 V 的子空间内变动,当 $p(x)$ 在此空间内等于常数 $\frac{1}{V}$ 时,$H(x)$ 达到最大值 $\log V$.

(ii)

$$H(x,y) \leqslant H(x) + H(y) \qquad (7)$$

但当 x 与 y 相互独立时,等号成立.

(iii)概率密度 $p(x)$ 施以加权平均时,得

$$p'(y) = \int a(x,y)p(x)\,\mathrm{d}x$$

但

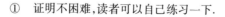

$$\int a(x,y)\,\mathrm{d}x = \int a(x,y)\,\mathrm{d}y = 1 \quad (a(x,y) \geqslant 0)$$

---

① 证明不困难,读者可以自己练习一下.

由概率密度 $p'(y)$ 所得的熵不会比原来的 $p(x)$ 所得的熵为少.

（iv）

$$H(x,y) = H(x) + H_x(y) = H(y) + H_y(x)$$

及

$$H_x(y) \leqslant H(y) \tag{8}$$

（v）当联合分布概率密度 $p(x_1, x_2, \cdots, x_n)$ 的二阶矩

$$A_{ij} = \int \cdots \int x_i x_j p(x_1, \cdots, x_n) \, dx_1 \cdots dx_n \tag{9}$$

固定以后,达到最大熵的是具有 n 维正态分布的二阶矩 A_{ij},其概率密度为

$$p(x_1, x_2, \cdots, x_n) = \sqrt{\frac{|a_{ij}|}{(2\pi)^n}} \exp\left(-\frac{1}{2} \sum_{i,j} a_{ij} x_i x_j\right) \tag{10}$$

其中 A_{ij} 是矩阵 (a_{ij}) 的逆矩阵的元, $|a_{ij}|$ 表示矩阵 (a_{ij}) 的行列式. 这个最大熵等于

$$H = \log (2\pi e)^{\frac{n}{2}} |a_{ij}|^{-\frac{1}{2}} \tag{11}$$

特别,当 $n = 1$ 时情况比较简单,兹加以详细论证. 设 x 的标准偏差为一常数 σ,则最大熵的概率分布密度 $p(x)$ 为正态分布. 要证明这一点,即求在下列约束条件下

$$\begin{cases} \sigma^2 = \int x^2 p(x) \, d(x) \\ \int p(x) \, dx = 1 \end{cases} \tag{12}$$

使以下的熵

$$H(x) = -\int p(x) \log p(x) \, dx \tag{13}$$

237

达到最大. 根据变分法,亦就是使

$$\int [-p(x)\log p(x) + \lambda x^2 p(x) + \mu p(x)]\,\mathrm{d}x$$

$$(14)$$

达到最大,式中 λ,μ 为待定乘数. 为了上式达到最大,要求

$$-1 - \log p(x) + \lambda x^2 + \mu = 0 \qquad (15)$$

再由约束条件决定 λ 和 μ,结果得出

$$p(x) = \frac{1}{\sqrt{2\pi}\,\sigma}\exp\left(\frac{-x^2}{2\sigma^2}\right) \qquad (16)$$

此时熵为

$$H(x) = \log \sqrt{2\pi\mathrm{e}}\,\sigma \qquad (17)$$

（ⅵ）设 $x \leqslant 0, p(x) = 0$,且设

$$a = \int_0^\infty xp(x)\,\mathrm{d}x \qquad (18)$$

为一约束条件,则最大熵的概率密度为

$$p(x) = \frac{1}{a}\exp\left(\frac{-x}{a}\right) \qquad (19)$$

这个最大熵为

$$H(x) = \log \mathrm{e}a \qquad (20)$$

（ⅶ）连续随机变数与离散随机变数的熵具有重要的区别.

在离散的情况下,当概率确定时,熵就唯一决定了. 对于连续的情况,即使概率密度已知时,熵不能唯一决定,因为坐标系不同. 设坐标系 $x_1,\cdots,x_n$ 对应的熵为 $H(x)$,换为新坐标 $y_1,\cdots,y_n$ 时,其熵为

$$H(y) = H(x) - \int \cdots \int p(x_1, \cdots, x_n) \log J\left(\frac{x}{y}\right) \mathrm{d}x_1 \cdots \mathrm{d}x_n$$

$$（21）$$

其中 $J\left(\frac{x}{y}\right)$ 为坐标变换的 Jacobi 行列式. 换言之, 给出了对给定的坐标系微小容量 $\mathrm{d}x_1 \cdots \mathrm{d}x_n$ 均等加权平均所表示的无规则性的度量.

因此, 连续随机变数的熵因坐标系不同而不同, 这有不方便之处. 但以后将证明, "传输速率及通信容量两个重要概念, 可以定义成两个熵的差, 这两个熵的差具有不因坐标系而改变的性质". 所以熵的概念仍有重要意义. 上式的熵, 因坐标的选择, 有时为负, 但传输速率及通信容量是非负的.

（viii）考虑坐标变换是线性变换

$$y_i = \sum_{i=1}^{n} a_{ij} x_i \qquad （22）$$

的特殊情况. 这时, Jacobi 行列式为 $|a_{ij}|$ 的倒数, 于是

$$H(y) = H(x) + \log |a_{ij}| \qquad （23）$$

在坐标系旋转的情况下（或保测变换）, $J = 1$, 则 $H(y) = H(x)$.

Shannon 的基本定理

第 九 章

§1 引 言

我们在前面介绍了熵的概念,同时又证明使平均码长无限接近输入信号熵的编码方法是存在的. 我们还特别证明在利用长为 n 的扩展以后平均码长可以满足下面的不等式

$$H_r(S) \leqslant \frac{L_n}{n} < H_r(S) + \frac{1}{n}$$

所以可以实现任意好的编码,而熵 $H_r(S)$ 是编码可能达到的平均码长的极限.

在这一章中我们要证明的一个基本结论是:尽管有噪声存在,但信息传输速率仍然可以无限地接近信道容量. 或者更确切地说,我们可以无限地接近这一速率而又同时保证通过信道传送的信息其可靠程度可以无限接近 100%.

我们将在二元对称信道的情况下证

明这一定理,因为在这种情况下最容易理解,而且这种信道模型也是实际中用得最多的. 对于更一般的信道我们只是指出:在把上面的这些概念推广以后就可以证明这一定理在一般信道下也是成立的. 一般情况下的严格证明仔细做起来是相当复杂的,但是这种严格的证明对于理解这一定理的正确性来讲并没有多大帮助.

§2　判 决 准 则

现在假设我们是在信道的接收端并收到一个符号 b_j,那么应该认为发送的是哪个 a_i 呢？ 这个问题的回答与信道有关系,即与 $p(b_j|a_i)$ 有关,同时也与信源符号的概率 $p(a_i)=p_i$ 有关.

我们先来考虑一个特殊的信道,这样可以使我们对所讨论的问题了解得更加具体些. 假设这一信道的转移矩阵为

$$
\begin{array}{c}
\quad\ b_1 \quad b_2 \quad b_3 \\
\qquad\quad \uparrow \\
\begin{array}{c}
a_1 \\
a_2 \rightarrow \\
a_3
\end{array}
\left[
\begin{array}{ccc}
0.5 & 0.3 & 0.2 \\
0.2 & 0.3 & 0.5 \\
0.3 & 0.3 & 0.4
\end{array}
\right]
\end{array}
\tag{1}
$$

$d(b_j)$ 是根据我们的判决准则在收到 b_j 时的判决结果. 对于上述的这一信道,即使在均匀输入即信源字母

表的每个 a_i 均有 $p(a_i) = \dfrac{1}{3}$ 的情况下,也可以有下面

三组各有道理的判决准则

$$d(b_1) = a_1, d(b_1) = a_1, d(b_1) = a_1$$
$$d(b_2) = a_2, d(b_2) = a_2, d(b_2) = a_2 \qquad (2)$$
$$d(b_3) = a_2, d(b_3) = a_2, d(b_3) = a_2$$

每组准则都可以找到有利的根据. 当然,我们在这里每次只考虑一个符号而不是一串符号.

在一般情况下,每组有 s 条准则(每个接收符号一条准则). 而每条准则又可以取 q 个输入符号中的任意一个,所以总共就有 q^s 组可能的判决准则.

为了解决采用哪一组准则的问题,我们要借助于统计学中广泛使用的最大似然准则. 按照这一准则每次应当"取给定接收符号下最可能的输入符号". 按数学术语来说,我们要求(假设输入符号的使用频率相等,这是在利用二元对称信道下合理的一种假设)

$$d(b_j) = a^*$$

式中 a^* 根据下面的条件来确定

$$P(a^* \mid b_j) \geqslant P(a_i \mid b_j) \qquad (对所有 i) \qquad (3)$$

这就是说在收到 b_j 的条件下,没有其他的 a_i 会比 a^* 更加可能. 这一概率不是信道概率. 为了要用信道概率来表示,对上式两端使用 Bayes 定理就得到

$$\frac{P(b_j \mid a^*) p(a^*)}{p(b_j)} \geqslant \frac{P(b_j \mid a_i) p(a_i)}{p(b_j)}$$

如果输入符号的概率是均匀的,即

$$p(a^*) = p(a_i)$$

则上式成为

$$P(b_j|a^*) \geqslant P(b_j|a_i) \qquad (4)$$

这样,我们就得到用信道概率来表示的最大似然条件(3).

当输入符号的概率不均匀时,我们常常仍然使用这一准则. 一般讲这当然不是最佳的,但是就像我们不用最佳的 Huffman 编码而用 Shannon-Fano 编码那样,我们所放弃掉的东西在长期运行中不会使我们付出过分的代价,我们仍然可以得到所要求的结果.

最大似然准则并不是唯一的,这可以从式(2)中看到. 在这个例子中,对于式(1)表示的信道,按最大似然准则显然应取

$$d(b_1) = a_1$$

但是对 b_2,就可以有如下三种取法

$$d(b_2) = a_1$$
$$d(b_2) = a_2$$
$$d(b_2) = a_3$$

最后,在给定 b_3 时应取

$$d(b_3) = a_2$$

所以,对于这一信道总共可能有三种具体的最大似然准则(2).

在给定信道和判决准则下差错概率是多少呢? 我们先假定接收符号为 b_j 时发生差错的概率为 $P(E|b_j)$,由于 $P(a^*|b_j)$ 是在接收符号为 b_j 时发送 a^* 的概率,所以

$$P(E|b_j) = 1 - P[d(b_j)|b_j] \qquad (5)$$

对 b_j 取平均,就得到平均差错概率 P_E 为

$$P_E = \sum_B P(E \mid b_j)p(b_j)$$

将式(5)代入,得

$$P_E = \sum_B p(b) - \sum_B P(a^* \mid b)p(b)$$

利用 Bayes 定理,把上式中的条件概率改变成信道概率并注意所有的 $p(a) = \dfrac{1}{q}$,所以

$$P_E = 1 - \sum_B P(b \mid a^*)p(a^*)$$

$$= 1 - \frac{1}{q}\sum_B P(b \mid a^*) \qquad (6)$$

现在来算一下我们刚才的信道(假定利用的是下面打横线的准则). 由

$$\frac{1}{3}\begin{bmatrix} \dfrac{1}{2} & \dfrac{3}{10} & \dfrac{1}{5} \\[2mm] \dfrac{1}{5} & \dfrac{3}{10} & \dfrac{1}{2} \\[2mm] \dfrac{3}{10} & \dfrac{3}{10} & \dfrac{2}{5} \end{bmatrix}$$

及公式(6)得

$$P_E = 1 - \frac{1}{3}\left(\frac{1}{2} + \frac{3}{10} + \frac{1}{2}\right)$$

$$= 1 - \frac{1}{3} \times \frac{13}{10} = 0.566\,6\cdots$$

§3　二元对称信道

我们现在来证明二元对称信道下 Shannon 的基本定理. 对于这种信道, 标准的示意图如图 1 所示.

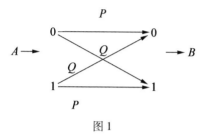

图 1

其中 P 是正确传输的概率. 很自然地我们假定 $Q \leqslant \frac{1}{2}$, 如果 $Q \geqslant \frac{1}{2}$, 我们只要在接收端 B 把 0 和 1 对换一下.

对信道的 n 次扩展, 我们每次发送 n 个二元数字. 例如对三次扩展, 我们可以有一个纠正单个差错的纠错码 (表 1):

表 1

消　　息	未 用 码 字	接 收 码 字
0 0 0	0 0 1	0 0 0
1 1 1	0 1 0	0 0 1
	0 1 1	0 1 0
	1 0 0	0 1 1

续表1

消　　息	未　用　码　字	接　收　码　字
	1 0 1	1 0 0
	1 1 0	1 0 1
		1 1 0
		1 1 1

对这个码,利用最大似然准则得到各种情况下的概率如下:

无差错:P^3

一个差错:$3P^2Q$(可纠正)

两个差错:$3PQ^2$

三个差错:Q^3

则

$$P_E \simeq Q^3 + 3PQ^2 = Q^2(Q+3P)$$

如果 $P = 0.99$(可靠程度99%),则

$$P_E \simeq 3 \times 10^{-4}$$

我们可以看到,在这种情况下按 Hamming 距进行检测就是一个最大似然检测器. 一般来讲,对于白色噪声 Hamming 距准则给出最大似然检测. 当两个消息与接收符号具有相同的距离时,我们或是简单地不予判决或是随便取一个(这时将有一半机会得到正确结果). 当有很多个消息与接收符号等距时,我们仍然可以用猜的办法随便取一个.

对二元对称信道的 n 位扩展,我们可以得到一个均匀信道. 至于在实际上如何使用这一信道则可能是另外一回事.

§4　随 机 编 码

我们现在就来考虑以 n 位数字为一组,一组一组地进行发送的情况. 这时将会有 2^n 个可能的消息. 但是如果想防止差错,那么就只能选择那些相互间有很大 Hamming 距离的点作为消息. 这一问题在一般情况下如何解决,我们在本章中还没有讨论过,所以这里将用随机选择的办法. 这种办法就如同用掷钱币的办法来确定码字的每一位数字那样来选择所有的码字. 我们也可以想象有一个瓮,其中放着写有 2^n 个可能序列的小纸条. 我们每次取一个纸条,看后放回,这样共取 M 个纸条就得到一张有 M 个码字组成的字母表. 这 M 个码字就可以代表 M 个消息. M 这一数值的选择是需要非常注意的,我们选

$$M = 2^{n(C-\varepsilon_1)} \quad (\varepsilon_1 > 0) \tag{1}$$

这也可写成

$$M = \frac{2^{nC}}{2^{n\varepsilon_1}}$$

可以看到只要 n 选得足够大, $\frac{1}{2^{n\varepsilon_1}}$ 就可以任意地小,所以我们选择的消息数是全部可能消息总数中很小的一部分,要多小就多小(但仍有遇到重复的可能!).

我们把这些序列看成是 n 维空间中的一些消息点,然后考虑以所选的消息点为中心,以 nQ 为半径的球. nQ 是代表消息的一组数字中发生差错的位数的数学期望值,这是因为在它每一位上发生差错的概率是 Q. 如果把这个球稍稍加大一点,使其半径为(图 2)

$$r = (Q + \varepsilon_2) n$$

就又得到一个球. 注意,这里的 r 是球的半径,而不是前面曾经用来代表过的基数或符号总数. ε_2 的值很小,保证 $Q + \varepsilon_2 < \dfrac{1}{2}$,至于它和 ε_1 的相对大小到后面时再加以确定.

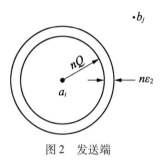

图 2　发送端

按照大数定律,当 n 足够大时接收消息落在后一个球外的可能性可以任意小. (由于 n 维球体的几乎全部体积都在表面附近,所以实际上涉及的只是距中心 nQ 厚为 $2n\varepsilon_2$ 的一个壳体.)所以,如果我们使用的是最大似然检测,同时能够证明几乎不存在两球重叠的情况,那么接收机就可以几乎完全正确地知道发送消息是什么. 这样,通信速率将能任意接近信道容量. 这是因为任意一个特定消息的概率是

$$p = \frac{1}{M}$$

248

所以发送的信息量可以肯定是

$$I(p) = \log \frac{1}{p} = \log M = n(C - \varepsilon_1) \qquad (2)$$

信息比特. 其中 ε_1 根据要求的对信道容量的接近程度来决定.

为了证明上述这点,我们必须倒过来从接收端看这个问题(图3). 这时,球以接收消息 b_j 为中心. 通信差错只有在下面两种情况下才会发生,一是正确码字不在这个球内,二是至少有一个其他的码字落在这个球内. 所以差错概率是

$$P_E = P\{a_i \notin S(r)\} + P\{a_i \in S(r)\} \times$$
$$P\{\text{至少有一个别的码字落在球内}\} \qquad (3)$$

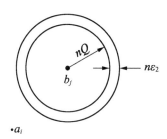

图3　接收端

式中 " $\in$ " 是指 "包含于" 而 " $\notin$ " 是指 "不包含于". 由于第二项中的

$$P\{a_i \in S(r)\} \leqslant 1$$

所以可以把它去掉. 这样就得到

$$P_E \leqslant P\{a_i \notin S(r)\} +$$
$$P\{\text{至少有一个别的码字落在球内}\} \qquad (4)$$

上式右端第二项的值肯定小于每个不是 a_i 的码

字落在球内的概率之和. 当有几个其他码字落入这一以 b_j 为中心的球内时我们采取多次计数法. 例如,若有两个别的码字落入球内,这实际上对应一个差错,但我们现在把它算作两个差错. 这样就可以有

$$P\{至少有一个别的码字落入 S(r)\} \leqslant \sum_{A-a_i} P\{a \in S(r)\}$$

式中取和是对不是 a_i 的 $M-1$ 个码字取的. 而式(4)成为

$$P_E \leqslant P\{a_i \notin S(r)\} + \sum_{A-a_i} P\{a \in S(r)\} \qquad (5)$$

式中第一项是发送码字不在接收消息 b_j 球内的概率(这也相当于接收消息不在发送码字球内的概率). 第二项是所有不是 a_i 的码字落在这个半径为 r 的球内的概率之和. r 的值与 n 有关,它略大于差错位数的期望值所对应的 Hamming 距离. 我们希望依靠随机性使这些消息点分散开,因而别的消息点落在球内的机会非常小. 这当然是建立在 n 维空间非常巨大的基础上的;在一个维数足够高的空间中两个随机的消息点相互紧挨着的可能性是很小很小的.

式(5)的第一项只依赖于 a_i. 按照大数定律,只要我们把组长 n 选得足够大使得半径为 $r = n(Q + \varepsilon_2)$ 的球能够把极少数情况以外可能的接收消息都包含在内,那么这一概率就可以小于任何给定的正数 $\delta = \delta(\varepsilon_2, n)$. 所以式(5)可写成

$$P_E \leqslant \delta + \sum_{A-a_i} P\{a \in S(r)\} \qquad (6)$$

这一结果也可以这样来看,其中第一项是只与发送码

字 a_i 有关的差错概率,而第二项包含了正确码字以外的 $M-1$ 个其他可能码字,所以它与码中的所有其他码字有关,而且还与通信速率有关.

§5　对随机码取平均

在我们刚才进行的分析推导中,除了选择随机码这一点稍稍特别以外,其余都是很一般的. 在普通的研究工作中,人们想到的大概也就是这些. Shannon 的另一个想法就不大容易想到了,这个想法就是要把刚才得到的差错概率再对全部随机码取平均. 当然这个想法一旦被提出,做起来也就不是太难了.

所以我们现在来对全部码取平均,并用波纹线表示这一平均值. 码字每次从瓮中取一个(或者用掷钱币的办法一位一位取),共选出 [§4 式(1)] $M = 2^{n(C-\varepsilon_1)}$ 个码字. 每个码字长 n 位,所以总共有 2^{nM} 种码可供选择. 在随机选择的条件下,每种码都是相同可能的,即每种码的概率是 $\dfrac{1}{2^{nM}}$,用这个概率加权后取平均就给出平均差错概率 $\widetilde{P}_E$. §4 式(6)中的 δ 是一个与码无关的常数,所以当我们对所有码取平均时, §4 式(6)成为

$$\widetilde{P}_E \leqslant \delta + (M-1)\widetilde{P\{a \in S(r)\}}$$
$$\leqslant \delta + M\widetilde{P\{a \in S(r)\}} \quad (a \neq a_i) \quad (1)$$

为了对 $\widetilde{P\{a \in S(r)\}} (a \neq a_i)$ 这一值作出估计,我

们只要想到这 M 个符号中的每一个都是从 2^n 个可能码字中随机选择的. 这样每一个 $a(a \neq a_i)$ 在球内的概率就都是球内的序列数与总数 2^n（长 n 位的可能序列的数目）之比. 设 $N(r)$ 是球内序列数，则

$$\widetilde{P\{a \in S(r)\}} = \frac{N(r)}{2^n} \quad (a \neq a_i) \tag{2}$$

对二元对称信道

$$N(r) = 1 + C(n,1) + C(n,2) + \cdots + C(n,r)$$

$$= \sum_{k=0}^{r} C(n,k)$$

按 §4 式（2）有

$$r = (Q + \varepsilon_2)n \quad (Q + \varepsilon_2 < \frac{1}{2})$$

这就可以得到

$$N(r) \leqslant 2^{nH(\lambda)}$$

其中 $\lambda = Q + \varepsilon_2$. 代入方程（2）有

$$\widetilde{P\{a \in S(r)\}} \leqslant 2^{-n[1-H(\lambda)]} \quad (a \neq a_i) \tag{3}$$

将此再代入式（1）就得到

$$\widetilde{P}_E \leqslant \delta + M2^{-n[1-H(\lambda)]} \tag{4}$$

对二元对称信道，有

$$1 - H(P) = C$$

从 $H(P)$ 的定义可以知道

$$H(P) = H(Q)$$

所以方程（4）中的指数可以写成

$$1 - H(\lambda) = 1 - H(Q + \varepsilon_2)$$

$$= 1 - H(Q) + H(Q) - H(Q + \varepsilon_2)$$

$$= C - \left[H(Q + \varepsilon_2) - H(Q) \right]$$

但是熵函数是个凸函数,从任何一点 Q 出发都可以得到它的上限

$$H(Q + \varepsilon_2) \leqslant H(Q) + \varepsilon_2 \left. \frac{\mathrm{d}H}{\mathrm{d}Q} \right|_Q$$

由于 $0 < Q < \dfrac{1}{2}$,有

$$\frac{\mathrm{d}H}{\mathrm{d}Q} = \log \frac{1}{Q} - \log \frac{1}{1-Q} = \log \frac{1-Q}{Q} > 0$$

所以

$$1 - H(\lambda) \geqslant C - \varepsilon_2 \log \frac{1-Q}{Q} = C - \varepsilon_3$$

代入式(4)有

$$\widetilde{P}_E \leqslant \delta + M2^{-n(C - \varepsilon_3)}$$

由 §4 式(1)有

$$M = 2^{n(C - \varepsilon_1)}$$

得

$$\widetilde{P}_E \leqslant \delta + 2^{n(C - \varepsilon_1)} 2^{-n(C - \varepsilon_3)} = \delta + 2^{-n(\varepsilon_1 - \varepsilon_3)}$$

这样,只要把 ε_2 选得足够小使得

$$\varepsilon_1 - \varepsilon_3 = \varepsilon_1 - \varepsilon_2 \log \frac{1-Q}{Q} > 0$$

平均差错概率 $\widetilde{P}_E$ 就可以在足够大的 n 下变得任意小.

　　我们已经证明按平均讲随机码可以满足我们的要求,因而至少有一个码满足要求,这样就证明了 Shannon 的结论:

　　定理　可以证明存在这样一种编码方法,利用这种方法,通信速率可以任意地接近于二元对称信道的信道容量,可靠度又可以任意接近于 1.

在过去的这些年中,在寻找好的编码方法方面遇到了很大的困难. 但是这一困难是另外一种性质的问题. 其原因不难找到,就是因为在上面的证明中我们假定码长 n 可以取得足够长. 而这"足够长"在实际上确实是要很长的!

Shannon 定理要求我们只发送很长的消息,但实际上我们不可能等到有了很长的消息以后才开始发送. 而且从实用的观点看随机编码要求有很大的编码表和译码表,这也是不好的. 所以这一定理只是给出了一种界限,它所启示我们的也只是说很好的码必须是很长的,因而也是不实用的.

§6　一般情况下的 Shannon 定理

Shannon 基本定理在一般情况下的证明是沿着二元对称信道下的证明线索进行的. 证明中我们首先需要找到和 Hamming 距离(这种距离只对有白噪声的信道适用)等价的某种距离测度,而这一点也就使一般情况下的证明和前面有所差别. 此外,我们一样有计算"球"内可能消息总数的问题,当然这是在新的距离函数意义下的球. 最后,我们在这时不能再使用二元对称信道下的简单的信道容量公式,而只能从最基本的开始重新计算.

我们需要的测度是差错概率. 假如噪声不是白色的, 那么圆球将变成椭球, 长轴在差错较多的方向而短轴在差错较少的方向.

在找到合适的测度以后, 我们就可以选择以接收字为中心的"等概率半径的球", 然后像前面那样把它稍稍加大一点. 这样根据大数定律, 当 n 足够大时, 原来的发送符号就会在球内了. 我们可以仔细地选择消息的总数 M, 使得这些球之间相互重叠的概率可以任意小. 这时, 证明也就完成了.

§7　Fano　上　界

在下一节中我们要介绍 Shannon 定理的逆定理, 这一逆定理指出, 想要用超过信道容量 C 的速度任意可靠地传送信号是不可能的. 为了证明这一定理, 我们先要介绍由 Fano 建立的一个重要的上界公式. 为方便起见, 我们使用如下的记号

$$\overline{P}_E = \sum_B P(a^*, b) = 1 - P_E$$

式中 P_E 如前面 §2 式(6)中的那样, 即

$$P_E = \sum_{B, A-a^*} P(a, b)$$

现考虑

$$H(P_E) + P_E \log (q-1)$$

$$= P_E \log \left(\frac{q-1}{P_E}\right) + \overline{P}_E \log \left(\frac{1}{\overline{P}_E}\right)$$

$$= \sum_{B, A-a^*} P(a, b) \log \left(\frac{q-1}{P_E}\right) +$$

$$\sum_{B} P(a^*, b) \log \left(\frac{1}{P_E}\right) \qquad (1)$$

疑义度 $H(A|B)$ 具有类似的形式

$$H(A|B) = \sum_{B, A-a^*} P(a, b) \log \left[\frac{1}{P(a \mid b)}\right] +$$

$$\sum_{B} P(a^*, b) \log \left[\frac{1}{P(a^* \mid b)}\right]$$

在上式中减去式(1)得

$$H(A|B) - H(P_E) - P_E \log (q-1)$$

$$= \sum_{B, A-a^*} P(a, b) \log \left[\frac{P_E}{(q-1)P(a \mid b)}\right] +$$

$$\sum_{B} P(a^*, b) \log \left[\frac{\overline{P_E}}{P(a^* \mid b)}\right]$$

在上式中的对数是以 2 为底的,为了利用不等式

$$\log_e x \leqslant x - 1$$

我们把对数的底作一变换,得到

$$\frac{\log x}{\log e} \leqslant x - 1$$

将此用于前式的每一和式并略去 $\frac{1}{\log e}$ 这一公因子就得

到右端不大于

$$\sum_{B, A-a^*} P(a, b) \left[\frac{P_E}{(q-1)P(a \mid b)} - 1\right] + 1$$

$$\sum_{B} P(a^*, b) \left[\frac{\overline{P_E}}{P(a^* \mid b)} - 1\right]$$

$$= \frac{P_E}{q-1} \sum_{B, A-a^*} p(b) - P_E + \overline{P}_E \sum_{B} p(b) - \overline{P}_E$$

$$= \frac{P_E}{q-1}(q-1) \sum_{B} p(b) + \overline{P}_E \sum_{B} p(b) - (\overline{P}_E + P_E)$$

$$= P_E + \overline{P}_E - (P_E + \overline{P}_E) = 0$$

这样就得到重要的 Fano 不等式

$$H(A|B) \leqslant H(P_E) + P_E \log(q-1) \qquad (2)$$

值得注意的是,我们在这里没有使用任何判决准则,虽然结果是和它有关的. 其次,上式中的等号发生在

$$\log_e x = x - 1$$

即 $x = 1$ 的时候. 由于我们在两个和式中都用了这一关系,所以这一等式对应于

$$P(a|b) = \frac{P_E}{q-1} \quad (\text{对全部 } b \text{ 和 } a \neq a^*)$$

及

$$P(a^*|b) = 1 - P_E \qquad (\text{对全部 } b)$$

但因为

$$\sum_{A} P(a|b) = 1 \qquad (\text{对全部 } b)$$

所以第二等式实际上包含在第一式中.

§8 Shannon 定理的逆定理

利用 §7 的 Fano 不等式(2),我们就可以来证明 Shannon 定理的逆定理. 这一定理表明当通信速率超

过信道容量时,差错概率不可能保持任意小. 这就是说,等可能的原始消息数 M 不能取

$$M = 2^{n(C+\varepsilon)} \qquad (\varepsilon > 0)$$

现在我们先假设用了这样大的 M 值,则对此字母表的 n 次扩展,其熵的差

$$H(A^n) - H(A^n \mid B^n)$$

必小于或等于 nC(这是以 n 个符号为一组度量的信道容量,所以是这一差的上界). 而 $p = \dfrac{1}{M}$,所以

$$H(A^n) = \sum \frac{1}{M} \log M = \log M = n(C+\varepsilon)$$

按上所述

$$H(A^n) - H(A^n \mid B^n) \leqslant nC$$

将 $H(A^n)$ 的值代入并重排以后

$$n(C+\varepsilon) - nC = n\varepsilon \leqslant H(A^n \mid B^n)$$

然后利用 §7 的 Fano 不等式(2)得

$$n\varepsilon \leqslant H(A^n \mid B^n) \leqslant H(P_E) + P_E \log (q-1)$$

其中 $H(P_E) \leqslant 1$,而 $q - 1 < q = M$,代入上式后得

$$n\varepsilon \leqslant 1 - P_E(nC + n\varepsilon)$$

或

$$\frac{n\varepsilon - 1}{nC + n\varepsilon} \leqslant P_E$$

所以最后有

$$P_E \geqslant \frac{n\varepsilon - 1}{n(C+\varepsilon)} \geqslant \frac{\varepsilon - \dfrac{1}{n}}{C + \varepsilon} \geqslant \frac{\varepsilon}{C}$$

这一结果与 n 无关. 当 $m \to \infty$ 时,P_E 也不会趋于零. 所

以当速率超过信道容量时,差错不可能趋于零.

　　我们举一个例子来说明. 假设我们想用两倍于信道容量的速率发送信号. 信号中每隔一个是真正通过信道的,它可以非常可靠. 对于漏发的一位接收端靠掷钱币来确定,因而有一半是对的. 这样,在两倍于信道容量的速率下大约有 $\dfrac{3}{4}$ 的消息是正确的,其余 $\dfrac{1}{4}$ 是错误的.

关于有限 Markov 链相对熵密度和随机条件熵的一类极限定理

第十章

河北工学院数学系的刘文教授和河北煤炭建工学院基础部的杨卫国教授引进有限非齐次 Markov 链随机条件熵的概念,研究这个概念与相对熵密度的关系,并通过数列的绝对平均收敛的概念给出有限非齐次 Markov 链的相对频率、相对熵密度和平均随机条件熵 a. e. 收敛于常数及有限非齐次 Markov 链熵率存在的条件.

设 $\{X_n, n \geqslant 0\}$ 是在 $S = \{1, 2, \cdots, m\}$ 中取值的随机变量序列,其联合分布为

$$P(X_0 = x_0, \cdots, X_n = x_n) = p(x_0, \cdots, x_n)$$
$$(x_i \in S, 0 \leqslant i \leqslant n)$$

令

$$f_n(\omega) = -\frac{1}{n+1} \log p(X_0, \cdots, X_n)$$

其中 log 是自然对数. $f_n(\omega)$ 称为 $\{X_n, n \geqslant 0\}$ 在时刻 n 的相对熵密度.

$\{f_n, n \geqslant 0\}$ 的极限性质是信息论中的一个重要问题. Shannon 首先证明了当 $\{X_n, n \geqslant 0\}$ 为有限齐次遍历 Markov 链时,$\{f_n\}$ 依概率收敛于常数. McMillan 和 Breiman 考虑了 $\{X_n, n \geqslant 0\}$ 为平稳遍历序列的情况. 在此基础上又有许多作者做了进一步的推广. 最近刘文研究了这个问题和极限定理的联系. 通过引进随机条件熵的概念,就 $\{X_n, n \geqslant 0\}$ 为有限非齐次 Markov 链的情况进一步研究这个问题. 并通过数列绝对平均收敛的概念给出 $\{X_n\}$ 的相对频率、相对熵密度和平均随机条件熵 a. e. 收敛于常数及 $\{X_n\}$ 的熵率存在的条件.

设 $\{X_n, n \geqslant 0\}$ 为一 Markov 链,其状态空间为 $S = \{1, 2, \cdots, m\}$,初始分布与转移概率分别为

$$(p(1), p(2), \cdots, p(m)) \quad (p(i) > 0) \quad (1)$$

$$P_n = (p_n(i,j)), p_n(i,j) > 0 \quad (i,j \in S, n \geqslant 1)$$

$$\tag{2}$$

其中

$$p_n(i,j) = P(X_n = j \mid X_{n-1} = i)$$

令

$$p(x_0, \cdots, x_n) = P(X_0 = x_0, \cdots, X_n = x_n)$$

$$= p(x_0) \prod_{k=1}^{n} p_k(x_{k-1}, x_k) \quad (3)$$

则 Markov 链 $\{X_n, n \geqslant 0\}$ 在时刻 $n(n \geqslant 1)$ 的相对熵密度为

$$f_n(\omega) = -\frac{1}{n+1} \log p(X_0, \cdots, X_n)$$

Shannon 信息熵定理

$$= -\frac{1}{n+1}\Big[\log p(X_0) + \sum_{k=1}^{n}\log p_k(X_{k-1},X_k)\Big]$$

$$(4)$$

以下设 $H(p_1,\cdots,p_m)$ 表示分布 $(p_1,\cdots,p_m)$ 的熵.

定义1 设 $\{X_n,n\geqslant0\}$ 是以 (1) 为初始分布; (2) 为转移矩阵列的 Markov 链,令

$$h_0(\omega) = -\log p(X_0) \qquad (5)$$

$$h_k(\omega) = H(p_k(X_{k-1},1),\cdots,p_k(X_{k-1},m))$$

$$= -\sum_{j=1}^{m} p_k(X_{k-1},j)\log p_k(X_{k-1},j) \quad (k\geqslant1)$$

$$(6)$$

$$H_n(\omega) = \frac{1}{n+1}\sum_{k=0}^{n} h_k(\omega)$$

$$= -\frac{1}{n+1}\big[\log p(X_0) +$$

$$\sum_{k=1}^{n}\sum_{j=1}^{m} p_k(X_{k-1},j)\log p_k(X_{k-1},j)\big] \quad (7)$$

$h_n(\omega)$ 与 $H_n(\omega)(n\geqslant1)$ 分别称为 Markov 链 $\{X_n\}$ 在时刻 n 的随机条件熵和平均随机条件熵.

引进定义在 S 上的 m 个函数

$$I_i(x) = \begin{cases}1,\text{当 } x = i \\ 0,\text{当 } x \neq i\end{cases} \quad (i = 1,2,\cdots,m) \quad (8)$$

易知 f_n 与 H_n 分别可表示为

$$f_n(\omega) = -\frac{1}{n+1}\big[\log p(X_0) +$$

$$\sum_{k=1}^{n} \sum_{i=1}^{m} \sum_{j=1}^{m} I_i(X_{k-1}) I_j(X_k) \log p_k(i,j) \Big] \qquad (9)$$

$$H_n(\omega) = -\frac{1}{n+1}\Big[\log p(X_0) +$$

$$\sum_{k=1}^{n} \sum_{i=1}^{m} \sum_{j=1}^{m} I_i(X_{k-1}) p_k(i,j) \log p_k(i,j) \Big] \quad (10)$$

定理1 设 $\{X_n, n \geq 0\}$ 是具有初始分布(1)和转移矩阵列(2)的 Markov 链, $f_n(\omega)$ 与 $H_n(\omega)$ 是分别由(4)与(7)定义的相对熵密度和平均随机条件熵,则有

$$\lim_{n \to \infty} [f_n(\omega) - H_n(\omega)] = 0 \qquad (11)$$

证 取 $([0,1), \mathscr{T}, P)$ 为所考虑的概率空间,其中 $\mathscr{T}$ 为区间 $[0,1)$ 中 Borel 可测集的全体, P 为 Lebesgue 测度. 首先我们给出以(1)为初始分布;(2)为转移矩阵列的 Markov 链在此空间中的一种实现.

将区间 $[0,1)$ 按(1)中各元素的比例分布 m 个左闭右开的区间

$$\delta_1 = [0, p(1))$$
$$\delta_2 = [p(1), p(1) + p(2))$$
$$\vdots$$
$$\delta_m = [1 - p(m), 1)$$

这些区间称为零阶区间. 易知

$$P(\delta_{x_0}) = p(x_0), x_0 = 1, 2, \cdots, m \qquad (12)$$

设 m^n 个 $n-1$ 阶区间 $\{\delta_{x_0 \cdots x_{n-1}}, x_i \in S, 0 \leq i \leq n-1\}$ 已经定义. 将 $\delta_{x_0 \cdots x_{n-1}}$ 按 P_n 中第 x_{n-1} 行各元素的比例分

成 m 个左闭右开区间

$$\delta_{x_0 \cdots x_{n-1} x_n} \quad (x_n = 1, 2, \cdots, m)$$

这样就得到 n 阶区间. 由 (12) 及归纳法知, 对任何 $n \geqslant 1$ 有

$$P(\delta_{x_0 \cdots x_n}) = p(x_0) \prod_{k=1}^{n} p_k(x_{k-1}, x_k) \qquad (13)$$

定义随机变量 $X_n : [0, 1) \to S$ 如下

$$X_n(\omega) = x_n \quad (\text{当 } \omega \in \delta_{x_0 \cdots x_n}) \qquad (14)$$

则由 (13) 及 (14) 知

$$
\begin{aligned}
p(x_0, \cdots, x_n) &= p(X_0 = x_0, \cdots, X_n = x_n) \\
&= P(\delta_{x_0 \cdots x_n}) \\
&= p(x_0) \prod_{k=1}^{n} p_k(x_{k-1}, x_k) \qquad (15)
\end{aligned}
$$

即 (3) 成立. 于是 $\{X_n, n \geqslant 0\}$ 就构成 $([0, 1), \mathscr{T}, P)$ 上的一 Markov 链, 其初始分布与转移矩阵列分别为 (1) 与 (2).

设各阶区间及区间 $[0, 1)$ 的全体为 $\mathscr{A}, \lambda$ 为非零常数, $\{a_n, n \geqslant 1\}$ 为一列非负实数, $i, j \in S$. 在 $\mathscr{A}$ 上定义集函数如下: 设 $\delta_{x_0 \cdots x_n}$ 是 n 阶区间, 当 $n \geqslant 1$ 时, 令

$$\mu(\delta_{x_0 \cdots x_n}) = \exp\left[\lambda \sum_{k=1}^{n} I_i(x_{k-1}) I_j(x_k) a_k \right] \cdot$$

$$\prod_{k=1}^{n} \left[\frac{1}{1 + (e^{\lambda a_k} - 1) p_k(i, j)} \right]^{I_i(x_{k-})} \cdot$$

$$p(x_0) \prod_{k=1}^{n} p_k(x_{k-1}, x_k) \qquad (16)$$

又令

$$\mu(\delta_{x_0}) = \sum_{x_1=1}^{m} \mu(\delta_{x_0 x_1}) \qquad (17)$$

$$\mu([0,1)) = \sum_{x_0=1}^{m} \mu(\delta_{x_0}) \qquad (18)$$

由(16)知当 $n \geqslant 2$ 时有

$$\sum_{x_n=1}^{m} \mu(\delta_{x_0 \cdots x_n})$$

$$= \mu(\delta_{x_0 \cdots x_{n-1}}) \sum_{x_n=1}^{m} \exp[\lambda I_i(x_{n-1}) I_j(x_n) a_n] \cdot$$

$$\left[\frac{1}{1 + (\mathrm{e}^{\lambda a_n} - 1) p_n(i,j)}\right]^{I_i(x_{n-1})} p_n(x_{n-1}, x_n)$$

$$= \frac{\mu(\delta_{x_0 \cdots x_{n-1}})}{[1 + (\mathrm{e}^{\lambda a_n} - 1) p_n(i,j)]^{I_i(x_{n-1})}} \cdot$$

$$\left[\exp(\lambda I_i(x_{n-1}) a_n) p_n(x_{n-1}, j) + \sum_{x_n \neq j} p_n(x_{n-1}, x_n)\right]$$

$$= \mu(\delta_{x_0 \cdots x_{n-1}}) \frac{p_n(x_{n-1}, j)[\exp(\lambda I_i(x_{n-1}) a_n) - 1] + 1}{[1 + (\mathrm{e}^{\lambda a_n} - 1) p_n(i,j)]^{I_i(x_{n-1})}}$$

$$= \mu(\delta_{x_0 \cdots x_{n-1}}) (分别考虑 I_i(x_{n-1}) = 0 和 1 两种情况即得)$$

$$\qquad (19)$$

由(17) ~ (19)知 μ 是 $\mathscr{A}$ 上的可加集函数. 由此知存在 $[0,1)$ 上的增函数 f_λ 使得对任何 $\delta_{x_0 \cdots x_n}$ 有

$$\mu(\delta_{x_0 \cdots x_n}) = f_\lambda(\delta_{x_0 \cdots x_n}^+) - f_\lambda(\delta_{x_0 \cdots x_n}^-) \qquad (20)$$

其中 $\delta_{x_0 \cdots x_n}^-$ 与 $\delta_{x_0 \cdots x_n}^+$ 分别表示 $\delta_{x_0 \cdots x_n}$ 的左、右端点. 令

$$t_n(\lambda, \omega) = \frac{\mu(\delta_{x_0 \cdots x_n})}{P(\delta_{x_0 \cdots x_n})} = \frac{\mu(\delta_{x_0 \cdots x_n})}{P(x_0, \cdots, x_n)} \quad (\omega \in \delta_{x_0 \cdots x_n})$$

$$\qquad (21)$$

记 f_λ 的可微点的全体为 $A_{ij}(\lambda)$,由单调函数导数存在

定理知 $P(A_{ij}(\lambda)) = 1$. 设 $\omega \in A_{ij}(\lambda)$, 且 $\omega \in \delta_{x_0 \cdots x_n}$ ($n = 0,1,2,\cdots$). 若

$$\lim_{n \to \infty} P(\delta_{x_0 \cdots x_n}) = \delta > 0$$

则

$$\lim_{n \to \infty} t_n(\lambda, \omega) = \lim_{n \to \infty} \frac{\mu(\delta_{x_0 \cdots x_n})}{\delta} < +\infty \qquad (22)$$

若 $\lim\limits_{n \to \infty} P(\delta_{x_0 \cdots x_n}) = 0$, 则根据导数的一个性质, 由 (20) 与 (21) 有

$$\lim_{n \to \infty} t_n(\lambda, \omega) = f'_\lambda(\omega) < +\infty \qquad (23)$$

由 (22) 与 (23) 有

$$\limsup_{n \to \infty} \frac{1}{n} \log t_n(\lambda, \omega) \leqslant 0 \qquad (\omega \in A_{ij}(\lambda)) \quad (24)$$

对于任意的 $\omega \in [0,1)$, 设 $\omega \in \delta_{x_0 \cdots x_n}$, 则 $X_n(\omega) = x_n$ ($n \geqslant 0$), 于是由 (21)(16) 与 (4) 有

$$\frac{1}{n} \log t_n(\lambda, \omega)$$

$$= \frac{1}{n}[\log \mu(\delta_{X_0 \cdots X_n}) - \log p(X_0, \cdots, X_n)]$$

$$= \frac{\lambda}{n} \sum_{k=1}^n I_i(X_{k-1}) I_j(X_k) a_k - \frac{1}{n} \sum_{k=1}^n I_i(X_{k-1}) \cdot$$

$$\log[1 + (e^{\lambda a_k} - 1) p_k(i,j)] \qquad (\omega \in [0,1))$$

$$(25)$$

简记 $p_k(i,j)$ 为 p_k. 由 (24) 与 (25) 有

$$\limsup_{n \to \infty} \left\{ \frac{\lambda}{n} \sum_{k=1}^n I_i(X_{k-1}) I_j(X_k) a_k - \right.$$

$$\left. \frac{1}{n} \sum_{k=1}^n I_i(X_{k-1}) \log[1 + (e^{\lambda a_k} - 1) p_k] \right\} \leqslant 0$$

$$(\omega \in A_{ij}(\lambda)) \qquad (26)$$

取 $\lambda > 0$,将(26) 两边同除以 λ 得

$$\limsup_{n \to \infty} \left\{ \frac{1}{n} \sum_{k=1}^{n} I_i(X_{k-1}) I_j(X_k) a_k - \frac{1}{n} \sum_{k=1}^{n} \frac{I_i(X_{k-1}) \log[1 + (e^{\lambda a_k} - 1) p_k]}{\lambda} \right\} \le 0$$

$$(\omega \in A_{ij}(\lambda)) \qquad (27)$$

由(27) 及上极限的性质

$$\limsup_{n \to \infty} (a_n - b_n) \le 0$$

$$\Rightarrow \limsup_{n \to \infty} (a_n - c_n) \le \limsup_{n \to \infty} (b_n - c_n) \qquad (28)$$

及不等式

$$\log(1 + x) \le x$$

与

$$e^x - 1 \le x e^x \quad (x > 0)$$

有

$$\limsup_{n \to \infty} \left[\frac{1}{n} \sum_{k=1}^{n} I_i(X_{k-1}) I_j(X_k) a_k - \frac{1}{n} \sum_{k=1}^{n} I_i(X_{k-1}) a_k p_k \right]$$

$$\le \limsup_{n \to \infty} \frac{1}{n} \sum_{k=1}^{n} I_i(X_{k-1}) \left\{ \frac{\log[1 + (e^{\lambda a_k} - 1) p_k]}{\lambda} - a_k p_k \right\}$$

$$\le \limsup_{n \to \infty} \frac{1}{n} \sum_{k=1}^{n} I_i(X_{k-1}) a_k \left(\frac{e^{\lambda a_k} - 1}{\lambda a_k} - 1 \right) p_k$$

$$\le \limsup_{n \to \infty} \frac{1}{n} \sum_{k=1}^{n} I_i(X_{k-1}) a_k (e^{\lambda a_k} - 1) p_k$$

$$(\omega \in A_{ij}(\lambda)) \qquad (29)$$

在(29) 中令 $a_k = -\log p_k$ 得

$$\limsup_{n \to \infty} \left[\frac{1}{n} \sum_{k=1}^{n} I_i(X_{k-1}) I_j(X_k)(-\log p_k) - \right.$$

$$\frac{1}{n}\sum_{k=1}^{n}I_i(X_{k-1})(-\log p_k)p_k\Big]$$

$$\leq \limsup_{n\to\infty}\frac{1}{n}\sum_{k=1}^{n}I_i(X_{k-1})(-\log p_k)\Big(\frac{1}{p_k^{\lambda}}-1\Big)p_k$$

$$(\omega \in A_{ij}(\lambda)) \tag{30}$$

取 $0 < \lambda_l < \dfrac{1}{2}(l = 1,2,\cdots)$ 使 $\lambda_l \to 0(l\to\infty)$. 令

$$A_{ij}^{*} = \bigcap_{l=1}^{\infty}A_{ij}(\lambda_l)$$

则

$$P(A_{ij}^{*}) = 1$$

且由(30)对一切 l 有

$$\limsup_{n\to\infty}\Big[\frac{1}{n}\sum_{k=1}^{n}I_i(X_{k-1})I_j(X_k)(-\log p_k) -$$

$$\frac{1}{n}\sum_{k=1}^{n}I_i(X_{k-1})(-\log p_k)p_k\Big]$$

$$\leq \limsup_{n\to\infty}\frac{1}{n}\sum_{k=1}^{n}I_i(X_{k-1})(-\log p_k)\Big(\frac{1}{p_k^{\lambda_l}}-1\Big)p_k$$

$$(\omega \in A_{ij}^{*}) \tag{31}$$

由于 $0 < \lambda_l < \dfrac{1}{2}$,故

$$(-\log p_k)\Big(\frac{1}{p_k^{\lambda_l}}-1\Big)p_k \leq (-\log p_k)\Big(\frac{1}{p_k^{\frac{1}{2}}}-1\Big)p_k$$

$$= (-\log p_k)(p_k^{\frac{1}{2}}-p_k) \tag{32}$$

考虑函数

$$\alpha(x) = (-\log x)(x^{\frac{1}{2}}-x) \quad (0 < x < 1) \tag{33}$$

由于

268

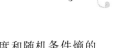

$$\lim_{x \to 0} \alpha(x) = 0$$

故对任给的 $\varepsilon > 0$，存在 $\delta > 0$，使当 $0 < x < \delta$ 时有

$$0 < \alpha(x) < \varepsilon \qquad (34)$$

设 $\sum_k{}'$ 与 $\sum_k{}''$ 分别表示对指标 k 分别满足条件 $p_k < \delta$
和条件 $p_k \geqslant \delta$ 的所有项求和，则由 $(32) \sim (34)$ 有

$$\frac{1}{n} \sum_k {}' I_i(X_{k-1})(-\log p_k)\left(\frac{1}{p_k^{\lambda_l}} - 1\right)p_k \leqslant \varepsilon \qquad (35)$$

$$\frac{1}{n} \sum_k I_i(X_{k-1})(-\log p_k)\left(\frac{1}{p_k^{\lambda_l}} - 1\right)$$

$$\leqslant \frac{1}{n} \sum_k {}'' I_i(X_{k-1})(-\log \delta)\left(\frac{1}{\delta^{\lambda_l}} - 1\right)$$

$$\leqslant \left(1 - \frac{1}{\delta^{\lambda_l}}\right)\log \delta \qquad (36)$$

由 $(31)(35)$ 与 (36) 有

$$\limsup_{n \to \infty}\left[\frac{1}{n} \sum_{k=1}^n I_i(X_{k-1})I_j(X_k)(-\log p_k) - \right.$$

$$\left. \frac{1}{n} \sum_{k=1}^n I_i(X_{k-1})(-\log p_k)p_k\right]$$

$$\leqslant \varepsilon + \left(1 - \frac{1}{\delta^{\lambda_l}}\right)\log \delta \quad (\omega \in A_{ij}^*) \qquad (37)$$

由于 $\dfrac{1}{\delta^{\lambda_l}} \to 1(l \to \infty)$，而 ε 可任意小，故由 (37) 有

$$\limsup_{n \to \infty}\left[\frac{1}{n} \sum_{k=1}^n I_i(X_{k-1})p_k\log p_k - \right.$$

$$\left. \frac{1}{n} \sum_{k=1}^n I_i(X_{k-1})I_j(X_k)\log p_k\right] \leqslant 0 \quad (\omega \in A_{ij}^*) \quad (38)$$

取 $\lambda < 0$，将 (26) 两边同除 λ 得

Shannon 信息熵定理

$$\liminf_{n \to \infty} \left\{ \frac{1}{n} \sum_{k=1}^{n} I_i(X_{k-1}) I_j(X_k) a_k - \frac{1}{n} \sum_{k=1}^{n} \frac{I_i(X_{k-1}) \log[1 + (e^{\lambda a_k} - 1) p_k]}{\lambda} \right\} \geqslant 0 \quad (\omega \in A_{ij})$$

$$(39)$$

由(39)及下极限的性质

$$\liminf_{n \to \infty} (a_n - b_n) \geqslant 0$$

$$\Rightarrow \liminf_{n \to \infty} (a_n - c_n) \geqslant \liminf_{n \to \infty} (b_n - c_n) \quad (40)$$

及不等式

$$\log(1 + x) \leqslant x$$

与

$$e^x - 1 \leqslant x e^x \quad (-1 < x < 0)$$

有

$$\liminf_{n \to \infty} \left[\frac{1}{n} \sum_{k=1}^{n} I_i(X_{k-1}) I_j(X_k) a_k - \frac{1}{n} \sum_{k=1}^{n} I_i(X_{k-1}) a_k p_k \right]$$

$$\geqslant \liminf_{n \to \infty} \frac{1}{n} \sum_{k=1}^{n} I_i(X_{k-1}) \cdot \left\{ \frac{\log[1 + (e^{\lambda a_k} - 1) p_k]}{\lambda} - a_k p_k \right\}$$

$$\geqslant \liminf_{n \to \infty} \frac{1}{n} \sum_{k=1}^{n} I_i(X_{k-1}) a_k \left(\frac{e^{\lambda a_k} - 1}{\lambda a_k} - 1 \right) p_k$$

$$\geqslant \liminf_{n \to \infty} \frac{1}{n} \sum_{k=1}^{n} I_i(X_{k-1}) a_k (e^{\lambda a_k} - 1) p_k \quad (\omega \in A_{ij}(\lambda))$$

$$(41)$$

在式(41)中令 $a_k = -\log p_k$ 得

270

$$\liminf_{n \to \infty} \Big[\frac{1}{n} \sum_{k=1}^{n} I_i(X_{k-1} I_j(X_k)(-\log p_k) -$$

$$\frac{1}{n} \sum_{k=1}^{n} I_i(X_{k-1})(-\log p_k) p_k \Big]$$

$$\geqslant \liminf_{n \to \infty} \frac{1}{n} \sum_{k=1}^{n} I_i(X_{k-1})(-\log p_k) \Big(\frac{1}{p_k^\lambda} - 1 \Big) p_k$$

$$(\omega \in A_{ij}(\lambda)) \qquad (42)$$

取 $-\dfrac{1}{2} < \tau_l < 0 (l = 1, 2, \cdots)$ 使 $\tau_l \to 0 (l \to \infty)$. 令

$$A_{ij}^{**} = \bigcap_{l=1}^{\infty} A_{ij}(\tau_l)$$

则 $P(A_{ij}^{**}) = 1.$ 仿照 $(31) \sim (38)$ 由 (42) 可证

$$\liminf_{n \to \infty} \Big[\frac{1}{n} \sum_{k=1}^{n} I_i(X_{k-1}) p_k \log p_k -$$

$$\frac{1}{n} \sum_{k=1}^{n} I_i(X_{k-1}) I_j(X_k) \log p_k \Big] \geqslant 0 \quad (\omega \in A_{ij}^{**}) \ (43)$$

令

$$A_{ij} = A_{ij}^* \cap A_{ij}^{**}$$

由 (38) 与 (43) (注意其中 $p_k = p_k(i,j)$) 得

$$\lim_{n \to \infty} \Big[\frac{1}{n} \sum_{k=1}^{n} I_i(X_{k-1}) p_k(i,j) \log p_k(i,j) -$$

$$\frac{1}{n} \sum_{k=1}^{n} I_i(X_{k-1}) I_j(X_k) \log p_k(i,j) \Big] - 0 \quad (\omega \in A_{ij})$$

$$(44)$$

令 $A = \bigcap_{i,j=1}^{m} A_{ij}.$ 由 (44) 得

$$\lim_{n \to \infty} \frac{1}{n} \sum_{k=1}^{n} \sum_{i=1}^{m} \sum_{j=1}^{m} \big[I_i(X_{k-1}) p_k(i,j) \log p_k(i,j) -$$

$$I_i(X_{k-1})I_j(X_k)\log p_k(i,j)\,]$$

$$= \sum_{i=1}^m \sum_{j=1}^m \lim_{n\to\infty} \frac{1}{n} \sum_{k=1}^n [\,I_i(X_{k-1})p_k(i,j)\log p_k(i,j) -$$

$$I_i(X_{k-1})I_j(X_k)\log p_k(i,j)\,]$$

$$= 0 \quad (\omega \in A) \tag{45}$$

由(45)(9)与(10)即得

$$\lim_{n\to\infty}[f_n(\omega) - H_n(\omega)] = 0 \quad (\omega \in A) \tag{46}$$

由于 $P(A) = 1$,故由(46)知(11)成立. 证毕.

定义2 设 $\{a_k, k \geqslant 1\}$ 为一数列, a 为常数. 如果

$$\lim_{n\to\infty} \frac{1}{n} \sum_{k=1}^n |a_k - a| = 0$$

则称 $\{a_k\}$ 绝对平均收敛于 a.

定理2 设 $\{X_n, n \geqslant 0\}$ 是一 Markov 链,其初始分布与转移矩阵列分别为(1)与(2), $H(X_n \mid X_{n-1} = i)$ 是在 $\{X_{n-1} = i\}$ 的条件下 X_n 的条件熵,设 $i \in S, S_n(i, \omega)$ 是 $X_0(\omega), \cdots, X_{n-1}(\omega)$ 中出现 i 的次数,即

$$S_n(i,\omega) = \sum_{k=1}^n I_i(X_{k-1}(\omega)) \tag{47}$$

又设

$$\boldsymbol{P} = (p_{ij}) \quad (i,j \in S) \tag{48}$$

是一遍历转移矩阵, $(p_1, \cdots, p_m)$ 是 $\boldsymbol{P}$ 所确定的平稳分布. 如果:

(i)

$$\lim_{n\to\infty} \frac{1}{n} S_n(i,\omega) = p_i \quad (\forall i \in S) \tag{49}$$

(ii) $\forall i \in S$,条件熵序列 $\{H(X_k \mid X_{k-1} = i\}$ 绝对平均收敛于 $H(p_{i1}, \cdots, p_{im})$,即

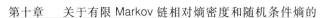

$$\lim_{n \to \infty} \frac{1}{n} \sum_{k=1}^{n} \mid H(X_k \mid X_{k-1} = i) - H(p_{i1}, \cdots, p_{im}) \mid = 0$$

$$(\forall i \in S) \qquad (50)$$

则

$$\lim_{n \to \infty} H_n(\omega) = - \sum_{i=1}^{m} \sum_{j=1}^{m} p_i p_{ij} \log p_{ij} \qquad (51)$$

证　设使(49)成立的 ω 的全体为 A,则 $P(A) = 1$,且

$$\lim_{n \to \infty} \frac{1}{n} S_n(i, \omega) = p_i \quad (\omega \in A, \forall i \in S) \quad (52)$$

由(6)与(10)有

$$\left| \frac{1}{n} \sum_{k=1}^{n} h_k(\omega) - \left(- \sum_{i=1}^{m} \sum_{j=1}^{m} p_i p_{ij} \log p_{ij} \right) \right|$$

$$= \left| \frac{1}{n} \sum_{k=1}^{n} \sum_{i=1}^{m} I_i(X_{k-1}) H(X_k \mid X_{k-1} = i) - \right.$$

$$\left. \left(- \sum_{i=1}^{m} \sum_{j=1}^{m} p_i p_{ij} \log p_{ij} \right) \right|$$

$$\leqslant \left| \frac{1}{n} \sum_{k=1}^{n} \sum_{i=1}^{m} I_i(X_{k-1}) H(X_k \mid X_{k-1} = i) - \right.$$

$$\left. \frac{1}{n} \sum_{k=1}^{n} \sum_{i=1}^{m} I_i(X_{k-1}) \left(- \sum_{j=1}^{m} p_{ij} \log p_{ij} \right) \right| +$$

$$\left| \frac{1}{n} \sum_{k=1}^{n} \sum_{i=1}^{m} I_i(X_{k-1}) \left(- \sum_{j=1}^{m} p_{ij} \log p_{ij} \right) - \right.$$

$$\left. \left(- \sum_{i=1}^{m} \sum_{j=1}^{m} p_i p_{ij} \log p_{ij} \right) \right|$$

$$\leqslant \frac{1}{n} \sum_{k=1}^{n} \sum_{i=1}^{m} I_i(X_{k-1}) \left| H(X_k \mid X_{k-1} = i) - \left(-\sum_{j=1}^{m} p_{ij} \log p_{ij} \right) \right| +$$

$$\sum_{i=1}^{m} \left[\left| \frac{1}{n} \sum_{k=1}^{n} I_i(X_{k-1}) - p_i \right| \left(-\sum_{j=1}^{m} p_{ij} \log p_{ij} \right) \right]$$

$$\leqslant \frac{1}{n} \sum_{i=1}^{m} \sum_{k=1}^{n} \mid H(X_k \mid X_{k-1} = i) - H(p_{i1}, \cdots, p_{im}) \mid +$$

$$\sum_{i=1}^{m} \left| \frac{1}{n} S_n(i, \omega) - p_i \right| H(p_{i1}, \cdots, p_{im}) \tag{53}$$

由（52）有

$$\lim_{n \to \infty} \sum_{i=1}^{m} \left| \frac{1}{n} S_n(i, \omega) - p_i \right| H(p_{i1}, \cdots, p_{im}) = 0 \quad (\omega \in A)$$
$$\tag{54}$$

由假设（ⅱ）有

$$\lim_{n \to \infty} \frac{1}{n} \sum_{i=1}^{m} \sum_{k=1}^{n} \mid H(X_k \mid X_{k-1} = i) - H(p_{i1}, \cdots, p_{im}) \mid = 0$$
$$\tag{55}$$

由（53）~（55）有

$$\lim_{n \to \infty} \frac{1}{n} \sum_{k=1}^{n} h_k(\omega) = -\sum_{i=1}^{m} \sum_{j=1}^{m} p_i p_{ij} \log p_{ij} \quad (\omega \in A)$$
$$\tag{56}$$

注意到 $h_0(\omega)$ 仅取有限个值，由（56）与（7）即得

$$\lim_{n \to \infty} H_n(\omega) = -\sum_{i=1}^{m} \sum_{j=1}^{m} p_i p_{ij} \log p_{ij} \quad (\omega \in A)$$
$$\tag{57}$$

由于 $P(A) = 1$，故由（57）知（51）成立. 证毕.

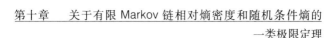

设 $H(X_0,\cdots,X_n)$ 表示随机向量 $(X_0,\cdots,X_n)$ 的熵. 如果极限 $\lim\limits_{n\to\infty}\dfrac{1}{n+1}H(X_0,\cdots,X_n)$ 存在,则称此极限为随机变量序列 $\{X_n,n\geqslant 0\}$ 的熵率,记为 $H(\{X_n\})$.

下面的定理给出非齐次 Markov 链熵率存在的条件.

定理 3　在定理 2 的条件下 Markov 链 $\{X_n,n\geqslant 0\}$ 的熵率存在,且

$$H(\{X_n\})=\lim_{n\to\infty}E(H_n)=-\sum_{i=1}^{m}\sum_{j=1}^{m}p_i p_{ij}\log p_{ij}$$

$$(58)$$

其中 E 表示数学期望.

证　设 $h_k(\omega)$ 由 (5) 与 (6) 定义. 易知

$$E(h_0)=-\sum_{x_0=1}^{m}p(x_0)\log p(x_0)=H(X_0)\quad(59)$$

当 $k\geqslant 1$ 时有

$$H(X_k\mid X_0,\cdots,X_{k-1})$$

$$=-\sum_{x_0,\cdots,x_k}p(x_0,\cdots,x_{k-1})p_k(x_{k-1},x_k)\log p_k(x_{k-1},x_k)$$

$$=-\sum_{x_{k-1}}P(X_{k-1}=x_{k-1})\sum_{x_k}p_k(x_{k-1},x_k)\log p_k(x_{k-1},x_k)$$

$$=E(h_k)\qquad(60)$$

由 (59) 与 (60) 有

$$H(X_0,\cdots,X_n)=H(X_0)+\sum_{k=1}^{n}H(X_k\mid X_0,\cdots,X_{k-1})$$

$$=\sum_{k=0}^{n}E(h_k)\qquad(61)$$

即

$$E(H_n) = \frac{1}{n+1} H(X_0, \cdots, X_n) \qquad (62)$$

由于

$$0 \leqslant -x \log x \leqslant e^{-1}, 0 \leqslant x \leqslant 1$$

故由(7)有

$$0 < H_n(\omega) \leqslant |\log p(X_0)| + me^{-1}$$
$$(n = 0, 1, 2, \cdots) \qquad (63)$$

根据控制收敛定理,由(51)及(63)有

$$\lim_{n \to \infty} E(H_n) = -\sum_{i=1}^{m} \sum_{j=1}^{m} p_i p_{ij} \log p_{ij} \qquad (64)$$

由(64)及(62)即得(58).证毕.

定理4 在定理2的条件下,Markov 链$\{X_n, n \geqslant 0\}$的相对熵密度f_n几乎处处收敛于熵率$H(\{X_n\})$,即

$$\lim_{n \to \infty} f_n(\omega) = -\sum_{i=1}^{m} \sum_{j=1}^{m} p_i p_{ij} \log p_{ij} \qquad (65)$$

证 由(11)及(51)即得.

引理1 设$\{X_n, n \geqslant 0\}$是由(14)定义的以(1)为初始分布、(2)为转移矩阵列的 Markov 链. 又

$$\boldsymbol{P} = (p_{ij}) \quad (i, j \in S) \qquad (66)$$

是一遍历转移矩阵,$\{p_1, \cdots, p_m\}$是$\boldsymbol{P}$确定的平稳分布. 设$j \in S, S_n(j, \omega)$是$X_0(\omega), \cdots, X_{n-1}(\omega)$中出现$j$的次数. 即

$$S_n(j, \omega) = \sum_{k=1}^{n} I_j(X_{k-1}(\omega)) \qquad (67)$$

如果$\{p_k(i, j), k \geqslant 1\}$绝对平均收敛于$p_{ij}$,即

$$\lim_{n \to \infty} \frac{1}{n} \sum_{k=1}^{n} |p_k(i, j) - p_{ij}| = 0 \quad (\forall i, j \in S)$$

$$(68)$$

则

$$\lim_{n \to \infty} \frac{1}{n} S_n(j, \omega) = p_j \qquad (69)$$

引理 2 设 $\{a_k, k \geq 1\}$ 是一有界非负数列，M 为其一个上界，δ 为正数，$N_n(\delta)$ 表示此数列前 n 项大于 δ 的项的个数，则

$$\lim_{n \to \infty} \frac{1}{n} \sum_{k=1}^{n} a_k = 0 \qquad (70)$$

成立的充要条件是

$$\lim_{n \to \infty} \frac{1}{n} N_n(\delta) = 0 \quad (\forall \delta > 0) \qquad (71)$$

证 充分性. 对于任给 $\delta > 0$ 有

$$\frac{1}{n} \sum_{k=1}^{n} a_k = \frac{1}{n} \sum_{\substack{a_k \leq \delta \\ k \leq n}} a_k + \frac{1}{n} \sum_{\substack{a_k > \delta \\ k \leq n}} a_k \leq \delta + \frac{M}{n} N_n(\delta)$$

$$(72)$$

由 (71) 与 (72) 得

$$\limsup_{n \to \infty} \frac{1}{n} \sum_{k=1}^{n} a_k \leq \delta \qquad (73)$$

由 (73) 及 δ 的任意性即得 (70).

必要性. 对任给 $\delta > 0$ 有

$$\frac{1}{n} \sum_{k=1}^{n} a_k \geq \frac{1}{n} \sum_{\substack{a_k > \delta \\ k \leq n}} a_k \geq \frac{1}{n} \delta N_n(\delta) \qquad (74)$$

由 (70) 与 (74) 即得 (71).

引理 3 设 $\psi(x)$ 是定义在区间 Δ 上的有界函数，且 ψ 在 $x = a$ 处连续，$\{a_k, k \geq 1\}$ 是 Δ 中的数列. 若 $\{a_k\}$ 绝对平均收敛于 a，即

277

Shannon 信息熵定理

$$\lim_{n \to \infty} \frac{1}{n} \sum_{k=1}^{n} \mid a_k - a \mid = 0 \qquad (75)$$

则 $\{\psi(a_k), k \geq 1\}$ 绝对平均收敛于 $\psi(a)$，即

$$\lim_{n \to \infty} \frac{1}{n} \sum_{k=1}^{n} \mid \psi(a_k) - \psi(a) \mid = 0 \qquad (76)$$

证　由连续性假设知，对于任给 $\varepsilon > 0$，存在 $\delta > 0$，使当 $\mid x - a \mid \leq \delta$ 时有

$$\mid \psi(x) - \psi(a) \mid \leq \varepsilon \qquad (77)$$

设 $N_n(\delta)$ 是数列 $\{\mid a_k - a \mid, k \geq 1\}$ 的前 n 项中大于 δ 的项的个数，$M_n(\varepsilon)$ 是数列 $\{\mid \psi(a_k) - \psi(a) \mid, k \geq 1\}$ 的前 n 项中大于 ε 的项的个数. 由(77) 有

$$M_n(\varepsilon) \leq N_n(\delta) \qquad (78)$$

根据引理 2 的必要性部分由(75) 与(78) 知，对任何 $\varepsilon > 0$ 有

$$\lim_{n \to \infty} \frac{1}{n} M_n(\varepsilon) = 0 \qquad (79)$$

由于 $\{\mid \psi(a_k) - \psi(a) \mid, k \geq 1\}$ 有界，故由(79) 及引理 2 的充分性部分知(77) 成立.

引理 4　设 $\{X_n, n \geq 0\}$ 是一 Markov 链，其初始分布与转移矩阵列分别为(1) 与(2). $H(X_n \mid X_{n-1} = i)$ 是在 $\{X_{n-1} = i\}$ 的条件下 X_n 的条件熵. 又设

$$\boldsymbol{P} = (p_{ij}) \quad (i, j \in S) \qquad (80)$$

是另一转移矩阵. 若

$$\lim_{n \to \infty} \frac{1}{n} \sum_{k=1}^{n} \mid p_k(i, j) - p_{ij} \mid = 0 \quad (\forall j \in S) \quad (81)$$

则

$$\lim_{n \to \infty} \frac{1}{n} \sum_{k=1}^{n} \mid H(X_k \mid X_{k-1} = i) - H(p_{i1}, \cdots, p_{im}) \mid = 0$$

$$(82)$$

证　将引理 3 应用于函数 $\psi(x) = x\log x$（约定 $\psi(0) = 0$），由(81) 有

$$\lim_{n \to \infty} \frac{1}{n} \sum_{k=1}^{n} \mid p_k(i,j)\log p_k(i,j) - p_{ij}\log p_{ij} \mid = 0$$

$$(\forall j \in S) \qquad (83)$$

又有

$$\sum_{k=1}^{n} \mid H(X_k \mid X_{k-1} = i) - H(p_{i1}, \cdots, p_{im}) \mid$$

$$\leqslant \sum_{k=1}^{n} \sum_{j=1}^{m} \mid p_k(i,j)\log p_k(i,j) - p_{ij}\log p_{ij} \mid \qquad (84)$$

由(83) 及(84) 即得(82).

定理 5　设 $\{X_n, n \geqslant 0\}$ 为一 Markov 链, 其初始分布与转移矩阵列分别为(1) 与(2), H_n 是由(7) 定义的平均随机条件熵. 又设(80) 中的转移矩阵 $\boldsymbol{P}$ 是遍历的. 如果 $\{p_k(i,j), k \geqslant 1\}$ 绝对平均收敛于 p_{ij}, 即

$$\lim_{n \to \infty} \frac{1}{n} \sum_{k=1}^{n} \mid p_k(i,j) - p_{ij} \mid = 0 \quad (\forall i,j \in S)$$

$$(85)$$

则

$$\lim_{n \to \infty} H_n(\omega) = - \sum_{i=1}^{m} \sum_{j=1}^{m} p_i p_{ij}\log p_{ij} \qquad (86)$$

其中 $(p_1, \cdots, p_m)$ 是 $\boldsymbol{P}$ 所确定的平稳分布.

证　由引理 1, 引理 4 及定理 2 即得.

例　设

279

Shannon 信息熵定理

$$P = (p_{ij}), Q_l = (q_l(i,j))$$
$$(l = 1, 2, \cdots; i, j \in S)$$

均为随机矩阵. $1 \leqslant m_1 < m_2 < \cdots < m_l < \cdots$ 是递增的正整数列,且满足条件

$$\lim_{l \to \infty} \frac{l}{m_l} = 0 \qquad (87)$$

当 $n \neq m_l (l = 1, 2, \cdots)$ 时,令

$$p_n(i,j) = p_{ij} \quad (i,j \in S) \qquad (88)$$

当 $n = m_l (l = 1, 2, \cdots)$ 时,令

$$p_n(i,j) = q_l(i,j) \quad (i,j \in S) \qquad (89)$$

则式(85)成立.

证 设 $m_l \leqslant n < m_{l+1}$,则由(88)与(89)有

$$\frac{1}{n} \sum_{k=1}^{n} | p_n(i,j) - p_{ij} | \leqslant \frac{2l}{n} \leqslant 2 \frac{l}{m_l} \qquad (90)$$

由(90)与(87)即得(85).

注 设 $\{X_n, n \geqslant 0\}$ 是一 Markov 链,其转移矩阵由(88)与(89)定义,则式(50)成立.

证 由于此时(85)成立,故由引理 4 即得(50).

定理 6 在定理 5 的条件下,Markov 链 $\{X_n, n \geqslant 0\}$ 的熵率存在,且

$$H(\{X_n\}) = \lim_{n \to \infty} E(H_n) = - \sum_{i=1}^{m} \sum_{j=1}^{m} p_i p_{ij} \log p_{ij} \qquad (91)$$

其中 E 表示数学期望.

证 由引理 1,引理 4 及定理 3 即得.

定理 7 在定理 5 的条件下,Markov 链 $\{X_n, n \geqslant$

280

0 的相对熵密度 f_n 几乎处处收敛于熵率 $H(\{X_n\})$，即

$$\lim_{n\to\infty} f_n(\omega) = -\sum_{i=1}^{m}\sum_{j=1}^{m} p_i p_{ij} \log p_{ij} \qquad (92)$$

证　由引理 1，引理 4 及定理 4 即得.

推论 1　设 $\{X_n, n \geq 0\}$ 是一 Markov 链，其初始分布与转移矩阵列分别为（1）与（2）. 又设（80）中的转移矩阵 P 是遍历的，$\{p_1, \cdots, p_m\}$ 是 P 所确定的平稳分布. 若

$$\lim_{n\to\infty} p_n(i,j) = p_{ij} \quad (\forall i,j \in S) \qquad (93)$$

则

$$\lim_{n\to\infty} f_n(\omega) = \lim_{n\to\infty} H_n(\omega) = -\sum_{i=1}^{m}\sum_{j=1}^{m} p_i p_{ij} \log p_{ij}$$

$$(94)$$

证　这是因为（93）可以推出（85）.

推论 2　设 $\{X_n, n \geq 0\}$ 为一齐次 Markov 链，其初始分布为（1），转移矩阵为

$$P = (p_{ij}) \quad (p_{ij} > 0, i,j \in S)$$

$(p_1, \cdots, p_m)$ 是 P 所确定的平稳分布，则（94）成立.

注　虽然本章的讨论是在特殊的概率空间中进行的，但这并不影响所得结果对概率空间具有一般性. 这是因为随机变量序列的任何概率性质都可以通过其有限维联合分布族来表达.

任意信源随机和的一类随机 Shannon-McMillan 定理

第十一章

江苏科技大学数理学院的王康康和江苏大学京江学院的马越两位教授 2008 年采用构造相容分布与非负上鞅的方法研究任意信源随机和相对熵密度的强极限定理,并由此得出若干任意信源,m 阶 Markov 信源,无记忆信源的随机 Shannon-McMillan 定理. 将已有的关于离散信源的结果加以推广.

1. 引言

设 (Ω, F, P) 为一概率空间,$\{X_n, n \geq 0\}$ 是定义在该概率空间上并于字母集 $S = \{s_1, s_2, \cdots\}$ 上取值的任意信源,其联合分布为

$$P(X_0 = x_0, \cdots, X_n = x_n) = p(x_0, \cdots, x_n) > 0$$
$$(x_i \in S, 0 \leq i \leq n) \tag{1}$$

令

$$f_n(\omega) = -\frac{1}{n+1} \log p(X_0, \cdots, X_n) \tag{2}$$

其中 log 为自然对数,$f_n(\omega)$ 称为 $\{X_i, 0 \leq i \leq n\}$ 的相对熵密度. 记

$$P(X_n = x_n \mid X_0 = x_0, \cdots, X_{n-1} = x_{n-1})$$
$$= p_n(x_n \mid x_0, \cdots, x_{n-1}) \quad (n \geq 1) \tag{3}$$

则有

$$P(X_0, \cdots, X_n) = p(X_0) \prod_{k=1}^{n} p_k(X_k \mid X_0, \cdots, X_{k-1})$$

$$f_n(\omega) = -\frac{1}{n+1}\Big[\log p(X_0) + \sum_{k=1}^{n} \log p_k(X_k \mid X_0, \cdots, X_{k-1})\Big]$$

$$\tag{4}$$

定义 1　设 $\sigma_n(\omega)$ 为一单调递增的非负随机序列,且 $\sigma_n(\omega) \uparrow \infty$,则称

$$f_{[\sigma_n(\omega)]}(\omega)$$
$$= -\frac{1}{\sigma_n(\omega)}\Big[\log p(X_0) + \sum_{k=1}^{[\sigma_n(\omega)]} \log p_k(X_k \mid X_0, \cdots, X_{k-1})\Big]$$
$$\tag{5}$$

为 $\{X_i, 0 \leq i \leq \sigma_n\}$ 的随机和相对熵密度. 显然,当 $\sigma_n(\omega) = n$ 时,该随机和相对熵密度即为一般的相对熵密度(其中 $[c]$ 表示取整函数).

　　关于 $f_n(\omega)$ 的极限性质是信息论中的重要问题,在信息论中称为 Shannon-McMillan 定理或信源的渐近均匀分割性(简称 S－M 定理),它是信息论中编码的基础. Shannon 在其论文中首先证明了齐次遍历 Markov 信源的 S－M 定理. McMillan 和 Breiman 则证明了平稳遍历信源的 S－M 定理. 钟开莱考虑了字母集为可列集的情况,以后又有许多作者将上述结果推广到一般的随机过程.

国内关于 Shannon-McMillan 定理已有了一些研究,但大都是研究的状态空间有限情况下非齐次 Markov 信源的强极限定理. 而本章则研究可列状态空间下对任意信源随机和普遍成立的强极限定理,将已有结果加以推广.

定义 2 设

$$h_k(x_0, \cdots, x_{k-1})$$

$$= -\sum_{x_k \in S} p_k(x_k \mid x_0, \cdots, x_{k-1}) \log p_k(x_k \mid x_0, \cdots, x_{k-1})$$

(6)

$$H_k(\omega) = h_k(X_0, \cdots, X_{k-1}) \tag{7}$$

称 $H_k(\omega)$ 为 X_k 关于 $X_0, \cdots, X_{k-1}$ 的随机条件熵.

记

$$X^n = \{X_0, \cdots, X_n\}, X_m^n = \{X_m, \cdots, X_n\}$$

x^n, x_m^n 分别为 X^n 和 X_m^n 的实现.

2. 主要定理

定理 1 设 $\{X_n, n \geq 0\}$ 是具有分布(1)的任意信源,$f_{[\sigma_n(\omega)]}(\omega)$ 与 $H_k(\omega)$ 分别由(5)与(7)定义,$\{\sigma_n(\omega), n \geq 0\}$ 如前定义. 设 $\alpha \geq 0$,令

$$D = \{\omega: \lim_n \sigma_n(\omega) = \infty\} \tag{8}$$

$$b_\alpha = \limsup_{n \to \infty} \frac{1}{\sigma_n(\omega)} \sum_{k=1}^{[\sigma_n(\omega)]} E\big[(\log(p_k(X_k \mid X^{k-1})))^2 \cdot$$

$$p_k(X_k \mid X^{k-1})^{-\alpha} \mid X^{k-1}\big] < \infty \tag{9}$$

则有

$$\lim_{n \to \infty}\Big[f_{[\sigma_n(\omega)]}(\omega) - \frac{1}{\sigma_n(\omega)}\sum_{k=1}^{[\sigma_n(\omega)]} H_k(\omega)\Big] = 0$$

$$(\omega \in D) \tag{10}$$

其中 $\lfloor c \rfloor$ 表示取整函数.

证　取 (Ω, F, P) 为所考虑的概率空间. 设 λ 为任意常数,有

$$Q_k(\lambda) = E[p_k(X_k \mid X^{k-1})^{-\lambda} \mid X^{k-1} = x^{k-1}]$$

$$= \sum_{x_k \in S} p_k(x_k \mid x^{k-1})^{1-\lambda} \tag{11}$$

$$q_k(\lambda, x_k) = \frac{p_k(x_k \mid x^{k-1})^{1-\lambda}}{Q_k(\lambda)} \quad (x_k \in S) \tag{12}$$

$$g(\lambda, x_1, \cdots, x_n) = p(x_0)\prod_{k=1}^{n} q_k(\lambda, x_k) \tag{13}$$

则 $g(\lambda, x_1, \cdots, x_n), n = 1, 2, \cdots$ 是 S^n 上的一族相容分布. 令

$$T_n(\lambda, \omega) = \frac{g(\lambda, X_1, \cdots, X_n)}{p(X_0, \cdots, X_n)} \tag{14}$$

由于 $\{T_n(\lambda, \omega), n \geqslant 1\}$ 是 a. s. 收敛的非负上鞅,故由 Doob 鞅收敛定理,有

$$\lim_{n \to \infty} T_n(\lambda, \omega) = T_\infty(\lambda, \omega) < \infty \tag{15}$$

因而由(8)与(13),有

$$\limsup_{n \to \infty} \frac{1}{\sigma_n}\log T_{[\sigma_n(\omega)]}(\lambda, \omega) \leqslant 0 \quad (\omega \in D)$$

$$\tag{16}$$

由式(4)的第一式与(11) ~ (14),有

$$\frac{1}{\sigma_n}\log T_{[\sigma_n]}(\lambda, \omega) = \frac{1}{\sigma_n}\sum_{k=1}^{[\sigma_n]} [(-\lambda \log p_k(X_k \mid X^{k-1})) -$$

$$\log E(p_k(X_k \mid X^{k-1})^{-\lambda} \mid X^{k-1})]$$

$$(17)$$

由(16)(17),有

$$\limsup_{n \to \infty} \frac{1}{\sigma_n} \sum_{k=1}^{[\sigma_n]} [(-\lambda \log p_k(X_k \mid X^{k-1})) -$$

$$\log E(p_k(X_k \mid X^{k-1})^{-\lambda} \mid X^{k-1})] \leqslant 0 \quad (\omega \in D)$$

$$(18)$$

由(18),有

$$\limsup_{n \to \infty} \frac{1}{\sigma_n} \sum_{k=1}^{[\sigma_n]} [(-\lambda \log p_k(X_k \mid X^{k-1})) -$$

$$E(-\lambda \log p_k(X_k \mid X^{k-1}) \mid X^{k-1})]$$

$$\leqslant \limsup_{n \to \infty} \frac{1}{\sigma_n} \sum_{k=1}^{[\sigma_n]} [\log E(p_k(X_k \mid X^{k-1})^{-\lambda} \mid X^{k-1}) -$$

$$E(-\lambda \log p_k(X_k \mid X^{k-1}) \mid X^{k-1})] \quad (\omega \in D) \quad (19)$$

由不等式

$$e^x - 1 - x \leqslant \frac{1}{2} x^2 e^{|x|}$$

有

$$x^{-\lambda} - 1 - (-\lambda) \log x \leqslant \frac{1}{2} \lambda^2 (\log x)^2 x^{-|\lambda|}$$

$$(0 \leqslant x \leqslant 1) \quad (20)$$

又由不等式

$$\log x \leqslant x - 1 \quad (x \geqslant 0)$$

及(9)(19)与(20),当$|\lambda| < \alpha$时,有

$$\limsup_{n \to \infty} \frac{1}{\sigma_n} \sum_{k=1}^{[\sigma_n]} [(-\lambda \log p_k(X_k \mid X^{k-1})) -$$

$$E(-\lambda \log p_k(X_k \mid X^{k-1}) \mid X^{k-1})]$$

$$\leqslant \limsup_{n\to\infty} \frac{1}{\sigma_n} \sum_{k=1}^{[\sigma_n]} \left[E(p_k(X_k \mid X^{k-1})^{-\lambda} \mid X^{k-1}) - 1 - \right.$$

$$E(-\lambda \log p_k(X_k \mid X^{k-1}) \mid X^{k-1})]$$

$$\leqslant \limsup_{n\to\infty} \frac{1}{\sigma_n} \sum_{k=1}^{[\sigma_n]} E\left[\frac{1}{2} \lambda^2 (\log(p_k(X_k \mid X^{k-1}))^2 \cdot \right.$$

$$p_k(X_k \mid X^{k-1})^{-|\lambda|} \mid X^{k-1}]$$

$$\leqslant \frac{1}{2}\lambda^2 \limsup_{n\to\infty} \frac{1}{\sigma_n} \sum_{k=1}^{[\sigma_n]} E\left[(\log(p_k(X_k \mid X^{k-1}))^2 \cdot \right.$$

$$p_k(X_k \mid X^{k-1})^{-\alpha} \mid X^{k-1}]$$

$$= \frac{1}{2}\lambda^2 b_\alpha \quad (\omega \in D) \tag{21}$$

当 $0 < \lambda < \alpha$ 时,由(21),有

$$\limsup_{n\to\infty} \frac{1}{\sigma_n} \sum_{k=1}^{[\sigma_n]} \left[(-\log p_k(X_k \mid X^{k-1})) - \right.$$

$$E(-\log p_k(X_k \mid X^{k-1}) \mid X^{k-1})] \leqslant \frac{1}{2}\lambda b_\alpha \quad (\omega \in D)$$

$$\tag{22}$$

取 $0 < \lambda < \alpha(i = 1,2,\cdots)$,使得 $\lambda_i \to 0(i\to\infty)$,则对
一切 i,由(22),有

$$\limsup_{n\to\infty} \frac{1}{\sigma_n} \sum_{k=1}^{[\sigma_n]} \left[(-\log p_k(X_k \mid X^{k-1})) - \right.$$

$$E(-\log p_k(X_k \mid X^{k-1}) \mid X^{k-1})] \leqslant 0 \quad (\omega \in D)$$

$$\tag{23}$$

　　类似地,当 $-\alpha < \lambda < 0$ 时,利用(21)可证

$$\liminf_{n \to \infty} \frac{1}{\sigma_n} \sum_{k=1}^{[\sigma_n]} \left[\left(-\log p_k(X_k \mid X^{k-1}) \right) - \right.$$

$$\left. E\left(-\log p_k(X_k \mid X^{k-1}) \mid X^{k-1} \right) \right] \geqslant 0 \quad (\omega \in D)$$

$$(24)$$

由 (23)(24), 有

$$\lim_{n \to \infty} \frac{1}{\sigma_n} \sum_{k=1}^{[\sigma_n]} \left[\left(-\log p_k(X_k \mid X^{k-1}) \right) - \right.$$

$$\left. E\left(-\log p_k(X_k \mid X^{k-1}) \mid X^{k-1} \right) \right] = 0 \quad (\omega \in D)$$

$$(25)$$

又注意到

$$H_k(\omega) = -\sum_{x_k \in S} p_k(x_k \mid X^{k-1}) \log p_k(x_k \mid X^{k-1})$$

$$= E\left(-\log p_k(X_k \mid X^{k-1}) \mid X^{k-1} \right)$$

于是由 (2)(5) 与 (25), 便有

$$\lim_{n \to \infty} \left[f_{[\sigma_n]}(\omega) - \frac{1}{\sigma_n} \sum_{k=1}^{[\sigma_n]} H_k(\omega) \right]$$

$$= \lim_{n \to \infty} \frac{1}{\sigma_n} \sum_{k=1}^{[\sigma_n]} \left[\left(-\log p_k(X_k \mid X^{k-1}) \right) - \right.$$

$$\left. E\left(-\log p_k(X_k \mid X^{k-1}) \mid X^{k-1} \right) \right] = 0$$

$$(\omega \in D) \qquad (26)$$

3. 状态有限空间下的若干随机 Shannon-McMillan 定理

定理 2 设 $\{X_n, n \geqslant 0\}$ 是具有分布 (1) 并于字母集 $S = \{1, 2, \cdots, N\}$ 上取值的任意信源, $f_{[\sigma_n(\omega)]}(\omega)$ 由 (5) 定义, $\{\sigma_n(\omega), n \geqslant 0\}$ 如前定义. 设

$$H_k(\omega) = -\sum_{x_k=1}^{N} p_k(x_k \mid X_0,\cdots,X_{k-1})\log p_k(x_k \mid X_0,\cdots,X_{k-1})$$

则有

$$\lim_{n\to\infty}\Big[f_{[\sigma_n(\omega)]}(\omega) - \frac{1}{\sigma_n(\omega)}\sum_{k=1}^{[\sigma_n(\omega)]} H_k(\omega)\Big] = 0 \quad (\omega \in D)$$

$$(27)$$

证　由 $0 < \alpha < 1$,考虑函数

$$\varphi(x) = (\log x)^2 x^{1-\alpha} \quad (0 < x \leqslant 1, 0 < \alpha < 1)$$
$$(\diamondsuit \varphi(0) = 0)$$

求导,得

$$\varphi'(x) = x^{-\alpha}[2(\log x) + (\log x)^2(1-\alpha)]\ (28)$$

令 $\varphi'(x) = 0$ 得 $x = \mathrm{e}^{\frac{2}{\alpha-1}}$. 故 $\varphi(x)$ 在 $[0,1]$ 区间上的最大值为

$$\max\{\varphi(x), 0 \leqslant x \leqslant 1\} = \varphi(\mathrm{e}^{\frac{2}{\alpha-1}}) = \Big(\frac{2}{\alpha-1}\Big)^2 \mathrm{e}^{-2}$$

$$(29)$$

由(9) 和(29),有

$$b_\alpha = \limsup_{n\to\infty}\frac{1}{\sigma_n(\omega)}\sum_{k=1}^{[\sigma_n(\omega)]} E\big[(\log(p_k(X_k \mid X^{k-1})))^2 \cdot$$

$$p_k(X_k \mid X^{k-1})^{-\alpha} \mid X^{k-1})\big]$$

$$= \limsup_{n\to\infty}\frac{1}{\sigma_n(\omega)}\sum_{k=1}^{[\sigma_n(\omega)]}\sum_{x_k=1}^{N}(\log(p_k(x_k \mid X^{k-1})))^2 \cdot$$

$$p_k(x_k \mid X^{k-1})^{1-\alpha}$$

$$\leqslant \limsup_{n\to\infty}\frac{1}{\sigma_n(\omega)}\sum_{k=1}^{[\sigma_n(\omega)]}\sum_{x_k=1}^{N}\Big(\frac{2}{\alpha-1}\Big)^2 \mathrm{e}^{-2}$$

$$= N\left(\frac{2}{\alpha - 1}\right)^2 e^{-2} < \infty \qquad (30)$$

所以(9)自然成立. 由(10)即得式(27)成立.

推论 1 设 $\{X_n, n \geq 0\}$ 是具有分布(1)的任意信源, $f_n(\omega)$ 与 $H_k(\omega)$ 均如上定义,则有

$$\lim_{n \to \infty}\left[f_n(\omega) - \frac{1}{n}\sum_{k=1}^{n} H_k(\omega)\right] = 0 \qquad (31)$$

证 在定理 2 中令

$$\sigma_n(\omega) = n \quad (n \geq 0)$$

即得.

注 该推论即为刘文对离散信源普遍成立的强极限定理的主要结果.

设 $\{X_n, n \geq 0\}$ 是以 $S = \{1, 2, \cdots, N\}$ 为状态空间的 m 阶非齐次 Markov 信源,其在测度 P 下的 m 维初始分布与 m 阶转移矩阵分别为

$$p_0(i_0, \cdots, i_{m-1}) = P(X_0 = i_0, \cdots, X_{m-1} = i_{m-1})$$
$$(32)$$

$$P_n = (p_n(i_m \mid i_0, \cdots, i_{m-1})) \qquad (33)$$

其中

$$p_n(i_m \mid i_0, \cdots, i_{m-1})$$
$$= P(X_n = i_m \mid X_{n-m} = i_0, \cdots, X_{n-1} = i_{m-1})$$

这时 $\{X_n, n \geq 0\}$ 在测度 P 下的联合分布和相对熵密度分别为

$$p(x_0, \cdots, x_n) = p_0(x_0, \cdots, x_{m-1}) \cdot$$
$$\prod_{k=m}^{n} p_k(x_k \mid x_{k-m}, \cdots, x_{k-1}) \qquad (34)$$

$$f_n(\omega) = -\frac{1}{n}\Big[\log p_0(x_0, \cdots, x_{m-1}) +$$

$$\sum_{k=m}^{n} \log p_k(x_k \mid x_{k-m}, \cdots, x_{k-1})\Big] \quad (35)$$

推论 2   设 $\{X_n, n \geq 0\}$ 为 m 阶非齐次 Markov 信源,其中 $f_n(\omega)$ 由 (35) 定义. 设 $H(p_k(X_{k-m}^{k-1}, 1), \cdots,$ $p_k(X_{k-m}^{k-1}, N))$ 为在测度 P 下 m 阶非齐次 Markov 链的随机条件熵. 即

$$H(p_k(X_{k-m}^{k-1}, 1), \cdots, p_k(X_{k-m}^{k-1}, N))$$

$$= -\sum_{x_k \in S} p_k(x_k \mid X_{k-m}^{k-1}) \log p_k(x_k \mid X_{k-m}^{k-1}) \quad (36)$$

则有

$$\lim_{n\to\infty}\Big[f_{[\sigma_n(\omega)]}(\omega) - \frac{1}{\sigma_n(\omega)}\sum_{k=1}^{[\sigma_n(\omega)]} H(p_k(X_{k-m}^{k-1}, 1), \cdots,$$

$$p_k(X_{k-m}^{k-1}, N))\Big] = 0 \quad (\omega \in D) \quad (37)$$

证   根据定理 2 知这时

$$H_k(\omega) = H(p_k(X_{k-m}^{k-1}, 1), \cdots, p_k(X_{k-m}^{k-1}, N))$$

由 (27) 即得 (37).

注   当 $m = 1, \sigma_n(\omega) = n, n \geq 0$ 时,该推论便是刘文、杨卫国的定理,所以刘文、杨卫国的结果是该推论的特例.

推论 3   设 $\{X_n, n \geq 0\}$ 为无记忆信源,其中 $f_n(\omega)$ 由 (2) 定义. 设 $H(p_k(1), \cdots, p_k(N))$ 表示分布 $(p_k(1), \cdots, p_k(N))$ 的熵,即

$$H(p_k(1), \cdots, p_k(N)) = -\sum_{x_k \in S} p_k(x_k) \log p_k(x_k)$$

$$(38)$$

则有

$$\lim_{n\to\infty}\Big[f_{[\sigma_n(\omega)]}(\omega) - \frac{1}{\sigma_n(\omega)}\sum_{k=1}^{[\sigma_n(\omega)]} H(p_k(1),\cdots,p_k(N))\Big] = 0$$

$$(\omega \in D) \qquad\qquad (39)$$

证 由定理 1 知这时

$$H_k(\omega) = H(p_k(1),\cdots,p_k(N))$$

由(27)即得(39)成立.

4. 衍生结论

定理 3 设 $\{X_n, n \geqslant 0\}$ 是具有分布(1)并取值于可列集 S 的任意信源, $f_{[\sigma_n(\omega)]}(\omega)$ 与 $H_k(\omega)$ 分别由(5) 与(7)定义, $\{\sigma_n(\omega), n \geqslant 0\}$ 如前定义. 设 $\alpha \geqslant 0, 0 < C < 1.$ 令

$$C_\alpha = \limsup_{n\to\infty}\frac{1}{\sigma_n(\omega)}\sum_{k=1}^{[\sigma_n(\omega)]}\big[E(p_k(X_k \mid X^{k-1})^{-(2+\alpha)}\cdot$$

$$I\{p_k(X_k \mid X^{k-1}) \leqslant C\} \mid X^{k-1}\big] < \infty \qquad (40)$$

则有

$$\lim_{n\to\infty}\Big[f_{[\sigma_n(\omega)]}(\omega) - \frac{1}{\sigma_n(\omega)}\sum_{k=1}^{[\sigma_n(\omega)]} H_k(\omega)\Big] = 0 \quad (\omega \in D)$$

$$(41)$$

其中 $[c]$ 表示取整函数.

证 由(9)与(40),简记

$$p_k(X_k \mid X^{k-1}) = p_k$$

则有

$$b_\alpha = \limsup_{n\to\infty}\frac{1}{\sigma_n(\omega)}\sum_{k=1}^{[\sigma_n(\omega)]} E\big[(\log(p_k(X_k \mid X^{k-1}))^2\cdot$$

$$p_k(X_k \mid X^{k-1})^{-\alpha} \mid X^{k-1}]$$

$$= \limsup_{n \to \infty} \frac{1}{\sigma_n(\omega)} \sum_{k=1}^{[\sigma_n(\omega)]} E\big[(\log(p_k))^2 p_k^{-\alpha} \cdot$$

$$I\{p_k(X_k \mid X^{k-1}) \leq C\} + I_{\{p_k(X_k \mid X^{k-1}) > C\}} \big) \mid X^{k-1}\big]$$

$$\leq \limsup_{n \to \infty} \frac{1}{\sigma_n(\omega)} \sum_{k=1}^{[\sigma_n(\omega)]} E\big[(\log(p_k))^2 p_k^{-\alpha} I\{p_k(X_k \mid X^{k-1}) \leq C\} \mid$$

$$X^{k-1}\big] + C^{-\alpha} \cdot (\log C)^2$$

$$\leq \limsup_{n \to \infty} \frac{1}{\sigma_n(\omega)} \sum_{k=1}^{[\sigma_n(\omega)]} E\Big[\Big(1 - \frac{1}{p_k}\Big)^2 p_k^{-\alpha} I\{p_k(X_k \mid X^{k-1}) \leq C\} \mid$$

$$X^{k-1}\Big] + C^{-\alpha} \cdot (\log C)^2$$

$$\leq \limsup_{n \to \infty} \frac{1}{\sigma_n(\omega)} \sum_{k=1}^{[\sigma_n(\omega)]} E\big[p_k^{-(2+\alpha)} I\{p_k(X_k \mid X^{k-1}) \leq C\} \mid$$

$$X^{k-1}\big] + C^{-\alpha} \cdot (\log C)^2 < \infty \qquad (42)$$

从而由定理 1 即得结论成立.

离散信源的无失真编码

第十二章

§1 Shannon 第一定理

对于已知信源 S 可用码符号 X 进行变长编码,而且对同一信源采用同一码符号编成的即时码或唯一可译码有许多种.究竟哪一种最好呢? 从提高有效性的观点来考虑,希望选择由短的码符号组成的码字,就是用码长作为选择准则,为此引进码的平均长度.

一、码的平均长度

定义 1 设信源为

$$\begin{bmatrix} S \\ p(s) \end{bmatrix} = \begin{bmatrix} s_1 & s_2 & \cdots & s_q \\ p(s_1) & p(s_2) & \cdots & p(s_q) \end{bmatrix}$$

编码后的码字为

$$W_1, W_2, \cdots, W_q$$

其码长分别为

$$l_1, l_2, \cdots, l_q$$

由于是唯一可译码,信源符号与码字是一一对应的,则这个码的平均码长为

$$\overline{L} = \sum_{i=1}^{q} p(s_i) l_i$$

平均码长 $\overline{L}$ 表示每个信源符号平均需用的码符号个数,单位是码符号/信源符号.

定义 2　若信源的熵 $H(S)$ 给定,编码后每个信源符号平均用 $\overline{L}$ 个码元来变换. 那么,平均每个码元携带的信息量可定义为编码后信道的信息传输率,即

$$R = H(X) = \frac{H(S)}{\overline{L}} (\text{比特} / \text{码符号})$$

若传输一个码符号平均需要 t 秒钟,则编码后信道每秒钟传输的信息量为

$$R_t = \frac{H(S)}{t \overline{L}} (\text{比特} / \text{秒})$$

由此可见,$\overline{L}$ 越短,R_t 越大,信息传输效率就越高. 于是,我们需要的码是使平均码长 $\overline{L}$ 为最短的码.

定义 3　对于某一信源和某一码符号集来说,若有一个唯一可译码,其平均码长 $\overline{L}$ 小于所有其他唯一可译码的平均码长,则该码称为紧致码,或称最佳码.

无失真信源编码的核心问题就是寻找紧致码. 现在,寻找紧致码的平均码长 $\overline{L}$ 可能达到的理论极限.

定理 1　对于熵为 $H(S)$ 的离散无记忆信源

$$\begin{bmatrix} S \\ p(s) \end{bmatrix} = \begin{bmatrix} s_1 & s_2 & \cdots & s_q \\ p(s_1) & p(s_2) & \cdots & p(s_q) \end{bmatrix}$$

Shannon 定理

若用具有 r 个码元的码符号集 $X = [x_1, x_2, \cdots, x_r]$ 对信源进行编码,则一定存在一种无失真编码方法,构成唯一可译码,使其平均码长 $\overline{L}$ 满足

$$\frac{H(S)}{\log r} \leqslant \overline{L} < 1 + \frac{H(S)}{\log r}$$

该定理指出,码字的平均长度 $\overline{L}$ 不能小于极限值 $\frac{H(S)}{\log r}$,否则唯一可译码不存在. 同时又给出了平均码长的上界. 但是,这并不是说大于该上界不能构成唯一可译码,而是因为我们总希望 $\overline{L}$ 尽可能短. 定理说明当平均码长小于该上界时,唯一可译码也存在. 因此,该定理给出了紧致码的最短平均码长,并指出这个最短的平均码长 $\overline{L}$ 与信源的熵有关.

定理的证明可分为两部分,首先证明下界,然后证明上界.

1. 下界证明

$$\overline{L} \geqslant \frac{H(S)}{\log r}$$

即证明

$$H(S) - \overline{L}\log r \leqslant 0$$

根据定义可得

$$H(S) - \overline{L}\log r = -\sum_{i=1}^{q} p(s_i)\log p(s_i) -$$

$$\log r \sum_{i=1}^{q} p(s_i)l_i$$

$$= - \sum_{i=1}^{q} p(s_i) \log p(s_i) +$$

$$\sum_{i=1}^{q} p(s_i) \log r^{-l_i}$$

应用 Jensen 不等式

$$E[f(x)] \leqslant f[E(x)]$$

可得

$$H(S) - \overline{L}\log r = \sum_{i=1}^{q} p(s_i) \log \frac{r^{-l_i}}{p(s_i)}$$

$$\leqslant \log \sum_{i=1}^{q} p(s_i) \frac{r^{-l_i}}{p(s_i)}$$

$$= \log \sum_{i=1}^{q} r^{-l_i}$$

由于存在唯一可译码的充要条件是

$$\sum_{i=1}^{q} r^{-l_i} \leqslant 1$$

这样,总可以找到一种唯一可译码,其码长满足 Kraft 不等式,所以有

$$H(S) - \overline{L}\log r \leqslant \log \sum_{i=1}^{q} r^{-l_i} \leqslant \log 1 = 0$$

于是证得

$$\overline{L} \geqslant \frac{H(S)}{\log r}$$

由证明过程知,上述等式成立的充要条件是

$$\frac{r^{-l_i}}{p(s_i)} = 1 \quad （对所有 i 都成立）$$

即

$$p(s_i) = r^{-l_i} \quad (\text{对所有 } i \text{ 都成立})$$

取对数得

$$l_i = \frac{-\log p(s_i)}{\log r} = -\log_r p(s_i) \quad (\text{对所有 } i \text{ 都成立})$$

可见,只有当能够选择每个码长 l_i 等于 $\log_r \dfrac{1}{p(s_i)}$ 时,$\overline{L}$ 才能达到这个下界值. 由于 l_i 必须是正整数,所以 $\log_r \dfrac{1}{p(s_i)}$ 也必须是正整数.

令

$$\partial_i = \frac{-\log p(s_i)}{\log r} = \frac{\log p(s_i)}{\log\left(\dfrac{1}{r}\right)}$$

则有

$$p(s_i) = \left(\frac{1}{r}\right)^{\partial_i}$$

这就是说,当等式成立时,每个信源符号的概率 $p(s_i)$ 必须呈现 $\left(\dfrac{1}{r}\right)^{\partial_i}$ 的形式. 若这个条件满足,则只要选择 l_i 等于 $\partial_i (i = 1, 2, \cdots, q)$,然后根据这些码长,就可以按照树图法构造出一种唯一可译码,而且所得的码一定是紧致码.

2. 上界证明

$$\overline{L} < 1 + \frac{H(S)}{\log r}$$

要证明的问题是:由于上界的含义是表示平均码长 $\overline{L}$ 小于 $1 + \dfrac{H(S)}{\log r}$ 时,仍然存在唯一可译码,因此只

需证明可以选择一种唯一可译码满足上式即可.

首先,把信源符号的概率写成 $p(s_i) = \left(\dfrac{1}{r}\right)^{\partial_i}$ 的形式,然后选取每个码字的长度 l_i 的原则是:

若 ∂_i 是整数,取 $l_i = \partial_i$.

若 ∂_i 不是整数,选取 l_i 满足 $\partial_i < l_i < \partial_i + 1$ 的整数.

由此得到选择的码长满足

$$a_i \leqslant l_i < a_i + 1 \quad (\text{对所有 } i \text{ 都成立})$$

将上式对所有的 i 求和,左边的不等式即是 Kraft 不等式. 因此,用这样选择的码长 l_i 可构造唯一可译码,但是所得码不一定是紧致码.

将 ∂_i 的表达式代入式 $l_i < \partial_i + 1$ 中可得

$$l_i < \frac{-\log p(s_i)}{\log r} + 1$$

两边乘以 $p(s_i)$,并对 i 求和得

$$\sum_{i=1}^{q} p(s_i) l_i < \frac{-\sum_{i=1}^{q} p(s_i) \log p(s_i)}{\log r} + 1$$

从而可得

$$\bar{L} < \frac{H(S)}{\log r} + 1$$

由此证明得到,平均码长 $\bar{L}$ 小于上界的唯一可译码存在.

若熵以 r 进制为单位,则有

$$H_r(S) \leqslant \bar{L} < H_r(S) + 1$$

式中

$$H_r(S) = - \sum_{i=1}^{q} p(s_i) \log_r p(s_i)$$

于是,平均码长 $\overline{L}$ 的下界为信源的熵 $H_r(S)$.

二、变长无失真信源编码定理

变长无失真信源编码定理即 Shannon 第一定理.

定理2 设离散无记忆信源为

$$\begin{bmatrix} S \\ P \end{bmatrix} = \begin{bmatrix} s_1 & s_2 & \cdots & s_q \\ p(s_1) & p(s_2) & \cdots & p(s_q) \end{bmatrix}$$

其信源熵为 $H(S)$,它的 N 次扩展信源为

$$\begin{bmatrix} S^N \\ P \end{bmatrix} = \begin{bmatrix} \alpha_1 & \alpha_2 & \cdots & \alpha_{q^N} \\ p(\alpha_1) & p(\alpha_2) & \cdots & p(\alpha_{q^N}) \end{bmatrix}$$

其熵为 $H(S^N)$. 现用码符号集 $X = \{x_1, x_2, \cdots, x_r\}$ 对 N 次扩展信源 S^N 进行编码,总可以找到一种编码方法,构成唯一可译码,使信源 S 中每个信源符号所需的平均码长满足

$$\frac{H(S)}{\log r} + \frac{1}{N} > \frac{\overline{L_N}}{N} \geqslant \frac{H(S)}{\log r}$$

或者

$$H_r(S) + \frac{1}{N} > \frac{\overline{L_N}}{N} \geqslant H_r(S)$$

当 $N \to \infty$ 时,则得

$$\lim_{N \to \infty} \frac{\overline{L_N}}{N} = H_r(S)$$

其中,$\overline{L_N}$ 是无记忆 N 次扩展信源 S^N 中每个信源符号

α_i 所对应的平均码长,即有

$$\overline{L}_N = \sum_{i=1}^{q^N} p(\alpha_i)\lambda_i$$

式中,λ_i 是 α_i 所对应的码字长度.

$\dfrac{\overline{L}_N}{N}$ 表示离散无记忆信源 S 中每个信源符号 s_i 所

对应的平均码长. 这里要注意 $\dfrac{\overline{L}_N}{N}$ 和 $\overline{L}$ 的区别. 虽然它们

两者都是每个信源符号所需的码符号的平均数,但不

同的是,对于 $\dfrac{\overline{L}_N}{N}$,为了得到这个平均值,不是直接对单

个信源符号 $s_i(i=1,2,\cdots,q)$ 进行编码,而是对 N 个信

源符号的序列 $\alpha_i(i=1,2,\cdots,q^N)$ 进行编码.

　　定理 1 可以包括在定理 2 之中.

　　证　设离散无记忆信源为

$$\begin{bmatrix} S \\ p(s) \end{bmatrix} = \begin{bmatrix} s_1 & s_2 & \cdots & s_q \\ p(s_1) & p(s_2) & \cdots & p(s_q) \end{bmatrix} \quad \sum_{i=1}^{q} p(s_i) = 1$$

它的 N 次扩展信源为

$$\begin{bmatrix} S^N \\ p(s^N) \end{bmatrix} = \begin{bmatrix} \alpha_1 & \alpha_2 & \cdots & \alpha_{q^N} \\ p(\alpha_1) & p(\alpha_2) & \cdots & p(\alpha_{q^N}) \end{bmatrix}$$

其中

$$\alpha_i = (s_{i_1} s_{i_2} \cdots s_{i_N}) \quad (i_1,i_2,\cdots,i_N = 1,2,\cdots,q)$$

$$p(\alpha_i) = p(s_{i_1})p(s_{i_2})\cdots p(s_{i_N})$$

把定理 1 应用于扩展信源 S^N 可得

$$H_r(S^N) + 1 > \overline{L}_N \geqslant H_r(S^N)$$

其中 $H_r(S^N)$ 是以 r 进制为单位的扩展信源 S^N 的熵. 而 N 次无记忆扩展信源 S^N 的熵是信源 S 的熵的 N 倍, 即

$$H_r(S^N) = NH_r(S)$$

将上式代入式

$$H_r(S^N) + 1 > \overline{L}_N \geq H_r(S^N)$$

可得

$$NH_r(S) + 1 > \overline{L}_N \geq NH_r(S)$$

两边除以 N, 可得

$$H_r(S) + \frac{1}{N} > \frac{\overline{L}_N}{N} \geq H_r(S)$$

于是, 定理 2 得以证明.

显然, 当 $N \to \infty$ 时, 有

$$\lim_{N \to \infty} \frac{\overline{L}_N}{N} = H_r(S)$$

可见, 信源的信息熵(以 r 进制信息量单位测度)是描述信源每个符号平均所需最少的比特数.

将定理 2 的结论推广到平稳遍历的有记忆信源(如 Markov 信源)便有

$$\lim_{N \to \infty} \frac{\overline{L}_N}{N} = \frac{H_\infty}{\log r}$$

其中 H_∞ 为有记忆信源的极限熵(极限熵与 $\log r$ 的信息量单位必须一致).

Shannon 第一定理是 Shannon 信息论的主要定理之一. Shannon 第一定理指出, 要做到无失真的信源编

码,变换每个信源符号平均所需最少的 r 元码元数就是信源的熵值(以 r 进制信息量单位测度). 若编码的平均码长小于信源的熵值,则唯一可译码不存在,在译码或反变换时必然要带来失真或差错. 同时定理还指出,通过对扩展信源进行变长编码,当 $N \to \infty$ 时,平均码长 $\overline{L}$(这时它等于 $\dfrac{\overline{L_N}}{N}$)可达到下限值. 显然,减少平均码长所付出的代价是增加了编码的复杂性.

类似于定义 1,可以定义变长编码的编码速率为

$$R' = \frac{\overline{L_N}}{N} \log r$$

它表示编码后平均每个信源符号所能载荷的最大信息量. 于是,定理 2 又可表述为:

若

$$H(S) + \varepsilon > R' \geqslant H(S)$$

就存在唯一可译码的变长编码.

若

$$R' < H(S)$$

则不存在唯一可译的变长编码,不能实现无失真的信源编码.

为了衡量各种编码是否已达到极限情况,我们定义变长码的编码效率.

定义 4 设对信源 S 进行变长编码所得到的平均码长为 $\overline{L}$,定义编码效率 η 为

$$\eta = \frac{H_r(S)}{\overline{L}}$$

由于 $\overline{L}$ 一定是大于或者等于 $H_r(S)$，所以 η 一定是小于或等于 1 的数. 对同一信源来说，若码的平均码长 $\overline{L}$ 越短，越接近极限值 $H_r(S)$，η 越接近于 1，所以可用码的效率 η 来衡量各种编码的优劣.

另外，为了衡量各种编码与最佳码的差距，还引入码的剩余度的概念.

定义 5 对于变长码，定义码的剩余度为

$$\gamma = 1 - \eta = 1 - \frac{H_r(S)}{\overline{L}}$$

当 $r = 2$ 时

$$H_r(S) = H(S)$$

则有

$$\eta = \frac{H(S)}{\overline{L}}$$

于是，在二元信道中信息传输率为

$$R = \frac{H(S)}{\overline{L}} = \eta$$

为此，在二元信道中可直接用编码效率来衡量编码后信道的信息传输率是否提高了. 当 $\eta = 1$ 时，编码效率最高，码的剩余度为零，$R = 1$ 比特/码符号. 但是，要注意它们数值相同，单位不同，其中 η 是个无单位的比值.

例 有一离散无记忆信源

$$\begin{bmatrix} S \\ p(s) \end{bmatrix} = \begin{bmatrix} s_1 & s_2 \\ \dfrac{4}{5} & \dfrac{1}{5} \end{bmatrix}$$

其信息熵为

$$H(S) = \frac{1}{5}\log 5 + \frac{4}{5}\log \frac{5}{4} = 0.722(\text{比特/信源符号})$$

现在我们用二元码符号(0,1)来构造一个即时码

$$s_1 \to 0, s_2 \to 1$$

这时平均码长为

$$\overline{L} = 1(\text{二元码符号/信源符号})$$

则编码效率为

$$\eta = \frac{H(S)}{\overline{L}} = 0.722$$

此时,信道的信息传输率为 $R = 0.722$ 比特/二元码符号.

为了提高传输效率,根据 Shannon 第一定理的概念,可以对信源 S 的二次扩展信源 S^2 进行编码. 其二次扩展信源 S^2 和即时码如表 1 所示.

表 1　二次扩展信源 S^2 的编码

二次扩展信源 S^2 的信源符号 α_i	$p(\alpha_i)$	即时码
$s_1 s_1$	$\dfrac{16}{25}$	1
$s_1 s_2$	$\dfrac{4}{25}$	01

续表 1

二次扩展信源 S^2 的信源符号 α_i	$p(\alpha_i)$	即时码
s_2s_1	$\dfrac{4}{25}$	001
s_2s_2	$\dfrac{1}{25}$	000

于是,可得这个码的平均码长

$$\overline{L}_2 = \frac{16}{25} \times 1 + \frac{4}{25} \times 2 + \frac{4}{25} \times 3 + \frac{1}{25} \times 3 = \frac{39}{25}$$

（二元码符号/两个信源符号）

信源 S 中每一单个符号的平均码长

$$\overline{L} = \frac{\overline{L}_2}{2} = 0.78（二元码符号/信源符号）$$

其编码效率为

$$\eta_2 = \frac{0.722}{0.78} = 0.926$$

于是可得

$$R_2 = 0.926（比特/二元码符号）$$

可见编码复杂了一些,但信息传输率得到提高.

用同样方法可进一步对信源 S 的三次和四次扩展信源进行编码,提高其编码效率和信道的信息传输率.

显然,用变长码编码时,N 不需很大就可以达到相当高的编码效率,而且可实现无失真编码.随着扩展信源次数的增加,编码的效率越来越接近于 1.

§2　变长码的编码方法

Shannon 第一定理指出了平均码长与信源信息熵之间的关系,同时也指出了可以通过编码使平均码长达到极限值,这是一个很重要的极限定理.

至于如何去构造一个紧致码(最佳码),定理并没有直接给出. 本节将阐述具体的编码方法.

一、Shannon 编码

Shannon 第一定理指出,选择每个码字的长度 l_i,使之满足式

$$-\log p(s_i) \le l_i < -\log p(s_i) + 1$$

的整数,就可以得到唯一可译码,这种编码方法称为 Shannon 编码. 按照 Shannon 编码方法编出来的码可以使 $\overline{L}$ 不超过上界,但并不一定能使 $\overline{L}$ 为最短,即编出来的不一定是紧致码.

可见,Shannon 编码剩余度稍大,实用性不强,但有其重要的理论意义. 二进制 Shannon 码的编码过程如下:

(1)将信源发出的 q 个消息符号按其概率的递减次序依次排列,参见表2

$$p_1 \ge p_2 \ge \cdots \ge p_q$$

表2　Shannon 编码

信源符号 s_i	概率 $p(s_i)$	累加概率 P_i	$-\log p(s_i)$	码字长度 l_i	二进制码字
s_1	0.20	0	2.34	3	000
s_2	0.19	0.2	2.41	3	001
s_3	0.18	0.39	2.48	3	011
s_4	0.17	0.57	2.56	3	100
s_5	0.15	0.74	2.74	3	101
s_6	0.10	0.89	3.34	4	1110
s_7	0.01	0.99	6.66	7	1111110

（2）按下式计算第 i 个信源符号的二进制码字的码长 l_i，并取整

$$-\log p(s_i) \leqslant l_i < -\log p(s_i) + 1$$

（3）为了编成唯一可译码，首先计算第 i 个信源符号的累加概率

$$P_i = \sum_{k=1}^{i-1} p(s_k)$$

（4）将累加概率 P_i（为小数）变换成二进制数.

（5）去除小数点，并根据码长 l_i，取小数点后 l_i 位数作为第 i 个信源符号的码字. l_i 由下式确定

$$l_i = -\log p(s_i) + 1 \quad （取整）$$

例1　Shannon 编码. 计算第 i 个信源符号的码字.

设 $i=3$，首先求第3个信源符号的二进制码字的

码长 l_4

$$l_3 = -\log p(s_3) = -\log 0.18 = 2.48 \quad (\text{取整})$$

故

$$l_3 = 3$$

再计算累加概率 P_3

$$P_3 = \sum_{k=1}^{2} p(s_k) = p(s_1) + p(s_2) = 0.2 + 0.19 = 0.39$$

将累加概率 P_3 变换成二进制数

$$P_3 = 0.39 \rightarrow 0 \times 2^0 + 0 \times 2^{-1} +$$
$$1 \times 2^{-2} + 1 \times 2^{-3} + 0 \times 2^{-4} + \cdots$$

故变换成二进制数为 0.011 0⋯.

去除小数点,并根据码长 $l_3 = 3$ 取小数点后三位作为第 3 个信源符号的码字,即 011. 其他信源符号的二进制码字可用同样方法求得.

由表 2 可以看出,一共有 5 个三位的码字,各码字之间至少有一位数字不相同,故是唯一可译码. 同时可以看出,这 7 个码字不是延长码,它们都属于即时码.

平均码长

$$\overline{L} = \sum_{i=1}^{q} p(s_i) l_i = 3.14(\text{码元／符号})$$

平均信息传输速率

$$R = \frac{H(S)}{\overline{L}} = \frac{2.61}{3.14} = 0.831(\text{比特／符号})$$

从上面的编码过程和例题分析可知,利用 Shannon 编码方法求表 2 中的信源符号的码字,其任务比较烦琐,能否把握 Shannon 编码的核心思想而改进其具体的编码过程呢？

Shannon 编码方法的核心思想是：每个码字的码长 l_i 满足

$$-\log p(s_i) \leqslant l_i < -\log p(s_i) + 1$$

并取整.

在此基础上，我们不采用累加概率转换为二进制数的编码方法，而是求出每个码字码长后，利用树图法找到一组码长满足要求的树码. 这样，改进的 Shannon 编码方法的具体内容如下：

（1）根据每个信源符号的概率大小，按下式计算其码字的码长 l_i，并取整

$$-\log p(s_i) \leqslant l_i < -\log p(s_i) + 1$$

（2）利用二进制树图法，根据所求的码字码长大小，构造出即时码.

下面仍以表2中的信源符号集为例来进行阐述说明.

从表2可知，码字长度分别为"3""3""3""3""3""4"和"7".

于是，可画出如图1所示的二进制树图.

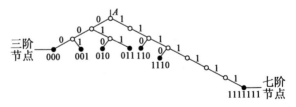

三阶节点 000 001 010 011 110 1110 七阶节点 1111111

图1　二进制树图

从二进制树图可以得到满足要求的即时码,即
"000" "001" "010" "011" "110" "1110" 和 "1111111"
等码字.

上面所讨论的是二元 Shannon 编码,如何把它推
广到 r 元 Shannon 编码中来？利用改进的 Shannon 编
码方法则比较简单,即：

(1)根据每个信源符号的概率大小,按下式计算
其码字的码长 l_i,并取整

$$-\log_r p(s_i) \leqslant l_i < -\log_r p(s_i) + 1$$

(2)利用 r 进制树图法,根据所求的码字码长大
小,构造出即时码.

二、Fano 编码

Fano 编码方法属于概率匹配编码,但它不是最佳
的编码方法. 不过有时也可得到紧致码的性能. Fano
码的编码过程如下：

(1)将信源发出的 q 个消息符号按其概率的递减
次序依次排列,即

$$p_1 \geqslant p_2 \geqslant \cdots \geqslant p_q$$

(2)将依次排列好的信源符号按编码进制数分
组,使每组概率和尽可能接近或相等,并给每组各赋予
一个码元. 如编二进制 Fano 码就分成两组,各赋予一
个二元码符号 "0" 或 "1",而编 r 进制码就分成 r 组,各
赋予 "0" "1" … "r－1" 码元中的一个.

(3)将每一大组的信源符号进一步再按编码进制

数分组,使每组的概率和尽可能接近或相等,并分别赋予每组一个码元.

(4)如此重复,直至信源符号不再可分为止.

(5)信源符号所对应的码元序列(从左向右)则为 Fano 码.

下面举例说明.

例2 设有离散无记忆信源

$$
\begin{bmatrix} S \\ P \end{bmatrix} = \begin{bmatrix} s_1 & s_2 & s_3 & s_4 & s_5 & s_6 \\ 0.30 & 0.22 & 0.18 & 0.16 & 0.10 & 0.04 \end{bmatrix}
$$

对该信源编二元 Fano 码. 其编码过程如表 3 所示.

表 3　二元 Fano 码

信源符号	概率	编码				码字	码长
s_1	0.30	0	0			00	2
s_2	0.22		1			01	2
s_3	0.18	1	0			10	2
s_4	0.16		1	0		110	3
s_5	0.10			1	0	1110	4
s_6	0.04				1	1111	4

该信源的熵为

$$
H(S) = - \sum_{i=1}^{6} p(s_i) \log p(s_i) = 2.388(\text{比特}/\text{符号})
$$

平均码长为

$$\overline{L} = \sum_{i=1}^{6} p(s_i) l_i = 2.44(\text{码元／符号})$$

编码效率为

$$\eta = \frac{H(S)}{\overline{L}} = \frac{2.388}{2.44} = 97.87\%$$

可见,Fano 码有较高的编码效率.

离散无记忆信道

§1 离散无记忆信道的编码定理及错误界指数的性质

$$E(R) = \max_p \max_{0 \le \rho \le 1} \left[E_0(\rho, p) - \rho \ln \frac{M}{N} \right] \quad (*)$$

函数 $E(R)$ 称为错误界指数.

这里首先要引述和证明若干重要的不等式,它们在信息论中都很有用.

引理 1 对任意 J 个正实数 u_1, $u_2, \cdots, u_J$ 和分布 $p = \{p_1, p_2, \cdots, p_J\}$ 有

$$\prod_{j=1}^{J} u_j^{p_j} \le \sum_{j-1}^{J} p_j u_j \quad (1)$$

等号成立当且仅当

$$u_i = \sum_{j=1}^{J} p_j u_j \quad （对一切 \ p_i > 0 \ 的 \ i \ 成立）$$

$$(2)$$

证　由

$$\ln \sum_{j=1}^{J} u_j^{p_j} - \ln \sum_{j=1}^{J} p_j u_j$$

$$= \sum_{i;p_i>0} p_i \ln u_i - \ln \sum_{j=1}^{J} p_j u_j$$

$$= \sum_{i;p_i>0} p_i \ln \frac{u_i}{\displaystyle\sum_{j=1}^{J} p_j u_j}$$

$$\leqslant \sum_{i;p_i>0} p_i \left(\frac{u_i}{\displaystyle\sum_{j=1}^{J} p_j u_j} - 1 \right) = 0$$

等号成立当且仅当式(2)成立,因 $\ln u$ 是 u 的增函数,故上式与式(1)等价.

引理2　对任意的分布 $p = \{p_1, p_2, \cdots, p_J\}$, $q = \{q_1, q_2, \cdots, q_J\}$ 和 $0 < \lambda < 1$,有

$$\sum_{j=1}^{J} p_j^\lambda q_j^{1-\lambda} \leqslant 1 \tag{3}$$

等号成立当且仅当 $p = q$.

证　对 p_j, q_j 和分布 $\{\lambda, 1-\lambda\}$ 应用引理1得

$$p_j^\lambda q_j^{1-\lambda} \leqslant \lambda p_j + (1-\lambda) q_j$$

等号成立当且仅当 $p_j = q_j$. 上式对 j 求和得

$$\sum_{j=1}^{J} p_j^\lambda q_j^{1-\lambda} \leqslant \lambda \sum_{j=1}^{J} p_j + (1-\lambda) \sum_{j=1}^{J} q_j = 1$$

等式成立当且仅当 $p_j = q_j (j = 1, 2, \cdots, J)$ 都成立.

引理3　对任意的实数 $u_j \geqslant 0, v_j \geqslant 0 (j = 1, 2, \cdots, J)$ 和 $0 < \lambda < 1, \mu = 1-\lambda$,有

$$\sum_{j=1}^{J} u_j v_j \leqslant \left(\sum_{j=1}^{J} u_j^{\frac{1}{\lambda}} \right)^\lambda \left(\sum_{j=1}^{J} v_j^{\frac{1}{\mu}} \right)^\mu \tag{4}$$

等号成立当且仅当存在常数 c,使

$$u_j^\mu = cv_j^\lambda \quad (j=1,2,\cdots,J) \tag{5}$$

证 不妨设至少存在一个 j 对应的 $u_jv_j>0$. 令

$$u = \left(\sum_{j=1}^{J} u_j^{\frac{1}{\lambda}} \right)^\lambda, v = \left(\sum_{j=1}^{J} v_j^{\frac{1}{\mu}} \right)^\mu$$

则 $u>0,v>0$,对分布

$$p_j = \left(\frac{u_j}{u}\right)^{\frac{1}{\lambda}} \quad (j=1,2,\cdots,J)$$

$$q_j = \left(\frac{v_j}{v}\right)^{\frac{1}{\mu}} \quad (j=1,2,\cdots,J)$$

和 λ 应用引理 2,得

$$\frac{1}{uv} \sum_{j=1}^{J} u_jv_j \leqslant 1$$

此即式(4). 等号成立当且仅当

$$\left(\frac{u_j}{u}\right)^{\frac{1}{\lambda}} = \left(\frac{v_j}{v}\right)^{\frac{1}{\mu}}$$

或

$$\frac{u_j^\mu}{v_j^\lambda} = \frac{u^\mu}{v^\lambda} = c \quad (j=1,2,\cdots,J)$$

此即式(5).

引理 4 设 $u_j,v_j(j=1,2,\cdots,J),\lambda,\mu$ 如引理 3, $p = \{p_1,p_2,\cdots,p_J\}$ 为任一概率分布,则有

$$\sum_{j=1}^{J} p_ju_jv_j \leqslant \left(\sum_{j=1}^{J} p_ju_j^{\frac{1}{\lambda}} \right)^\lambda \left(\sum_{j=1}^{J} p_jv_j^{\frac{1}{\mu}} \right)^\mu \tag{6}$$

等号成立当且仅当存在常数 c,使

$$p_ju_j^{\frac{1}{\lambda}} = cp_jv_j^{\frac{1}{\mu}} \quad (j=1,2,\cdots,J) \tag{7}$$

证 对

$$\tilde{u}_j = p_j^\lambda u_j, \tilde{v}_j = p_j^\mu v_j \quad (j = 1, 2, \cdots, J)$$

λ, μ 应用引理 3 即得引理 4.

引理 5 设 $u_j \geqslant 0 (j = 1, 2, \cdots, J), p = \{p_1, p_2, \cdots, p_J\}$ 为任一概率分布, $r > s > 0$. 则有

$$\left(\sum_{j=1}^J p_j u_j^{\frac{1}{r}} \right)^r \leqslant \left(\sum_{j=1}^J p_j u_j^{\frac{1}{s}} \right)^s \tag{8}$$

等号成立当且仅当存在常数 c, 使

$$p_j u_j = c p_j \quad (j = 1, 2, \cdots, J) \tag{9}$$

证 对

$$\tilde{u}_j = u_j^{\frac{1}{r}}, \tilde{v}_j = 1 \quad (j = 1, 2, \cdots, J)$$

$$\lambda = \frac{s}{r} < 1, \mu = 1 - \lambda$$

应用引理 4 即得引理 5.

引理 6 设 $u_j (j = 1, 2, \cdots, J), p = \{p_1, p_2, \cdots, p_J\}$, $r > s > 0$, 如引理 5, $0 < \lambda < 1, \mu = 1 - \lambda$. 则有

$$\left(\sum_{j=1}^J p_j u_j^{\frac{1}{\lambda r + \mu s}} \right)^{\lambda r + \mu s} \leqslant \left(\sum_{j=1}^J p_j u_j^{\frac{1}{r}} \right)^{\lambda r} \left(\sum_{j=1}^J p_j u_j^{\frac{1}{s}} \right)^{\mu s} \tag{10}$$

等号成立当且仅当存在常数 c, 使

$$p_j u_j^{\frac{1}{r}} = c p_j u_j^{\frac{1}{s}} \quad (j = 1, 2, \cdots, J) \tag{11}$$

证 对

$$\tilde{u}_j = u_j^{\frac{\lambda}{\lambda r + \mu s}}, \tilde{v}_j = u_j^{\frac{\mu}{\lambda r + \mu s}} \quad (j = 1, 2, \cdots, J)$$

$$\tilde{\lambda} = \frac{\lambda r}{\lambda r + \mu s}, \tilde{\mu} = 1 - \tilde{\lambda} = \frac{\mu s}{\lambda r + \mu s}$$

应用引理 4 即得引理 6.

有了以上准备,我们就不难给出函数 $E_0(\rho,p)$ 和 $E(R)$ 的性质了.

定理1   若设 $I(p,Q)>0$,则函数 $E_0(\rho,p)$ 具有下列性质:

（ i ）

$$E_0(\rho,p)\geqslant 0,\rho\geqslant 0 \tag{12}$$

$$E_0(\rho,p)\leqslant 0,\ -1<\rho\leqslant 0 \tag{13}$$

以上两式中等号成立当且仅当 $\rho=0$.

（ ii ）

$$\frac{\partial E_0(\rho,p)}{\partial\rho}>0,\rho>-1 \tag{14}$$

（ iii ）

$$\lim_{\rho\to 0}\frac{\partial E_0(\rho,p)}{\partial\rho}=\frac{\partial E_0(\rho,p)}{\partial\rho}\bigg|_{\rho=0}=I(p,Q) \tag{15}$$

其中极限是关于分布 $p\in\mathscr{P}$ 一致收敛的.

（ iv ）

$$\frac{\partial^2 E_0(\rho,p)}{\partial\rho^2}\leqslant 0\quad(\rho>-1) \tag{16}$$

等号成立当且仅当

$$\ln\Big[\frac{Q(y\mid x)}{\sum_{x'}p(x')Q(y\mid x')}\Big]=I(p,Q) \tag{17}$$

对满足 $p(x)Q(y\mid x)>0$ 的一切 x,y 成立.

证   （ i ）由 $\rho=0$,得 $E_0(0,p)=0$. 于是（ ii ）$\Rightarrow$（ i ）.

（ ii ）设 $-1<\rho_1<\rho_2$. 对 $u(x)=Q(y\mid x),x\in\mathfrak{X}$; $p=\{p(x),x\in\mathfrak{X}\}$; $r=1+\rho_2$ 和 $s=1+\rho_1$,应用引理 5,

得

$$\Big[\sum_x p(x)Q(y\mid x)^{\frac{1}{1+\rho_2}}\Big]^{1+\rho_2}$$

$$\leqslant\Big[\sum_x p(x)Q(y\mid x)^{\frac{1}{1+\rho_1}}\Big]^{1+\rho_1}\quad(y\in\mathcal{y})$$

等号成立当且仅当存在常数 $c(y)$，使

$$p(x)Q(y|x)=c(y)p(x)\quad(x\in\mathfrak{X})$$

由此得

$$E_0(\rho_1,p)\leqslant E_0(\rho_2,p)$$

等号成立的充分必要条件是

$$p(x)Q(y|x)=c(y)p(x)=p(x)q(y)$$

对一切 $x\in\mathfrak{X},y\in\mathcal{y}$ 成立，这一条件等价于条件 $I(p,Q)=0$. 由定理的假定知，这是不可能的. 因此

$$E_0(\rho_1,p)<E_0(\rho_2,p)$$

由此可得

$$\frac{\partial E_0(\rho,p)}{\partial\rho}\geqslant 0$$

于是（iv）$\Rightarrow$（ii）. 由定理 1 的（iv）知 $\dfrac{\partial E_0(\rho,p)}{\partial\rho}$ 是 $-1<\rho<\infty$ 上的非增函数，若存在一点 $\rho_1>-1$ 使

$$\frac{\partial E_0(\rho,p)}{\partial\rho}\Big|_{\rho=\rho_1}=0$$

则当 $\rho\geqslant\rho_1$ 时 $\dfrac{\partial E_0(\rho,p)}{\partial\rho}\equiv 0$ 或 $E_0(\rho,p)$ 为常数，前面已证明这是不可能的. 故式（14）成立.

（iii）可以通过对 $E_0(\rho,p)$ 求偏导数直接验证.

（iv）设 $-1<\rho_1<\rho_2,0<\lambda<1,\mu=1-\lambda$. 记 $\rho_\lambda=$

$\lambda\rho_2 + \mu\rho_1$. 对 $u(x) = Q(y\,|\,x)$, $x \in \mathcal{X}$; $p = \{p(x), x \in \mathcal{X}\}$; $r = 1 + \rho_2$ 和 $s = 1 + \rho_1$ 应用引理 6, 得

$$\left[\sum_x p(x)Q(y\,|\,x)^{\frac{1}{1+\rho_\lambda}}\right]^{1+\rho_\lambda}$$

$$\leq \left[\sum_x p(x)Q(y\,|\,x)^{\frac{1}{1+\rho_2}}\right]^{\lambda(1+\rho_2)} \cdot$$

$$\left[\sum_x p(x)Q(y\,|\,x)^{\frac{1}{1+\rho_1}}\right]^{\mu(1+\rho_1)} \quad (y \in \mathcal{Y}) \quad (18)$$

对 $y \in \mathcal{Y}$ 求和, 并应用引理 3, 得

$$\sum_y \left[\sum_x p(x)Q(y\,|\,x)^{\frac{1}{1+\rho_\lambda}}\right]^{1+\rho_\lambda}$$

$$\leq \sum_y \left[\sum_x p(x)Q(y\,|\,x)^{\frac{1}{1+\rho_2}}\right]^{\lambda(1+\rho_2)} \cdot$$

$$\left[\sum_x p(x)Q(y\,|\,x)^{\frac{1}{1+\rho_1}}\right]^{\mu(1+\rho_1)}$$

$$\leq \left\{\sum_y \left[\sum_x p(x)Q(y\,|\,x)^{\frac{1}{1+\rho_2}}\right]^{1+\rho_2}\right\}^{\lambda} \cdot$$

$$\left\{\sum_y \left[\sum_x p(x)Q(y\,|\,x)^{\frac{1}{1+\rho_1}}\right]^{1+\rho_1}\right\}^{\mu} \quad (19)$$

对式 (19) 两边取 $-\ln$, 得

$$E_0(\lambda\rho_2 + \mu\rho_1, p) \geq \lambda E_0(\rho_2, p) + \mu E_0(\rho_1, p)$$

这说明 $E_0(\rho, p)$ 是 $\rho > -1$ 上的凹函数, 因此式 (16) 成立, 其中等号成立当且仅当式 (19) 中的两个等号同时成立. 第一个等号成立当且仅当式 (18) 中的等号对一切 $y \in \mathcal{Y}$ 都成立. 由引理 6 知, 其充要条件为存在常数 $c(y)$, 使

$$p(x)Q(y\,|\,x)^{\frac{1}{1+\rho_2}} = c(y)p(x)Q(y\,|\,x)^{\frac{1}{1+\rho_1}} \quad (x \in \mathcal{X})$$

$$(20)$$

对一切 $y \in \mathcal{Y}$ 都成立, 或

$$Q(y|x) = c(y)^{\frac{1}{\alpha}}, \alpha = \frac{1}{1+\rho_2} - \frac{1}{1+\rho_1} < 0 \quad (21)$$

对满足 $p(x)Q(y|x) > 0$ 的 x,y 都成立. 由引理 3 知,
式(19)中第二个等号成立的充要条件为:存在常数
c',使

$$\left[\sum_x p(x)Q(y|x)^{\frac{1}{1+\rho_2}} \right]^{1+\rho_2}$$

$$= c'\left[\sum_x p(x)Q(y|x)^{\frac{1}{1+\rho_1)}} \right]^{1+\rho_1} \quad (y \in \mathscr{y}) \quad (22)$$

将式(21)代入式(22),约去公因子,得

$$\left[\sum_{Q(y|x)>0} p(x) \right]^{1+\rho_2} = c'\left[\sum_{x;Q(y|x)>0} p(x) \right]^{1+\rho_1} \quad (y \in \mathscr{y})$$

或

$$\left[\sum_{x;Q(y|x)>0} p(x) \right] = (c')^\beta \quad \left(y \in \mathscr{y}, \beta = \frac{1}{\rho_2 - \rho_1} \right)$$

$$(23)$$

显然条件(21)和(22)等价于条件(21)和(23),而后
者又等价于条件

$$\frac{Q(y|x)}{\sum_{x'} p(x')Q(y|x')} = c_0 \quad (c_0 \text{ 为一常数})$$

对一切满足 $p(x)Q(y|x) > 0$ 的 x,y 成立. 由交互信息
$I(p,Q)$ 的定义知,最后一个条件与条件(17)等价. 证
得(iv).

　　根据定理 1,当条件(17)不成立时,$E_0(\rho,p)$ 是 $0 <$
$\rho < \infty$ 上的正、增和严格凹的函数,图 1 中给出了一个
典型的 $E_0(\rho,p)$ 函数的曲线,它在点 O 的斜率为 $I(p,$
$Q)$;当条件(17)成立时

$$\frac{\partial^2 E_0(\rho,p)}{\partial \rho^2} \equiv 0$$

故

$$\frac{\partial E_0(\rho,p)}{\partial \rho} \equiv I(p,Q)$$

$$E_0(\rho,p) = \rho I(p,Q)$$

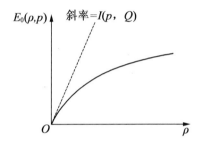

图 1　一个典型的 $E_0(\rho,p)$ 函数的曲线

但存在人口分布 p 使条件(17)成立的信道是很特殊的一类信道,如无噪信道以及像图 2 中所示的那种信道,在实用中这一类信道是不重要的.

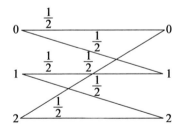

图 2　一个使条件(17)成立的信道

现在考虑函数

$$F_0(\rho,p,R) = E_0(\rho,p) - \rho R \qquad (24)$$

322

$$E(R,p) = \max_{0 \leqslant \rho \leqslant 1} [E_0(\rho,p) - \rho R] \quad (25)$$

定理 2　在定理 1 的条件下,由式(25)给出的函数 $E(R,p)$ 满足

$$E(R,p)$$
$$= \begin{cases} E_0(1,p) - R > 0, 0 \leqslant R < E'_0(1,p) \\ E_0(\rho,p) - \rho \dfrac{\partial E_0(\rho,p)}{\partial \rho} > 0, E'_0(1,p) \leqslant R < I(p,Q) \\ 0, R \geqslant I(p,Q) \end{cases}$$
$$(26)$$

其中 ρ 为方程

$$R = \frac{\partial E_0(\rho,p)}{\partial \rho} \quad (27)$$

的解

$$E'_0(1,p) = \left(\frac{\partial E_0(\rho,p)}{\partial \rho}\right)\Big|_{\rho=1}$$

证　(i)设条件(17)不成立. 由定理 1 及 ρR 为 ρ 的线性函数可知 $F_0(\rho,p,R)$ 也是 $0 \leqslant \rho < \infty$ 上的严格凹函数,并且 $\dfrac{\partial F_0(\rho,p,R)}{\partial \rho}$ 是 ρ 的减函数. 当 $0 \leqslant R < E'_0(1,p)$ 时,在 $0 \leqslant \rho \leqslant 1$ 中有

$$\frac{\partial F_0(\rho,p,R)}{\partial \rho} \geqslant \frac{\partial F_0(\rho,p,R)}{\partial \rho}\bigg|_{\rho=1} = E'_0(1,p) - R > 0$$

故 $F_0(\rho,p,R)$ 在 $\rho = 1$ 处达到它在 $[0,1]$ 上的极大值,即

$$E(R,p) = E_0(1,p) - R$$
$$= \int_0^1 \frac{\partial F_0(\rho,p,R)}{\partial \rho} \mathrm{d}\rho$$

$$\geqslant E'_0(1,p) - R > 0$$

当 $E'_0(1,p) \leqslant R < I(p,Q)$ 时，方程（27）在（0,1]中有解，故 $F_0(\rho,p,R)$ 在其解处达到它在[0,1]上唯一极大值（也是最大值）. 因此 $E(R,p)$ 可以表示为式（26）中的第二式和式（27）组成的参数方程. 其次若记 $\rho(R) > 0$ 为方程（27）的解，则当 $0 \leqslant \rho < \rho(R)$ 时，$\dfrac{\partial F_0(\rho,p,R)}{\partial\rho} > 0$. 于是由

$$F_0(0,p,R) = 0$$

推出

$$E(R,p) = F_0(\rho(R),p,R) > 0$$

当 $R \geqslant I(p,Q)$ 时，在 $0 \leqslant \rho \leqslant 1$ 中有

$$\frac{\partial F_0(\rho,p,R)}{\partial\rho} \leqslant \frac{\partial F_0(\rho,p,R)}{\partial\rho}\bigg|_{\rho=0} = I(p,Q) - R \leqslant 0$$

故 $F_0(\rho,p,R)$ 在 $\rho = 0$ 处达到它在[0,1]上的极大值，即

$$E(R,p) = F_0(0,p,R) = 0$$

（ⅱ）设条件（17）成立. 这时

$$F_0(\rho,p,R) = \rho I(p,Q) - \rho R = \rho(I(p,Q) - R)$$

且

$$E'_0(1,p) = I(p,Q)$$

因此，容易验证式（26）中的第一式和第三式成立，第二式的情形不存在.

由式（25）和式（*）易见，函数 $E(R)$ 可表示为

$$E(R) = \max_p E(R,p) \tag{28}$$

定理 3 设 $(\mathscr{X}, Q(y|x), \mathscr{Y})$ 为一无记忆信道,其信道容量为 $C > 0$,则其错误界指数 $E(R)$ 具有下列性质:

(ⅰ) $E(R) > 0, 0 \leqslant R < C$,

$\quad E(R) = 0, R \geqslant C$;

(ⅱ) $E(R)$ 在 $[0, C]$ 上是 R 的减函数;

(ⅲ) $E(R)$ 在 $[0, \infty)$ 上是 R 的凸函数;

(ⅳ) $E(R)$ 在 $[0, \infty)$ 上是 R 的连续函数.

证 (ⅰ) 设 p^* 为最优入口分布,由定理 2 可知,若

$$0 \leqslant R < I(p^*, Q) = C$$

函数 $E(R, p^*) > 0$,于是由式 (28) 得 $E(R) > 0$. 若 $R \geqslant C$,则对任意的入口分布 $p, R \geqslant C \geqslant I(p, Q)$,所以 $E(R, p) \equiv 0$,于是由式 (28) 得 $E(R) = 0$.

(ⅱ) 设 $R < \widetilde{R} < C$,对 $\widetilde{R}$ 设式 ($*$) 中的极大值在 $\widetilde{\rho}, \widetilde{p}$ 处达到,即

$$E(\widetilde{R}) = E_0(\widetilde{\rho}, \widetilde{p}) - \widetilde{\rho}\widetilde{R}$$

由 (ⅰ) 可知 $E(\widetilde{R}) > 0$,故 $\widetilde{\rho} > 0$. 于是

$$E(\widetilde{R}) = E_0(\widetilde{\rho}, \widetilde{p}) - \widetilde{\rho}\widetilde{R} < E_0(\widetilde{\rho}, \widetilde{p}) - \widetilde{\rho}R \leqslant E(R)$$

由此及 $E(C) = 0$ 证得 (ⅱ).

(ⅲ) 对任意的 $0 < \lambda < 1$ 和 $R_1, R_2 \geqslant 0$,有

$$E(\lambda R_1 + (1 + \lambda)R_2)$$

$$= \max_p \max_{0 \leqslant \rho \leqslant 1} [E_0(\rho, p) - \rho(\lambda R_1 + (1 - \lambda)R_2)] \cdot$$

$$\max_{p}\ \max_{0\leqslant\rho\leqslant1}\{\lambda[E_0(\rho,p)-\rho R_1]+$$

$$(1-\lambda)[E_0(\rho,p)-\rho R_2]\}$$

$$\leqslant\lambda\max_{p}\ \max_{0\leqslant\rho\leqslant1}[E_0(\rho,p)-\rho R_1]+$$

$$(1-\lambda)\max_{p}\ \max_{0\leqslant\rho\leqslant1}[E_0(\rho,p)-\rho R_2]$$

$$=\lambda E(R_1)+(1-\lambda)E(R_2)$$

即 $E(R)$ 在 $[0,\infty)$ 上是 R 的凸函数.

（iv）因 $E(R)=0,R\geqslant C$，故只要证 $E(R)$ 在 $[0,C]$ 上是 R 的连续函数即可. 设 $0\leqslant\widetilde{R}<R\leqslant C$，对 $\widetilde{R}$ 设式（*）中的极大值在 $\widetilde{\rho},\widetilde{p}$ 处达到，即

$$E(\widetilde{R})=E_0(\widetilde{\rho},\widetilde{p})-\widetilde{\rho}\widetilde{R}$$

由（i）可知 $E(\widetilde{R})>0$，故 $0<\widetilde{\rho}\leqslant1$. 于是由（ii）得

$$0<E(\widetilde{R})-E(R)\leqslant E_0(\widetilde{\rho},\widetilde{p})-\widetilde{\rho}\widetilde{R}-[E_0(\widetilde{\rho},\widetilde{p})-\widetilde{\rho}R]$$

$$=\widetilde{\rho}(R-\widetilde{R})\leqslant R-\widetilde{R}$$

因此 $E(R)$ 是 $[0,C]$ 上的连续函数.

下面给出离散无记忆信道的编码定理.

定理4 设通过离散无记忆信道（$\mathscr{X},Q(y|x),\mathscr{Y}$）传送消息，其信道容量 $C>0$. 若 $R<C$，则存在 $R_N\geqslant R$，$R_N\to R$ 当 $N\to\infty$，使码率为 R_N、码长为 N 的最优分组码的错误概率 $P_e(N,R_N)$ 随 N 的无限增大而依负指数的速度趋于零. 更确切地说，我们有

$$\lim_{N\to\infty}P_e(N,R_N)=0 \tag{29}$$

$$\varliminf_{N\to\infty}-\frac{1}{N}\ln P_e(N,R_N)\geqslant E(R)>0 \tag{30}$$

326

证　取 $R_N = \dfrac{l_N \ln D}{N}$，其中 l_N 为使 $R_N \geqslant R$ 成立的最小正整数，显然当 $N \to \infty$ 时，$R_N \to R$. 故存在充分大的 N_0，使当 $N \geqslant N_0$ 时，$R_N < C$. 由定理 3 的（ⅰ）（ⅱ）和（ⅳ）得：当 $N \geqslant N_0$ 时

$$E(R) \geqslant E(R_N) > 0$$

且当 $N \to \infty$ 时

$$E(R_N) \to E(R)$$

于是即得式（29）和（30）.

在结束本节之前做几点说明：

①以上我们总假定消息的先验概率分布为等概率分布，其实这一假定是不必要的.

②以上我们总假定编码 f 是从 $\mathscr{D}^l$ 到 $\mathscr{X}^N$ 中的映射. 其实可以假定编码 f 为从 $\{1, 2, \cdots, M\}$ 到 $\mathscr{X}^N$ 中的映射，其中 M 为任意正整数，容易检验当 $M \neq D^l$ 时，若定义 f 的编码速率 $R = \dfrac{\ln M}{N}$ 奈特/信道符号，则本章中的诸定理依然成立.

③定理 4 中是以最小平均错误概率 $P_e(N, R)$ 作为指标的. 若改用最小最大错误概率

$$P_{e\max}(N, R) = \min_f e_{\max}(f, \varphi^*) \qquad (31)$$

作为指标，则有如下结果：

定理 5　设通过离散无记忆信道 $(\mathscr{X}, Q(y|x), \mathscr{Y})$ 传送消息. 若使用码率为 R、码长为 N 的最优分组码，则其最大错误概率有如下上界

$$P_{emax}(N,R) \leqslant 4e^{-NE(R)} \qquad (32)$$

其中 $E(R)$ 由式($*$)给出.

证 设 f^* 为 $\{1,2,\cdots,2M\}$ 到 $\mathcal{X}^N$ 中的最优编码

$$\ell^* = \{x_1,x_2,\cdots,x_{2M}\}$$

为 f^* 编出的码,于是 f^* 的编码速率或 ℓ^* 的码率为

$$R' = \frac{\ln 2M}{N}$$

码长为 N. 得

$$P_e(N,R') = e(f^*,\varphi^*) = \frac{1}{2M}\sum_{m=1}^{2M} e_m(f^*,\varphi^*) \leqslant e^{-NE(R')}$$

$$(33)$$

不妨设

$$e_1(f^*,\varphi^*) \leqslant e_2(f^*,\varphi^*) \leqslant \cdots \leqslant e_{2M}(f^*,\varphi^*)$$

否则,改变对应次序即可做到. 现在构造码率为 $R = \frac{\ln M}{N}$、码长为 N 的分组码 $\ell = \{x_1,x_2,\cdots,x_M\}$,它由码 ℓ^* 的前 M 个码字组成,换句话说,码 ℓ 是由码 ℓ^* 中剔去后 M 个坏码字而得到的分组码. 设 f 为编出码 ℓ 的任一编码,显然有

$$e_m(f,\varphi^*) \leqslant e_m(f^*,\varphi^*) \quad (1 \leqslant m \leqslant M)$$

但由式(33)可见

$$\max_{1 \leqslant m \leqslant M} e_m(f^*,\varphi^*) \leqslant 2e^{-NE(R')}$$

否则,将导出

$$e(f^*,\varphi^*) \geqslant \frac{1}{2M}\sum_{m=M+1}^{2M} e_m(f^*,\varphi^*) > e^{-NE(R')}$$

这与式(33)矛盾,因此,有

$$e_{\max}(f^*, \varphi^*) = \max_{1 \leq m \leq M} e_m(f^*, \varphi^*) \leq \max_{1 \leq m \leq M} e_m(f^*, \varphi^*)$$

$$\leq 2e^{-NE(R')} = 2e^{-N\{\max\limits_{p}\max\limits_{0 < \rho < 1}[E_0(\rho, p) -}$$

$$\frac{\rho \ln 2M}{N}]\} \leq 2e^{-N\{\max\limits_{p}\max\limits_{0 < \rho < 1}[E_0(\rho, p) -}$$

$$\frac{\rho \ln M}{N}] - \frac{\ln 2}{N}\} = 4e^{-NE(R)}$$

因 f 为编码速率为 $R = \dfrac{\ln M}{N}$、码长为 N 的分组编码,故由式(31)即得式(32).

由定理 5 易见,若以 $P_{e\max}(N, R)$ 代替 $P_e(N, R)$,定理 4 依然成立.

§2　错误界指数 $E(R)$ 的计算

函数 $E(R)$ 的表达式(*)可改写为

$$E(R) = \max_{0 \leq \rho \leq 1}\left[-\rho R + \max_{p} E_0(\rho, p) \right] \qquad (1)$$

一般计算 $E(R)$ 分两步进行,先计算

$$E_0(\rho) = \max_{\rho} E_0(\rho, p) \qquad (2)$$

然后再计算

$$E(R) = \max_{0 \leq \rho \leq 1}\left[-\rho R + E_0(\rho) \right] \qquad (3)$$

对给定的 ρ,计算 $E_0(\rho)$ 的方法与计算信道容量的方法十分类似. 但由式(3)计算 $E(R)$ 一般只能用解参数方程的方法. 本节着重介绍 $E_0(\rho)$ 的计算方法.

定理　对任意给定的 $\rho \geq 0$,函数 $E_0(\rho, p)$ 在 $p^* \in$

$\mathscr{P}$ 达到极大值的充要条件是

$$\sum_y Q(y\mid x)^{\frac{1}{1+\rho}}\alpha_y(p^*)^\rho \begin{cases} = \sum_y \alpha_y(p^*)^{1+\rho},若 p^*(x) > 0 \\ \geqslant \sum_y \alpha_y(p^*)^{1+\rho},若 p^*(x) = 0 \end{cases}$$

$$(4)$$

其中

$$\alpha_y(p) = \sum_x p(x)Q(y\mid x)^{\frac{1}{1+\rho}} \qquad (5)$$

证 令

$$g(p) = \sum_y \alpha_y(p)^{1+\rho}$$

则

$$E_0(\rho,p) = -\ln g(p) \qquad (6)$$

因 $-\ln u$ 是 $u > 0$ 上的减函数,故 $E_0(\rho,p)$ 在 p^* 达到极大值,当且仅当 $g(p)$ 在 p^* 达到极小值,由于 $\alpha_y(p)$ 是 p 的线性函数以及当 $\rho \geqslant 0$ 时 $u^{1+\rho}$ 是 $u > 0$ 上的凸函数,故 $g(p)$ 是 p 的凸函数. 对 $f(p) = -g(p)$ 有,$g(p)$ 在 p^* 达到极小值的充要条件是存在常数 c,使

$$\sum_y Q(y\mid x)^{\frac{1}{1+\rho}}\alpha_y(p^*)^\rho \begin{cases} = c,若 p^*(x) > 0 \\ \geqslant c,若 p^*(x) = 0 \end{cases} \quad (7)$$

对式(7)等号两边乘以 $p^*(x)$ 并对 $x \in \mathscr{X}$ 求和,得

$$c = \sum_y \alpha_y(p^*)^{1+\rho}$$

将 c 的值代入式(7)即得式(4). 定理证毕.

系 在二进对称信道的情形,对任意 $\rho \geqslant 0$,函数 $E_0(\rho,p)$ 在 $p^* = (\frac{1}{2},\frac{1}{2})$ 达到极大值.

证　设二进对称信道的交叉概率为 ε. 由二进对称信道的转移概率为

$$Q(1 \mid 0) = Q(0 \mid 1) = \varepsilon$$
$$Q(0 \mid 0) = Q(1 \mid 1) = 1 - \varepsilon$$

不难验证, $p^* = (\frac{1}{2}, \frac{1}{2})$ 满足条件(4). 因此应用定理即得本系.

例　计算二进对称信道的错误界指数 $E(R)$. 设其交叉概率为 ε. 应用定理的系知 $E_0(\rho, p)$ 在 $p^* = (\frac{1}{2}, \frac{1}{2})$ 达到极大值, 故由 $p^* = (\frac{1}{2}, \frac{1}{2})$ 及二进对称信道的转移概率

$$Q(0 \mid 1) = Q(1 \mid 0) = \varepsilon$$
$$Q(0 \mid 0) = Q(1 \mid 1) = 1 - \varepsilon$$

得

$$\begin{aligned}
E_0(\rho) &= E_0(\rho, p^*) \\
&= \rho \ln 2 - (1 + \rho) \ln \left[\varepsilon^{\frac{1}{1+\rho}} + \right.\\
&\quad \left. (1 - \varepsilon)^{\frac{1}{1+\rho}} \right] \quad (0 \leqslant \rho \leqslant 1) \quad (8)
\end{aligned}$$

由(3)(8)和 §1 式(25)得

$$E(R) = E(R, p^*) = \max_{0 \leqslant \rho \leqslant 1} \left[-\rho R + E_0(\rho, p^*) \right] \quad (9)$$

由式(8)不难计算

$$\frac{\partial E_0(\rho, p^*)}{\partial \rho} = \ln 2 - h(\delta_\rho) \quad (10)$$

其中

$$h(\delta_\rho) = -\delta_\rho \ln \delta_\rho - (1 - \delta_\rho) \ln (1 - \delta_\rho)$$

$$\delta_\rho = \frac{\varepsilon^{\frac{1}{1+\rho}}}{\varepsilon^{\frac{1}{1+\rho}} + (1-\varepsilon)^{\frac{1}{1+\rho}}}$$

以 $\rho = 1$ 代入式(10),得

$$E'_0(1, p^*) = \ln 2 - h(\delta_1) \qquad (11)$$

其中 $\delta_1 = \dfrac{\sqrt{\varepsilon}}{\sqrt{\varepsilon} + \sqrt{1-\varepsilon}}$. 又知,二进对称信道的信道容量

$$C = \ln 2 - h(\varepsilon)$$

于是应用 §1 定理 2 得

$E(R)$

$$= \begin{cases} \ln 2 - 2\ln(\sqrt{\varepsilon} + \sqrt{1-\varepsilon}) - R, 0 \leqslant R < \ln 2 - h(\delta_1) \\ T_\varepsilon(\delta_\rho) - h(\delta_\rho), \ln 2 - h(\delta_1) \leqslant R < \ln 2 - h(\varepsilon) \\ 0, R \geqslant \ln 2 - h(\varepsilon) \end{cases}$$

$$(12)$$

其中 δ_ρ 为方程

$$R = \ln 2 - h(\delta_\rho) \qquad (13)$$

的解,函数

$$T_\varepsilon(\delta) = -\delta\ln\varepsilon - (1-\delta)\ln(1-\varepsilon) \qquad (14)$$

为函数 $h(\delta)$ 在点 $\delta = \varepsilon$ 的切线,如图 3 所示. 因此,当

$$\ln 2 - h(\delta_1) \leqslant R < \ln 2 - h(\varepsilon)$$

时,二进对称信道的错误界指数 $E(R)$ 可通过解参数方程(12)和(13)算出.

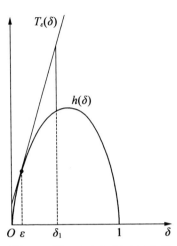

图 3　函数 $T_\varepsilon(\delta)$ 和 $h(\delta)$ 的曲线

第四篇

理论篇

关于信息量的几个问题

第十四章

§1 熵的唯一性

对熵进行定义时,首先是从直观背景出发,然后逐步抽象,进行概念引申,最后经演绎而成. 但实质上,这毕竟是人为地选定表达式. 现在进一步要问,还有无另外的表达式也可以作为"熵"的规定式? 这就是熵的唯一性问题. 为此,有下述结果.

定理(熵的唯一性定理) 假设:

(i) $H(p_1, p_2, \cdots, p_n)$ 是概率分布 $(p_1, p_2, \cdots, p_n)$ 的多元连续函数;

(ii) $H\left(\dfrac{1}{n}, \dfrac{1}{n}, \cdots, \dfrac{1}{n}\right) \triangleq f(n)$ 是 n 的增函数;

(iii) 对任意 $q_{ij} \geqslant 0$,有

$$p_i = \sum_{j=1}^{k_i} q_{ij}, \quad \sum_{i=1}^{n} p_i = 1$$

$$H(q_{11}, q_{12}, \cdots, q_{1k_1}, q_{21}, \cdots, q_{2k_2}, \cdots, q_{n1}, \cdots, q_{nk_n})$$

$$= H(p_1, p_2, \cdots, p_n) + \sum_{i=1}^{n} p_i H\left(\frac{q_{i1}}{p_i}, \cdots, \frac{q_{ik_i}}{p_i}\right)$$

（可加性）.

则

$$H(p_1, p_2, \cdots, p_n) = C \sum_{i=1}^{n} p_i \log \frac{1}{p_i} \qquad (1)$$

其中 $p_i \geq 0$，$\sum_{i=1}^{n} p_i = 1$，C 是常数.

说明 在唯一性定理的三条公设中，关键是(iii)，它表示了"信息的可加性"；公设(ii)反映背景要求；而公设(i)是要求在连续函数类中寻找熵的表达式（这很自然）.

证 分三步进行证明.

①先证

$$f(n) = C \log n \qquad (2)$$

由公设(iii)，令

$$q_{ij} = \frac{1}{mn}, p_i = \frac{1}{n}, k_i = m \quad (i = 1, \cdots, n)$$

从而

$$f(mn) = H\left(\frac{1}{mn}, \frac{1}{mn}, \cdots, \frac{1}{mn}\right)$$

$$= H\left(\frac{1}{n}, \frac{1}{n}, \cdots, \frac{1}{n}\right) + \sum_{1}^{n} \frac{1}{n} H\left(\frac{1}{m}, \frac{1}{m}, \cdots, \frac{1}{m}\right)$$

$$= f(n) + f(m)$$

即对任意自然数 m, n，有

$$f(mn) = f(n) + f(m) \qquad (3)$$

反复用之,推得

$$f(n^k) = f(n \cdot n^{k-1}) = f(n) + f(n^{k-1}) = \cdots$$
$$= kf(n)$$

即对任意自然数 k 与 n,有

$$f(n^k) = kf(n) \tag{4}$$

对任意自然数 n 及 $m > 1$,存在 l,使

$$m^l \leqslant n^k < m^{l+1} \tag{5}$$

由此及公设(ⅱ),有

$$f(m^l) \leqslant f(n^k) < f(m^{l+1}) \tag{6}$$

由式(4)及式(6),便有

$$lf(m) \leqslant kf(n) < (l+1)f(m) \tag{7}$$

从而得

$$\frac{l}{k} \leqslant \frac{f(n)}{f(m)} < \frac{l+1}{k} \tag{8}$$

再由式(5),有

$$\frac{l}{k} \leqslant \frac{\log n}{\log m} < \frac{l+1}{k} \tag{9}$$

综合式(8)与(9),得

$$\left| \frac{f(n)}{f(m)} - \frac{\log n}{\log m} \right| \leqslant \frac{1}{k} \tag{10}$$

令 $k \to \infty$,则

$$\frac{f(n)}{f(m)} = \frac{\log n}{\log m} \tag{11}$$

从而

$$\frac{f(n)}{\log n} = \frac{f(m)}{\log m} = C(\text{常数}) \tag{12}$$

由此便有

$$f(n) = C \log n \tag{13}$$

②式(1)对诸 p_i 为有理数成立:设

$$p_i = \frac{k_i}{m} \quad (k_i > 0; i = 1,2,\cdots,n)$$

$$m = \sum_{i=1}^{n} k_i, \sum_{i=1}^{n} p_i = 1$$

由式(13)及公设(iii)$\left(\text{其中令 } q_{ij} = \frac{1}{m}, p_i = \frac{k_i}{m}\right)$,

有

$$H(p_1,\cdots,p_n) = H\left(\underbrace{\frac{1}{m},\cdots,\frac{1}{m}}_{k_1\uparrow},\cdots,\underbrace{\frac{1}{m},\cdots,\frac{1}{m}}_{k_n\uparrow}\right) -$$

$$\sum_{i=1}^{n} p_i H\left(\frac{1}{k_i},\cdots,\frac{1}{k_i}\right)$$

$$= f(m) - \sum_{i=1}^{n} p_i f(k_i)$$

$$= C \log m - C \sum_{i=1}^{n} p_i \log k_i$$

$$= - C \sum_{i=1}^{n} p_i \log \frac{k_i}{m}$$

$$= - C \sum_{i=1}^{n} p_i \log p_i \tag{14}$$

即

$$H(p_1,p_2,\cdots,p_n) = - C \sum_{i=1}^{n} p_i \log p_i \tag{15}$$

对任意有理数概率分布 $p_1,p_2,\cdots,p_n$ 成立.

③由②及条件(i),便得式(1)对任意概率分布 $p_1,p_2,\cdots,p_n$ 成立. 证毕.

在上述唯一性定理中,常数 C 决定于对数的底,

正好为信息量单位的选择留有余地.

另外,三条公设在数学形式上再减弱些,也可得到同样的结果.

上面确定的熵,通称为 Shannon 熵,它是美国工程师 C. E. Shannon 在 1948 年他的开创性文章中首先提出来的. 后来人们几欲改进,然终无大得,故沿用至今. 但 Shannon 熵实质上只适用于有限场的情况,连续型随机变量的场合根本不适用.

§2 Shannon 熵的局限性

一、可列场 Shannon 熵存在的充要条件

对于可列场概率分布 $P = \{p_1, p_2, \cdots\}$,$\sum\limits_{i=1}^{\infty} p_i = 1$,$p_i \geqslant 0$,仍定义 Shannon 熵为

$$H(P) \triangleq - \sum_{i=1}^{\infty} p_i \log p_i \qquad (1)$$

但不同于有限场的是,式(1)不总有限.

例 1 记

$$A \triangleq \sum_{n \geqslant 2} \frac{1}{n(\log n)^s} \quad (1 < s \leqslant 2)$$

令

$$p_n = \frac{1}{An(\log n)^s} \quad (n = 2, 3, \cdots)$$

则

$$H(P) = - \sum_{n \geqslant 2} p_n \log p_n = + \infty \quad (1 < s \leqslant 2)$$

为此,首先注意到当 $s > 1$ 时,$0 < A < \infty$(可用级数收敛的积分判别法得之);其次,当 $s \leqslant 2$ 时,有

$$H(P) = \sum_{n \geqslant 2} \frac{1}{A} \cdot \frac{1}{n(\log n)^s} \log(An\log^s n)$$

$$= \log A + \frac{1}{A} \sum_{n \geqslant 2} \frac{1}{n(\log n)^s} \log(n\log^s n)$$

$$\geqslant \log A + \frac{1}{A} \sum_{n \geqslant 2} \frac{1}{n(\log n)^s} \log n$$

$$= \log A + \frac{1}{A} \sum_{n \geqslant 2} \frac{1}{n(\log n)^{s-1}}$$

$$\geqslant \log A + \frac{1}{A} \int_2^\infty \frac{\mathrm{d}x}{x(\log x)^{s-1}} = +\infty$$

证毕.

可见,某些可列场 Shannon 熵不存在;但例 1 当 $s > 2$ 时,$H(P) < +\infty$. 一般来说,有下述结果.

定理 1 设 $P = \{p_1, p_2, \cdots\}$ 是可列概率分布,$p_n \geqslant 0$,$n = 1, 2, \cdots$,$\sum\limits_{n=1}^\infty p_n = 1$,那么有:

(i)若 $\sum\limits_{n=1}^\infty p_n \log n < +\infty$,则 $H(P) < +\infty$;

(ii)若 $H(P) < +\infty$,且单调,$p_1 \geqslant p_2 \geqslant \cdots$,则

$$\sum_{n=1}^\infty p_n \log n < +\infty.$$

证 (i)由

$$G \triangleq \sum_{n=1}^\infty p_n \log n < +\infty$$

及基本不等式,则对任意正整数 m,有

$$H_m \triangleq \sum_{n=1}^m p_n \log \frac{1}{p_n}$$

$$= 2 \sum_{n=1}^{m} p_n \log n + \sum_{n=1}^{m} p_n \log \frac{\frac{1}{n^2}}{p_n}$$

$$\leqslant 2G + \left(\sum_{n=1}^{m} p_n \right) \log \frac{\sum_{n=1}^{m} \frac{1}{n^2}}{\sum_{n=1}^{m} p_n}$$

$$= 2G + \left(\sum_{n=1}^{m} p_n \right) \log \frac{1}{\left(\sum_{n=1}^{m} p_n \right)} +$$

$$\left(\sum_{n=1}^{m} p_n \right) \log \sum_{n=1}^{m} \frac{1}{n^2}$$

$$\leqslant 2G + \frac{1}{e} \log e + \log \frac{\pi^2}{6}$$

上面最后一不等式的成立是由于

$$0 \leqslant \sum_{n=1}^{m} p_n \leqslant 1$$

及

$$-x \log x \leqslant \frac{1}{e} \log e \quad (0 \leqslant x \leqslant 1)$$

$$\sum_{n=1}^{m} \frac{1}{n^2} < \frac{\pi^2}{6}$$

从而

$$H(P) < +\infty$$

（ii）由单调性 $p_1 \geqslant p_2 \geqslant \cdots$，得

$$n p_n \leqslant p_1 + p_2 + \cdots + p_n \leqslant 1 \quad \left(n \leqslant \frac{1}{p_n} \right)$$

从而

$$\sum_{n=1}^{\infty} p_n \log n \leqslant \sum_{n=1}^{\infty} p_n \log \frac{1}{p_n} = H(P) < +\infty$$

证毕.

由上述证明可见,(ⅱ)中单调性条件可换为 $np_n \leqslant 1$ 即可. 但仅有 $H(P) < +\infty$,结论(ⅱ)还不足以成立,请看下例.

例 2 $H(P) < +\infty$,$\displaystyle\sum_{n=1}^{\infty} p_n \log n = +\infty$.

设

$$q_n = \frac{1}{an^{1+2s}}, a \triangleq \sum_{n=1}^{\infty} \frac{1}{n^{1+2s}} \quad (s > 0)$$

有

$$q_n > 0, \sum_{n=1}^{\infty} q_n = 1$$

令

$$p_n = \begin{cases} q_k, n = b^{k^{2s}}, k = 1, 2, \cdots, 整数\ s > 0, b > 1 \\ 0 \end{cases}$$

否则有

$$p_n \geqslant 0, \sum_{n=1}^{\infty} p_n = \sum_{k=1}^{\infty} q_k = 1$$

则

$$H(P) = \sum_{n=1}^{\infty} p_n \log p_n = \sum_{k=1}^{\infty} q_k \log q$$

$$= \sum_{k=1}^{\infty} \frac{1}{ak^{1+2s}} \log(ak^{1+2s})$$

$$= \sum_{k=1}^{\infty} \frac{1}{ak^{1+2s}} \log a +$$

$$\sum_{k=1}^{\infty} \frac{1}{ak^{1+s}} \cdot \frac{1+2s}{s} \cdot \frac{\log k^s}{k^s} < +\infty$$

最后一不等式的成立是由于当 k 大时，$\dfrac{\log k^s}{k^s} < 1$，而

$$\sum_{k=1}^{\infty} \frac{1}{k^{1+s}} < +\infty \quad (s > 0)$$

（由定理 1 也可判定 $H(P) < \infty$）.

另外

$$
\begin{aligned}
\sum_{n=1}^{\infty} p_n \log n &= \sum_{k=1}^{\infty} q_k \log b^{k^{2s}} \\
&= \sum_{k=1}^{\infty} \frac{k^{2s}}{ak^{1+2s}} \cdot \log b \\
&= \frac{\log b}{a} \sum_{k=1}^{\infty} \frac{1}{k} = +\infty
\end{aligned}
$$

证毕.

二、非离散随机变量的 Shannon 熵问题

下面试推广 Shannon 熵到连续型随机变量的情形.

设随机变量 X 的分布函数为

$$F(x) = P\{X \leqslant x\}, \quad T = \{T_i, i = 1, 2, \cdots\}$$

是实数轴 R 的一个 Lebesgue 分割，即

$$T_i \cap T_j = \phi(i \neq j), \quad \sum_{i=1}^{\infty} T_i = R$$

且 T_i 皆为 Lebesgue 可测集. 随机变量 X 依分割 T 的量化，记为 $[X]_T$ 或 $[X]$，是指具有下述分布的离散值随机变量

$$P\{[X]_T = i\} = P\{X \in T_i\} = \int_{T_i} dF(x) \triangleq p_i \tag{2}$$

$[X]_T$ 的熵

$$H([X]_T) \triangleq \sum_{i=1}^{\infty} p_i \log \frac{1}{p_i} \tag{3}$$

与分割 T 有关. 因而自然定义随机变量 X 的 Shannon 熵为

$$H(X) \triangleq \sup_T H([X]_T) \tag{4}$$

其中上确界 sup 是对 R 的所有 Lebesgue 分割 T 而取的.

定理 2 设随机变量 X 具有密度函数 $p(x)$,且在任意有限区间上平方可积,即对任意 $a < b$,有

$$\int_a^b p^2(x)\,dx < +\infty \tag{5}$$

则 $H(X) = +\infty$.

证 分两步进行.

①设 $T = \{T_1, T_2, \cdots\}$ 是 R 的任一 Lebesgue 分割,令

$$p_i \triangleq \int_{T_i} p(x)\,dx \quad (i = 1, 2, \cdots) \tag{6}$$

则

$$H([X]_T) \triangleq \sum_{i=1}^{\infty} p_i \log \frac{1}{p_i} \geqslant \log \frac{1}{\displaystyle\sum_{i=1}^{\infty} p_i^2} \tag{7}$$

为此,注意到函数

$$\varphi(x) \triangleq \log \frac{1}{x} \quad (x > 0)$$

346

为下凸函数. 则据 Jensen 不等式,有

$$
- \sum_{i=1}^{n} p_i \log p_i = \sum_{i=1}^{n} p_i \varphi(p_i) \geqslant \left(\sum_{i=1}^{n} p_i \right) \varphi \left(\frac{\sum_{i=1}^{n} p_i^2}{\sum_{i=1}^{n} p_i} \right)
$$

$$
= \left(\sum_{i=1}^{n} p_i \right) \log \left(\frac{\sum_{i=1}^{n} p_i}{\sum_{i=1}^{n} p_i^2} \right) \tag{8}
$$

由此推得

$$
- \sum_{i=1}^{\infty} p_i \log p_i \geqslant \left(\sum_{i=1}^{n} p_i \right) \log \left(\sum_{i=1}^{n} p_i \right) +
$$

$$
\left(\sum_{i=1}^{n} p_i \right) \log \frac{1}{\sum_{i=1}^{n} p_i^2} \tag{9}
$$

在式(9)中,令 $n \to \infty$,考虑到 $\sum_{i=1}^{\infty} p_i = 1$,便得式(7).

　②下面证明对任意 $0 < \varepsilon < 1$,存在分割 $T = \{T_1, T_2, \cdots\}$ 使

$$
\sum_{i=1}^{\infty} p_i^2 < \varepsilon \tag{10}
$$

为此,一方面,对上述 ε ,可选自然数 N ,使

$$
\int_{|x|>N} p(x) \, \mathrm{d}x < \frac{\varepsilon}{2} \tag{11}
$$

另一方面,在区间 $[-N, N]$ 上作分点

$$
x_0 = -N < x_1 < \cdots < x_n = N
$$

且记

$$
\Delta x_i = x_i - x_{i-1} \quad (i = 1, 2, \cdots, n)
$$

Shannon 信息熵定理

$$\lambda \triangleq \max_{1 \leq i \leq n} \Delta x_i$$

$$p_i \triangleq \int_{x_{i-1}}^{x_i} p(x)\,\mathrm{d}x$$

则由 Schwarz 不等式，有

$$p_i^2 = \left(\int_{x_{i-1}}^{x_i} p(x)\,\mathrm{d}x\right)^2 \leq \int_{x_{i-1}}^{x_i} p^2(x)\,\mathrm{d}x \cdot \Delta x_i$$

$$\leq \lambda \int_{x_{i-1}}^{x_i} p^2(x)\,\mathrm{d}x$$

$$\sum_{i=1}^{n} p_i^2 \leq \lambda \int_{-N}^{N} p^2(x)\,\mathrm{d}x \qquad (12)$$

由平方可积条件式(5)及(12)，对上述固定 N，加密分点，使 λ 这样小，以至

$$\sum_{i=1}^{n} p_i^2 \leq \lambda \int_{-N}^{N} p^2(x)\,\mathrm{d}x < \frac{\varepsilon}{2} \qquad (13)$$

将上述满足式(13)的分割与 $(-\infty, -N)$ 及 $(N, +\infty)$ 合为 R 的一个分割

$$T = \{T_1, T_2, \cdots, T_{n+1}\}$$

$$T_{n+1} = (-\infty, -N) \cup (N, +\infty)$$

$$T_1 = [-N, x_1), T_2 = [x_1, x_2), \cdots,$$

$$T_n = [x_{n-1}, x_n] = [x_{n-1}, N]$$

此时由式(11)及(13)，有（不妨假定 $0 < \varepsilon < 1$）

$$p_{n+1}^2 = \left(\int_{-\infty}^{-N} p(x)\,\mathrm{d}x + \int_{N}^{\infty} p(x)\,\mathrm{d}x\right)^2 < \frac{\varepsilon}{2} \qquad (14)$$

及

$$\sum_{i=1}^{n+1} p_i^2 = p_{n+1}^2 + \sum_{i=1}^{n} p_i^2 < \varepsilon \qquad (15)$$

这就证明了式(10)成立.

由步骤①及②，本定理得证. 证毕.

推论　设随机变量 X 具有连续密度函数 $p(x)$，则 $H(X) = +\infty$.

证　因 $p(x)$ 连续，故上面定理 2 条件满足. 证毕.

由定理 2 及其推论可见，连续型随机变量（至少是常见的广泛类型）不具有有限 Shannon 熵，其实这很自然，如前所述，Shannon 熵实质是对基本事件或随机变量值按一定原则（概率法则）进行数字编号（比如编成唯一可译二元码）的平均符号数；连续型随机变量可能取值的范围不可数，则大致可以想见，其所含信息量（比特数）自然是无限的.

上述问题的实质，牵涉到 Shannon 信息的定量方式问题. 那么对连续型随机变量及若干可列值随机变量还能否使之"信息定量"化呢？

现时沿用的一个办法是，对某些连续型随机变量使用所谓"微分熵"，其定义如下

$$h(X) \triangleq -\int_{-\infty}^{\infty} p(x) \log p(x)\,\mathrm{d}x \qquad (16)$$

这里 $p(x)$ 为随机变量 X 的概率密度函数.

但必须指出，式（16）中的 $h(X)$ 不代表随机变量 X 的任何"信息"测度. 姑且不谈该式对许多常见随机变量 X 并非有限，而主要在于式（16）根本不是随机变量——变换的不变量.

为说明起见，首先回顾有限场的情形. 设两个只取有限值的随机变量 X, Y，它们互为——变换

$$Y = f(X), X = f^{-1}(Y)$$

这里 f^{-1} 为 f 的逆映射. 此时由熵的基本性质知

$$H(X) = H(Y)$$

可见，熵是一一变换的不变量，从信息直观背景上想，同一消息，采用这种代号或另种代号表示，不应改变信息量. 就是说，一一变换不改变信息量.

然而"微分熵"式(16)不具有上述性质. 事实上，设 X 是具有连续密度 $p(x)$ 的随机变量，$f(x)$ 是 R 到 R 的一一映射，$f'(x)$ 存在、连续且不等于零，$Y = f(X)$，则有

$$h(Y) = h(X) + \int_{-\infty}^{\infty} p(x)\log | f'(x) | \, \mathrm{d}x \quad (17)$$

上式由初等概率论中随机变量变换的分布密度关系及式(16)易得.

由式(17)可见，"微分熵"不是随机变量一一变换的不变量，因而不能作为"信息测度". 这从下例可更为清楚地看到.

例3 设随机变量 X 具有密度函数 $p(x)$

$$p(x) = \frac{2}{\pi} \cdot \frac{1}{1 + x^2} \quad (x \geqslant 0) \quad (18)$$

令

$$Y = f(X) = \mathrm{e}^{-X}$$

其密度函数 $q(y)$ 为

$$q(y) = p(-\ln y) \cdot \frac{1}{y} = \frac{2}{\pi} \cdot \frac{1}{(1 + \ln^2 y)y} \quad (0 < y \leqslant 1) \quad (19)$$

则 $h(X)$ 存在且有限，而 $h(Y) = -\infty$.

事实上，一方面，按式(16)及(18)，有

$$h(X) \triangleq \int_0^\infty p(x) \log \frac{1}{p(x)} \mathrm{d}x$$

$$= \frac{2}{\pi} \int_0^\infty \frac{1}{1+x^2} \log\left[\frac{\pi}{2}(1+x^2)\right] \mathrm{d}x$$

$$= \log \frac{\pi}{2} + \frac{2}{\pi} \int_0^\infty \frac{1}{1+x^2} \log(1+x^2) \mathrm{d}x$$

$$= \log \frac{\pi}{2} + \frac{2}{\pi} \int_0^2 \frac{1}{1+x^2} \log(1+x^2) \mathrm{d}x + J$$

$$(20)$$

$$J \triangleq \frac{2}{\pi} \int_2^\infty \frac{1}{1+x^2} \log(1+x^2) \mathrm{d}x$$

$$\leqslant \frac{2}{\pi} \int_2^\infty \frac{1}{1+x^2} \log x^3 \mathrm{d}x$$

$$\leqslant \frac{6}{\pi} \int_2^\infty \frac{\log x}{x^2} \mathrm{d}x$$

$$= \frac{6}{\pi} \int_2^\infty \frac{2}{x^{\frac{3}{2}}} \cdot \frac{\log \sqrt{x}}{\sqrt{x}} \mathrm{d}x < +\infty$$

显然, $J > 0$, 从而由式 (20) 即得 $0 < h(X) < +\infty$.

另一方面, 由式 (19) 及 (16), 利用式 (17), 便有

$$h(Y) = \int_0^1 q(y) \log \frac{1}{q(y)} \mathrm{d}y$$

$$= h(X) + \int_0^\infty p(x) \log \mathrm{e}^{-x} \mathrm{d}x$$

$$= h(X) - \int_0^\infty x p(x) \log \mathrm{e} \mathrm{d}x$$

$$= h(X) - \log \mathrm{e} \cdot \int_2^\infty \frac{2}{\pi} \cdot \frac{x}{1+x^2} \mathrm{d}x$$

$$= -\infty$$

证毕.

总之,Shannon 熵只适用于有限场,有条件地用于可列场,而根本不能用于连续型随机变量的情形. 因而以后只考虑有限场的问题,所遇随机变量均取有限个值,这不再一一声明.

尽管 Shannon 熵有上述局限性,但 Shannon 信息论在以近代计算机为工具的数字通信中,依然是非常重要的.

§3　信息量与可加集函数之类比

随机变量的信息测度与可加集函数 μ 间有下列类比关系

信息量	对应	μ 值
$H(X)$	$\longleftrightarrow$	$\mu(A)$
$H(X,Y)$	$\longleftrightarrow$	$\mu(A\cup B)$
$H(X/Y)$	$\longleftrightarrow$	$\mu(A-B)$
$H(X/Y,Z)$	$\longleftrightarrow$	$\mu(A-(B\cup C))$
$I(X;Y)$	$\longleftrightarrow$	$\mu(A\cap B)$
$I(X;Y/Z)$	$\longleftrightarrow$	$\mu(A\cap B-C)$
$\vdots$	$\vdots$	$\vdots$

从中可总结出如下的一般符号代换法则

随机变量符号	（对应）	集合符号
$X,Y,Z,\cdots$	$\longleftrightarrow$	$A,B,C,\cdots$
,	$\longleftrightarrow$	$\cup$
/	$\longleftrightarrow$	$-$
;	$\longleftrightarrow$	$\cap$

　　总之,每一信息量对应一形如 $\mu(A\cap B-C)$ 的集函数表达式,反之亦然. 这里 A,B,C 等为有限个集合之并,A,B 非空,C 可为空集. 例如

$$\begin{cases} A = A\cap A - \varnothing \\ A\cup B = (A\cup B)(A\cup B) - \varnothing \\ A - B = (A\cap A) - B \\ A - (B\cup C) = (A\cap A) - (B\cup C) \\ A\cap B = A\cap B - \varnothing \end{cases}$$

诸式右方皆为 $A\cap B - C$ 形状(交差式).

　　一般说来,有如下深刻结果.

　　定理(胡国定)　信息量的一个线性方程是恒等式当且仅当相应的可加集函数的方程是恒等式.

　　证　首先,诸恒等式:

　　(i) $I(X;Y) = H(X) - H(X/Y)$

　　(ii) $I(X;Y/Z) = H(X/Z) - H(X/Y,Z)$

　　(iii) $H(X/Y) = H(X,Y) - H(Y)$

具有明显的类比式

　　(Ⅰ) $\mu(A\cap B) = \mu(A) - \mu(A - B)$

　　(Ⅱ) $\mu(A\cap B - C) = \mu(A - C) - \mu(A - (B\cup C))$

　　(Ⅲ) $\mu(A\cap B) = \mu(A\cup B) - \mu(B)$

利用这些关系,可把信息量的线性方程及相应的集函数的类比式,变换成无条件熵及相应的集函数的类比式(即不含符号"/"或"－"的表达式). 注意,在基本信息量中除无条件熵外仅有(i)(ii)(iii)三种类型.

　　这样,只对含有无条件熵及相应集函数类比式的方程证明定理就行了.

为此,下面证明形如

$$\sum_\sigma C_\sigma H(\{X_i : i \in \sigma\}) \quad \text{或} \quad \sum_\sigma C_\sigma \mu(\bigcup_{i \in \sigma} A_i)$$

的一个线性表达式恒等于零,当且仅当所有系数 C_σ 全是零,其中 σ 遍及 $\{1,2,\cdots,k\}$ 的诸子集,k 为任何自然数.

两者证法一样,这里只给出对熵式的证明. 下面用归纳法证.

若

$$\sum_\sigma C_\sigma H(\{X_i : i \in \sigma\}) = 0 \quad (\forall(X_1,\cdots,X_k))$$

$$(1)$$

则

$$C_\sigma = 0 \quad (\forall \sigma \subset \{1,\cdots,k\})$$

当 $k = 1$ 时

$$C_1 H(X_1) = 0 \Leftrightarrow C_1 = 0$$

因为总可选随机变量 X_1 使 $H(X_1) > 0$. 比如,X_1 为等概分布. 即 $k = 1$ 为真.

对任意 $k > 1$,选 $X_i \equiv$ 常数,$i < k$. 取 X_k,使 $H(X_k) > 0$,则

$$H(\{X_i : i \in \sigma\}) = \begin{cases} 0, & k \notin \sigma \\ H(X_k), & k \in \sigma \end{cases}$$

由此及式(1)得

$$H(x_k) \sum_{\sigma:k\in\sigma} C_\sigma = 0, \quad \sum_{\sigma:k\in\sigma} C_\sigma = 0 \quad (2)$$

就是说,式(1)中包含 k 的那些 σ 项的系数之和为零.

进一步,对任意 $X_1,\cdots,X_{k-1}$,选 $X_k \triangleq (X_1,\cdots,X_{k-1})$,则当 $k \in \sigma$ 时,有

$$H(\{X_i : i \in \sigma\}) = H(X_k) = H(X_1, \cdots, X_{k-1})$$

由此及式(2),便有

$$\sum_{\sigma : k \in \sigma} C_\sigma H(\{X_i : i \in \sigma\}) = H(X_k) \cdot \sum_{\sigma : k \in \sigma} C_\sigma = 0$$

$$(3)$$

从而,由式(1)及(3),有

$$\sum_{\sigma \subset \{1, \cdots, k-1\}} C_\sigma H(\{X_i : i \in \sigma\}) = 0 \qquad (4)$$

由归纳法假设及式(4),得

$$C_\sigma = 0, \text{当 } k \notin \sigma \text{ 时} \qquad (5)$$

由此及对称性,得

$$C_\sigma = 0, \text{当 } \sigma \neq \{1, \cdots, k\} \text{ 时} \qquad (6)$$

此时,式(1)中只剩一项

$$\sigma = \sigma_k \triangleq \{1, \cdots, k\}$$

即

$$C_{\sigma_k} H(X_1, \cdots, X_k) = 0$$

于是,必得

$$C_{\sigma_k} = 0$$

总之,证得

$$C_\sigma = 0 \quad (\forall \sigma \subset \{1, \cdots, k\})$$

证毕.

本定理的证明较长,逻辑思维方法典型,为便于理解,其步骤总结如下:

1. 从基本量的类比归为无条件熵及类比式的线性方程问题;

2. 用归纳法证式(1)中的系数 $C_\sigma = 0$:

(i) $\sum_{k \in \sigma} C_\sigma = 0$;

（ii）$\displaystyle\sum_{\sigma\subset\{1,\cdots,k-1\}} C_\sigma H(\{x_i : i \in \sigma\}) = 0 \Rightarrow C_\sigma = 0, k \notin \sigma$;

（iii）$C_\sigma = 0, \sigma \neq \{1,\cdots,k\} \Rightarrow C_\sigma = 0, \forall \sigma \subset \{1,\cdots,k\}$.

需要指出的是，类比出来的信息量不一定都有直观信息意义. 比如

$$\mu(A \cap B \cap C) = \mu(A \cap B) - \mu(A \cap B - C)$$

对应量

$$I(X;Y) - I(X;Y/Z)$$

便无直观意义.

356

加权熵

§1 加权熵及其数学特性

在"形式化"的假设下,信源每一符号的自信息量和信源每发一个符号的平均信息量,只取决于信源的先验概率分布,与信源符号的具体含义及其对收信者的影响程度没有任何联系. 由自信息量和信息熵度量的信息,是客观信息. 但在实际中,各种随机事件虽以一定的概率发生,而各种事件的发生对人们确有不同的效用. 在许多场合,人们不仅关心事件出现的概率,尤其关心事件所引起的效用. 例如,在两人博弈的场合,双方不仅要考虑各种不同博弈方案出现的概率,更注意这些方案给自己带来的利害得失. 信息论的奠基人 C. E. Shannon 为了能在复杂纷繁的诸多因素中,跨出度量信息的艰难的第一步,勇敢而大胆地

第十五章

提出"形式化"假说,摆脱了信源符号具体含义及其对不同收信者产生不同程度影响、效用等困扰信息度量函数构架的因素,成功地导出了信息熵,为信息的度量以及信息理论的建立、发展,打破了坚冰,开拓了航道.在信息理论发展到基本成熟的今天,出于实际的需要,人们还是希望把被 C. E. Shannon 抛弃掉的信源符号的具体含义对收信者引起的效用因素捡回来,与信源符号的概率因素统筹考虑,构建一个兼顾主观和客观两大因素的综合度量函数."加权熵"就是在这种背景下的一种探索.

设信源 X 的信源空间为

$$[X \cdot P]: \begin{cases} X: & a_1 & a_2 & \cdots & a_r \\ P(X): & p_1 & p_2 & \cdots & p_r \end{cases}$$

其中: $0 \leqslant p_i \leqslant 1 (i = 1, 2, \cdots, r)$; $\sum\limits_{i=1}^{r} p_i = 1$. 对于每一个信源符号 $a_i (i = 1, 2, \cdots, r)$,根据 $a_i (i = 1, 2, \cdots, r)$ 对收信者的重要程度,或收信者收到 $a_i (i = 1, 2, \cdots, r)$ 后产生的效用大小,由收信者确定一个非负实数 $w_i (i = 1, 2, \cdots, r)$,作为符号 $a_i (i = 1, 2, \cdots, r)$ 的"效用权重系数",构成信源 X 的效用空间

$$[X \cdot W]: \begin{cases} X: & a_1 & a_2 & \cdots & a_r \\ W(X): & w_1 & w_2 & \cdots & w_r \end{cases}$$

其中 $w_i \geqslant 0 (i = 1, 2, \cdots, r)$. 我们把信源符号 $a_i (i = 1, 2, \cdots, r)$ 的效用权重系数 $w_i (i = 1, 2, \cdots, r)$ 和先验概率 $p_i (i = 1, 2, \cdots, r)$ 的乘积 $w_i p_i (i = 1, 2, \cdots, r)$,与信源符

号 $a_i(i=1,2,\cdots,r)$ 的自信息量

$$I(a_i) = -\log p_i \quad (i=1,2,\cdots,r)$$

的加权和

$$\begin{aligned}
H_w(X) &= H_w(w_1,w_2,\cdots,w_r;p_1,p_2,\cdots,p_r) \\
&= -w_1p_1\log p_1 - w_2p_2\log p_2 - \cdots - w_rp_r\log p_r \\
&= -\{w_1p_1\log p_1 + w_2p_2\log p_2 + \cdots + w_rp_r\log p_r\} \\
&= -\sum_{i=1}^{r} w_ip_i\log p_i \quad\quad\quad (1)
\end{aligned}$$

定义为加权熵.

在加权熵中,效用权重系数 $w_i(i=1,2,\cdots,r)$ 也可能与符号(随机事件)$a_i(i=1,2,\cdots,r)$ 的先验概率 p_i $(i=1,2,\cdots,r)$ 有关. 例如,在天气预报中,出现的随机事件中有"晴""雨""雪""大风"……,它们都有不同的先验概率. 在炎热的夏天出现"晴转大雪"的可能性极小,但一旦发生,对农业、工业以及人们的生活会造成严重后果. 所以,这一事件的效用很大,其权重系数也应很大. 一般而言,在天气预报中,先验概率越小的事件,对人们的重要程度越大. 效用权重系数与事件发生的先验概率有关. 在其他某些场合,效用权重系数 $w_i(i=1,2,\cdots,r)$ 也可能与信源符号 $a_i(i=1,2,\cdots,r)$ 的先验概率 $p_i(i=1,2,\cdots,r)$ 无关. 例如,掷骰子各点出现的先验概率都是 $\frac{1}{6}$,但对掷骰子的人来说,出现什么点数的重要程度是大不相同的,相应的效用权重系数就会各不相同. 通过对效用权重系数的简单剖析,我们可以得到这样的总的认识:效用权重系数 $w_i(i=1,$

$2, \cdots, r)$ 在一定程度上体现信源符号（随机事件）$a_i(i = 1, 2, \cdots, r)$ 的质的信息. 我们知道, 先验概率 $p_i(i = 1, 2, \cdots, r)$ 反映信源符号（随机事件）$a_i(i = 1, 2, \cdots, r)$ 的量的信息. 由式 (1) 定义的加权熵

$$H_w(X) = H_w(w_1, w_2, \cdots, w_r; p_1, p_w, \cdots, p_r)$$

取决于效用空间 $W: \{w_1, w_2, \cdots, w_r\}$ 和概率空间 $P: \{p_1, p_2, \cdots, p_r\}$, 既体现信源 X 的质的信息, 也体现了信源 X 的量的信息. 所以, 它可看作是信源 X 的质和量的信息的综合度量函数.

由式 (1) 定义的加权熵, 具有一系列有趣的数学特性:

一、非负性

在式 (1) 中, 因有

$$0 \leqslant p_i \leqslant 1, w_i \geqslant 0 \quad (i = 1, 2, \cdots, r)$$

所以有

$$-w_i p_i \log p_i \geqslant 0 \quad (i = 1, 2, \cdots, r) \tag{2}$$

则有

$$H_w(w_1, w_2, \cdots, w_r; p_1, p_2, \cdots, p_r) = -\sum_{i=1}^{r} w_i p_i \log p_i \geqslant 0$$

$$\tag{3}$$

这就是加权熵的非负性. 这种非负性表明, 在赋予每一信源符号（随机事件）一定的效用权重以后, 信源每发一个符号, 从平均的意义上来说, 同样能提供一定的信息量, 至少等于零.

二、对称性

由加法交换律,式(1)中相加的 r 项 $-w_ip_i\log p_i$ $(i=1,2,\cdots,r)$ 的位置互换,其和值不变,即有

$$H_w(w_1,w_2,\cdots,w_r;p_1,p_2,\cdots,p_r)$$
$$= -\{w_1p_1\log p_1 + w_2p_2\log p_2 + \cdots + w_rp_r\log p_r\}$$
$$= -\{w_2p_2\log p_2 + w_1p_1\log p_1 + \cdots + w_rp_r\log p_r\}$$
$$= H_w(w_2,w_1,\cdots,w_r;p_2,p_1,\cdots,p_r)$$
$$= -\{w_rp_r\log p_r + w_2p_2\log p_2 + \cdots + w_1p_1\log p_1\}$$
$$= H_w(w_r,w_2,\cdots,w_1;p_r,p_2,\cdots,p_1)$$
$$= \cdots \tag{4}$$

这就是加权熵的对称性. 这种对称性表明,加权熵的大小,只取决于信源 X 的概率空间 $P(X):\{p_1,p_2,\cdots,p_r\}$ 和效用空间 $W(X):\{w_1,w_2,\cdots,w_r\}$ 的对应总体结构 $(P\cdot W):\{w_1p_1,w_2p_2,\cdots,w_rp_r\}$,与每一对 $w_ip_i(i=1,2,\cdots,r)$ 所用的符号形式无关. 设有信源 $X:\{a_1,a_2,a_3,a_4,a_5\}$ 和信源 $Y:\{b_1,b_2,b_3,b_4,b_5\}$,且有

$$[X\cdot P\cdot W]:\begin{cases} X: & a_1 & a_2 & a_3 & a_4 & a_5 \\ P(X): & p_1 & p_2 & p_3 & p_4 & p_5 \\ W(X): & w_1 & w_2 & w_3 & w_4 & w_5 \end{cases}$$

$$[Y\cdot P\cdot W]:\begin{cases} Y: & b_1 & b_2 & b_3 & b_4 & b_5 \\ P(Y): & p_4 & p_2 & p_3 & p_5 & p_1 \\ W(Y): & w_4 & w_2 & w_3 & w_5 & w_1 \end{cases}$$

则有

$$H_w(X) = -\{w_1p_1\log p_1 + w_2p_2\log p_2 + w_3p_3\log p_3 + w_4p_4\log p_4 + w_5p_5\log p_5\}$$

而

$$H_w(Y) = -\{ w_4 p_4 \log p_4 + w_2 p_2 \log p_2 + w_3 p_3 \log p_3 + w_5 p_5 \log p_5 + w_1 p_1 \log p_1 \}$$

即有

$$H_w(X) = H_w(Y) \qquad (5)$$

这就是说,两个符号数相同、概率空间和效用空间的对应总体结构相同的信源的加权熵相等.

三、连续性

设信源 X 的概率空间、效用空间为

$$[X \cdot P \cdot W]: \begin{cases} X: & a_1 & a_2 & \cdots & a_{k-1} \\ & a_k & a_{k+1} & \cdots & a_r \\ P(X): & p_1 & p_2 & \cdots & p_{k-1} \\ & p_k & p_{k+1} & \cdots & p_r \\ W(X): & w_1 & w_2 & \cdots & w_{k-1} \\ & w_k & w_{k+1} & \cdots & w_r \end{cases}$$

其中: $0 \leqslant p_i \leqslant 1 (i=1,2,\cdots,r)$; $\sum\limits_{i=1}^{r} p_i = 1$; $w_i \geqslant 0 (i=1, 2, \cdots, r)$. 若某一概率分量 p_k 发生微小波动 $+\varepsilon (\varepsilon > 0)$,在信源符号数仍保持 r 不变的前提下,为了维护概率空间的完备性,其他概率分量 $p_l (l \neq k)$ 必将发生相应的微小波动 $-\varepsilon_l (\varepsilon_l > 0)$,且 $\sum\limits_{l \neq k} \varepsilon_l = \varepsilon$,形成另一信源 X',其概率空间为

$$[X' \cdot P]: \begin{cases} X': & a_1 & a_2 & \cdots & a_{k-1} \\ & a_k & a_{k+1} & \cdots & a_r \\ P(X): & p_1 - \varepsilon_1 & p_2 - \varepsilon_2 & \cdots & p_{k-1} - \varepsilon_{k-1} \\ & p_k + \varepsilon & p_{k+1} - \varepsilon_{k+1} & \cdots & p_r - \varepsilon_r \end{cases}$$

又若与 p_k 相对应的符号 a_k 的效用权重系数 w_k 同时发生相应的微小波动 $-\eta(\eta > 0)$，则形成新信源 Y，其概率空间、效用空间为

$$[Y \cdot P \cdot W]: \begin{cases} Y: & a_1 & a_2 & \cdots & a_{k-1} \\ & a_k & a_{k+1} & \cdots & a_r \\ P(Y): & p_1 - \varepsilon_1 & p_2 - \varepsilon_2 & \cdots & p_{k-1} - \varepsilon_{k-1} \\ & p_k + \varepsilon & p_{k+1} - \varepsilon_{k+1} & \cdots & p_r - \varepsilon_r \\ W(Y): & w_1 & w_2 & \cdots & w_{k-1} \\ & w_k - \eta & w_{k+1} & \cdots & w_r \end{cases}$$

信源 Y 的加权熵为

$$\begin{aligned} H_w(Y) &= H_w[w_1, w_2, \cdots, w_{k-1}, (w_k - \eta), w_{k+1}, \cdots, w_r; \\ & \quad (p_1 - \varepsilon_1), (p_2 - \varepsilon_2), \cdots, \\ & \quad (p_{k-1} - \varepsilon_{k-1}), (p_k + \varepsilon), \\ & \quad (p_{k+1} - \varepsilon_{k+1}), \cdots, (p_r - \varepsilon_r)] \\ &= -\sum_{l \neq k} w_l(p_l - \varepsilon_l) \log(p_l - \varepsilon_l) - \\ & \quad (w_k - \eta)(p_k + \varepsilon) \log(p_k + \varepsilon) \end{aligned}$$

当信源符号 a_k 的概率分量 p_k 的波动 $\varepsilon \to 0(\varepsilon_l \to 0, l \neq k)$，且效用权重系数 w_k 的波动 $-\eta(\eta > 0) \to 0$ 时，有

$$\lim_{\substack{\varepsilon \to 0 \\ \eta \to 0}} \{H_w(Y)\} = \lim_{\substack{\varepsilon \to 0 \\ \eta \to 0}} \{-\sum_{l \neq k} w_l(p_l - \varepsilon_l) \log(p_l - \varepsilon_l) - $$

$$(w_k - \eta)(p_k + \varepsilon)\log(p_k + \varepsilon) \Big\}$$

$$= -\sum_{l \neq k} w_l p_l \log p_l - w_k p_k \log p_k$$

$$= -\sum_{i=1}^{r} w_i p_i \log p_i = H_w(X) \qquad (6)$$

这就是加权熵的连续性. 这种连续性表明,信源的概率空间和效用空间中的概率分量、效用权重系数的微小波动,不会引起信源加权熵的巨大变动. 加权熵是信源概率分量、效用权重系数的连续函数.

四、递推性

设信源 $X : \{a_1, a_2, \cdots, a_{r-1}, a_r, a_{r+1}\}$ 的概率空间、效用空间为

$$[X \cdot P \cdot W] : \begin{cases} X: & a_1 & a_2 & \cdots & a_{r-1} & a_r & a_{r+1} \\ P(X): & p_1 & p_2 & \cdots & p_{r-1} & p' & p'' \\ W(X): & w_1 & w_2 & \cdots & w_{r-1} & w' & w'' \end{cases}$$

则信源 X 的加权熵

$$H_w^{r+1}(X) = H_w^{r+1}(w_1, w_2, \cdots, w_{r-1}, w', w'';$$
$$p_1, p_2, \cdots, p_{r-1}, p', p'') \qquad (7)$$

把式(7)展开,并作恒等变换,可得

$$H_w^{r+1}(w_1, w_2, \cdots, w_{r-1}, w', w''; p_1, p_2, \cdots, p_{r-1}, p', p'')$$

$$= -\{w_1 p_1 \log p_1 + w_2 p_2 \log p_2 + \cdots + w_{r-1} p_{r-1} \log p_{r-1} +$$
$$w' p' \log p' + w'' p'' \log p''\}$$

$$= -\{w_1 p_1 \log p_1 + w_2 p_2 \log p_2 + \cdots + w_{r-1} p_{r-1} \log p_{r-1} +$$
$$w' p' \log(p' + p'') + w'' p'' \log(p' + p'') + w' p' \log p' +$$
$$w'' p'' \log p'' - w' p' \log(p' + p'') - w'' p'' \log(p' + p'')\}$$

$$= -\{w_1 p_1 \log p_1 + w_2 p_2 \log p_2 + \cdots + w_{r-1} p_{r-1} \log p_{r-1} +$$

$$\frac{w'p' + w''p''}{p' + p''}(p' + p'') \log(p' + p'') +$$

$$\left\{-\left[w'p' \log \frac{p'}{p' + p''} + w''p'' \log \frac{p''}{p' + p''}\right]\right\}\}$$

$$= -\{w_1 p_1 \log p_1 + w_2 p_2 \log p_2 + \cdots + w_{r-1} p_{r-1} \log p_{r-1} +$$

$$\frac{w'p' + w''p''}{p' + p''}(p' + p'') \log(p' + p'')\} +$$

$$\left\{-(p' + p'')\left[w'\frac{p'}{p' + p''}\log \frac{p'}{p' + p''} + w''\frac{p''}{p' + p''}\log \frac{p''}{p' + p''}\right]\right\} \quad (8)$$

若令

$$w_r = \frac{w'p' + w''p''}{p' + p''}$$

$$p_r = p' + p''$$

则(8)又可改写为

$$H_w^{r+1}(w_1, w_2, \cdots, w_{r-1}, w', w''; p_1, p_2, \cdots, p_{r-1}, p', p'')$$

$$= -\{w_1 p_1 \log p_1 + w_2 p_2 \log p_2 + \cdots + w_{r-1} p_{r-1} \log p_{r-1} +$$

$$w_r p_r \log p_r\} + \left\{-p_r\left[w'\frac{p'}{p_r}\log \frac{p'}{p_r} + w''\frac{p''}{p_r}\log \frac{p''}{p_r}\right]\right\}\}$$

$$= H_w^r(w_1, w_2, \cdots, w_{r-1}, w_r; p_1, p_2, \cdots, p_{r-1}, p_r) +$$

$$p_r H_w^2\left(w', w''; \frac{p'}{p_r}; \frac{p''}{p_r}\right) \quad (9)$$

　　这就是加权熵的递推性. 式(9)表明,加权熵与一般的信息熵一样,$r+1$ 元信源的加权熵可以递推为 r 元信源的加权熵,与一个二元信源的加权熵的加权和. 重复运用式(9)所示的递推性,最终可把信源的加权熵,分解为若干个二元信源的加权熵的加权和. 这个结论已经给我们预示,在满足某些公理条件的前提下,加权熵函数的构成形式是唯一的.

五、均匀性

由加权熵的定义式(1)可知,具有 r 个符号的等概信源的加权熵

$$H_w^r\left(w_1, w_2, \cdots, w_r; p_1, p_2, \cdots, p_r\right)$$

$$= H_w^r\left(w_1, w_2, \cdots, w_r; \frac{1}{r}, \frac{1}{r}, \cdots, \frac{1}{r}\right)$$

$$= -\left\{ w_1 \frac{1}{r}\log\frac{1}{r} + w_2 \frac{1}{r}\log\frac{1}{r} + \cdots + w_r \frac{1}{r}\log\frac{1}{r} \right\}$$

$$= \frac{w_1}{r}\log r + \frac{w_2}{r}\log r + \cdots + \frac{w_r}{r}\log r$$

$$= \left(\frac{w_1 + w_2 + \cdots + w_r}{r}\right) \cdot \log r \tag{10}$$

这就是加权熵的均匀性. 这种均匀性表明,具有 r 个符号的等概信源的加权熵,等于信息熵与 r 个信源符号的效用权重系数的算术平均数的乘积. 这就是说,两个符号数相同且均等于 r 的等概信源,r 个信源符号的效用权重系数的算术平均数大的信源的加权熵亦大. 因为效用权重系数的平均值是从平均的意义上表示信源每发一个符号对于收信者的重要程度. 所以,对于两个符号数相同的等概信源来说,效用权重系数的算术平均值大的信源,每发一个符号提供的平均效用信息量亦大.

六、等重性

在加权熵的定义式(1)中,当 r 个信源符号的效用

权重系数相等,即

$$w_i = w \geqslant 0 \quad (i = 1, 2, \cdots, r)$$

时,有

$$H_w^r(w_1, w_2, \cdots, w_r; p_1, p_2, \cdots, p_r)$$

$$= H_w^r(w, w, \cdots, w; p_1, p_2, \cdots, p_r)$$

$$= -\{wp_1 \log p_1 + wp_2 \log p_2 + \cdots + wp_r \log p_r\}$$

$$= w \cdot \{-[p_1 \log p_1 + p_2 \log p_2 + \cdots + p_r \log p_r]\}$$

$$= w \cdot \{-\sum_{i=1}^{r} p_i \log p_i\} = w \cdot H(p_1, p_2, \cdots, p_r)$$

$$(11)$$

在式(11)中,当

$$w_i = w = 0 \quad (i = 1, 2, \cdots, r)$$

时,有

$$H_w^r(w, w, \cdots, w; p_1, p_2, \cdots, p_r)$$

$$= H_w^r(0, 0, \cdots, 0; p_1, p_2, \cdots, p_r)$$

$$= 0 \cdot H(p_1, p_2, \cdots, p_r) = 0 \quad (12)$$

这就是加权熵的等重性. 这种等重性表明,效用权重系数相等且均为 $w > 0$ 的等重信源的加权熵,等于信源的信息熵的 w 倍. 这就是说,两个符号数相同、先验概率分布相同的等重信源,效用权重系数大的信源的加权熵亦大. 因为效用权重系数表示信源符号对收信者的重要程度,所以,效用权重系数大的等重信源,给收信者提供较多的信息量. 效用权重系数等于零的等重信源,我们称之为无效信源. 式(12)指明,由于无效信源发出的所有符号 $a_i(i = 1, 2, \cdots, r)$ 的效用权重

系数 $w_i = 0 (i = 1, 2, \cdots, r)$，即对于收信者来说都是无效用或无意义的，所以这种无效信源不能给接收者提供任何信息量.

七、确定性

由加权熵的定义式（1）可知，当 r 个信源符号 a_i $(i = 1, 2, \cdots, r)$ 中，某符号 a_j 的先验概率 p_j 等于 1，其他所有符号 $a_i (i \neq j)$ 的先验概率 $p_i (i \neq j)$ 均为零，即

$$p_j = 1; p_i = 0 \quad (i \neq j)$$

时，确知信源的加权熵

$$
\begin{aligned}
&H_w^r(w_1, w_2, \cdots, w_r; p_1, p_2, \cdots, p_j, \cdots, p_r) \\
&= H_w^r(w_1, w_2, \cdots, w_r; 0, 0, \cdots, 0, 1, 0, \cdots, 0) \\
&= -\{w_1 0 \log 0 + w_2 0 \log 0 + \cdots + w_j 1 \log 1 + \\
&\quad w_{j+1} 0 \log 0 + \cdots + w_r 0 \log 0\} \\
&= -\{0 \log 0 + 0 \log 0 + \cdots + w_j \cdot 0 + \\
&\quad 0 \log 0 + \cdots + 0 \log 0\} = 0 \quad\quad (13)
\end{aligned}
$$

这就是加权熵的确定性，这种确定性表明，确知信源的加权熵亦等于零. 这就是说，不论信源符号对于收信者有多么重要，只要是确知信源，不含有任何不确定性，它就不可能给收信者提供任何信息量.

八、非容性

设有两个集合 L 和 Q，且 $L \cup Q = I = \{1, 2, \cdots, r\}$，$L \cap Q = \varphi$，并且有

$$p_l = 0, w_l > 0 \quad (l \in L)$$

$$0 \leqslant p_q \leqslant 1, w_q = 0 \quad (q \in Q)$$

则信源 $X: \{a_1, a_2, \cdots, a_r\}$ 的加权熵

$$H_w^r(w_1, w_2, \cdots, w_r; p_1, p_2, \cdots, p_r)$$

$$= -\{w_1 p_1 \log p_1 + w_2 p_2 \log p_2 + \cdots + w_r p_r \log p_r\}$$

$$= -\sum_{l \in L} w_l p_l \log p_l - \sum_{q \in Q} w_q p_q \log p_q$$

$$= -\sum_{l \in L} w_l \cdot 0 \log 0 - \sum_{q \in Q} 0 \cdot p_q \log p_q$$

$$= -\sum_{l \in L} 0 \log 0 - \sum_{q \in Q} 0 \log p_q$$

$$= 0 \qquad\qquad (14)$$

这就是加权熵的非容性. 若信源中所有可能发出的符号都是无意义(或无效用)的,而所有有意义(或有效用)的符号却都不可能发出,则这种信源称之为"不兼容信源". 加权熵的非容性表明,不兼容信源不能提供任何信息量.

九、扩展性

设信源 X 的概率空间、效用空间为

$$[X \cdot P \cdot W]: \begin{cases} X: & a_1 & a_2 & \cdots & a_{r-1} & a_r \\ P(X): & p_1 & p_2 & \cdots & p_{r-1} & p_r \\ W(X): & w_1 & w_2 & \cdots & w_{r-1} & w_r \end{cases}$$

若其中某一概率分量 p_r 发生微小波动 $-\varepsilon(\varepsilon > 0)$,而要求其他概率分量 $p_1, p_2, \cdots, p_{r-1}$ 保持不变,则势必增加 m 个符号 $a_j'(j = 1, 2, \cdots, m)$,相应概率分量 $0 < \varepsilon_j < 1(j = 1, 2, \cdots, m)$,且 $\sum_{j=1}^{m} \varepsilon_j = \varepsilon$,即形成另一信源 X': $\{a_1, a_2, \cdots, a_{r-1}, a_r, a_1', a_2', \cdots, a_m'\}$. 令增加符号 $a_j'(j = 1, 2, \cdots, m)$ 的效用权重系数为 $w_j' > 0(j = 1, 2, \cdots, m)$,则信源 X' 的概率空间和效用空间为

$$[X' \cdot P \cdot W]: \begin{cases} X': & a_1 \quad a_2 \quad \cdots \quad a_{r-1} \quad a_r; \\ & a_1' \quad a_2' \quad \cdots \quad a_m' \\ P(X'): & p_1 \quad p_2 \quad \cdots \quad p_{r-1} \quad p_r - \varepsilon; \\ & \varepsilon_1 \quad \varepsilon_2 \quad \cdots \quad \varepsilon_m \\ W(X): & w_1 \quad w_2 \quad \cdots \quad w_{r-1} \quad w_r; \\ & w_1' \quad w_2' \quad \cdots \quad w_n' \end{cases}$$

信源 X' 的加权熵

$$H_w^{r+m}(w_1, w_2, \cdots, w_{r-1}, w_r, w_1', w_2', \cdots, w_m';$$
$$p_1, p_2, \cdots, p_{r-1}, p_r - \varepsilon, \varepsilon_1, \cdots, \varepsilon_m)$$
$$= -\{w_1 p_1 \log p_1 + w_2 p_2 \log p_2 + \cdots + w_{r-1} p_{r-1} \log p_{r-1} +$$
$$w_r(p_r - \varepsilon) \log(p_r - \varepsilon) + w_1' \varepsilon_1 \log \varepsilon_1 +$$
$$w_2' \varepsilon_2 \log \varepsilon_2 + \cdots + w_m' \varepsilon_m \log \varepsilon_m\}$$
$$= -\sum_{i=1}^{r-1} w_i p_i \log p_i - \sum_{j=1}^{m} w_j' \varepsilon_j \log \varepsilon_j - w_r(p_r - \varepsilon) \log(p_r - \varepsilon)$$

$$(15)$$

当概率分量 p_r 的微小波动 $\varepsilon \to 0$，即增加符号 $a_j'(j=1, 2, \cdots, m)$ 的概率分量 $\varepsilon_j' \to 0 (j=1, 2, \cdots, m)$ 时，式（15）的极限值

$$\lim_{\substack{\varepsilon \to 0 \\ \varepsilon_j \to 0}} \{H_w^{r+m}(w_1, \cdots, w_r, w_1', \cdots, w_m';$$
$$p_1, p_2, \cdots, (p_r - \varepsilon), \varepsilon_1, \cdots, \varepsilon_m)\}$$
$$= \lim_{\substack{\varepsilon \to 0 \\ \varepsilon_j \to 0}} \{-\sum_{i=1}^{r-1} w_i p_i \log p_i - \sum_{j=1}^{m} w_j' \varepsilon_j \log \varepsilon_j -$$
$$w_r(p_r - \varepsilon) \log(p_r - \varepsilon)\}$$
$$= -\sum_{i=1}^{r-1} w_i p_i \log p_i - \lim_{\varepsilon_j \to 0} \{\sum_{j=1}^{m} w_j' \varepsilon_j \log \varepsilon_j\} -$$

$$\lim_{\varepsilon \to 0}\{ w_r(p_r - \varepsilon)\log(p_r - \varepsilon)\}$$

$$= -\sum_{i=1}^{r-1} w_i p_i \log p_i - \sum_{j=1}^{m} 0\log 0 - w_r p_r \log p_r$$

$$= -\sum_{i=1}^{r} w_i p_i \log p_i$$

$$= H_w^r(w_1, w_2, \cdots, w_r; p_1, p_2, \cdots, p_r) \qquad (16)$$

这就是加权熵的扩展性. 这种扩展性表明,若信源增加若干先验概率接近于零的信源符号,虽然这些符号都具有一定的效用,甚至是有比较大(但是有限大)的效用,而且当信源发出这些符号时提供很大信息量,但从总体上看,终因其概率很小(接近于零),在加权熵中占有的比重甚微,以致使加权熵值仍然维持不变.

十、同比性

在式(1)中,若 α 为非负实数($\alpha > 0$),则效用权重系数分别为 $\alpha w_i (i = 1,2,\cdots,r)$ 的加权熵

$$H_w^r(\alpha w_1, \alpha w_2, \cdots, \alpha w_r; p_1, p_2, \cdots, p_r)$$

$$= -\{ \alpha w_1 p_1 \log p_1 + \alpha w_2 p_2 \log p_2 + \cdots + \alpha w_r p_r \log p_r \}$$

$$= \alpha \cdot \{ -[w_1 p_1 \log p_1 + w_2 p_2 \log p_2 + \cdots + w_r p_r \log p_r] \}$$

$$= \alpha \{ -\sum_{i=1}^{r} w_i p_i \log p_i \}$$

$$= \alpha H_w^r(w_1, w_2, \cdots, w_r; p_1, p_2, \cdots, p_r) \qquad (17)$$

这就是加权熵的同比性. 它表明,当信源每一种符号 $a_i (i = 1,2,\cdots,r)$ 的效用权重系数 $w_i (i = 1,2,\cdots,r)$ 同时扩大 $\alpha (\alpha > 0)$ 倍时,则信源的加权熵也扩大 α 倍. 加权熵与效用权重系数同比增长.

十一、极值性

令待定常数 $\alpha > 0$,并作辅助函数

$$F(w_1, w_2, \cdots, w_r; p_1, p_2, \cdots, p_r)$$

$$= H_w^r(w_1, w_2, \cdots, w_r; p_1, p_2, \cdots, p_r) - \alpha \sum_{i=1}^{r} p_i$$

$$= -\sum_{i=1}^{r} w_i p_i \ln p_i - \alpha \sum_{i=1}^{r} p_i \qquad (18)$$

对式(18)中的第一项作恒等变换

$$-\sum_{i=1}^{r} w_i p_i \ln p_i = -\sum_{i=1}^{r} w_i e^{-\frac{\alpha}{w_i}} p_i e^{\frac{\alpha}{w_i}} \ln p_i \qquad (19)$$

对式(18)中的第二项作恒等变换

$$-\alpha \sum_{i=1}^{r} p_i = -\sum_{i=1}^{r} w_i e^{-\frac{\alpha}{w_i}} p_i e^{\frac{\alpha}{w_i}} \ln e^{\frac{\alpha}{w_i}} \qquad (20)$$

现将式(19)(20)代入式(18),得

$$F(w_1, w_2, \cdots, w_r; p_1, p_2, \cdots, p_r)$$

$$= H_w^r(w_1, w_2, \cdots, w_r; p_1, p_2, \cdots, p_r) - \alpha$$

$$= -\sum_{i=1}^{r} w_i e^{-\frac{\alpha}{w_i}} p_i e^{\frac{\alpha}{w_i}} \ln p_i - \sum_{i=1}^{r} w_i e^{-\frac{\alpha}{w_i}} p_i e^{\frac{\alpha}{w_i}} \ln e^{\frac{\alpha}{w_i}}$$

$$= -\sum_{i=1}^{r} w_i e^{-\frac{\alpha}{w_i}} p_i e^{\frac{\alpha}{w_i}} (\ln p_i + \ln e^{\frac{\alpha}{w_i}})$$

$$= -\sum_{i=1}^{r} w_i e^{-\frac{\alpha}{w_i}} p_i e^{\frac{\alpha}{w_i}} \ln p_i e^{\frac{\alpha}{w_i}}$$

$$= -\sum_{i=1}^{r} w_i e^{-\frac{\alpha}{w_i}} \{ p_i e^{\frac{\alpha}{w_i}} \ln p_i e^{\frac{\alpha}{w_i}} \}$$

$$= \sum_{i=1}^{r} w_i e^{-\frac{a}{w_i}} \{ -p_i e^{\frac{a}{w_i}} \ln p_i e^{\frac{a}{w_i}} \} \qquad (21)$$

因为,当 $x \geqslant 0$ 时,有

$$-x\ln x \leqslant \frac{1}{e} \qquad (22)$$

当且仅当 $x = \dfrac{1}{e}$ 时,才有

$$-x\ln x = \frac{1}{e} \qquad (23)$$

由于 $0 \leqslant p_i \leqslant 1(i=1,2,\cdots,r)$; $\sum\limits_{i=1}^{r} p_i = 1$; $w_i \geqslant 0(i=1,2,\cdots,r)$,所以式(21)中的

$$p_i e^{\frac{\alpha}{w_i}} > 0 \quad (i=1,2,\cdots,r) \qquad (24)$$

由式(22)(24)可得

$$-p_i e^{\frac{\alpha}{w_i}}\ln p_i e^{\frac{\alpha}{w_i}} \leqslant \frac{1}{e} \qquad (25)$$

把式(25)代入式(21)有

$$H_w^r(w_1,w_2,\cdots,w_r;p_1,p_2,\cdots,p_r) - \alpha$$

$$\leqslant \sum_{i=1}^{r} w_i e^{-\frac{\alpha}{w_i}} \cdot \frac{1}{e} = \sum_{i=1}^{r} w_i \cdot \exp\left\{-\frac{\alpha}{w_i} - 1\right\} \quad (26)$$

即得

$$H_w^r(w_1,w_2,\cdots,w_r;p_1,p_2,\cdots,p_r)$$

$$\leqslant \alpha + \sum_{i=1}^{r} w_i \exp\left\{-\frac{\alpha}{w_i} - 1\right\} \qquad (27)$$

这说明加权熵 $H_w^r(w_1,w_2,\cdots,w_r;p_1,p_2,\cdots,p_r)$ 存在最大值. 再考虑式(6)已证明加权熵具有连续性,则辅助函数式(18)对 r 个变量 $p_i(i=1,2,\cdots,r)$ 取偏导,并置之为零,可得 r 个稳定点方程

$$\frac{\partial}{\partial p_i}\{F(w_1,w_2,\cdots,w_r;p_1,p_2,\cdots,p_r)\}$$

$$= \frac{\partial}{\partial p_i}\Big\{ - \sum_{i=1}^{r} w_i p_i \ln p_i - \alpha \sum_{i=1}^{r} p_i \Big\}$$

$$= - w_i \ln p_i - w_i - \alpha = - w_i(1 + \ln p_i) - \alpha$$

$$= 0 \quad (i = 1,2,\cdots,r) \tag{28}$$

由此,可得使加权熵 $H_w^r(w_1,w_2,\cdots,w_r;p_1,p_2,\cdots,p_r)$ 达到最大值的信源概率分布

$$p_i = \exp\Big(- \frac{\alpha}{w_i} - 1 \Big\} \quad (i = 1,2,\cdots,r) \tag{29}$$

把式(29)代入信源 $X:\{a_1,a_2,\cdots,a_r\}$ 的先验概率分布 $p_i(i=1,2,\cdots,r)$ 必须满足的约束方程

$$\sum_{i=1}^{r} p_i = \sum_{i=1}^{r} \exp\Big\{ - \frac{\alpha}{w_i} - 1 \Big\} = 1 \tag{30}$$

即可解得待定常数 α. 由式(29)和(30),得加权熵 $H_w^r(w_1,w_2,\cdots,w_r;p_1,p_2,\cdots,p_r)$ 的最大值

$$H_w^r(w_1,w_2,\cdots,w_r;p_1,p_2,\cdots,p_r)$$

$$= - \sum_{i=1}^{r} w_i p_i \ln p_i$$

$$= - \sum_{i=1}^{r} w_i e^{\left(-\frac{\alpha}{w_i}-1 \right)} \ln e^{\left(-\frac{\alpha}{w_i}-1 \right)}$$

$$= - \sum_{i=1}^{r} w_i e^{\left(-\frac{\alpha}{w_i}-1 \right)} \cdot \Big(- \frac{\alpha}{w_i} - 1 \Big)$$

$$= \alpha \cdot \sum_{i=1}^{r} e^{\left(-\frac{\alpha}{w_i}-1 \right)} + \sum_{i=1}^{r} w_i e^{\left(-\frac{\alpha}{w_i}-1 \right)}$$

$$= \alpha + \sum_{i=1}^{r} w_i \exp\Big(- \frac{\alpha}{w_i} - 1 \Big) \tag{31}$$

这时,式(27)中等式同时成立.

这表明,加权熵 $H_w^r(w_1,w_2,\cdots,w_r;p_1,p_2,\cdots,p_r)$ 的

最大值不仅与信源 $X:\{a_1,a_2,\cdots,a_r\}$ 的符号数 r 有关，而且与效用空间 $W:\{w_1,w_2,\cdots,w_r\}$ 中的效用权重系数 $w_i(i=1,2,\cdots,r)$ 有关. 当 $w_1 = w_2 = \cdots = w_r = 1$ 时，由式(29)有

$$p_i = \mathrm{e}^{-\alpha-1} \quad (i=1,2,\cdots,r)$$

再由式(30)有

$$\sum_{i=1}^{r} p_i = \sum_{i=1}^{r} \mathrm{e}^{-\alpha-1} = 1$$

即得

$$\mathrm{e}^{-\alpha-1} = \frac{1}{r} \qquad (32)$$

则有

$$p_i = \frac{1}{r} \quad (i=1,2,\cdots,r)$$

且待定常数

$$\alpha = \ln r - 1 \qquad (33)$$

把式（32）和（33）代入式（31），得加权熵 $H_w^r(w_1,w_2,\cdots,w_r;p_1,p_2,\cdots,p_r)$ 的最大值

$$H_w^r(w_1,w_2,\cdots,w_r;p_1,p_2,\cdots,p_r)$$

$$= \alpha + \sum_{i=1}^{r} w_i \exp\left\{-\frac{\alpha}{w_i} - 1\right\}$$

$$= (\ln r - 1) + \sum_{i=1}^{r} 1 \cdot \mathrm{e}^{-\alpha-1}$$

$$= (\ln r - 1) + \sum_{i=1}^{r} 1 \cdot \frac{1}{r}$$

$$= (\ln r - 1) + 1 = \ln r \qquad (34)$$

显然，这就是信息熵的最大值. 这说明，信息熵可

看作加权熵在效用权重系数均等于 1 时的一个特例.

加权熵具有的这些数学特性,使加权熵在一定程度上反映了信源符号对收信者的主观效用价值,对构架效用信息的度量函数的探索,发挥了积极的推动作用.

§2 加权熵的公理构成

同信息熵一样,我们可以提出这样一个问题:加权熵的函数形式是否是唯一的? 我们的回答是:倘若把加权熵的主要数学特性看作公理性条件,那么,由 §1 式(1)表示的加权熵函数形式是唯一的. 这就是加权熵的公理构成.

为了书写方便,我们暂且把加权熵记为

$$I_r(w_1, w_2, \cdots, w_r; p_1, p_2, \cdots, p_r)$$

其中效用权重系数 $w_i \geqslant 0 (i = 1, 2, \cdots, r)$,信源 $X: \{a_1, a_2, \cdots, a_r\}$ 的概率分布 $0 \leqslant p_i \leqslant 1 (i = 1, 2, \cdots, r)$,$\sum_{i=1}^{r} p_i = 1$;$r$ 是信源 $X: \{a_1, a_2, \cdots, a_r\}$ 的符号种数,$1 \leqslant r < \infty$. 根据加权熵的主要数学特性,加权熵必须满足以下四个公理性条件:

(i) $I_2(w_1, w_2; p, 1-p)$ 是 $p \in [0, 1]$ 上的连续正函数,p 的微小波动,不引起 $I_2(w_1, w_2; p, 1-p)$ 的巨大变化;

(ii) 对所有变量 $(w_k, p_k)(k = 1, 2, \cdots, r)$,$I_r(w_1,$

$w_2, \cdots, w_r; p_1, p_2, \cdots, p_r$）是对称函数，$I_r(w_1, w_2, \cdots, w_r;$
$p_1, p_2, \cdots, p_r$）与各基本事件（信源符号）的先后顺序无关；

（iii）如果

$$w_r = \frac{w'p' + w''p''}{p' + p''} \tag{1}$$

$$p_r = p' + p'' \tag{2}$$

则

$$
\begin{aligned}
& I_{r+1}(w_1, w_2, \cdots, w_{r-1}, w', w''; \\
& \quad p_1, p_2, \cdots, p_{r-1}, p', p'') \\
= & I_r(w_1, w_2, \cdots, w_{r-1}, w_r; \\
& \quad p_1, p_2, \cdots, p_{r-1}, p_r) + \\
& p_r I_2\left(w', w''; \frac{p'}{p_r}, \frac{p''}{p_r}\right) \tag{3}
\end{aligned}
$$

（iv）如果信源 $X: \{a_1, a_2, \cdots, a_r\}$ 是有 r 个符号的等概信源，则

$$
\begin{aligned}
& I_r(w_1, w_2, \cdots, w_r; p_1, p_2, \cdots, p_r) \\
= & I_r\left(w_1, w_2, \cdots, w_r; \frac{1}{r}, \frac{1}{r}, \cdots, \frac{1}{r}\right) \\
= & L(r) \cdot \left(\frac{w_1 + w_2 + \cdots + w_r}{r}\right) \tag{4}
\end{aligned}
$$

其中，$L(r) > 0$（r 是大于 1 的整数）. 等概信源的加权熵与效用权重系数的算术平均值成正比.

以下的任务就是证明，凡是满足以上四个公理性条件的函数 $I_r(w_1, w_2, \cdots, w_r; p_1, p_2, \cdots, p_r)$ 的具体构成形式是唯一确定的，它就是

$$I_r(w_1, w_2, \cdots, w_r; p_1, p_2, \cdots, p_r)$$

$$= -\lambda \sum_{i=1}^{r} w_i p_i \log p_i \qquad (5)$$

其中 λ 是任意正常数.

具体证明过程分以下几步进行:

(一)

$$I_2(w', w''; 1, 0) = 0 \quad (w', w'' 为任意正数) \qquad (6)$$

证 设 w_1, w_2, w_3 为任意正数,则由公理(iii)可有

$$I_3\left(w_1, w_2, w_3; \frac{1}{2}, \frac{1}{2}, 0\right)$$

$$= I_2\left[w_1, \frac{\frac{1}{2}w_2 + 0 \cdot w_3}{\frac{1}{2} + 0}; \frac{1}{2}, \frac{1}{2} + 0\right] +$$

$$\left(\frac{1}{2} + 0\right) \cdot I_2\left[w_2, w_3; \frac{\frac{1}{2}}{\frac{1}{2} + 0}, \frac{0}{\frac{1}{2} + 0}\right]$$

$$= I_2\left(w_1, w_2; \frac{1}{2}, \frac{1}{2}\right) + \frac{1}{2}I_2(w_2, w_3; 1, 0) \qquad (7)$$

由公理(iii),同样有

$$I_3\left(w_3, w_2, w_1; 0, \frac{1}{2}, \frac{1}{2}\right)$$

$$= I_2\left[w_3, \frac{\frac{1}{2}w_2 + \frac{1}{2}w_1}{\frac{1}{2} + \frac{1}{2}}; 0, \frac{1}{2} + \frac{1}{2}\right] +$$

$$\left(\frac{1}{2} + \frac{1}{2}\right) \cdot I_2\left[w_2, w_1; \frac{\frac{1}{2}}{\frac{1}{2} + \frac{1}{2}}, \frac{\frac{1}{2}}{\frac{1}{2} + \frac{1}{2}}\right]$$

$$= I_2\left(w_3, \frac{1}{2}(w_2 + w_1); 0, 1\right) +$$

$$I_2\left(w_2, w_1; \frac{1}{2}, \frac{1}{2}\right) \tag{8}$$

由公理(ii),有

$$I_3\left(w_1, w_2, w_3; \frac{1}{2}, \frac{1}{2}, 0\right) = I_3\left(w_3, w_2, w_1; 0, \frac{1}{2}, \frac{1}{2}\right) \tag{9}$$

$$I_2\left(w_1, w_2; \frac{1}{2}, \frac{1}{2}\right) = I_2\left(w_2, w_1; \frac{1}{2}, \frac{1}{2}\right) \tag{10}$$

所以,由式(7)(8)有

$$\frac{1}{2}I_2(w_2, w_3; 1, 0) = I_2\left(w_3, \frac{1}{2}(w_2 + w_1); 0, 1\right)$$

即

$$I_2(w_2, w_3; 1, 0) = 2I_2\left(w_3, \frac{1}{2}(w_2 + w_1); 0, 1\right) \tag{11}$$

因为效用权重系数 w_1, w_2, w_3 是任意正数,所以当 $w_1 = w_2$ 时,式(11)同样成立,则有

$$I_2(w_2, w_3; 1, 0) = 2I_2(w_3, w_2; 0, 1) \tag{12}$$

根据公里(ii),有

$$I_2(w_2, w_3; 1, 0) = 2I_2(w_2, w_3; 1, 0) \tag{13}$$

要式(13)成立,则只能有

$$I_2(w_2, w_3; 1, 0) = 0 \tag{14}$$

若取 $w' = w_2; w'' = w_3$,即证得

$$I_2(w', w''; 1, 0) = 0 \tag{15}$$

或

$$I_2(w'', w'; 0, 1) = 0 \tag{16}$$

（二）

$$I_{r+1}(w_1,w_2,\cdots,w_r,w_{r+1};p_1,p_2,\cdots,p_r,0)$$
$$=I_r(w_1,w_2,\cdots,w_r;p_1,p_2,\cdots,p_r) \tag{17}$$

证 由公里（iii），有

$$I_{r+1}(w_1,w_2,\cdots,w_r,w_{r+1};p_1,p_2,\cdots,p_r,p_{r+1})$$
$$=I_r(w_1,w_2,\cdots,w_{r-1},w';p_1,p_2,\cdots,p_{r-1},p')+$$
$$p'I_2\left(w_r,w_{r+1};\frac{p_r}{p'};\frac{p_{r+1}}{p'}\right) \tag{18}$$

其中

$$w'=\frac{w_rp_r+w_{r+1}p_{r+1}}{p_r+p_{r+1}} \tag{19}$$

$$p'=p_r+p_{r+1} \tag{20}$$

因为式（18）中的 $p_{r+1}=0$，由式（19）（20），有

$$w'=w_r$$
$$p'=p_r$$

则式（18）可改写为

$$I_{r+1}(w_1,w_2,\cdots,w_r,w_{r+1};p_1,p_2,\cdots,p_r,0)$$
$$=I_r(w_1,w_2,\cdots,w_{r-1},w_r;p_1,p_2,\cdots,p_{r-1},p_r)+$$
$$p_r\cdot I_2\left(w_r,w_{r+1};\frac{p_r}{p_r},\frac{0}{p_r}\right)$$
$$=I_r(w_1,w_2,\cdots,w_{r-1},w_r;p_1,p_2,\cdots,p_r)+$$
$$p_rI_2(w_r,w_{r+1};1,0) \tag{21}$$

由式（15）可得

$$p_rI_2(w_r,w_{r+1};1,0)=0 \tag{22}$$

由式（21）（22）证得

$$I_{r+1}(w_1,w_2,\cdots,w_r,w_{r+1};p_1,p_2,\cdots,p_r,0)$$

$$= I_r(w_1, w_2, \cdots, w_r; p_1, p_2, \cdots, p_r) \tag{23}$$

（三）

$$I_{r-1+m}(w_1, w_2, \cdots, w_{r-1}, w_1', w_2', \cdots, w_m';$$

$$p_1, p_2, \cdots, p_{r-1}, p_1', p_2', \cdots, p_m')$$

$$= I_r(w_1, w_2, \cdots, w_{r-1}, w_r;$$

$$p_1, p_2, \cdots, p_{r-1}, p_r) +$$

$$p_r \cdot I_m\left(w_1', w_2', \cdots, w_m'; \frac{p_1'}{p_r}, \frac{p_2'}{p_r}, \cdots, \frac{p_m'}{p_r}\right) \tag{24}$$

其中

$$w_r = \frac{w_1' p_1' + w_2' p_2' + \cdots + w_m' p_m'}{p_r} \tag{25}$$

$$p_r = p_1' + p_2' + \cdots + p_m' \tag{26}$$

证 采用归纳法予以证明.

（a）当 $m = 2$ 时，由公理（iii）直接证得，即

$$I_{r-1+2}(w_1, w_2, \cdots, w_{r-1}, w_1', w_2';$$

$$p_1, p_2, \cdots, p_{r-1}, p_1', p_2')$$

$$= I_r(w_1, w_2, \cdots, w_{r-1}, w_r; p_1, p_2, \cdots, p_{r-1}, p_r) +$$

$$p_r \cdot I_2\left(w_1', w_2'; \frac{p_1'}{p_r}, \frac{p_2'}{p_r}\right) \tag{27}$$

其中

$$w_r = \frac{w_1' p_1' + w_2' p_2'}{p_r} \tag{28}$$

$$p_r = p_1' + p_2' \tag{29}$$

（b）假设 $m = m_0$ 时，式（24）成立，即有

$$I_{r-1+m_0}(w_1, w_2, \cdots, w_{r-1}, w_1', w_2', \cdots, w_{m_0}';$$

$$p_1, p_2, \cdots, p_{r-1}, p_1', p_2', \cdots, p_{m_0}')$$

$$= I_r (w_1 , w_2 , \cdots , w_{r-1} , w_r ; p_1 , p_2 , \cdots , p_{r-1} , p_r) +$$

$$p_r \cdot I_{m_0} \left(w_1' , w_2' , \cdots , w_{m_0}' ; \frac{p_1'}{p_r} , \frac{p_2'}{p_r} , \cdots , \frac{p_{m_0}'}{p_r} \right) \quad (30)$$

其中

$$w_r = \frac{w_1' p_1' + w_2' p_2' + \cdots + w_{m_0}' p_{m_0}'}{p_r}$$

$$p_r = p_1' + p_2' + \cdots + p_{m_0}'$$

现要证明,当 $m = m_0 + 1$ 时,式(24)同样成立,即待证

$$I_{r-1+(m_0+1)} (w_1 , w_2 , \cdots , w_{r-1} , w_1' , \cdots , w_{m_0+1}' ;$$

$$p_1 , p_2 , \cdots , p_{r-1} , p_1' , p_2' , \cdots , p_{m_0+1}')$$

$$= I_r (w_1 , w_2 , \cdots , w_{r-1} , w_r ; p_1 , p_2 , \cdots , p_{r-1} , p_r) +$$

$$p_r \cdot I_{m_0+1} \left(w_1' , w_2' , \cdots , w_{m_0+1}' ; \frac{p_1'}{p_r} , \frac{p_2'}{p_r} , \cdots , \frac{p_{m_0+1}'}{p_r} \right)$$

$$(31)$$

其中

$$w_r = \frac{w_1' p_1' + w_2' p_2' + \cdots + w_{m_0}' p_{m_0}' + w_{m_0+1}' p_{m_0+1}'}{p_r} \quad (32)$$

$$p_r = p_1' + p_2' + \cdots + p_{m_0}' + p_{m_0+1}' \quad (33)$$

证 由假设式(30),对待证的(31)等式左边,可有

$$I_{r-1+(m_0+1)} (w_1 , w_2 , \cdots , w_{r-1} , w_1' , w_2' , \cdots , w_{m_0}' , w_{m_0+1}' ;$$

$$p_1 , p_2 , \cdots , p_{r-1} , p_1' , p_2' , \cdots , p_{m_0+1}')$$

$$= I_{r-1+(1+1)} (w_1 , w_2 , \cdots , w_{r-1} , w_1' , w'' ;$$

$$p_1 , p_2 , \cdots , p_{r-1} , p_1' , p'') +$$

$$p'' I_{m_0} \left(w_2', w_3', \cdots, w_{m_0}', w_{m_0+1}'; \right.$$

$$\left. \frac{p_2'}{p''}, \frac{p_3'}{p''}, \cdots, \frac{p_{m_0}'}{p''}, \frac{p_{m_0+1}'}{p''} \right) \qquad (34)$$

其中

$$w'' = \frac{w_2' p_2' + w_3' p_3' + \cdots + w_{m_0}' p_{m_0}' + w_{m_0+1}' p_{m_0+1}'}{p''} \qquad (35)$$

$$p'' = p_2' + p_3' + \cdots + p_{m_0}' + p_{m_0+1}' \qquad (36)$$

由公理(iii),等式(34)右边第一项可改写为

$$I_{r-1+(1+1)}(w_1, w_2, \cdots, w_{r-1}, w_1', w''; p_1, p_2, \cdots, p_{r-1}, p_1', p'')$$

$$= I_{r+1}(w_1, w_2, \cdots, w_{r-1}, w_1', w''; p_1, p_2, \cdots, p_{r-1}, p_r', p'')$$

$$= I_r(w_1, w_2, \cdots, w_{r-1}, w_r; p_1, p_2, \cdots, p_{r-1}, p_r) +$$

$$p_r \cdot I_2 \left(w_1', w''; \frac{p_1'}{p_r}, \frac{p''}{p_r} \right) \qquad (37)$$

其中

$$w_r = \frac{w_1' p_1' + w'' p''}{p_r} \qquad (38)$$

$$p_r = p_1' + p'' \qquad (39)$$

由假设式(30),有

$$I_{m_0+1} \left(w_1', w_2', \cdots, w_{m_0}', w_{m_0+1}'; \frac{p_1'}{p_r}, \frac{p_2'}{p_r}, \cdots, \frac{p_{m_0}'}{p_r}, \frac{p_{m_0+1}'}{p_r} \right)$$

$$= I_2 \left[w_1', \frac{w_2' \cdot \dfrac{p_2'}{p_r} + w_3' \cdot \dfrac{p_3'}{p_r} + \cdots + w_{m_0}' \cdot \dfrac{p_{m_0}'}{p_r} + w_{m_0+1}' \cdot \dfrac{p_{m_0+1}'}{p_r}}{\dfrac{p_2'}{p_r} + \dfrac{p_3'}{p_r} + \cdots + \dfrac{p_{m_0}'}{p_r} + \dfrac{p_{m_0+1}'}{p_r}}; \right.$$

$$\left. \frac{p_1'}{p_r}, \frac{p_2'}{p_r} + \frac{p_3'}{p_r} + \cdots + \frac{p_{m_0}'}{p_r} + \frac{p_{m_0+1}'}{p_r} \right] +$$

$$\left(\frac{p'_2}{p_r}+\frac{p'_3}{p_r}+\cdots+\frac{p'_{m_0}}{p_r}+\frac{p'_{m_0+1}}{p_r}\right) \cdot$$

$$I_{m_0}\left[w'_2,w'_3,\cdots,w'_{m_0},w'_{m_0+1};\frac{\dfrac{p'_2}{p_r}}{\dfrac{p'_2}{p_r}+\dfrac{p'_3}{p_r}+\cdots+\dfrac{p'_{m_0}}{p_r}+\dfrac{p'_{m_0+1}}{p_r}},\right.$$

$$\frac{\dfrac{p'_3}{p_r}}{\dfrac{p'_2}{p_r}+\dfrac{p'_3}{p_r}+\cdots+\dfrac{p'_{m_0}}{p_r}+\dfrac{p'_{m_0+1}}{p_r}},\cdots,$$

$$\frac{\dfrac{p'_{m_0}}{p_r}}{\dfrac{p'_2}{p_r}+\dfrac{p'_3}{p_r}+\cdots+\dfrac{p'_{m_0}}{p_r}+\dfrac{p'_{m_0+1}}{p_r}},$$

$$\left.\frac{\dfrac{p'_{m_0+1}}{p_r}}{\dfrac{p'_2}{p_r}+\dfrac{p'_3}{p_r}+\cdots+\dfrac{p'_{m_0}}{p_r}+\dfrac{p'_{m_0+1}}{p_r}}\right] \tag{40}$$

由式（35）（36）（40）可改写为

$$I_{m_0+1}\left(w'_1,w'_2,\cdots,w'_{m_0},w'_{m_0+1};\right.$$

$$\left.\frac{p'_1}{p_r},\frac{p'_2}{p_r},\cdots,\frac{p'_{m_0}}{p_r},\frac{p'_{m_0+1}}{p_r}\right)$$

$$=I_2\left(w'_1,w'';\frac{p'_1}{p_r},\frac{p''}{p_r}\right)+$$

$$\frac{p''}{p_r}I_{m_0}\left(w'_2,w'_3,\cdots,w'_{m_0},w'_{m_0+1};\right.$$

$$\left.\frac{p'_2}{p''},\frac{p'_3}{p''},\cdots,\frac{p'_{m_0}}{p''},\frac{p'_{m_0+1}}{p''}\right) \tag{41}$$

以 p_r 乘(41)等式两边,可有

$$p_r I_{m_0+1}\left(w_1', w_2', \cdots, w_{m_0}', w_{m_0+1}';\right.$$

$$\left.\frac{p_1'}{p_r}, \frac{p_2'}{p_r}, \cdots, \frac{p_{m_0}'}{p_r}, \frac{p_{m_0+1}'}{p_r}\right)$$

$$= p_r I_2\left(w_1', w''; \frac{p_1'}{p_r}, \frac{p''}{p_r}\right) +$$

$$p'' I_{m_0}\left(w_2', w_3', \cdots, w_{m_0}', w_{m_0+1}';\right.$$

$$\left.\frac{p_2'}{p''}, \frac{p_3'}{p''}, \cdots, \frac{p_{m_0}'}{p''}, \frac{p_{m_0+1}'}{p''}\right) \tag{42}$$

则(34)等式右边第二项可改写为

$$p'' I_{m_0}\left(w_2', w_3', \cdots, w_{m_0}', w_{m_0+1}';\right.$$

$$\left.\frac{p_2'}{p''}, \frac{p_3'}{p''}, \cdots, \frac{p_{m_0}'}{p''}, \frac{p_{m_0+1}'}{p''}\right)$$

$$= p_r I_{m_0+1}\left(w_1', w_2', \cdots, w_{m_0}', w_{m_0+1}';\right.$$

$$\left.\frac{p_1'}{p_r}, \frac{p_2'}{p_r}, \cdots, \frac{p_{m_0}'}{p_r}, \frac{p_{m_0+1}'}{p_r}\right) -$$

$$p_r I_2\left(w_1', w''; \frac{p_1'}{p_r}, \frac{p''}{p_r}\right) \tag{43}$$

现将式(37)(43)代入式(34),即可得

$$I_{r-1+(m_0+1)}\left(w_1, w_2, \cdots, w_{r-1}, w_1', w_2', \cdots, w_{m_0}', w_{m_0+1}';\right.$$

$$\left.p_1, p_2, \cdots, p_{r-1}, p_1', p_2', \cdots, p_{m_0}', p_{m_0+1}'\right)$$

$$= I_r\left(w_1, w_2, \cdots, w_{r-1}, w_r; p_1, p_2, \cdots, p_{r-1}, p_r\right) +$$

$$p_r I_2\left(w_1', w''; \frac{p_1'}{p_r}, \frac{p''}{p_r}\right) +$$

$$p_r I_{m_0+1}\left(w_1', w_2', \cdots, w_{m_0}', w_{m_0+1}';\right.$$

$$\left. \frac{p'_1}{p_r}, \frac{p'_2}{p_r}, \cdots, \frac{p'_{m_0}}{p_r}, \frac{p'_{m_0+1}}{p_r} \right) -$$

$$p_r I_2 \left(w'_1, w''; \frac{p'_1}{p_r}, \frac{p''}{p_r} \right)$$

$$= I_r(w_1, w_2, \cdots, w_{r-1}, w_r; p_1, p_2, \cdots, p_{r-1}, p_r) +$$

$$p_r I_{m_0+1} \left(w'_1, w'_2, \cdots, w'_{m_0}, w'_{m_0+1}; \right.$$

$$\left. \frac{p'_1}{p_r}, \frac{p'_2}{p_r}, \cdots, \frac{p'_{m_0}}{p_r}, \frac{p'_{m_0+1}}{p_r} \right) \tag{44}$$

由式(35)(36)以及式(38)(39)可得其中

$$w_r = \frac{w'_1 p'_1 + w'' p''}{p'_1 + p''}$$

$$= \frac{w'_1 p'_1 + w'_2 p'_2 + \cdots + w'_{m_0} p'_{m_0} + w'_{m_0+1} p'_{m_0+1}}{p'_1 + p'_2 + \cdots + p'_{m_0} + p'_{m_0+1}} \tag{45}$$

$$p_r = p'_1 + p'_2 + \cdots + p'_{m_0} + p'_{m_0+1} \tag{46}$$

则式(31)(32)(33)得到了证明. 这样,证明了式(24)
若在 $m = m_0$ 时成立,则在 $m = m_{0+1}$ 时亦成立. 再考虑
证明过程(a)已证 $m = 2$ 时,式(24)成立,这就证明了
式(24)一般地成立.

(四)

$$I_{m_1+m_2+\cdots+m_r}(w'_{11}, w'_{12}, \cdots, w'_{1m_1};$$

$$w'_{21}, w'_{22}, \cdots, w'_{2m_2}; \cdots;$$

$$w'_{r1}, w'_{r2}, \cdots, w'_{rm_r}; p'_{11}, p'_{12}, \cdots, p'_{1m_1};$$

$$p'_{21}, p'_{22}, \cdots, p'_{2m_2}; \cdots;$$

$$p'_{r1}, p'_{r2}, \cdots, p'_{rm_r})$$

$$= I_r(w_1, w_2, \cdots, w_{r-1}, w_r; p_1, p_2, \cdots, p_r) +$$

$$\sum_{i=1}^{r} p_i I_{m_i}\left(w'_{i1}, w'_{i2}, \cdots, w'_{im_i}; \frac{p'_{i1}}{p_i}, \frac{p'_{i2}}{p_i}, \cdots, \frac{p'_{im_i}}{p_i}\right) \quad (47)$$

其中

$$w_i = \frac{w'_{i1}p'_{i1} + w'_{i2}p'_{i2} + \cdots + w'_{im_i}p'_{im_i}}{p_i}$$

$$p_i = p'_{i1} + p'_{i2} + \cdots + p'_{im_i} \quad (i=1,2,\cdots,r) \quad (48)$$

证　实际上只要对式(47)左边反复运用式(24)，即得

$$I_{m_1+m_2+\cdots+m_r}(w'_{11}, w'_{12}, \cdots, w'_{1m_1}; w'_{21}, w'_{22}, \cdots, w'_{2m_2}; \cdots;$$

$$w'_{r1}, w'_{r2}, \cdots, w'_{rm_r}; p'_{11}, p'_{12}, \cdots, p'_{1m_1};$$

$$p'_{21}, p'_{22}, \cdots, p'_{2m_2}; \cdots; p'_{r1}, p'_{r2}, \cdots, p'_{rm_r})$$

$$= I_{m_1+m_2+\cdots+1}(w'_{11}, w'_{12}, \cdots, w'_{1m_1};$$

$$w'_{21}, w'_{22}, \cdots, w'_{2m_2}; \cdots; w'_{(r-1)1}, w'_{(r-1)2}, \cdots, w'_{(r-1)m_{r-1}};$$

$$w_r; p'_{11}, p'_{12}, \cdots, p'_{1m_1}; p'_{21}, p'_{22}, \cdots, p'_{2m_2}; \cdots;$$

$$p'_{(r-1)1}, p'_{(r-1)2}, \cdots, p'_{(r-1)m_{r-1}}; p_r) +$$

$$p_r I_{mr}\left(w'_{r1}, w'_{r2}, \cdots, w'_{rm_r}; \frac{p'_{r1}}{p_r}, \frac{p'_{r2}}{p_r}, \cdots, \frac{p'_{rm_r}}{p_r}\right)$$

$$= I_{m_1+m_2+\cdots+1+1}(w_r; w'_{11}, w'_{12}, \cdots, w'_{1m_1};$$

$$w'_{21}, w'_{22}, \cdots, w'_{2m_2}; \cdots;$$

$$w'_{(r-2)1}, w'_{(r-2)2}, \cdots, w'_{(r-2)m_{r-2}}; w_{r-1};$$

$$p_r; p'_{11}, p'_{12}, \cdots, p'_{1m_1}; p'_{21}, p'_{22}, \cdots, p'_{2m_2}; \cdots;$$

$$p'_{(r-2)1}, p'_{(r-2)2}, \cdots, p'_{(r-2)m_{r-2}}; p_{r-1}) +$$

$$p_r I_{mr}\left(w'_{r1}, w'_{r2}, \cdots, w'_{rm_r}; \frac{p'_{r1}}{p_r}, \frac{p'_{r2}}{p_r}, \cdots, \frac{p'_{rm_r}}{p_r}\right) +$$

$$p_{r-1} I_{m(r-1)}(w'_{(r-1)1}, w'_{(r-1)2}, \cdots, w'_{(r-1)m_{r-1}};$$

$$\left.\frac{p'_{(r-1)1}}{p_{r-1}},\frac{p'_{(r-1)2}}{p_{r-1}},\cdots,\frac{p'_{(r-1)m_{r-1}}}{p_{r-1}}\right)$$

$$=\cdots$$

$$=I_{1+1+\cdots+1}(w_r,w_{r-1},\cdots,w_2,w_1;p_r,p_{r-1},\cdots,p_2,p_1)+$$

$$p_r I_{mr}\left(w'_{r1},w'_{r2},\cdots,w'_{rm_r};\frac{p'_{r1}}{p_r},\frac{p'_{r2}}{p_r},\cdots,\frac{p'_{rm_r}}{p_r}\right)+$$

$$p_{r-1}I_{m(r-1)}\left(w'_{(r-1)1},w'_{(r-1)2},\cdots,w'_{(r-1)m_{r-1}};\right.$$

$$\left.\frac{p'_{(r-1)1}}{p_{r-1}},\frac{p'_{(r-2)2}}{p_{r-1}},\cdots,\frac{p'_{(r-1)m_{r-1}}}{p_{r-1}}\right)+\cdots+$$

$$p_1 I_{m_1}\left(w'_{11},w'_{12},\cdots,w'_{1m_1};\frac{p'_{11}}{p_1},\frac{p'_{12}}{p_1},\cdots,\frac{p'_{1m_1}}{p_1}\right)$$

$$=I_r(w_1,w_2,\cdots,w_{r-1},w_r;p_1,p_2,\cdots,p_{r-1},p_r)+$$

$$\sum_{i=1}^{r}p_i I_{mi}\left(w'_{i1},w'_{i2},\cdots,w'_{im_i};\frac{p'_{i1}}{p_i},\frac{p'_{i2}}{p_i},\cdots,\frac{p'_{im_i}}{p_i}\right)\quad(49)$$

其中

$$w_i=\frac{w'_{i1}p'_{i1}+w'_{i2}p'_{i2}+\cdots+w'_{imi}p'_{im_i}}{p_i}\quad(50)$$

$$p_i=p'_{i1}+p'_{i2}+\cdots+p'_{im_i}\quad(i=1,2,\cdots,r)\quad(51)$$

即证得式(47)(48)成立.

(五)

$$L(rm)=L(r)+L(m)\quad(52)$$

证 在式(47)中,令 $m_1=m_2=\cdots=m_r=m$,则有

$$I_{rm}(w'_{11},w'_{12},\cdots,w'_{1m};$$

$$w'_{21},w'_{22},\cdots,w'_{2m};\cdots;$$

$$w'_{r1},w'_{r2},\cdots,w'_{rm};p'_{11},p'_{12},\cdots,p'_{1m};$$

$$p'_{21},p'_{22},\cdots,p'_{2m};\cdots;p'_{r1},p'_{r2},\cdots,p'_{rm})$$

$$= I_r(w_1, w_2, \cdots, w_r; p_1, p_2, \cdots, p_r) +$$

$$\sum_{i=1}^{r} p_i I_m\left(w'_{i1}, w'_{i2}, \cdots, w'_{im}; \frac{p'_{i1}}{p_i}, \frac{p'_{i2}}{p_i}, \cdots, \frac{p'_{im}}{p_i}\right) \quad (53)$$

其中

$$w_i = \frac{w'_{i1}p'_{i1} + w'_{i2}p'_{i2} + \cdots + w'_{im}p'_{im}}{p_i}$$

$$p_i = p'_{i1} + p'_{i2} + \cdots + p'_{im} \quad (i = 1, 2, \cdots, r) \quad (54)$$

令

$$p'_{ij} = \frac{1}{rm} \quad (i = 1, 2, \cdots, r; j = 1, 2, \cdots, m) \quad (55)$$

则由式(54),有

$$w_i = \frac{\dfrac{1}{rm}(w'_{i1} + w'_{i2} + \cdots + w'_{im})}{m \cdot \dfrac{1}{rm}}$$

$$= \frac{w'_{i1} + w'_{i2} + \cdots + w'_{im}}{m}$$

$$= \frac{1}{m} \cdot \sum_{j=1}^{m} w'_{ij} \quad (i = 1, 2, \cdots, r) \quad (56)$$

$$p_i = m \cdot \frac{1}{rm} = \frac{1}{r} \quad (i = 1, 2, \cdots, r) \quad (57)$$

由式(55),并根据公理(iv),等式(53)左边可改写为

$$I_{rm}(w'_{11}, w'_{12}, \cdots, w'_{1m};$$

$$w'_{21}, w'_{22}, \cdots, w'_{2m}; \cdots;$$

$$w'_{r1}, w'_{r2}, \cdots, w'_{rm}; \frac{1}{rm}, \frac{1}{rm}, \cdots, \frac{1}{rm};$$

$$\frac{1}{rm}, \frac{1}{rm}, \cdots, \frac{1}{rm}; \cdots;$$

$$\left. \frac{1}{rm}, \frac{1}{rm}, \cdots, \frac{1}{rm} \right)$$

$$= L(rm) \cdot \frac{\sum_{i=1}^{r} (w'_{i1}, w'_{i2}, \cdots, w'_{im})}{rm} \qquad (58)$$

由式(55)(57),并根据公理(iv),等式(53)右边可改写为

$$I_r \left(w_1, w_2, \cdots, w_r; \frac{1}{r}, \frac{1}{r}, \cdots, \frac{1}{r} \right) +$$

$$\frac{1}{r} \sum_{i=1}^{r} I_m \left(w'_{i1}, w'_{i2}, \cdots, w'_{im}; \frac{1}{m}, \frac{1}{m}, \cdots, \frac{1}{m} \right)$$

$$= L(r) \cdot \frac{w_1 + w_2 + \cdots + w_r}{r} +$$

$$\frac{1}{r} \sum_{i=1}^{r} L(m) \cdot \frac{w'_{i1}, w'_{i2}, \cdots, w'_{im}}{m} \qquad (59)$$

再把式(56)代入式(59),并与(58)比较,即得

$$L(rm) \cdot \frac{\sum_{i=1}^{r} (w'_{i1} + w'_{i2} + \cdots + w'_{im})}{rm}$$

$$= L(r) \cdot \frac{\sum_{i=1}^{r} (w'_{i1} + w'_{i2} + \cdots + w'_{im})}{rm} +$$

$$L(m) \cdot \frac{\sum_{i=1}^{r} (w'_{i1} + w'_{i2} + \cdots + w'_{im})}{rm} \qquad (60)$$

这样,式(52)就得到了证明,即有

$$L(rm) = L(r) + L(m)$$

(六)$L(r)$ 是 r 的单调递增连续函数.

证　由公理条件 (iv)，有

$$I_r\left(w_1, w_2, \cdots, w_r; \frac{1}{r}, \frac{1}{r}, \cdots, \frac{1}{r}\right)$$

$$= L(r) \cdot \frac{w_1 + w_2 + \cdots + w_r}{r} \qquad (61)$$

由式 (24)，有

$$I_r\left(w_1, w_2, \cdots, w_r; \frac{1}{r}, \frac{1}{r}, \cdots, \frac{1}{r}\right)$$

$$= I_2\left[w_1, \frac{\frac{1}{r} \cdot (w_2 + w_3 + \cdots + w_r)}{(r-1) \cdot \frac{1}{r}}; \frac{1}{r}, \frac{(r-1)}{r}\right] +$$

$$\frac{r-1}{r} I_{r-1}\left[w_2, w_3, \cdots, w_r; \frac{\frac{1}{r}}{\frac{r-1}{r}}, \cdots, \frac{\frac{1}{r}}{\frac{r-1}{r}}\right]$$

$$= I_2\left(w_1, \frac{w_2 + w_3 + \cdots + w_r}{r-1}; \frac{1}{r}, \frac{r-1}{r}\right) +$$

$$\frac{r-1}{r} I_{r-1}\left(w_2, w_3, \cdots, w_r; \frac{1}{r-1}, \frac{1}{r-1}, \cdots, \frac{1}{r-1}\right)$$

$$= I_2\left(w_1, \frac{w_2 + w_3 + \cdots + w_r}{r-1}; \frac{1}{r}, \frac{r-1}{r}\right) +$$

$$\frac{r-1}{r} L(r-1) \frac{w_2 + w_3 + \cdots + w_r}{r-1}$$

$$= I_2\left(w_1, \frac{w_2 + w_3 + \cdots + w_r}{r-1}; \frac{1}{r}, \frac{r-1}{r}\right) +$$

$$L(r-1) \frac{w_2 + w_3 + \cdots + w_r}{r} \qquad (62)$$

由式 (61)(62)，有

$$L(r) \cdot \frac{w_1 + w_2 + \cdots + w_r}{r}$$

$$= I_2\left(w_1, \frac{w_2 + w_3 + \cdots + w_r}{r-1}; \frac{1}{r}, \frac{r-1}{r}\right) +$$

$$L(r-1)\left(\frac{w_2 + w_3 + \cdots + w_r}{r}\right) \tag{63}$$

令 $w_1 = 0$，则式(63)同样成立，并有

$$L(r) \cdot \frac{w_2 + w_3 + \cdots + w_r}{r}$$

$$= I_2\left(0, \frac{w_2 + w_3 + \cdots + w_r}{r-1}; \frac{1}{r}, \frac{r-1}{r}\right) +$$

$$L(r-1)\left(\frac{w_2 + w_3 + \cdots + w_r}{r}\right) \tag{64}$$

即有

$$\left[L(r) - L(r-1)\right] \cdot \frac{w_2 + w_3 + \cdots + w_r}{r}$$

$$= I_2\left(0, \frac{w_2 + w_3 + \cdots + w_r}{r-1}; \frac{1}{r}, \frac{r-1}{r}\right) \tag{65}$$

再令

$$w_2 = w_3 = \cdots = w_r = w$$

则式(65)同样成立，并有

$$\left[L(r) - L(r-1)\right] \cdot \frac{r-1}{r} \cdot w = I_2\left(0, w; \frac{1}{r}, \frac{r-1}{r}\right) \tag{66}$$

由公理(i)，有

$$I_2\left(0, w; \frac{1}{r}, \frac{r-1}{r}\right) \geqslant 0 \tag{67}$$

考虑到 w 为非负实数,而且

$$\frac{r-1}{r} \geqslant 0 \qquad (68)$$

所以,可有

$$L(r) - L(r-1) \geqslant 0 \qquad (69)$$

当 $r \to \infty$ 时,对式(66)两边取极限,有

$$\lim_{r \to \infty} \left\{ \left[L(r) - L(r-1) \right] \frac{r-1}{r} \cdot w \right\}$$

$$= w \cdot \lim_{r \to \infty} \left[L(r) - L(r-1) \right]$$

$$= \lim_{r \to \infty} \left\{ I_2 \left(0, w; \frac{1}{r}, \frac{r-1}{r} \right) \right\}$$

$$= I_2(0, w; 0, 1) \qquad (70)$$

由式(16),可得

$$\lim_{r \to \infty} \left[L(r) - L(r-1) \right] = 0 \qquad (71)$$

式(69)(71)表明,$L(r) - L(r-1)$ 是从正的方向趋于零. 这就证明了 $L(r)$ 是 r 的单调递增的连续函数.

（七）

$$L(r) = \lambda \log r \qquad (72)$$

证　由式(52),有

$$L(rm) = L(r) + L(m) \qquad (73)$$

当 $r = m = 1$ 时,有

$$L(1 \cdot 1) = L(1) + L(1) = 2L(1) = L(1) \qquad (74)$$

即有

$$L(1) = 0 \qquad (75)$$

又因为 $L(r)$ 是 r 的单调递增连续函数,所以

$$L(2) \geqslant L(1) = 0 \tag{76}$$

即对一切 $r \geqslant 1$, 均有

$$L(r) \geqslant 0 \tag{77}$$

即 $L(r)$ 是非负函数.

同样, 若 k 为任意正整数, 则由式(52), 有

$$L(r^k) = kL(r) \quad (k \text{ 为任意正整数}) \tag{78}$$

当 $r \geqslant m$ 时, 总可找到一个正整数 l, 使

$$m^l \leqslant r^k \leqslant m^{l+1} \tag{79}$$

因为 $L(r)$ 是单调递增函数, 所以有

$$L(m^l) \leqslant L(r^k) \leqslant L(m^{l+1})$$

由式(78), 有

$$lL(m) \leqslant kL(r) \leqslant (l+1)L(m) \tag{80}$$

用 $k \cdot L(m)$ 除式(80)各项, 并考虑到式(77), 有

$$\frac{l}{k} \leqslant \frac{L(r)}{L(m)} \leqslant \frac{l+1}{k} \tag{81}$$

考虑底大于 1 的对数是单调递增函数, 由式(79), 得

$$l\log m \leqslant k\log r \leqslant (l+1)\log m \tag{82}$$

因为 m 是大于 1 的正整数, 所以

$$\log m > 0 \tag{83}$$

用 $k\log m$ 除式(82)各项, 并考虑到 r 亦是大于 1 的整数, 即 $\log r > 0$, 则有

$$\frac{l}{k} \leqslant \frac{\log r}{\log m} \leqslant \frac{l+1}{k} \tag{84}$$

由式(81)(84), 得

$$\left|\frac{\log r}{\log m} - \frac{L(r)}{L(m)}\right| \leqslant \frac{1}{k} \qquad (85)$$

当 $k \to \infty$ 时,式(85)同样成立,即有

$$\frac{\log r}{\log m} = \frac{L(r)}{L(m)} \qquad (86)$$

由于 m 是大于 1 的任意正整数,r 是大于或等于 m 的任意正整数,由式(85)得

$$L(r) = \lambda \log r \qquad (87)$$

λ 是大于零的常数. 则式(72)得证.

(八)

$$I_r(w_1, w_2, \cdots, w_r; p_1, p_2, \cdots, p_r) = -\lambda \sum_{i=1}^{r} w_i p_i \log p_i \quad (88)$$

证 信源 $X: \{a_1, a_2, \cdots, a_r\}$ 的概率空间 $P(X):$ $\{p_1, p_2, \cdots, p_r\}$ 的任一概率分量 $p_i (i = 1, 2, \cdots, r)$ 都是有理数,且有

$$0 \leqslant p_i \leqslant 1 \quad (i = 1, 2, \cdots, r)$$

$$\sum_{i=1}^{r} p_i = 1$$

我们总可找到一个足够小的数 $\varepsilon > 0$,使

$$p_1 = \underbrace{\varepsilon + \varepsilon + \cdots + \varepsilon}_{m_1 \uparrow} = m_1 \varepsilon ; m_1 = \frac{p_1}{\varepsilon}$$

$$p_2 = \underbrace{\varepsilon + \varepsilon + \cdots + \varepsilon}_{m_2 \uparrow} = m_2 \varepsilon ; m_2 = \frac{p_2}{\varepsilon} \qquad (89)$$

$$\vdots$$

$$p_r = \underbrace{\varepsilon + \varepsilon + \cdots + \varepsilon}_{m_r \uparrow} = m_r \varepsilon ; m_r = \frac{p_r}{\varepsilon}$$

令

$$m_1 + m_2 + \cdots + m_r = N \qquad (90)$$

则

$$\varepsilon = \frac{p_1 + p_2 + \cdots + p_r}{N} = \frac{1}{N} \qquad (91)$$

这就是说,我们总可以找到 r 个正整数 $m_1, m_2, \cdots, m_r$ (或总可找到一个足够大的正整数 $N = m_1 + m_2 + \cdots + m_r$),使信源概率空间中任一概率分量 $p_i\,(i = 1, 2, \cdots, r)$ 表示为

$$p_i = \frac{m_i}{N} \quad (i = 1, 2, \cdots, r) \qquad (92)$$

在此,我们假设式(47)中的

$$p'_{ij} = \frac{1}{N} \quad (i = 1, 2, \cdots, r; j = 1, 2, \cdots, m_i) \qquad (93)$$

这个假定对我们要得到的结论不失去一般性. 这样式 (47)可改写为

$$I_{m_1 + m_2 + \cdots + m_r}(w'_{11}, w'_{12}, \cdots, w'_{1m_1};$$
$$w'_{21}, w'_{22}, \cdots, w'_{2m_2}; \cdots;$$
$$w'_{r1}, w'_{r2}, \cdots, w'_{rm_r}; p'_{11}, p'_{12}, \cdots, p'_{1m_1};$$
$$p'_{21}, p'_{22}, \cdots, p'_{2m_2}; \cdots; p'_{r1}, p'_{r2}, \cdots, p'_{rm_r})$$
$$= I_r(w_1, w_2, \cdots, w_r; p_1, p_2, \cdots, p_r) +$$
$$\sum_{i=1}^{r} p_i I_{mi}\left(w'_{i1}, w'_{i2}, \cdots, w'_{im_i}; \frac{1}{m_i}, \frac{1}{m_i}, \cdots, \frac{1}{m_i}\right) \qquad (94)$$

其中

$$w_i = \frac{w'_{i1} p'_{i1} + w'_{i2} p'_{i2} + \cdots + w'_{im_i} p'_{im_i}}{p'_{i1} + p'_{i2} + \cdots + p'_{im_i}}$$

$$= \frac{\dfrac{1}{N}(w'_{i1} + w'_{i2} + \cdots + w'_{im_i})}{\dfrac{1}{N} + \dfrac{1}{N} + \cdots + \dfrac{1}{N}}$$

$$= \frac{w'_{i1} + w'_{i2} + \cdots + w'_{im_i}}{m_i}$$

$$p_i = p'_{i1} + p'_{i2} + \cdots + p'_{im_i}$$

$$= \frac{m_i}{N} \quad (i = 1, 2, \cdots, r) \tag{95}$$

由公理（ⅳ）和式（72）（95），式（94）中的第二项为

$$\sum_{i=1}^{r} p_i I_{mi}\left(w'_{i1}, w'_{i2}, \cdots, w'_{im_i}; \frac{1}{m_i}, \frac{1}{m_i}, \cdots, \frac{1}{m_i}\right)$$

$$= \sum_{i=1}^{r} \frac{m_i}{N} L(m_i) \cdot \frac{w'_{i1} + w'_{i2} + \cdots + w'_{im_i}}{m_i}$$

$$= \sum_{i=1}^{r} \frac{m_i}{N} L(Np_i) \cdot \frac{w'_{i1} + w'_{i2} + \cdots + w'_{im_i}}{m_i}$$

$$= \sum_{i=1}^{r} \frac{m_i}{N} (\lambda \log Np_i) \cdot \frac{w'_{i1} + w'_{i2} + \cdots + w'_{im_i}}{m_i}$$

$$= \lambda \sum_{i=1}^{r} \frac{m_i}{N} (\log N) \cdot \frac{w'_{i1} + w'_{i2} + \cdots + w'_{im_i}}{m_i} +$$

$$\lambda \sum_{i=1}^{r} \frac{m_i}{N} (\log p_i) \cdot \frac{w'_{i1} + w'_{i2} + \cdots + w'_{im_i}}{m_i}$$

$$= \lambda (\log N) \cdot \sum_{i=1}^{r} \frac{w'_{i1} + w'_{i2} + \cdots + w'_{im_i}}{N} +$$

$$\lambda \sum_{i=1}^{r} p_i \log p_i \cdot \frac{w'_{i1} + w'_{i2} + \cdots + w'_{im_i}}{m_i} \tag{96}$$

另一方面，由假定式（93），根据公理（ⅳ）和（72），

式(47)可直接改写为

$$I_{m_1+m_2+\cdots+m_r}\left(w'_{11}, w'_{12}, \cdots, w'_{1m_1} ; \right.$$

$$w'_{21}, w'_{22}, \cdots, w'_{2m_2} ; \cdots ;$$

$$w'_{r1}, w'_{r2}, \cdots, w'_{rm_r} ; \frac{1}{N}, \frac{1}{N}, \cdots, \frac{1}{N} ;$$

$$\left. \frac{1}{N}, \frac{1}{N}, \cdots, \frac{1}{N} ; \cdots ; \frac{1}{N}, \frac{1}{N}, \cdots, \frac{1}{N} \right)$$

$$= L(N) \cdot \frac{\sum_{i=1}^{r} (w'_{i1} + w'_{i2} + \cdots + w'_{im_i})}{N}$$

$$= \lambda \log N \cdot \sum_{i=1}^{r} \frac{w'_{i1} + w'_{i2} + \cdots + w'_{im_i}}{N} \qquad (97)$$

由式(94)(96)(97)可得

$$\lambda \log N \cdot \sum_{i=1}^{r} \frac{w'_{i1} + w'_{i2} + \cdots + w'_{im_i}}{N}$$

$$= I_r(w_1, w_2, \cdots, w_r ; p_1, p_2, \cdots, p_r) +$$

$$(\lambda \log N) \cdot \sum_{i=1}^{r} \frac{w'_{i1} + w'_{i2} + \cdots + w'_{im_i}}{m_i} +$$

$$\lambda \sum_{i=1}^{r} p_i \log p_i \cdot \frac{w'_{i1} + w'_{i2} + \cdots + w'_{im_i}}{m_i} \qquad (98)$$

所以

$$I_r(w_1, w_2, \cdots, w_r ; p_1, p_2, \cdots, p_r)$$

$$= -\lambda \sum_{i=1}^{r} p_i \log p_i \cdot \left(\frac{w'_{i1} + w'_{i2} + \cdots + w'_{im_i}}{m_i} \right) \qquad (99)$$

再由式(95),证得

$$I_r(w_1, w_2, \cdots, w_r ; p_1, p_2, \cdots, p_r)$$

$$= -\lambda \sum_{i=1}^{r} w_i p_i \log p_i \qquad (100)$$

以上八个步骤证明了式(5)是满足四个公理条件的加权熵的唯一函数形式.

信息量的公理化定义

中国科学院数学研究所的章照止研究员指出：信息论的基本概念是熵与信息量的概念，这些概念都是在 Shannon 的奠基性工作中引进的. 就在这一工作中，Shannon 就给出了一个熵的公理化定义. 此后在 Хинчин 和 Фаддеев 的工作中又简化了熵的公理化定义. Добрушин 指出对于信息量也给出这样一个公理化定义是有意思的. 但至今还没有见到这种定义. 本章在 Фаддеев 工作的基础上给出一个信息量的公理化定义.

信息量是一个依赖于二维联合概率分布的函数，记作 $I(\cdot)$. 为了叙述方便，我们把任意一个二维概率分布 $\{p_{ij}, i=1,\cdots,m, j=1,\cdots,n\}$ 看作一个 m 行 n 列的矩阵，记作

$$\boldsymbol{P}_{mn} = \begin{pmatrix} p_{11} & \cdots & p_{1n} \\ \vdots & & \vdots \\ p_{m1} & \cdots & p_{mn} \end{pmatrix}$$

$$\left(p_{ij} \geqslant 0, \sum_{i=1}^{m} \sum_{j=1}^{n} p_{ij} = 1 \right) \qquad (1)$$

这样一来,信息量就成为一个对一切形如(1)的 m 行 n 列(m,n 为任意正整数)矩阵 $\boldsymbol{P}_{mn}$ 有定义的矩阵函数了.关于信息量的表达形式由下面的定理确定.

定理 除了可能有一个常数因子外,下面三条公理可以完全确定信息量的表达形式.更精确地说,设函数 $I(\boldsymbol{P}_{mn})$ 满足下列公理:

(i)$I\begin{pmatrix} p & 0 \\ 0 & 1-p \end{pmatrix}$ 是 p 的连续函数(连续公理);

(ii)$I(\boldsymbol{P}_{mn})$ 在下列意义下是对称函数,即 $I(\cdot)$ 对于矩阵的转置,行与行的交换以及列与列的交换,其值保持不变(对称公理);

(iii)

$$I\begin{pmatrix} p_{11} & \cdots & p_{1n} \\ \vdots & & \vdots \\ p_{m-1,1} & \cdots & p_{m-1,n} \\ p_{m1} & \cdots & p_{mn} \end{pmatrix}$$

$$= I\begin{pmatrix} p_{11} & \cdots & p_{1n} \\ \vdots & & \vdots \\ p_{m-2,1} & \cdots & p_{m-2,n} \\ p_{m-1,1}+p_{m1} & \cdots & p_{m-1,n}+p_{mn} \end{pmatrix} +$$

$$pI\begin{pmatrix} \dfrac{p_{m-1,1}}{p} & \cdots & \dfrac{p_{m-1,n}}{p} \\ \dfrac{p_{m1}}{p} & \cdots & \dfrac{p_{mn}}{p} \end{pmatrix}p$$

$$= \sum_{j=1}^{n}(p_{m-1,j}+p_{mj}) > 0 \text{(条件信息公理)}$$

则

$$I(\boldsymbol{P}_{mn}) = c \sum_{i=1}^{m} \sum_{j=1}^{n} p_{ij} \log \frac{p_{ij}}{\sum\limits_{j=1}^{n} p_{ij} \sum\limits_{i=1}^{m} p_{ij}}$$

（$c > 0$ 为常数因子）

证 证明分作几步：

① 先证

$$I \begin{pmatrix} p_1 & \cdots & p_n \\ 0 & \cdots & 0 \end{pmatrix} = I \begin{pmatrix} p_1 & 0 \\ \vdots & \vdots \\ p_n & 0 \end{pmatrix} = 0$$

由（iii）有

$$I \begin{pmatrix} \frac{1}{2}p_1 & \cdots & \frac{1}{2}p_n \\ \frac{1}{2}p_1 & \cdots & \frac{1}{2}p_n \\ 0 & \cdots & 0 \end{pmatrix}$$

$$= I \begin{pmatrix} \frac{1}{2}p_1 & \cdots & \frac{1}{2}p_n \\ \frac{1}{2}p_1 & \cdots & \frac{1}{2}p_n \end{pmatrix} + \frac{1}{2} I \begin{pmatrix} p_1 & \cdots & p_n \\ 0 & \cdots & 0 \end{pmatrix}$$

$$I \begin{pmatrix} 0 & \cdots & 0 \\ \frac{1}{2}p_1 & \cdots & \frac{1}{2}p_n \\ \frac{1}{2}p_1 & \cdots & \frac{1}{2}p_n \end{pmatrix}$$

$$= I \begin{pmatrix} 0 & \cdots & 0 \\ p_1 & \cdots & p_n \end{pmatrix} + I \begin{pmatrix} \frac{1}{2}p_1 & \cdots & \frac{1}{2}p_n \\ \frac{1}{2}p_1 & \cdots & \frac{1}{2}p_n \end{pmatrix}$$

由(ⅱ)得

$$I\begin{pmatrix} p_1 & \cdots & p_n \\ 0 & \cdots & 0 \end{pmatrix} = \frac{1}{2}I\begin{pmatrix} p_1 & \cdots & p_n \\ 0 & \cdots & 0 \end{pmatrix}$$

因而

$$I\begin{pmatrix} p_1 & \cdots & p_n \\ 0 & \cdots & 0 \end{pmatrix} = 0$$

由①及(ⅲ)可以推知

$$I(P_{1n}) = I(P_{m1}) = 0$$

②再证

$$I\begin{pmatrix} p_{11} & \cdots & p_{1n} \\ \vdots & & \vdots \\ p_{m1} & \cdots & p_{mn} \\ 0 & \cdots & 0 \end{pmatrix} = I\begin{pmatrix} p_{11} & \cdots & p_{1n} & 0 \\ \vdots & & \vdots & \vdots \\ p_{m1} & \cdots & p_{mn} & 0 \end{pmatrix}$$

$$= I\begin{pmatrix} p_{11} & \cdots & p_{1n} \\ \vdots & & \vdots \\ p_{m1} & \cdots & p_{mn} \end{pmatrix}$$

由(ⅲ)知

$$I\begin{pmatrix} p_{11} & \cdots & p_{1n} \\ \vdots & & \vdots \\ p_{m1} & \cdots & p_{mn} \\ 0 & \cdots & 0 \end{pmatrix} = I\begin{pmatrix} p_{11} & \cdots & p_{1n} \\ \vdots & & \vdots \\ p_{m1} & \cdots & p_{mn} \end{pmatrix} +$$

$$\left(\sum_{j=1}^{n} p_{mj}\right) I\begin{pmatrix} \dfrac{p_{m1}}{\sum\limits_{j=1}^{n} p_{mj}} & \cdots & \dfrac{p_{mn}}{\sum\limits_{j=1}^{n} p_{mj}} \\ 0 & \cdots & 0 \end{pmatrix}$$

由①知右方第二项为 0,故证得②的一个等式,另一个等式由（ⅱ）得到.

③往证下列等式

$$I\begin{pmatrix} p_1 & 0 & \cdots & 0 \\ 0 & p_2 & \cdots & 0 \\ \vdots & \vdots & & \vdots \\ 0 & 0 & \cdots & p_n \end{pmatrix} = -c\sum_{i=1}^{n} p_i \log p_i$$

由（ⅰ）（ⅱ）（ⅲ）立刻推知

$$I\begin{pmatrix} p_1 & 0 & \cdots & 0 \\ 0 & p_2 & \cdots & 0 \\ \vdots & \vdots & & \vdots \\ 0 & 0 & \cdots & p_n \end{pmatrix} = H(p_1 p_2 \cdots p_n)$$

满足 Фаддеев 给出的熵的公理化定义中的三条公理，因而由他所证明的结果得到③.

现在我们用数学归纳法来证明定理的结论. 首先指出，当 $m = n = 2$ 时，即对二行二列的矩阵，$I(P_{22})$ 具有定理所指出的形式，也就是证明

$$I\begin{pmatrix} p_{11} & p_{12} \\ p_{21} & p_{22} \end{pmatrix} = c\sum_{ij=1}^{2} p_{ij} \log \frac{p_{ij}}{\left(\sum_{j=1}^{2} p_{ij}\right)\left(\sum_{i=1}^{2} p_{ij}\right)}$$

利用（ⅲ）及（ⅱ）得到下列一系列等式

$$I\begin{pmatrix} p_{11} & 0 & 0 & 0 \\ 0 & p_{22} & 0 & 0 \\ 0 & 0 & p_{12} & 0 \\ 0 & 0 & 0 & p_{21} \end{pmatrix} = I\begin{pmatrix} p_{11} & 0 & 0 & 0 \\ 0 & p_{22} & 0 & p_{21} \\ 0 & 0 & p_{12} & 0 \end{pmatrix} +$$

$$(p_{21}+p_{22})I\begin{pmatrix} 0 & \dfrac{p_{22}}{p_{21}+p_{22}} & 0 & 0 \\ & & & \\ 0 & 0 & 0 & \dfrac{p_{21}}{p_{21}+p_{22}} \end{pmatrix}$$

$$I\begin{pmatrix} p_{11} & 0 & 0 & 0 \\ 0 & p_{22} & 0 & p_{21} \\ 0 & 0 & p_{12} & 0 \end{pmatrix}=I\begin{pmatrix} p_{11} & 0 & 0 \\ p_{21} & p_{22} & 0 \\ 0 & 0 & p_{12} \end{pmatrix}+$$

$$(p_{11}+p_{21})I\begin{pmatrix} \dfrac{p_{11}}{p_{11}+p_{21}} & 0 \\ & \\ 0 & \dfrac{p_{21}}{p_{11}+p_{21}} \\ & \\ 0 & 0 \end{pmatrix}$$

$$I\begin{pmatrix} p_{11} & 0 & 0 \\ p_{21} & p_{22} & 0 \\ 0 & 0 & p_{12} \end{pmatrix}=I\begin{pmatrix} p_{11} & 0 & p_{12} \\ p_{21} & p_{22} & 0 \end{pmatrix}+$$

$$(p_{11}+p_{12})I\begin{pmatrix} \dfrac{p_{11}}{p_{11}+p_{21}} & 0 & 0 \\ & & \\ 0 & 0 & \dfrac{p_{12}}{p_{11}+p_{12}} \end{pmatrix}$$

$$I\begin{pmatrix} p_{11} & 0 & p_{12} \\ p_{21} & p_{22} & 0 \end{pmatrix}=I\begin{pmatrix} p_{11} & p_{12} \\ p_{21} & p_{22} \end{pmatrix}+$$

$$(p_{12}+p_{22})I\begin{pmatrix} 0 & \dfrac{p_{12}}{p_{12}+p_{22}} \\ & \\ \dfrac{p_{22}}{p_{12}+p_{22}} & 0 \end{pmatrix}$$

把上面四个等式连起来并应用(ii)②③可得

$$- c \sum_{ij=1}^{2} p_{ij} \log p_{ij} = I \begin{pmatrix} p_{11} & p_{12} \\ p_{21} & p_{22} \end{pmatrix} +$$

$$(p_{21} + p_{22}) I \begin{pmatrix} \dfrac{p_{21}}{p_{21} + p_{22}} & 0 \\ 0 & \dfrac{p_{22}}{p_{21} + p_{22}} \end{pmatrix} +$$

$$(p_{11} + p_{21}) I \begin{pmatrix} \dfrac{p_{11}}{p_{11} + p_{21}} & 0 \\ 0 & \dfrac{p_{21}}{p_{11} + p_{21}} \end{pmatrix} +$$

$$(p_{11} + p_{12}) I \begin{pmatrix} \dfrac{p_{11}}{p_{11} + p_{12}} & 0 \\ 0 & \dfrac{p_{12}}{p_{11} + p_{12}} \end{pmatrix} +$$

$$(p_{12} + p_{22}) I \begin{pmatrix} \dfrac{p_{12}}{p_{12} + p_{22}} & 0 \\ 0 & \dfrac{p_{22}}{p_{12} + p_{22}} \end{pmatrix}$$

$$= I \begin{pmatrix} p_{11} & p_{12} \\ p_{21} & p_{22} \end{pmatrix} - c \Big\{ p_{21} \log \dfrac{p_{21}}{p_{21} + p_{22}} +$$

$$p_{22} \log \dfrac{p_{22}}{p_{21} + p_{22}} + p_{11} \log \dfrac{p_{11}}{p_{11} + p_{21}} +$$

$$p_{21} \log \dfrac{p_{21}}{p_{11} + p_{21}} + p_{11} \log \dfrac{p_{11}}{p_{11} + p_{12}} +$$

$$p_{12} \log \dfrac{p_{12}}{p_{11} + p_{12}} + p_{12} \log \dfrac{p_{12}}{p_{12} + p_{22}} +$$

$$p_{22}\log\frac{p_{22}}{p_{12}+p_{22}}\Bigg\}$$

$$= I\begin{pmatrix} p_{11} & p_{12} \\ p_{21} & p_{22} \end{pmatrix} - 2c\sum_{ij=1}^{2} p_{ij}\log p_{ij} +$$

$$c\sum_{i=1}^{2}\Big(\sum_{ij=1}^{2} p_{ij}\Big)\log\Big(\sum_{ij=1}^{2} p_{ij}\Big) +$$

$$c\sum_{j=1}^{2}\Big(\sum_{i=1}^{2} p_{ij}\Big)\log\Big(\sum_{i=1}^{2} p_{ij}\Big)$$

于是

$$I\begin{pmatrix} p_{11} & p_{12} \\ p_{21} & p_{22} \end{pmatrix} = -c\sum_{ij=1}^{2} p_{ij}\log p_{ij} + 2c\sum_{ij=1}^{2} p_{ij}\log p_{ij} -$$

$$c\sum_{i=1}^{2}\Big(\sum_{j=1}^{2} p_{ij}\Big)\log\Big(\sum_{j=1}^{2} p_{ij}\Big) -$$

$$c\sum_{j=1}^{2}\Big(\sum_{i=1}^{2} p_{ij}\Big)\log\Big(\sum_{i=1}^{2} p_{ij}\Big)$$

$$= c\sum_{ij=1}^{2} p_{ij}\log\frac{p_{ij}}{\Big(\sum_{j=1}^{2} p_{ij}\Big)\Big(\sum_{i=1}^{2} p_{ij}\Big)}$$

今假定当 $m\leqslant k, n=l$ 时,即对一切 $m\leqslant k$ 的 m 行 l 列矩阵定理为真. 下面证明定理对 $k+1$ 行 l 列矩阵亦真,这样由(ⅱ),定理就对一切 m 行 n 列矩阵都对了.

由(ⅲ)有

$$I\begin{pmatrix} p_{11} & \cdots & p_{1l} \\ \vdots & & \vdots \\ p_{k1} & \cdots & p_{kl} \\ p_{k+1,1} & \cdots & p_{k+1,l} \end{pmatrix}$$

$$= I \begin{pmatrix} p_{11} & \cdots & p_{1l} \\ \vdots & & \vdots \\ p_{k-1,1} & \cdots & p_{k-1,l} \\ p_{k1}+p_{k+1,1} & \cdots & p_{kl}+p_{k+1,l} \end{pmatrix} +$$

$$pI \begin{pmatrix} \dfrac{p_{k1}}{p} & \cdots & \dfrac{p_{kl}}{p} \\ \dfrac{p_{k+1,1}}{p} & \cdots & \dfrac{p_{k+1,l}}{p} \end{pmatrix}$$

$$p = \sum_{j=1}^{l} (p_{kj} + p_{k+1j}) > 0$$

由归纳法假定上式等于

$$c \sum_{i=1}^{k-1} \sum_{j=1}^{l} p_{ij} \log \frac{p_{ij}}{\left(\sum_{j=1}^{l} p_{ij} \right)\left(\sum_{j=1}^{k+1} p_{ij} \right)} +$$

$$c \sum_{j=1}^{l} (p_{kj} + p_{k+1,j}) \cdot$$

$$\log \frac{p_{kj} + p_{k+1,j}}{\left(\sum_{j=1}^{l} (p_{kj} + p_{k+1,j}) \right)\left(\sum_{j=1}^{k+1} p_{ij} \right)} +$$

$$c \left(\sum_{j=1}^{l} (p_{kj} + p_{k+1,j}) \right) \cdot$$

$$\left(\sum_{i=k}^{k+1} \sum_{j=1}^{l} \frac{p_{ij}}{p} \log \frac{\dfrac{p_{ij}}{p}}{\left(\sum_{j=1}^{l} \dfrac{p_{ij}}{p} \right)\left(\sum_{i=k}^{k+1} \dfrac{p_{ij}}{p} \right)} \right)$$

$$= c \sum_{i=1}^{k-1} \sum_{j=1}^{l} p_{ij} \log \frac{p_{ij}}{\left(\sum_{j=1}^{l} p_{ij} \right)\left(\sum_{i=1}^{k+1} p_{ij} \right)} +$$

408

$$c \sum_{j=1}^{l} (p_{kj} + p_{k+1,j}) \log \frac{p_{kj} + p_{k+1,j}}{p \sum_{i=1}^{k+1} p_{ij}} +$$

$$c \sum_{j=1}^{l} p_{kj} \log \frac{p \cdot p_{kj}}{(\sum_{j=1}^{l} p_{kj})(\sum_{i=k}^{k+1} p_{ij})} +$$

$$c \sum_{j=1}^{l} p_{k+1,j} \log \frac{p \cdot p_{k+1,j}}{(\sum_{j=1}^{l} p_{k+1,j})(\sum_{i=k}^{k+1} p_{ij})}$$

$$= c \sum_{i=1}^{k-1} \sum_{j=1}^{l} p_{ij} \log \frac{p_{ij}}{(\sum_{j=1}^{l} p_{ij})(\sum_{i=1}^{k+1} p_{ij})} +$$

$$c \sum_{j=1}^{l} p_{kj} \log \frac{p_{kj}}{(\sum_{j=1}^{l} p_{kj})(\sum_{i=1}^{k+1} p_{ij})} +$$

$$c \sum_{j=1}^{l} p_{k+1,j} \log \frac{p_{k+1,j}}{(\sum_{j=1}^{l} p_{k+1,j})(\sum_{i=1}^{k+1} p_{ij})}$$

$$= c \sum_{i=1}^{k+1} \sum_{j=1}^{l} p_{ij} \log \frac{p_{ij}}{(\sum_{j=1}^{l} p_{ij})(\sum_{i=1}^{k+1} p_{ij})}$$

于是定理证毕.

信息论中 Shannon 定理的三种反定理

第十七章

§1 引 言

南开大学的胡国定教授在数学学报上撰文指出:信息论这一门新兴的学科,自从 C. E. Shannon 的论文发表而诞生到现在,探讨的中心还围绕在信息论基本定理——Shannon 定理所提出的那个问题上. 在本章中综合整理了有关 Shannon 定理的一般提法的已有结果,特别着重地讨论了 Shannon 定理的三种反定理. 有关头两种反定理,都在文中指明. 至于第三种反定理(以输入消息序列为中心的反定理)则是迄今从未被探讨过的.

有别于一般信息论论文中探讨消息与信号的随机过程和每单位时间的平均信息量,本章仿照 Р. Л. Добрушин 的论文探讨以时间为指数的消息与信号序列

410

和随时间而无限增大的信息量. 这一点, 读者以后自会察觉到的.

本章详列了所有必要的准备知识及其严格的证明. 这样, 只要具有初等概率论知识的读者大多都能读懂本章.

§2 信 息 量

(一) 为探讨信息量间的代数关系, 以后经常要用到下列基本不等式.

引理 对任意正数 $u_1, u_2, \cdots, u_m$ 与 $v_1, v_2, \cdots, v_m$, 有

$$\sum_{i=1}^{m} u_i \log \frac{u_i}{v_i} \geqslant \left(\sum_{i=1}^{m} u_i \right) \log \frac{\displaystyle\sum_{i=1}^{m} u_i}{\displaystyle\sum_{i=1}^{m} v_i}$$

其中等号成立当且仅当

$$\frac{u_1}{v_1} = \frac{u_2}{v_2} = \cdots = \frac{u_m}{v_m} = \frac{\displaystyle\sum_{i=1}^{m} u_i}{\displaystyle\sum_{i=1}^{m} v_i}$$

证 首先我们注意只需证明 $m = 2$ 的特殊场合就行了, 因为一般场合下可由归纳法直接推得. 其次注意到对任意正数 u, v, 相对 $u_1, u_2, \cdots, u_m$ 与 $v_1, v_2, \cdots, v_m$ 的不等式和相对 $\frac{u_1}{u}, \frac{u_2}{u}, \cdots, \frac{u_m}{u}$ 与 $\frac{v_1}{v}, \frac{v_2}{v}, \cdots, \frac{v_m}{v}$ 的不等

式同时成立. 这样, 不失普遍性, 我们可限制来考虑

$$u_1 + u_2 = 1, v_1 + v_2 = 1$$

的特殊场合. 问题归结为证明: 对任意 $0 < u_1 < 1, 0 < v_1 < 1$, 有

$$u_1 \log \frac{u_1}{v_1} + (1 - u_1) \log \frac{(1 - u_1)}{(1 - v_1)} \geqslant 0$$

成立, 并且其中等号成立当且仅当

$$u_1 = v_1$$

但读者可以看到, 这是不难在上列不等式左边的 u_1 看作常数的情况下, 用对其中的 v_1 微分求最小值的方法来证得的.

(二) 考虑取有限个值

$$x_1, x_2, \cdots, x_a^{①}$$

的随机变量 ξ, 其相应的概率为 p

$$p(x_1) = p_1, p(x_2) = p_2, \cdots, p(x_a) = p_a$$

我们定义 ξ 的熵 $H(\xi)$ (或 $H(p_1, p_2, \cdots, p_a)$) 如下

$$H(\xi) = -\sum_{i=1}^{a} p(x_i) \log p(x_i)^{②}$$

$$\left(\text{或} -\sum_x p(x) \log p(x) \right)$$

命题 1 $H(p_1, p_2, \cdots, p_a)$ 达到最大值 $\log a$ 当且仅当 $p_1 = p_2 = \cdots = p_a = \frac{1}{a}$.

———————

① 在本章中, 凡变量所取的值可以是任意固定集合的元素而不一定是实数.

② 在本章中, 我们总设: (1) $\log 0 = 0$; (2) $\log$ 的底为 2.

证　不难看到

$$H(p_1,p_2,\cdots,p_a) \leqslant \log a$$

与

$$\sum_{i=1}^{a} p_i \log p_i \geqslant \left(\sum_{i=1}^{a} p_i\right) \log \frac{\left(\sum_{i=1}^{a} p_i\right)}{a} = \log \frac{1}{a}$$

等价. 但利用引理可以推知后者一般成立并且其中等号成立当且仅当

$$p_1 = p_2 = \cdots = p_a$$

故命题得证.

命题 2　$H(p_1,p_2,\cdots,p_a)$ 达到最小值 0 当且仅当 $p_1,p_2,\cdots,p_a$ 中之一为 1 而其余为 0.

证　显然.

(三)考虑取有限个值

$$(x_i,y_j) \quad (i=1,2,\cdots,a;j=1,2,\cdots,b)$$

的随机向量(ξ,η),其相应的概率为 p

$$p(x_i,y_j) \quad (i=1,2,\cdots,a;j=1,2,\cdots,b)$$

设

$$p(x_i) = \sum_{j=1}^{b} p(x_i,y_j) \quad (i=1,2,\cdots,a)$$

$$p(y_i) = \sum_{i=1}^{a} p(x_i,y_j) \quad (j=1,2,\cdots,b)$$

并且当 $p(x_i) > 0$ 时

$$p(y_j|x_i) = \frac{p(x_i,y_j)}{p(x_i)} \quad (j=1,2,\cdots,b)$$

当 $p(y_j) > 0$ 时

$$p(x_i|y_j) = \frac{p(x_i,y_j)}{p(y_j)} \quad (i=1,2,\cdots,a)$$

这样, 我们亦就相应地规定了 ξ, η 以及 (ξ, η) 的熵

$$H(\xi) = -\sum_{i=1}^{a} p(x_i) \log p(x_i)$$

$$H(\eta) = -\sum_{j=1}^{b} p(y_j) \log p(y_j)$$

$$H(\xi, \eta) = -\sum_{j=1}^{b} \sum_{i=1}^{a} p(x_i, y_j) \log p(x_i, y_j)$$

此外, 我们再定义 (ξ, η) 的公息 $I(\xi, \eta)$、余息 $H(\xi|\eta)$、余息 $H(\eta|\xi)$ 如下

$$H(\xi|\eta) = H(\xi, \eta) - H(\eta)$$

$$H(\eta|\xi) = H(\xi, \eta) - H(\xi)$$

$$I(\xi, \eta) = H(\xi) + H(\eta) - H(\xi, \eta)$$

我们统称 (ξ, η) 的 $H(\xi), H(\eta), H(\xi, \eta), H(\xi|\eta), H(\eta|\xi), I(\xi, \eta)$ 为 (ξ, η) 的信息量.

命题 3

$$H(\xi|\eta) = \sum_{j=1}^{b} p(y_j) \left[-\sum_{i=1}^{a} p(x_i|y_j) \log p(x_i|y_j) \right] \geqslant 0$$

$$\left(H(\eta|\xi) = \sum_{i=1}^{a} p(x_i) \left[-\sum_{j=1}^{b} p(y_j|x_i) \log p(y_j|x_i) \right] \geqslant 0 \right)$$

证 不难验证得之.

命题 4

$$I(\xi, \eta) = \sum_{j=1}^{b} \sum_{i=1}^{a} p(x_i, y_j) \log \frac{p(x_i, y_j)}{p(x_i) p(y_j)}^{①} \geqslant 0$$

其中等号成立当且仅当 ξ 与 η 独立.

证 利用引理可以直接得到

---

① 在本章中, 我们总设: 对任意 $c \geqslant 0, 0 \log \dfrac{0}{c} = 0$.

$$I(\xi,\eta) = \sum_{j=1}^{b}\sum_{i=1}^{a} p(x_i,y_j) \log \frac{p(x_i,y_j)}{p(x_i)p(y_j)}$$

$$\geq \left(\sum_{j=1}^{b}\sum_{i=1}^{a} p(x_i,y_j)\right) \log \frac{\displaystyle\sum_{j=1}^{b}\sum_{i=1}^{a} p(x_i,y_j)}{\displaystyle\sum_{j=1}^{b}\sum_{i=1}^{a} p(x_i)p(y_j)} = 0$$

其中等号成立当且只当对每个 i,j

$$\frac{p(x_i,y_j)}{p(x_i)p(y_j)} = \frac{\displaystyle\sum_{j=1}^{b}\sum_{i=1}^{a} p(x_i,y_j)}{\displaystyle\sum_{j=1}^{b}\sum_{i=1}^{a} p(x_i)p(y_j)} = 1$$

或者等价地 ξ 与 η 独立. 因而命题得证.

由此可见, (ξ,η) 的诸信息量都是非负的. 它们之间的代数关系可借助于两个集合间的几何关系明显地表示出来(图 1):

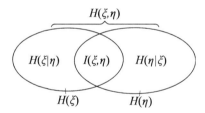

图 1

命题 5　设 $f(\xi)$ 是 ξ 的函数, 则

$$I(\xi,\eta) \geq I(f(\xi),\eta)$$

证　$f(\xi)$ 决定 $X = \{x_i : i = 1,2,\cdots,a\}$ 的一个分类

$$X = \sum_{l=1}^{m} A_l \quad ①$$

其中 x_i 与 x_k 同属于一个 A_l 当且只当 $f(x_i) = f(x_k)$. 这样,直接利用引理就可推得

$$\begin{aligned}
I(\xi,\eta) &= \sum_{j=1}^{b} \sum_{i=1}^{a} p(x_i,y_j) \log \frac{p(x_i,y_j)}{p(x_i)p(y_j)} \\
&= \sum_{j=1}^{b} \sum_{l=1}^{m} \sum_{x_i \in A_l} p(x_i,y_j) \log \frac{p(x_i,y_j)}{p(x_i)p(y_j)} \\
&\geqslant \sum_{j=1}^{b} \sum_{l=1}^{m} p(A_l,y_j) \log \frac{p(A_l,y_j)}{p(A_l)p(y_j)} \\
&= I(f(\xi),\eta)
\end{aligned}$$

命题 6 设 ξ 与 η 之间以函数关系 $\xi = f(\eta)$ 联系着

$$p(x|y) = \begin{cases} 1, & x = f(y) \\ 0, & x \neq f(y) \end{cases}$$

则 $H(\xi|\eta) = 0$ 或等价地 $H(\xi) = I(\xi,\eta)$.

证 这一下可由

$$H(\xi|\eta) = \sum_{j=1}^{b} p(y_j) \left[-\sum_{i=1}^{a} p(x_i|y_j) \log p(x_i|y_j) \right]$$

与对每个 j 有

$$p(x_i|y_j) = \begin{cases} 1, & x_i = f(y_j) \\ 0, & x_i \neq f(y_j) \end{cases} \quad (i = 1,2,\cdots,a)$$

的关系推得.

命题 7 设 $f(\xi)$ 是 ξ 的函数,则

---

① 在本章中,相对集合而言的和号"$\sum$"或加号"$+$"都表示彼此不交的集合的联合.

$$H(\xi) \geqslant H(f(\xi))$$

证　这只需注意到当 $\xi = \eta$ 时的命题 6 就可推得

$$I(f(\xi), \xi) = H(f(\xi))$$

与

$$I(\xi, \xi) = H(\xi)$$

并且将其代入命题 5 的结果中就行.

（四）考虑取有限个值

$$(x_i^{(1)}, x_j^{(2)}, x_k^{(3)})$$

$$(i = 1, 2, \cdots, a^{(1)}; j = 1, 2, \cdots, a^{(2)}; k = 1, 2, \cdots, a^{(3)})$$

的随机向量 $(\xi^{(1)}, \xi^{(2)}, \xi^{(3)})$，其相应的概率为 p. 我们知道 $\xi^{(1)}, \xi^{(2)}, \xi^{(3)}$ 形成 Markov 链，如果对任意 i, j, k，有

$$p(x_k^{(3)} \mid x_j^{(2)}, x_i^{(1)}) = p(x_k^{(3)} \mid x_j^{(2)}) \quad ①$$

不难验证这个条件是与下列条件：对任意 i, j, k，有

$$p(x_k^{(3)}, x_i^{(1)} \mid x_j^{(2)}) = p(x_k^{(3)} \mid x_j^{(2)}) p(x_i^{(1)} \mid x_j^{(2)})$$

等价的.

命题 8　$\xi^{(1)}, \xi^{(2)}, \xi^{(3)}$ 形成 Markov 链的充分与必要条件是

$$I(\xi^{(1)}, (\xi^{(2)}, \xi^{(3)})) = I(\xi^{(1)}, \xi^{(2)})$$

证　根据恒等式

$$I(\xi^{(1)}, (\xi^{(2)}, \xi^{(3)})) - I(\xi^{(1)}, \xi^{(2)})$$

$$= \sum_{i=1}^{a^{(1)}} \sum_{j=1}^{a^{(2)}} \sum_{k=1}^{a^{(3)}} p(x_i^{(1)}, x_j^{(2)}, x_k^{(3)}) \log \frac{p(x_i^{(1)}, x_j^{(2)}, x_k^{(3)})}{p(x_i^{(1)}) p(x_j^{(2)}, x_k^{(3)})} -$$

---

①　此处与以后有关条件概率的意义及其表达法与通常的相同，只要不致引起误会，将一律不再详加说明.

$$\sum_{i=1}^{a^{(1)}} \sum_{j=1}^{a^{(2)}} p(x_i^{(1)}, x_j^{(2)}) \log \frac{p(x_i^{(1)}, x_j^{(2)})}{p(x_i^{(1)}) p(x_j^{(2)})}$$

$$= \sum_{j=1}^{a^{(2)}} p(x_j^{(2)}) \cdot \left[\sum_{i=1}^{a^{(1)}} \sum_{k=1}^{a^{(3)}} p(x_i^{(1)}, x_k^{(3)} \mid x_j^{(2)}) \cdot \right.$$

$$\left. \log \frac{p(x_i^{(1)}, x_k^{(3)} \mid x_j^{(2)})}{p(x_i^{(1)} \mid x_j^{(2)}) p(x_k^{(3)} \mid x_j^{(2)})} \right]$$

得知

$$I(\xi^{(1)}, (\xi^{(2)}, \xi^{(3)})) = I(\xi^{(1)}, \xi^{(2)})$$

与对每个 j 有

$$\sum_{i=1}^{a^{(1)}} \sum_{k=1}^{a^{(3)}} p(x_i^{(1)}, x_k^{(3)} \mid x_j^{(2)}) \log \frac{p(x_i^{(1)}, x_k^{(3)} \mid x_j^{(2)})}{p(x_i^{(1)} \mid x_j^{(2)}) p(x_k^{(3)} \mid x_j^{(2)})} = 0$$

的条件等价. 但利用命题 4 又可得知这条件又与对每个 i, j, k, 有

$$p(x_i^{(1)}, x_k^{(3)} \mid x_j^{(2)}) = p(x_i^{(1)} \mid x_j^{(2)}) p(x_k^{(3)} \mid x_j^{(2)})$$

或即 $\xi^{(1)}, \xi^{(2)}, \xi^{(3)}$ 形成 Markov 链的条件等价. 命题得证.

考虑取有限个值

$$(\tilde{x}_i, x_j, y_k, \tilde{y}_l)$$

$$(i = 1, 2, \cdots, \tilde{a}; j = 1, 2, \cdots, a; k = 1, 2, \cdots, b; l = 1, 2, \cdots, \tilde{b})$$

的随机向量 $(\tilde{\xi}, \xi, \eta, \tilde{\eta})$, 其相应的概率为 p.

命题 9 若 $\tilde{\xi}, \xi, \eta, \tilde{\eta}$ 形成 Markov 链, 则

$$I(\tilde{\xi}, \tilde{\eta}) \leqslant I(\xi, \eta)$$

证 接连两次利用命题 5 可以推知

$$I(\tilde{\xi}, \tilde{\eta}) \leqslant I(\tilde{\xi}, (\eta, \tilde{\eta})) \leqslant I((\tilde{\xi}, \xi), (\eta, \tilde{\eta}))$$

再接连两次利用命题 8, 又可推得

$$I((\tilde{\xi},\xi),(\eta,\tilde{\eta})) = I((\tilde{\xi},\xi),\eta) = I(\xi,\eta)$$

因此

$$I(\tilde{\xi},\tilde{\eta}) \leqslant I(\xi,\eta)$$

§3　可缩性与信息稳定性

（一）考虑各取有限个值

$$x_i \quad (i = 1,2,\cdots,a)$$
$$y_j \quad (j = 1,2,\cdots,b)$$

的两个变量[①]ξ 与 η.

伴随所给变量 ξ 与 η 分别加以各种相应的概率分布

$$p(x_i) \quad (i = 1,2,\cdots,a)$$
$$p(x_i,y_j) \quad (i = 1,2,\cdots,a;j = 1,2,\cdots,b)$$

以及对每个 x_i 有

$$p(y_j|x_i) \quad (j = 1,2,\cdots,b)$$

我们就得到：

1. 输入信源 $[x,p(x)]$；

2. 复合信源 $[(x,y),p(x,y)]$；

3. 通路 $[x,p(y|x),y]$.

在信息论中，先给定的常是输入信源 $[x,p(x)]$ 与

———————

①　本章中变量（向量）与随机变量（随机向量）的用意是略有所不同的. 前者指的就是普通的变量（向量），而后者指的总是联系着在它之上某一个概率分布而言的变量（向量）.

通路 $[x, p(y|x), y]$. 然后随着

$$p(x, y) = p(x)p(y|x)$$

的决定,一个复合信源 $[(x, y), p(x, y)]$ 或者说一个随机向量 (ξ, η)[①] 亦就随之被规定下来. 我们常说这是输入信源 $[x, p(x)]$ 与通路 $[x, p(y|x), y]$ 结合起来形成复合信源 $[(x, y), p(x, y)]$ 或随机向量 (ξ, η) 的过程. 我们以后经常要探讨的不仅是随机向量 (ξ, η) 的信息量

$$H(\xi) = -\sum_x p(x) \log p(x)$$

$$I(\xi, \eta) = \sum_{x, y} p(x, y) \log \frac{p(x, y)}{p(x)p(y)}$$

而且还有随机向量 (ξ, η) 的信息密度

$$熵密度\ h(x) = -\log p(x)$$

$$公息密度\ i(x, y) = \log \frac{p(x, y)}{p(x)p(y)}[②]$$

显然

$$H(\xi) = \sum_x p(x) h(x)$$

$$I(\xi, \eta) = \sum_{x, y} p(x, y) i(x, y)$$

---

① 由于联系着概率 $p(x)$ 的随机变量 ξ 与信源 $[x, p(x)]$ 之间或者在联系着概率 $p(x, y)$ 的随机向量 (ξ, η) 与信源 $[(x, y), p(x, y)]$ 之间是彼此唯一决定的,因此我们以后在用随机变量(向量)与信源的名词时,只要它们是彼此对应的,就不一定严格地加以区别开来.

② 本章中我们总设:对任意 $c \geqslant 0, \log \dfrac{0}{c} = 0$.

（二）信息论，按其研究的终极目的来说，它所探讨的不是随机变量有关信息量的代数关系，而是随机变量序列有关信息量的渐近性质. 为此，现在我们要将（一）中所讨论过的各种对象加上指数 $n = 1, 2, \cdots$ 构成以 n 为指数的序列来加以考虑. 至于序列中每一项对象的含义，在（一）中已说明过，所以也就不用重新一一加以解释了.

对每个固定的自然数 n，考虑各取有限个值

$$X^{(n)} = \{ x_i^{(n)} \, (i = 1, 2, \cdots, a^{(n)}) \}$$

$$Y^{(n)} = \{ y_j^{(n)} \, (j = 1, 2, \cdots, b^{(n)}) \}$$

的两个变量 $\xi^{(n)}$ 与 $\eta^{(n)}$. 在变量 $\xi^{(n)}$ 与 $\eta^{(n)}$ 上给定输入信源与通路的组合

$$\{ [x^{(n)}, p^{(n)} (x^{(n)})], [x^{(n)}, p^{(n)} (y^{(n)} | x^{(n)}), y^{(n)}] \}$$

以及由此而决定的随机向量 $(\xi^{(n)}, \eta^{(n)})$ 的信息量

$$H(\xi^{(n)}) = - \sum_{x^{(n)}} p^{(n)} (x^{(n)}) \log p^{(n)} (x^{(n)})$$

$$I(\xi^{(n)}, \eta^{(n)}) = - \sum_{x^{(n)}, y^{(n)}} p^{(n)} (x^{(n)}, y^{(n)}) \log \frac{p^{(n)} (x^{(n)}, y^{(n)})}{p^{(n)} (x^{(n)}) p^{(n)} (y^{(n)})}$$

与信息密度

$$h(x^{(n)}) = - \log p^{(n)} (x^{(n)})$$

$$i(x^{(n)}, y^{(n)}) = \log \frac{p^{(n)} (x^{(n)}, y^{(n)})}{p^{(n)} (x^{(n)}) p^{(n)} (y^{(n)})}$$

在此需要特别声明：本章中我们总设当 $n \to \infty$ 时

$$a^{(n)} \to \infty, b^{(n)} \to \infty$$

例 1　考虑包含 n 个字的句子

$$x^{(n)} = (u^{(1)}, u^{(2)}, \cdots, u^{(n)})$$

其中每一个字 $u^{(j)} (j = 1, 2, \cdots, n)$ 可以是全体

$$u_1, u_2, \cdots, u_a$$

中的任意一个. 这样, 包含 n 个字的句子可以共有 a^n 个不同的样子, 或者说

$$x^{(n)} = (u^{(1)}, u^{(2)}, \cdots, u^{(n)})$$

可取 $a^{(n)} = a^n$ 个不同的值. 显然, 当 $n \to \infty$ 时

$$a^{(n)} = a^n \to \infty$$

根据字 u 出现机会 $p(u)$ 的多少决定了一个字的信源 $[u, p(u)]$. 在此, 我们引进所谓独立分量信源序列 $[x^{(n)}, p^{(n)}(x^{(n)})]$ 的概念

$$p^{(n)}(x^{(n)}) = p^{(n)}(u^{(1)}, u^{(2)}, \cdots, u^{(n)})$$
$$= p(u^{(1)}) p(u^{(2)}) \cdots p(u^{(n)})$$

其中 $x^{(n)}$ 取 a^n 个值.

例 2 考虑包含 n 个字的输入句子

$$x^{(n)} = (u^{(1)}, u^{(2)}, \cdots, u^{(n)})$$

其中每个 $u^{(j)} (j = 1, 2, \cdots, n)$ 取值 $u_1, u_2, \cdots, u_a$; 与包含 n 个字 v 的输出句子

$$y^{(n)} = (v^{(1)}, v^{(2)}, \cdots, v^{(n)})$$

其中每个 $v^{(j)} (j = 1, 2, \cdots, n)$ 取值 $v_1, v_2, \cdots, v_b$. 根据在给定了输入字 u 的条件下输出字为 v 的概率 $p(v \mid u)$ 决定了一个通路 $[u, p(v \mid u), v]$. 在此, 我们引进所谓无记忆通路序列 $[x^{(n)}, p^{(n)}(y^{(n)} \mid x^{(n)}), y^{(n)}]$ 的概念

$$p^{(n)}(y^{(n)} \mid x^{(n)}) = p^{(n)}((v^{(1)}, v^{(2)}, \cdots, v^{(n)}) \mid (u^{(1)}, u^{(2)}, \cdots, u^{(n)}))$$
$$= p(v^{(1)} \mid u^{(1)}) p(v^{(2)} \mid u^{(2)}) \cdots$$
$$p(v^{(n)} \mid u^{(n)})$$

其中 $x^{(n)}$ 与 $y^{(n)}$ 各取 a^n 与 b^n 个值.

(三) 为了以后的需要, 暂时离开一下本题, 我们

来引进一个有关等价命题的引理.设命题 $P_n\varepsilon$ 依赖于自然数 n 与正数 ε 并具有下列性质:如果命题 $P_n(\varepsilon_0)$ 成立,那么对任意 $\varepsilon > \varepsilon_0$,命题 $P_n(\varepsilon)$ 亦成立.

考虑两个命题:

(P_1) 对任意正数 ε,存在 $N(\varepsilon)$,使得当 $n > N(\varepsilon)$ 时 $P_n(\varepsilon)$ 都成立.

(P_2) 存在 $\varepsilon_n \to 0$,使得当 n 从某个数起 $P_n(\varepsilon_n)$ 都成立.

引理 1　命题 (P_1) 与命题 (P_2) 等价.

证　$(P_2) \Rightarrow (P_1)$. 任给 $\varepsilon > 0$. (P_2) 成立:存在 $\varepsilon_n \to 0$,使得当 n 自某一数起 $P_n(\varepsilon_n)$ 成立. 因此,当 n 足够大时 $\varepsilon_n < \varepsilon$,从而推得 $P_n(\varepsilon)$ 的成立.

$(P_1) \Rightarrow (P_2)$. 根据题设成立的命题 (P_1),我们可作如下的推理:对 $\varepsilon = 1$,存在 n_1,使得当 $n \geqslant n_1$ 时 $P_n(1)$ 成立;对 $\varepsilon = \dfrac{1}{2}$,存在 $n_2 > n_1$,使得当 $n > n_2$ 时 $P_n\left(\dfrac{1}{2}\right)$ 成立;$\cdots\cdots$;对 $\varepsilon = \dfrac{1}{m}$,存在 $n_m > n_{m-1}$,使得当 $n > n_m$ 时 $P_n\left(\dfrac{1}{m}\right)$ 成立;$\cdots\cdots$ 这样,如果令

$$
\varepsilon_n = \begin{cases}
1, & n = n_1 + 1, n_1 + 2, \cdots, n_2 \\
\dfrac{1}{2}, & n = n_2 + 1, n_2 + 2, \cdots, n_3 \\
\quad\vdots & \\
\dfrac{1}{m}, & n = n_m + 1, n_m + 2, \cdots, n_{m+1} \\
\quad\vdots &
\end{cases}
$$

那么 $\varepsilon_n \to 0$，并且 n 从 $n_1 + 1$ 起 $P_n(\varepsilon_n)$ 都成立.

（四）**定义 1** 信源序列 $[x^{(n)}, p^{(n)}(x^{(n)})]$ 叫作 $\mathscr{H}^{(n)}$ – 概率可缩，如果：(1) 实数序列 $\mathscr{H}^{(n)} \to \infty$；(2) 对任意 $\varepsilon > 0$，当 n 足够大时，在 $X^{(n)}$ 中有 $N^{(n)} \leqslant 2^{\mathscr{H}^{(n)}(1+\varepsilon)}$ 个值 $x_{k_i}^{(n)}$（$i = 1, 2, \cdots, N^{(n)}$），使得

$$\sum_{i=1}^{N^{(n)}} p^{(n)}(x_{k_i}^{(n)}) > 1 - \varepsilon$$

定义 2 信源序列 $[x^{(n)}, p^{(n)}(x^{(n)})]$ 叫作 $\mathscr{H}^{(n)}$ – 信息可缩，如果：(1) 实数序列 $\mathscr{H}^{(n)} \to \infty$；(2) 对任意 $\varepsilon > 0$，当 n 足够大时，存在 $X^{(n)}$ 的分类 $X^{(n)} = \sum_{i=1}^{N^{(n)}} A_i^{(n)}$，其中 $N^{(n)} \leqslant 2^{\mathscr{H}^{(n)}(1+\varepsilon)}$，使得

$$\left| \frac{-\displaystyle\sum_{i=1}^{N^{(n)}} p^{(n)}(A_i^{(n)}) \log p^{(n)}(A_i^{(n)})}{H(\xi^{(n)})} - 1 \right| < \varepsilon$$

粗略地说：所谓 $[x^{(n)}, p^{(n)}(x^{(n)})] \mathscr{H}^{(n)}$ – 概率可缩，其意是指 $X^{(n)}$ 的元素从 $a^{(n)}$ 个可缩为 $N^{(n)} \leqslant 2^{\mathscr{H}^{(n)}}$ 个元素 $x_{k_i}^{(n)}$（$i = 1, 2, \cdots, N^{(n)}$）而基本上保持概率不变

$$\sum_{i=1}^{N^{(n)}} p^{(n)}(x_{k_i}^{(n)}) \approx 1$$

所谓 $[x^{(n)}, p^{(n)}(x^{(n)})] \mathscr{H}^{(n)}$ – 信息可缩，其意是指 $X^{(n)}$ 的元素从 $a^{(n)}$ 个可缩为 $N^{(n)} \leqslant 2^{\mathscr{H}^{(n)}}$ 个新单元 A_i（$i = 1, 2, \cdots, N^{(n)}$）而基本上保持信息量（熵）不变

$$\frac{-\displaystyle\sum_{i=1}^{N^{(n)}} p^{(n)}(A_i^{(n)}) \log p^{(n)}(A_i^{(n)})}{H(\xi^{(n)})} \approx 1$$

定义 3 信源序列 $[x^{(n)}, p^{(n)}(x^{(n)})]$ 叫作 $\mathscr{H}^{(n)}$ –

概率、信息可缩,如果:(1)实数序列 $\mathscr{H}^{(n)} \to \infty$;(2)对任意 $\varepsilon > 0$,当 n 足够大时,存在 $N^{(n)} \leqslant 2^{\mathscr{H}^{(n)}(1+\varepsilon)}$ 个值 $x_{k_i}(i = 1, 2, \cdots, N^{(n)})$ 与分类 $X^{(n)} = \sum_{i=1}^{N^{(n)}} A_i^{(n)}$,其中 $x_{k_i} \in A_i^{(n)}(i = 1, 2, \cdots, N^{(n)})$,使得

$$\sum_{i=1}^{N^{(n)}} p^{(n)}(x_{k_i}^{(n)}) > 1 - \varepsilon$$

与

$$\left| \frac{-\sum_{i=1}^{N^{(n)}} p^{(n)}(A_i^{(n)}) \log p^{(n)}(A_i^{(n)})}{H(\xi^{(n)})} - 1 \right| < \varepsilon$$

定义 4　信源序列 $[x^{(n)}, p^{(n)}(x^{(n)})]$ 叫作 $\mathscr{H}^{(n)}$ － 信息稳定,如果:(1)实数序列 $\mathscr{H}^{(n)} \to \infty$;(2)对任意 $\varepsilon > 0$,当 n 足够大时,有

$$p^{(n)}\left\{ x^{(n)} : \left| \frac{h(x^{(n)})}{\mathscr{H}^{(n)}} - 1 \right| < \varepsilon \right\} > 1 - \varepsilon$$

定义 5　信源序列 $[x^{(n)}, p^{(n)}(x^{(n)})]$ 叫作信息稳定,如果:(1)$H(\xi^{(n)}) \to \infty$;(2)对任意 $\varepsilon > 0$,当 n 足够大时,有

$$p^{(n)}\left\{ x^{(n)} : \left| \frac{h(x^{(n)})}{H(\xi^{(n)})} - 1 \right| < \varepsilon \right\} > 1 - \varepsilon$$

不难看出,$[x^{(n)}, p^{(n)}(x^{(n)})]$ 信息稳定是 $[x^{(n)}, p^{(n)}(x^{(n)})]\mathscr{H}^{(n)}$ － 信息稳定当 $\mathscr{H}^{(n)} = H(\xi^{(n)})$ 时的特殊场合.

例 3　信源序列 $[x^{(n)}, p^{(n)}(x^{(n)})]$

$$p^{(n)}(x_i^{(n)}) = \begin{cases} \dfrac{1}{N^{(n)}}, i = 1, 2, \cdots, N^{(n)} \\ 0, i = N^{(n)} + 1, \cdots, a^{(n)} \end{cases}$$

其中

$$N^{(n)} = [2^{\mathscr{H}^{(n)}}]^{①}$$

是 $\mathscr{H}^{(n)}$ – 信息稳定同时又是信息稳定,如果 $\mathscr{H}^{(n)} \to \infty$ 的话.

命题 1 $\mathscr{H}^{(n)}$ – 信息稳定的 $[x^{(n)}, p^{(n)}(x^{(n)})]$ $\mathscr{H}^{(n)}$ – 概率可缩.

证 任给 $\varepsilon > 0$. $[x^{(n)}, p^{(n)}(x^{(n)})] \mathscr{H}^{(n)}$ – 信息稳定:当 n 足够大时,有

$$p^{(n)} \left\{ x^{(n)} : \left| \frac{h(x^{(n)})}{\mathscr{H}^{(n)}} - 1 \right| < \varepsilon \right\} > 1 - \varepsilon$$

不难看出

$$x^{(n)} \in X_0^{(n)} = \left\{ x^{(n)} : \left| \frac{h(x^{(n)})}{\mathscr{H}^{(n)}} - 1 \right| < \varepsilon \right\}$$

当且仅当

$$2^{-\mathscr{H}^{(n)}(1+\varepsilon)} < p^{(n)}(x^{(n)}) < 2^{-\mathscr{H}^{(n)}(1-\varepsilon)}$$

假设 $X_0^{(n)}$ 有大于 $2^{\mathscr{H}^{(n)}(1+\varepsilon)}$ 个 $x^{(n)}$ 值,那么

$$\sum_{x^{(n)} \in X_0^{(n)}} p^{(n)}(x^{(n)}) > 2^{\mathscr{H}^{(n)}(1+\varepsilon)} \cdot 2^{-\mathscr{H}^{(n)}(1+\varepsilon)} = 1$$

是显然的矛盾,因此 $X_0^{(n)}$ 有不大于 $2^{\mathscr{H}^{(n)}(1+\varepsilon)}$ 个 $x^{(n)}$ 值,并且

$$p^{(n)} \{ X_0^{(n)} \} > 1 - \varepsilon$$

命题证毕.

注 读者不难自行作例说明 $\mathscr{H}^{(n)}$ – 概率可缩的 $[x^{(n)}, p^{(n)}(x^{(n)})]$ 是不一定 $\mathscr{H}^{(n)}$ – 信息稳定的.

命题 2 信息稳定的 $[x^{(n)}, p^{(n)}(x^{(n)})] H(\xi^{(n)})$ –

———————

① 本章中 $[\ ]$ 表示整数部分.

信息稳定.

证　显然.

注　通过以下即将提到的例 4 可以说明 $\mathscr{H}^{(n)}$ –
信息稳定的 $[x^{(n)}, p^{(n)}(x^{(n)})]$ 是不一定信息稳定的.

定义 6　信源序列 $[x^{(n)}, p^{(n)}(x^{(n)})]$ 叫作信息连
续,如果对每一个概率 $p^{(n)}(A^{(n)}) \to 0$ 的 $x^{(n)}$ 值集合序
列 $A^{(n)}$ 来说

$$\frac{\displaystyle\sum_{x^{(n)} \in A^{(n)}} p^{(n)}(x^{(n)}) h(x^{(n)})}{H(\xi^{(n)})} \to 0$$

命题 3　信息稳定的 $[x^{(n)}, p^{(n)}(x^{(n)})]$ 信息连续.

证　基于 $[x^{(n)}, p^{(n)}(x^{(n)})]$ 信息稳定以及引理 1 可
以得知:存在 $\varepsilon^{(n)} \to 0$,使得

$$p^{(n)}\left\{x^{(n)} : \left|\frac{h(x^{(n)})}{H(\xi^{(n)})} - 1\right| < \varepsilon^{(n)}\right\} > 1 - \varepsilon^{(n)}$$

令

$$X_0^{(n)} = \left\{x^{(n)} : \left|\frac{h(x^{(n)})}{H(\xi^{(n)})} - 1\right| < \varepsilon^{(n)}\right\}$$

$$\overline{X}_0^{(n)} = \left\{x^{(n)} : \left|\frac{h(x^{(n)})}{H(\xi^{(n)})} - 1\right| \geqslant \varepsilon^{(n)}\right\}$$

这样

$$1 \leftarrow (1 - \varepsilon^{(n)})(1 - \varepsilon^{(n)})$$

$$\leqslant \frac{(1 - \varepsilon^{(n)}) H(\xi^{(n)}) \displaystyle\sum_{x^{(n)} \in X_0^{(n)}} p^{(n)}(x^{(n)})}{H(\xi^{(n)})}$$

$$\leqslant \frac{\displaystyle\sum_{x^{(n)} \in X_0^{(n)}} p^{(n)}(x^{(n)}) h(x^{(n)})}{H(\xi^{(n)})} \leqslant \frac{H(\xi^{(n)})}{H(\xi^{(n)})} = 1$$

从而

$$\frac{\sum\limits_{x^{(n)}\in \overline{X}_0^{(n)}} p^{(n)}(x^{(n)})h(x^{(n)})}{H(\xi^{(n)})} = 1 - \frac{\sum\limits_{x^{(n)}\in X_0^{(n)}} p^{(n)}(x^{(n)})h(x^{(n)})}{H(\xi^{(n)})} \to 0$$

任给满足 $p^{(n)}(A^{(n)}) \to 0$ 的 $x^{(n)}$ 值集合序列 $A^{(n)}$. 考虑到

$$\sum\limits_{x^{(n)}\in A^{(n)}} p^{(n)}(x^{(n)})h(x^{(n)})$$
$$= \sum\limits_{x^{(n)}\in A^{(n)}X_0^{(n)}} p^{(n)}(x^{(n)})h(x^{(n)}) +$$
$$\sum\limits_{x^{(n)}\in A^{(n)}\overline{X}_0^{(n)}} p^{(n)}(x^{(n)})h(x^{(n)})$$
$$\leqslant (1+\varepsilon^{(n)})H(\xi^{(n)})\sum\limits_{x^{(n)}\in A^{(n)}} p^{(n)}(x^{(n)}) +$$
$$\sum\limits_{x^{(n)}\in \overline{X}_0^{(n)}} p^{(n)}(x^{(n)})h(x^{(n)})$$

从而

$$\frac{\sum\limits_{x^{(n)}\in A^{(n)}} p^{(n)}(x^{(n)})h(x^{(n)})}{H(\xi^{(n)})}$$
$$\leqslant (1+\varepsilon^{(n)})p^{(n)}(A^{(n)}) +$$
$$\frac{\sum\limits_{x^{(n)}\in \overline{X}_0^{(n)}} p^{(n)}(x^{(n)})h(x^{(n)})}{H(\xi^{(n)})} \to 0$$

命题证毕.

命题 4 若 $[x^{(n)}, p^{(n)}(x^{(n)})]\mathscr{H}^{(n)}$ - 信息稳定与信息连续,则 $[x^{(n)}, p^{(n)}(x^{(n)})]$ 信息稳定并且

$$\lim\limits_{n\to\infty} \frac{\mathscr{H}^{(n)}}{H(\xi^{(n)})} = 1$$

证 基于 $[x^{(n)}, p^{(n)}(x^{(n)})]\mathscr{H}^{(n)}$ - 信息稳定的题

设,我们只需证明

$$\lim_{n \to \infty} \frac{\mathscr{H}^{(n)}}{H(\xi^{(n)})} = 1$$

就行了. 由于 $[x^{(n)}, p^{(n)}(x^{(n)})] \mathscr{H}^{(n)}$ – 信息稳定以及引理 1 可以推知:存在 $\varepsilon^{(n)} \to 0$,使得

$$p^{(n)} \left\{ x^{(n)} : \left| \frac{h(x^{(n)})}{\mathscr{H}^{(n)}} - 1 \right| < \varepsilon^{(n)} \right\} > 1 - \varepsilon^{(n)}$$

令

$$X_0^{(n)} = \left\{ x^{(n)} : \left| \frac{h(x^{(n)})}{\mathscr{H}^{(n)}} - 1 \right| < \varepsilon^{(n)} \right\}$$

$$\overline{X}_0^{(n)} = \left\{ x^{(n)} : \left| \frac{h(x^{(n)})}{\mathscr{H}^{(n)}} - 1 \right| \geqslant \varepsilon^{(n)} \right\}$$

考虑到

$$p^{(n)}(\overline{X}_0^{(n)}) \leqslant \varepsilon^{(n)} \to 0$$

与 $[x^{(n)}, p^{(n)}(x^{(n)})]$ 的信息连续性可以推知

$$\frac{\sum\limits_{x^{(n)} \in \overline{X}_0^{(n)}} p^{(n)}(x^{(n)}) h(x^{(n)})}{H(\xi^{(n)})} \to 0$$

从而

$$\frac{\sum\limits_{x^{(n)} \in X_0^{(n)}} p^{(n)}(x^{(n)}) h(x^{(n)})}{H(\xi^{(n)})}$$

$$= 1 - \frac{\sum\limits_{x^{(n)} \in \overline{X}_0^{(n)}} p^{(n)}(x^{(n)}) h(x^{(n)})}{H(\xi^{(n)})} \to 1$$

另一方面

$$\mathscr{H}^{(n)}(1 - \varepsilon^{(n)})(1 - \varepsilon^{(n)})$$

$$< \mathscr{H}^{(n)}(1-\varepsilon^{(n)}) \sum_{x^{(n)} \in X_0^{(n)}} p^{(n)}(x^{(n)})$$

$$< \sum_{x^{(n)} \in X_0^{(n)}} p^{(n)}(x^{(n)})h(x^{(n)}) < \mathscr{H}^{(n)}(1+\varepsilon^{(n)})$$

从而

$$\frac{\sum\limits_{x^{(n)} \in X_0^{(n)}} p(x^{(n)})h(x^{(n)})}{\mathscr{H}^{(n)}} \to 1$$

因此

$$\frac{\mathscr{H}^{(n)}}{H(\xi^{(n)})} \to 1$$

命题证毕.

命题 5 信源序列 $[x^{(n)}, p^{(n)}(x^{(n)})]$ 信息稳定的充分与必要条件是存在 $H^{(n)}$, $[x^{(n)}, p^{(n)}(x^{(n)})]$ $\mathscr{H}^{(n)}$ - 信息稳定与信息连续.

证 直接由命题 2, 命题 3, 命题 4 推得.

例 4 设 $[x^{(n)}, p^{(n)}(x^{(n)})]$ 有

$$p^{(n)}(x_i^{(n)}) = \begin{cases} \dfrac{1}{n}, i=1,2,\cdots,n-1 \\ \dfrac{1}{n[2^{n\log n}]}, \\ i = n, n+1, \cdots, n-1+[2^{n\log n}] = a^{(n)} \end{cases}$$

那么: (1) $[x^{(n)}, p^{(n)}(x^{(n)})]\log n$ - 信息稳定.

容易看到, 对 $x_i^{(n)}(i=1,2,\cdots,n-1)$ 有

$$\frac{h(x_i^{(n)})}{\log n} = \frac{-\log \dfrac{1}{n}}{\log n} = 1$$

从而对任意 $\varepsilon > 0$ 有

$$p^{(n)}\left\{x^{(n)}:\left|\frac{h(x^{(n)})}{\log n}-1\right|<\varepsilon\right\}\geqslant 1-\frac{1}{n}\rightarrow 1$$

（2）$[x^{(n)},p^{(n)}(x^{(n)})]$ 不信息连续.

取

$$A^{(n)}=\{x_i^{(n)}:i=n,n+1,\cdots,a^{(n)}\}$$

那么

$$p^{(n)}(A^{(n)})=\frac{1}{n}\rightarrow 0$$

但

$$\frac{\displaystyle\sum_{x^{(n)}\in A^{(n)}}p^{(n)}(x^{(n)})h(x^{(n)})}{H(\xi^{(n)})}$$

$$=\frac{\dfrac{1}{n}\log(n[2^{n\log n}])}{\dfrac{n-1}{n}\log n+\dfrac{1}{n}\log(n[2^{n\log n}])}\rightarrow 1$$

注 利用命题 5 可以推知例 4 中的 $[x^{(n)},p^{(n)}(x^{(n)})]\log n$ – 信息稳定,但却不信息稳定.

命题 6 若 $[x^{(n)},p^{(n)}(x^{(n)})].\mathscr{H}^{(n)}$ – 概率可缩与信息连续,则 $[x^{(n)},p^{(n)}(x^{(n)})].\mathscr{H}^{(n)}$ – 概率信息可缩.

证 利用引理 1 我们知道 $[x^{(n)},p^{(n)}(x^{(n)})]$ $\mathscr{H}^{(n)}$ – 概率可缩等价于:存在 $\varepsilon^{(n)}\rightarrow 0$ 与 $N_0^{(n)}\leqslant$ $2^{\mathscr{H}^{(n)}\left(1+\frac{\varepsilon^{(n)}}{2}\right)}$ 个元素 $x_{k_i}(i=1,2,\cdots,N_0^{(n)})$,使得

$$\sum_{i=1}^{N_0^{(n)}}p^{(n)}(x_{k_i}^{(n)})\rightarrow 1$$

其中不失普遍性,可设 $\varepsilon^{(n)}\rightarrow 0$ 如此缓慢以致 $\mathscr{H}^{(n)}\varepsilon^{(n)}\rightarrow\infty$. 令

$$A_i^{(n)} = \begin{cases} \left\{ x_{k_i}^{(n)} \right\}, i = 1, 2, \cdots, N_0^{(n)} \\ X^{(n)} - \left\{ x_{k_1}^{(n)}, x_{k_2}^{(n)}, \cdots, x_{k_{N_0}^{(n)}}^{(n)} \right\}, i = N_0^{(n)} + 1 \end{cases}$$

那么

$$p^{(n)}\left(A_{N_0^{(n)}+1}^{(n)}\right) = 1 - \sum_{i=1}^{N_0^{(n)}} p^{(n)}\left(x_{k_i}^{(n)}\right) \to 0$$

这样,根据 $[x^{(n)}, p^{(n)}(x^{(n)})]$ 的信息连续性就可推得

$$\frac{-\sum\limits_{x^{(n)} \in A_{N_0^{(n)}+1}^{(n)}} p^{(n)}(x^{(n)}) \log p^{(n)}(x^{(n)})}{H(\xi^{(n)})} \to 0$$

从而

$$-\frac{\sum\limits_{i=1}^{N_0^{(n)}+1} p^{(n)}\left(A_i^{(n)}\right) \log p^{(n)}\left(A_i^{(n)}\right)}{H(\xi^{(n)})}$$

$$= \frac{H(\xi^{(n)}) + \sum\limits_{x^{(n)} \in A_{N_0^{(n)}+1}^{(n)}} p^{(n)}(x^{(n)}) \log p^{(n)}(x^{(n)}) - p^{(n)}\left(A_{N_0^{(n)}+1}^{(n)}\right) \log p^{(n)}\left(A_{N_0^{(n)}+1}^{(n)}\right)}{H(\xi^{(n)})}$$

$$\to 1$$

在 $A_{N_0^{(n)}+1}^{(n)}$ 中任选一元素 $x_{k_{N_0^{(n)}+1}}^{(n)}$,那么 $x_{k_i}^{(n)} \in A_i^{(n)}$ ($i = 1, 2, \cdots, N_0^{(n)} + 1$),并且

$$\sum_{i=1}^{N_0^{(n)}+1} p^{(n)}\left(x_{k_i}^{(n)}\right) \to 1$$

其中当 n 足够大时,有

$$N_0^{(n)} + 1 \le 2^{\mathscr{H}^{(n)}\left(1 + \frac{\varepsilon^{(n)}}{2}\right)} + 1 \le 2^{\mathscr{H}^{(n)}(1 + \varepsilon^{(n)})}$$

利用引理 1 可以知道以上条件就等价于 $[x^{(n)}, p^{(n)}(x^{(n)})]$ 的 $\mathscr{H}^{(n)}$ - 概率信息可缩性. 命题证毕.

432

命题 7　若 $[x^{(n)},p^{(n)}(x^{(n)})]$ 信息稳定,则 $[x^{(n)},p^{(n)}(x^{(n)})]H(\xi^{(n)})$ – 概率信息可缩.

证　直接利用命题 2,命题 3 与命题 6 即得.

定义 7　复合信源序列 $[(x^{(n)},y^{(n)}),p^{(n)}(x^{(n)},y^{(n)})]$ 叫作 $\mathscr{F}^{(n)}$ – 信息稳定,如果:(1)实数序列 $\mathscr{F}^{(n)}\to\infty$;(2)对任意 $\varepsilon>0$,当 n 足够大时,有

$$p^{(n)}\left\{(x^{(n)},y^{(n)}):\left|\frac{i(x^{(n)},y^{(n)})}{\mathscr{F}^{(n)}}-1\right|<\varepsilon\right\}>1-\varepsilon$$

定义 8　复合信源序列 $[(x^{(n)},y^{(n)}),p^{(n)}(x^{(n)},y^{(n)})]$ 叫作信息稳定,如果:(1)$I(\xi^{(n)},\eta^{(n)})\to\infty$;(2)对任意 $\varepsilon>0$,当 n 足够大时,有

$$p^{(n)}\left\{(x^{(n)},y^{(n)}):\left|\frac{i(x^{(n)},y^{(n)})}{I(\xi^{(n)},\eta^{(n)})}-1\right|<\varepsilon\right\}>1-\varepsilon$$

命题 8　信息稳定的 $[(x^{(n)},y^{(n)}),p^{(n)}(x^{(n)},y^{(n)})]I(\xi^{(n)},\eta^{(n)})$ – 信息稳定.

证　这是显然的.

注　读者不难自行作例说明 $\mathscr{F}^{(n)}$ – 信息稳定的 $[(x^{(n)},y^{(n)}),p^{(n)}(x^{(n)},y^{(n)})]$ 不一定信息稳定.

（五）给定一个通路 $[x,p(y|x),y]$. 在同一个变量 ξ 上可加以各种可能的概率分布. 每一个概率分布对应于一个输入信源,而每一个输入信源与给定的通路 $[x,p(y|x),y]$ 结合起来又对应一个公息值. 我们定义这对应 ξ 上所有可能概率分布的公息值集的上界为通路 $[x,p(y|x),y]$ 的通信能力,并以符号 C 表示之.

现在我们考虑通路序列 $[x^{(n)},p^{(n)}(y^{(n)}|(x^{(n)}),y^{(n)}]$,其所对应的通信能力为 $C^{(n)}$.

定义 9 通路序列 $[x^{(n)}, p^{(n)}(y^{(n)}|x^{(n)}), y^{(n)}]$ 叫作 $\mathscr{F}^{(n)}$ – 信息稳定, 如果存在输入信源序列 $[x^{(n)}, p^{(n)}(x^{(n)})]$, 使得 $[x^{(n)}, p^{(n)}(x^{(n)})]$ 与给定的 $[x^{(n)}, p^{(n)}(y^{(n)}|x^{(n)}), y^{(n)}]$ 结合起来所形成的复合信源序列 $[(x^{(n)}, y^{(n)}), p^{(n)}(x^{(n)}, y^{(n)})]$ 是 $\mathscr{F}^{(n)}$ – 信息稳定的.

重要的特殊场合, 当 $\mathscr{F}^{(n)} = C^{(n)}$ 时, 我们称通路序列 $[x^{(n)}, p^{(n)}(y^{(n)}|x^{(n)}), y^{(n)}]$ $C^{(n)}$ – 信息稳定或简称信息稳定.

我们称 $\{x_{k_i}, B_i\}(i=1,2,\cdots,N)$ 为通路 $[x, p(y|x), y]$ 的 N 条 ε – 专线, 如果:

(1) $x_{k_i}(i=1,2,\cdots,N)$ 为 N 个彼此不同的 x 值;

(2) $B_i(i=1,2,\cdots,N)$ 为 N 个彼此不交的 y 值集合;

(3) $p(B_i|x_{k_i}) > 1 - \varepsilon(i=1,2,\cdots,N)$.

定义 10 通路序列 $[x^{(n)}, p^{(n)}(y^{(n)}|x^{(n)}), y^{(n)}]$ 具有 $N^{(n)}$ 条 ε – 专线 $\{x_{k_i}^{(n)}, B_i^{(n)}\}(i=1,2,\cdots,N^{(n)})$, 如果 $N^{(n)} \to \infty$, $\varepsilon > 0$, 且当 n 足够大时 $[x^{(n)}, p^{(n)}(y^{(n)}|x^{(n)}), y^{(n)}]$ 具有 $N^{(n)}$ 条 ε – 专线 $\{x_{k_i}^{(n)}, B_i^{(n)}\}(i=1,2,\cdots,N^{(n)})$.

定义 11 通路序列 $[x^{(n)}, p^{(n)}(y^{(n)}|x^{(n)}), y^{(n)}]$ 具有 $N^{(n)}$ 条 $\varepsilon^{(n)}$ – 专线 $\{x_{k_i}^{(n)}, B_i^{(n)}\}(i=1,2,\cdots,N^{(n)})$, 如果: (1) 正数序列 $\varepsilon^{(n)} \to 0$ 与自然数序列 $N^{(n)} \to \infty$; (2) $[x^{(n)}, p^{(n)}(y^{(n)}|x^{(n)}), y^{(n)}]$ 自某一个 n 起具有 $N^{(n)}$ 条 $\varepsilon^{(n)}$ – 专线 $\{x_{k_i}^{(n)}, B_i^{(n)}\}(i=1,2,\cdots,N^{(n)})$.

注 根据引理 1 不难看到通路序列 $[x^{(n)}, p^{(n)}(y^{(n)}|x^{(n)}), y^{(n)}]$ 具有 $N^{(n)} > 2^{\mathscr{F}^{(n)}(1-\varepsilon^{(n)})}$ 条 $\varepsilon^{(n)}$ –

专线等价于对任意 $\varepsilon > 0$, 它具有 $N^{(n)} > 2^{\mathscr{F}^{(n)}(1-\varepsilon)}$ 条 ε – 专线, 其中 $\mathscr{F}^{(n)} \to \infty$.

为了免得叙述过分冗长, 我们常在以后定理的证明以及例题的分析时, 略去一切本应添在符号右上角的指数 n 不写, 并且在进行"对每个 n"的同类手续时亦不特别声明这是需要"对每个 n"来进行的. 至于偶然遇到不依赖于 n 的数量时倒反而予以注明.

定理 1 (Feinstein 引理)　若通路序列 $[\, x^{(n)},$ $p^{(n)}(y^{(n)} | x^{(n)})\,, y^{(n)}\,] \mathscr{F}^{(n)}$ – 信息稳定, 则对任意 $\varepsilon > 0$, 它必具有 $N^{(n)}$ 条 ε – 专线, 其中 $N^{(n)} > 2^{\mathscr{F}^{(n)}(1-\varepsilon)}$.

证　任给 $\varepsilon > 0$ (不依赖于 n). 基于题设 $[\, x,$ $p(y|x)\,, y\,]$ 的 $\mathscr{F}$ – 信息稳定性, 可知存在一 $[\, x,$ $p(x)\,]$, 当 $[\, x, p(x)\,]$ 与 $[\, x, p(y|x)\,, y\,]$ 结合起来以后, 形成一个 $\mathscr{F}$ – 信息稳定的 $[\,(x,y), p(x,y)\,]$, 使得当 n 足够大时, 有

$$p\left\{(x,y): \left|\frac{i(x,y)}{\mathscr{F}} - 1\right| < \frac{\varepsilon}{2}\right\} > 1 - \frac{\varepsilon}{2}$$

从而

$$p\left\{(x,y): \log\frac{p(y|x)}{p(y)} = i(x,y) > \mathscr{F}\left(1 - \frac{\varepsilon}{2}\right)\right\} > 1 - \frac{\varepsilon}{2}$$

如果令

$$B_x = \left\{y: \log\frac{p(y|x)}{p(y)} > \mathscr{F}\left(1 - \frac{\varepsilon}{2}\right)\right\}$$

那么

$$\sum_x p(x)p(B_x \mid x)$$
$$= \sum_x p(x, B_x)$$

$$= p\left\{ \sum_x (x \times B_x) \right\} > 1 - \frac{\varepsilon}{2}$$

从而可以推断至少有一个 x 值,使得

$$p(B_x \mid x) > 1 - \varepsilon$$

设 $x = x_{k_1}$ 满足

$$p(B_{x_{k_1}} \mid x_{k_1}) > 1 - \varepsilon$$

并且令 $B_1 = B_{x_{k_1}}$. 取满足

$$p(B_x - B_1 \mid x) > 1 - \varepsilon$$

的一个 x 值,譬如 $x = x_{k_2}$,并且令 $B_2 = B_{x_{k_2}} - B_1$. 再取满足

$$p(B_x - (B_1 + B_2) \mid x) > 1 - \varepsilon$$

的一个 x 值,譬如 $x = x_{k_2}$,并且令

$$B_3 = B_{x_{k_2}} - (B_1 + B_2)$$

依此类推直到第 N 步再做不下去,亦即对所有的 x 值

$$p\left(B_x - \sum_{i=1}^{N} B_i \mid x \right) \leqslant 1 - \varepsilon$$

时为止. 对于固定的 n 来说,x 可能取之值的个数 a 是有限的,因而上述的 $N \leqslant a$ 总是存在的. 这样,我们就得到了 N 条 ε – 专线

$$\{x_{k_i}, B_i\} \quad (i = 1, 2, \cdots, N)$$

尚需证明的是:当 n 足够大时,有

$$N > 2^{\mathscr{A}(1-\varepsilon)}$$

对所有的 x 有

$$p(B_x \mid x) \leqslant p\left(\sum_{i=1}^{N} B_i \mid x \right) + p\left(B_x - \sum_{i=1}^{N} B_i \mid x \right)$$

$$\leqslant p\left(\sum_{i=1}^{N} B_i \mid x \right) + (1 - \varepsilon)$$

从而

$$\sum_{x} p(x)p(B_x \mid x) \leqslant \sum_{x} p(x)p\Big(\sum_{i=1}^{N} B_i \mid x \Big) + (1 - \varepsilon)$$

$$= p\Big(\sum_{i=1}^{N} B_i \Big) + (1 - \varepsilon)$$

再考虑到

$$\sum_{x} p(x)p(B_x \mid x) > 1 - \frac{\varepsilon}{2}$$

就可推得

$$p\Big(\sum_{i=1}^{N} B_i \Big) > \frac{\varepsilon}{2}$$

但另一方面,对 $y \in B_x$ 有

$$p(y \mid x) > 2^{\mathscr{F}\left(1 - \frac{\varepsilon}{2} \right)} p(y)$$

从而对每个 x 有

$$p(B_x \mid x) > 2^{\mathscr{F}\left(1 - \frac{\varepsilon}{2} \right)} p(B_x)$$

$$p(B_x) < 2^{-\mathscr{F}\left(1 - \frac{\varepsilon}{2} \right)} \cdot p(B_x \mid x) < 2^{-\mathscr{F}\left(1 - \frac{\varepsilon}{2} \right)}$$

因此

$$p\Big(\sum_{i=1}^{N} B_i \Big) \leqslant \sum_{i=1}^{N} p(B_{x_{k_i}}) < N2^{-\mathscr{F}\left(1 - \frac{\varepsilon}{2} \right)}$$

这样,从

$$\frac{\varepsilon}{2} < p\Big(\sum_{i=1}^{N} B_i \Big) < N2^{\mathscr{F}\left(1 - \frac{\varepsilon}{2} \right)}$$

就可推得

$$N > \frac{\varepsilon}{2} 2^{\mathscr{F}\left(1 - \frac{\varepsilon}{2} \right)}$$

从而当 n 足够大以致 $\mathscr{F} \geqslant \dfrac{2}{\varepsilon} \log \dfrac{2}{\varepsilon}$ 时有

$$N > \frac{\varepsilon}{2} 2^{\mathscr{F}(1-\varepsilon)} \geqslant 2^{\mathscr{F}(1-\varepsilon)}$$

定理证毕.

给定复合信源 $[(x,y),p(x,y)]$. 设

$$p\{h\} = p\{(x_i, y_j) : i \neq h(j)\}$$

其中 $h(j)(j=1,2,\cdots,b)$ 是从 $\{1,2,\cdots,b\}$ 到 $\{1,2,\cdots,a\}$ 的任意一个多一对应关系, $H(\xi|\eta)$ 是 $[(x,y),p(x,y)]$ 的余息.

引理 2 $H(\xi|\eta) \leqslant 1 + p\{h\}\log(a-1)$.

证 利用 §2 引理就可推得不等式

$$\sum_{i=1}^{m} u_i \log u_i \geqslant \left(\sum_{i=1}^{m} u_i\right) \log \frac{\left(\sum_{i=1}^{m} u_i\right)}{m}$$

以及 §2 的命题 1 可以推得, 对每个 j 有

$$-\sum_{i=1}^{a} p(x_i \mid y_j) \log p(x_i \mid y_j)$$

$$= -p(x_{h(j)} \mid y_j) \log p(x_{h(j)} \mid y_j) - \sum_{\substack{1 \leqslant i \leqslant a \\ i \neq h(j)}} p(x_j \mid y_j) \log p(x_i \mid y_j)$$

$$\leqslant -p(x_{h(j)} \mid y_j) \log p(x_{h(j)} \mid y_j) - (1 - p(x_{h(j)} \mid y_j)) \log \frac{(1 - p(x_{h(j)} \mid y_j))}{a-1}$$

$$= -p(x_{h(j)} \mid y_j) \log p(x_{h(j)} \mid y_j) - (1 - p(x_{h(j)} \mid y_j)) \log (1 - p(x_{h(j)} \mid y_j)) + (1 - p(x_{h(j)} \mid y_j)) \log(a-1)$$

$$\leqslant \log 2 + (1 - p(x_{h(j)} \mid y_j)) \log(a-1)$$

$$= 1 + (1 - p(x_{h(j)} \mid y_j)) \log(a-1)$$

因此

$$H(\xi \mid \eta) = \sum_{j=1}^{b} p(y_j)\big[-\sum_{i=1}^{a} p(x_i \mid y_j)\log p(x_i \mid y_j)\big]$$

$$\leqslant 1 + \big(1 - \sum_{j=1}^{b} p(y_j)p(x_{h(j)} \mid y_j)\big)\log(a-1)$$

$$= 1 + \big(1 - \sum_{j=1}^{b} p(x_{h(j)}, y_j)\big)\log(a-1)$$

$$= 1 + p\{h\}\log(a-1)$$

引理 3　若通路序列 $[x^{(n)}, p^{(n)}(y^{(n)} \mid x^{(n)}), y^{(n)}]$ 具有 $N^{(n)}$ 条 $\varepsilon^{(n)}$ – 专线 $\{x_{k_i}^{(n)}, B_i^{(n)}\}$ $(i = 1, 2, \cdots, N^{(n)})$，则存在信源序列 $[x^{(n)}, p^{(n)}(x^{(n)})]$

$$p^{(n)}(x_{k_i}^{(n)}) = \begin{cases} \dfrac{1}{N^{(n)}}, i = 1, 2, \cdots, N^{(n)} \\ 0, i = N^{(n)} + 1, \cdots, a^{(n)} \end{cases}$$

其中

$$\{x_{k_i}^{(n)} : i = 1, 2, \cdots, a^{(n)}\} = \{x_i^{(n)} : i = 1, 2, \cdots, a^{(n)}\}$$

使得 $[x^{(n)}, p^{(n)}(x^{(n)})]$ 与 $[x^{(n)}, p^{(n)}(y^{(n)} \mid x^{(n)}), y^{(n)}]$ 结合起来以后满足

$$\lim_{n \to \infty} \frac{H(\xi^{(n)})}{I(\xi^{(n)}, \eta^{(n)})} = \lim_{n \to \infty} \frac{\log N^{(n)}}{I(\xi^{(n)}, \eta^{(n)})} = 1$$

证　设从 $\{1, 2, \cdots, b\}$ 到 $\{1, 2, \cdots, a\}$ 的多一对应关系

$$h(j) = \begin{cases} i, y_j \in B_i \\ N, y_j \notin \sum_{i=1}^{N} B_i \end{cases} \quad (i = 1, 2, \cdots, N)$$

这样

$$p\{(x_{k_i}, y_j) : i = h(j)\} = \sum_{i=1}^{b} p(x_{k_{h(j)}}, y_j)$$

$$\geqslant \sum_{i=1}^{N} \sum_{y_j \in B_i} p(x_{k_{h(j)}}, y_j) = \sum_{i=1}^{N} p(x_{k_i}, B_i)$$

$$= \sum_{i=1}^{N} p(x_{k_i}) p(B_i \mid x_{k_i}) > 1 - \varepsilon$$

因此,利用引理 2 得知

$$0 \leqslant H(\xi) - I(\xi, \eta) = H(\xi \mid \eta)$$

$$= \sum_{i=1}^{N} \sum_{j=1}^{b} p(y_j) p(x_{k_i} \mid y_j) \log p(x_{k_i} \mid y_j)$$

$$\leqslant 1 + (1 - p\{(x_{k_i}, y_j) : i = h(j)\}) \log(N - 1)$$

$$< 1 + \varepsilon \log N$$

从而当 $n \to \infty$ 时,有

$$0 \leqslant \frac{H(\xi)}{\log N} - \frac{I(\xi, \eta)}{\log N} \leqslant \frac{1}{\log N} + \varepsilon \to 0$$

引理证毕.

定理 2　若通路序列 $[x^{(n)}, p^{(n)}(y^{(n)} \mid x^{(n)}), y^{(n)}]$ 具有

$$N^{(n)} > 2^{\mathscr{F}^{(n)}(1 - \varepsilon^{(n)})}$$

条 $\varepsilon^{(n)} -$ 专线 $\{x_{k_i}^{(n)}, B_i^{(n)}\}$ $(i = 1, 2, \cdots, N^{(n)})$,其中 $\mathscr{F}^{(n)} \to \infty$,则 $[x^{(n)}, p^{(n)}(y^{(n)} \mid x^{(n)}), y^{(n)}] \mathscr{F}^{(n)} -$ 信息稳定.

证　仿照引理 3 中那样将信源序列 $[x, p(x)]$

$$p(x_{k_i}) = \begin{cases} \dfrac{1}{M}, i = 1, 2, \cdots, M \\ 0, i = M + 1, \cdots, a \end{cases}$$

其中 $M = [2^{\mathscr{F}(1-\varepsilon)}]$,$\{x_{k_i} : i = 1, 2, \cdots, a\} = \{x_i : i = 1, 2, \cdots, a\}$ 与 $[x, p(y \mid x), y]$ 结合起来,那么

$$\lim_{n \to \infty} \frac{I(\xi, \eta)}{\mathscr{F}} = \lim_{n \to \infty} \frac{I(\xi, \eta)}{\log M} = 1$$

需要证明的是:对足够大的 n 有

$$p\left\{(x,y):\left|\frac{i(x,y)}{\mathscr{T}}-1\right|<\delta\right\}>1-\delta$$

成立,其中 $\delta=3\varepsilon$. 不失普遍性,可设 $\varepsilon^{(n)}\to 0$ 收敛得如此缓慢以致

$$\left(\frac{1}{\varepsilon^{(n)}}\log\frac{1}{\varepsilon^{(n)}}\right)\frac{1}{\mathscr{T}^{(n)}}\to 0$$

首先证明,对每个 $i=1,2,\cdots,M$,限于

$$(x_{k_i},y)\in D=\sum_{i=1}^{M}\{(x_{k_i},y):p(x_{k_i}\mid y)>\varepsilon\}$$

的 y 值满足

$$y\in B_{x_{k_i}}=\left\{y:\left|\frac{i(x_{k_i},y)}{\mathscr{T}}-1\right|<\delta\right\}$$

并且

$$p(D)\geqslant 1-2\varepsilon$$

事实上,当 n 足够大时:一方面对每个 $i=1,2,\cdots,M$ 有

$$i(x_{k_i},y)=\log\frac{p(x_{k_i}\mid y)}{p(x_{k_i})}\leqslant\log\frac{1}{2^{-\mathscr{T}}}=\mathscr{T}$$

另一方面,当 $(x_{k_i},y)\in D(i=1,2,\cdots,M)$ 时,考虑到

$$\left(\frac{1}{\varepsilon^{(n)}}\log\frac{1}{\varepsilon^{(n)}}\right)\frac{1}{\mathscr{T}^{(n)}}\to 0$$

有

$$i(x_{k_i},y)=\log\frac{p(x_{k_i}\mid y)}{p(x_{k_i})}\geqslant\log\frac{\varepsilon}{2^{-\mathscr{T}(1-2\varepsilon)}}$$

$$>\log\frac{1}{2^{-\mathscr{T}(1-3\varepsilon)}}=\mathscr{T}(1-3\varepsilon)=\mathscr{T}(1-\delta)$$

从而推得,当 $(x_{k_i},y)\in D(i=1,2,\cdots,N)$ 时,有

$$y \in B_{x_k}$$

此外,令

$$E = \sum_{i=1}^{M} (x_k \times B_i)$$

由

$$p(E) = \sum_{i=1}^{M} p(x_{k_i}, B_i) = \sum_{i=1}^{M} p(x_{k_i}) p(B_i \mid x_{k_i})$$

$$> (1 - \varepsilon) \sum_{i=1}^{M} p(x_{k_i}) > 1 - \varepsilon$$

与

$$p(E) = \sum_{i=1}^{M} p(x_{k_i}, B_i)$$

$$= \sum_{(x_{k_i}, y) \in DE} p(x_{k_i}, y) + \sum_{(x_{k_i}, y) \in \overline{D}E} p(x_{k_i}, y)$$

$$\leqslant p(D) + \sum_{(x_{k_i}, y) \in \overline{D}E} p(y) p(x_{k_i} \mid y)$$

$$< p(D) + \varepsilon \sum_{i=1}^{M} p(B_i) < p(D) + \varepsilon$$

推得

$$p(D) > 1 - 2\varepsilon$$

至此,我们可以得到

$$p\left\{ (x, y) : \left| \frac{i(x, y)}{\mathscr{T}} - 1 \right| < \delta \right\}$$

$$= p\left\{ \sum_{i=1}^{M} (x_{k_i} \times B_{x_{k_i}}) \right\}$$

$$\geqslant p(D) > 1 - 2\varepsilon > 1 - \delta$$

定理证毕.

定理 3 通路序列 $[x^{(n)}, p^{(n)}(y^{(n)} \mid x^{(n)}), y^{(n)}]$,对

任意 $\varepsilon > 0$ 具有

$$N^{(n)} > 2^{\mathscr{F}^{(n)}(1-\varepsilon)} \quad (\mathscr{F}^{(n)} \to \infty)$$

条 ε - 专线 $\{x_{k_i}^{(n)}, B_i^{(n)}\}$ ($i = 1, 2, \cdots, N^{(n)}$) 的充分与必要条件是 $[x^{(n)}, p^{(n)}(y^{(n)} | x^{(n)}), y^{(n)}] \mathscr{F}^{(n)}$ - 信息稳定.

重要的特殊场合, 当 $\mathscr{F}^{(n)} = C^{(n)}$ 时, 通路序列 $[x^{(n)}, p^{(n)}(y^{(n)} | x^{(n)}), y^{(n)}]$ 具有

$$N^{(n)} > 2^{C^{(n)}(1-\varepsilon)} \quad (C^{(n)} \to \infty ; 对任意 \varepsilon > 0)$$

条 ε - 专线 $\{x_{k_i}^{(n)}, B_i^{(n)}\}$ ($i = 1, 2, \cdots, N^{(n)}$) 的充分与必要条件是 $[x^{(n)}, p^{(n)}(y^{(n)} | x^{(n)}), y^{(n)}]$ 信息稳定.

证 联合定理 1 与定理 2 并且考虑到引理 1 就能证得.

注 读者在读定理 2 的证明过程中可能已经发觉其中条件

$$\lim_{n \to \infty} \frac{I(\xi^{(n)}, \eta^{(n)})}{\mathscr{F}^{(n)}} = 1$$

没有被利用到. 但这一点可供我们作为根据用以推断通路序列 $[x^{(n)}, p^{(n)}(y^{(n)} | x^{(n)}), y^{(n)}]$ - $\mathscr{F}^{(n)}$ 信息稳定的定义等价于下列条件:存在 $[x^{(n)}, p^{(n)}(x^{(n)})]$ 使得它与 $[x^{(n)}, p^{(n)}(y^{(n)} | x^{(n)}), y^{(n)}]$ 结合起来所形成的复合信源序列 $[(x^{(n)}, p^{(n)}), p^{(n)}(x^{(n)}, y^{(n)})] \mathscr{F}^{(n)}$ - 信息稳定,并且

$$\lim_{n \to \infty} \frac{I(\xi^{(n)}, \eta^{(n)})}{\mathscr{F}^{(n)}} = 1$$

定理 4 若通路序列 $[x^{(n)}, p^{(n)}(y^{(n)} | x^{(n)}), y^{(n)}]$ 具有 $N^{(n)}$ 条 $\varepsilon^{(n)}$ - 专线 $\{x_{k_i}^{(n)}, B_i^{(n)}\}$ ($i = 1, 2, \cdots, N^{(n)}$),

则

$$\varlimsup_{n}\frac{\log N^{(n)}}{C^{(n)}}\leqslant 1$$

证 假设

$$\varlimsup_{n}\frac{\log N^{(n)}}{C^{(n)}}=1+\delta>1$$

选取 n 的一个子序列 n' 使得

$$\lim_{n'\to\infty}\frac{\log N^{(n')}}{C^{(n')}}=1+\delta$$

仿照引理 3 中那样,但换以 n' 为指数,将信源序列 $\left[x^{(n')},p^{(n')}(x^{(n')})\right]$

$$p^{(n')}(x_{k_i}^{(n')})=\begin{cases}\dfrac{1}{N^{(n')}},i=1,2,\cdots,N^{(n')}\\[2mm]0,i=N^{(n')}+1,\cdots,a^{(n')}\end{cases}$$

其中

$$\{x_{k_i}^{(n')}:i=1,2,\cdots,a^{(n')}\}=\{x_i^{(n')}:i=1,2,\cdots,a^{(n')}\}$$

与通路序列 $\left[x^{(n')},p^{(n')}(y^{(n')}\mid x^{(n')}),y^{(n')}\right]$ 结合起来,那么

$$\lim_{n'\to\infty}\frac{\log N^{(n')}}{I(\xi^{(n')},\eta^{(n')})}=1$$

从而

$$\lim_{n'\to\infty}\frac{I(\xi^{(n')},\eta^{(n')})}{C^{(n')}}=1+\delta$$

但这显然与通信能力 $C^{(n')}$ 的定义相违. 定理证毕.

根据定理 3 我们知道通路序列 $\left[x^{(n)},p^{(n)}(y^{(n)}\mid x^{(n)}),y^{(n)}\right]$ 信息稳定的充分与必要条件是 $\left[x^{(n)},p^{(n)}(y^{(n)}\mid x^{(n)}),y^{(n)}\right]$ 具有

$$N^{(n)} > 2^{C^{(n)}(1-\varepsilon^{(n)})}$$

条 $\varepsilon^{(n)}$ – 专线 $\{x_{k_i}^{(n)}, B_i^{(n)}\}$ ($i=1,2,\cdots,N^{(n)}$). 在此,关于 $\varepsilon^{(n)}$ – 专线数 $N^{(n)}$ 大小的估计仅凭

$$N^{(n)} > 2^{C^{(n)}(1-\varepsilon^{(n)})}$$

或

$$\varliminf_{n}\frac{\log N^{(n)}}{C^{(n)}} \geqslant 1$$

只规定了 $N^{(n)}$ 大小一个下边的界限,因而是不够确切的. 但现在定理 4 的结果

$$\varlimsup_{n}\frac{\log N^{(n)}}{C^{(n)}} \leqslant 1$$

又规定了 $N^{(n)}$ 大小一个上边的界限. 这样,联合上列结果就可获得关于 $N^{(n)}$ 大小的确切估计.

定理 5　通路序列 $[x^{(n)}, p^{(n)}(y^{(n)}|x^{(n)}), y^{(n)}]$ 信息稳定的充分与必要条件是它具有 $N^{(n)}$ 条 $\varepsilon^{(n)}$ – 专线,其中

$$\lim_{n\to\infty}\frac{\log N^{(n)}}{C^{(n)}} = 1$$

§4　主　要　定　理

(一)考虑各取有限个值

$$\widetilde{X} = \{\tilde{x}_i : i = 1, 2, \cdots, \tilde{a}\}$$
$$X = \{x_j : j = 1, 2, \cdots, a\}$$
$$Y = \{y_k : k = 1, 2, \cdots, b\}$$

$$\widetilde{Y} = \{\widetilde{y_l} : l = 1, 2, \cdots, \widetilde{b}\}$$

的变量 $\widetilde{\xi}, \xi, \eta, \widetilde{\eta}$. 我们称

$\widetilde{\xi}$——输入消息变量

ξ——输入信号变量

η——输出信号变量

$\widetilde{\eta}$——输出消息变量

为了通信的便利,人们传递消息通常不一定直接将消息来进行传递,而是先将输入消息 $\widetilde{\xi}$ 按照某种翻码的规则转换成输入信号 ξ,然后才将信号 ξ 经过通路传递过去并以输出信号 η 的形式再现出来,最后再将输出信号 η 按照某种译码的规则转换成输出消息 $\widetilde{\eta}$

$$\widetilde{\xi} \xrightarrow{\text{翻码}} \xi \xrightarrow{\text{通路}} \eta \xrightarrow{\text{译码}} \widetilde{\eta}$$

从数学观点看,所谓翻码 f 就是从 $\widetilde{X}$ 到 X 的一个多一对应关系

$$x = f(\widetilde{x})$$

而所谓译码 g 就是从 Y 到 $\widetilde{Y}$ 的一个多一对应关系

$$\widetilde{y} = g(y)$$

这样,如果给定:

(1)输入消息信源 $[\widetilde{x}, p(\widetilde{x})]$;

(2)翻码 $f: x = f(\widetilde{x})$ 或 $[\widetilde{x}, p(x|\widetilde{x}), x]$,其中

$$p(x|\widetilde{x}) = \begin{cases} 1, & x = f(\widetilde{x}) \\ 0, & x \neq f(\widetilde{x}) \end{cases}$$

（3）通路 $[x, p(y|x), y]$；

（4）译码 $g: \tilde{y} = g(y)$ 或 $[y, p(\tilde{y}|y), \tilde{y}]$，其中

$$p(\tilde{y}|y) = \begin{cases} 1, \tilde{y} = g(y) \\ 0, \tilde{y} \neq g(y) \end{cases}$$

那么形成 Markov 链的随机向量

$$[(\tilde{x}, x, y, \tilde{y}), p(\tilde{x}, x, y, \tilde{y})]$$

就被决定

$$p(\tilde{x}, x, y, \tilde{y}) = p(\tilde{x}) p(x|\tilde{x}) p(y|x) p(\tilde{y}|y)$$

从而其中的任何边际分布亦随之决定. 譬如

$$p(\tilde{x}, \tilde{y}) = \sum_{x, y} p(\tilde{x}, x, y, \tilde{y})$$

$$= \sum_{x, y} p(\tilde{x}) p(x|\tilde{x}) p(y|x) p(\tilde{y}|y)$$

$$= \sum_{y} p(\tilde{x}) p(y|f(\tilde{x})) p(\tilde{y}|y)$$

$$= \sum_{y \in g^{-1}(\tilde{y})} p(\tilde{x}) p(y|f(\tilde{x}))$$

为了简便起见, 此后只要输入信源 $[\tilde{x}, p(\tilde{x})]$, 通路 $[x, p(y|x), y]$ 和翻码 f, 译码 g 已经给定, 我们就常直接带出各种边际分布以及各种信息量、信息密度等数量来加以探讨. 不再特别指明: 这些都是从属于那个随机向量 $[(\tilde{x}, x, y, \tilde{y}), p(\tilde{x}, x, y, \tilde{y})]$ 或者更具体地说这些边际分布是从属于 $[(\tilde{x}, x, y, \tilde{y}), p(\tilde{x}, x, y, \tilde{y})]$, 而这些数量又是从属于 $[(\tilde{x}, x, y, \tilde{y}), p(\tilde{x}, x, y, \tilde{y})]$ 的某个对应边际分布的. 譬如遇到 $p(\tilde{x}, \tilde{y})$, 不用声明就一

定是 $[(\tilde{x},x,y,\tilde{y}),p(\tilde{x},x,y,\tilde{y})]$ 相对 $\overset{\sim}{\xi},\overset{\sim}{\eta}$ 而言的那个边际分布, 而遇到 $I(\overset{\sim}{\xi},\overset{\sim}{\eta})$ 亦不用声明就一定是从属于由 $[(\tilde{x},x,y,\tilde{y}),p(\tilde{x},x,y,\tilde{y})]$ 所决定的那个 $[(\tilde{x},\tilde{y}),p(\tilde{x},\tilde{y})]$ 的, 等等.

（二）考虑以 n 为指数的通信系统序列

$$\tilde{x}^{(n)} \xrightarrow{\ x^{(n)}=f^{(n)}(\tilde{x}^{(n)})\ } x^{(n)} \xrightarrow{\ p^{(n)}(y^{(n)}|x^{(n)})\ } y^{(n)} \xrightarrow{\ \tilde{y}^{(n)}=g^{(n)}(y^{(n)})\ } \tilde{y}^{(n)}$$

以及由之决定的随机向量序列 $[(\tilde{x}^{(n)},x^{(n)},y^{(n)},\tilde{y}^{(n)}),$ $p^{(n)}(\tilde{x}^{(n)},x^{(n)},y^{(n)},\tilde{y}^{(n)})]$. 为了使得从 $\tilde{x}^{(n)}$ 到 $\tilde{y}^{(n)}$ 的消息传递尽可能好地为通信的目的服务, 在给定了: （1）输入消息信源序列 $[\tilde{x}^{(n)},p^{(n)}(\tilde{x}^{(n)})]$; （2）通路序列 $[x^{(n)},p^{(n)}(y^{(n)}|x^{(n)}),y^{(n)}]$ 的前提下, 通常有下列三种渐近性的准则:

（A）概率准则 对任意 $\varepsilon > 0$, 存在一翻码序列 $f^{(n)}$ 与译码序列 $g^{(n)}$ 以及

$$\{\tilde{x}_{k_i}^{(n)}:i=1,2,\cdots,\tilde{a}^{(n)}\} = \{\tilde{x}_i^{(n)}:i=1,2,\cdots,\tilde{a}^{(n)}\}$$

使得当 n 足够大时, 有

$$p^{(n)}\{(\tilde{x}_{k_i}^{(n)},\tilde{y}_j^{(n)}):i \neq j\} < \varepsilon$$

（B）信息准则 对任意 $\varepsilon > 0$, 存在一翻码序列 $f^{(n)}$ 与译码序列 $g^{(n)}$, 使得当 n 足够大时, 有

$$\left|\frac{I(\overset{\sim}{\xi}^{(n)},\overset{\sim}{\eta}^{(n)})}{H(\overset{\sim}{\xi}^{(n)})} - 1\right| < \varepsilon$$

（AB）概率、信息准则 对任意 $\varepsilon > 0$, 存在一翻码

序列 $f^{(n)}$ 与译码序列 $g^{(n)}$ 以及

$$\{\tilde{x}_{k_i}^{(n)}:i=1,2,\cdots,\tilde{a}^{(n)}\}=\{\tilde{x}_i^{(n)}:i=1,2,\cdots,\tilde{a}^{(n)}\}$$

使得当 n 足够大时,有

$$p^{(n)}\{(\tilde{x}_{k_i}^{(n)},\tilde{y}_j^{(n)}):i\neq j\}<\varepsilon$$

与

$$\left|\frac{I(\tilde{\xi}^{(n)},\tilde{\eta}^{(n)})}{H(\tilde{\xi}^{(n)})}-1\right|<\varepsilon$$

信息论的基本问题是在给定了:（1）$[\tilde{x}^{(n)},$ $p^{(n)}(\tilde{x}^{(n)})]$;（2）$[x^{(n)},p^{(n)}(y^{(n)}\mid x^{(n)}),y^{(n)}]$ 的前提下,问如何就可保证找到一种翻码序列 $f^{(n)}$ 与译码序列 $g^{(n)}$,使得从 $\tilde{x}^{(n)}$ 到 $\tilde{y}^{(n)}$ 的消息传递满足上列准则的要求?众所周知,著名 Shannon 定理正是回答这个问题的.

从此以后我们所考虑的 $[\tilde{x}^{(n)},p^{(n)}(\tilde{x}^{(n)})]$,其熵为 $H(\tilde{\xi}^{(n)})$;$[x^{(n)},p^{(n)}(y^{(n)}\mid x^{(n)}),y^{(n)}]$,其通信能力为 $C^{(n)}$.

（三）各种形式的 Shannon 定理.

定理 1　若:（s_1）$[\tilde{x}^{(n)},p^{(n)}(\tilde{x}^{(n)})].\mathscr{H}^{(n)}$ – 概率可缩.

（s_2）$[x^{(n)},p^{(n)}(y^{(n)}\mid x^{(n)}),y^{(n)}]\mathscr{F}^{(n)}$ – 信息稳定.

（s_3）$\varlimsup\limits_{n}\dfrac{\mathscr{H}^{(n)}}{\mathscr{F}^{(n)}}<1$.

那么从 $\tilde{x}{}^{(n)}$ 到 $\tilde{y}{}^{(n)}$ 的消息传递满足概率准则（A）的要求.

证 任给 $0 < \varepsilon < 1$（不依赖于 n）. 据题设（s_1）知 $\tilde{x}$ 有 $\tilde{N}$ 个值,譬如 $\tilde{x}_{k_i}(i = 1, 2, \cdots, \tilde{N})$,其中

$$\{\tilde{x}_{k_i} : i = 1, 2, \cdots, \tilde{a}\} = \{\tilde{x}_i : i = 1, 2, \cdots, \tilde{a}\}$$

并且

$$\tilde{N} \leqslant 2^{\mathscr{H}\left(1 + \frac{\varepsilon}{2}\right)}$$

与

$$\sum_{i=1}^{\tilde{N}} p(\tilde{x}_{k_i}) > 1 - \frac{\varepsilon}{2}$$

据题设（s_2）与 §3 定理 1 知 $[x, p(y|x), y]$ 具有

$$N > 2^{\mathscr{F}\left(1 - \frac{\varepsilon}{2}\right)}$$

条 $\frac{\varepsilon}{2}$ - 专线,譬如 $\{x_i, B_i\}$ $(i = 1, 2, \cdots, N)$. 再据题设（s_3）有

$$\varlimsup_n \frac{\mathscr{H}^{(n)}}{\mathscr{F}^{(n)}} < 1$$

可知,当 n 足够大时,有

$$\frac{\mathscr{H}}{\mathscr{F}} < \frac{1 - \frac{\varepsilon}{2}}{1 + \frac{\varepsilon}{2}}$$

从而

$$N > 2^{\mathscr{F}\left(1 - \frac{\varepsilon}{2}\right)} > 2^{\mathscr{H}\left(1 + \frac{\varepsilon}{2}\right)} \geqslant \tilde{N}$$

我们建立如下的 f 与 g 有

$$\tilde{x} \xrightarrow{\ \tilde{f}\ } \begin{cases} x_i, \tilde{x} = \tilde{x}_{k_i}, i = 1, 2, \cdots, \tilde{N} \\ \\ x_{\tilde{N}+1}, \tilde{x} = \tilde{x}_{k_i}, i = \tilde{N} + 1, \cdots, \tilde{a} \end{cases}$$

$$y \xrightarrow{\ \tilde{g}\ } \begin{cases} \tilde{y}_i, y \in B_i, i = 1, 2, \cdots, \tilde{N} \\ \\ \tilde{y}_{\tilde{N}+1}, y \notin \sum_{i=1}^{\tilde{N}} B_i \end{cases}$$

这样,当 n 足够大时,有

$$p\{(\tilde{x}_{k_i}, \tilde{y}_j) : i = j\} \geqslant \sum_{i=1}^{\tilde{N}} p(\tilde{x}_{k_i}, \tilde{y}_i)$$

$$= \sum_{i=1}^{\tilde{N}} \left\{ \sum_{y \in g^{-1}(\tilde{y}_i)} p(\tilde{x}_{k_i}) p(y \mid f(\tilde{x}_{k_i})) \right\}$$

$$= \sum_{i=1}^{\tilde{N}} p(\tilde{x}_{k_i}) p(B_i \mid x_i) > \left(1 - \frac{\varepsilon}{2}\right) \sum_{i=1}^{\tilde{N}} p(\tilde{x}_{k_i})$$

$$> \left(1 - \frac{\varepsilon}{2}\right)\left(1 - \frac{\varepsilon}{2}\right) > 1 - \varepsilon$$

或

$$p\{(\tilde{x}_{k_i}, \tilde{y}_j) : i \neq j\} < \varepsilon$$

定理 2 若:$(s_1)\left[\tilde{x}^{(n)}, p^{(n)}(\tilde{x}^{(n)})\right] \mathscr{H}^{(n)} -$ 信息稳定.

$(s_2)\left[x^{(n)}, p^{(n)}(y^{(n)} \mid x^{(n)}), y^{(n)}\right] \mathscr{F}^{(n)} -$ 信息稳定.

$(s_3)\overline{\lim_n} \dfrac{\mathscr{H}^{(n)}}{\mathscr{F}^{(n)}} < 1.$

那么从 $\tilde{x}^{(n)}$ 到 $\tilde{y}^{(n)}$ 的消息传递满足概率准则(A)的要求.

证 直接从定理 1 与 §3 命题 1 推得.

定理 3 若:$(s_1)[\tilde{x}{}^{(n)},p^{(n)}(\tilde{x}{}^{(n)})]H(\overset{\sim}{\xi}{}^{(n)})$ – 信息可缩.

$(s_2)[x^{(n)},p^{(n)}(\tilde{y}{}^{(n)}|x^{(n)}),y^{(n)}]\mathscr{F}^{(n)}$ – 信息稳定.

$(s_3)\overline{\lim\limits_{n}}\dfrac{H(\overset{\sim}{\xi}{}^{(n)})}{\mathscr{F}^{(n)}}<1.$

那么从 $\tilde{x}{}^{(n)}$ 到 $\tilde{y}{}^{(n)}$ 的消息传递满足信息准则(B)的要求.

证 任给 $0<\varepsilon<1$(不依赖于 n). 据 (s_1) 知存在

$$\tilde{X}=\sum_{i=1}^{\tilde{N}}\tilde{A}_i$$

使得

$$1-\frac{\varepsilon}{2}<\frac{-\sum\limits_{i=1}^{\tilde{N}}p(\tilde{A}_i)\log p(\tilde{A}_i)}{H(\overset{\sim}{\xi})}\leqslant 1$$

其中

$$\tilde{N}\leqslant 2^{H(\overset{\sim}{\xi})\left(1+\frac{\varepsilon}{2}\right)}$$

据 (s_2) 知 $[x,p(y|x),y]$ 有

$$N>2^{\mathscr{F}\left(1-\frac{\varepsilon}{4}\right)}$$

条 $\frac{\varepsilon}{4}$ – 专线 $\{x_i,B_i\}(i=1,2,\cdots,N)$. 据 (s_3) 知当 n 足够大时,有

$$\frac{H(\overset{\sim}{\xi})}{\mathscr{F}}<\frac{1-\dfrac{\varepsilon}{4}}{1+\dfrac{\varepsilon}{2}}$$

从而

$$N > 2^{\mathscr{F}\left(1 - \frac{\varepsilon}{4}\right)} > 2^{H(\xi)\left(1 + \frac{\varepsilon}{2}\right)} \geqslant \widetilde{N}$$

我们建立如下的 f 与 g 有

$$\tilde{x} \xrightarrow{\ f\ } x_i, \tilde{x} \in \widetilde{A}_i \quad (i = 1, 2, \cdots, \widetilde{N})$$

$$y \xrightarrow{\ g\ } \begin{cases} \tilde{y}_i, \text{当 } y \in B_i \\[2mm] \tilde{y}_{\widehat{N}+1}, \text{当 } y \notin \displaystyle\sum_{i=1}^{\widetilde{N}} B_i \end{cases} \quad (i = 1, 2, \cdots, \widetilde{N})$$

这样,当 n 足够大时,有

$$p\{(x_i, \tilde{y}_j) : i = j\} = \sum_{i=1}^{\widetilde{N}} p(x_i, \tilde{y}_j)$$

$$= \sum_{i=1}^{\widetilde{N}} \left\{ \sum_{y \in g^{-1}(y_i)} p(x_i) p(y \mid f(x_i)) \right\}$$

$$= \sum_{i=1}^{\widetilde{N}} p(x_i) p(B_i \mid x_i) > \left(1 - \frac{\varepsilon}{4}\right) \sum_{i=1}^{\widetilde{N}} p(x_i)$$

$$= 1 - \frac{\varepsilon}{4}$$

或

$$p\{(x_i, \tilde{y}_j) : i \neq j\} < \frac{\varepsilon}{4}$$

依此,利用 §3 引理 2 可以推知当 n 足够大时,有

$$H(\xi) - I(\xi, \overset{\sim}{\eta}) = H(\xi \mid \overset{\sim}{\eta})$$

$$\leqslant 1 + p\{(x_i, \tilde{y}_j) : i \neq j\} \log(\widetilde{N} - 1)$$

$$< 1 + \frac{\varepsilon}{4}\left(1 + \frac{\varepsilon}{2}\right) H(\overset{\sim}{\xi})$$

从而

$$\frac{H(\xi)}{H(\tilde{\xi})} - \frac{I(\xi, \tilde{\eta})}{H(\tilde{\xi})} \leqslant \frac{1}{H(\tilde{\xi})} + \frac{\varepsilon}{4}\left(1 + \frac{\varepsilon}{2}\right) < \frac{\varepsilon}{2}$$

但另一方面,利用 §2 命题 7 又可得知

$$1 - \frac{\varepsilon}{2} < \frac{-\sum_{i=1}^{\tilde{N}} p(\tilde{A}_i) \log p(\tilde{A}_i)}{H(\tilde{\xi})} = \frac{H(\xi)}{H(\tilde{\xi})} \leqslant 1$$

因此,利用 §2 命题 5 就可推得当 n 足够大时,有

$$1 - \varepsilon < \frac{H(\xi)}{H(\tilde{\xi})} - \frac{\varepsilon}{2} < \frac{I(\xi, \tilde{\eta})}{H(\tilde{\xi})} < \frac{I(\tilde{\xi}, \tilde{\eta})}{H(\tilde{\xi})} \leqslant 1$$

或者

$$\left| \frac{I(\tilde{\xi}, \tilde{\eta})}{H(\tilde{\xi})} - 1 \right| < \varepsilon$$

定理 4 若:(s_1) $[\tilde{x}^{(n)}, p^{(n)}(\tilde{x}^{(n)})] H(\tilde{\xi}^{(n)})$ - 概率信息可缩.

(s_2) $[x^{(n)}, p^{(n)}(y^{(n)} | x^{(n)}), y^{(n)}] \mathscr{F}^{(n)}$ - 信息稳定.

$(s_3) \overline{\lim_n} \dfrac{H(\tilde{\xi}^{(n)})}{\mathscr{F}^{(n)}} < 1.$

那么从 $\tilde{x}^{(n)}$ 到 $\tilde{y}^{(n)}$ 的消息传递满足概率信息准则 (AB) 的要求.

证 结合定理 1 与定理 3 的证明方法就可证得.

定理 5 若:(s_1) $[\tilde{x}^{(n)}, p^{(n)}(\tilde{x}^{(n)})]$ 信息稳定.

(s_2) $[x^{(n)}, p^{(n)}(y^{(n)} | x^{(n)}), y^{(n)}] \mathscr{F}^{(n)}$ - 信息稳定.

$(s_3) \overline{\lim\limits_n} \dfrac{H(\widetilde{\xi}^{(n)})}{\mathscr{F}^{(n)}} < 1.$

那么从 $\widetilde{x}^{(n)}$ 到 $\widetilde{y}^{(n)}$ 的消息传递满足概率信息准则（AB）的要求.

证　直接利用 §3 命题 7 与定理 4 即得.

给定复合信源 $[(x, y), p(x, y)]$. 设 $h(j)(j = 1, 2, \cdots, b)$ 是从 $\{1, 2, \cdots, b\}$ 到 $\{1, 2, \cdots, a\}$ 的一个多一对应关系, 并且 $p\{h\} = p\{(x_i, y_j) : i \neq h(j)\}$; $H(\xi)$, $I(\xi, \eta)$, $H(\xi \mid \eta)$ 是 $[(x, y), p(x, y)]$ 的信息量, 那么

$$\frac{I(\xi, \eta)}{H(\xi)} = 1 \Leftrightarrow H(\xi \mid \eta) = 0$$

$\Leftrightarrow$ 存在 $h(j)(j = 1, 2, \cdots, b)$ 使得 $p\{h\} = 0$

这个事实不能不促使人们联想到（二）中诸准则要求（A）（B）（AB）之间的逻辑关系来. 可以证明在相当宽泛的条件下, 譬如 $[\widetilde{x}^{(n)}, p^{(n)}(\widetilde{x}^{(n)})] H(\widetilde{\xi}^{(n)})$ – 概率可缩与信息连续的前提下, 要求（A）是包含要求（AB）的. 但以下有两个例子将告诉我们: 一般说来, 要求（A）既不包含要求（B）同时要求（B）亦不包含要求（A）.

例 1　设给定

（1）

$$[\widetilde{x}^{(n)}, p^{(n)}(\widetilde{x}^{(n)})] : p^{(n)}(\widetilde{x}_i^{(n)})$$

$$= \begin{cases} \dfrac{1}{n}, i = 1, 2, \cdots, n-1 \\[2mm] \dfrac{1}{n\alpha_n}, i = n, n+1, \cdots, n-1+\alpha_n = \widetilde{a}^{(n)} \end{cases}$$

其中 $\alpha_n \to \infty$.

（2）

$$[x^{(n)}, p^{(n)}(y^{(n)} \mid x^{(n)}), y^{(n)}] : p^{(n)}(y_i^{(n)} \mid x_i^{(n)}) = 1$$

$$(i = 1, 2, \cdots, n = a^{(n)} = b^{(n)})$$

那么：

（i）要求（A）成立. 对任意 $\varepsilon > 0$, 选择如下的 f 与 g 有

$$\overset{\sim}{x_i} \xrightarrow{\ f\ } \begin{cases} x_i, i = 1, 2, \cdots, n-1 \\ x_n, i = n, n+1, \cdots, \tilde{a} \end{cases}$$

$$y_i \xrightarrow{\ g\ } \overset{\sim}{y_i}, i = 1, 2, \cdots, n = b$$

这样, 当 n 足够大时, 有

$$p\{(\overset{\sim}{x_i}, \overset{\sim}{y_j}) : i = j\} \geqslant \sum_{i=1}^{n} p(\overset{\sim}{x_i}, \overset{\sim}{y_i}) = \sum_{i=1}^{n} p(\overset{\sim}{x_i}) p(\overset{\sim}{y_i} \mid \overset{\sim}{x_i})$$

$$= \sum_{i=1}^{n} p(\overset{\sim}{x_i}) = \frac{n-1}{n} + \frac{1}{n\alpha_n} > 1 - \varepsilon$$

（ii）要求（B）不成立. 不难算得

$$H(\overset{\sim}{\xi}) = \frac{n-1}{n} \log n + \frac{1}{n} \log n\alpha_n$$

$$C = \log n$$

因此, 当 $\alpha_n = [2^{n^2 \log n}]$ 时, 有

$$\lim_{n \to \infty} \frac{H(\overset{\sim}{\xi}^{(n)})}{C^{(n)}} = \infty$$

而当 $\alpha_n = [2^{(K-1)n \log n}]$ $(K > 1)$ 时, 有

$$\lim_{n \to \infty} \frac{H(\overset{\sim}{\xi}^{(n)})}{C^{(n)}} = K > 1$$

但据 §2 命题 9 知, 无论选择怎样的 f 与 g, 不等式

$$I(\overset{\sim}{\xi},\overset{\sim}{\eta})\leqslant I(\xi,\eta)\leqslant C$$

总是成立. 因而当 $\alpha_n = \left[\,2^{n^2\log n}\,\right]$ 或 $\left[\,2^{(K-1)n\log n}\,\right]$ $(K>1)$ 时, 要求 (B) 不可能成立.

注　例 5 还告诉我们即使 $\overline{\lim\limits_n}\dfrac{H(\overset{\sim}{\xi}^{(n)})}{C^{(n)}}$ 大于 1 甚至

等于 ∞, 要求 (A) 仍可能满足. 由此可见: 由

$$\overline{\lim\limits_n}\frac{H(\overset{\sim}{\xi}^{(n)})}{C^{(n)}} > 1$$

的前提推断要求 (A) 一定不成立的命题一般是不成立的.

例 2　设给定

(1)

$$\left[\,\tilde{x}^{(n)},p^{(n)}(\tilde{x}^{(n)})\,\right]:p^{(n)}(\overset{\sim}{x_i}^{(n)})=\frac{1}{2n}$$

$$(i=1,2,\cdots,2n=\tilde{a}^{(n)})$$

(2)

$$\left[\,x^{(n)},p^{(n)}(y^{(n)}|x^{(n)}),y^{(n)}\,\right]:p^{(n)}(y_i^{(n)}|x_i^{(n)})$$

$$=p^{(n)}(\tilde{y}_i^{(n)}|x_{n+i}^{(n)})$$

$$=p^{(n)}(y_{n+i}^{(n)}|x_i^{(n)})=p^{(n)}(y_{n+i}^{(n)}|x_{n+i}^{(n)})$$

$$=\frac{1}{2}\quad(i=1,2,\cdots,n)$$

其中 $a^{(n)}=b^{(n)}=2n$. 那么:

(i) 要求 (A) 不成立. 任意选定 f 与 g 以及

$$\{\tilde{x}_{k_i}:i=1,2,\cdots,2n\}=\{\tilde{x}_i:i=1,2,\cdots,2n\}$$

在下列 $2n$ 个 x 值

$$f(\tilde{x}_{k_1}), f(\tilde{x}_{k_2}), \cdots, f(\tilde{x}_{k_{2n}})$$

之中,有些可能是相同的;有些虽然不同,但其下指数之差可能恰好是 n(譬如 x_2 与 x_{n+2} 就是). 任意在其中选取一对彼此相同或其下指数之差恰好是 n 的两个 x 值

$$f(\tilde{x}_{k_i}), f(\tilde{x}_{k_j}) \quad (k_i \neq k_j \leqslant 2n)$$

这样,如果注意到

$$B_i = \{y : g(y) = \tilde{y}_i\}, B_j = \{y : g(y) = \tilde{y}_j\}$$

彼此不交,那么

$$p(\tilde{y}_i | f(\tilde{x}_{k_i})) + p(\tilde{y}_j | f(\tilde{x}_{k_j}))$$

$$= p(B_i | f(\tilde{x}_{k_i})) + p(B_j | f(\tilde{x}_{k_j}))$$

$$= p(B_i + B_j | f(\tilde{x}_{k_i})) \leqslant 1$$

由此可见

$$\sum_{i=1}^{2n} p(\tilde{y}_i | f(\tilde{x}_{k_i})) \leqslant n$$

因此,无论怎么样选择 f 与 g 以及 $k_i(i=1,2,\cdots,n)$ 有

$$p\{(\tilde{x}_{k_i}, \tilde{y}_j) : i = j\}$$

$$= \sum_{i=1}^{2n} p(\tilde{x}_{k_i}, \tilde{y}_i)$$

$$= \sum_{i=1}^{2n} p(\tilde{x}_{k_i}) p(\tilde{y}_i | \tilde{x}_{k_i})$$

$$= \sum_{i=1}^{2n} \frac{1}{2n} p(\tilde{y}_i | f(\tilde{x}_{k_i}))$$

$$\leqslant \frac{1}{2n} \cdot n = \frac{1}{2}$$

从而说明要求(A)不可能成立.

(ⅱ)要求(B)成立. 选择如下的 f 与 g 有

$$\tilde{x}_i \xrightarrow{\ f\ } \begin{cases} x_i, i = 1, 2, \cdots, n \\ x_{i-n}, i = n+1, \cdots, 2n \end{cases}$$

$$y_i \xrightarrow{\ g\ } \begin{cases} \tilde{y}_i, i = 1, 2, \cdots, n \\ \tilde{y}_{i-n}, i = n+1, \cdots, 2n \end{cases}$$

那么考虑到 §2 命题 6 有

$$H(\tilde{\xi}) = \log 2n$$

$$I(\tilde{\xi}, \tilde{\eta}) = H(\tilde{\eta}) = \log n$$

从而

$$\frac{I(\tilde{\xi}, \tilde{\eta})}{H(\tilde{\xi})} = \frac{\log n}{\log 2n} \rightarrow 1$$

(ⅲ) $\lim\limits_{n \to \infty} \dfrac{H(\tilde{\xi}^{(n)})}{C^{(n)}} = 1$,将所给的通路$[x, p(y \mid x),$

$y]$ 与任意那一个输入信源$[x, p(x)]$结合起来,总有

$$H(\eta \mid \xi) = \sum_x p(x) \Big[- \sum_y p(y \mid x) \log p(y \mid x) \Big]$$

$$= \sum_x p(x) \big[\log 2 \big] = \log 2$$

从而利用 §2 命题 1 推得

$$I(\xi, \eta) = H(\eta) - H(\eta \mid \xi)$$

$$= H(\eta) - \log 2 \leqslant \log 2n - \log 2 = \log n$$

但相对(ⅱ)中所选择的 f 与 g 而言

$$I(\xi, \eta) = \log n$$

因此,$[x, p(y \mid x), y]$ 的通信能力

$$C = \log n$$

这样,我们就能一下算得

$$\lim_{n \to \infty} \frac{H(\tilde{\xi}^{(n)})}{C^{(n)}} = \lim_{n \to \infty} \frac{\log 2n}{\log n} = 1$$

通观上列各种形式的 Shannon 定理,它们都是在条件$(s_1)(s_2)(s_3)$的前提下得到结论的. 现在我们要开始来分别考察以条件$(s_1)(s_2)(s_3)$中之一为中心的 Shannon 定理的各种反定理.

(四)以条件(s_3)为中心的 Shannon 定理的反定理.

定理 6 设任意给定$[\tilde{x}^{(n)}, p^{(n)}(\tilde{x}^{(n)})]$与$[x^{(n)}, p^{(n)}(y^{(n)} | x^{(n)}), y^{(n)}]$. 若从$\tilde{x}^{(n)}$到$\tilde{y}^{(n)}$消息传递满足信息准则(B)的要求,则

$$\varlimsup_n \frac{H(\tilde{\xi}^{(n)})}{C^{(n)}} \leqslant 1$$

证 任给$\varepsilon > 0$(不依赖于n). 根据题设要求(B)并利用§2 命题 9 得知,当n足够大时,有

$$H(\tilde{\xi}) < \frac{I(\tilde{\xi}, \tilde{\eta})}{1 - \varepsilon} \leqslant \frac{I(\xi, \eta)}{1 - \varepsilon} \leqslant \frac{C}{1 - \varepsilon}$$

从而

$$\frac{H(\tilde{\xi})}{C} < \frac{1}{1 - \varepsilon}$$

因此

$$\varlimsup_n \frac{H(\tilde{\xi}^{(n)})}{C^{(n)}} \leqslant \frac{1}{1 - \varepsilon}$$

但 $\varlimsup\limits_{n}\dfrac{H(\tilde{\xi}^{(n)})}{C^{(n)}}$ 与 ε 无关,故

$$\varlimsup\limits_{n}\frac{H(\tilde{\xi}^{(n)})}{C^{(n)}}\leqslant 1$$

例3　设给定:

(1)

$$[\tilde{x}^{(n)},p^{(n)}(\tilde{x}^{(n)})]:p^{(n)}(\tilde{x}_i^{(n)})=\frac{1}{n}$$

$$(i=1,2,\cdots,n=\tilde{a}^{(n)})$$

(2)

$$[x^{(n)},p^{(n)}(y^{(n)}\mid x^{(n)}),y^{(n)}]:p^{(n)}(y_i^{(n)}\mid x_i^{(n)})=1$$

$$(i=1,2,\cdots,n=a^{(n)}=b^{(n)})$$

那么

$$\lim_{n\to\infty}\frac{H(\tilde{\xi}^{(n)})}{C^{(n)}}=\lim_{n\to\infty}\frac{\log n}{\log n}=1$$

并且只要选择如下的 f 与 g 有

$$\tilde{x}_i\xrightarrow{f}x_i\quad(i=1,2,\cdots,n=\tilde{a}^{(n)}=a^{(n)})$$

$$y_i\xrightarrow{g}\tilde{y}_i\quad(i=1,2,\cdots,n=b^{(n)}=\tilde{b}^{(n)})$$

要求(AB)就能满足.

我们知道 Shannon 定理的前提条件 (s_3):

$\varlimsup\limits_{n}\dfrac{H(\tilde{\xi}^{(n)})}{C^{(n)}}<1$ 不同于定理 6 中的结论 $\varlimsup\limits_{n}\dfrac{H(\tilde{\xi}^{(n)})}{C^{(n)}}\leqslant 1$.

为了探讨以条件 (s_3) 为中心的 Shannon 定理的反定理,必须仔细审察临界条件 $\varlimsup\limits_{n}\dfrac{H(\tilde{\xi}^{(n)})}{C^{(n)}}=1$ 成立时可能

发生的各种情况. 例 3 满足定理 5 的前提条件 (s_1) (s_2) 与

$$\lim_{n \to \infty} \frac{H(\overset{\sim}{\xi}{}^{(n)})}{C^{(n)}} = 1$$

同时要求 (AB) 亦成立. 但例 2 同样满足定理 5 的前提条件 $(s_1)(s_2)$ 与

$$\lim_{n \to \infty} \frac{H(\overset{\sim}{\xi}{}^{(n)})}{C^{(n)}} = 1$$

而要求 (A) 从而要求 (AB) 都不成立. 这样, 既然在临界条件

$$\overline{\lim_n} \frac{H(\overset{\sim}{\xi}{}^{(n)})}{C^{(n)}} = 1$$

时, 要求 (AB) 可能成立同时亦可能不成立; 因此, 当我们在探讨以前提条件 (s_3) 为中心的 Shannon 定理的反定理时很自然地可以撇开这种临界情况而不计.

定理 7 若: (1) $[\tilde{x}{}^{(n)}, p^{(n)}(\tilde{x}{}^{(n)})] H(\overset{\sim}{\xi}{}^{(n)})$ – 信息可缩.

(2) $[x^{(n)}, p^{(n)}(y^{(n)} | x^{(n)}), y^{(n)}]$ 信息稳定.

(3) $\overline{\lim_n} \dfrac{H(\overset{\sim}{\xi}{}^{(n)})}{C^{(n)}} \neq 1$.

那么从 $\tilde{x}{}^{(n)}$ 到 $\tilde{y}{}^{(n)}$ 的消息传递满足信息准则 (B) 的充分与必要条件是

$$\overline{\lim_n} \frac{H(\overset{\sim}{\xi}{}^{(n)})}{C^{(n)}} < 1$$

证 直接从定理 6 与定理 3 推得.

定理 8 若：(1) $[\tilde{x}{}^{(n)}, p^{(n)}(\tilde{x}{}^{(n)})] H(\overset{\sim}{\xi}{}^{(n)}) -$ 概率信息可缩.

(2) $[x^{(n)}, p^{(n)}(y^{(n)} \mid x^{(n)}), y^{(n)}]$ 信息稳定.

(3) $\varlimsup\limits_{n} \dfrac{H(\overset{\sim}{\xi}{}^{(n)})}{C^{(n)}} \neq 1.$

那么从 $\tilde{x}{}^{(n)}$ 到 $\tilde{y}{}^{(n)}$ 的消息传递满足概率、信息准则 (AB) 的充分与必要条件是

$$\varlimsup\limits_{n} \frac{H(\overset{\sim}{\xi}{}^{(n)})}{C^{(n)}} < 1.$$

证 直接从定理 6 与定理 4 推得.

(五) 以条件 (s_2) 为中心的 Shannon 定理的反定理.

定理 9 任意给定 $[x^{(n)}, p^{(n)}(y^{(n)} \mid x^{(n)}), y^{(n)}]$ 与 $\mathscr{F}^{(n)} \to \infty$. 若对每一个信息稳定, 并且

$$\varlimsup\limits_{n} \frac{H(\overset{\sim}{\xi}{}^{(n)})}{\mathscr{F}^{(n)}} < 1$$

的 $[\tilde{x}{}^{(n)}, p^{(n)}(\tilde{x}{}^{(n)})]$ 从 $\tilde{x}{}^{(n)}$ 到 $\tilde{y}{}^{(n)}$ 消息传递的概率准则 (A)[①] 都能满足, 那么 $[x^{(n)}, p^{(n)}(y^{(n)} \mid x^{(n)}), y^{(n)}]$ $\mathscr{F}^{(n)} -$ 信息稳定.

证 任给 $\varepsilon > 0$ (不依赖于 n). 取一 $[\tilde{x}, p(\tilde{x})]$ 有

$$p(\tilde{x}_i) = \begin{cases} \dfrac{1}{N}, i = 1, 2, \cdots, N \\ 0, i = N+1, \cdots, a \end{cases}$$

---

① 事实上, 在 $[\tilde{x}{}^{(n)}, p^{(n)}(\tilde{x}{}^{(n)})]$ 信息稳定的情况下, 要求 (A) 是包含要求 (AB) 的.

其中

$$N = \left[2^{\mathscr{F}\left(1 - \frac{\varepsilon}{3}\right)} \right]$$

容易验证 $[\tilde{x}^{(n)}, p^{(n)}(\tilde{x}^{(n)})]$ 信息稳定,并且

$$\overline{\lim_{n}} \frac{H(\overset{\sim}{\xi}^{(n)})}{\mathscr{F}^{(n)}} = \overline{\lim_{n}} \frac{\log N^{(n)}}{\mathscr{F}^{(n)}} < 1$$

据题设知要求(A)成立:存在 f 与 g 以及 $\{\tilde{x}_{k_i} : i = 1,$ $2, \cdots, N\} = \{\tilde{x}_i : i = 1, 2, \cdots, N\}$,使得

$$p\{ (\tilde{x}_{k_i}, \tilde{y}_j) : i \neq j \} > 1 - \frac{\varepsilon}{2}$$

但如果令

$$x_i = f(\tilde{x}_{k_i}), B_i = g^{-1}(\tilde{y}_i) \quad (i = 1, 2, \cdots, N)$$

那么

$$p\{ (\tilde{x}_{k_i}, \tilde{y}_j) : i = j \} = \sum_{i=1}^{N} p(\tilde{x}_{k_i}, \tilde{y}_i)$$

$$= \sum_{i=1}^{N} \left\{ \sum_{y \in q^{-1}(y_i)} p(\tilde{x}_{k_i}) p(y \mid f(\tilde{x}_{k_i})) \right\}$$

$$= \sum_{i=1}^{N} p(\tilde{x}_{k_i}) p(B_i \mid x_i) = \frac{1}{N} \sum_{i=1}^{N} p(B_i \mid x_i)$$

从而

$$\frac{1}{N} \sum_{i=1}^{N} p(B_i \mid x_i) > 1 - \frac{\varepsilon}{2}$$

令 N' 是不大于 $1 - \varepsilon$ 的 $p(B_i \mid x_i)$ $(i = 1, 2, \cdots, N)$ 的个数,不失普遍性可设

$$p(B_i \mid x_i) \leqslant 1 - \varepsilon \quad (i = N - N' + 1, N - N' + 2, \cdots, N)$$

这样

$$1 - \frac{\varepsilon}{2} \leqslant \frac{1}{N} \sum_{i=1}^{N} p(B_i \mid x_i)$$

$$\leqslant \frac{1}{N}[(N - N') + N'(1 - \varepsilon)]$$

$$= 1 - \frac{\varepsilon N'}{N}$$

从而

$$N' \leqslant \frac{N}{2}$$

因此

$$p(B_i \mid x_i) > 1 - \varepsilon \quad \left(i = 1, 2, \cdots, \frac{N}{2}\right)$$

其中由于 $\mathscr{F} \to \infty$，故当 n 足够大时，有

$$\frac{N}{2} \geqslant \frac{1}{2} \times 2^{\mathscr{F}\left(1 - \frac{\varepsilon}{2}\right)} > 2^{\mathscr{F}(1 - \varepsilon)}$$

再据 §3 定理 2 以及 §3 引理 1 就可推知 $[x, p(y \mid x), y]\mathscr{F}$ – 信息稳定. 定理证毕.

定理 10　任意给定 $[x^{(n)}, p^{(n)}(y^{(n)} \mid x^{(n)}), y^{(n)}]$ 与 $\mathscr{F}^{(n)} \to \infty$. 对每一个信息稳定，并且

$$\varlimsup_{n} \frac{H(\tilde{\xi}^{(n)})}{\mathscr{F}^{(n)}} < 1$$

的 $[\tilde{x}^{(n)}, p^{(n)}(\tilde{x}^{(n)})]$ 从 $\tilde{x}^{(n)}$ 到 $\tilde{y}^{(n)}$ 消息传递的概率准则（A）（或概率、信息准则（AB））都能满足的充分与必要条件是 $[x^{(n)}, p^{(n)}(y^{(n)} \mid x^{(n)}), y^{(n)}]\mathscr{F}^{(n)}$ – 信息稳定.

重要的特殊场合，当 $\mathscr{F}^{(n)} = C^{(n)}$ 时：对每一个信息稳定，并且

$$\varlimsup_{n} \frac{H(\tilde{\xi}^{(n)})}{C^{(n)}} < 1$$

的 $[\tilde{x}^{(n)}, p^{(n)}(\tilde{x}^{(n)})]$ 从 $\tilde{x}^{(n)}$ 到 $\tilde{y}^{(n)}$ 消息传递的概率准则 （A）（或概率、信息准则（AB））都能满足的充分与必要 条件是 $[x^{(n)}, p^{(n)}(y^{(n)}|x^{(n)}), y^{(n)}]$ 信息稳定.

（六）以条件（s_1）为中心的 Shannon 定理的反定理.

定理 11 任意给定 $[\tilde{x}^{(n)}, p^{(n)}(\tilde{x}^{(n)})]$ 与 $\mathscr{H}^{(n)} \to$ ∞. 若对每一个信息稳定,并且

$$\varliminf_n \frac{\mathscr{H}^{(n)}}{C^{(n)}} < 1$$

的 $[x^{(n)}, p^{(n)}(y^{(n)}|x^{(n)}), y^{(n)}]$ 从 $\tilde{x}^{(n)}$ 到 $\tilde{y}^{(n)}$ 消息传递的 概率准则（A）都能满足,那么 $[\tilde{x}^{(n)}, p^{(n)}(\tilde{x}^{(n)})]$ $\mathscr{H}^{(n)}$ – 概率可缩.

证 任给 $\varepsilon > 0$（不依赖于 n）. 令

$$\mathscr{F} = \mathscr{H}(1+\varepsilon), N = [2^{\mathscr{F}}]$$

建立通路序列 $[x, p(y|x), y]$ 如下:以概率 $p(y|x) = 1$, 每个 $x_i(i = 1, 2, \cdots, N-1)$ 分别对应 $y_i(i = 1, 2, \cdots,$ $N-1)$,其余 $x_i(i = N, N+1, \cdots, a)$ 都对应同一个 y_N. 参考 §3 定理 2 不难验证这样建立起来的 $[x, p(y|x),$ $y]$ 信息稳定,$C = \log N$,并且

$$\varliminf_n \frac{\mathscr{H}^{(n)}}{C^{(n)}} < \frac{1}{1+\dfrac{\varepsilon}{2}} < 1$$

据题设知要求（A）成立:存在 f 与 g 以及 $\{\tilde{x}_{k_i}: i = 1,$ $2, \cdots, \tilde{a}\} = \{\tilde{x}_i: i = 1, 2, \cdots, \tilde{a}\}$,使得当 n 足够大时,有

$$p\{(\tilde{x}_{k_i}, \tilde{y}_j): i \neq j\} < \varepsilon$$

466

不难看到：对每个 $i,p(\tilde{y}_i|\tilde{x}_{k_i})$ 或者等于 1 或者等于 0.
如果令

$$\tilde{X}_0 = \{\tilde{x}_{k_i}:p(\tilde{y}_i|\tilde{x}_{k_i}) = 1\}$$

那么由于我们所建立的 $[x,p(y|x),y]$ 的特性，$\tilde{X}_0$ 不可

能有大于 N 个 $\tilde{x}$ 元素，其中

$$N = [2^{\mathscr{H}(1+\varepsilon)}] \leqslant 2^{\mathscr{H}(1+\varepsilon)}$$

这样，对每个 i 有

$$p(\tilde{x}_{k_i},\tilde{y}_i) = p(\tilde{x}_{k_i})p(\tilde{y}_i|\tilde{x}_{k_i}) = \begin{cases} p(\tilde{x}_{k_i}),p(\tilde{y}_i|\tilde{x}_{k_i}) = 1 \\ 0,p(\tilde{y}_i|\tilde{x}_{k_i}) = 0 \end{cases}$$

从而当 n 足够大时，有

$$\sum p(\tilde{x}_{k_i}) = \sum_i p(\tilde{x}_{k_i},\tilde{y}_i) = p\{(\tilde{x}_{k_i},\tilde{y}_j):i = j\}$$

$$= 1 - p\{(\tilde{x}_{k_i},\tilde{y}_j):i \neq j\} > 1 - \varepsilon$$

定理证毕.

定理 12　任意给定 $[\tilde{x}^{(n)},p^{(n)}(\tilde{x}^{(n)})]$ 与 $\mathscr{H}^{(n)} \to$
∞. 对每一个信息稳定，并且

$$\overline{\lim_n}\frac{\mathscr{H}^{(n)}}{C^{(n)}} < 1$$

的 $[x^{(n)},p^{(n)}(y^{(n)}|x^{(n)}),y^{(n)}]$ 从 $\tilde{x}^{(n)}$ 到 $\tilde{y}^{(n)}$ 消息传递
的概率准则（A）都能满足的充分与必要条件是
$[\tilde{x}^{(n)},p^{(n)}(\tilde{x}^{(n)})]\mathscr{H}^{(n)}$ – 概率可缩.

证　直接从定理 11 与定理 1 推得.

定理 13　任意给定 $[\tilde{x}^{(n)},p^{(n)}(\tilde{x}^{(n)})]$ 与 $\mathscr{H}^{(n)} \to$

∞. 若对每一个信息稳定,并且

$$\varlimsup_{n} \frac{\mathscr{H}^{(n)}}{C^{(n)}} < 1$$

的 $[x^{(n)}, p^{(n)}(y^{(n)}|x^{(n)}), y^{(n)}]$ 从 $\tilde{x}^{(n)}$ 到 $\tilde{y}^{(n)}$ 消息传递的信息准则(B)都能满足,那么 $[\tilde{x}^{(n)}, p^{(n)}(\tilde{x}^{(n)})] \mathscr{H}^{(n)}$ – 信息可缩.

证 任给 $\varepsilon > 0$(不依赖于 n). 令

$$\mathscr{F} = \mathscr{H}(1+\varepsilon), N = [2^{\mathscr{F}}]$$

像定理 11 中一样建立通路序列 $[x, p(y|x), y]$:以概率 $p(y|x) = 1$,每个 $x_i (i = 1, 2, \cdots, N-1)$ 分别对应 y_i $(i = 1, 2, \cdots, N-1)$,其余 $x_i (i = N, N+1, \cdots, a)$ 都对应同一个 y_N. 参考 §3 定理 2 不难验证这样建立起来的 $[x, p(y|x), y]$ 信息稳定,$C = \log N$,并且

$$\varlimsup_{n} \frac{\mathscr{H}^{(n)}}{C^{(n)}} < \frac{1}{1 + \frac{\varepsilon}{2}} < 1$$

据题设知,信息准则(B)的要求成立:存在 f 与 g 使得当 n 足够大时,有

$$1 - \varepsilon < \frac{I(\tilde{\xi}, \tilde{\eta})}{H(\tilde{\xi})} \leq 1$$

从而利用 §2 命题 9 与命题 7 就可推得

$$1 - \varepsilon < \frac{I(\tilde{\xi}, \tilde{\eta})}{H(\tilde{\xi})} \leq \frac{I(\xi, \eta)}{H(\tilde{\xi})} \leq \frac{H(\xi)}{H(\tilde{\xi})} \leq 1$$

不失普遍性,我们可设所有 $\tilde{x}$ 值经过 f 都映射在 $x_i (i = 1, 2, \cdots, N)$ 诸值之上. 因为如果有某些 $\tilde{x}$ 值经过 f 映射

在某些 $x_i(i = N+1, N+2, \cdots, a)$ 值上,那么可以略为改变 f 为 f' 使得所有映射在 $x_i(i = N+1, N+2, \cdots, a)$ 值上的那些 $\tilde{x}$ 值经过 f' 改为集中到 x_N 上去,而其余从 $\tilde{x}$ 到 x 的对应关系保持不变. 这样,由 f', g 形成的复合信源 $[(\tilde{x}, \tilde{y}), p'(\tilde{x}, \tilde{y})]$ 与原来的 $[(\tilde{x}, \tilde{y}), p(\tilde{x}, \tilde{y})]$ 仍然一样:对每个 $(\tilde{x}, \tilde{y}) \in \tilde{X} \times \tilde{Y}$ 有

$$p'(\tilde{x}, \tilde{y}) = p(\tilde{x}, \tilde{y})$$

从而仍然满足上列信息准则的条件. 这样

$$\tilde{A}_i = f^{-1}(x_i) \quad (i = 1, 2, \cdots, N)$$

就成为 $\tilde{X}$ 的一个分类,并且

$$H(\xi) = -\sum_{i=1}^{N} p(x_i) \log p(x_i) = -\sum_{i=1}^{N} p(\tilde{A}_i) \log p(\tilde{A}_i)$$

因此,$[\tilde{x}, p(\tilde{x})]\mathscr{H}$ – 信息可缩

$$1 - \varepsilon < \frac{-\sum_{i=1}^{N} p(\tilde{A}_i) \log p(\tilde{A}_i)}{H(\tilde{\xi})} \leqslant 1$$

并且

$$N = [2^{\mathscr{H}(1+\varepsilon)}] \leqslant 2^{\mathscr{H}(1+\varepsilon)}$$

定理 14　任意给定 $[\tilde{x}^{(n)}, p^{(n)}(\tilde{x}^{(n)})]$. 对每一个信息稳定,并且

$$\varlimsup_{n} \frac{H(\tilde{\xi}^{(n)})}{C^{(n)}} < 1$$

的 $[x^{(n)}, p^{(n)}(y^{(n)} | x^{(n)}), y^{(n)}]$ 从 $\tilde{x}^{(n)}$ 到 $\tilde{y}^{(n)}$ 消息传递的

信息准则（B）都能满足的充分与必要条件是 $[\tilde{x}{}^{(n)},$

$p^{(n)}(\tilde{x}{}^{(n)})]H(\overset{\sim}{\xi}{}^{(n)})$ – 信息可缩.

 证 直接从定理 13 与定理 3 推得.

 定理 15 任意给定 $[\tilde{x}{}^{(n)},p^{(n)}(\tilde{x}{}^{(n)})]$ 与 $\mathscr{H}^{(n)}\to$

∞. 若对每一个信息稳定，并且

$$\varlimsup_{n}\frac{\mathscr{H}^{(n)}}{C^{(n)}}<1$$

的 $[x^{(n)},p^{(n)}(y^{(n)}|x^{(n)}),y^{(n)}]$ 从 $\tilde{x}{}^{(n)}$ 到 $\tilde{y}{}^{(n)}$ 消息传递的

概率、信息准则（AB）都能满足,那么 $[\tilde{x}{}^{(n)},p^{(n)}(\tilde{x}{}^{(n)})]$

$\mathscr{H}^{(n)}$ – 概率、信息可缩.

 证 任给 $\varepsilon>0$（不依赖于 n）. 令

$$\mathscr{F}=\mathscr{H}(1+\varepsilon),N=[2^{\mathscr{F}}]$$

建立与定理 11 或定理 13 中一样的信息稳定通路序列

$[x,p(y|x),y]$

$$\varlimsup_{n}\frac{\mathscr{H}^{(n)}}{C^{(n)}}<1$$

据题设知,要求（AB）成立:存在 f 与 g 以及 $\{\tilde{x}_{k_i}:i=1,$

$2,\cdots,\tilde{a}\}=\{\tilde{x}_i:i=1,2,\cdots,\tilde{a}\}$ 使得当 n 足够大时,有

$$1-\varepsilon<\frac{I(\overset{\sim}{\xi},\overset{\sim}{\eta})}{H(\overset{\sim}{\xi})}\leqslant1$$

与

$$p\{(\tilde{x}_{k_i},y_j):i\neq j\}<\varepsilon$$

如在定理 13 的证明中一样,不失普遍性,可设所有 $\tilde{x}$ 值

经过 f 都映射在 $x_i(i=1,2,\cdots,N)$ 诸值之上. 不难验证

$$\widetilde{X}_0 = \{\widetilde{x}_{k_i} : p(\widetilde{y}_i \mid \widetilde{x}_{k_i}) = 1\}$$

中不同的 $\widetilde{x}$ 值分别属于不同的

$$\widetilde{A}_i = f^{-1}(x_i) \quad (i=1,2,\cdots,N)$$

将 $\widetilde{X}_0$ 扩充为包含 N 个 $\widetilde{x}$ 值的集合 $\widetilde{X}_1$,其中每个 $\widetilde{x}$ 值分别属于不同的 $\widetilde{A}_i(i=1,2,\cdots,N)$. 这样,按照定理 11 与定理 13 中的证明方法就可推得

$$1 - \varepsilon < \frac{H(\xi)}{H(\widetilde{\xi})} = \frac{-\sum\limits_{i=1}^{N} p(\widetilde{A}_i)\log p(\widetilde{A}_i)}{H(\widetilde{\xi})} \leqslant 1$$

与

$$\sum_{\widehat{x}\in\widetilde{X}_1} p(\widetilde{x}) \geqslant \sum_{\widehat{x}\in\widetilde{X}_0} p(\widetilde{x}) = p\{(\widetilde{x}_{k_i},\widetilde{y}_j): i=j\} > 1 - \varepsilon$$

并且

$$N = [2^{\mathscr{H}(1+\varepsilon)}] \leqslant 2^{\mathscr{H}(1+\varepsilon)}$$

定理证毕.

定理 16　任意给定 $[\widetilde{x}^{(n)}, p^{(n)}(\widetilde{x}^{(n)})]$. 对每一个信息稳定,并且

$$\overline{\lim_n}\frac{H(\widetilde{\xi}^{(n)})}{C^{(n)}} < 1$$

的 $[\widetilde{x}^{(n)}, p^{(n)}(y^{(n)} \mid x^{(n)}), y^{(n)}]$ 从 $\widetilde{x}^{(n)}$ 到 $\widetilde{y}^{(n)}$ 消息传递的概率、信息准则(AB)都能满足的充分与必要条件是 $[\widetilde{x}^{(n)}, p^{(n)}(\widetilde{x}^{(n)})]H(\widetilde{\xi}^{(n)})$ – 概率、信息可缩.

证　直接从定理 15 与定理 4 推得.

Shannon 定理中信息准则成立的充要条件

第十八章

§1 引 言

南开大学的沈世镒教授早在 1962 年 12 月就在《数学学报》上撰文证明了 Shannon 定理中信息准则成立的充要条件,本章主要讨论了信源序列的结构性质,信息准则(B)成立的充要条件及准则(B)与概率准则(A)的关系.

准则(A)(B)实际上就是 Shannon 第一定理及第二定理. 本章主要推广了在一般条件下及临界条件下的第二定理,并且给出了微弱条件下两种反定理的证明;根据上述定理及准则(A)成立的充分与必要条件得出了(A)与(B)的比较关系,并且证得在一定的前提下可由(A)推出(B),而这个前提对于输入信源为一般离散随机过程只要它的熵率不

为 0 时都能适合,因此我们证得了在一般信息论中的可由 Shannon 第一定理成立直接推出第二定理的成立.

为了上述讨论的需要,我们进一步讨论了上一章中给出的信源序列的几种结构的性质,基本上搞清了它们的关系. 在 §3 中还求出了一个在消息全部由 ε - 专线传递时对发散信息量(余息)估计的不等式,这比以往经常使用的不等式更精确.

§2　信源序列的结构性质

考虑取有限值的随机变量序列 $\xi^{(1)},\xi^{(2)},\cdots$, 得到相应的离散信源序列 $[x^{(n)},p^{(n)}(x^{(n)})]$; $n=1,2,\cdots$, 熵为 $H(\tilde{\xi}^{(n)})$ 或 $(H^{(n)})$, 对于这个信源序列在前一章中已引进了一系列它的结构概念及它们的关系,这些关系大致可归纳为以下几个命题:

为了简单起见,我们省略了右上角的记号 (n).

命题 1　若 $[x,p(x)].\mathscr{H}$ – 信息稳定,则 $[x,p(x)]$ $\mathscr{H}$ – 概率可缩.

命题 2　$[x,p(x)]$ 信息稳定的充要条件是存在 $\mathscr{H}$, $[x,p(x)].\mathscr{H}$ – 信息稳定且信息连续.

命题 3　$[x,p(x)]$ 信息稳定 $\Rightarrow[x,p(x)]H$ – 概率可缩与信息连续 $\Rightarrow[x,p(x)]H$ – 概率信息可缩 $\Rightarrow[x,$ $p(x)]H$ – 信息可缩.

上述 $\mathscr{H}$(即 $\mathscr{H}^{(n)}$)是信源序列的某种数量标志,

我们将进一步考虑它的变化范围及它与 $H(\xi)$（即 $H(\overset{\sim}{\xi}{}^{(n)})$ 的关系.

关于信息量的几个简单关系式,我们以后要反复使用. 简述如下

$$0 \leqslant H(p_1,\cdots,p_a) = -\sum_{i=1}^{a} p_i \log p_i \leqslant \log a$$

$$H(q_{11},\cdots,q_{1m_1},\cdots,q_{n1},\cdots,q_{nm_n}$$
$$= H(p_1,\cdots,p_n) + \sum_{i=1}^{n} p_i H\left(\frac{q_{i1}}{p_i},\cdots,\frac{q_{im_i}}{p_i}\right)$$

这里

$$p_i = \sum_{j=1}^{m_i} q_{ij} > 0$$

因此

$$H(q_{11},\cdots,q_{nm_n}) \geqslant H(p_1,\cdots,p_n)$$

若

$$\sum_{i=1}^{n} p_i = \sum_{j=1}^{n} q_j = 1$$

有

$$-\sum_{i=1}^{n} p_i \log p_i \leqslant -\sum_{i=1}^{n} p_i \log q_i$$

上述 p_i,q_j,q_{ij} 均为不小于 0 的数,证明在一般信息论的书中都可见到.

引理 1 若 $[x,p(x)]\mathscr{H}_0$ - 信息稳定,对任何 $\mathscr{H}$,若满足

$$\lim_{n\to\infty}\frac{\mathscr{H}^{(n)}}{\mathscr{H}_0^{(n)}} = 1$$

那么 $[x,p(x)]\mathscr{H}$ - 信息稳定.

上述结论对 $\mathscr{H}$ – 信息可缩, $\mathscr{H}$ – 概率可缩也都成立.

证　由它们的定义直接推出.

定理 1　若 $[x,p(x)]\mathscr{H}$ – 信息稳定, 那么有如下两性质:

(i) $\varlimsup\limits_{n\to\infty}\dfrac{\mathscr{H}^{(n)}}{H^{(n)}}\leqslant 1$ 恒成立;

(ii) $\varliminf\limits_{n\to\infty}\dfrac{\mathscr{H}^{(n)}}{H^{(n)}}\geqslant 1$ 成立的充要条件是 $[x,p(x)]$ 信息稳定.

证　由定义很容易推出.

下面我们证 $\mathscr{H}$ – 信息可缩也有类似结果.

引理 2　$[x,p(x)]$ 信息稳定的充要条件是对任何 $\varepsilon>0$, 只要 n 充分大, 就有

$$p\{X_1(\varepsilon)\}=p\{x,p(x)\geqslant 2^{-H(1-\varepsilon)}\}<\varepsilon \qquad (1)$$

成立.

证　必要性显然, 证充分性. 对信源序列 $[x,p(x)]$ 及其熵 H 作

$$X_2(\varepsilon)=\{x:h(x)\geqslant(1+\varepsilon)H\}$$

其中 $h(x)=-\log p(x)$, 只需证对任何 $\varepsilon>0$, 只要 n 充分大就有 $p\{X_2(\varepsilon)\}<\varepsilon$ 成立. 若不然, 有一 $\varepsilon_0>0$ 使无限多个 n 满足

$$p\{X_2(\varepsilon_0)\}\geqslant\varepsilon \qquad (2)$$

那么就取 $\delta=\min\left(\dfrac{\varepsilon_0^2}{4},\dfrac{\varepsilon_0}{2}\right),\delta>0$; 又作

$$X_0(\varepsilon_0,\delta)=\left\{x:1-\delta<\dfrac{h(x)}{H}<1+\varepsilon_0\right\}$$

由（1）知，对上 $\delta > 0$ 存在 M，只要 $n \geqslant M$，就有

$$p\{X_1(\delta)\} < \delta \tag{3}$$

成立，又因满足（2）的 n 有无限多个，因此必有 n 同时满足（2）与（3），对此 n 计算信源的熵，并利用 $X_1, X_2,$ X_0 的定义及（2）（3）有

$$H = -\sum_{x \in X} p(x) \log p(x)$$

$$= \big(\sum_{x \in X_1} + \sum_{x \in X_0} + \sum_{x \in X_2} \big) p(x) h(x)$$

$$\geqslant \big(\sum_{x \in X_2} + \sum_{x \in X_0} \big) p(x) h(x)$$

$$\geqslant H[p(X_2)(1 + \varepsilon_0) + (1 - p(X_1) - p(X_2))(1 - \delta)]$$

$$\geqslant H[p(X_2)(\varepsilon_0 - \delta) + (1 - \delta)^2]$$

$$\geqslant H\Big(1 + \frac{\varepsilon_0^2}{4}\Big)$$

成立，因 $\varepsilon_0 > 0$，则上式成立是不可能的，本引理得证.

引理 3 设信源序列 $[x, p(x)]$ 熵 $H^{(n)} \to \infty$（当 $n \to \infty$），又若

$$\varlimsup_{n \to \infty} \frac{\log a^{(n)}}{H^{(n)}} \leqslant 1$$

成立，那么 $[x, p(x)]$ 信息稳定. 上述 $a^{(n)}$ 为 $X^{(n)}$ 的元素个数.

证 只需证对此信源序列（1）成立，同样用反证法，若存在某 $\varepsilon_0 > 0$ 有无限多个 n 使

$$p(X_1(\varepsilon_0)) \geqslant \varepsilon_0 \tag{4}$$

成立，计算熵有

$$H = \sum_{x \in X} p(x) h(x)$$

476

$$= (\sum_{x \in X_1} + \sum_{x \in \overline{X}_1}) p(x) h(x)$$

$$= \sum_{x \in X_1} p(x) h(x) - p(\overline{X}_1) +$$

$$\sum_{x \in \overline{X}_1} \frac{p(x)}{p(\overline{X}_1)} \log \frac{p(x)}{p(\overline{X}_1)} -$$

$$p(\overline{X}_1) \log p(\overline{X}_1) \qquad (5)$$

上述 $\overline{X}_1 = X - X_1$，估计(5)各项值有

$$-p(\overline{X}_1) \log p(\overline{X}_1) \le 1 \qquad (6)$$

又有引理条件

$$\varlimsup_{n \to \infty} \frac{\log a^{(n)}}{H^{(n)}} \le 1$$

对任何 $\delta > 0$ 存在 M_1，只要 $n \ge M_1$，$a \le 2^{H(1+\delta)}$，取 $\delta = \dfrac{\varepsilon_0^2}{3}$，那么有

$$- \sum_{x \in \overline{X}_1} \frac{p(x)}{p(\overline{X}_1)} \log \frac{p(x)}{p(\overline{X}_1)} \le \log a^{(n)} \le H(1+\delta)$$

$$(7)$$

成立，又由 $X_1(\varepsilon_0)$ 的定义，得

$$\sum_{x \in X_1} p(x) h(x) \le p(X_1)(1 - \varepsilon_0) H \qquad (8)$$

成立，最后因 $H^{(n)} \to \infty$，故存在 M_2，只要 $n \ge M_2$，有

$$H^{(n)} \ge \frac{3}{\varepsilon_0^2} \qquad (9)$$

成立. 因为满足(4)的 n 有无限多个，因此必有满足(4)的 n 而且大于 M_1, M_2，对此 n，式(4)(6)(7)(8)(9)同时成立，代入(5)得

$$H \leqslant 1 + (1 - \varepsilon_0) p(X_1) H + p(\overline{X_1})(1 + \delta) H$$
$$= 1 + (1 + \delta - p(X_1)(\varepsilon_0 + \delta)) H$$
$$< H\left(1 + \frac{\varepsilon_0^2}{3} + \frac{\varepsilon_0^2}{3} - \varepsilon_0^2\right) = H\left(1 - \frac{\varepsilon_0^2}{3}\right)$$

成立,因 $\varepsilon_0 > 0$,上式成立是不可能的. 因此对任何 $\varepsilon > 0$,只要 n 充分大,(1)必成立,由引理 2 得 $[x, p(x)]$ 信息稳定.

设 $A_1, \cdots, A_N$ 是 X 的一组子集,互不相交而且 $\sum\limits_{i=1}^{N} A_i = X$,称此组为 X 的一个分组.

考虑信源序列 $[x^{(n)}, p^{(n)}(x^{(n)})]$ 在 $X^{(n)}$ 上的一个分组序列 $A_1^{(n)}, A_2^{(n)}, \cdots, A_{N^{(n)}}^{(n)}$,可得到一新的信源序列 $[A_i^{(n)}, p^{(n)}(A_i^{(n)})]$,若有

$$P^{(n)}(A_i^{(n)}) = \sum_{x^{(n)} \in A_i^{(n)}} p^{(n)}(x^{(n)})$$

就称此信源序列为 $[x^{(n)}, p^{(n)}(x^{(n)})]$ 的分导信源序列,熵记为 $H_f^{(n)}$.

引理 4 设 $[x, p(x)]$ 满足当 $n \to \infty$,$H^{(n)} \to \infty$,及存在一个分导信源序列 $[A_i, p(A_i)]$ 为 H – 信息稳定,那么 $[x, p(x)]$ 信息稳定.

证 任给 $\varepsilon > 0$,记 A_x 为某 $A_i x \in A_x$,作

$$X_1(\varepsilon) = \{x : p(x) \geqslant 2^{-H(1-\varepsilon)}\}$$
$$X'_1(\varepsilon) = \{x : p(A_x) \geqslant 2^{-H(1-\varepsilon)}\}$$

显然有 $X_1 \varepsilon \subset X'_1(\varepsilon)$,又有 $[A_i, p(A_i)]$ 的 H – 信息稳定性对任 $\varepsilon > 0$ 只要 n 充分大

$$p(X'_1(\varepsilon)) < \varepsilon$$

成立,因此 $p(X_1(\varepsilon)) < \varepsilon$ 成立,由引理 2 即得 $[x, p(x)]$ 信息稳定.

这样,以下定理即可推出:

定理 2 若 $[x, p(x)]\mathscr{H}$ – 信息可缩,那么有如下性质:

(i) $\lim\limits_{n\to\infty} \dfrac{\mathscr{H}^{(n)}}{H^{(n)}} \geqslant 1$ 恒成立;

(ii) 当 $\varlimsup\limits_{n\to\infty} \dfrac{\mathscr{H}^{(n)}}{H^{(n)}} \leqslant 1$ 成立时 $[x, p(x)]$ 信息稳定.

证 (i) 由 $\mathscr{H}$ – 信息可缩性定义立即推出.

(ii) 因 $[x, p(x)]\mathscr{H}$ – 信息可缩,知存在某一 $\varepsilon^{(n)} > 0$, $\varepsilon^{(n)} \to 0 (n \to \infty)$ 及分导信源序列 $[A_i, p(A_i), i = 1, \cdots, N]$,只要 n 充分大

$$1 > -\frac{\sum\limits_{i=1}^{N} p(A_i) \log p(A_i)}{H} > 1 - \varepsilon^{(n)} \to 1 \quad (10)$$

而且 $N \leqslant 2^{\mathscr{H}(1-\varepsilon^{(n)})}$ 成立. (10) 即为

$$\lim_{n\to\infty} \frac{H_f^{(n)}}{H^{(n)}} = 1$$

另一方面,又有

$$\varlimsup_{n\to\infty} \frac{\log N^{(n)}}{H_f^{(n)}} \leqslant \varlimsup_{n\to\infty} \frac{\mathscr{H}^{(n)}(1+\varepsilon^{(n)})}{H^{(n)}(1-\varepsilon^{(n)})} \leqslant 1$$

成立,由引理 3 立即可得 $[A_i, p(A_i)]$ 信息稳定. 又由引理 1 得 $[A_i, p(A_i)] H$ – 信息稳定,由引理 4 即得 $[x, p(x)]$ 信息稳定. 本定理得证.

由此定理与命题 3 联合即得在命题 3 中各条件等价. 这样就基本上清楚了信源序列在特殊情形下

$(\mathscr{H}=H$时)各结构之间的关系,下面再考虑一般的情形.

引理 5 若 $[x,p(x)]\mathscr{H}$ – 信息可缩,则对任何 $\varepsilon>0,\delta>0$,只要 n 充分大,就有

$$\frac{\sum\limits_{x\in X_2(\varepsilon)}p(x)h(x)}{H}<\delta \qquad (11)$$

成立,其中

$$X_2(\varepsilon)=\left\{x:p(x)\leqslant 2^{-\mathscr{H}(1+\varepsilon)}\right\}$$

而且有

$$\lim_{n\to\infty}p(X_2^{(n)}(\varepsilon))=0$$

证 记

$$\overline{\lim_{n\to\infty}}\frac{\sum\limits_{x\in X_2(\varepsilon)}p(x)h(x)}{H}=a(\varepsilon)$$

只需证对任何 $\varepsilon>0$,上述 $a=0$. 若不然有某 $\varepsilon_0>0$ 使 $a(\varepsilon_0)>0$,这时对任何 $\delta>0$ 有无限多个 n,满足

$$a-\delta\leqslant\frac{\sum\limits_{x\in X_2}p(x)h(x)}{H}\leqslant a+\delta \qquad (12)$$

又据 $X_2(\varepsilon_0)$ 的定义,有

$$\sum_{x\in X_2}p(x)h(x)\geqslant p(X_2)\mathscr{H}(1+\varepsilon_0) \qquad (13)$$

成立,又因 $[x,p(x)].\mathscr{H}$ – 信息可缩,对上述 $\delta>0$ 存在 M,只要 $n\geqslant M$,就存在 X 的一个分组 $\{A_i\}_{i=1}^{N}$,$N\leqslant 2^{\mathscr{H}(1+\delta)}$,而且

$$\frac{-\sum\limits_{i=1}^{N}p(A_i)\log p(A_i)}{H}>1-\delta$$

令 $\overline{X}_2 = X - X_2$，$B_i = A_i \cap X_2$，$C_i = A_i \cap \overline{X}_2$，$i = 1, 2, \cdots, N$，那么由熵的性质得

$$\frac{- \sum_{i=1}^{N} p(B_i) \log p(B_i) - \sum_{i=1}^{N} p(C_i) \log p(C_i)}{H}$$

$$\geqslant \frac{- \sum_{i=1}^{N} p(A_i) \log p(A_i)}{H} \geqslant 1 - \delta \qquad (14)$$

由(12)有无限多个 n 满足

$$\frac{- \sum_{i=1}^{N} p(C_i) \log p(C_i)}{H} \leqslant \frac{\sum_{x \in \overline{X}_2} p(x) h(x)}{H}$$

$$\leqslant 1 - a + \delta \qquad (15)$$

因(14)只要 n 充分大就能成立,因此就有无穷多个 n 满足(14)(15),对此 n 就有

$$\frac{- \sum_{i=1}^{N} p(B_i) \log p(B_i)}{H} \geqslant a - 2\delta$$

成立,又因 $N \leqslant 2^{\mathcal{H}(1+\delta)}$，又有

$$\frac{- \sum_{i=1}^{N} p(B_i) \log p(B_i)}{H} = \frac{- p(X_2) \sum_{i=1}^{N} \frac{p(B_i)}{p(X_2)} \log \frac{p(B_i)}{p(X_0)}}{H} -$$

$$\frac{p(X_2) \log p(X_2)}{H}$$

$$\leqslant \frac{p(X_2) \mathcal{H}(1+\delta) + 1}{H}$$

成立;又因当 n 充分大能保证 $H > \dfrac{1}{\delta}$，这样就有无限多

个 n 满足

$$p(X_2(\varepsilon_0)) \geqslant \frac{(a-2\delta)H-1}{(1+\delta)\mathscr{H}} \geqslant \frac{(a-3\delta)H}{(1+\delta)\mathscr{H}}$$

这时由 $(12)(13)$ 就可推得

$$a+\delta \geqslant \frac{\sum\limits_{x\in X_2} p(x)h(x)}{H} \geqslant \frac{p(X_2)\mathscr{H}(1+\varepsilon_0)}{H}$$

$$\geqslant \frac{(a-3\delta)(1+\varepsilon_0)}{1+\delta}$$

上式对任何 δ 总是成立的. 若取 $\delta = \dfrac{a\varepsilon_0}{12}$ 就有

$$a+\frac{a\varepsilon_0}{12} \geqslant a+\frac{a\varepsilon_0}{2}$$

因 $a\varepsilon_0 > 0$,所以这是不可能的,因此 $a=0$. 这样引理的第一部分得证. 第二个结论由第一个结论及 (13) 立即推得,因为 n 充分大时有

$$p(X_2(\varepsilon)) \leqslant \frac{p(X_2)\mathscr{H}(1+\varepsilon)}{H} \leqslant \frac{\sum\limits_{x\in X_2} p(x)h(x)}{H} < \delta$$

这样,本引理全部得证.

因此条件 (11) 成立,就成了 $\mathscr{H}$ – 信息可缩的充要条件.

由此引理立即可得如下:

定理 3 若 $[x,p(x)]\mathscr{H}$ – 信息可缩,那么必有 $[x,p(x)]\mathscr{H}$ – 概率信息可缩.

证 因在引理 5 中 $\overline{X}_2(\varepsilon)$ 的元素个数 $N < 2^{\mathscr{H}(1+\varepsilon)}$ 及 $X_2(\varepsilon) \to 0$ 立即推出定理成立.

因此由 $[x,p(x)]\mathscr{H}$ – 信息可缩必有 $\mathscr{H}$ – 概率可

缩.

为了今后更进一步的讨论,我们再对信息可缩性作更精确的计算.

我们称 $[x, p(x)] \mathscr{H}$ – 强信息可缩,若对任何 $\varepsilon > 0$ 只要 n 充分大,存在 X 的分组 $\{A_i\}_{i=1}^N$ 有 $N \leqslant 2^{\mathscr{H}}$,而且

$$\frac{-\sum_{i=1}^{N} p(A_i) \log p(A_i)}{H} > 1 - \varepsilon$$

成立.

注　$[x, p(x)] \mathscr{H}$ – 信息可缩要求是 $N \leqslant 2^{\mathscr{H}(1+\varepsilon)}$.

定理 4　若 $[x, p(x)] \mathscr{H}$ – 信息可缩,则 $[x, p(x)]$ $\mathscr{H}$ – 强信息可缩.

证　作

$$X_0(\varepsilon) = \left\{ x : \left| \frac{h(x)}{\mathscr{H}} - 1 \right| < \varepsilon \right\}$$

$$X_1(\varepsilon) = \{ x : h(x) \leqslant \mathscr{H}(1 - \varepsilon) \}$$

$$X_2(\varepsilon) = \{ x : h(x) \geqslant \mathscr{H}(1 + \varepsilon) \}$$

由引理 5 已知对任何 $\varepsilon > 0$,只要 n 充分大,就有

$$\frac{\sum_{x \in X_2} p(x) h(x)}{H} \leqslant \varepsilon \qquad (16)$$

考虑对 $X_0(\varepsilon)$ 进行分组为 $\{B_i\}_{i=1}^N$,每个 B_i 自 $X_0(\varepsilon)$ 中取 $[2^{\gamma \varepsilon \mathscr{H}}]^+$ 个元,其中 $[a]^+$ 表示大于 a 的最小整数. 令

$$Q = \frac{\sum_{x \in X_0} p(x) h(x) + \sum_{i=1}^{N} p(B_i) \log p(B_i)}{H}$$

$$= \frac{- \sum_{i=1}^{N} \sum_{x \in B_i} p(x) \log \frac{p(x)}{p(B_i)}}{H}$$

由 X_0 及 B_i 的定义及 $\mathscr{H} \to \infty$，对上 $\varepsilon > 0$，只要 n 充分大，就有

$$2^{-\mathscr{H}(1+\varepsilon)} < p(x) < 2^{-\mathscr{H}(1-\varepsilon)} \quad (\text{当 } x \in X_0 \text{ 时})$$

$$2^{-\mathscr{H}(1-\varepsilon)} < p(B_i) < 2^{-\mathscr{H}(1-3\varepsilon)} + 2^{-\mathscr{H}(1-\varepsilon)} \leqslant 2^{-\mathscr{H}(1-\psi\varepsilon)}$$

成立，$i = 1, \cdots, N$，对 $x \in X_0$. 又有

$$\frac{p(x)}{p(B_i)} \geqslant 2^{-5\varepsilon\mathscr{H}}$$

$$Q \leqslant \frac{p(X_0(\varepsilon)) 5\varepsilon\mathscr{H}}{H}$$

又因

$$1 \geqslant \frac{\sum_{x \in X_0} p(x) h(x)}{H} \geqslant \frac{p(X_0)(1-\varepsilon)\mathscr{H}}{H}$$

得

$$p(X_0(\varepsilon)) \leqslant \frac{H}{(1-\varepsilon)\mathscr{H}}$$

因此只要 $\varepsilon \leqslant \frac{1}{6}$，就有

$$Q \leqslant \frac{5\varepsilon}{1-\varepsilon} \leqslant 6\varepsilon$$

现在选取 X 的分组 $\{A_i\}$ 如下：当 $i = 1, \cdots, a_1$ 时 A_i 取 X_1 中的一个元素为单元集合，a_1 是 X_1 的元素个数；当 $i = a_1 + 1, \cdots, a_1 + N$ 时取 B_i，N 是全体 B_i 的个数，当 $i = a_1 + N + 1$ 时 A_i 取 $X_2(\varepsilon)$，对于这个分组，对上述任意 $\varepsilon > 0$，只要 n 充分大，就有

$$\frac{-\sum_{i=1}^{S} p(A_i)\log p(A_i)}{H} \geqslant 1 - 7\varepsilon$$

上述 $S = a_1 + N + 1$，易知 $a_1, N \leqslant 2^{\mathscr{H}(1-\varepsilon)}$，因此只要 n 充分大

$$S \leqslant 2^{1+\mathscr{H}(1-\varepsilon)} + 1 \leqslant 2^{\mathscr{H}}$$

成立. 而 7ε 可以任意地小. 这样得 $[x, p(x)].\mathscr{H} -$ 强信息可缩.

下面再引进这样一个概念：称 $[x, p(x)].\mathscr{H}_0 -$ 最小信息可缩，若 $[x, p(x)].\mathscr{H}_0 -$ 信息可缩，而且对任何 $[x, p(x)].\mathscr{H} -$ 信息可缩的 $\mathscr{H}$，有

$$\varliminf_{n \to \infty} \frac{\mathscr{H}_0^{(n)}}{\mathscr{H}^{(n)}} \leqslant 1$$

成立.

对于一般的信源序列 $[x, p(x)]$ 是否必存在 $\mathscr{H}_0 -$ 最小信息可缩还未证得. 若它存在时我们有如下性质.

引理 6　若 $[x, p(x)].\mathscr{H}_0 -$ 最小信息可缩，那么对任何 $\varepsilon > 0$，有

$$\varliminf_{n \to \infty} \frac{\sum_{x \in X_1(\varepsilon)} p(x)h(x)}{H} = b(\varepsilon) < 1$$

成立，其中

$$X_1(\varepsilon) = \{x : h(x) \leqslant (1-\varepsilon).\mathscr{H}_0\}$$

证　用反证法. 若存在某 $\varepsilon_0 > 0$，使

$$\varliminf_{n \to \infty} \frac{\sum_{x \in X_1} p(x)h(x)}{H} = 1$$

成立，则有一子列 $\{n'\}$，使

485

$$\frac{\sum\limits_{x \in X_1} p(x)h(x)}{H} \to 1$$

成立,但 $X_1(\varepsilon)$ 的元素个数不大于 $2^{\mathscr{H}_0(1-\varepsilon)}$,而且 $\mathscr{H}_0$ – 最小信息可缩在它的任一子列上也是为 $\mathscr{H}_0$ – 最小信息可缩,这样就得矛盾. 本引理得证.

引理 7 在引理 6 的假定下,有

$$\lim_{n \to \infty} \frac{\sum\limits_{x \in X_0(\varepsilon)} p(x)h(x)}{H} = C(\varepsilon) > 0$$

其中

$$X_0(\varepsilon) = \left\{ x : \left| \frac{h(x)}{\mathscr{H}_0} - 1 \right| < \varepsilon \right\}$$

证 由引理 5,引理 6 直接推出.

我们称信源序列 $[x, \overline{p}(x)]$ 为 $[x, p(x)]$ 在 X_0 上部分信源序列,若 $X_0 \subset X$,而且

$$\overline{p}(x) = \begin{cases} \dfrac{p(x)}{p(X_0)}, x \in X_0 \\ 0, x \notin X_0 \end{cases}$$

记其熵为 $\overline{H}$.

定理 5 若 $[x, p(x)]. \mathscr{H}_0$ – 最小信息可缩,则存在一个 $\varepsilon^{(n)} \to 0 \, (\varepsilon^{(n)} > 0)$ 可以收敛得任意慢,使 $[x, p(x)]$ 在 $X_p(\varepsilon^{(n)})$ 上的部分信源序列 $[x, \overline{p}(x)]$ 信息稳定,而且

$$\lim_{n \to \infty} \frac{\overline{H}}{\mathscr{H}_0} = 1$$

上述

$$X_0(\varepsilon) = \left\{ x : \left| \frac{n(x)}{\mathscr{H}_0} - 1 \right| < \varepsilon \right\}$$

证　引理 7 中 $C(\varepsilon)$ 是 ε 的单调函数，$\varepsilon > 0$，$C(\varepsilon) > 0$，因此有一 $\varepsilon_1^{(n)} \to 0$ 收敛得充分慢，保证

$$\frac{\log C(\varepsilon_1^{(n)})}{\mathscr{H}_0^{(n)}} \to 0 \tag{17}$$

成立；另一方面又由引理 7 对任何 $\varepsilon > 0$，只要 n 充分大，就有

$$\frac{\sum_{x \in X_0} p(x) h(x)}{H} \geqslant \frac{1}{2} C(\varepsilon) \tag{18}$$

成立，这时我们可以找到一个序列 $\varepsilon^{(n)} \to 0$，对此 $\varepsilon^{(n)}$ 只要 n 充分大，(18) 仍能成立，选法可以如此：先取 $\varepsilon_n \to 0$，对每一个 ε_i 可找到一 M_i，只要 $n > M_i$ 对 ε_i，(18) 成立，可设 $M_i \leqslant M_{i+1}$，当 $M_k \leqslant n \leqslant M_{k+1}$ 时取 $\varepsilon^{(n)} = \varepsilon_k$，此 $\varepsilon^{(n)}$ 就为所求之，显然 $\varepsilon^{(n)} \to 0$ 是可以任意地慢．只要放大 $\{M_i\}$ 就可．因此我们可以设当 n 充分大后 $\varepsilon_1^{(n)} \leqslant \varepsilon^{(n)}$，因此对此 $\varepsilon^{(n)}$，(17)(18) 都能成立．这样就有

$$0 \leqslant \frac{-\log p(X_0(\varepsilon^{(n)}))}{\mathscr{H}_0} \leqslant \frac{-\log \dfrac{\dfrac{1}{2} C(\varepsilon^{(n)}) H}{\mathscr{H}_0(1 + \varepsilon^{(n)})}}{\mathscr{H}_0} \to 0$$

成立，因为当 $x \in X_0(\varepsilon^{(n)})$ 时有

$$1 - \varepsilon^{(n)} \leqslant \frac{-\log p(x)}{\mathscr{H}_0} \leqslant 1 + \varepsilon^{(n)}$$

成立，代入(18)即得，另一方面由上两式得对任何 $\varepsilon > 0$，只要 n 充分大，总有

$$\overline{p}\left\{x : \left| \frac{-\log \overline{p}(x)}{\mathscr{H}_0} - 1 \right| < \varepsilon \right\} = 1$$

成立,此即 $[x,\overline{p}(x)]\mathscr{H}_0$ – 信息稳定. 利用上述关系式可立即推出

$$\lim_{n \to \infty} \frac{\overline{H}}{\mathscr{H}_0} = 1$$

成立.

$\varepsilon^{(n)} \to 0$ 可以收敛得充分慢也是显然的.

注 若在上述方法中已经找到了一列 $\varepsilon^{(n)} \to 0$(沿着 ε_n),保证定理成立,那么我们可以任意放慢 $\varepsilon^{(n)} \to 0$,仍然能保证定理的成立.

§3 信息准则成立的充要条件

我们首先证明一个不等式.

设已给通路 $\left[x, p\left(\frac{y}{x}\right), y\right]$,若对每一个 x 在 Y 上有相应的集合 A_x,全体 A_x 构成 Y 的一个分组(即互不相交且并为 Y),还满足 $p\left(\frac{A_x}{x}\right) > 1 - \varepsilon$. 只要 $\varepsilon < \frac{1}{2}$,对任何进口分布 $[x, p(x)]$,记在 X, Y 上按照上述分布取值的随机变数分别为 ξ, η,那么有不等式

$$H\left(\frac{\xi}{\eta}\right) \leqslant -\varepsilon \log \varepsilon - (1 - \varepsilon) \log(1 - \varepsilon) + \varepsilon \log(M - 1)$$

成立,$H\left(\frac{\xi}{\eta}\right)$ 是余息,M 是 X 的元素个数,我们将使之

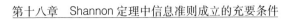

更精确. 在上述情况下只要 $\varepsilon < \dfrac{1}{\mathrm{e}}$, 就有

$$H\left(\frac{\xi}{\eta}\right) \leqslant -\varepsilon \log \varepsilon - (1-\varepsilon)\log(1-\varepsilon) + \varepsilon H(\xi) \quad (1)$$

成立.

我们先证 A_x 是单元集合时, $A_{x_i} = y_i$, 及记 $p(x_i, y_i) = p(x_i)(1-\varepsilon_i)$, $\varepsilon_i \leqslant \varepsilon$.

在上一章 §2 引理已证得如下不等式: 对任何正数 $u_1, u_2, \cdots, u_m$ 与 $v_1, \cdots, v_m$, 关系式

$$\sum_{i=1}^{m} u_i \log \frac{u_i}{v_i} \geqslant \left(\sum_{i=1}^{m} u_i\right) \log \frac{\displaystyle\sum_{i=1}^{m} u_i}{\displaystyle\sum_{i=1}^{m} v_i} \quad (2)$$

恒成立, 利用这个不等式我们可立即证得 (1). 设 X 的元素个数为 M, 有

$$H\left(\frac{\xi}{\eta}\right) = -\sum_{i,j=1}^{M} p(x_i, y_j) \log \frac{p(x_i, y_j)}{p(y_j)}$$

$$= -\sum_{i=1}^{M} p(x_i, y_i) \log \frac{p(x_i, y_i)}{p(y_i)} -$$

$$\sum_{i \neq j} p(x_i, y_j) \log \frac{p(x_i, y_j)}{p(y_j)}$$

$$= I_1 + I_2$$

分别估计 I_1, I_2, 利用 (2) 及 $-x\log x$ 的性质: 当 $x < \dfrac{1}{\mathrm{e}}$ 时是递增的; 当 $x > \dfrac{1}{\mathrm{e}}$ 时是递减的; 当 $x = \dfrac{1}{\mathrm{e}}$ 时是取极大值. 我们已设 $\varepsilon < \dfrac{1}{\mathrm{e}}$, 显然有

$$1 - \varepsilon > 1 - \frac{1}{e} > \frac{1}{e}$$

$$I_1 = -\sum_{i=1}^{M} p(x_i, y_i) \log \frac{p(x_i, y_i)}{p(y_i)}$$

$$\leqslant -\left(\sum_{i=1}^{M} p(x_i, y_i)\right) \log \frac{\sum_{i=1}^{M} p(x_i, y_i)}{\sum_{i=1}^{M} p(y_i)}$$

$$\leqslant -\left(\sum_{i=1}^{M} p(x_i)(1 - \varepsilon_i)\right) \log\left(\sum_{i=1}^{M} p(x_i)(1 - \varepsilon_i)\right)$$

$$\leqslant (1 - \varepsilon) \log(1 - \varepsilon)$$

$$I_2 = -\sum_{i=1}^{M} \sum_{j \neq i} p(x_i, y_j) \log \frac{p(x_i, y_j)}{p(y_j)}$$

$$\leqslant -\sum_{i=1}^{M} \left(\sum_{j \neq i} p(x_i, y_j)\right) \log \frac{\left(\sum_{j \neq i} p(x_i, y_j)\right)}{\left(\sum_{j \neq i} p(y_j)\right)}$$

$$= -\sum_{i=1}^{M} (p(x_i)\varepsilon_i) \log \frac{p(x_i)\varepsilon_i}{1 - y_i}$$

$$\leqslant -\sum_{i=1}^{M} (p(x_i)\varepsilon_i) \log(p(x_i)\varepsilon_i)$$

$$\leqslant -\sum_{i=1}^{M} p(x_i)\varepsilon \log p(x_i)\varepsilon$$

$$\leqslant -\varepsilon \log \varepsilon + \varepsilon H(\xi)$$

这样就证得了 A_x 为单元集合时 (1) 成立.

证明一般情形. 由上一章 §2 命题 5 有

$$I(\xi, \eta) \geqslant I(\xi, f(\eta))$$

成立, $I(\ ,\ )$ 是公息, $f(\eta)$ 是 η 的单值函数. 由此可得

$$H\left(\frac{\xi}{\eta}\right) = H(\xi) - I(\xi, \eta)$$

$$\leqslant H(\xi) - I(\xi, f(\eta)) = H(\frac{\xi}{f(\eta)})$$

成立. 这样只要使 f 在同一 A_x 上的象相同,而不同的 A_x 上的象不同,那么 $f(A_x)$ 是一单元集合,而且互不相同,令

$$p(\frac{f(A_x)}{x}) = p(\frac{A_x}{x})$$

那么对于 $H(\frac{\xi}{f(\eta)})$,(1)成立,因此对于一般情形(1)仍然成立.

下面我们考虑信息准则(B)成立的充分与必要条件.

设已给输入信号序列及通路序列为

$$S = \{[x^{(n)}, p^{(n)}(x^{(n)})], [x^{(n)}, p^{(n)}(\frac{y^{(n)}}{x^{(n)}}), y^{(n)}]\}$$

已给输入消息序列及通路序列为

$$\tilde{S} = \{[\tilde{x}^{(n)}, p^{(n)}(\tilde{x}^{(n)})], [x^{(n)}, p^{(n)}(\frac{y^{(n)}}{x^{(n)}}), y^{(n)}]\}$$

我们以后仍省略右上角的 (n).

定理 1　对已给的 $\tilde{S}$ 满足:

$(S_1) [\tilde{x}, p(\tilde{x})] \mathscr{H} -$ 信息可缩;

$(S_2) [x, p(\frac{y}{x}), y] \mathscr{F} -$ 信息稳定;

$(S_3) \overline{\lim_{n}} \frac{y^{(n)}}{\mathscr{F}^{(n)}} \leqslant 1.$

那么从 $\tilde{x}$ 到 $\tilde{y}$ 的信息准则(B)成立.

证　完全可以仿照上一章 §4 定理 3 的证明,只

491

要利用上述不等式(1)将(S_1)由上一章 H – 信息可缩推广为本定理的 $\mathscr{H}$ – 信息可缩. 并利用强信息可缩性($\S 2$ 定理 4)得到(S_3)在临界条件$\varlimsup\limits_{n\to\infty}\dfrac{\mathscr{H}^{(n)}}{\mathscr{F}^{(n)}}=1$下仍保证(B)成立.

下面我们考虑反定理,这个问题尚未完全彻底解决,本章将在下述两种前提下讨论.

我们以前给出了对$\tilde{S}$信息准则(B)成立的概念,可见在考虑对已给的 S 称(B)成立是指

$$\lim_{n\to\infty}\frac{I(\xi^{(n)},\eta^{(n)})}{H(\xi^{(n)})}=1$$

成立.

引理 1 对已给的 S 及$[x,p(x)]$在 X_0 上部分信源序列$[x,\overline{p}(x)]$若满足

$$\frac{H(\frac{\xi}{\eta})}{\sum\limits_{x\in X_0}p(x)h(x)\ -\ 1}\to 0 \qquad (3)$$

那么对于$[x,\overline{p}(x)]$及$[x,p(\frac{y}{x}),y]$(或 S)的(B)成立.

注意 条件(3)包含了关于 S 的(B)成立的要求.

证 对上述$[x,\overline{p}(x)]$;$[x,p(\frac{y}{x}),y]$已知

$$\overline{p}(x,y)=\begin{cases}\dfrac{p(x,y)}{p(X_0)},x\in X_0\\[2mm]0,x\notin X_0\end{cases}$$

$$\bar{p}(y) = \sum_{x \in X} \bar{p}(x,y) = \frac{1}{p(X_0)}\sum_{x \in X_0} p(x,y) = \frac{p'(y)}{p(X_0)}$$

那么

$$\bar{H}(\xi) = -\sum_{x \in X} \bar{p}(x)\log \bar{p}(x)$$

$$= -\sum_{x \in X_0}\frac{p(x)}{p(X_0)}\log \frac{p(x)}{p(X_0)}$$

$$= \frac{1}{p(X_0)}\left[-\sum_{x \in X_0} p(x)\log p(x) + p(X_0)\log p(X_0)\right]$$

$$\bar{H}\left(\frac{\xi}{\eta}\right) = -\sum_{\substack{x \in X_0 \\ y \in Y}}\frac{p(x,y)}{p(X_0)}\log \frac{\dfrac{p(x,y)}{p(X_0)}}{\dfrac{p'(y)}{p(X_0)}}$$

$$\leqslant -\sum_{\substack{x \in X_0 \\ y \in Y}}\frac{p(x,y)}{p(X_0)}\log \frac{\dfrac{p(x,y)}{p(X_0)}}{\dfrac{p(y)}{p(X_0)}}$$

$$\leqslant \frac{H\left(\dfrac{\xi}{\eta}\right)}{p(X_0)}$$

上述第一个不等式主要由

$$p(y) \geqslant p'(y)$$

得出. 那么可得

$$\frac{\bar{H}\left(\dfrac{\xi}{\eta}\right)}{\bar{H}(\xi)} \leqslant \frac{\dfrac{H\left(\dfrac{\xi}{\eta}\right)}{p(X_0)}}{\dfrac{1}{p(X_0)}\left[\sum_{x \in X_0} p(x_0)h(x) + p(x_0)\log p(x_0)\right]}$$

$$\leqslant \frac{H(\frac{\xi}{\eta})}{\sum_{x \in X_0} p(x)h(x) - 1} \rightarrow 0$$

这就是 $[x,\bar{p}(x)]$ 对于 $[x,p(\frac{y}{x}),y]$（B）成立.

引理 2　对已给的 $\tilde{S}$,若存在编码 f,g 在 $\tilde{X}_0$ 上满足

$$\frac{H(\frac{\tilde{\xi}}{\tilde{\eta}})}{\sum_{\tilde{x} \in \tilde{X}_0} p(\tilde{x})h(\tilde{x}) - 1} \rightarrow 0 \qquad (4)$$

那么 $[\tilde{x},p(\tilde{x})]$ 在 $\tilde{X}_0$ 上部分信源序列 $[\tilde{x},\bar{p}(\tilde{x})]$ 对 $\tilde{S}$ 中已给的 $[x,p(\frac{y}{x}),y]$（B）成立,而且编码就为使（4）成立之 f,g.

证　对上述 $\tilde{S},f,g$ 可得一新通路 $[\tilde{x},p(\frac{\tilde{y}}{\tilde{x}}),\tilde{y}]$ 由关系

$$p(\frac{\tilde{y}}{\tilde{x}}) = p(\frac{g^{-1}(\tilde{y})}{f(\tilde{x})}) \qquad (5)$$

确定,而且满足式（4）,由引理 1 立即可推得本引理成立.

定理 2　已给 $\tilde{S}$,设 $[\tilde{x},p(\tilde{x})]$ 信息稳定而且（B）成立,那么通路序列 $[x,p(\frac{y}{x}),y]$ 必 $H(\tilde{\xi})$ – 信息稳定.

证　设编码 f,g 使

494

$$\frac{I(\overset{\sim}{\xi},\overset{\sim}{\eta})}{H(\overset{\sim}{\xi})}\to 1$$

成立,对此 $\tilde{S},f,g$ 由(5)确定一新通路序列 $[\tilde{x},p(\frac{\tilde{y}}{\tilde{x}})$,

$\tilde{y}]$,结合 $[\tilde{x},p(\tilde{x})]$ 之联合分布为 $p(\tilde{x},\tilde{y})$. 而且由 f,g 之假定得(B)成立,因此有

$$\frac{H\left(\dfrac{\overset{\sim}{\xi}}{\overset{\sim}{\eta}}\right)}{H(\overset{\sim}{\xi})} = \sum_{\tilde{x},\tilde{y}} p(\tilde{x},\tilde{y})Q(\tilde{x},\tilde{y}) \to 0$$

其中

$$Q(\tilde{x},\tilde{y}) = -\frac{\log\dfrac{p(\tilde{x},\tilde{y})}{p(\tilde{y})}}{H(\overset{\sim}{\xi})} \geqslant 0$$

因此对任何 $\varepsilon>0$,只要 n 充分大,就有

$$P(V) = P\left\{(\tilde{x},\tilde{y}):Q(\tilde{x},\tilde{y})<\frac{\varepsilon}{4}\right\}>1-\frac{\varepsilon}{4}$$

成立;另一方面又因 $[\tilde{x},p(\tilde{x})]$ 信息稳定,因此对上述 $\varepsilon>0$,只要 n 充分大,就有

$$P(U) = P\left\{(\tilde{x},\tilde{y}):p(x)\leqslant 2^{-H\left(1-\frac{\varepsilon}{4}\right)}\right\}>1-\frac{\varepsilon}{4}$$

成立,作 $W = U\cap V$,则对上述 $\varepsilon>0$,只要 n 充分大

$$p(W)>1-\frac{\varepsilon}{2}$$

而且若 $(\tilde{x},\tilde{y})\in W$ 有

$$i(\tilde{x},\tilde{y}) = \log \frac{p(\tilde{x},\tilde{y})}{p(\tilde{x})p(\tilde{y})} \geq H\left(1 - \frac{\varepsilon}{2}\right)$$

成立,因此就有对任何 $\varepsilon > 0$,只要 n 充分大

$$p\left\{(\tilde{x},\tilde{y}) : i(\tilde{x},\tilde{y}) \geq H\left(1 - \frac{\varepsilon}{2}\right)\right\} > 1 - \frac{\varepsilon}{2}$$

此式就能保证 Feinstein 引理成立,完全可仿上一章 §3 中定理 1 的证明推出对任何 $\varepsilon > 0$,只要 n 充分大,

通路 $[\tilde{x}, p(\frac{\tilde{y}}{\tilde{x}}), \tilde{y}]$ 具有 $N \geq 2^{H(1-\varepsilon)}$ 条 ε – 专线. 又由上

通路的构造知这也是 $[x, p(\frac{y}{x}), y]$ 的专线,因若记原

专线为 $(\overset{\sim}{x_i}, \widetilde{B}_i)$,$i = 1, \cdots, N$,则 $(f(\overset{\sim}{x_i}), g^{-1}(\widetilde{B}_i))$ 由(5)

知也是 ε – 专线,而且 $g^{-1}(\widetilde{B}_i)$ 互不相交,$f(\overset{\sim}{x_i})$ 各不相同,因为若有两点相同 $f(x_i) = f(x_j)$,那么

$$P\left(g^{-1}(\widetilde{B}_i) + \frac{g^{-1}(\widetilde{B}_j)}{f(\overset{\sim}{x_i})}\right)$$

$$= P\left(\frac{g^{-1}(\widetilde{B}_i)}{f(\overset{\sim}{x_i})}\right) + p\left(\frac{g^{-1}(\widetilde{B}_j)}{f(\overset{\sim}{x_j})}\right)$$

$$= P\left(\frac{\widetilde{B}_i}{\overset{\sim}{x_i}}\right) + p\left(\frac{\widetilde{B}_j}{\overset{\sim}{x_j}}\right) = 2(1 - \varepsilon) > 1$$

这是不可能的. 又由上一章 §3 中定理 3 得 $[x, p(\frac{y}{x}), y]H(\overset{\sim}{\xi})$ – 信息稳定.

定理3 对已给 $\widetilde{S}$,若 $[\tilde{x}, p(\tilde{x})]$ 为 $\mathscr{H}_0$ – 最小信息

496

可缩而且(B)成立,那么$[x,p(\frac{y}{x}),y]$必 $\mathscr{H}_0$ – 信息确定.

证 作

$$X_0(\varepsilon) = \left\{ \tilde{x} : \left| \frac{h(\tilde{x})}{\mathscr{H}_0} - 1 \right| < \varepsilon \right\}$$

由§2 引理7 及 $H \to \infty$ 对任何 $\varepsilon > 0$,只要 n 充分大

$$\frac{\sum\limits_{\tilde{x} \in X_0(\varepsilon)} p(\tilde{x}) h(\tilde{x}) - 1}{H} \geqslant \frac{1}{2} C(\varepsilon) > 0$$

那么类似于§2 定理5 的讨论,存在一 $\varepsilon'^{(n)} \to 0$ 可以收敛得充分慢,满足

$$\frac{\sum\limits_{\tilde{x} \in X_0(\varepsilon'^{(n)})} p(\tilde{x}) h(\tilde{x}) - 1}{H} \geqslant \frac{1}{2} C(\varepsilon'^{(n)})$$

及

$$\frac{\dfrac{C(\varepsilon'^{(n)})}{H(\dfrac{\overset{\sim}{\xi}}{\sim})}}{\dfrac{\eta}{H(\overset{\sim}{\xi})}} \to \infty$$

上述 $H(\dfrac{\overset{\sim}{\xi}}{\sim})$ 为 $\tilde{S}$ 对某 编码 f, g 使

$$\frac{H(\dfrac{\overset{\sim}{\xi}}{\eta})}{H(\overset{\sim}{\xi})} \to 0$$

成立之编码,这样的 f, g 由定理条件知必存在. 另外由

§2 定理 5 知存在一 $\varepsilon''^{(n)} \to 0$ 使 $[\tilde{x}, p(\tilde{x})]$ 在 $X_0(\varepsilon''^{(n)})$ 上部分信源序列 $[\tilde{x}, p(\tilde{x})]$ 信息稳定.

最后又根据 $\varepsilon'^{(n)}$ 与 $\varepsilon''^{(n)}$ 构造的特性及 §2 定理 5 后注意可以找到一个 $\varepsilon^{(n)} \to 0$,同时保证上述两性质成立. 那么这时由引理 2 知 $[x, p(\frac{y}{x}), y]$ 对于在 $X_0(\varepsilon^{(n)})$ 上的 $[\tilde{x}, \bar{p}(\tilde{x})]$ (B) 成立;又因为 $[\tilde{x}, \bar{p}(\tilde{x})]$ 信息稳定及 $\lim_{n \to \infty} \frac{\bar{H}}{\mathscr{H}_0} = 1$ 成立,那么由定理 2 得 $[x, p(\frac{y}{x}), y] \mathscr{H}_0$ – 信息稳定.

总结上述定理 1 与 3 得以下:

定理 4 对已给的 $\tilde{S}$,若 $[\tilde{x}, p(\tilde{x})] \mathscr{H}_0$ – 最小信息可缩,那么 (B) 成立的充要条件是 $[x, p(\frac{y}{x}), y] \mathscr{H}_0$ – 信息稳定.

下面我们再给出一种反定理的形式,先引进记号,对已给的 $\tilde{S}$ 记

$$\aleph_1 = \{\mathscr{H}: [\tilde{x}, p(\tilde{x})] \mathscr{H} - \text{概率可缩}\}$$

(即 $\aleph_1$ 为 $[\tilde{x}, p(\tilde{x})] \mathscr{H}$ – 概率可缩的 $\mathscr{H}$ 全体,在下相同)

$$\aleph_2 = \{\mathscr{H}: [\tilde{x}, p(\tilde{x})]\} \mathscr{H} - \text{信息可缩}\};$$

$$\Im = \{\mathscr{F}: [x, p(\frac{y}{x}), y] \mathscr{F} - \text{信息稳定}\}.$$

设 Q 为满足下列条件的无限序列 $\omega = (\omega^{(1)},$

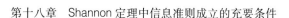

$\omega^{(2)}, \cdots)$ 的全体满足: $\omega^{(n)} > 0, n - 1, 2, \cdots; \omega^{(n)} \to \infty$ ($n \to \infty$).

在 Ω 上引进半序关系: 若

$$\varlimsup_{n \to \infty} \frac{\omega_1^{(n)}}{\omega_2^{(n)}} \leqslant 1$$

称 ω_1 小于或等于 ω_2, 记为 $\omega_1 < \omega_2$, 若

$$\lim_{n \to \infty} \frac{\omega_1^{(n)}}{\omega_2^{(n)}} = 1$$

则为 $\omega_1 = \omega_2$, 易证能满足半序关系的要求, 这样 Ω 是半序集合, $\mathfrak{R}_i, \mathfrak{I}$ 为它的子集合. 关于 Ω 的子集 S, 若 $\mathcal{H}_0 > \mathcal{H}_s$ (或 $\mathcal{H}_0 < \mathcal{H}_s$), 对每一个 $\mathcal{H}_s \in S$ 均成立, 那么 $\mathcal{H}_0$ 是 S 的上界 (或下界), 对于 $\mathfrak{R}_i$ 已有若 $\mathcal{H}_0 \in \mathfrak{R}_i$ 而且 $\mathcal{H}_0 < \mathcal{H}$, 那么 $\mathcal{H} \in \mathfrak{R}_i$; 对 $\mathfrak{I}$ 也有相应的性质: 若 $\mathcal{H}_0 \in \mathfrak{I}$ 与 $\mathcal{H}_0 > \mathcal{H}$, 那么 $\mathcal{H} \in \mathfrak{I}$.

对已给 $[x, p(x)]$, X 元素个数为 a, 熵 $H(\xi)$, 设 $\dfrac{\log a}{H(\xi)} \leqslant K$——与 n 无关的常数——成立, 在此条件下我们有以下结果.

引理 3　对已给的 S, 若 (B) 成立及 $\mathcal{H}_0$ 是一个 $\mathfrak{R}_2$ 的下界, 那么 $\mathcal{H}_0 \in \mathfrak{I}$.

此即若 $\mathcal{H}_0$ 是全体 $[x, p(x)] \mathcal{H}$ – 信息可缩的 $\mathcal{H}$ 的下界, 那么 $[x, p(\dfrac{y}{x}), y] \mathcal{H}_0$ – 信息稳定.

证　由 §2 定理 2 知 $H(\xi)$ 总是 $\mathfrak{R}_2$ 的下界, 因此不妨设 $\mathcal{H} \geqslant H(\xi)$, 证明对那样的 $\mathcal{H}_0$ 成立.

作

$$X_0(\delta) = \{x : p(x) \leqslant 2^{-\mathcal{H}(1-\delta)}\}$$

499

考虑

$$Q(\delta) = \frac{-\sum\limits_{x \in X_0} p(x)\log p(x)}{H(\xi)}$$

对每个 $\delta > 0$ 有

$$\varliminf_{n \to \infty} Q^{(n)}(\delta) = C(\delta) > 0$$

否则就有某一子列 (n') 使

$$\lim_{n' \to \infty} Q^{(n')}(\delta) = 0$$

此即在此子列上

$$\frac{\sum\limits_{x \in X_0} p(x)h(x)}{H(\xi)} \to 0$$

但是在 $\overline{X}_0(\delta)$ 上元素个数不大于 $2^{\mathscr{H}_0(1-\delta)}$,这样就立即可得与 $\mathscr{H}_0$ 是 $\mathfrak{R}_2$ 的下界定义矛盾.

现在作 $[x, p(x)]$ 在 $X_0(\delta)$ 上部分信源序列 $[x, \overline{p}(x)]$,而且由引理 1 知此 $[x, \overline{p}(x)]$ 结合通路 $[x, p(\frac{y}{x}), y]$(B)成立. 有

$$\frac{\overline{H}(\frac{\xi}{\eta})}{\overline{H}(\xi)} = \frac{-\sum\limits_{x,y} \overline{p}(x,y)\log \dfrac{\overline{p}(x,y)}{\overline{p}(y)}}{\overline{H}(\xi)} \to 0$$

其中 $\overline{p}(x,y), \overline{p}(y)$ 如引理 1 证明中所述,为 $[x, \overline{p}(x)]$ 与 $[x, p(\frac{y}{x}), y]$ 的复合分布与输出分布. 因此对任何 $\varepsilon > 0$ 及 $K > 0$,只要 n 充分大,就有

$$\overline{p}\left\{(x,y):-\frac{\log\dfrac{\overline{p}(x,y)}{\overline{p}(y)}}{\overline{H}(\xi)}<\frac{\varepsilon}{3K}\right\}>1-\varepsilon \qquad (6)$$

成立.

取 $\delta=\dfrac{\varepsilon}{3}$,对于固定的 $\varepsilon>0$,只要 n 充分大,(6)

仍能成立,而且只要 n 充分大

$$\frac{\displaystyle\sum_{x\in X_0}p(x)h(x)^{-1}}{H(\xi)}\geqslant\frac{C(\delta)}{2}$$

因此只要 n 充分大

$$P(X_0)\geqslant\frac{C(\delta)H(\xi)}{2\log a}\geqslant\frac{C(\delta)}{2K}$$

成立,又有

$$\overline{H}(\xi)\leqslant\log a\leqslant KH(\xi)\leqslant K\mathscr{H}_0$$

$$-\log P(X_0)\leqslant-\log\frac{C(\delta)}{2K}\leqslant\mathscr{H}_0\cdot\frac{\varepsilon}{3}$$

成立,那么联合(6)当 n 充分大时,有

$$\overline{P}\left\{(x,y):\log\frac{\overline{p}(x,y)}{\overline{p}(x)\overline{p}(y)}>\mathscr{H}_0(1-\varepsilon)\right\}$$

$$\geqslant\overline{P}\left\{(x,y):\log\frac{\overline{p}(x,y)}{\overline{p}(x)\overline{p}(y)}\geqslant\mathscr{H}_0\left(1-\frac{\varepsilon}{3}\right)+\right.$$

$$\left.\log p(X_0)-\frac{\varepsilon\overline{H}}{3K}\right\}$$

$$\geqslant\overline{P}\left\{(x,y):-\log\frac{\overline{p}(x,y)}{\overline{p}(y)}\leqslant\frac{\varepsilon\overline{H}}{3K}\right\}$$

$$> 1 - \varepsilon$$

成立,于是仿照上一章 §3 中定理 1 的证明及定理 3 立即可得 $\left[x, p\left(\dfrac{y}{x}\right), y\right] \mathscr{H}_0$ – 信息稳定.

对于已给的 $\widetilde{S}$ 也有类似的结果,在条件 $\dfrac{\log \tilde{a}}{H(\tilde{\xi})} \leqslant K$ 下有以下:

引理 4 对已给的 $\widetilde{S}$,若(B)成立,那么对任何为 $\mathfrak{R}_2$ 下界的 $\mathscr{H}_0$,必有 $\mathscr{H}_0 \in \mathfrak{I}$.

证 根据引理 3 并仿照引理 2 及定理 2 的方法可以立即证得.

我们称 γ_B 为 B – 型发收比,如

$$\gamma_B = \inf\left\{\varlimsup_{n \to \infty} \frac{\mathscr{H}^{(n)}}{\mathscr{F}^{(n)}}; \mathscr{H} \in \mathfrak{R}_2, \mathscr{F} \in \mathfrak{I}\right\}$$

定理 5 对有上述性质的 $\widetilde{S}$ 准则(B)成立的充分与必要条件是 $\gamma_B \leqslant 1$.

证 分以下几步来进行.

1. 将 $[\tilde{x}, p(\tilde{x})]$ 中各元进行排列

$$[\tilde{x}, p(\tilde{x})] = \begin{pmatrix} \tilde{x}_1, & \tilde{x}_2, & \cdots, & \tilde{x}_{\tilde{a}} \\ p(x_1), & p(x_2), & \cdots, & p(x_{\tilde{a}}) \end{pmatrix}$$

而顺它们的概率大小为次序

$$p(\tilde{x}_1) \geqslant p(\tilde{x}_2) \cdots \geqslant p(\tilde{x}_{\tilde{a}})$$

作

$$\widetilde{N}(\varepsilon) = \min\left\{n : \frac{\sum\limits_{i=1}^{n} p(\tilde{x}) h(\tilde{x})}{H(\xi)} > 1 - \varepsilon\right\}$$

$$\widetilde{M}(\varepsilon) = \log \widetilde{N}(\varepsilon)$$

$\widetilde{M}(\varepsilon)$ 有以下性质：

（a）$\widetilde{M}(\varepsilon)$ 是 ε 的下降序列，即当 $\varepsilon_1 < \varepsilon_2$ 时 $\widetilde{M}(\varepsilon_1) > \widetilde{M}(\varepsilon_2)$，因为 ε 小，$\widetilde{N}(\varepsilon)$ 大.

（b）每一个 $\widetilde{M}(\varepsilon)$（$\varepsilon > 0$）是 $\mathfrak{N}_2$ 的下界. 因为若 $[\tilde{x}, p(\tilde{x})]\mathscr{H}$ – 信息可缩，那么对任何 $\varepsilon, \delta > 0$，由 §2 引理 5 得只要 n 充分大

$$\frac{- \sum\limits_{x \in \widetilde{X}_1(\delta)} p(\tilde{x}) \log p(\tilde{x})}{H(\xi)} > 1 - \varepsilon$$

成立，其中

$$\widetilde{X}_1(\delta) = \{\tilde{x} : p(\tilde{x}) \geqslant 2^{-\mathscr{H}(1+\delta)}\}$$

那么由 $\widetilde{N}(\varepsilon)$ 的定义得 $\widetilde{N}(\varepsilon) \leqslant X_1(\delta)$ 元素个数 $\leqslant$ $2^{\mathscr{H}(1+\delta)}$，此即 $\widetilde{M}(\varepsilon) < \mathscr{H}$，$\widetilde{M}(\varepsilon)$ 是 $\mathfrak{N}_2$ 的下界.

（c）记

$$\mathfrak{B} = \{\widetilde{M}(\varepsilon), \varepsilon \in (0, 1)\}$$

$\widetilde{M}$ 为 $\mathfrak{B}$ 的任一上界 $\widetilde{M}$，则 $\widetilde{M} \in \mathfrak{N}_2$. 因为对任何 $\varepsilon > 0$，只要 n 充分大

$$(1 + \varepsilon)\widetilde{M} \geqslant \widetilde{M}(\varepsilon) = \log \widetilde{N}(\varepsilon)$$

因此

$$\frac{\sum\limits_{i=1}^{2^{\widetilde{M}(1+\varepsilon)}} p(\tilde{x}) h(\tilde{x})}{H(\xi)} \geqslant \frac{\sum\limits_{i=1}^{\widetilde{N}(\varepsilon)} p(\tilde{x}) h(\tilde{x})}{H(\xi)} > 1 - \varepsilon$$

由此立即可得 $[\tilde{x},p(\tilde{x})]\widetilde{M}$ – 信息可缩.

（d）任取一 $\varepsilon^{(n)}\to 0$，那么 $\widetilde{M}(\varepsilon^{(n)})$ 就为 $\mathfrak{B}$ 的一上界，因此 $[\tilde{x},p(\tilde{x})]\widetilde{M}(\varepsilon^{(n)})$ – 信息可缩，即 $\widetilde{M}(\varepsilon^{(n)})\in\mathfrak{R}_2$.

2. 对 $[x,p(\frac{y}{x}),y]$ 也有类似性质，作 $N(\varepsilon)$ 为对每一个固定的 n 在 $[x,p(\frac{y}{x}),y]$ 上 ε – 专线最可能多的个数，同样记 $M(\varepsilon)=\log N(\varepsilon)$，关于这个 $M(\varepsilon)$ 有：

（a）$M(\varepsilon)$ 是 ε 单调上升序列，即若 $\varepsilon_1<\varepsilon_2$，有 $M(\varepsilon_1)>M(\varepsilon_2)$.

（b）每一个 $M(\varepsilon)(\varepsilon>0)$ 是 $\mathfrak{I}$ 的上界.

（c）$\mathfrak{B}=\{M(\varepsilon):\varepsilon\in(0,1)\}$ 的任一下界 M 为 $M\in\mathfrak{I}$.

（d）对任一 $\varepsilon^{(n)}\to 0$，$M(\varepsilon^{(n)})$ 是 $\mathfrak{B}$ 的一下界，因而 $M(\varepsilon^{(n)})\in\mathfrak{I}$.

3. 必要性的证明. 若（B）成立，则 $\gamma_B\leqslant 1$. 由引理 4 知对任何 $\varepsilon>0$，$\widetilde{M}(\varepsilon)\in\mathfrak{I}$，又因为 $M(\varepsilon)$ 是 $\mathfrak{I}$ 的上界，因此 $\widetilde{M}(\varepsilon)<M(\varepsilon)$，这样对任何 $\varepsilon>0$，只要 n 充分大，就有

$$\widetilde{M}(\varepsilon)\leqslant M(\varepsilon)(1+\varepsilon)$$

成立，又由上一章 §3 中引理 1（P_1）（P_2）等价命题得存在一 $\varepsilon^{(n)}\to 0$，只要 n 充分大，就有

$$\widetilde{M}(\varepsilon^{(n)})\leqslant M(\varepsilon^{(n)})(1+\varepsilon^{(n)})$$

成立,因为 $\widetilde{M}(\varepsilon^{(n)}) \in \aleph_2$,那么 $M(\varepsilon^{(n)})(1+\varepsilon^{(n)}) \in$ $\aleph_2$,由 §2 引理 1 得 $M(\varepsilon^{(n)}) \in \aleph_2$,而且 $M(\varepsilon^{(n)}) \in \Im$,那么就有

$$\gamma_B = \inf\left\{\overline{\lim_{n \to \infty}} \frac{\mathscr{H}^{(n)}}{\mathscr{F}^{(n)}}; \mathscr{H} \in \aleph_2, \mathscr{F} \in \Im\right\}$$

$$\leqslant \overline{\lim_{n \to \infty}} \frac{M^{(n)}(\varepsilon^{(n)})}{M^{(n)}(\varepsilon^{(n)})} \leqslant 1$$

4. 充分性. 若 $\gamma_B \leqslant 1$,则(B)成立.

因 $\gamma_B \leqslant 1$ 及 $\widetilde{M}(\varepsilon)$ 是 $\aleph_2$ 下界, $M(\varepsilon)$ 是 $\Im$ 的上界,因此对任何 $\varepsilon > 0$,总有

$$\overline{\lim_n} \frac{\widetilde{M}^{(n)}(\varepsilon)}{M^{(n)}(\varepsilon)} \leqslant 1$$

成立,因此对上述 $\varepsilon > 0$ 固定,只要 n 充分大

$$\widetilde{M}(\varepsilon) \leqslant (1+\varepsilon) M(\varepsilon)$$

成立,那么有一 $\varepsilon^{(n)} \to 0$ 只要 n 充分大

$$\widetilde{M}(\varepsilon^{(n)}) \leqslant (1+\varepsilon^{(n)}) M(\varepsilon^{(n)})$$

成立,又因为 $\widetilde{M}(\varepsilon^{(n)}) \in \aleph_2$ 及 $M(\varepsilon^{(n)}) \in \Im$,这样定理 1 的($S_1$)($S_2$)($S_3$)成立,因此(B)成立. 本定理全部得证.

上定理的充分性证明中并未应用条件 $\dfrac{\log \widetilde{a}}{H(\widetilde{\xi})} \leqslant K$,因此我们在任何一般情况下,充分性必成立.

定理 6 对已给的 $\widetilde{S}$ 不论如何只要 $\gamma_B \leqslant 1$,那么从 $\widetilde{x}$ 到 $\widetilde{y}$ 的信息准则(B)成立.

§4　准则(A)与(B)的比较

一般情形下概率准则(A)与信息准则(B)不能互相推论,上一章中例5、例6分别说明了(A)(B)中有一个成立而另一个不能成立. 现在我们有了以上的讨论就可以对它们的关系作更深入一步的讨论.

称 γ_F 为 F – 型发收比,若

$$\gamma_F = \inf\left\{\varliminf_{n\to\infty}\frac{\mathscr{H}^{(n)}}{\mathscr{F}^{(n)}}, \mathscr{H}\in\mathfrak{N}_1, \mathscr{F}\in\mathfrak{F}\right\}$$

定理 1　对已给的 $\tilde{S}$,有:

(i)若 $\gamma_F < 1$,则(A)成立;

(ii)若 $\gamma_F > 1$,则(A)不成立;

(iii)若 $\gamma_F = 1$,则(A)可能成立也可能不成立.

设 $[\overset{\approx}{x}, p(\overset{\approx}{x})]$ 为 $\mathscr{H}_2$ – 最小信息可缩, $\mathscr{H}_1$ – 最小概率可缩(假如它们存在时),由§2定理3知必有 $\mathscr{H}_2 > \mathscr{H}_1$. 此外有:

定理 2　在上述各假定下,若 $\varlimsup\limits_{n\to\infty}\frac{\mathscr{H}_1}{\mathscr{H}_2} < 1$,则由(B)成立得(A)成立;若 $\varlimsup\limits_{n\to\infty}\frac{\mathscr{H}_1}{\mathscr{H}_2} = 1$,则由(A)成立可得(B)成立.

证　若

$$\varlimsup_{n}\frac{\mathscr{H}_1}{\mathscr{H}_2} = a < 1$$

及(B)成立,那么由§3 定理 3 得 $\mathscr{H}_2 \in \mathfrak{I}$,因此

$$\gamma_F = \inf\left\{\overline{\lim_{n\to\infty}}\frac{\mathscr{H}}{\mathscr{F}}, \mathscr{H} \in \mathfrak{R}_1, \mathscr{F} \in \mathfrak{I}\right\} \leqslant \overline{\lim_{n\to\infty}}\frac{\mathscr{H}_1}{\mathscr{H}_2} = a < 1$$

成立,则由定理 1 得(A)成立.

若 $\lim\limits_{n\to\infty}\dfrac{\mathscr{H}_1}{\mathscr{H}_2} = 1$,又因为 $\mathscr{H}_1, \mathscr{H}_2$ 都是 $\mathfrak{R}_1, \mathfrak{R}_2$ 的最小

元,那么

$$\mathfrak{R}_1 = \mathfrak{R}_2, \gamma_B = \gamma_F$$

而且若(A)成立 $\gamma_F \leqslant 1$,则由§3 定理 6 得(B)成立.

由上面可以见到当 $\gamma_B = \gamma_F$ 时,由(A)成立总可推出(B)成立,现在我们再给出如下几个保证 $\gamma_B = \gamma_F$ 的条件.

引理 1　若 $[\tilde{x}, p(\tilde{x})]$ 信息连续,则 $\gamma_B = \gamma_F$ 成立.

证　由§2 定理 3 知 $\mathfrak{R}_1 \supset \mathfrak{R}_2$,又由上一章§3 中命题 6 知,若 $[\tilde{x}, p(\tilde{x})]$. $\mathscr{H}$ – 信息可缩且信息连续,那么 $[\tilde{x}, p(\tilde{x})]$ $\mathscr{H}$ – 概率信息可缩,因此在 $[\tilde{x}, p(\tilde{x})]$ 信息连续时 $\mathfrak{R}_1 \subset \mathfrak{R}_2$,那么 $\mathfrak{R}_1 = \mathfrak{R}_2$,则有 $\gamma_B = \gamma_F$ 成立.

引理 2　若 $[\tilde{x}, p(\tilde{x})]$ 有 $\dfrac{\log \tilde{a}}{H(\overset{\sim}{\xi})} \leqslant K(常数)$ 成立,则

$[\tilde{x}, p(\tilde{x})]$ 信息连续.

证　若 $p(A) \to 0 (A \subset \widetilde{X})$,那么

$$I = \frac{\sum\limits_{x \in A} p(\tilde{x}) h(\tilde{x})}{H(\overset{\sim}{\xi})}$$

$$= \frac{-p(A) \sum \frac{p(x)}{p(A)} \log \frac{p(x)}{p(A)}}{H(\xi)} - $$

$$\frac{p(A) \log p(A)}{H(\xi)}$$

$$\leqslant \frac{p(A) \log \tilde{a} + 1}{H(\tilde{\xi})} \leqslant K p(A) + \frac{1}{H(\tilde{\xi})} \to 0$$

成立,这就是 $[\tilde{x}, p(\tilde{x})]$ 信息连续,那么我们可以立即得到:

定理 3 对已给的 $\tilde{S}$,若 $\dfrac{\log \tilde{a}}{H(\tilde{\xi})} \leqslant K$(常数),那么

(A)成立必得(B)成立.

条件 $\dfrac{\log \tilde{a}}{H(\tilde{\xi})} \leqslant K$,对于一般离散随机过程只要熵率不为 0 总是满足的,因此我们就证得了在离散随机过程模型中只要信源熵率不为 0,由 Shannon 第一定理的成立即可推出第二定理成立.

Entropic Decision Criteria in Game Theory

§ 1　The Largest Benefit

第

十

九

章

The principle of maximum information gives us the possibility to construct the most suitable probability distribution when one or several mean values of one or several random variables are known a priori. We intend now to apply the same idea, but from a more dynamic point of view. As a matter of fact, we shall determine the random distribution which maximizes not only the entropy but some mean value of a random variable too. With respect to this aim, we shall study a specific problem arising in game theory, namely, the problem of maximum benefit which may be obtained by one player, this benefit being composed of both the mean utility and the mean information supplied by the random strategy adopted by the respective player.

Let us consider a nonzero sum game with three players having independent strategies. These players have r, s and t pure strategies respectively. Let

$$
\begin{cases}
\zeta = (\zeta_1, \cdots, \zeta_r) \\
\eta = (\eta_1, \cdots, \eta_s) \\
\zeta = (\zeta_1, \cdots, \zeta_t) \\
\zeta_i \geqslant 0 \, (i = 1, \cdots, r) \\
\eta_j \geqslant 0 \, (j = 1, \cdots, s) \\
\zeta_k \geqslant 0 \, (k = 1, \cdots, t) \\
\displaystyle\sum_{i=1}^{r} \xi_i = \sum_{j=1}^{s} \eta_j = \sum_{k=1}^{t} \zeta_k
\end{cases}
\tag{1}
$$

be the random strategies adopted by the players and let u_{ijk}^1 be the utility for the first player of the variant of the game composed of the pure strategies i, j, k of the players. We suppose that $u_{ijk}^1 \geqslant 0$ for every $1 \leqslant i \leqslant r, 1 \leqslant j \leqslant s, 1 \leqslant k \leqslant t$. Then, the mean utility (i. e. , the mean payoff) of the player 1 will be

$$
\sum_{i=1}^{r} \sum_{j=1}^{s} \sum_{k=1}^{t} u_{ijk}^1 \xi_i \eta_j \zeta_k
$$

where the sum is taken over all pure strategies of the players.

Also, every random strategy contains an amount of uncertainty measured by Shannon's entropy. We intend to determine that random strategy $\xi = (\xi_1, \cdots, \xi_r)$ for which

510

the benefit

$$\mathscr{B}_1\,(\xi,\eta,\zeta) \;=\; \sum_{i=1}^{r}\,\sum_{j=1}^{s}\,\sum_{k=1}^{t}\,u^1_{ijk}\xi_i\eta_j\zeta_k \;+\; \sum_{i=1}^{r}\,\xi_i\log_e\frac{1}{\xi_i} \tag{2}$$

is maximum.

Proposition　*Let $w_i \geqslant 0\,(i=1,\cdots,r)$ be arbitrary finite real numbers. The finite discrete probability distribution*

$$\xi_i \geqslant 0 \quad (i=1,\cdots,r)\,; \quad \sum_{i=1}^{r}\xi_i \;=\; 1 \tag{3}$$

which maximizes the expression

$$\mathscr{B} \;=\; \sum_{i=1}^{r} w_i\xi_i \;+\; \sum_{i=1}^{r}\xi_i\log_e\frac{1}{\xi_i} \tag{4}$$

is given by

$$\xi_i \;=\; \frac{1}{\Phi(w)}e^{w_i} \quad (i=1,\cdots,r) \tag{5}$$

where

$$\Phi(w) \;=\; \sum_{i=1}^{r} e^{w_i} \tag{6}$$

w *being the vector of components* $(w_1,\cdots,w_r)$.

Proof　We want to maximize the expression (4) if the condition (3) is given. Using Lagrange's multiplier α, we get

$$\mathscr{B} - \alpha \;=\; \sum_{i=1}^{r}\xi_i\log_e\frac{1}{\xi_i} \;+\; \sum_{i=1}^{r} w_i\xi_i \;-\; \sum_{i=1}^{r}\alpha\xi_i$$

$$=\; \sum_{i=1}^{r}\xi_i\Big(\log_e\frac{1}{\xi_i} + w_i - \alpha\Big)$$

511

$$= -\sum_{i=1}^{r} \xi_i \log_e (\xi_i e^{-w_i + \alpha})$$

$$= -\sum_{i=1}^{r} e^{w_i - \alpha} (\xi_i e^{-w_i + \alpha}) \log_e (\xi_i e^{-w_i + \alpha})$$

$$\leqslant \sum_{i=1}^{r} e^{w_i - \alpha - 1} \tag{7}$$

because

$$-x \log_e x \leqslant \frac{1}{e}$$

with equality if and only if $x = \dfrac{1}{e}$. The equality in (7) holds if and only if

$$\zeta_i = e^{w_i - \alpha - 1} \quad (i = 1, \cdots, r) \tag{8}$$

where α is determined by the equality (3). Hence

$$\alpha = \log_e \Phi(w) - 1$$

where

$$\Phi(w) = \sum_{i=1}^{r} e^{w_i}$$

Therefore, for the probability distribution

$$\zeta_i = \frac{1}{\Phi(w)} e^{w_i} \quad (i = 1, \cdots, r)$$

the expression $\mathscr{B}$ is maximum and takes on the value

$$\mathscr{B}_{max} = \log_e \Phi(w)$$

Obviously, for $w'_i \leqslant w''_i (i = 1, \cdots, r)$, we have $\alpha' \leqslant \alpha''$, where

$$\alpha' = \log_e \Phi(w') - 1, \alpha'' = \log_e \Phi(w'') - 1$$

Theorem 1   *If the second player adopts an arbitrary random strategy η and the third player acts against the*

first player, then the maximum benefit which may be obtained by the first player satisfies the following inequality

$$\max_{\xi} \min_{\zeta} \mathscr{B}_1(\xi,\eta,\zeta) \geqslant \alpha(\eta)$$

where

$$\alpha(\eta) = \log_e \Phi_1(\eta,u^1) \qquad (9)$$

and

$$\Phi_1(\eta,u^1) = \sum_{i=1}^{r} e^{\sum_{j=1}^{s} \eta_j \min_{\zeta} \sum_{k=1}^{t} u_{ijk}^1 \zeta_k}$$

u^1 *being the vector of components* $(u_{111}^1, \cdots, u_{rst}^1)$.

The bound $\alpha(\eta)$ *corresponds to the random strategy*

$$\zeta_i = \frac{1}{\Phi_1(\eta,u^1)} e^{\sum_{j=1}^{s} \eta_j \min_{\zeta} \sum_{k=1}^{t} u_{ijk}^1 \zeta_k} \quad (i = 1, \cdots, r) \quad (10)$$

Proof If the third player acts against the first player, then this player 3 will choose his random strategy ζ such that the first player's benefit $\mathscr{B}_1(\xi,\eta,\zeta)$ should be minimum, but

$$\min_{\zeta} \mathscr{B}_1(\xi,\eta,\zeta) \geqslant \sum_{i=1}^{r} \xi_i \Big(\sum_{j=1}^{s} \eta_j \min_{\zeta} \sum_{k=1}^{t} u_{ijk}^1 \zeta_k \Big) +$$
$$\sum_{i=1}^{r} \xi_i \log_e \frac{1}{\xi_i}$$

and then

$$\max_{\xi} \min_{\zeta} \mathscr{B}_1(\xi,\eta,\zeta)$$
$$\geqslant \max_{\xi} \Big\{ \sum_{j=1}^{r} \xi_i \Big(\sum_{j=1}^{s} \eta_j \min_{\zeta} \sum_{k=1}^{t} u_{ijk}^1 \zeta_k + \log_e \frac{1}{\xi_i} \Big) \Big\}$$
$$= \alpha(\eta)$$

where, applying proposition, the bound $\alpha(\eta)$ is given indeed by (9), this value $\alpha(\eta)$ being the smallest maximum benefit which may be obtained by the first player if the third player acts against him and if the second player acts in accordance with a given random strategy η. According to proposition, this value $\alpha(\eta)$ corresponds to the random strategy (10).

We shall proceed now to find bounds for the maximum benefit that may be obtained by the first player, regardless of the strategies of the other two.

Theorem 2　*The maximum benefit which may be realized by the first player regardless of the strategies utilized by the other two players belongs to the interval*

$$\alpha \leqslant \max_{\xi} \mathscr{B}_1(\xi,\eta,\zeta) \leqslant \beta$$

where α and β are given by the expressions

$$\alpha = \log_e \Phi_1(u^1) - 1, \beta = \log_e \Psi_1(u^1) - 1$$

where

$$u^1 = (u_{111}^1, \cdots, u_{rst}^1)$$

$$\Phi_1(u^1) = \sum_{i=1}^{r} e^{\min\limits_{\eta} \min\limits_{\zeta} \sum\limits_{j=1}^{s} \sum\limits_{k=1}^{t} u_{ijk}^1 \eta_j \zeta_k}$$

$$\Psi_1(u^1) = \sum_{i=1}^{r} e^{\max\limits_{\eta} \max\limits_{\zeta} \sum\limits_{j=1}^{s} \sum\limits_{k=1}^{t} u_{ijk}^1 \eta_j \zeta_k}$$

the bounds α and β corresponding to the random strategies

$$\xi_i = \frac{1}{\Phi_1(u^1)} e^{\min\limits_{\eta} \min\limits_{\zeta} \sum\limits_{j=1}^{s} \sum\limits_{k=1}^{t} u_{ijk}^1 \eta_j \zeta_k} \quad (i = 1, \cdots, r)$$

and

$$\xi_i = \frac{1}{\Psi_1(u^1)} e^{\max\limits_{\eta} \max\limits_{\zeta} \sum\limits_{j=1}^{s} \sum\limits_{k=1}^{t} u_{ijk}^1 \eta_j \zeta_k} \quad (i = 1, \cdots, r)$$

respectively.

514

Proof　The proof is a direct consequence of proposition. The extreme situations correspond to the cases when both players act (consciously or not) against or in favor of the interest of the first player. We have

$$\max_{\xi}\left\{\sum_{i=1}^{r}\xi_i\left(\min_{\eta}\ \min_{\zeta}\sum_{j=1}^{s}\sum_{k=1}^{t}u_{ijk}^1\eta_j\zeta_k+\log_e\frac{1}{\xi_i}\right)\right\}$$
$$\leqslant\max_{\xi}\min_{\eta}\min_{\zeta}\mathscr{B}_1(\xi,\eta,\zeta)$$
$$\leqslant\max_{\xi}\mathscr{B}_1(\xi,\eta,\zeta)$$
$$\leqslant\max_{\xi}\ \max_{\eta}\ \max_{\zeta}\mathscr{B}_1(\xi,\eta,\zeta)$$
$$\leqslant\max_{\xi}\left\{\sum_{i=1}^{r}\xi_i\left(\max_{\eta}\ \max_{\zeta}\sum_{j=1}^{s}\sum_{k=1}^{t}u_{ijk}^1\eta_j\zeta_k+\log_e\frac{1}{\xi_i}\right)\right\}$$

Hence, applying proposition, we obtain our theorem.

The amount of uncertainty contained by the possible random strategies of a player is very important with respect to the surprise of the other players. The benefit of the game is the simplest expression, which takes into account both the mean utility and the amount of uncertainty contained by the random strategy adopted by the player.

Let us consider a two-person game with independent strategies and let us introduce two situations:

(a) Let us suppose that the first player adopts the random strategy

$$\xi_{i_0}=1,\xi_i=0\quad(i\neq i_0;i=1,\cdots,r)$$

and the second player adopts the random strategy

$$\eta_{j_0'}=\eta_{j_0''}=\frac{1}{2},\eta_j=0\quad(j\neq j_0',j\neq j_0'';j=1,\cdots,s)$$

515

We suppose also that the utilities of the different variants of the game for the first player are

$$u_{ij}^1 = 10 \quad (i = 1, \cdots, r; j = 1, \cdots, s)$$

If the number of all possible pure strategies of the first player is equal to $r = 2^{10}$, then for him the mean utility of the game will be

$$\mathscr{U}_1 = \sum_{i=1}^{r} \sum_{j=1}^{s} u_{ij}^1 \xi_i \eta_j = 10$$

and the benefit of the same game will be

$$\mathscr{B}_1 = \sum_{i=1}^{r} \sum_{j=1}^{s} u_{ij}^1 \xi_i \eta_j + \sum_{i=1}^{r} \xi_i \log_2 \frac{1}{\xi_i} = 10$$

(b) Let us consider now another two – person game with independent strategies such that

$$\xi_i = 2^{-10} \quad (i = 1, \cdots, 2^{10})$$

$$\eta_{j_0'} = \eta_{j_0''} = \frac{1}{2}, \eta_j = 0 \quad (j = 1, \cdots, s; j \neq j_0', j \neq j_0'')$$

If in this new game we have

$$u_{ij}^1 = 10 \quad (i = 1, \cdots, 2^{10}; j = 1, \cdots, s)$$

then the mean utility of the game for the first player will be

$$\mathscr{U}_1 = \sum_{i=1}^{r} \sum_{j=1}^{s} u_{ij}^1 \xi_i \eta_j = 10$$

but the benefit will have a different value

$$\mathscr{B}_1 = \sum_{i=1}^{r} \sum_{j=1}^{s} u_{ij}^1 \xi_i \eta_j + \sum_{i=1}^{r} \xi_i \log_2 \frac{1}{\xi_i} = 20$$

Therefore, from the point of view of mean utility there does not exist any difference between the two games

516

(a) and (b). However, the benefit (which is composed of the mean utility and the mean uncertainty) has different values in these two situations. With respect to the benefit, the situation (b) is more preferable for the first player than (a). Indeed, if the utilities of the variants of the game for the second player are in both games

$$u_{i_0 j_0'}^2 = u_{i_0 j_0''}^2 = 10$$
$$u_{ij}^2 = 0 \quad (i = 1, \cdots, 2^{10}; j = 1, \cdots, s; i \neq i_0)$$
$$u_{i_0 j}^2 = 0 \quad (j = 1, \cdots, s; j \neq j_0', j \neq j_0'')$$

then the mean utility of the game for the second player will be

$$\mathscr{U}_2 = \sum_{i=1}^{r} \sum_{j=1}^{s} u_{ij}^2 \xi_i \eta_j = 10$$

in situation (a) and $\mathscr{U}_2 = 10 \cdot 2^{-10}$ in situation (b). Therefore, situation (b) is more favorable for the first player, his actions being more uncertain, i. e. , more uniformly distributed, in this last case, affecting negatively the mean utility of the second player.

§2　Optimum Random Strategies

Let us consider a two-person game with independent strategies. We denote by r the number of pure strategies of the first player, s the number of pure strategies of the second player, $\xi = (\xi_1, \cdots, \xi_r)$ a random strategy of the first player, i. e.

$$\xi_i \geqslant 0 \quad (i = 1, \cdots, r); \quad \sum_{i=1}^{r} \xi_i = 1$$

$\eta = (\eta_1, \cdots, \eta_s)$ a random strategy of the second player, i. e.

$$\eta_j \geqslant 0 \quad (j = 1, \cdots, s); \quad \sum_{j=1}^{s} \eta_j = 1$$

u_{ij}^k the utility for the player $k\,(k = 1, 2)$ of the game's variant composed of the pure strategies i and j of the two players

$$u_{ij}^k \geqslant 0 \quad (k = 1, 2; \ i = 1, \cdots, r; \ j = 1, \cdots, s)$$

Let us consider the entropy of the random strategy $\xi = (\xi_1, \cdots, \xi_r)$

$$H(\xi) = - \sum_{i=1}^{r} \xi_i \log_e \xi_i$$

We shall consider also the weighted entropy of the random strategy $\xi = (\xi_1, \cdots, \xi_r)$ where the weights are the utilities $\boldsymbol{u} = (u_1, \cdots, u_r)$ denoted $\boldsymbol{F}\,(\boldsymbol{u}, \xi)$.

The mean utility of the game for the player $k\,(k = 1, 2)$ is

$$\mathcal{U}_k(\xi, \eta) = \sum_{i=1}^{r} \sum_{j=1}^{s} u_{ij}^k \xi_i \eta_j$$

and let us introduce the vector

$$\mathcal{U}_k(\eta) = \left(\sum_{i=1}^{s} u_{1j}^k \eta_j, \cdots, \sum_{j=1}^{s} u_{rj}^k \eta_j \right)$$

Now we are able to formulate the main problem of this section. How must the first player choose his own

518

random strategy in order to obtain a proper mean utility not smaller than the number v_1 and a mean utility for the second player not greater than the number v_2? For what kind of utilities $\boldsymbol{u}_1 = (u_{11}^1, \cdots, u_{rs}^1)$, $\boldsymbol{u}_2 = (u_{11}^2, \cdots, u_{rs}^2)$ and initial constants v_1, v_2 are we able to find a solution to this problem? What can we say about the number of such solutions? If there exist several solutions, how can we select one of them?

Proposition 1   *Let $\xi = (\xi_1, \cdots, \xi_r)$ be a probability distribution. For any vector $\boldsymbol{u} = (u_1, \cdots, u_r)$ having as components non-negative real numbers, the following inequality*

$$\sum_{i=1}^{r} u_i \xi_i \geqslant H(\xi) - \log_e \Phi(\boldsymbol{u})$$

holds, where

$$\Phi(\boldsymbol{u}) = \sum_{i=1}^{r} e^{-u_i}$$

Proof   We have

$$-\sum_{i=1}^{r} p_i \log_e p_i \leqslant -\sum_{i=1}^{r} p_i \log_e q_i$$

for any probability distributions

$$p_i \geqslant 0, q_i \geqslant 0, \sum_{i=1}^{r} p_i = \sum_{i=1}^{r} q_i = 1$$

for which $q_i = 0$ implies $p_i = 0$. Now we can write

$$H(\xi) = -\sum_{i=1}^{r} \xi_i \log_e \xi_i$$

$$\leqslant -\sum_{i=1}^{r} \xi_i \log_e \left(\frac{e^{-u_i}}{\Phi(\boldsymbol{u})}\right)$$

519

$$= \log_e \Phi(\boldsymbol{u}) + \sum_{i=1}^{r} u_i \xi_i$$

where

$$\Phi(\boldsymbol{u}) = \sum_{i=1}^{r} e^{-u_i}$$

Proposition 2　*Let $\xi = (\xi_1, \cdots, \xi_r)$ be a probability distribution. For any vector $\boldsymbol{u} = (u_1, \cdots, u_r)$ having as components non-negative real numbers, the following inequality*

$$\sum_{i=1}^{r} u_i \xi_i \leqslant \sum_{i=1}^{r} u_i - \mathscr{F}(\boldsymbol{u}, \xi)$$

holds.

　　Proof　We shall apply the elementary property that

$$\log_e x < x - 1$$

for any $x \neq 1$ and

$$\log_e x = x - 1$$

if and only if $x = 1$. Then

$$\mathscr{F}(\boldsymbol{u}, \xi) = \sum_{i=1}^{r} u_i \xi_i \log_e \frac{1}{\xi_i} \leqslant \sum_{i=1}^{r} u_i \xi_i \left(\frac{1}{\xi_i} - 1 \right)$$

$$= \sum_{i=1}^{r} u_i - \sum_{i=1}^{r} u_i \xi_i$$

　　Proposition 3　*The sum of the weighted entropy $\mathscr{F}(\boldsymbol{u}, \xi)$ and the mean utility $\sum_{i=1}^{r} u_i \xi_i$ is maximum for the probability distribution*

$$\xi_i = e^{-\frac{\alpha}{u_i}} \quad (i = 1, \cdots, r; u_i > 0.\ i = 1, \cdots, r)$$

where α satisfies the equality

520

$$\sum_{i=1}^{r} \mathrm{e}^{-\frac{\alpha}{u_i}} = 1$$

The number α is just the value of the weighted entropy $\mathscr{F}(\boldsymbol{u},\xi)$ corresponding to this probability distribution.

Proof　We have

$$-x\log_{\mathrm{e}} x \leqslant \frac{1}{\mathrm{e}}$$

equality occurring if and only if $x = \dfrac{1}{\mathrm{e}}$. Hence

$$\mathscr{F}(\boldsymbol{u},\xi) + \sum_{i=1}^{r} u_i \xi_i - \alpha$$

$$= -\sum_{i=1}^{r} u_i \xi_i \log_{\mathrm{e}} \xi_i + \sum_{i=1}^{r} u_i \xi_i - \sum_{i=1}^{r} \alpha \xi_i$$

$$= -\sum_{i=1}^{r} u_i \xi_i \left(\log_{\mathrm{e}} \xi_i - 1 + \frac{\alpha}{u_i} \right)$$

$$= -\sum_{i=1}^{r} u_i \xi_i \log_{\mathrm{e}} \xi_i \mathrm{e}^{\frac{\alpha}{u_i}-1}$$

$$= -\sum_{i=1}^{r} u_i \mathrm{e}^{-\left(\frac{\alpha}{u_i}-1\right)} (\xi_i \mathrm{e}^{\frac{\alpha}{u_i}-1}) \log_{\mathrm{e}} (\xi_i \mathrm{e}^{\frac{\alpha}{u_i}-1})$$

$$\leqslant \sum_{i=1}^{r} u_i \mathrm{e}^{-\frac{\alpha}{u_i}+1} \mathrm{e}^{-1}$$

$$= \sum_{i=1}^{r} u_i \mathrm{e}^{-\frac{\alpha}{u_i}}$$

with equality if and only if

$$\xi_i = \mathrm{e}^{-\frac{\alpha}{u_i}} \quad (i = 1,\cdots,r)$$

For this probability distribution, the corresponding weighted entropy is equal to α and the number α satisfies the equality

$$\sum_{i=1}^{r} e^{-\frac{\alpha}{u_i}} = 1$$

Let us return now to the two − person game with independent strategies. We want to study the random strategies $\boldsymbol{\xi} = (\xi_1, \cdots, \xi_r)$, for which

$$\min_{\eta} \mathscr{U}_1(\boldsymbol{\xi}, \boldsymbol{\eta}) \geqslant v_1$$
$$\max_{\eta} \mathscr{U}_2(\boldsymbol{\xi}, \boldsymbol{\eta}) \leqslant v_2$$

If such a random distribution exists and if the first player chooses it, then the mean utility for the first player will be greater than v_1 and the mean utility of the second player will be smaller than v_2, regardless of the particular strategy utilized by the second player.

Theorem *If the entropy and the weighted entropy of the random distribution ξ satisfy the inequalities*

$$H(\xi) > v_1 + \sum_{i=1}^{r} \max_{\eta} \sum_{j=1}^{s} \eta_j e^{-u_{ij}^{1}} - 1 \qquad (1)$$

and

$$\mathscr{F}(\min_{\eta} \mathscr{U}_2(\boldsymbol{\eta}), \xi) > \sum_{i=1}^{r} \max_{\eta} \sum_{j=1}^{s} u_{ij}^2 \eta_j - v_2 \qquad (2)$$

respectively, then for such a random strategy we have

$$\begin{cases} \min\limits_{\eta} \mathscr{U}_1(\boldsymbol{\xi}, \boldsymbol{\eta}) > v_1 \\ \max\limits_{\eta} \mathscr{U}_2(\boldsymbol{\xi}, \boldsymbol{\eta}) < v_2 \end{cases} \qquad (3)$$

Proof Applying proposition 1, we get

$$\min_{\eta} \mathscr{U}_1(\boldsymbol{\xi}, \boldsymbol{\eta})$$

$$= \min_{\eta} \sum_{i=1}^{r} \sum_{j=1}^{s} u_{ij}^1 \xi_i \eta_j$$

522

$$> H(\xi) + \min_{\eta}\left(-\log_e\left(\sum_{i=1}^{r} e^{-\sum_{j=1}^{s} u_{ij}^1 \eta_j} \right) \right)$$

$$= H(\xi) - \max_{\eta} \log_e\left(\sum_{i=1}^{r} e^{-\sum_{j=1}^{s} u_{ij}^1 \eta_j} \right)$$

$$\geqslant H(\xi) - \max_{\eta}\left(\sum_{i=1}^{r} e^{-\sum_{j=1}^{s} u_{ij}^1 \eta_j} - 1 \right)$$

$$\geqslant H(\xi) - \sum_{i=1}^{r} \max_{\eta} e^{-\sum_{j=1}^{s} u_{ij}^1 \eta_j} + 1$$

$$\geqslant H(\xi) - \sum_{i=1}^{r} \max_{\eta} \sum_{j=1}^{s} \eta_j e^{-u_{ij}^1} + 1 > v_1$$

Now we shall utilize proposition 2, obtaining

$$\max_{\eta} \mathscr{U}_2(\xi,\eta)$$

$$= \max_{\eta} \sum_{i=1}^{r} \sum_{j=1}^{s} u_{ij}^2 \xi_i \eta_j$$

$$< \max_{\eta} \sum_{j=1}^{s} \left(\sum_{i=1}^{r} u_{ij}^2 \eta_j \right) + \max_{\eta}(-\mathscr{F}(\mathscr{U}_2(\eta),\xi))$$

$$= \max_{\eta} \sum_{i=1}^{r} \sum_{j=1}^{s} u_{ij}^2 \eta_j - \min_{\eta} \mathscr{F}(\mathscr{U}_2(\eta),\xi)$$

$$\leqslant \sum_{i=1}^{r} \max_{\eta} \sum_{j=1}^{s} u_{ij}^2 \eta_j - \min_{\eta} \mathscr{F}(\mathscr{U}_2(\eta),\xi)$$

$$\leqslant \sum_{i=1}^{r} \max_{\eta} \sum_{j=1}^{s} u_{ij}^2 \eta_j - \mathscr{F}(\min_{\eta} \mathscr{U}_2(\eta),\xi) < v_2$$

Therefore, the existence of such a solution $\xi = (\xi_1, \cdots, \xi_r)$ for which the inequalities (3) hold is expressed by means of the entropy and weighted entropy corresponding to this desired random strategy. Obviously, several such solutions may exist. On the other hand, let us notice that the problem stated in theorem is, in fact, the following one: to solve a system of inequalities (3) involving mean values where the unknown entity is a probability distribution. According to theorem, the solutions of this problem may be characterized by means of the entropy and the weighted entropy.

Let us notice that the obvious inequalities

$$H(\xi) \leqslant \log_e r, \quad \mathscr{F}(\min_{\eta} \mathscr{U}_2(\eta), \xi) \geqslant 0$$

imply the following conditions about the bounds v_1 and v_2, namely

$$v_1 < \log_e r - \sum_{i=1}^{r} \max_{\eta} \sum_{j=1}^{s} \eta_j e^{-u_{ij}^1} + 1$$

$$v_2 > \sum_{i=1}^{r} \max_{\eta} \sum_{j=1}^{s} u_{ij}^2 \eta_j$$

assuring the existence of at least one solution of the problem.

The inequalities (1) and (2) are the compatibility conditions of the game. Let us give now three examples of effective random strategies satisfying the compatibility conditions of the game

(a) If

$$v_1 < \log_e r - \sum_{i=1}^{r} \max_{\eta} \sum_{j=1}^{s} \eta_j e^{-u_{ij}^1} + 1$$

and

$$v_2 > \sum_{i=1}^{r} \max_{\eta} \sum_{j=1}^{s} u_{ij}^2 \eta_j + \frac{1}{r} \sum_{i=1}^{r} \left(\min_{\eta} \sum_{j=1}^{s} u_{ij}^2 \eta_j\right) \log_e \frac{1}{r}$$

then the probability distribution

524

$$\xi_i = \frac{1}{r} \quad (i = 1, \cdots, r)$$

satisfies (3). This random strategy maximizes $H(\xi)$, i. e., it contains the maximum amount of uncertainty with respect to the pure strategies utilized by the first player. It is independent of the utilities. For this probability distribution, the inequality (1) is weakened.

(b) If

$$\sum_{i=1}^{r} \left(\frac{\alpha}{\min\limits_{\eta} \sum\limits_{j=1}^{s} u_{ij}^2 \eta_j} + 1 \right) e^{-\frac{\alpha}{\min\limits_{\eta} \sum\limits_{j=1}^{s} u_{ij}^2 \eta_j} - 1}$$

$$> v_1 + \sum_{i=1}^{r} \max_{\eta} \sum_{j=1}^{s} \eta_j e^{-u_{ij}^1} - 1$$

and

$$\alpha + \sum_{i=1}^{r} \min_{\eta} \sum_{j=1}^{s} u_{ij}^2 \eta_j e^{-\frac{\alpha}{\min\limits_{\eta} \sum\limits_{j=1}^{s} u_{ij}^2 \eta_j} - 1}$$

$$> \sum_{i=1}^{r} \max_{\eta} \sum_{j=1}^{s} u_{ij}^2 \eta_j - v_2$$

where α satisfies the equality

$$\sum_{i=1}^{r} e^{-\frac{\alpha}{\min\limits_{\eta} \sum\limits_{j=1}^{s} u_{ij}^2 \eta_j} - 1} = 1$$

then the random strategy

$$\xi_i = e^{-\frac{\alpha}{\min\limits_{\eta} \sum\limits_{j=1}^{s} u_{ij}^2 \eta_j} - 1} \quad (i = 1, \cdots, r)$$

satisfies (3). This random strategy weakens the inequality (2), maximizing the weighted entropy $\mathscr{F}(\min\limits_{\eta} \mathscr{U}_2(\eta), \xi)$.

(c) If

$$v_1 < \sum_{i=1}^{r} \frac{\alpha}{\min\limits_{\eta} \sum\limits_{j=1}^{s} u_{ij}^2 \eta_j} e^{-\frac{\alpha}{\min\limits_{\eta} \sum\limits_{j=1}^{s} u_{ij}^2 \eta_j}} - \sum_{i=1}^{r} \max_{\eta} \sum_{j=1}^{s} \eta_j e^{-u_{ij}^1} + 1$$

and

$$v_2 > \sum_{i=1}^{r} \max_{\eta} \sum_{j=1}^{s} u_{ij}^2 \eta_j - \alpha$$

where α satisfies the equality

$$\sum_{i=1}^{r} e^{-\frac{\alpha}{\min\limits_{\eta} \sum\limits_{j=1}^{s} u_{ij}^2 \eta_j}} = 1$$

then the random strategy

$$\xi_i = e^{-\frac{\alpha}{\min\limits_{\eta} \sum\limits_{j=1}^{s} u_{ij}^2 \eta_j}} \quad (i = 1, \cdots, r)$$

satisfies (3) . This probability distribution, according to proposition 3, maximizes the sum of the weighted entropy and the mean utility, i. e. , the expression

$$\mathscr{F}(\min_{\eta} \mathscr{U}_2(\eta), \xi) + \sum_{i=1}^{r} \left(\min_{\eta} \sum_{i=1}^{s} u_{ij}^2 \eta_j \right) \xi_i$$

Theorem shows us that both Shannon entropy and the weighted entropy are useful for characterizing the random strategies which assure either a lower bound for the mean utility of a player or an upper bound for the mean utility of the opposite player.

Weighting Process; Prediction and Retrodiction

§ 1   Bayesian Prediction and Retrodiction

Let $\mathscr{H}$ be a finite set of available hypotheses. We shall denote by h an arbitrary hypothesis belonging to $\mathscr{H}$. Let $\mathscr{D} = \{d_1, \cdots, d_n\}$ be the set of all possible results of an auxiliary experiment. The a priori probabilities (or the a priori credibilities) of the available hypotheses are

$$p_0(h) > 0, \sum_{h \in \mathscr{H}} p_0(h) = 1$$

Of course, these a priori probabilities can have either objective or subjective character.

If $p(d \mid h)$ represents the probability of the result d of the auxiliary experiment, conditioned by the hypothesis h (i. e. , supposing that the hypothesis h is true) , then , according to the Bayesian point of view , the a posteriori probabilities of the available hypotheses will be

$$p_1(h \mid d) = \frac{p_0(h)p(d \mid h)}{\sum\limits_{\tilde{h} \in \mathscr{H}} p_0(\tilde{h})p(d \mid \tilde{h})} \qquad (1)$$

We shall say that $p(d \mid h)$ is the *prediction probability* of the result d if the hypothesis h is given and that $p_1(h \mid d)$ is the *retrodiction probability* of the hypothesis h if the result d occurred in the auxiliary experiment.

First of all , let us notice that the relation between the present time (i. e. , the probabilities $p_1(h \mid d)$) and the past time (i. e. , the probabilities $p_0(h)$) is not linear.

The Bayes formula (1) is a rule of inversion for the random correspondence $p(d \mid h)$ between the set $\mathscr{H}$ and the set $\mathscr{D}$. We can represent this connection by the diagram given in Fig. 1. Of course , the inversion of the random correspondence $p(d \mid h)$ is given by means of the a priori probability distribution $p_0(h)$.

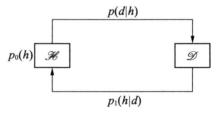

Figure 1

As an example, let us consider the set $\mathscr{H}$ as being the set of causes and the set $\mathscr{D}$ as being the set of effects. Then, the random correspondence $p(d|h):\mathscr{H}\rightarrow\mathscr{D}$ represents the model of probabilistic causality. In this case, $p(d|h)$ represents the probability of the effect d if the cause h occurred. To every cause h an arbitrary effect d may correspond, with the probability given by the number $p(d|h)\geqslant 0$. Of course

$$\sum_{d\in\mathscr{D}}p(d\mid h)=1$$

This probabilistic causality contains, as a particular case, the deterministic causality. Indeed, if to every cause $h\in\mathscr{H}$ there corresponds one and only one welldefined effect $d_h\in\mathscr{D}$, then $p(d_n|h)=1$ and $p(d|h)=0$ for any $d\neq d_h$. The Bayes formula (1) gives us the possibility to consider, conversely, the probability of causes conditioned by the effects, i. e. , the random correspondence $p_1(h|d):\mathscr{D}\rightarrow\mathscr{H}$.

Let us return to the initial set of available hypotheses $\mathscr{H}$ and to the given auxiliary experiment having as possible results the elements belonging to the set $\mathscr{D}$. We suppose now that several successive experiments (of the same kind) are going on and let us denote by

$$\mathscr{B}=\{d_{i_1},d_{i_2},\cdots,d_{i_k}\}\quad(d_{i_j}\in\mathscr{D})$$

the results occurring, successively, in k experiments. Sometimes the set $\mathscr{B}$ is called the "body of evidence." Now, the Bayes formula (1) gives us the a posteriori probability (or credibility) of the hypothesis h at the moment k, namely

$$p_k(h \mid \mathscr{B}) = p_k(h \mid d_{i_1}, \cdots, d_{i_k})$$

$$= \frac{p_0(h)p(d_{i_1}, \cdots, d_{i_k} \mid h)}{\sum\limits_{\tilde{h} \in \mathscr{H}} p_0(\tilde{h})p(d_{i_1}, \cdots, d_{i_k} \mid \tilde{h})} \quad (2)$$

We shall write simply $p_k(h)$ instead of $p_k(h \mid \mathscr{B})$. However, we must take into account that the a posteriori probabilities $p_k(h)$ depend on the "body of evidence" $\mathscr{B}$.

Generally, we have the following equality

$$p(d_{i_1}, \cdots, d_{i_k} \mid h) = p(d_{i_1} \mid h)p(d_{i_2} \mid h, d_{i_1}) \cdots$$
$$p(d_{i_k} \mid h, d_{i_1}, \cdots, d_{i_{k-1}}) \quad (3)$$

where $p(d_{i_k} \mid h, d_{i_1}, \cdots, d_{i_{k-1}})$ represents the probability of the result d_{i_k} in the $k-$th experiment if we consider the hypothesis h as being true and if, in the previous experiments, we obtained the successive results $d_{i_1}, \cdots, d_{i_{k-1}}$.

If the successive experiments are independent (we shall speak of the Bernoulli experiment in this case), we have

$$p(d_{i_k} \mid h, d_{i_1}, \cdots, d_{i_{k-1}}) = p(d_{i_k} \mid h) \quad (4)$$

If the probability of any result is influenced only by the result of the previous experiment (we shall speak of the Markov experiment in this case), we have

$$p(d_{i_k} \mid h, d_{i_1}, \cdots, d_{i_{k-1}}) = p(d_{i_k} \mid h, d_{i_{k-1}}) \quad (5)$$

For a Bernoulli experiment we obtain from (2) to (4) the following expression for the a posteriori probabili-

ties of the available hypotheses

$$p_k(h) = \frac{p_0(h)p(d_{i_1} \mid h)\cdots p(d_{i_k} \mid h)}{\sum\limits_{\tilde{h} \in \mathscr{H}} p_0(\tilde{h})p(d_{i_1} \mid \tilde{h})\cdots p(d_{i_k} \mid \tilde{h})} \quad (6)$$

Let us denote by k_i the absolute frequency of the result d_i in the "body of evidence" $\mathscr{B}$, i. e. , the number of appearances of the result $d_i \in \mathscr{D}$ in k successive experiments. The relative frequency of the result $d_i \in \mathscr{D}$ will be

$$\gamma_i^{(k)} = \frac{k_i}{k} \quad (i = 1, \cdots, n)$$

Then we have

$$p(d_{i_1} \mid h)p(d_{i_2} \mid h)\cdots p(d_{i_k} \mid h)$$
$$= (p(d_1 \mid h))^{k_1}(p(d_2 \mid h))^{k_2}\cdots(p(d_n \mid h))^{k_n}$$
$$= \left(\prod_{i=1}^{n} (p(d_i \mid h))^{\gamma_i^{(k)}} \right)^k \quad (7)$$

and from (6) we obtain

$$p_k(h) = \frac{p_0(h)\left(\prod\limits_{i=1}^{n} (p(d_i \mid h))^{\gamma_i^{(k)}} \right)^k}{\sum\limits_{\tilde{h} \in \mathscr{H}} p_0(\tilde{h})\left(\prod\limits_{i=1}^{n} (p(d_i \mid \tilde{h})^{\gamma_i^{(k)}}) \right)^k} \quad (8)$$

If for the Bernoulli experiment considered above there exists, for every possible result d_i, a probability γ_i of its occurrence, then by analogy with the formula (8) we may consider the probability of the hypothesis h at the moment k of the form

$$\bar{p}_k(h) = \frac{p_0(h)(A(h))^k}{\sum_{\tilde{h} \in \mathcal{H}} p_0(\tilde{h})(A(\tilde{h}))^k} \qquad (9)$$

where

$$A(h) = \prod_{i=1}^{n} (p(d_i \mid h)^{\gamma_i}$$

Of course, the probabilities $p_k(h)$ and $\bar{p}_k(h)$ are different in general, a close connection between them occurring only asymptotically (i. e., for k sufficiently large).

Then the initial set of available hypotheses can be divided in three subsets, namely

$$\mathcal{R} = \{ h \mid A(h) = 0 \}$$

$$\mathcal{U} = \{ h \mid A(h) \neq 0, \ A(h) \neq \max_{\tilde{h} \in \mathcal{H}} A(\tilde{h}) \}$$

$$\mathcal{K} = \{ h \mid A(h) = \max_{\tilde{h} \in \mathcal{H}} A(\tilde{h}) \}$$

Of course, they constitute a partition of the set $\mathcal{H}$. This partition of the set of available hypotheses was considered for the first time by S. Watanabe (1969a). Let us see now what properties these three sets have.

For $h \in \mathcal{R}$, according to (9) we get $\bar{p}_k(h) = 0$. This fact justifies us calling the set $\mathcal{R}$ the class of *refutable hypotheses*. Further, for every $h \in \mathcal{U} \cup \mathcal{K}$ we obtain, from (9)

$$\bar{p}_k(h) = \frac{p_0(h)}{\sum_{\tilde{h} \in \mathcal{U}} p_0(\tilde{h}) \left(\frac{A(\tilde{h})}{A(h)} \right)^k + \sum_{\tilde{h} \in \mathcal{K}} p_0(\tilde{h}) \left(\frac{A(\tilde{h})}{A(h)} \right)^k} \qquad (10)$$

This last equality shows us that if $h \in \mathscr{U}$ then

$$p_{\infty}(h) = \lim_{k \to \infty} \overline{p}_k(h) = 0$$

and $\mathscr{U}$ will be called the class of *asymptotically refutable* hypotheses. Considering again the equality (10), we obtain, for $h \in \mathscr{K}$

$$p_{\infty}(h) = \lim_{k \to \infty} \overline{p}_k(h) = \frac{p_0(h)}{\sum_{\tilde{h} \in \mathscr{K}} p_0(\tilde{h})} \qquad (11)$$

This set $\mathscr{K}$ will be called the class of new available hypotheses. In this case, the new probabilities for the hypotheses belonging to the class $\mathscr{K}$ are only new arrangements of the a priori credibilities of these hypotheses. On the other hand, if the class $\mathscr{K}$ contains only one element, i. e. , $\mathscr{K} = \{h^*\}$, then, from (11), we get $p_{\infty}(h^*) = 1$ (Fig. 2).

```
0011110111111111110111011110011110111110
10111011111110111100011111101111111110110
1111101111011111010011111101111111110110
11110111111011011111111111111111101110010
111110011111101101101111110111111111110011
```
Figure 2

In this way, the initial uncertainty on the set of available hypotheses

$$H_0 = -\sum_{h \in \mathscr{K}} p_0(h) \log p_0(h)$$

is replaced by the new uncertainty given by the expression

$$H_\infty = -\sum_{h \in \mathscr{H}} \frac{p_0(h)}{\sum_{\tilde{h} \in \mathscr{H}} p_0(\tilde{h})} \log \frac{p_0(h)}{\sum_{\tilde{h} \in \mathscr{H}} p_0(\tilde{h})}$$

To illustrate the theory developed above let us give two examples.

(a) M. Voiculescu has performed the following experiment suggested by S. Watanabe (1969a). Let us consider an urn containing 10 balls which are either black or white. We do not know, however, how many balls are black and how many balls are white. The auxiliary Bernoulli experiment is the following one: we extract a ball from the urn and determine its color, writing down 0 if the ball is black and 1 if the ball is white. Further, we put the extracted ball back in the urn and we repeat the experiment. Of course, we want to discover the exact content of the urn.

In this case, we have obviously 11 available hypotheses, i. e.

$$\mathscr{H} = \{h_0, h_1, \cdots, h_{10}\}$$

where h_i is the following hypothesis: "we have inside the urn i black balls and $10 - i$ white balls." The possible outcomes of the auxiliary experiment are only 0 and 1, i. e., $\mathscr{D} = \{0, 1\}$. Therefore, in this case $n = 2$, $d_1 = 0$, $d_2 = 1$.

The experiment described above was repeated 200 times. The "body of evidence" obtained was, of course,

a sequence of 1 and 0 containing 200 elements (Fig. 2). The prediction probabilities may be calculated immediately. Indeed, we have

$$p(0|h_i) = \frac{i}{10}, \ p(1|h_i) = \frac{10-i}{10} \quad (i = 0,1,\cdots,10)$$

The a priori credibilities of the available hypotheses were considered as being equal, i. e. , $p_0(h_i) = \frac{1}{11}(i = 0, 1,\cdots,10)$.

The expression (8) was computed and the following results were obtained: (i) h_0 was refuted for $k = 1$ while h_{10} was refuted at the moment $k = 3$. These two extreme hypotheses are the elements of the class $\mathscr{R}$ in this case. (ii) Other hypotheses from the class $\mathscr{U}$ were refuted in a finite number of steps too because of the computer's inevitably limited capacity. So, h_9, h_8, and h_7 were refuted at the moments $k = 138$, $k = 195$, and $k = 199$ respectively. The probability of the hypothesis h_2 increased significantly for large k to the extent that a probability greater than $0 \cdot 900$ was obtained at the moment $k = 127$. As a matter of fact, opening of the urn proved that h_2 was the true hypothesis.

(b) V. Oprea has repeated the experiment, but renouncing the restrictive condition of the independence of the successive experiments. The new experiment was as follows. Again a ball was extracted from the urn and its color determined in the same way, writing 0 if the ball

535

was black and 1 if the ball was white. Further, a ball of opposite color was put back inside the urn and the experiment repeated again. At the beginning 20 balls were put inside the urn. Of course, a priori 21 hypotheses were available, where h_i denotes: "there are i black balls and $20 - i$ white balls inside the urn." Again the experiment was repeated 200 times. In this case, the prediction probabilities are influenced by the previous results. As a matter of fact, if 0 was obtained l times while 1 was obtained m times, then the prediction probabilities of 0 and 1, at the moment $k(l + m = k - 1)$, conditioned by the hypothesis h_i, are given by

$$p_k(0 \mid h_i, 0^l, 1^m) = \frac{i - l + m}{20} \geqslant 0$$

and

$$p_k(1 \mid h_i, 0^l, 1^m) = \frac{20 - i + l - m}{20} \geqslant 0$$

respectively. Taking into account the "body of evidence" obtained (Fig. 3) and utilizing the expressions (2) and (3), at the moment $k = 109$, the probability of the true hypothesis (i. e., h_4) becomes the largest one. Of course, these experiments. with urns are the simplest ones.

Throughout this section we adopted the Bayesian point of view for computing the a posteriori probabilities of the available hypotheses. The main problem is: why does the Bayes formula (1) give very good results in statistical

inference? In Chapter 21 we shall show that information theory gives us the possibility to answer this question.

§ 2 Weighting Process

We intend to introduce now a new kind of probabilistic evolution which includes the Bayesian approach, given in the previous section, as a special case. The complete significance of this probabilistic evolution will be underlined in Chapter 21. This probabilistic evolution, called the weighting process, was introduced by S. Guiasu (1975) (Fig. 3).

```
110111110010010111000010111000010101101111
011010011000110011111110001001001100011101
010110100001011101101110100010101010001011
011001011010111110110101010001010100001011
111000001001000001100011011100010100011111
```
Figure 3

Let $\mathscr{H}$ be again a finite set. An arbitrary element of this set will be denoted by h and it will be regarded either as an arbitrary hypothesis or as a state of a given system. Let $\{p_0(h) \mid h \in \mathscr{H}\}$ be an initial probability distribution defined on the set $\mathscr{H}$, satisfying the following obvious conditions

$$p_0(h) > 0, \ \sum_{h \in \mathscr{H}} p_0(h) = 1 \qquad (1)$$

Also, let

$$\{u_t(h) \mid h \in \mathscr{H}, t \in I\}$$

be a family of non-negative real numbers, $u_t(h) \geqslant 0$, where the time-interval I may be the set $\mathbf{R}_+$ of positive real numbers (continuous time) or the set N of positive integers (discrete time).

Definition 1 *The weighting process (in the large sense) is such a random evolution on the set $\mathscr{H}$ for which the random distribution of the elements $h \in \mathscr{H}$ at any moment $t \in I$ is given by the expression*

$$p_t(h) = \frac{p_0(h)u_t(h)}{\sum\limits_{\tilde{h} \in \mathscr{H}} p_0(\tilde{h})u_t(\tilde{h})} \tag{2}$$

for every $h \in \mathscr{H}$.

Here, $p_0(h)$ is the initial probability of the element h, $p_t(h)$ is the probability of the element h at the moment t, and $\{u_t(h) \mid h \in \mathscr{H}\}$ is the *family of weights corresponding to the time-interval* $[0, t]$.

According to (2), let us notice that the dependence between $p_t(h)$ and $p_0(h)$ is not linear. In the following pages, we shall simply write weighting process instead of weighting process in the large sense.

The weighting process is *convergent* if for every $h \in \mathscr{H}$ there exist the asymptotic probabilities

$$p_\infty(h) = \lim_{t \to \infty} p_t(h)$$

Let us consider the family of non-negative real numbers

$$\{\tilde{u}_t(h) \mid h \in \mathcal{H}, t \in \mathbf{N}\}$$

together with the initial probability distribution (1).

Definition 2　　*The sequential weighting process is such a random evolution on the set $\mathcal{H}$ for which the probability distribution of the elements $h \in \mathcal{H}$ at any moment $t \in \mathbf{N}$ is given by the expression*

$$p_t(h) = \frac{p_{t-1}(h) \tilde{u}_t(h)}{\sum\limits_{\overset{\smile}{h} \in \mathcal{H}} p_{t-1}(\overset{\smile}{h}) \tilde{u}_t(\overset{\smile}{h})} \tag{3}$$

for every $h \in \mathcal{H}$.

Again, $p_t(h)$ is the probability of the element $h \in \mathcal{H}$ at the moment t. The nonnegative real numbers $\{\tilde{u}_t(h) \mid h \in \mathcal{H}\}$ represent the *weights at the moment t*.

Let us give now some particular cases：

(a) Of course, the sequential weighting process is a weighting process (in the large sense) with $I = N$ and

$$u_t(h) = \prod_{i=1}^{t} \tilde{u}_i(h)$$

This fact may be obtained immediately from (3).

(b) From (3) it results easily that if $\tilde{u}_t(h) = 1$ for every $h \in \mathcal{H}$, then the probabilities of the elements $h \in \mathcal{H}$ remain unchanged in the interval $[t - 1, t]$, i. e. , $p_t(h) = p_{t-1}(h)$ for every $h \in \mathcal{H}$.

(c) If $u(h) > 0$ and $u_t(h) = (u(h))^t$, $t \in I$, then the equality (2) becomes

$$p_t(h) = \frac{p_{t-1}(h)(u(h))^t}{\sum\limits_{\tilde{h} \in \mathscr{H}} p_0(\tilde{h})(u(\tilde{h}))^t} \qquad (4)$$

The weighting process given by (4) will be called the *iterated weighting process*. The function $u(h)$ is called the *elementary weight*.

Let us consider now the family of weights $\{u_t(h) \mid h \in \mathscr{H}, t \in I\}$. This family of weights will be called a *regular family* if the following two conditions hold:

(a) For every $h \in \mathscr{H}$ there exists the limit

$$\lim_{t \to \infty} u_t(h) = \lambda(h) < + \infty$$

(b) For every $h \in \mathscr{H}$ there exists a positive number t_0 such that we have either $u_t(h) = 0$ for every $t > t_0$ or $u_t(h) \neq 0$ for every $t > t_0$.

Proposition 1 *The weighting process with a regular family of weights is convergent.*

Proof We can obtain in this case a classification of the elements belonging to $\mathscr{H}$, i. e. , the following partition of the set $\mathscr{H}$

$$\mathscr{H} = \mathscr{R}^* \cup \mathscr{U}^* \cup \mathscr{K}^*$$
$$\mathscr{R}^* \cap \mathscr{U}^* = \varnothing$$
$$\mathscr{U}^* \cap \mathscr{K}^* = \varnothing$$
$$\mathscr{R}^* \cap \mathscr{K}^* = \varnothing$$

where

$$\mathscr{R}^* = \{h \mid \text{there is } t_0 \text{ such that for } t > t_0$$
$$\text{we have } u_t(h) = 0\}$$

540

$$\mathscr{U}^* = \{h \mid h \notin \mathscr{R}^*, \lambda(h) = 0\}$$
$$\mathscr{K}^* = \{h \mid \lambda(h) \neq 0\}$$

According to the definitions of these subsets, the following asymptotic behavior of the probabilities may be obtained:

(a) If $h \in \mathscr{R}^*$, there exists t_0 such that for every $t > t_0$ we have $p_t(h) = 0$. Of course, in this case

$$p_\infty(h) = \lim_{t \to \infty} p_t(h) = 0$$

(b) If $h \in \mathscr{U}^*$, there exists a positive number t_0 such that for every $t > t_0$ we have $p_t(h) > 0$, but

$$p_\infty(h) = \lim_{t \to \infty} p_t(h) = 0$$

(c) If $h \in \mathscr{K}^*$, we have

$$p_\infty(h) = \lim_{t \to \infty} p_t(h) = \frac{p_0(h)\lambda(h)}{\sum_{\tilde{h} \in \mathscr{K}^*} p_0(\tilde{h})\lambda(\tilde{h})} \quad (5)$$

Taking into account the asymptotic behavior of the probabilities just mentioned, we see that the following names are justified, namely: $\mathscr{R}^*$ is the set of *refutable elements*, $\mathscr{U}^*$ is the set of *asymptotically refutable elements*, and $\mathscr{K}^*$ is the set of *available elements*.

The asymptotic expression for the entropy of a weighting process with a regular family of weights is

$$H_\infty = - \sum_{h \in \mathscr{K}^*} \frac{p_0(h)\lambda(h)}{\sum_{h \in \mathscr{K}^*} p_0(\bar{h})\lambda(\bar{h})} \log \frac{p_0(h)\lambda(h)}{\sum_{h \in \mathscr{K}^*} p_0(\bar{h})\lambda(\bar{h})} \quad (6)$$

If the set $\mathscr{K}^*$ contains only one element, i. e. , if

$\mathscr{K}^* = \{h^*\}$, then we obtain from (5) that $p_\infty(h^*) = 1$ and the corresponding asymptotic entropy will be $H_\infty = 0$.

Finally, let us notice that if $\lambda(h) = \lambda$ for every $h \in \mathscr{K}^*$, then, from (5), we obtain

$$p_\infty(h) = \frac{p_0(h)}{\sum_{\tilde{h} \in \mathscr{K}^*} p_0(\tilde{h})} \quad (h \in \mathscr{K}^*)$$

Proposition 2   *The iterated weighting process is convergent.*

Proof   Let us consider an iterated weighting process defined by (4) and let us introduce the following partition of the set $\mathscr{K}$, namely

$$\begin{cases} \mathscr{K} = \mathscr{R} \cup \mathscr{U} \cup \mathscr{K} \\ \mathscr{R} = \{h \mid u(h) = 0\} \\ \mathscr{U} = \{h \mid u(h) \neq 0, u(h) \neq \max_{\tilde{h} \in \mathscr{K}} u(\tilde{h})\} \\ \mathscr{K} = \{h \mid u(h) = \max_{\tilde{h} \in \mathscr{K}} u(\tilde{h})\} \end{cases} \quad (7)$$

If $\mathscr{K} \neq \varnothing$, we have:

(a) $p_t(h) = 0$, for every $h \in \mathscr{R}$ and $t > 0$.

(b) $p_\infty(h) = 0$, for every $h \in \mathscr{U}$.

(c) For every $h \in \mathscr{K}$, we have

$$p_\infty(h) = \frac{p_0(h)}{\sum_{h \in \mathscr{K}} p_0(\bar{h})}$$

The assertion (a) is obvious. Further, the statements (b) and (c) immediately result from the following

equality

$$p_t(h) = \frac{p_0(h)}{\sum\limits_{\tilde{h} \in \mathscr{U}} p_0(\tilde{h}) \left(\frac{u(\tilde{h})}{u(h)}\right)^t + \sum\limits_{\tilde{h} \in \mathscr{H}} p_0(\tilde{h}) \left(\frac{u(\tilde{h})}{u(h)}\right)^t}$$

which is true for any $h \in \mathscr{U} \cup \mathscr{H}$.

Let us show, briefly, that the Bayesian model for prediction and retrodiction given in the previous section may be considered as a weighting process. As a matter of fact, let us introduce another finite set $\mathscr{D} = \{d_1, \cdots, d_n\}$. If the elements of the set $\mathscr{H}$ are interpreted as available hypotheses, then the elements of the set $\mathscr{D}$ may be regarded as the possible outcomes (or results) of an auxiliary experiment. Then, according to the Bayesian point of view, the a posteriori probabilities of the hypotheses are given by the expression (2) where $t \in \mathbf{N}$, $p_0(h)$ is the a priori probability of the hypothesis $h \in \mathscr{H}$, and

$$u_t(h) = \prod_{l=1}^{t} p(d_{i_1} \mid h, d_{i_1}, \cdots, d_{i_{l-1}}) \qquad (8)$$

where $p(d_{i_1} \mid h, d_{i_1}, \cdots, d_{i_{l-1}})$ is the probability of the result d_{i_l} in the l - th experiment conditioned both by the hypothesis h and by the results $(d_{i_1}, \cdots, d_{i_{l-1}})$ from previous $l - 1$ experiments, where $d_{i_1} \in \mathscr{D}$ for every positive integer l.

Bernoulli's experiment corresponds to a sequential weighting process with the weights

$$u_t(h) = \left(\prod_{i=1}^{n} (p(d_i \mid h))^{\gamma_i(t)} \right)^t$$

where $\gamma_i^{(t)}$ is the relative frequency of the result d_i in the "body of evidence" $\mathcal{B} = \{d_{i_1}, \cdots, d_{i_t}\}$. Of course, the weights given above depend on t.

If now, the auxiliary experiment is such a Bernoulli experiment for which there exist the probabilities

$$\gamma_i > 0, \quad \sum_{i=1}^{n} \gamma_i = 1$$

corresponding to the occurrence of the results $d_1, \cdots, d_n$ respectively, then the evolution (9) (§1) may be interpreted as an iterated weighting process (4) where $t \in \mathbf{N}$, whose elementary weight is given by

$$u(h) = \prod_{i=1}^{n} (p(d_i \mid h))^{\gamma_i} \qquad (9)$$

(being, obviously, independent of t). Of course, the partition of the set $\mathcal{H}$ given in the proof of proposition 2 is just the classification of hypotheses obtained in the previous section. This classification shows us that the auxiliary experiment (which was arbitrary till now) is *significant* with respect to the set $\mathcal{H}$ of available hypotheses if the inclusion $\mathcal{H}' \subset \mathcal{H}$ is strict. The auxiliary experiment is nonsignificant if $\mathcal{H}' = \mathcal{H}$.

Finally let us notice that the family of weights

$$\{u_t(h) \mid h \in \mathcal{H}, t \in I\}$$

can have either an objective character, as in the equality (8), or a subjective character, as in the decision processes.

The quantity H_{∞} expresses the amount of uncertainty on the set of available hypotheses with respect to the given weighting process. If this quantity vanishes, we have no uncertainty on the set of available hypotheses.

545

H-Theorem and Converse H-Theorem

第二十一章

§ 1 H-Theorem

The famous H-theorem states the increase of the entropy as a meansure of uncertainty. We shall establish here that, for a large class of stochastic evolutions of the Markov type, the H-theorem holds.

Let us start by proving two elementary propositions. In fact, the second proposition (proposition 2) states merely that the variation of information discussed is non-negative.

Proposition 1   *If*

$$\pi_{ij} \geqslant 0, \ \sum_{i=1}^{m} \pi_{ij} = 1, \ p_i \geqslant 0, \ \sum_{i=1}^{m} p_i = 1$$

$$(i, j = 1, \cdots, m)$$

then we have

546

$$\prod_{i=1}^{m}(p_i)^{\pi_{ij}} \leqslant \sum_{i=1}^{m} \pi_{ij}p_i \quad (j = 1,\cdots,m) \qquad (1)$$

Proof　Let us apply Jensen's inequality for

$$n = m,\ \lambda_k = q_k,\ \sum_{k=1}^{m} q_k = 1,\ q_k \geqslant 0$$

$$f(x) = \log x,\ a = 0, b = 1$$

We get

$$\sum_{i=1}^{m} q_i \log x_i \leqslant \log\Big(\sum_{i=1}^{m} q_i x_i\Big) \qquad (2)$$

or

$$\prod_{i=1}^{m}(x_i)^{q_i} \leqslant \sum_{i=1}^{m} q_i x_i \qquad (3)$$

Introducing $x_i = p_i, q_i = \pi_{ij}$ in (3), we obtain (1).

Proposition 2　*If*

$$p_i \geqslant 0, q_i > 0 \quad (i = 1,\cdots,m);\ \sum_{i=1}^{m} p_i = \sum_{i=1}^{m} q_i = 1$$

then

$$-\sum_{i=1}^{m} q_i \log q_i \leqslant -\sum_{i=1}^{m} q_i \log p_i \qquad (4)$$

Proof　We introduce

$$x_1 = \frac{p_1}{q_1},\cdots, x_m = \frac{p_m}{q_m}$$

in the inequality (2). We obtain (4).

Now, let Ω be a finite set. An element $\omega \in \Omega$ will be interpreted as a state of an arbitrary system. Let also

$$t_0 < t_1 < t_2 < \cdots < t_n < t_{n+1} < \cdots$$

be an increasing sequence of positive real numbers. Here t_n will denote an arbitrary moment in time. Let us give an

547

initial probability distribution on the set Ω i. e.

$$p_{t_0}(\omega) \geqslant 0, \quad \sum_{m \in \Omega} p_{t_0}(\omega) = 1$$

and a transition stochastic matrix family

$$p_{t_i,t_{i+1}}(\omega' \mid \omega) > 0, \quad \sum_{\omega' \in \Omega} p_{t_i,t_{i+1}}(\omega' \mid \omega) = 1$$

$$(\omega' \in \Omega, \omega \in \Omega; i = 0,1,\cdots)$$

Here $p_{t_0}(\omega)$ represents the probability of the state ω at the moment t_0, while $p_{t_i,t_{i+1}}(\omega' \mid \omega)$ represents the transition probability from the state ω at the moment t_i into the state ω' at the moment t_{i+1}.

Let us suppose that the successive probabilities of the different states at different moments are given according to the following Markov-type evolution

$$p_{t_{n+1}}(\omega') = \sum_{\omega \in \Omega} p_{t_n}(\omega) p_{t_n,t_{n+1}}(\omega' \mid \omega) \quad (\omega' \in \Omega)$$

$$(5)$$

At every moment t_n the uncertainty on the set Ω of the system's states is given by the entropy

$$H_{t_n} = - \sum_{\omega \in \Omega} p_{t_n}(\omega) \log p_{t_n}(\omega)$$

Then, the following theorem holds.

Theorem (H-theorem) *If the transition stochastic matrix* $p_{t_n,t_{n+1}}(\omega' \mid \omega)$ *is bistochastic, i. e. , if*

$$\sum_{\omega \in \Omega} p_{t_n,t_{n+1}}(\omega' \mid \omega) = 1 \quad (\omega' \in \Omega) \qquad (6)$$

then

$$H_{t_n} \leqslant H_{t_{n+1}}$$

Proof According to propositions 1, 2, and to the

equalities (5) and (6), we obtain

$$H_{t_{n+1}} = -\sum_{\omega' \in \Omega} p_{t_{n+1}}(\omega') \log p_{t_{n+1}}(\omega')$$

$$= -\sum_{\omega' \in \Omega} \sum_{\omega \in \Omega} p_{t_n}(\omega) p_{t_n,t_{n+1}}(\omega' \mid \omega) \log p_{t_{n+1}}(\omega')$$

$$= -\sum_{\omega \in \Omega} p_{t_n}(\omega) \log \prod_{\omega' \in \Omega} (p_{t_{n+1}}(\omega'))^{p_{t_n,t_{n+1}}(\omega' \mid \omega)}$$

$$\geqslant -\sum_{\omega \in \Omega} p_{t_n}(\omega) \log \Big(\sum_{\omega' \in \Omega} p_{t_{n+1}}(\omega') p_{t_n,t_{n+1}}(\omega' \mid \omega) \Big)$$

$$\geqslant -\sum_{\omega \in \Omega} p_{t_n}(\omega) \log p_{t_n}(\omega) = H_{t_n}$$

because

$$\sum_{\omega \in \Omega} \Big(\sum_{\omega' \in \Omega} p_{t_{n+1}}(\omega') p_{t_n,t_{n+1}}(\omega' \mid \omega) \Big) = 1$$

As a consequence of this theorem, we can write

$$H_{t_0} \leqslant H_{t_1} \leqslant H_{t_2} \leqslant \cdots \leqslant H_{t_n} \leqslant H_{t_{n+1}} \leqslant \cdots \leqslant \log \alpha$$

where α denotes the number of elements of the set Ω. Therefore, a stabilization of entropy occurs, i. e. , there exists

$$\lim_{n \to \infty} H_{t_n} = H_\infty \leqslant \log (\text{card } \Omega)$$

This theorem was proved by S. Guiasu (1965). It is also proved by S. Watanabe (1969a). Let us make two remarks about the H-theorem presented above. Firstly, let us notice that according to the equality (5) the dependence between the present (i. e. , the probability distribution $p_{t_{n+1}}(\omega')$) and the past (i. e. , the probability distribution $p_{t_n}(\omega)$) is linear. Secondly, we can say that the possibility to prove an H-theorem for such a Markov-type stochastic evolution is not surprising at all. As a matter of fact, the H-theorem is proper first of all for physical processes (more exactly for energetically isolated physical systems), and the study of these physical systems determined the introduction of Markov chains and Markov processes. Thus, the first example of a Markov chain was given in the paper by Paul and Tatiana Ehrenfest (1907), two specialists in statistical mechanics.

In view of the H-theorem, we might suspect that Markov chains would be of use in the study of recognition, prediction, learning, and classification processes. All these last processes are characterized just by the converse evolution of the entropy (i. e. , of the uncertainty), namely, by the decrease of uncertainty. Therefore, we are interested in the converse H-theorem too, and we shall see that the weighting process defined in the last chapter is a stochastic evolution for which the converse H-theorem holds.

§2　Converse H-Theorem

In this section we shall show that for the weighting process defined the converse H-theorem is true. As a matter of fact, let us prove the following theorem.

Theorem 1 (converse H-theorem) *Let us consider a weighting process having as a family of positive weights* $\{u_t(h) \mid h \in \mathscr{H}, t \in \mathbf{R}_+\}$ *and as the initial probability distribution* $\{p_0(h) \mid h \in \mathscr{H}\}$. *We suppose that for every*

550

$h \in \mathcal{H}$ *there exists the derivative* $\dfrac{\mathrm{d}u_t(h)}{\mathrm{d}t}$ *and that there exists*

a positive real number t_0 *such that for any pair h and* $\tilde{h}$ *of elements from the set* $\mathcal{H}$ *and for every* $t > t_0$ *we have either*

$$u_t(h)\frac{\mathrm{d}u_t(\tilde{h})}{\mathrm{d}t} \geqslant u_t(\tilde{h})\frac{\mathrm{d}u_t(h)}{\mathrm{d}t} \text{ and } \frac{p_0(h)}{p_0(\tilde{h})} \leqslant \frac{u_t(\tilde{h})}{u_t(h)} \quad (1)$$

or

$$u_t(h)\frac{\mathrm{d}u_t(\tilde{h})}{\mathrm{d}t} \leqslant u_t(\tilde{h})\frac{\mathrm{d}u_t(h)}{\mathrm{d}t} \text{ and } \frac{p_0(h)}{p_0(\tilde{h})} \geqslant \frac{u_t(\tilde{h})}{u_t(h)} \quad (2)$$

Then, for every $t'' > t' > t_0$ *we have*

$$H_{t'} \geqslant H_{t''}$$

where H_t *is the entropy of the weighting process at the moment* t

$$H_t = -\sum_{h \in \mathcal{H}} p_t(h) \log p_t(h) \quad (3)$$

Proof　From (3) we have

$$\frac{\mathrm{d}H_t}{\mathrm{d}t} = -\sum_{h \in \mathcal{H}} \frac{\mathrm{d}p_t(h)}{\mathrm{d}t}(\log p_t(h) + 1) \quad (4)$$

we get

$$\frac{\mathrm{d}p_t(h)}{\mathrm{d}t}$$

$$= \frac{p_0(h)\dfrac{\mathrm{d}u_t(h)}{\mathrm{d}t}\displaystyle\sum_{\tilde{h} \in \mathcal{H}} p_0(\tilde{h})u_t(\tilde{h}) - p_0(h)u_t(h)\displaystyle\sum_{\tilde{h} \in \mathcal{H}} p_0(\tilde{h})\dfrac{\mathrm{d}u_t(\tilde{h})}{\mathrm{d}t}}{\left(\displaystyle\sum_{\tilde{h} \in \mathcal{H}} p_0(\tilde{h})u_t(\tilde{h})\right)^2}$$

$$(5)$$

If

$$A^2 = \left(\sum_{h \in \mathscr{H}} p_0(h) u_t(h) \right)^2$$

we obtain from (4) and (5) the following equality

$$A^2 \frac{\mathrm{d}H_t}{\mathrm{d}t} = \sum_{h \in \mathscr{H}} \sum_{\tilde{h} \in \mathscr{H}} p_0(h) p_0(\tilde{h}) \left(\log \frac{p_0(h) u_t(h)}{\sum_{\tilde{h} \in \mathscr{H}} p_0(\tilde{h}) u_t(\tilde{h})} + 1 \right) \cdot$$

$$\left[u_t(h) \frac{\mathrm{d}u_t(\tilde{h})}{\mathrm{d}t} - u_t(\tilde{h}) \frac{\mathrm{d}u_t(h)}{\mathrm{d}t} \right] \qquad (6)$$

Changing h with $\tilde{h}$ and $\tilde{h}$ with h in the last expression and adding this new equality with the equality (6), we obtain

$$2A^2 \frac{\mathrm{d}H_t}{\mathrm{d}t} = \sum_{h \in \mathscr{H}} \sum_{\tilde{h} \in \mathscr{H}} p_0(h) p_0(\tilde{h}) \cdot$$

$$\left[u_t(h) \frac{\mathrm{d}u_t(\tilde{h})}{\mathrm{d}t} - u_t(\tilde{h}) \frac{\mathrm{d}u_t(h)}{\mathrm{d}t} \right] \log \frac{p_0(h) u_t(h)}{p_0(\tilde{h}) u_t(\tilde{h})} \qquad (7)$$

Finally, either (1) or (2) implies that

$$\frac{\mathrm{d}H_t}{\mathrm{d}t} \leqslant 0$$

for $t > t_0$.

From the proof of the theorem given above (more exactly from the equality (7)), the converse H-theorem is true for $t > t_0$ if and only if for every $t > t_0$ the following equality is satisfied, namely

$$\sum_{h \in \mathscr{H}} \sum_{\tilde{h} \in \mathscr{H}} p_0(h) p_0(\tilde{h}) \Big[u_t(h) \frac{\mathrm{d} u_t(\tilde{h})}{\mathrm{d}t} -$$

$$u_t(\tilde{h}) \frac{\mathrm{d} u_t(h)}{\mathrm{d}t} \Big] \log \frac{p_0(h) u_t(h)}{p_0(\tilde{h}) u_t(\tilde{h})} \leqslant 0$$

On the other hand, let us notice that both in (1) and in (2) there are two separate conditions expressed by two inequalities. The first inequality is a condition imposed on the variation of the weights while the second inequality is a condition on the connection between the family of weights and the initial probability distribution.

Of course, we would be interested in a situation where the conditions under which the converse H-theorem was proved are automatically satisfied. The following theorem gives us an answer to this problem.

Theorem 2 (strong converse H-theorem) *For the iterated weighting process there exists a positive real number t_0 such that for every $t'' > t' > t_0$ we have*

$$H_{t'} \geqslant H_{t''}$$

Proof Let us consider an iterated weighting process defined by the initial probability distribution $\{p_0(h) \mid h \in \mathscr{H}\}$ and by the elementary weight $u(n) > 0$. We have, in this case

$$u_t(h) = (u(h))^t$$

Then the conditions (1) and (2) become

553

$$(u(h)u(\tilde{h}))^t \log \frac{u(\tilde{h})}{u(h)} \geqslant 0 \quad \text{and} \quad \frac{p_0(h)}{p_0(\tilde{h})} \leqslant \left(\frac{u(\tilde{h})}{u(h)}\right)^t$$

$$(8)$$

and

$$(u(h)u(\tilde{h}))^t \log \frac{u(\tilde{h})}{u(h)} \leqslant 0 \quad \text{and} \quad \frac{p_0(h)}{p_0(\tilde{h})} \geqslant \left(\frac{u(\tilde{h})}{u(h)}\right)^t$$

$$(9)$$

respectively.

If for every pair h and $\tilde{h}$ either (8) or (9) is true for for $t > t_0$, then according to theorem 1 the converse H-theorem holds. But for an arbitrary pair h, $\tilde{h}$ the following three situations can occur:

(a) $u(h) < u(\tilde{h})$. In this case

$$\frac{u(\tilde{h})}{u(h)} > 1$$

and (8) is satisfied for every $t > t_0^*$ where

$$t_0^* = \max\left\{0, \frac{\log \dfrac{p_0(h)}{p_0(\tilde{h})}}{\log \dfrac{u(\tilde{h})}{u(h)}}\right\}; \quad t_0^* = t_0^*(h, \tilde{h}) \quad (10)$$

(b) $u(h) > u(\tilde{h})$. In this case

$$\frac{u(\tilde{h})}{u(h)} < 1, \quad \text{i. e. ,} \quad \log \frac{u(\tilde{h})}{u(h)} < 0$$

and (9) is satisfied for $t > t_0^*$ where t_0^* is given again by

(10).

(c) $u(h) = u(\tilde{h})$. In this case

$$\log \frac{u(h)}{u(\tilde{h})} = 0$$

Then, if $p_0(h) \leqslant p_0(\tilde{h})$, the condition (8) is satisfied and if $p_0(h) \geqslant p_0(\tilde{h})$ then the condition (9) is satisfied.

Now it is sufficient to take

$$t_0 = \max_{\substack{h,\tilde{h} \in \mathscr{H} \\ u(h) \neq u(\tilde{h})}} \frac{\log \dfrac{p_0(h)}{p_0(\tilde{h})}}{\log \dfrac{u(\tilde{h})}{u(h)}} = \max_{\substack{h,\tilde{h} \in \mathscr{H} \\ u(h) \neq u(\tilde{h})}} t_0^*(h,\tilde{h}) \quad (11)$$

Then, for $t'' > t' > t_0$. we have $H_{t'} \geqslant H_{t''}$.

In fact, the proof given above tells us more than the simple statement of theorem 2. It gives us effectively the moment t_0 when the decrease of the entropy begins. Looking at the equality (11), we can see that this moment is influenced both by the elementary weight defining the iterated weighting process and by the initial probability distribution.

A direct proof of the strong converse H-theorem for an iterated weighting process whose elementary weight was given by S. Watanabe (1969a). Theorem 1 and theorem 2 were given by S. Guiasu (1975).

From theorem 2, we see that Bayesian prediction based on Bernoulli experiments are indeed characterized by the converse H-theorem. Therefore, the Bayesian approach so extensively utilized recently in satistical inference has all the rights to be utilized in prediction theory, in classification theory, or in pattern-recognition theory, because the application of this approach has as a consequence the decrease of uncertainty.

第五篇
应用篇

信息论的形成和发展

"信息"这个词相信大家不陌生,几乎每时每刻都会接触到. 不仅在通信、电子行业,其他各个行业也都十分重视信息,可谓进入了"信息时代". 信息不是静止的,它会产生也会消亡,人们需要获取它,并完成它的传输、交换、处理、检测、识别、存储、显示等功能. 研究这方面的科学就是信息科学,信息论是信息科学的主要理论基础之一. 它研究信息的基本理论,主要研究可能性和存在性问题,为具体实现提供理论依据. 与之对应的是信息技术,主要研究如何实现、怎样实现的问题.

信息论理论基础的建立,一般来说开始于 Shannon 研究通信系统时所发表的论文. 随着研究的深入与发展,信息论具有了较为宽广的内容.

信息在早些时期的定义是由 H. Nyquist 和 L. V. R. Hartley 在 20 世纪 20 年代提出来的. 1924 年 Nyquist 解释了信号带宽和信息速率之间的关系;1928 年

Hartley 最早研究了通信系统传输信息的能力,给出了信息度量方法;1936 年 Armstrong 提出了增大带宽可以使抗干扰能力加强. 这些工作都给 Shannon 很大的影响,他在 1941～1944 年对通信和密码进行深入研究,用概率论的方法研究通信系统,揭示了通信系统传递的对象就是信息,并对信息给以科学的定量描述,提出了信息熵的概念. 指出通信系统的中心问题是在噪声下如何有效而可靠地传送信息以及实现这一目标的主要方法是编码等. 这一成果于 1948 年以《通信的数学理论》(A mathematical theory of communication) 为题公开发表. 这是一篇关于现代信息论的开创性的权威论文,为信息论的创立做出了独特的贡献. Shannon 因此成为信息论的奠基人.

20 世纪 50 年代信息论在学术界引起了巨大的反响. 1951 年美国 IRE 成立了信息论组,并于 1955 年正式出版了信息论汇刊. 20 世纪 60 年代信道编码技术有较大进展,使它成为信息论的又一重要分支. 它把代数方法引入到纠错码的研究,使分组码技术发展到了高峰,找到了大量可纠正多个错误的码,而且提出了可实现的译码方法. 其次是卷积码和概率译码有了重大突破;提出了序列译码和 Viterbi 译码方法.

信源编码的研究落后于信道编码. Shannon 1959 年的文章 (Coding theorems for a discrete source with a fidelity criterion) 系统地提出了信息率失真理论,它是数据压缩的数学基础,为各种信源编码的研究奠定了基础.

　　到 20 世纪 70 年代,有关信息论的研究,从点与点间的单用户通信推广到多用户系统的研究. 1972 年 Cover 发表了有关广播信道的研究,以后陆续有关于多接入信道和广播信道模型的研究,但由于这些问题比较难,到目前为止,多用户信息论研究得不多,还有许多尚待解决的课题.

　　信息论主要应用在通信领域,在含噪信道中传输信息的最优方法到今天还不十分清楚. 特别是当数据的信息量大于信道容量的情况,更是毫无所知,这是经常遇到的情况. 因为从信源提取的信息常常是连续的,也就是信号的信息含量为无限大. 在一般信道中传输这样的信号,是不可能不产生误差的. 引入信道容量和信息量的概念以后,这类问题就可以得到满意的解释,并可给出一个通信系统的最佳效果,这样就为设计通信系统提供了理论依据.

　　信息论是在信息可以量度的基础上,研究有效地和可靠地传递信息的科学,它涉及信息量度、信息特性、信息传输速率、信道容量、干扰对信息传输的影响等方面的知识. 通常把上述范围的信息论称为狭义信息论,又因为它的创始人是 Shannon,故又称为 Shannon 信息论. 广义信息论则包含通信的全部统计问题的研究,除了 Shannon 信息论之外,还包括信号设计、噪声理论、信号的检测与估值等. 当信息在传输、存储和处理的过程中,不可避免地要受到噪声或其他无用信号的干扰,信息理论就是为能可靠地有效地从数据中提取信息,提供必要的根据和方法. 这就必须研究噪声和干扰的性质以及它们与信息本质上的差别,噪声与干扰往往具有按某种统计规律的随机特性,信息则具有一定的概率特性,如度量信息量的熵值就是概率性质的. 因此,信息论、概率论、随机过程和数理统计学是信息论应用的基础和工具.

在信息论和通信理论中经常会遇到信息、消息和信号这三个既有联系又有区别的名词. 下面将它们的定义比较如下:

信息:信息是指各个事物运动的状态及状态变化的方式. 人们从来自对周围世界的观察得到的数据中获得信息. 信息是抽象的意识或知识,它是看不见、摸不到的. 人脑的思维活动产生的一种想法,当它仍储存在脑子中的时候,它就是一种信息.

消息:消息是指包含有信息的语言、文字和图像等,例如我们每天从广播节目、报纸和电视节目中获得各种新闻及其他消息. 在通信中,消息是指担负着传送信息任务的单个符号或符号序列. 这些符号包括字母、文字、数字和语言等. 单个符号消息的情况,例如用 x_1 表示晴天,x_2 表示阴天,x_3 表示雨天. 符号序列消息的情况,例如"今天是晴天"这一消息由 5 个汉字构成. 可见消息是具体的,它载荷信息,但它不是物理性的.

信号:信号是消息的物理体现,为了在信道上传输消息,就必须把消息加载(调制)到具有某种物理特征的信号上去. 信号是信息的载荷子或载体,是物理性的. 如电信号、光信号等.

按照信息论或控制论的观点,在通信和控制系统

中传送的本质内容是信息,系统中实际传输的则是测量的信号,信息包含在信号之中,信号是信息的载体.信号到了接收端(信息论里称为信宿)经过处理变成文字、语声或图像,人们再从中得到有用的信息.

信息论与热力学中的熵

在通信系统中,一个信源输出的平均信息量与热力学系统中的熵相似,而且我们也已经把信源输出的平均信息量定义为熵. 某些信息工作者一直在寻求二者之间不仅是数学形式相似的更紧密的联系,下面我们概括介绍一下他们的观点.

广义上讲,热力学的熵是紊乱程度的测度. 假定一个容器中有 n 个气体分子,在某瞬间一些分子的运动速度很高,而另一些的速度低得多,而任何一个分子具有任何能量范围的概率,系由对所有分子都相同的一个概率密度分布所给出. 则这样一个系统的熵要比另一个与它有同样能量,但其高能分子和低能分子在任何时刻都分开在两个容器中的系统的熵为大. 因为第二个系统有秩序些,它的高低能分子不是混在一起而是分开的. 根据热力学第二定律,要减小一个系统的熵必须对它做功. 但实际上一个系统的总熵永远不会减少,因为如果系统的某一部分的熵减小,

另一部分的熵必然同时增加(通常是这一部分做了功使第一部分的熵减少). 例如一个家庭电冰箱,把它里面藏的东西冷却同时使它的周围变热,则其熵局部地减少. 但是包括供给冰箱的能源(例如说发电厂)的熵在内的总熵却增加了.

关于熵是紊乱程度的测度的概念,也可以引申应用到其他领域. 例如我们在玩扑克牌时,一副真正洗乱了的牌的熵就比一副按一定次序排列(如按颜色、点数、套式或其他综合形式)过的牌的熵高. 如果把牌一张一张地发,则一副完全排好次序的牌的顺序根本可以预知,则发出任何一张牌并不能使我们得到信息量. 但从真正洗乱了的 52 张牌中任意取出一张来,却使我们得到 $\log_2 52$ 比特的信息量. 这个例子当然没有揭示任何热力学中熵与信息量之间的关系,因为牌的紊乱与热力学毫无关系,它只不过用来说明信息量与熵之间的一点联系就在于它们都是紊乱程度的广义测度而已.

大多数有关信息量与热力学的熵的论点,都是以那种不遵守热力学第二定律,而且在减少熵时可以允许不对它们做功的假定系统为根据的. 人们议论说:如果信息和熵相等,则这个矛盾就可以解决,因为在这种系统可以被运用之前,通常需要知道各含能质点所在的位置.

人们还经常引用的例子是"Maxwell 魔鬼". 早先Maxwell 曾虚构了一个小盒子,这个盒子被一个没有摩擦的、不露气的门分隔成两部分. 这两部分所容气体的温度和压力最初是相等的. 门的开关由一个"魔鬼"来控制. 当它看见一个快速气体分子向一边飞来时,他就打开门让这个气体分子飞向盒子的一边,同样它让慢速的气体分子飞向盒子的另一边,到最后所有高速的(或高能的)气体分子留在一边,而慢速的(或低能的)气体分子留在另一边. 在这样状态下,这个系统的熵就比开始时的低,而在这个盒子的两部分之间可以作为一个热力机对外做功了.

对这个与热力学第二定律显然的相矛盾,人们往往做这样的解释:当气体分子接近"魔鬼"时,一定要做功才使他知道关于这个气体分子运动速度的信息,正是这个功使系统的熵减少了. 其他一些学者还研究了一些别的虚构系统,读者若对这类半哲学的问题有兴趣的话,可以参考 Bell 和 Pierce 的著作.

Bell 认为信息与负熵相等,但他是对一个信源的最大可能的熵与实际熵之间之差,即他称之为信源的"内熵"而言的. 因此当信源输出的平均信息量增加时,内熵就减少. 对前面的"Maxwell 魔鬼系统",他解释说:使"魔鬼"知道关于气体分子运动速度的信息在它用来决定打开门或关上门后就完全消失了. 若信息与负熵相当,则信息的失去补偿了负熵的增大(或者系统的熵的减少).

我们知道一个离散信源的平均熵是 $-\sum P(i)\log P(i)$ 比特/符号,而一个连续信源输出的每个样的熵是 $-\int p\log P$. 当产生符号的速率或取样速率为已知时,

就可以用这些式子来计算信源输出信息的速率.

对于一个离散信源,这个熵速率是

$$H' = - n \sum_{i=1}^{K} P(i) \log P(i) \ (\text{比特/秒}) \qquad (1)$$

式中,n 是每秒输出的符号数.

对于连续信源,取样速率决定于输出信号的频宽,若其频宽是 W 赫,最低必需的取样速率应为 $2W/$秒,因此其熵速率是

$$H' = - 2W \int_{-\infty}^{\infty} p(v) \log p(v) \, \mathrm{d}v \qquad (2)$$

当信源输出信号的幅度概率密度分布是 Gauss 分布时,可知其熵速率是

$$H' = 2W \log_e \sqrt{2\pi e N} \ (\text{奈特/秒}) \qquad (3)$$

式中,N 是输出信号的平均功率.

因为信源的输出总是要通过信道传送到接收端的,我们需要会测信道传输信息的能力. 所谓信道容量,就是信道能够传送信息的最大速率.

假定有一个信道每秒能够传送 n 个等宽度的、有 K 种不同幅度的脉冲,则其可能传送的信号见图 1,而信道容量是

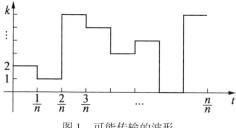

图 1　可能传输的波形

$$C = n\log_2 K\,(比特/秒) \tag{4}$$

因为这是这样一个信号中最大可能的信息含量.但在这样一个信号中的实际信息含量往往远小于此值,因为它决定于信源的熵.符号之间关联性的存在,可能意味着信源某时刻输出的脉冲幅度依赖于它前面脉冲的幅度,这就使信源的传信率下降,但是信道可能有的传信率却要大得多.

信息论对沿通信线路传输消息问题的应用

第二十四章

§1　基本概念. 代码的经济性

在这一章里, 我们要研究熵和信息这两个概念对沿通信线路传输消息的实际问题中某些最简单的, 然而却是十分重要的应用. 这时可以看出, 这些应用原来与前面研究过的关于猜测所设想的数或用衡量方法来确定假硬币的"游戏问题", 有很多共同点. 因此, 前面各节中所进行的一系列讨论, 可以直接用来解决通信技术的实际问题.

首先研究沿通信线路传输消息的一般概型. 为了确定起见, 我们以电报作为例子来谈. 在线路的一端, 发报员发送出某个消息, 它可以是用 33 个俄文字母 (除去字母 ё, 但添进"零字母"——两个字母间的空白间隔) 写出的, 或 27 个拉丁字母写出的,或用 10 个数字写出的(数字消息),或同时用数字和字母写出的. 通常发电报时,为了传输这个消息,电报员是利用可以自行改变其特性的直流电流的;这时可用直流电流作成一系列信号,第二个电报员在线路的接收端可以收到它们. 实践上已广泛采用的最简单的不同信号是接通电路(即在某个完全确定的时间内把电流接通)和断开电路(在同样长的时间内把电流切断);单利用这两个信号,就可以传输任何消息,只要约定用接通电路和断开电路的一定组合来代替每个字母或数字就行了.

在通信技术中,把每个要传输的消息与不同信号的某种组合相对应的规则(据此,在接收端可以唯一地恢复原消息),通常称为代码(例如在电报的情形就是电码),而把某一消息转译成一系列的不同信号这个手续本身,称为对该消息编码(把消息代码化). 这时,只利用两个不同的基本信号的代码(例如只利用接通电路和断开电路),称为二进制代码;利用三个不同的基本信号的代码,称为三进制代码,等等. 特别地,电报中采用着许多不同的代码,其中最重要的是 Morse 代码("Morse 电码")和 Bodo 代码. 在 Morse 代码中,每个字母或数字对应于短时间的接通电路("点")和长三倍时间的接通电路("划")的某个序列,而用和"点"同样长的短时间断开电路把"划"和"点"隔开;这时,字母(或数字)之间的空白,是由特别的分隔记号——长时间断开电路(与"划"同样长)——来表示的,而字之间的空白间隔,则是用二倍的长时间断开电路来表示的. 虽然这种代码只利用接通电路和断开电路,但却可以认为它是三进制代码. 因

为在这里,每个代码化了的消息都自然被分为如下的三个较大的"基本信号"——后面总是带有短时间断开电路的点,后面也总是带有短时间断开电路的划,以及分隔各个字母的长时间断开电路.现代,Morse代码通常只在基本电报线路损坏时,以及在有许多重要应用的短波无线电电报中采用.在所有较大的电报线路上传输普通字母所用的电报机中,经常都是采用二进制的Bodo代码.这时,每个字母都对应于五个最简单的基本信号——同样长的接通电路和断开电路——所组成的某个序列.因为这时所有的字母都是用同样长的二信号组合来传输(具有这种性质的代码,称为均匀代码),所以在Bodo代码中,不需要分隔字母的特别记号——因已知不会有这种情况,即五个基本信号中每个都能终止一个字母并开始下一个字母(在接收机中,通常是自动地把收到的基本信号序列分隔成五个信号一组).因为把第一个信号的两种可能性与第二个信号的两种可能性,第三个信号的两种可能性,第四个信号的两种可能性,以及第五个信号的两种可能性组合之后,我们共可组成 $2^5 = 32$ 个不同的组合.所以,Bodo代码在其最简单形式下,能够传输32个不同的字母[①].

---

① 因为要想传输全部字母和数字,32个组合是不够的,所以在采用Bodo代码工作的电报机中,有两个记录器;只要转移记录器,就可利用同一个组合再传输一个记号.这时可能传输的字母个数几乎增加一倍,因而就能传输全部字母、数字和标点符号.而在一个记录器的情形,对应于每个字母或数字,由六个基本信号组合的代码,才有同样的可能性;这种代码有时也在电报中采用.

在某些电报机中,除简单的接通和断开电流外,还可以把电流的方向变成相反;这时就有了用在两个不同的方向传输电流或一下子利用三个同样长的不同基本信号——在一个方向传输电流,在另一个方向传输电流,以及断开电流——来代替传输电流和断开电流而作为基本信号的可能性. 也还可能有更复杂的电报机,其中传输电流不仅按方向来区别,而且按电流强度来区别;我们由此就有可能作出更多的不同的基本信号. 增加不同的基本信号的个数,我们就能作出较简短的代码(即减少传输给定的消息所需的基本信号的数目,或以同样长的时间用这些信号传输较多的"字母"). 但同时这却使传输系统复杂和昂贵,所以在技术中,最好是采用基本信号个数不多的代码.

在无线电报中,不是改变电流强度,而是改变无线电波(高频率的正弦振动)的某些参数,所以在这里,基本信号是另行选定的;但在这种情形,每个被传输的字母也都是代之以可在线路接收端收到的基本信号的某个序列. 在大量其他的通信线路中,也有类似的情况;以后我们还要更详细地谈到这点.

现在,我们撇开技术细节,而简明地陈述在通信技术中所产生的基本数学问题. 设我们有利用某个包含有 n 个"字母"(例如 33 个俄文字母,或 10 个数字,或 43 个字母和数字,或字母、数字和标点符号,等等)的"字母集"所写出的一个消息. 需要我们对这个消息"编码",即指出把每个这样的消息与构成发送"字母集"的 m 个不同"基本信号"的一定序列相对应的规

则. 怎样做才最有利呢?

　　首先必须说明我们在这里是在什么样的意义上来理解"最有利"这几个字的. 我们认为传输给定的消息所必须花费的基本信号越少,那种编码就越有利. 若认为每个基本信号都持续同样长的时间,则最有利的代码就使我们在传输消息时花费最少的时间. 因为架设和维修通信线路一般都是很贵的(在无线电通信的情形则略有不同,在这里过分增多通信线路的数目是不可能的,因为这时这些线路就会彼此干扰),所以考虑能够增加现有通信线路的利用效率的更有利的代码,就有着毫无疑义的实际意义.

　　现在我们尽力更详细一些说明代码大体上是怎样的. 为了确定起见,我们暂且认为 $m = 2$(即代码是二进制的). 这时显然,编码就是使"字母集"中的 n 个"字母"的每一个都对应于两个基本信号的某一个序列——该"字母"的代码表示,撇开所采用的基本信号的物理性质后,我们可以用两个数字 0 和 1 来代替它们,即把全部代码表示都看作是这两个数字的某些序列. 为了给出代码,必须选出 n 个这样的序列,使它们对应于 n 个"字母". 这时,并不是 0 和 1 这两个数的任何 n 个不同序列,都可以决定某个二进制代码;还需要使得可以对代码化了的消息译码,即使得在相应于多字母消息的两个数字 0 和 1 的长序列中,总是可以知道在哪里一个字母的代码表示结束而下一个代码表示开始. 达到这点的最简单途径是要求全部 n 个字母的代码表示都有同样的长度(均匀代码的情形;参考前述的 Bodo 代码). 也可以像 Morse 代码一样,引入明显地分隔各个代码表示的特别记号,并发送每两个"字母"的代码表示之间的这个记号;但是显然,这个途径未必是最有利的,因为在这里,所发送的消息中的"字母"数目实际上是加倍了(这是由于增加了嵌在任何两个字母之间的第 $n+1$ 个"分隔字母"). 最后,也可以有不需要特别分隔记号的不均匀代码(它包含不同长度的代码表示):为此只需使任何一个代码表示都不和其他不论哪个较长的代码表示的开始部分一样就行了(例如,若"101"是某个字母的代码表示,那么就不能有以"10"或"10110"作其代码表示的字母). 事实上,只有对某个代码表示在某个位置是否终止或其后还跟有若干个基本信号,这点可能发生怀疑时,才不得不用分隔符号. 当不存在这种怀疑时,有了全部代码表示的表之后,它们在任何次序中就都可以不用任何分隔符号,唯一地决定在哪里一个代码表示终止而下一个代码表示开始. 自然,均匀代码总是满足所说的条件的. 今后我们全不考虑带有特别分隔符号的代码,与此相应,以后我们对于"代码"总是理解为满足上述加有着重点条件的、代表字母集中 n 个字母的 n 个代码表示的总体.

现在我们转到二进制编码和问题 21 的条件之间的联系问题,其中问题 21 是利用只能得到"是"或"不是"两种回答的一些问题来判定所设想的不超过 n 的数. 这种联系是最直接的. 事实上,设有某个二进制代码;我们认为和代码表示相对应的 n 个"字母"就是由

1 和 n 的全部整数. 设我们必须判定某个设想的数. 作为第一个问题,我们问:"所设想的数的代码表示的第一个数字是否是数字 1?"作为第二个问题,问:"这个代码表示的第二个数字是否是数字 1?",等等,这时我们相继确定了所设想的数的代码表示的全部数字:由于无论哪个代码表示都不和另一个的开始部分相同,所以,只要我们得到的数字组合是所利用的一个代码表示,我们就能确信完全可以中止并说出设想的数. 这样一来,对于有 n 个字母的字母集,每个二进制代码都对应于用只能回答"是"和"不是"的一些问题来判定 n 个设想的数之一的某种方法. 反之,判定所设想的数的任何方法,都可以使我们把 n 个数中的每一个都与 0 和 1 这两个数字的序列相对应,其中第一个数字是表示在猜测某数时用"是"或"不是"回答第一个问题,第二个数字是同样表示回答第二个问题,第三个数字是同样表示回答第三个问题,等等,亦即得到二进制代码,前面所说的条件,在这里显然总是成立的,因为从这个方法可使我们根据对所提问题的回答而唯一地指出设想的数. 这就立刻可知:所得到的代码表示中的任何一个,都不可能是另一个代码表示的延长(例如,在代码表示中有序列"101"就意味着,回答"是""不是"和"是"就完全确定了数,因而就消除了"10110"这种表示的可能性).

因此,我们看到,对于有 n 个字母的字母集,可能的二进制代码正好对应于,利用只有"是"或"不是"两种回答的一些问题来确定 n 个设想的数之一的各种可能的方法. 现在已可毫无困难地明白怎样的代码是最有利的了. 暂且利用传输(或记录)一个字母所必需的基本信号(换句话说,即数字 0 和 1)的最大个数,来计算给定的二进制代码的有利性(或者更好地说是经济性(节省性)). 这个最大个数越小,代码就越经济(从计算一个字母所需要的基本信号的平均数出发的代码"经济性程度"的更精确定义,将在下节考虑). 这时,关于设计最经济的代码的问题,就将和问题 21 的内容一样了. 根据这个问题的解,一个字母所需要的基本信号的最大个数 k,不可能比 $\dfrac{\log n}{\log 2}$ 还小,恒有 $k \geqslant \dfrac{\log n}{\log 2}$ 这个事实,容易由信息论的考虑而解释明白:字母集的 n 个字母中的一个字母,可以包含等于 $\log n$ 的信息(为此,只需使消息的所有"字母"都彼此无关,且其中每一个都可以以同样的概率取所有的值),而每个被传输的基本信号都取两个值(例如接通电路或断开电路)之一,因而可以包含不大于 $\log 2$ 的信息;所以为了传输一个字母,必须不少于 $\dfrac{\log n}{\log 2}$ 个基本信号.

为了作出最经济的二进制代码,我们可以利用问题 21 的解. 这就是说,把 n 个"字母"分成个数尽可能接近的两组,对第一组的所有字母,把数字 1 取作代码表示的第一个数字,而对第二组的所有字母,把数字 0 取作代码表示的第一个数字. 其次,再把这两组中的每一组又分成在个数尽可能接近的两组,并且,若字母在这两个较小的组的第一组内,就取其代码表示的第二个数字为 1,而若在这两个较小的组中的第二组内,就

取第二个数字为 0；然而再把这四个组中的每一组又分成个数尽可能接近的两个更小的组，并且依赖于这个分法而选取代码表示的第三个数字，等等. 这时我们就得到了二进制代码，对这种代码，一个代码表示中的数字的最大个数 k. 可见，无论怎样的代码，都不可能比这个代码更经济.

当然，这并不表示不存在另外的同样经济的代码，即并不表示最经济的代码仅仅只有一种. 特别地，很明显，只要用最长的代码表示中数字 0 和 1 的数量来估价代码的经济性，我们就总可以不考虑非均匀代码；对于所有其长度小于最大长度的代码表示，在其每一个的末端补充几个任意选取的数字（例如仅是数字 0）后，我们就可得到和原来非均匀代码的最长的代码表示同样长的均匀代码. 这种情况对于应用是很重要的，因为均匀代码有显著的实际优点：它们译码相当简单，并且这种译码很容易自动化. 还需指出，其代码表示具有最小可能长度的均匀代码，可以有好几种. 由于它们有较大的实际重要性，我们在这里再讲一个设计这种代码的方法，它在本质上和前面讲的十分相近.

我们要谈到的方法，和利用二进位数制很有关系. 通常我们是用十进位数制的，其中每个数都可表示为10 的幂之和的形式

$$n = a_k \cdot 10^k + a_{k-1} \cdot 10^{k-1} + \cdots + a_1 \cdot 10 + a_0$$

其中 $a_k, a_{k-1}, \cdots, a_1, a_0$ 都是可以取 0 到 9 各数为值的数字；这时数 n 可表示为数字序列，即可表为 $a_k a_{k-1} \cdots a_1 a_0$. 与此类似，数 n 也可以表为数 2 的幂之和的形式

$$n = b_l \cdot 2^l + b_{l-1} \cdot 2^{l-1} + \cdots + b_1 \cdot 2 + b_0$$

这里,"数字"$b_l, b_{l-1}, \cdots, b_1, b_0$ 也应该全都小于 2,即只可以取 0 和 1 这两个值. 在二进位数制中,一个数可用相应的"二进位数字"表示;例如,因为

$$6 = 1 \cdot 2^2 + 1 \cdot 2^1 + 0 \cdot 2^0;$$

$$9 = 1 \cdot 2^3 + 0 \cdot 2^2 + 0 \cdot 2 + 1 \cdot 2^0$$

那么,在二进位数制中,6 和 9 就可分别表为 110 和 1001. 当然,任何数也都可以用其他任意的数 m 的幂之和的形式表出;这时我们就得到 m - 进位数制,其中"数字"可以取 m 个值:$0, 1, 2, \cdots, m-1$(我们今后还需要这种数制).

在普通的("十进制的")数 n 记法中,数字的个数 k 显然可由下列不等式决定

$$10^{k-1} \leqslant n < 10^k$$

因此,在 $10^1 = 10$ 和 $10^2 - 1 = 99$ 之间的数是两位数,在 $10^2 = 100$ 和 $10^3 - 1 = 999$ 之间的数是三位数,等等. 与此类似,在二进位数制里,数 n 的记法中"数字"的个数 k 可由不等式

$$2^{k-1} \leqslant n < 2^k$$

决定(特别地,由此立刻可得,数 6 是"三位数",数 9 是"四位数"). 所以,若我们写出由数 0 开始的前 n 个整数(即 $0, 1, 2, \cdots, n-1$ 这 n 个数),那么就可发现,当

$$2^{k-1} \leqslant n < 2^k$$

时,所有这些数的二进制记法都包含不多于 k 个符号,而且如果需要的话,一定可恰恰包含 k 个符号. 现在只

578

要在所有比 k 位数小的二进制记法前面加上几个 0，我们对 n 个字母的字母集就得到其代码表示具有最小可能长度的均匀二进制代码. 例如当 $n = 10$ 时，对应的代码表示就是下面的组合，它们就是从 0 到 9 的全部数在二进位数制中的记法，若需要，可在开头补充 0 而至包含四个符号

$$0000, 0001, 0010, 0011, 0100$$
$$0101, 0110, 0111, 1000, 1001$$

当 n 为另外的任何数时，也可同样简单地按照这个方法作出全部代码表示；这里当然不需要不论怎样把 n 个数划分成较小的组.

　　前面曾经证明过，在字母集有 n 个字母的情形，代码表示的长度（即其中基本信号的个数），对于最经济的均匀二进制代码，等于满足不等式 $k \geqslant \dfrac{\log n}{\log 2}$ 的最小整数 k. 现在我们指出，若比值 $\dfrac{\log n}{\log 2}$ 不是整数，则一般地说，用这种长度的代码表示，比起由有 n 个字母的字母集写出的消息编码的情形所实际传输的信息量来，可以传输更多的信息量. 作为例子，我们来考虑 $n = 10$ 的情形（比如说传输数字消息的情形）. 被传输的消息（由普通的十进位数制写出）的每个数字，可以取 10 个数值之一，即至多可以包含 $\log 10 = 1$ 个十进制单位的信息；当消息的全部数字彼此无关，且其中的每一个都可以以同样的概率取所有的值时，就达到这个信息量. 代码化了的消息的每个数字（即每个发送的基本信号——例如接通电路或断开电路），可以取两个值之一，即至多包含等于 $\log 2$——一个二进制单位——

的信息. 一个十进制单位约等于 $3\frac{1}{3}$ 个二进制单位

(更精确地是等于 $\frac{1}{\log 2} = 3.321\ 9\cdots$ 个二进制单位).

但当采用均匀二进制代码时,传输消息的一个数字要花费 4 个基本信号,而传输由 N 个数字组成的消息时,就要花费 $4N$ 个基本信号. 同时,利用 $4N$ 个基本信号,我们可以传输等于 $4N$ 个二进制单位的信息,即大约比只可以包含在 N 个数字(信息等于 N 个十进制单位)中的最大信息大 $\frac{2}{3}N$ 个二进制单位.

不难理解这个原因是什么. 问题在于:当 $n = 10$ 时,在代码化了的消息中,全部符号任何时候也不会彼此无关,并以同样的概率取两个可能值:这些条件只有当 $n = 2^k$ 时才可能实现. 特别地,若采用按照二进位数制表示从 0 到 9 的数所作出的代码,则当在原来消息中全部数字都以同样的频率出现时,在代码化了的消息中,数字 0 就比数字 1 多出现 $\frac{25}{15} = \frac{5}{3}$ 次(因为容易检验,前面所写出的 10 个代码表示中,数字 0 出现 25 次,而数字 1 只出现 15 次). 同时,为了使某数的 0 和 1 两数字的序列包含最大的信息,就需要使这个序列的全部数字都以同样的概率(并且是相互独立地)取两个值.

然而,为了传输较长的数字消息,还可以作出更有

利的二进制代码. 我们先把消息连贯地划分成数字对①,然后,不是把每个单独的数字,而是把这样划分所得到的每个二位数,转换成二进制代码. 为了记录全部二位数(包括从 00 到 99 在内)所需要的二进制符号的个数,等于为了判定在前一百个数的范围内设想的数所必需的问题的个数,即等于 7. 这样一来,在这种用消息的两个数字的编码系统下,需要花费 7 个基本信号(而不是像前面那样需要 $2 \times 4 = 8$ 个),即为了传输 N 个数字(为了简单起见,我们将认为 N 是偶数)的数,必须传输 $3.5 \cdot N$ 个基本信号——比原来的编码系统少用 $\dfrac{N}{2}$ 个信号. 当有必要传输很多数字时(当 N 很大时),它的好处是很容易看出的.

　　划分被传输的数为三个数字的组,并只把这时所得到的三位数转换成二进位数制,是更为有利的. 显然,为了传输三位数,必须花费 10 个基本信号. 这样,在这种编码条件下,用 $\dfrac{10}{3}N = 3\dfrac{1}{3}N$ 个基本信号就可以传输 N 个数字(如果 N 是 3 的倍数)的数. 对于划分消息成更大的组,并把每个组单独地转换成二进位数制来传输的好处,实际上是十分小的(当从三个数字的组转到四个数字的组时,编码的经济性甚至减小了:容易看出,传输四个数字的组时,就需要 $14 = 3.5 \times 4$ 个基本信号). 虽然如此,我们还是有兴趣地指出,只要划分成充分大的组,还可以更加"缩短"我们的代

---

　　①　显然,把消息这样连贯地划分成数字对,和把它转换成百进位数制是等价的.

码,并使在代码化了的消息中,基本信号的个数与原来的(普通的,即十进位数制的)数中数字的个数之比,任意接近于极限值

$$\frac{\log 10}{\log 2} = 3.321\ 93\cdots$$

事实上,比如说,划分为 N 个数字的组后,我们就可得到这样的代码,其中消息的每 N 个数字都有 k 个基本信号,这里 k 为满足不等式

$$k - 1 < \frac{\log 10^{N}}{\log 2} \leqslant k$$

的整数,或者同样的,k 应满足

$$\frac{N \log 10}{\log 2} \leqslant k < \frac{N \log 10}{\log 2} + 1$$

由此看出,一个十进制数字所需要的基本信号的平均数 $\frac{k}{N}$,在这种代码中,不可能比 $\frac{\log 10}{\log 2}$ 这个数大 $\frac{1}{N}$;只要选取 N 充分大,我们就总可以使这个差任意小.

当然,若原来的消息不是数,而是任意有 n 个字母的"字母集"中的"字母"(例如普通的俄文字母,或拉丁字母,或字母和数字,或字母、数字和标点符号,等等),则我们所进行的讨论几乎一点也不变. 这时,一下子采用 N 个这种"字母"的大组的编码(为此,只需用二进位数制来表示前 n^{N} 个"字母"),就可以使消息的每个字母所需要的基本信号的平均数,任意接近于此值 $\frac{\log n}{\log 2}$(平均数任何时候也不能小于这个比值,这从简单计算信息量就可知道). 只有当 n 是 2 的整次幂(比如说等于 2^{k} 时),这样分成大组才是不必要的:这

时,使每个单个字母对应于某个代码表示的这种代码,可以极为经济地作出,因此,转成按组编码不可能给出任何好处. 由于这个缘故,我们指出,在某些方面,"按组编码"总是比"按单个字母编码"更为不利:按组编码时,编码工作自然要复杂和繁重些(其程度是相应地随组的长度的增大而增加的). 此外,这样做总要耽误一些时间(得到代码化了的消息后,当还没有发送以下的 $N-1$ 个字母时,我们就没有可能查明所发送的第一个字母是哪一个).

以上所进行的全部讨论,也可以毫无困难地搬到利用不是两个,而是 m 个基本信号来传输的情形 (m-进制代码的情形);只是这里在设计最经济的均匀代码时,所必须采用的不是二进位数制,而是 m-进位数制. 若 n 为 m 的整次幂,则完全可以限于对消息的每个字母单独编码;这时,发送一个字母所需要的基本信号的个数,就可等于最小的可能值,即比值 $\dfrac{\log n}{\log m}$. 若 n 不是 m 的整次幂,则当分别比较消息的每个字母的代码表示时,每个字母就要花费 $k > \dfrac{\log n}{\log m}$ 个基本信号;其中 k 是大于 $\dfrac{\log n}{\log m}$ 的最小整数. 这时,我们可以作出更经济的代码,只要转而对 N 个字母的整个组一起编码就行了;只要选取 N 充分大,我们就总可以使得传输消息的一个字母所花费的基本信号的平均个数,任意地接近于 $\dfrac{\log n}{\log m}$.

§2 Shannon-Fano 代码. 编码的基本定理

前一节的基本结果可归纳如下：若"字母集"中的字母数为 n，而采用的基本信号数为 m，则在任何编码方法下，字母集的一个字母所需要的基本信号的平均数，都不可能小于 $\dfrac{\log n}{\log m}$；但是，只要使各个代码表示一开始就对应于由许多字母所组成的充分长的"字母行"，就总可以使它任意接近这个比值. 从思想原则的观点来看，显然，这个结果接近于 Hartley 当时所说过的最简单的思想：它无论怎样也没有和理论概率的研究联系起来（在 §1 中，甚至连"概率"这个名词一次也没有提到过），而实际上只依赖于"有 N 个字母的字母集中 n 个字母的不同序列"的个数及" N_1 个基本信号的不同序列"的个数的初等计算. 所以，我们未必可以认为前一节的结果能证明本章中所说的信息论在传输消息的技术问题中的重要性.

但是，事实上，若利用熵的概念，并注意到现实消息的统计性质，则 §1 的结果就可有相当的改进. 事实上，需知在 §1 中，我们只用被编码消息的一个字母所需要的基本信号的最大个数，极粗糙地说明过代码的经济性. 而与此相关，只研究过最简单的代码——均匀代码. 假如在前一节末，我们也谈到过消息的一个字母所需要的信号的平均数问题，那么，这只是由于在那里一开始就对于多字母的字母行，研究过均匀代码，且代码表示中的基本信号数与其对应的字母行的字母数之

比(我们也称它为一个字母所需要的基本信号的平均数). 可能不是整数. 同时, 在实际中通常会遇到这样的消息, 其中不同字母的相对频率相差很大(例如, 比较任何俄文文章中 o 和 u 这两个字母的频率就够了; 关于这点, 在下节中还要详细谈到). 所以, 在这里, 具有基本意义的应该是消息的一个字母所需要的基本信号数的理论 – 概率平均值, 它可根据所传输的消息的实际统计规律性来决定.

现在我们来看看, 对于服从确定的统计规律的消息编码, 能够说些什么. 这里, 我们只研究用某 n 个"字母"记录消息的如下最简单情形, 这时, 在消息的任何地方, 字母出现的频率都完全由概率 $p_1, p_2, \cdots, p_n$ 表出, 其中

$$p_1 + p_2 + \cdots p_n = 1$$

我们这时所做的简化在于: 假定在消息的任何地方, 第 i 个字母出现的概率 p_i 都是同样的, 和它前面无论有些什么字母都没有关系; 换句话说, 假定消息的连贯的字母是彼此无关的. 但事实上, 在现实消息中, 经常总不是这样的; 特别地, 在俄文中, 某个字母出现的概率, 本质上依赖于它前面的字母. 然而, 严格地讨论字母的相互依赖性, 会使今后所有的研究变得很复杂; 同时, 自然会想, 这种讨论不应该改变下面得出的结果, 因为若方便的话, 我们可以把多字母的字母行一下子就理解为"字母", 而这些字母行彼此间的依赖关系就已经比较弱了[①].

---

① 事实上, 可以证明: 即使对于消息的连贯的字母是彼此相关的这类很广泛的情形, 所有的结果也仍然都是对的.

我们暂时只限于研究二进制代码;把这时所得到的结果推广到任意 m 个基本信号的代码,像以前一样,是极简单的,只要在本节末说几句话就够了. 我们从把各个代码表示——数字 0 和 1 的序列——和消息的每个"字母"相对应的代码的这种最简单的情形着手. 前面我们已经指出过,对于有 n 个字母的字母集,每个二进制代码,都可以比拟为用只能得到"是"或"不是"这两个回答的一些问题,来判定设想的不超过 n 的数 x 的某种方法,反之,任何判定这种数的方法,都可以使我们得到二进制代码. 在给定的各个字母的概率 $p_1, p_2, \cdots, p_n$ 的条件下,传输多字母消息恰好对应于前面所述的情形的原则;在这里,最经济的代码将是对应于判定数 x 的这种方法,对这种方法,当 x 的 n 个值正好具有这些概率时,所提出的问题数的平均值就最小. 这个平均值本身可以看作是一个代码表示中的二进制符号(数字 0 和 1)的个数的平均值;换句话说,它恰好等于当传输多字母消息时,其中一个字母所需要的基本信号的平均值.

现在我们可以把前面所述的结果直接应用到这个问题上来. 首先,根据这些结果,在代码化了的消息中,原消息的一个字母所需要的二进制基本信号的平均数,不可能小于 $\dfrac{H}{\log 2}$,其中

$$H = -p_1 \log p_1 - p_2 \log p_2 - \cdots - p_n \log p_n$$

是判明文章的一个字母所构成的实验的熵(或者为了简短起见,简直说成是一个字母的熵). 由此就立刻得

到:在任何编码方法下,为了记录 M 个字母的长消息,需要不少于 $\dfrac{MH}{\log 2}$ 个二进制符号. 这些事实可立即从下述结果推出:包含在 M 个字母的文章摘录中的信息,在我们这情形,等于 MH(注意,我们认为各个字母相互独立);同时,包含在一个基本信号(二进制符号)中的信息,无论怎样也不可能超过 $\log 2$.

假如各概率 $p_1, p_2, \cdots, p_n$ 彼此之间不全相等,那么就有 $H < \log n$;所以自然会想到:计算消息的统计规律性,就能作出比最好的均匀代码更经济的代码,根据 §1 的结果,为了记录 M 个字母的文章,这种最好的均匀代码需要不少于 $\dfrac{M \log n}{\log 2}$ 个二进制符号. 为了得到最经济的代码,我们应该怎样做. 这时最好是先按概率减小的次序把全部 n 个字母排成一列,然后再把全部字母分成两组——前一组和后一组——使得消息的各个字母属于这两组中任一组的概率,彼此尽可能地接近;对于前一组的字母,用数字 1 作为其代码表示的第一个数字,而对于第二组的字母,则用数字 0 作为第一个数字. 其次,把所得到的两组中的每一组又分成总概率尽可能接近的两个较小的组;依该字母是属于这两个较小的组中的第一组或第二组而用数字 1 或 0 作为代码表示的第二个数字. 然后,把四组中的每一组再分成总概率尽可能接近的两个更小的组,等等;只要我们还没有得到只有一个字母的各个组,那么这个过程就一直重复下去. 消息的这种编码方法,是由 Fano 和 Shannon 彼此独立地在 1948～1949 年首先提出的;所

以这种代码通常就称为 Shannon-Fano 代码(有时也简称为 Fano 代码[①]). 作为例子,我们作出表 1,它指出在包含 18 个不同字母的"字母集"情形,根据 Shannon-Fano 方法怎样进行编码,这 18 个字母有如下的概率(按递减次序):0.3;0.2;0.1(2 个字母);0.05;0.03(5 个字母);0.02(2 个字母);0.01(6 个字母).

表 1

字母号	概率		代码表示
1	0.3		11
2	0.2		10
3	0.1		011
4	0.1		0101
5	0.05		0100
6	0.03		00111
7	0.03		00110
8	0.03		00101
9	0.03		00100
10	0.03		00011
11	0.02		000101
12	0.02		000100
13	0.01		000011
14	0.01		0000101
15	0.01		0000100
16	0.01		000001
17	0.01		0000001
18	0.01		0000000

(其中罗马数字表示各组及各小组号数.)

---

① 事实上,确切的是这个编码方法只由 Fano 提出;Shannon 所提出的是很接近于这里所说的方法的另一个方法.

作为 Shannon-Fano 方法编码基础的基本原则在于:在选取代码表示的每个数字时,我们都是力求使得包含在它里面的信息量最大,即使得这个数字尽可能以相同的概率取它可能的两个值 0 和 1,而与前面各数字的值无关. 当然,这时在不同的代码表示中,数字的个数是不同的(特别地,在上述例子中是从两个数字到七个数字),即 Shannon-Fano 代码是非均匀代码. 然而不难理解:在这里任何一个代码表示都不可能成为另一个较长的代码表示的开始部分,所以,代码化了的消息总可以唯一地译出代码而恢复原消息. 极重要的是在 Shannon-Fano 代码中,大概率字母对应的代码表示比小概率字母的短(因为相继地分组时,大概率字母都较快地被分成只有一个字母的各个组;参看上述的例子). 这就使得:虽然这里的某些代码表示也可能是相当长的,但这种表示的平均长度毕竟比其他任何代码的都小(或至少是不大);通常它只是少许超过编码时由保持信息量的考虑所容许的最小值 $\dfrac{H}{\log 2}$,例如对上述 18 个字母的例子,最好的均匀代码是五位的代码表示(因为 $2^4 < 18 < 2^5$). 所以,在这种代码中,原消息的每个字母都正好需要五个基本信号;而在 Shannon-Fano 代码的情形,甚至有需要七个二进制基本信号的字母. 但在这里,一个字母所需要的基本信号的平均数却只等于

$$2 \cdot 0.5 + 3 \cdot 0.1 + 4 \cdot 0.15 + 5 \cdot 0.15 +$$
$$6 \cdot 0.06 + 7 \cdot 0.04 = 3.29$$

这个值显著地小于 5,而只稍微大于量

$$\frac{H}{\log 2}$$

$$= \frac{-0.31 \log 0.3 - 0.2 \log 0.2 - \cdots - 6 \cdot 0.01 \log 0.01}{\log 2}$$

$$\approx 3.25$$

根据 Shannon-Fano 方法编码,特别有利的并不是对单个的字母编码,而是对几个字母的整个字母行一起编码. 诚然,这时反正不可能得到消息的一个字母所需要的二进制符号的极限值 $\frac{H}{\log 2}$(因对于各个字母无关的情形,长为 N 的字母行的熵等于 NH,因而对任何编码方法,在一个字母行中平均无论如何也不可能有比 $\frac{NH}{\log 2}$ 更少的二进制符号);然而,甚至在比较不利的情况下,用整个字母行来编码也能够很快地接近这个最小值. 例如考虑只有两个不同字母 A 和 $Б$ 的情形,假定这两个字母各有概率 $p(A) = 0.7$ 和 $p(Б) = 0.3$;这时

$$\frac{H}{\log 2} = \frac{-0.7 \log 0.7 - 0.3 \log 0.3}{\log 2} = 0.881\cdots$$

把 Shannon-Fano 方法应用到原来两个字母的字母集, 看来是无目的的:这样做只可使我们得到最简单的均匀代码(表 2):

表 2

字母	概率	代码表示
A	0.7	1
$Б$	0.3	0

这时传输一个字母需要一个二进制符号——此可能达到的最小值 0.881 二进制符号/字母多 12%. 把 Shannon-Fano 方法应用到各种可能的两个字母组合（它们的概率可用独立事件的概率乘法法则来决定）的编码后,我们可得到下面的代码(表 3):

表 3

字母组合	概率	代码表示
AA	0.49	1
AБ	0.21	01
БA	0.21	001
ББ	0.09	000

这时代码表示的平均长度等于

$$1 \cdot 0.49 + 2 \cdot 0.21 + 3 \cdot 0.31 = 1.81$$

因而字母集中一个字母就平均只需要 $\frac{1.81}{2} = 0.905$ 个二进制符号——只比数值 0.881 二进制符号/字母多 3%. 把 Shannon-Fano 方法应用到三个字母组合的编码后,我们还能得到更好的结果;这时我们得到其代码表示的平均长度为 2.686 的代码,即文章的一个字母平均需要 0.895 个二进制符号——只比 0.881 二进制符号/字母多 1.5%(参看表 4):

591

表 4

字母组合	概率	代码表示
AAA	0.343	11
AAБ	0.147	10
AБA	0.147	011
БAA	0.147	010
AББ	0.063	0010
БAБ	0.063	0011
ББA	0.063	0001
БББ	0.027	0000

当 *A* 和 *Б* 这两个字母的概率相差更大时,趋于最小值 $\dfrac{H}{\log 2}$ 二进制符号/字母的速度可能要小一些,但这种趋势也会显著地表现出来. 例如当 $p(A) = 0.89$ 和 $p(Б) = 0.11$ 时,$\dfrac{H}{\log 2}$ 这个值等于 $\dfrac{-0.89 \log 0.89 - 0.11 \log 0.11}{\log 2} \approx 0.5$ 二进制符号/字母,而均匀代码 $A \to 1$, $Б \to 0$(和把 Shannon-Fano 代码应用到两个字母的总体一样)就需要对每个字母花费一个二进制符号,即比刚才得到的 0.5 多一倍. 然而不难验证,把 Shannon-Fano 代码应用到两个字母的各种可能的组合,可得到每个字母平均需要 0.66 个二进制符号的代码;把这种代码应用到长为三的字母行,能把一个字母所需要的二进制符号的平均数减少到 0.55;最后,根据 Shannon-Fano 方法对各种可能的长为四的字母行编码,一个字母平均需要花费

0.52 个二进制符号——比最小值 0.50 二进制符号/字母只多 4%.

　　在所考虑过的一些例子中,消息的一个字母所需要的二进制符号的平均数对比值 $\dfrac{H}{\log 2}$ 的接近程度,还可以借助编码时字母行的长度越来越大而任意地增加. 这可从下面的一般命题推出,我们今后将把它称为编码基本定理[①]:当对分成长为 N 的字母行的消息编码时,只要选取 N 充分大,就可以使原消息的一个字母所需要的二进制基本信号的平均数任意接近于 $\dfrac{H}{\log 2}$(即包含在消息的一个字母中的信息与包含在一个基本信号中可能的最大信息之比). 或者,这也可以简述为:对于 M 个字母的很长消息,编码时所利用的基本信号的个数可任意接近于(但当然在任何情形都不会小于!) $\dfrac{MH}{\log 2}$,只要假设这个消息预先分成长为 N 的充分长的字母行,并对整个字母行一下子建立代码表示就行了. 还需指出,我们并不是偶然地一点也不谈到应该怎样进行长为 N 的字母行的编码问题:今后我们将会看到,字母行的编码方法可以极为不同(因而,准确地模仿 Shannon-Fano 编码方法,无论如何也不是必需的). 由此可见,在得到最经济的代码时,正是划分消息成很长的字母行起着基本作用. 在 §4

---

　　① 更正确地应该说是无干扰时编码基本定理. 推广这个结果到有干扰影响的最有利编码的情形,将在 §4 中考虑.

中我们将看到,当存在妨碍通信线路工作的干扰时,长字母行一下子编码有着很大的好处(虽然这时编码方法本身需要作本质上的改变).

由于这里所讲的编码基本定理非常重要,所以我们下面来给出两个完全不同的证明(这两个证明实际上都是由 Shannon 作出的). 其中第一个证明依靠采用专门的编码方法,这种方法本质上很接近于我们前面所说的 Shannon-Fano 方法. 即是,在这种方法中,我们开始假设当相继地划分被编码的字母的总体为越来越小的组时,每一次我们都力求使得所得到的两组的概率彼此正好相等. 在这种情形,第一次划分之后,我们得到各有总概率的 $\frac{1}{2}$ 的两组,第二次划分之后,得到各有总概率的 $\frac{1}{4}$ 的四组,第 l 次划分之后,得到各有总概率的 $\frac{1}{2^l}$ 的各组. 这时,经 l 次划分之后,被分成只有一个字母的那些组中的字母,即概率等于 $\frac{1}{2^l}$ 的那些字母,就有 l 位的代码表示;换句话说,当实现这个条件时,代码表示的长度 l_i 和对应字母的概率 p_i 之间,应有如下关系

$$p_i = \frac{1}{2^l}, l_i = \log_2 \frac{1}{p_i} = -\frac{\log p_i}{\log 2}$$

事实上,我们的条件只有在某些例外的情形才恰好实现:从最后这个公式立刻得到:这时字母集的所有字母的概率 p_i 都应该等于一被二的整次幂去除. 在一般情形,比值 $-\frac{\log p_i}{\log 2}$ 照例不是整数,因而代码表示的

长度 l_i 无论如何也不会等于这个数. 然而,由于根据 Shannon-Fano 方法编码时,我们依总概率尽可能地接近而把字母集相继分组,那么在这种编码下,所有代码表示的长度就都相当接近于 $-\dfrac{\log p_i}{\log 2}$. 由于这个缘故,我们可用 l_i 表示不小于 $-\dfrac{\log p_i}{\log 2}$ 的第一个整数,即

$$-\frac{\log p_i}{\log 2} \leqslant l_i < -\frac{\log p_i}{\log 2} + 1$$

最后这个不等式还可改写成

$$-l_i \log 2 \leqslant \log p_i < -(l_i - 1)\log 2$$

或

$$\frac{1}{2^{l_i}} \leqslant p_i < \frac{1}{2^{l_i - 1}}$$

现在我们来指出使第 i 个字母的代码表示的长度正好等于 l_i 的编码方法.

把"字母集"的全部字母按概率递减的次序排列

$$p_1 \geqslant p_2 \geqslant p_3 \geqslant \cdots \geqslant p_n$$

这些概率中当然可以有相同的,所以概率本身不可能唯一地表征对应的字母. 但是,若作和数

$$P_1 = 0, P_2 = p_1, P_3 = p_1 + p_2, P_4 = p_1 + p_2 + p_3, \cdots,$$
$$P_n = p_1 + p_2 + \cdots + p_{n-1}$$

则这些和数就全都不相同;因此,n 个数 $P_1, P_2, \cdots, P_n$ 就可以当作与有 n 个字母的原来的字母集唯一对应的特殊"字母集". 现在我们只需对这个新的"字母集"编码,即对 n 个数 P_i 中的每一个,拟定一个确定的基本信号(或数字 0 和 1)的序列——这同时也就解决了原

来的字母集的编码问题.

不难指出解决这个问题的方法. 把每个(小于 1 的!)数 P_i 都表成"二进位小数"的形式,即表成和式

$$P_i = \frac{a_1}{2} + \frac{a_2}{2^2} + \frac{a_3}{2^3} + \cdots + \frac{a_k}{2^k} + \cdots$$

其中所有的"数字" a_k 都只取值 0 或 1(这个小数可以是有限的或无限的;在有限的情形,从某一处开始,所有的 a_k 都等于零)[①]. 因而每个 P_i 都对应于数字 0 和 1 的无穷序列 $a_1 a_2 a_3 \cdots a_k \cdots$;这时,这样得到的 n 个序列当然全都不同,因为所有的 P_i 全都不同.

现在指出,各序列 $a_1 a_2 a_3 \cdots a_k \cdots$ 之间的不同,不可能只在离开始的数字很远的地方才显现出来. 事实上, $P_{i+1}, P_{i+2}, \cdots, P_n$ 这些数和 P_i 这个数的差都不小于被加项 p_i,即一定不小于 $\frac{1}{2^{l_i}}$. 由此就可得到:这些数的二进位小数表示式与 P_i 这个数的二进位小数表示式的不同,一定在 $\frac{a_{l_i}}{2^{l_i}}$ 这一项之前出现,即 $P_{i+1}, P_{i+2}, \cdots, P_n$

––––––––––

① 可以建议对运用"二进位小数"感到困难的读者考虑利用十个不同基本信号的代码(十进制代码)的类似证明. 这时,代码表示可以想象为任意数字(从 0 到 9)的序列,以便能够利用普通的十进位小数;关于 l_i 的那个不等式就变成下式

$$-\log p_i \leqslant l_i < -\log p_i + 1$$

(十进制对数,因此 $\log 10 = 1$),即

$$\frac{1}{10^{l_i}} \leqslant p_i < \frac{1}{10^{l_i - 1}}$$

这些数的二进位小数与 P_i 这个数的二进位小数至少在前 l_i 个数字中的一个上有所不同. 所以, 若在对应于 P_i 的序列 $a_1 a_2 \cdots a_k \cdots$ 中, 只留下前 l_i 个数字, 则所得到 n 个序列 $a_1 a_2 \cdots a_{l_i}$ 就全都不同, 且其中任何一个都不会是另一个的开始部分, 即它们可组成二进制代码. 这样一来, 我们就作出了其第 i 个字母的代码表示的长度 l_i 适合不等式

$$-\frac{\log p_i}{\log 2} \leqslant l_i \leqslant -\frac{\log p_i}{\log 2} + 1$$

的代码; 由此显然, 大概率的字母对应于较短的代码表示.

现在就十分容易证明编码基本定理了. 事实上, 原来消息的每个字母所需要的二进制信号的平均数 l (换句话说, 即代码表示的平均长度), 按定义, 应由和式

$$l = p_1 l_1 + p_2 l_2 + \cdots + p_n l_n$$

给出. 注意到关于量 l_i 的不等式和公式

$$H = -p_1 \log p_1 - p_2 \log p_2 - \cdots - p_n \log p_n$$

(其中 $H = H(\alpha)$ 是确定消息的一个字母所构成的实验 α 的熵; $p_1 + p_2 + \cdots + p_n = 1$) 后, 就得到

$$\frac{H}{\log 2} \leqslant l < \frac{H}{\log 2} + 1$$

现在, 我们把这个不等式应用到利用上述方法对长为 N 的字母行编码的情形. 根据消息的连贯字母的无关性的假设, 由确定一个字母行的所有字母所构成的实验 $\alpha_1 \alpha_2 \cdots \alpha_n$ 的熵应等于

$$H(\alpha_1\alpha_2\cdots\alpha_N) = H(\alpha_1) + H(\alpha_2) + \cdots + H(\alpha_N)$$
$$= NH(\alpha) = NH$$

因而,长为 N 的字母行的代码表示的平均长度 l_N 应满足不等式

$$\frac{NH}{\log 2} \leqslant l_N < \frac{NH}{\log 2} + 1$$

但当对长为 N 的各字母行一下子编码时,消息的一个字母所需要的二进制基本信号的平均数 l 将等于一个字母行的代码表示的平均长度 l_N 除以一个字母行的字母数 N: $l = \dfrac{l_N}{N}$. 所以这样编码时,有

$$\frac{H}{\log 2} \leqslant l < \frac{H}{\log 2} + \frac{1}{N}$$

即一个字母所需要的基本信号的平均数 l 与最小值 $\dfrac{H}{\log 2}$ 的差不大于 $\dfrac{1}{N}$. 只要假设 $N\to\infty$,我们就立刻得到编码基本定理.

　　在进一步讨论之前,我们指出,这里所作的证明也可以应用到文章的连贯字母是相互有关的这种更一般的情形. 这时,只需要把关于量 l_N 的不等式写成下式

$$\frac{H^{(N)}}{\log 2} \leqslant l_N < \frac{H^{(N)}}{\log 2} + 1$$

就行了,其中

$$H^{(N)} = H(\alpha_1\alpha_2\cdots\alpha_N)$$
$$= H(\alpha_1) + H_{\alpha_1}(\alpha_2) + H_{\alpha_1\alpha_2}(\alpha_3) + \cdots +$$
$$H_{\alpha_1\alpha_2\cdots\alpha_{N-1}}(\alpha_N)$$

是长为 N 的字母行的熵,当消息的字母彼此有关时,

它总是小于 NH(因 $H(\alpha_1) = H$ 而 $H(\alpha_1) > H_{\alpha_1}(\alpha_2) \geqslant H_{\alpha_1\alpha_2}(\alpha_3) \geqslant \cdots \geqslant H_{\alpha_1\alpha_2\cdots\alpha_{N-1}}(\alpha_N)$). 由此,对于消息的一个字母所需要的基本信号的平均数 l,就知道它应满足不等式

$$\frac{H^{(N)}}{N \log 2} \leqslant l < \frac{H^{(N)}}{N \log 2} + 1$$

这就证明:当 $N \to \infty$ 时(当无限增加字母行的长度时),传输一个字母所花费的基本信号的平均数,就无限趋近于量 $\dfrac{H_\infty}{\log 2}$,其中

$$H_\infty = \lim_{N \to \infty} \frac{H^{(N)}}{N}$$

是多字母文章的一个字母所具有的"熵率"(我们在下节还要详细谈到这个量).

现在我们转到编码基本定理的第二个证明;这时我们仍认为消息的连贯字母是相互无关的. 下面所作的证明比第一个证明较长一点,但它却更有教益,因为它很好地阐明了熵这个概念的意义. 此外,这个新证明给我们指出,甚至在不同字母的概率迥然不同的情形,在对很长的字母行编码时,也同样可以采用对应于全部字母行的"几乎均匀的"代码,除去其中有极微小的总概率的那一部分外,各代码表示都有同样的长度. 至于这些"小概率"的字母行,那么容易理解,我们几乎可以"随随便便地"对它们编码:因为其中无论哪个出现的概率都很小,因而这些字母行的编码方法就不起重要作用了.

为了更直观起见,我们从详细考虑整个"字母集"

总共只有两个字母 a 和 6,其概率各为 $p_1 = p$ 和 $p_2 = 1 - p = q$ 的最简单情形来开始我们的证明. 我们将对由 N 个连贯的 a 和 6 两字母所组成的各种可能的链("字母行")编码. 这种不同的长为 N 的字母行的总数等于 2^N. 但是这些长为 N 的字母行的大多数都只有极小的概率:因为所考虑的"字母集"的两个字母出现的相对频率分别等于 p 和 q,那么当 N 充分大时,只有下述这种字母行的总体才有相当大的概率,即其中在总共 N 个字母中,大约有 Np 个字母 a,而其余的大约 $N - Np = Nq$ 个是字母 6. 要更精确地表达,可以说,当 N 很大时,字母 a 出现的相对频率不包括在 $p - \varepsilon$ 和 $p + \varepsilon$ 之间的所有的字母行,就只有极小的总概率,其中 ε 是任意选取的很小的正数(例如 0.001 或 0.000 1, 或 0.000 001;可以取这些数中任何一个,甚至更小的数,作为 ε,只要 N 充分大就行),因此,在计算时根本可以不考虑它们. 至于字母 a 出现的次数在 $N(p - \varepsilon)$ 和 $N(p + \varepsilon)$ 之间的那些字母行,那么,每一个这种字母行,个别来说,当然只有很小的概率(当 N 很大时,可能的字母行的总数很大,而其中每个字母行的概率个别说来很小),但所有这些字母行的总概率将非常接近于 1.

现在指出,字母 a 恰恰出现 Np 次[1]的长为 N 的字

---

① 若 Np 不是整数,则我们以最接近它的整数 K 来代替它;当 N 很大时,可以看到 Np 和 K 的差是很小的. 对于数 $N\varepsilon$, 也可作类似的代替.

母行的个数等于 N 个元素中取 Np 个的组合数,即等于

$$C_N^{Np} = \frac{N!}{(Np)! \ (N-Np)!} = \frac{N!}{(Np)! \ (Nq)!}$$

我们所关心的是数 N 以及数 Np 和 Nq(字母行中字母 a 和字母 6 的个数)都很大的情形. 我们要利用不等式

$$\left(\frac{n}{e}\right)^n < n! \ < n\left(\frac{n}{e}\right)^n$$

其中 e 是介于 2 和 3 之间的一个数[①]. 因而

$$N! \ < N\left(\frac{N}{e}\right)^N, (Np)! \ > \left(\frac{Np}{e}\right)^{Np}, (Nq)! \ > \left(\frac{Nq}{e}\right)^{Nq}$$

这就表示

$$C_N^{Np} < \frac{N\left(\dfrac{N}{e}\right)^N}{\left(\dfrac{Np}{e}\right)^{Np}\left(\dfrac{Nq}{e}\right)^{Nq}} = \frac{N\dfrac{N^N}{e^N}}{\dfrac{N^N p^{Np} q^{Nq}}{e^N}} = \frac{N}{p^{Np} q^{Nq}}$$

字母 a 出现 $Np + 1, Np + 2, \cdots, Np + N\varepsilon$ 次,或 $Np - 1$,
$Np - 2, \cdots, Np - N\varepsilon$ 次的字母行,也大致是这样多(因为在所有这些情形,字母 a 出现的频率与我们进行了计算的那个频率的偏差是很小的). 所以我们可以认为"可能的"字母行(即这样的一些字母行,它们使得其余的字母行总起来也只有很小的可以忽略不计的概率)的总数不超过数值

$$M_1 = 2N\varepsilon \cdot \frac{N}{p^{Np}q^{Nq}} = \frac{2N^2\varepsilon}{p^{Np}q^{Nq}}$$

其中 ε 是某个很小的正数,这不会有很大误差.

现在对于 M_1 个(或小于 M_1 个)"可能的"字母行的编码,我们来利用最好的均匀代码①. 因为这些字母行的个数很多,所以这些代码表示的长度实际上将和字母行数的对数与 $\log 2$ 之比相同,即不大于

$$\frac{\log M_1}{\log 2} = \frac{\log 2\varepsilon}{\log 2} + \frac{2 \log N}{\log 2} - \frac{N(p \log p + q \log q)}{\log 2}$$

因而,消息的一个字母所需要的二进制符号的平均数不超过数量

$$\frac{H}{\log 2} + \frac{\log N}{N} \cdot \frac{2}{\log 2} + \frac{1}{N} \frac{\log 2\varepsilon}{\log 2}$$

其中

$$H = -p \log p - q \log q$$

并当 $N \to \infty$ 时,上式中在 $\dfrac{H}{\log 2}$ 之后的两项都趋向于零

(注意比值 $\dfrac{\log N}{N} = -\dfrac{1}{N} \log \dfrac{1}{N}$ 当 N 增大时无限减小),由此就可推得:只要单单仅限于"可能的"字母行,就可以使得消息的一个字母所需要的二进制符号

---

① 我们指出,把不均匀代码应用到这些"可能的"字母行,不可能得到实质上的好处,因为所有这些字母行的概率彼此间的差别相当小(这是由于这些字母行中各个字母的相对频率大致是相同的).

的平均数任意接近于 $\dfrac{H}{\log 2}$ [①]. 至于其余的"小概率"字
母行,那么即使我们对这些字母行的每个字母编码时
都花费比 $\dfrac{H}{\log 2}$ 大若干倍的二进制符号,反正这时消息
的一个字母所需要的这种符号的平均数也几乎不变
(因为所有这种字母行的总概率极微小). 所以在编码
时,实际上只需设法使无论哪个对应的代码表示都不
和已采用了的其他任何一个表示的延长部分相同. 为
此,例如可以一开始就对"可能的"字母行的总数加 1
(用 $M_1 + 1$ 代替 M_1,当然不会影响以后的估计),于是
就可利用这种结果,即这时我们一定至少有一个和全
部"可能的"字母行的代码表示都同样长度的"没被采
用的"代码表示. 现在我们若在所有"小概率"字母行
的表示的开始部分,安放这个"没被采用的"代码表
示,则从而就保证了新的表示中任何一个都不是原有
的一个表示的延长. 然后,例如我们可以把对"小概率
的"字母行应用任何最经济的均匀代码所得到的结果
加在这个表示后面,对所有"小概率"字母行这样作了
之后,就可终于得到满足所要求条件的有同样长度的
代码表示.

在有 n 个字母的字母集的一般情形,其中各字母
有概率 $p_1, p_2, \cdots, p_n$ 而

$$p_1 + p_2 + \cdots + p_n = 1$$

————————

[①]　这个平均数不可能小于 $\dfrac{H}{\log 2}$.

也几乎可以同样地考查. 在由 N 个字母组成的较长的字母行的情形, 第一个字母约出现 Np_1 次, 第二个约出现 Np_2 次, ……, 第 n 个约出现 Np_n 次的那些字母行, 都有最大的概率. 第一个字母恰恰出现 Np_1 次, 第二个恰恰出现 Np_2 次, ……, 第 n 个恰恰出现 Np_n 次的那些字母行的个数, 等于把 N 个元素分成分别包含 Np_1, $Np_2, \cdots, Np_n$ 个元素的 n 个组的个数; 不难证明: 这种划分的个数可由下式

$$\frac{N!}{(Np_1)! \ (Np_2)! \ \cdots (Np_n)!}$$

给出(这个公式推广了组合数的普通公式). 只要利用不等式

$$N! \ < N\left(\frac{N}{e}\right)^N$$

和

$$(Np_1)! \ > \left(\frac{Np_1}{e}\right)^{Np_1}$$

$$(Np_2)! \ > \left(\frac{Np_2}{e}\right)^{Np_2}$$

$$\vdots$$

$$(Np_n)! \ > \left(\frac{Np_n}{e}\right)^{Np_n}$$

我们就可得到, 当 N 很大时, 划分的个数不大于 $\dfrac{N}{p_1^{Np_1} p_2^{Np_2} \cdots p_n^{Np_n}}$. 在估计第一个字母出现的频率在 $p_1 - \varepsilon$ 和 $p_1 + \varepsilon$ 之间, 第二个字母出现的频率在 $p_2 - \varepsilon$ 和 $p_2 + \varepsilon$ 之间, ……, 第 n 个字母出现的频率在 $p_n - \varepsilon$ 和

$p_n + \varepsilon$ 之间的那些"可能的"字母行之后,我们就可得到这些字母行的总数一定不超过数

$$(2N\varepsilon)^n \cdot \frac{N}{p_1^{Np_1} p_2^{Np_2} \cdots p_n^{Np_n}} = \frac{2^n \varepsilon^n N^{n+1}}{p_1^{Np_1} p_2^{Np_2} \cdots p_n^{Np_n}}$$

至于哪怕是一个字母出现的频率不在上述范围内的其他各字母行,那么,所有这些字母行的总概率极微小,因此完全可以忽略它们.

现在我们已十分容易证明:利用最经济的均匀代码对全部"可能的"字母行编码后,就可得到长度不超过

$$N \frac{H}{\log 2} + \log N \cdot \frac{n+1}{\log 2} + \frac{n \log 2\varepsilon}{\log 2}$$

的代码表示,其中

$$H = -p_1 \log p_1 - p_2 \log p_2 - \cdots - p_n \log p_n$$

因而,记录一个字母所需要的二进制符号的平均数就不大于

$$\frac{H}{\log 2} + \frac{\log N}{N} \cdot \frac{n+1}{\log 2} + \frac{1}{N} \cdot \frac{n \log 2\varepsilon}{\log 2}$$

当 $N \to \infty$ 时,这个数将趋向于 $\dfrac{H}{\log 2}$,这也就给出了按这种方法编码时,消息的一个字母所需要的二进制符号的极限平均数. 这就是我们所力求证明的结果.

在结束时,值得再一次着重指出上述证明中具有原则性的基础. 若我们研究包含有 n 个字母的所有长为 N 的字母行(或者同样的,多次重复可有 n 个不同结局的实验的所有 N 个相继结局的链),则这种不同的字母行的总数就等于

$$n^N = 10^{N \log n}$$

但每个个别的这种字母行的概率,甚至这些字母行的相当大的总体的概率,当 N 很大时,将十分微小. 我们曾证明过:若容许把最小概率的字母行从研究中除去,而只要使全部被抛除的字母行的总概率充分小(比如说不超过某个预先选取的很小的正数 δ),则对任何(不论怎样小的!)δ,当 N 充分大时,总可以作到使得留下的字母行个数的数量级为

$$\left(\frac{1}{p_1}\right)^{Np_1}\left(\frac{1}{p_2}\right)^{Np_2}\cdots\left(\frac{1}{p_n}\right)^{Np_n} = 10^{NH}$$

其中 H 是熵[1]. 还需指出,由于 H 小于 $\log n$(除去所有字母或所有结局有相等概率的情形外),那么"可能的"字母行的个数,当无限增大 N 时,将无比地小于总字母行数("可能的"字母行数对全部字母行数之比

---

① "数量级"这个说法在这里是表示:事实上在 10^{NH} 之前还可以有正比于 N 的有限次幂的(即正比于 $10^{A \log N}$,其中 A 是确定的数)某个因子;显然,当 N 很大时,这个因子比基本的数 10^{NH} 要小很多倍,因而不起重要的作用. 我们指出,由于在上述结果中,我们只证明了"可能的"字母行的个数不超过数值 $(2\varepsilon)^{nN_{n+1}} \cdot 10^{NH}$;但容易理解:它在任何情形都不小于第一个字母恰恰出现 Np_1 次,第二个字母恰恰出现 Np_2 次,……,第 n 个字母恰恰出现 Np_n 次的那些字母行的个数,而最后这个个数,容易看出,总是大于

$$\frac{1}{Np_1 Np_2 \cdots Np_n \cdot p_1^{Np_1} p_2^{Np_2} \cdots p_n^{Np_n}} = \frac{1}{N^n p_1 p_2 \cdots p_n} \cdot 10^{NH}$$

这样一来,"可能的"字母行的个数以精确到 N 的有限次幂的数量级而和 10^{NH} 相同.

$$10^{NH}:10^{N\log n}=10^{-N(\log n-H)}$$

当 $N\to\infty$ 时迅速地趋向于零). 此外,我们证明过:当 N 很大时可以做到使在"可能的"字母行中各个字母出现的相对频率与最大可能的频率 $p_1,p_2,\cdots,p_n$ 的差任意小. 因为无论哪个字母行的概率只决定于其中出现的各个字母的数目(第一个字母出现 N_1 次,第二个 N_2 次,……,第 n 个 N_n 次的字母行的概率,等于 $p_1^{N_1}p_2^{N_2}\cdots p_n^{N_n}$),则由此就可看出:当 N 很大时,可使得全部"可能的"字母行之间的概率的差别很小.

当然,所述的编码基本定理的两个证明,也可以应用到采用 m 个不同基本信号的代码情形. 这时我们可得到下面的结果:利用 m 进位制代码的任何编码方法,消息的一个字母所需要的基本信号的平均数,无论什么时候也不可能小于比值 $\dfrac{H}{\log m}$(其中 H 是消息中一个字母的熵);但总可以使它任意接近于这个值,只要将 N 个字母的充分长的字母行一下子编码即可. 由此显然可知,若在单位时间内通信线路可以传输 L 个(可取 m 个不同值的)基本信号,则在这个线路中,传输消息的速度就不可能大于

$$v=\frac{L\log m}{H}(字母/单位时间)$$

然而,以任意接近于 v(但小于 v!)的速度传输是可能的. 位于 v 的表示式中分子上的量

$$C=L\log m$$

只依赖于通信线路本身(可是分母 H 是说明所传输的

消息的特征的). 这个量指出了在该线路中单位时间内可能传输的信息单位的最大数量(因为正如我们所知道的,一个基本信号最多可以包含 log m 个信息单位);它可称为线路的传输能力. 传输能力的概念在通信理论中起着重要作用:我们今后还要谈到这个概念(参看§4).

在结束时,关于前面所讲的编码基本定理的第一个证明的理由,还要作一个附注. 在这个证明中,第 i 个字母代码表示的长度 l_i 满足不等式

$$-\frac{\log p_i}{\log 2} \leqslant l_i < -\frac{\log p_i}{\log 2} + 1$$

的代码存在,这个事实起着中心的作用. 前面我们仿效 Shannon,证明了这个事实,指出了作出这种代码的具体编码方法. 然而在这里可以找到另外的更为形式的方法.

我们将一开始就研究 m 进制代码的情形;这时要求使代码表示的长度 l_i 满足不等式

$$-\frac{\log p_i}{\log m} \leqslant l_i < -\frac{\log p_i}{\log m} + 1$$

在任何 m 进制代码中,对于有 n 个字母的字母集,所有代码表示的长度 $l_1, l_2, \cdots, l_n$ 都满足不等式

$$\frac{1}{m^{l_1}} + \frac{1}{m^{l_2}} + \cdots + \frac{1}{m^{l_n}} \leqslant 1 \qquad (1)$$

只要反过来进行同样的讨论,就不难证明:满足不等式 (1) 的任何 n 个数 $l_1, l_2, \cdots, l_n$ 都可以是有 n 个字母的字母集的某个 m 进制代码的代码表示的长度. 事实上,令 n_i(其中 $i = 1, 2, \cdots, k$)是 $l_1, l_2, \cdots, l_n$ 这 n 个数

中等于 i 的那些数的个数(因此 k 就是 $l_1, l_2, \cdots, l_n$ 各数中的最大值). 这时容易看到:不等式(1)使得下列各条件成立

$$n_1 \leqslant m$$

$$n_2 \leqslant (m - n_1) m$$

$$n_3 \leqslant \left[(m^2 - n_1 m) - n_2 \right] m$$

$$\vdots$$

$$n_k \leqslant \left[(m^{k-1} - n_1 m^{k-2} - \cdots - n_{k-2} m) - n_{k-1} \right] m$$

(因为它们全都是最后这个不等式的推论,而最后这个不等式又显然等价于不等式(1)). 不过,为了使得可以选取 n_1 个一位的代码表示,n_2 个二位的代码表示,n_3 个三位的代码表示,等等,直到 n_k 个 k 位的代码表示,因而使得其中任何一个都不和其他更长的一个代码表示的开始部分相同,也只需要这些条件.

现在,为了证明我们所关心的代码存在,只需指出,从所要求的关于 l_i 的不等式可直接推出不等式

$$- l_i \log m \leqslant \log p_i, \quad \text{即} \quad \frac{1}{m^{l_i}} \leqslant p_i$$

这就表示

$$\frac{1}{m^{l_1}} + \frac{1}{m^{l_2}} + \cdots + \frac{1}{m^{l_n}} \leqslant p_1 + p_2 + \cdots + p_n = 1$$

这正是为了有可能选取这些数作为代码表示的长度所需要的条件. 正如前面所指出过的,由此就十分容易推出编码基本定理.

§3 若干具体类型消息的熵和信息

在前两节中,我们研究了用某种"语言"所记录的抽象"消息"的编码和传输问题,这种"语言"的"字母集"包含有 n 个"字母". 在这里,我们要来谈谈当应用到各种具体类型的消息——首先是应用到俄语或其他外国语的消息时——可以由此得出的结论.

书 面 语

本章 §1 的基本结果是:为了沿容许传输 m 个不同基本信号的通信线路传输 M 个字母的消息(其中认为 M 是充分大的数),需要花费不少于 $\dfrac{M \log n}{\log m}$ 个信号,其中 n 是用以记录消息的"字母集"的字母数;这时存在能够任意接近于界限 $\dfrac{M \log n}{\log m}$ 的编码方法. 因为俄文"电报"字母集有 32 个字母(这里,我们不区别字母 e 和 $ё$, $ь$ 和 $ъ$,它们在大多数电报代码中由同样的基本信号组合来传输,但把"零字母"——各个单字之间的空白间隔——计入字母数之内),那么,根据这个结果,当传输 M 个字母的消息时,就必须花费

$$\frac{M \log 32}{\log m} = M \frac{H_0}{\log m}$$

个基本信号,其中

$$H_0 = \log 32 \approx 1.505 \text{ 十进制单位}$$

是在全部字母算是有相同概率的条件下,接收俄文文

章的一个字母的实验的熵(包含在一个字母中的信息).

然而事实上,在俄文消息中出现不同的字母,根本没有同样的概率. 例如在任何文章中,字母 o 和 e 比字母 ϕ 或 u_l 出现的频繁得多;由于俄文中一个单字的平均长度比 31 个字母小得多,那么,出现空白("零字母")的概率,就必然大大超过当全部 32 个字母是等概时所得的值 $\dfrac{1}{32}$. 所以,包含在任何可理解的俄文文章的一个字母中的信息,总是小于 log 32. 由此很明显,为了得到其中每个字母包含 log 32 个信息单位的文章,不能简单地从随便哪本俄文书中任取一段;为此需要把 32 个字母分别写在各个卡片上,并把这些卡片放进一个箱子中,然后每次抽出一张,并每次记下抽出的字母后,再把卡片放回箱子中,并且重新混合箱子中的卡片. 进行这样的实验后,我们得到了如下的"句子"

СУХЕРРОБЬДЩ ЯЫХВЩИЮОАЙЖТЛФВНЗАГФОЕНВШТЦР

ПХГБКУЧТЖЮРЯПЧЬКЙХРЫС

不用说,这段文字虽然是由俄文字母组成的,却和俄文很少有共同点!

为了更精确地计算包含在俄文文章的一个字母中的信息,必须知道不同字母出现的概率. 摘取俄文文章的充分长的片段,并对它计算各个字母的相对频率后,就可以近似地决定这些概率. 严格地说,这些频率可能多少依赖于文章的性质特点(例如在高等数学教科书中,通常很少见的字母 ϕ 的频率,由于经常重复

"функция"("函数"),"дифференциал"("微分"),
"коэффициент"("系数")及其他的词而显著地高于
其平均频率;在许多诗中,也可以发现各个字母的利用
频率与其正常频率还有更大的偏差);所以,为了可靠
地确定字母的"平均频率",最好是选取从不同的来源
中摘录的不同文章.然而通常这种偏差毕竟不大,因而
在一级近似时,可以忽略它们.俄文各字母频率的大概
值列在表 5 中(参看 А. А. Харкевич,Д. С. Лебедев 和
В. А. Гармаш;短划("—")表示字母间的空白间隔):

表 5

字母	—	о	е,ё	а	и	т	н	с
相对频率	0.175	0.090	0.072	0.062	0.062	0.053	0.053	0.045
字母	р	в	л	к	м	д	п	у
相对频率	0.040	0.038	0.035	0.028	0.026	0.025	0.023	0.021
字母	я	ы	з	ь,ъ	б	г	ч	й
相对频率	0.018	0.016	0.016	0.014	0.014	0.013	0.012	0.010
字母	х	ж	ю	ш	ц	щ	э	ф
相对频率	0.009	0.007	0.006	0.006	0.004	0.003	0.003	0.002

　　只要把这些频率看成是对应字母的出现的概率,
就可得到俄文文章中一个字母的熵的值

$$H_1 = H(\alpha_1) = -0.175 \log 0.175 - 0.090 \log 0.090 -$$
$$0.072 \log 0.072 - \cdots - 0.002 \log 0.002$$
$$\approx 1.309 \text{ 十进制单位}$$

从这个数与数 $H_0 = \log 32 \approx 1.505$ 十进制单位的

比较中可以看出:字母集的不同字母出现的不均匀性,使得包含在俄文文章的一个字母中的信息量大约减小 0.2 个十进制单位.

只要利用这些情况,就可以把为了传输有 M 个字母的消息所需要的基本信号的个数减小到数值 $M\dfrac{H_1}{\log m}$(即在二进制代码情形,减小到数值

$$\frac{H_1}{\log 2}M \approx \frac{1.309}{0.301}M \approx 4.35M$$

为了进行比较,我们指出: $\dfrac{H_0}{\log 2}M \approx \dfrac{1.505}{0.301}M = 5M$——当根据把有 M 个字母的消息与 $5M$ 个基本信号的链相对应的 Bodo 方法编码时所达到的值).例如,可以根据 Shannon-Fano 方法对俄文字母集中的各个字母编码,来缩减所需要的基本信号的个数.不难验证,把这个方法应用到俄文字母集,就可得到如下的代码表示的表(表6):

表6

字母	代码表示	字母	代码表示	字母	代码表示
—	111	к	01000	х	0000100
а	1010	л	01001	ц	00000010
б	000101	м	00111	ч	000011
в	01010	н	0111	ш	00000011
г	000100	о	110	щ	00000001
д	001101	п	001100	ы	001000

续表6

字母	代码表示	字母	代码表示	字母	代码表示
e	1011	p	01011	ь,ъ	000110
ж	0000011	c	0110	э	000000001
з	000111	m	1000	ю	00000010
u	1001	y	00101	я	001001
й	0000101	ф	000000000		

用这种编码方法时,传输消息的一个字母所需要的基本信号的平均数等于

$$0.265 \times 3 + 0.347 \times 4 + 0.188 \times 5 + 0.150 \times 6 +$$

$$0.032 \times 7 + 0.013 \times 8 + 0.005 \times 9 \approx 4.4$$

即很接近于数值 $\dfrac{H_1}{\log 2} \approx 4.35$[①].

但被传输消息的一个字母所需基本信号的平均数的值等于 $\dfrac{H_1}{\log m}$,也不是最好的,事实上,当决定由确定俄文文章的一个字母所构成的实验 α_1 的熵 $H_1 = H(\alpha_1)$ 时,我们曾认为所有的字母是无关的. 这表

———————

① 但是用这种方法对消息编码后,译码相当复杂,这就使得这种代码实际上很不便利. 这是可以验证的,例如只要试图译出比如说如下的"句子"就可相信了:010100101100100100 11011110100110011101000110001101111000000000000000010 111110111001010011011100001010111101110111101000110001 101101011100010111000110110(若预先按对应字母的概率递减次序记录全都代码表示,就可使译码显著地容易).

614

示:为了组成其每个字母包含 $H_1 \approx 1.309$ 个十进制单位信息的"文章",我们应该利用装有充分混匀了的 1 000 张卡片的箱子,其中 175 张什么也没有写,90 张写有字母 o,72 张写有字母 e,……,最后 2 张卡片上写有字母 ϕ. 只要从这个箱子中一张张地取出卡片,我们就得到如下的"句子"[①]

ЕЫНТ ЦИЯЬА ОЕРВ ОДНГ ЬУЕМЛОЛЙК

ЗБЯ ЕНВТША

这个"句子"较之前面的一个,与可理解的俄语稍微类似一点(在这里元音和辅音个数的分配毕竟呈现得比较似乎真实,且接近于通常的"单字"的长度),但不用说,它与俄文文章还是相距很远的.

这个句子与可理解的文章不同之处,自然是由于事实上俄文文章的一连串字母完全不是彼此无关的.例如,若我们知道眼前的字母是元音,则接着出现辅音字母的概率就相当大;无论是在空白之后或是在元音字母之后,无论如何也不可能出现字母"ъ"(刚才的"句子"中第二个和第五个"单字",与这显然相矛盾);在字母"ч"之后,无论如何也不可能出现字母"ы""я"或"ю',而经常总是出现元音"и"和"е"之一或辅音"m"(单字"что"),等等.

[①]　这个例子和以后的各个"人造句子"的例子,都采自 Р. Л. Добрушин 的论文. 像这篇论文中所阐明的一样,不用从装有 1 000 张卡片的箱子中抽取卡片,可以用下法更简单得多地得到:从任何俄文书中乱碰地抄出一系列字母.

上面"句子"中所没考虑到的某些另外的俄语规律性的存在,使得俄文文章一个字母的不肯定性程度(熵)进一步地减小. 所以,沿通信线路传输这样的文章时,还可以减小传输一个字母所花费的基本信号的平均数. 不难明白可以怎样在数量上表征出这种减小. 为此只需计算在已知由确定俄文文章中前面的一个字母(注意,当接收消息的眼前一个字母时,我们总是已知前面的一个字母的)所构成的实验 α_1 的结局条件下,由确定那段文章的一个字母所构成的实验 α_2 的条件熵

$$H_2 = H_{\alpha_1}(\alpha_2)$$

条件熵 H_2 应由下式决定

$$
\begin{aligned}
H_2 &= H_{\alpha_1}(\alpha_2) = H(\alpha_1\alpha_2) - H(\alpha_1) \\
&= -p(--)\log p(--) - p(-a)\log p(-a) - \\
&\quad p(-\text{б})\log p(-\text{б}) - \cdots - p(\text{яя})\log p(\text{яя}) + \\
&\quad p(-)\log p(-) + p(a)\log p(a) + \\
&\quad p(\text{б})\log p(\text{б}) + \cdots + p(\text{я})\log p(\text{я})
\end{aligned}
$$

其中用 $p(-), p(a), p(\text{б}), \cdots, p(\text{я})$ 表示各个字母的概率(频率),而用 $p(--), p(-a), p(-\text{б}), \cdots, p(\text{яя})$ 表示两个字母的各种可能组合的概率(频率). 为了近似确定这种"两个字母的概率",只需计算在无论怎样长的俄文片段中两个相邻字母的不同组合出现的频率. 当然,我们可以预先就说概率 $p(--), p(\text{яь})$ 和许多其他的概率(如 $p(\text{ьь}), p(-\text{ь}), p(\text{чя})$,等等)都等于零. 重要的是应着重指出,我们可以确信条件熵

$H_2 = H_{\alpha_1}(\alpha_2)$ 是比无条件熵 H_1 小些.

可以把量 H_2 具体化而当作包含在确定下一个实验结局中的"平均信息". 设有分别标上了 32 个俄文字母的 32 个箱子;每一个箱子中都有写了由这个箱子上所标明的字母开始的二字母组合的一些卡片,并且不同的二字母组合的卡片数目与对应的二字母组合的频率(概率)成正比. 实验就是从这些箱子中多次抽取卡片,且记下卡片上后一个字母. 这时每一次(从第二次开始)都从装有由所记后一字母开始的组合的箱子中抽取卡片;记下字母之后,把卡片放回原来的箱子中,并重新把箱子中的卡片充分混匀[也可以(实际上显然是更方便的)不用箱子,而用任意的俄文书,只需在其中每次从任意选取的地方开始后,找出我们所记下的最后那个字母的第一次出现,并写出紧接着它后面的那个字母,直到对现有的文章写完为止]. 这种实验得出了如下的"句子"

UMAPOHO KAЧ BCBAHHЫЙ POCЯ

HЫX KOBKPOB HEДAPE

按读音听起来,这个"句子"显然比前面所写的"句子"更接近俄语(例如在这里,我们不仅有元音字母和辅音字母个数的近乎真实的关系,而且它接近于可"读音"的句子的元辅音交替的习惯).

当然,数量 $\dfrac{H_2}{\log m}$ 还不能给出传输俄文文章的一个字母所需基本信号平均数的最小值的最终估计. 问题在于:在俄文中(像任何其他语文一样)每个字母不仅依赖于直接在它前面的一个字母,而且也依赖于前面的一系列字母. 例如大家知道,ee 这种组合是经常出现的,因此在字母 e 之后,我们可以希望还出现一个 e;但是若最后这个字母又是 e,那么再出现一个 e 就几乎是不可能的了(因为极少有 eee 这种组合); $-u$(字母 u 在空白间隔之后)这种组合之后,很经常的情形是又接着一个空白间隔(连接词"u(和)"),而在 mc 这个组合之后,自然希望是字母 $я$(动词词尾"$mcя$"),等等. 所以,知道前面两个字母后,就可使确定下一个字母的实验的不肯定性减少很多. 这就表示差 $H_3 - H_2$ 是正的,其中 H_3 是"二阶条件熵"

$$H_3 = H_{\alpha_1\alpha_2}(\alpha_3) = H(\alpha_1\alpha_2\alpha_3) - H(\alpha_1\alpha_2)$$
$$= -p(---)\log p(---) -$$
$$p(--a)\log p(--a) - \cdots - p(яяя)\log p(яяя) +$$
$$p(--)\log p(--) + p(-a)\log p(-a) + \cdots +$$
$$p(яя)\log p(яя)$$

下述实验情况就是所讲的问题的直观证实:从 32^2 个箱子中抽取写有三字母组合的卡片,每个箱子中的这些卡片的开始的两个字母均相同(或同样可用俄文书的实验,在其中多次乱碰地寻找已写出的最后两个字母的组合的第一次重复,并把其后的一个字母记下来),得到了如下的"句子"

ПОКАК ПОТ ДУРНОСКАКА НАКОНЕПНО

ЗНЕ СТВОЛОВИЛ СЕ ТВОЙ ОБНИЛЬ

这比前面的更接近于俄语.

类似地也可确定熵

$$H_4 = H_{\alpha_1 \alpha_2 \alpha_3}(\alpha_4) = H(\alpha_1 \alpha_2 \alpha_3 \alpha_4) - H(\alpha_1 \alpha_2 \alpha_3)$$
$$= -p(\,-\,-\,-\,-\,) \log p(\,-\,-\,-\,-\,) -$$
$$p(\,-\,-\,-\,a\,) \log p(\,-\,-\,-\,a\,) - \cdots -$$
$$p(\text{яяяя}) \log p(\text{яяяя}) +$$
$$p(\,-\,-\,-\,) \log p(\,-\,-\,-\,) +$$
$$p(\,-\,-\,a\,) \log p(\,-\,-\,a\,) + \cdots +$$
$$p(\text{яяя}) \log p(\text{яяя})$$

它相应于在知道前面三个字母的条件下, 确定俄文文章的下一个字母的实验. 对应于这个量的、从有四字母组合的 32^3 个箱子中抽取卡片所构成的实验, 得到了如下的"句子"

ВЕСЕЛ ВРАТЬСЯ НЕ СУХОМ И НЕПО И КОРКО

这已经是由"几乎俄语"的单字组成. 对于可理解的俄文文章的一个字母的熵的更好近似, 可在

$$H_N = H_{\alpha_1 \alpha_2 \cdots \alpha_{N-1}}(\alpha_N)$$
$$= H(\alpha_1 \alpha_2 \cdots \alpha_N) - H(\alpha_1 \alpha_2 \cdots \alpha_{N-1})$$

这个量当 $N = 5, 6, \cdots$ 时得出. 不难看出, 随着 N 的增大, 熵 H_N 只能减小. 若再注意到所有的量 H_N 都是正的, 则由此就可得出: 当 $N \to \infty$ 时, 量

$$H_{\alpha_1 \alpha_2 \cdots \alpha_{N-1}}(\alpha_N) = H_N$$

就趋向确定的极限 H_∞, 显然, 它和前节所谈到的极限

H_∞ 相同[①].

从 §2 的结果可得:传输俄文文章的一个字母所需要的基本信号的平均数,不可能小于数 $\dfrac{H_\infty}{\log m}$;另一方面,使这个平均数任意接近于数 $\dfrac{H_\infty}{\log m}$ 的编码方法是可能的. 我们作"极限熵" H_∞ 与表征可以包含在有给定字母数的字母集内一个字母中最大信息的数

$$H_0 = \log n$$

之比;表示这个比值较 1 小多少的差

$$R = 1 - \frac{H_\infty}{H_0}$$

[①] §2 中所考虑过的引进 H_∞ 这个量的极限等式

$$\lim_{N \to \infty} \frac{H(N)}{N} = \lim_{N \to \infty} \frac{H(\alpha_1) + H_{\alpha_1}(\alpha_2) + \cdots + H_{\alpha_1 \alpha_2 \cdots \alpha_{N-1}}(\alpha_N)}{N}$$

可以如下得到:当 N 很大时,分式 $\dfrac{H^{(N)}}{N}$ 的分子中几乎所有的项都接近于

$$H_\infty = \lim_{N \to \infty} H_{\alpha_1 \alpha_2 \cdots \alpha_{N-1}}(\alpha_N)$$

除第一项外,它们在总和中的作用,当 N 很大时是不显著的.

这样一来,"熵率" $h_N = \dfrac{H^{(N)}}{N}$ 的序列和"条件熵"

$$H_N = H_{\alpha_1 \alpha_2 \cdots \alpha_{N-1}}(\alpha_N)$$

的序列,当 $N \to \infty$ 时,就收敛于同一个极限 H_∞. 这时

$$h_1 = H_1 = H(\alpha_1)$$

但当 $N > 1$ 时, $H_N < h_N$(因为 h_N 等于 N 个数的算术平均值,而这 N 个数中只有最后一个等于 H_N,其余所有的都大于 H_N);所以量 H_N,$N = 1, 2, 3, \cdots$,趋向于极限值 H_∞ 将要比 h_N 快得多.

Shannon 称为是语言(在我们所研究的情形是俄语)的冗长度. 我们下面要谈到的资料可使我们认为俄语的冗长度(也像其他欧洲语言的冗长度一样)显著地超过 50%. 不十分确切地说,我们可以认为可理解文章的下一个字母的选取,50% 以上是由于语言的本身结构所决定,因而,只在相当小的程度上是随机的. 正是语言的冗长度使我们能够在省略某些容易猜出的字(前置词和连接词)之后而缩减电文;它甚至可以使我们在电报有相当大的误差或书中有相当多的书写错误时,也很容易恢复原文.

为了更明确地理解数 R 的意义,我们假设俄文文章用 32 进制代码编码,其中也正是这些俄文字母作为基本信号. 这种"代码"将提供用普通的字母缩减俄语书写的一种方法. 在最经济的代码情形,为了抄写 M 个字母的消息,我们平均就需要

$$\frac{H_\infty}{\log 32} M = \frac{H_\infty}{H_0} M = (1 - R) M$$

个基本信号(字母),即与普通抄写文章比较起来,能够缩减 RM 个字母. 这个结果当然并不表示可用任意的方式减去 RM 个字母而由其余的字母就能无误地恢复原来的消息:为了使消息缩减 RM 个字母,必须采用特别的"最好的"编码方法,应用它后,消息的全部字母就成为相互无关的和等概的了. 由此显然,这时代码化了的文章将有和前面的"句子"同样的性质,即是完全不可理解的;读这种文章将比读前面脚注中所引的"句子"还要困难得多(因为现在这里的代码表示已经不是与个别字母对应,而是一开始就与较长的"字母行"相对应了). 还需指出,这样编码时,任何错字都将

是"不可挽救的":译码时可由这种错字得到新的有意义的文章,而我们却不会发觉它,即使发觉了,也不可能知道究竟事实上写了什么. 至于谈到用直接空出乱选的一部分字母来缩减文章,那么预先只可以断定当省略多于 RM 个字母时,我们简直不可以无误地恢复原文. 专门的实验(对于英语)表明:通常这种恢复原文只有当省略的字母不超过其总数的 25% 时才能成功.

冗长度 R 是语言的很重要特征;但它的数值,对任何一种语言,暂时都还没有充分精确地确定. 特别地,在俄语方面,只有关于数量 H_2 和 H_3 的资料,它们是不久前苏联科学院信息传输系统实验室得到的. 在该著作中,为了求出所有可能的二字母的及三字母的组合的相对频率(即概率的近似值),曾经利用了约包含 30 000 个字母的某本小说的摘录;计算这个摘录中不同的二字母的及三字母的组合的重复次数,是利用分析计算机完成的. 结果得到了如下的值(表7)(十进制单位):

表7

H_0	H_1	H_2	H_3
$\log 32 \approx 1.505$	1.309	1.060	0.905

(为了完备起见,我们在这里也列入了以前所得出的两个熵 H_0 和 H_1 的值). 严格地说,由此只可以得出:对于俄语

$$R \geqslant 1 - \frac{H_3}{H_0} \approx 0.4$$

622

然而自然会想到数量 R 比这个值实际上要大得多(熵 H_3 等于包含在前面"句子"中一个字母的平均信息,而这个句子比起可理解的俄文文章来,显然是很少经过"整理的"). 最后这个结论也已由关于其他语言的冗长度的现有(很不完备的)资料所证实.

显然,对于采用拉丁字母的任何语言,文章的一个字母所可能有的最大信息 H_0,都有同一个值

$$H_0 = \log 27 \approx 1.431 \text{ 十进制单位}$$

(拉丁字母有 26 个,再加上第 27 个"字母"——两个单字间的空白间隔). 但进一步的计算应该对每种语言单独进行,因为某字母或多字母组合出现的频率,在不同的语言中是不一样的. 例如按概率递减的次序排列全部字母后(从其中最常出现的开始),对于英语,我们得到开始部分为 $-ETAONRI\cdots$ 的序列,对于德语,是 $-ENISTRAD\cdots$,对于法语,是 $-ESIANTUR\cdots$(" $-$ "在各种语言中都表示两单字间的空白间隔);由"空白"的概率决定的单字的平均长度,在德语中显然比在英语或法语中大;在德语和英语中较常出现 W 和 K 这两个字母,而在法语中,它们的概率实际上为零;TH 这种组合在英语中很普遍,而 SCH 这种组合在德语中很普遍,但在其他语言中,这些组合极少见;在德语中,字母 C 之后几乎总是跟着字母 H,但在英语或法语中却不是这样,等等. 只要利用在英语、德语、法语和西班牙语中不同字母的相对频率表(表8),就可以算出,对于这些语言,熵 H_1 等于:

表 8

语　言	英	德	法	西班牙
H_1（十进制单位）	1. 213	1. 233	1. 190	1. 199

（参考 G. A. Barnard）. 我们看到：在任何语言中，数值 H_1 都显著地小于 $H_0 = \log 27 \approx 1. 431$，并且对不同的语言，它的值彼此间的差别不是很大.

至于"条件熵" H_N（其中 $N > 1$），则只是对于英语，它们被认真地研究过，因此我们今后基本上只限于讨论英语. 还在 1951 年，Shannon 就利用有不同的二字母及三字母组合的频率表，计算了英语的 H_2 和 H_3 这两个量. Shannon 计算了英语中不同单字出现的频率的统计资料后，也近似地估计了 H_5 和 H_8 这两个量的值[①]. 结果，他得到了下面一系列的数（表 9）（十进制单位）：

---

① 知道各个单字的频率（概率）$p_1, p_2, \cdots, p_K$ 后（其中 K 是在所研究的文章中单字的总数），可以确定"一阶熵"
$$H_1^{(单字)} = -p_1 \log p_1 - p_2 \log p_2 - \cdots - p_K \log p_K$$
用一个单字中字母的平均数 w 除所得到的数，就可得到 w 阶的条件熵 H_w 的估计. 亦即，不难明白：$\dfrac{H_1^{(单字)}}{w} < H_w$，因为一个单字的 w 个字母之间的联系，显然比可理解的文章的 w 个一连串字母之间的联系要密切些. 另一方面，比值 $\dfrac{H_1^{(单字)}}{w}$ 一定大于包含在文章的一个字母中的平均信息 $H = H_\infty$，因为数 $H_1^{(单字)}$ 完全没有考虑到各单字之间存在的依赖关系.

表 9

H_0	H_1	H_2	H_3	H_5	H_8
1.431	1.213	0.999	0.933	≈ 0.65	≈ 0.56

这可以归结为:对于英语,冗长度 R 在任何情形都不小于

$$1 - \frac{0.56}{1.431} \approx 0.6$$

即一定超过 50%.

为了更精确地估计数值 R,还应当查明数 H_8——在已知前七个字母的条件下,包含在文章的一个字母中的平均信息——与极限熵 H_∞ 差多少. 换句话说,我们关心的问题是在选取英文文章当前的字母时的任意性,受到知道文章前面的离这个字母比七个字母远些的那一部分多少本质上的限制(在我们也已知其后的七个字母的条件下). 由于英文单字的平均长度总是只有四至五个字母,即明显地小于七个字母,那么这里就只可以谈到确定各个单字一个跟一个的先后次序的统计规律性(或者甚至是关于整个句子的更普遍的规律性)的影响. 要想利用前面所引入的公式来计算数 H_9, H_{10},等等,而直接解决我们所关心的问题,这是不可能的,因为为了计算 H_9,要求知道所有九字母组合的概率,而这个组合数要用 13 位数(万亿!)来表示. 所以,为了估计数 H_N,当 N 的值很大时,应该限于间接的方法. Shannon 提供过这种巧妙方法,我们在这里简单地谈一下.

"条件熵" H_N 是在已知前 $N-1$ 个字母的条件下，由确定文章的第 N 个字母所构成的实验 α_N 的不肯定性程度的度量. 自然，这个数量决定了由前 $N-1$ 个字母猜测第 N 个字母的困难程度. 但是可以很容易地提供关于猜测第 N 个字母的实验；为此，只要选取可理解文章的 $N-1$ 个字母的摘录，并假设不管怎样猜测下一个字母就行了[1]. 这类实验可以多次重复；这时猜测第 N 个字母的困难性是借助于为了找到正确回答所需试验数的平均值 Q_N 来估计的. 显然，这个试验平均数 Q_N 随着 N 的增大只能减小；它不再减小就将证实对应的各实验有同样的不肯定性程度，即相应于它们的"条件熵" H_N 实际上已达到了极限值 H_∞. 从这种设想出发，Shannon 进行了一系列类似的实验，在这些实验中，N 取值 $1,2,3,\cdots,14,15$ 和 100. 这时他发现了：由前 99 个字母猜测第 100 个字母，显然是比由前 14 个字母猜测第 15 个字母更简单的问题. 由此就可作出结论：H_{15} 比 H_{100} 要显著地大一些，即不论怎样也不能把 H_{15} 和极限值 H_∞ 看成一样. 后来，这样的实验曾由 N. G. Burton 和 J. C. R. Licklider 用更多的材料对 $N=1,2,4,8,16,32,64,128$ 和 $N\approx 10\,000$ 进行过；从他们的资料可以看出：数 H_{32}（以及 H_{64} 和 H_{128}）实际上

---

[1] Shannon 建议给出一系列正面问题，并考察其中回答是最适当的那个问题，因为在这里认为猜测是以最合理的方式进行的，即利用语言所固有的全部统计规律性的完备知识进行的.

与 $H_{10\,000}$ 没有区别,可是"条件熵" H_{16} 却显著地大于这个值. 这样一来,我们可以推测:当 N 增大时,量 H_N 一直增大,直至 N 的值增大到 30 左右为止,而当进一步增大 N 时,它事实上已不再改变;所以,例如可以用条件熵 H_{30} 或 H_{35} 来代替"极限熵" H_∞.

关于猜测字母的各试验,不仅能断定对不同的 N,各条件熵 H_N 之间的比值,而且也给出了估计 H_N 本身的值的可能性. 这个可能性是由于:根据给定的这种实验,不仅可以确定由前 $N-1$ 个字母猜测第 N 个字母所需试验的平均数 Q_N,而且还可以确定用第 1 个,第 2 个,第 3 个,……,第 n 个实验正确地猜中这个字母的概率(频率) $q_N^1, q_N^2, \cdots, q_N^n$(其中 $n = 27$ 是字母数,显然 $Q_N = q_N^1 \cdot 1 + q_N^2 \cdot 2 + \cdots + q_N^n \cdot n$). 不难明白:各概率 $q_1^1, q_1^2, \cdots, q_1^n$ 等于按频率递减次序排列的各字母 $a_1, a_2, \cdots, a_n$ 的概率 $p(a_1), p(a_2), \cdots, p(a_n)$. 事实上,若所猜测的字母 x 前面的任何一个字母都不知道,则自然首先假设 x 与最普遍的字母 a_1 相同(并且正确地猜中的概率等于 $p(a_1)$);然后应假设 x 与 a_2 相同(正确答案的概率等于 $p(a_2)$),等等. 由此就得到熵 H_1 等于和式

$$-q_1^1 \log q_1^1 - q_1^2 \log q_1^2 - \cdots - q_1^n \log q_1^n$$

而若 $N > 1$,则可指出,和式

$$-q_N^1 \log q_N^1 - q_N^2 \log q_N^2 - \cdots - q_N^n \log q_N^n \qquad (*)$$

就大于条件熵 H_N(这是由于 $q_N^1, q_N^2, \cdots, q_N^n$ 各数是用实验 α_N 的结局的被平均了的概率的方式决定的). 另一方面,较复杂一些的设想(关于它我们这里将不讨论)

使我们能够证明和式

$$(q_N^1 - q_N^2)\log 1 + 2(q_N^2 - q_N^3)\log 2 + \cdots +$$
$$(n-1)(q_N^{n-1} - q_N^n)\log(n-1) + nq_N^n\log n \quad (**)$$

对任何 N 都不大于条件熵 H_N. 这样一来, 表示式 $(*)$ 和 $(**)$ (可由根据实验资料估计的各概率 q_N^1, $q_N^2, \cdots, q_N^n$ 得出) 就确定了包含数量 H_N 的界限.

可惜 $(*)$ 和 $(**)$ 这两个和式的值当 N 增大时不能无限地接近 (从 $N \approx 30$ 开始, 这两个和一般都不再依赖于 N); 所以用这个方法所得到的语言冗长度的估计, 不能特别精确. 特别是, Shannon 的实验仅表明了数量 H_{100} 是介于 0.2 至 0.4 十进制单位之间. 由此就可得出结论: 对于英语, 冗长度

$$R = 1 - \frac{H_\infty}{H_0} \approx 1 - \frac{H_{100}}{\log 27}$$

在数量级方面应该接近于 80%. Burton 和 Licklider 的试验得到了相近的结果; 根据他们的资料, 英语冗长度 R 的真值在 $\frac{2}{3}$ (即 67%) 与 $\frac{4}{5}$ (即 80%) 之间.

对德语的冗长度的类似的 (但稍为更不完全的) 研究, 曾由电气通信方面的著名专家 K. Küpfmüller 进行过. 他利用德语中不同音节和单字出现的频率的现有资料, 并在进行由已知德文文章的前面一段摘录猜测文章的以下各音节和单字的一些实验之后, 得出结论说: 对于德语, $H_\infty \approx 0.4$ 十进制单位. 由此就可推出: 德语冗长度 R 接近于 $1 - \frac{0.4}{1.4} \approx 0.7$——与前面估计的英语冗长度在数量级方面有相同的值. 对于瑞典

语,类似的结果曾由 H. Hanson 得到(1959 年 6 月在关于信息论的第二次布拉格会议上的报告).

我们提醒一下:前面对于"字母"数,我们都计算了每两个单字之间的空白间隔,这从电报的观点来看是完全自然的. 但有时也需关心研究不计算空白间隔的普通字母集;例如,可能遇到关于包含在文章的一个印成了的字母中的信息问题. 自然,这时上述结果会有某些改变. 例如,现在应该认为俄文字母是 31 个(我们照旧把 ь 和 ъ 这两个字母看成是一样的),这样一来,$H_0 = \log 31 \approx 1.491$ 十进制单位;各个字母的频率的值也将改变,因而就会得到熵 H_1 的新值,亦即 $H_1 \approx 1.342$ 十进制单位. 在这种考虑下,应认为拉丁字母是 26 个,对于采用这种字母的所有语言,$H_0 = \log 26 \approx 1.415$ 十进制单位. 熵 H_1, H_2, H_3 的值(十进制单位)以及 H_5 和 H_8 这两个熵的近似值,对于英语,在不计算各单字间的空白间隔时,由下表(表 10)给出:

表 10

H_0	H_1	H_2	H_3	H_5	H_8
1.415	1.242	1.075	0.993	≈ 0.8	≈ 0.7

把这个表和前面所列的表比较之后,我们就可确信:在英语中计算单字间的空白间隔,就使得熵 H_0 增大而所有以后的熵 H_N 减小. 对于任何语言

$$H_0^{(有空白)} > H_0^{(无空白)}$$

是十分明显的:要知道恒有

$$\log n > \log (n-1)$$

其次,计算空白间隔就导致有比其他字母更大概率的辅助"字母"的出现,这样就使预测实验 α_1 的结局更容易,因而就会减小它的不肯定性程度 H_1. 对其他 N 的值,当计算空白间隔时 H_N 减小,这也可类似地解释. 特别地,当 N 充分大时(超过单字的平均长度时),由已知前 $N-1$ 个字母来确定文章的第 N 个字母,当第 N 个字母是"空白"时,所构成的实验的结局实际上将由语言的结构本身唯一确定(容易明白:当 N 很大时,猜测这个实验的结局时的错误,通常只有当第 N 个字母是新单字的第一个字母或至少是第二个字母时才发生). 由此就可推出:计算空白间隔就显著地减小了这个实验的不肯定性,这就表示

$$H_N^{(有空白)} < H_N^{(无空白)}$$

甚至还可以得到联系冗长度 R 的两个值——分别在不计各单字间的空白间隔的条件下和在计算空白间隔的条件下算出的——确切依赖关系. 事实上,我们可来考虑两篇同样充分长的文章,它们的区别只在于其中的一篇不记出各单字间的空白间隔. 其中每篇文章可根据另一篇唯一地恢复:当然,我们可以在普通印好的文章中去掉各单字之间的所有空白间隔,也几乎可以同样简单地恢复所写出的"紧紧连接着"(各单字之间没有空白间隔)的文章中的空白间隔而成熟知的语言. 由此就可得出结论:包含在某篇文章中的"完全信息"("信息密度"或"文章的一个字母所得到的信息" H_∞ 与字母数的乘积),应该是相同的. 而因为带空

白间隔的文章的"字母"数比"紧紧连接着"写出的文章的字母数大$\dfrac{s+1}{s}$倍,其中 s 是单字的平均长度(因为平均起来,文章的每 s 个字母就带有一个空白间隔),所以

$$H_\infty^{(有空白)} = H_\infty^{(无空白)} : \frac{s+1}{s}$$

再注意空白间隔的概率 p_0 等于$\dfrac{1}{s+1}$(带空白间隔的文章的 $s+1$ 个"字母"中有一个空白间隔),因而

$$s = \frac{1}{p_0} - 1$$

我们就可以这样改写这个公式①

_____

①　最后这个结果也可以不用"完全信息"的不变性而很简单地证明. 事实上,令 α_N 是由各单字之间有空白间隔的文章的前 $N-1$ 个字母猜测第 N 个字母所构成的实验. 我们分为两个阶段来考查实验 α_N 的结局:首先检查空白间隔是否不是第 N 个"字母"(实验 β);若不是,则我们就进一步查明它是哪个字母(实验 α_N'). 若 p_0 是空白间隔的概率,则第二个实验 α_N' 显然只应该在全部情形的 $1-p_0$ 部分中进行. 由此推得

$$H(\alpha_N) = H(\beta) + (1-p_0)H(\alpha_N')$$

其中 $H(\alpha_N)$,$H(\alpha_N')$ 和 $H(\beta)$ 分别是在已知前 $N-1$ 个字母的条件下各实验的条件熵的平均值. 而因为当 N 很大时,可以认为 $H(\beta)=0$(由前 $N-1$ 个字母恢复空白间隔是唯一的),且

$$H(\alpha_N) = H_\infty^{(有空白)}, H(\alpha_N') = H_\infty^{(无空白)}$$

于是我们就得到

$$H_\infty^{(有空白)} = (1-p_0)H_\infty^{(无空白)}$$

$$H_\infty^{(有空白)} = H_\infty^{(无空白)} : \dfrac{\dfrac{1}{p_0}}{\dfrac{1}{p_0} - 1}$$

或

$$H_\infty^{(有空白)} = (1 - p_0) H_\infty^{(无空白)}$$

但若字母(包括空白间隔)的总数等于 n,则

$$H_0^{(有空白)} = \log n, H_0^{(无空白)} = \log(n-1)$$

而

$$\frac{H_\infty^{(有空白)}}{H_0^{(有空白)}} = \frac{H_\infty^{(无空白)}}{H_0^{(无空白)}} \cdot (1 - p_0) : \frac{\log n}{\log(n-1)}$$

或

$$(1 - R^{(有空白)}) = (1 - R^{(无空白)}) \cdot (1 - p_0) \frac{\log(n-1)}{\log n}$$

这就是联系分别在不计算空白间隔和计算空白间隔时语言的两种冗长度的值的公式.

为了确定包含在文章的一个单字中的平均信息量 $H_\infty^{(单字)}$,也可以利用类似的设想. 一个单字的零阶熵

$$H_0^{(单字)} = \log K$$

是可以估计的,只要计算该语言的某充分完备的词典中单字的个数 K 就够了. 熵

$$H_1^{(单字)} = -p_1 \log p_1 - p_2 \log p_2 - \cdots - p_K \log p_K$$

可以用指明各单字的频率(概率) $p_1, p_2, \cdots, p_K$ 的"频率词典"来计算. 但直接计算"一阶条件熵" $H_2^{(单字)}$,就要求知道所有可能的二单字组合的频率,确定它们是很困难的,因为这个组合的总数极为巨大. 计算以后的各"条件熵" $H_3^{(单字)}, H_4^{(单字)}$ 等的希望就更小了. 这时必

须注意到:各个单字之间的统计联系往往是明显地比各字母之间的联系更为紧密(在文章中"дифференциальный(微分的)"这个单字的出现对它后面的单字的概率的限制,比如说比起"Г"这个字母的出现对它后面的字母的概率的限制来,要更厉害些),因此,单字的这种联系的"远作用"要大得多(在任何一本厚书的开始部分出现"лемма(引理)"这个单字就会显著地减小在该书末尾遇到"любовь(爱情)"这个字的概率). 所有这些就使得关于确定"极限熵"("信息密度")H_∞的问题,看来好像极端困难[1].

现在我们来把两种文章——用一般拼音文字写的文章和"象形"文字写的文章,在"象形"文字里,整个单字作为单独的"字母"(象形文字写法的特征就正是单个符号表示整个单字)——彼此对照一下. 这时当然可以把每种文章根据另一种来唯一地恢复——只要知道不论哪种文章的全部字母,我们因而也就知道这篇文章所包括的全部单字,而知道所有的单字就等价于知道字母记录. 所以在这里,包含在这种或那种文章中的"完全信息"就将是同样的,即

$$H_\infty^{(单字)} \cdot 文章的单字数 = H_\infty^{(字母)} \cdot 文章的字母数$$

而因为字母数与单字数之比等于单字的平均长度,于

---

[1]　以上均是就拼音文字而言的,单字(слова)就是词. 在象形文字里,则词还要由一个或多个字构成,词和字就不是一样了. 本书所谓"单字",在拼音文字里指词,在象形文字里指字,希望读者注意.

是就得到

$$H_{\infty}^{(单字)} = H_{\infty}^{(无空白)} \cdot s$$

或

$$H_{\infty}^{(单字)} = H_{\infty}^{(有空白)} \cdot (s+1)$$

其中 s 是单字的平均长度(意思就是:$s+1$ 是一个单字中所包含的字母的平均数,单字间的空白间隔也计算在字母数之内).

从最后这个公式可推出关系式

$$\frac{H_{\infty}^{(单字)}}{H_{0}^{(单字)}} = \frac{H_{\infty}^{(字母)}}{H_{0}^{(字母)}} \cdot (s+1) : \frac{\log K}{\log n}$$

或

$$(1 - R^{(单字)}) = (1 - R^{(字母)}) \cdot (s+1) \frac{\log n}{\log K}$$

其中,像前面一样,s 是单字的平均长度,K 是在所研究的文章中出现的单字总数,n 是把单字间的空白间隔计算在内的字母集的字母数;在这里,也像前面几乎各处一样,把 $H^{(字母)}$ 和 $R^{(字母)}$ 分别取为 $H^{(有空白)}$ 和 $R^{(有空白)}$. 特别地,对俄语是 $n = 32$ 和

$$s + 1 = \frac{1}{p_0} = \frac{1}{0.175} \approx 5.7$$

设 $K = 50\,000$(在十分完备的词典中单字的约数)[①],我们就得到

$$(1 - R^{(单字)}) = (1 - R^{(字母)}) \cdot 5.7 \frac{\log 32}{\log 50\,000}$$

---

① 因为在上述公式中单字数 K 位于对数符号下,所以这个数估计得不精确时,对结果的影响很小(若设 $K = 100\,000$,在下面的公式中用 1.74 代替 1.85 这个因子就可以了).

$$\approx 1.85(1 - R^{(字母)})$$

因而,我们看到:单字的冗长度显著地小于字母的冗长度,即在这种意义下"象形文字"的写法是比拼音文字的写法更"有利的". 这种情况与对很多"字母"组成的很长字母行一起编码是有利的这点有密切联系,关于这种有利性,我们在本章已讲得很多了;单字也正好就是这类的"字母行"(并且是出现的概率较高的"字母行").

上面所谈的文章中一个字母的熵的全部资料,都是对于"普通标准语"的. 我们在前面已指出过:不同字母出现的频率可以依所研究文章的性质而不同;同样,熵 H_N 的值或冗长度 R 的值,对于摘自不同来源的文章,也是不同的. 这时,任何"专门语"(例如某一专业的科学或技术文章,事务上的抄写,任何一种方言),通常会因所用单字数较少及存在经常重复的专门术语和词句而有比平均值较大的冗长度——这是一种极有利的情况,它使得可用不充分熟悉的语言就可很容易地查阅一定专业的科学文献或学习这种文献.[相反,某些作家的语言,由于其语言的特别丰富和解明(独创性,特殊性,即不是所期待的语言,不是公式化的语言)可有比平均值为低的冗长度[①]]在 F. C. Frick 和 W. H. Sumby 的著作中及 Friz 和 Graier 的著作

———————

①　但文学作品语言的过低的冗长度会不可避免地被领会为使语言故意的复杂;而冗长度更低的话,就会使人莫名其妙.

中,都从这个观点研究过一种"专门语"——空中的飞机驾驶员和机场上值班员之间用无线电通话. 自然,全部通话都是很标准地依照既定的公式进行,并且只限于不变地重复某些少量术语. 所以,对应的语言冗长度(或者用"关于猜测的实验",或者用直接研究构成这些通话的不多的标准词句的统计资料而得出),是显著地超过了"标准语言"的冗长度的. 特别地,限制在值班员发送给在一定条件下着陆的飞机驾驶员的消息这个更狭窄的范围内,Frick 和 Sumby 对于冗长度得到了近于96%的值(从 Friz 和 Graier 的结果也可作出类似的结论). 在这里,这样大的冗长度有十分明显的原因——因为存在相当大的干扰(与所制造的飞机的响声有关),冗长度太小,在所考虑的情形,接收时可能导致有最严重的(甚至是悲惨的)后果的错误.

对于可作为任何"专门语"特征的较高冗长度,例如,在资本主义国家中一些大商号为了商业上的抄写,当组成代码时已经注意到了. 在现代,这种代码正在信息论专家的固定参与下加以拟定,例如在上述商号的商业交谈中,存在着各个单字以及整个词句的经常重复,这可以很大地提高代码的经济性.

口　语

上面所考虑的飞行员和机场值班员之间用无线电通话的例子,直接引导我们得到关于口语的熵和信息的问题(在这之前,我们总是只和书面文章打交道). 自然会想到:口语的所有统计特征,比起在书面语的情形来,将更强地依赖于交谈的人及他们交谈的性质

（因为书面语总是"流利"些）. 而整个说来,记录下口语后,我们通常只能得到较小的"信息密度"（一个字母所得到的信息）,因而就得到比在书面语情形较大的冗长度:在交谈中总是比在写出的文章中重复得更多,总是更经常地使用同一个最简单的单字（我们较少注意"风格的华丽"）;且容易在交谈中出现的"无用的词"的百分数十分大,这些"无用的词"是用来以便有可能考虑以下该说什么的. 注意到这种情况并确定单位时间内说出的"字母的平均数"后,就可以估计在一秒钟内交谈的消息的估信量;通常它是在 0.2 个十进制单位到 1 个十进制单位之间（自然,这个信息量紧密地依赖于可能有很大变化的"谈话速度":"很快地"谈话几乎比"很慢地"谈话快五倍）. 不用说,在这里我们应排除有"特别高的冗长度"的飞机驾驶员和机场值班员之间用无线电通话的这类交谈;对于这些交谈,信息传输的速度接近于 0.06 十进制单位/秒,即比在一般问题中最慢的交谈还要慢得多.

然而,交谈时信息传输速度的这个估计,只是关于可由记录所说的单字引起的"有意义信息"的. 事实上,此外日常的语言总还包含十分大的附加信息,把这种附加信息通知我们,有时是自愿的,而有时却直接违反自己的愿望;这个附加信息也可能和"有意义信息"相矛盾,并且在这些情形,一般说来,我们应该更信赖它. 例如,从谈话中我们可以判断说话人的情绪和他与听者的关系;甚至假设信息（"有意义信息"也包括在内）的任何其他来源都没有给我们指出谈话者,我们也能知道他;在许多情况下,我们可以根据我们不认识的人的发音口音来确定他出生的地方;我们可以估计在沿电气通信渠道传输噪音时(电话、无线电),多半纯粹由传输线路的技术特性所确定的口语的响度,等等. 所有这些信息的数量估计是很复杂的问题,需要知道比现今所已有的更多的语言知识;特别地,这里需要很广泛的各种各样的统计资料,它们现在几乎都还完全没有.

在这方面的例外是关于着重指出句子中个别词的逻辑重音这种比较狭窄的问题. 这种重音也带有一定的信息负荷,可以对它作数量估计(对于用电话交谈的特殊情况). 为此所必需的统计资料曾由 J. Berry 在分析了一系列"典型的英语电话交谈"后得到;特别地,根据 Berry 的资料,这种重音经常总是放在最少使用的词上(然而,这却是十分自然的——显然,未必有谁把逻辑重音放在最普通的词——例如前置词或连接词上). 若我们用 q_r 来表示给定的词 W_r 是被重读的概率,则包含在关于有没有重读这个词的消息中的平均信息就等于

$$- q_r \log q_r - (1 - q_r) \log (1 - q_r)$$

现在假设 $p_1, p_2, \cdots, p_K$ 是 $W_1, W_2, \cdots, W_K$ 各词的概率(频率)(其中 K 是所使用的全部词的总数;在语言的整个统计理论中起着主要作用的 $p_1, p_2, \cdots, p_K$ 这些概率,可很好地从"常用词典"中获得——参考前面). 这时,对于包含在逻辑重音中的平均信息 H,可以写成下面的公式

$$H = p_1 \left[-q_1 \log q_1 - (1 - q_1) \log(1 - q_1) \right] +$$
$$p_2 \left[-q_2 \log q_2 - (1 - q_2) \log(1 - q_2) \right] + \cdots +$$
$$p_K \left[-q_K \log q_K - (1 - q_K) \log(1 - q_K) \right]$$

往这里代入 Berry 的资料后，Mandélbrot 计算出了：在查明哪个词是逻辑重音之后，我们所得到的平均信息，在数量级方面接近于 0.2 十进制单位/词.

至于谈到包含在口语中最一般的各种各样的"无意义信息"，那么，现有的资料只可以给出它的总量的极粗略和极不完全的估计. 这类的估计曾由 Küpfmüller 在关于德语口语和书面语的有趣研究中得到，这点我们前面已提到过. Küpfmüller 在自己的著作中也没有试图计算语调、声调及其他语言特点的复杂统计规律性；他实质上只局限于计算仅和不同可能性的个数有关的"零熵"H_0，然后粗略地大体取对应的冗长度为 50%. 除包含在语调中的信息外，Küpfmüller 还分别计算了与说话人嗓音的个别特点有关的信息以及语言响度所得到的信息；把这时所得到的三个数量的总和与包含在同样语言中的"有意义信息"进行了比较. 为了估计响度的可分辨程度的总数和（由嗓音振动的固有频率不大的变化所决定的语调类型的）"口语旋律"的总数，曾吸收了生理声学的资料[①]；由人所

---

① 可能会提出：响度和语调可以连续地变化，这样在这里就应该有无限多不同的可能性. 然而事实上，人的耳朵只能分辨有限数的不同响度程度和有限数的语调；关于这点，我们在下面还要详细地谈到.

分辨的各个声音的总数,比如说可以"大约"确定.自然,用这种方法所作出的"可能结局的总数"的估计,不可能强求有特别大的精确性;但因信息是由这个数的对数所确定,故甚至粗略的估计也可算出具有很高精确度的信息(要知道当可能结局的总数约为 1 000时,为了使信息增大到二倍,就要增大这个可能性的个数到 1 000 倍!).这类的计算使 Küpfmüller 得到结论:包括在语调、响度和个别嗓音特点中的附加信息,在正常谈话时不应该超过"有意义信息"的75%;当很快地谈话时,它不多于有意义信息的 30%,而当很慢地谈话时,不多于150%(这些数存在的差别部分地可以这样来解释:很快谈话时,我们只可分辨显著为少的不同嗓音,也不大能区别语调)①.

在 Küpfmüller 的著作中也曾指出过口语发出一个字母的熵和信息的"密度".但事实上,这些数字只具有假定的性质(它们只是为了比较口语和书面语才是必需的);在实际谈话时,有时不发各个字母的音,而发和字母本质上不同的音.所以,口语的基本元素(在同样的意义下,字母是书面语的基本元素)应该认为是单个语音——音素.可理解的口语由音素组成,正像可理解的书面语是由字母组成一样;沿通信线路传输

---

① 看来,这个情况是由于听觉器官通到大脑的神经渠道在一定的时间内只能通过严格限制的信息量.所以,增大"有意义信息"的传输速度,就不可避免地会引起沿同一渠道传输其他类型的消息的速度减小.

口语时,我们只应该考虑使得正确地传输全部音素——这时也将正确地传输全部语言的意义,即"有意义信息"的不管怎样的部分都没有损失. 所以,在所有这些情形,即当我们只关心传输口语的"有意义信息"时(而这种情形是多数的),最关心的不是一个"发音字母"(这是纯粹假定的概念)的熵和信息,而是一个实际发音的音素的熵和信息.

　　某语言的音素集当然不同于字母集. 音素的总数显著地超过字母的总数,因为同一个字母在不同的情况下按不同的方式发音(例如元音的发音本质上决定于它是否处在重音符号之下;同一个辅音可以发硬音和软音,等等). 下面我们只谈俄语;这时必须注意,俄语音素的总数,根据不同专家的资料,是多少有些不同的. 特别地,F. C. Cherry, M. Halle 和 R. Jakobson(引证了一系列俄罗斯语言学家的资料)作出了俄语 42 个不同的音素,并计算出了各个音素(以及邻接的两个和三个音素的不同组合)的频率,这基本上是应用了 A. M. Пешковский 中十分陈旧的和不完全的资料. 从这些资料出发,他们确定了一个音素的"最大可能熵"的值 $H_0 = \log 42$,一阶熵 $H_1 = -p_1 \log p_1 - p_2 \log p_2 - \cdots - p_{42} \log p_{42}$(其中 $p_1, p_2, \cdots, p_{42}$ 分别是不同音素的相对频率),及"条件熵" H_2 和 H_3(和书面语有同样的精确度). 得到的结果(用普通的十进制单位)可列成表 11:

表 11

H_0	H_1	H_2	H_3
$\log 42 \approx 1.63$	1.47	1.12	0.21

把这些数值与前面对书面俄语所得出的数量 H_0,H_1, H_2 和 H_3 的值作一比较,是很有好处的. 这种比较指出,对于音素,一系列条件熵的递减,比在书面文章中的字母的情形要快得多.

利用前面我们为了确定冗长度 $R^{(单字)}$ 所作的考虑,也可以建立口语和书面语的冗长度之间的联系. 由于口语可以写出,而书面语可以念出,这就可得到:包含在确定文章中的"完全信息",不依赖于这篇文章是怎样的形式——口述的或书面的,即

$$H_\infty^{(字母)} \times 字母数 = H_\infty^{(音素)} \times 音素数$$

由此推得

$$H_\infty^{(音素)} = H_\infty^{(字母)} \cdot \omega$$

其中 ω 是一个音素所需要的字母的平均数("音素的平均长度");这个量是联系口语和书面语的语言重要统计特征. 从最后这个公式也可得到

$$\frac{H_\infty^{(音素)}}{H_0^{(音素)}} = \frac{H_\infty^{(字母)}}{H_0^{(字母)}} \cdot \omega : \frac{\log k}{\log n}$$

或

$$(1 - R^{(音素)}) = (1 - R^{(字母)}) \cdot \omega \frac{\log n}{\log k}$$

其中 k 是音素总数,而 n 是字母总数;这里取 $R^{(无空白)}$ 作为 $R^{(字母)}$ 是较自然的. 然而这个公式的使用则由于

缺少用以确定量 ω 的统计资料而感到很困难(其至关于音素的总数 k, 我们现在也还没有语言学家们的一致的意见)[①].

传输连续变化的消息. 电视图像

在进行以下的讨论之前, 我们着重指出在理论上和实践上对于通信线路传输信息都有重大意义的一种情况. 很明显, 口语或音乐, 与书面语原则上的区别是在于以下这个方面, 即在口语或音乐里, "可能的消息"不是只可以取有限个值的信号("字母")的序列, 而是可以连续变化的声音振动的总体. 所以, 严格地说, 应该认为每个声音都可以有无限多的"值"; 但这时本书的全部公式就都不能应用了. 前面我们用划分俄语全部声音成有限数的音素的方法, 划分全部音乐声音成有限数的音符的方法, 克服了这个困难. 但这是合理的吗?

为了回答这个问题, 必须了解所作的划分的真正意义. 问题在于: 假若我们只关心包含在口语中的"有意义信息", 那么, 就可以不去注意既不妨碍我们了解所说的话又不改变其意义的语音的任何变化. 所以我们完全可以接合大量的彼此类似的语音, 只要用其中的一个代替另一个而并不改变所说的话的意义. 然而,

---

①　用英俄词典中所采用的 43 个语音学符号来对照英语的音素, 我们可从比较英语单字的字母记录的长度及其音素拼音而近似确定"音素的平均长度" ω. 这时得到 $\omega \approx 1.2$, 这样就得出

$$(1 - R^{(\text{音素})}) = (1 - R^{(\text{字母})}) \times 1.2 \frac{\log 27}{\log 43} \approx 1.05(1 - R^{(\text{字母})})$$

音素实际上正好是彼此接近的有同一个可理解意义的各语音的这种总体(反之,在口语中用一个音素代替另一个音素,就可能改变话的意义;这个性质常常被作为确定音素的基础). 由此显然,当研究包含在口语中的有意义信息问题时,我们应该认为是语言的"基本元素"的,不是彼此根本不同的全部语音(它们的数目当然是无限的),而只是有不同意义的"有意义语音"——音素. 在音乐情形也是同样的,假若只关心包含在所演奏的作品本身中的信息,而不是包含在它由某演奏者演奏中的信息,那就应该把用同样音符序列所表示的所有声音看作是一样的,即只研究对应于有限个音符的有限个不同的"基本声音".

但需知,也可以提出更广泛的问题,在语言情形,除"有意义信息"外,还可以研究包含在语调和声调中的信息,而在音乐情形,可以特别关心某个单独演奏的特点(传输这些特点是通信技术中的一个课题). 在这种情形,应不应该就认为每个声音可取无限多的值,所以有无限的熵呢? 我们实际上已有一次否定地回答了这个问题,在那里曾借助计算不同形式的"无意义的"信息,指出了口语的熵的具体估计. 现在我们要更详细一些来解释这个情况.

当然,声音的响度或声调的高度可以连续地改变,即可以取无限多的不同值,这是正确的;同样,这些值在原则上可以任意快地从一个变到另一个. 但我们的耳朵只可以区别一个接一个改变不过于快的声音;所以,可以认为,我们听见的全部声音都有一定的最小延

644

续时间. 此外,我们只可以分辨在响度上和高度上都不比某个确定的有限值小的那些不同的声音,我们不能感觉太高的或太低的声音,也不能感觉太轻的或太响的声音(太响的声音会振得我们发聋). 由此推得:事实上只能分辨有限个数的响度和声调高度的等级. 在这个基础上,把响度和声调高度属于同一等级范围内的所有声音都视为一样的,这样就又可得到我们已习惯的,只可以取有限个不同值的信号序列的情形.

这种连续变化的消息的重要一类,是由电视或传真电报的通信线路传送的图像. 容易明白:在这里,原则上和传输声音的情形是同样的——我们的眼睛只能分辨图像的有限个明暗程度,且它的各部分不过于接近;所以任何图像都可以"逐点"传送,每个点都是只取有限个值的信号. 在传真电报中,许多情况都可以认为每个"基本信号"(即图像的最小元素——"点")只取两个值之一——或者是"白的",或者是"黑的";在电视中必须注意每个元素的相当大数目(几十个)的明暗等级. 此外,传真电报的图像是静止的,而在电视荧幕上是每秒钟改变 25 个镜头,以造成"运动"的印象. 但在这两种情形,实际上沿通信线路传输的不是由图像的从一点到另一点(而在电视情形是在某时间内)连续变化的色彩或明暗的确定值所构成的实验 α_0 的结局,而是由确定在有限个"点"上的颜色(白或黑)或明暗等级所构成的完全另一个实验 α_1 的结局. 这个新的实验 α_1 只可以有有限个结局,因而我们可以测量它的熵 H(实质上是原来的实验 α_0 的 ε - 熵的一个不同形式).

应该把图像分解为"点";这些元素("点")的总数首先由眼睛的所谓"分辨能力",即区分图像的相近部分的能力来确定. 在现代电视中,这个数通常有达几十万的程度(在苏联的电视中,图像分解为 400 000 ~ 500 000 个元素,在美国大约是 200 000 ~ 300 000 个,在法国和比利时的某些电视中心的发送中几乎是 1 000 000个). 不难理解,根据这个原则,电视图像的熵具有巨大的值. 这样,甚至只要人的眼睛只能分辨 10 个不同的明暗等级(故意缩小了的值),而把图像共分成 200 000 个元素,那么在这里我们就可求得"零阶熵"等于 $H_0 = \log 10^{200\,000} = 200\,000$ 十进制单位. 真正的熵 H 的值当然是较小些,因为电视图像有相当大的冗长度 $R = 1 - \dfrac{H}{H_0}$. 事实上,要知道当计算数量 H_0 时,我们是假定图像的任何两个"点"的明暗度的值都是彼此无关的,而事实上当转变到同一个(或者甚至在时间上接近的另一个)图像的相邻元素时,明暗度的变化通常是很小的. 这个冗长度 R 的直观意义是:在银幕全部点的明暗度的值的 $10^{200\,000}$ 个可能组合中,可以叫作"图像"的有意义组合只有极小的一部分. 这些组合的压倒多数是各种明暗度的点的完全混乱的总体,和无论怎样的"情节"都相差很远. 同时,电视图像实际的"不肯定性程度"H,当然应该只计算明暗度的值那些只要有机会发送的组合,而不是明暗度的值

的全部总的组合①.

为了确定电视图像的熵 H（或冗长度 R）的精确值,就必须详细地研究银幕上不同点的明暗度之间的统计规律性. 这个任务很困难,现时我们只有某些与此有关的简单结果. 例如 W. F. Schreiber 对于两个具体的电视图像找出了熵 H_0,H_1,H_2 和 H_3 的值,第一个图像（图像甲——有树木和建筑物的公园）比较复杂,而第二个（图像乙——有过路人的十分昏暗的穿廊）的颜色是较单一的,且包含的细节较少. 这时 Schreiber 把电视图像的元素分成 64 个不同的明暗等级;所以熵 H_0（关于一个元素,而不是关于整个图像）在这里就等于 $H_0 = \log 64 \approx 0.81$ 个十进制单位. 其次,利用专门的电子仪器,他对于所研究的两个图像计算了明暗度的全部不同值的相对频率（概率）$p_1,p_2,\cdots,p_{64}$,并确定了"一阶熵"

$$H_1 = H(\alpha_1) = -p_1\log p_1 - p_2\log p_2 - \cdots - p_{64}\log p_{64}$$

（我们指出,当银幕的元素总数约为 200 000 时,不用

----

① 不应该只想到:从"有意义图像"极少就自动推出:冗长度 R 必定很大. 事实上不难算出:例如若这些"有意义图像"（为了简单起见,我们认为它们是等概的）总共只有全部组合总数 $10^{200\,000}$ 的 $0.00\cdots001\%$（其中小数点后接连有 1 197 个零）,则冗长度 R 在数量级方面接近于

$$1 - \frac{200\,000 - 2\,000}{200\,000} = 0.01 = 1\%$$

即很小. 这个好像是意外的结果,可用当 n 的值很大时函数 $\log n$ 变化得极慢来解释.

电子仪器而直接计算频率 $p_1, p_2, \cdots, p_{64}$ 未必能够成功). 然后, 为了计算一对相邻的(按水平线)元素(第一个元素的明暗度的值为 i, 第二个的为 j)的相对频率 p_{ij}, 以及第一个元素的明暗度的值为 i, 第二个的为 j, 第三个的为 $k(i, j, k$ 三个数都取遍从 1 到 64 的全部值)三个相邻的(也是只按水平线)元素的相对频率 p_{ijk}, 也应用了同样的电子仪器. 由这些频率就能决定"复合实验的熵"

$$H(\alpha_1 \alpha_2) = -p_{11}\log p_{11} - p_{12}\log p_{12} - \cdots -$$
$$p_{64,64}\log p_{64,64}$$

和

$$H(\alpha_1 \alpha_2 \alpha_3) = -p_{111}\log p_{111} - p_{112}\log p_{112} - \cdots -$$
$$p_{64,64,64}\log p_{64,64,64}$$

然后就得到"条件熵"

$$H_2 = H_{\alpha_1}(\alpha_2) = H(\alpha_1 \alpha_2) - H(\alpha_1)$$

和

$$H_3 = H_{\alpha_1 \alpha_2}(\alpha_3) = H(\alpha_1 \alpha_2 \alpha_3) - H(\alpha_1 \alpha_2)$$

并且最后的这个熵 H_3 只是对于图像乙计算出来的. 所得到的结果(在十进制单位中)可列成下表(表 12):

表 12

	H_0	H_1	H_2	H_3
图像甲	1.81	1.73	1.01	—
图像乙	1.81	1.33	0.58	0.45

由表 12 看出:熵 H_1 与最大熵 H_0 只有不大的差

别,并且图像甲的 H_1 显著地大于图像乙的 H_1(显然这是由于图像乙比图像甲更单调些). 条件熵 H_2(即当按水平线相邻的元素的明暗度已知时,银幕的各元素明暗度的平均"不肯定性程度")和 H_0 的差别就已大得多了;图像乙的 H_2 也显著地小于图像甲的 H_2,这对应于图像乙的细节不多. 根据数量 H_2 而估计出的冗长度 R(即差 $1 - \dfrac{H_2}{H_0}$),对于图像甲是等于44%,而对于图像乙则等于68%;冗长度的实际值只可能更大. 至于当已知同一行的前两个元素的明暗度时的条件熵 H_3,则它和 H_2 的差别较小(对应于 H_3 的图像乙的冗长度的值等于了75%);由此就可得出结论:知道最靠近的一个元素的明暗度的值,就可以确定总冗长度的极大部分.

　　Д. С. 列别捷夫和 Е. И. 皮业尔 的著作有相似的性质. 这两位作者用更少的统计材料(所计算的电视荧幕的元素数较小,只用 8 个不同的明暗等级来代替 64 个等级),对于三个不同的图像(甲——篮球赛,乙——人面像,丙——体育场上的观众),计算了熵 H_0($= \log 8 \approx 0.90$ 十进制单位), H_1 和一整系列的条件熵 H_2, H_3 和 H_4. 正是由这些条件熵得出了在已知银幕按水平线相邻的一个元素的明暗度的值的条件下的熵 $H_2^{(1)}$ 的值,在已知按铅直线相邻的一个元素的明暗度的值的条件下的熵 $H_2^{(2)}$ 的值,在已知按同一行的前两个元素的明暗度的条件下的熵 $H_3^{(1)}$ 的值,在已知按水平线相邻的和按铅直线相邻的各一个元素的明暗度的条件下的熵 $H_3^{(2)}$ 的值,及最后,在已知从三个不同的方面与该元素毗连的三个元素的明暗度的条件下的熵 H_4 的值. 现在把所求得的值(在十进制单位中)列成下表(表 13):

表 13

	H_0	H_1	$H_2^{(1)}$	$H_2^{(2)}$	$H_3^{(1)}$	$H_3^{(2)}$	H_4
甲	0.90	0.59	0.21	0.29	0.20	0.18	—
乙	0.90	0.58	0.11	0.12	0.10	0.08	0.08
丙	0.90	0.84	0.40	0.58	—	0.38	—

(线段"—"表示对于该图像,对应的熵没有算出). 我们看到:比值 $\dfrac{H_1}{H_0}$ 是在从 65%(最单调的图像——人面像)到 93%(最"形形色色的"图像——体育场上的观众)的范围内;比值 $\dfrac{H_2}{H_0}$ 却显著地减小了——包括在 12% ~ 45% 之间. 已知按铅直线相邻的元素的明暗度时的熵 $H_2^{(2)}$ 稍微大于熵 $H_2^{(1)}$,但这个差很小. 在已知按水平线相邻的一个元素的明暗度的值时,再知道另外一些元素的明暗度,就相当少地减小了条件熵,并且知道按铅直线相邻的一个元素的明暗度比知道同一行的下一个元素的明暗度,毕竟是减少得较多一点(我们提醒一下:Schreiber 只对最后这种情形考虑了熵). 对于细节很少的图像("人面")的情形,电视图像的总冗长度不小于 91%,而对于有丰富细节的图像(观众的情形)——不小于 58%(比 Schreiber

得到的较大,在这里,冗长度的值部分地可以用明暗等级分得较粗略来解释).

对于图像甲和乙(后者连续地变化;转移到特写镜头)和对于另一个图像丁(快速的足球赛),计算出了当已知前一个或前两个镜头中的同一个元素的明暗度的值时的条件熵的值. 这时已查明:在快速改变图像的条件下,这些条件熵显著地大于熵 $H_2^{(1)}$,这样,在这种条件下,在以后的各镜头中明暗度值之间的联系,在计算冗长度时,甚至可以不考虑. 当然,当图像的变化很小时,情况就完全是另一个样;但是关于这种情形的可靠数值资料,暂时还很少. 所以在这里,我们只限于前面列出的数字,即使可用它们给出关于电视图像的熵和冗长度的初步观念也好.

最近期间,由于彩色电视方面的工作,也发生了估计包含在图像色彩中的信息的要求. 这类的初步草算表明:对于按性质接近于杂志中的良好彩色插图的彩色电视图像,其信息在数量级方面约等于包含在对应的黑白图像中的加倍的信息.

传真电报

现在来谈有关传真电报的资料. 传送图像的一般原理接近于无线电发送的原理:先把图像分成最小的正方形("像素"),然后沿线路发送关于每个像素的颜色(黑的或白的)的信息. 自然,包含在关于一个像素颜色的消息中的最大信息(即熵 H_0)等于 $H_0 = \log 2 \approx 0.3$ 十进制单位;当黑像素和白像素以同样的机会出现而每个像素的颜色都与其他像素的颜色无关时,才达到这个最大信息. 但事实上,两种颜色的像素通常是以不同的频率出现的(白像素的数目通常总是超过黑像素的很多),而各个像素的颜色之间也存在着明显的联系;所以传真电报的一个像素的熵的真值将显著地小于 0.3 个十进制单位. 它究竟等于多少呢?

可以统计出:当用传真电报发送普通书籍或杂志的文章时,白像素的相对频率 p_0 接近于 0.8,而黑像素的相对频率 p_1 则接近于 0.2. 由此就得出熵 H_1 等于

$H_1 = -0.2\log 0.2 - 0.8\log 0.8 \approx 0.22$ 十进制单位

相应的冗长度

$$R = 1 - \frac{0.22}{0.30} \approx 0.27 = 27\%$$

然而冗长度的这个值是减小了很多的,因为它没有计算相邻像素的颜色之间的依赖关系. 可惜计算这个(扩及较多相邻像素的)依赖关系的精确数值,是极为复杂的;所以提供一些估计熵 H_∞ 和冗长度 R 的近似方法是有益的.

估计传真电报消息的熵 $H_\infty = H$ 的最初一个极不完善的试验,记述在 S. Deutsch 的著作中. 在这篇著作中,分析了用比较大的字母印的英文文章的不长片段(约几行). 因为纸上所记的文章简直根本不能直接分为可在传真电报中利用的最小"像素",并且当这样划分所分析的片段时,像素数目太大,使得不同组合的频率的算术计算非常复杂,于是 Deutsch 利用了把所分析的文章分成比较大的,由许多像素所组的正方形. 他认为这种正方形是白的或黑的,决定于该正方形的大

部分颜色是怎样的(即若正方形有大于50%的面积是白的,则认为整个正方形是白的;反之就认为是黑的). 自然,在这种情形,对于"正方形"像对于像素一样: $H_0 = \log 2 \approx 0.3$ 十进制单位. 其次, Deutsch 对于几个相邻正方形的铅直"区组",计算出了条件熵 H_1, H_2 和 H_3(对于水平"区组",只计算出了 H_2,它比对于铅直"区组"的 H_2 大得不多). 他发现熵 $H_1 = 0.20$ 十进制单位,因而相应的冗长度 R 接近于33%;熵 H_3 的值为0.17个十进制单位,即相应的冗长度

$$R = 1 - \frac{0.17}{0.33} \approx 43\%^{①}$$

对于"正方形",量 H 必然显著地小于0.15个十进制单位,因此冗长度 R 事实上应该超过50%相当多.

一个像素的熵 H 的较精确估计,可以利用把每行传真电报表现为不同长度的相互交替的黑白区段的序列这种形式而得到. 只要计算出所有这种区段出现的相对频率,就可以确定对应的"一阶熵" $H_1^{(区段)}$;这时比值 $\dfrac{H_1^{(区段)}}{w}$,其中 w 是一个区段中像素的平均数,就必然

———————

① 对于铅直区组,也曾计算出了 N 个相邻像素的区组的熵 $H^{(N)}$,当 $N = 1, 2, 3$ 和 7 时的值. 很有趣的是:比值 $\dfrac{H^{(N)}}{N}$ 当 $N = 7$ 时只等于0.175个十进制单位,即甚至比 H_3 还大一点. 这个事实直观地表明了量 $h_N = \dfrac{H^{(N)}}{N}$ 的序列, $N = 1, 2, 3, \cdots$,比 H_N 的序列趋向于 H_∞ 要缓慢一些.

大于一个像素的熵 H 的真值. 利用这个方法, W. S. Michel 指出了: 当传输用打字机以大号字稠密地打出的("隔一个间隔")文章时, 熵 H 小于 0. 09 个十进制单位, 即冗长度 R 超过 70%. 在同一篇著作中, 为了得到其他类型消息的熵 H 的某些不太精确的(较大一些的)估计, 也曾利用过关于在打字机打印的文章情形的不同长度区段分布的统计资料. 特别地, 例如当由传真电报发送有一系列说明词句的复杂无线电线路图时, 可以确信地断言: $H \leqslant 0.035$ 十进制单位, 即 $R \geqslant 88\%$, 但当发送简单的图形时, 熵 H 完全可能比这个值的一半还小(发送简单图形时, 很大的冗长度自然是由于这时和发送文章比起来, "黑的"只占小得多的面积). 这一类更详细的研究, 曾由 В. И. 加尔马什和 Н. Е. Кириллов 用分析计算机, 利用俄文印刷的(书籍或杂志)文章的很大量的统计资料而完成了. 这两位作者不仅计算出了不同长度的单色区段的频率; 而且还算出了各种可能的这种区段对的频率, 并用这些资料确定了一阶熵 $H_1^{(\text{区段})}$ 和二阶熵 $H_2^{(\text{区段})}$. 在计算出比值 $\dfrac{H_1^{(\text{区段})}}{w}$ 之后, 他们阐明了: 在发送铅印文章时, $H \leqslant 0.1$ 十进制单位, 即

$$R \geqslant \frac{2}{3} \approx 67\%$$

$H \leqslant \dfrac{H_2^{(\text{区段})}}{w}$ 这个不等式可使这个估计更精确, 并指出 $H \leqslant 0.08$ 十进制单位, 相应地

$$R \geqslant 1 - \frac{0.08}{0.30} \approx 72\%$$

P. P. Васильев 和 В. Г. Фролушкин 曾采用过估计传真电报的熵 H 和冗长度 R 的另一个方法. 显然, 精确计算由确定一系列 N 个像素的颜色所构成的实验的熵 $H^{(N)}$, 当 N 很大时是很复杂的, 因为这个实验的结局总数 2^N 极大. 所以, 我们把对应的 2^N 个结局分为分别包含 $M_1, M_2, \cdots, M_n$ 个结局(其中 $M_1 + M_2 + \cdots + M_n = 2^N$)的 n 个组, 并只确定 N 个像素的序列属于第 1, 第 2, ……, 第 n 个组的概率 $q_1, q_2, \cdots, q_n$. 现在假设每组中所有结局都是等概率的(这个假设不成立就只可能减小熵 $H^{(N)}$!), 并在这个假设下来确定 $H^{(N)}$ 的值. 这时属于第 i 组(其中 i 可以等于 $1, 2, \cdots, n$)的各结局, 在 $H^{(N)}$ 的表示式中就有 M_i 个相同的项 $-\frac{q_i}{M_i}\log\frac{q_i}{M_i}$, 由此就得到

$$H^{(N)} \leqslant -q_1\log\frac{q_1}{M_1} - q_2\log\frac{q_2}{M_2} - \cdots - q_n\log\frac{q_n}{M_n} \quad (*)$$

(符号"$\leqslant$"是由于我们的计算一般来说是超过了 $H^{(N)}$ 的值). 用类似的方法假设第 i 组的某个结局有概率 1, 而其余所有的结局的概率均为 0, 即不可能发生(这个假设不成立时, 只可能增大熵 $H^{(N)}$!), 我们就得到

$$H^{(N)} \geqslant -q_1\log q_1 - q_2\log q_2 - \cdots - q_n\log q_n$$

$$(**)$$

P. P. Васильев 是以下述事实为出发点的: 当发送

铅印文章时,冗长度的很大的一部分是与比较长的 N 个白像素区段的较大频率(由于存在行间的空白和页边的空白而产生的)有关的. 相应于此,第 1 组的各结局是由同样的结局——那时全部 N 个像素都是白的——所组成;其余的 2^N-1 个结局组成第 2 组. 这时由公式(*)和(* *)得出

$$-q\log q-(1-q)\log\frac{1-q}{2^N-1}$$

$$\geqslant H^{(N)}\geqslant-q\log q-(1-q)\log(1-q)$$

其中 q 是 N 个像素的"白"区组的概率. 注意当 N 很大时,2^N-1 和 2^N 几乎没有差别,以致 $\log(2^N-1)$ 可以用

$$\log 2^N=N\log 2$$

来代替,这样就得出

$$\frac{-q\log q-(1-q)\log(1-q)}{N}+(1-q)\log 2$$

$$\geqslant h_N\geqslant\frac{-q\log q-(1-q)\log(1-q)}{N}$$

其中 $h_N=\dfrac{H^{(N)}}{N}$ 是一个像素的熵的近似值. 为了得到对于

$$H=H_\infty=\lim_{N\to\infty}h_N$$

的满意估计,必须取 N 为几十;这时 q 对于报纸上的文章接近于 0.5(甚至更大),而对于用普通方法("隔两个间隔")打印的打字机打印出的文章则接近于 0.7(或更大). 由此显然,当传送报纸上的文章时

$$H\leqslant\frac{\log 2}{10}+0.5\log 2\approx0.18\ \text{十进制单位}$$

而

$$R \geqslant 1 - \frac{0.18}{0.30} = 40\%$$

当传送普通的打字机打印的文章时

$$H \leqslant \frac{-0.3\log 0.3 - 0.7\log 0.7}{10} + 0.3\log 2 \approx 0.1 \text{ 十进制单位}$$

而

$$R \geqslant 1 - \frac{0.1}{0.3} \approx 67\%$$

这种比较粗略地估计熵 H 的好处是容易指出具体的编码方法,这种编码能以速度

$$v = \frac{C}{H} = \frac{NC}{-q\log q - (1-q)\log(1-q) + (1-q)\log 2^N}$$

(像素/单位时间)进行传输,其中 C 是所采用的通信线路的传输能力.

　　N 个像素的各种可能区组被分成用"浓度"和"小段数"的确定值所表示的许多组. 这里,"浓度"可简单理解为包含在区组中的黑像素的总数(因此对于 N 个像素的区组,"浓度"可以取 $N+1$ 个值:$0,1,2,\cdots,$$N$),而把"小段数"理解为该区组分成的单色区段的个数(N 个像素的区组的"小段数"可以等于 $1,2,\cdots,$或 N,即可以有 N 个不同的值). 计算各个区组的"浓度"和"小段数"的值是利用由 В.Г.弗罗鲁什金设计得很方便的专门仪器进行的. 这个仪器是很复杂的电子链锁,它是这样构造的:当电流从传真电报发送机通过它时,链锁中的两个电表自动地给我们指出传真电报对

应的片段的"浓度"和"小段数"的值①. 取 N 的值为 100,即估计数量 $H^{(100)}$,并使一个像素的熵 H 与 $h_{100} = \dfrac{H^{(100)}}{100}$ 相等. 由于这样选取数 N,就把如下的机构装置 到链锁中测量用的电子线路上,使在相应于沿通信线 路传输传真电报的 100 个像素的时间间隔内自动地接 通这个电子线路;随着线路接通,"小段数"和"浓度" 的值就被记录下来,且只在此后,在电子线路上又给出 传真电报的另一段.

对用手写的,打字机打的和铅印的(报纸上的)文 章的传真电报,都分别进行了研究,并且在任何情形, 传真电报纸都写上最稠密的电文——正像在实际发送 时通常所写的一样. 三种类型电文中的每一种都给出 10 个形式,并从每个形式中选出 400 个不同的有 100 个像素的区组. 根据所得到的资料确定了"浓度"和 "小段数"的不同值的频率(概率的近似值),以及"浓 度"的值和"小段数"的值的不同组合的频率. 其次,计 算出有给定的"浓度" n 的区组数 $M_n^{(浓)}$ 和有给定的 "小段数" m 的区组数 $M_m^{(小)}$,以及最后,同时有"浓度" n 和"小段数" m 的区组数 $M_{n,m}$ 后(可以利用不太复杂

---

① 令黑像素使链锁中有直流电流,而白像素没有电流. 这时确定区组的"浓度"就可用指明通过了链锁的总电流的普 通电表进行,而确定它的"小段数"则可利用测量链锁中电流改 变速度的专门仪器("微分仪")(单色区段数比电流强度急剧 改变的瞬间数大 1).

的联合讨论来确定所有这些数①),应用公式(＊),我们就可得到熵 H（因而也就得到冗长度 $R = 1 - \dfrac{H}{H_0}$）的三个不同的估计. 显然,所有这些估计都比 H 的值大一点(因而比 R 的值小一点),并且在第三个(相应于分成最大的组数)比前两个较精确.

在上述研究的结果中,对于三类类型的电文,得到了 H 和 R 值的如下估计(表14):

表 14

	根据"浓度"资料的估计		根据"小段数"资料的估计	
	H(十进制单位)	R	H(十进制单位)	R
手写的文章	0.111	63%	0.061	78%
打字机打的文章	0.161	47%	0.089	70%
报纸上的文章	0.128	57%	0.102	66%
平均	0.133	56%	0.085	71%

---

① 容易理解:在 N 个像素的区组的一般情形

$$M_n^{(浓)} = C_N^n = \frac{N!}{n!\,(N-n)!}$$

$$M_m^{(小)} = 2C_{N-1}^{m-1} = \frac{2(N-1)!}{(m-1)!\,(N-m)!}$$

(最后这个公式是这样得到的:不同单色区段的 $m-1$ 个"边界",可以用 C_{N-1}^{m-1} 种不同的方式选取,而此后还可以任意选取第一个单色区段或者是白的,或者是黑的). 至于数 $M_{n,m}$,那么它可用我们在这里没有提出的更复杂的公式得出.

我们看到：根据"浓度"的资料估计 H 比起根据"小段数"的资料所作的估计来要粗略得多. 由此就可得出结论：关于有同样的"小段数"的值的全部区组的等概性的假设，比起关于同样的"浓度"的各区组的等概性假设来，更加符合现实——有同样的"小段数"的各区组比有同样的"浓度"的各区组,将组成更均匀的组.

根据"浓度"和"小段数"的各种可能组合的等概性资料而估计熵 H,就需要大大增加所利用的材料的范围. 事实上不难算出,对于 100 个像素的区组,总共可组成约 5 000 个(更精确地说是 5 001 个)这种不同的组合. 因而,不同区组的全部集合(包含 $2^{100} > 10^{30}$ 个像素,即像素个数用 31 个数字表示!)在这里被分成5 001个像素组,显然,所有这些组的概率无论如何也不能只根据研究 $400 \times 10 = 4\ 000$ 个不同区组时所得到的频率资料来估计,所以熵的间接(第三个)估计仅对于"平常的俄文文章"给出了(以全部总体中单个组的频率资料为基础,对所研究的区组是从怎样类型的文章中取出的,没有关系). 利用公式(*)和(* *)而得到的这个估计,有如下的形式

$$0.070 \geqslant H \geqslant 0.019,\ \text{即}\ 77\% \leqslant R \leqslant 94\%$$

熵 H 和冗长度 R 的真值应该包括在这里所指出的范围之内.

实际通信线路的传输能力

在这节末尾,我们还要讲到估计实际消息的熵和信息对于通信技术的实用价值问题. 在消息传输理论

中,熵的作用由 §2 中的基本定理所确定:沿通信线路可达到的最大传输速度 v 由下式决定

$$v = \frac{C}{H}\text{元素/单位时间}$$

其中 H 是消息的一个元素(这里是否是字母、音素、音符,电视图像的元素或传真电报的像素,都毫无关系)的熵,而 C 是这条通信线路的传输能力. 所以为了求出传输的极限速度,不仅必须知道本节前面部分对于不同情形所确定的熵 H,而且还必须知道传输能力 C. 但传输能力究竟取决于什么呢?

在 §2 中,我们已看到

$$C = L\log m$$

其中用 L 表示在单位时间内可沿线路传输的基本信号的个数,而用 m 表示所采用的不同信号的总数. 实际中数 m 的选取往往是使得对相应的通信线路,可以充分简单而价廉地创设发送和接收的仪器. 例如最常用的是只取两个基本信号(普通是接通电路和断开电路). 这是因为在接收端区别这两个信号,技术上是最简单的,并且以这个原则为基础的接收仪器最价廉和最可靠. 但是当我们必须在单位时间内传输尽可能多的信息时,自然可以不计较线路装置的简单和价廉,而着手最大地增加 L 和 m 的值. 在这里,骤然看来完全有无限的可能性:要知道通常沿线路传输的信号可以连续地变化,这样,它们似乎可以选得随便怎样短的延续时间和彼此随便多么小的差别. 然而这就表示数 L 和 m 可以选得随便多么大,因而传输连续信号的任何线路的传输能力实际上就是无限的了. 这时熵 H 的值的大小究竟起什么作用呢?

但事实上, 这种讨论是不正确的:传输连续信号的任何通信线路也严格地有有限的传输能力. 首先, 我们无论什么时候也不可能刹那间改变所传输的信号的值——这总需要一定的时间. 在实际利用的通信线路中, 为了能感觉到信号改变所需要的最小时间, 是由线路本身的技术特征所严格控制的. 这就得到:对每条线路, 只有被一定的最小时间间隔 τ_0 所划分的信号的值, 才可以或多或少任意地选取;选取这些值之后, 在中间的时刻的全部信号的值就唯一地确定. 换句话说, 在单位时间内线路所传输的不同基本信号的最大数 $L = \dfrac{1}{\tau_0}$ 是线路的一种技术特征, 在线路本身不改变时, 它绝不可能改变. 在信息论对传输连续信号问题的全都应用中起着基本作用的这个情况, 还在产生现代的信息论之前(1933 年)就已由 В. А. Котельников 明确地提出了. 在 Котельников 的著作中, L 这个数也用技术中惯用的通信线路的特征(用所谓"传输区域的宽度")来表示;所得到的表示式表明:例如在无线电通信情形, 为增大 L 的值而重建线路是不可能得到益处的, 因为这种重建将使得以接近的波长传输的无线电线路不可能工作.

但也许至少可以把数 m 选取得任意大——需知为了达到任意大的传输能力 C, 这已经就够了. 可惜这也是不正确的. 首先, 我们不可能采用不论多么大强度

的信号,因为这时我们需要在它们上面花费巨大的功率. 传输信号的严格一定的平均功率 P,是由我们的通信线路的动力供应所唯一决定的. 此外,我们也不可能划分其值彼此很接近的各信号. 我们已遇到过这种情况,在那里,各信号还可以被区别开的最大的靠近程度,纯由生理学因素(眼睛和耳朵的"分辨能力")所决定. 在技术的通信线路情形,接收是由专门的仪器实现. 而只要使这些仪器非常复杂和昂贵,就总可以使得分辨能力任意的高,即可以达到使我们的仪器甚至分辨彼此非常接近的信号. 但是还存在着妨碍我们区别相近信号的原因——干扰. 问题在于:在任何通信线路中都存在无论如何也不可能消除的干扰;这些干扰使所发送的信号的意义受到歪曲. 在电气通信的情形,例如,这些干扰可以由网络中的微小荷载的振动,相邻电路的电场,或只是电子在任何导体中一定存在的随机"热"运动这些情况所引起;在无线电通信情形,它们可以由大气中雷雨放电,或者由工业或运输工具(例如电车通过时的火花放电)所产生的电气放电所引起. 若我们用 W 表示这些干扰的平均功率(即在传输过程中信号所受到的畸变的功率),则其差别比功率 W 小得多的那些信号,在接收端用无论怎样的仪器也不能区别——它们之间不大的差别将完全由相当大的"随机"畸变所"模糊". 所以在这里,只有那些其差别不比在某种确定的意义下还小的各信号才是不同的;此外,因为各信号的最大能级(由信号的平均功率 P 所决定)也不能无限地增大,于是,彼此不同的信号值

663

的能级就只可能是有限数 m. 这里所发生的情况的数值分析曾由 Shannon 进行过, 他指出: 一般地说, 数 m 可以用公式 $m = \sqrt{1 + \dfrac{P}{W}}$ 决定, 这样一来, 我们就得到传输连续变化信号的任意线路传输能力 C 的如下公式

$$C = L_1 \log\left(1 + \frac{P}{W}\right), L_1 = \frac{L}{2} \qquad (\ *\ )$$

(其中 L_1 是通信线路的某个"通用的"特征, 它与所传输的消息无关). 这个公式的结论是信息论在一般通信理论中的最重要的贡献之一.

　　用上述公式可以毫无困难地计算每个具体通信线路的传输能力; 除了线路本身的技术特征外, 这时只需知道信号与干扰的平均功率之比 $\dfrac{P}{W}$. 看来, 对于远距离转播线路, C 通常有数百万或数千万个十进制单位/秒; 对于电话线路, 传真电报线路和无线电转播线路, C 是几千个或几万个十进制单位/秒, 而对于电报线路, 则为几十个或几百个十进制单位/秒. 这时重要的是: 在任何情形(也许除了电报外)所具有的传输能力理论上可以用比普通技术传输所达到的速度大得多的速度来传输消息. 原来, 现在所采用的传输消息的各种方法, 只利用了实际线路传输能力的不大的一部分(并且可以精确地算出正好是多大的一部分). 更充分地利用传输能力, 需要更完善的编码和译码方法; 说到这里, 产生了很多困难的纯技术问题, 目前世界各国很多通信工程师都在从事解答这些问题的工作.

指出下面一点是有趣的:在技术中产生的传输能力的概念,也完全可以应用到下述"通信线路"中,即每个生物有机体沿着这种"通信线路"从自己的感官得到信息. 它们指明:使中央神经系统记住无论怎样的信息所需要的时间,与这个信息的数量直接成正比;因此在这里也同样成立对于技术的通信线路所具有的规律性. 在最近期间,又出现了 Shannon 的公式(*).对于在人的器官中的神经联络线路的基本应用的某些著作;然而,目前这个问题还不能认为是彻底阐明了.

各种感官的传输能力 C 可以根据分辨能力(即用某种感官区分的各个对象的总数量)和为了感觉它所必需的平均时间(即外部作用更换的最大频率,在更换时,要求这些作用全都可以单独地感觉到)的生理学上的资料来估计. 特别地,这样一来就能指明不同感官的传输能力是显著不同的:在有良好照明的条件下,人的眼睛能感觉(因而传输给中央神经系统)信息的速度约为一百万个(或几百万个)十进制单位/秒,当用耳朵感觉信号时,速度就小得多,只有几千个十进制单位/秒. 如此不同的传输能力,部分地可以用听觉和视觉所具有的神经纤维的数目迥然不同来解释(根据现代生理学的资料,"听觉神经纤维"数只有约30 000条,但"视神经纤维"大约有 800 000 ~ 900 000 条). 看来,触觉在感觉和传输信息的能力方面是介于视觉和听觉之间的. 然而,必须指出,由感觉器官所传输的信息,只有不大的一部分,能被人的大脑所接收;例如,这点从前面所讲的在谈话时感觉信息的速度的数字就可

得知(我们在那里曾指出过:在很快地谈话时,信息的
"无意义的"部分消失了,因为人不能感觉它). 精密地
分析谈话、阅读、写信(速记的)等所具有的可达到的
最大速度的资料表明:在任何情形,人只有接受到达时
的速度不超过大约 15 个十进制单位/秒的信息的能
力. 观看电影荧幕上快速闪烁的镜头时,为了确定观众
所接收的信息量,也得到了同样的数字. 最后,关于确
定在最有利的知觉条件下可以达到的生理反应的最短
时间所特别提供的实验也表明:人的中央神经系统的
传输能力在数量上接近于 10 个十进制单位/秒. 当然,
在使这些数字进一步地精确和阐明与人的个别能力及
人的身体的和心理的因素的关系方面,还要做许多工
作;然而信息论的一般思想对研究人和生物的神经活
动的富有成果的应用这个事实本身,现在已经是没有
疑问的了.

§4　有干扰时消息的传输

在本章前两节中,我们以电报为例研究了沿通信
线路传输消息理论的某些一般问题. 但是这时总是意
味着所发送的信息是沿没有任何妨碍的通信线路传输
的,即在没有干扰下传输. 其实在实际中,这种通信事
实上无论如何也不会存在:在传输过程中总是可能产
生妨碍信号的某些干扰. 在 §3 中由于分析传输连续
消息的通信线路的工作,已简略地提到过这点. 在这一

节,我们重新转到在 §1 ~ §2 中所讨论过的离散通信线路的最简单概型,即假设只沿线路传输有限数目的,持续时间不变的不同的"基本信号"(在最简单情形,只有两个不同的信号——接通电路和断开电路). 但是,和 §1 ~ §2 中不同,现在我们不再忽略干扰的影响,即要注意紊乱的可能性——由于有干扰妨碍的结果,—个类型的基本信号在接收端可能错误地变成另一类型的信号(例如接通电路可能被当作是断开电路,而断开电路也可能被当作是接通电路). 我们来看看信息论应用到这种较复杂的(但却较实际的)情形中,能得出什么.

也像 §2 中一样,为了简单起见,假设消息的一连串"字母"彼此无关,并且字母集的 n 个字母用在消息的任何地方各个字母出现的确定概率 $p_1, p_2, \cdots, p_n$ 来表征. 我们来考虑这种通信线路,在这种线路中用 m 个不同的基本信号 $A_1, A_2, \cdots, A_m$ 进行传输,并且在单位时间内可以传输 L 个这种信号$\left(\right.$即一个信号的持续时间等于 $\tau = \dfrac{1}{L}\left.\right).$
这时,根据 §2 的基本结果:当没有干扰时,消息沿这种通信线路可以以任意接近于量

$$v = \frac{C}{H}(字母/单位时间)$$

的速度传输,其中

$$C = L\log m$$

是线路的传输能力,而

$$H = -p_1\log p_1 - p_2\log p_2 - \cdots - p_n\log p_n$$

是所传输消息的一个字母的熵;但是在这里超过 v 的

传输速度是不可能达到的. 这时为了达到很接近于 v 的传输速度, 只需划分所传输的消息成充分长的字母行, 而为了传输各个字母行, 例如可利用 Shannon-Fano 代码, 即在代码化了的消息中冗长度最小的那种代码.

当在通信线路中存在干扰时, 事情就会不同一些. 自然, 只有在所传输的信号序列中存在冗长度的情形, 我们才可以根据收到的资料精确地恢复所发送的消息; 相反, 在有相当大干扰的情形, 我们甚至还要力图更大地增加冗长度, 例如只要把所传输的每个单字重复若干次, 或者把消息中的每个字母代之以由这个字母开始的整个单字("按字母"发送) 即可. 显然, 采用导致代码化了的消息有最小冗长度的 Shannon-Fano 代码, 在这里就成为不合理的了, 而且消息的传输速度也应该减小. 但是究竟会减小多少呢?

为了回答这个问题, 我们应该预先分析一下在数学上怎样描述有某些干扰的通信线路. 设在利用 m 个不同基本信号 $A_1, A_2, \cdots, A_m$ 的通信线路中, 各种干扰使得发送信号 A_1 后, 我们可以以概率 $p_{A_1}(A_1)$ 在接收端得到正确的信号 A_1 (因此, $p_{A_1}(A_1)$ 就是无误地传输信号 A_1 的概率), 而以概率 $p_{A_1}(A_2), p_{A_1}(A_3), \cdots,$ $p_{A_1}(A_m)$ 在接收端被错误地当作信号 $A_2, A_3, \cdots, A_m$. 同样地, 若发送信号 A_2, 则我们在接收端可以以概率 $p_{A_2}(A_1), p_{A_2}(A_2), \cdots, p_{A_2}(A_m)$ 得到信号 $A_1, A_2, \cdots,$ $A_m, \cdots,$ 若发送信号 A_m, 则我们以概率 $p_{A_m}(A_1),$ $p_{A_m}(A_2), \cdots, p_{A_m}(A_m)$ 在接收端收到信号 $A_1, A_2, \cdots,$ A_m. 各概率

$$p_{A_1}(A_1), p_{A_1}(A_2), \cdots, p_{A_1}(A_m)$$
$$p_{A_2}(A_1), p_{A_2}(A_2), \cdots, p_{A_2}(A_m)$$
$$\vdots$$
$$p_{A_m}(A_1), p_{A_m}(A_2), \cdots, p_{A_m}(A_m)$$

就统计地描述了通信线路中所存在的干扰,即它们是这个(具有与其结构有关的一定干扰的)线路的数学特征. 这样一来,带干扰而工作的通信线路的完全数学描述就在于给出指明沿这个线路传输多少个不同基本信号的整数 m,确定传输基本信号的速度的数 L $\left(\text{或}\ \tau = \dfrac{1}{L}\right)$ 以及表征干扰影响的 m^2 个数 $p_{A_j}(A_i)$(满足 m 个条件

$$p_{A_i}(A_1) + p_{A_i}(A_2) + \cdots + p_{A_i}(A_m) = 1$$

对所有的 i 的值成立)[①]. 说到这里,我们提醒读者注意:§1 ~ §2 中各种通信线路的区别只在于所采用的基本信号数 m 和发送它们的速度 L(参看§2 末尾).

---

① 还可以把这个描述推广一点,只要假定:干扰可以如此强地妨碍所发送的信号,以致在接收端很难把它与所采用的 m 个基本信号中的任何一个看成是同样的. 这时通常是合理地认为在接收端可以得到某 m_1 个不同的基本信号 $B_1, B_2, \cdots,$ B_{m_1}(它们与信号 $A_1, A_2, \cdots, A_m$ 可以完全不同或部分不同),通信线路用发出的信号 A_j 在干扰的影响下变成 B_i 的条件概率 $p_{A_j}(B_i)$ 来表征. 但是这个推广几乎一点也不改变以下的研究,因而我们不打算停留在这上面. (甚至也可认为:在接收端可以得到不同信号的连续集合;在这种情形也可以成功地运用下述几乎全部的结果.)

现在假设, $p(A_1)$ 是所发送的信号为 A_1 的概率, $p(A_2)$ 是所发送的信号为 A_2 的概率, $\cdots\cdots$, $p(A_m)$ 是所发送的信号为 A_m 的概率(显然 $p(A_1) + p(A_2) + \cdots + p(A_m) = 1$). 在这种情形, 确定所发送的信号正好是哪一个所构成的实验 β 的熵 $H(\beta)$ 等于

$$H(\beta) = -p(A_1)\log p(A_1) -$$
$$p(A_2)\log p(A_2) - \cdots - p(A_m)\log p(A_m)$$

查明这时在接收端得到哪个信号所构成的实验 α 显然与实验 β 有关; 在实验 β 有结局 $A_j(i,j = 1,2,\cdots,m)$ 的条件下, 这个新实验有结局 A_i 的条件概率正好等于 $p_{A_j}(A_i)$. 包含在实验 α 中的关于实验 β 的平均信息等于

$$I(\alpha,\beta) = H(\beta) - H_\alpha(\beta)$$

其中 $H_\alpha(\beta)$ 是由前面所讲的各公式所确定的条件熵(在那些公式中, 分别用 m 代替 k 和 l, 用 A_i 代替 B_i, 因为在我们这种情形, 两个实验 β 和 α 的各可能结局是同样的). 当然信息 $I(\alpha,\beta)$ 总不会大于实验 β 的熵 $H(\beta)$, 即关于实验 β 只要可能得到的, 例如包含在这个实验本身中的最大信息. 只有在实验 α 的结局唯一地确定了实验 β 的结局, 即根据收到的信号就总可以唯一地知道发送了哪个信号时, 信息 $I(\alpha,\beta)$ 才等于熵 $H(\beta)$(从实践观点来看, 这意味着在这里干扰根本没有妨碍正常的接收); 当实验 α 不依赖于 β 时(即收到的信号根本不依赖于发送的是哪个信号——由于很强的干扰, 实际上无论什么消息的传输根本都没有进行), 信息 $I(\alpha,\beta)$ 就等于零.

现在回想一下：当不存在干扰时，通信线路的传输能力 C 是定义为单位时间内在这条线路中可能传输的信息单位的最大数量. 现在我们设法把这个定义推广到有干扰的通信线路的情形. 对于这种线路，当接收一个基本信号时，在接收端所得到的平均信息量等于

$$I(\alpha,\beta) = H(\beta) - H_\alpha(\beta)$$

它与传输信号 $A_1, A_2, \cdots, A_m$ 的概率 $p(A_1), p(A_2), \cdots, p(A_m)$ 有关. 设

$$c = \max I(\alpha,\beta)$$

是信息 $I(\alpha,\beta)$ 当各概率 $p(A_1), p(A_2), \cdots, p(A_m)$ 变化时所能达到的最大值，并设这个值当这些概率的值为 $p^0(A_1), p^0(A_2), \cdots, p^0(A_m)$ 时达到（参看下面计算数 c 与各概率 $p^0(A_1), p^0(A_2), \cdots, p^0(A_m)$ 的具体例子）. 数 c 确定了在接收端接收一个基本信号时可以得到的最大信息量. 假若希望在一定的时间间隔内（比如说在单位时间内）得到最大信息量，那么自然要求在这段时间内全以同样的概率 $p^0(A_1), p^0(A_2), \cdots, p^0(A_m)$ 选取所发送的基本信号的值，这些概率与前面所发送的是哪个信号无关. 在这种传输中，所收到的每个基本信号将包含 c 个单位信息，即在单位时间内传输的信息量等于

$$C = Lc = L\max I(\alpha,\beta)$$

C 这个量就称为有干扰的通信线路的传输能力. 因为 $I(\alpha,\beta)$ 的最大值不可能超过 $H(\beta)$，而 $H(\beta)$ 又总不大于 $\log m$，那么，显然，有干扰的通信线路的传输能力，

就总不会大于利用同样个数的基本信号并在单位时间内传输同样多的这种信号的无干扰通信线路的传输能力. 因而干扰只能减小通信线路的传输能力, 根据一般常识, 这也正应该如此.

例 1 在当 $j = i$ 时 $p_{A_i}(A_j) = 1$, 而当 $j \neq i$ 时 $p_{A_i}(A_j) = 0$ 的情形, 即若总是收到所发送的那个信号本身 (干扰不妨碍传输或根本就没有干扰)

$$H_\alpha(\beta) = 0, \text{ 而 } c = \max I(\alpha, \beta) = \max H(\beta) = \log m$$

(当所发送信号的所有的值都等概, 因此在这里

$$p^0(A_1) = p^0(A_2) = \cdots = p^0(A_m) = \frac{1}{m}$$

时, 达到这个最大值). 因此, 这时 $C = L \log m$. 由此看出, §2 中所述无干扰通信线路的传输能力的定义, 乃是这里所研究的更一般定义的特殊情况.

例 2 设沿通信线路可以传输两个基本信号 (比如说是接通电路 A_1 和断开电路 A_2), 并且无误地传输这两个信号中的任一个的概率为 $1-p$, 而错误地传输的概率为 p. 这时

$$p_{A_1}(A_1) = p_{A_2}(A_2) = 1-p, p_{A_1}(A_2) = p_{A_2}(A_1) = p$$

因此, 有

$$1-p, p$$
$$p, 1-p$$

为了计算数 c, 可利用等式

$$I(\alpha, \beta) = H(\alpha) - H_\beta(\alpha)$$

由上述条件概率可看出: 若发送信号 A_1, 则在接收端我们可用概率 $1-p$ 得到同一个信号 A_1, 而用概率 p 得

到信号 A_2;而若发送信号 A_2,则我们就以概率 p 得到信号 A_1,而以概率 $1-p$ 得到信号 A_2. 所以

$$H_{A_1}(\alpha) = H_{A_2}(\alpha) = -(1-p)\log(1-p) - p\log p$$

因而

$$H_\beta(\alpha) = p(A_1)H_{A_1}(\alpha) + p(A_2)H_{A_2}(\alpha)$$
$$= -(1-p)\log(1-p) - p\log p$$

就与概率 $p(A_1)$ 和 $p(A_2)$ 的值无关(因为恒有 $p(A_1) + p(A_2) = 1$). 因此,在所研究的情形,$H_\beta(\alpha)$ 根本不依赖于概率 $p(A_1)$ 和 $p(A_2)$,而为了计算

$$c = \max I(\alpha,\beta) = \max[H(\alpha) - H_\beta(\alpha)]$$

就只需确定 $H(\alpha)$ 的最大值. 但是量 $H(\alpha)$——只可能有两个结局的实验 α 的熵——无论如何也不会超过 $\log 2$. 另一方面,当

$$p(A_1) = \frac{1}{2} \text{和} p(A_2) = \frac{1}{2}$$

时,就必然得到

$$H(\alpha) = \log 2$$

因为这时实验 α 的两个结局也有同样的概率(在一般情况下,显然这些概率等于

$$q(A_1) = p(A_1) \cdot (1-p) + p(A_2) \cdot p$$

和

$$q(A_2) = p(A_1) \cdot p + p(A_2) \cdot (1-p))$$

由此就可得到,在所考虑的情形

$$p^0(A_1) = p^0(A_2) = \frac{1}{2}$$

$$c = \log 2 + (1-p)\log(1-p) + p\log p$$

因而

$$C = L \big[\log 2 + (1 - p) \log (1 - p) + p \log p \big]$$

我们这就得到了表明传输时传输能力怎样依赖于错误概率 p 的明显公式. 函数 $C(p)$ 的图形由图 1 表示. 这个函数的最大值(等于 $L\log 2$)在 $p = 0$(即没有干扰)和 $p = 1$(即干扰把每个发送的信号 A_1 都变为 A_2,而把每个信号 A_2 都变为 A_1 的情形;显然,这种干扰一点也没有妨碍我们去理解所发送的正是哪个信号)时得到.

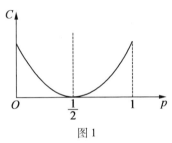

图 1

一般地说,当 $p > \dfrac{1}{2}$ 时,我们在收到的消息中总可以用 A_2 代替每个收到的信号 A_1,而用 A_1 代替每个收到的信号 A_2;这时我们就得到错误概率等于 $1 - p < \dfrac{1}{2}$ 的通信线路. 由此显然可以看到,当用 $1 - p$ 代替 p 时,传输能力 C 的值不可能改变(这从上面得到的公式来看也是显然的),即函数 C 的图形是关于直线 $p = \dfrac{1}{2}$ 对称的. 当 $p = \dfrac{1}{2}$ 时,传输能力 C 等于零;这是由于当 $p = \dfrac{1}{2}$ 时,不依所发送的是哪个信号为转移,在接收端我们

都以概率 $\frac{1}{2}$ 收到信号 A_1，也以概率 $\frac{1}{2}$ 收到信号 A_2．因此，收到的信号不包含关于所发送的是哪个信号的任何信息．（在这里不用通信线路，可以代之以在接收端掷硬币而有同样功效，把出现"正面"解释为收到的信号是 A_1，而把出现"反面"作为 A_2．）当 p 的值在 0 和 $\frac{1}{2}$ 之间 $\left(\text{或} \frac{1}{2} \text{和} 1 \text{之间}\right)$ 的区间中时，我们将有小于 $L\log 2$ 的正向传输能力，并且当增大 p 时 $\left(\text{在} p < \frac{1}{2} \text{的情形}\right)$ 或增大 $1-p$ 时 $\left(\text{在} p > \frac{1}{2} \text{的情形}\right)$，这个传输能力就迅速减小．例如，若 $L=100$，则当 $p=0.01$ 时（即在 100 个被发送的二进制信号中平均错误地收到一个信号的情形），$C \approx 27.7$ 个十进制单位 ≈ 92 个二进制单位；当 $p=0.1$ 时（即 100 个信号中有 10 个受到畸变），$C \approx 16$ 个十进制单位 ≈ 53 个二进制单位；而当 $p=0.25$ 时（即若全部信号的四分之一是被不正确地收到时），则 $C \approx 5.7$ 个十进制单位 ≈ 19 个二进制单位．

例 3　现在考虑利用 m 个不同的基本信号 A_1，$A_2, \cdots, A_m$ 的通信线路这种更一般的例子，并且无误地传输这些信号中每一个的概率都等于 $1-p$，而在错误传输的情形，所发送的信号可以以同一个概率 $\left(\text{等于} \frac{p}{m-1}\right)$ 被当作与它不同的 $m-1$ 个信号中的任何一个而被接收．条件概率在这里就有如下形式

$$1 - p, \frac{p}{m-1}, \frac{p}{m-1}, \cdots, \frac{p}{m-1}$$

$$\frac{p}{m-1}, 1 - p, \frac{p}{m-1}, \cdots, \frac{p}{m-1}$$

$$\vdots$$

$$\frac{p}{m-1}, \frac{p}{m-1}, \frac{p}{m-1}, \cdots, 1 - p$$

我们现在仍利用把 $I(\alpha, \beta)$ 表为 $H(\alpha) - H_\beta(\alpha)$ 这种形式的表示式;在这种情形显然有

$$H_{A_1}(\alpha) = H_{A_2}(\alpha) = \cdots = H_{A_m}(\alpha)$$
$$= -(1-p)\log(1-p) - (m-1)\frac{p}{m-1}\log\frac{p}{m-1}$$

因而

$$H_\beta(\alpha) = -(1-p)\log(1-p) - p\log\frac{p}{m-1}$$

因此,也像例 2 的情形一样,我们又得到:$H_\beta(\alpha)$ 与各概率 $p(A_1), p(A_2), \cdots, p(A_m)$ 无关,而为了求得传输能力,就只需确定 $H(\alpha)$ 的最大值. 这个最大值是和例 2 的情形完全类似的:它等于 $\log m$,而当实验 α 的全部结局(即在接收端出现的信号的各种可能的值)等概(为此,只需各信号 $A_1, A_2, \cdots, A_m$ 发送的概率 $p(A_1), p(A_2), \cdots, p(A_m)$ 都是同样的)时达到这个最大值. 所以在这里就有

$$p^0(A_1) = p^0(A_2) = \cdots = p^0(A_m) = \frac{1}{m}$$

$$c = \max I(\alpha, \beta) = \log m + p\log\frac{p}{m-1} + (1-p)\log(1-p)$$

因而

$$C = L\Big[\log m + p\log \frac{p}{m-1} + (1-p)\log(1-p) \Big]$$

函数 $C(p)$（对于 $m=4$ 的情形）绘在图 2 上. 这个函数当 $p=0$ 时（当没有干扰时）达到最大值（等于 $L\log m$），而当 p 由 0 增大到 $p = \frac{m-1}{m}$ 时，它平稳地减小到零. 当 $p = \frac{m-1}{m}$ 时的传输能力等于零，这是完全自然的：这时对所发送的信号的任何值，在接收端我们都可以以同样的概率 $\frac{1}{m}$ 收到信号 $A_1, A_2, \cdots, A_m$ 中的每一个，因此在这里就没有传输关于所发出信号的任何信息. 当进一步增大 p 时，我们就又得到（诚然是不大的）正的传输能力：这时，收到信号 A_i 后，我们就可由此作出结论：发送不管哪个与 A_i 不同的信号是较为可能的，即毕竟仍然会有关于所发送的是哪个信号的某种信息. 这时，当 p 由 $\frac{m-1}{m}$ 增大到 1 时，传输能力又增大；当 $p=1$ 时，它等于 $L\log \frac{m}{m-1}$.

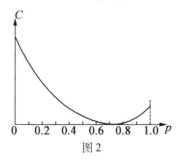

图 2

在以上各例中，传输能力 C 只有当传输所采用的

677

任何一个基本信号的概率都相同时才达到,这种情况当然具有偶然的性质. 这可简单地说明如下:在这几个例子中,为了计算简单起见,就把作为通信线路特征的条件概率 $p_{A_i}(A_j)$ 的表选取得很对称. 为了说明也可能有另一种情况,我们现在引出首先由 Shannon 考虑过的较为复杂的例子的结果:

例 4 设沿通信线路可以传输三个基本信号 A_1, A_2 和 A_3. 并且第一个信号和其他两个信号大不相同,在线路的接收端总可以无误地区分出来,而另外那两个信号的每一都以概率 $1-p$ 正确地收到,而以概率 p 被当作其中的另一个. 换句话说,我们认为条件概率 $p_{A_i}(A_j)$ 的表具有如下的形式

$$\begin{array}{ccc} 1, & 0, & 0 \\ 0, & 1-p, & p \\ 0, & p, & 1-p \end{array}$$

所以在这里就有

$$H_{A_1}(\alpha) = 0$$

$$H_{A_2}(\alpha) = H_{A_3}(\alpha) = -(1-p)\log(1-p) - p\log p$$

因而

$$H_{\beta}(\alpha) = [p(A_2) + p(A_3)][-(1-p)\log(1-p) - p\log p]$$

$$\begin{aligned} I(\alpha,\beta) = &-q(A_1)\log q(A_1) - q(A_2)\log q(A_2) - \\ &q(A_3)\log q(A_3) + [p(A_2) + p(A_3)] \cdot \\ &[(1-p)\log(1-p) + p\log p] \end{aligned}$$

其中

$$q(A_1) = p(A_1), q(A_2) = p(A_2) \cdot (1-p) + p(A_3) \cdot p$$

和

$$q(A_3) = p(A_2) \cdot p + p(A_3) \cdot (1-p)$$

分别是实验 α 的各结局 A_1, A_2 和 A_3 的概率.

我们指出:$H_\beta(\alpha)$ 不是与三个概率 $p(A_1), p(A_2)$,
$p(A_3)$ 有关,而只是与

$$p(A_2) + p(A_3) = 1 - p(A_1)$$

有关. 只要和例 2 类似地进行讨论,就不难证明:在所
规定的 $p(A_1) = q(A_1)$ 的条件下,若概率 $q(A_2)$ 和
$q(A_3)$(因而也就有 $p(A_2)$ 和 $p(A_3)$)彼此相等

$$p(A_2) = p(A_3) = q(A_2) = q(A_3) = \frac{1-p(A_1)}{2}$$

则熵 $H_\beta(\alpha)$(也就意味着信息 $I(\alpha,\beta)$)就最大. 此后
就只剩下确定对于 $p(A_1)$ 怎样的值,表示式

$$I(\alpha,\beta) = -p(A_1) \log p(A_1) -$$

$$\left[1 - p(A_1)\right]\left[\log \frac{1-p(A_1)}{2} - \right.$$

$$\left. (1-p)\log(1-p) - p\log p\right]$$

会最大,其中 p 是给定的不大于 1 的非负数. 若只用初
等数学方法,这个问题就十分复杂,但容易用微分学来
解决这个问题:所求的 $p(A_1)$ 的值即等于

$$p^0(A_1) = \frac{1}{1 + 2p^p(1-p)^{1-p}}$$

因此,在所考虑的情形

$$p^0(A_1) = \frac{1}{1 + 2p^p(1-p)^{1-p}}$$

$$p^0(A_2) = p^0(A_3) = \frac{p^p(1-p)^{1-p}}{1 + 2p^p(1-p)^{1-p}}$$

在 $I(\alpha,\beta)$ 的表示式中代入概率的这些值,并用单位时间内所发送的信号数 L 乘所得到的结果之后,就容易求出这条通信线路的传输能力

$$C = L\log\left[1 + 2p^p(1-p)^{1-p}\right]$$

图 3 给出了函数 $C = C(p)$ 的图形. 当 $p = 0$ 时这个函数达到最大值:容易理解,当 $p = 0$ 时

$$p^p(1-p)^{1-p} = 1$$

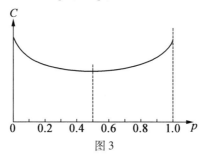

图 3

(因为 $p^p(1-p)^{1-p} = 10^{\left[p\log p + (1-p)\log(1-p)\right]}$,而当 $p = 0$ 时,$p\log p + (1-p)\log(1-p) = 0$);因而在这里

$$p^0(A_1) = p^0(A_2) = p^0(A_3) = \frac{1}{3}$$

$$C = L\log 3$$

这个结果当然是明显的:当 $p = 0$ 时,我们简单地就得到利用三个不同基本信号的无干扰通信线路(参看例 1).当 p 由 0 增大到 $\frac{1}{2}$ 时,传输能力 C 就减小.因为当传输第二个或第三个信号时,我们就会由于干扰而损失一部分信息;故而在这里概率 $p^0(A_1)$ 要比 $\frac{1}{3}$ 大一点(即第一个信号比第二个或第三个有利地传输的机会

要多一些). 当 $p = \dfrac{1}{2}$ 时, 传输能力达到最小值, 它等于

$$C = L\log 2$$

$\left(\text{因为}\left(\dfrac{1}{2}\right)^{\frac{1}{2}} \times \left(\dfrac{1}{2}\right)^{\frac{1}{2}} = \dfrac{1}{2}\right)$. 为了达到这个传输能力,

第一个信号应该在一半情形中发送 $\left(p^0(A_1) = \dfrac{1}{2}\right)$, 而

第二个和第三个则在剩下的一半情形发送 (事实上,

信号 A_2 和 A_3 在这里应该考虑为一个总的信号, 因为

在接收端它们一样, 无论怎样也不能区别, 而只可以断

定发送的是其中的某一个, 而不是信号 A_1; 所以 $p = \dfrac{1}{2}$

的情形就等价于利用两个不同信号的无干扰通信线路

的情形). 当 p 的值由 $\dfrac{1}{2}$ 进一步增大到 1 时, $C(p)$ 的值

是增大的; 曲线 $C = C(p)$ 的图形是关于直线 $p = \dfrac{1}{2}$ 对

称的 (根据与例 2 的情形同样的原理).

通信线路的各概率 $p^0(A_i)$ 不相等的另外一些例

子, 只要假设 $m = 2$, 但在传输时所利用的两个基本信

号的错误概率彼此不相等, 就可以得到. 然而在这种情

形, 最终的公式要比上面所考虑的例子复杂得多; 所以

我们不在这里再谈了.

现在假定我们已知通信线路的传输能力 C. 在没

有干扰的情形, 像我们在 §2 中所看到过的, 知道量 C

就能够极精确地估计沿该线路传输消息的可能速度:

不论用哪种编码方法, 这个速度都不可能超过数量

$$v = \frac{C}{H}(\text{字母／单位时间})$$

（其中 H 是所传输消息的一个字母的熵）；但无论怎样接近 v 的传输速度总都可以达到. 当存在干扰时, 除了速度, 还应该注意传输的准确程度, 它是用在确定被传输的每个个别字母时的错误概率来表征的. 容易理解：当传输速度 v_1 字母／单位时间超过数 $v = \frac{C}{H}$（其中 C 是上面所定义的有干扰通信线路的传输能力！）时, 无论如何也不可能准确地进行传输（所谓准确地进行传输, 就是能够无误地恢复所发送的消息的全部字母）. 事实上, 当以速度 v_1 无误地传输时, 关于在单位时间内沿线路传输消息的各字母的信息量等于长为 v_1 的"字母行"的不肯定性的总程度, 即等于乘积 $v_1 H$（注意：我们认为各个字母是无关的）；因而在单位时间内传输的关于发送的代码表示（即关于实验 β 出现的各结局的一些信号）的信息量就更不可能小于 $v_1 H$. 但因 $v_1 > v = \frac{C}{H}$ 时, $v_1 H > C$, 则从量 C 的定义本身可推出：以在单位时间内传输 $v_1 > v$ 个字母的速度无误地传输消息是不可能实现的. 从这种考虑出发, 甚至可以估计当以给定的速度 $v_1 > v$"最好地"传输消息时所必然具有的最小错误概率.

其次, 我们指出, 若不对传输消息的速度作任何的一般限制, 则在大多数情况下就可以毫无困难地使得在确定每个被传输的字母时的错误概率无论怎样的小；像过去一样, 为此只不过是多次地重复每个被传输

的信号(或每个这种信号组)就够了. 但是预先可以想到:为了要达到很小的错误概率,必须大大减小传输速度(特别地,若我们借助多次地重复信号而减小错误概率,则这种急剧地减小速度就可以做到):然而在实际中,问题完全不是这样. 正如 Shannon 所证明的:对于任何有干扰的通信线路,总可选取特别的代码,使沿这条线路能以任意接近于

$$v = \frac{C}{H}(\text{字母/单位时间})$$

的速度来传输消息(但毕竟一定要比这个数量小一些!),使得在确定所传输的消息的每个字母时错误概率小于任何预先给定的数 ε(例如小于 0.001 或 0.000 1,或 0.000 001). 当然. 这里所谈到的代码要随 ε 而定,且 ε 越小,它照例就越复杂. 下面的命题推广了 §2 中所陈述的编码基本定理;可称它为有干扰时的编码基本定理. 在这个定理的证明中起极重要作用的是利用很长的"字母行"一起编码;所以以接近于 v 的速度和很小的错误概率传输消息,通常是与转译所发送的每个字母时需要相当长的时间联系在一起的.

可惜,有干扰时的 Shannon 编码基本定理的完全的证明是非常复杂的,因而不能在这里讲述. 我们只限于拟定这个定理的特殊情形的简化证明(其主要精神是属于 A. H. 柯尔莫果洛夫的),这个特殊情形是关于利用两个基本信号 A_1 和 A_2 的特殊通信线路,这两个信号的每一个的特点都是在接收时有同样的错误概率

$p.$ 在应用到这个通信线路时, Shannon 定理断言: 这里可以指出一种编码方法, 它能以无论怎样接近于

$$v = L \frac{c}{H} (字母/单位时间)$$

的速度进行传输(但比这个数小一些!), 其中

$$c = \log 2 + p \log p + (1 - p) \log (1 - p)$$

使得在译出所得到的消息时, 错误概率很小(小于任意预先给定的很小的数). 因为在单位时间内, 我们可以发送 L 个基本信号, 那么为了达到这个传输速度, 就需要使长为 N 的"字母行"的代码表示, "平均"大约包含 $\frac{H}{c} N$ 个(比这个数稍大一点)基本信号: 这时在较长的时间 T 内, 我们就可以发送 LT 个基本信号, 即大约

$$\frac{LT}{\frac{H}{c} N} = \frac{vT}{N}$$

个这种代码表示, 这就等价于发送 vT 个字母所组成的消息.

我们将要寻找这样的编码方法, 使长为 N 的"字母行"的代码表示的长度等于 $\frac{H}{c_1} N$ 个基本信号[①]; 这里 c_1 是满足唯一条件 $c_1 < c$ 的任意数(c_1 可以任意接近

————————

[①] 通常若数 $\frac{H}{c_1} N$ 不是整数, 就需以最接近它的整数代替它. 这个注也适用于后面将遇到的数 $\frac{H}{c_1} N (p + \delta)$ 和 $\frac{H}{c_1} N (p - \delta)$.

于 c!). 这时,像我们所已知的,我们没有必要使得全部 $n^N = 10^{\log n \cdot N}$(其中 n 是字母集的字母数)个不同的有 N 个字母的消息的代码表示都有这种长度. 事实上,这些消息中,只有 10^{HN} 个是"可能的";至于其余的 $10^{\log n \cdot N} - 10^{HN}$ 个消息,那么当 N 很大时,它们出现的总概率将很小,甚至即令它们的代码表示相当长,这也总不会显著地减小传输速度$\left(\text{仍然是接近于 } L\dfrac{c_1}{H}\text{字母/单位时间}\right)$.

还需指出,为了达到传输的高度准确性,只需注意使译出收到的代码表示时的错误概率对于 10^{HN} 个"可能的"消息中的每一个都很小,因为很少遇到其余的所有消息.

$\dfrac{H}{c_1}N$ 个基本信号的所有不同链数等于

$$2^{\frac{H}{c_1}N} = 10^{\frac{\log 2}{c_1}HN}$$

因为

$$c_1 < c \leqslant \log 2$$

那么链数就大于 10^{HN},所以我们可以把 10^{HN} 个"可能的"有 N 个字母的消息中的每一个都与作为它的代码表示的那个链对应起来. 但我们还必须做到使译出发送的代码表示时的错误概率很小. 只有在 $p = 0$ 时,我们才可以不担心可能的错误. 在这个特殊情形,$c = \log 2$,而 $\dfrac{H}{c}N$ 个基本信号的全部链数等于 10^{HN} 个"可能的"有 N 个字母的消息个数;由此就不难推出 §2 中所得到的关于没有干扰情形的结果. 若 $p > 0$ 和 $c_1 < \log 2$

（而 $c_1 < c$），则由 $\dfrac{H}{c_1}N$ 个基本信号所组成的链的总数就大于 10^{HN}；这是很自然的，因为在这里 10^{HN} 个代码表示中相互间也应该充分地不同，以便它们可以在接收时被区别开，尽管在传输过程中会产生可能的畸变.

不难理解，为了使译出收到的消息时的错误概率很小，这 10^{HN} 个代码表示应该满足些什么条件. 因为传输一个基本信号时的错误概率等于 p，那么一般地说，当传输有 $k = \dfrac{H}{c_1}N$ 个这种信号的链时，应有 kp 个信号受到畸变；当 k 很大时（即当 N 很大时），不正确地传输了显著大于或显著小于 kp 个信号的情形就只有很小的概率，所以我们应该把所传输的每个有 k 个基本信号的链与所有这种链的整个组对应，这些链与已给的链大约有 kp 个信号不同（比如说，不大于 $k(p + \delta)$ 或不小于 $k(p - \delta)$ 个不同的基本信号，其中 δ 是某个很小的数）；若收到的消息属于这组，则我们就知道发送了初始链. 应该这样译码，使得"可能的"有 N 个字母的消息的全部 10^{HN} 个代码表示与彼此不叠交的基本信号链的组相对应：要知道，若存在一起属于某个组的链，则在接收它时，我们就不能说出发送的是怎样的代码表示，即不能译出所得到的消息.

现在我们指出：每组中的链数等于由 k 个字母 a 和 6 所组成的下述这种链的个数，即它们包含从 $k(p + \delta)$ 到 $k(p - \delta)$ 个字母 6（因而包含从 $k(1 - p - \delta)$ 到 $k(1 - p + \delta)$ 个字母 a）：事实上，我们可以用 a 表示那些基本信号，它们与初始链的对应信号没有区别，而

用 δ 表示与原来的信号不同的那些信号. 但 k 个字母 a 和 δ 的这类的链数,我们在前面已估计过——它不超过数量

$$k_1 = \frac{2k^2\delta}{p^{kp}(1-p)^{k(1-p)}} = \frac{2\left(\dfrac{H}{c_1}N\right)^2\delta}{p^{(\frac{H}{c_1}N)p}(1-p)^{(\frac{H}{c_1}N)(1-p)}}$$

由此可见,$\dfrac{H}{c_1}N$ 个基本信号的 10^{HN} 个代码表示就对应于 10^{HN} 个组,其中每组都至多包含 k_1 个链. 所以任何组中链的总数就不多于

$$N_1 = 10^{HN} \cdot k_1 = 10^{HN} \cdot \frac{2\left(\dfrac{H}{c_1}N\right)^2\delta}{p^{(\frac{H}{c_1}N)p}(1-p)^{(\frac{H}{c_1}N)(1-p)}}$$

现在证明:当

$$c_1 < c = \log 2 + p\log p + (1-p)\log(1-p)$$

时,数 N_1 就小于 $k = \dfrac{H}{c_1}N$ 个基本信号的全部链的总数

$$M = 2^k = 2^{\frac{H}{c_1}N} = 10^{\log 2 \cdot \frac{H}{c_1}N}$$

为此,作出比式

$$\frac{\log N_1}{\log M}$$

$$= \frac{HN + \log 2\delta + 2\log\left(\dfrac{H}{c_1}N\right) - \dfrac{H}{c_1}N\left[p\log p + (1-p)\log(1-p)\right]}{\log 2 \cdot \dfrac{H}{c_1}N}$$

$$= \frac{c_1 - p\log p - (1-p)\log(1-p)}{\log 2} + \frac{\log 2\delta}{\log 2 \cdot \dfrac{H}{c_1}N} + \frac{2\log\left(\dfrac{H}{c_1}N\right)}{\log 2 \cdot \dfrac{H}{c_1}N}$$

因为这个关系式的右端第一项,根据我们的条件应小于 1,其余两项当 N 很大时将很小,于是可以确信:当 N 很大时这个比式小于 1,这就是我们所要证明的. 我们甚至还可断言:当 N 很大时,比式 $\dfrac{N_1}{M}$ 将很小. 事实上,若 σ 是 c_1 与 c 之间的任意的数($c_1 < \sigma < c$),则比式 $\dfrac{\log N_1}{\log M}$ 当 N 很大时就小于

$$\lambda = \frac{\sigma - p\log p - (1-p)\log(1-p)}{\log 2}$$

$$< \frac{c - p\log p - (1-p)\log(1-p)}{\log 2} = 1$$

(因为上面所研究的和的第一项小于 λ,而其余两项当 N 很大时都很小). 因而

$$\log N_1 < \lambda \log M$$

即

$$N_1 < M^{\lambda}$$

这就表示

$$\frac{N_1}{M} < \frac{1}{M^{1-\lambda}}$$

而分式

$$\frac{1}{M^{1-\lambda}} = \frac{1}{2^{\frac{H}{c_1}N(1-\lambda)}}$$

其中 $\lambda < 1$,当 N 充分大时就将小于任何数. 因此,当 N 很大时,在 10^{HN} 个组中链的总数就只占 $\dfrac{H}{c_1}N$ 个信号的全部链数的极微小的一部分;这个情况可表示成很可

能成立的命题:长为 $\dfrac{H}{c_1}N$ 的 10^{HN} 个代码表示可以这样
选取,使得和它们对应的各组不彼此叠交.而这样选取
代码表示,像我们所知道的,当 N 充分大时正好提供
了以任意小的错误概率译出所得到的消息的可能性.

可惜,下面的命题的严格证明毕竟不是很简单,所
以我们放在本节的最后,而让读者自己去决定把时间
花在研究这个证明上是否值得.我们只预先告诉读者:
这个证明(不过也像 Shannon 定理的其他已知证明一
样)是不切实际的,从它可知:各代码表示总可以这样
选取,使得对应于它们的各组(这些组由和上面所作
过的稍微不同的方式所确定)不相叠交,但它没有指
出怎样才能做到这点.甚至也没有讲明 N——与一个
代码表示相对应的字母行的字母数——应该怎样大,
才有可能以给定的速度 v_1 和接收时一定的错误概率 ε
来传输消息;从证明中只能得到:假若容许选取 N 无
论多么大,那么对任何 $v_1 < v = \dfrac{c}{H}$,都可使得错误概率
ε 任意小.

因为增大 N 时,实质上是增加了译码的复杂性和
译码时所花的时间,那么对于实践上不无兴趣的是要
也会估计在利用代码以给定的速度 $v_1 < v$ 传输时所可
能达到的错误概率 ε 的最小值,而这种代码是使各个
代码表示对应于不多于 N 个字母的字母行的,其中 N
是某个给定的数,C. Shannon,A. Feinstein 和 P. Elise 的
一系列著作就是关于最后这个问题的.这些著作的基
本结果是:利用不多于 N 个字母的字母行编码所达到

的最小错误概率 ε，其中 N 不太小，与某个（大于 1 的!）数 a 的 N 次幂大致成反比

$$\varepsilon \approx \frac{A}{a^N}$$

"大致成反比"是表示：当 N 变化时，分子上的数 A 也会有很小的变化，但这个很小的变化是和 N 增大时分母 a^N 增大的速度比较而言的. 所以当 N 相当大时，在 ε 的表示式中，分母将起主要作用；其中的数 a 当然将由传输速度 v_1 决定，这个速度越小，它就越大.

更复杂的问题是：对于长字母行，为了在充分高的传输速度时保证有最小的错误概率而必须怎样选取代码表示. 暂时只是对于某些很特殊的通信线路才有最终的结果. 最简单的一个是下面这种相当人为的例子：假设沿通信线路可以传输两个不同的基本信号（我们用数字 0 和 1 表示它们），并设当划分所有被传输信号的序列成彼此紧接着的三信号组时，在每个三信号组中，一个（但不多于一个!）信号可能被错误地收到；这时接收这三个信号中任一个时的错误概率和无误接收全组的概率都当作彼此相等$\left(\text{即都等于}\dfrac{1}{4}\right)$. 为了计算这条通信线路的传输能力，把三个相继信号的组取作新的"基本信号"是方便的（因此，各种"基本信号"的个数应该认为等于 $2^3 = 8$[①]）. 在这种情形，当发送任何"基本信号"时，在接收端就可以以同样的概率得到四

---

① 即把如下八个三信号组取作新的"基本信号"：000，001，010，011，100，101，110，111.

个不同的"信号". 换句话说,在这里,在实验 β 的任何结局下,实验 α 都可有四个等概的结局;因而

$$H_\beta(\alpha) = \log 4$$

但实验 α 的结局数等于 8;这意味着

$$\max H(\alpha) = \log 8$$

因而

$$C = \frac{L}{3}\max\big[H(\alpha) - H_\beta(\alpha)\big] = \frac{L}{3}\big[\log 8 - \log 4\big] = \frac{L\log 2}{3}$$

其中 $\dfrac{L}{3}$ 是在单位时间内所发送的新的"基本信号"个数,即所发送的三信号组的个数;这时数 L 和通常的意义一样. 由此看出:沿我们的通信线路可以以速度 $\dfrac{L\log 2}{3}$ 十进制单位/单位时间 $= \dfrac{L}{3}$ 二进制单位/单位时间传输信息.

　　为了保证有这种速度传输信息,可以采用下面的方法. 规定在每个基本信号 a_0(它的值可以是 0 或 1)后就发送两个"校正信号" a_1 和 a_2,它们是从使得 $a_0 + a_1$ 和 $a_0 + a_2$ 这两个和都是偶数这个条件选择的(因此,若 $a_0 = 0$,则 a_1 和 a_2 两个就都等于零;而若 $a_0 = 1$,则 a_1 和 a_2 就都等于 1). 这时在接收端,我们就总可以无误地译出所发送的三信号组:为此只需检验 $a_0 + a_1$ 与 $a_0 + a_2$ 这两个和是否都为偶数. 事实上,容易看出:若这两个和都是偶数,则这就表示全部信号都是无误地收到了;若其中之一是奇数,则就表示和中的信号 a_1 或 a_2 是错误地收到了;若这两个和都是奇数,则这就表示错误地收到了信号 a_0. 因此,在上述"检验奇偶性"之后,我们就可以确切地知道接收时是否有错误,并且若有错误,则也知道是什么样的错误. 现在假若为了对消息编码,我们只利用每个三信号组的第一个信号,那么我们实际上就得到了 §2 中所讲的情形(没有干扰时传输消息的情形). 根据编码基本定理,这时我们总可以使无误传输的速度任意接近于

$$v = \frac{L}{3} \cdot \frac{\log 2}{H} (字母/单位时间)$$

为此只需应用 Shannon-Fano 方法到充分长的字母行的编码(分母中的数 3 是由于"校正信号"把每个代码表示中的基本信号数增加到三倍而得来的). 存在干扰,在这里就导致传输速度应该减小到三分之一;但减小这样多,就能够完全避免传输时的错误.

若假设干扰不是作用于三个,而是七个相继信号的各组,并且这些干扰以相同的概率$\left(等于\frac{1}{8}\right)$畸变七个信号中的任何一个(但只是一个!)信号和以同样的概率$\frac{1}{8}$根本不引起畸变,则我们就可得到这一类型的更复杂一些的例子. 显然,这种通信线路的传输能力将等于

$$C = \frac{L}{7}\max\left[H(\alpha) - H_\beta(\alpha)\right] = \frac{L}{7}\left[\log 2^7 - \log 8\right] = \frac{4L\log 2}{7}$$

(其中 β 是传输七个相继信号所构成的实验,而 α 是接收它们是所构成的实验);与此相应的传输信息的速度就等于在单位时间内传输$\frac{4}{7}L$个二进制单位. 为

692

了达到这个速度,对于消息的编码,只需利用每七个信号中的前四个 a_0, a_1, a_2 和 a_3,而其后的三个"校正信号"a_4, a_5, a_6 应这样选取,使得三个和

$$s_1 = a_0 + a_1 + a_2 + a_4$$
$$s_2 = a_0 + a_1 + a_3 + a_5$$

及

$$s_3 = a_0 + a_2 + a_3 + a_6$$

都是偶数. 这时,三个和 s_1, s_2 及 s_3 的"检验奇偶性"也能在线路的接收端唯一地查明传输时是否有错误,并且若有错误,也能知道是怎样的错误. 事实上,假若七个信号中的一个是不正确地收到了,那么三个和中必然有一个是奇数. 因此,若三个和都是偶数,则这就肯定地表明传输时没有错误;其次,当(且仅当)错误地收到最后三个"校正"信号之一时,才只有一个和是奇数(错误地收到 a_4——若和 s_1 是奇数;a_5——若和 s_2 是奇数;a_6——若和 s_3 是奇数);最后,三个和中有两个是奇数就表明错误地收到了三个信号 a_1, a_2 或 a_3 中的某一个(错误地收到 a_1——若 s_1 与 s_2 是奇数,a_2——若 s_1 与 s_3 是奇数,a_3——若 s_2 与 s_3 是奇数),而三个和都是奇数就表示不正确地收到了第一个信号 a_0. 现在为了(分成充分长的"字母行"的)消息的编码,我们利用每七个信号中的前四个,根据 Shannon-Fano 方法,我们就能以任意接近极限速度

$$v = \frac{4L}{7} \cdot \frac{\log 2}{H} (字母/单位时间)$$

的速度而无误地传输.

当然,在这里所描述的以"检验奇偶性"为基础的代码的实际价值,与在上面所讲的完全假定的通信线路中,它们是"最好的"这点毫无关系.事实上,关于无论在哪种情况干扰都不能畸变三个(或七个)相邻信号的组中多于一个信号的假设,在实际通信线路中无论如何也不能实现.但是若接收每个发送的信号时的错误概率比较小,则在收到的 n 个相邻信号中(其中 n 等于 $3,7$ 或其他任何不大的数)有两个或更多个是错误的情形,将很少遇到;所以这种能够发现并纠正收到的 n 个相邻信号组中的唯一错误的代码,会显著地减小传输时错误的个数.例如,设我们有一通信线路,沿它传输接通电路和断开电路,并且接收每个发送的基本信号时的错误概率等于 0.01(因此,不正确地收到大约占全部发送的基本信号的百分之一的信号).这条通信线路的传输能力 $C = 0.92L$ 二进制单位/单位时间;这就表示在这里存在着在单位时间内传输 0.92 个二进制单位信息的代码.而能够以任意小的错误概率进行译码.但是我们不知道怎样作出这种代码;大概它同样要利用极长的代码组合,这是很不方便的.现在我们利用上述"发现并纠正错误的代码"中的第二种代码,即对每四个发送的信号,再附加三个"校正信号".这时我们就会以显著小于极限速度的速度 $\frac{4}{7}L = 0.57L$ 二进制单位/单位时间来传输信息;此外,在这时译码时错误概率当然是有限的数,而不是"随便怎样小".这就是说,可以算出:在这种传输方法下,在线

路接收端所获得的基本信号（即除"校正"信号外的全部信号）的一系列"所传输的信息"中，错误的信号大约是千分之一；所以在这里接收一个基本信号时的错误概率是接近于 0.001（更精确地说，比 0.001 小一点）.但是由于接收每个个别信号时的错误概率与传输没有利用附加的"校正"信号比较起来，在这里毕竟减小了十分之九以上，而当这样传输时，译码是很简单的，若需要，自动化也许是不困难的，于是，从实用的观点来看，这种编码方法是绝对值得注意的.

也有另外一些编码方法，它们在很多情况也能发现并纠正传输时的错误.在最近期间，这类的编码方法正被很紧张地研究着，并在技术中有着广泛的应用.在许多这类代码中，都采用了我们所熟知的"检验奇偶性"原理.在 n 个基本信号的每组中，为了传输信息，只直接利用前 m 个信号，而后 $n-m$ 个是"校正信号"，并依如下的条件来选取：使得 n 个信号（用数字 0 和 1 记出）中的某些信号所决定的 $n-m$ 个和（或差）全是偶数.对于我们已对其证明了 Shannon 定理的最简单通信线路，甚至还能够证明：以"检验奇偶性"为基础的最好代码（在所有情形下，当 n 充分大时）将和代码表示长度为 n 的全部现有代码中最好的代码同样好.由于这个原因，在找"最好的代码"时，自然是从寻找"以检验奇偶性为基础的代码"中最好的代码这种最简单的问题着手.但是可惜，目前怎样解决最后这个问题也仍然是未知的.

事实上,例如设我们已知在 n 个相继的基本信号中,接收时畸变的不多于一个;我们提出关于确定这个畸变信号的问题(只要它存在). 这个问题类似于在某 n 个数中判定一个"设想的"数的问题(并且也可能不管哪个数也没有设想),起着检验这 n 个信号(用数 0 和 1 表示它们的值)的某些和或差是奇数或偶数的"检验奇偶性"的作用. 每次检验可能给出两个结果:"偶数"或"奇数",和这类似,可用两个词来回答问题:"是"或"不是". 为了要使"检验奇偶性"的结果给出关于传输时可能畸变的信息,必须预先知道所发送信号的和是奇数还是偶数. 一般地说,因为我们不可能知道发送了哪个信号,那么最后这个要求也就只有在下述条件下才能实现:每次检验的和至少包含一个"校正信号",并预先规定:这个"校正信号"总是这样选取,使得对应的和例如偶数. 由此就显然可知:需要"检验"的数就正好与附加的"校正信号"数相等.

为确定起见,例如可假设 $n = 3$. 为了判定所设想的整数 $x \leqslant 3$(在可能根本没有设想任何数的条件下),需要不少于 $\dfrac{\log(3+1)}{\log 2} = \dfrac{\log 4}{\log 2} = 2$ 个问题;所以在前面所述"校正代码"的情况下,每个发送的信号 a_0 都应该补充两个附加信号 a_1 和 a_2. 还需指出,假若信号 a_1 和 a_2 是这样补充,使得两个和 $a_0 + a_1$ 与 $a_0 + a_2$ 都是偶数,那么在接收端检验对应的和的奇偶性就等价于提出问题:"a_0 和 a_1 这两个信号是否没有错误?"与"a_0

和 a_2 这两个信号是否没有错误?";显然,回答这两个问题就能唯一地确定任何唯一的错误. 在前面所述的能够发现七个信号的组中的唯一错误的代码,也有这样的性质. 假若 $n=7$,那么为了判定所设想的数,就需要不少于 $\dfrac{\log(7+1)}{\log 2}=\dfrac{\log 8}{\log 2}=3$ 个问题;所以在这里就必须三次"检验奇偶性",因而就需要三个"校正"信号. 前面所述检验三个和 s_1,s_2 与 s_3 的奇偶性,在这里就等价于下述问题:"a_0,a_1,a_2 和 a_4 这四个信号是否没有错误?""a_0,a_1,a_3 和 a_5 这四个信号是否没有错误?"及"a_0,a_2,a_3 和 a_6 这四个信号是否没有错误?";显然,回答这三个问题也就可确定畸变的信号.

　　用这种方式也可以建立能够纠正两个错误的代码. 例如假设已知在接收端每五个信号中畸变的不多于两个;这种情况可使我们得到在某五个数中判定 $m\leqslant 2$ 个"设想的"数的问题,判定这些数就需要不少于

$$\frac{\log(C_5^2+C_5^1+1)}{\log 2}=\frac{\log(10+5+1)}{\log 2}=\frac{\log 16}{\log 2}=4$$

个问题;所以我们需要四次"检验奇偶性",这就表示每五个信号 a_0,a_1,a_2,a_3 和 a_4 中应该有四个是"校正信号". 例如可以这样选取"校正信号"a_1,a_2,a_3 和 a_4,使得四个和 $s_1=a_0+a_1,s_2=a_0+a_2,s_3=a_0+a_3$ 与 $s_4=a_0+a_4$ 都是偶数;这时在接收端所有的和都是偶数就表示没有错误;只有一个和 s_i 是奇数就表示对应的信号 a_i 有错误;两个和 s_i 与 s_j 是奇数就表示两个信号 a_i 和 a_j 都有错误;三个和(除了 s_i 外的其他三个和)是奇

数就表示两个信号 a_0 和 a_i 有错误；四个和都是奇数就表示 a_0 这个信号有唯一的错误.（这些"检验奇偶性"等价于下述各问题："接收 a_0 和 a_1 这两个信号时，错误数是否是偶数？""接收 a_0 和 a_2 这两个信号时呢？""接收 a_0 和 a_3 这两个信号时呢？""接收 a_0 和 a_4 这两个信号时呢？".）关于在接收 n 个发送的信号时，借助特别选取"校正信号"而发现并纠正 m 个或较小个数的畸变这种更一般的问题.

现在转到以大于极限速度 $v = \dfrac{C}{H}$ 字母/单位时间的速度 v_1 传输消息的情形. 像其后所进行的讨论一样，我们可得到同样的公式，但其中数 c_1 现在大于 c. 容易看出，在 $\dfrac{H}{c_1}N$ 个基本信号的链的 10^{HN} 个组中全部链数将大于所有不同的这种链的总数 $M = 2^{\frac{H}{c_1}N}$. 所以这时无论怎样也不能选出 10^{HN} 个长为 $\dfrac{H}{c_1}N$ 的代码表示，以保证可能用速度 $v = L\dfrac{c_1}{H}$ 字母/单位时间进行传输，使得译出所传输的消息时错误概率任意小. 由此就可得出结论：假若传输速度 v_1 超过 $L\dfrac{c}{H}$ 字母/单位时间，那么在译出每个发送的字母时，错误概率对任何编码方法都将超过某个有限数 q（随速度 v_1 而定，且当这个速度增大时，q 也增大）——这是我们根据完全不同的设想在前面已经得出过的结论.

现在为了简单起见,假设发送的消息是只用两个字母"a"和"6"写的,并且发送这两个字母的概率是相同的(我们指出,直到现在为止,在我们的研究中,字母数和它们的概率只通过唯一的特征 H 出现过,其余的对我们全没有区别).设传输速度 $v_1 > v = \dfrac{C}{H}$字母/单位时间.对于这种最简单的情形,我们来力求决定在选取"最好的"编码方法下,译出一个发送的字母时只要可以达到的(更确切地说是可以任意接近的)最小的错误概率.为此,我们计算在单位时间内必然沿线路传输的信息量,假使在这段时间内传输 v_1 个字母的消息,而其中每个字母在接收端都可以以不超过 $q \leqslant \dfrac{1}{2}$的错误概率译出的话.我们来考虑两个实验:确定消息的发送的字母的实验 β 和在接收端译出这个字母的实验 α.这时这两个实验都可以有两个结局("a"和"6"),并且在 α 的给定结局下,β 的各结局的条件概率是这样的,即

$$p_a(a) \geqslant 1-q, p_6(6) \geqslant 1-q \text{ 和 } p_a(6) \leqslant q, p_6(a) \leqslant q$$

由此就可推出不等式

$$H_\alpha(\beta) \leqslant -(1-q)\log(1-q) - q\log q$$

另一方面,$H(\beta) = \log 2$(实验 β 的两个结局"a"和"6"是等概的),因此

$$I(\alpha,\beta) = \log 2 + (1-q)\log(1-q) + q\log q$$

所以在单位时间内沿此线路传输了不小于

$$v_1\big[\log 2 + (1-q)\log(1-q) + q\log q\big]$$

的信息. 而因为 C 是可以在单位时间内传输的最大信息量, 所以应该成立不等式

$$v_1[\log 2 + (1-q)\log(1-q) + q\log q] \leqslant C$$

假若使此不等式两端相等

$$v_1[\log 2 + (1-q)\log(1-q) + q\log q] = C$$

那么我们就可以得到最小的 q. 以任意接近于最后这个等式所决定的数 q 的错误概率而传输的可能性, 利用导致 Shannon 基本定理的某种复杂讨论, 是可以证明的. 把决定量 q 的等式改写成如下的形式

$$1 + \frac{(1-q)\log(1-q) + q\log q}{\log 2} = \frac{1}{\dfrac{v_1}{v}}, \quad v = \frac{C}{\log 2} \quad (*)$$

是方便的. 只要把 q 的一系列增大的值代入这里, 对于每个 q 值, 就都可以确定当比式 $\dfrac{v_1}{v}$ 取怎样的值时才能使这种错误达到最小, 然后根据所求出的各点作出函数 $q = q\left(\dfrac{v_1}{v}\right)$ 的图形 (参看图 4, 它表示出了所得到的曲线

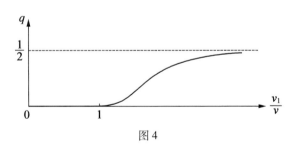

图 4

的一般特征）. 当 $\dfrac{v_1}{v} < 1$ 时，这个图形与横轴重合，这对

应于 Shannon 定理的这种情况：当 $v_1 < v$ 时，可以做到

使得错误概率任意小；当 $\dfrac{v_1}{v} > 1$ 时（当然只是在由方程

（ * ）所决定的那一部分曲线），数 $q = q\left(\dfrac{v_1}{v}\right)$ 单调增大，

且当 $\dfrac{v_1}{v} \to \infty$ 时，它趋向于 $\dfrac{1}{2}$（数值 $q = 0$ 对应于 $\dfrac{v_1}{v} = 1$，

而数值 $q = \dfrac{1}{2}$ 是对应于 $\dfrac{v_1}{v} = \infty$，这可从（ * ）立刻得

到）. 当 $v_1 \to \infty$ 时，译出一个字母的错误概率趋于 $\dfrac{1}{2}$，

这有如下的意义：当传输速度很大时，我们就几乎不能

传输任何有效的信息，而不得不实际上"乱碰地"译出

所收到的消息，而当"乱碰地"译出有两个字母的字母

集的一个字母时，错误概率 q 就正好等于 $\dfrac{1}{2}$.

　　在定义传输能力时，我们是从以下的命题出发的：

若 c 是接收沿通信线路传输的一个基本信号时可能得

到的最大信息量，则接收 L 个这种信号时就不可能得

到多于 Lc 个信息单位. 这个命题是十分自然的；然而

它的严格证明毕竟不是很明显的. 现在我们简略地说

明怎样进行证明.

　　设 β 是确定所发送的一个基本信号的值所构成的

实验，而 α 是确定所收到的信号的值的实验. 这时根

据条件应有 $I(\alpha,\beta) \le c$，需要证明：若 $\beta_1\beta_2\cdots\beta_L$ 是各实

验 $\beta_1, \beta_2, \cdots, \beta_L$ 的相继进行（即相继地发送 L 个基本信号）所构成的复合实验，而 $\alpha_1\alpha_2\cdots\alpha_L$ 是接收所发送的这 L 个信号所构成的复合实验，则恒有

$$I(\alpha_1\alpha_2\cdots\alpha_L, \beta_1, \beta_2, \cdots, \beta_L) \leqslant Lc$$

为此，不用说，只需证明

$$I(\alpha_1\alpha_2\cdots\alpha_L, \beta_1\beta_2\cdots\beta_L)$$
$$\leqslant I(\alpha_1, \beta_1) + I(\alpha_2, \beta_2) + \cdots + I(\alpha_L, \beta_L)$$

就够了——需知最后这个不等式右端的每一项都分别等于包含在对应的收到的信号中的关于一个发送信号的信息，即不可能超过 c.

为了简单起见，可认为 $L = 2$——这不是限制，因为总可以在所得到的不等式中分别用复合实验 $\alpha_3\alpha_4\cdots\alpha_L$ 和 $\beta_2\beta_3\cdots\beta_L$ 来代替 α_2 和 β_2，然后对 L 这个数应用数学归纳法. 至于 $L = 2$ 的不等式的证明，那么只要应用三重信息公式就可以很快地得到；这个公式是

$$I(\beta\gamma, \alpha) + I(\beta, \gamma) = I(\alpha\gamma, \beta) + I(\alpha, \gamma)$$

在这个公式中代入 $\beta = \alpha_1, \gamma = \alpha_2$ 和 $\alpha = \beta_1\beta_2$ 后，就得到

$$I(\alpha_1\alpha_2, \beta_1\beta_2) + I(\alpha_1, \alpha_2) = I(\beta_1\beta_2\alpha_2, \alpha_1) + I(\beta_1\beta_2, \alpha_2)$$

现在我们要利用下述情况，即包含在复合实验 $\beta\gamma$ 中的关于某个实验 α 的信息将等于 $I(\beta, \alpha)$，只要假设在复合实验 $\beta\gamma$ 的给定结局下，α 的结局的条件概率事实上只依赖于 β 的结局. 在我们的情形中，在实验 $\beta_1\beta_2\alpha_2$ 的给定结局下，实验 α_1 的各结局的条件概率显然只可能依赖于 β_1 的结局；同样在 $\beta_1\beta_2$ 的给定结局下，α_2 的各结局的条件概率只由 β_2 的结局决定. 所以

$$I(\beta_1\beta_2\alpha_2,\alpha_1)=I(\beta_1,\alpha_1),I(\beta_1\beta_2,\alpha_2)=I(\beta_2,\alpha_2)$$

而因为 $I(\alpha_1,\alpha_2)\geqslant 0$（信息总是非负的），所以

$$I(\alpha_1\alpha_2,\beta_1\beta_2)\leqslant I(\beta_1,\alpha_1)+I(\beta_2,\alpha_2)$$

这就是我们所要证明的[①].

现在转到对于例 2 所谈到的特别通信线路的情形，有干扰时的 Shannon 编码基本定理的严格证明. 设我们给定了数值 H,N 和

---

① 在推导等式

$$I(\beta_1\beta_2\alpha_2,\alpha_1)=I(\beta_1,\alpha_1)$$

和

$$I(\beta_1\beta_2,\alpha_2)=I(\beta_2,\alpha_2)$$

时,我们事实上利用了这种情况:在实验 $\beta_1\beta_2$ 有结局 A_iA_j 的条件下,实验 $\alpha_1\alpha_2$ 的结局 A_kA_l 的条件概率(即若发送的是信号对 A_iA_j,而收到了信号对 A_kA_l 的概率)具有形式

$$p_{A_iA_j}(A_kA_l)=p_{A_i}(A_k)\cdot p_{A_j}(A_l)$$

其中 $p_{A_i}(A_k)$ 和 $p_{A_j}(A_l)$ 都是通信线路中我们已知的干扰的表征. 事实上,由此正可推出 α_1 的结局只由 β_1 的结局决定,而 α_2 的结局只由 β_2 的结局决定. 现在假若我们在条件熵 $H_{\beta_1\beta_2}(\alpha_1\alpha_2)$ 的表示式中代入这些条件概率 $p_{A_iA_j}(A_kA_l)$,那么利用不太复杂的变化就可以直接证明

$$H_{\beta_1\beta_2}(\alpha_1\alpha_2)=H_{\beta_1}(\alpha_1)+H_{\beta_2}(\alpha_2)$$

因而

$$I(\alpha_1\alpha_2,\beta_1\beta_2)=H(\alpha_1\alpha_2)-H_{\beta_1\beta_2}(\alpha_1\alpha_2)$$
$$\leqslant I(\alpha_1,\beta_1)+I(\alpha_2,\beta_2)$$

(因为 $H(\alpha_1\alpha_2)\leqslant H(\alpha_1)+H(\alpha_2)$). 但是这种证明毕竟要比上述"假定"的证明长一些.

$$c_1 < c = \log 2 + p \log p + (1-p) \log(1-p)$$

考虑有 $\dfrac{H}{c_1}N$ 个基本信号的各种可能的链(通常,对于 $\dfrac{H}{c_1}$ N 这个数,我们事实上总是取最接近于它的整数). 当沿这条通信线路传输这样的任何一个链时,我们可以在接收端得到许多不同的链——这正是干扰的随机特性. 今后我们把所发送的每个 $\left(\dfrac{H}{c_1}N\right)$ 节链和在线路接收端的整个链组相对应,这种组具有如下性质:初始的那个链在传输时以很大的概率变成对应组中的一个链(确切地说是以不小于 $1-\varepsilon$ 的概率,其中 ε 是某个预先给定的很小的正数). 像前面所阐明过的一样,为了证明 Shannon 定理,只需证明:当 N 充分大时,总可以这样选取有 $\dfrac{H}{c_1}N$ 个信号的 10^{HN} 个链的每一个,使得对应于它们的 $\left(\dfrac{H}{c_1}N\right)$ 节链组在接收端彼此不相叠交.

我们只证明了:这些链组在接收端可以这样选取,使得在 10^{HN} 个组中链的总数只占全部 $\left(\dfrac{H}{c_1}N\right)$ 节链的总数的微小部分. 这个情况使得 Shannon 定理很近乎真实,但它本身无论如何还不能作为 Shannon 定理的证明. 最后这个断言可以用英国数学家 S. K. Zaremba 所提供的如下的简单例子来说明. 我们来考虑有 10 个基本信号的全部链的总体,其中每个信号都可取两个值. 显然这种链的总数等于 $2^{10} = 1\ 024$. 其次,把每个链和至多有三个信号与已给的链不同的全都 10 节链的组

相对应. 除给定的链外, 显然, 这个组包含 $C_{10}^1 = 10$ 个和给定的链正好有一个信号不同的链, $C_{10}^2 = 45$ 个和给定的链有两个信号不同的链, $C_{10}^3 = 120$ 个和给定的链有三个信号不同的链; 这样的组共由 $1 + 10 + 45 + 120 = 176$ 个链组成. 因为 176 大约只占 1 024 的六分之一, 那么可能会想到, 在这里没有特别困难就可以这样选取三个链, 使得对应于它们的各包含 176 个链的三个组彼此不相叠交. 然而这是不对的: 可以证明, 和任何三个链相对应的三个组必相叠交. 事实上, 我们用数字 0 和 1 表示信号的两个值, 并设, 例如一个组是和 10 个零组成的 "零链" 对应. 容易理解: 只有和包含多于六个数字 1 的 10 节链相对应的那些组, 与这个组不相叠交. 但在包含七个或更多个数字 1 的任意两个 10 节链中, 至少有四个数字 1 分布在这两个链的同一个位置. 因而这两个链彼此不相同的不多于六个信号, 这就表示对应于它们的组彼此叠交. 当然, 若从任何其他的链 (而不是从 "零链" 0000000000) 着手, 结果一点也不会改变: 不与同一个第三组叠交的由 176 个链组成的两个组, 必定彼此叠交.

可同样精确地指出: 对任何数 k, 在与某个链至多有 k 个信号不同的 $3k + 1$ 节链的组中, 不可能找到两个以上不相叠交的组. 同时也可指出, 这种组中的链数 (等于 $1 + C_{3k+1}^1 + C_{3k+1}^2 + \cdots + C_{3k+1}^k$) 与全部 $3k + 1$ 节链的总数 (等于 2^{3k+1}) 之比, 总是随着 k 的增大而减小的; 例如当 $k = 8, 3k + 1 = 25$ 时, 这个比已接近于 $\frac{1}{20}$, 而

若选取 k 充分大,则甚至可以做到使得这个比任意小 (小于预先给定的任意小的正数). 因此,在三个组中链的总数就可占全部链数的微小部分,虽然如此,但是任何三个组仍将必定叠交. 所以在 Shannon 定理的情形,不能简单地论证选取 10^{HN} 个不相叠交的组的可能性,使其中链的总数比起全部链数来很小;还需严格证明:在给定的情形中,问题不是像 Zaremba 的例子那样.

直到现在为止,无论如何也还没有严格证明前面所谈到的那些 $\left(\dfrac{H}{c_1}N\right)$ 节链的 10^{HN} 个组可以这样选取,使得它们完全不相叠交. 但是可以证明:不同的组彼此间的叠交可以如此之小,以至于不起重要作用;由此就可以得到编码基本定理的严格证明. 我们现在要来谈的就是这个证明.

我们从把由 $\dfrac{H}{c_1}N$ 个基本信号所组成的每个链都与所有下述这种链的组相对应着手,这种链至多有 $\dfrac{H}{c_1}N$ $(p+\delta)$ 个信号,至少有 $\dfrac{H}{c_1}N(p-\delta)$ 个信号和初始的那个链不同(其中 δ 是规定的很小的数). 设 ε 是我们指定的另一个小正数. 假若选取 N 充分大,那么,我们就可以做到使得接收的不是沿此线路传输的那个 $\left(\dfrac{H}{c_1}N\right)$ 节链而是对应的组中任何一个链的概率任意接近于 1;特别地,可以做到使这个概率不小于 $1-\dfrac{\varepsilon}{4}$. 而

每组中的链数将小于数 k_1.

我们只需这样选取 10^{HN} 个链,使得对应于它们的组几乎不相叠交,但是,开始时我们选出数目为它们的两倍的链,即选出

$$2 \cdot 10^{HN} = 10^{HN + \log 2} = 10^{H_1 N} \text{ 个链}$$

$\left(\text{其中 } H_1 = H + \dfrac{\log 2}{N}\right)$. 因为当 N 很大时,数 H_1 几乎和 H 没有差别,因而这种两倍多的链数就几乎不影响进一步的计算;以后它对我们是很有用的. 我们从乱碰地选取 $10^{H_1 N}$ 个 $\left(\dfrac{H}{c_1} N\right)$ 节链开始,即把全部 $2^{\frac{H}{c_1} N}$ 个不同的 $\left(\dfrac{H}{c_1} N\right)$ 节链接连记上号码,写这些号码在卡片上,并接连 $10^{H_1 N}$ 次从有充分混匀了的 $2^{\frac{H}{c_1} N}$ 个号码的箱子中抽取一张卡片(每次抽取后,取出的卡片又放回箱子中,并把其中的卡片充分混匀). 当然,这时可以认为同一个号码可取出两次或更多次,因此选出的 $10^{H_1 N}$ 个链中的某些链将彼此相同;但今后将会看到,当 N 很大时,这种相同的概率将很小.

根据从箱子中抽出的次序,我们把所取出的 $10^{H_1 N}$ 个链分别称为第一个链,第二个链,……,第 $10^{H_1 N}$ 个链;在线路的接收端和它们对应的 $\left(\dfrac{H}{c_1} N\right)$ 节链的组也分别称为第一组,第二组,……,第 $10^{H_1 N}$ 组. 一般地说,这些组可能彼此叠交;特别地,假若 $10^{H_1 N}$ 个链中有两个或多个是相同的,那么对应于它们的组就完全相同. 现在在 $10^{H_1 N}$ 个组的每一组中都抛弃所有这样的链,即它还至少属于另一组. 因为在原则上甚至可以认为:我们可 $10^{H_1 N}$ 次取出有同一个号码的卡片,那么也就不能排除这种情况:我们将不得不在任何组中一无例外地抛弃全部的链;但是现在我们证明:在每组中抛弃的链数照例是这样的小,使得用第 i 组中未被抛弃的链中的一个链来代替沿线路传输的第 i 个链后,接收的概率全都仍然很接近于 1.

这样一来,我们用 Q_i(其中 i 取值 $1,2,\cdots,10^{H_1 N}$)表示接收的不是所发送的第 i 个链,而是第 i 组中未被抛弃的一个链的概率. 在这种情形,数 Q_i 的值就依赖于第 i 组中的哪些链被抛弃了,即由所做过的从箱子中 $10^{H_1 N}$ 次抽取卡片所构成的实验的各结局所决定;换句话说,Q_i 是随机变量. 现在我们来设法求随机变量 Q_i 的平均值[①].

显然,接收到的不是所发送的那个 $\left(\dfrac{H}{c_1}N\right)$ 节链,而是与它对应的组中未被抛弃的一个链的概率的平均值,和这个链的号码是无关的;所以只要研究数 Q_i 中任何一个(例如 Q_1)就够了. 我们取出第一组中的任意

---

① 不难理解,在这种情况下,随机变量 Q_i 的各种可能值将和在从箱子中抽取卡片的实验有某个确定结局的条件下,接收到的不是所发送的第 i 个链,而是第 i 组中未被抛弃的一个链的条件概率相同. 但这个随机变量的平均值,根据全概率公式,就和接收到的不是第 i 个链,而是第 i 组中未被抛弃的一个链的无条件概率相同.

一个 $\left(\dfrac{H}{c_1}N\right)$ 节链;除第一组外,它至少还属于 10^{H_1N} 个组中某一组的概率,即应该是被抛弃的链的概率,是个确定的数 q. 我们首先来估计这个数 q 等于什么.

为了使选出的第一组的一个链是被抛弃的,它至少和 10^{H_1N} 个乱选出的链中的一个链的差别,除其中第一个链外,应该不多于 $\dfrac{H}{c_1}N(p+\delta)$ 个信号,而又不少于 $\dfrac{H}{c_1}N(p-\delta)$ 个信号——只有这时,它才能列入对应于某个 $\left(\dfrac{H}{c_1}N\right)$ 节链的组. 但是和第一组所考虑的链的差别不多于 $\dfrac{H}{c_1}N(p+\delta)$ 个信号,又不少于 $\dfrac{H}{c_1}N(p-\delta)$ 个信号的 $\left(\dfrac{H}{c_1}N\right)$ 节链的总数不超过 k_1;因而这个选出的链是被抛弃的这件事的概率 q,就和在所指出的 k_1 个或更少的 $\left(\dfrac{H}{c_1}N\right)$ 节链中至少遇到 $10^{H_1N}-1$ 个乱选出的链中的一个链(或者第二个链,或者第三个链,……,或者第 10^{H_1N} 个链)的概率是相同的. 其次,容易看出,当从总数 $2^{\frac{H}{c_1}N}$ 中乱选 $10^{H_1N}-1$ 个链时,落在 k_1 个链的任何固定组中的平均链数应等于 $10^{H_1N}-1$ 的 $\left(k_1:2^{\frac{H}{c_1}N}\right)$ 倍,即等于下式

$$k_2 = \frac{k_1}{2^{\frac{H}{c_1}N}}(10^{H_1N}-1)$$

对于不多于 k_1 个链的各组,这个平均数必定不大于

k_2. 不用说,我们的这个平均数——这不是别的,正是位于所考虑的组中链数的平均值;根据平均值本身的定义,它可表为下列形式

$$q_0 \cdot 0 + q_1 \cdot 1 + q_2 \cdot 2 + \cdots + q_{10^{H_1 N} - 1} \cdot (10^{H_1 N} - 1)$$

其中 q_0 是在所考虑的组中没有所选出的 $10^{H_1 N} - 1$ 个链中任何一个链的概率,q_1 是在这个组中正好有一个所选出的链的概率,q_2 是在其中有两个所选的链的概率,$\cdots\cdots$,$q_{10^{H_1 N} - 1}$ 是所选的全部 $10^{H_1 N} - 1$ 个链都在我们这个组中的概率. 我们所关心的是这 $10^{H_1 N} - 1$ 个链中至少一个链落在所考虑的组中的概率 q;显然,这个概率等于

$$q_1 + q_2 + \cdots + q_{10^{H_1 N} - 1}$$

把这个和与上面的和相比较,就立刻可以看出:q 不可能大于我们的"平均数",即更加不可能大于 k_2.

现在回到估计概率 Q_1 的平均值问题. 首先研究沿线路发送第一个链时收到第一组的某个确定的不是被抛弃的链的概率 p. 由于有这个条件,概率 p 就是随机变量(在和概率 Q_i 同样的意义下):它以概率 $1 - q$ 简直等于接收的不是发送的第一个链,而是我们所谈到过的第一组的那个链的概率 p_0,而以概率 q 等于零(因为若我们的链是被抛弃的,则我们考虑其概率的复合事件就必然不发生). 由此显然可知,概率 p 的平均值等于

$$p_0 \cdot (1 - q) + 0 \cdot q = p_0(1 - q)$$

但是为了得到概率 Q_1,只需作出对应于第一组的全部链的各概率 p 之和. 然后,只要计算所得到的和的平均

值,我们显然就得到乘以数 $1-q$ 后的,全部概率 p_0 的和(即收到的不是所发送的第一个链,而是第一组的某个链的普通概率).由于我们知道:接收的不是第一个链,而是第一组的一个链的概率大于 $1-\dfrac{\varepsilon}{4}$,因而收到的不是所发送的第一个链而是第一组未被抛弃的链中的一个链(哪一个都毫无关系!)的概率 Q_1 的平均值,就不小于

$$\left(1-\frac{\varepsilon}{4}\right)(1-q) < 1-\frac{\varepsilon}{4}-q$$

即更加大于数 $1-\dfrac{\varepsilon}{4}-k_2$.

我们指出,数 k_2 与前面所讲的比值 $\dfrac{N_1}{M}$ 的不同,只在于在 N_1 的表示式中用因子 $10^{H_1N}-1$ 代替了因子 10^{HN};当 N 很大时,这种代替不起重要作用.因此我们实际上已经证明:只要数 N 选取得充分大,就可以使数 k_2 小于预先指定的任意小的正数.正如我们所说过的,纵然这情况本身还不是 Shannon 定理的证明,但现在我们却可以由此推出这个证明.为此目的,我们选取 N 这样大,使得 k_2 小于 $\dfrac{\varepsilon}{4}$;这时 Q_1 的平均值就不小于

$$1-\frac{\varepsilon}{4}-\frac{\varepsilon}{4}=1-\frac{\varepsilon}{2}$$

同样,$Q_2,Q_3,\cdots,Q_{10^{H_1N}}$ 这些变量各自的平均值也都不小于 $1-\dfrac{\varepsilon}{2}$(因为所有这些平均值都等于 Q_1 的平均值).而由此就可得到表示式

$$Q = \frac{Q_1 + Q_2 + \cdots + Q_{10^{H_1 N}}}{10^{H_1 N}}$$

的平均值也将不小于 $1 - \dfrac{\varepsilon}{2}$.

这里所得到的关于"纯随机地"选取 $10^{H_1 N}$ 个初始的 $\dfrac{H}{c_1}N$ 节链的结果的价值,可由下面的明显事实来决定:随机变量的平均值不可能小于它的所有可能值. 应用到我们这种情形,由此就可推出:在选取 $10^{H_1 N}$ 个初始链的 $(2^{\frac{H}{c_1}N})^{10^{H_1 N}}$ 种可能的不同选法中(即在从箱子中 $10^{H_1 N}$ 次抽取卡片的实验的各种不同结局中),一定至少有一种选法使表示式 Q 不小于 $1 - \dfrac{\varepsilon}{2}$. 当然,这种讨论丝毫也没有谈到必须怎样选取我们的链,才能使得不等式 $Q \geqslant 1 - \dfrac{\varepsilon}{2}$ 成立;这里所讲的证明是不切实际的,原因就在于此.

现在已十分容易完成 Shannon 定理的证明了. 我们来考虑使 $Q \geqslant 1 - \dfrac{\varepsilon}{2}$ 的那 $10^{H_1 N}$ 个链. 我们要利用下面的事实:所有的数 $Q_1, Q_2, \cdots, Q_{10^{H_1 N}}$ 都不超过 1(因为它们都是概率)而

$$10^{H_1 N} = 2 \times 10^{HN}$$

若在 $10^{H_1 N} = 2 \times 10^{HN}$ 个数 $Q_1, Q_2, \cdots, Q_{10^{H_1 N}}$ 中,有 10^{HN} 个以上的值都小于 $1 - \varepsilon$,那么,即使假设所有其余的数都正好等于 1,表示式 Q 也同样小于

$$\frac{10^{HN} \times (1 - \varepsilon) + 10^{HN} \times 1}{2 \times 10^{HN}} = 1 - \frac{\varepsilon}{2}$$

因为事实上 $Q \geqslant 1 - \dfrac{\varepsilon}{2}$，那么这就表示，至少在数 Q_i 中有 10^{HN} 个不小于 $1 - \varepsilon$. 现在从有 $\dfrac{H}{c_1}N$ 个信号的链中选出与不小于 $1 - \varepsilon$ 的那 10^{HN} 个数 Q_i 相对应的 10^{HN} 个链，作为长为 N – 字母的"大概率"链的 10^{HN} 个代码表示. 在线路的接收端，我们把与给定的发送链的差别不多于 $\dfrac{H}{c_1}N(p+\delta)$ 个信号，又不少于 $\dfrac{H}{c_1}N(p-\delta)$ 个信号，而与其他所有的发送链的差别多于 $\dfrac{H}{c_1}N(p+\delta)$ 个信号，或少于 $\dfrac{H}{c_1}N(p-\delta)$ 个信号的全部链的组，当作与这些"发送链"相对应的链的组. 显然，这时在接收端，我们的 10^{HN} 个链组就不相叠交，因为我们对此已证明过：把 10^{HN} 个发送链中的每一个转移到和它对应的组中的某一个链的概率都超过 $1 - \varepsilon$，于是由此就立刻可得 Shannon 基本定理.

二元对称信道的例子

二元信道可以说是一个最有用的信道模型了. 它有两个输入符号, 即 0 和 1; 两个输出符号, 即 0 和 1. 图 1 画出了这一信道. 二元信道被称为是对称的, 如果

$$P_{0,0} = P_{1,1}, \quad P_{1,0} = P_{0,1}$$

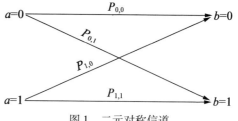

图 1   二元对称信道

设输入符号的概率(用小写字母表示)是

$$p(a = 0) = p$$

$$p(a = 1) = 1 - p$$

再设二元对称信道的概率是(用大写字母表示)

$$P_{0,0} = P_{1,1} = P$$

$$P_{0,1} = P_{1,0} = Q$$

这样，信道矩阵是

$$\begin{pmatrix} P & Q \\ Q & P \end{pmatrix}$$

所以信道基本关系方程组成为

$$pP + (1-p)Q = p(b=0)$$

$$pQ + (1-p)P = p(b=1)$$

上两式的正确性很容易检验，只要取两式的和就知道了，因为

$$p(b=0) + p(b=1) = p(P+Q) + (1-p)(P+Q)$$

$$= (p+1-p)(P+Q)$$

$$= (1)(1) = 1$$

现在如果我们已经知道接收到的符号，试问此时输入端发送某一符号的概率是多少？

为此我们先计算两个分母

$$\sum_{i=1}^{2} P(b_1 \mid a_i)p(a_i) = Pp + Q(1-p)$$

$$\sum_{i=1}^{2} P(b_2 \mid a_i)p(a_i) = Qp + P(1-p)$$

这样我们就有

$$P(a=0 \mid b=0) = \frac{Pp}{Pp + Q(1-p)}$$

$$P(a=1 \mid b=0) = \frac{Q(1-p)}{Pp + Q(1-p)}$$

$$P(a=0 \mid b=1) = \frac{Qp}{Qp + P(1-p)}$$

$$P(a=1 \mid b=1) = \frac{P(1-p)}{Qp + P(1-p)}$$

式中包含了信源符号的概率.

在输入符号等概的特殊情况下, 我们得到一个非常简单的方程

$$P(a=0 \mid b=0) = P = P(a=1 \mid b=1)$$
$$P(a=1 \mid b=0) = Q = P(a=0 \mid b=1)$$

作为一个例子, 设有一个二元对称信道, 其

$$P = \frac{9}{10}, Q = \frac{1}{10}$$

输入为 $a=0$ 的概率是 $\frac{19}{20} = p$, 而 $a=1$ 的概率是 $1 - p = \frac{1}{20}$. 这时可得

$$P(a=0 \mid b=0) = \frac{171}{172}$$

$$P(a=1 \mid b=0) = \frac{1}{172}$$

$$P(a=0 \mid b=1) = \frac{19}{28}$$

$$P(a=1 \mid b=1) = \frac{9}{28}$$

这样, 如果我们接收到的是 $b=0$, 则几乎可以肯定发送的是 $a=0$. 但若接收到的是 1, 则发送 $a=0$ 的概率还有 $\frac{19}{28} > \frac{2}{3}$. 所以不管我们接收到什么, 我们都应该假定发送的是 $a=0$!

类似这种情况在下面两个不等式同时成立时就会发生

$$P(a=0 \mid b=0) > P(a=1 \mid b=0)$$
$$P(a=0 \mid b=1) > P(a=1 \mid b=1)$$

716

根据前述二元对称信道的方程式,满足上两式的条件是

$$Pp > Q(1-p)$$

$$Qp > P(1-p)$$

或

$$p > Q$$

$$p > P$$

这就是说,选择输入符号时的偏向大于信道的偏向,因而利用这样的信道显得毫无意义. 简言之,这样使用信道纯属浪费.

信源我们现在把它记作 A. 信源的熵是对信源符号的平均信息量的度量,或是说是对信源不确定性的一个度量,这两个说法是完全等价的. 当信源完全确定时 $H(A) = 0$,而当所有的 a_i 全都等概时 $H(A)$ 取最大值. 我们对熵的定义是

$$H_r(A) = \sum_{i=1}^{q} p(a_i) \log_r \left[\frac{1}{p(a_i)} \right] \qquad (1)$$

前面已指出,熵函数有以下一些性质:

1. $H_r(A) \geqslant 0$.

2. $H_r(A) \leqslant \log_r q$,式中 q 是输入符号的总数.

3. 在所有的信源符号等概时

$$H_r(A) = \log_r q$$

很显然,按照式(1)接收符号的熵应该是

$$H_r(B) = \sum_{j=1}^{s} p(b_j) \log_r \left[\frac{1}{p(b_j)} \right] \qquad (2)$$

它是输出符号不确定性的度量并具有与信源熵相同的性质,因为这些性质都是根据熵函数的形式推导出来

的.

对条件熵的类似的表示式可以推导如下. 在给定某一个 b_j 的条件下, 条件熵为

$$H_r(A \mid b_j) = \sum_{i=1}^{q} p(a_i \mid b_j) \log_r \left[\frac{1}{P(a_i \mid b_j)} \right] \quad (3)$$

如果我们利用适当的概率 $p(b_j)$ 作为权, 对上式取平均, 则得

$$H_r(A \mid B) = \sum_{j=1}^{s} p(b_j) H(A \mid b_j)$$

$$= \sum_{j=1}^{s} \sum_{i=1}^{q} p(b_j) P(a_i \mid b_j) \log_r \left[\frac{1}{P(a_i \mid b_j)} \right]$$

$$= \sum_{j=1}^{s} \sum_{i=1}^{q} P(a_i, b_j) \log_r \left[\frac{1}{P(a_i \mid b_j)} \right] \quad (4)$$

如果从发送端来看, 那么相应于式(3)我们还可以有给定 a_i 条件下的条件熵

$$H_r(B \mid a_i) = \sum_{j=1}^{s} P(b_j \mid a_i) \log_r \left[\frac{1}{P(b_j \mid a_i)} \right] \quad (5)$$

像式(4)那样, 现在对输入字母表取平均就得到相应的条件熵

$$H_r(B \mid A) = \sum_{i=1}^{q} \sum_{j=1}^{s} P(a_i, b_j) \log_r \left[\frac{1}{P(b_j \mid a_i)} \right]$$

$$(6)$$

现在我们再把信道的两端联系起来. 为了度量信源和信宿两端联合事件的不确定性, 我们用类似的办法定义联合熵如下

$$H_r(A, B) = \sum_{i=1}^{q} \sum_{j=1}^{s} P(a_i, b_j) \log_r \left[\frac{1}{P(a_i, b_j)} \right] \quad (7)$$

我们先看一看 A 和 B 统计独立（这意味着输出不依赖于输入）这种特殊情况下的联合熵. 统计独立这一条件用方程表示为

$$P(a_i, b_j) = p(a_i)p(b_j)$$

所以联合熵可表示成

$$H_r(A,B) = \sum_{i=1}^{q} \sum_{j=1}^{s} p(a_i)p(b_j) \left\{ \log_r \left[\frac{1}{p(a_i)} \right] + \log_r \left[\frac{1}{p(b_j)} \right] \right\}$$

由于

$$\sum_{i=1}^{q} p(a_i) = 1, \sum_{j=1}^{s} p(b_j) = 1$$

我们得到（输入输出独立情况下）

$$H_r(A,B) = H_r(A) + H_r(B) \tag{8}$$

在一般情况下，信道的输出至少是部分地依赖于输入（不然的话，我们为什么要用它呢）. 在这种情况下，我们可以有

$$P(a_i, b_j) = p(a_i)P(b_j | a_i)$$

而联合熵是

$$H_r(A,B) = \sum_{i=1}^{q} \sum_{j=1}^{s} P(a_i, b_j) \log_r \left[\frac{1}{p(a_i)} \right] + \sum_{i=1}^{q} \sum_{j=1}^{s} P(a_i, b_j) \log_r \left[\frac{1}{P(b_j | a_i)} \right]$$

但是

$$\sum_{j} P(a_i, b_j) = a_i$$

所以

$$H_r(A,B) = \sum_{i=1}^{q} p(a_i) \log_r \left[\frac{1}{p(a_i)} \right] +$$

$$\sum_{i=1}^{q} \sum_{j=1}^{s} P(a_i,b_j) \log_r \left[\frac{1}{P(b_j \mid a_i)} \right]$$

$$= H_r(A) + H_r(B \mid A) \qquad (9)$$

这一联合熵等于信源熵和给定 A 条件下的条件熵之和.

条件熵 $H_r(B \mid A)$ 代表了信息从输入到输出的过程中在信道中的损失. 它说明必须在信源熵上加上这一个值才能得到联合熵. $H_r(B \mid A)$ 被称为疑义度[①]. 它也被称为信道的干扰熵.

由于 A 和 B 在联合熵中所起的作用完全是对称的, 所以显然可以有与式(9)相对应的表示式

$$H_r(A,B) = H_r(B) + H_r(A \mid B) \qquad (10)$$

归结起来, 我们在这一章中已经定义了好几种熵: 式(2)的 $H(B)$、式(7)的 $H(A,B)$、式(4)的 $H(A \mid B)$、式(6)的 $H(B \mid A)$、式(3)的 $H(A \mid b_j)$ 和式(5)的 $H(B \mid a_i)$. 每一个都是用相应的概率分布求得的.

输入符号是 a_i, 输出是 b_j, 而信道由条件概率 $P_{i,j}$ 所确定.

在接收到信号之前, 输入符号 a_i 的概率是 $p(a_i)$. 这是 a_i 的先验概率. 在接收到 b_j 以后, 输入符号是 a_i 的概率就改变为 $P(a_i \mid b_j)$, 它是接收到 b_j 以后发送符

[①] 在一些信息论著作中, $H_r(B \mid A)$ 被称为散布度, $H_r(A \mid B)$ 才被称为疑义度.

号为 a_i 的条件概率. 这是 a_i 的后验概率. 概率的改变量说明了接收者从接收到 b_j 这一事件中得到了多少知识. 在理想的无干扰信道中后验概率是 1, 因为我们从接收到 b_j 中可以肯定发送的是什么. 在实际系统中, 发生差错的概率总不会是零, 因而接收者无法确定发送的是什么. 在接收到 b_j 以前 (先验概率) 和以后 (后验概率) 不确定性之差是对接收到 b_j 所获得的信息的度量. 这一信息被称为互信息而且很自然地定义为

$$I(a_i;b_j) = \log_r\left[\frac{1}{p(a_i)}\right] - \log_r\left[\frac{1}{P(a_i|b_j)}\right]$$

$$= \log_r\left[\frac{P(a_i|b_j)}{p(a_i)}\right] \tag{11}$$

如果概率 $p(a_i)$ 和 $P(a_i|b_j)$ 相等, 则没有得到信息而互信息即为零. 没有任何信息被传送过来. 只有在我们从接收到 b_j 这一事件中对于 a_i 的概率获得新的了解时, 互信息才可能是正的.

对式 (11) 对数项中的分子和分母均乘以 $p(b_j)$, 则按

$$P(a_i|b_j)p(b_j) = P(a_i,b_j) = P(b_j|a_i)p(a_i)$$

就可以得到

$$I(a_i;b_j) = \log_r\left[\frac{P(a_i|b_j)}{p(a_i)p(b_j)}\right] = I(b_j;a_i) \tag{12}$$

互信息 $I(a_i;b_j)$ 具有以下的性质:

1. 根据 a_i 和 b_j 的对称性, 由定义得

$$I(a_i;b_j) = \log_r\left[\frac{P(a_i|b_j)}{p(a_i)}\right]$$

$$I(b_j;a_i) = \log_r \left[\frac{P(b_j \mid a_i)}{p(b_j)} \right]$$

且

$$I(a_i;b_j) = I(b_j;a_i)$$

2. 我们还有

$$I(a_i;b_j) \leqslant I(a_i) \qquad (13)$$

这是根据定义

$$I(a_i) = \log_r \left[\frac{1}{p(a_i)} \right]$$

及

$$I(a_i;b_j) = \log_r P(a_i \mid b_j) = I(a_i)$$

由于概率 $P(a_i \mid b_j)$ 的最大值是 1 ,所以它的对数的最大值是零,这样就有

$$I(a_i;b_j) \leqslant I(a_i)$$

3. 若 a_i 和 b_j 独立,也就是

$$P(a_i \mid b_j) = p(a_i)$$

或者

$$P(a_i,b_j) = p(a_i)p(b_j)$$

则

$$I(a_i;b_j) = 0 \qquad (14)$$

由于不可避免的干扰,信道的特性只能在平均的基础上去理解. 所以我们在下面要对互信息取平均,这一平均是在整个字母表上按照相应的概率取的

$$I(A;b_j) = \sum_i P(a_i \mid b_j) I(a_i;b_j)$$

$$= \sum_i P(a_i \mid b_j) \log_r \left[\frac{P(a_i \mid b_j)}{p(a_i)} \right] \quad (15)$$

同样还有

$$I(a_i ; B) = \sum_j P(b_j \mid a_i) \log_r \left[\frac{P(b_j \mid a_i)}{p(b_j)} \right] \quad (16)$$

最后得到

$$
\begin{aligned}
I(A ; B) &= \sum_{i=1} p(a_i) I(a_i ; B) \\
&= \sum_i \sum_j P(a_i, b_j) \log_r \left[\frac{P(a_i, b_j)}{p(a_i) p(b_j)} \right] \\
&= I(B ; A) \quad\quad\quad\quad\quad (17)
\end{aligned}
$$

上式最后一步是根据对称性得到的. 前面的两个量, 即式(15)和式(16)被称为条件互信息. $I(A ; b_j)$ 是由于接收到 b_j 而获得的信息增益的度量, 而 $I(a_i ; B)$ 是由于知道发送 a_i 而获得的关于字母表 B 的信息增益.

第三个量 $I(A ; B)$ 对两个字母表 A, B 是对称的. 它度量的是整个系统的信息增益, 它不依赖于单个的输入或输出符号而只和它们的概率有关; 它被称为系统互信息. 系统互信息具有如下特性:

1. $I(A ; B) \geqslant 0$.

2. $I(A ; B) = 0$, 当且仅当 A, B 独立时才成立.

3. $I(A ; B) = I(B ; A)$.

这些熵之间的相互关系可以通过下面的代数运算得到

$$
\begin{aligned}
I(A ; B) &= \sum_{i=1}^{q} \sum_{j=1}^{s} P(a_i, b_j) \log \left[\frac{P(a_i, b_j)}{p(a_i) p(b_j)} \right] \\
&= \sum_{i=1}^{q} \sum_{j=1}^{s} P(a_i, b_j) \big[\log P(a_i, b_j) - \\
&\quad \log p(a_i) - \log p(b_j) \big]
\end{aligned}
$$

$$= - \sum_i \sum_j P(a_i, b_j) \log \left[\frac{1}{P(a_i, b_j)} \right] +$$

$$\sum_i p(a_i) \log \left[\frac{1}{p(a_i)} \right] +$$

$$\sum_j p(b_j) \log \left[\frac{1}{p(b_j)} \right]$$

$$= H(A) + H(B) - H(A, B) \geqslant 0$$

利用式(9)和式(10),即

$$H(A, B) = H(A) + H(B|A)$$
$$= H(B) + H(A|B)$$

我们就得到

$$I(A;B) = H(A) - H(A|B) \geqslant 0$$
$$= H(B) - H(B|A) \geqslant 0 \qquad (18)$$

所以

$$0 \leqslant H(A|B) \leqslant H(A)$$
$$0 \leqslant H(B|A) \leqslant H(B) \qquad (19)$$

且

$$H(A, B) \leqslant H(A) + H(B) \qquad (20)$$

式(20)说明,当两个字母表独立时,联合熵达到最大值.

这些量之间的相互关系,我们将其中一部分归纳如下:平均互信息是

$$I(A;B) = \begin{cases} H(A) + H(B) - H(A, B) \\ H(A) - H(A|B) \\ H(B) - H(B|A) \end{cases}$$

疑义度是

$$H(A|B) = H(A) - I(A;B)$$

724

$$H(B|A) = H(B) - I(A;B)$$

联合熵是

$$H(A;B) = \begin{cases} H(A) + H(B) - I(A;B) \\ H(A) + H(B|A) \\ H(B) + H(A|B) \end{cases}$$

对于一个 Markov 过程如果在不同的状态时使用不同的编码将是有利的. 我们现在要问:"对一个信源进行编码的最有效的方法是什么?"这一方法可能是不实际的,这我们先不管. 我们只问哪种方法是最好的? 现在假定我们已经接收到某一个 b_j,试问这时 a_i 最好的编码方法是什么? 对此的回答显然是变长 Huffman 码. 它与 $P(a_i|b_j)$ 有关,且随 b_j 的改变而改变. 如果使用操作方便而效率略低的 Shannon-Fano 编码,则对接收到 b_j 的第 j 个码可按一般的条件(对固定的 b_j 及所有的 i)确定每一个 a_i 的码字长 $l_{i,j}$,有

$$\log_r\left[\frac{1}{P(a_i|b_j)}\right] \leqslant l_{i,j} < \log_r\left[\frac{1}{P(a_i|b_j)}\right] + 1 \quad (21)$$

或

$$P(a_i|b_j) \geqslant \frac{1}{r^{l_{i,j}}} > \frac{1}{r}P(a_i|b_j)$$

因为

$$\sum_{i=1}^{q} P(a_i \mid b_j) = 1$$

所以第 j 个码由上可知满足 Kraft 不等式. 这样,对每一个 j 存在一个即时码. 我们把这些长 $l_{i,j}$ 的码表示如表 1:

表 1

输入符号	码 1	码 2	……	码 s
a_1	$l_{1,1}$	$l_{1,2}$		$l_{1,s}$
a_2	$l_{2,1}$	$l_{2,2}$		$l_{2,s}$
$\vdots$	$\vdots$	$\vdots$		$\vdots$
a_q	$l_{q,1}$	$l_{q,2}$		$l_{q,s}$

用 $P(a_i|b_j)$ 乘方程(21)并对所有 i 取和,我们得到(第 j 个码时的 Shannon 第一定理)

$$H(A\mid b_j) \leqslant \sum_{i=1}^{q} P(a_i\mid b_j) l_{i,j} = L_i < H(A\mid b_j) + 1$$

式中 L_j 是第 j 个码的平均码长. 这一个码只是在收到符号为 b_j 时才使用的.

由于收到 b_j 的概率是 $P(b_j)$,所以按平均我们有

$$H(A\mid B) = \sum_{j=1} p(b_j) H(A\mid b_j)$$
$$\leqslant \sum_{i=1} \sum_{j=1} p(b_j) P(a_i\mid b_j) l_{i,j} = L$$

式中 L 是平均码字长,L 还满足

$$H(A\mid B) \leqslant L < H(A\mid B) + 1$$

把这一结果推广到扩展码时数学符号会变得相当烦琐. 然而明显的是,熵将为原来的 n 倍. 所以像前面那样,对 n 次扩展将有

$$H(A\mid B) \leqslant \frac{L(n)}{n} < H(A\mid B) + \frac{1}{n}$$

不断增加 n,我们就可使平均码长任意接近条件熵 $H(A\mid B)$. 这样 Shannon 的无干扰编码定理就被推广到使用即时码(唯一可译)族的情况.

信息论在其他领域的应用

§1 模 式 识 别

第 二 十 六 章

模式识别在其初期（20 世纪 50 年代），虽然做过一些目的更广阔的工作，但主要的研究还是关于数字符号或文字数字（数字从 0 到 9，字母 A 到 Z）符号的识别。随后，研究重点开始转移到其他方面，其中有许多都是比光学字符识别难以处理的。顺便提一下：在光识字方面，在 1972 年至少已有七个厂家出售的设备，可以把机器或人工写的材料直接变为适于直接输入到计算机的编码电信号。

在模式识别的许多其他应用领域，目标也是把目前是在用或可以用人工操作的程序自动化。但是，在某些场合，目标则在于做那些处理的数据量极大、人工无法完成的工作。例子之一就是对大地农作物的航测照片进行分类。这类信息，是地理学家或主管自然资源与粮食生产的政府部门所需要的.

人的语声的机械识别是模式识别的另一个活跃的领域. 这方面的水平是能够识别由专人讲出来的十个数字的语声, 工作系统是特为这个讲话人装配的. 但要推广到任何人讲的所有词汇的识别, 尚有困难. 在这方面, 实际的目标是实现语声打字机, 来减少日常的秘书工作.

在核物理方面, 自动识别由撞击试验所产生的粒子在泡室和云室中产生的轨迹已获相当成功. 过去, 要拍摄大量的照片, 并付出大量的劳动来研究这些照片来发现这种很难得产生的质子的出现.

医学诊断方面也有许多识模问题. 在放射学中, 要把 X 射线照片的图像按骨骼结构或胃溃疡进行分类. 因为人体细胞内 46 种染色体中的任一种发生畸形, 都表示异常临床条件的严重变异, 因此, 自动识别这些图形是医疗方面十分重大的问题. Hilditch 曾经指出: 熟练的技术人员每天只能检验 50 个细胞组织, 这样, 若用传统的方法, 要普查人民群众甚至就连检查新生婴儿也几乎是不可能的. 和将接收信号分类的通信问题更相似的医疗应用, 是识别脑电图 (EEC)、心电图和胎儿心跳监视器图形的异象. 在心电图场合, 最重要的并不是实际波形, 而是从一次心跳到另一次心跳中出现的波形变异.

识模技术还在诸如指纹识别和天气预报这样一些广泛领域获得了应用. 后者的直接目标可能是根据现在和过去的条件 (如温度、湿度、风力等) 预报明天的

天气是有雨还是无雨. 这时, 模式分类就是对这些条件的分类, 并对这两种可能性作出适当预报.

在雷达和声呐方面, 识模技术的应用范围更为广阔, 这里主要是根据返回的波形自动识别目标(如飞机类型或鱼群类型等). 显然, 系统的分辨力应当足够高(即脉冲持续期足够短), 以免由目标主要反射部分返回来的回波互相重叠. 由于声波在水中传播速度很慢, 因此声呐是容易做到这点的, 但对雷达来说, 显然需要脉冲压缩系统.

大多数识模问题和识别器都可以在多维空间来考察. 先测量每个模式的 n 个参量或特征, 然后把每个模式画作 n 维空间的一个点. 于是, 这种问题包括两个主要部分:

1. 选择和测量每个模式的 n 个参量, 这通常称为特征提取.

2. 根据未知模式在 n 维空间的位置, 指配它归于可能的模式类别中哪一类. 这是分类问题.

这种方法, 每个模式的特征数是固定的, 先测量这些特征并据此来进行分类, 有时把它叫作 Baysian 识模. 这种叫法的根据是: 如果各类的先验概率已知, 得失函数也可以求出来, 那么, 就可以利用 Baysian 判决方法来进行分类. 实际上, 即使分类方法完全与此不同, 并肯定不是 Baysian 型的, 这个名称也仍然沿用. 另一种不同的识模法是语言学方法. 这里, 每个模式的特征不是事先确定了的, 而是需要找出每个模式的不同特征. 例如, 字母 A 可以描述为有两个线端, 两个 T

接头和一个二线接头,而字母 *B* 则由一条直线和两个近似的半圆所构成. 使用"语言学"这一术语, 可能是因为在语言的语法结构与模式的各种特征的连接之间有相似性.

一、特征提取

虽然识模的分类问题受到了更多的重视, 文章资料很多, 但通常认为特征提取是更为基本的问题. 如果能找到足够有用的测量来使各类模可以分辨, 那么, 至少从理论上, 总能找到满意的分类方法. 但至今也还没有发现能够选出一组好的测量的一般性方法, 在实际场合, 特征提取仍是一个猜测过程. 曾经试过的一种方法是先测量一组典型模式的每个可能参量, 然后评价它们对于最后分类的贡献, 并把那些较差的测量剔除掉.

在字母识别中, 特征提取过程常常是用某种光敏元件(其输出是它所受光强度的函数)对字母扫描. 这种扫描一般采用光栅场(即像一个电视帧)来观察, 但也曾有人介绍过几个不同的系统. 它们包含一个张大的圆形扫描设备, 一个跟踪字形边界的系统, 以及几种能够检出交叉与接头和跟踪字形轮廓的方法. 在用扫描系统的输出来对一个字母分类之前, 还常常需要进行一些预处理(即分类前的处理), 其中包括确定重要特征(如线的端点、接头、曲线等)的位置, 这往往是用有适当程序的数字计算机来进行的.

如果对于确定分类起主要作用的那些模式的重要特征是设计者事先知道的, 当然就直接把它们作为主要参量. 心电图的自动识别就是这种例子. 对于某组检

测电极的特定位置,典型的心电图形示于图1.除了某些峰值的相对高度之外,一个重要的临床测量是 R 和和 T 峰值之间的时间间隔(或者,常常是心跳间隔的某种变化).显然,应该认为这种间隔(或间隔的变化)是在设计识别严重医疗状态的系统时必须考虑的参量.

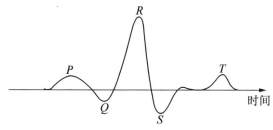

图1　典型的心电波形

二、分类

　　分类方法基本上有两种:预置和学习系统.这里主要讨论后一种.基本的问题和判决理论那章所讨论的相似,必须把一个多维空间(模式空间)分为 m 个区域,一个区域和一个可能的类相对应.在预置系统场合,这些区域之间的边界在系统实现之前就定好了;但学习系统提供模式,它自动地定出这些边界.前者的例子是字母识别系统,这里有各种字母的标准形式可资利用,因此可以通过把未知的模式指定到与这些标准模式点最接近的类来分割空间.

　　学习系统又常分为两种.一种叫作管理性学习方法,它是用已知的各类模式的训练机进行初始训练来组织边界的.这种训练形式,称为有导师的学习.另一类是判决导引的学习,或无导师的学习,或无管理的学习.这种系统没有训练机的正确类别的知识,它的判决是根据以前的判决来进行的.作为一个例子,我们假定,这个系统知道有 A,B 和 D 三个类,且由训练机(它包含每类若干模式)提供.图 2 中,数 1,2,3,4 等是提供模式的顺序.新的模式被分配给每类前面模式的平均类.因为开头不知道模式点,因此,起初要假定每类的初始平均为零.把头一个模式任意叫作 A,于是 A 类的平均值就变为 a_1.第 2 个模式 2 离 a_1 远而离原点近,这样就把它划为 B 类.模式 3 实际是 D 类,但因它离原点远而更接近于 a_1,因此划为 A 类,这样,A 类的平均就变为 a_2.类似地,4 被错划,A 类平均变为 a_3.但模式 5 离 a_3 或 b_1 远而更接近原点,因而被正确划为 D,于是形成 d_1.模式 6 是 A,结果 A 类的平均变为 a_4(在正确方向).7 被正确识别为 D,其平均 d_2 更接近于真正的 D 区域.可以看到,一般,如果各类区域有适当的差别,那么,这个算法将导致学习真正的平均模式.由于这种程序起始的错误率高,很多早出现的模式被划错.不过让这个系统第二次再作一次,这些分错了类的模式一般都能纠正过来.

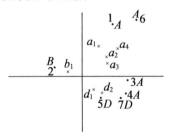

图 2　无管理学习例子

　　一般,即使在各个类不重叠的情况下,这种无管理的学习方法也并不总是成功的. 而在各类有交叉的时候,如图 3 所示,更将归于失败.

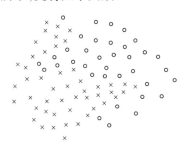

图3　有交叉的类

　　学习模式分类方法主要可分为参量的和非参量形式. 在参量形式方案中,利用每类模式的某个或某些参量来建立判决界. 一种典型的参量可以是某类模式概率密度分布的均值(称为"平均"模式),或者这个分布的某些其他参量. 在预置分类法中,这样的参量预先知道,但在学习系统中,它们是从某个训练机(有管理的学习)或者是从分类设备连续的判决(无管理的学习)中逐步推断出来的. 选定的参量和各个类的模式分布必须能够达到有意义的分类,才算有用. 图 4 表示出了类的一种分布. 基于到类均值的距离的识别,在这类分布中将是无用的.

　　在非参量学习系统中,不是去推断各类模式结构或形状的任何特性,而是把注意力集中在判决界上. 在管理系统中,这往往只是在对某个模式做了错误的判决时改变一下训练机,然后修改一下判决界(常常是很小的改变),使得判决界移动量足够大时,错误能被纠正过来. 图 5 说明了这种程序. 模式 P 被判决界 S_1 分错了类, 于是就用 S_2 来代替 S_1.

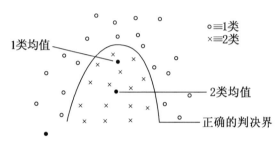

图 4 均值很近的两个不同类

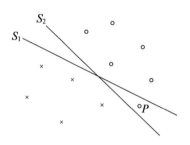

图 5 判决界的调整

最小距离或最近邻域分类法属于非参量类型. 利用这种算法, 某个模式就在训练机中被指定给最近的模式一类. 至于那些在 K 个最近邻域中作表决的系统以及根据第二近或第三近而不是最近的邻域来分类的系统, 都是这个基本算法的变形.

因为无管理的系统永远不知道它的分类发生了错误, 因此, 不能采用根据分类错误来改变判决界的这种学习算法. 如果能够依据典型模式来作出合理的第一次猜测, 那么, 可以证明最近邻域方案是成功的. 在图 6 的例中, 围线是真类的轮廓, P_0 和 P_X 是依据原型的

初始猜测. 头两个模式被正确地分类为 O 和 x, 但第三个应是 x 而不是 O. 模式 4 和 5 都正确地分为 x, 6 也正确地分为 O, 但 7 被分错了. 模式 8 是正确的, 因为它是离 6 近而不是离 3 或 P_x 近, 而且可以看到, 真类区域逐渐由大量的正确模式所填满. 有错误的 x – 区域部分越来越小, 最后, 达到极限状态时, x 上的错误点将被正确点紧紧包围, 这些正确的点将控制新模式的分类.

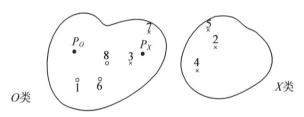

图 6　最近邻域的无管理学习方案

三、鉴别函数

在 n 维模式空间中规定判决界面的一种方便办法, 含有鉴别函数的概念. 如果对应于 m 类模式要把空间分成 m 个区域, 就可以定义 m 个鉴别函数 $D_i(x_1, x_2, \cdots, x_n), i = 1, \cdots, m.$ 如果一个模式点是在某一类的区域 i 内, 那么, 对于这点, 第 i 个鉴别函数的值应大于任何其他鉴别函数的值. 显然, 各对鉴别函数间的等值点就规定了判决界. 比如, 考虑一条通过模式空间的路径, 在第 i 模式区域内 D_i 为最大, 而在第 j 区域内 D_j 有极大值. 在跨越这些区域的边界时, D_i 必定等于 D_j, 因此, 判决界的方程为

$$D_i - D_j = 0$$

图 7 表示出了某个一维模式空间的鉴别函数和判决界.

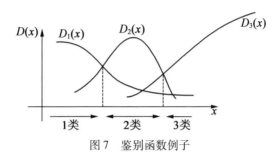

图 7　鉴别函数例子

四、线性鉴别函数

一种很重要的鉴别函数集是各个模式参量的线性函数. 这些线性鉴别函数的形式是

$$D_i = w_{i1}x_1 + w_{i2}x_2 + \cdots + w_{in}x_n + w_{i(n+1)}$$

它们对应于线性判决界. 它们之所以重要, 原因之一是这种线性识模机容易实现, 如图 8 所示, 各个值 w_{11}, $w_{12}, \cdots, w_{m(n+1)}$ 都称之为权, 因为每次运算都要对输入模式的适当分量进行加权. 每组权的总和输出就是相应鉴别函数的值, 比较器从其中检出最大者. 值得指出的是, 模式各分量与 $n+1$ 个权中的头 n 个之积的总和 $\sum\limits_{i=1}^{n} x_i w_i$ 同相关器或匹配滤波器的运算相同.

任何 m – 类识别问题都可分解为 $m-1$ 个 2 – 类问题. 办法是, 先把模式空间分为 1 类和其他的类, 然后把剩下的类分为 2 类和其他类, 如此等等. 我们将集中考虑把模式分割为两组的情形.

分离两类的判决界由

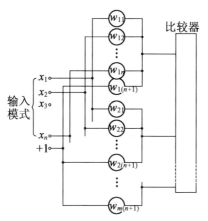

图 8 线性模式分类器

$$D_1 - D_2 = 0$$

给定,即对于任何特定的输入模式,我们必须判定 D_1 大还是 D_2 大. 若考虑某个函数

$$D = D_1 - D_2$$

则对于 1 类模式,它必为正,而对 2 类模式,D 则为负. 于是只要求处理一个具有与 D 相应的一组权的输入模式,并根据输出的符号来进行分类. 图 9 说明了一个执行这种运算的阈逻辑单元. 阈值器件根据它的输入符号产生 ±1 的输出.

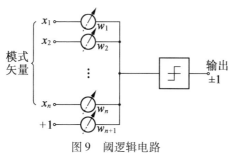

图 9 阈逻辑电路

Widrow 已经讨论了这种阈逻辑单元在实际系统中的应用情况. 它们通常用在有管理的学习系统,权的调整方向应当使无论什么时候发生了分类错误,加权网络的总和输出幅度都减小.

五、最近邻域分类

如果每个模式类用一个典型点(例如:训练机内那类模式的平均)来表示,那么容易证明,最近邻域或最小距离分类器是线性的. 令 $(x_1, x_2, \cdots, x_n)$ 是一个输入模式, $(C_{j1}, C_{j2}, \cdots, C_{jn})$ 是一个典型的基准类模式. 那么,其间距离的平方是

$$(x_1 - C_{j1})^2 + (x_2 - C_{j2})^2 + \cdots + (x_n - C_{jn})^2$$
$$= x_1^2 - 2x_1 C_{j1} + C_{j1}^2 + \cdots = \sum x^2 + \sum C_j^2 - \sum 2xC_j$$

而 $\sum x^2$ 对于特定的输入模式是一个常数,所以,相应的鉴别函数是

$$D_j = 2C_{j1}x_1 + 2C_{j2}x_2 + \cdots + 2C_{jn}x_n - \sum C_j^2$$

这是线性函数.

如果不是只用一个元来代表,而是每个模式类保留有训练机的许多元,且未知的模式根据最近的训练模式类来指定,那么,可以证明,这将是一种分段线性的分类器. 这种判决界示于图 10.

本质上,最近邻域分类是一种非参量技术,但 Cover 和 Hart 已经证明,若有大量训练模式可用,那么,它的错误概率决不会比最佳 Baysian 分类器的错误概率大 2 倍. 由于最近邻域方法可以方便地(常常是这样)在计算机上编制程序,已经证明这是一个重

要的上界.

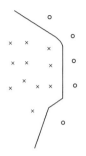

图 10　分段线性判决界

识模是一个日益扩展的领域,我们只勾画了其中的一部分,有需要进一步研究的读者,可以参阅 Nilsson 和 Fu 的专书以及 Nagy 的内容广泛的总结.

§2　信息论与心理学

心理学按其直接的意义是研究精神和心理现象和行为的,它常常需要去度量人们学习、存贮和处理信息的主观能力. 正因为如此,许多心理学家欢迎通信领域信息论的发展,并曾作过许多把信息论用于心理学的尝试. 根据现在人类的主观条件,通过用闪光一类办法显示不同的图形、字母或字等方法来测量识别或学习的响应速度,已经对各种信息能力作了估计. 但是由于结果的分散以及各种因素(如实验者的练习量)对结果的影响方式的差异,显然,至少目前关于人的信息能力的任何一般推断都是毫无意义的.

实际上,许多信息论的具体数学工作似乎对心理学都没有帮助. 剩余、熵、信息的二元度量等一般概念倒还是有用的.

作为用信息论来解释实验心理学某些结果的一个例子,我们来考虑人的即时记忆能力,并介绍 Crossman 的工作. 即时记忆是短期存贮,它只保持信息几秒钟,使我们能复制那些时间太短以至不足以完全记忆的事件,例如,如果在短时间内显示或读出某个电话号码,那么在几秒钟之内我们通常都能十分准确地引用它.

如果这种即时记忆在信息论意义上具有恒定的容量,我们就应当期望能被存贮的符号数目会依赖于每个符号的信息量,因而依赖于它们被取出来的那个集的大小. 例如,20 比特的容量应能存贮大约 6 个十进数字或字母表中大约 4 个字母,因为 10 个符号和 26 个符号信源的信息量分别为 3.32 和 4.7 比特(假定一个源产生的所有符号是等概率的). 但在 Crossman 以前的某些实验结果却证明:即时记忆可用一定的符号数量来确定,其本质上与这些符号的信息量无关(即一个实验者能够记住七八个符号,不管它们是十进数字、字母表的字母还是任何别的集的元). 然而,并非全然一致,其他一些研究者得到的结果表明,即时记忆容量,部分是符号数的函数,部分是信息量的函数.

Crossman 为此借助上述证据并用信息论观点重新检验了这个情况. 通过考察关于复制符号的正确顺序方面的重要性(比如当实验者不是复制 *AZCGTF* 而是复制 *ACZGTF*,就认为有两个错)可以推测所复制数字

中含有的某些信息包含在实际的符号中,某些则包含在顺序中. 他能证明,即时记忆的信息容量本质上与所存贮信息的形式无关.

上面是 Crossman 的论据和结论的简述,我们试图用以证明信息论已对心理学产生某些影响. 如果没有信息论的知识,那么,关于即时记忆有一定符号数量的容量这一假设,就可能不会这样严格地重行检验,符号复制顺序的重要性也可能已被忽视.

另一方面,Green 和 Courtis 认为,心理学家试图用信息论来研究形象知觉问题是错误的. 他们断言,以动画为例,观察者是根据自己过去的经验来对部分画意作反应的,而信息论则要求有已知的和恒定的客观概率的符号的字母表,因此,信息论不能提供适当的方法来讨论这种问题.

§3 生 物 学

最近几年,分子生物学领域进行了一些鼓舞人心的研究工作,并在理解遗传信息怎样从一代传给下一代方面取得了重大进展. 虽然不能说信息论对某些发现起了关键作用,但至少是在这一领域的某些工作上已经应用信息论来解决问题(成功的程度尚有争论),而且,某些结果虽是用其他方法得到的,但能用信息论的概念作出圆满的解释或说明. 因此,信息论在这方面是有重要作用的.

现在已经广泛承认,遗传信息存贮在脱氧核糖核酸(DNA)的结构中. DNA 的分子有两个螺旋形结构,每个螺旋形结构由一系列核苷酸构成,每个核苷酸又包含一个磷酸分子、一个脱氧核糖分子以及四种碱基(即所谓 A,G,C,T.)中的一种碱基分子. 双螺旋结构的作用看来是帮助分子的复制,首先,双螺旋结构分离为两个单螺旋,然后分别以这两个单螺旋为模式来形成新的模式. 由于每个单螺旋结构包含了相同的遗传信息,我们只需考察其中的一个.

DNA 分子中的信息存贮在上述四种碱基的模式(图形)中,这四种碱基就记为 A,G,T,C,它们分别是英文腺嘌呤、鸟嘌呤、胸腺嘧啶和胞嘧啶的头一个字母. 某个脱氧核糖核酸螺旋结构中的碱基序列可能是这种形式

$$\cdots TGTAACTGGAGT\cdots$$

要研究的主要问题之一,是这个信息怎样控制大分子蛋白质的构成,来形成膜,活性组织以及荷尔蒙(激素)等. 这些蛋白质分子也是螺旋形结构,并包含 20 种氨基酸的序列. 于是可以看到,按照 DNA 信息来合成正确的蛋白质结构,本质上是一个包含从 4 电平码到 20 电平码的转译过程的编码问题. 三个 4 电平的数字可以代表 64(即 $4^3 = 64$)个不同事物("消息"),因此,DNA 分子中的三碱基序列能够绰绰有余地描述蛋白质分子中的每个氨基酸. 由于 DNA 中碱基的地位与蛋白质中氨基酸的地位类似,人们起初就认为它们之间有图 11(a)所示的对应关系,即每个氨基酸由三个

碱基决定,而每个碱基参与三个氨基酸结构. 显然,以这种方式合成的蛋白质链中,存在相邻氨基酸之间的符号间影响,但实验结果表明,这样的影响实际并不存在,于是抛弃了这种编码理论而支持图11(b)所示的编码方式. 在这种方式中,每个氨基酸在三个碱基控制下合成,但这三个碱基中任何一个都不参与其他氨基酸的结构. 按照这种模型的DNA碱基序列与霍夫曼或范诺码的二元序列类似. 人们假设,每种情况下的码字不需要同步信号来表示这个码字的结束和下个码字的开始. 例如,如果碱基序列的形式是

…TGCAATTATTACC…

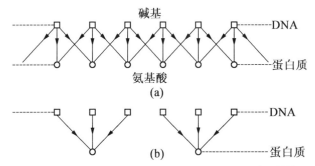

图11　DNA 碱基与蛋白质的氨基酸之间的可能的编码结构

则只有一种分法可以把它分为有意义的三元组合（若组合 TGC,CAA,AAT 等与氨基酸不等效）

…T,GCA,ATT,ATT,ACC…

这种不要同步信号的好处,是因为只用了64 种可能碱基组合中的20 种,得到了剩余度.

不过,这种理论现在还没有被广泛接受,而且已为一种新的理论所代替,后者假定碱基序列是从某个固定的出发点开始三个一组地读出. 这表明, 一个错误的出发点将把所有其余的译码断开. 实验结果也说明这种码是退化的, 即某些氨基酸将由一个以上的三碱基组所合成.

对氨基酸与三碱基组的实际对应关系, 目前还在作深入广泛的研究, 不同的人得到的结果也总是不一致的.

很有意义的是, 可能在有噪声的通信系统与细胞复制的变异影响之间建立类比关系. 可以想象, 在细胞复制过程中自发发生的变异或者由于 x 射线辐射一类外因引起的变异, 都包含着某种 DNA 碱基被其他碱基代换的过程. 辐射的存在就像通信信道的噪声一样, 效果是改变 DNA 的结构(干扰信号). 电平低时, 不会造成永久性的破坏(接收的信号与发送的消息准确相符), 但若电平较高, 就可能导致组织畸变(信号难以辨认).

我们希望, 由前面的简单介绍, 读者已经能够看到信息论概念对分子生物学是有所助益的, 但正如本节开头所提醒那样, 它们对这一领域工作的进展是否有肯定性的作用, 还是有争论的.

§4　神经生理学

信息论对神经生理学的影响方面有很多结论, 都与心理学和生物学的情况相同. 可以建立某些有意义

的类比,但至少在今天,还很难给出更细致的联系. 初看起来,包括作为处理和存贮中心、并由许多通信线路(神经纤维)与身体其他各部分相连的大脑在内的神经系统,似乎非常适于通信理论的处理方法,但进一步的研究表明并非如此. 主要的原因是关于神经系统的功能还了解得不多,为了理解它的具体机制尚需进行更多的研究. 当我们掌握了更多的大脑处理机制的时候,就有可能应用信息论,并十分可靠地估计它的存贮和传输能力.

值得注意:看来,沿神经纤维的信息传输也是二元形式. 某个神经末梢受到刺激时,沿着神经纤维传送的脉冲具有固定的幅度,而它们的出现频率却依赖于刺激的幅度. 但是,关于大脑怎样处理它连续收到的这样大量的脉冲序列,到目前为止几乎还是一无所知. 理论上,脉冲频率调制是一个很引人的通信方法,但因它不易实现时分复用而在电信网中很少应用. 这也不难理解,因为在脉冲频率调制场合,脉冲位置不限于任何特定的时隙. 它的优点是脉冲形状或精确位置无关紧要(PCM 也有这种特点),偶尔丢失某个脉冲并无大碍,因为它只在最后脉冲计数时少计一位(这比 PCM 好,因为如果 PCM 码字中的最大权重的一位脉冲丢失,就会把这字变为一个代表完全不同幅度的码字). 显然,当人们对神经系统的功能更深入了解时,通信工程师们将可以向神经系统学习更多的东西.

黑洞和弦理论中的信息悖论

第二十七章

古人认为,空间和时间是预先存在的实体,运动是在此实体上发生的. 当然,这也是我们朴素的直觉. 根据 Einstein 的广义相对论,我们知道这是不对的. 空间和时间是动力学对象,在其中运动的物体会改变空间和时间的形态. 通常的重力正是由于时空的这种形变产生的. 时空是一个物理的实体,它影响着粒子的运动,反过来又同样被粒子的运动所影响. 例如,地球以这样的方式改变着时空:不同海拔地方的时钟以不同的速率运行. 对于地球而言,这是一种非常小(但可以测到)的影响,而对于非常大质量和非常致密的物体而言,它们对时空的弯曲可以有大的影响. 例如,在一个中子星的表面,时钟走得较慢,只是在远离它的地方的时钟速度的70%. 事实上,我们可以有一个如此大质量的物体,使得时间达到一种完全的停顿,这就是黑洞. 广义相对论预言,一个极大质量和充分致密的物体将坍缩成为黑洞.

746

黑洞就是广义相对论的这样一种惊人的预言. 因为是预言, 它经历了许多年才被真正地认可. Einstein 本人认为它不是一个真实的预言, 而是数学上的一种过分简单化. 我们现在知道, 它们是广义相对论的明确的预言. 而且, 在宇宙中有些物体可能就是黑洞.

黑洞是时空中的大洞. 它们有表面, 称为"视界". 它是一个曲面, 标示一个穿越此曲面的人将不能再返回. 然而, 当他穿越视界时, 他并不会觉得有什么特别的地方. 只是当他被挤到一个"奇点"附近——具有非常大引力场的一个区域——时, 他才会感觉到非常不舒服. 视界是使得黑洞"黑"的原因; 没有东西, 即使是光, 能从视界内逃逸. 幸好, 如果你待在视界之外, 对你来说并未发生任何事情. 奇点隐藏在视界之内.

当我们考虑量子力学的影响时, 就会发生一些惊人的事情. 由于在视界附近的量子(力学)涨落, 黑洞会辐射, 这称为 Hawking 辐射. 这是 Hawking 在 20 世纪 70 年代所做的著名的理论预言. 这意味着黑洞不是完全地是黑的. 像余烬一样, 黑洞可以发红光, 或者, 如果它足够热的话, 你甚至可以有一个发白光的黑洞这样看似矛盾的可能性. 黑洞越小, 它就越热. 一个发白光的黑洞应该有一个细菌的大小和地球上某个大陆的质量那么重. 这样的黑洞, 虽然在理论上是可能的, 但我们不知道他会不会在宇宙中的某些地方自然地产生. 自然产生的黑洞质量大于太阳, 其大小也就仅仅大于几英里. 这样的黑洞也会发出 Hawking 辐射, 但被其他落入黑洞的物质所淹没. 因为这个原因, Hawking 辐射尚未被直接地测量到. 然而, 导致它的论点是坚实的, 研究过它的科学家认为它是一个很清晰的预言. 这种辐射的存在性有一些重要的推论. 第一个推论是, 黑洞有温度. 我们知道, 物质基本组元的运动产生温度. 例如, 空气较热或较冷取决于空气分子是否运动得较快或较慢. 在黑洞的情形, 是什么在运动? 黑洞仅涉及重力, 因而什么在运动就是时空本身, 自 19 世纪以来, 人们就认识到, 当我们研究热系统时, 我们可以计算一个量, 即所谓的 "熵", 它告诉我们该系统具有的微观状态的数量. 从关于黑洞温度的 Hawking 公式, 我们也可以计算出个熵, 原来它与视界的面积, 或黑洞质量的平方成正比, 这也有些奇怪. 几乎每一个物质熵的增长与我们所有的物质成比例. 在这里, 它的增长却似平方. 这实际上是一种 "越多越快乐" 的情形.

　　Hawking 辐射的第二个推论是黑洞损失质量, 因为它们向外辐射能量. 因此, 单独留在一个没有他物的空的宇宙中的黑洞, 最终将完全消失. 我们称这个过程为 "黑洞蒸发", 因为黑洞似乎如水滴样地蒸发了.

　　黑洞的 Hawking 辐射已经引起了非常深刻和有趣的理论难题. Einstein 告诉我们, 时空是一个物理实体. 我们还知道, 所有其他的物理实体, 如由物质或辐射组成的实体, 服从量子力学的定律. 这样, 时空应该没有什么不同, 也应该服从量子力学定律. 任何一个时空的量子力学理论应该都能够精确地描述黑洞如何形成和蒸发, 也应该对黑洞的熵给出一个明确的解释.

　　这里, 人们发现一个有趣的悖论. 从经典来讲, 组

成黑洞的所有信息都向内掉落. 另一方面, Hawking 辐射意味着黑洞放出热辐射, 这个热辐射显然不带有掉向黑洞内的实体的信息, 因为这个辐射是在视界的附近产生的. 因此, 可以有多种不同的方式形成黑洞, 但黑洞总是以相同的方式蒸发. 这与标准的量子力学相矛盾. 在量子力学(也如在经典力学)中, 关于系统的信息是不会丢失的. 不同的初始条件导致不同的结果. 有时候可以有这样的情形, 即结果非常相似. 例如, 如果一个人把这篇文章放进粉碎机中, 似乎失去了写在上面的东西. 然而, 原则上他可以把它拼回去. Hawking 认为, 黑洞意味着在重力存在的情况下, 这种量子力学的基本原则不成立. 即, 来自黑洞的辐射完全是热辐射, 并且没有有关掉入黑洞东西的信息. 这样, 黑洞似乎是信息的"洞", 是威胁到量子力学基本定律的任性的"巨型怪兽"(图 1).

图 1　用负弯曲时空边界上的量子力学系统
　　　描述该时空中的一个黑洞. 边界是上
　　　述图形的外缘(改编自 M. C. Escher
　　　所作双曲空间图片)

　　弦理论是一种被构造来描述时空的量子力学的理论. 如此,该理论应该解释黑洞是否与量子力学一致或不一致. 事实上,因为弦理论服从通常的量子力学原理,我们就期待信息不应该在黑洞中丢失. 因为这个原因,在 20 世纪 90 年代理论物理学家积极地研究了信息丢失问题. 在弦理论的最初表述里,这个问题是困难的,因为量子时空是从平坦的时空开始,然后才考虑小量子涨落,或涟漪在该时空中的传播. 只要这些涟漪之间的相互作用是弱的,那么弦理论相对比较简单. 然而,为了形成一个黑洞,你需要一个远远地偏离平坦的强时空. 你需要把大量这样的涟漪放在一起,但到黑洞形成之时,最简单表述的弦理论就变得难于控制了.

　　在 20 世纪 90 年代中期,圣巴巴拉加州大学的 Joseph Polchinski 突破性地发现其实弦理论还包含其他对象,称为 D - 膜. 它们有这么一个奇怪的名字,其原因对我们并不重要. 你可以给它们任何别的使你在精神上觉得更愉快的名称,D - 膜是类似于粒子的物体,它们比我们在上面所讨论的时空涟漪要重些. 然而,人们可以在弦理论中给它们一个非常精确的描述. 很快就清楚了:它们非常理想地适合于用来研究黑洞.

　　单个 D - 膜的描述相当简单. 单个 D - 膜非常类似于一个粒子,由它在空间中的位置所刻画. 然而,单个 D - 膜不够重,因而不能显著地弯曲时空. 因此,我们需要把许多 D - 膜聚在一起. 当我们把它们聚在一起时,一种惊人的新对称性出现了. 在通常的量子力学中,基本粒子是全同的,我们没有办法将它们区别开

来. 对它们的完整描述要求在任何两个全同粒子——如两个电子——的交换变换下是不变的. D - 膜在一个更大的对称群下是不变的:一个完全连续的对称性,称为规范对称性.(从数学上来说:就是将置换群 S_N 变为连续对称群 $SU(N)$). 当 N 个 D - 膜聚在一起时,这些 D - 膜的位置变为 $N \times N$ 矩阵. 一个矩阵是一列列的数. 我们本来期望 N 个膜由 N 个位置——每个膜的位置——所描述. 然而,我们发现它们由 N^2 个数所描述. 这 N^2 个变量的动力学由一个规范理论所支配. 规范理论对于描述自然非常重要;我们用规范理论描述三种力(电磁力,弱作用力和强作用力). 如果我们想把这些 D - 膜分开,我们发现总有一个力不允许它们被分开,除非这些矩阵是对角型的,此时约化为 N 个全同粒子的普通描述. 当所有 D - 膜彼此接近时,安排它们的可能方式的数目随它们的数量增加得非常之快,它像 N^2 似地增加,而不是通常广延系统所期望的 N.

这已经有点抽象了,让我们作一个比喻. 譬如,D - 膜是人. 想象一下,我们有一群人,N 个(N 是一个很大的数,例如,1 000). 现在想象每个人可以是高兴的,或者悲哀的. 熵就是你完全确定每个人的情绪状态所需要的信息. 在这种情形中,你需要确定 N 比特的信息:N 个人中的每一个是高兴还是悲哀. 如果 N 是 1 000,你就需要千比特的信息. 另一方面,想象每个人可以喜欢或不喜欢每个别的人. 现在,完整地收集每个人的喜欢或不喜欢的数据,你需要 N^2 个比特的信息.

如果 N 是 1 000,那么你需要 1 兆(即 100 万)比特的信息. 黑洞的情形类似于后者,人们必须保持跟踪涉及众多成对的 D - 膜而不是单一的 D - 膜的变量. 在这个类比中,仅仅当他们不喜欢所有其他的 D - 膜,也不被所有其他的 D - 膜喜欢时,你才可以分开它们,因而构形数大大变小.

大量的 D - 膜将足够重到足以弯曲它们周围的时空并产生一个黑洞. 为了产生具有某种温度的黑洞,必须激发这 N^2 个自由度,正如 Andrew Strominger 和 CumrunVafa(IAS 的两位前成员)所计算的那样,这就给出了黑洞熵的一个精确的微观计算. 这 N^2 个自由度产生一个高度纠缠态,它不能用粒子的运动来描述. 然而,它能用 $N \times N$ 矩阵的规范理论来非常精确地描述. 这个规范理论与我们用来描述自然界中强相互作用力的规范理论没有什么特别地不同. 一些细节也许是不同的,然而,在某些非常重要的方面,它们是一样的. 首先,它服从量子力学的通常规则. 其次,它定义在一个固定的时空上,在此情形中,是定义在安置了 D - 膜的时空点上.

回到那个一群人及其喜欢与不喜欢的模式的比喻,其想法是整个时空编码在一大群人的喜欢与不喜欢的模式中. 一个时空涟漪是此模式的一个小改变. "规范理论"是描写这个模式如何变化的一个简单的动力学定律.

在高等研究院和其他一些地方积极地探索了这种描述. 在弦理论的一些特殊构形中,它得到了很好的理

解. 然而, 人们期待类似的描述对于一般的黑洞也是成立的. 理论的进展是朝着展示黑洞的行为就像通常的量子力学物体一样的目标前进的. 最近, 同样的关系对用黑洞来模拟强相互作用着的量子力学系统也在积极地探索中. 因此, 从某种意义上说, 黑洞已经成为一个信息之源, 而不用担心它们成为信息的"洞"了!

席位分配的最大熵法

第二十八章

陕西的高尚教授 1996 年用最大熵作为席位分配的准则,并对此模型进行了分析及计算主法.

开会要选代表,对不同地区或部门如何分配代表名额就是席位分配问题. 分配的合理性很值得研究,本章从最大熵角度出发,并以之作为评价合理性的准则.

1. 熵

设随机试验 A 只有有限个不相容的结果 $A_1, A_2, \cdots, A_n$,其相应的概率为

$$P(A_1) = P_1, P(A_2) = P_2, \cdots, P(A_n) = P_n$$

每次作一次试验总能使 n 个结果之一发生,具体不确定,熵就是对这个不确定性的一种度量. 定义为

$$H(P_1, P_2, \cdots, P_n) = -\sum_{i=1}^{n} P_i l_n P_i$$

最大熵原理是指其状态的概率分布,应在表征这个系统状态的约束条件下,熵最大的那种分布.

2. 席位分配

有 n 个席位分配给 m 方,设 $A_i(i = 1,2,\cdots,m)$ 人数为 S_i 个,总人数 $S = \sum_{i=1}^{m} S_i$,若 A_i 方分配人数为 n_i,最公平合理的方法是按比例分配,即 $n_i = \dfrac{S_i}{S}n$,但 n_i 可能出现小数,若按由小数中比大小来决定,有可能不合理.

3. 建模

对 A_i 来说,有 n_i 个人去充当代表,还有 $S_i - n_i$ 个人未转移出去,若记

$$P_i = \frac{n_i}{S},q_i = \frac{S_i - n_i}{S}$$

则 P_i 可看作由 A_i 转移出去的概率,而 q_i 看成自转移概率,其概率分布的熵定义为

$$H = -\sum_{i=1}^{m} (P_i\ln P_i + q_i\ln q_i)$$

$$= -\sum_{i=1}^{m} \left(\frac{n_i}{S}\ln\frac{n_i}{S} + \frac{S_i - n_i}{S}\ln\frac{S_i - n_i}{S}\right)$$

约束条件

$$\sum_{i=1}^{m} n_i = n$$

用拉格朗日乘子法求 H 的极值

$$L = H + \lambda\left(\sum_{i=1}^{m} n_i - n\right)$$

$$\frac{\partial L}{\partial n_i} = -\frac{1}{S}\ln\frac{n_i}{S} - \frac{1}{S} + \frac{1}{S}\ln\frac{S_i - n_i}{S} +$$

$$\frac{1}{S} + \frac{1}{S} + \lambda$$

$$= \frac{1}{S}\ln\frac{S_i - n_i}{n_i} + \lambda = 0$$

$$(i = 1, 2, \cdots, m)$$

加上约束条件解得

$$n_i = \frac{S_i}{S}n$$

这正是按比例分配的结果,说明用此定义熵还是比较合理的

$$\frac{\partial L}{\partial n_i} = \frac{1}{S}\ln\frac{S_i - n_i}{n_i} = \frac{1}{S} \cdot \ln\left(\frac{S_i}{n_i} - 1\right)$$

增加 $\dfrac{\partial L}{\partial n_i}$ 大的一方,对 H 增大有利,即席位分配给 $\dfrac{S_i}{n_i}$ 大的一方. 但若用此方法有点弊端,增加 $\dfrac{\partial L}{\partial n_i}$ 大的一方,对 H 增加最多,只是相对局部来说,即 Δn_i 比较小的情况,现每次增加 $\Delta n_i = 1$,显然增加 $\dfrac{\partial L}{\partial n_i}$ 大的一方,不能保证 H 增加最多.

若 A_i 方增加一席,整个系统 H 增加 ΔH_i,有

$$\Delta H_i = \frac{n_i}{S}\ln\frac{n_i}{S} + \frac{S_i - n_i}{S}\ln\frac{S_i - n_i}{S} -$$

$$\frac{n_i + 1}{S}\ln\frac{n_i + 1}{S} - \frac{S_i - n_i - 1}{S}\ln\frac{S_i - n_i - 1}{S}$$

$$= \frac{1}{S}\left[n_i\ln n_i + (S_i - n_i)\ln(S_i - n_i)\ln(S_i - n_i) - \right.$$

$$\left. (n_i + 1)\ln(n_i + 1) - (S_i - n_i - 1)\ln(S_i - n_i - 1)\right]$$

令

$$\Delta H'_i = S \cdot \Delta H_i = n_i \ln n_i + (S_i - n_i) \ln(S_i - n_i) -$$
$$(n_i + 1) \ln(n_i + 1) -$$
$$(S_i - n_i - 1) \ln(S_i - n_i - 1)$$

很显然增加 $\Delta H'_i$ 最大的一方对增加 H 有利. 以此作为分配准则.

具体步骤如下:

①按比例分配计算 $n_i = \dfrac{S_i}{S} n$, 但 n_i 取其整数部分, 即

$$n_i = \left[\frac{S_i}{S} n \right] \quad (i = 1, 2, \cdots, m)$$

计算

$$\Delta S = S - \sum_{i=1}^{m} n_i \quad (\Delta S \leqslant m - 1)$$

若 $\Delta S = 0$ 转 ④, 否则转 ②;

② 计算 $\Delta H'_i (i = 1, 2, \cdots, m)$;

③ 比较 $\Delta H'_i$ 大小, $\Delta H'_j = \max\limits_{1 \leqslant i \leqslant m} \Delta H'_i, n_j \leqslant n_j + 1$, $\Delta S \leqslant \Delta S - 1$, 若 $\Delta S = 0$ 转 ④, 否则计算 $\Delta H'_j$, 转 ③;

④ 分配完毕.

我们来看下面的例子:

某校有 200 名学生, 甲系 103 名, 乙系 63 名, 丙系 34 名, 学生代表名额为 21 计算如下:

①$n_1 = 10, n_2 = 6, n_3 = 3, \Delta S = 2$;

②$\Delta H'_1 = 2.176\,2, \Delta H'_2 = 2.163\,4, \Delta H'_3 = 2.168\,3$, $\Delta H'_1$ 最大, $n_1 = 11, \Delta S = 1, \Delta H'_1 = 2.074$;

③ 再比较 $\Delta H'_i, \Delta H'_3$ 最大, $n_3 = 4, \Delta S = 0$ 停止.

最后分配结果为 $n_1 = 11, n_2 = 6, n_3 = 4$.

若按 $\dfrac{\partial L}{\partial n_i}$ 最大作为准则计算得

$$n_1 = 10, n_2 = 7, n_3 = 4$$

而

$$H(11,6,4) = 0.979\,674$$

$$H(10,7,4) = 0.979\,610 < H(11,6,4)$$

所以取 $n_1 = 11, n_2 = 6, n_3 = 4$ 比较合理.

Comments and Exercises(I)

Exercise 1   *Let us consider the geometrical structure given in Fig. 1. Taking x_1, x_2, x_3, x_4 as entities and utilizing the superadditive set function , where $\mathfrak{F}(x_i, x_j)$ represents the number of ways joining the points x_i and x_j, apply the Watanabe partial classification procedure and show the geometrical significance of the solution.*

Comment 1   Let us consider the set $\mathfrak{X} = \{x_1, x_2, x_3\}$ where the entities are the players of a three-person game. Then the entropic measure of cohesion permits us to select interesting coalitions between the players of the game. Thus, we shall define the *cooperative coalition* $\{x_{i_0}, x_{j_0}\}$ as being characterized by the equality

$$\mathfrak{W}(\{x_1, x_2, x_3\}; (x_{i_0}, x_{j_0}\}, \{x_{k_0}\})$$
$$= \max_{\substack{i,j,k=1,2,3 \\ i \neq j \neq k}} \mathfrak{W}(\{x_1, x_2, x_3\}; (x_i, x_j\}, \{x_k\})$$

第 二 十 九 章

759

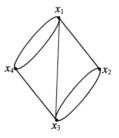

Figure 1

or, equivalently, by

$$\mathfrak{W}(\{x_{i_0},x_{j_0}\};\{x_{i_0}\},\{x_{j_0}\}) = \min_{\substack{i,j=1,2,3\\i\neq j}} \mathfrak{W}(\{x_i,x_j\};\{x_i\},\{x_j\})$$

In this way, the interdependence, or cohesion, between the coalition $\{x_{i_0},x_{j_0}\}$ and the third player $\{x_{k_0}\}, i_0 \neq j_0 \neq k_0$, is maximum. On the other hand, we can introduce the *noncooperative coalition* $\{x_{i_0'},x_{j_0'}\}$ characterized by the following equality

$$\mathfrak{W}(\{x_1,x_2,x_3\};\{x_{i_0'},x_{j_0'}\},\{x_{k_0'}\})$$
$$= \min_{\substack{i,j,k=1,2,3\\i\neq j\neq k}} \mathfrak{W}(\{x_1,x_2,x_3\};(x_i,x_j\},\{x_k\})$$

or, equivalently

$$\mathfrak{W}(\{x_{i_0'},x_{j_0'}\};\{x_{i_0'}\},\{x_{j_0'}\}) = \max_{\substack{i,j,k=1,2,3\\i\neq j}} \mathfrak{W}(\{x_i,x_j\};\{x_i\},\{x_j\})$$

For such a noncooperative coalition, the cohesion inside the coalition is maximum while the interdependence with the third player $\{x_{k_0'}\}, i_0' \neq j_0' \neq k_0'$, is minimum. Here the probabilities occurring in the corresponding entropies may be either the relative frequencies of the column types of an entity-characteristic table where the players are defined with respect to some characteristics, or

760

the random (mixed) strategies of the players with respect to the possible variants of the game.

Exercise 2　*Let us consider three players* x_1, x_2, x_3 *who are characterized with respect to* 26 *characteristics according to the following entity-characteristic Table* 1:

Table 1

x_1	1 0 0 0 1 0 1 1 1 1 0 0 1 1 1 0 1 0 1 1 0 0 0 0 1 0
x_2	1 1 0 0 1 0 0 0 0 1 1 1 1 1 1 1 1 0 1 1 1 0 0 0 0 0
x_3	0 0 1 1 0 1 1 1 1 1 1 1 0 0 1 1 0 1 0 0 0 1 1 1 1 1

Find the cooperative coalition and the noncooperative coalition between players.

Exercise 3　*Let us consider five material points* x_1, x_2, x_3, x_4, x_5. *Denoting by* m_i *the mass of the point* x_i *and by* r_{ij} *the distance between the points* x_i *and* x_j, *apply the Watanabe partial classification procedure using the superadditive set function where*

$$\mathfrak{F}(x_i,x_j) = \frac{m_i m_j}{r_{ij}^2} \quad (i \neq j); \mathfrak{F}(x_i,x_i) = 0$$

and give the interpretation.

Comment 2　Let $\mathfrak{X}$ be a set. An element of this set will be denoted by x. Now, a fuzzy set A in $\mathfrak{X}$ is characterized by a membership (characteristic) function $f_A(x)$ which associates with each point in the total set $\mathfrak{X}$ a real number, in the interval $[0,1]$, with the value of

$f_A(x)$ at x representing the "grade of membership" of x in A. When A is a set in the ordinary sense of the term, its membership function can take on only two values, 0 and 1, with $f_A(x) = 1$ or $f_A(x) = 0$ according to whether x does or does not belong to A. Thus, in this case $f_A(x)$ reduces to the well-known characteristic function of the set A.

The fuzzy sets were introduced by L. A. Zadeh (1965) and were then intensively studied (A. De Luca and S. Termini, 1972, 1974; Zadeh, 1968). It is an accepted idea now that such fuzzy sets may occur both in classification theory and in patternrecognition theory. As a matter of fact, the fuzzy set theory was introduced in order to provide a scheme for handling a variety of problems in which the main role is played by an indefiniteness arising more from a kind of intrinsic ambiguity than from a statistical variation. De Luca and Termini (1972) introduced a measure of the degree of fuzziness or the entropy of a fuzzy set. The meaning of this quantity is different from the one of classical entropy because no probabilistic concept is needed in order to define it. This function gives a global measure of the "indefiniteness" and may also be regarded as an average intrinsic information which is received when one has to make a decision in order to classify ensembles of entities described by means of fuzzy sets.

Let us consider a finite set $\mathfrak{X} = \{x_1, \cdots, x_n\}$. Any map from $\mathfrak{X}$ to the unit interval $[0,1]$ on the real line is called a fuzzy set. In the following the word "fuzzy set" will refer to maps instead of to the generalized set endowed with membership functions. Let us denote by $\mathscr{L}$ the class of all maps from $\mathfrak{X}$ to the interval $[0,1]$. To any pair f and g of $\mathscr{L}$ we associate two other elements belonging to $\mathscr{L}$, namely

$$(f \vee g)(x) = \max\{f(x), g(x)\}$$

and

$$(f \wedge g)(x) = \min\{f(x), g(x)\}$$

In order to attach to every element, or fuzzy set, a measure of the degree of its "fuzziness," denoted by $a(f)$, the following conditions will have to be taken into account:

(a) $d(f)$ must be zero if and only if f takes on the values 0 or 1 on the set $\mathfrak{X}$.

(b) $d(f)$ must assume the maximum value if and only if f assumes always the value $\dfrac{1}{2}$.

(c) $d(f)$ must be greater or equal to $d(f^*)$ where f^* is any "sharpened" version of f. i. e., any fuzzy set such that

$$f^*(x) \geqslant f(x) \quad \text{if} \quad f(x) \geqslant \frac{1}{2}$$

and

$$f^*(x) \leqslant f(x) \quad \text{if} \quad f(x) \leqslant \frac{1}{2}$$

We introduce on $\mathscr{L}$ the functional $H(f)$ *formally* similar to Shannon's entropy

$$H(f) = -\Re \sum_{i=1}^{n} f(x_i) \log_2 f(x_i)$$

where $\Re$ is a positive constant. Of course

$$H(f \vee g) + H(f \wedge g) = H(f) + H(g)$$

The power (or cardinal number) of a fuzzy set f is defined as the quantity

$$\widetilde{\mathfrak{F}} = \sum_{i=1}^{n} f(x_i)$$

If f is a usual characteristic function, $\widetilde{\mathfrak{F}}$ reduces to the ordinary power (or cardinal number) of a finite set. Further, if f and g are two fuzzy sets, their direct product is the fuzzy set over $\mathfrak{X} \times \mathfrak{X}$ given by

$$(f \times g)(x, y) = f(x) g(y)$$

If f and g take on only the values 0 and 1, the previous definition reduces to the usual one of a direct product of sets in terms of characteristic functions. Obviously

$$H(f \times g) = \mathfrak{G} \cdot H(f) + \widetilde{\mathfrak{F}} \cdot H(g)$$

where $\widetilde{\mathfrak{F}}$ and $\mathfrak{G}$ are the powers of f and g respectively.

The "entropy" of the fuzzy set f is defined by the equality

$$d(f) = H(f) + H(\bar{f})$$

where

764

$$\bar{f}(x) = 1 - f(x)$$

Of course

$$d(f) = d(\bar{f})$$

and

$$d(f) = -\Re \sum_{i=1}^{n} \left[f(x_i) \log_2 f(x_i) + (1 - f(x_i)) \log_2 (1 - f(x_i)) \right]$$

The quantity $d(f)$ satisfies the conditions (a) (b) and (c) mentioned above. With respect to the condition (c), let us remember that the function $-x \log_2 x - (1 - x) \log_2 (1 - x)$ is monotonically increasing in the interval $\left[0, \dfrac{1}{2} \right]$ and monotonically decreasing in $\left[\dfrac{1}{2}, 1 \right]$ with a maximum at $x = \dfrac{1}{2}$. Therefore, if f^* is a sharpened version of f, then $d(f^*) \leqslant d(f)$. Also, we have

$$d(f \vee g) + d(f \wedge g) = d(f) + d(g)$$

The ambiguity considered above and the related information are linked to the fuzzy description while in usual information theory it is due to the uncertainty in the prediction of the results belonging to a probabilistic experiment.

Let us consider any probabilistic experiment in which the elements $\{x_1, \cdots, x_n\}$ of the set $\mathfrak{X}$ may occur, one and only one in each trial, with the probabilities

$$p_i \geqslant 0 \quad (i = 1, \cdots, n); \quad \sum_{i=1}^{n} p_i = 1$$

Now, if a fuzzy set f is defined in the total set $\mathfrak{X}$, then two kinds of uncertainty will occur, namely:

(a) The first uncertainty of a random nature is related to the particular element of $\mathcal{X}$ which will occur. The average uncertainty of this kind is measured by Shannon's entropy

$$H(p_1,\cdots,p_n) = -\sum_{i=1}^{n} p_i \log_2 p_i$$

(b) The second uncertainty of a fuzzy nature concerns the interpretation of results as 1 or 0. If the result is x_i, we still have an amount of uncertainty, measured by the quantity

$$-f(x_i)\log_2 f(x_i) - (1 - f(x_i))\log_2(1 - f(x_i))$$

The average amount of uncertainty of a fuzzy kind will be

$$L(f; p_1,\cdots,p_n) = -\sum_{i=1}^{n} p_i[f(x_i)\log_2 f(x_i) +$$
$$(1 - f(x_i))\log_2(1 - f(x_i))]$$

representing the statistical average information received taking a decision (1 or 0) on the possible results of the probabilistic experiment. Therefore, a total entropy may be considered, having the form

$$H_{tot} = H(p_1,\cdots,p_n) + L(f;p_1,\cdots,p_n)$$

which may be interpreted as the total average uncertainty we have in making a prediction about the element of $\mathcal{X}$ which will occur as a result of the probabilistic experiment and taking at the same time a decision about the value 1 or 0 which has to be attached to the element itself.

766

Finally, if it is possible to choose some fuzzy sets only from a finite number of classes C_1, C_2, $\cdots$, C_m with probabilities

$$p(C_i) > 0 \quad (i = 1, \cdots, m); \quad \sum_{i=1}^{m} p(C_i) = 1$$

then the entropy of the chosen fuzzy set is a random variable which may assume the values $d(C_i)$ $(i = 1, \cdots, m)$, with the probabilities $p(C_i)$ $(i = 1, \cdots, m)$. In this case, the average entropy will be

$$\langle d \rangle = \sum_{i=1}^{m} p(C_i) d(C_i)$$

For other considerations on the entropy of the fuzzy sets see also R. M. Capocelli and A. De Luca (1973).

Exercise 4　*Apply the entropic algorithm of recognition if we have four characteristics which can take on the values a, $\overline{a}$ (the first characteristic), b, $\overline{b}$ (the second characteristic), c_1, c_2, c_3 (the third characteristic), d, $\overline{d}$ (the fourth characteristic), and four entities which are defined according to the equalities*

$$x_1 = \overline{a}c_1\, \overline{d}, \; x_2 = bc_2, \; x_3 = a\,\overline{b}, \; x_4 = bc_3 d$$

We suppose that the incompatibility relations are

$$ad = 0, \; \overline{a}c_2 = 0, \; bc_1 = 0, \; \overline{b}c_2 = 0$$

and the initial probabilities of the entities are, respectively

$$p(x_1) = \frac{1}{6}, \; p(x_2) = \frac{1}{4}, \; p(x_3) = \frac{1}{3}, \; p(x_4) = \frac{1}{4}$$

Comment 3　Let us consider four letters, namely, H, U, O, and the blank space. We can represent these

letters as in Fig. 2, using white and black squares. Intro-
ducing the direction of reading given in Fig. 3, we obtain
the linear representation of the squares in Fig. 4. Thus,
every letter of our alphabet corresponds to a well-defined
distribution of white and black squares. Of course, not
all 25 squares have the same importance with respect to
the identification of the letters. For instance, the posi-
tions 1 – 6, 10, 11, 15, 16, 20 – 25 are the same for all
letters in our alphabet. Supposing the letters as being e-
qually likely (a priori), we can immediately compute the
amount of information the positions supply. From the
point of view of identification, the entropic algorithm of
recognition gives us the following strategy for a rapid per-
ception (Fig. 5). We denoted by 0 the white square and
by 1 the black square. In the circle the number of posi-
tions which must be verified is enclosed.

Figure 2

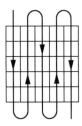

Figure 3

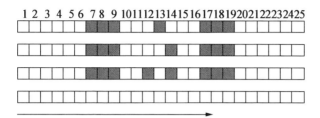

Figure 4

Of course, our example is very simple, but many similar cases may be examined in the same way in order to obtain an abbreviated perception. The initial probabilities of the letters (i. e. , of the entities) may be obviously different. Also, the letters may be colored. In such a situation, in a given position we may have more than two values but nothing will be changed with respect to the method we have to apply. Further, a more complicated situation may be examined in the same manner, namely, the recognition of letters when they are dirty. As a matter of fact, taking into account our initial alphabet given in Fig. 2, we can see that every square, in every letter, is well defined, i. e. , 0 (white) or 1 (black). Therefore, we can write the linear representations of the letters given in Fig. 4 as vectors having 25 components 0 and 1, i. e.

$$0000001110001000111000000$$
$$0000001110001001110000000$$
$$0000001100101001110000000$$
$$0000000000000000000000000$$

Further, we may obtain a similar representation for the letters if we adopt the following convention: we shall represent every letter by means of *two* sequences, the first

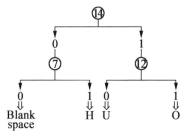

Figure 5

sequence containing the symbols (0 or 1 according to the particular color of the corresponding square) and the second one containing the probabilities of the corresponding symbols. For instance, for the letter H we obtain the following equivalent representations

$$00000011100010001111000000$$
$$1111111111111111111111111$$

or

$$0000000000000000000000000$$
$$1111110001110111000111111$$

or

$$11100101011110000010101111$$
$$0001100100001111001101000$$

Of course, this more complicated notation for letters is useless if we neglect the possibility of any perturbation of the letters. But if we take into account the recognition problem for perturbed letters, every such letter belonging to our alphabet will be defined as in Fig. 6. In this case, the letter H will contain all the patterns for which 0 appears in the position 1 with probability 1, 0 appears in the

position 2 with probability $\frac{9}{10}$ (therefore 1 may appear in the same position with probability $\frac{1}{10}$), etc. The strategy for a rapid perception of the letters may be determined further in the usual way.

Let us make two more remarks about the problem examined above. First of all, let us notice that the learning process (and generally any repetition) has just the same aim, namely, to select (consciously or not) the optimum key positions whose direct examination increases the rapidity of the particular performance taken into account. On the other hand, let us observe that the analysis made above suggests a new approach of coding theory. We have seen in Part Three that the algebraic structure of the alphabet usually introduces a uniformity of the code words with respect to the distribution of the possible symbols between the components. However, the different transmission probabilities of the words emitted by any information source cancels this uniformity, introducing a differentiation between the words. Therefore, an analysis similar to that made above will show which is the real hierarchy of components of the code words with respect to their significance for a rapid recognition (identification) of the words at the receiver. If this hierarchy is established, then it is useless to introduce the same protection against errors for all components, as in the actual algebraic coding theory.

$$0\ 0\ 000\ 0\ \ 1\ \ 1\ 100\ 0\ \ 1\ \ 0\ 0\ 0\ \ 1\ 11\ 0\ 00000$$
$$1\frac{9}{10}111\frac{8}{10}\frac{7}{10}\frac{6}{7}111\frac{9}{11}\frac{9}{12}\frac{8}{11}1\frac{9}{10}\frac{8}{9}11\frac{7}{8}11111$$

$$0000\ 0\ \ 0\ \ 1\ 1\ 1\ \ 0\ 000\ 1\ 00\ 1\ \ 1\ 1\ 0\ 00000$$
$$1111\frac{7}{8}\frac{9}{10}\frac{9}{11}1\frac{8}{9}\frac{9}{11}111\frac{8}{9}11\frac{7}{8}\frac{9}{10}1\frac{7}{8}11111$$

$$00000\ 0\ \ 1\ \ 1\ 1\ 0\ 0\ 1\ \ 0\ \ 1\ 00\ 1\ 1\ 1\ 000\ 0\ 00$$
$$11111\frac{7}{8}\frac{9}{11}\frac{6}{7}1\frac{9}{11}1\frac{9}{10}\frac{7}{8}\frac{9}{11}11\frac{7}{8}1\frac{9}{12}111\frac{13}{14}11$$

$$0000\ 0\ \ 0\ 00000\ 0\ \ 0\ 000000\ 0\ 000\ 0\ 0$$
$$1111\frac{9}{10}\frac{7}{8}11111\frac{11}{12}\frac{13}{14}111111\frac{11}{12}111\frac{7}{8}1$$

Figure 6

Indeed, the most important components from the point of view of recognition of the transmitted words will require a more powerful protection against errors than the other less significant components.

Finally, let us notice that E. N. Sokolov (1960) has given a similar treatment for the probabilistic perception.

Comment 4   S. Watanabe (1969b) suggested utilizing the Bayesian approach in the recognition process. Thus, denoting by $x_1, x_2, \cdots, x_n$ the entities and by $h_1, \cdots, h_s$ some available hypotheses, then, if d_i is a particular observation on the unknown entity which must be recognized, the probatilities of the available entities may be calculated according to the Bayes formula

$$p(x_k \mid d_i) = \frac{\displaystyle\sum_{j=1}^{s} p(d_i \mid x_k, h_j)p(h_j)p(x_k)}{\displaystyle\sum_{k=1}^{n}\sum_{j=1}^{s} p(d_i \mid x_k, h_j)p(h_j)p(x_k)}$$

$$(k = 1,\cdots,n) \tag{1}$$

If only one hypothesis is true, suppose h_{j_0}, then the above equality becomes

$$p(x_k \mid d_i) = \frac{p_{j_0}(d_i \mid x_k)p(x_k)}{\sum\limits_{k=1}^{n} p_{j_0}(d_i \mid x_k)p(x_k)} \quad (k = 1,\cdots,n)$$

where

$$p_{j_0}(d_i \mid x_k) = p(d_i \mid x_k, h_{j_0})$$

Here $p(d_i \mid x_k, h_j)$ is the probability of the feature d_i for the entity x_k when we admit the hypothesis h_j; $p(h_j)$ is the probability of the hypothesis h_j; $p(x_k)$ is the a priori probability of the entity x_k; and $p(x_k \mid d_i)$ is the a posteriori probability of the entity x_k if the feature d_i was observed. Now it is not difficult at all to develop the formalism starting from the equality (1).

Comment 5　Sometimes the characteristics which supply the smallest amount of information may be of interest too. We can establish a hierarchy of the characteristics complementary to that described. As a matter of fact, we can follow the same procedure but introduce as a criterion for the selection of the characteristics the following: at every step we choose those characteristics which are characterized by the smallest entropy. In this way, we can select the most probable way which can be met during the recognition process. On the other hand, selecting for any characteristic of the smallest entropy the least probable value we obtain the situations which occur least frequently.

Exercise 5   *Establish the algorithm of recognition for the example considered, doing the selection of the characteristics in the following way: at every step we choose the characteristic for which the corresponding entropy is the smallest one. Compare the graph so obtained with that given.*

Comment 6   G. Meuris (1971) applied information theory to the analysis of the items belonging to a given test in order to establish their hierarchy according to their discriminatory power. Let us consider, for every item of a given test, a table, as shown in Table 2. The lines $x_1, x_2, \cdots, x_n$ are the groups of subjects investigated (for instance, advanced group, medium group, etc.). The columns $y_1, y_2, \cdots, y_m$ are the results obtained applying the respective item of the given test (for instance, excellent results, good results, bad results, etc.). In addition, k_{ij} is the absolute frequency of the result y_i for the group x_j. Also, we have

$$\bar{k}_i = \sum_{j=1}^{n} k_{ij}, \ \tilde{k}_j = \sum_{i=1}^{m} k_{ij}$$

774

Table 2

$\mathcal{X}$ \ $\mathcal{Y}$	y_1	$\cdots$	y_i	$\cdots$	y_m	Total
x_1	k_{11}	$\cdots$	k_{i1}	$\cdots$	k_{m1}	$\tilde{k}_1$
$\vdots$	$\vdots$		$\vdots$		$\vdots$	$\vdots$
x_j	k_{1j}	$\cdots$	k_{ij}	$\cdots$	k_{mj}	$\tilde{k}_j$
$\vdots$	$\vdots$		$\vdots$		$\vdots$	$\vdots$
x_n	k_{1n}	$\cdots$	k_{in}	$\cdots$	k_{mn}	$\tilde{k}_n$
Total	$\overline{k}_1$	$\cdots$	$\overline{k}_i$	$\cdots$	$\overline{k}_m$	N

Let us suppose that the total number of investigations for the item considered is N. The correlation between the groups and the results is given by the amount of information contained in $\mathcal{Y}$ about $\mathcal{X}$, i. e.

$$R = H(\mathcal{Y}) - H(\mathcal{Y} \mid \mathcal{X})$$
$$= H(\mathcal{X}) + H(\mathcal{Y}) - H(\mathcal{X} \otimes \mathcal{Y})$$
$$= \frac{1}{N} \left(\sum_{i=1}^{m} \sum_{j=1}^{n} k_{ij} \log_2 k_{ij} - \sum_{i=1}^{m} \overline{k}_i \log_2 \overline{k}_i - \right.$$
$$\left. \sum_{j=1}^{n} \tilde{k}_j \log_2 \tilde{k}_j + N \log_2 N \right)$$

When the amount R is great (i. e. , if $H(\mathcal{Y} \mid \mathcal{X})$ is small), then the discriminatory power of the respective item is small. Therefore, for every item of the given test we compute the corresponding quantity R and we put the items in a sequence according to the decreasing order of the values taken on by the quantity R. This is the so-called *R-criterion to establish the discriminatory power of the items belonging to an arbitrary test.*

Comment 7   The usual algebraic coding theory ignores the statistical description of the noise on the communication channel, taking into account only the maximum number of possible errors or the length of the possible burst-errors occurring in a given succession of signals. Of course, such codes may be utilized for arbitrary communication channels. At the same time the components of the syndrome are considered as being independent, except for the well-known relation $S_{qj} = (S_j)^q$ in $\mathfrak{GF}$ (q). Now we shall consider not an arbitrary communication channel but a particular channel, i. e. , the Gilbert channel studied. Using the statistical description of this channel, we shall show that the components of the syndrome are not independent. Considering the decoding process as a recognition process (taking into account both the received sequence of signals and the statistical description of the noise we want to recognize the corresponding transmitted sequence at the input of the communication channel), we intend to establish a decoding strategy, i. e. , an algorithm of recognition, giving us a hierarchy of the syndrome's components which must be examined. We shall follow here the paper of V. Cuperman and S. Guiasu (1973).

As we have seen, the Gilbert channel is an additive

binary communication channel having two states, G (the "good" state) and B (the "bad" state), such that the probability to pass from state B to state G is equal to the number p, and the probability to pass from the state G to the state B is equal to the number P. At the same time, if the channel's state is B, an arbitrary signal may be altered with the probability given by the number $1 - h$. Consequently, a Gilbert channel is characterized by three parameters P, p and h.

Let $\alpha \in \mathfrak{GF}\,(2^4)$ be a primitive element, the root of the irreducible polynomial $\mathfrak{X}^4 + \mathfrak{X} + 1$ over $\mathfrak{GF}(2)$. To simplify the writing, let us replace α^i by the positive integer i, i. e., by its power, for $i = 0, 1, \cdots, 14$. Because $\alpha^i \in \mathfrak{GF}\,(2^4)\,(i = 0, 1, \cdots, 14)$, every such power of α is a vector having four components belonging to $\mathfrak{GF}\,(2)$. Let us denote by & the vector having all four components equal to zero. We shall use here the addition table in $\mathfrak{GF}\,(2^4)$. We are interested here in the single-, double-, and triple-error pattern only. To every such error pattern it is possible to attach a distinct vector (S_1, S_3, S_5), i. e., the respective syndrome. The other components of the syndrome are well defined by the equalities

$$S_2 = (S_1)^2, \ S_4 = (S_2)^2, \ S_6 = (S_3)^2$$

Now it is easy enough to compute the syndrome for every error pattern mentioned above. As a matter of fact, for every single error there corresponds a vector having 14 zero components and only one component equal to 1, corresponding to the single altered position. The corresponding polynomial for e_i is

$$e_i(\mathcal{X}) = a_0 + a_1\mathcal{X} + \cdots + a_{14}\mathcal{X}^{14}$$

where $a_i = 1$, $a_j = 0$, for $j = 0, 1, \cdots, 14$; $j \neq i$. We shall use both the symbol e_i and the polynomial $e_i(\mathcal{X})$ to represent the single error in the position $(i + 1)$ $(i = 0, 1, \cdots, 14)$. Every double error is a vector $\mathbf{e}_{i,j}$ having all zero components excepting the i-th and the j-th components which are equal to 1, corresponding to the alteration of the $(i + 1)$-th position and of the $(j + 1)$-th position respectively. The corresponding polynomial will be

$$\mathbf{e}_{i,j}(\mathcal{X}) = a_0 + a_1\mathcal{X} + \cdots + a_{14}\mathcal{X}^{14}$$

where $a_i = a_j = 1$ and $a_k = 0$, for every $k = 0, 1, \cdots, 14$; $k \neq i, j$. We shall use either $\mathbf{e}_{i,j}$ or $e_{i,j}(\mathcal{X})$ to denote such a double error. Similarly for the triple-error pattern $\mathbf{e}_{i,j,k}$ or $e_{i,j,k}(\mathcal{X})$.

Using the addition table given, the syndrome may be calculated without difficulties. To give an example, for $\mathbf{e}_5$ (or $e_5(\mathcal{X})$), i. e., for the single-error pattern occurring in the sixth position, we obtain $e_5(\mathcal{X}) = \mathcal{X}^5$ and the corresponding syndrome will be

$$S_1 = e_5(\alpha) = \alpha^5$$
$$S_3 = e_5(\alpha^3) = \alpha^0$$
$$S_5 = e_5(\alpha^5) = \alpha^{10}$$

in this way, to e_5 there corresponds the vector $(\alpha^5, \alpha^0,$

α^{10}), denoted in a simpler manner as 5. 0. 10. We shall write $\mathbf{e}_5 = 5.0.10$, reading as follows: the single error $\mathbf{e}_5$ has the syndrome composed of 5 for S_1, and 0 for S_3, and 10 for S_5, the point having the signification of the conjunction "and." We shall call 5. 0. 10 (i. e., the vector $(\alpha^5, \alpha^0, \alpha^{10})$) the "syndrome representation" of the error pattern e_5. For the double- or triple-error pattern the syndrome representation may be obtained in the same way. Generally, for an arbitrary error pattern $e(\mathcal{X})$ the components of the syndrome can be calculated according to the equality

$$S_k = e(\alpha^k) = r(\alpha^k)$$

where $r(\mathcal{X})$ is the polynomial corresponding to the received vector.

For the decoding, it is sufficient to know the particular error pattern which has occurred. Therefore, we may interpret the decoding process as a recognition process. The entities are the error patterns. The a priori probabilities of these entities are just the probabilities of different errors characterizing the perturbation on the given communication channel. The characteristics are the components of the syndrome, in our case

$$S_1 = r(\alpha), \ S_3 = r(\alpha^3), \ S_5 = r(\alpha^5)$$

Every such characteristic may have 16 possible values, namely, $\alpha^i (i = 0, 1, \cdots, 14)$, or &.

Let us choose a Gilbert channel having the parameters

$$P = 0.000\ 014\ 3,\ h = 0.745,\ p = 0.246$$

The mean probability of error per symbol is

$$p_m = \frac{P}{P+p}(1-h) = 0.000\ 014\ 6$$

These values of parameters were obtained by V. Cuperman approximating the experimental approach given by A. A. Alexander, R. M. Gryb, and D. W. Nast (1960). The computation of the probabilities of one-, two- and three-error patterns on this channel gives us

$$\sum_{i=0}^{14} p(\mathbf{e}_i) + \sum_{\substack{i=0 \\ j>i}}^{13} p(\mathbf{e}_{i,j}) = 8.105p_m$$

$$\sum_{i=0}^{14} p(\mathbf{e}_i) + \sum_{\substack{i=0 \\ i<j\leqslant i+3}}^{13} p(\mathbf{e}_{i,j}) = 7.780p_m$$

$$\sum_{\substack{i=0 \\ i<j<k}}^{12} p(\mathbf{e}_{i,j,k}) = 0.84p_m$$

In Table 3 the probabilities $p(\mathbf{e}_i)$ $(0\leqslant i\leqslant 14)$; $p(\mathbf{e}_{i,j})$ $(0\leqslant i\leqslant 13; i<j\leqslant i+6)$; and $p(\mathbf{e}_{i,j,k})$ $(0\leqslant i\leqslant 11; i<j\leqslant i+2, j<k\leqslant j+2)$ are given together with the syndromes S_1, S_3, S_5 for the three-error correcting BCH code $(15,5)$ which may be generated, for instance, by the polynomial

$$g(\mathfrak{X}) = (\mathfrak{X}^4 + \mathfrak{X} + 1)(\mathfrak{X}^4 + \mathfrak{X}^3 + \mathfrak{X}^2 + \mathfrak{X} + 1) \cdot (\mathfrak{X}^2 + \mathfrak{X} + 1)$$

For convenience, in Table 3 we wrote $\mathbf{e}(i,j,k)$ instead of $\mathbf{e}_{i,j,k}$. Therefore, we have here the definitions of

the entities with respect to the different values taken on by the characteristics (i. e. , the syndromes) and the a priori probabilities of the entities (of the error patterns). Incompatibility relabions do not occur here. Applying the method described, we obtain the algorithm of decoding in Fig. 7. For convenience, in Fig. 7 we wrote $\mathbf{e}_i$, $\mathbf{e}_{i,j}$, and $\mathbf{e}_{i,j,k}$ instead of $\mathbf{e}_i$, $\mathbf{e}_{i,j}$ and $\mathbf{e}_{i,j,k}$ respectively.

Table 3

Error pattern	Syndrome	Probability/p_m	Probability
$e(0)$	0. 0. 0	0. 561 40	0. 06 93
$e(1)$	1. 3. 5	0. 453 50	0. 056 0
$e(2)$	2. 6. 10	0. 393 00	0. 048 6
$e(3)$	3. 9. 0	0. 359 10	0. 044 4
$e(4)$	4. 12. 5	0. 340 30	0. 042 0
$e(5)$	5. 0. 10	0. 332 20	0. 041 0
$e(6)$	6. 3. 0	0. 325 20	0. 040 2
$e(7)$	7. 6. 5	0. 323 80	0. 040 0
$e(8)$	8. 9. 10	0. 325 20	0. 040 2
$e(9)$	9. 12. 0	0. 332 20	9. 041 0
$e(10)$	10. 0. 5	0. 340 30	0. 042 0
$e(11)$	11. 3. 10	0. 359 10	0. 044 4
$e(12)$	12. 6. 0	0. 393 00	0. 048 6
$e(13)$	13. 9. 5	0. 453 50	0. 056 0
$e(14)$	14. 12. 10	0. 561 40	0. 069 3

Continued Table 3

Error pattern	Syndrome	Probability/p_m	Probability
$e(0,1)$	4. 14. 10	0. 107 96	0. 013 4
$e(0,2)$	8. 13. 5	0. 061 67	0. 007 5
$e(0,3)$	14. 7. &	0. 034 10	0. 004 3
$e(0,4)$	1. 11. 10	0. 019 18	0. 002 3
$e(1,2)$	5. 2. 0	0. 087 23	0. 010 8
$e(1,3)$	9. 1. 10	0. 049 03	0. 006 1
$e(1,4)$	0. 10. &	0. 027 57	0. 003 5
$e(1,5)$	2. 14. 0	0. 015 52	0. 001 9
$e(2,3)$	6. 5. 5	0. 076 51	0. 009 5
$e(2,4)$	10. 4. 0	0. 042 52	0. 005 3
$e(2,5)$	1. 13. &	0. 023 89	0. 002 9
$e(2,6)$	3. 2. 5	0. 013 49	0. 001 6
$e(3,4)$	7. 8. 10	0. 069 13	0. 008 6
$e(3,5)$	11. 7. 5	0. 038 91	0. 004 9
$e(3,6)$	2. 1. &	0. 021 93	0. 002 7
$e(3,7)$	4. 5. 10	0. 012 39	0. 001 5
$e(4,5)$	8. 11. 0	0. 065 57	0. 008 1
$e(4,6)$	12. 10. 10	0. 036 96	0. 004 6
$e(4,7)$	3. 4. &	0. 020 89	0. 002 5
$e(5,6)$	9. 14. 5	0. 063 67	0. 007 9
$e(5,7)$	13. 13. 0	0. 036 00	0. 004 5
$e(5,8)$	4. 7. &	0. 020 44	0. 002 5
$e(6,7)$	10. 2. 10	0. 062 92	0. 007 8

Continued Table 3

Error pattern	Syndrome	Probability/p_m	Probability
$e(6,8)$	14. 1. 5	0. 035 72	0. 004 5
$e(6,9)$	5. 10. &	0. 020 44	0. 002 5
$e(7,8)$	11. 5. 0	0. 062 92	0. 007 8
$e(7,9)$	0. 4. 10	0. 036 00	0. 004 5
$e(7,10)$	6. 13. &	0. 020 89	0. 002 5
$e(7,11)$	8. 2. 0	0. 012 39	0. 001 5
$e(8,9)$	12. 8. 5	0. 063 67	0. 007 9
$e(8,10)$	1. 7. 0	0. 036 96	0. 004 6
$e(8,11)$	7. 1. &	0. 021 93	0. 002 7
$e(8,12)$	9. 5. 5	0. 013 49	0. 001 6
$e(9,10)$	12. 11. 10	0. 065 57	0. 008 1
$e(9,11)$	2. 10. 5	0. 038 91	0. 004 9
$e(9,12)$	8. 4. &	0. 023 89	0. 002 9
$e(9,13)$	10. 8. 10	0. 015 52	0. 001 9
$e(10,11)$	14. 14. 0	0. 069 13	0. 008 6
$e(10,12)$	3. 13. 10	0. 042 52	0. 005 3
$e(10,13)$	9. 7. &	0. 027 57	0. 003 5
$e(10,14)$	11. 11. 0	0. 019 18	0. 002 4
$e(11,12)$	0. 2. 5	0. 075 61	0. 009 4
$e(11,13)$	4. 1. 0	0. 049 03	0. 006 1
$e(11,14)$	10. 10. &	0. 034 10	0. 004 3
$e(12,13)$	1. 5. 10	0. 087 23	0. 010 8
$e(12,14)$	5. 4. 5	0. 060 67	0. 007 5

Continued Table 3

Error pattern	Syndrome	Probability/p_m	Probability
$e(13,14)$	2.8.0	0.107 96	0.013 4
$e(0,1,2)$	10.8. &	0.020 76	0.002 5
$e(1,2,3)$	11.11. &	0.016 81	0.002 0
$e(2,3,4)$	12.14. &	0.014 54	0.001 7
$e(3,4,5)$	13.2. &	0.013 32	0.001 6
$e(4,5,6)$	14.5. &	0.012 65	0.001 5
$e(5,6,7)$	0.8. &	0.012 32	0.001 5
$e(6,7,8)$	1.11. &	0.012 22	0.001 5
$e(7,8,9)$	2.14. &	0.012 32	0.001 5
$e(8,9,10)$	3.2. &	0.012 65	0.001 5
$e(9,10,11)$	4.5. &	0.013 32	0.001 6
$e(10,11,12)$	5.8. &	0.014 54	0.001 7
$e(11,12,13)$	6.11. &	0.016 81	0.002 0
$e(12,13,14)$	7.14. &	0.020 76	0.002 5

784

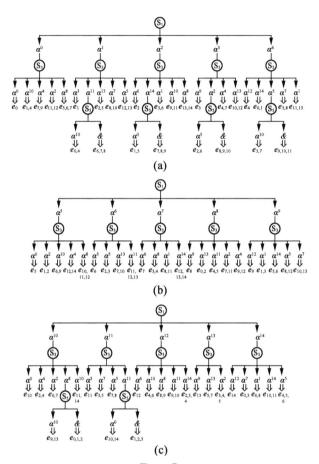

Figure 7

785

Weighted Entropy

§ 1 Definition and Properties of the Weighted Entropy

第

三

十

章

We have seen that Shannon's entropy is a measure both of the uncertainty and of the information supplied by a probabilistic experiment. Underlining the importance of Shannon's entropy, it is necessary to notice at the same time that this formula gives us the measure of information as a function of the probabilities with which various events occur, only. But there exist many fields dealing with random events where it is necessary to take into account both these probabilities and some qualitative characteristics of events. For instance, in a two-person game one should keep in mind both the probabilities of different variants of the game (i. e. , the random strategies of the players) and the

wins corresponding to these variants. Often, in a physical experiment, it is very difficult to neglect the subjective aspects related to the various goals of the experimenter. At the same time, the possible states of a system may differ considerably from the viewpoint of a given qualitative characteristic. In a given experiment, all elementary events usually have the same importance, i. e. , they are equivalent from the viewpoint of utility with respect to a given goal. In order to describe the latter, it is necessary to associate with every elementary event both the probability with which it occurs and its qualitative weight. A criterion for a qualitative differentiation of the possible events of a given experiment is represented by the relevance, the significance, or the utility of the information they carry with respect to a goal, with respect to a qualitative characteristic. The occurrence of an event removes a double uncertainty: the quantitative one, related to the probability with which it occurs, and the qualitative one, related to a given qualitative characteristic.

Of course, the qualitative weight of an event may be independent of the objective probability with which it occurs. For instance, an event of small probability can have a great utility with respect to a given goal; likewise, an event of great probability can have a very small utility. Naturally, the assignment of a weight to every elementary event is not simply a thing so easily done. These wieghts

787

may be either of objective or subjective character. Thus, the weight of one event may express some qualitative objective characteristic, but it may also express the subjective utility of the respective event with respect to the experimenter's goal. The weight ascribed to an elementary event may also be related to the subjective probability with which respective events occur, and this does not always coincide with the objective probability.

We shall suppose that these qualitative weights are non-negative, finite, real numbers as the usual weights in physics or as the utilities in decision theory. Also, if one event is more relevant, more significant, and more useful (with respect to a given goal or from a given qualitative point of view) than another one, the weight of the first event will be greater than that of the second one.

We now consier how we may evaluate the amount of information supplied by a probability space, i. e. , by a probabilistic experiment, whose elementary events are characterized both by their probabilities and by some qualitative(objective or subjective) weights. In particular, we consider what amount of information is supplied by a probabilistic experiment when the probabilities calculated by the experimenter(i. e. , the subjective probabilities) do not coincide with the objective probabilities of these random events.

We shall give a formula for the entropy as a measure

of uncertainty or information supplied by a probabilistic experiment depending both on the probabilities of events and on qualitative (objective or subjective) weights of the possible events. This entropy will be called the weighted entropy. It was defined by M. Belis and S. Guiasu (1968) and studied extensively in the paper by S. Guiasu (1971a). Here, the properties, the axiomatic treatment, and, finally, the extremal property of the weighted entropy will be given.

Consider a probabilistic experiment whose corresponding probability space has a finite number of elementary events $\omega_1, \omega_2, \cdots, \omega_n$, with the objective probabilities of these events given respectively by the numbers

$$p_k \geqslant 0 \quad (k = 1, \cdots, n), \sum_{k=1}^{n} p_k = 1$$

The different elementary events ω_k depend more or less relevantly upon the experimenter's goal or upon some qualitative characteristic of the system taken into consideration; i. e. , they have different (objective or subjective) weights. The weight of an event may be either independent of, or dependent on, its objective probability.

We shall suppose that these qualitative weights are non-negative, finite, real numbers, as the usual weights in physics or as the utilities in decision theory. Also, if one event is more relevant, more significant, and more useful(with respect to a given goal or from a given qualitative point of view) than another one, the weight of the first event will be greater than that of the second one.

We now consider how we may evaluate the amount of information supplied by a probability space, i. e. , by a probabilistic experiment, whose elementary events are characterized both by their probabilities and by some qualitative(objective or subjective) weights. In particular, we consider what amount of information is supplied by a probabilistic experiment when the probabilities calculated by the experimenter(i. e. , the subjective probabilities) do not coincide with the objective probabilities of these random events.

We shall give a formula for the entropy as a measure of uncertainty or information supplied by a probabilistic experiment depending both on the probabilities of events and on qualitative(objective or subjective) weights of the possible events. This entropy will be called the weighted entropy. It was defined by M. Belis and S. Guiasu (1968) and studied extensively in the paper by S. Guiasu(1971a). Here, the properties, the axiomatic treatment, and, finally, the extremal property of the weighted entropy will be given.

Consider a probabilistic experiment whose corresponding probability space has a finite number of elementary events $\omega_1, \omega_2, \cdots, \omega_n$, with the objective probabilities of these events given respectively by the numbers

$$p_k \geqslant 0 \quad (k = 1, \cdots, n), \quad \sum_{k=1}^{n} p_k = 1$$

The different elementary events ω_k depend more or less relevantly upon the experimenter's goal or upon some qualitative characteristic of the system taken into consideration; i. e. , they have different(objective or subjective) weights. The weight of an event may be either independent of, or dependent on, its objective probability.

In order to distinguish the events $\omega_1, \omega_2, \cdots, \omega_n$ of a goal-directed experiment according to their importance with respect to a given qualitative characteristic of the system taken into consideration, we shall ascribe to each event ω_k a non-negative number $w_k \geqslant 0$ directly proportional to its importance or significance mentioned above. We shall call w_k the weight of the elementary event ω_k.

Definition　*We define the weighted entropy by the expression*

$$I_n = I_n(w_1, \cdots, w_n; p_1, \cdots, p_n) = -\sum_{k=1}^{n} w_k p_k \log_e p_k$$

$$(1)$$

Let us notice some properties of the weighted entropy. The proofs of the first six properties are immediate.

Property 1　*We have*

$$I_n(w_1, \cdots, w_n; p_1, \cdots, p_n) \geqslant 0$$

Property 2　*If $w_1 = \cdots = w_n = w$, then*

791

$$I_n(w_1, \cdots, w_n, p_1, \cdots, p_n)$$

$$= -w \sum_{k=1}^{n} p_k \log_e p_k = H_n(p_1, \cdots, p_n)$$

where H_n is the classical Shannon entropy (which is determined uniquely up to an arbitrary multiplicative constant).

Property 3 If $p_{k_0} = 1, p_k = 0 (k = 1, \cdots, n; k \neq k_0)$, then

$$I_n(w_1, \cdots, w_n; p_1, \cdots, p_n) = 0$$

whatever are the weights $w_1, \cdots, w_n$.

The last property illustrates the obvious fact that an experiment for which only one event is possible does not supply any information. In this case, the Shannon entropy H_n is also equal to zero. Therefore, we are really interested only in the probabilistic experiment having at least two possible events.

Property 4 If $p_i = 0, w_i \neq 0$ for every $i \in I$ and $p_j \neq 0, w_j = 0$ for every $j \in J$, where

$$I \cup J = \{1, 2, \cdots, n\}, I \cap J = \varnothing$$

then

$$I_n(w_1, \cdots, w_n; p_1, \cdots, p_n) = 0$$

This property illustrates the intuitive fact that an experiment whose possible events are useless or nonsignificant, and whose useful or significant events are impossible, supplies a total information equal to zero even if the corresponding Shannon entropy $H_n(p_1, \cdots, p_n)$ is different

from zero, provided the set J has at least two elements. In particular, when all events have zero weights, we get the total information $I_n = 0$ even if the Shannon entropy H_n is not null, i. e. , if there exists $0 < p_k < 1$.

Property 5　*We have*

$$I_{n+1}(w_1,\cdots,w_n,w_{n+1};p_1,\cdots,p_n,0) = I_n(w_1,\cdots,w_n;p_1,\cdots,p_n)$$

whatever the weights $w_1,\cdots,w_n,w_{n+1}$ and the complete system of probabilities (i. e. , the probability distribution) $p_1,\cdots,p_n$.

Property 6　*For every non-negative real number λ, we have*

$$I_n = (\lambda w_1,\cdots,\lambda w_n;p_1,\cdots,p_n) = \lambda I_n(w_1,\cdots,w_n;p_1,\cdots,p_n)$$

Until now we have not imposed any restriction on the weights ascribed to the elementary events of the probabilistic experiment (except that they are non-negative real numbers). Let us suppose that the weight of the union of two incompatible events is the mean value of the weights of the respective events, i. e.

$$w(E \cup F) = \frac{p(E)w(E) + p(F)w(F)}{p(E) + p(F)} \qquad (2)$$

for any incompatible events E, F, where $w(E)$ is the weight of the event E and $p(E)$ is the probability of the same event E; in particular, if E and F are complementary events, then

$$w(E \cup F) = p(E)w(E) + (1 - p(E))w(F)$$

Theorem　*The following equality holds*

$$I_{n+1}(w_1,\cdots,w_{n-1},w',w'';p_1,\cdots,p_{n-1},p',p'')$$
$$=I_n(w_1,\cdots,w_n;p_1,\cdots,p_n)+p_nI_2\left(w',w'';\frac{p'}{p_n},\frac{p''}{p_n}\right)$$

where

$$w_n=\frac{p'w'+p''w''}{p'+p''},p_n=p'+p''$$

Proof　Taking into account the definition of the weighted entropy and writing

$$w_n=\frac{p'w'+p''w''}{p'+p''},p_n=p'+p''$$

we have

$$I_{n+1}(w_1,\cdots,w_{n-1},w',w'';p_1,\cdots,p_{n-1},p',p'')$$
$$=-\sum_{k=1}^{n-1}w_kp_k\log_ep_k-w'p'\log_ep'-w''p''\log_ep''$$
$$=-\sum_{k=1}^{n-1}w_kp_k\log_ep_k-w_np_n\log_ep_n+w_np_n\log_ep_n-$$
$$w'p'\log_ep'-w''p''\log_ep''$$
$$=I_n(w_1,\cdots,w_n;p_1,\cdots,p_n)+$$
$$(w'p'+w''p'')\log_ep_n-$$
$$w'p'\log_ep'-w''p''\log_ep''$$
$$=I_n(w_1,\cdots,w_n;p_1,\cdots,p_n)+$$
$$p_n\left(-w'\frac{p'}{p_n}\log_e\frac{p'}{p_n}-w''\frac{p''}{p_n}\log_e\frac{p''}{p_n}\right)$$
$$=I_n(w_1,\cdots,w_n;p_1,\cdots,p_n)+p_nI_2\left(w',w'';\frac{p'}{p_n},\frac{p''}{p_n}\right)$$

We intend now to give two examples.

(a) Let us consider the weighted entropy (1) and put

794

$$w_k = -\frac{p_k}{\log_e p_k} \quad (k = 1, \cdots, n) \qquad (3)$$

In this case, the weight of every elementary event has an objective character representing the ratio of the objective probability of this event to the amount of information it supplies. In this case, we obtain the following expression for the weighted entropy

$$I_n = \sum_{k=1}^{n} p_k^2$$

i. e. , O. Onicescu's (1966) *information energy*, introduced in information theory by an analogy to kinetic energy from mechanics.

(b) Consider a probabilistic experiment whose elementary events have the objective probabilities $q_1, \cdots, q_n$. Denote by $p_1, \cdots, p_n$ the subjective probabilities of the same events established by an experimenter. If we ascribe to every elementary event the subjective weight

$$w_k = \frac{q_k}{p_k} \quad (k = 1, \cdots, n) \qquad (4)$$

representing the ratio of the objective probability to the subjective probability of the event ω_k, then the weighted entropy assumes the form

$$I_n = -\sum_{k=1}^{n} q_k \log_e p_k \qquad (5)$$

If we put

$$x_k = \frac{p_k}{q_k} \quad (k = 1, \cdots, n)$$

in Jensen's inequality

$$\sum_{k=1}^{n} q_k \log_e x_k \leq \log_e \left(\sum_{k=1}^{n} q_k x_k \right)$$

we obtain

$$I_n = - \sum_{k=1}^{n} q_k \log_e p_k \geq - \sum_{k=1}^{n} q_k \log_e q_k = H_n \qquad (6)$$

This result shows that the subjective-objective measure of uncertainty I_n, in this case, is greater than the measure of objective uncertainty H_n. This is a consequence of the fact that the subjective probabilities do not coincide with the objective ones. This means that the degree of uncertainty of the objective probabilities of events is supplemented by another amount of uncertainty as a consequence of the incomplete estimation of these probabilities. In (6) we have equality if and only if $p_k = q_k$ ($k = 1, \cdots, n$).

The objective-subjective entropy given by the expression

$$I_n = - \sum_{k=1}^{n} q_k \log_e p_k$$

was considered independently by P. Weiss (1967) and M. Bongard (1963).

Let us notice that the weights given by (4) satisfy the rule (2), while the weights given by (3) do not satisfy it. Indeed, according to (4), we have

$$w(\omega_i \cup \omega_j) = \frac{q(\omega_i \cup \omega_j)}{p(\omega_i \cup \omega_j)}$$

$$= \frac{q_i + q_j}{p_i + p_j} = \frac{\dfrac{q_i}{p_i}p_i + \dfrac{q_j}{p_j}p_j}{p_i + p_j} = \frac{p_i w_i + p_j w_j}{p_i + p_j}$$

i. e. , the equality (2).

We point out that rule (2) is satisfied by many types of weight in the sciences, and also by the utilities in decision theory, or in game theory, according to a wellknown von Neumann's axiom. Notice also that the weights ascribed to the elementary events are usually independent of the probabilities of these events.

Finally, if all the weights are equal, i. e. , if

$$w_1 = w_2 = \cdots = w_n = w$$

then the rule (2) is obviously satisfied and theorem becomes the well-known property of Shannon's entropy

$$H_{n+1}(p_1, \cdots, p_{n-1}, p', p'') = H_n(p_1, \cdots, p_n) + p_n H_2\left(\frac{p'}{p_n}, \frac{p''}{p_n}\right)$$

where $p_n = p' + p''$.

§2　Axiomatic for the Weighted Entropy

We are interested here in the uniqueness problem of the weighted entropy. Throughout this section, we shall suppose the weights ascribed to the elementary events to satisfy the equality (2)(§1).

Now let us prove the following uniqueness theorem.

Theorem 1　*Consider the sequence of non-negative*

real-valued functions

$$(I_n(w_1,\cdots,w_n;p_1,\cdots,p_n))_{1\leqslant n<\infty}$$

where every $I_n(w_1,\cdots,w_n;p_1,\cdots,p_n)$ *is defined on the set*

$$w_k\geqslant 0,p_k\geqslant 0\quad(k=1,\cdots,n),\quad\sum_{k=1}^{n}p_k=1$$

Suppose that the following four axioms hold:

(A_1) $I_2(w_1,w_2;p,1-p)$ *is a continuous function of* p *on the interval* $[0,1]$.

(A_2) $I_n(w_1,\cdots,w_n;p_1,\cdots,p_n)$ *is a symmetric function with respect to all pairs of variables* (w_k,p_k) $(k=1,\cdots,n)$.

(A_3) *If*

$$w_n=\frac{p'w'+p''w''}{p'+p''},p_n=p'+p''\qquad(1)$$

then

$$I_{n+1}(w_1,\cdots,w_{n-1},w',w'';p_1,\cdots,p_{n-1},p',p'')$$
$$=I_n(w_1,\cdots,w_n;p_1,\cdots,p_n)+p_nI_2\left(w',w'';\frac{p'}{p_n},\frac{p''}{p_n}\right)$$

$$(2)$$

(A_4) *If all the probabilities are equal, then*

$$I_n\left(w_1,\cdots,w_n;\frac{1}{n},\cdots,\frac{1}{n}\right)=L(n)\frac{w_1+\cdots+w_n}{n}$$

$L(n)$ *being a positive number for every* $n>1$.

Then we have

$$I_n(w_1,\cdots,w_n;p_1,\cdots,p_n)=-\lambda\sum_{k=1}^{n}w_kp_k\log_ep_k\qquad(3)$$

where λ *is an arbitrary positive constant.*

Notice that axioms (A_1) and (A_2) are very natural. Axiom (A_3) is simply the property included in theorem ($\S 1$). Finally, the last axiom (A_4) states that if all the probabilities are equal, then the weighted entropy is proportional to the mean value of weights.

Proof (a) From (A_3), we have

$$I_3(w_1, w_2, w_3; \frac{1}{2}, \frac{1}{2}, 0)$$

$$= I_2(w_1, w_2; \frac{1}{2}, \frac{1}{2}) + \frac{1}{2} I_2(w_2, w_3; 1, 0)$$

But (A_2) and (A_3) imply

$$I_3(w_1, w_2, w_3; \frac{1}{2}, \frac{1}{2}, 0)$$

$$= I_3(w_3, w_2, w_1; 0, \frac{1}{2}, \frac{1}{2})$$

$$= I_2(w_3, \frac{1}{2}(w_1 + w_2); 0, 1) + I_2(w_1, w_2; \frac{1}{2}, \frac{1}{2})$$

Thus

$$I_2(w_2, w_3; 1, 0) = 2I_2(\frac{1}{2}(w_1 + w_2), w_3; 1, 0)$$

whatever the weights w_1, w_2, w_3. In particular, if we put $w_1 = w_2$, we obtain

$$I_2(w_2, w_3; 1, 0) = 2I_2(w_2, w_3; 1, 0)$$

for every pair w_2, w_3; therefore

$$I_2(w', w''; 1, 0) = 0 \qquad (4)$$

whatever the weights w', w''.

(b) Applying (A_3) and the equality (4), we obtain

$$I_{n+1}(w_1, \cdots, w_n, w_{n+1}; p_1, \cdots, p_n, 0)$$

$$= I_n(w_1, \cdots, w_n; p_1, \cdots, p_n) + p_n I_2(w_n, w_{n+1}; 1, 0)$$
$$= I_n(w_1, \cdots, w_n; p_1, \cdots, p_n) \tag{5}$$

(c) We also have the equality

$$I_{n+m-1}(w_1, \cdots, w_{n-1}, w_1', \cdots, w_m'; p_1, \cdots, p_{n-1}, p_1', \cdots, p_m')$$
$$= I_n(w_1, \cdots, w_n; p_1, \cdots, p_n) + p_n I_m\left(w_1', \cdots, w_m'; \frac{p_1'}{p_n}, \cdots, \frac{p_m'}{p_n}\right) \tag{6}$$

where

$$w_n = \frac{p_1' w_1' + \cdots + p_m' w_m'}{p_n}, p_n = p_1' + \cdots + p_m'$$

We shall prove this fact by induction with respect to m. Indeed, for $m = 2$, we simply get axiom (A_3). Suppose the equality (6) has been verified for m. We shall prove its validity for $m + 1$. Taking into account the equality (5). we may suppose that $p_i' > 0$ for every $i = 1, \cdots, m+1$. Then, (A_3) and (6) imply

$$I_{n+m}(w_1, \cdots, w_{n-1}, w_1', \cdots, w_{m+1}'; p_1, \cdots, p_{n-1}, p_1', \cdots, p_{m+1}')$$
$$= I_{n+1}(w_1, \cdots, w_{n-1}, w_1', w''; p_1, \cdots, p_{n-1}, p_1', p'') +$$
$$p'' I_m\left(w_2', \cdots, w_{m+1}'; \frac{p_2'}{p''}, \cdots, \frac{p_{m+1}'}{p''}\right)$$
$$= I_n(w_1, \cdots, w_n; p_1, \cdots p_n) + p_n I_2\left(w_1', w''; \frac{p_1'}{p_n}, \frac{p''}{p_n}\right) +$$
$$p'' I_m\left(w_2', \cdots, w_{m+1}'; \frac{p_2'}{p''}, \cdots, \frac{p_{m+1}'}{p''}\right) \tag{7}$$

where

$$w'' = \frac{p_2' w_2' + \cdots + p_{m+1}' w_{m+1}'}{p''}, p'' = p_2' + \cdots + p_{m+1}'$$

and

$$w_n = \frac{p_1' w_1' + p'' w''}{p_1' + p''}$$

$$= \frac{p_1' w_1' + p_2' w_2' + \cdots + p_{m+1}' w_{m+1}'}{p_1' + p_2' + \cdots + p_{m+1}'}$$

$$= \frac{p_1' w_1' + \cdots + p_{m+1}' w_{m+1}'}{p_n}$$

$$p_n = p_1' + \cdots + p_{m+1}'$$

However, we supposed that (6) is true for m fixed. Thus

$$p_n I_{m+1}\left(w_1', \cdots, w_{m+1}'; \frac{p_1'}{p_n}, \cdots, \frac{p_{m+1}'}{p_n}\right)$$

$$= p_n I_2\left(w_1', w''; \frac{p_1'}{p_n}, \frac{p''}{p_n}\right) +$$

$$p_n \frac{p''}{p_n} I_m\left(w_2', \cdots, w_{m+1}'; \frac{p_2'}{p''}, \cdots, \frac{p_{m+1}'}{p''}\right) \qquad (8)$$

From (7) and (8), we get

$$I_{n+m}(w_1, \cdots, w_{n-1}, w_1', \cdots, w_{m+1}';$$

$$p_1, \cdots, p_{n-1}, p_1', \cdots, p_{m+1}')$$

$$= I_n(w_1, \cdots, w_n; p_1, \cdots, p_n) +$$

$$p_n I_{m+1}\left(w_1', \cdots, w_{m+1}'; \frac{p_1'}{p_n}, \cdots, \frac{p_{m+1}'}{p_n}\right)$$

Therefore, the equality (6) is true for $m+1$, and hence for arbitrary m.

　　(d) Applying the equality (6) several times, we obtain

$$I_{m_1+\cdots+m_n}(w_{11}', \cdots, w_{1m_1}', \cdots, w_{n_1}', \cdots, w_{nm_n}';$$

$$p_{11}', \cdots, p_{1m_1}', \cdots, p_{n_1}', \cdots, p_{nm_n}')$$

$$= I_n(w_1, \cdots, w_n; p_1, \cdots, p_n) +$$

$$\sum_{i=1}^{n} p_i I_{m_i}\left(w'_{i1}, \cdots, w'_{im_i}; \frac{p'_{i1}}{p_i}, \cdots, \frac{p'_{im_i}}{p_i}\right) \qquad (9)$$

where

$$p_i = p'_{i1} + \cdots + p'_{im_i} > 0 \qquad (i = 1, \cdots, n)$$

$$w_i = \frac{p'_{i1} w'_{i1} + \cdots + p'_{im_i} w'_{im_i}}{p_i} \qquad (i = 1, \cdots, n)$$

(e) Let us apply the last equality in the case where

$$m_1 = \cdots = m_n = m$$

We obtain

$$I_{mn}(w'_{11}, \cdots, w'_{1m}, \cdots, w'_{n_1}, \cdots, w'_{nm};$$

$$p'_{11}, \cdots, p'_{1m}, \cdots, p'_{n_1}, \cdots, p'_{nm})$$

$$= I_n(w_1, \cdots, w_n; p_1, \cdots, p_n) +$$

$$\sum_{i=1}^{n} p_i I_m\left(w'_{i1}, \cdots, w'_{im}; \frac{p'_{i1}}{p_i}, \cdots, \frac{p'_{im}}{p_i}\right)$$

If we take

$$p'_{ij} = \frac{1}{mn} \qquad (i = 1, \cdots, n; j = 1, \cdots, m)$$

we get

$$p_i = \frac{1}{n} \qquad (i = 1, \cdots, n)$$

and therefore

$$I_{mn}\left(w'_{11}, \cdots, w'_{1m}, \cdots, w'_{n1}, \cdots, w'_{nm}; \frac{1}{mn}, \cdots, \frac{1}{mn}\right)$$

$$= I_n\left(\frac{w'_{11} + \cdots + w'_{1m}}{m}, \cdots, \frac{w'_{n1} + \cdots + w'_{nm}}{m}; \frac{1}{n}, \cdots, \frac{1}{n}\right) +$$

$$\sum_{i=1}^{n} \frac{1}{n} I_m\left(w'_{i1}, \cdots, w'_{im}; \frac{1}{m}, \cdots, \frac{1}{m}\right)$$

Taking into account the axiom (A_4), we obtain

$$L(mn)\frac{1}{mn}\sum_{i=1}^{n}(w'_{i1}+\cdots+w'_{im})$$

$$=L(n)\frac{1}{n}\sum_{i=1}^{n}\frac{w'_{i1}+\cdots+w'_{im}}{m}+$$

$$L(m)\frac{1}{n}\sum_{i=1}^{n}\frac{w'_{i1}+\cdots+w'_{im}}{m}$$

or

$$L(mn)=L(n)+L(m) \qquad (10)$$

(f) Using the equality (6), we get

$$I_n\left(w_1,\cdots,w_n;\frac{1}{n},\cdots,\frac{1}{n}\right)$$

$$=I_2\left(w_1,\frac{w_2+\cdots+w_n}{n-1};\frac{1}{n},\frac{n-1}{n}\right)+$$

$$\frac{n-1}{n}I_{n-1}\left(w_2,\cdots,w_n;\frac{1}{n-1},\cdots,\frac{1}{n-1}\right)$$

Applying the axiom (A_4), we find

$$L(n)\frac{w_1+\cdots+w_n}{n}=I_2\left(w_1,\frac{w_2+\cdots+w_n}{n-1};\frac{1}{n},\frac{n-1}{n}\right)+$$

$$\frac{n-1}{n}\cdot\frac{w_2+\cdots+w_n}{n-1}L(n-1)$$

for every $w_1,w_2,\cdots,w_n$.

Let us put $w_1=0$. Then

$$I_2\left(0,\frac{w_2+\cdots+w_n}{n-1};\frac{1}{n},\frac{n-1}{n}\right)$$

$$=\frac{w_2+\cdots+w_n}{n}[L(n)-L(n-1)]$$

whatever the values of $w_2,\cdots,w_n$. Let us take

$$w_2 = \cdots = w_n = w$$

Then

$$0 \leqslant I_2\left(0, w; \frac{1}{n}, \frac{n-1}{n}\right) = \frac{n-1}{n}w[L(n) - L(n-1)]$$

and, according to axiom (A_1) and the equality (4), we obtain

$$\begin{aligned}
0 &= I_2(0, w; 0, 1) \\
&= \lim_{n \to \infty} I_2\left(0, w; \frac{1}{n}, \frac{n-1}{n}\right) \\
&= \lim_{n \to \infty} \frac{n-1}{n}w[L(n) - L(n-1)] \\
&= w \lim_{n \to \infty}[L(n) - L(n-1)]
\end{aligned}$$

for every non-negative real number w, i. e.

$$\lim_{n \to \infty}[L(n) - L(n-1)] = 0 \qquad (11)$$

(g) The equalities (10) and (11) and exercise imply

$$L(n) = \lambda \log_e n \qquad (12)$$

where λ is an arbitrary positive constant.

(h) Let us substitute in the equality (9) the values

$$n = 2, \ m_1 = r, \ m_2 = s - r, \ p'_{ij} = \frac{1}{s}$$

Then

$$p_1 = p'_{11} + \cdots + p'_{1r} = \frac{r}{s}$$

$$p_2 = p'_{21} + \cdots + p'_{2,s-r} = \frac{s-r}{s}$$

$$w_1 = \frac{p''_{11}w'_{11} + \cdots + p'_{1r}w'_{1r}}{p'_{11} + \cdots + p'_{1r}} = \frac{1}{r}\sum_{i=1}^{r} w'_{1i}$$

$$w_2 = \frac{p'_{21}w'_{21} + \cdots + p'_{2,s-r}w'_{2,s-r}}{p'_{21} + \cdots + p'_{2,s-r}} = \frac{1}{s-r}\sum_{i=1}^{s-r} w'_{2j}$$

Taking into account all these values, we obtain from (9)

$$I_s\left(w'_{11}, \cdots, w'_{1r}, w'_{21}, \cdots, w'_{2,s-r}; \frac{1}{s}, \cdots, \frac{1}{s}\right)$$

$$= I_2(w_1, w_2; p_1, p_2) + p_1 I_r\left(w'_{11}, \cdots, w'_{1r}; \frac{1}{r}, \cdots, \frac{1}{r}\right) +$$

$$p_2 I_{s-r}\left(w'_{21}, \cdots, w'_{2,s-r}; \frac{1}{s-r}, \cdots, \frac{1}{s-r}\right) \tag{13}$$

However, according to (A_4) and (12), we have

$$I_s\left(w'_{11}, \cdots, w'_{1r}, w'_{21}, \cdots, w'_{2,s-r}; \frac{1}{s}, \cdots, \frac{1}{s}\right)$$

$$= \lambda\, \frac{1}{s}\left(\sum_{i=1}^{r} w'_{1i} + \sum_{j=1}^{s-r} w'_{2j}\right)\log_e s$$

$$I_r\left(w'_{11}, \cdots, w'_{1r}; \frac{1}{r}, \cdots, \frac{1}{r}\right) = \lambda\, \frac{1}{r}\sum_{i=1}^{r} w'_{1i}\log_e r$$

$$I_{s-r}\left(w'_{21}, \cdots, w'_{2,s-r}; \frac{1}{s-r}, \cdots, \frac{1}{s-r}\right)$$

$$= \lambda\, \frac{1}{s-r}\sum_{j=1}^{s-r} w'_{2j}\log_e(s-r)$$

and thus, from (13), we get

$$I_2(w_1, w_2; p_1, p_2)$$

$$= \lambda\, \frac{1}{s}\left(\sum_{i=1}^{r} w'_{1i} + \sum_{j=1}^{s-r} w'_{2j}\right)\log_e s -$$

$$\lambda\, \frac{r}{s}\, \frac{1}{r}\sum_{i=1}^{r} w'_{1i}\log_e r -$$

$$\lambda\, \frac{s-r}{s} \cdot \frac{1}{s-r}\sum_{j=1}^{s-r} w'_{2j}\log_e(s-r)$$

$$= -\lambda \frac{r}{s}\left(\frac{1}{r}\sum_{i=1}^{r} w'_{1i}\right)\log_e \frac{r}{s} -$$

$$\lambda \frac{s-r}{s}\left(\frac{1}{s-r}\sum_{j=1}^{s-r} w'_{2j}\right)\log_e \frac{s-r}{s}$$

$$= -\lambda w_1 p_1 \log_e p_1 - \lambda w_2 p_2 \log_e p_2$$

(i) In (h) , we have just proved the formula (3) for $n = 2$. Suppose it is true for n. We shall see that (3) holds for $n+1$, too. Indeed, from (2) , we obtain

$$I_{n+1}(w_1,\cdots,w_{n-1},w'_1,w'';p_1,\cdots,p_{n-1},p',p'')$$

$$= -\lambda \sum_{i=1}^{n} w_i p_i \log_e p_i - p_n\left(\lambda w' \frac{p'}{p_n}\log_e \frac{p'}{p_n} + \lambda w'' \frac{p''}{p_n}\log_e \frac{p''}{p_n}\right)$$

$$= -\lambda \sum_{i=1}^{n-1} w_i p_i \log_e p_i - \lambda w_n p_n \log_e p_n - \lambda w' p' \log_e p' -$$

$$\lambda w'' p'' \log_e p'' + \lambda w' p' \log_e p_n + \lambda w'' p'' \log_e p_n$$

$$= -\lambda w_1 p_1 \log_e p_1 - \cdots - \lambda w_{n-1} p_{n-1} \log_e p_{n-1} -$$

$$\lambda w' p' \log_e p' - \lambda w'' p'' \log_e p''$$

because

$$w' p' + w'' p'' = w_n p_n$$

Therefore, the equality (3) is true for arbitrary n.

Let us take

$$w_1 = \cdots = w_n = 1$$

Then, as we have already seen, the weighted entropy is just Shannon's entropy. At the same time, axiom (A_4) is obviously satisfied in this case. It assumes the form

$$I_n\left(1,\cdots,1;\frac{1}{n},\cdots,\frac{1}{n}\right) = H_n\left(\frac{1}{n},\cdots,\frac{1}{n}\right) = L(n)$$

and (A_1) (A_2) , and (A_3) are just the well-known Fad-

deev (1957) axioms for Shannon's entropy. Thus, from theorem 1 we obtain the following theorem.

Theorem 2　*Consider the sequence of non-negative real-valued functions*

$$(H_n(p_1, \cdots, p_n))_{1 \leqslant n < \infty}$$

where every $H_n(p_1, \cdots, p_n)$ is defined on the set

$$p_k \geqslant 0 \quad (k = 1, \cdots, n), \quad \sum_{k=1}^{n} p_k = 1$$

suppose that the following axioms hold:

$(A_1) H_2(p, 1-p)$ *is a continuous function of $p \in [0,1]$.*

$(A_2) H_n(p_1, \cdots, p_n)$ *is a symmetric function in all variables p_i.*

(A_3) *We have*

$$H_{n+1}(p_1, \cdots, p_{n-1}, p', p'') = H_n(p_1, \cdots, p_n) + p_n H_2\left(\frac{p'}{p_n}, \frac{p''}{p_n}\right)$$

where

$$p_n = p' + p''$$

Then we have

$$H_n(p_1, \cdots, p_n) = -\lambda \sum_{k=1}^{n} p_k \log_e p_k$$

where λ is an arbitrary positive constant.

807

§3　The Maximum Value of Weighted Entropy

Let us now derive the expression for the probability distribution, maximizing the weighted entropy. Using natural logarithms, we shall prove the following theorem.

Theorem　*Consider the probability distribution*

$$p_i \geqslant 0 \quad (i = 1, \cdots, n), \quad \sum_{i=1}^{n} p_i = 1 \qquad (1)$$

and the weights $w_i > 0 (i = 1, \cdots, n)$. *The weighted entropy*

$$I_n = I_n(w_1, \cdots, w_n; p_1, \cdots, p_n) = - \sum_{i=1}^{n} w_i p_i \log_e p_i$$

is maximum if and only if

$$p_i = e^{-\frac{\alpha}{w_i} - 1} \quad (i = 1, \cdots, n)$$

where α *is the solution of the equation*

$$\sum_{i=1}^{n} e^{-\frac{\alpha}{w_i} - 1} = 1$$

The maximum value of I_n *is given by the quantity*

$$\alpha + \sum_{i=1}^{n} w_i e^{-\frac{\alpha}{w_i} - 1}$$

Proof　Because

$$-x \log_e x \leqslant \frac{1}{e}$$

for every $x \geqslant 0$, and

$$-x \log_e x = \frac{1}{e}$$

808

if and only if

$$x = \frac{1}{e}$$

we obtain, by using Lagrange's multipliers

$$I_n - \alpha = \sum_{i=1}^{n} w_i p_i \log_e \frac{1}{p_i} - \alpha \sum_{i=1}^{n} p_i$$

$$= \sum_{i=1}^{n} p_i \left(w_i \log_e \frac{1}{p_i} - \alpha \right)$$

$$= - \sum_{i=1}^{n} w_i e^{-\frac{\alpha}{w_i}} \left(p_i e^{\frac{\alpha}{w_i}} \log_e p_i e^{\frac{\alpha}{w_i}} \right)$$

$$\leqslant \sum_{i=1}^{n} w_i e^{-\frac{\alpha}{w_i} - 1}$$

The equality holds if and only if

$$p_i = e^{-\frac{\alpha}{w_i} - 1} \quad (i = 1, \cdots, n)$$

and then

$$I_n = \alpha + \sum_{i=1}^{n} w_i e^{-\frac{\alpha}{w_i} - 1}$$

These probabilities must verify the relation (1), i. e.

$$\sum_{i=1}^{n} e^{-\frac{\alpha}{w_i} - 1} = 1$$

If all events have the same weight $w_1 = \cdots = w_n = 1$, then

$$p_i = \frac{1}{n} \quad (i = 1, \cdots, n)$$

i. e. , we obtain the uniform discrete probability distribution which maximizes Shannon's entropy.

Let us notice that in this section we did not assume that the weights satisfied rule (2) (§1).

At the end, we defined the entropy of a random variable ξ as being the entropy of the probability distribution corresponding to a given random variable. Of course, in this way the particular numerical values taken on by the respective random variable are entirely ignored. Now, using the weighted entropy we are able to define the entropy of discrete random variables as a function both of probability and of values taken on by them.

Definition   *Let ξ be a random variable which takes on a finite number of positive values x_k ($k = 1, \cdots, n$), with the probabilities $p_k > 0$, $\sum\limits_{k=1}^{n} p_k = 1$. Then the weighted entropy of the random variable ξ will be the quantity*

$$I(\xi) = -\sum_{k=1}^{n} x_k p_k \log_e p_k$$

Comments and Exercises(Ⅱ)

第

二

十

一

章

Exercise 1 (Cauchy's functional equation)　*Let $f(x)$ be a continuous real-valued function. The equation*

$$f(x+y) = f(x) + f(y) \qquad (1)$$

has the following solution

$$f(x) = cx$$

where c is a constant.

Hint (see J. Aczél, 1966)　From (1), it follows by induction that

$$f(x_1 + x_2 + \cdots + x_n) = f(x_1) + f(x_2) + \cdots + f(x_n)$$

and by putting all $x_k = x(k = 1, 2, \cdots, n)$, it follows directly that

$$f(nx) = nf(x)$$

Thus, if

$$x = \frac{m}{n}t$$

then

$$nx = mt$$

and

$$f(nx) = f(mt)$$

Also

$$nf(x) = mf(t)$$

i. e.

$$f\left(\frac{m}{n} t\right) = \frac{m}{n} f(t) \tag{2}$$

If we let $t = 1$, $f(1) = c$, then

$$f(x) = cx \tag{3}$$

for every positive rational x. For $x = 0$, $f(0) = 0$ can be derived immediately from (1). Thus (2) and (3) are also valid for $\frac{m}{n} = 0$ and $x = 0$ respectively. For negative x, we obtain by substituting $y = -x$ in (1)

$$f(x) = f(0) - f(-x) = -f(-x)$$

and thus (2) implies

$$f(rt) = rf(t)$$

for all real t and all rational r. If $t = 1$, we have

$$f(r) = cr$$

for all rational r. From the continuity of the function $f(x)$ we have, by taking limits on both sides of (3), that

$$f(x) = cx$$

holds for all real x. On the other hand, the function (3) actually satisfies (1).

Exercise 2　*Suppose we are given n coins which look quite alike, but of which some are false. The false coins have a smaller weight than the genuine coins. The weights a and b (b < a) of both the genuine and false coins are known. A scale is given by means of which any number*

812

(*smaller than* n) *of coins can be weighed together. Thus, we select an arbitrary subset of the coins and put them together on the scale; then the scale shows us the total weight of these coins. Find the lower bound of the minimal number $A(n)$ of weighings by means of which the genuine and false coins can be separated.*

Hint　The amount of information needed is $\log_2 2^n = n$ because the subset of the coins consisting of the false coins may be any of the 2^n subsets of the set of all coins. On the other hand, if we put $k \leqslant n$ coins on the balance, the number of false coins among them may have the values $0, 1, \cdots, k$ and thus the amount of information given by each weighing cannot exceed

$$\log_2(k + 1) \leqslant \log_2(n + 1)$$

Thus, s weighings can give us at most $s \log_2(n + 1)$ bits, and thus to get the necessary amount of information, i. e., n bits, it is necessary that $s \log_2(n + 1)$ should be not less than n, i. e.

$$A(n) \geqslant \frac{n}{\log_2(n + 1)}$$

Comment 1　In the last 25 years many sets of axioms were proposed for Shannon's entropy. In the 1948 paper, C. E. Shannon himself proposed the following axioms for the finite discrete entropy

$$H_n(p_1, \cdots, p_n) = -\sum_{k=1}^{n} p_k \log p_k \qquad (4)$$

corresponding to the complete probability distribution

$$p_k \geqslant 0 \quad (k = 1, \cdots, n), \quad \sum_{k=1}^{n} p_k = 1$$

namely:

$(A_1^1) H_2\left(\dfrac{1}{2}, \dfrac{1}{2}\right) = 1;$

$(A_2^1) H_n(p_1, \cdots, p_n)$ is a continuous and symmetric function with respect to all arguments;

$(A_3^1) H_n(p_1, \cdots, p_{m-1}, p_m q_{m,m}, p_m q_{m,m+1}, \cdots, p_m q_{m,n})$
$= H_m(p_1, \cdots, p_m) + p_m H_{n-m+1}(q_{m,m}, q_{m,m+1}, \cdots, q_{m,n})$
where $n > m > 1, p_1 + \cdots + p_m = 1, q_{m,m} + \cdots + q_{m,n} = 1;$

$(A_4^1) H_n\left(\dfrac{1}{n}, \cdots, \dfrac{1}{n}\right) \leqslant H_{n+1}\left(\dfrac{1}{n+1}, \cdots, \dfrac{1}{n+1}\right).$

The axioms given by A. I. Khinchin (1957). Thus, H. Tverberg (1958) replaced the axiom mentioned above by the following one:

(A_1^2) The function $h(p) = H_2(p, 1-p)$ is Lebesgue-integrable in the interval $[0,1]$;

While D. G. Kendall (1964a) considered the axiom:

(A_1^3) The function $h(p)$ is increasing in the interval $(0, \dfrac{1}{2});$

And P. M. Lee (1964) introduced the axiom:

(A_1^4) The function $h(p)$ is Lebesgue – measurable in $(0,1)$.

Comment 2　A. Rényi (1961) extended Shannon's entropy (4) to an incomplete probability distribution

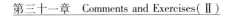

$$p_k \geqslant 0 \quad (k = 1, \cdots, n), \sum_{k=1}^{n} p_k \leqslant 1$$

by defining the so-called entropy of order α as

$$H_n^{\alpha}(p_1, \cdots, p_n) = \frac{1}{1-\alpha} \log_2 \frac{\sum_{k=1}^{n} p_k^{\alpha}}{\sum_{k=1}^{n} p_k} \quad (\alpha > 0, \alpha \neq 1)$$

$$(5)$$

As α tends to unity, (5) reduces to (4), provided $\sum_{k=1}^{n} p_k = 1$.

A conjecture of A. Rényi (1965a) that:

$(A_1^5) H_1(\frac{1}{2}) = 1;$

$(A_2^5) H_{mn}(p_1 q_1, \cdots, p_1 q_n, \cdots, p_m q_1, \cdots, p_m q_n)$
$= H_m(p_1, \cdots, p_m) + H_n(q_1, \cdots, q_n);$

(A_3^5) (axiom of quasiarithmetic mean)

$$H_n(p_1, \cdots, p_n) = g^{-1} \left(\frac{\sum_{k=1}^{n} p_k g(H_1(p_k))}{\sum_{k=1}^{n} p_k} \right)$$

$(A_4^5) H_1$ is continuous;

$(A_5^5) g$ is increasing in $[0, \infty)$;

$(A_6^5) g$ is continuous in $[0, \infty)$;

Imply either Shannon's entropy

$$H_n(p_1, \cdots, p_n) = - \frac{\sum_{k=1}^{n} p_k \log_2 p_k}{\sum_{k=1}^{n} p_k}$$

or the α-entropy

$$H_n(p_1,\cdots,p_n) = \frac{1}{1-\alpha}\log_2\frac{\sum\limits_{k=1}^{n}p_k^{\alpha}}{\sum\limits_{k=1}^{n}p_k} \quad (\alpha > 0, \alpha \neq 1)$$

was proved by Z. Daróczy (1963).

J. Aczél and Z. Daróczy (1963a) proved that axiom (A_2^5), together with the following three axioms:

(A_1^6) For $\sum\limits_{k=1}^{n}p_k = 1$, we have

$$H_n(p_1,\cdots,p_n) = g^{-1}\left(\sum\limits_{k=1}^{n}p_kg(-\log_2p_k)\right) ;$$

(A_2^6) The function

$$f(x) = \begin{cases} xg(-\log_2x), x > 0 \\ 0, x = 0 \end{cases}$$

is strictly convex in $[0,1]$;

(A_3^6) The function g is continuous in $[0,\infty)$;

Implies either Shannon's entropy for the complete probability distribution

$$H_n(p_1,\cdots,p_n) = -\sum\limits_{k=1}^{n}p_k\log_2p_k$$

or α-entropy for the complete probability distribution

$$H_n(p_1,\cdots,p_n) = \frac{1}{1-\alpha}\log_2\left(\sum\limits_{k=1}^{n}p_k^{\alpha}\right) \quad (\alpha > 0, \alpha \neq 1)$$

In this theorem, the axiom (A_2^6) was replaced by (A_5^5) and

(A_1^7) $\lim\limits_{x\to\infty}(xg(-\log_2x)) = 0$

in the paper by Z. Daróczy (1964). Finally, (A_1^7) was replaced by the axiom (A_1) in a paper by Aczél and Daróczy (for further comments, see J. Aczél, 1969).

The following extensions of Rényi's α-entropy have been proposed.

(a) R. S. Varma (1966) proposed two expressions, namely

$$H_n^{A\alpha m}(p_1,\cdots,p_n) = \frac{1}{m-\alpha}\log_2\frac{\sum_{k=1}^{n}p_k^{\alpha-m+1}}{\sum_{k=1}^{n}p_k}$$

$$(m-1 < \alpha < m, m \geqslant 1, \sum_{k=1}^{n}p_k \leqslant 1)$$

and

$$H_n^{B\alpha m}(p_1,\cdots,p_n) = \frac{1}{m(m-\alpha)}\log_2\frac{\sum_{k=1}^{n}p_k^{\frac{\alpha}{m}}}{\sum_{k=1}^{n}p_k}$$

$$(0 < \alpha < m, m \geqslant 1, \sum_{k=1}^{n}p_k \leqslant 1)$$

Both of these expressions give Rényi's α-entropy for $m = 1$.

(b) J. N. Kapur (1967) proposed the so-called entropy of order α and type β defined as

$$H_n^{\alpha\beta}(p_1,\cdots,p_n) = \frac{1}{1-\alpha}\log_2\frac{\sum_{k=1}^{n}p_k^{\alpha+\beta+1}}{\sum_{k=1}^{n}p_k^{\beta}}$$

$$(\alpha > 0, \alpha \neq 1, \beta \geqslant 1, \sum_{k=1}^{n} p_k \leqslant 1) \qquad (6)$$

(c) P. N. Rathie (1970) proposed the entropy of order α and type $\{\beta_k\}_{1 \leqslant k \leqslant n}$ as

$$H_n^{\alpha\beta_1,\cdots,\beta_n}(p_1,\cdots,p_n) = \frac{1}{1-\alpha}\log_2\frac{\displaystyle\sum_{k=1}^{n} p_k^{\alpha+\beta_k-1}}{\displaystyle\sum_{k=1}^{n} p^{\beta_k}}$$

$$(\alpha > 0, \alpha \neq 1, \beta_k > 1, \sum_{k=1}^{n} p_k \leqslant 1) \qquad (7)$$

For $\beta_k = \beta(k=1,\cdots,n)$, (7) reduces to (6).

Let us notice also that M. Behara and P. Nath (1973) defined another kind of α-entropy in the following manner.

Let us define the following real-valued function

$$z_\alpha(t) = \begin{cases} \dfrac{t-t^\alpha}{1-2^{1-\alpha}}, \text{for} \quad t \in (0,1], \alpha \in [0,\infty) \\ 1, \text{for} \quad \alpha = 0, t = 0 \\ 0, \text{for} \quad t = 0, \alpha \in (0,\infty) \end{cases}$$

Obviously

$$z_1(t) = \begin{cases} -t\log_2 t, \text{ for} \quad t \in (0,1] \\ 0, \text{for} \quad t = 0 \end{cases}$$

$z_\alpha(t)$ is non-negative for all $t \in [0,1], \alpha \in (0,\infty)$ with $z_\alpha(\frac{1}{2}) = \frac{1}{2}$. For $\alpha = 0, z_0(t) \geqslant 0, t \in [0,1]$ with $z_0(0) = 1, z_0(1) = 0, z_0(\frac{1}{2}) = \frac{1}{2}, z_\alpha(t)$ is a continuous function of α and t.

The function $z_0(t)$ is a strictly monotonically decreasing function of $t \in [0,1]$. The function $z_1(t)$ is strictly monotonically decreasing for $t \in [\frac{1}{2}, 1]$ and strictly monotonically increasing for $t \in [0, \frac{1}{2}]$. The function $z_\alpha(t), \alpha > 0, \alpha \neq 1$ is a strictly monotonically increasing function of $t \in \left[0, \left(\frac{1}{\alpha}\right)^{\frac{1}{\alpha-1}}\right]$ and strictly monotonically decreasing for $t \in \left[\left(\frac{1}{\alpha}\right)^{\frac{1}{\alpha-1}}, 1\right]$.

The function $z_0(t)$ has its maximum value 1 when $t = 0$ and a minimum value 0 when $t = 1$. The function $z_1(t)$ has a maximum value $\frac{1}{2}$ when $t = \frac{1}{2}$ and a minimum value 0 when $t = 0$ and $t = 1$. The function $z_\alpha(t)$, $\alpha > 0$, $\alpha \neq 1, 0$ have a maximum at $t = \left(\frac{1}{\alpha}\right)^{\frac{1}{\alpha-1}}$ and the maximum value is

$$\frac{\alpha - 1}{\alpha(1 - 2^{1-\alpha})} \left(\frac{1}{\alpha}\right)^{\frac{1}{\alpha-1}}$$

Let now $\{\Omega, \mathscr{K}, \mu\}$ be a probability space. The entropy of order α, in the sense of Behara and Nath of a finite measurable partition $\mathscr{A}$ of Ω, is

$$I^\alpha(\mathscr{A}) = \sum_{A \in \mathscr{A}} z_\alpha(\mu(A)) = \frac{1}{1 - 2^{1-\alpha}}\left(1 - \sum_{A \in \mathscr{A}} \mu^\alpha(A)\right)$$

$$(\alpha \geq 0, \alpha \neq 1)$$

Let us assume that $\mathscr{A}$ is a partition with two elements

$$\mathscr{A} = \{A_1, A_2\}$$
$$(A_1 \neq \varnothing, A_2 \neq \varnothing, A_1 \cup A_2 = \Omega, \mu(A_1) = p, 0 < p < 1)$$

In this case

$$I^\alpha(\mathscr{A}) = z_\alpha(p) + z_\alpha(1-p) = \Phi_\alpha(p) \quad (\alpha \geqslant 0)$$

Obviously

$$\Phi_\alpha(p) = \Phi_\alpha(1-p) \quad (p \in (0,1))$$

Further

$$\Phi_\alpha\left(\frac{1}{2}\right) = 1$$

The function $\Phi_0(p)$ is a polynomial of degree 0. In fact, $\Phi_0(p) = 1$ for $p \in (0,1)$. Also $\Phi_1(p)$ is logarithmic and $\Phi_2(p)$ and $\Phi_3(p)$ are polynomial of degree 2. Though

$$z_2(p) \neq z_3(p) \quad (p \in (0,1))$$

still

$$\Phi_2(p) = \Phi_3(p) \quad (p \in (0,1))$$

Therefore

$$I^2(\mathscr{A}) = I^3(\mathscr{A})$$

but

$$\Phi_\alpha(p) \neq \Phi_{\alpha-1}(p) \quad (\alpha = 4,5,6,\cdots)$$

Of course, in this case

$$I^1(\mathscr{A}) = H_2(p, 1-p)$$

Behara and Nath call $I^2(\mathscr{A})$ the parabolic entropy of $\mathscr{A}$. We have

820

$$I^2(\mathcal{A}) = 4(p - p^2)$$

Let us notice that

$$z_2(t) = 2(t - t^2)$$

represents the equation of the parabola passing through the points $(\frac{1}{2}, \frac{1}{2})$ and $(1, 0)$ with its axis as the line $t = \frac{1}{2}$, vertex $(\frac{1}{2}, \frac{1}{2})$, focus $(\frac{1}{2}, \frac{3}{8})$ and directrix $z_2(t) = \frac{5}{8}$. Because of symmetry around its axis, the parabola passes through the origin.

For an arbitrary finite measurable partition $\mathcal{A}$, we have, obviously

$$I^1(\mathcal{A}) = \sum_{A \in \mathcal{A}} z_1(\mu(A)) = -\sum_{A \in \mathcal{A}} \mu(A) \log_2 \mu(A)$$

i. e. , Shannon's entropy of the partition $\mathcal{A}$.

In all these extensions I have presented, one or several properties of Shannon's entropy are replaced by weaker conditions. However, we have to investigate if they are or are not natural with respect to the properties we intuitively associate with a measure of expected information. The following properties of entropies, as measures of expected information, seem natural. The amount of information expected from an experiment does not change if we add events (outcomes) of zero probability. The expected information is symmetric in the probabilities of the events. The information expected from a combination of two experiments is less than or equal to the sum of the information expected from the single experiments; the equality holds here if the two experiments are independent. In fact, these are just the Khinchin axioms. In a recent paper, J. Aczél, B. Forte, and C. T. Ng (1974) proved that linear combinations of Shannon and Hartley entropies, and only these, have the above properties, where Hartley's entropy for an experiment which has n possible outcomes is $\log_2 n$.

Comment 3　It is easy to see that the average amount of information contained in experiment A about experiment B, or, equivalently, the amount of information contained in experiment B about experiment A, denoted by $I(A,B)$, has the expression

$$I(A,B) = H_n(A) - H_n(A \mid B)$$

$$= \sum_{k=1}^{n} \sum_{l=1}^{m} p(a_k,b_l) \log \frac{p(a_k,b_l)}{p(a_k)p(b_l)} \quad (8)$$

Let us consider now a probability space $\{\Omega, \mathscr{K}, P\}$ and two random variables $\xi(\omega)$ and $\eta(\omega)$ defined on this probability space, and taking values in the measurable spaces $\{\mathfrak{X}, \mathscr{F}_x\}$ and $\{\mathfrak{y}, \mathscr{F}_y\}$, respectively. The corresponding probability distributions of these random variables will be

$$P_\xi(E) = P(\{\omega \mid \xi(\omega) \in E\}) \quad (E \in \mathscr{F}_x)$$

and

$$P_\eta(F) = P(\{\omega \mid \eta(\omega) \in F\}) \quad (F \in \mathscr{F}_y)$$

respectively. The pair ξ, η of random variables may be regarded as a single random variable (ξ, η) with values in the product space $\mathfrak{X} \times \mathfrak{Y}$. The distribution $P_{\xi\eta}$ of (ξ, η) is called the joint distribution of the random variables ξ and η. By the product of the distributions P_{ξ} and P_{η}, denoted by $P_{\xi \times \eta}$, is meant the distribution defined on $\mathscr{F}_x \times \mathscr{F}_y$ such that

$$P_{\xi \times \eta}(E \times F) = P_{\xi}(E)P_{\eta}(F)$$

for $E \in \mathscr{F}_x$ and $\mathscr{F} \in \mathscr{F}_y$. If the joint distribution $P_{\xi\eta}$ coincides with the product distribution $P_{\xi \times \eta}$, the random variables ξ and η are said to be independent. By analogy to the expression (8), I. M. Gelfand, A. N. Kolmogorov, and A. M. Yaglom (1956, 1958) (see also R. L. Dobrushin, 1959, and A. Perez, 1964) defined the information of one of these random variables with respect to the other as being

$$I(\xi, \eta) = \sup \sum_k \sum_l P_{\xi\eta}(E_k \times F_l)\log \frac{P_{\xi\eta}(E_k \times F_l)}{P_{\xi}(E_k)P_{\eta}(F_l)}$$

$$(9)$$

where the supremum is taken over all partitions $\{E_k\}$ of $\mathfrak{X}$ and $\{F_l\}$ of $\mathfrak{Y}$. The quantity $I(\xi, \xi) = H(\xi)$ is called the entropy of the random variable ξ. An extensive study of this information with applications to the information stability of random variables and stochastic processes are given by M. S. Pinsker (1964).

Comment 4　Continuous entropy may also be stud-

ied from the axiomatic point of view. Axiomatic charac-
terizations of the entropy of probability distributions on the
real line are given in the following papers: L. L. Camp-
bell (1965, 1972), H. Hatori (1958), S. Ikeda
(1962a), and E. Reich (1951).

We have seen one way of approaching the continuous
entropy. Let us give now another approach to the continu-
ous case, for α-entropy, due to A. Rényi (1959,
1970a).

If $\{\Omega,\mathscr{K},P\}$ is a probability space and if the ran-
dom variable ξ takes on denumerably many values x_k with
probabilities

$$p_k = P(\{\omega | \xi(\omega) = x_k\}) \quad (k = 1,2,\cdots)$$

then it is possible to define, directly from (5), the *infor-
mation of order α contained in the value of ξ*, or, equiva-
lently, the *α-entropy of the random variable ξ*, by the for-
mulas

$$H^{\alpha}(\xi) = \frac{1}{1-\alpha}\log_2\left(\sum_{k=1}^{\infty} p_k^{\alpha}\right), \quad \text{for} \quad \alpha \neq 1 \quad (10)$$

and

$$H^1(\xi) = H(\xi) = \sum_{k=1}^{\infty} p_k\log_2\frac{1}{p_k} \quad (11)$$

if the series on the right-hand sides of (10) and (11)
converge. The series (11) does not always converge, but
the series (10) always converges for $\alpha > 1$.

Let η be a second random variable on the same
probability space, which takes on the same values as ξ

824

but has a different probability distribution

$$q_k = P(\{\omega \mid \eta(\omega) = x_k\}) \quad (k = 1, 2, \cdots)$$

The variation of information, or, equivalently, the gain of information, of order α obtained if the random distribution $q = \{q_1, q_2, \cdots\}$ is replaced by $p = \{p_1, p_2, \cdots\}$ is defined, in the obvious way by

$$H^{\alpha}(p \mid q) = \frac{1}{\alpha - 1} \log_2 \left(\sum_{k=1}^{\infty} \frac{p_k^{\alpha}}{q_k^{\alpha-1}} \right), \text{ for } \alpha \neq 1 \quad (12)$$

and by

$$H^1(p \mid q) = H(p \mid q) = \sum_{k=1}^{\infty} p_k \log_2 \frac{p_k}{q_k} \quad (13)$$

if the series on the right-hand side of (12) or (13) converges.

Let now ξ be a random variable having a continuous distribution and let us suppose that we want to extend the definition of $H^{\alpha}(\xi)$ to this case. If we do this in a straightforward way, we find that this quantity is, in general, infinite. Rényi's idea was to approach a continuous distribution by a discrete one and to investigate how the information associated with the discrete distribution increases as the deviation between the two distributions is diminished.

Let us consider the random variable

$$\xi_n = \frac{[n\xi]}{n}$$

where $[a]$ denotes the largest integer not exceeding a. Suppose $\alpha > 0$ and $H^{\alpha}(\xi_n)$ to be finite for every n. When

825

the distribution is continuous, $H^\alpha(\xi_n)$ tends to infinity when n tends to infinity. However, in many cases, the limit

$$d = d_\alpha(\xi) = \lim_{n\to\infty}\frac{H^\alpha(\xi_n)}{\log_2 n}$$

exists. The quantity $d_\alpha(\xi)$ is called the dimension of order α of ξ. Further, if the following limit

$$H^{\alpha,d}(\xi) = \lim_{n\to\infty}(H^\alpha(\xi_n) - d\log_2 n)$$

exists too, $H^{\alpha,d}(\xi)$ will be called the d-dimensional information of order α contained in the value of the random variable ξ.

Exercise 3   *Using the notation from comment* 4, *let ξ be a random variable having an absolutely continuous distribution with density function $f(x)$, which is supposed to be bounded. If we put*

$$\xi_n = \frac{[n\xi]}{n} \quad (n = 1,2,\cdots)$$

and if we suppose that $H^\alpha(\xi_1)$ is finite $(\alpha > 0)$, then

$$\lim_{n\to\infty}\frac{H^\alpha(\xi_n)}{\log_2 n} = 1$$

i. e. , the dimension of order α of ξ is equal to unity. If the integral

$$\int_{-\infty}^{+\infty} (f(x))^\alpha dx \quad (\alpha \neq 1)$$

exists, then

$$\lim_{n\to\infty}(H^\alpha(\xi_n) - \log_2 n) = H^{\alpha,1}(\xi)$$

$$= \frac{1}{1-\alpha}\log_2\left(\int_{-\infty}^{+\infty}(f(x))^{\alpha}\mathrm{d}x\right)$$

(*which is the one-dimensional information of order α associated with the random variable ξ*). *If the integral*

$$\int_{-\infty}^{+\infty}f(x)\log_2\frac{1}{f(x)}\mathrm{d}x$$

exists, *then*

$$H^{1,1}(\xi) = \lim_{n\to\infty}(H^1(\xi_n) - \log_2 n) = H(\xi)$$

$$= \int_{-\infty}^{+\infty}f(x)\log_2\frac{1}{f(x)}\mathrm{d}x$$

(*which is Boltzmann's entropy associated with the random variable ξ*).

Exercise 4　*Using the notations from comment* 3, *let us suppose that*:

(a) *The distribution $P_{\xi\eta}$ is absolutely continuous with respect to the distribution $P_{\xi\times\eta}$.*

(b) *The distributions P_{ξ}, P_{η}, and $P_{\xi\eta}$ are given in terms of the probability density functions $p_{\xi}(x), p_{\eta}(y)$, and $p_{\xi\eta}(x,y)$ respectively, such that*

$$P_{\xi}(E) = \int_E p_{\xi}(x)\mathrm{d}\mu(x), P_{\eta}(F) = \int_F p_{\eta}(y)\mathrm{d}v(y)$$

$$(E \in \mathscr{F}_x, F \in \mathscr{F}_y)$$

Then we have

$$I(\xi,\eta) = \int_{\mathscr{X}\times\mathscr{Y}}p_{\xi\eta}(x,y)\log\frac{p_{\xi\eta}(x,y)}{p_{\xi}(x)p_{\eta}(y)}\mathrm{d}\mu(x)\mathrm{d}v(y)$$

Exercise 5　*Let $\{p_1,p_2,\cdots\}$ and $\{q_1,q_2,\cdots\}$ be two sequences of non-negative numbers such that*

$$p_1 \geqslant p_2 \geqslant \cdots$$

$$\sum_{k=1}^{\infty} p_k = \sum_{k=1}^{\infty} q_k \leqslant 1$$

and for any positive integer n

$$\sum_{k=1}^{n} p_k \leqslant \sum_{k=1}^{n} q_k$$

Then we have

$$\sum_{k=1}^{\infty} q_k \log \frac{1}{q_k} \leqslant \sum_{k=1}^{\infty} p_k \log \frac{1}{p_k} \qquad (14)$$

Hint See E. C. Posner, E. R. Rodemich, and H. Rumsey Jr. (1967).

Suppose first of all that both sequences are zero after some integer N. Let there be m values of j for which $q_j \neq p_j$. The solution is by induction on m, where $0 \leqslant m \leqslant N$. The equality holds when $m = 0$. Suppose $m = M > 0$ and the result is true for $m < M$. Since

$$\sum_{j} q_j = \sum_{j} p_j$$

there is a first index r for which $q_r > p_r$ and a first index s for which $q_s > p_s$. The inequality $r < s$ implies by hypothesis $q_r > p_r \geqslant p_s > q_s$. If q_r and q_s are replaced by values q_r', q_s' such that

$$q_r' + q_s' = q_r + q_s, q_r > q_r' \geqslant q_s' > q_s$$

then the value of

$$\sum_{j} q_j \log \frac{1}{q_j}$$

is increased since the function $x \log \dfrac{1}{x}$ is concave. This

may be done so that either

$$q_r' = p_r, p_s = q_s'$$

or

$$q_r' \geqslant p_r, p_s = q_s'$$

The new set of q_j satisfies the hypotheses too. By the induction hypothesis, the inequality (14) is true. In the general case, let $\mathfrak{N}$ be any positive integer and let us define

$$p^* = \sum_{k=\mathfrak{N}+1}^{\infty} p_k, q^* = \sum_{k=\mathfrak{N}+1}^{\infty} q_k$$

The sequences $\{p_1, \cdots, p_\mathfrak{N}, p^*, 0, 0, \cdots\}$ and $\{q_1, \cdots, q_\mathfrak{N}, q^*, 0, 0, \cdots\}$ satisfy the hypotheses. Hence, we have

$$\sum_{k=1}^{\mathfrak{N}} q_k \log \frac{1}{q_k} + q^* \log \frac{1}{q^*} \leqslant \sum_{k=1}^{\mathfrak{N}} p_k \log \frac{1}{p_k} + p^* \log \frac{1}{p^*}$$

For $\mathfrak{N}$ tending to infinity, we obtain the inequality (14).

Exercise 6　*If the probability distribution*

$$p = \{p_1, p_2, \cdots\}, p_n \geqslant 0, \sum_{n=1}^{\infty} p_n = 1$$

is such that

$$H(p) = -\sum_{n=1}^{\infty} p_n \log p_n < \infty$$

then

$$\sum_{n=1}^{\infty} p_n \log n < \infty$$

Hint　Assume that the $\{p_n\}$ are nonincreasing in n. This is possible because reordering of the $\{p_n\}$ does not affect the values of the entropy. Then

$$1 = \sum_{i=1}^{\infty} p_i \geqslant \sum_{i=1}^{n} p_i \geqslant np_n$$

and we have

$$\log \frac{1}{p_n} \geqslant \log n \quad (n = 1, 2, \cdots)$$

Therefore

$$\sum_{n=1}^{\infty} p_n \log n \leqslant \sum_{n=1}^{\infty} p_n \log \frac{1}{p_n} = H(p) < \infty$$

Exercise 7   *If the probability distribution*

$$p = \{p_1, p_2, \cdots\}, p_n \geqslant 0, \sum_{n=1}^{\infty} p_n = 1$$

is such that

$$\sum_{n=1}^{\infty} p_n \log n < \infty$$

then

$$H(p) = - \sum_{n=1}^{\infty} p_n \log p_n < \infty$$

Hint   See the hint of exercise 6.

Exercise 8 (P. Erdös, 1946)   *Let $\mathfrak{F}(n)$ be an additive number-theoretical function, i. e. , suppose*

$$\mathfrak{F}(nm) = \mathfrak{F}(n) + \mathfrak{F}(m) \tag{15}$$

if $(n, m) = 1$, where (n, m) denotes the greatest common divisor of n and m. If

$$\lim_{n \to \infty} (\mathfrak{F}(n + 1) - \mathfrak{F}(n)) = 0$$

then we have

$$\mathfrak{F}(n) = c \log_2 n$$

with some real constant c.

Hint (A. Rényi, 1970a)　Let p be an arbitrary prime, $\alpha \geqslant 1$, and put $k = p^\alpha$. Let us consider

$$G(n) = \Im(n) - \frac{\Im(k) \log_2 n}{\log_2 k} \qquad (16)$$

Clearly $G(n)$ is also additive, and putting

$$\delta_n = G(n+1) - G(n)$$

we have

$$\lim_{n \to \infty} \delta_n = 0 \qquad (17)$$

and, further

$$G(k) = 0 \qquad (18)$$

Now let, for any positive integer, n define n' by

$$n' = \begin{cases} \left[\dfrac{n}{k}\right], \text{if } p \text{ is not a divisor of } \left[\dfrac{n}{k}\right] \\ \text{or if } \left[\dfrac{n}{k}\right] = 0, \text{i.e. ,if } \left(\left[\dfrac{n}{k}\right], k\right) = 1 \\ \left[\dfrac{n}{k}\right] - 1, \text{if } p \text{ divides } \left[\dfrac{n}{k}\right] \neq 0, \text{i.e. ,} \\ \text{if } \left(\left[\dfrac{n}{k}\right], k\right) > 1 \end{cases}$$

where $[a]$ denotes the largest integer smaller or equal to a.

Clearly

$$n' \leqslant \frac{n}{k} \qquad (19)$$

and

$$n = kn' + r$$

where $(k, n') = 1$ and $0 \leqslant r < 2k$.

831

According to (18)

$$G(kn') = G(n')$$

Hence, we can write

$$G(n) = G(n') + G(n) - G(kn') = G(n') + \sum_{l=kn'}^{n-1} \delta_l$$

$$(20)$$

Repeat the decomposition (20) with n' instead of n, then with n'' instead of n', etc. If we put

$$n^{(0)} = n, n^{(j+1)} = (n^{(j)})' \quad (j = 0, 1, \cdots)$$

we obtain at the r-th step

$$G(n) = G(n^{(r)}) + \sum_{l=1}^{r} \sum_{l=kn^{(j)}}^{n^{(j-1)}-1} \delta_l$$

But by (20)

$$n^{(r)} \leqslant \frac{n}{k^r}$$

Hence, we obtain $n^{(r)} = 0$ after at most $\left[\dfrac{\log_2 n}{\log_2 k}\right] + 1$

steps; thus, for every n

$$G(n) = \sum_{j=1}^{b_n} \delta_{h_j}$$

where $h_1 < h_2 < \cdots < h_{b_n}$ and

$$b_n \leqslant 2k\left(\frac{\log_2 n}{\log_2 k} + 1\right)$$

Thus, according to (17)

$$\lim_{n \to \infty} \frac{G(n)}{\log_2 n} = 0$$

and, by (16)

832

$$\lim_{n \to \infty} \frac{\Im(n)}{\log_2 n} = \frac{\Im(k)}{\log_2 k} = \frac{\Im(p^\alpha)}{\log_2 p^\alpha} \qquad (21)$$

Denoting the value of the limit on the left of (21) by c, it follows from (21) that

$$\Im(k) = c\log_2 k$$

If the integer $n > 1$ has a decomposition

$$n = k_1 k_2 \cdots k_s$$

where $\{k_i\}$ are powers of prime numbers, then we conclude from the equality (15) that

$$\Im(n) = \sum_{i=1}^{s} \Im(k_i) = c \sum_{i=1}^{s} \log_2 k_i = c\log_2 n$$

Exercise 9　*Let ξ denote a random variable defined on the real axis, $f(x)$ its probability density function, and $H(\xi)$ its entropy. The entropy exists provided:*

(a) The probability density function exists and is monotonic except for a finite interval.

(b) There exists such a positive number ε that the integral

$$\int_{-\infty}^{+\infty} |x|^\varepsilon f(x)\,\mathrm{d}x$$

converges.

Hint　See the paper by C. Rajski (1960a).

833

第六篇

经典文献篇

进步和熵^①

第 三 十 二 章

我们已经说过,热力学第二定律表达了自然界趋于无秩序的统计倾向,即孤立系统的熵增加的倾向.作为人,我们并不是孤立系统.我们要从外界取得产生能量的食物.因此我们是包括我们的生命源泉在内的那个更大的世界中的一部分.尤其重要的是,我们通过自己的感觉器官取得信息,并根据收到的信息而行动.

这种关于我们与环境的相互关系的说法,现在物理学家已经了解了它的意义.至于信息在这里所起的作用,Maxwell以所谓"Maxwell 妖"的说法提供了一个极为出色的表达方法.现将 Maxwell 妖介绍如下:

假定我们有一个盛有气体的容器,其中气体的温度处处相同,但分子运动的速度有的快,有的慢.再假定容器有扇小门,

---

① 摘自《系统论 控制论 信息论 经典文献选编》庞元正,李建华编,求实出版社,1989.

可以让气体经过管道通到一部热机,而热机的排气孔则用另一管道通向另一扇小门与气室相连. 设想在每扇小门旁边都有一个小妖精,它的职责是监视接近小门的分子,并根据分子的运动速度将门打开或关闭.

第一扇小门旁边的小妖只为从容器来的高速运动的分子开门,对低速运动分子则关门. 与此相反,第二扇小门旁边的小妖只对从容器来的低速分子开门,而对高速分子关门. 结果一端温度升高,另一端温度降低,这就造成了一个"第二类"永动机:它不违反热力学第一定律,即给定系统内部的能量守恒,但违反热力学第二定律,即能量只能自发地从高温到低温. 换句话说,Maxwell 妖似乎克服了熵的增长倾向.

也许我还可以用地下铁道中的人群在两扇旋转门旁边进进出出的例子,来对上述想法作进一步说明. 其中的一扇门只让以一定速度奔跑的人出去,另一扇门只让走得慢的人出去. 这样,在地下铁道中随机走动的人群就会形成从第一扇旋转门快速走出的一股人流,以及从第二扇门慢速通过的人流. 如果将这两扇门用过道相连,并在过道中放上一部踏车,那么快速走动的人流使踏车朝一个方向旋转的倾向,就要超过缓慢走动的人流使踏车朝相反方向旋转的倾向. 于是我们就从随机走动的人群中得到了有用的能源.

在这里反映出老一辈物理学家同现代物理学家之间的一个非常有趣的差别. 在 19 世纪物理学中,信息的取得似乎不消耗任何能量. 因此在 Maxwell 看来,没有任何东西能阻碍他的小妖为自己提供能源. 但现代

物理学认为,小妖只能通过某种类似于感官(这里就是眼睛)的器官获得信息,并根据这些信息来打开小门或关闭小门.落到小妖眼睛中的光,并不是不需要能量的补充,而是具有机械运动的主要特性,不照射仪器的光,绝不可能被任何仪器所接收;不照射粒子的光,也不可能指明任何粒子的位置.这就是说,即使从纯机械观点来看,也不能认为容器中只有气体,而是应当同时含有气体和光.气体和光可能处在平衡状态,也可能处在不平衡状态.如果气体和光处于平衡状态,那么根据今天的物理学理论可以证明,同气室中完全没有光的时候一样,那里只有来自各个方向的一片光,并不能指明气体粒子的位置和速度.因此 Maxwell 妖只有在不平衡系统中才能工作.但就是在这种系统中,光同气体粒子之间的不断碰撞也必将使光和粒子趋于平衡.小妖虽然能暂时逆转熵的正常方向,但最后一定会疲于奔命.

只有当系统外部有补充的光射进来,而且其相应温度和粒子本身的机械温度不一致时,Maxwell 妖才能不停地工作下去.这种情况我们很熟悉,因为我们看到周围的宇宙在反射太阳光,而太阳光与地球上的机械系统远非处于平衡状态.严格说来,我们面前的粒子的温度是华氏五、六十度,而光是从温度高达好几千度的太阳上射来的.

在非平衡系统中,或者在非平衡系统的一部分中,熵不一定增加.事实上熵可能局部减少,也许我们周围世界的这种不平衡,只是在最终走向平衡的下坡路中的一个阶段.

从语义学的角度看来,像"生命""目的""心灵"之类的名词对于精确的科学思维都是很不合适的.这些词之所以获得一定的意义,是因为我们承认某一类现象具有统一性,但实际上这些词并不能为我们提供任何表征这种统一性的适当根据.每当我们发现一类新现象在某种程度上具有所谓"生命现象"的特性,但又不全部符合"生命"定义中的所有特征时,就一定会产生这样的问题:应当扩大"生命"这个词的含义以包括这类新现象呢,还是应当在更狭的意义下重新定义"生命"以排除这类新现象呢? 过去,人们在研究病毒时就碰到过这个问题.因为病毒既显示出某些生命特性——存活、繁殖、组织,但又没有以充分发展的形式表现出这些特性.现在人们看到机器和生命机体之间在行为方面有某些相似之处,提出了机器是否有生命的问题,从我们的角度来看,这只是一个语义学的问题.对这个问题我们可以自由地作出这样或那样的回答,全看怎样做对我们最方便.正如 Humpty Dumpty 对他的那些最惊人的用语所说的话:"我给它们额外加偿,要它们表达我所需要的意思."

如果我们想用"生命"这个词把朝着熵增加方向逆流而上的所有局部现象都包括在内,那也未尝不可.但是那会把许多天文现象也包括到"生命"之中了,而这些天文现象同我们通常理解的"生命"很难有什么相似之处的.所以我认为最好是避免使用"生命""心灵""活力论"等这些本身能否成立尚待证明的词汇,同样,对机器

而言,没有任何理由不能认为,在总熵向上增加的大范围中,机器和人一样处于熵向下减少的低谷.

当我把生命机体与这种机器相比较时,我从来没有认为通常所知道的生命体内那些特殊的物理过程、化学过程和精神过程是同模拟生命的机器中的过程相同.我只是认为它们都可以作为局部反熵过程的例子.这种局部反熵过程的例子,可能以既不能称之为生物的,也不能称之为机器的多种方式出现.

虽然在像自动化那样迅速发展的领域中,我们不可能对模拟生命的自动机作出任何普遍适用的论述,但我要着重指出,这类机器确实具有某些一般特征.首先,它们是用来完成某项任务或几项任务的机器,因而一定具有效应器官(类似于人的四肢),来执行这些任务.第二,它们必须通过光电管、温度计之类的感觉器官和外部世界相联系,这些器官不仅把周围的实际情况告诉机器,而且还使机器能记录完成任务的情况.这后一项功能就称为反馈,其特性是能够根据过去的操作情况去调整未来的行为.反馈可以像普通的反射那样简单,但也可以比较高级,即不仅用过去的经验来调整特定的运动,而且还能调整行为的整个策略.这种策略反馈可以并经常被看作是条件反射,或学习那样的过程.

我们必须要有一个中央决策机构来对付所有这种方式的行为,特别是那些比较复杂的行为.这个中央决策机构根据反馈来的信息决定机器下一步的行动,并用类似于生命机体的记忆那样的方式把信息贮存起来.

不难制造出一部能趋近光源或离开光源的简单的机器. William Grey Walter 博士[①]在《活的脑》一书中介绍过,如果这种机器本身带有光源,并将好几部这类机器放在一起的话,那就会表现出复杂的社会行为. 目前这类复杂的机器还只不过是些科学玩具,用来探索机器以及与机器相似的神经系统的各种可能性. 但是可以相信,在不久的将来,技术发展必将利用这种潜在力量.

因此,神经系统和自动机器是很相似的,它们都是根据过去的决定来作出决定的装置. 最简单的机械装置是像开关那样,在两种可能的状态中选择一种. 在神经系统中,单个神经纤维也是在传递或不传递脉冲这两种可能状态中作出决定的. 机器和神经系统中都有根据过去的决定来作出今后决定的专门装置. 在神经系统中,这种工作大部分是在称为"突触"的那些极其复杂的地方进行的. 突触是在许多输入神经纤维和单个输出神经纤维相连之处. 在很多情况中,可以认为作出决定的基础就是突触的作用阈值,也就是为了激发输出纤维应当激发多少个输入纤维.

这至少是机器和生命机体两者相似的部分基础. 生命机体中的突触对应于机器中的开关设备. 关于机器和生命机体之间的相互关系的细节的进一步阐述,

---

① William Grey Walter(1910—),英国伯尔敦神经学研究所生理部主任,在神经生理学、脑电图和控制论方面都有贡献,曾建造具有趋光性和背光性的机器乌龟.

可以参阅 William Grey Walter 博士和 William Ross Ashby 博士的富有启发性的著作.

我已经讲过,机器和生命机体一样,都是能够局部和暂时地抗拒熵的增长的装置. 由于机器有作出决定的能力,所以它能够在一个总趋势是走向衰亡的世界中造成一个局部的有组织区域.

自然界的消极抵抗同一个对手的积极抵抗之间的差别,使人联想起科学家同战士或同博弈参加者之间的差别. 实验物理学家有足够的时间做他的实验,他不必担心自然界终究会发觉他的计谋和方法,从而改变其策略. 因此,物理学家的工作总是受有利于他的因素的制约. 但是一个象棋手只要走错一步棋,他那机警的对手就会利用这个错误去打败他. 所以一个棋手受不利因素的制约比受有利因素的制约更多. 我这样讲可能有些偏见,因为我发现自己在科学上能够做出很好的工作,但在下棋时却老是因为关键时刻的疏忽而输掉.

所以科学家总是把他的对手看作是诚实可敬的敌人. 这种态度对于一个希望有所成就的科学家来说是必要的,但这也往往使他成为那些在战争中和政治上不讲原则的人的玩物. 此外,这种态度也使科学家难以为公众所了解,因为公众关心的是和自己敌对的人,而不是把自然界当作敌手.

我们生活的世界在整体上是服从热力学第二定律的,即混乱在增加,秩序在减少. 可是热力学第二定律虽然对于整个封闭系统是成立的,但对于其中的非孤立部分却肯定是不成立的. 在一个总熵增加的世界上, 存在着一些局部的和暂时的减熵小岛, 这种小岛的存在就使我们一些人断定进步的存在. 那么在我们周围世界中, 这种进步同增熵之间的战斗将会朝怎样的方向发展呢?

众所周知, 启蒙运动培育了进步的观念. 但就是在18 世纪已经有人认为这种进步服从于"报酬递减"的规律, 并认为黄金时代①的社会不会与他们周围的现状有很大差别. 随着以法国革命为标志的启蒙运动神话的破产, 在其他国家中对进步也产生了怀疑. 例如, 马尔萨斯就认为, 他那个时代的文明快要陷入无法控制的人口无限增加的泥坑之中, 以致人类所创造的一切都将消耗殆尽.

从马尔萨斯到达尔文的思想发展路线是很清楚的. 达尔文在进化论方面的伟大创新在于, 他并不把进化看成是从高级走向高级、从优良走向优良的拉马克式的自发上升运动, 而是将进化看成这样的一种现象, 即生物有向多方面发展的自发倾向, 以及继承祖先模式的倾向. 这两者结合在一起, 就是通过"自然选择"的过程, 去掉自然界中生长得过于繁盛的东西, 淘汰掉那些不能适应环境的个体. 结果, 留下大体上能较好地适应环境的生命形式的剩余模式. 按照达尔文的看法, 这剩余模式就体现了宇宙的目的性.

———————

① 黄金时代是古印度和古希腊神话中人类历史上最早的幸福时代, 也可以用来泛指繁荣昌盛的时代.

剩余模式的概念在艾什比博士的著作中又引人注目地表现出来. 艾什比用它来解释学习机的概念. 他指出: 结构有些杂乱和随机的机器, 既可以处于某种接近于平衡的状态, 也可以处于某种极不平衡的状态. 接近平衡的模式按其本性, 能持续很久, 而其他模式的出现只是暂时的. 结果就像达尔文所描绘的自然界那样, 在艾什比的机器中, 一个系统会表现出目的性, 这种目的并不是建造这个系统时有目地安排的, 而只是因为无目的性在本质上是暂时的. 当时, 归根到底熵达到极大这个最平凡的目的看来是最持久的, 但在中间阶段上, 有机体和社会将在较长时间内停留在这样一种活动方式上, 即其各个部分按照某种多少有点意义的模式彼此协调一致地工作.

关于随机的无目的机器能通过学习过程去探索其本身的目的, 这是 Willian Ross Ashby 的光辉思想. 我相信, 这不仅对于当代哲学是个伟大的贡献, 而且必将导致自动化技术的高度发展. 我们不仅能够把目的性安排在机器中, 而且在绝大多数情况下, 只要在设计机器时避开某些灾难性的陷阱, 就能使机器自己去寻找它所能达到的目的.

达尔文关于进步观念所带来的影响, 即使在 19 世纪也不只限于生物学界. 当时, 所有的哲学家和社会学家都从当时的一切源泉中汲取他们的科学思想. 因此马克思和他同时代的社会主义者接受了达尔文的进化观和进步观, 这是毫不奇怪的.

在物理学中, 进步的观念是同熵的观念相对立的,虽然两者并不绝对矛盾. 以牛顿学说为支柱的物理学认为有利于进步而不利于熵增加的信息, 在传递过程中可以只用极微小的能量, 甚至完全不用能量. 但到了 21 世纪, 由于物理学中量子理论的发明, 这种观点过时了.

对我们来说, 量子理论给出能量和信息之间的新联系. 在电话或放大器的线路噪声理论中也反映了这种联系的粗糙形式. 事实证明, 这种本底噪声实际上是不可避免的, 因为它是由运载电流的电子的离散特性引起的, 可是这种噪声具有一定的功率, 能够破坏信息. 所以线路必须有一定的通信功率, 才能避免消息被淹没在噪声之中. 比这个例子更基本的事实是: 光本身具有原子的结构, 而且一定频率的光总是以一份一份的光子向外发射的, 光子具有一定的能量, 其大小取决于频率, 因此小于一个光子的能量是不可能向外发射的. 不消耗一定的能量就不可能传送信息. 所以能量的联系和信息的联系之间没有明显的界线. 然而从大多数实际情况来看, 光子是非常小的东西, 而且为了取得有效的信息联系需要付出的能量是非常少的. 因此, 像树木的生长或人体的生长这种直接或间接依赖于太阳照射的局部过程, 熵大量下降可能只花费不多的能量. 这是生物学的一个基本事实, 具体说来, 也就是光合作用理论的一个基本事实, 光合作用是植物利用太阳光, 从水和空气中的二氧化碳制造出淀粉及生命必需的其他复杂化合物的那种化学过程.

因此, 对热力学第二定律是否作出悲观主义的解

释,这就取决于我们对整个宇宙以及对宇宙中发现的
局部减熵小岛的重视程度.不要忘记,我们自己就是这
种减熵小岛,而且生活在另一个减熵小岛中.由于人们
通常对不同远近的事物有不同看法,所以我们对待减
熵和秩序增加的区域要比对待整个宇宙重视得多.例
如生命很可能只是宇宙中的罕见现象,也许生命只限
于太阳系之内,而如果只考虑那种我们最感兴趣的高
级生命,那也许只在地球上才能存在.然而,我们生活
在地球上,宇宙其他地方是否存在生命,这同我们没有
多大关系,而与宇宙的整个浩瀚天地相比,更是微不足
道的.

　　此外,完全可以想象,生命只存在于一些有限的时
间内,在最早的地质年代之前并不存在生命.我们所知
道生命所必需的化学反应,只能在极其苛刻的物理条
件下才能进行.懂得这一点的人就会得出不可避免的
结论:允许生命在地球上以任何形式(甚至不限于人
这样的形式)继续存在这一幸运的偶然事件,必将导
致生命完全毁灭的结局.然而我们还是可以成功地安
排一切,赋予它们以不同的价值,使得生命存在这一短
暂的偶然事件,以及人类存在这个更为短暂的偶然事
件,具有非常重要的积极价值,尽管它们都是变化不定
的事件.

　　我们对进步的信仰可以从两种观点来讨论:一种
是从实际出发,另一种是从伦理出发,也就是提出赞成
不赞成的标准.从实际出发的人断言地理大发现早期
的成就也就是近代史的开始,这势必会不断发展成充

满无限的发明和发现控制人类环境的新技术. 相信进步的信徒们说,这种发展永无止境,至少在人们所能想象到的不太遥远的未来看不到任何尽头. 坚持将进步观念当作伦理原则的人则认为,这种无限制的近于自发的变化过程是件好事,它为我们的子孙后代提供建立人间天堂的基础. 也可能有人只是把进步当作一个事实,而不当作伦理原则来信仰.

Shannon

Shannon,美国数学家、电机工程师、信息论的创始人. 1916 年 4 月 30 日出生于美国密歇根州盖洛德城. Shannon 于 1936 年从密歇根大学毕业,获得电机工程和数学两个学士学位. 从 1936 至 1940 年,他在马萨诸塞理工学院攻读研究生学位. 其中,前两年在电机工程系攻读硕士研究生学位,同时兼任电机工程系研究助理员,参与了当时著名的布什微分分析器的研究与设计;后两年转入数学系攻读博士学位,兼任数学系的研究助理员. 1940 年,Shannon 从马萨诸塞理工学院毕业,获得了电机工程系的科学硕士学位和数学系的博士学位.

从学生时代起,Shannon 就特别注意数学理论与工程问题的结合. 他在研究生学习时期就出色地表现了在这方面的杰出才能,他首次将布尔代数理论用来解决

849

开关电路设计的问题,开创了计算机逻辑电路设计的新方向. 为了表彰他在开关理论方面的卓越贡献,美国电机工程师学会在 1940 年授予他诺贝尔奖金.

毕业以后,Shannon 在普林斯顿大学的高等研究所工作了一年. 随后,他被聘为美国国防部研究委员会的顾问和国家研究员. 从 1941 年起,他长期受聘在新泽西州莫莱山的 Bell 电话研究所工作,是这个研究所的数学研究员,从事通信理论的研究.

正是在 Bell 电话研究所工作期间,Shannon 完成了他毕生最辉煌的研究工作:利用概率论和随机过程理论等统计数学方法研究并解决了通信工程的一系列基本问题,揭示了通信过程的许多重要的规律,在这个基础上,发表了震撼学术界的著名科学论文——通信的数学理论[见 Bell 系统技术学报(Bell System Technical Journal)第 27 卷,第 379 – 423 页和第 623 – 656 页,1948 年.],奠定了信息论的理论基础,成为现代信息论的创始人. 为了表彰他在通信理论方面的开创性的贡献,美国无线电工程师学会在 1949 年为 Shannon 颁发了莫里斯·利曼奖金.

创立信息论,是 Shannon 在科学上最重要的成就. 它标志着信息问题的研究,已从经验阶段开始转变为真正的科学,从而使信息理论登上了科学的舞台,使以材料和能量两者为中心概念的传统科学开始转变为以材料、能量和信息三者为中心概念的现代科学.

不仅如此,在信息论的研究工作中,Shannon 还应用了许多辩证的思维方法,比较好地处理了诸如质与

量、形式与内容、肯定与不定、必然与偶然、结果与原因
等多方面的辩证关系,以自己出色的理论成果否定和
排除了 Laplace 决定论观念的不良影响,为建立现代
科学观念和现代科学思想以及现代科学方法作出了积
极的贡献.

　　Shannon 在科学上的贡献是多方面的,他涉及的
研究领域非常广泛,而且在几乎所有这些领域都有突
出的建树.例如,在计算机与自动机理论研究方面,在
计算机的非数值应用方面,在弈棋机、解谜机、智能机、
微分分析器的研究方面,在控制理论、图录机理论、开
关电路理论以及用不可靠的元件来设计可靠的机器的
理论研究方面,他都被同代人公认为那些领域的先驱.
此外,Shannon 还是现代密码理论的主要奠基人.在随
机过程理论、图论、生成代数理论等方面的研究,也都
处在当时的第一流水平.

　　正因为他在科学研究中取得了如此众多的杰出贡
献,Shannon 在国内外学术界享有很高的荣誉.除了上
面提到的诺贝尔奖金和利曼奖金之外,他还获得了
1955 年美国富兰克林科学院颁发的斯图亚特·白兰
亭奖章,1956 年的研究合作奖,1962 年的莱斯大学荣
誉奖章,1962 年的默文·凯利奖,1966 年美国电机工
程和电子学工程师学会的荣誉奖章,1967 年的金牌
奖,1972 年的哈维奖金,1978 年雅科特奖,1978 年哈
罗德·潘德奖等.同时,他还受聘成为许多荣誉称号的
享有者,例如,1961 年密执安大学授予他科学博士,
1962 年普林斯顿大学、1964 年英国爱丁堡大学、1964

年美国匹兹堡大学、1970 年西北大学、1978 年牛津大
学、1982 年东安格里亚大学等都先后授予他科学博士
的荣誉称号. 此外, 他还成为美国科学院、美国艺术科
学院、美国哲学会、里奥波的那科学院、荷兰皇家科学
院等许多高级学术组织的荣誉会员以及许多著名大学
的荣誉教授.

1978 年, Shannon 退休, 成为终生荣誉教授.

通信的数学理论[①]

第三十四章

§1 引　言

最近发展的各种调制方法如脉冲编码调制和脉冲位置调制,都是用增加频带来换取对信号噪声比的要求,因而增加了人们对通信普遍理论的注意. Nyquist 和 Hartley 的有关文章已奠定了这一理论的基础.本章将推广这种理论,使它含有某些新的因素,特别是信道中噪声的影响以及利用原来消息的统计结构和最终消息收受者的性质来改善通信的可能性.

通信的基本问题是在通信的一端精

　　① 　本章译自《贝尔系统技术学报》(Bell System Technical Journal, Vol. 27. Part I July 1948, PP. 379 ~ 423; Part II Oct. 1948, PP. 623 ~ 656.),译文原载《信息论理论基础》,上海市科学技术编译馆 1965 年版,沈永朝译,吴伯修校.

确地或近似地复现另一端所挑选的消息. 通常, 消息是有意义的; 那就是说它按照某一种关系与某些物质或概念的实体联系起来. 通信的语义方面的问题与工程问题是没有关系的. 重要的是一个实际的消息是从可能消息的集合中选择出来的. 因此系统必须设计得对每种选择都能工作, 而不是只适合工作于某一种选择, 因为在设计时这是不知道的.

如果在集合中消息的数目是有限的, 而且所有选择是等概率的, 则这个数目或这个数目的任何单调函数都能作为由此集合中选择一个消息时所产生的信息的度量. 所有选择都是同样可能的. 如 Hartley 所指出的, 最自然的选择是取对数函数. 虽然当我们考虑到消息统计性质的作用以及消息连续存在时, 这个定义必须大大推广, 但是在所有的情况中我们将采用对数度量.

采用对数度量比较方便, 理由是:

(1) 实际上比较有用. 工程上的重要参量如时间、频带宽度、继电器的数目等, 都倾向于随可能性数目的对数作线性变化. 例如, 在一群继电器中增加了一个继电器, 则继电器的可能状态数目就增加一倍. 而这个数目的对数 (以 2 为底) 又恰好是 1. 又如时间加倍, 则可能消息的数目大致为平方增加, 或者说它的对数加了一倍等.

(2) 比较直观. 这与 (1) 密切有关, 因为我们经常直观地用与标准进行线性比较的方法来度量事物. 例

如,我们感觉到两张凿孔卡的信息储存量将二倍于一张凿孔卡的信息储存量. 又如,对于信息传输,两个相同的信道是一个信道信息容量的一倍.

(3)数学上比较合适. 很多极限运算在采用对数时比较简便,但是如果用可能性的数目那就十分累赘了.

对数基底的选择与信息度量单位的选择有关. 当基底为 2 时,所得的单位可称为二进单位或叫比特(bit),这个字是由 J. W. Tukey 建议的. 一个双稳态器件如继电器或触发电路,能储存一个二进单位的信息. N 个这样的器件,可以储存 N 个二进单位的信息,因为可能状态的总数为 2^N,而 $\log_2 2^N = N$. 如果取基底为 10,则所得的单位可称为十进单位. 因为

$$\log_2 M = \frac{\log_{10} M}{\log_{10} 2} = 3.32 \log_{10} M$$

故一个十进单位约为 $3\frac{1}{3}$ 个二进单位. 一架台式计算机上的数字轮有十个稳定位置,故有一个十进单位的信息储存量. 在含有积分和微分的分析计算中,基底取 e 较合适,此时所得的单位将称为自然单位. 把基底 a 变为基底 b 时只需要乘以 $\log_b a$ 就可以.

所谓通信系统,意味着图 1 所示的系统. 它包括五个基本部分:

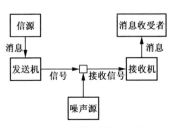

图 1 广义通信系统的示意图

（1）信息源. 它产生一个有待传输给接收端的消息或消息序列. 消息可以有各种形式：（a）如电报或电传打字电报系统中的字母序列；（b）如电话或无线电话中的单独时间函数 $f(t)$；（c）如黑白电视中的时间以及其他变量的函数，这种消息可以看成是二维空间坐标和时间的函数 $f(x,y,t)$，即在 t 时刻摄像管板极上某点 (x,y) 的光强；（d）两个或更多个时间函数 $f(t),g(t),h(t)$. 例如立体声响传输情况或多路传输情况；（e）几个多变量的函数. 例如在彩色电视中消息是由三个所谓三维连续函数 $f(x,y,t),g(x,y,t),h(x,y,t)$ 组成的. 我们可以把这三个函数看成是定义在这个区域上的矢量场的分量. 同样，几个黑白电视源可以产生由几个三变量的函数所组成的消息.（f）各种情况的组合. 例如在电视中配有声音信道.

（2）发送机. 它是采用某种方法把消息变换为适合于信道上传输的信号. 在电话中，这个工作就是把声压变成相应的电流. 在电报中，这个工作就是把消息变换为点、划、间隔序列的编码工作. 在多路脉冲编码调制系统中，不同的语言函数必须经过取样、压缩、量化（分层）和编码，而且最后把它们适当地交错成信号.

其他把消息变成相应信号的例子还有自动语音合成系统、电视和调频等.

（3）信道. 它是发送机到接收机之间用以传输信号的媒质. 它可以是一对导线，一条同轴电缆，一段射频的频带、一束光线等. 在传输过程中，或在某一个端点上，信号都可能被噪声所干扰，这种噪声干扰的作用可以看作一个噪声源作用在所传输的信号上构成接收的信号，如图 1 所示.

（4）接收机. 它通常完成与发送机相反的工作，把信号重新构成消息.

（5）消息收受者. 是接收消息的人或物.

我们将研究关系到通信系统的某些一般问题. 为此，首先必须通过理想化，把各单元用数学来表示. 我们可以粗略地把通信系统划分为三个主要类型：离散的、连续的和混合的. 离散系统指的是消息和信号都是离散符号的序列. 典型的情况是电报，其中消息是字母序列，而信号是点、划和间隔的序列. 在连续系统中，信号和消息都是连续函数，例如无线电话或电视. 在混合系统中，离散的和连续的变量都有，例如传输语言的脉冲编码调制系统.

我们首先研究离散情况. 这种情况不但可用于信息论，而且也可用于计算机理论，电话交换的设计以及其他场合. 此外离散情况也是研究连续和混合情况的基础，后者将在本章后半部分讨论.

§2 无噪声的离散系统

1. 无噪声的离散信道

电报和电传打字电报是用来传输离散信息的信道的两个简单例子. 通常指的离散信道是这样一种系统: 它能把选自有限基本符号集合 $S_1, \cdots, S_n$ 的序列从一点传输到另一点. 假设每个符号 S_i 都具有一定的持续时间 t_i 秒(不同的 S_i, 其 t_i 不一定相同, 例如电报中的点与划). 其实, 并不要求所有可能的符号序列都能在系统上传输, 而只要求某些序列能够获得传输, 这就是对信道的可能的信号. 在电报中假设基本符号是: (1) 点, 它是由一个单位时间的线段和一个单位时间的间歇所组成; (2) 划, 它是由三个单位时间的线段和一个单位时间的间歇所组成; (3) 字母间隔, 它是由三个单位时间的间歇组成; (4) 单词间隔, 它是由六个单位时间的间歇组成. 我们可以对序列加以限制, 即不允许有间隔相连的情况, 因为两个字母间隔联在一起时会变成一个单词间隔. 现在我们要考虑的问题是, 采用怎样的方法来度量这种信道的容量(或称信道的传输能力).

在电传打字电报中, 所有的符号都具有相同的持续时间, 并且由 32 个符号所构成的任何序列都被允许传输, 这个问题的回答是很容易的. 每个符号都代表五个二进单位的信息. 如果系统每秒能传输 n 个符号, 则

可以自然地认为此信道具有每秒 $5n$ 个二进单位的容量. 这并不是说, 电传打字电报信道经常能以这个速率传输信息, 这是最大可能的速率, 实际上未必能达到这个最大值, 下面将谈到, 它取决于信道输入端上的信息源.

在比较一般的情况中, 各符号有不同的长度, 并且允许的序列是有限制的, 我们可以给出下面的定义: 离散信道的容量 C 为

$$C = \lim_{T \to \infty} \frac{\log N(T)}{T}$$

其中 $N(T)$ 是时间间隔 T 内允许信号的数目.

很易看出, 在电传打字电报中这将简化为前面的结果. 可以证明, 在大多数情况中, 极限是存在的, 并为有限值. 假设符号 $S_1, \cdots, S_n$ 的所有序列都是允许的, 并且这些符号的持续时间为 $t_1, \cdots, t_n$, 那么这种信道的容量是多少呢? 如果 $N(t)$ 表示 t 时间内序列的数目, 则

$$N(t) = N(t - t_1) + N(t - t_2) + \cdots + N(t - t_n)$$

即这个总数等于终端符号为 $S_1, S_2, \cdots, S_n$ 的序列数目的总和, 并且这些数分别为

$$N(t - t_1), N(t - t_2), \cdots, N(t - t_n)$$

根据众所周知的有限差分运算, 在 t 很大时, $N(t)$ 就渐近于 AX_0^t, 其中 A 是常数, X_0 是下列特征方程式的最大实数解

$$X^{-t_1} + X^{-t_2} + \cdots + X^{-t_n} = 1$$

故该信道的容量为

$$C = \lim_{T \to \infty} \frac{\log A X_0^T}{T} = \log X_0$$

当允许的符号序列有限制时,仍然经常可得这种形式的差分方程式,并可从特征方程式求得 C. 例如,在上述的电报情况下,则

$$N(t) = N(t-2) + N(t-4) + N(t-5) + N(t-7) +$$
$$N(t-8) + N(t-10)$$

这正和按最后一个符号或最后第二个符号计算符号序列的结果一样. 所以 C 为 $-\log \mu_0$,其中 μ_0 是

$$\mu^2 + \mu^4 + \mu^5 + \mu^7 + \mu^8 + \mu^{10} = 1$$

的正根. 解上式,得 $C = 0.539$.

下面是允许序列的一般限制形式. 我们假想有一系列可能的状态 $a_1, a_2, \cdots, a_m$. 在每个状态下,只有 $S_1, \cdots, S_n$ 集合中的某些符号可以被传输(这些是不同状态的不同子集). 当其中之一被传输后,状态就转变为某个新的状态,它取决于原来的状态以及被传输的那个符号. 电报情况就是一个简单例子. 它有两个状态,取决于终端符号是否是间隔. 如果是间隔的话,那么下一个传输的只能是点或划这两个符号,并且状态总发生改变. 如果不是间隔,那么任何符号都可以传输,而且状态只在传输间隔符号后才会转变,否则状态不变. 所有这些都可用图 2 来表示.

图 2 中结点代表状态,而线条则表示一状态中的可能符号和它即将转成的状态. 在附录 1 中将证明,如果加在允许序列上的条件可以用这种形式来阐述时,那么信道容量 C 将存在,并可用下列定理来计算:

定理 1 设 $b_{ij}^{(s)}$ 是第 s 个符号的长度, 这个符号的 i 状态是可允许的, 并且将转移到 j 状态, 则信道容量 C 等于 $\log W$, 其中 W 为下列行列式方程式中的最大实数根

$$\left| \sum_s W^{-b_{ij}^{(s)}} - \delta_{ij} \right| = 0$$

如果 $i = j$, 则其中 $\delta_{ij} = 1$; 如果 $i \neq j$, 则 $\delta_{ij} = 0$. 例如, 在电报情况下(图 2), 其行列式为

$$\begin{vmatrix} -1 & W^{-2} + W^{-4} \\ W^{-3} + W^{-6} & W^{-2} + W^{-4} - 1 \end{vmatrix} = 0$$

展开这个行列式将可得到上面那个限制方程式.

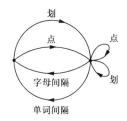

图 2 电报符号限制的图解

2. 离散信息源

我们已经看到, 在很普遍化的条件下, 离散信道中的可能信号数目的对数将随时间作线性增长. 因此传输信息的容量可由这个增长速率来确定, 即对某一信号需要每秒多少个二进单位数.

现在我们来讨论信息源. 怎样利用数学来描述信息源? 一个给定的信息源究竟能产生每秒多少个二进单位信息? 本章的要点在于研究在采用合理的编码以减少对信道容量要求方面, 有关信息源的统计知识有

什么作用. 例如, 在电报中. 所传输的消息是由字母序列组成的, 但是这些序列并不是完全随机的. 通常, 它们构成句子而且还是有统计结构, 例如英文统计结构的句子. 字母 E 的出现要比 Q 经常得多, 序列 TH 的出现比 XP 经常得多等. 这种统计结构的存在, 允许我们采用合理的编码来节省时间(或信道容量). 其实, 这种措施在电报中, 已在一定程度上被采用了. 它用最短的信道符号一点来代表最常用的字母 E; 而不常用的字母 Q, X, Z 等则用较长的点划序列来表示. 这种概念在某些商用电码中得到了进一步改进, 它采用四个到五个字母所组成的码组来表示最常用的单词或短语, 因而大大地节省了平均时间. 现用标准化的问候话和节日贺电中则更简化到整个一句话或两句话用很短的一个数字序列的编码来表示.

可以这样设想, 离散源是一个符号接着一个符号地产生消息的. 相继符号的选择是根据某些概率, 通常这些概率取决于前面符号的选择及待选的符号. 任何一个能产生由一组概率控制的符号序列的物理系统或物理系统的数学模型都可称为随机过程. 因此, 我们可用随机过程来表示离散源. 反过来, 任何从有限集中选择符号而产生离散符号序列的随机过程亦都可看成离散源. 这包括下列一些情况:

(1)自然语言, 如英语、德语、汉语.

(2)经过某些量化处理(分层处理)而离散化的连续信息源. 例如, 在脉冲编码调制发送机中量化(分层)以后的语言, 或量化(分层)以后的电视信号.

（3）数学上抽象地定义的产生符号序列的随机过程. 下面是最后一种信息源的例子.

（A）设有五个字母 A,B,C,D,E，各以概率 0.2 独立选取，这样就会导致如下典型序列：

$$BDCBCECCCADCBDDAAECEEAA$$

$$BBDAEECACEEBAEECBCEAD$$

这个例子是用随机数表构成的.

（B）采用同样五个字母，令概率依次为 0.4，0.1，0.2，0.2，0.1，各个字母的选择仍是独立的，那么从这种源得到的典型消息为

$$AAACDCBDCEAADADACEDAEAD$$

$$CABEDADDCECAAAAAD$$

（C）如果相继字母的选择是不独立的，它们的概率还取决于前面的字母，则就得一个比较复杂的结构. 这种类型的最简单情况是每一个字母的选择只与前一个字母有关，与更前面的字母无关. 则它的统计结构可以用转移概率 $p_i(j)$ 来描述，$p_i(j)$ 表示字母 i 后出现字母 j 的概率. i 和 j 遍及所有可能的符号. 另一种描述统计结构的等效方法是采用两个字母 (i,j) 的联合概率 $p(i,j)$，即两个字母一起出现的相对频率. 字母出现的频率 $p(i)$（即字母 i 的概率），转移概率 $p_i(j)$ 和两个字母的联合概率 $p(i,j)$ 间有下列关系

$$p(i) = \sum_j p(i,j) = \sum_j p(j,i) = \sum_j p(j)p_j(i)$$

$$p(i,j) = p(i)p_i(j)$$

$$\sum_j p_i(j) = \sum_i p(i) = \sum_{ij} p(i,j) = 1$$

举一个特例,假设有三个字母 A, B, C,其概率表为:

表 1				表 2		表 3			
$p_i(j)$		i		i	$p(i)$	$p(i,j)$		j	
		A	B	C				A	B	C

表 1 $p_i(j)$		A	B	C
	A	0	$\frac{4}{5}$	$\frac{1}{5}$
i	B	$\frac{1}{2}$	$\frac{1}{2}$	0
	C	$\frac{1}{2}$	$\frac{2}{5}$	$\frac{1}{10}$

表 2 i	$p(i)$
A	$\frac{9}{27}$
B	$\frac{16}{27}$
C	$\frac{2}{27}$

表 3 $p(i,j)$		A	B	C
	A	0	$\frac{4}{15}$	$\frac{1}{15}$
i	B	$\frac{8}{27}$	$\frac{8}{27}$	0
	C	$\frac{1}{27}$	$\frac{4}{135}$	$\frac{1}{135}$

从这个源得到的消息序列为

ABBABABABABABABBBA

BBBBBABABABABABBBACAC

ABBABBBBABBABACBBBABA

再复杂些时就是三个字母一起出现的频率. 每个字母的选择将取决于前两个字母,但与更前面的字母无关. 这时,应当采用三个字母的联合概率 $p(i,j,k)$ 或转移概率集 $pij(k)$ 来描述. 如果用这种方法不断地考虑下去,可以获得更复杂的随机过程. 在一般的 n 个字母的情况中,必须采用 n 个字母的联合概率 $p(i_1, i_2, \cdots, i_n)$ 或转移概率集 $p_{i_1, i_2, \cdots, i_{n-1}}(i_n)$ 来描述它的统计结构.

(D)随机过程亦可定义为由"单词"序列组成文章的过程. 假设在语言中有五个字母 A, B, C, D, E 和十六个"单词",其中相应的概率为

0.10	*A*	0.11	*CABED*
0.04	*ADEB*	0.05	*CEED*
0.05	*ADEE*	0.08	*DAB*
0.01	*BADD*	0.04	*DAD*
0.16	*BEBE*	0.04	*DEB*
0.04	*BED*	0.15	*DEED*
0.02	*BEED*	0.01	*EAB*
0.05	*CA*	0.05	*EE*

如果相继的"单词"是独立地选择的,而且都用间隔分开,那么这样组成的典型消息为

DAB EE A BEBE DEED DEB ADEE
ADEE EE DEB BEBE BEBE BEBE
ADEE BED DEED DEED CEED ADEE
A DEED DEED BEBE CABED BEBE
BED DAB DEED ADEB

如果所有单词的长度都为有限,则这个过程等效于前面一种类型的过程,不过采用单词结构及其概率来描述可更简单些. 也可以普遍化,引入词间的转移概率等.

这种人造语言在构造简单问题和例子来说明各种概率是很有用的. 我们还能用一系列这种语言来近似自然语言. 如果以相同的概率独立地选择所有的字母,可得零级近似. 如果独立地选择相继的字母,但各字母具有与它们在自然语言中相同的概率,则可得一级近似. 因此,对英语进行一级近似时,E 被选择的概率为 0.12(就是通常英语中出现的频率),W 的概率为

0.02,但相邻字母间没有影响并且也没有使 *TH*,*ED* 等两个字母优先在一起的趋势. 在二级近似中,引入了两个字母的结构. 当一个字母被选定后,下一个字母的选择就要按照它出现在前一字母后的频率来选定. 这就要求采用两个字母的频率 $p_i(j)$ 表. 在三级近似中,引入了三个字母的结构,这时第三个字母的选择概率就取决于前两个字母.

3. 逼近英语的系列

为了看清楚这个序列过程如何趋近于语言,我们将构造下列逼近英语的典型序列. 在所有情况中,我们用一个含有二十七个符号的"字母表",其中有二十六个字母和一个间隔.

(1)零级近似(符号独立概率相等)

  XFOML RXKHRJFFJUJ

 ZLPWCFWKCYJ FFJEYVKCQSGHYD

 QPAAMKBZAACIBZLHJQD

(2)第一级近似(符号独立,但各符号具有英文文字中的频率)

  OCRO HLI RGWR NMIELWIS EU LI

 NBNESEBYA TH EEI ALHENHTTPA

  OOBTTVA NAH BRL

(3)第二级近似(考虑到英语中两个字母在一起时的结构)

  ONIE ANTSOUTINYS ARETINCTORE

 STBE SDEAMY ACHIND ILONASIVE

 TUCOOWE AT TEASONARE FUSO

TIZIN ANDY TOBE SEACE CTISBE

（4）第三级近似（考虑到英语中三个字母在一起时的结构）

IN NO IST LAT WHEY CRATICT

FROURE BIRS GROCID PONDENOME

OF DEMONSTURES OF THE

REPTAGIN IS REGOACTIONA OF CRE

（5）第一级单词近似. 如果继续考虑英语中四个，五个，……字母在一起的结构的话,还不如直接跳到以单词为单位来得更好更容易些. 这里单词是独立地选择的,但按它们的出现频率

REPRESENTING AND SPEEDILY IS

AN GOOD APT OR COME CAN

DIFFERENT NATURAL HERE HE

THE A IN CAME THE TO OF TO

EXPERTGRAY COME TOFURNISHES

THE LINE MESSAGEHAD BE THESE

（6）第二级单词近似. 这里考虑到单词间的转移概率,但不包括进一步的结构

THE HEAD AND IN FRONTAL

ATTACK ON AN EGLISH WRITER

THAT THE CHARACTER OF THIS

POINT IS THEREFORE ANOTHER

METHOD FOR THE LETTERS THAT

THETIME OF WHO EVER TOLD THE

PROBLEM FOR AN UNEXPECTED

在上面的每个步骤中,可以看出,逼近英语文章的程度显著地增加了. 必须指出,这些样品(例子)的合理结构,约比字母结构上考虑的好二倍. 例如在(3)中的统计过程保证了两个字母序列构成较合理的文句. 样品中的四个字母序列一般地说也能在良好的句子中适应. 在(6)中,由四个或更多个单词构成的序列也很易放进句子,而不会造成异常的或别扭的句法. 由十个单词构成的特殊序列"*Attack on an English writer that the character of this*"并非完全不合理的. 由此可见,一个足够复杂的随机过程能够满意地表示一个离散源.

前两个样品是利用一本任意字数的书和字母频率表所构成的. 这种方法也可以在(3)(4)(5)中使用,因为两个字母,三个字母和单词的频率表都可以得到,但我们采用了更简单的等效的方法. 例如,(3)是这样构成的,我们随便翻开一本书,并在该页上随便选择一个字母,把它记下. 再把书翻到另一页,并进行阅读,直到遇见这个字母为止,然后把这个字母后面的那个字母记下. 我们再把书翻到另一页去寻找被记下的第二个字母,然后再记下它后面的那个字母……(4)(5)(6)也用这种方法. 如果进一步逼近能够构成的话,那是很有意思的,但工作量是很大的.

4. Markov 过程的图解表示

上述的随机过程类型在数学上称为离散的 Markov 过程,它在文献中已有广泛的研究. 一般情况可描述如下:系统存在有限个可能的状态,$S_1, S_2, \cdots, S_n$. 此外,有一组转移概率 $p_i(j)$,它是系统由状态 S_i 转到状

态 S_j 的概率. 为了能使这个 Markov 过程成为一信息源,我们只需假设,当一个状态转到另一状态时产生一个字母. 这些状态对应于前面字母的"影响残余".

这种情况可以用图 3,4 和 5 来表示. 图中结点表示"状态",由一个状态转到另一状态的转移概率及其所产生的字母注在相应的线旁. 在图 3 中,只有一个状态,因为相继的字母是独立的. 在图 4 中,字母和状态的数目是一样多的. 在三个字母结构的情况下,最多有 n^2 个状态与一个被选字母对前的可能字母对相对应. 图 5 是(D)中单词结构的图解. 其中 S 表示间隔符号.

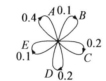

图 3　(B)中信息源的线图

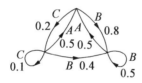

图 4　(C)中信息源的线图

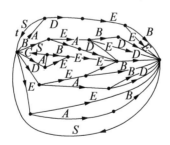

图 5　(D)中信息源的线图

5. 遍历性源及混合源

如上所述,离散源可用 Markov 过程来表示.在可能的离散 Markov 过程中,有一组具有特别性质的并在通信理论中占有特殊意义的 Markov 过程,这种特殊的 Markov 过程是由"遍历"过程组成的,所以我们把相应的信(息)源称为遍历信源.虽然,遍历过程的严格定义是相当复杂的,但一般概念是简单的.在一个遍历过程中,每一个由过程所产生的序列都有同样的统计性质.例如从某一个特定序列中得到的字母频率、两个字母在一起的频率等,在增大序列长度时,将趋于某一个确定的极限,并与所取序列无关.其实,这个并不是在所有的序列中都能成立,但不成立的那些序列其概率为零.粗略地说,遍历性就是统计均匀性.

所有上面讨论过的人造语言的例子都是遍历的.这种性质与相应线图的结构有关.如果线图具有下列两种性质,那么相应的过程将是遍历的:

(1)线图不能分割为两个隔离的部分 A 和 B,因而不可能从 A 部中的一个结点沿着图上的方向到达 B 部的结点,且也不可能从 B 部的结点到达 A 部的结点.

(2)对线图上那些封闭的线,如果在线上的各箭头都指向同一个方向,我们称它为回路.回路的长度就是它里面的线段数目.例如在图 5 中,$BEBES$ 就是一个长度为 5 的回路.而第二个性质就要求图中所有回路长度的最大公约数应当等于 1.

如果第一个条件满足,而第二个条件则由于最大

公约数 $d>1$ 而被破坏,那么这种序列就具有某种周期结构的形式. 各种不同的序列可以划分为 d 类,除了原点有所迁移外(即在序列中称为 1 的字母),它们的统计结构都是一样的. 任何序列,假使从 0 移到 $d-1$,那么就可把它变成的统计上等效的另一序列. $d=2$ 是一个简单例子,说明如下:设有三个可能的字母 $a,b,c.$ 跟在 a 后面的是 b 或是 c,它们的概率各为 $\dfrac{1}{3}$ 和 $\dfrac{2}{3}$. 在 b 和 c 后面总跟着字母 a,于是典型的序列为

$$abacacacabacababacac$$

显然,这种情况对我们的工作是没有意义的.

如果第一个条件不满足,则线图可以分割为几个子线图,其中每个子线图都满足第一个条件. 假设每个子线图满足第二个条件,那么这种情况将可称为混合源,它是由几个纯分量组成的. 每个分量都对应着不同的子线图. 如果 $L_1,L_2,L_3,\cdots$ 表示分量源,则可写成

$$L=p_1L_1+p_2L_2+p_3L_3+\cdots$$

其中 P_i 是分量源 L_i 的概率.

此式的物理意义是:有几个各不相同的源 $L_1,L_2,L_3,\cdots$,其中每个源都有均匀的统计结构(即它们是遍历的). 虽然我们并不预先知道哪一个分量将被使用,但是一旦序列从某给定的纯分量 L_i 开始后,它将按照自己的统计结构无限地继续下去.

作为一个例子,可以取上面定义的两个过程,假设 $p_1=0.2,p_2=0.8.$ 于是从这个混合源可得一个序列

$$L=0.2L_1+0.8L_2$$

它是这样得到的:首先按概率 0.2 和 0.8 来选择 L_1 或 L_2,然后形成由这些选择所确定的序列.

除了特别注明的以外,我们将假设源是遍历的. 这个假设允许我们把沿着序列的平均值和可能序列全体(总体)的平均值看作是相等的(差异的概率为零). 例如,在某无限序列中字母 A 的相对出现次数将(以概率 1)等于它在序列全体(总体)中的相对出现次数.

如果 p_i 是状态 i 的概率,$p_i(j)$ 是转到状态 j 的转移概率,那么对于平稳过程来讲,显然 p_i 必须满足平衡方程式

$$P_j = \sum_i P_i p_i(j)$$

在遍历情况中,可以证明,在任何起始条件下,当 $N \rightarrow \infty$ 时,N 个符号以后在 j 状态的概率 $p_j(N)$,将趋于平衡值.

6. 选择,不确定性和熵

我们已把离散信源表示为 Markov 过程. 现在提出这样一个问题:能否定义一个量,这个量在某种意义上能度量这个过程所"产生"的信息是多少? 或者更理想一点,所产生的信息速率是多少?

假设有一可能事件集,它们出现的概率为 p_1, $p_2, \cdots, p_n$. 这些概率是已知的,但是,至于哪一个事件将会出现,我们就没有比这更进一步的资料了. 现在我们能否找到一种测度来量度事件选择中含有多少"选择的可能性",或者,找到一种测度,来量度选择的结果具有多大的不确定性呢?

如果这样的测度存在的话,我们用 $H(p_1, p_2, \cdots,$

p_n）来表示，那它就应该具有下列性质：

（1）H 对 p_i 应当是连续函数．

（2）如果所有的 p_i 相等，$p_i = \dfrac{1}{n}$，那么 H 将是 n 的

单调上升函数．即对于等概率事件，当有更多可能事件

时，则就有更多的选择可能性或更多的不确定性．

（3）如果选择分为相继的两个步骤，那么原先的

H 将等于各个 H 值的加权和．它的意义可由图 6 来说

明．

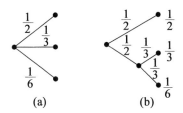

图 6　三可能性选择的分解

在图（a）中有三种可能性，相应概率为

$$p_1 = \frac{1}{2}, p_2 = \frac{1}{3}, p_3 = \frac{1}{6}$$

在图（b）中首先在两个概率各为 $\dfrac{1}{2}$ 的可能性中做出选

择．如果第二种可能性出现，那么再以概率 $\dfrac{2}{3}, \dfrac{1}{3}$ 作另

一种选择．最后结果还是同前面的一样，在这个特殊情

况中，我们要求

$$H\left(\frac{1}{2}, \frac{1}{3}, \frac{1}{6}\right) = H\left(\frac{1}{2}, \frac{1}{2}\right) + \frac{1}{2}H\left(\frac{2}{3}, \frac{1}{3}\right)$$

其中系数 $\dfrac{1}{2}$ 为加权因子，因为第二步选择只是在总数

的一半的情况下进行的.

在附录 2 中得出了下列结果.

定理 2 唯一满足上述三个条件的 H 具有下列形式

$$H = -K \sum_{i=1}^{n} p_i \log p_i$$

其中 K 是正常数.

这个定理以及证明它所要求的假设, 对本理论来讲是次要的. 这里谈它的目的主要是想给利用后面的定义加一些似真性 (合理性).

量 $H = -\sum p_i \log p_i$ (常数 K 仅等于度量单位的选择) 在信息论中起着重要的作用, 它作为信息、选择和不确定性的度量. H 的公式与统计力学中所谓熵的公式是一样的. 式中 p_i 表示一个系统处在它相空间中第 i 个元的概率. 因此, 这里的 H 就是 Boltzmann 著名的 H 定理中的 H. 我们将把 $H = -\sum p_i \log p_i$ 称为概率集 $p_1, \cdots, p_n$ 的熵. 如果 x 表示随机变量, 那么我们可用 $H(x)$ 表示它的熵; 必须指出, 这里的 x 并不是函数的变量, 而仅仅是数的标记, 使之与随机变量 y 的熵 $H(y)$ 相区别.

在具有概率为 p 和 $q = 1 - p$ 的两种可能性情况下, 它的熵为

$$H = -(p \log p + q \log q)$$

它作为 p 的函数表示在图 7 中.

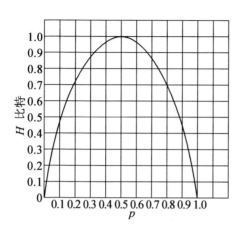

图7 在具有概率为 p 和 $1-p$ 的两种可能性情况下的熵

H 具有许多有趣的性质,这些性质进一步证实它作为选择或信息的度量的合理性.

(1)当且仅当所有的概率 p_i 除了一个以外全为零,则 $H = 0$ 而且这个唯一的概率又等于1. 换句话说,仅仅在结果完全确定的情况下,H 才等于零. 否则 H 将是正的.

(2)在给定 n 的条件下,若所有的 p_i 相等,即为 $\dfrac{1}{n}$ 时,则 H 将达到最大值,并等于 $\log n$. 这也是最不肯定的情况.

(3)设有两个事件 x 和 y,分别有 m 和 n 种可能性. 令 $p(i,j)$ 表示 i(事件 x)和 j(事件 y)的联合出现概率,那么该联合事件的熵为

$$H(x,y) = -\sum_{i,j} p(i,j)\log p(i,j)$$

而

$$H(x) = - \sum_{i,j} p(i,j) \log \sum_j p(i,j)$$

$$H(y) = - \sum_{i,j} p(i,j) \log \sum_i p(i,j)$$

很易证明

$$H(x,y) \leqslant H(x) + H(y)$$

只有当两个事件为相互独立时,等式才会成立(即 $p(i,j) = p(i) \cdot p(j)$).

（4）任何一种能使概率 $p_1, p_2, \cdots, p_n$ 趋于均等的变动,都会使 H 增加. 例如,当 $p_1 < p_2$ 时,如果我们增加 p_1,而 p_2 则减小一相同的量,使 p_1 与 p_2 更接近相等时,那么 H 是增大的. 更一般地说,如果我们对概率 p_1 作形式为

$$p'_i = \sum_j a_{ij} p_j$$

的"平均"运算,则 H 增大(除非在特殊情况下,即这样的变换只不过是一种 p_j 排列,那么当然,H 将保持不变),其中 $\sum_j a_{ij} = \sum_i a_{ij} = 1$,且所有 $a_{ij} \geqslant 0$.

（5）设有两个随机事件 x 和 y 如(3)中所述,但它们不一定独立. 对 x 的任何可能值 i,有一个 y 有 j 值的条件概率 $p_i(j)$,它等于

$$p_i(j) = \frac{p(i,j)}{\sum_j p(i,j)}$$

我们可以这样定义 y 的条件熵 $H_x(y)$:它是每一个 x 值所得的 y 的熵,根据获得 x 值的概率加权进行平均所得的平均值. 即

$$H_x(y) = - \sum_{i,j} p(i,j) \log p_i(j)$$

当 x 已知时,这个量可用来度量 y 的平均不确定性. 将 $p_i(j)$ 的值代入,得

$$H_x(y) = -\sum_{i,j} p(i,j) \log p(i,j) +$$
$$\sum_{i,j} p(i,j) \log \sum_j p(i,j)$$
$$= H(x,y) - H(x)$$

或

$$H(x,y) = H(x) + H_x(y)$$

因此联合事件的不确定性(或熵)等于 x 的不确定性加上当 x 为已知时 y 的不确定性.

6. 由(3)和(5)可得

$$H(x) + H(y) \geqslant H(x,y) = H(x) + H_x(y)$$

故

$$H(y) \geqslant H_x(y)$$

由此可见, y 的不确定性决不会由于 x 的知识而有所增加. 如果 x 和 y 不是独立的,那么它将减少,在独立的情况下,它不变.

7. 信息源的熵

现在讨论上面研究过的有限状态的离散源. 对每个可能的状态 i 都有一产生各种可能符号 j 的概率集 $p_i(j)$. 因此,每个状态都有一个熵 H_i. 而信息源的熵将定义为这些 H_i 按照各个状态出现的概率加权而得的平均值

$$H = \sum_i P_i H_i$$
$$= -\sum_{i,j} P_i p_i(j) \log p_i(j)$$

这是信源中每个符号的熵. 如果 Markov 过程是按照一定速率进行的, 那么还可以有一个每秒的熵

$$H' = \sum_i f_i H_i$$

其中 f_i 是状态 i 的平均出现次数 (每秒出现次数). 显然

$$H' = mH$$

其中 m 是每秒产生的平均符号个数. H 或 H' 度量了信源产生的信息量, 即每个符号的信息量或每秒钟所产生的信息量. 如果对数的底取 2, 那么它将表示为每个符号多少二进单位或每秒多少二进单位.

如果顺序出现的符号是独立的, 那么 H 就简单地为 $-\sum p_i \log p_i$, 其中 p_i 是符号 i 的概率. 假设在这种情况下, 我们讨论一个由 N 个符号组成的长消息. 在这个长消息中, 第一个符号出现 p_1^N 次, 第二个符号出现 p_2^N 次, 等等. 因此这种消息的概率可以粗略地写为

$$p = p_1^{p_1^N} \cdot p_2^{p_2^N} \cdots p_n^{p_n^N}$$

或

$$\log p = N \sum p_i \log p_i$$

$$\log p = - NH$$

$$H = \frac{\log \dfrac{1}{p}}{N}$$

故 H 近似地等于一个典型长序列的概率倒数的对数除以序列中的符号个数. 对任何信源都有同样的结果.

定理 3 给定任何 $\varepsilon > 0$ 和 $\delta > 0$, 我们可以找到一

个 N_0 , 使得任何长度为 $N \geqslant N_0$ 的序列都可分为两类（组）：

（1）总概率小于 ε 的为一组.

（2）其他概率满足不等式

$$\left| \frac{\log p^{-1}}{N} - H \right| < \delta$$

的为一组.

换句话说, 几乎肯定, 当 N 很大时, $\dfrac{\log p^{-1}}{N}$ 肯定将很接近于 H .

现在再考虑长度为 N 的一些序列, 把它们按概率递降的次序来排列. 我们定义 $n(q)$ 为这样一个数目, 即从概率最大的那个序列取起, 一直取到总概率等于 q 时所必需取的序列的个数.

定理 4　当 q 不为 0 或 1 时

$$\lim_{N \to \infty} \frac{\log n(q)}{N} = H$$

其中 $\log n(q)$ 可以理解为这样一种二进单位数, 就是当我们只考虑具有总概率为 q 的那些最可能序列时为了描述序列所需要的二进单位数. 于是 $\dfrac{\log n(q)}{N}$ 是说明每个符号所需的二进单位数. 这个定理说明了当 N 很大时, 它就与 q 无关, 并等于 H . 因此不管"比较可能"的术语如何解释, 但是, 比较可能的序列个数的对数增长率将由 H 确定. 由于这些结果, 在大多数情况下, 可以将长序列看作 2^{HN} 个, 并且每个序列的概率为 2^{-HN} .

下面两个定理将证明 H 和 H' 可以直接从消息序列的统计特性的极限运算来确定，而不必考虑这些状态和状态间的转移概率.

定理 5　令 $P(B_i)$ 是信源输出端上出现符号序列 B_i 的概率. 取

$$G_N = -\frac{1}{N} \sum_i p(B_i) \log p(B_i)$$

其中 $\sum$ 是含有 N 个符号的一切序列 B_i 的总和. 因此, G_N 是一个 N 的单调下降函数，并且

$$\lim_{N \to \infty} G_N = H$$

定理 6　令 $p(B_i, S_j)$ 表示被符号 S_j 所跟随的序列 B_i 的概率

$$p_{B_i}(S_j) = \frac{p(B_i, S_j)}{p(B_i)}$$

表示 B_i 出现后出现 S_j 的条件概率.

取

$$F_N = -\sum_{i,j} p(B_i, S_j) \log p_{B_i}(S_j)$$

其中 $\sum$ 是对所有由 $N-1$ 个符号组成的群（区组）B_i 以及所有符号 S_j 的总和. 于是 F_N 是 N 的单调下降函数

$$F_N = NG_N - (N-1)G_{N-1}$$

$$G_N = \frac{1}{N} \sum_1^N F_N$$

$$F_N \leqslant G_N$$

并且

$$\lim_{N \to \infty} F_N = H$$

所有这些结果都在附录 3 中推导. 它们指出, 只要考虑扩展到 $1, 2, \cdots, N$ 个符号的序列的统计结构, 就能得到一系列 H 的近似式. F_N 是一种较好的近似. 实际上, F_N 是上面讨论过的源的第 N 级近似的熵. 如果把序列扩展到多于 N 个符号而没有统计影响, 即如果知道了前面 $N-1$ 个符号后, 下一个符号的条件概率并没有被任何前面的知识所改变, 于是 $F_N = H$. 显然, F_N 是已知前面 $N-1$ 个符号时, 下一个符号的条件熵, 而 G_N 是由 N 个符号所组成的群 (区组) 的每个符号的熵.

信源的熵与其最大值 (限于同样符号) 的比值称为相对熵. 后面将看到, 这是当我们编成相同的字母码时, 可以得到的最大可能的压缩. 以 1 减去相对熵就是多余度 (冗或度). 普通英语, 在不考虑距离超过 8 个字母以上的统计结构时, 它的多余度约为 50%. 这就是说, 当我们写英语时, 其中一半是确定于语言的结构, 而另一半则可以自由选择的. 用几种不同的方法都可求得与 50% 相近的结果. 一种方法是计算近似英语的熵. 第二种方法是从某一英语文章中涂掉某些字母, 然后叫人去恢复它. 如果涂掉 50% 以后仍然恢复, 那么多余度必然大于 50%. 第三种方法是利用密码技术中的某些已知的结果.

英语散文中多余度的两种极端情况可由 "基础英语" 和 James Joyce 的 "Finnegans Wake" 来代表. "基础英语" 的基本词汇限制在 850 个字以内. 它的多余度很高. 这反映在把一节文章译成 "基础英语" 时篇幅就

得增大. 另一方面, James Joyce 扩大了词汇, 并被认为达到了语义内容的压缩.

语言的多余度与纵横字谜的存在是有联系的. 如果多余度为零, 则任何字母序列在语言中都是合理的句子, 并且任何二维字母列都可构成一种纵横字谜. 如果多余度太高, 则语言的限制太多, 大的纵横字谜的可能性就小了. 更详细的分析指出, 如果我们假定语言所加的约束是随机性质的, 则大的纵横字谜只有在多余度为 50% 时才是可能的. 如果多余度为 33%, 则三维纵横字谜将是可能的, 等等.

8. 编码和译码过程的数学表示

现在我们从数学上来描述发送机和接收机编码和译码过程. 它们都可称为离散变换器. 在变换器输入端上加入输入符号序列, 它的输出是输出符号序列. 在一般情况下, 变换器可以具有记忆力, 因而它的输出不只决定于现在的输入符号, 还决定于过去的符号. 我们假设内部的记忆力是有限的, 即变换器具有有限个数目为 m 的可能状态, 它的输出是现在状态和现在输入符号的函数. 而下一个状态将是这两个量的函数. 因此, 一个变换器能用下列两个函数来描述

$$y_n = f(x_n, a_n)$$
$$a_{n+1} = g(x_n, a_n)$$

其中 x_n 是第 n 个输入符号.

a_n 是第 n 个输入符号引入时, 变换器所呈现的状态.

y_n 是在 a_n 状态下, 引入 x_n 时所产生的输出符号

（或输出符号序列）.

如果一个变换器的输出符号能与第二个变换器的输入符号相同,那么它们可以串联在一起构成一个变换器.如果接在第一个变换器输出端上的第二个变换器能够把第一个变换器上的输出符号序列恢复为原来的输入符号序列,那么这里第一个变换器将称为非奇异变换器,而第二个变换器称为反变换器.

定理7　在有限状态的统计源激励下,有限状态变换器的输出也是一个有限状态的统计源,它的熵(每单位时间)小于或等于输入统计源的熵.如果变换器是非奇异变换器,它们的熵相等.

令 a 表示产生符号序列 x_i 的源的状态,β 表示在其输出端上产生符号群 y_j 的变换器的状态.则组合系统可以用序偶 (α,β) 的乘积状态空间来表示.只要 a_1 能够产生一个 x,把 β_1 转变为 β_2,在这空间的 (α_1,β_1) 和 (α_2,β_2) 两个点可以用一条线联结起来,且该线就给出这个 x 在此情况下的概率.此线用变换器所产生的 y_1 符号群来标记.输出的熵可以采用对整个状态的加权和来计算.如果我们先对 β 求和,结果每一项都小于或等于 a 的相应的各项,故熵不会增加.如果变换器是非奇异的,那么就把它的输出接到一个反的变换器.如果 H'_1,H'_2 和 H'_3 分别表示信源、第一个变换器和第二个变换器的输出的熵,那么

$$H'_1 \geqslant H'_2 \geqslant H'_3 = H'_1$$

因此

$$H'_1 = H'_2$$

883

假设我们有一个对可能序列制约的系统,并且,这样的系统可以用图 2 的线图来表示. 如果概率 $p_{ij}^{(s)}$ 指定由那些联结状态 i 到状态 j 的线来表示,则这样的系统将成为一个源. 有一个特殊的指定方法能使得到的熵达到最大.

定理 8 把制约系统看作一个具有容量 $C = \log W$ 的信道,如果我们令

$$p_{ij}^{(s)} = \frac{B_j}{B_i} W^{-l_{ij}^{(s)}}$$

其中 $l_{ij}^{(s)}$ 是从状态 i 到状态 j 的第 s 个符号的长度,且 B_i 满足

$$B_i = \sum_{s,j} B_j W^{-l_{ij}^{(s)}}$$

那么熵 H 将达到最大,并等于信道容量 C.

适当指定转移概率,可使信道上符号的熵可以达到最大,并等于信道容量.

9. 无噪声信道的基本定理

现在我们将通过证明"H 是最有效编码所必需的信道容量"来证实我们把 H 理解为信息产生速率的正确性.

定理 9 假设信源的熵为 H(每个符号的二进单位数),信道容量为 C(每秒的二进单位数). 于是信源的输出可以进行这样的编码,使得在信道上传输的平均速率为每秒 $\frac{C}{H} - \varepsilon$ 个符号. 其中 ε 可以任意地小. 要使传输的平均速率大于 $\frac{C}{H}$ 是不可能的.

定理的逆命题即速率不可能超过 $\dfrac{C}{H}$ 可能这样来证明:因为发送机必须是非奇异的,每秒输入信道的熵等于信源的熵. 这个熵也不可能超过信道容量. 故 $H' \leqslant C$,并且每秒符号个数为

$$\frac{H'}{H} \leqslant \frac{C}{H}$$

定理的第一部分将用两种不同方法来证明. 第一种方法考虑由信源产生的所有 N 个符号的序列集. 当 N 很大时,可以把这些序列分成两类(组),其中一类少于 $2(H+n)^N$ 个序列,第二类少于 2^{RN} 个序列(其中 R 是不同符号数的对数),并且它们的总概率小于 μ. 如果 N 增大,n 和 μ 趋于零,在信道中持续时间为 T 的信号数目将大于 $2^{(c-\theta)}T$ 个,并且当 T 很大时,θ 就很小. 如果选择

$$T = \left(\frac{H}{C} + \lambda \right) N$$

那么当 N 和 T 足够大时(无论 λ 怎样小),概率高的一类总有足够数量的信道符号序列,当然还有某些附加的符号序列. 高概类序列以任意一对一的形式编入这个序列集中. 剩下的序列可用较长的序列来表示,以不用于高概率类的序列作为它的始端或终端. 这种序列作为不同的码子的开始和终了信号. 在它们之间应有足够的时间间隔,以便形成足够数量的不同低概类序列. 这就要求

$$T_1 = \left(\frac{R}{C} + \varphi \right) N$$

其中 φ 很小. 因此, 每秒钟消息符号的平均传输速率将大于

$$\left[(1-\delta)\frac{T}{N}+\delta\frac{T_1}{N}\right]^{-1}$$

$$=\left[(1-\delta)\left(\frac{H}{C}+\lambda\right)+\delta\left(\frac{R}{C}+\varphi\right)\right]^{-1}$$

当 N 增大, δ, λ 和 φ 趋于零, 传输速率趋近于 $\frac{C}{H}$.

第二种完成编码的方法(从而也就证明了定理)是把长度为 N 的消息按概率递减的次序进行排列, 并且假设它们的概率为

$$p_1 \geqslant p_2 \geqslant \cdots \geqslant p_n$$

令

$$P_s = \sum_1^{s-1} p_i$$

即累积概率一直积累到 p_s 但不包含 p_s. 我们首先把它们编成为二进码系统. 消息 s 的二进码可以将 p_s 展开为二进数而获得. p_s 的展开一直到 m_s 位, 这里 m_s 是整数, 它满足

$$\log_2 \frac{1}{p_s} \leqslant m_s < 1 + \log_2 \frac{1}{p_s}$$

因此高概类消息是用短码表示, 而低概类消息是用长码表示. 从不等式可得

$$\frac{1}{2^{m_s}} \leqslant p_s \leqslant \frac{1}{2^{m_s-1}}$$

p_s 的码, 它的 m_s 位, 有一个或一个以上与后面所有的码是不同的, 因为所有剩下的 p_i 至少要大 $\frac{1}{2^{m_s}}$, 所以它

们的二进位展开式的前 m_s 位是不同的. 因而, 所有的编码组合都不相同并且可以根据这些码组恢复消息. 如果信道序列还不是二进数字序列, 它们都可以用任意形式归为二进位数, 然后再把二进码转换成适合于信道的信号.

原始消息中每个符号所用的二进数字的平均数 H_1 很易确定

$$H_1 = \frac{1}{N} \sum m_s p_s$$

但由于

$$\frac{1}{N} \sum \left(\log_2 \frac{1}{p_s} \right) p^s \leqslant \frac{1}{N} \sum m_s p_s$$

且大于

$$\frac{1}{N} \sum \left(1 + \log_2 \frac{1}{p_s} \right) p_s$$

所以

$$G_N \leqslant H_1 < G_N + \frac{1}{N}$$

当 N 增大时, G_N 趋近于信源的熵 H, H_1 趋近于 H.

从这里可以看出, 当只使用 N 个符号的有限延迟时, 编码的无效性, 不必大于 $\frac{1}{N}$ 加上 "真正熵 H 与由长度为 N 的序列算得的 G_N 之差". 因此上述理想情况所要求的百分超额时间将小于

$$\frac{G_N}{H} + \frac{1}{HN} - 1$$

这种编码方法实际上与 R. F. Fano 的方法相同. 他的

方法就是把长度为 N 的消息按概率递减的次序进行排列. 并把这个系列尽可能分为概率相等的两组. 如果消息在第一组, 那么它的第一个二进数取 0, 否则取 1. 然后, 再把这两组分为概率近于相等的两个子集, 子集确定第二位二进数. 这个过程一直继续下去, 直到每个子集只包含一个消息为止. 显而易见, 除了通常在最后一位数稍有差别外, 这种方法与上述的计算过程是一样的.

10. 讨论和例子

为了使发电机传输到负载的功率为最大, 通常必须接入变压器, 要求从负载端看来, 电机的内阻与负载阻抗相等. 这里的情况大致相似. 编码用的变换器应当使信源与信道在统计意义上匹配. 从信道端来看, 通过变换器后的信源应当和使信道中的熵最大的信源有同样的统计结构. 定理 9 的含义为, 虽然精确的匹配通常是不可能的, 但可根据需要尽量接近于匹配. 实际传输速率与信道容量的比值可称为编码系统的效率. 当然, 这等于信道符号的实际熵与最大熵值之比.

通常, 理想的或近似理想的编码都要求在发送机和接收机中有一个较长的延迟. 在没有噪声的情况, 这个延迟的作用是使概率与相应的序列长度有合理的匹配. 在好的编码中, 长消息概率倒数的对数应当与相应信号的长度成比例. 实际上, 除了一小部分以外

$$\left| \frac{\log p^{-1}}{T} - C \right|$$

对长消息的绝大部分都应该很小.

如果一个信源只能产生一个消息,那么它的熵为零,并且不需要信道. 例如,计算 π 数字的计算机产生一个没有任何随机因素的确定的序列,因而不需要任何信道就能把它传输到另一点. 因为我们可以在另一点做一只计算同样序列的计算机. 但是,这是不现实的. 在这样的情况中,我们就忽视了我们对信源的部分或全部统计知识. 我们应该把 π 看成是随机序列而构造一个能传送任何数字序列的系统. 根据同样的道理,在编码时,我们可以利用部分英语文章的统计知识(但不是全部). 在这种情况下,我们研究具有最大熵的信源,此熵从属于我们希望保持的统计条件. 这个信源的熵必要和充分地确定着信道的容量. 在 π 的例子中,保持的信息仅仅是所有的数字都是从 $0, 1, \cdots, 9$ 中选出来的. 在英文的情况中,人们将利用由于字母频率而产生的统计节约,其他则不予考虑. 所以具有最大熵的信源是英语的一级近似,它的熵确定着所需的信道容量.

举一个例子来说明以上的结果. 设有信源,它产生一个由 A, B, C, D 中选出的字母序列,概率分别 $\frac{1}{2}, \frac{1}{4}$, $\frac{1}{8}, \frac{1}{8}$,并且相继符号的选择是独立的. 那么

$$H = -\left(\frac{1}{2} \log \frac{1}{2} + \frac{1}{4} \log \frac{1}{4} + \frac{2}{8} \log \frac{1}{8} \right)$$

$$= \frac{7}{4} (二进单位/符号)$$

于是我们可以采取近似的编码,把信源产生的消息以

$\dfrac{7}{4}$ 二进单位/符号的平均值编为二进位数字. 在这种情况下,我们可以利用下列编码方法(根据定理 9 的第二种证明方法)而得到极限值:

表 4

A	0
B	10
C	110
D	111

用于符号序列编码的二进位数字的平均数为

$$N\left(\frac{1}{2} \times 1 + \frac{1}{4} \times 2 + \frac{2}{8} \times 3\right) = \frac{7}{4}N$$

很易看出,二进位数字 0,1 的概率分别为 $\dfrac{1}{2}$, $\dfrac{1}{2}$. 故编码序列的 H 为每个符号 1 个二进单位. 因为从平均来看,每个原始字母有 $\dfrac{7}{4}$ 个二进位符号,因此以时间为基础的熵是一样的. 当 A,B,C,D 的概率为 $\dfrac{1}{4}$, $\dfrac{1}{4}$, $\dfrac{1}{4}$, $\dfrac{1}{4}$ 时,原始集的最大可能的熵等于 $\log_2 4 = 2$. 由此,相对熵为 $\dfrac{7}{8}$. 我们可以根据表 5 在 2 比 1 的基础上把二进序列译成原始的符号集:

表 5

00	A'
01	B'
10	C'
11	D'

于是这个双重过程把原始消息编成同样的符号,但平均压缩了 $\dfrac{7}{8}$.

再举一个例子,设有一信源,它产生一个由符号 A 和 B 所组成的序列,符号 A 和 B 的概率各为 p 和 q. 如果 $p \ll q$,则

$$H = -\log p^p (1-p)^{1-p}$$

$$= -p\log p (1-p)^{\frac{1-p}{p}}$$

$$= p\log \frac{\mathrm{e}}{p}$$

在这种情况中,可以发送一个特殊序列,在 $0,1$ 信道上建立良好的编码. 例如,对不常用的符号 A 采用 0000,然后跟一个表示字母 B 的数目的序列. 这个数目可以用但包含删去的特殊序列在内的所有二进位数表示. 所有在 16 以前的数都可用通常方法表示;而 16 这个数则可用 16 以后的下一个二进位数来表示(没有四个 0),即 $17 = 10001$ 等. 可以证明,当 $p \to 0$ 时,如果特殊序列的长度进行适当的调整,那么编码就趋于理想编码.

§3 有噪声的离散信道

1. 噪声离散信道的表示

现在我们研究信号在传输过程中在信道的这一端或那一端受到噪声干扰的情况. 这就是说,接收到的信号并不一定与发送机发出的信号相同. 这可以分成两种情况. 如果特定的被传输的信号总是产生同样的接收信号,即接收到的信号是传输信号的确定的函数,那么,这是信道中的畸变. 如果这个函数存在着反函数,即任何两个被传输的信号不会产生同样的接收信号,那么至少在原则上这种畸变是可以对接收的信号进行反函数运算而得到校正. 这里感兴趣的情况是信号在传输过程中并不总是受到同样的变化. 于是我们可以认为接收到的信号 E 是传输信号 S 和第二个变量(噪声) N 的函数

$$E = f(S, N)$$

噪声和上述的消息一样,可以看成是一个随机变量. 在一般情况下,噪声可以用一个合适的随机过程来表示. 我们将研究噪声离散信道的最一般形式,它是前面所述的有限状态的无噪声信道的推广.

我们假设状态数目是有限的,并有一概率集

$$P_{\alpha, i}(\beta, j)$$

这个概率是信道处于状态 α,发送符号 i,接收符号 j,而信道处于状态 β 的概率. 这里 α, β 包括所有可能的

状态,i 包括所有可能被传输的信号,j 是包括所有可能接收到的信号. 如果相继的符号各自独立地受到噪声的干扰,则只有一个状态,信道可用转移概率 $p_i(j)$ 来描述,它是传输的信号为 i 而收到的信号为 j 的概率. 如果把信源馈给一不噪声信道,就有两个统计过程起作用:信源和噪声,因而可以计算儿不熵. 首先是信源的熵亦即输入信道的熵 $H(x)$(如果发送机是非奇异的,它们是相等的). 其次是信道输出的熵,即接收到的信号的熵,它用 $H(y)$ 表示. 在无噪声情况中

$$H(y) = H(x)$$

输入和输出的联合熵为 $H(x,y)$. 最后还有两个条件熵 $H_x(y)$ 和 $H_y(x)$,它们是当输入为已知时输出的熵以及输出为已知时输入的熵. 这些量之间的关系是

$$H(x,y) = H(x) + H_x(y) = H(y) + H_y(x)$$

所有这些熵都可用每秒或每个符号来度量.

2. 模棱性(暧昧度)和信道容量

如果信道中有噪声,一般地说,不可能对所接收到的信号进行任何运算来完全确定地重新构成原先的消息或所传输的信号 E. 但是可以有某些传转信息的方法,这些方法在抗干扰方面是最佳的. 这就是我们现在要讨论的问题.

假设有两个可能的符号 0 和 1,它们的概率为 $p_0 = p_1 = \dfrac{1}{2}$,并且我们以每秒 1 000 个符号的速率进行传输. 那么我们的信源以每秒 1 000 个二进单位的速率产生着信息. 如果在传输过程中,由于噪声而引入了

误差,从平均值来看,在 100 个接收到的符号中有一个
符号是不正确的(即当传输符号为 1 时接收到的却是
0,或是当传输符号为 0 时接收到的符号却是 1).那么
这时在信道中的信息传输速率是多少? 显然,它会小
于每秒 1 000 个二进单位,因为在接收到的符号中大
约有 1% 是不正确的.我们可能会不加思索地说,速率
为每秒 990 个二进单位,也就是直接减去误差数.但是
这个结论是不满意的,因为它没有考虑到消息收受者
不知道误差发生在什么地方.我们可以讨论一种极端
情况,即假设噪声是如此之大,使得接收到的符号完全
与所传输的符号无关.不管所传输的是什么符号,接收
到符号 1 的概率总为 $\frac{1}{2}$;同样,接收到符号 0 的概率也
总为 $\frac{1}{2}$.完全是出于偶然的巧合,接收的符号大约有一
半是正确的.因此我们可能理所当然地认为系统能够
传输每秒 500 个二进单位的信息,而实际上它却什么
信息也没有传输.其实,根本用不着信道,只要在接收
点投掷硬币就能获得同样"良好"的传输.

显然,需要有适当的校正加于被传输的信息量上,
而这个校正量就应当等于接收到的信号中所失去的信
息量,或者说我们收到的信号有多少不确定性.根据我
们前面的讨论,熵可作为不确定性的度量,因此,在已知
接收信号时,可以合理地运用消息的条件熵来作为失去
信息的度量.将在下面看到,这样的定义是合理的.根据
这个概念,在信道上的实际传信(速)率 R 应当等于信
息产生速率(即信源的熵)减去条件熵的平均速率

$$R = H(x) - H_y(x)$$

为了方便,我们把这个条件熵 $H_y(x)$ 称为模棱性. 它用来度量接收信号的平均模糊度.

在上面的例子中,如果接收到的是一个符号 0,那么符号 0 被传输的后验概率为 0.99,符号 1 被传输的后验概率为 0.01. 如果接收到的是符号 1,那么这些数字就相反. 故

$$H_y(x) = -[0.99\log 0.99 + 0.01\log 0.01]$$
$$= 0.081(二进单位/符号)$$

或每秒 81 个二进单位. 于是我们可以说,该系统的实际传信率为 1 000 - 81 = 919 个二进单位/秒. 在极端情况中,当传输任何符号(0 或 1)时,都将等概率地接收到 0 和 1,于是后验概率为 $\frac{1}{2}, \frac{1}{2}$

$$H_y(x) = -\left[\frac{1}{2}\log\frac{1}{2} + \frac{1}{2}\log\frac{1}{2}\right]$$
$$= 1(二进单位/符号)$$

并且或等于 1 000 个二进单位/秒. 故实际传信率在这种情况下为零,这正是应有的结果.

下面的定理将给出模棱性的直观解释,并用以证实它是唯一合理的度量. 我们假设有一个通信系统和一个观察者(或附属设备),这个观察者能同时看到发送的是什么以及重现的是什么(包括噪声所引起的错误). 这个观察者记下重现消息中的误差,并通过校正信道把校正数据传到接收点,以便使接收机校正误差. 这种情况可用图 8 表示.

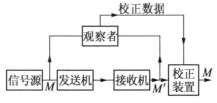

图 8　校正系统示意图

定理 1　如果校正信道的容量等于 $H_y(x)$，那么就能把校正数据进行这样的编码，使它通过校正信道，并以任意小的误差 ε 去校正全部误差. 如果校正信道的容量小于 $H_y(x)$，那么这是不可能的.

于是可以粗略地说，$H_y(x)$ 是每秒必须提供的附加信息量，用来在接收点校正接收到的信息.

为了证明定理的第一部分，我们考虑一个接收到的消息的长序列 M' 及其相应的原来的消息 M. 因为有 M 的对数 $TH_y(x)$ 在理论上能产生每个 M'. 因此在每个 T 秒内必须传输 $TH_y(x)$ 个二进单位数字，这个可以在容量为 $H_y(x)$ 的信道来实现，其误差频率为 ε.

定理的第二部分可以这样来证明：首先，对任何离散的随机变量 x, y, z，有

$$H_y(x, z) \geqslant H_y(x)$$

左边部分可展开成

$$H_y(z) + H_{yz}(x) \geqslant H_y(x)$$

$$H_{yz}(x) \geqslant H_y(x) - H_y(z) \geqslant H_y(x) - H(z)$$

如果我们用 x 表示信源的输出，y 表示接收到的信号，z 表示通过校正信道发出的信号，那么右边部分是模棱性减去校正信道上的传信率. 如果校正信道的容量小

于模棱性,那么右边部分就大于零,即 $H_{yz}(x) > 0$. 但是,这是知道了接收到的信号和校正信号以后对发送信号的不确定性. 如果它大于零,则误差频率就不可能任意地小.

例子:假设在二进数字序列中出现了随机误差,其不正确数字的概率为 p,正确数字的概率为 $q = 1 - p$. 如果知道了它们的位置,那么这些误差是能校正的. 因此校正信道只需要传送有关这些位置的信息. 这等于要求传输一个以概率 p 产生符号 1 的二进数字(不正确的)和以概率 q 产生符号 0 的二进数字(正确的)所组成的消息. 于是校正信道所必要的信道容量为

$$- \left[P \log P + q \log q \right]$$

它就是原来系统的模棱性.

根据上面的等式,传信率可以写成另外两种形式

$$R = H(x) - H_y(x)$$
$$= H(y) - H_x(y)$$
$$= H(x) + H(y) - H(x, y)$$

这里的第一个式子前面已经解释过,它是发送的信息量减去对发送信号的不确定性. 第二个式子是接收到的量减去由于噪声所引起的错误部分. 第三个式子是两个量的总和减去联合熵. 故在某种意义上说,它是两者共同的二进单位数,这三个式子都有一定的直观意义. 噪声信道的容量应当是最大可能的传信率,即在信源与信道间匹配时所能获得的传信率. 所以我们可用下式来定义信道容量

$$C = \text{Max} \left[H(x) - H_y(x) \right]$$

其中 Max 是对所有作为信道输入的信源来讲的.

如果信道是无噪声的, 则 $H_y(x) = 0$. 这就与上面无噪声信道的情况一致. 因为 §2 的定理 8 已说明信道中的最大熵就是它的容量.

3. 有噪声离散信道的基本定理

好像是出乎意料, 我们将给噪声信道定义一个确定的容量 C. 因为我们根本不可能在这种情况下传送信息, 这好像是令人感到意外的. 但是很清楚, 如果以有多余度的方式发送信息, 那么误差概率可以减小. 例如, 多次重复发送某一消息, 并对不同接收消息进行统计研究, 可以使误差概率降低到很小. 但是人们可能会想要使这个误差概率趋于零, 编码的多余度一定要无限地增大, 因而传信率就趋于零. 实际情况绝不是这样的. 如果真是这样, 就不会有一个确定的容量, 而只有一个给定误差频率或给定模棱性的容量. 如果误差要求更高的话, 容量就要变小. 实际上, 前面所定义的容量是有很确定的意义. 只要采用合理的编码, 就能够以速率 c 发送信息, 并以任意小的误差频率或模棱性通过信道. 但是速率大于 c 时, 这就不成立了. 如果想要以高于 c 的速率, 比如 $c + R_1$ 的速率来传输信号, 那么必然会使模棱性大于或等于 R_1. 自然规律就是要那么多不确定性作为代价, 所以我们实际上不可能取得以任何大于速率 c 的信息正确地通过信道.

这种情况如图 9 所示. 横坐标表示信道中的传信率, 纵坐标表示模棱性, 位于粗线之上阴影内的任何点都是可以达到的, 而粗线以下的各点则是无法达到的.

恰恰位于粗线上的点通常是不能达到的,但是有两个点通常是可能的.

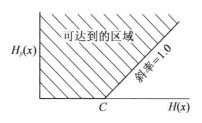

图9 给定信道输入熵时,模棱性的可能值

这些结果是对于 C 的定义的主要依据,现在将证明如下:

定理 2 设离散信道具有容量 C,离散信源的熵为 H(每秒的). 如果 $H \le C$,则就存在一个编码系统,使信源的输出能以任意小的误差频率(或任意小的模棱性)在信道上得到传输. 如果 $H > C$,则信源可以进行编码,使其模棱性小于 $H - C + \varepsilon$,其中 ε 是任意小量. 不可能有使其模棱性小于 $H - C$ 的编码方法.

证明这个定理的第一部分的方法,并不在于去指出一种具有所需性质的编码方法,而在于证明在某一类码子之中必定有这样的一种码子存在. 实际上,我们将这类码子的误差频率进行平均,并证明这个平均值能够小于 ε. 如果数集的平均值小于 ε,那么在该集中至少有一个数小于 ε. 这样就能证明出所期望的结果.

前面曾定义噪声信道的容量 C 为

$$C = \text{Max}\left[H(x) - H_y(x) \right]$$

其中 x 是输入,y 要输出. 这个最大值是对所有能用于信道输入端的信源来讲的.

假设 S_0 是一个能获得最大容量 C 的信源. 如果考虑到这个最大值实际上是任何信源都无法得到的(只是趋近的极限值),那么可以令 S_0 是一个能接近于给出最大速率的信源. 假设这个 S_0 被加在信道输入端上. 然后我们考虑一个持续时间为 T 的可能被传输的和接收到的序列. 可以相信,下面的讨论是正确的:

(1)被传输的序列可以分成两类,其一就是约有 $2^{TH(x)}$ 个的高概类序列,另一类就是剩下来的总概率很小的序列.

(2)同样,接收到的序列也可分成两类,其中一类是高概率类,约有 $2^{TH(y)}$ 个序列和剩下来的就是另一类——低概类序列.

(3)每一个高概类的输出序列都可能是由大约为 $2^{TH_y(x)}$ 个的输入序列所产生的. 所有其他情况的总概率都很小.

(4)每一个高概类的输入序列都可能产生大约为 $2^{TH_y(x)}$ 个的输出序列. 所有其他结果的总概率都很小.

当 T 增大及 S_0 趋近于最大速率的信源时,所有含义为"小"及"大约"的 ε 和 δ 都趋近于零.

图 10 概括表示所述的情况. 在图中,输入序列是左边的点子,输出序列是右边的点子. 上面的扇形线表示可能产生典型输出的可能输入范围(可能的原因). 下面的扇形线表示典型输入的可能结果. 这里所有的"低概类"都略去了.

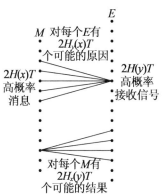

图 10　信道中输入输出的关系

现在假设我们有另一个信源 S, 它以速率 R 产生信息, 而 $R < C$. 在 T 期间, 这个信源将有 2^{TR} 个高概类消息. 我们希望把它们同可能信道输入序列的选择联合起来, 使误差频率小. 我们将用所有可能的方法来建立这种联合 (但是只利用信源 S_0 的高概类的输入序列), 并且对这一大类可能编码系统的误差频率进行平均. 这个方法同计算时间 T 内消息与信道输入随机联合时所产生误差的频率是一样的.

假设观察到的是某一特定输出序列 y_1, 那么在 y_1 的可能的输入 (原因) 中, 从 S 得到多于一个消息的概率为多少? 有 2^{TR} 个消息随机地分布在 $2^{TH(x)}$ 个点上, 于是成为消息的某一点的概率为

$$2^{T[R - H(x)]}$$

因为

$$P = \left[1 - 2^{T(R - H(x))}\right] 2^{TH_y(x)}$$

故

$$R < H(x) - H_y(x)$$
$$R - H(x) = -H_y(x) - \eta$$

其中 η 是正的. 因此

$$P = \left[1 - 2^{-TH_y(x) - T\eta} \right] 2^{TH_y(x)}$$

当 $T \to \infty$ 时,它趋近于

$$1 - 2^{-T}\eta$$

故误差概率趋近于零,这就证明了定理的第一部分.

定理的第二部分很易证明,因为我们注意到实际上只能从信源传送出 C 个二进单位/秒的信息,完全忽略信源产生的其余的信息. 在接收机中,被忽略的部分产生了模棱性 $H(x) - C$,被传送的部分只需加上 ε. 这个极限亦可用很多其他方法来求得. 以后在连续的情况下可以看到这一点.

定理的最后部分的证明是信道容量 C 定义的直接结果. 假设将速率为

$$H(x) = c + a$$

的消息源进行编码,使模棱性

$$H_y(x) = a - \varepsilon$$

其中 ε 是正的,于是

$$H(x) - H_y(x) = C + \varepsilon$$

显然,这个结果是与 C 为 $H(x) - H_y(x)$ 的最大值的定义是矛盾的.

实际上,这里所证明的已经多于证明定理所需的. 如果正数集的平均值处在 0 的 ε 之内,则至多有 $\sqrt{\varepsilon}$ 个数其值能大于 $\sqrt{\varepsilon}$. 因为 ε 是任意小量,那么我们可以说,几乎所有的系统都能任意地趋于理想.

4.讨论

定理 2 的证明,虽然不是纯粹存在的证明,但仍有这类证明的某些缺点. 如果要想根据证明中的方法去求近似于理想编码的方法,一般是不现实的. 实际上,除了某些不重要的情况和某些有限制的情况外,至今还没有找到近似理想编码情况的明确的描述. 可能这并不偶然,而是与要求给出近似于随机序列的结构时所发生的困难有关.

接近于理想的编码将有这样的性质:如果信号被噪声以一定的方式所改变,那么原先的信号仍能恢复.换句话说,这种变化通常不会使接收信号更接近于另一个合理的信号,而仍然会最接近于原先那个信号. 这一点是由于在编码中引入了某些多余度(付出了代价)而得到的. 多余度应以适当的方式加入,使它有利于抵抗具有特定结构的噪声在信道中的作用. 只要在接收机中能够得到利用,那么任何信源的多余度都是有用的. 特别是,如果信源已具有某些多余度,而且也不采用与信道匹配的方法来消除它,那么这种多余度将有利于噪声的克服. 例如,在无噪声电报信道中,如果采用合理的编码,就可以节省大约 50% 的时间. 但是没有这样做,英语的大部分多余度仍保留在信道符号之中. 因为它有一个优点:在传输时,信道中能允许存在很强的噪声,相当大的一部分接收到的错误字母仍能根据文章间的相互联系而得到重新恢复. 实际上,在很多情况下,这也许还是比较接近于理想的,因为英语的统计结构是比较复杂的,而合理的英语序列与随机选择(在定理要求的意义上)相差还不太远.

像无噪声情况一样,为了接近于理想编码,通常必须要有延迟.现在延迟有了一个新的作用,即在接收点对原先消息进行判断之前,允许有大的噪声样品作用在信号上.增大样品的大小,总能加强可能的统计论断.

定理 2 的内容及其证明可以用另一种不同的方法来简洁地陈述,这种方法能使它与无噪声情况的关系更为明显.我们讨论长度为 T 的可能信号,并假设选用它的子集.令子集中的所有信号都以等概率选用.并假设接收机在接收到被干扰的信号时,能选子集中最大可能的信号作为原先的信号.我们定义 $N(T,q)$ 为我们能为子集选择的信号的数目(最大数目),使得在这个最大数下,错误复现概率小于或等于 q.

定理 3

$$\lim_{T \to \infty} \frac{\log N(T,q)}{T} = C$$

其中 C 是信道容量,q 不等于 0 或 1.

换句话说,不管我们如何地规定可靠性的极限,当 T 足够大时,我们可以在时间 T 内可靠地区别相当于 CT 个二进单位的消息.定理 3 可以和第一节中所给出的无噪声信道的信道容量的定义相比较.

5. 离散信道的例子及其容量

图 11 表示离散信道的一个例子.它有三个可能的符号.其中第一个从来不受噪声的影响,第二个和第三个各有不受干扰的概率 p 和变为一对中一个符号的概率 q.令

$$\alpha = -\left[p\log p + q\log q\right]$$

并令 p, Q 和 Q 分别代表用第一个,第二个和第三个符号的概率(因为考虑到对称,故后两个概率相等).则有

$$H(x) = -P\log P - 2Q\log Q$$

$$H_y(x) = 2Q\alpha$$

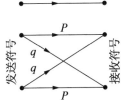

发送符号　　P　q　q　P　接收符号

图 11　一个离散信道的例子

我们希望选择这样的 p, Q,使 $H(x) - H_y(x)$ 在满足

$$p + 2Q = 1$$

的条件下,达到最大. 于是我们考虑

$$U = -P\log P - 2Q\log Q - 2Q\alpha + \lambda(P + 2Q)$$

$$\frac{\partial U}{\partial P} = -1 - \log P + \lambda = 0$$

$$\frac{\partial U}{\partial Q} = -2 - 2\log Q - 2\alpha + 2\lambda = 0$$

消去 λ 得

$$\log P = \log Q + \alpha$$

$$P = Qea = Q\beta$$

$$P = \frac{\beta}{\beta + 2}, Q = \frac{1}{\beta + 2}$$

于是信道容量为

$$C = \log \frac{\beta + 2}{\beta}$$

$\beta = 1$，则 $C = \log 3$，这是正确的，因为信道对三个可能的符号都没有噪声干扰。如果 $p = \frac{1}{2}, \beta = 2$，则 $C = \log 2$。第二个和第三个符号就完全不能区分而作为一个符号。每一个符号的概率为 $p = \frac{1}{2}$，而第二个和第三个一起的概率为 $\frac{1}{2}$。不论在它们之间采用任何所需方式来分配，信道容量仍然达到最大值。

p 为中间值时，信道容量将处在 $\log 2$ 与 $\log 3$ 之间。这时第二个和第三个符号间的区别带有某些信息量，但没有像在无噪声情况下那样多。每一个符号因为它无噪声干扰，因此比其他两个符号更常用。

6. 某些特殊情况下的信道容量

如果噪声独立地干扰相继的信道符号，那么它能够用转移概率 p_{ij} 来描述。它是当发送符号 i，接收到符号 j 的概率。于是信道容量为

$$- \sum_{i,j} P_i p_{ij} \log \sum_i P_i p_{ij} + \sum_{i,j} P_i p_{ij} \log p_{ij}$$

的最大值。其中改变 p_i 使满足 $\sum p_i = 1$，用拉格朗日法可导出下式

$$\sum_j p_{sj} \log \frac{p_{sj}}{\sum_i P_i p_{ij}} = \mu \quad (s = 1, 2, \cdots)$$

乘以 p_s，并对 s 求和，可证得 $\mu = -C$。令 p_{sj} 的倒数（如果它存在的话）为 h_{st}，则

$$\sum_s h_{st}p_{sj} = \delta_{tj}$$

于是

$$\sum_{s,j} h_{st}p_{sj}\log p_{sj} - \log \sum_i P_i p_{it} = -C \sum_s h_{st}$$

故

$$\sum_i P_i p_{it} = \exp\Big[C \sum_s h_{st} + \sum_{s,j} h_{st}p_{sj}\log p_{sj} \Big]$$

或

$$P_i = \sum_t h_{it}\exp\Big[C \sum_s h_{st} + \sum_{s,j} h_{st}p_{sj}\log p_{sj} \Big]$$

这些方程组就是确定使 C 为最大值的那些 p_i，其中 C 确定于 $\sum p_i = 1$. 当这样做后，C 就是信道容量，且 p_i 是得到这个容量时信道符号的概率.

如果每个输入符号在从它发出的线上有同样的概率集，并且每个输出符号也如此，则信道容量很易算出. 图 12 为其实例.

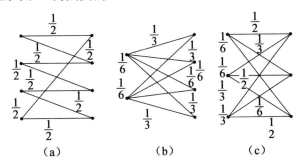

图 12　作为每个输入和输出具有同样条件概率的离散信道的例子

在这个情况下，$H_x(y)$ 与输入符号的概率分布无关，并等于 $-\sum p_i \log p_i$，其中 p_i 是从任何输入符号得

到的转移概率值. 则信道容量为

$$\text{Max}\left[H(y) - H_x(y)\right] = \text{Max}\,H(y) + \sum p_i \log p_i$$

$H(y)$ 的最大值显然是 $\log m$,其中 m 是输出符号的个数. 这是因为有可能通过使输入符号等概率而使输出符号构成等概率. 故信道容量为

$$C = \log m + \sum p_i \log p_i$$

图 12(a) 中,它将等于

$$C = \log 4 - \log 2 = \log 2$$

这可以只采用第一个和第三个符号来得到.

图 12(b) 中,有

$$C = \log 4 - \frac{2}{3}\log 3 - \frac{1}{3}\log 6$$

$$= \log 4 - \log 3 - \frac{1}{3}\log 2$$

$$= \log \frac{1}{3} \cdot 2^{\frac{5}{3}}$$

图 12(c) 中,有

$$C = \log 3 - \frac{1}{2}\log 2 - \frac{1}{3}\log 3 - \frac{1}{6}\log 6$$

$$= \log \frac{3}{2^{\frac{1}{2}} \cdot 3^{\frac{1}{3}} \cdot 6^{\frac{1}{6}}}$$

假设这些符号分为这样几组,噪声绝不至于使一组中的符号被错认为另一组中的符号. 当我们只用这一组符号时,可令第 n 组的容量为 C_n(每秒多少个二进单位),容易证明,为了最好地使用整个集合,则在第 n 组中所有符号的总概率 p_n 应为

$$p_n = \frac{2^{C_n}}{\sum 2^{C_n}}$$

在一组内概率的分布恰如只利用这些符号一样. 信道容量为

$$C = \log \sum 2^{C_n}$$

7. 一个有效编码的例子

下面的例子(虽然是有些人为的)是有可能对噪声信道正确匹配的例子. 设有两种信道符号 0 和 1,噪声作用于七个符号组成的群. 这由七个符号组成的群或者无误差地得到传输,或者,有一个符号是错误的. 八个概率完全相等. 于是有

$$C = \mathrm{Max}\big[H(y) - H_x(y)\big]$$

$$= \frac{1}{7}\Big[7 + \frac{8}{8}\log\frac{1}{8}\Big]$$

$$= -\frac{4}{7}(二进单位／符号)$$

一个完全能校正误差并以速率 c 传送的有效码可用下列方法求得(这个方法是 R. Hamming 找到的).

令七个符号组成的群为

$$X_1, X_2, X_3, \cdots, X_7$$

其中 X_3, X_5, X_6 和 X_7 是信源中任意取出的消息符号,其他三个符号是多余的.

选择 X_4 使

$$\alpha = X_4 + X_5 + X_6 + X_7$$

为偶数；

选择 X_2 使

$$\beta = X_2 + X_3 + X_6 + X_7$$

为偶数；

选择 X_1 使

$$\gamma = X_1 + X_3 + X_5 + X_7$$

为偶数.

当收到这个符号群后,可以计算 α, β 和 γ,如果是偶数叫作 0,如果是奇数叫作 1,那么二进数字 α, β, γ 将给出错误的 X_i 的下标(如果下标为 0 就表示无误差).

§4   连 续 信 息

现在考虑这样的情况,即信号或消息或信号消息两者都是连续变量,它与以前讨论过的离散系统显然不同. 在相当大的程度内连续情况的一些结论可以从离散情况求得,只要把连续消息和信号分割成大量的,但有限个数的小区域,然后在离散基础上计算各种参量. 当区域减小时,通常,这些参量的极限就是连续情况的值. 在讨论连续情况时,我们将不要求我们的结果具有最大的普遍性或纯数学的极端严格性,因为这将牵涉大量的抽象测度论,并且模糊了分析的主要线索. 初步研究指出,在连续情况,离散情况以及其他情况下,通信理论完全可以用公理和严格的形式来表达. 在本文分析中,取极限过程时所作的假设,在一切实际场

合中都可证明其为合理的.

1. 函数集与函数全体(总体)

在连续情况中,我们将碰到函数集与函数全体(总体). 函数集正如它的名称所指的那样是函数的集合,通常还是单变量时间的函数. 它可以用集中各函数的显函数来表示或者用指出该集中的函数具有某一性质而不是该集内的函数就不具有该种性质来表示. 例如:

(1)函数集

$$f_\theta(t) = \sin(t + \theta)$$

对每个特定的 θ 值都确定着集合中一个特定的函数.

(2)所有不含有频率超过 W 赫的时间函数集.

(3)所有频带不超过 W 和振幅局限于 A 的函数集.

(4)所有看作时间函数的英语信号集.

函数全体是一组具有概率测度的函数集,我们可以确定集中具有某些性质的函数的概率为多少. 例如,函数集

$$f_\theta(t) = \sin(t + \theta)$$

对 θ 可以给出一个概率分布 $p(\theta)$. 于是这个函数集就变成了一个函数全体.

再举几个函数全体的例子:

(1)有限函数集 $f_k(t)(k = 1,2,\cdots,n)$, f_k 的概率为 p_k.

(2)有限维函数族

$$f(\alpha_1, \alpha_2, \cdots, \alpha_n; t)$$

其中参量 α_i 具有概率分布
$$p(\alpha_1, \cdots, \alpha_n)$$
例如,我们可以考虑这样一个函数全体
$$f(\alpha_1, \cdots, \alpha_n, \theta_1, \cdots, \theta_n; t)$$
$$= \sum_{n=1}^{n} \alpha_n \sin n(wt + \theta_n)$$
其中幅度 α_i 是正态分布且相互独立,相角 θ_i 是均匀分布(0 到 2π)且相互独立.

(3)函数全体
$$f(ai, t) = \sum_{n=-\infty}^{+\infty} \alpha_n \frac{\sin \pi(2Wt - n)}{\pi(2Wt - n)}$$
其中 ai 是正态分布且相互独立,且有同样的标准偏差 $\sqrt{N}$. 其实,它就是频带限制在 $0 \sim W$ 赫内,平均功率为 N 的白噪声的表示式.

(4)假设各点在 t 轴上按 Poisson 分布律分布. 然后把函数 $f(t)$ 放在每一个被选出的点上,并且把不同的函数叠加起来,可以给出一个函数全体
$$\sum_{k=-\infty}^{\infty} f(t + t_k)$$
其中 t_k 是 Poisson 分布的点. 这个全体可以看成脉冲或散弹噪声,其中所有的脉冲都是相同的.

(5)具有概率测度的英语函数集,这里的概率测度是由通常使用中的出现频率来确定的.

如果当所有的时间函数都推移一个固定时间,仍然得到同样的函数全体,那么这种函数全体 $f_a(t)$ 称为平稳的.

如果 θ 在 $0 \sim 2\pi$ 内均匀分布,可以证明,函数全体

$$f_\theta(t) = \sin(t + \theta)$$

是平稳的.

因为,如果每个函数都推移一个 t_1,则

$$f_\theta(t + t_1) = \sin(t + t_1 + \theta) = \sin(t + \varphi)$$

其中 φ 在 $0 \sim 2\pi$ 内也是均匀分布的.

可以看出,虽然每个函数都改变了,但函数全体就整个来看在变换后仍保持不变. 上面给出的其他例子亦都是平稳的.

如果函数全体是平稳的,并且集中没有概率不等于 0 和 1 的子集,那么这样的函数全体称为遍历的.

例如,函数全体

$$\sin(t + \theta)$$

是遍历的.

因为在所有时间变换下,它没有一个概率不等于 0 和 1 的子集变换为它本身.

可是函数全体 $a\sin(t + \theta)$ 是平稳而不是遍历的,其中 a 是正态分布, θ 是均匀分布的.

例如,当 a 在 0 与 1 之间时,函数的子集是平稳的,但它的概率不等于 0 或 1.

上面的例子中,(3) 和 (4) 是遍历的,(5) 或许也可以看成是遍历的. 如果函数全体是遍历的,那么我们可以粗略地说,该集合中每个函数都可以作为函数全体的代表. 更精确地说,对于一个遍历的函数全体,它的任何统计平均值将等于(概率为 1)集合中函数对所有时间变换的平均值. 粗略地说,在时间进程中,每个函数以适当的次数(频率)通过集合中任何一个函数

913

的褶合式.

正如我们能对数或函数进行各种运算来得到新的数或函数一样,我们也可以对函数全体进行运算来得到新的函数全体. 例如, 假设我们有一个函数全体 $f_\alpha(t)$ 和一个算子 T, 这个算子对每个函数 $f_\alpha(t)$ 的运算结果得到函数 $g_\alpha(t)$

$$g_\alpha(t) = Tf_\alpha(t)$$

函数集 $g_\alpha(t)$ 的概率测度可以用函数集 $f_\alpha(t)$ 的概率测度来定义. 函数 $g_\alpha(t)$ 的某一个子集的概率将等于函数 $f_\alpha(t)$ 的子集的概率, $f_\alpha(t)$ 在算子 T 作用下产生 g 函数的子集的元素. 从物理上来说, 这就相当于使函数全体通过某些器件, 例如, 滤波器、整流器或调制器等. 这些器件的输出函数就构成了函数全体 $g_\alpha(t)$.

如果输入推移, 只引起输出推移, 那么这种器件或算子 T 就叫作不变量. 即, 如果

$$g_\alpha(t) = Tf_\alpha(t)$$

则必有

$$g_\alpha(t + t_1) = Tf_\alpha(t + t_1)$$

对所有 $f_\alpha(t)$ 和所有的 t_1 都成立.

容易证明(参看附录 5), 如果 T 是不变量, 并且输入函数全体是平稳的, 那么输出函数全体也一定是平稳的. 同样, 如果输入是遍历的, 那么输出亦将是遍历的.

滤波器或整流器在所有的时间变换下都是不变量. 而调制作用就不是不变量, 因为载波相位给出某一时间结构. 但是在按载波周期的倍数进行推移变换时,

调制仍然是一个不变量.

Wiener 曾指出,实际器件在时间变换下的不变性与 Fourier 理论之间有着密切的关系. 他证明,如果实际器件是线性的且有不变性,那么 Fourier 分析是解决这类问题的方便的数学工具.

函数全体是连续信源产生的消息(例如语言)、发送机产生的信号以及干扰噪声的合适的数学表示. 正如 Wiener 所强调的,通信理论所讨论的,并不是对某些函数的运算,而是对函数全体的运算. 一个通信系统并不是为某一语言函数而设计,更不是为正弦函数设计,而是对语言函数的全体进行设计的.

2. 频带有限的函数全体

如果一个时间函数 $f(t)$ 的频带限制在 0 到 W 赫内,那么它完全可用给出一系列彼此间隔为 $\dfrac{1}{2W}$ 秒的离散点的坐标来确定.

定理 1　令 $f(t)$ 不含有频率高于 W 赫的分量,那么

$$f(t) = \sum_{-\infty}^{\infty} X_n \frac{\sin \pi(2Wt - n)}{\pi(2Wt - n)}$$

其中

$$X_n = f\left(\frac{n}{2W}\right)$$

在这个展开式中,$f(t)$ 表示为正交函数的和. 式中各项的系数 X_n 可以看成是无限维函数空间中的坐标. 在这个空间中,每个函数都精确地对应着一个点,而且每个点也对应着一个函数.

如果所有的坐标 X_n 在时间间隔 T 外都为零,那么这种函数可以认为实质上限于 T 内. 在这种情况下,只有 $2TW$ 个坐标不等于零. 于是这些频带限于 W 时间限于 T 的函数就与 $2TW$ 维空间的点对应. 频带为 W 和持续时间为 T 的函数子集就对应于这个空间中的一个区域. 例如,总能量小于或等于 E 的函数与半径为 $r = \sqrt{2WE}$ 的 $2TW$ 维的球相对应.

频带为 W、持续时间为 T 的函数全体可以用 n 维空间中的概率分布 $p(x_1, \cdots, x_n)$ 来表示. 如果函数全体没有时间限制,那么可以认为,在给定时间间隔 T 内的 $2TW$ 个坐标表示在间隔 T 内的函数部分,而概率分布 $p(x_1, \cdots, x_n)$ 能给出该时间间隔内的函数全体的统计结构.

3. 连续分布的熵

离散概率集 $p_1, \cdots, p_n$ 的熵曾定义为

$$H = -\sum p_i \log p_i$$

采用类似的方法,我们可以定义具有密度分布函数 $p(x)$ 的连续分布的熵为

$$H = -\int_{-\infty}^{\infty} p(x) \log p(x) \, \mathrm{d}x$$

在 n 维分布 $p(x_1, \cdots, x_n)$ 时,有

$$H = -\int \cdots \int p(x_1, \cdots, x_n) \log p(x_1, \cdots, x_n) \, \mathrm{d}x_1 \cdots \mathrm{d}x_n$$

如果有两个宗量 x 和 y(它们可以是多维的),则 $p(x, y)$ 的联合熵和条件熵为

$$H(x, y) = -\iint p(x, y) \log p(x, y) \, \mathrm{d}x \mathrm{d}y$$

和

$$H_x(y) = -\iint p(x,y)\log\frac{p(x,y)}{p(x)}\mathrm{d}x\mathrm{d}y$$

$$H_y(x) = -\iint p(x,y)\log\frac{p(x,y)}{p(y)}\mathrm{d}x\mathrm{d}y$$

其中

$$p(x) = \int p(x,y)\mathrm{d}y$$

$$p(y) = \int p(x,y)\mathrm{d}x$$

连续分布的熵具有很多离散分布的熵的性质(但不是全部).特别是:

(1) 如果 x 限制在空间某个体积 v 内,若 $p(x)$ 在此体积中为常数,则熵就达到最大值且等于 $\log v$.

(2) 对任何两个变量 x,y,有

$$H(x,y) \leqslant H(x) + H(y)$$

等式能成立的充要条件为 x 与 y 相互独立,即

$$p(x,y) = p(x)p(y)$$

(零概率点集除外).

(3) 考虑下列普遍形式的平均运算

$$p'(y) = \int a(x,y)p(x)\mathrm{d}x$$

且

$$\int a(x,y)\mathrm{d}x = \int a(x,y)\mathrm{d}y = 1, a(x,y) \geqslant 0$$

那么平均分布 $p'(y)$ 的熵将大于或等于原先的分布 $p(x)$ 的熵.

(4)

Shannon 信息熵定理

$$H(x,y) = H(x) + H_x(y) = H(y) + H_y(x)$$

及

$$H_x(y) \leqslant H(y)$$

（5）设 $p(x)$ 是一维分布. 当 x 的标准偏差固定在 σ，则给出最大熵的 $p(x)$ 分布的形式将是 Gauss 式分布.

为了证明它，我们必须使下式为极大

$$H(x) = -\int p(x) \log p(x) \, \mathrm{d}x$$

同时取

$$\sigma^2 = \int p(x) x^2 \, \mathrm{d}x$$

和

$$1 = \int p(x) \, \mathrm{d}x$$

为限制条件. 根据变分法，就要求使

$$\int [-p(x) \log p(x) + \lambda p(x) x^2 + \mu p(x)] \, \mathrm{d}x$$

为最大，即

$$-1 - \log p(x) + \lambda x^2 + \mu = 0$$

适当选取常数使满足上述限制条件，即得

$$p(x) = \frac{1}{\sqrt{2\pi}\,\sigma} e^{-\frac{x^2}{2\sigma^2}}$$

同样，在 n 维情况中，假设 $p(x_1, \cdots, x_n)$ 的二阶矩固定为 A_{ij}

$$A_{ij} = \int \cdots \int x_i x_j p(x_1, \cdots, x_n) \, \mathrm{d}x_1 \cdots \mathrm{d}x_n$$

那么当 $p(x_1, \cdots, x_n)$ 是具有二阶矩为 A_{ij} 的 n 维 Gauss

分布时,可以得到最大熵.

（6）当标准偏差为 σ 时,一维 Gauss 分布的熵为

$$H(x) = \log \sqrt{2\pi e}\,\sigma$$

这可证明如下

$$p(x) = \frac{1}{\sqrt{2\pi}\,\sigma}e^{-\frac{x^2}{2\sigma^2}}$$

$$-\log p(x) = \log \sqrt{2\pi}\,\sigma + \frac{x^2}{2\sigma^2}$$

$$\begin{aligned}
H(x) &= -\int p(x)\log p(x)\,\mathrm{d}x \\
&= \int p(x)\log \sqrt{2\pi}\,\sigma\mathrm{d}x + \int p(x)\frac{x^2}{2\sigma^2}\mathrm{d}x \\
&= \log \sqrt{2\pi}\,\sigma + \frac{\sigma^2}{2\sigma^2} \\
&= \log \sqrt{2\pi}\,\sigma + \log \sqrt{e} \\
&= \log \sqrt{2\pi e}\,\sigma
\end{aligned}$$

同样,具有二次式 a_{ij} 的 n 维 Gauss 分布

$$p(x_1,\cdots,x_n) = \frac{|\,a_{ij}\,|^{\frac{1}{2}}}{(2\pi)^{\frac{n}{2}}}\exp\Big(-\frac{1}{2}\sum a_{ij}X_iX_j\Big)$$

的熵为

$$H = \log(2\pi e)^{\frac{n}{2}}|\,a_{ij}\,|^{-\frac{1}{2}}$$

其中 $|\,a_{ij}\,|$ 是以 a_{ij} 为元素的行列式.

（7）如果 x 限制在正值(当 $x \leqslant 0$ 时,$p(x) = 0$),并且 x 的一阶矩固定为 a

$$a = \int_0^\infty p(x)\,\mathrm{d}x$$

则当

$$p(x) = \frac{1}{a}e^{-\frac{x}{a}}$$

时,可以得到最大熵,并且等于 $\log ea$.

（8）在连续熵和离散熵之间有一个重大差别. 在离散情况中,熵是以"绝对方式"来度量随机变量的随机性的. 在连续情况中,熵的度量是"相对于坐标系统"的. 如果我们改变坐标,则通常熵是会改变的. 当我们变为坐标 $y_1, \cdots, y_n$ 时,则新的熵为

$$H(y) = \int \cdots \int p(x_1, \cdots, x_n) J\left(\frac{x}{y}\right) \cdot$$

$$\log p(x_1, \cdots, x_n) J\left(\frac{x}{y}\right) \mathrm{d}y_1 \cdots \mathrm{d}y_n$$

其中 $J\left(\dfrac{x}{y}\right)$ 是坐标变换的雅可比式.

如果展开对数,并把变量变为 $x_1, \cdots, x_n$,即得

$$H(y) = H(x) - \int \cdots \int p(x_1, \cdots, x_n) \cdot$$

$$\log J\left(\frac{x}{y}\right) \mathrm{d}x_1 \cdots \mathrm{d}x_n$$

由此可见,新的熵就等于原来的熵减去雅可比的对数. 在连续情况中,熵可以看成是相对于某一标准（假设的）的随机性的度量. 就是在所取的坐标系统中,每个小体积元 $\mathrm{d}x_1 \cdots \mathrm{d}x_n$ 都给以相等的权重. 当改变坐标系统时,则当新系统中的相等体积元 $\mathrm{d}y_1 \cdots \mathrm{d}y_n$ 被给以相等的权重时,新坐标系统中的熵就量度了随机性. 虽然熵的值是取决于坐标系统的,但熵的概念在连续情况中仍同离散情况一样重要. 这是因为传信率和信道容量取决于两个熵的差,而这个差与坐标系统无关,因为

每一项的改变量是相同的. 连续分布的熵可以是负值, 因为零点是任意的, 它对应于单位体积上的均匀分布. 比这个狭的分布将有较小的熵, 所以是负值. 然而传信率和信道容量永远不是负的.

（9）坐标变换的特殊情况是线性变换

$$y_j = \sum_i a_{ij} x_i$$

在这情况中, 雅可比式即为行列式 $| a_{ij} |^{-1}$, 而

$$H(y) = H(x) + \log | a_{ij} |$$

在坐标旋转变换情况中（或任何保测变换）$J = 1$ 且

$$H(y) = H(x)$$

4. 函数全体的熵

现在研究限于一定频带（W 赫）的遍历性函数全体. 令

$$p(x_1, \cdots, x_n)$$

为 n 个相继取样点上幅度为 $x_1, \cdots, x_n$ 的概率密度分布函数. 我们定义每个自由度的熵为

$$H' = -\lim_{n\to\infty} \frac{1}{n} \int \cdots \int p(x_1, \cdots, x_n) \cdot$$

$$\log p(x_1, \cdots, x_n) \, \mathrm{d}x_1 \cdots \mathrm{d}x_n$$

不用 n 除, 而用 n 个取样点时间 T 除之, 我们也可定义每秒的熵 H. 因为 $n = 2TW$, 所以 $H = 2WH'$.

对于白色热噪声, p 是 Gauss 分布, 有

$$H' = \log \sqrt{2\pi \mathrm{e} N}$$

$$H = W\log 2\pi \mathrm{e} N$$

在给定平均功率 N 条件下, 白噪声有最大可能熵. 这是由上面指出的 Gauss 分布有使熵最大这一性质的结

果.

连续随机过程的熵有很多性质与离散过程的熵是类似的. 在离散情况中,熵与长序列的概率的对数及合理的可能长序列的数目有关. 在连续情况中,它类似地与长取样序列的概率密度的对数及函数空间中较高概率的体积有关. 更精确地讲,如果我们假定 $p(x_1,\cdots,x_n)$ 对所有 n 的 x_i 是连续的,那么只要 n 足够大,就有

$$\left| \frac{\log p}{n} - H' \right| < \varepsilon$$

除了总概率小于 δ 的集合以外,对所有的 $(x_1,\cdots,x_n)$ 都成立,其中 δ 和 ε 是任意小. 如果把函数空间划分为大量的小体积元,就可以根据遍历性而得出这一点.

H 与体积的关系可以陈述如下:在同样假设之下,考虑对应于 $p(x_1,\cdots,x_n)$ 的 n 度空间. 令 $V_n(q)$ 是这空间中的最小体积而且在它内部包括一个总概率 q,于是

$$\lim_{n \to \infty} \frac{\log V_n(q)}{n} = H'$$

其中 q 不等于 0 或 1.

这些结果指出,当 n 很大时,存在一个完全确定的高概率体积(至少在对数意义上),并且在这个体积内概率密度是相对均匀的(仍旧是对数意义上). 在白噪声情况中,概率分布函数为

$$p(x_1,\cdots,x_n) = \frac{1}{(2\pi N)^{\frac{n}{2}}} \exp - \frac{1}{2N} \sum x_i^2$$

因为它只取决于 $\sum x_i^2$,等概率密度的表面应当是一个

球面,并且整个分布是球对称的.高概率的区域是半径为 $\sqrt{nN}$ 的球.当 $n \to \infty$ 时,无论 ε 多么小,在半径为 $\sqrt{n(N+\varepsilon)}$ 的球外面的概率将趋于 0.而 $\dfrac{1}{n}$ 乘以球体积的对数将趋于 $\log \sqrt{2\pi e N}$.

在连续情况中,为了方便起见不用函数全体的熵而用其导出量熵功率.它定义为与原来的函数全体有同样熵和相同频带限制的白噪声的功率. 换句话说,如果 H' 是函数全体的熵,则它的熵功率为

$$N_1 = \frac{1}{2\pi e} \exp 2H'$$

在几何图上,这等于用具有同样体积的球的半径平方来度量高概率体积. 因为白噪声在给定功率时有最大的熵,任何噪声的熵功率将小于或等于它的实际功率.

5. 线性滤波器中熵的损失

定理 2　每个自由度的熵为 H_1 且频带为 W 的函数全体,如果通过一个具有特性为 $Y(f)$ 的滤波器,那么输出函数全体的熵为

$$H_2 = H_1 + \frac{1}{W} \int_W \log | Y(f) |^2 \mathrm{d}f$$

滤波器的作用实质上是一个坐标的线性变换. 如果把不同的频率分量看成是原来的坐标系统,那么新的频率分量只是原来的分量乘以某些系数. 用这些坐标表示时,坐标变换矩阵是对角线化的. 雅可比变换是(对 n 个正弦和 n 个余弦分量)

$$J = \prod_{i=1}^{n} | Y(f_i) |^2 = \exp \sum \log | Y(f_i) |^2$$

其中 f_i 等间隔地分布在频带 W 内. 在极限情况下, 这变为

$$\exp \frac{1}{W} \int_W \log | Y(f) |^2 \mathrm{d}f$$

因为 J 是常数, 所以它的平均值还是这个值. 应用坐标变换时关于熵变化的定理, 我们就可得到上面的结果. 它也可以用熵功率来表示. 如果每一个函数全体的熵功率为 N_1, 那么第二个函数全体的熵为

$$N_1 \exp \frac{1}{W} \int_W \log | Y(f) |^2 \mathrm{d}f$$

最后的熵功率等于起始熵功率乘以滤波器的几何平均增益. 如果增益用分贝数来度量, 那么输出熵功率将增加一频带 W 内增益的算术平均分贝数.

表 6 中列出了一些理想增益特性滤波器的熵功率损失 (亦用分贝数表示). 表中还有这些滤波器在 $W = 2\pi$ 时的脉冲响应, 这里假定相移为 0. 很多其他情况下的熵损失可以从这些结果中求得. 例如, 在第一种情况中得到的熵功率系数 $\frac{1}{e^2}$, 通过 w 轴上的保测变换, 也可以应用于从 $1 - w$ 得到的任何增益特性的滤波器. 特别是具有线性增益特性 $G(w) = w$ 或在 0 与 1 之间具有锯齿特性的滤波器具有相等的熵损失. 增益取倒数则系数也取倒数, 故 $\frac{1}{w}$ 有系数 e^2, 提高增益到任何功率值将同样使系数增加到此功率值.

6. 两个函数全体和的熵

如果我们有两个函数全体 $f_\alpha(t)$ 和 $g_\beta(t)$, 把它们

"相加"后可得一个新的函数全体. 假设第一个函数全体有概率密度函数 $p(x_1,\cdots,x_n)$, 第二个为 $q(x_1,\cdots,x_n)$, 那么和的概率密度可用折积给出

表6

增　益	熵功率系数	熵功率增益分贝数	脉冲响应
<div style="text-align:center">$1-\omega$</div>	$\dfrac{1}{e^2}$	-8.68	$\dfrac{\sin^2 \pi t}{(\pi t)^2}$
$1-\omega^2$	$\left(\dfrac{2}{e}\right)^4$	-5.32	$2\left[\dfrac{\sin t}{t^3} - \dfrac{\cos t}{t^2}\right]$
$1-\omega^3$	0.384	-4.15	$6\left(\dfrac{\cos t - 1}{t^4} - \dfrac{\cos t}{2t^3} + \dfrac{\sin t}{t^3}\right)$
$\sqrt{1-\omega^2}$	$\left(\dfrac{2}{e}\right)^2$	-2.66	$\dfrac{\pi}{X} \dfrac{J_1(t)}{t}$
	$\dfrac{1}{e^{2a}}$	$-8.68a$	$\dfrac{1}{at^2}[\cos(1-a)t - \cos t]$

$$r(x_1,\cdots,x_n) = \int \cdots \int p(y_1,\cdots,y_n) \cdot$$

$$q(x_1 - y_1,\cdots,x_n - y_n)\,\mathrm{d}y_1\,\mathrm{d}y_2\cdots\mathrm{d}y_n$$

实际上, 这就相当于把原来的函数全体所表示的噪声或信号加起来.

在附录6中将导出下列结果:

定理 3 令两个函数全体的平均功率为 N_1 和 N_2, 并令它们的熵功率为 $\overline{N}_1$ 和 $\overline{N}_2$. 则和的熵功率 N_3 限制在

$$\overline{N}_1 + \overline{N}_2 \leqslant \overline{N}_3 \leqslant N_1 + N_2$$

白色 Gauss 噪声有特殊的性质,它能够吸收任何可能加于其上的其他噪声或信号的函数全体,如果信号在某一意义上比噪声小,那么它的合成熵功率就近似地等于白噪声功率和信号功率之和(从信号的平均值来度量,它通常为零).

考虑这些 n 维函数全体的函数空间. 白色噪声相当于在这个空间中的球形 Gauss 分布. 信号全体相当于另一个概率分布,但不一定是 Gauss 或球形的. 令这个分布围绕着它重心的二阶矩为 a_{ij}. 即:如果 $p(x_1, \cdots, x_n)$ 是概率密度函数,则

$$a_{ij} = \int \cdots \int p(x_i - \alpha_i)(x_j - \alpha_j)\,\mathrm{d}x_1 \cdots \mathrm{d}x_n$$

其中 α_i 是重心的坐标.

现在 a_{ij} 是一个正定二次式. 可以旋转坐标系统,使它与这种形式的主要方向一致,于是 a_{ij} 就简化为对角线形式 b_{ii}. 我们要求每个 b_{ii} 比球形分布的半径平方 N 来得小.

在这种情况下,信号和噪声的折积产生了一个近似的 Gauss 分布,它的相应二次形式为

$$N + b_{ii}$$

这个分布的熵功率就等于

$$[\prod(N+b_{ii})]^{\frac{1}{n}}\ 或近似地$$

$$=[(N)]^{n}+[\sum b_{ii}(N)^{n-1}]^{\frac{1}{n}}$$

$$=N+\frac{1}{n}\sum b_{ii}$$

其中最后一项是信号功率,而第一项是噪声功率.

§5　连 续 信 道

1. 连续信道的容量

在连续信道中,输入或被传输的信号是属于某一集合的连续时间函数,而输出或接收到的信号是被干扰的输入. 我们只考虑被传输和被接收到的信号都限制在频带 W 内的情况. 于是在时间 T 内它们就可用 $2TW$ 个数来表示,并且它们的统计结构可用有限维分布函数来表示.因此被传输信号的统计特性可用下式来确定

$$p(x_1,\cdots,x_n)=p(x)$$

而噪声的统计特性可用条件概率分布来表示

$$p_{x_1,\cdots,x_n}(y_1,\cdots,y_n)=p_x(y)$$

连续信道中的传信率是用类似于离散信道的方法来定义的,即

$$R=H(x)-H_y(x)$$

其中 $H(x)$ 是输入的熵,$H_y(x)$ 是模棱性. 信道容量定义为在所有可能函数全体上改变输入时得到的最大的 R. 这就意味着在有限维的近似中必须改变

$$P(x) = P(x_1, \cdots, x_n)$$

并使下式达到最大

$$-\int p(x)\log p(x)\,\mathrm{d}x + \iint p(x,y)\log\frac{p(x,y)}{p(y)}\mathrm{d}x\mathrm{d}y$$

利用式

$$\iint p(x,y)\log p(x)\,\mathrm{d}x\mathrm{d}y = \int p(x)\log p(x)\,\mathrm{d}x$$

于是信道容量可表示如下

$$C = \lim_{T\to\infty}\max_{P(x)}\frac{1}{T}\iint p(x,y)\log\frac{p(x,y)}{p(x)p(y)}\mathrm{d}x\mathrm{d}y$$

显然, R 和 C 都与坐标系统无关, 因为当对 x 和 y 进行 —— 对应变换时, $\log\dfrac{P(x,y)}{P(x)P(y)}$ 的分子分母, 都乘上同样的系数. 这个 C 的积分表达式比 $H(x) - H_y(x)$ 更为普遍. 经适当的解释可知道(参看附录 7), 这个式子总是成立的, 而 $H(x) - H_y(x)$ 在有些情况下会出现不定形式 $\infty - \infty$. 例如, 如果在 n 维近似中 x 是限制在小于 n 维数的表面, 就会出现这种情况.

如果在计算 $H(x)$ 和 $H_y(x)$ 时对数的底取 2, 即 C 就是每秒能在信道上以任意小的模棱性传输的最大二进数. 把信号空间划分为大量小体积元, 这些小体积元要小得使信号 x 被干扰成 y 的概率密度 $P_x(y)$ 在一个体积元中保持常数. 如果把体积元看成是各个不同的点子, 那么情况就同离散信道一样, 而离散信道中所用的证明这里同样适用. 很清楚, 只要区域划分得足够小, 把体积划分为点子是不会影响最后结果的. 因此连续信道的容量将是离散子域的信道容量的极限.

数学上首先可以证明(参看附录7),如果 u 是消息,x 是信号,y 是接收到的信号(受噪声干扰的),v 是复现的消息,则

$$H(x) - H_y(x) \geqslant H(u) - H_v(u)$$

而与由 u 来求 x 或由 y 求 v 的运算无关. 因此,不论我们怎样把二进数字编码成信号或把接收到的信号译码成消息,二进数字的离散传输速率都不会超过我们所定义的信道容量. 另一方面,在最一般的条件下,可以找到一个编码系统,它能把二进数字按速率 c 以任意小的模棱性或误差频率进行传输. 这是正确的,例如,在采用有限维空间来近似信号函数时,$P(x,y)$ 除了一组零概率点以外,对 x 和 y 都是连续的.

一个重要的特殊情况是噪声与信号独立地叠加(在概率意义上). 于是 $P_x(y)$ 仅仅是矢量差 $n = (y - x)$ 的函数

$$p_x(y) = Q(y - x)$$

我们可以给噪声一个确定的熵(它与信号的统计性质无关),即分布 $Q(n)$ 的熵. 这个熵用 $H(n)$ 表示.

定理1　如果信号与噪声是独立的,并且所接收到的信号是被传输的信号与噪声的和,则传信率为

$$R = H(y) - H(n)$$

即接收到的信号的熵减去噪声的熵. 则信道容量为

$$C = \max_{P(x)} H(y) - H(n)$$

因为 $y = x + n$ 有

$$H(x,y) = H(x,n)$$

展开左边部分,并利用 x 与 n 是独立的这样一个事实

$$H(y) + H_y(x) = H(x) + H(n)$$

故

$$R = H(x) - H_y(x) = H(y) - H(n)$$

因为 $H(n)$ 与 $P(x)$ 无关,使 R 最大就要求 $H(y)$ 最大,即接收到的信号的熵最大. 如果对所传输的信号有某种限制,那么必须使它在满足限制条件下达到最大.

2. 平均功率有限制时的信道容量

定理 1 的简单应用是噪声为白色热噪声以及被传输的信号限于某一平均功率 P 的时候. 这时,接收信号就具有平均功率 $P + N$,其中 N 是噪声的平均功率. 如果接收到的信号也构成一个白噪声的全体,那么它将具有最大熵. 因为这是功率为 $P + N$ 时的最大可能的熵,并且只要适当地选取被传输的信号全体,即如果被传送的信号也构成功率为 P 的白噪声全体,那么这个熵是可以得到的. 于是接收到的信号全体的熵(每秒)为

$$H(y) = W\log 2\pi e(P + N)$$

而噪声的熵为

$$H(n) = W\log 2\pi eN$$

于是信道容量为

$$C = H(y) - H(n) = W\log \frac{P + N}{N}$$

归纳起来,可得定理 2:

定理 2 当发送机的平均功率限于 P 时,频带为 W,并受功率为 N 的白色热噪声所干扰的信道的信道容量为

$$C = W\log\frac{P + N}{N}$$

这就表明了,只要采用足够复杂的编码系统,我们就能以任意小的误差频率,按 $W\log_2\dfrac{P + N}{N}$ 二进单位／秒的速率传输二进数字. 任何编码系统都无法以更高的速率进行传输而没有一定的正误差频率. 为了接近这个极限传信率,被传送的信号必须在统计特性上接近白噪声. 一个接近理想传信率的系统可以描述如下:设在每个持续时间 T 中,可以构成 $M = 2^s$ 个白噪声样品. 这些样品可给以从 0 到 $M - 1$ 的二进数字. 在发送机端,消息序列分为 s 个组,在每组中,相应的噪声样品作为信号来传输. 在接收机端,M 个取样是已知的,而将实际接收到的信号(被噪声所干扰的)同其中每一个进行比较. 选择那些与接收信号相比均方根偏差最小的样品来作为被传输的信号,然后复构出相应的二进数字. 这种过程就等于选择最可能(后验的)信号. 所用的噪声样品的数目 M 与所允许的误差频率 ε 有关,但是,几乎对所有样品的选择都有

$$\lim_{\varepsilon \to 0} \lim_{T \to \infty} \frac{\log M(\varepsilon, T)}{T} = W\log\frac{P + N}{N}$$

无论 ε 取得多么小,只要 T 足够大,就可以在 T 秒内如所欲地接近于传输 $TW\log\dfrac{P + N}{N}$ 个二进数字.

对白噪声情况,其他作者亦曾独立地推得类于

$$C = W\log\frac{P + N}{N}$$

的公式,虽然某些解释是不同的(见 Wiener,W. G. Tuller 和 H. Sullivan 等人的著作).

在任意干扰噪声情况下(不一定是白色热噪声),没有发现确定信道容量中的求极大值的问题可以得到清楚的解决. 但是,用平均噪声功率 N 和噪声熵功率 N_1 来确定 C 的上下限是可以的. 在大多数实际情况中,这些界限彼此很接近,因此可以为问题提供满意的结果.

定理 3　频带为 W,并受任意噪声干扰的信道,其容量满足下面的不等式

$$W\log\frac{P + N_1}{N_1} \leqslant C \leqslant W\log\frac{P + N}{N_1}$$

其中 P 是发送机的平均功率.

N 是平均噪声功率.

N_1 是噪声的熵功率.

这里,被干扰信号的平均功率亦为 $P + N$. 如果接收到的信号是白噪声,这个功率可以得到最大的熵,即 $W\log 2\pi e(P + N)$. 但这是不可能得到的,因为没有任何传送信号的全体在叠加了干扰噪声后可以在接收机端产生白色热噪声. 但是至少这是对 $H(y)$ 的一个上限,故

$$C = \text{Max } H(y) - H(n)$$
$$\leqslant W\log 2\pi e(P + N) - N\log 2\pi e N_1$$

这就是定理中给出的上限. 如果使传输信号是功率为 P 的白噪声,则可以通过对传输速率的考虑而得到下限. 在这种情况中,接收信号的熵功率至少和白噪声的

功率 $P + N_1$ 一样大,因为我们曾在 §4 的定理 3 中证明过两个函数全体的和的熵功率大于或等于各个熵功率之和.

故

$$\text{Max } H(y) \geqslant W\log 2\pi e(P + N_1)$$

及

$$C \geqslant W\log 2\pi e(P + N_1) - W\log 2\pi e N_1$$

$$= W\log \frac{P + N_1}{N_1}$$

当功率 P 增大时,定理 3 中的上下限就彼此接近,所以渐近速率为

$$W\log \frac{P + N}{N_1}$$

如果噪声本身是白色的,$N = N_1$,于是就简化为前面证过的公式

$$C = W\log\left(1 + \frac{P}{N}\right)$$

如果噪声是 Gauss 式的,但其频谱不一定平坦,则 N_1 是频带 W 内各频率的噪声功率的几何平均值,即

$$N_1 = \exp \frac{1}{W}\int_W \log N(f)\,\mathrm{d}f$$

其中 $N(f)$ 是频率为 f 的噪声功率.

定理 4　如果我们使功率为 P 的发送机的信道容量为

$$C = W\log \frac{P + N - \eta}{N_1}$$

那么当 P 增大时,式中的 η 是 P 的单调下降函数,并以

0 为极限. 假设给定功率为 P_1, 则信道容量为

$$W \log \frac{P_1 + N - \eta_1}{N_1}$$

这就意味着, 当最佳信号分布, 例如 $p(x)$, 叠加到噪声分布 $q(x)$ 上时, 则接收信号的分布为 $r(y)$, 它的熵功率为 $P_1 + N - \eta_1$. 假使把白噪声功率 ΔP 加于信号使功率增加到 $P_1 + \Delta P$, 那么接收信号的熵至少为

$$H(y) = W \log 2\pi e(P_1 + N - \eta_1 + \Delta P)$$

这是应用和的最小熵功率的定理得到的. 因而, 由于可以得到所指定的 H, 那么使 H 为极大的分布的熵至少应该一样大, 而且 η 必须是单调下降的. 为了证明当 $P \to \infty$ 时, $\eta \to 0$, 我们考虑一个具有大功率 P 的白噪声信号. 无论是怎样的干扰噪声, 在熵功率接近 $P + N$ 的意义上, 只要 P 足够大, 接收到的信号将接近于白噪声.

3. 峰值功率有限的信道容量

在某些应用上, 并不限制发送机的平均输出功率, 而是限制它的瞬时峰功率. 因此计算信道容量的问题就是在一定的条件下, 即在对所有的 t, 全体中所有函数 $f(t)$ 都小于或等于 $\sqrt{s}$ 的条件下, 求 $H(y) - H(n)$ 的极大值的问题(通过对传送符号全体变分的方法). 这种形式的限制, 数学上没有平均功率受限那样的优越性.

在这种情况下, 可以确定的仅仅是对所有信噪比 $\left(\dfrac{S}{N}\right)$ 都适用的下限、对大信噪比适用的渐近上限以及

在小信噪比时 C 的渐近值.

定理 5　频带为 W,并受功率为 N 的白色热噪声所干扰的信道,其容量满足下式

$$C \geqslant W\log \frac{2}{\pi e^3} \cdot \frac{S}{N}$$

其中 S 是发送机允许的峰功率. 对足够大的 $\dfrac{S}{N}$,有

$$C \leqslant W\log \frac{\dfrac{2}{\pi e}S + N}{N}(1 + \varepsilon)$$

其中 ε 是任意小量. 当 $\dfrac{S}{N} \to 0$ 时(频带 W 从 0 开始),则

$$\frac{C}{W\log\left(1 + \dfrac{S}{N}\right)} \to 1$$

我们希望接收信号的熵达到最大. 如果 $\dfrac{S}{N}$ 很大,它将在发送信号全体之熵为极大时趋于最大. 渐近上限可用放宽全体函数的条件来求得. 假设功率不是在每个瞬时都限于 S,而是仅仅在取样点上限制在 S,那么在这些较弱的条件下被传输信号全体的最大熵肯定地大于或等于在原来条件下所得到的最大熵. 这个改变了的问题是很易解决的. 如果不同的取样是独立的,并且分布函数在 $-\sqrt{S}$ 到 $+\sqrt{S}$ 内是常数,则熵为最大,并算得为

$$W\log 4S$$

于是接收到的信号的熵将小于

$$W\log(4S + 2\pi eN)(1 + \varepsilon)$$

当 $\dfrac{S}{N} \to \infty$ 时, $\varepsilon \to 0$. 减去白噪声的熵 $W\log 2\pi \mathrm{e}N$ 就可
得到信道容量

$$W\log(4S + 2\pi \mathrm{e}N)(1 + \varepsilon) - W\log(2\pi \mathrm{e}N)$$

$$= W\log \frac{\dfrac{2}{\pi \mathrm{e}}S + N}{N}(1 + \varepsilon)$$

这就是所期望的信道容量的上限.

为了求得下限, 我们考虑同一个函数全体. 使这些
函数通过一个具有三角形传输特性的理想滤波器. 在
频率为 0 时增益为 1, 频率增加时, 作线性下降, 频率为
W 时增益下降到零. 我们首先证明滤波器的输出函数
在所有时刻 (不恰恰是取样点) 具有峰值功率限 S. 首
先注意, 脉冲 $\dfrac{\sin 2\pi Wt}{2\pi Wt}$ 通过滤波器产生的输出为

$$\frac{1}{2}\frac{\sin^2 \pi Wt}{(\pi Wt)^2}$$

这个函数是非负的. 在一般情况下, 输入函数可以看成
是一系列有位移的函数之和

$$a \cdot \frac{\sin 2\pi Wt}{2\pi Wt}$$

其中 a 是取样的幅度, 它不大于 $\sqrt{S}$.

因此, 输出也是上述非负形式的有位移函数的和,
函数的系数相同. 这些函数是非负的, 当所有的系数 a
有最大的正值时, 就得到任何 t 时的最大正值, 即 $\sqrt{S}$.
在这种情况下, 输入函数是幅度为 $\sqrt{S}$ 的常数, 并且因
为滤波器的直流增益为 1, 所以输出函数是相同的, 因

而输出函数全体也有峰功率 S.

　　输出函数全体的熵可以借助于前面的定理根据输入函数全体的熵来求得. 输出熵等于输入熵加滤波器的几何平均增益

$$\int_{0}^{W} \log G^2 \mathrm{d}f = \int_{0}^{W} \log\left(\frac{W-f}{W}\right)^2 \mathrm{d}f = -2W$$

故输出熵为

$$W\log 4S - 2W = W\log\frac{4S}{\mathrm{e}^2}$$

并且信道容量将大于

$$W\log\frac{2}{\pi\mathrm{e}^3} \cdot \frac{S}{N}$$

现在我们希望证明,对小的 $\dfrac{S}{N}$(信号峰功率与平均白噪声功率之比),信道容量近似为

$$C = W\log\left(1 + \frac{S}{N}\right)$$

更精确地说,当 $\dfrac{S}{N} \rightarrow 0$ 时

$$\frac{C}{W\log\left(1 + \dfrac{S}{N}\right)} \rightarrow 1$$

因为信号的平均功率 P 小于或等于峰值功率 S,对所有 $\dfrac{S}{N}$ 可得

$$C \leq W\log\left(1 + \frac{P}{N}\right) \leq W\log\left(1 + \frac{S}{N}\right)$$

所以, 如果我们找到一种传输速率接近于

$W\log\left(1+\dfrac{S}{N}\right)$ 的函数全体,并限于频带 W 和峰值功率 S,那么上述结果就可以得证. 考虑下列形式的函数全体. 一个由 t 个取样组成的系列具有同样的峰值 $+\sqrt{S}$ 或 $-\sqrt{S}$,后面 t 个取样也有同样的值等. 一个系列的值是随机选择的, $+\sqrt{S}$ 的概率为 $\dfrac{1}{2}$, $-\sqrt{S}$ 的概率也为 $\dfrac{1}{2}$. 如果这个函数全体通过具有三角增益特性(直流增益为1) 的滤波器,那么输出峰值限于 $\pm S$. 此外,平均功率近于 S,并且当 t 足够大时,这个值是可以趋近的. 这个全体与热噪声总和的熵可以用噪声与小信号总和的定理来求得,如果 $\sqrt{t}\,\dfrac{S}{N}$ 足够小,定理就可以适用. 这可以用 $\dfrac{S}{N}$ 足够小(选定 t 后) 来保证. 熵功率将以所需的近似程度接近于 $S+N$,因此传信率也近于我们所希望的值

$$W\log\left(\frac{S+N}{N}\right)$$

§6 连续信源产生信息的速率

1. 保真度的估值函数

在离散信源情况下,我们能够确定一个确定的产生信息的速率,即基础随机过程的熵. 对连续信源,情

况就相当复杂. 首先, 一个连续变量可以有无限个值,
因此为了正确地表达它, 就要求有无限个二进数字. 这
就是说为了传输连续信源的输出, 并在接收端正确恢
复, 通常就要求信道具有无限大的容量. 因为, 通常在
信道中总有一定的噪声电平, 故容量是有限的, 要完全
正确传输是不可能的.

但是这不是问题的实质. 实际上, 在连续信源时,
我们要的不是精确的传输, 而是在一定误差范围内进
行传输. 问题在于当我们只要求一定的复现保真度
(用适当方法量度) 时, 我们能不能对连续信源规定一
个确定的速率. 当然, 当保真度的要求提高时, 信息产
生率也将增大. 可以证明, 在很一般的情况下, 我们是
能够确定这样的速率的, 只要采用合适的编码, 就能够
在信道容量等于这个速率的信道上得到传输, 并满足
所要求的保真度. 容量比此小的信道就不可能得到这
种性质.

首先必须定出传输保真度概念的数学公式. 我们
考虑一组长度为 T(秒) 的消息. 信息源用选择消息的
有关空间的概率密度来描述. 一个给定的通信系统,
(从外部看来) 可用条件概率 $P_x(y)$ (当信源产生的消
息为 x 时, 接收端上复现 y 的概率) 来描述. 整个系统
(包括信源和传输系统) 可以用消息 x 和最后输出 y 的
概率函数 $P(x,y)$ 来描述. 如果这个函数已知, 在保真
度观点上, 整个系统的特性就完全知道了. 对保真度的
任何估价在数学上必须相当于对函数 $P(x,y)$ 进行运
算, 这种运算至少应该能够将系统进行简单的比较.

Shannon 信息熵定理

换句话说,对于以 $P_1(x,y)$ 和 $P_2(x,y)$ 表示的两个系统,根据我们的保真度标准,至少能够说出究竟是:(1) 每一个函数有较高的保真度,(2) 第二个函数有较高的保真度,或者是(3) 它们的保真度相等. 这就是说保真度的标准能用数值上估价的估值函数来表达

$$v(P(x,y))$$

其中宗量的范围遍及所有可能的概率函数 $P(x,y)$. 函数 $v(P(x,y))$ 将系统按保真度依次排列,为了方便起见,以后取 v 的较小的值对应于较高的保真度.

现在我们将在一般和合理的假设下证明函数 $v(P(x,y))$ 能够写成看来颇为特殊的形式,即函数 $\rho(x,y)$ 在 x 和 y 的可能值的集合中的平均值

$$v(p(x,y)) = \iint p(x,y)\rho(x,y)\,\mathrm{d}x\mathrm{d}y$$

为了得到这个结果,我们只要假设:(1) 信源和系统都是遍历的,故一个很长的样品将是函数全体的代表(概率近于 1);(2) 所谓估价是"合理的",是指有可能通过对典型的输入和输出样品 x_1 和 y_1 的观察,在这些样品基础上构成试验性的估值. 如果增长这些样品的长度时,试验性的估价将以概率 1 接近于在 $P(x,y)$ 完全知道的基础上得到的正确的估值. 令试验性的估值是 $\rho(x,y)$. 那么函数 $\rho(x,y)$(当 $T\to\infty$ 时)几乎对于所有对应于系统高概率区域的 (x,y) 都趋近常数

$$\rho(x,y)\to v(p(x,y))$$

我们也可写成

$$\rho(x,y)\to \iint p(x,y)\rho(x,y)\,\mathrm{d}x\mathrm{d}y$$

因为

$$\iint p(x,y)\,\mathrm{d}x\mathrm{d}y = 1$$

这就建立了所期望的结果.

函数 $\rho(x,y)$ 具有 x 与 y 间"距离"的一般性质. 它度量了当 x 被传输时,接收 y 的拒绝程度(根据我们的保真度要求). 上面所得到的结果可以重新叙述如下: 任何合理的估值都可由距离函数在消息 x 和复现消息 y 集合上根据得到它们的联合概率 $P(x,y)$ 加权的平均值来表示. 但该消息的持续时间 T 应取得足够大.

下面是估值函数的简单例子:

(1) 均方根标准

$$v = \overline{(x(t) - y(t))^2}$$

在这个很常用的保真度的测度中,距离函数 $\rho(x, y)$ 是(除了一个常数因子以外) 在有关函数空间中 x 与 y 点间的欧几里得距离的平方

$$\rho(x,y) = \frac{1}{T}\int_0^T [x(t) - y(t)]^2 \mathrm{d}t$$

(2) 频率加权均方根标准:

更普遍地,在采用均方根标准度量保真度之前,可对不同的频率分量进行不同的加权. 这就相当于使差值 $x(t) - y(t)$ 通过一个成形滤波器,而后在其输出端上求平均功率. 令

$$e(t) = x(t) - y(t)$$

及

$$f(t) = \int_{-\infty}^{\infty} e(\tau)k(t - \tau)\mathrm{d}t$$

于是

$$\rho(x,y) = \frac{1}{T}\int_0^T f(t)^2\mathrm{d}t$$

（3）绝对误差标准

$$\rho(x,y) = \frac{1}{T}\int_0^T |x(t) - y(t)|\,\mathrm{d}t$$

（4）人耳朵及脑的结构隐隐地确定了一些适用于语言或音乐传输的估价标准. 例如,有一个"可懂度"标准,其中 $\rho(x,y)$ 是当 $x(t)$ 消息被接收成 $y(t)$ 时误解字的相对频率. 虽然对这种场合下我们不能给出 $\rho(x,y)$ 的明确的表达式,但在原则上,可用足够的实验来确定. 它的某些性质可从熟知的听觉实验结果得出. 例如,耳机对相位是不灵敏的,而耳朵对幅度和频率的灵敏度大约是对数关系.

（5）离散情况可以认为是我们已假定了估值是建立在误差频率基础上的特殊情况. 于是函数 $\rho(x,y)$ 的定义是在序列 y 中与 x 序列中相应符号不同的符号数除以 x 中的符号总数.

2. 信源速率(相对于保真度估值)

现在我们定义连续信源的产生信息的速率. 我们已给定信源的 $P(x)$ 和由距离函数 $\rho(x,y)$ 确定的估值,这个距离函数假定对 x 和 y 都是连续的. 对一特定的 $P(x,y)$ 系统,其质量可用下式来度量

$$v = \iint\rho(x,y)p(x,y)\mathrm{d}x\mathrm{d}y$$

此外,相应于 $P(x,y)$ 的二进数字流速为

$$R = \iint P(x,y)\log\frac{p(x,y)}{p(x)P(y)}\mathrm{d}x\mathrm{d}y$$

我们把复现质量为 v_1 的信息产生率 R_1 定义为当使 v 固定在 v_1 而改变 $P_x(y)$ 时 R 的最小值

$$R_1 = \min_{Px(y)} \iint p(x,y) \log \frac{p(x,y)}{p(x)p(y)} \mathrm{d}x\mathrm{d}y$$

约束条件为

$$v_1 = \iint P(x,y)\rho(x,y) \mathrm{d}x\mathrm{d}y$$

实际上,这意味着我们研究了所有能够使用的并能保证所需保真度的通信系统. 对每一系统可用每秒二进单位数来计算传输速度,并且我们取其最小的一个. 这个最小值就是为所要求的保真度选定的信息源产生速率.

定理 1 如果信源对估值 v_1 有速率 R_1,则可以将信源的输出进行编码,并以任意接近于 v_1 的保真度在容量为 C 的信道上传输,条件是 $R_1 \leqslant C$. 如果 $R_1 > C$,则不可能.

定理的最后部分可以直接从 R_1 的定义和前面的结果得到. 如果它不成立,我们就能以大于 C 二进单位/秒 的速率在容量为 C 的信道上进行传输. 定理的第一部分,可以用类似于 §3 的定理 2 中采用的方法来证明. 首先我们可以以将 (x,y) 空间分为大量的小体积元而将连续信息离散化. 因为假定 $\rho(x,y)$ 是连续的,所以这不会使估值函数发生大于一任意小量的变化(如果体元分得很小). 假设 $P_1(x,y)$ 是给出最小速率 R_1 的一个系统. 我们从高概率 y 中随意地选取包括 $2^{(R_1+\varepsilon)T}$ 个元素的集,其中当 $T \rightarrow \infty$ 时 $\varepsilon \rightarrow 0$.

在大 T 时,每个选择点将由高概率线(图 10)连接

到 x 点集. 类似于用来证明 §3 的定理 2 的计算指出,在 T 很大时几乎对所有 y 的选择,从选择点 y 出发的扇形线几乎包括了所有 x 点. 所用通信系统工作如下:被选点给以二进数字. 一个消息 x 出发后,它(在 $T \rightarrow \infty$ 时,概率 $\rightarrow 1$)至少将处于一个扇形之中. 于是相应的二进数字(如果有好几个时,任意取其中的一个)用适当的编码以小的误差概率在信道上传输. 因为 $R_1 \leqslant C$,所以这是可能的. 在接收端上,相应的 y 可以重新构成作为复现消息.

这个系统的估值 v'_1,当 T 足够大时,能任意地接近于 v_1. 这是由于对每个长消息样本 $x(t)$ 和复现的消息 $y(t)$,估值趋近于 v_1(概率为 1).

指出下列事实是有意义的,在这个系统中,复现消息中的噪声实际上是发送机中的一般量化(分层)所产生而不是由信道中的噪声产生的. 它或多或少地类似于脉冲编码调制系统中的量化噪声.

3. 信息产生率的计算

信息产生率的定义在很多方面与信道容量的定义相类似. 在前者的定义中

$$R = \min_{p_x(y)} \iint P(x,y) \log \frac{P(x,y)}{P(x)P(y)} \mathrm{d}x\mathrm{d}y$$

其中 $P(x)$ 和 $v_1 = \iint P(x,y)\rho(x,y)\mathrm{d}x\mathrm{d}y$ 是固定的.

在后一定义中

$$C = \max_{p(x)} \iint P(x,y) \log \frac{P(x,y)}{P(x)P(y)} \mathrm{d}x\mathrm{d}y$$

其中 $P_x(y)$ 是固定的,并且可能有一种或更多种

其他限制（如平均功率限制），其形式为

$$K = \iint P(x,y)\lambda(x,y)\,\mathrm{d}x\mathrm{d}y$$

确定信源的信息产生率的一般极大值问题的部分解是可以得到的. 利用拉格朗日方法, 我们研究

$$\iiint \Big[P(x,y)\log\frac{P(x,y)}{P(x)P(y)} +$$

$$\mu P(x,y)\rho(x,y) + v(x)P(x,y)\Big]\mathrm{d}x\mathrm{d}y$$

由变分方程可得：（我们先对 $P(x,y)$ 变分）

$$P_y(x) = B(x)\mathrm{e}^{-\lambda\rho(x,y)}$$

其中 λ 是确定于所求的保真度, $B(x)$ 应满足

$$\int B(x)\mathrm{e}^{-\lambda\rho(x,y)}\,\mathrm{d}x = 1$$

这就证明了, 在最佳编码时, 引起不同接收消息 y 的原因的条件概率 $P_y(x)$, 将随着 x 和 y 间的距离函数 $\rho(x, y)$ 作指数下降. 在距离函数 $\rho(x,y)$ 只取决于 x 和 y 间的矢量的特殊情况下

$$\rho(x,y) = \rho(x-y)$$

则有

$$\int B(x)\mathrm{e}^{-\lambda\rho(x-y)}\,\mathrm{d}x = 1$$

故 $B(x)$ 是常数 α, 并且

$$P_y(x) = \alpha\mathrm{e}^{-\lambda\rho(x-y)}$$

遗憾的是, 这些正式解在某些情况下很难估值, 因此似乎它的价值不大. 实际上, 只有在一些很简单情况下进行了信息产生率的具体计算. 如果距离函数 $\rho(x,y)$ 是 x 和 y 间的均方差, 而消息全体是白色噪声, 那么信

息产生率是可以确定的. 在这种场合

$$R = \min [H(x) - H_y(x)] = H(x) - \max H_y(x)$$

其中 $N = (x - y)^2$. 但是 $H_y(x)$ 的最大值是发生在 $y - x$ 是白噪声时, 并等于 $W_1 \log 2\pi eN$, 这里 W_1 是消息全体的带宽. 故

$$R = W_1 \log 2\pi eQ - W_1 \log 2\pi eN$$

$$= W_1 \log \frac{Q}{N}$$

其中 Q 是消息的平均功率. 这证明了下列定理:

定理 2 对功率为 Q, 频带为 W_1 的白色噪声信源, 在用均方根标准度量保真度时的信息产生率为

$$R = W_1 \log \frac{Q}{N}$$

其中 N 是原来消息和复现消息间允许的均方误差.

更一般地说, 任何消息源, 在均方误差标准下, 信息产生率在两个界限之间.

定理 3 任何频带为 W_1 的信源, 其信息产生率满足

$$W_1 \log \frac{Q_1}{N} \leqslant R \leqslant W_1 \log \frac{Q}{N}$$

其中 Q 是信源的平均功率, Q_1 是它的熵功率, N 是允许的均方误差.

下限是根据这样的事实, 即在白噪声情况下, 对于给定的

$$(x - y)^2 = N$$

时 $H_y(x)$ 出现最大. 当我们不是以最佳方法来安排各个点子(用在定理 1 的证明中的), 而是随机地放在半

径为 $\sqrt{Q-N}$ 的球上,就可得出上限.

附录 1

一些具有有限状态的符号区组数的增长

令 $N_i(L)$ 是长度为 L,末状态为 i 的符号组的数目. 于是有

$$N_j(L) = \sum_{i,s} N_i(L - b\binom{s}{ij}))$$

其中 $b_{ij}^1, b_{ij}^2, \cdots, b_{ij}^m$ 是一些从状态 i 选出并引向状态 j 的符号的长度. 这些是线性差分方程,当 $L \to \infty$ 时必为

$$N_j = A_j W^L$$

的形式,把它代入差分方程

$$A_j W^L = \sum_{i,s} A_i W^{L - b_{ij}^{(s)}}$$

或

$$A_j = \sum_{i,s} A_i W^{-b_{ij}^{(s)}}$$

$$\sum_i \left(\sum_s W^{-b_{ij}^{(s)}} - \delta_{ij} \right) A_i = 0$$

为使上式成立,则行列式必须为零,即

$$D(W) = |a_{ij}| = \left| \sum_s W^{-b_{ij}^{(s)}} - \delta_{ij} \right| = 0$$

由此可解得 W,当然它等于 $D = 0$ 的最大实数根.

因此,量 C 为

$$C = \lim_{L \to \infty} \frac{\log \sum A_j W^L}{L} = \log W$$

并应指出,如果我们要求所有群(区组)都以同样状态

开始(可以任意选择的),那么所得增长特性也是一样的.

附录 2

公式 $H = -\sum p_i \log p_i$ 的推导

令

$$H\left(\frac{1}{n},\frac{1}{n},\cdots,\frac{1}{n}\right) = A(n)$$

我们可以把一个从 s^m 个等可能性中进行的选择,分解为 m 个从 s 个等可能性中进行的选择,得

$$A(s^m) = mA(s)$$

同样

$$A(t^n) = nA(t)$$

我们可以把 n 取得任意大,并找到一个 m 使其满足

$$s^m \leqslant t^n \leqslant s^{(m+1)}$$

为此,取对数并除以 $n\log s$ 后,就有

$$\frac{m}{n} \leqslant \frac{\log t}{\log s} \leqslant \frac{m}{n} + \frac{1}{n}$$

或

$$\left|\frac{m}{n} - \frac{\log t}{\log s}\right| < \varepsilon$$

其中 ε 是任意小量.

现在根据 $A(n)$ 的单调性

$$A(s^m) \leqslant A(t^n) \leqslant A(s^{m+1})$$

$$mA(s) \leqslant nA(t) \leqslant (m+1)A(s)$$

故,再用 $nA(s)$ 除后,得

$$\frac{m}{n} \leqslant \frac{A(t)}{A(s)} \leqslant \frac{m}{n} + \frac{1}{n}$$

或

$$\left| \frac{m}{n} - \frac{A(t)}{A(s)} \right| < \varepsilon$$

$$\left| \frac{A(t)}{A(s)} - \frac{\log t}{\log s} \right| \leqslant 2\varepsilon$$

$$A(t) = + K\log t$$

系数 K 必须是正的.

现在假设,我们有一个从 n 个可能性中 $\left(\text{可公测概率 } p_i = \dfrac{n_i}{\sum n_i},\text{其中 } n_i \text{ 是整数}\right)$ 的选择,我们可以把一个从 $\sum n_i$ 个可能性中进行的选择分解为从 n 个可能性中进行选择(概率为 $p_1,\cdots,p_n$). 于是,如果第 i 个被选上,那么从 n_i 中的选择是等概率的. 我们可以把从 $\sum n_i$ 个可能性中的选择用两个方法来计算,并使它们相等,则

$$K\log \sum n_i = H(p_1,\cdots,p_n) + K\sum p_i \log n_i$$

故

$$H = K\left[\sum p_i \log \sum n_i - \sum p_i \log n_i \right]$$

$$= -K\sum p_i \log \frac{n_i}{\sum n_i} = -K\sum p_i \log p_i$$

如果 p_i 是不可公测的,那么可以用有理数来趋近,根据连续的假定,可以认为,这个式子是成立的. 因此,此式

子普遍成立. 系数 K 可以根据方便选择,它取决于度量单位.

附录 3

遍历信源的定理

我们假设信源是遍历的,所以能够采用强大数定律. 因此,网路中一个给定的路径 p_{ij},在长度为 N 的长序列中被通过的次数大约比例于在 i 状态的概率 P_i,选择这个路径 $P_i p_{ij} N$. 如果 N 足够的大,则百分误差概率 $\pm \delta$ 在这种情况下将小于 ε,因而对于所有的情况,除了概率很小的集之外,实际的数目都处在下面范围之中

$$(p_i p_{ij} \pm \delta)N$$

因此,几乎所有序列都具有概率

$$p = \prod p_{ij}^{(p_i p_{ij} \pm \delta)N}$$

$\dfrac{\log p}{N}$ 为

$$\frac{\log p}{N} = \sum (p_i p_{ij} \pm \delta) \log p_{ij} \text{ 有限}$$

或

$$\left| \frac{\log p}{N} - \sum p_i p_{ij} \log p_{ij} \right| < \eta$$

这就证明了定理 3.

定理 4 可以直接从定理 3 中 p 值的可能范围内,对 $n(q)$ 的上下限的计算而获得证明.

在混合信源(非遍历的)情况下,如果

$$L = \sum p_i L_i$$

并且各分量的熵为

$$H_1 \geqslant H_2 \geqslant \cdots \geqslant H_n$$

我们就有下列定理：即

$$\lim_{N \to \infty} \frac{\log n(q)}{N} = \varphi(q)$$

是阶梯递减函数，在 $\sum_1^{s-1} \alpha_i < q < \sum_1^{s} \alpha_i$ 范围内

$$\varphi(q) = H_s$$

为了证明定理 5 和定理 6，首先注意到 F_N 是单调下降函数，因为 N 增大就给条件熵增加了下标，把 F_N 中的 $p_{B_4}(s_j)$ 进行简单的代换，就证得

$$F_N = N G_N - (N-1) G_{N-1}$$

对所有 N 作和，就可得

$$G_N = \frac{1}{N} \sum F_N$$

所以 $G_N \geqslant F_N$，G_N 是单调下降函数. 而且它们亦必然趋于同一极限. 利用定理 3，可看出

$$\lim_{N \to \infty} G_N = H$$

附录 4

一个有限制系统的最大传信率

假设对符号序列有一组限制，此组限制有有限状态并可以用像图 2 那样的线图来表示.

951

令 $l_{ij}^{(s)}$ 是由状态 i 转到状态 j 时出现的不同符号的长度. 现在的问题是, 不同状态的概率 P_i 以及在 i 态选取符号 s, 然后转到状态 j 的概率 $P_{ij}^{(s)}$ 应该有怎样的分布才能使信息产生速率在这些限制条件下达到最大. 这种限制规定了一个离散信道, 它的最大传信率必须小于或等于这个信道的容量 C. 如果所有大长度的符号群是等概率的, 那么结果就是得到这个速率. 而且如果可能, 这将是最佳的. 可以证明, 如果适当地选取 P_i 和 $p_{ij}^{(s)}$, 则可以达到这个速率

$$\frac{-\sum_{i,j,s} P_i p_{ij}^{(s)} \log p_{ij}^{(s)}}{\sum_{i,j,s} P_i p_{ij}^{(s)} l_{ij}^{(s)}}$$

取

$$p_{ij}^{(s)} = \frac{B_j}{B_i} W - l_{ij}^{(s)}$$

其中 B_i 满足方程式

$$B_i = \sum_{j,s} B_j W^{-l_{ij}(s)}$$

这个均匀系统具有非零解, 因为 W 能使系数的行列式为零

$$\left| \sum_s W^{-l_{ij}(s)} - \delta \right| = 0$$

这样定义的 $p_{ij}(s)$ 是满意的转移概率. 因为首先

$$\sum_{j,s} p_{ij}^{(s)} = \sum_{j,s} \frac{B_j}{B_i}, W^{-l_{ij}(s)} = \frac{B_i}{B_j} = 1$$

故在任何特定结点上的概率之和都为 1. 其次, 从附录 1 中给出 A_i 的讨论中可以看出, 它们是非负的. 所有的 A_i 必须是非负, 而 B_i 满足一个相似的方程组 (i 和 j 交

换了位置). 这等于把线图上的线的方向反转.

把所假设的 $p_{ij}^{(s)}$ 值代入传信率的一般公式, 可得

$$-\frac{\sum P_i p_{ij}^{(s)} \log \frac{B_j}{B_i} W^{-l_{ij}^{(s)}}}{\sum P_i p_{ij}^{(s)} l_{ij}}$$

$$= \frac{\log W \sum P_i p_{ij}^{(s)} l_{ij}^{(s)} - \sum p_i p_{ij}^{(s)} \log B_j + \sum P_i p_{ij}^{(s)} \log B_i}{\sum P_i p_{ij}^{(s)} l_{ij}^{(s)}}$$

$$= \log W = C$$

所以具有这一组转移概率限制的系统, 它的传信率为 C, 并且因为这个速率不可能被超过, 故它是最大值.

附录5

令 S_1 是函数全体 g 的任何可测子集, S_2 是函数全体 f 的子集, 该子集在 T 运算下给出 S_1, 即

$$S_1 = TS_2$$

令 H^λ 是一个移动算子, 它把所有集合中的函数在时间上移动一个间隔 λ. 那么

$$H^\lambda S_1 = H^\lambda TS_2 = TH^\lambda S_2$$

因为 T 是不变的, 所以能与 H^λ 交换. 因此如果 $m[S]$ 是集合 S 的概率测度时, 则

$$m[H^\lambda S_1] = m[TH^\lambda S_2] = m[H^\lambda S_2]$$
$$= m[S_2] = m[S_1]$$

其中第二个等式是根据在 g 空间中的测度定义, 第三个等式是由于函数全体 f 是平稳的, 而最后一个等式

再次是由于 g 的测度定义. 这就证明了函数全体 g 是平稳的.

为了证明在不变量算子的作用下仍保持遍历性，令 S_1 是函数全体 g 的子集，它在 H^λ 作用下不变，并令 S_2 是所有函数 f 的集合，它在 H^λ 的使用下变换为 S_1，于是

$$H^\lambda S_1 = H^\lambda T S_2 = T H^\lambda S_2 = S_1$$

所以，对所有的 λ，$H^\lambda S_2$ 包含在 S_2 之内. 因为

$$m[H^\lambda S_2] = m[S_2] = m[S_1]$$

这式的含义为对所有 λ 以及 $m[S_2] \neq 0,1$ 有

$$H^\lambda S_2 = S_2$$

这个矛盾就指出 S_1 是不存在的.

附录 6

上限

$$\overline{N_3} \leqslant N_1 + N_2$$

是由于这样的事实，即功率为 $N_1 + N_2$ 的最大可能的熵是在有此功率的白噪声时出现. 在这种情况中，熵功率为 $N_1 + N_2$.

为了得到下限，假设有两个 n 维分布 $p(x_i)$ 和 $q(x_i)$，其熵功率为 $\overline{N_1}$ 和 $\overline{N_2}$，那么 p 和 q 应有怎样的形式，使其折积 $r(x_i)$ 的熵功率 $\overline{N_3}$ 为最小

$$r(x_i) = \int p(y_i) q(x_i - y_i) \mathrm{d}y_i$$

r 的熵 H_3 为

$$H_3 = -\int r(x_i) \log r(x_i)\, \mathrm{d}x_i$$

我们要求它满足下列条件时为极小

$$H_1 = -\int p(x_i) \log p(x_i)\, \mathrm{d}x_i$$

$$H_2 = -\int q(x_i) \log q(x_i)\, \mathrm{d}x_i$$

于是我们考虑

$$U = -\int [\, r(x) \log r(x) + \lambda p(x) \log p(x) + $$

$$\mu q(x) \log q(x)\,]\,\mathrm{d}x$$

$$\delta U = -\int \{ [\, 1 + \log r(x)\,]\delta r(x) + $$

$$\lambda[\, 1 + \log p(x)\,]\delta p(x) + $$

$$\mu[\, 1 + \log q(x)\delta q(x)\,]\}\,\mathrm{d}x$$

如果 $p(x)$ 在某一宗量 $x_i = s_i$ 处变化,则 $r(x)$ 就变化

$$\delta_r(x) = q(x_i - s_i)$$

且

$$\delta U = -\int q(x_i - s_i) \log r(x_i)\, \mathrm{d}x_i - \lambda \log p(s_i) = 0$$

当 q 变化时的情况也是一样. 于是达到最小值的条件是

$$\int q(x_i - s_i) \log r(x_i) = -\lambda \log p(s_i)$$

$$\int p(x_i - s_i) \log r(x_i) = -\mu \log q(s_i)$$

如果我们把第一式乘以 $p(s_i)$,把第二式乘以 $q(s_i)$,并

Shannon 信息熵定理

对 s 进行积分, 则可得

$$H_3 = -\lambda H_1$$

$$H_3 = -\mu H_2$$

或者对 λ 和 μ 求解, 并代入方程式

$$H_1 \int q(x_i - s_i) \log r(x_i)\,dx_i = -H_3 \log p(s_i)$$

$$H_2 \int p(x_i - s_i) \log r(x_i)\,dx_i = -H_3 \log p(s_i)$$

现在假设 $p(x_i)$ 和 $q(x_i)$ 是正态的

$$p(x_i) = \frac{|A_{ij}|^{\frac{n}{2}}}{(2\pi)^{\frac{n}{2}}} \exp -\frac{1}{2} \sum A_{ij} x_i x_j$$

$$q(x_i) = \frac{|B_{ij}|^{\frac{n}{2}}}{(2\pi)^{\frac{n}{2}}} \exp -\frac{1}{2} \sum B_{ij} x_i x_j$$

$r(x_i)$ 亦将是正态并具有二次形式 C_{ij}. 如果这些公式的倒数为 a_{ij}, b_{ij}, c_{ij}, 则

$$C_{ij} = a_{ij} + b_{ij}$$

我们愿意指出, 仅仅是当 $a_{ij} = Kb_{ij}$ 时, 这些函数满足最小值条件. 因此在这限制条件给出最小值 H_3. 首先我们有

$$\log r(x_i) = \frac{n}{2} \log \frac{1}{2\pi} |C_{ij}| - \frac{1}{2} \sum C_{ij} x_i x_j$$

$$\int q(x_i - s_i) \log r(x_i)$$

$$= \frac{n}{2} \log \frac{1}{2\pi} |C_{ij}| - \frac{1}{2} \sum C_{ij} s_i s_j - \frac{1}{2} \sum C_{ij} b_{ij}$$

这将等于

$$\frac{H_3}{H_1} \left[\frac{n}{2} \log \frac{1}{2\pi} |A_{ij}| - \frac{1}{2} \sum A_{ij} s_i s_j \right]$$

它要求

$$A_{ij} = \frac{H_1}{H_3} C_{ij}$$

在这情况中

$$A_{ij} = \frac{H_1}{H_2} B_{ij}$$

且这两个方程式简化为等式.

附录7

下面将指出一个更普遍更严格的方法来研究通信理论中的主要定义. 假设有一个概率测度空间,该空间的元素是序偶(x,y). 变量x和y看作是长度为T的可能被传输和接收到的信号. 称x属于x点子集S_1的所有点的点集为S_1的带,称y属于S_2的集为S_2的带. 将x及y分成为不相重叠的可测子集X_i及Y_i的集合. 则

$$R_1 = \frac{1}{T} \sum_i P(X_i, Y_i) \log \frac{P(X_i, Y_i)}{P(X_i) P(Y_i)}$$

其中:

$P(X_i)$ 是 X_i 上的带的概率测度.

$P(Y_i)$ 是 Y_i 上的带的概率测度.

$P(X_i, Y_i)$ 是带相交处的概率测度.

进一步分割决不会减小 R_1. 如果 X_1 又分为

$$X_1 = X'_1 + X''_1$$

并设

$$P(Y_1) = a, P(X_1) = b + c$$

957

$$P(X'_1) = b, P(X'_1, Y_1) = d$$
$$P(X''_1) = c, P(X''_1, Y_1) = e$$
$$P(X_1, Y_1) = d + e$$

在和式中,可把

$$(d + e)\log\frac{d + e}{a(b + c)}$$

用

$$d\log\frac{d}{ab} + e\log\frac{e}{ac}$$

来代替(对于 X_1, Y_1 的相交处).

从 b, c, d, e 的限制,容易证明

$$\left[\frac{d + e}{b + c}\right]^{d+e} \leqslant \frac{d^d e^e}{b^d c^e}$$

结果和就增加了. 于是各种可能的再分割构成了一个有向集, R 随着分割的继续进行而单调地增加. 因此我们可以毫不含糊地把 R 定义为 R_1 的上确界,并写成

$$R = \frac{1}{T}\iint P(x, y)\log\frac{P(x, y)}{P(x)P(y)}\mathrm{d}x\mathrm{d}y$$

这个积分,在上面的意义上来理解,能包括连续情况和离散情况以及许多不能用连续或离散形式表示的其他情况. 在此式中,如果 x 与 u 是一一对应,那么从 u 到 y 的传信率将等于从 x 到 y 的传信率. 如果 v 是 y 的任何函数(不一定具有反函数),那么从 x 到 y 的传信率将大于或等于从 x 到 v 的传信率. 因为在近似计算中, y 的分割是 v 的更细的分割. 更一般地,如果 y 与 v 没有函数关系,而只有统计关系,即有一个概率测度空间 (y, v),那么

$$R(x,v) \leqslant R(x,y)$$

这意味着对接收到的信号作任何运算,即使它包含有统计元素,也不能增加 R.

另一个在抽象理论中应该精确地定义的概念是所谓"维的速率",它是描述函数全体的一个元素每秒所需要的维的平均数. 在频带限制情况中,每秒 $2W$ 个维数就足够了. 更普遍的定义可构造如下. 令 $f_\alpha(t)$ 是一个函数全体,令 $\rho T[f_\alpha(t), f_\beta(t)]$ 是时间 T 内从 f_α 点到 f_β 点之间的距离(例如这个区间的均方根差). 令 $N(\varepsilon, \delta, T)$ 是元素 f 的最小数,这些元素的选出使除了一个测度为 δ 的集合以外,函数全体的所有元素至少都处在一个被选元素的距离 ε 以内. 于是,除了一个小测度 δ 的集合外,我们遍及到 ε 以内的空间. 我们用三重极限来定义函数全体的"维的速率" λ 有

$$\lambda = \lim_{\delta \to 0} \lim_{g \to 0} \lim_{T \to \infty} \frac{\log N(\varepsilon, \delta, T)}{T \log \varepsilon}$$

这是拓扑学中维的测度定义的推广,而且与结果很明显的简单的函数全体的比较直观的"维的速率"相一致.

弈棋机[①]

第三十五章

　　几个世纪以来,哲学家和科学家一直在思辨着人脑本质上是不是机器的问题.可以设计一个能够"思维"的机器吗? 在过去的 10 年中,已经制成了好几个大型的电子计算机,它们能够做得很接近于推理过程的某种事情. 最初,人们设计这些新型计算机来进行纯粹的数值计算. 它们以每秒几千次的速率自动进行一长串加法、乘法和其他算术运算. 然而,这些机器的基本结构是如此普遍和富有适应性,以至于它们能够适合于从符号上处理代表词、命题或者其他概念性实体的那些要素.

　　已在好几个方面进行研究的这类可能

　　① Shannon 著. 本章译自《数学世界》(*The World of Mathematics*, Simon & Schuster, 1956),第 2124 – 2133 页. 译文原载《控制论哲学问题译文集》第一辑,商务印书馆,1965 年版.

性之一是用一个计算机把一种语言翻译为另一种语言. 目前的目标不是完美的文学译著,而只是可以达意的字对字的翻译. 计算机也可以用来做许多其他的、具有半机械、半思维性质的工作,诸如设计电滤波器和继电线路,在来往频繁的飞机场帮助调节飞机交通,在有限的信息通路上最有效地发送长途电话.

通过这样设计一个计算机的程序,使它能够弈一手好棋,就可以说明这个方向的若干可能性. 当然,这个问题本身并不重要,但是人们却是怀着严肃的目的从事这项工作的. 弈棋问题的研究是想发展可以有更实际的应用的技术.

有好几个理由表明,从弈棋机开始进行研究是很理想的. 不管是在容许的动作(走棋子)方面,还是最终的目标方面(将死),问题都做了严格的规定. 这既不是简单到了平凡无奇的地步,而又不难求出令人满意的解答. 在给出机器在这类推理方面的能力的明确量度标准之后,这样一个机器可以作为人的对手.

关于弈棋机问题已经有相当可观的文献. 在 18 世纪末和 19 世纪初,一个名叫 Wolfgang von Kempelen 的匈牙利发明家以一个叫马艾泽耳自动弈棋机的装置(它旅行了欧洲大陆,获得了大量观众)轰动了整个欧洲. 立即出现了许多想解释它的操作的论文,其中包括 Edgar Allan Poe 的分析论文. 大多数分析家十分正确地做出了结论,这个自动弈棋机是由一个藏在里面的弈棋能手操作的. 几年以后,真相就大白了(图 1).

一个名叫 L. Torres y Quevedo 的西班牙发明家在

1914 年进行了一种更为诚实的设计弈棋机的尝试,他设计了一个弈一局残棋(由王和堡垒对王)的装置. 弈王和堡垒一边的机器不管它的人类对手怎样走,可以在几步之内将死对方. 既然在这样一个残局中,人们可以找出最好的着法的一套明确的规则,所以这个问题还是比较简单的,但是这种思想在那个时代却是十分先进的.

图 1　实际上由里面的人操纵的 18 世纪的弈棋机

可以让一个电子计算机来弈一全局棋. 为了说明一个弈棋机的实际准备,最好从计算机及其操作的一般图景开始.

一个有广泛目的的电子计算机是一个包含有几千个电子管、继电器和其他元件的极端复杂的装置. 然而,与此有关的基本原理却十分简单. 机器有四个主要部分:(1)一个"运算器",(2)一个控制元件,(3)一个数字存储器和(4)一个程序存储器(在某些设计中两种存储功能是在同一物理器具中实现的). 运算的状

况十分类似于人类计算师用一架普通的手摇计算器所进行的一系列数值运算. 运算器对应于手摇计算器,控制元件对应于人类运算者,数字存储器对应于记载中间的和最终的计算结果的纸张,而程序存储器对应于描述要进行的一系列运算的计算程序.

在电子计算机中,数字存储器由许多"匣子"组成,每个"匣子"能够存储一个数. 为了在计算机上准备一个问题,必须把匣子数分配给所有有关的数值,然后建立一个程序,告诉机器对于这些数必须进行什么算术运算,运算结果应当放到哪里. 程序由"指令"的一个序列组成,每个"指令"记述一种初等运算. 例如,一个典型的指令可以是 A372,451,133. 这意味着:把存储在匣 372 中的数同存储在匣 451 中的数相加,并把二者之和放到匣 133 中. 另一类指令要求机器做一判定. 例如,指令 C291,118,345 告诉机器把匣 291 和匣 118 的内容作比较;如果匣 291 中的数比较大,机器接着执行程序中的下一指令;如果不是这样,机器从匣 345 中接收下一个指令. 这类指令使得机器能够依据前面的计算结果从两个交替的程序中进行选择. 一部电子计算机的"词汇"可以包含多达 30 个不同类型的指令.

在为机器提供了程序之后,把计算所需的起始数放入数字存储器,然后,机器就自动地进行计算. 当然,这类机器在涉及大量个别计算的问题中最为有用,这类问题如果用手来进行是太费力了.

准备一部计算机来弈棋的问题可以分为三个部分:第一,必须选择代码,使得棋子的位置和棋子可以用数来表示;第二,必须找到选择着法的战略;第三,这个战略必须翻译成为基本的计算机指令的序列,或者程序.

棋盘和棋子的适当的代码如图 2 所示. 棋盘上每一方格有一个由两个数字构成的数,第一个数字对应于"列"或横列,第二个数字对应于"行"或竖行. 每个不同的棋子也用数来表示;卒标以 1,骑士标以 2,主教标以 3,堡垒标以 4,等等. 白子用正数表示,黑子用负数表示. 所有在棋盘上的棋子的位置可以用 64 个数的序列表示,其中空格用零表示. 因此,任何棋局都可以用一系列数记载下来并存储在计算机的数字存储器中.

棋子的着法可以用棋子所在的方格的数和它将走入的方格的数来说明. 通常两个数足以描述一个着法,但是考虑到一个卒子升级为一个较高级的棋子,第三个数是必需的. 这个数指示由卒变成的那个棋子. 因此,骑士从方格 01 移到 22,编码为 01,22,0. 卒从 62 到 72,升级为王后,则用 62,72,5 表示.

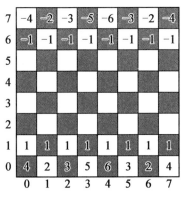

图 2 弈棋机的代码标示在一个棋盘上,每一方格可用两个数字表示,一个代表横列,另一个代表竖行. 棋子也用数编码

　　第二个主要问题是决定弈棋的战略. 为了对于任何给定的棋局都能推算出一个相当好的着法, 必须找到一个简单的推算过程. 这是问题的最困难部分. 程序设计师可以在这里应用弈棋家们所发展出来的正确弈棋的原则. 这些经验性原理是在一盘棋的种种可能变化的迷宫理出某种秩序的手段. 即使以电子计算机能够到达的高速度也没有希望通过计算直到棋的终局的一切可能变化, 弈一盘毫无失误的棋. 在一个典型的棋局中, 将有 32 种可能的着法和 32 种可能的对策——仅此一点就有了 1 024 种可能性. 每盘棋大多数每方要弈 40 着以上. 因此, 平均起来, 一盘棋中可能的变化的总数差不多是 10^{120}. 一部能在百万分之一秒的时间内计算一种变化的机器为了决定它的第一步棋就需要花 10^{95} 年以上!

　　试图弈一盘毫无失误的棋的其他一些方法似乎同样不切实际; 因此, 我们只希望机器弈一手相当巧妙的棋, 承认有些着法可能不是最好的. 当然, 这正是人类棋师所做到的: 没有一个人能弈毫无失误的棋.

　　在一部机器上准备战略时, 人们必须建立一种对任何给定的棋局进行数值估算的方法. 一个棋师看了棋局就能够作出一个估计, 究竟哪一边白子或者黑子占优势. 还有, 它的估计是粗略地定量的. 他可以说: "白子有一个堡垒, 相对于对方的主教, 差不多占两个卒子的优势", 或者 "黑子有充分的机动性足以补偿牺牲的一个卒子". 这些判断都是根据长期的经验, 并且总结在棋书中所说明的弈棋原则中. 例如, 人们已看出，一个王后顶得上九个卒子，一个堡垒顶得五个卒子，而一个主教或一个马约顶得三个卒子. 人们仅仅通过把每一方的实力加起来（以卒子为单位来量度），就可以把一个棋局作一种初步的、粗略的、近似的估价. 然而，有许多其他特征必须加以考虑：棋子所处地位的机动性，国王的保卫方面的弱点，卒子队形的性质，等等. 这些也必须作出数值上的衡量并结合到估价中去，而这里必须依靠弈棋大师的知识和经验.

假设棋局估价的适当方法已经决定，那么应当怎样来选择棋子的着法呢？最简单的方法是考察给定的棋局中一切可能的走法，然后选择一个给出最好的下一棋局的估价的走法. 然而，既然棋师们一般预见好几步，因此，对于每一预计的走法，人们必须考虑到对方种种可能的对策. 假设对方的对策将是从他的观点看来给出最好的估价的一着棋，那么，我们在他的最好的回击之后，就要选择最能改变我们的不利地位的一着棋. 不幸，以现有的计算机速率，机器不可能预先探索每一方两步棋的全部可能性，所以，这类战略，按人的标准看来，只能弈一手蹩脚棋. 好的棋师常常能看四五步棋，而有的国际选手甚至能看 20 步棋. 这只有当他们只考察高度精选了的变化时才能有可能. 他们并不考察一切可能的弈棋路线，而只考察一些重要的路线.

荷兰棋师和心理学家 A. D. De Groot 曾对棋师在考察可能的变化时所进行的选择的数量作了实验研究. 他向棋师们展示了各种典型的棋局，要求他们决定最好的着法，并要他们在整个思考过程中大声地说出

他们对棋局的分析. 用这个方法就可以决定受考察的变化的数量和深度. 在一个典型例子中, 一个棋师考察 16 种变化, 探索的深度从黑子的一步棋到黑子的五步棋和白子的四步棋. 所考察的棋局总数是 44 个.

显然, 很值得在机器中放入这类选择过程, 以改进它的战略. 当然, 人们在这个方向可能走得过分远. 沿一条弈棋的路线考察 40 步棋同调查全部弈棋路线的两步棋一样不高明. 适当的折中办法或许是只考察重要的可能的变化——即威逼性的着法, 吃子和重大的威胁——并对可能的着法进行如此深入的调查, 以便足以大致弄清每种着法的后果. 为了选择重要的变化建立某种粗略的准则是可能的, 虽然不如棋师那么富有效率, 但也足以大大减少受考察的变化的数量, 从而允许更深入地考察实际考虑的各种着法.

最后的问题是把战略归结为指令的序列, 并译成机器的语言. 这是比较简单但十分冗长的过程, 我们将只指出某些一般的特征. 整个程序由九个子程序和一个主程序(它命令各个子程序在需要时进行操作)组成. 六个子程序处理各种棋子的走法. 实际上, 它们告诉机器这些棋子的可允许的走法. 另一个子程序可以使机器"在心里"走棋而不是实际上实现它: 这就是, 从存储在它的存储器中的给定棋局出发, 它能够构造出如果心里所想的一步棋走后所形成的棋局. 第七个子程序使得计算机能够作出在给定棋局中一切可能着法的一张表, 而最后一个子程序评价任何一个着法所给出的棋局. 主程序使各子程序的应用联系起来并监督它们. 它发动第七个子程序作出一张可能着法的表, 这个子程序又要求前面的子程序决定各个棋子可以走到什么位置. 然后, 主程序用第八个子程序来评价所形成的各个棋局, 并且按照上述过程比较各个棋局. 在比较了一切所考察的变化以后, 按照机器的计算得到最好的评价的一个被选了出来. 这一着法被翻译成为标准的弈棋用语并由机器打出字来.

人们相信, 以这种方式设计了程序的电子计算机会以同人相仿的速率弈出一手较好的棋. 一个机器比人类棋手有几点明显的长处: (1) 它能够以高得多的速率进行个别运算; (2) 它除了由于程序的缺陷所造成的错误之外, 不会犯错误, 而人类棋手时常犯很简单和明显的失误; (3) 它不会偷懒, 不会试图凭直觉走一步棋而不对棋局作适当的分析; (4) 它不会有"神经质", 所以它不会由于过分自信或失败主义而有所失误. 然而, 与机器的这些长处相对立, 必须估计到人的心灵的适应能力、想象力和学习能力.

在某些情况下, 机器也许会打败程序设计师. 在一种意义上, 设计师肯定能够超过他的机器; 他知道机器所用的战略, 他能够在更深的程度上使用同样的战术. 但是他也许要花几个星期才能算出一步棋, 而机器只需要用几分钟. 如果双方用同样的时间, 相对于人类的容易失误, 机器的速率、耐性和绝对的准确是会有效果的. 然而, 在被充分激怒之后, 设计师通过改变机器的程序, 减低它考察的深度, 就能够很容易地减弱它的弈棋技巧 (图 3). 不久以前, 《星期晚报》的一张漫画中

表达了这种想法.

图 3　人对机器的必然优势如本图所示. 在上面的图中, 人类棋
手输给机器. 在中间的图中, 被激怒了的人类棋手修改了
机器的指令. 在下面的图中, 人类棋手赢了

到此为止,所说的是,机器在同一棋局中总是弈同一着棋. 如果对方不改变走法,总是走同样的一盘棋,一旦对方赢了一局,他在以后只要用同一战略(利用机器在其中选择一步不妙的着法的某一特殊棋局),就可以老赢下去. 改变机器的弈法的一种办法也许是引入一个统计元件. 每逢机器遇到有两种以上的着法,它们按照机器的计算都一样好,它就可以随机地从中选择.

可以引入统计变化的另一个地方是在开始的棋局方面. 也许值得在机器的存储器中存储起许多个(也许是几百个)标准的开始的棋局. 在头几步,在对方背离标准的对策以前,或者在机器所存储的着法的序列终了以前,机器将凭记忆弈棋. 这并不是欺人之谈,因为棋师们在开始时都是这样做的.

我们可以指出,在它的界限之内,这类机器可以弈得十分出色. 为了争得以后将死对方的机会,它可以很爽快地牺牲重要的棋子,假如这盘棋的整个组合就发生在它的计算界限之内. 例如,在图4所示的棋局中,机器会很快发现通过牺牲若干棋子在三步中将死对方:

白子	黑子
1. 堡垒 – 国王 8,将军	堡垒吃掉堡垒
2. 王后 – 骑士 4,将军	王后吃掉王后
3. 骑士 – 主教 6,将死	

这类取胜的组合常常被一些业余的弈棋者所忽略.

970

机器的主要弱点是它不会在犯错误的过程中学习. 改进它的弈法的唯一办法是改进它的程序. 已有人提出某种想法来设计那种能够随着弈棋经验的增长而改进自己的战略的程序. 虽然这在理论上看来是可能的, 但是迄今为止想到的办法似乎都不太现实. 一种可能性是设计一个程序, 它可以根据机器已经弈过的棋的结果, 改变评价函数中的项和系数. 可以在这些项中引入小的变化, 而选出的值将给出最大的获胜的百分率.

提出来容易而很难回答的难题是: 这类弈棋机会"思维"吗? 答案完全依赖于我们如何定义思维. 既然对于这个词的准确内涵还没有一致的意见, 所以问题也就没有肯定的回答. 从行为主义者的观点看来, 机器的所作所为就像他会思维的那样. 人们总以为, 有技巧地弈棋需要推理的才能. 如果我们把思维看作是一种外部动作的属性而不是内部方法的属性, 机器肯定是可以思维的.

图4 机器可以卓越地解决的问题可能是从这类棋局开始的. 机器将牺牲一个堡垒和一个王后(棋盘上最强的两个子), 然后只以一步的优势赢得这盘棋

971

　　某些心理学家认为思维过程主要由下列步骤所表征:问题的各种可能的解答是在心里或者象征性地试验,而不是真正地在物质方面执行;最好的解答是通过对这些尝试的结果作内心的评价来选择的;然后再把用这种方法找到的解答付诸行动.可以看出,假如我们用"在机器里"来代替"在心里"这个短语,那么,上面这几句话几乎正是一个弈棋计算机的操作的描述.

　　另一方面,机器只做人们告诉它去做的事.它通过试错法来工作,"试"是程序设计师命令机器去做的试验,而"错"之所以称为错,乃是因为评价函数对这些变化的评价很低.机器作出判定,但是这类判定在设计的时候已被考察和考虑了.总而言之,在任何真实的意义上,机器并不超越建造在它的内部的东西之外.Torres y Quevedo 很好地总结了这种状况,他联系到他的弈残局棋的机器,评论说:"真正需要思维的地方的界限需要更好地定义……自动机可以做许多通常归入思维的那些事情."

Weaver

Warren Weaver 是美国科学家, 医学家, 通信理论专家和美国著名的国家科学机构的行政官员. 他一生为科学事业的发展而努力, 不仅在科学技术研究中有重要贡献, 而且在科学的管理和教育事业上, 公众福利事业上都有一定的贡献.

1917 年他服务于美国空军, 在一所军事学院里教数学课. 两年后他考入加利福尼亚技术学院取得了科学学士学位. 1920 年后进入 Wisconsin 大学任数学助教并攻读学位. 五年后他已获得外科学硕士和哲学博士学位. 1925 年成为该校副教授, 以后数年曾任自然科学系主任, 以及自然科学和农学洛克菲勒基金会会长, 1955 ~ 1959 年任 Wisconsin 大学副校长.

在学校以外, Weaver 还兼任多种科学机构和社会福利部门的职务. 1940 ~ 1942 年, 他是美国空军应用数学顾问处主任,

第三十六章

1946 年以后在国防研究委员会、科学研究与发展办公室兼职. 1950 年任美国高级科学学会理事会理事, 1954 年任理事长, 1955 年被推选为主任委员会主席. 与此同时, 他还是斯兰克特灵肿瘤学院科学顾问委员会主席, 1955 年在美国科学政策委员会任理事, 副主任, 1960 年任主席. 此外, 他还在许多社会团体中做过贡献, 曾任国家科学基金会顾问委员会顾问, 纽约市健康研究委员会主席, 公共健康联合研究院院长, 等等.

Weaver 在多方面的长期努力和工作成绩使他获得了多种荣誉, 许多大学曾授予他法学、科学、工程学、文学和人类学荣誉博士, 1957 年获得国家科学院公共福利奖和美国自由事业服务最高功勋奖, 并曾获得部分国际荣誉.

Weaver 的主要著作是与 Max Mason 合著的《电磁场》(*The Electromagetic Field*, 1929), 与 C. E. Shannon 合著的《通信的数学理论》(*Mathematical Theory of Communication*, 1949), 以及他自己的著作《圣母的运气——概率论》(*Lady Luck*——*The Theory of probability*, 1963), 1964 年他还编辑了《科学家的谈话》(*The Scientist Speaks*) 一书.

Weaver 与 Shannon 合写的《通信的数学理论》一书, 是以 Shannon 1948 年发表在《Bell 系统技术杂志》上的同名文章为基础进一步扩展而成的. 全书分为三个部分, 第一部分主要是 Shannon 原有文章的内容, 运用数学工具阐述了通信活动中信息的传递过程及种种技术理论问题. 第二部分主要是由 Weaver 完成的, 文

章运用生动活泼的语言,把艰深抽象的数学推导还原为通俗有趣的讲解和说明,向更广泛的读者揭示了信息的秘密. 文章的第三部分是他们的合作. 无论是对信息的研究,还是对信息论的广泛传播,Weaver 都有自己独特的贡献. 因此,人们在谈到信息论的创立过程时,都不会忘掉 Weaver 的工作.

通信的数学理论的新发展[①]

第三十七章

§1 关于分析基本概念的综合说明

1. 通信

"通信"一词在这里是以很宽广的意义使用的,它包括一个人的思想可以借以影响另一个人思想的一切过程和步骤. 当然,这不仅涉及书面语言和口头语言,而且也涉及音乐、绘画艺术、戏剧、芭蕾舞等,事实上包括人们的一切行为. 在某些方面,还可以令人满意地使用一种更宽广的通信定义,包括一个机器(例如,跟踪飞机并计算其未来的可能位置的自动装置)用以影响另一机器(比如追赶这个飞机的

① 此章原是 Shannon 与 Weaver 的《通信的数学理论》中的一篇论文,译文为首次发表,此文以系统而通俗地介绍和推广 Shannon 的信息论而闻名,鲁品越译.

导弹)的过程和步骤.

本章似乎只谈及语词通信这个专门的,但仍很宽广和重要的领域,但在事实上这里所说每一件事都同样适用于各种音乐,适用于静止的或运动的图画,如电视中所见的那样.

2. 通信问题的三个水平

对于广义的通信似乎存在着三个水平的问题,可以合理地按以下顺序提出:

水平 A:通信符号如何能被精确地传送?(技术问题)

水平 B:被传送的符号如何精确地荷载所要表达的意义?(语义问题)

水平 C:被接收的意义如何有效地影响行为,使之按所要求的方式进行?(效用性问题)

技术性问题关心的是发送者到接收者所传送的符号集(书面语言),或一种连续变化的信号(声音或音乐的无线电广播与电话),或一种连续变化的二维图像(电视)等的精确性.从数学上说,上面第一个处理的是离散信号的有限集合的传输,第二个处理的是时间的连续函数的传输,第三个处理的则是一维时间和二维空间的连续函数的传输.

语义学问题关心的是接收者对意义的解释与发送者所要表达的意义相比较是否同一,或是否相近到令人满意的程度.这是很深奥复杂的问题,即使对于相对简单的由词语进行的通信也是如此.

我们可以说明其中一个实质性困难.假如我们不

知道甲先生是否听懂乙先生的话,而乙先生只是一个劲地说下去,那么从理论上讲就不可能在有限地时间里弄清甲先生到底听懂了没有. 如果乙先生问:"喂,你现在听懂了我所说的话吗?"而甲先生答道:"是的,我确实听懂了. "这也并不能确证甲确实达到了对乙的理解. 很可能甲先生连刚才乙先生所问的也听不懂. 我认为这个基本困难,可以借助于某种解释,使其至少在词语通信的范围内缩小到一个可以容许的尺度(但决不能完全消除). 这种"解释"需要满足下述要求:(1)没有比它们更接近所欲解释的观念的东西了. (2)它们本身已在已知的语言中被使用了,因而可以理解,而这已知的语言则已预先被操作手段合理地搞清楚了. 比如说,在任何语言中"是的"一词无须耗费口舌即可在操作上被理解.

如若考察一般的通信,语义问题的麻烦使枝节丛生了. 比如,关于一张美国新闻图片对一位苏联人所表示的意义的问题.

效用性问题关心的乃是传送给接收者的语义在导致其被要求的行动上的成功性. 乍看起来,这意味着一切通信都有打算影响其接收者行为的目的,似乎太狭隘,令人不能满意. 但是如果使用合乎道理的广义上的"行为"的定义,那么很清楚,通信或者影响行为,或者没有任何能觉察到的可能的效果.

在美术上,效用性问题还涉及美学的考虑. 在书面语言和口头语言的情况下,它还涉及一系列的考虑:从简单的风格技巧,经过传播理论的一切心理学方面和

情感方面,一直到那些价值判断——这些价值判断必须给出前面关于效用性问题的定义中的"成功"和"被要求的"两个词的有用的意义.

效用性问题与语义学问题密切相关,并且在一个相当含糊的意义上互相交叠着,而事实上所提出的关于所有问题的范畴之间都互相交叠着.

3.评论

这样说来,人们会倾向于认为水平 A 是相对表面的问题,只涉及一个通信系统的优良设计的技术处理,而水平 B 和 C 似乎含有即使不是全部,也将是大部分关于一般通信问题的哲学内容.

主要由 Bell 电话实验室的 Shannon 所建立的通信技术方面的数学理论,在最初被公认为只适用于问题 A,即将各种各样类型的信号从发送者向接收者传送的精确性的技术问题.但是,我认为这个理论是有深刻意义的.这个理论的部分意义,来自这样的事实:在水平 A 上进行分析时证明有可能得到的信号的精确性,乃是在它上面的水平 B 和水平 C 唯一可以利用的东西.于是,在水平 A 上,该理论的局限性也就同样适合于水平 B 和水平 C.但是这理论的大部分意义来自水平 A 上的分析所表明的事实:这个水平与水平 B 和 C 相互交叠的程度比人们天真想象的要多.这样,至少在一个值得注意的程度上,水平 A 的理论也就是水平 B 和 C 的理论.我希望此文的最后部分将说明和确证这里的评论.

§2　水平 **A** 的通信问题

1. 通信系统及其问题

所考虑的通信系统可以用符号表示如下(图 1):

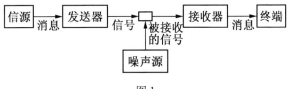

图 1

　　信源从一批可能的消息中选择出一个所需要的消息(这具有特别重要的意义,后面将作出相当的解释). 被选择出的消息可以由书面词句和口头词句所构成,也可由图画、音乐等构成.

　　发送器将消息转变为实际上从发送器传输到接收器的通信信道的信号. 在电话中,信道即是金属线,信号是这根金属线上的变化着的电流,而发送器则是一组设备(电话传送器等). 它将声音的压强转变为变化的电流. 在电极中,发送器将书面文字编码为有不同长度(点、划、空白)的间断电流系列. 在口头说话中,信源是脑,发送器是产生变化着的声压(信号)的发音器官,然后通过空气(信道)进行传送. 在无线电广播中,信道直接是空间(或以太,如果人们仍然偏爱这个不适当的和错误的词的话),而信号则是它所传送的电磁波.

接收器是逆向的发声器,它将被传送的信号变回到消息,并将这个消息交给终端(信宿). 当我对你说话时,我的头脑是信息源,你的头脑则是信宿. 我的发音器官是发送器,而你的耳朵和与其相联系的第八神经则是接收器.

在信号被传送的过程中,不免有某些信源所不需要的东西加入到了信号中,这些不希望加进来的东西可以是声音的失真(例如,在电话中)或无线电干扰(在无线电广播中),或形状的扭变,或画面上的叠影(在电视中),或传送中的错误(在电报或电传真中),等等. 所有这些在被传送的信号中的改变称之为噪声.

我们对这样的通信系统所要寻问的问题是:

a. 如何度量信息量?

b. 如何度量信道的容量?

c. 发送器将消息转变为信号的行为常常涉及到一种编码过程. 效率高的编码过程的特征是什么? 而当编码已经尽可能效率高时,信道将能以何种速率传送信息?

d. 噪声的一般特性是什么? 噪声最终是怎样地影响信宿所收到的消息的精确性的? 怎样将噪声的不好影响减小到最低程度? 而我们又能把噪声减少到何种程度?

e. 如果被传送的信号是连续的(如在口头说话中或音乐中)而不是被制成离散符号的形式(如在书面文字、电报等之中),那么对问题将有何影响?

我们现在将在此阐述 Shannon 对这些问题的研究

已取得的主要成果,而不进行任何证明,并只用最少的数学术语.

2. 信息

"信息"一词在此理论中只在一种专门的意义上加以使用,我们一定不要把它和其通常用法混淆起来.尤其是不能把"信息"与"意义"相混淆.

事实上,从现在的观点来看,两则消息,其一可能荷载着重要的意义而另一则是纯粹无意义的东西,也可能精确地在信息上是等价的.毫无疑义,这就是Shannon下面的话所包含的意思:"通信的语义方面与其工程技术方面无关."但这并不意味着通信的工程技术方面必然地与语义方面无关.

诚然,通信论中的"信息"一词与你所说的东西不太相关,而与你能说的东西更有关.这就是说,信息是人们在选择一条消息时选择的自由度的量度.如果一个人面临着一个很基本的情况,即他必须在两条消息中选择一条,那么我们可以随意地假定此情况下有关的信息是一个单位.请注意,说这一消息或另一消息运载着一个单位信息乃是错误的,虽然人们常常习惯于这么说.信息概念不像"意义"概念那样适用于单个消息,而是适用于作为整体的情境.所谓单位信息,指的是在此种情境下此人要选择一条消息时所具有的自由度的大小,可以为方便起见视为一个标准或单位.

此人必须在其间进行选择的这两条消息,可以是随便什么东西.其中之一可以是课文,另一可以是"Yes"这个词.发送器可以这样来编码:用"0"来代表

前者,用"1"来代表后者;或者用闭合线路(电流接通)来代表前者,用断开电路来代表后者. 这样,一个简单的继电器的两个状态就可以对应于这两条消息.

更明确地说,信息量在最简单的情况下,乃由可供选择的数目的对数来量度. 为方便起见,可以用以 I 为底的对数,而不用布里格的以 10 为底的常用对数. 当可供选择的数目只有 I 时,其信息与 I 的以 I 为底的对数成正比. 而这是单位信息量,于是二中择一的情境的特征由单位信息量所刻画. 这个信息单位称为比特(bit),这个词是首先由 John. W. Tukey 由"binary digit"(二进位制数位)缩写而来. 当数由二进系统表示时,只有两个数字即 0 和 1.0 和 1 可以作为符号表示任意的选择.

如果有 16 个可供选择的消息,而它们具有同等的被选择的可能,于是由于 $16 = 2^4$,得到 $\log 2^{16} = 4$,我们说此情境由 4 比特信息所刻画. 信息被定义为可供选择的数目的对数. 当人们首次看到这一定义时,似乎一定感到奇怪. 但是随着这一理论的展开,将越来越清楚地显示出对数方法事实上是自然的方法. 此刻,我们将指出这个道理的第一点. 上面提到具有两个工具状态(各为 0 和 1)的简单的继电器,能传递 1 单位信息,这时有两个可供选择的消息. 看来我们可以非常合理地希望比如说 3 个继电器能处理的信息为一个继电器能处理的信息的 3 倍. 如果使用信息的对数定义的话,情况确实如此. 因为 3 个继电器有能力对应于 2^3 或 8 个可供选择的对象,它们可以用符号表示为 000,001,

011,010,100,110,101,111. 这 8 个数字的头一个对应于三个继电器均断开的情况. 而 8 的以 2 为底的对数是 3, 所以对数方法将 3 单位信息量配给这种情境, 正如我们所期望的那样. 类似地, 将可能的消息自乘多少次, 那么其对数就扩大多少倍, 因而如果用对数量度信息的话, 信息量也就扩大多少倍.

至此为止的论述只涉及人为的简单情况, 在这里信源只是在几个明确的消息之间进行自由选择——正像一个人在一批标准的生日贺词电文中拣挑一样, 一个更自然和更重要的情况是, 信源从一批基本的符号中进行一系列的选择, 被选择出的符号系列于是形成消息. 这样一个人可以拣出一个接一个词, 这些单个的被选择的词加起来构成了消息.

在这一点上, 至此一直作为背景的一项重要思考, 走到了我们面前而需要加以较多的注意. 这就是概率在消息产生过程中的作用. 因为当相继的符号被选择出来之时, 至少从通信系统的观点来看, 这些选择是受概率所管制的, 并且事实上不是受某种独立的概率所管制, 而是受依赖于前面已作出选择的概率所管制. 这就是说, 如果我们讲的是英语会话, 那么如果上一个词是"the"(定冠词), 那么下一个词是冠词或动词而不是一个非谓语动词的机会就非常少. 事实上, 这种概率关联不只是两个相邻的词. 接在"in the event"三个词之后的词中,"that"的概率很高, 而"elephant"(大象)的概率就很低.

概率对英语所施加的某种程度的控制还可以通过

下面的例子弄明白. 英语字典中不含有任何这样的词:
在字母"j"后面接着 b,c,d,f,g,j,k,l,q,r,t,v,w,x 或
z,所以"j"后接以上任何字母的概率实际上乃是零.

　　一个按照某种概率而生产符号序列的系统称之为
随机过程(这里的符号当然是字母或音符等,而不是
词之类),而如果一个随机过程中概率依赖于先前事
件,则被称为 Markov 过程或 Markov 链. 在可以设想产
生出消息的 Markov 过程中,存在着一个在通信论中特
别重要的特殊类型,这就是各态历经的过程. 这里的分
析性细节是很复杂的,并且其推理是如此深奥繁难以
至需要最好的数学家花费最大的努力来创造有关理
论;但是各态历经过程的大致本性还是容易理解的. 它
是一个产生出将合乎民意测验者的梦想的符号序列.
因为任何其大小合理的抽样倾向于用作为整体的序列
来表示,假设有两个人以不同的方式进行抽样调查,并
且研究当样品数目变大时,被调查对象的统计学性质
的趋向. 在各态历经的情况下,不管他们各自如何选择
样品,对于整体性质的估计将是一致的. 换言之,各态
历经系统展示了一种特别可靠的和令人鼓舞的统计规
则性.

　　现在,让我们回到信息概念. 当我们有一个通过对
离散符号的相继选择而产生消息的信源,(即 Markov
过程),而各种符号在此过程中的某阶段被选择的概
率依赖于先前的选择时,那么与此选择步骤相联系的
信息是什么?

　　在数量上唯一能符合信息要求的,原来正是热力

学中的熵. 它是用各种有关概率来表达的,这些有关概率是达到信息形成过程中的某一阶段的概率,以及在这些阶段中某符号下一步被选择的概率. 而且,这个公式涉及概率的对数,因此,它是上述简单情况下的对数度量的自然推广.

对于学习过物理科学的人来说,一个类似于熵的表达式出现在信息度量理论中. 熵概念是将近 100 年前由 Clausius 提出来的,并与 Boltzmann 的名字有紧密联系,Gibbs 则在他的统计力学中给出了它的深刻意义. 今天它已成为如此基本而有普遍意义的概念,以至 Eddington 评论说:"熵恒增定律——热力学第二定律,我认为它冠于自然定律之首."

在物理科学中,熵作为混乱程度而与事物状态相联系. 而物理系统变得越来越缺少组织性,越来越走向完全混乱的趋向是如此基本,以至于 Eddington 推断说,正是这种趋向给出了最基本的时间箭头——例如,它可以告诉我们,一段关于物理世界的影片是顺着时间放映的还是逆着时间放映的.

这样,当人们在通信理论中遇到了熵概念的时候,就有理由非常激动——有理由觉得自己抓住了某种原来十分基本而重要的东西. 归根到底,信息由熵来量度乃是很自然的事情,只要我们想到通信理论中的信息是与我们在形成消息的过程中所具有的选择自由度大小相联系的. 对于一个信源,正如对一个热力学系统一样,我们能说:"这种状态是高度有组织的,它不具有很高的混乱度或选择度,这就是说,其信息(或熵)是

986

低的."

在计算某一信源的熵(或信息,或选择的自由度)之后,可以将此与熵可能达到的最大值相比较,只要此信息源一直采用同样的符号集. 实际熵与最大熵之比称为信源的相对熵. 如果某信源的相对熵为0.8,这就大致意味着,在选择符号以形成消息的过程中,对于同样的符号最多能有大约80%的自由. 用1减去相对熵,得到的数称为冗余度. 消息结构的这一部分,不是由发送者的自由选择所决定的,而是由那种普遍承认的制约符号使用的统计规律所决定. 它被称为冗余度是切合实际的,因为消息的这一部分在某种意义上的确与平常讲的冗余相近,这就是说,消息的这一部分是不必要的(因此是重复性的或冗余的),它们如果被删掉,消息仍然在实质上是完全的,或至少是能够完成的.

非常有趣的是,英语的冗余度大约是50%,因此,我们在写作和说话中,字母和单词大约一半被置于自由选择之下,而大约一半(虽然平常我们并未察觉)实际上由语言的统计性结构所控制. 除了我们将延迟到最后予以讨论的更严肃的含义外,十分有趣的是,一种语言必须至少有50%的选择字母的自由才能够筑起统计性的纵横填字字谜. 如果一种语言具有完全的选择字母的自由,那么字母的每一种列阵都是纵横填字字谜. 如果只有20%的选择自由,那么就不可能建构起在复杂性上和数目上适合于大众游戏的填字字谜. Shannon 曾经估计英语中如果有30%的冗余度,那么

987

就可以建构三维的纵横填字字谜.

在结束讨论信息的此节之前,应当提醒大家注意在水平 A 的分析上信息概念何以只刻画信源的整体统计特征(与单个消息的意义毫无直接的相关),乃是因为从工程学上着眼,一个通信系统必然面临着处理它的信源所能产生的任何消息的问题. 如果不可能或在实际上不能做到设计一个能够完美地处理一切事情的系统,那么该系统应当被设计为能很好地对付经常碰到的问题,而对于很少碰到的事情则不那么有效率. 这种考虑立刻导致了刻画某给定信源所能产生的消息的整体集合的统计性质的必要. 而通信论中的信息所做的正是这样的工作.

尽管本章不关心数学上的细节,然而无论如何,尽可能地理解度量信息的类似于熵的表达式似乎仍是必要的. 在最简单的情况下,如果我们关心的是由几个独立符号所组成的集合,或者是某件事的几个独立的完整消息的集合,它们被选择的概率各为 $p_1, p_2, p_3, \cdots,$ p_n,于是信息的实际表达式为

$$H = -\left[p_1 \log p_1 + p_2 \log p_2 + \cdots + p_n \log p_n\right]$$

或

$$H = -\sum p_i \log p_i$$

这个公式看起来有点复杂,但是让我们看看它在某些最简单的情况下的行为.

假设首先我们只在两个可能的消息间进行选择,其一的概率为 p_1,另一的概率为 $p_2 = 1 - p_1$. 在此情况下计算 H 的值,最初当这两个消息同等可能时 H 达最

大值 1. 这就是说,如果 $p_1 = p_2 = \dfrac{1}{2}$,这时人们可以在两个消息间完全自由地进行选择. 如果某一消息比另一消息变得愈来愈可能(如 p_1 比 p_2 大),H 的值便减少. 如果某消息变得非常可能(p_1 近乎 1 而 p_2 近乎 0),则 H 的值非常小(近乎 0).

在某一消息的概率为 1(即确定)而另一消息全部为 0 时,那么 H 为 0(此时毫无不确定性,即没有选择自由,也即没有信息).

这样,当两个概率相等时 H 达最大值,此时人们完全自由地毫无偏袒地进行选择,而当人们失去选择的自由时 H 减少为 0.

我们刚才描述的情况事实上是典型的,如果有几个而不是两个被选择的对象,那么当这些被选择对象在环境的允许下尽可能地彼此近乎相等之时,H 达最大值,此时人们在作出选择时有尽可能多的自由,而倾向选择某些高概率对象的可能性会很少. 另一方面,假设某被选择对象的概率近乎等于 1 而其余对象被选择的概率近乎 0,那么,很明显在此情况下,人们会强烈地倾向于作某一特殊的选择,因而罕有选择的自由. 这种情况下计算出来的 H 值很小——即信息(选择的自由度,不确定性)很低.

当被选择的对象的数目固定不变时,信息越大,各对象被选择的概率就越接近相等. 此外还有另一种增加信息量的重要方法,这就是增加被选择的对象. 更精确地说,如果所有被选择的对象都有同等的概率,那么被选择对象越多, H 就越大. 你从 50 个标准消息中自由地选择所具有的信息, 比从 25 个中进行选择时要多.

3. 信道容量

在进行了上面的讨论之后, 人们对信道容量不用它所能传输的符号数目来描述, 而用它所能传输的信息来描写, 就不会感到奇怪了. 因为最后一句话特别容易带来对"信息"一词的错误解释, 所以更好的说法是信道容量是用它所传送某信源产生的信息的能力来描述.

如果信源是一种简单的类型, 在其中所有信号具有相等的持续时间 (例如在电传打字电报中即是如此), 如果信源中每个被选择的符号代表 S 比特信息 (人们在 2^S 个符号中进行自由选择), 而信道在每秒中能传送 n 个信息符号, 那么信道容量 C 被定义为每秒 ns 比特.

在较一般的情况下, 必须考虑各个不同符号具有的不同时值. 于是信道容量的一般表达式涉及某种时值符号数目对数 (当然, 它引进了信息观念并与前述简单情况下的因子 S 相对应), 同时也涉及信道所传输的这样的符号的个数 (其与前述因子 n 相对应). 这样在一般情况下, 信道容量不是用每秒传输的符号的数目来度量, 而是以每秒传输的信息量来度量, 用每秒比特作为其单位.

4. 编码

从一开始我们就已指出: 发送器接收消息并将它

变为某种被称为信号的东西,后者实际地通过信道而达到接收器.

像电话这类传送器仅仅将可听的声音立刻转变为某种显然不同但又显然等价的东西(电话线上的变化着的电流).但是发送器可以对消息进行一种比这远为复杂的操作以产生出信号.例如,它能将文字消息用某种码来编制而成为如数字序列之类的东西,这些数字等作为信号传经信道.

这样,人们可以说发送器的一般作用乃是将消息编码,而接收器的一般作用乃是译码.关于非常复杂的发送器和接收器的理论也被人们提出来了,例如关于"记忆过程的理论",这时对一消息的某符号的编码方法不仅依赖于该符号本身,而且还依赖于该消息中此前的符号及其编码方法.

我们现在应当阐述由以上理论所产生出的关于传输离散信号的无噪声通道的基本定理.该定理所描述的乃是一个具有每秒传输 C 比特的信道,它从一个每符号信息量为 H 的熵源(或信息源)中接收信号.这个定理说:通过为发送器编制适当的编码程序可以用接近于 $\dfrac{C}{H}$ 的速率将符号传过信道(即每秒钟平均传递的符号个数接近于 $\dfrac{C}{H}$),但是不论如何绞尽脑汁地编码,也不可能使传递速率超过 $\dfrac{C}{H}$.

我们打算在稍后碰到有噪声出现的情况时再来讨论此定理的意义,因为这样做更有用些.虽然此刻注意到编码所起的关键作用乃是很重要的.

让我们回忆一下:与产生消息或信号的过程相联系的熵(或信息),乃由该过程的统计特征所决定——由达到消息的各个阶段的概率和这些阶段对下一个符号的选择的概率所决定.消息的统计学性质完全由信源的统计学特征所决定.然而信道所实际传送的信号的统计学特征,以及由此而致的信道的熵则既由人们试图馈入信道的信息所决定,同时也由信道处理不同信号的能力所决定.例如,在电报中我们必须在点与点之间、点划之间、划与划之间设置空白,否则我们将无法辨认点与划.

实际上,当一个信道确实有这类限制而使信号不是可以完全自由选择之时,那么将存在导致最大信号熵的某种统计学信号特征,任何其他的信号结构的熵都小于此信号熵.在这种重要的情况下,信号熵正好精确地等于信道容量.

用这些观念可以清楚地刻画最有效率的编码的特征.事实上,最好的发送器是用这种方式将消息编码的:此时信号正好具有适合所用信道的最佳统计学特征,它事实上使信号熵(也可以说是信道熵)达到最大值,使其正好等于信道容量.

通过上述基本定理,这种类型的编码将导致以最大速率 $\frac{C}{H}$ 来传输符号.但是要在传输速率上取得如此收获,必须付出代价,因为当编码渐趋理想之时,人们被迫在编码过程上花费越来越多的时间.

5. 噪声

噪声如何影响信息？我们必须记住信息乃是在选择出一个消息时所具有的选择自由的量度. 这种选择自由越大,信息就越大,这个被实际选出的消息作为某个特殊情形的不确定性也就越大. 因此,选择自由的变大,不确定性的变大和信息的变大乃是携手并进的.

如果引进了噪声,那么被接收的消息会有某种失真、某些错讹,某些额外的材料,这确实会导致人们所说的,由于噪声的影响,被接收的消息的不确定性增加了. 但是如果不确定性增加,那么信息将增加,这似乎说噪声是有好处的!

当噪声存在时,被接收的信号会有较大的信息——或者更确切地说,被接收的信号和被传送的信号相比,出自一个更加多样化的集合中,这种说法确实是普遍正确的. 如果一个人不记住这里所用的"信息"一词,乃是在作为进行选择时的自由和不确定性的量度的专门意义上使用的,那么他会落入这个语义学的圈套. 但是"信息"在这里既然是在"进行选择时的自由和不确定性的量度"的意义上使用的,那么,这个词就既有好的含义也有坏的含义. 由于发送者这一方面的选择自由而引起的不确定性是符合人们希望的不确定性,而由于差错或由于噪声影响而引起的不确定性,乃是人们所不希望的不确定性.

这样一来,说被接收的消息具有较多的信息的机巧究竟在哪里呢？这些信息的一部分乃是假造的和不良的,由噪声所引进. 要在被接收的信号中取得有用的信息,我们必须去掉这种假造的成分.

在能将这一观点弄清楚之前,我们不得不停下来兜一个小圈子. 假设人们有两组符号,如由信息源产生的消息的符号和被实际接收的信号的符号. 这两组符号的使用概率是内在相关的,因为很明显,接收某一符号的概率依赖于被发送的符号的概率. 如果没有来自噪声和其他原因的差错,那么被接收的信号将明确地对应于被发送的消息的符号. 而差错可能出现时,接收某信号的概率将明显地集中荷载在它所对应的或接近对应的那个被发送的消息符号.

在这种情况下,我们可以计算"某组符号相对于另一组符号的熵." 遗憾的是如果我们不进入某些细节就无法理解与此有关的问题. 假设已知某个信号符号已被实际接收到了,那么此时每一个消息符号都有一定的被发送的可能性——与被接收的符号相同的或类似的那些消息符号的可能性相当大,而其他消息符号的可能性则相当小. 利用这一组概率,可以计算某试探性熵的值. 这是以明确已知的被接收符号(或称信号符号)为根据的消息熵. 在良好的状况下,它的值是低的,因为有关概率并非相当均匀地分布在各个不同的消息符号上,而是集中于一个或少数符号上. 如果完全没有噪声,那么它的值就是零. 因为这时除了某一消息符号(即被接收者)将会有概率为 1 之外,其余符号的概率全都为 0.

对于每一个被假定接收的符号,都可计算出一个试探性消息熵的值. 计算出所有这些熵的值,然后用计

算中被假定接收到的信号符号的概率分别给它们加权求平均值. 当存在两组被考虑的符号时, 用这种方式计算出来的熵, 称为相对熵. 在我们刚才所说的特殊情况下, 它乃是消息相对于信号的熵, Shannon 称它为模棱度.

从这个模棱度的计算方式中, 我们能够看出它的意义何在. 它测量的是在信号已知时消息的平均不确定程度. 如果没有噪声, 那么信号已知时便没有关于消息的不确定性. 在信号已知之后, 如果信源还有剩余不确定性的话, 那么这种不确定性必定归因于噪声的不良的不确定性.

最后几段讨论的中心, 乃是这一数量: "当被接收的信号已知时对于消息源的平均不确定性". 可以表述一个同等的与此类似的量: "当被发送的消息已知时对于被接收的信号的平均不确定性". 当然, 如果没有噪声的话, 后一不确定性也将为零.

对于这些量之间的相互关系, 很容易证明

$$H(x) - H_y(x) = H(y) - H_x(y)$$

这里 $H(x)$ 是信源的熵或信息, $H(y)$ 是被接收的信号的熵或信息, $H_y(x)$ 是信号已知时对于信源的不确定性或模棱度; $H_x(y)$ 是被发送的消息已知时对于被接收的信号的不确定性, 或者称为被接收的信号信息中由噪声导致的伪造部分. 这个等式的右端乃是不顾噪声的坏影响而传输的有用信息.

现在可以解释一个有噪声的信道的容量 C 是什么意思. 事实上, 它等于能够由信道传输有用信息(即总的不确定性减去噪声不确定性）的最大速率（单位为比特/秒）.

为什么在这里要说"最大"速率？这就是说,我们如何能使传输速率变大或变小？对此问题的回答是,人们可以通过选择一个某统计学特征与信道的特征所加限制相配的信源来影响传输速率. 这就是说,人们可以利用适当的编码来使有用信息的传输速率最大.

现在,我们终于可以考虑有噪声信道的基本定理了. 假设该有噪声信道有信道容量 C（在刚才所说的意义上）,假设它从一个每秒发出 $H(x)$ 比特熵的信息源中接收信息[1],而被接收的信号的熵则为每秒 $H(y)$ 比特. 如果信道容量 C 等于或大于 $H(x)$,那么通过设计一个适当的编码体制,信源所输出的消息能以你所希望的任意小的差错经过信道传输出去. 不管你指定怎样小的差错频率,都存在一个满足你的要求的编码. 但是如果信道容量小于 $H(x)$,那么将不可能设计出能将差错频率减少到随意多少的编码.

不管一个人在编码过程中如何机巧,下面的论断总是对的:在信号被收到以后总有关于"消息究竟是什么"的疑问,此即不良的（噪声）不确定性. 此不确定性（模棱度）总是大于或等于 $H(x) - C$. 此外要将此不确定性超过 $H(x) - C$ 的值减少到某一程度,总有一种

———————

[1] 信源的特征由每符号的平均熵（信息量）来刻画. 而它又以每秒发出若干个符号的速率进行工作,所以信源最后又由每秒发出的信息量来刻画. 参见 Shannon《通信的数学理论》.

编码可以满足.

当然,该定理最重要的方面,乃是指出:不管进行如何复杂恰当的编码,也不可能将不良的(或伪造的)不确定性减少到比此最小值还小. 这个有力的定理给人们能从有噪声信道中得到的最大可靠性以一种明确的几乎令人惊异的简单描述.

由 Shannon 得出的一个实际结论应当提一下. 既然英语有大约50%的冗余度,那么就可以通过恰当的编码过程将普通电报的一半时间节省下来,以进行无噪声信道的信号传输. 然而在有噪声存在时,不采用这种消除了所有冗余度的编码过程实际上更有好处. 因为被保留的冗余度可以帮助我们克服噪声. 这是很容易看到的. 例如,正因为英语的冗余度很高,所以在传输过程中产生的拼写拼读错误能够被人们毫不犹豫地校正过来.

6. 连续性消息

至此为止,我们所讨论的消息是由离散信号所形成的消息,如词由字母所形成,句子由单词所构成,曲子由音符所构成,以及照相铜版图由一定数目的点所构成. 如果我们考虑到连续性消息,比如具有连续变化的音调和能量的说话声音,那么上述理论将发生怎样的变化?

人们可以非常粗略地说,将理论扩大到连续消息时将会遇到数学上的困难和复杂性,但没有什么实质性的改变. 以上对于离散符号的许多陈述并不需要修正,其余的一些陈述只需要较小的修正.

Shannon 信息熵定理

下面的情形对我们很有帮助. 作为一种特殊情形,人们总是对不是由全部频率,而是由从 O 到每秒 W 周的一段频带的简单谐波分量所构成的连续信号感兴趣. 这样,虽然人声具有较高的频率,但却可以通过只能传输 4 000 赫的电话达到令人满意的通信. 具有 1 万或 1.2 万赫传输性能的系统,能够进行交响乐的高度不失真的无线电传输,如此等等.

有一个非常适合的数学定理指出:一个占据时间为 T 秒而频率在 O 到 W 之间的连续信号,能够顺次由 ZTW 个数字来完全地描述. 这确实是一个很令人醒目的定理. 一根连续曲线一般只能被它所经过的有限个点所近似的刻画,而此曲线的全部信息则要求无限个点来描述. 但是如果该曲线由有限个各种频率的正弦波所构成,如一个复音由有限个纯单音所构成,那么要描述该曲线只需要有限个参数就足够了. 在将连续性信号的通信问题从必须处理无限个变量的复杂状况约简到只需处理有限个(虽然数目很大)变量的简单状况的过程中,这个定理具有强有力的作用.

在关于连续信号的理论中,发展起来了一个关于频率宽为 W 的信道的最大容量公式. 设传输中所用的平均功率为 P,信道所受的噪声功率为 N,Shannon 称之为一种特殊种类的"热力学白噪声",这种热力学白噪声的频率处于一有限的频带内,而各个频率成分的振幅服从于正态(Gauss)概率分布. 在这些条件之下,Shannon 得到了在简单性上和范围上不同寻常的定理,这就是利用最好的编码,可以以

$$W\log_2 \frac{P+N}{N} 比特/秒$$

的速率传输二进数码,并具有任意小的误差频率. 如果不提高误差频率,那么无论怎样改进编码也不能超过这个速率. 在不是白噪声而是任意噪声的情况下,Shannon 没有成功地得到关于信道容量的简明公式,但是得到了信道容量的上下限.

最后,我们应当说明,Shannon 得到的是必然的,非特殊的,具有明显深刻而广泛意义的结果,这些结果为普遍的连续性消息或信号刻画了被接收的消息的保真度,以及有关信源产生信息的速率、传输速率、信道容量这些概念. 而所有这些概念都是相对于一定的保真度要求而言的.

§3　三个水平的通信问题的相互关系

1. 小引

在本章的第一节曾提出了人们可以在三个水平上考察一般的通信问题,此即水平 A,水平 B 和水平 C.由 Shannon、Wiener 等人所发展起来的通信的数学理论,特别是由 Shannon 建立起来的更明确的工程性理论,虽然表面上只适应于水平 A 的问题,但是人们已提出,它在实际上对水平 B 和 C 的问题也是有帮助和启发的.

在下一节中,我们将阐述这个通信的数学理论是什么,它建立了什么概念,得到了怎样的结果.本章最后一节的目的是评论这方面的研究情况,看看第一节的论断在何种程度上和以何种语言被论证了,进而指出在水平 A 上的理论进展能够对水平 B 和 C 做出贡献,并指出三个水平之间的关系是如此显著,以致人们可以最后得出结论说:将这三个水平相互隔离开来,实际上乃是人为的和令人不满意的.

2. 水平 A 理论的推广

第一个明显的评论,而且确实具有重要论据的评论乃是,通信的数学理论在其范围上是极其普遍的,在其所处理的问题上是极其基本的,而在它所达到的结果上则具有经典式的简单性和力量.

这是一个如此普遍的理论以至于人们用不着考虑所言符号是哪一类——不管是书面字母或单词,或音符,或口说的词句,或交响乐,或图画.这个理论又是如此深刻以致它所揭示出的各种关系可以不加区别地应用于所有这种和其他形式的通信中.当然,这意味着这个理论是如此充分地具有想象力,以至于它研究的是通信问题的实在内核——研究的是普遍具有的基本关系,不管其特殊形式如何.

很明显,这个理论对于密码术基本理论有重要贡献,实际上密码本来就是一种编码形式.类似地,该理论从一种语言向另一种语言的翻译问题也有贡献,虽然这里的全过程明显要求考虑语义问题和信息问题.与此相类似的还有,这个工作中所发展起来的观念与大计算机的逻辑设计联系得如此紧密,以至于 Shan-

non 丝毫不令人惊奇地撰写了一篇关于能精通棋术的计算机的逻辑设计的论文. 这篇论文进而直接关系到目前的争论:Shannon 很接近于这样的论点,那就是如果人们对"思维"一词的常规含义不作实质性的改动,那么就必须说这样的计算机会"思维".

　　第二点,作为该理论基础的对通信过程的定型化,为一般通信理论做出了贡献. 这个理论的开头就绘出一个使人明白易晓的通信系统图. 但对于通信过程的这种分析必须深刻而合理,以使人们在看到这种观点顺利和普遍地引向了中心议题时确信它的正确,几乎无可置疑的是,对水平 B 和 C 上的通信的考虑将需要在这个通信系统的一般模式图上增添一些东西;但同样可能的是,需要增添的东西很少,用不着进行实实在在的修改.

　　这样,当我们转向水平 B 和 C 以后,可以证明有必要说明信宿的统计学特性. 人们可以想象在工程意义上的接收者(它将信号转变为消息)和信宿之间插入一个取名为"语义接收者"的方框. 这个语义接收者使消息接收第二道译码,对这里的要求是:消息的语义学统计特性,必须与全体听众的,或者人们准备影响的部分接收者的语义统计容量相匹配.

　　与此类似,人们能在图上的信源与发送器之间插入另一个方框,命名为"语义学噪声",而以前被标记为"噪声"的方框,现在应标记为"工程学噪声",那些并非由信源有意发出而信宿又不能逃脱其影响的对于语义的干扰和歪曲从此噪声源中加入到信号中. 而语义学的译码问题必须重视这个语义学噪声. 还可以考虑对原初消息进行某种校正,使消息的含义加上语义噪声等于我们希望信宿收到的总的消息含义.

第三点,当人们试图将过多的消息挤进某信道时(即 $H > C$),那么无论怎样编码,也会使差错和混淆增加而保真度减小,这个道理在所有水平的通信问题上均有高度的指示性. 在这里,一个所有水平上的一般理论同样不仅要考虑信道容量,而且要考虑听众的信息容量. 由直接的类比可以推出,如果某人试图使超过听众容量的信息涌入听众,那么你不可能把它们全部填进听众的信息库中,而多余的只能溢出而浪费掉. 同样由直接的类比可以推知,假如你使过多的信息涌入听众,你必然导致一种普遍的和不可避免的差错与混淆.

第四,信息概念与熵观念关系的理论的发展,不可能不对水平 B 和 C 的研究提供许多东西,同时也不可能不对这些水平上的问题指出有价值的研究方向. 否则,将是令人难以置信的.

在这个理论中建立起来的信息概念乍看起来似乎是令人失望和稀奇古怪的——它与语义毫不相干,因而令人失望,它不研究单个消息而研究消息集合整体的统计学特征,因而稀奇古怪,此外,它的稀奇古怪还在于发现"信息"与"不确定性"这两个词在统计学意义上原来是伙伴.

然而这应当只是暂时性的印象. 人们应当说,当今信息理论的这种分析已经为真正的语义理论的发展清扫了道路. 工程学的通信理论正像一个规矩而谨慎的

姑娘收到了你的电报,她对电报的含义不加注意,不管它们是悲伤的、快乐的还是令人烦恼的.但她必须处理所有来到她书桌上的电报.通信系统应当处理所有的可能的消息的观念,应当以信源的统计特性为基础而进行设计的思想途径,确实具有一般通信的意义.语言的设计或发展必须从人们可能想说的事情的全体着眼,但并不能说尽所有这些事情.越可能常用的便做得越好,这就是说,应按统计学来处理这种问题.

与信源联系在一起的信息概念,如我们已经看到的那样,直接导致了对语言的统计学结构的认识.这种研究揭示了语言和通信(比如英语)的各个方面的信息,这些信息看来对于学生们确有意义.利用有关 Markov 过程的一整套强有力的理论来研究语义问题似乎特别有希望,因为这个理论特别适合于处理语义问题的一个最有意义但也最困难的方面,即上下文的影响问题.人们已经模糊地感到,信息与语义可以被证明是类似于量子力学中的正则共轭变量的东西,它们受到某种相互关联的限制,迫使人们必须牺牲其一来保全或赢得另一个.

或许,语义可以证明是与热力学系统所依赖的熵相类似的量.正如此前所评论的那样,熵在这个理论中的出现确实具有非常大的好处和意义.我们已经引述了 Eddington 的话,而他在《物理世界的本性》中的一段话则更贴切和具有启发性:

"假设有人叫我把下面的东西归为两类范畴:距离、质量、电力、熵、美、旋律.我认为有充足的理由将熵、美与旋律归在一起,而不和前三者排在一起. 我们只有在把组成部分放在相互联结中来看待时才能得到熵,而只有把各部放在相互联结中来看或听时才能觉察到美和旋律. 这三者都是排列方式的特征. 这将是一个含义深远的思想:那就是这三个伙伴中有一个竟能被描述为科学中普普通通的量. 物理世界的这个新客(指熵)之所以能在这世界的早先居民中顺利定居下来,乃是因为它能说这些居民们的语言,即算术语言."

我确切地感到 Eddington 会同意把"语义"一词包含在美和旋律之列;我猜想他会激动地看见:在我们这个理论中,熵不仅说着算术语言,而且说着语言的语言.

Brillouin

Brillouin,法国物理学家和信息论学家,生于 1889 年,受教育于巴黎. 曾任巴黎大学教授,法兰西学院教授,美国哥伦比亚大学教授,美国国家科学院院士.

Brillouin 关于信息论、控制论方面的著作有:

《生命热力学与控制论》(1950 年);

《Maxwell 妖不起作用:信息为熵(Ⅰ)》(1951);

《物理熵与信息(Ⅱ)》(1951 年);

《科学与信息论》(1967 年);

Brillouin 对于信息论的主要贡献是提出了"广义增熵"原理,认为"信息"和"负熵"是等价的,从而把 Shannon 的"信息熵"概念和统计热力学的"统计力学熵"的概念联系起来. 这两者不仅在数学的表达形式上基本相同,只差一个负号,而且在

第三十八章

物理概念上也存在本质的关系. 关于信息传输的"信道定理",可看作是热力学第二定律在通信过程中的发展,自然界中封闭系统的"熵"不断增加,而趋于无序状态,通信过程也不会使消息的不确定性减少,而是使消息的失真度增加.

应用 Brillouin 的广义增熵原理,可以解决 Maxwell 提出的所谓"Maxwell 妖"的难题. Brillouin 指出:"如果 Maxwell 妖不接收信息,就不能有秩序地工作,而且,如果不给以某种类型的能量输入,它就不能接收信息的控制". 因此,Maxwell 妖在控制分子运动时,需要获得有关的信息,要消耗相应的能量. 如果为获取信息而从外界吸取的能量,超过因利用信息进行控制而消耗的能量,那么,Maxwell 妖并不能违反热力学第二定律.

Brillouin 关于熵的研究工作,不仅建立了信息论与统计热力学、统计物理学之间的联系,而且,为自组织系统的理论,奠定了物理学基础.

自组织系统的基本特性在于:系统的状态具有一定的有序度,并且,系统能够吸收负熵,以维持和增加其有序度,亦即,增加其组织化程度.

由于负熵与信息是等价的,所以,吸收负熵也就是获得信息. 因此,自组织系统可以从环境获取信息,并利用这些信息来进行控制,以减少其无序度,增大其有序度. 这正是各种有组织的系统,如生命有机体,人类社会组织机构等,保持或提高其组织化程度的共同规律.

Maxwell 妖不起作用：信息与熵[①]

在任一恒温闭盒中,辐射都是"黑体"辐射,妖精不能看见分子. 因此它不能操作阀门,不会违背第二原理. 如果我们引进光源,妖精就能看见分子,但是总的熵差是正的. 这就要求把 Maxwell 妖与实验室内的科学家都考虑在内.

负熵→信息→负熵的循环. Boltzmann 常数 K 表示观察所需负熵的最小可能量.

§1　Maxwell 妖

这个遴选妖精诞生于 1871 年, 在 Maxwell《热的理论》(第 328 页)中首次出现:"某个存在物,它的才能如此突出以至

第三十九章

---

① 本章译自《应用物理杂志》(Journal of Applied Physics, Volume 22, Number 3, March, 1951).

可以在每个分子的行程中追踪每个分子,能做到现在对我们来说是不可能做的事……. 让我们假定把一个容量分成两部分,A 和 B,隔板上有一个小孔,再设想一个能看见单个分子的存在物,打开或关闭那个小孔,使得只许快分子从 A 跑到 B,而慢分子从 B 跑向 A. 这样,它就在不消耗功的情况下,提高 B 的温度,降低 A 的温度,而与热力学第二定律发生了矛盾."

已有几代物理学家为这一悖论而冥思苦索,但直到 L. Szilard 指出妖精实则把"信息"转变为"负熵"之前,讨论并未取得多少进展. 我们将讨论问题的这一侧面.

妖精为选择快分子必须看见它们,但是它处在恒温下平衡的闭盒中,在那里辐射必定是黑体辐射,而黑体辐射内部的任何东西都是看不到的. 妖精不能帮助提高温度. 在"赤热"温度下,辐射具有红色部分中的最大值,获得完全相同的强度,不管在闭盒内没有任何分子或有几百万个分子. 不仅其强度相同,而且其涨落也相同. 妖精能察觉辐射及其涨落,但决不能看到分子.

Maxwell 没有考虑在温度 T 下处于平衡的系统内部辐射,是不足为奇的. 人们在 1871 年几乎不知道黑体辐射,过了 30 多年后才认清辐射的热力学并有 Planck 理论闻世.

妖精不能看到分子,因此它不能操作阀门,不会违背第二原理.

§2　信息意味着负熵

让我们较仔细地考察妖精的能力. 我们可以给妖精装上电筒, 使之能看见分子. 电筒是一个不处于平衡的辐射源. 它把负熵注入系统中. 妖精从这负熵中获取"信息". 它可以用这些信息操作阀门, 来重新得到负熵, 从而完成一个循环

$$负熵 \rightarrow 信息 \rightarrow 负熵 \tag{1}$$

我们造出缩写词"negentropy"（负熵）, 以标征具有负号的熵. 这是一个非常有用的量, 已由一些作者特别是 Schrödinger 所引进, 熵总是要增大, 而负熵总是要减少. 负熵与曾由 Kelvin 讨论过的"能量降级"中的能"级"相对应.

我们将较细致地讨论有关妖精的新循环(1), 然后说明它怎样被推广到人类及科学观察中去.

循环的第一部分似乎通常被忽略, 在那里为获取信息而需要负熵. 从信息到负熵的转化已由 Szilard 很仔细地讨论过, 他在这个问题上做了开创性工作.

我们的新循环(1)可与 C. E. Shannon 关于电信的讨论相比较, 后者可表述为

信息 $\rightarrow$ 电报 $\rightarrow$ 电缆中的负熵 $\rightarrow$ 接收电报 $\rightarrow$ 接收信息

$$\tag{2}$$

可是 Shannon 把信息比作正熵, 一个难以被证明为有理的程序, 因为在传输过程中信息要减少, 而熵却

增加. Wiener 已认识到这个特点并强调信息与负熵之间的类似性.

我们的新循环(1)为信息的一般理论添加别的实例. 我们要稍微详细地讨论这个问题.

§3　Maxwell 妖的熵差

为了要讨论熵差,第一个问题是规定孤立系统,在那里第二原理能可靠地适用. 我们的系统由下列要素构成:

1. 一个充电的蓄电池与一个电灯泡,相当于电筒.

2. 一种气体,它的温度为 T_0,装在 *Maxwell* 闭盒中,那里有一块隔板把容器分成两部分,而隔板上有一个小孔.

3. 妖精,它操作小孔的阀门. 整个系统是绝缘的,封闭的.

用电池加热处在高温 T_1 的灯丝

$$T_1 \gg T_0 \tag{1}$$

这个条件是需要的,以便得到可见光

$$hv_1 \gg KT_0 \tag{2}$$

它是能够从温度为 T_0 的闭盒内的黑体辐射背景中辨认出来的. 在实验中,电池产生总能量 E,但不产生熵. 灯丝放射能量 E 及熵 S_f

$$S_f = \frac{E}{T_1} \tag{3}$$

1010

如果妖精不干预,能量 E 就被温度为 T_0 的气体吸收,我们就观察到总的熵增加

$$S = \frac{E}{T_0} > S_f > 0 \qquad (4)$$

现在让我们考察妖精的作用. 当至少有一个能量子 hv_1 被分子散射而为妖精的眼睛吸收时(或在一个光电管中如果妖精使用这样的机构),妖精就能发觉分子①. 这表示最终的熵增加

$$\Delta S_d = \frac{hv_1}{T_0} = Kb \qquad (5)$$

其中根据条件(2)

$$\frac{hv_1}{KT_0} = b \gg 1$$

所获取的信息就用于减少系统的熵. 按照 Boltzmann 公式,系统的熵为

$$S_0 = K\ln P_0 \qquad (6)$$

其中 P_0 表示微观构型(Planck 的"配容")的总数. 系统由于获得信息而得到更完整的说明. P 减少数量 p,而 $P_1 = P_0 - p$,那么

$$\Delta S_i = S - S_0 = k\Delta(\log P) = -k\frac{p}{P_0} \qquad (7)$$

显然,在所有实际情形中 $p \ll P_0$. 由于 $b \gg 1$, $\frac{p}{P_0} \ll 1$,总

---

① 我们可以用装有"电眼"的自动装置来代替妖精,它在适当时刻打开阀门,这只不过是一个设计一些精巧装置的问题,而不会改变问题的一般条件.

的熵差是

$$\Delta S_d + \Delta S_i = K\left(b - \frac{p}{P_0}\right) > 0 \qquad (8)$$

最终结果仍然是如同第二原理所要求的那样,在孤立系统中熵是增加的. 妖精所能做的只是使一小部分熵得以再生,并利用信息来减少能的降级.

在这过程的第一部分[方程(5)],我们有熵增加 ΔS_d,故负熵的变化 ΔN_d 是

$$\Delta N_d = -kb < 0, 递减 \qquad (5a)$$

在这遗失的负熵中,有一部分转化为信息. 在这过程的最后步骤[方程(7)],这些信息重新转化为负熵

$$\Delta N_i = K\frac{p}{P_0} > 0, 递增 \qquad (7a)$$

让我们更明确地讨论 *Maxwell* 的原始问题. 我们可以假定,在某一时刻后,妖精已能取得温差 ΔT

$$T_B > T_A, T_B = T + \frac{1}{2}\Delta T$$

$$\qquad (9)$$

$$T_B - T_A = \Delta T, T_A = T - \frac{1}{2}\Delta T$$

在下一步,妖精选择 A 中的一个快分子[动能为 $\frac{3}{2}KT(1 + \varepsilon_1)$],并操纵它进入 B. 然后,挑选 B 中的一个慢分子[动能为 $\frac{3}{2}KT(1 - \varepsilon_2)$]并使它进入 A. 妖精为了看见这两个分子,必须使用两个光子,因此与方程(5)的计算相仿,熵增加为

$$\Delta S_d = 2Kb, b = \frac{hv}{KT} \gg 1 \qquad (10)$$

分子的交换导致从 A 到 B 的能量转移

$$\Delta Q = \frac{3}{2}KT(\varepsilon_1 + \varepsilon_2) \qquad (11)$$

这相当于总熵的减少. 根据式(9),则

$$\Delta S_i = \Delta Q\left(\frac{1}{T_B} - \frac{1}{T_A}\right) = -\Delta Q\frac{\Delta T}{T_2}$$

$$= -\frac{3}{2}K(\varepsilon_1 + \varepsilon_2)\frac{\triangle T}{T} \qquad (12)$$

量 ε_1 与 ε_2 通常是很小的,但是可例外地达到几个单位的值. ΔT 远小于 T,故

$$\Delta S_i = -\frac{3}{2}K\eta \qquad (\eta \ll 1)$$

$$\Delta S_d + \Delta S_i = k\left(2b - \frac{3}{2}\eta\right) > 0 \qquad (13)$$

Carnot 原理实际上已被证实.

Szilard 在 1929 年发表的一篇饶有兴味的论文中讨论了 §2 的过程(1)的第二部分. 他首先考虑简单的实例,据此他能证实:有关系统结构的追加信息可用来获得功并描述系统熵的位势减低. 他从这些一般性评论中推知,获取信息的物理测量过程必定包含熵增加,致使这整个过程满足 Carnot 原理. Szilard 还设计出一个奇妙的(更确切地说,是虚假的)模型,能用来计算与该过程的第一部分即产生信息的物理测量相对应的熵量.

在 Szilard 所选择的例子中,最令人满意的是初态只有两种配容的情况,即

$$P_0 = 2 \qquad (14)$$

信息能使观察者知道实际得到的是这两种可能性中的哪一种

$$P_1 = 1$$

故

$$\Delta S_i = k(\ln p_0 - \ln p_1) = k\ln 2 < k \qquad (15)$$

因为 Boltzmann 公式中用底为 e 的自然对数. 甚至在这样一个十分简单的例子中, 我们照样得到类似于(8)的不等式

$$\Delta S_d + \Delta S_i = k(b - \ln 2) > 0 \qquad (16)$$

并且不违背 Carnot 原理.

Szilard 的讨论已由 J. Von Neumann 与 P. Jordan 联系到量子力学中的统计问题而结束.

§4　熵与实验室里的观察

物理学家在实验室里工作时, 他的处境并不比妖精好. 他的每一次观察都要消耗他周围的负熵. 他需要蓄电池, 动力供应, 压缩气体等. 所有这些都表示负熵源. 物理学家还需要在实验室里有光源, 以便读出电流计或其他仪表.

一个实验所需要的负熵的最小可能量是多少? 假定我们要读出电流计的读数. 指针的振动表现为布朗运动, 其平均动能为 $\left(\dfrac{1}{2}\right)kT$, 总能量的平均值为

$$\overline{E}_t = kT \qquad (1)$$

G. Ising 认为,追加能量

$$E_m \geqslant 4\overline{E}_t = 4kT \qquad (2)$$

是为取得正确的读数所必要的. 让我们更乐观地假定

$$\Delta E_m \geqslant kT \qquad (3)$$

在物理学家读数之后,这份能量因电流计内的摩擦和黏性阻尼而耗散. 这意味着熵增加 ΔS(或负熵减小 ΔN)有

$$-\Delta N = \Delta S \geqslant \frac{kT}{T} = k \qquad (4)$$

这样,Boltzmann 常数 k 就成为实验所需负熵的下限.

物理学家可以去测定频率为 v 的辐射,而不是读电流计. 可观测的最小能量是 hv,为了观测,它必须被仪器的某部位吸收. 因此,如果要与温度 T 的黑体辐射相区别开

$$-\Delta N = \Delta S \geqslant \frac{hv}{T} \qquad (5)$$

就必须是一个大于 k 的量. 这样,我们达到如下结论

$$-\Delta N = \Delta S \geqslant \begin{cases} k \\ \dfrac{hv}{T} \end{cases} \quad (\text{两者都较大}) \qquad (6)$$

表示可观察的极限.

一个更严密的公式可由下列假定求得:让我们观察一个频率为 v 的振子. 它在温度 T 时取能量子 hv 的平均数

$$n = \frac{1}{\mathrm{e}^{\frac{hv}{kT}} - 1} \qquad (7)$$

为进行观察,数 n 必须随一个远大于 n 及其偏差的量

而增大. 我们假定

$$\Delta n \geqslant n + 1 \qquad (8)$$

这意味着当 n 近乎零时, 对于高频 v, 至少有一个量子. 当频率很低时, 公式(8)需要 Δn 取 n 的数量级, 如在公式(3)中一样.

观察, 是指吸收 Δn 个量子 hv, 故熵的变化

$$-\Delta N = \Delta S = \frac{\Delta n}{T} hv \geqslant \frac{hv}{T} \left[\frac{1}{e^{\frac{hv}{kT}} - 1} + 1 \right] \qquad (9)$$

或

$$-\Delta N = \Delta S \geqslant k \left[\frac{x}{e^x - 1} + x \right] = k \frac{x}{1 - e^{-x}} \quad x = \frac{hv}{kT} \, (10)$$

这公式满足在方程(6)中所表示的要求.

R. C. Raymond 近来对同样的题目发表了一些很有趣的评论. 他特别关心 Shannon, Wiener 及 Weaver 的原始问题亦即信道中的信息传输. 他把热力学概念成功地应用于信息熵, 讨论了第二原理在这些问题上的应用.

测量可能性的界限在我们的公式中, 与测不准关系毫无相关. 这些界限是根据熵、统计热力学、Boltzmann 常数与那些在测不准原理中不起作用的所有量建立的.

物理学家在进行观察时就执行 §2 的过程(1)的第一部分, 他把负熵转化为信息. 我们可以提出这样的问题: 科学家能否运用该循环的第二部分, 把信息转变为某种负熵? 在直接回答这一问题之前, 我们可以提出一个大胆的设想. 科学家从实验事实中建立科学知

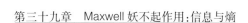

识,导出科学规律. 他利用这些规律,可以设计和建造自然界从未生产过的机器与设备. 这些机器代表着最不可几的结构. 那么低概率意味着负熵吗? 让我们以这一问号来结束本章,而不想对科学思想过程及其与某种广义熵的可能联系作任何更进一步的分析.

附注　为证明方程(8),下面的基本假定是合理的,也许还需要说几句话. 我们要计算量化谐振器内部涨落的数量级. 令 n_a 是在某一时刻的实际量子数,$\bar{n}$ 是如在方程(8)中所示的平均数,则

$$n_a = \bar{n} + m \tag{11}$$

其中 m 是涨落. 容易证明下列结果

$$\langle m^2 \rangle A_v = \bar{n}(\bar{n} + 1) = \bar{n}^2 + \bar{n} \tag{12}$$

对于大量子数而言,$\langle m^2 \rangle A_v^{\frac{1}{2}}$ 为 n 的数量级;因此当我们再增加 n 个量子 hv 时,那些只属于平均涨落数量级的能量就要增加.

公式(11)是以如下方法求得的:首先计算简谐振子的分析函数 Z(Planck 的状态和,Zustandssumme)

$$Z = \sum e^{-n_x} = \frac{1}{1 - e^{-x}}, x = \frac{hv}{kT} \tag{13}$$

其次,计算平均数 $\bar{n}$

$$\bar{n} = \frac{\sum n e^{-n_x}}{Z} = \frac{1}{Z} \frac{\partial z}{\partial x} = \frac{e^{-x}}{1 - e^{-x}} = \frac{1}{e^x - 1} \tag{14}$$

这就是方程(7). 由此得

$$\langle n^2 \rangle A_v = \frac{1}{Z} \sum_1 n^2 e^{-n_x} = \frac{1}{Z} \frac{\partial^2 Z}{\partial x^2} = \frac{e^{-x} + e^{-2x}}{(1 - e^{-x})^2}$$

$$\tag{15}$$

最后

$$\langle m^2 \rangle A_v = \langle n^2 \rangle A_v - (\overline{n})^2 = \frac{e^{-x} + e^{-2x}}{(1 - e^{-x})^2}$$

$$= \frac{1}{1 - e^{-x}} \cdot \frac{1}{e^x - 1} = \overline{n^2} + \overline{n} \qquad (16)$$

这就是公式(12). 因此,我们的假设(8)完全被证明为合理的.

物理熵与信息[①]

第四十章

　　用统计热力学定律来规定熵定义,而信息定义可归并为 Fermi-Dirac 统计问题或广义 Fermi 统计. 可以用这些定义来规定某一消息的熵,而消息所含有的信息可直接与系统熵的减少联系起来.

　　这个定义直接导致 C. E. Shannon 关于信息度量的公式,而 Shannon 的"信息熵"与物理系统内的等量负熵相对应,并以与前面的讨论相同的方式讨论并找出整个方法的物理背景.

一、引言

　　对于把热力学第二原理理解为从不可几结构到较可几结构的自然趋势的物理学家来说,熵与概率实际上是同义的. 近来,人们在熵与信息的联系中提出了一

---

　　① 本章译自《应用物理杂志》(Journal of Applied Physics, Volume 22, Number 3, March, 1951).

种新的关系. 本章的目的在于系统地讨论信息理论,并把它建立在统计研究的基础上,而这种研究将导致把"信息"与系统的"熵减少"相结合的一个精确定义. 这样,信息由相应的负熵量来规定. 这个观点与上一章的讨论完全相符,在那里已看到,消耗负熵就能得到信息,而信息可用来增加系统的负熵.

二、统计力学规律概要

用连接系统熵 S 与概率 W 的 Boltzmann 公式,得出基本关系

$$S = k\ln W + S_0 \tag{1}$$

其中 $k = \dfrac{R}{A} = 1.3 \times 10^{-16}$ 尔格·度$^{-1}$,R:气体常数,A:阿伏伽德罗–洛斯米特常数,W:系统的概率,S_0:附加常数,$\ln$:自然对数,底为 e. 有

$$W = \dfrac{P}{P_T} \tag{2}$$

其中 P 是该系统的元结构("配容")数,P_T 是系统的全部元结构的可能配容总数.

在新的量子统计中,相异元配容概念得到一个严密的定义 . Planck 引进假设

$$S = k\ln P, \quad S_0 = k\ln P_T \tag{3}$$

这个定义满足 Nernst 的热力学第三原理的要求,并可消去任意常数 S_0. 实验上的检验是非常令人满意的.

Fermi-Dirac 统计适用于 N_1 个相同的球在 G 个不同相格中的分布,这里每一相格内只有 0 或 1 个球,恒不超过 1 个. 这样的分布数是

$$P_{FD} = \frac{G!}{N_1!\ (G-N_1)!} \quad (G \geqslant N_1) \qquad (4)$$

如果我们讨论 N_1 个黑球和 N_2 个白球在 G 个相格中的分布,就得到类似的结果

$$P_{FD} = \frac{G!}{N_1!\ N_2!} \quad (N_1 + N_2 = G) \qquad (5)$$

显然,这是由于我们只好简单地把 N_2 个白球放入 $G - N_1$ 个空的 Fermi-Dirac 相格内.

Bose-Einstein 统计相当于 N_1 个球在 G 个不同性质相格中的可能分布,这里每一相格内可以有任意数目的球. 这样的分布数等于

$$P_{BE} = \frac{(N_1 + G - 1)!}{N_1!\ (G-1)!} \quad (G \geqslant N_1) \qquad (6)$$

经典统计表示 Fermi-Dirac 统计或 Bose-Einstein 分布在球的数目很少时,即

$$N_3 \ll G$$

时的公共极限.

Fermi-Dirac 情形

$$\frac{G!}{(G-N_1)!}$$
$$= G(G-1)(G-2)\cdots(G-N_1+1)$$
$$\approx G^{N_1}$$

Bose-Einstein 情形

$$\frac{(N_1+G-1)!}{(G-1)!}$$
$$= (N_1+G-1)(N_1+G-2)\cdots G$$
$$\approx G^{N_1}$$

故

$$P_{C_1} = \frac{G^N}{N_1!} \qquad (7)$$

当所含有的球的数目 P 充分大时，$P!$ 的对数可由 Stirling 公式计算

$$\ln(P!) = \left(P + \frac{1}{2}\right)\ln p - p + \frac{1}{2}\ln 2\pi + \cdots$$

$$\approx p(\ln p - 1) \qquad (8)$$

其中省略号表示 P^{-1}, P^{-2} 等的项. 简化的 Stirling 公式可用于 $P > 100$ 的情形.

三、物理系统的熵

物理系统含有大量元质点（分子，原子，电子，光子），而我们绝不能精确地规定所有这些组元的位置与速度. 我们所知道的只是一些"宏观参量"的值，如压力，体积，温度，或总能量. 这就保留了关于系统细致"微观"结构的巨量的不确定因素.

例如，让我们考虑一种气体，并讨论一定体积元 $\mathrm{d}\tau$ 内的气体分子数，以及指向一定的相扩张体积

$$\mathrm{d}\tau p = \mathrm{d}p_x \mathrm{d}p_y \mathrm{d}p_z$$

的动量 P. 按照量子力学，这些特性规定相格数

$$G = \frac{1}{h^3}\mathrm{d}\tau \cdot \mathrm{d}\tau p \qquad (9)$$

其中 h 是 Planck 常数.

我们所要知道的只是在这些 G 个相格内分布的分子数 N_1，但是我们无法探测这一分布的细节. 在这样的条件下，我们要按照相应的统计类型，由方程（4）（6）或（7）算出配容数 P，并利用 Planck 公式（3）与

Stirling 近似(8),来计算这些质点对总能量的分布.

Fermi-Dirac 情形

$$-\frac{N}{k} = \frac{S}{k} \approx -N_1 \ln \frac{N_1}{G} - N_2 \ln \frac{N_2}{G} \quad (N_1 + N_2 = G)$$

$$(10)$$

Bose-Einstein 情形

$$-\frac{N}{k} = \frac{S}{k} \approx -N_1 \ln \frac{N_1}{N_1 + G} - G \ln \frac{G}{N_1 + G} \quad (G \gg 1)$$

$$(11)$$

经典情形

$$-\frac{N}{k} = \frac{S}{k} \approx -N_1 \left(\ln \frac{N_1}{G} - 1 \right) \quad (G \gg N_1) \quad (12)$$

其中 N 为负熵,负熵相当于 Kelvin 在关于能量降级的陈述中所说的能"级". 在孤立系统中,S 必定恒增,因此 N 就恒减.

方程(10)(11)及(12)中的基本假设是,我们不能分清所有元配容,并且所考虑的系统决定于对球数 N_1 与相格数 G 的知识. 经典公式(12)就直接引出理想气体的 Boltzmann 理论

$$S = kG(-p_1 \ln p_1) + kN_1 \quad (p_1 = \frac{N_1}{G}) \quad (13)$$

其中 p_1 是每一相格内的质点密度,G 是相格数.

对所有可能体积元与所有动量值求和,则得系统的总熵

$$S_{\text{total}} = k \sum G(-p_1 \ln p_1) + kN \quad (14)$$

在最后一项中,N 表示气体内的总质点数,是系统

的一个常数,结果

$$S_{\text{total}} = \sum G \cdot H_1 + S_0$$

$$H_1 = -k p_1 \ln p_1 \tag{15}$$

其中 H_1 是在 Boltzmann 的著名"H"定理中起关键作用的量. 最可几的分布乃是使 S_{total} 取极大值的分布.

四、广义 Fermi-Dirac 统计

我们必须考虑下列问题:给出 N_1 个第 1 型球,N_2 个第 2 型球,……,N_n 个第 n 型球,且相格数

$$G = N_1 + N_2 + \cdots + N_n = \sum_{i=1}^{n} N_i \tag{16}$$

那么在每个相格内的球不超过一个的条件下,这些球在 G 个相格内的相异的可能分布数 P_{GF} 是多少

$$P_{G\bar{F}} = \frac{G!}{(N_1! N_2! \cdots N_n!)} = \frac{G!}{\prod_i (N_i!)} \tag{17}$$

这表示 Fermi-Dirac 公式(5)的推广.

另一个必须讨论的问题是:当数目 $N_1,N_2,\cdots,N_n$ 不是给定的,但可以取与方程(16)所给出的总相格数 G 相对应的任意数值集的情况下,可能分布的总数 P_t 是多少?

让我们首先考虑两个球的情况和 Fermi-Dirac 统计. 我们必须对方程(4)中所有可能的 N_1 个值求和

$$P_t = \sum_{N_1=0}^{N_1=G} \frac{G!}{N_1! (G-N_1)!} \tag{18}$$

这可与二项式公式相比较

$$(\alpha + \beta)^G = \sum_{N_1=0}^{G} \frac{G}{N_1! (G-N_1)!} \alpha^{N_1} \beta^{G-N_1} \tag{19}$$

取
$$\alpha = \beta = 1$$
得
$$P_t = 2^G \qquad (20)$$
或许我们必须校正这个结果,如果我们不想区别 N_1 个黑球与 N_2 个白球的分布和另一种有关 N_2 个黑球与 N_1 个白球的分布. 那么应取上述结果的一半
$$P_{tc} = \frac{1}{2}2^G \qquad (21)$$

公式(20) 是显而易见的. 对于每个相格,我们有两种选择(黑球或白球),因此对于 G 个相格有 2^G 种选择. 公式(18) 与(19) 同我们早先的计算有关.

让我们对 n 种不同类型的球重复上述的讨论
$$P_t = \sum_{N_1 N_2 \cdots N_n} \frac{G!}{\prod_i N_i!} \qquad (22)$$
且多项式公式有
$$(\alpha + \beta + \cdots + \nu)^G = \sum \frac{G!}{\prod_i N_i!}\alpha^{N_1}\beta^{N_2}\cdots\nu^{N_n}$$
$$(23)$$
取 $\alpha = \beta = \cdots = \nu = 1$,得
$$P_t = n^G \qquad (24)$$
或
$$P_{tc} = \frac{1}{n!}n^G \qquad (25)$$
如果我们忽略 n 种类型的球简单地相互被替换的各情形之间的区别而校正,P_t 则方程(24) 与(25) 也是相

当明显的.

五、概率在信息中的应用:一个简单例子

让我们考虑一个简化的电报模型,在那里只使用点和空白. 我们有 G 个配置,可由 N_1 个点和 N_2 个空白的总数得到

$$N_1 + N_2 = G \qquad (26)$$

这个一般的表达式可适用于电缆中的电信号,水银延迟线上的脉冲,磁带的磁化,以及许多类似问题.

每个点在原则上应该与具有 G 个"配置"的脉冲宽度和给定强度的脉冲相对应,但我们可以估及这些脉冲在形态、强度和宽度方面的一些小的容许变差. 这就引出在可容许范围内可能的不同脉冲类型数 P_1. 这些 P_1 个类型将起着 P_1 个元"配容"的作用. 相仿地,我们引进 P_2 个可能空白类型. 即使我们使用两种不同类型的脉冲(例如,正的和负的),以取代点和空白,情形将是一样的.

现在我们要考虑不同的统计问题.

A. 我们可以假定我们感兴趣的不是点和空白的任意特殊分布,而仅仅是 N_1, N_2, G 的数目. 我们可以问:在给定 N_1, N_2 与 G 的情况下,所能得到的不同分布总数是多少? 答案将由 Fermi-Dirac 分布给出. 我们可以在 G 个配置中的每一配置上有点或空白.

利用公式(5)并考虑到点和空白分别有 P_1 和 P_2 个不同类型,不同分布的总数有

$$P_{N_1 N_2} = P_1^{N_1} P_2^{N_2} \frac{G!}{N_1! \, N_2!} \qquad (27)$$

B. 如果我们的兴趣在于点和空白的分布,那么由于我们的电报与一个特殊分布相对应,容许组合数仅仅是

$$P'_{N_1 N_2} = P_1^{N_1} P_2^{N_2} \qquad (28)$$

C. 比较方程(27)与(28),我们注意到,当数值 N_1 与 N_2 给定时,某一消息的概率 $W_{N_1 N_2}$ 就能规定为数值 $P'_{N_1 N_2}$ 与总的可能数值 $P_{N_1 N_2}$ 之比

$$W_{N_1 N_2} = \frac{P'_{N_1 N_2}}{P_{N_1 N_2}} = \frac{N_1! \ N_2!}{G!} \qquad (29)$$

或

$$P'_{N_1 N_2} = W_{N_1 N_2} \cdot P_{N_1 N_2} \qquad (30)$$

现在让我们对这样一个问题规定其熵.

物理熵同问题 A 与方程(27)相对应,假定我们的电报是传得充分远的. 利用 Stirling 公式,我们就得到与式(10)的结果相类似的熵

$$\begin{aligned}
S_{\text{phys}} &= k \ln p_{N_1 N_2} \\
&= k \left[-N_1 \ln \frac{N_1}{P_1 G} - N_2 \ln \frac{N_2}{P_2 G} \right] \\
&= kG \left[-p_1 \ln \frac{p_1}{P_1} - p_2 \ln \frac{p_2}{P_2} \right] \qquad (31)
\end{aligned}$$

其中 $p_1 = \dfrac{N_1}{G}, p_2 = \dfrac{N_2}{G}; p_1$ 与 p_2 分别表示每一相格内的点或空白的平均密度. 而每一相格内的物理熵密度为

$$S_{\text{phys}} = \frac{S_{\text{phys}}}{G} = k \left[-p_1 \ln \frac{p_1}{P_1} - p_2 \ln \frac{p_2}{P_2} \right] \qquad (32)$$

由方程(28),得任一给定消息的熵

$$S_m = k \ln p'_{N_1 N_2} = k(N_1 \ln P_1 + N_2 \ln P_2) \qquad (33)$$

而它在每一相格内的密度等于

$$s_m = \frac{S_m}{G} = k(p_1 \ln P_1 + p_2 \ln P_2) \tag{34}$$

该消息所包含的信息可规定为

$$I = S_{phys} - S_m = -k \ln w_{N_1 N_2} > 0 \tag{35}$$

而它在每一相格内的密度为

$$i = \frac{I}{G} = k[-p_1 \ln p_1 - p_2 \ln p_2] \tag{36}$$

根据这些定义,信息起着负熵的作用,因为

$$S_m = S_{phys} - I \tag{37}$$

那些传输消息的物理系统的熵小于物理熵的极大值,这里的差值表示电报所含有的信息 I.

六、使用 n 种不同类型脉冲的任一消息所具有的概率与熵

我们可以用类似的方法继续讨论这样的问题:这里所使用的可以是 n 种不同类型脉冲,而不像在前面的例子中那样只是两种不同脉冲. 令 $N_1, N_2, \cdots, N_n$ 是不同类型脉冲数,而 G 是总数

$$N_1 + N_2 + \cdots + N_n = G \tag{38}$$

令 $P_1, P_2, \cdots, P_n$ 是每一类型脉冲的配容数. 我们再来考虑不同统计问题.

A. 我们可假定,我们感兴趣的不是脉冲的任意特殊分布,而只是每一类型脉冲数. 利用方程(17)并考虑 $P_1, \cdots, P_n$ 个可能性,则得不同分布总数

$$p_{N_1 \cdots N_n} = p_1^{N_1} p_2^{N_2} \cdots p_n^{N_n} \frac{G!}{N_1! \ N_2! \ \cdots N_n!} \tag{39}$$

这个公式是对前面的方程(27)的推广.

B. 任一特殊电报都与脉冲的一定分布相对应,并能以

$$P'_{N_1 \cdots N_n} = P_1^{N_1} P_2^{N_2} \cdots P_n^{N_n} \qquad (40)$$

种不同方式得以实现.

C. 比较式(39)与(40),来规定我们的电报概率

$$W_{N_1 \cdots N_n} = \frac{p'_{N_1 \cdots N_n}}{p_{N_1 \cdots N_n}}$$

$$= \frac{N_1! \ N_2! \ \cdots N_n!}{G!} \qquad (41)$$

又给出物理熵

$$S_{\text{phys}} = k \ln p_{N_1 \cdots N_n}$$

$$= k \left[-N_1 \ln \frac{N_1}{P_1 G} - N_2 \ln \frac{N_2}{P_2 G} - \cdots - N_n \ln \frac{N_n}{P_n G} \right] \quad (42)$$

而它在每一相格内的密度等于

$$s_{\text{phys}} = \frac{S_{\text{phys}}}{G}$$

$$= k \left[-p_1 \ln \frac{p_1}{P_1} - p_2 \ln \frac{p_2}{P_2} - \cdots - p_n \ln \frac{p_n}{P_n} \right] \qquad (43)$$

其中 $p_i = \dfrac{N_i}{G}$ 表示第 i 种类型脉冲在每一相格内的平均脉冲.

由方程(40),得任一给定消息的熵

$$S_m = k \ln p'_{N_1 \cdots N_n}$$

$$= k \left[N_1 \ln p_1 + \cdots + N_n \ln p_n \right] \qquad (44)$$

而它在每一相格内的密度是

$$s_m = \frac{S_m}{G} k \left[p_1 \ln P_1 + \cdots + p_n \ln P_n \right] \qquad (45)$$

该消息所包含的信息便是熵差

$$I = S_{\text{phys}} - S_m = -k\ln W_{N_1\cdots N_n} > 0 \qquad (46)$$

而它在每一相格内的密度为

$$i = \frac{I}{G}k[-p_1\ln p_1 - \cdots - p_n\ln p_n] \qquad (47)$$

如在前面的方程(37)所示,信息意味着负熵.

七、与 Shannon 定义的比较

Shannon 在关于信息论的重要论述中以如下方式把信息定义和熵概念联系在一起:"能否定义一个量,这个量在某种意义上能度量这个过程所'产生'的信息是多少? 或者更理想一点,所产生的信息速率是多少?"

"假设有一可能事件集,它们出现的概率为 P_1, $P_2, \cdots, P_n$. 这些概率是已知的,但是,至于哪一个事件将会出现,我们就没有比这更进一步的资料了. 现在我们能否找到一种测度来量度事件选择中含有多少'选择的可能性',或者,找到一种测度,来量度选择的结果具有多大的不确定性呢?"

Shannon 把时间当作独立变量."所产生的信息速率"则与每单位时间内的信息密度相对应. 对此我们是以每一单位宽度信号的信息来表示的. 这两个量互成比例

$$i_t = i \cdot g \qquad (48)$$

其中 i_t 是每单位时间内的信息密度,i 是每一"相格"(脉格宽度)内的信息密度,g 是每单位时间内的"相格"数.

　　Shannon 对这一信息密度定义所要求的若干一般性质做了讨论,从而最后假设它必须表示为

$$H = -k \sum_{i=1}^{n} p_i \ln p_i \qquad (49)$$

其中 k 是任意常数.

　　这正好是我们根据统计观点得出的定义[方程(47)及(48)]

$$it = i \cdot g = -k \cdot g \sum p_i \ln p_i \qquad (50)$$

因此,我们的统计描述证明 Shannon 的定义是合理的,并表明它的"信息熵"与传送消息的系统物理熵的负项相对应.

　　由于含有相反符号的 Boltzmann 公式[方程(15)或(31)]与我们的公式(34)之间的类似性会引起误解,符号问题还需要详尽的统计学讨论.

　　Shannon 讨论信息源的概率问题并算出由 N 个间隔组成的长消息的平均信息密度. Shannon 所引进的数值 N 相当于我们使用的"相格数"G.

　　Shannon 所使用的是经典统计,而不是 Fermi-Dirac 方案. Fermi-Dirac 统计和 Bose-Einstein 统计所由之产生的多次讨论,在许多年前业已证明,所谓经典统计只是对于无穷小的相格(允许 G 取非常大的数)才是正确的,却不适用于有限大小的相格. 我们在方程(7)中已说明在极限 $G \gg N_1$ 的情况下如何得出经典统计.

　　在另一个地方,Shannon 证明了变换器必定降低(或至多也只能保持不变)信息熵. 在他的理论中,变换器起着与物理学和热力学中的变换相类似的作用.

任一不可逆变换总是增加物理熵,而任一可逆变换都保持熵不变.这个比较又表明 Shannon 的"信息熵"对应于负的物理熵.这还证明,保持熵不变的"非奇异"变换器是一种"可逆"变换器.

Wiener 认识到信息意味着负熵.当传送电报时,会产生一些误差,失去一部分信息,并且该系统的熵会有增加.因此信息可与负熵相比较.

Wiener 根据这种评论改变了 Shannon 公式中的符号.我们不能同意这种做法. Shannon 的公式是正确的,只是对此公式需要做更进一步的解释.

八、一般定义

这里对我们的观点作一提要也许是有用的,它将说明对整个问题的态度.让我们考虑一个物理系统,如气体.气体的状态可由气体分子数 N,体积 V 及总能量 E 规定.根据这些数据,我们可以计算可能元"配容"总数 P,据此我们可以用 Boltzmann-Planck 方程(3)得到系统熵值 S.一旦知道函数 $S(N,V,E)$,我们就得出温度

$$T = \frac{\partial E}{\partial S} V \text{constant} \tag{51}$$

及压力

$$P = -\frac{\partial E}{\partial V} S \text{constant} \tag{52}$$

当我们在已知 N, V, E 时所具有的关于系统的很贫乏的信息,却能用来找出整个系统的各种允许结构.这就给我们以很大的选择自由,也就是 P 和熵 S 都很大.

假如我们能获取一些关于系统结构的附加信息,我们的选择自由就减少,熵也就减少. 例如,假定在某一时刻,所有气体分子偶尔都位于较小的体积 $V_1 < V$ 内,则这一时刻的熵为 $S_1 < S$. 可是如果气体分子在体积为 V 的容器内自由移动,上面所说的状况将只能持续很短的时间,各分子将在整个体积 V 内迅速扩散,同时产生大量的熵 S.

这个例子只是如下一般规律的一个特殊情况:有关当前系统的任何附加信息相当于总配容数 P 的减少. 我们必须把那些不满足附加条件的配容从我们的信息中排除. 因此,总熵是要减少的,不管我们在什么时候得到关于物理系统结构的某些特殊信息. 我们选择这里的熵减少作为信息的物理测度.

$$I = -\Delta S = \Delta N \quad (S:熵, N:负熵) \qquad (53)$$

这种状况总是不稳定的,过了一会儿,信息的值减少,系统不再满足相应条件,而熵增加到极大值. 这一自发演变在一些过程中是迅速的,而在另一些过程中是相对缓慢的. 热力学第二原理要求 S 必须增加到极大值,但不回答变化速度问题.

对于电信来说(或者对于计算设备中的存储机构来说),重要的系统是这样一种系统,它们拥有一定数量的相对稳定结构,也就是说,这些结构在最终被破毁且熵重新恢复极大值之前能持续存在一个很长时间. 对这样的结构来说,信息在相当长的一段时间内保持不变,而系统能用于记忆或通信.

让我们回到原来的例子,考虑容器 V 中的气体.

假设有平面板器壁,初始状态是平面波在两个相对置的器壁之间移动. 波将不断由左传到右,经过反射,由右返回到左,再被左壁反射,如此循环一定次数,直至黏滞效应最终破毁波动,使其能量转化为热运动. 波动所携带的信息在一段有效时间内持续存在,直到波动最后消失为止. 该系统能用来储存信息(以水银取代气体,就得到水银延迟线存储系统)或进行通信. 沿着电缆传送的电磁波也是非常类似的. 电磁波也许被电缆终端的接收者捕捉,或者可能被反射而反向传播,直到最后由于欧姆电阻而消失. 总之,当信息消失时,整个系统就回到极大熵值.

信息的传输与存储是与低熵状态系统的暂时存在联系在一起的. 熵减少可被看作信息量的测度[方程(53)].

本节的观点与早先论文中所作的讨论是一致的,在那里讨论了物理问题中的信息和熵.

九、具有约束条件的系统熵

假如我们把一些约束加到物理系统上去,它的熵就会减少. 任一约束都表示关于系统结构的一种特殊限制或信息.

在前面的讨论中,我们作了特定的约束,在那里我们规定我们只考虑具有给定密度和形状的某些类型脉冲. 在那种条件下,我们所说的物理熵,是这样一种量,它同样由实际熵规定,但在那些约束下保持低熵值.

为区别全部信息中的两个不同的部分,我们曾规定:

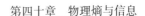

第一部分,是与传输系统的技术机构相对应的部分,即脉冲类型,宽度与数量.

第二部分,是当已选定脉冲的特殊系列时,电报本身所含有的信息.

第一部分是那些管理传输系统的技术人员所关心的. 第二部分只对用户来说是重要的,它表示有效信息值.

我们已广泛讨论过问题 B. 现在我们对问题 A 再说几句. 在方程(31)中,我们得到物理熵

$$S_{phys} = KG\left[-p_1\ln\frac{p_1}{P_1} - p_2\ln\frac{p_2}{P_2} \right]$$

对应于这样的约束:假定点和空白都具有相同的宽度,相格(或间隔)总数为 G. 消息传输所要求的相格宽度将远大于实际的物理相格,后者的界限只由 Planck 常数 k 决定. 因此,真正的物理问题将首先引出相格数

$$G_{rp} = qG \quad (q \gg 1) \tag{54}$$

此外,点和空白的容许类型 P_1 与 P_2 也将大量增加,而密度 p_1 与 p_2 将近似不变,因为这就意味着脉冲系统总能量从整体上看是守恒的. 我们假定在实际的物理问题中

$$P_{1r} = rP_1, P_{2r} = rP_2 \quad (r \gg 1) \tag{55}$$

对于实际的物理问题,得

$$S_{rphys} = kG_r p\left[-p_1\ln\frac{p_1}{P_{1r}} - p_2\ln\frac{p_2}{P_{2r}} \right]$$

$$= kqG\left[-p_1\ln\frac{p_1}{P_1} - p_2\ln\frac{p_2}{P_2} + (P_1 + P_2)\ln r \right]$$

$$S_{rphys} = q(S_{phys} + kG\ln r) \quad (q \gg 1, r \gg 1) \tag{56}$$

因 $p_1 + p_2 = 1$.

系统的实际物理熵远大于约束条件下的物理熵. 负熵

$$N_A = (S_{rphys} - S_{phys}) \qquad (57)$$

表示我们为取得易读消息而付出的代价, 而我们的接收站能正确地解读这些消息. 这部分负熵只是那些设计通信系统的工程师所关心的. 事实上, 它并不像传输用信号的相对稳定性那样重要. 当我们沿信道发送消息时, 其初态物理熵为 S_{phys}, 而它由于黏性阻力或欧姆律电阻或其他消散原因而逐步分散. 最后, 物理熵将达到其极大值, 如方程(56)所示. 对工程师来说, 最重要的问题不是方程(57)所示的实际熵差, 而是所涉及的时间常数.

我们可以得出结论说, 一定的熵变化在信息定义中是必不可少的(问题 B). 在有关传输或存储机构质量的讨论(问题 A)中, 相对稳定性(寿命)是重要性能, 而熵变化则是第二位特征.

在所有这些讨论中, 我们所说的实际的物理熵 S_{rphys} 相当于系统终态熵增加, 是在信号所含有的全部能量消散为热之后达到的. 系统初态熵在信号一经发出后就不出现在我们的整个理论中. 在一切熵公式中, 它仅仅表示为附加常数 S_0.

生命、热力学和控制论[1]

第四十一章

当整个世界被热力学第二定律这样一个指向死亡和毁灭的法则所支配时,怎样有可能去理解生命呢? 许多科学家都提出过这个问题,特别是瑞士物理学家 C. E. Guye,他在一本非常有趣的书中就提出过它[2]. 1938 年,物理学家、化学家和生物学家曾会聚在法兰西学院讨论过这个问题,当时很难协调观点上的分歧. 我们无法取得完全的一致,在讨论结束时存在着三类截然不同的意见:

(一)我们目前的物理学知识和化学知识实际上是完整的,这些物理定律和化学定律不久就会使我们能够解释生命而用

---

① 　L. Brillouin 著. 本章译自《美国科学家》(American Scientists) 第 37 卷第 4 期(1949). 译文原载于《控制论哲学问题译文集》第一辑,商务印书馆 1965 年版,张兰译.

②　《物理化学的进化》,巴黎,E. 希隆,1922 年版.

不到任何特殊的"生命原理".

（二）关于物理学和化学我们知道得很多,但自以为知道它们的一切,那就是妄自尊大了.我们希望在现在还没有发现的东西里面,有些新的定律和原理会被发现,使我们能解释生命现象.我们承认生命遵从我们目前已经知道的全部物理学定律和化学定律,但是我们确实感到还需要一些别的规律才能理解生命.至于这些规律应当称之为"生命原理"还是给以其他名称,那是无关紧要的.

（三）必须援引"生命原理"才能理解生命.生命机体的行为截然不同于无生命物质的行为.我们的热力学原理,特别是热力学第二定律,只适用于死亡的、无生命的物体;生命对于热力学第二定律说来是例外,新的生命原理要能解释违反热力学第二定律的情况.

1946 年在哈佛大学举行的关于同一问题的另一次讨论得出了类似的结论,表现出同样的意见分歧.

在概述以上三种观点时,我当然作了一些较多的简化.回想那些讨论,我可以肯定地说第一种和第二种意见是表达得很清楚的.至于第三种意见,可能谁都没有敢像我这里说得那样清楚,但当时在少数几个科学家的心里确实有这个意见,而且在讨论中提出的某些观点也必然要引导到这种意见.例如拿生命机体来说,它有种种特殊的性质,使它能抵拒灭亡,恢复伤口,治愈偶尔所患的疾病.这是非常奇怪的行为,在无生命物质中是看不到类似的情况的.这种行为对热力学第二定律说来是例外吗?似乎是如此,至少从表面上看来

是如此.我们必须做好准备,去接受一个能容许第二定律有某些例外的"生命原理".当生命终止,死亡出现时,"生命原理"便不起作用,第二定律又完全恢复它的效力,这意味着生命组织的毁坏.恢复健康的能力不再有了,抵抗疾病的能力也没有了;过去的那个机体的破坏无阻碍地进行下去,并在很短的时间内就告完成了.因此结论(也可说是问题)就是:生命和第二定律是怎么回事? 在生命机体中,是否有什么妨碍第二定律起作用的力量呢?

§1　科学家的态度

可以看出,前面所说明的三种意见反映了科学家对待科学研究的一般态度:第一种意见是完全保守的,它对任何变革都抱有偏见,只对一些已经确立了的方法或原理的新发展和新应用感兴趣;第二种意见是进步的,没有偏见的,准备接受新的观念和发现;第三种意见是革命的,或不如说是形而上学的,对那些基于愿望的想法有一种偏爱,或者满足于缺乏牢固实验基础的理论.

在刚才所回顾的讨论中,大多数非专家都赞成第二种意见.这是容易理解的.21世纪的物理学家对于还不知道的东西必须具有一定的感情,并且经常要小心谨慎,防止过分自信.1900年左右的上一代的著名科学家一定都同意第一种意见.那时一般的意见是认为什么东西都已经知道了,后辈的科学家只能去改进实验的准确度,对各种物理常数多测出一两位小数. 后来发现了一些新规律:量子、相对论和放射性. 举几个比较特殊的例子来说:瑞士物理学家利兹在 19 世纪末曾十分大胆地写出,力学定律不可能解释光谱. 过了 30 年,才第一次提出了量子力学解释. 然而在 1922 年左右,在量子力学取得最初的辉煌成就之后,当实验资料积聚起来时,形势就停滞不前了. 有些科学家(同意第一种意见的)仍然认为问题仅仅在于解决某些十分复杂的数学课题,并且认为从已知的原理中一定会得出解释. 然而,与此相反,我们发现了波动力学,自旋的电子,以及现代物理理论的整个结构. 目前,坦白地说,我们似乎已经到达了另一个尽头. 目前的量子力学方法似乎不能解释基本粒子的种种性质,有关这些解释的尝试看来显然是牵强的. 许多科学家又认为需要新的观念和新型的数学关系才能进一步前进.

所有这一切足以证明,每个物理学家对于他自己领域中的许多新发现都要有所准备. 第一类科学家是小心谨慎的. 这些小心谨慎的科学家认为,在放弃已经确立了的观念的可靠基础之前,必须证明这些观念与实验不符. Michelson-Morley 实验就是这种情形. 虽然如此,这类人接受相对论还是极为勉强的.

第二类人的态度似乎比较富于建设性,符合过去几个世纪里科学研究的趋势;第三种态度尽管带有夸张性,但绝不是站不住脚的. 我们已经看到许多事例,新的发现限制了以前的某些"定律". 科学定律毕竟不

是一条来自某种超自然力量的"法令";它不过是表示大量实验结果的系统化.因此,科学定律只有有限的适用性.它可以推广到整个实验领域,也可能稍稍超过些.但当我们的知识扩展到远过于它的时候,我们就必须为一些奇怪的变更做好准备.可以引述许多历史上的例子来支持这种看法.例如经典力学是制定得最完善的理论之一,可是为了说明高速质点的行为(相对论)、原子结构,或宇宙进化,就不得不修改它.

第三种态度绝不是愚蠢的,它其实是第二种态度的夸大;任何采取第二种态度的学者也一定要准备接受第三种意见的某些方面,如果他觉得它是必要的,而且这些意见有正确根据的话.

现在我们回到生命和热力学这个特殊的问题.我们发觉,著名物理学家 Schrödinger 在其所出版的一本小册子中曾对这个问题做了极有独创性的讨论①.他的讨论非常有趣,有许多观点值得援引.其中有些将在下面加以考察.在上述三个类别中,Schrödinger 毫不犹豫地赞同了第二种意见.他说:

"我们不能期望那些由它(由第二定律及其统计诠释)导出的'物理定律'能十分直接地去解释生命体的行为…….我们必须准备去发现一种在生命体中占统治地位的新型的物理定律.要不,我们是否把它称为非物理学的定律,即使不说它是超物理学定律的话?"

---

① 　E. Schrödinger:《生命是什么?》,伦敦,剑桥大学出版社及纽约,麦克密伦公司,1945 年.

Schrödinger 非常令人信服地说明了持有这种态度的理由,这里我们不打算把它摘录出来. 读到这本书的人会发现许多可供思索和讨论的材料. 这里我们只是指出,书中提到"生命和第二定律"的问题. 答案并不明显,现在我们打算对这个问题做一系统的讨论.

§2 热力学第二定律,它的成就和缺点

谁都不怀疑第二定律的有效性,就像谁都不怀疑基本力学定律的有效性一样. 然而问题在于确定它的应用范围,以及它可以可靠地对之有效的科学课题或问题类型. 我们特别着重于第二定律对之保持沉默或者给不出答案的那些情况. 第二定律的一个典型特点就是它必须表述成一个不等式. 某个称为"熵"的量不能减少(在一定条件下,这在下面将做详细说明);但我们决不能简单地说出"熵"是保持不变的,或是增加的,或是它增加得怎样快. 因此,从第二定律所得出的答案往往不可捉摸,总是有点像女巫所说的话. 我们不知道有什么实验可以反驳第二定律,但我们不难找到许多事例,在那里它是无效的和保持沉默的. 让我们尝试逐一说明这些限制和缺点,因为生命正是在这个分界线上行进着的.

热力学的两个定律只适用于孤立系,这种系统是处于封闭状态中,它不能透热,不能做功,也不能与外

界交换物质和辐射①. 第一定律说,系统的总能量保持恒定. 第二定律涉及的是另一个量,叫作"熵"S,它只能增加,或者至少是保持恒定,而决不能减少. 说明这种情况的另一种方式,是说能量的总量守恒,但它的"质"并不守恒. 我们可以找到高质的能量,它能转变成机械功或电功(想想一只桶里的压缩空气的能量,或者一只充电电池的能量);但是也有低级的能量,如热. 第二定律往往被认为是能量逐步降级的定律. 熵增加意味着孤立系统中储存的总能量的质的下降.

试考虑某个化学系统(例如一只电池),并测量其熵,然后把它密封起来,让它经过一定时间. 当你启封时,你可以再去测量熵,这时你会发觉它增加了. 如果你的电池在密封之前已经充足了电,那么,在贮放一定时间以后,它将失去一些电荷,因而不能做出和原来同样数量的功了. 变化可能是微小的,也可能没有什么变化;可是在贮放期间电池肯定不能增加电荷,除非它的内部发生了某种额外的化学反应,补足能量和熵的均衡. 另一方面,生命的延续是依靠高级的能量或"负

---

①　基本定义总是要从孤立系出发,这种系统的能量、总质量和体积保持不变,然后才可以逐步讨论其他问题. 处于恒定温度下的物体,无非就是一个被封闭在大恒温器里物体,即封闭在一个大的、闭合的和孤立的桶里,桶内的能量是如此之大,以致物体中任何实际的热发散都不可能改变桶的平均温度. 用一只含有大量理想气体的封闭桶做成同样的实验装置,可以引导到物体保持恒温恒压的概念. 这些都是从一个原始概念推演而来的派生概念.

熵"的①. 高级能量的减少就等于生命机体食粮的丧失. 或者也可以说,生命机体自动破坏着高质的能量,因此对第二定律的种种机制有所贡献. 如果在封闭物中有一些生命细胞,那么,它们可以利用贮藏物作为食料维持一定时间,但这迟早是要完结的,那时死亡就成为不可避免的了.

第二定律意味着由于禁闭而致死亡. 讨论一下这几个词的意义是必要的. 生命经常受到这种死亡宣判的威胁. 避免死亡的唯一方法就是冲破禁闭. 禁闭意味着有完全的壁的存在,为了建成一个理想的封闭物,它们是必需的. 但是,关于完全壁的存在问题有几点非常重要的疑问. 难道我们真的知道有什么方法能建成一道不让任何辐射进出的壁吗? 从理论上说,这几乎是不可能的;然而,实际上这是有可能做得到的,并且很容易在物理或化学实验室里做到. 诚然,在遇到具有高度穿透力的辐射诸如超硬性射线或宇宙射线时,第二定律的应用是受有限制的;但这对生命问乎没有什么直接关系,因此这里无须讨论它.

时间和第二定律. 第二定律是死亡的宣判,可是在时间上没有什么限制. 这是它的一个十分奇怪之点. 这个定律说,在一封闭系统中,S 要增加,高级的能量一定减少;但它没有说减少的速度怎样. 我们甚至要考虑到这样的可能性;什么没有发生,S 有可能只是保持恒定. 第二定律是一根箭头,指向一条单行路,但没有速

---

① 薛定谔:《生命是什么?》,第 72 页.

率高低的限制. 一种化学反应可能飞也似的一闪而过,
也可能持续几千个世纪.

尽管时间不是第二定律中的一个因素,然而在第
二定律和时间的定义之间,有着十分确定的联系. 时间
最重要的特点之一就是它的不可逆性. 时间流逝过去,
决不复回. 物理学家面对着这一事实感到十分困惑. 所
有基本形式的物理定律都是可逆的;也即它们都包含
有时间,但不包含时间的符号,时间取正或取负有同样
的功能. 所有这些基本物理定律完全可以在时间上倒
转过来运用. 只有当我们考虑与第二定律有关的现象
(摩擦、扩散、能量转移)时,才出现时间的不可逆性.
如前所述,第二定律假定时间永远沿同一方向流逝,不
能倒流. 如果时间倒流,那么在你的孤立系统中,原来
熵(S)是增加着的,现在就会表现为熵减少. 这是不可
能的:因为进化之路是单行的,在这条路上断然不容许
沿反方向走. 这个基本看法是由热力学的一些奠基人
提出的,例如 Kelvin 勋爵曾说过下面这样几段话:

如果自然能够倒过来进行①

如果宇宙中每个物质粒子的运动在某一瞬间丝毫
不差地倒转过来,那么,自然过程就会从此以后整个倒

---

① 威廉·汤姆逊(Kelvin 勋爵)在 The Proceedings of the
Royal Society of Edinburgh 8:325 – 331,1874 中所述. 引入 The
Autobiography of Science,F. R. Moulton 与 J. J. Shifferes 编辑(纽
约,1945 年),第 468 页.

转过来. 瀑布下面爆碎的泡沫会重新合并起来流入水里；热运动会把它们的能量重新集中起来，把大量水滴抛上去重新形成一条上升的密集水柱，由固体摩擦产生的热，由传导和辐射吸收而耗散的热，会重新来到接触地点，把运动着的物体迎着原来所受力的方向抛回去. 漂石会从泥浆中取回重新建成它们原来的参差形状所需的物质，并会重新结合到它们以前崩塌下来的山巅上去. 如果关于生命的唯物主义假说也确实的话，那么，生物就会倒转过来生长，对未来可以自知，对过去则无回忆，并会重新成为胎儿.

但是，实在的生命现象无限超越于人类科学之上，去推测它们想象地倒转过来的后果是完全无益的. 然而，对于不受生命影响的物质的逆运动而言，事情就远不是那样了. 对这个问题的极初步的讨论就能完全解释能量耗散的理论.

这段精彩的陈述明确地表示，Kelvin 勋爵也会同意我们的第二种意见. 因为他相信生命中有某种东西超越于我们目前的知识之上. 对于 Kelvin 勋爵所做的生动描述，人们曾给予各种不同的例证.

生命和第二定律是时间不可能倒流的最重要的两个例子. 这无论怎样来说都是一种非常奇怪的巧合. 它表示两个问题之间有着密切的关系，我们将在下一节中讨论这点。

第二定律的统计解释. 熵增加这一自然趋势现在是这样来解释的：它对应于一种从非可几结构到最可

几结构的演化. 在 Boltzmann, Gibbs 和 Maxwell 所发展起来的光辉理论中, 把熵解释为"概率"的物理代替品, 从而大大有助于说明一切热力学过程. 在 Schrödinger 的书里①曾十分清楚地讨论和解释过问题的这一方面, 这里将不再重复.

但是让我们着重于一个特别有趣之点. 按照统计理论, 熵可以获得精确的数学定义, 即熵是概率的对数. 给定物理模型后, 就可以从理论上算出熵, 而将理论值与实验相比较. 如果我们发现这一点进行顺利的话, 这同一个物理模型就可以用来研究经典热力学范围以外的问题, 特别是涉及时间的问题. 前面所提出的问题现在都能得到答案; 混合气体的扩散率, 气体的导热系数, 化学反应速度都能算出来.

这方面已经获得了巨大的进展, 而且在许多情况下, 可以确定熵的增加实际上有多快. 人们期望, 对于所有最重要的问题, 最终都将找到方便的模型, 但是迄今还未做到这点. 我们必须把两个类别区别开来, 一类是统计热力学已经在其中得到详尽应用的物理实验或化学实验, 另一类是至今还没有为之找到模型的问题, 因此对于这些问题我们只得倚靠经典热力学, 而不能借助于统计学. 在前一类别中, 一个详尽的模型就能使我们回答最细枝末节的问题; 在后一类别中, 涉及时间的问题是不能加以讨论的.

---

① E. Schrödinger:《生命是什么?》, 伦敦, 剑桥大学出版社及纽约, 麦克密伦公司, 1945 年.

Shannon 信息熵定理

两类熵保持不变的实验之间的区别. 如前所述,封闭系统的熵一定要增加,至少要保持不变. 随着熵的增加,系统在经历一种不可逆的转变;当系统所经历的是可逆转变时,它的总熵便保持不变. 这就是热力学教科书中所讨论的可逆循环的情况,可逆的化学反应等也是如此. 然而,还有另一种情况一向被人们所忽视,在这种情况中也观察不到熵的变化,而我们在教科书中却找不到片言只字讨论它,原因很简单:因为科学家无法适当地解释它. 那就是处于稳定平衡中的系统的情况. 现在让我们举几个例子,或许会比任何定义更能说清楚问题.

在一家私人厨房里,煤气灶中有一条漏缝. 空气和煤气的混合物扩散出来(不稳定平衡),但是没有什么事情发生,除非有一个顽皮的小孩进来,擦上火柴,屋顶才会炸掉. 你可以用煤、石油或任何一种燃料来代替煤气;我们所有的燃料资源都是处在不稳定平衡的状态中. 石块沿着一座山的斜坡搁着,在那里可以待上若干年,直到雨和溪流把土带走,最后石块才会滚下山去. 瀑布、贮水池,还有我们的一切"白色燃料"资源也是一样. 几千年以来,铀一直保持稳定和静止的状态;后来有些科学家用它建成了反应堆和炸弹,于是就像厨房里的顽皮小孩那样,炸掉了整个城市. 假如第二定律是一个积极的定律,而不是一个消极的定律的话,就不会容许有这类事情发生了. 这类事情在一个严格遵从第二定律的世界中是不可能发生的.

所有这一切澄清了一件事. 我们那些所谓的动力

资源都是处于不稳定平衡的系统产生的. 它们其实就是负熵的储存库——在这些结构中, 由于某种奇迹, 不发生正常的、自然的熵增加反应, 直到人类出现, 像一种催化剂那样, 才促使它发生.

关于这些不稳定平衡的系统, 我们知道得很少. 没有提出什么解释. 科学家只是嘴里叽咕着几个表示为难的字眼, 说是"种种障碍"阻止了反应, 或是"势能壁"把那些应该反应但却没有反应的系统分隔了开来. 但在这些含糊的尝试解释中, 也有一点启示. 如果适当地加以发展, 它们就会构成一种实用的理论. 某些根据量子力学来解释催化作用的极有趣的尝试, 曾引起科学界的巨大兴趣. 但是核心问题仍然存在. 如此巨大的负熵储存怎么可能保持原封不动呢? 维持和保存这些能量储存的负催化作用的机制是什么呢?

这类问题对人类有着极大的重要性, 这是无须强调的. 在一个石油只是等待着采矿者到来的世界中, 我们已经注意到人们在疯狂地进行争夺燃料的斗争. 如果石油能没人管地自动烧掉而并不是被动地等待着采矿者的来临, 事情又会怎样呢?

§3　生命及其与第二定律的关系

关于第二定律的意义, 我们已经提出了几个明确的问题, 并且在上一节指出了某些特别重要的方面. 现在让我们结合着生命的继续和生命机制问题来逐点讨论它们.

封闭系统. 许多教科书, 甚至是其中最好的, 在描述熵增加时都是不够谨慎的. 常常可以看到这样的说法: "宇宙的熵不断增加着." 在我看来, 这大大超出了人类知识的范围. 宇宙是有边界的还是无边界的? 边界的性质是什么? 我们知道它是坚固不漏的? 抑或是泄漏的? 熵和能量是漏出去还是漏进来? 毋庸说, 这些问题没有一个能得到回答. 我们知道宇宙在膨胀着, 虽然对于怎样膨胀和为什么膨胀, 我们知道得很少. 膨胀意味着有一个移动着的边界(假如有边界的话), 一个移动着的边界乃是泄漏的边界; 无论是能量或是熵, 都不能在它之内保持不变. 因此, 最好还是不说"宇宙的熵". 上一节我们已经着重指出物理定律的局限性, 并指出它们只有在某些限度内以及对某些数量级用起来才可靠. 对热力学来说, 整个宇宙是太大了, 肯定要大大超过它的定律所能适用的合理的数量级. 这也可以从下一事实得到证明: 相对论和随后的各种宇宙论在试图应用于整个宇宙之前总是对热力学定律进行广泛的修正和果断的更改. 我们能够适当讨论的唯一东西, 乃是一个可以想象的封闭结构的熵. 让我们且不谈那十分神秘的宇宙, 而来谈谈我们的家——地球. 这里是我们熟悉的土地. 地球不是封闭系统. 它不断从外面接受能量和负熵——从太阳接受辐射热, 从太阳和月亮接受引力能量(激起海潮), 从我们还不知道的源泉接受宇宙辐射, 等等. 也有一定的漏出量, 因为地球本身也辐射能量和熵. 相抵的结果怎样呢? 它是正的还

是负的? 我很怀疑是否有哪个科学家能回答这个问题,至于回答有关整个宇宙的问题,那就更不可能了.

地球不是一个封闭系统,生命是靠漏入地球系统的能量和负熵来维持的. 太阳的热和雨造成农作物(想一想四月的阵雨和五月的花),农作物提供粮食;这循环可以看作是:首先,不稳定平衡的创造物(燃料、粮食、瀑布等);然后,所有活的生物对这些资源的使用.

生命作为一种催化剂,有助于破坏不稳定平衡,但它是一种非常奇怪的催化剂,因为它由于这件工作而有所获益. 当铂黑引起一种化学反应时,它本身似乎无所欲求,并且也不因此而有所获益. 活的生物却需要食物,并且靠食物来维持自己的不稳定平衡. 这就是下文所要考虑的一点.

这一节的结论是这样:由于生活在一个非禁闭的、非封闭的世界中,这就避免了"由于禁闭而致死亡"的宣判.

时间的作用. 我们已经着重指出了第二定律保持沉默地方. 任何反应都有给定的方向,但其速度仍然不知. 它可能是零(不稳定平衡),可能保持很小,也可能变得很大. 催化剂一般会使化学反应的速度增大;但曾发现过一些"反催化作用"或"负催化作用"的情况,这些反催化作用会使某些重要的反应(例如氧化)速度减慢.

生命和生命机体是一种最重要的催化剂. 有人认为,系统地研究正催化作用和负催化作用可能很有用,而且在对生命可能获得真正的理解之前,这种研究事实上是绝对必要的.

熵的统计解释和量子力学无疑是建立催化理论的工具. 目前已经完成了一些初步工作,表明很有价值,但大都是限于最基本类型的化学反应. 有关理论化学的工作应该大力推进.

这种探索迟早会引导我们更好地理解"不稳定平衡"的机制. 新的负催化剂甚至有可能使某些会自动解体的系统稳定下来,而且有可能保存新型的能量和负熵,就像我们现在知道怎样去保存食物一样.

我们已经着重指出了生命机体作为催化剂的作用,这是人们早就认识到的一个特点. 现在每个生物化学家都把酶和酵母看作一种奇特的活的催化剂,它们能在一个不稳定平衡系统中扫除某些障碍,促进反应. 正如催化剂是在第二定律的范围内起作用一样,生命机体也是如此. 然而应该注意,催化作用本身不属第二定律的管辖之内. 催化作用涉及化学反应的速度,这是第二定律对之保持沉默的一个特点. 因此,从这第一个特点可以看出,生命是沿着第二定律的边缘在进行的.

然而,生命还有第二个特点,看来它更为重要得多. 我们且不管那十分困难的关于出生和再生的问题. 试考虑一个成熟的标本的实例;它可以是一种植物,也可以是一种动物或人. 这个成熟的个体是一个最不平常的处于不稳定平衡的化学系统的例子. 毫无疑问,这个系统是不稳定的,因为它是一个非常精巧的组织,一种最不可几的结构(因此,按照熵的统计解释,它是一

1052

种具有极低熵的系统). 当死亡来临时,这种不稳定性就进一步显示出来. 然后,整个结构便听任自然,失去了那种把自己结为一体的神秘力量;有机体在极短的时间内解体腐烂,而走(用圣经上的措辞来说)回到他是从那里来的尘土中去.

所以,生命机体是一个处在不稳定平衡中的化学系统,某种奇怪的"生命力"维持着它."生命力"本身表现为一种负催化剂. 只要生命持续着,机体就保持着它的不稳定结构,可以免遭解体. 它可以把正常的、一般的分解过程减缓到相当程度(恰好是一生). 因此这是生命的一个新面貌. 生物化学家通常把生物看作一种可能的催化剂. 但是,这同一个生物本身也是一个靠某种内在的反催化剂而结为一体的不稳定系统! 总之,一种毒药无非是一种有特效的催化剂,而一服良药则是对死亡这一最后免不了的反应的一种反催化剂.

Wiener 在其《控制论》一书中拿酶或动物来同 Maxwell 妖作比较时,采取了同样的观点. 他写道:"我们完全可以认为酶就是亚稳的 Maxwell 妖,它的熵在逐渐减少……我们可以用这个见解来看待生命机体,例如人本身. 酶和生命机体肯定都是亚稳的:酶的稳定状态就是失去调制力,生命机体的稳定状态就是死亡. 所有的催化剂最终都要中毒:它们能够改变反应速度,但不能改变真正的平衡状态. 然而,催化剂和人都具有充分确定的亚稳状态,而且应当认为这些状态具有相

对持久性." [1]

§4 生命机体和死的结构

在哈佛大学的一次讨论中(1946年), P. W. 布利治曼就热力学定律应用于任何涉及生命机体的系统的可能性问题提出了一个根本性困难. 怎样去计算甚至只是去估计一个生物的熵呢？要计算一个系统的熵, 就要能以可逆的方式把它创造出来或破坏它. 我们想不出能用什么可逆的过程把生命机体创造出来或者消灭掉:出生和死亡都是不可逆过程. 机体在死亡的那一瞬间所发生的熵变化是绝对无法加以确定的. 也许我们能想出某种方法,通过它能测定出一个死机体的熵, 纵然这也许大大超过了我们目前的实验技巧. 但是,这样测量出来的熵丝毫也不能说明机体在它刚死亡之前所具有的熵.

这个困难是根本性的;如果一个量没有一种操作方案能用来测定它,那么谈论它就毫无意义. 生命机体的熵含量是一个毫无意义的概念. 在讨论一切涉及生命机体的实验时,生物学家总是假定生命体的熵在它活动的时期实际上保持不变,以避免这个困难. 这个假定得到了实验结果的支持,但它乃是一个大胆的假说,

---

① N. Wiener:《控制论》,郝季仁,译,科学出版社,1962年版,第59页.

不可能予以证实.

　　在一定程度上说,一个生命细胞可以同火焰相比:这里都有物质在进出,都有物质在燃烧.火焰的熵是无法确定的,因为它不是平衡系统.在生命细胞的情况下,我们可以知道它的食料的熵,并能测定它的排泄物的熵.如果细胞明显地保持着健康状态,显不出任何可以觉察到的变化,那就不妨假定它的熵实际上保持不变.所有的实验测定都表明排泄物的熵大于食料的熵.生命系统所实现的转变相应于熵增加,这一点是提出来作为热力学第二定律的验证的.但是,也许我们有一天不得不去重新考虑生命机体的熵保持不变这一基本假设.

　　和死的结构比较起来,生命机体的行为有许多奇特之点.物种的进化和个体的进化一样,都是不可逆的过程.进化从来都是由最简单的结构走向最复杂的结构,这个事实非常难以理解,似乎同第二定律所指出的退化规律有矛盾.当然,答案是:退化规律只适用于整个孤立系,而不适用于系统中某一孤立成分.然而,要调和这两个相反的进化方向是困难的.还有许多其他事实仍然十分神秘,像再生、生命个体和种族的延续、自由意志等.

　　Schrödinger 在指出生命机体(例如细胞)与一种无生命物质的最精巧的结构(晶体)之间的相同点和不同点时,对它们作了一个最有启发性的比较①.两者都是高度有组织的结构,都包含有大量的原子.但晶体

――――――――――

①　Schrödinger:《生命是什么?》,第 3 和 78 页.

只含有少数类型的原子,而细胞则可能含有多种多样的化学组成. 在极低温度下,特别是在绝对零度时,晶体总是更为稳定. 细胞组织只在一定的温度范围内才保持稳定. 从热力学的观点看来,这说明它们的组织形式极其不同.

当晶体由于某种压力而发生畸变时,它可以在一定限度内恢复它的结构,把原子移到新的平衡位置,但是这种自我恢复的能力极其有限. 生命机体也表现有同样性质的能力,但已发展到惊人的程度. 生命机体能恢复自己的伤口,治愈疾病,并且在遭到某种意外破坏后能重建它的大部分结构. 这是最惊人、最意想不到的行为. 想想你自己的汽车吧,如果有一天轮胎走了气,设想你只要等一下. 吸上一支烟,那洞就会自己弥合拢来,轮胎自己会打气到适当的压力,而你又能够继续向前行驶. 这是不能令人置信的[①]. 然而,当你早上修面刮破脸时,自然正是这般做法. 没有一个无生命物质具有类似的恢复特性. 这就是为什么有那么多的科学家(同意第二种意见的)认为我们目前的物理学定律和化学定律不足以解释如此奇怪的现象,而需要更多的东西——某种至今还未探索出来,但可能不久就会发现的极重要的自然规律. Schrödinger,在他谈到那条为

---

① 在某些特殊装置中曾成功地实现了自我恢复的特性. 装有调压控制器的自动封口煤气桶就是一个例子. 然而,这种特性不能在大多数物理结构中实现,它总是需要有一个特殊的控制装置,这个装置乃是人类才智的产物,而不是自然的产物.

解释生命体的行为所需的新定律是否具有超物理学性质之后,说:"不,我认为不是的. 涉及的新定律是一条真正的物理学定律. 在我看来,它不过是量子论原理的重复."[1] 这是一种可能性,但绝不是肯定如此,Schrödinger 的解释太灵活了,不能完全令人信服.

还有一些其他的显著特性,能表现生物的特征. 例如让我们回想一下关于 Maxwell 妖的佯谬. 那个站在活门旁边的亚微观活物只为快速分子开门,因而把能量和温度最高的分子选了出来. 在亚微观的尺度上看来,这个亚微观活物的动作是不可想象的,因为这违反第二定律.[2] 在大的尺度上这又怎么会成为可能的呢?人在气候炎热的时候就把窗户打开,天冷时就把它关

---

[1]　Schrödinger:《生命是什么?》,第 81 页.

[2]　Wiener 非常细心地讨论了 Maxwell 妖的问题(《控制论》,科学出版社 1962 年版,第 58 – 59 页). 这里要补充一点. 为了选出快速分子,Maxwell 妖应当能看到它们,但它处在一个封闭物里,封闭物处于温度不变的平衡状态,其中的辐射一定是黑体的辐射,而在黑体的内部是不可能看到任何东西的. 如果我们不给 Maxwell 妖一个火炬,它就不能看到分子,而火炬显然不是一个处于平衡状态的辐射源. 它会把负熵输入系统. 在这种情况下,Maxwell 妖的确能在适当时机利用活门而取出一部分负熵. 要是我们能给 Maxwell 妖装备一个火炬,我们就也可以加上几只光电池,并且设计一个自动系统来做这工作,就像 Wiener 所建议的那样. Maxwell 妖无须是一个生命机体,也不一定需要有智力. 以上意见似乎被大家忽视了,虽然 Wiener 说过:Maxwell 妖只能靠它所收到的信息来行动,这个信息就相当于负熵.

上！当然,答案在于:地球上的大气不是处于平衡状态,而且不是恒温.这里我们又回到了由于阳光和其他类似原因而产生的不稳定环境,回到了地球不是一个封闭孤立系的事实.

极奇怪的事实仍然存在:小尺度上不许可的事情在大尺度上是许可的,大系统可以长时间地保持不稳定平衡状态,而生命是靠所有这些在第二定律的边缘上发生的例外情况来进行的.

§5　熵 和 智 力

Wiener 的《控制论》一书最有趣的部分之一,就是关于"时间序列,信息和通信"的讨论,在这个讨论中,他详细说明了一定的"信息量乃是通常在类似情况下定义为熵的那个量的负数"[1].

这是极值得注意的一个观点,它为熵概念的某些重要推广开辟了一条道路.对于某些通信问题,Wiener 给这个新的负熵引入了精确的数学定义,并且讨论了时间预测的问题:当我们对于一个系统的过去行为拥有一定数量的资料时,我们对这个系统的未来行为能作多少预测呢?

除了这些精彩的探讨之外,Wiener 还明确地指出了推广熵概念的必要性."信息就是负熵";但是如果

---

[1]　Wiener:《控制论》,第三章,中译本,第63页.

我们采用这个观点的话,那又怎样能不让它推广到一切类型的智力上呢?我们肯定要准备去讨论有关熵推广到科学知识、专门技能和各种形式的理性思维的问题.举几个例子或许能说明这个新问题.

试拿一份纽约时报、一本关于控制论的书和同等重量的一堆废纸.它们有同样多的熵吗?按照一般的物理定义,答案是"是的".但对一个有知识的读者说来,这三扎纸里所包含的信息量是极不相同的.如果像 Wiener 所建议的那样,"信息就意味着负熵",我们又怎样去度量熵的这个新贡献呢?Wiener 提出了几个实用的数学定义,它们也许适用于这类最简单可能的问题.这是一个崭新的研究领域,一个最有革命性的观念.

还可以找到许多类似的例子.试比较一座小石山、一座金字塔和一道设有水力发电站的堤坝.其中专门技能的总量是完全不同的,因而也应该相对于它们的"广义熵"有差别,虽然三者的物理熵也许差不多相同.拿一架现代的大型计算机来,并比较一下它的熵和在装配之前它那些部件的熵.有没有理由假定它们相等呢?现在不说那"机械脑",想想活的人脑吧!你能想象它的广义熵和它那些化学成分之和的总熵相等吗?

看来,按照 Wiener 所指出的方向仔细研究一下这些问题也许对生命本身的研究有某些重要贡献.智力是生命的产物,对思维能力的进一步理解可能就这个极有意义的问题得出一个新的讨论点.

让我们试着来回答一下前面讲过的某些问题,比较一下废纸、纽约时报和《控制论》三扎同等重量的纸的"价值". 对于没有受过教育的人来说,它们的价值是一样的. 一个普通的懂英语的人或许比较喜欢纽约时报,而一个数学家则肯定会认为关于控制论的书的价值高于其他一切. 如果采取我们目前的观点,"价值"就意味着"广义的负熵". 以上讨论可能会使读者感到沮丧,而引导到这样的结论:这些定义是不可能获得的. 然而,这个轻率的结论似乎实际上并不正确. 用一个例子也许能说明其中的困难,并指出真正需要的是什么.

我们试来比较一下两束颜色不同的光. 人眼、紫外光电池或红外接收器会给出完全不同的答案. 可是,关于每束光的熵,却能精确地给以定义,能正确地计算出来,并能用实验测得. 相应的定义是经过长时期才发现的,并且一直为一些最著名的物理学家(例如 Boltzmann, Planck)所注意. 但是这个难题终于解决了,并且在辐射的本性与实验测量中所用特殊接收者的行为之间作出了仔细的区分. 每个接收者由它的"吸收光谱"确定,吸收光谱能表征接收者对入射辐射的反应方式. 同样,看来不是不可能发现一些准则,依靠它们,把广义熵的定义应用于"信息"上,并且把它同观测者的特殊感受性区分开来. 这个问题确实比光的情形更困难. 光只与一个参量(波长)有关,而"信息价值"的定义可能需要一定数目的独立变量,但有必要把信息的绝对的固有价值与接收者的吸收光谱区分开来. 对 Wiener

这样一个知道怎样利用科学信息来作预测的人说来，科学信息确实是一种负熵，而对一个不是科学家的人说来，它也许什么价值也没有. 他们各自的吸收光谱是完全不同的.

　　在生物学领域中，也需要对熵的概念作类似的推广，并对熵和某种吸收光谱给以新的定义. 近年来，生物学家作了许多重要的研究，可以把这些研究概括地说成是"能量的新分类". 对于无生命物质，知道能量和熵就足够了. 对于生命机体，就还要引入产品的"食用价值". 煤所含的热量和小麦与肉所含的热量没有同样的功能. 对于不同种类的生命机体，食物价值本身应当分别加以考虑. 纤维素对某些动物说来是食物，但对另外一些动物说来却不是. 至于讲到维生素和激素，人们已经认识到化合物的一些不能归结为能量和熵的新特性，所有这些资料仍然比较模糊，但它们似乎全都倾向于一点，即在这些新类别能得到解释以及生命机体的种种典型性质能被逻辑地联系起来之前，需要在目前的热力学之外再找到一个新的主导观念（称它为原理或定律都可）. 生物学在具有了少数基本定律和逻辑结构的开端并进入建设性的阶段之前，还是处在经验的阶段，还在等待着主导的观念.

　　为了能把类似的概念可靠地应用于有关生命和智力的基本问题上，除了旧的、古典的物理熵概念以外，还需要一些大胆的新的推广和概括. 这种讨论对于生命机体的熵的定义可能导致合理的答案，并解决布利治曼的佯谬（参阅"生命机体和死的结构"一节）.

用物理科学方面的一个近代的例子也许能说明这种情形. 19 世纪期间, 物理学家力图找出一些力学模型来解释电磁现象的规律和光的性质. *Maxwell* 完全扭转了这个讨论, 提出了光的电磁理论, 不久之后, 接着又有了关于力学性质的电磁解释. 直到目前, 我们一直在寻找生命的物理化学解释. 很可能, 生物学上一些新定律和新原理的发现会使我们对目前的物理学和化学定律广泛地重新下定义, 并产生观点上的彻底改变.

无论怎样, 有两个问题目前似乎有极大的重要性: 一个问题就是进一步理解催化作用, 因为生命肯定是靠某些负催化作用的机制来维持的; 另一个问题就是如维纳所建议的那样, 广泛地推广熵的概念, 使它能应用于生命机体, 以回答布利治曼的基本问题.

Schrödinger

Erwin Schrödinger (1887—1961) 是奥地利著名理论物理学家. 1926 年他因创立量子论波动力学, 与 Dirac 共同获得 1933 年 Nobel 物理学奖. 此外, Schrödinger 一生著述颇多. 像马赫, Planck 和 Einstein 等人一样, 他既从事理论物理研究, 又对哲学问题有着广泛的兴趣. 晚年, 他对理论生物学也做了深入的研究, 他首先提出把热力学和量子力学运用于生物学, 对现代分子生物学的产生, 起了积极的推动作用. 这些研究中包含着丰富的系统思想和信息论的观点, 是系统理论的发展和研究中不可缺少的一个组成部分.

1887 年 8 月 12 日, Schrödinger 出生于维也纳一个工厂主家庭. 其父亲鲁道夫·薛定谔不仅在经营自己的油布工厂上十分成功, 而且他还研究化学和生物学, 在动植物学会的刊物上发表过一系列论文. 父亲的知识和兴趣对幼年的 Schrödinger 有深刻的影响, 他把父亲称作他儿时的"朋友, 老师和不倦的谈话伙伴".

中学时代, Schrödinger 成绩优秀, 每次考试都名列第一, 但他的兴趣远远超出了那些基本课程. 他曾写道:"我是个好学生, 我不注重当时学校的主课(拉丁文和希腊文), 却喜爱数学和物理. 我也喜爱古老语法的严谨逻辑, 但我嫌恶去记忆'偶然'的历史性、传记性年代及史实. 我喜爱德国诗人特别是剧作家, 但嫌恶对他们作品的烦琐剖析. "

1907 年, Schrödinger 在维也纳大学攻读理论物理学. 1910 年获哲学博士. 此后一些年, 他在该大学的第二物理研究所工作. 他曾不得不去主管一个大的物理实验课程, 但这项任务使他终身受益, 他因此懂得了"通过什么方法可能直接观测".

第一次世界大战期间, Schrödinger 在奥军南方要塞充任炮兵军官. 这里战火稀少, 他竟有时间深入学习理论物理学, 他研究了 Einstein 的广义相对论, 并认为这个理论的最初表述是"不必要地复杂化了".

战后他回到第二物理研究所工作, 他的第一篇作为科学研究成果的论文是关于实验工作方面的. 以后, Schrödinger 曾在多个大学中任过教授, 最后, 他收到并接受了 Einstein 和马克斯·冯·劳埃曾任过教授的苏黎世大学的聘请.

像 21 世纪许多著名自然科学家一样, Schrödinger 的科学生涯也是从献身于热力学开始的. 1926 年, 他

受到法国物理学家德布罗依的观念和 Einstein 论文的启发,把德布罗依极为大胆的波动理论用于原子结构问题,并发展为一个更加精确的新力学的数学形式:关于德布罗依波的一个偏微分方程,即著名的 Schrödinger 波动方程. 这也是他在物理学方面的主要功绩. 在描述原子物理现象时,这个新的力学基本方程式与实验结果惊人的一致. Schrödinger 主张放弃量子跃迁概念,代之以三维空间中的波. 结果,他和波尔之间引起了一场激烈的争论.

1927 年,Schrödinger 赴柏林大学接替 Planck 的讲座,他同 Planck,Einstein 等人结下了真挚的友谊. 1933 年,离开柏林,前往英国牛津大学. 1936 年秋回到奥地利,1938 年被迫只身亡命爱尔兰,在为他专门设置的都柏林高级研究所安静地工作了 17 年,继续发展波动力学,研究物理学基础问题,研究宇宙理论等.

Schrödinger 从青年时期就倾心于哲学研究. 他喜欢研究斯宾诺莎、叔本华、马赫、塞蒙和阿芬那留斯的著作,甚至对古代印度吠檀多派的思想也有兴趣. 无疑,在牛津大学工作期间,罗素的哲学思想对他也有着深刻的影响. 他认为,哲学观点是我们认识世界的过程中,"作为我们普遍知识和特殊知识的不可缺少的支柱."这种对于世界本质的形而上学的认识,并不属于知识大厦本身,但它是不可缺少的脚手架. 没有它,知识大厦就建造不下去. 并且这些形而上学的认识在发展过程中,可以转变为物理学.

Schrödinger 的哲学思想主要是经验主义和实证主

义的倾向,一方面他批评朴素实在论,他认为在逻辑上做出存在一个实在的物质世界的假定,这虽然很方便,但显得有些幼稚. 另一方面他又坚持决定论的立场. 他同 Planck,Einstein,德布罗依和彼姆等人一起,反对哥本哈根学派关于自然的统计理论的解释. 他认为自然界的根本规律绝不是统计规律,而是动力学规律. 他不愿放弃严格的因果性,相信波动论最后有可能回到决定论的古典物理学中去. Schrödinger 努力加强科学与哲学的联系,在他看来,哲学与科学之间的联系曾一度松弛,现在应重新紧密起来:物理学的进一步发展越来越不能没有哲学的批判;同时,哲学家也在日益熟悉科学领域.

科学研究和哲学思索,使 Schrödinger 又去探索新的领域. 他努力从现代物理学的角度研究有机体的物质结构,研究生命的本质. 1944 年出版的《生命是什么?》一书,就是这方面的一本开拓性经典著作. 在书中,他首先站在当时生物学的最高水平,对细胞生物学和染色体遗传学的主要成就做了概括性的考察. 他相信,对生物遗传机制的揭示,一定是沿着生理学和遗传学指导下的生物化学的方向发展和继续下去 . 从量子物理学的材料来看,必须假定基因的结构是一个巨大的分子,而且只能发生不连续的变异,这种变化在于原子的重新排列而导致的一种同分异构分子. 他批评达尔文错误地把在最纯粹群体里也会出现的细微、连续和偶然的变异当作自然选择的材料,而强调生命遗传中突变的特性. 他的这些看法,对现代分子生物学的奠

基人华生和克里克有着重要的影响,并且与他们建立的科学的 DNA 双螺旋模型的结构和功能上有许多近似和吻合之处.

Schrödinger 对生命的理解突破了以往仅仅从机体的物质、能量新陈代谢的方面来认识和理解的看法,他引进了"非周期性晶体""平衡""负熵""有序和无序""密码传递"等系统和信息思想的概念,对有机体进行了系统的分析和认识. 他在书中指出:"在有机体的生命周期里展开的事件,显示出一种美妙的规律性和秩序性,是任何一种无生命物质都无法与之匹敌的. 它受一群秩序性最高的原子所控制. 有机体从合适的环境中'吸取秩序',在它自身中集中了'秩序之流',从而避免了衰退到原子混乱." "这种惊人的天赋似乎同'非周期性晶体(即染色体分子)的存在有关,它比普通的周期性晶体的有序高得多."

Schrödinger 一生的工作成就,在理论物理学、哲学和系统理论、信息理论发展的历史上是不可磨灭的.

有序、无序和熵[①]

第四十三章

§1　从模型得出的一个值得注意的一般结论

根据基因的分子图来看，"微型密码同一个高度复杂而特定的发育计划有着一对一的对应关系，并包含着使密码发生作用的手段"，这至少是可以想象的. 这很好，那么它又是如何做到这一点的呢？我们又如何从"可以想象的"变为真正的了解呢？

德尔勃留克的分子模型，在它整个概论中似乎并未暗示遗传物质是如何起作用的. 说实话，我并不指望在不久的将来，

---

① 本章是 Schrödinger 《生命是什么？》一书的第六章，上海人民出版社，1973 年版，上海外国自然科学哲学著作编译组译.

物理学会对这个问题提供任何详细的信息. 不过,我确信,在生理学和遗传学指导下的生物化学,正在推进这个问题的研究,并将继续进行下去.

根据上述对遗传物质结构的一般描述,还不能显示出关于遗传机制的功能的详细信息. 这是显而易见的. 但是,十分奇怪的是,恰恰是从它那里得出了一个一般性的结论,而且我承认,这是我写这本书的唯一动机.

从德尔勃留克的遗传物质的概述中可以看到,生命物质在服从迄今为止已确立的"物理学定律"的同时,可能还涉及至今还不了解的"物理学的其他定律",这些定律一旦被揭示出来,将跟以前的定律一样,成为这门科学的一个组成部分.

§2 秩序基础上的有序

这是一条相当微妙的思路,不止在一个方面引起了误解. 本章剩下的篇幅就是要澄清这些误解. 在以下的考虑中,可以看到一种粗糙的但不完全是错误的初步意见:

我们所知道的物理学定律全是统计学定律[①],这些定律同事物走向无序状态的自然倾向是大有关系

---

① 如是全面地概括"物理学定律",这种说法也许是会有争议的.

的.

但是,要使遗传物质的高度持久性同它的微小体积协调一致,我们必须通过一种"虚构的分子"来避免无序的倾向. 事实上,这是一种很大的分子,是高度分化的秩序的杰作,是受到了量子论的魔法保护的. 机遇的法则并没有因这种"虚构"而失效,不过,它们的结果是修改了. 物理学家很熟悉这样的事实,即物理学的经典定律已经被量论修改了,特别是低温情况下. 这样的例子是很多的,看来生命就是其中一例,而且是一个特别惊人的例子. 生命似乎是物质的有秩序和有规律的行为,它不是完全以它的从有序转向无序的倾向为基础的,而是部分地基于那种被保持着的现存秩序.

对于物理学家——仅仅是对他来说——我希望,这样说了以后,能更清楚地讲明我的观点,即生命有机体似乎是一个宏观系统,它的一部分行为接近于纯粹机械的(与热力学作比较),当温度接近绝对零度,分子的无序状态消除的时候,所有的系统都将趋向于这种行为.

非物理学家发现,被他们作为高度精确的典范的那些物理学定律,竟以物质走向无序状态的统计学趋势作为基础,这是让人难以相信的. 涉及的一般性原理就是有名的热力学第二定律(熵的原理),以及它的同样有名的统计学基础.

§3　生命物质避免了趋向平衡的衰退

生命的特征是什么？一块物质什么时候可以说是活的呢？那就是当它继续在"做某些事情"，运动，新陈代谢，等等，而且可以指望它比一块无生命物质在相似情况下"维持生活"的时间要长得多．当一个不是活的系统被分离出来，或是放在一个均匀的环境里的时候，由于各种摩擦阻力的结果，所有的运动往往立即陷于停顿；电势或化学势的差别消失了，倾向于形成化学化合物的物质也是这种情况，温度由于热的传导而变得均一了．在此以后，整个系统衰退成死寂的、无生气的一团物质．这就达到了一种永恒不变的状态，不再出现可以观察到的事件．物理学家把这种状态称为热力学平衡，或"最大值的熵"．

实际上，这种状态经常是很快就达到的．从理论上来说，它往往还不是一种绝对的平衡，还不是熵的真正的最大值．最后达到平衡是十分缓慢的．它可能是几小时、几年、几个世纪……．举一个例子，这是接近平衡还算比较快的一个例子：倘若一只玻璃杯盛满了清水，第二只玻璃杯盛满了糖水，一起放进一只密封的、恒温的箱子里．最初好像什么也没有发生，产生了完全平衡的印象．可是，隔了一天左右以后，可注意到清水由于蒸汽压较高，慢慢地蒸发出来并凝聚在糖溶液上．糖溶液溢出来了．只有当清水全部蒸发后，糖水达到了均匀地分布在所有水中的目的.

这些最后是缓慢地向平衡的趋近,决不能误认为是生命. 在这里我们可以不去理会它. 只是为了免得别人指责我不够准确,所以我才提到它.

§4 以"负熵"为生

一个有机体能够避免很快地衰退为惰性的"平衡"态,似乎成了如此难解之谜,以致在人类思想的最早时期,曾经认为有某种特殊的非物质的力,或超自然的力(活力,"隐得来稀")在有机体里起作用,现在还有人是这样主张的.

生命有机体是怎样避免衰退的呢? 明白的回答是:靠吃、喝、呼吸以及(植物是)同化. 专门的术语叫"新陈代谢". 这词来源于希腊字($\mu\varepsilon\tau\alpha\beta\acute{\alpha}\lambda\lambda\varepsilon\iota\nu$),意思是变化或交换. 交换什么呢? 最初的基本观点无疑是指物质的交换(例如,新陈代谢这个词在德文里就是指物质的交换). 认为物质的交换应该是本质的东西的说法是荒谬的. 氮、氧、硫等的任何一个原子和它同类的任何另一个原子都是一样的,把它们进行交换又有什么好处呢? 过去有一个时候,曾经有人告诉我们说,我们是以能量为生的. 这样,使我们的好奇心暂时地沉寂了. 在一些很先进的国家的饭馆里,你会发现菜单上除了价目以外,还标明了每道菜所含的能量. 不用说,这简直是很荒唐的. 因为一个成年有机体所含的能

量跟所含的物质一样,都是固定不变的.既然任何一个卡路里跟任何另一个卡路里的价值是一样的,那么,确实不能理解纯粹的交换会有什么用处.

在我们的食物里,究竟含有什么样的宝贵东西能够使我们免于死亡呢?那是很容易回答的.每一个过程、事件、事变——你叫它什么都可以,一句话,自然界中正在进行着的每一件事,都是意味着它在其中进行的那部分世界的熵的增加.因此,一个生命有机体在不断地增加它的熵——你或者可以说是在增加正熵——并趋于接近最大值的熵的危险状态,那就是死亡.要摆脱死亡,就是说要活着,唯一的办法就是从环境里不断地汲取负熵,我们马上就会明白负熵是十分积极的东西.有机体就是赖负熵为生的.或者,更确切地说,新陈代谢中的本质的东西,乃是使有机体成功地消除了当它自身活着的时候不得不产生的全部的熵.

§5　熵是什么

熵是什么?我们首先要强调指出,这不是一个模糊的概念或思想,而是一个可以计算的物理学的量,就像是一根棍棒的长度,物体的任何一点上的温度,某种晶体的熔化热,以及任何一种物体的比热等.在温度处于绝对零度时(大约在 −273℃),任何一种物体的熵等于零.当你以缓慢的、可逆的、微小的变化使物体进入另一种状态时(甚至因此而使物体改变了物理或化

学的性质,或者分裂为两个或两个以上物理或化学性
质不同的部分),熵增加的总数是这样计算的:在那个
步骤中你必须供给的每一小部分热量,除以供给热量
时的绝对温度,然后把所有这些求得的商数加起来. 举
一个例子,当你熔解一种固体时,它的熵的增加数就
是:熔化热除以熔点温度. 由此,你可看到计算熵的单
位是卡/度(摄氏)(就像卡是热量的单位或厘米是长
度的单位一样).

§6　熵的统计学意义

为了消除经常笼罩在熵上的神秘气氛,我们已简
单地谈到了这个术语的定义. 这里对我们更为重要的
是有序和无序的统计学概念的意义,它们之间的关系
已经由 Boltzmann 和 Gibbs 在统计物理学方面的研究
所揭示. 这也是一种精确的定量关系,它的表达式是

$$熵 = k\log D$$

k 是所谓的 Boltzmann 常数($=3.298\ 3\times10^{-24}$ 卡/℃),D
是有关物质的原子无序状态的数量量度. 要用简短的非
专业性的术语对 D 这个量作出精确的解释几乎是不可
能的. 它所表示的无序,一部分是那种热运动的无序,另
一部分是存在于随机混合的、不是清楚地分开的各种原
子或分子中间的无序. 例如,上面例子中的糖和水的分
子. 这个例子可以很好地说明 Boltzmann 的公式. 糖在所
有水面上逐渐地"溢出"就增加了无序 D,从而增加了熵

（因为 D 的对数是随 D 而增加的）. 同样十分清楚的是，热的任何补充都是增加热运动的混乱，就是说增加了 D, 从而增加了熵. 为什么应该是这种情况呢？只要看下面的例子就更加清楚了，那就是，当你熔化一种晶体时，因为你由此而破坏了原子或分子的整齐而不变的排列，并把晶格变成了连续变化的随机分布了.

一个孤立的系统，或一个在均匀环境里的系统（为了目前的考虑，我们尽量把它们作为我们所设想的系统的一部分），它的熵在增加，并且或快或慢地接近于最大值的熵的惰性状态. 现在我们认识到，这个物理学的基本定律正是事物接近混乱状态的自然倾向（这种倾向，跟写字台上放着一大堆图书、纸张和手稿等东西表现出的杂乱情况是同样的），除非是我们在事先预防它.（在这种情况下，同不规则的热运动相类似的情况是，我们不时地去拿那些图书杂志等，但又不肯花点力气去把它们放回原处.）

§7 从环境中引出"有序"以维持组织

一个生命有机体通过不可思议的能力来推迟趋向热力学平衡（死亡）的衰退，我们如何根据统计学理论来表达呢？我们在前面说过："以负熵为生"，就像是有机体本身吸引了一串负熵去抵销它在生活中产生的熵的增加，从而使它自身维持在一个稳定的而又很低的熵的水平上.

假如 D 是无序的量度,它的倒数 $\frac{1}{D}$ 可以作为有序的一个直接量度. 因为 $\frac{1}{D}$ 的对数正好是 D 的负对数,Boltzmann 的方程式可以写成这样

$$负熵 = k\log\frac{1}{D}$$

因此,"负熵"的笨拙的表达可以换成一种更好一些的说法:取负号的熵,它本身是有序的一个量度. 这样,一个有机体使它本身稳定在一个相当高的有序水平上(等于熵的相当低的水平上)的办法,确实是在于从它的环境中不断地吸取秩序. 这个结论比它初看起来要合理些. 不过,可能由于相当烦琐而遭到责难. 其实,就高等动物而言,我们是知道这种秩序的,它们是完全以此为生的,就是说,被它们作为食物的、复杂程度不同的有机物中,物质的状态是极有秩序的. 动物在利用这些食物以后,排泄出来的是大大降解了的东西,然而不是彻底的分解,因为植物还能够利用它(当然,植物在日光中取得了"负熵"的最有力的供应).

§8 附 注

关于负熵的说法,遭到过物理学界的同事们的怀疑和反对,我首先要说的是,如果我只是想迎合他们心意的话,那我就该用自由能来代替这个问题的讨论了,这在本章中是更为熟悉的概念. 可是,这个十分专门的

术语,在语言学上似乎与能量太接近了,会使一般读者察觉不了两者的差别. 他很容易把自由二字或多或少地当作是没有多大关系的一个修饰词. 实际上,这是一个相当复杂的概念,要找出它对 Boltzmann 的有序 – 无序原理的关系,并不见得比用熵和"取负号的熵"来得更容易. 顺便提一下,熵和负熵并不是我的发明. 它恰巧正好是 Boltzmann 独创的论证的关键.

可是,F.西蒙十分恰当地向我指出,我的那种简单的热力学的考察还不能说明:我们赖以为生的,为什么是"复杂程度不同的有机物的极有秩序状态中"的物质,而不是木炭或钻石的核心? 他是对的. 不过对一般读者来说,我必须解释一下,一块没有烧过的木炭或钻石,连同氧化时需要的一定量的氧,也是处在一种极有秩序的状态中,物理学家是理解这一点的. 对这一点的证明是,如果你燃烧煤炭,使它发生反应就产生了大量的热. 这个系统通过把热散发到周围环境中去,就处理掉了由于反应而增加的相当多的熵,并且达到了与以前大致相同的熵的状态.

可是,我们是无法以反应生成的二氧化碳为生的. 所以, 西蒙向我指出的是十分正确的,正如他所说的,我们的食物中所含的能量确实是关系重大的;因此,我对菜单的嘲笑是不适当的. 不仅我们身体消耗的机械能需要补充能量,而且我们不断地向周围环境散发热也要补充能量. 我们散发热,并不是偶然的,而是必不可少的. 因为这正是我们处理掉在我们物质生活过程中不断产生的剩余的熵的方式.

关于 m 阶非齐次 Markov 信源的一类 Shannon-McMillan 定理

附 录 一

江苏科技大学数理学院的叶慧和南京航空航天大学航空宇航学院的王康康两位教授 2010 年采用构造相容分布与非负上鞅的方法的研究 m 阶 Markov 信源广义相对熵密度的强极限定理,即广义 Shannon-McMillan 定理. 并由此得出若干 Markov 信源,无记忆信源的随机 Shannon-McMillan 定理. 将已有的 Markov 信源的结果加以推广.

1. 引言

设 (Ω, F, P) 为一概率空间,设 $\{X_n, n \geq 0\}$ 是定义在该概率空间上并于字母集 $S = \{s_1, s_2, \cdots\}$ 上取值的任意信源,其联合分布为

$$P(X_0 = x_0, \cdots, X_n = x_n) = p(x_0, \cdots, x_n) > 0$$
$$(x_i \in S, 0 \leq i \leq n) \qquad (1)$$

其中我们令

$$f_n(\omega) = -\frac{1}{n+1}\log p(X_0, \cdots, X_n) \qquad (2)$$

其中 $\log$ 为自然对数，$f_n(\omega)$ 称为 $\{X_i, 0 \leq i \leq n\}$ 的相对熵密度.

如果 $\{X_n, n \geq 0\}$ 为 m 阶非齐次 Markov 链，其 m 维初始分布与 m 阶转移概率分别为

$$p_0(i_0, \cdots, i_{m-1}) = P(X_0 = i_0, \cdots, X_{m-1} = i_{m-1}) \quad (3)$$

$$p_n(j \mid i_1, \cdots, i_m) = P(X_n = j \mid X_{n-m} = i_1, \cdots, X_{n-1} = i_m)$$
$$(4)$$

则有

$$P(X_0, \cdots, X_n) = p_0(X_0, \cdots, X_{m-1}) \cdot$$
$$\prod_{k=m}^{n} p_k(X_k \mid X_{k-m}, \cdots, X_{k-1}) \qquad (5)$$

$$f_n(\omega) = -\frac{1}{n+1}\Big[\log p_0(X_0, \cdots, X_{m-1}) + $$
$$\sum_{k=m}^{n} \log p_k(X_k \mid X_{k-m}, \cdots, X_{k-1})\Big] \qquad (6)$$

定义 1　设 $\{n, n \geq 0\}$ 为一单调递增的非负整值实数序列，且 $n = O(n)$，则称

$$f_n(\omega) = -\frac{1}{n}\Big[\log p_0(X_0, \cdots, X_{m-1}) + $$
$$\sum_{k=m}^{n} \log p_k(X_k \mid X_{k-m}, \cdots, X_{k-1})\Big] \qquad (7)$$

为 m 阶非齐次 Markov 链 $\{X_i, 0 \leq i \leq n\}$ 的广义相对熵密度. 显然，当 $n = n$ 时，该广义相对熵密度即为一般的相对熵密度.

关于 $f_n(\omega)$ 的极限性质是信息论中的重要问题，

在信息论中称为 Shannon-McMillan 定理或信源的渐近均匀分割性(简称 S-M 定理),它是信息论中编码的基础. Shannon 在其著名的论文中首先证明了齐次遍历 Markov 信源的 S-M 定理. McMillan 和 Breiman 则证明了平稳遍历信源的 S-M 定理. 钟开莱考虑了字母集为可列集的情况. 以后又有许多作者将上述结果推广到一般的随机过程. m 阶 Markov 链的概念是一般 Markov 链概念的自然推广,随着 Markov 链理论的不断发展和应用,人们对 m 阶 Markov 链的理论和应用也越来越有兴趣,如信息论中关于 Shannon 定理的研究是其核心问题之一. 而 m 阶 Markov 信源是一类非常重要的信源,如语声,电视信号等往往是 m 阶 Markov 信源,而且一般都是非齐次的 Markov 信源.

本章的目的是将得到的结果推广到 m 阶非齐次 Markov 信源的情况. 国内关于 Shannon-McMillan 定理已有了一些研究,如刘文,杨卫国的论文等. 但大都是研究的状态空间有限情况下非齐次 Markov 信源的熵密度定理. 而本章则研究可列状态空间下对高阶非齐次 Markov 信源普遍成立的广义熵密度定理,从三方面将已有结果加以推广.

定义 2 设

$$h_k(x_{k-m}, \cdots, x_{k-1})$$

$$= -\sum_{x_k \in S} p_k(x_k \mid x_{k-m}, \cdots, x_{k-1}) \log p_k(x_k \mid x_{k-m}, \cdots, x_{k-1})$$

$$(8)$$

$$H_k(X_k \mid X_{k-m}^{k-1}) = h_k(X_{k-m}, \cdots, X_{k-1})$$

我们称 $H_k(X_k \mid X_{k-m}^{k-1})$ 为 X_k 关于 $X_{k-m}, \cdots, X_{k-1}$ 的随机条件熵.

我们记

$$X^n = \{X_0, \cdots, X_n\}, X_m^n = \{X_m, \cdots, X_n\} x^n$$

和 x_m^n 分别为 X^n 和 X_m^n 的实现.

2. 主要定理

定理　设 $\{X_n, n \geq 0\}$ 是具有 m 维初始分布(3)与 m 阶转移概率(4)的 m 阶非齐次 Markov 信源,$f_n(\omega)$ 与 $H_k(X_k \mid X_{k-m}^{k-1})$ 分别由(6)与(8)定义. 设 $\alpha > 0, 0 < C < 1$,令

$$b_\alpha = \limsup_{n \to \infty} \frac{1}{n} \sum_{k=m}^{n} E[p_k(X_k \mid X_{k-m}^{k-1})^{-\alpha} \cdot$$

$$I_{\{p_k(X_k \mid X_{k-m}^{k-1}) \leqslant C\}} \mid X_{k-m}^{k-1}] < \infty \quad \text{a. s.} \qquad (9)$$

则有

$$\lim_{n \to \infty} \left[f_n(\omega) - \frac{1}{n} \sum_{k=m}^{n} H_k(X_k \mid X_{k-m}^{k-1}) \right] = 0 \quad \text{a. s.}$$

$$(10)$$

证明　我们取 (Ω, F, P) 为所考虑的概率空间. 设 λ 为任意常数. 有

$$Q_k(\lambda) = E[p_k(X_k \mid X_{k-m}^{k-1})^{-\lambda} \mid X_{k-m}^{k-1} = x_{k-m}^{k-1}]$$

$$= \sum_{x_k \in S} p_k(x_k \mid x_{k-m}^{k-1})^{1-\lambda} \qquad (11)$$

$$q_k(\lambda, x_k) = \frac{p_k(x_k \mid x_{k-m}^{k-1})^{1-\lambda}}{Q_k(\lambda)} \quad (x_k \in S) \quad (12)$$

$$g(\lambda, x_0, \cdots, x_n) = p_0(x_0, \cdots, x_{m-1}) \prod_{k=m}^{n} q_k(\lambda, x_k)$$

$$(13)$$

则 $g(\lambda,x_0,\cdots,x_n)$, $n = 1,2,\cdots,$ 是 S^n 上的一族相容分布. 令

$$T_n(\lambda,\omega) = \frac{g(\lambda,X_0,\cdots,X_n)}{p(X_0,\cdots,X_n)} \qquad (14)$$

由于 $\{T_n(\lambda,\omega),n \geqslant 1\}$ 是 a. s. 收敛的非负上鞅. 故由 Doob 鞅收敛定理有

$$\lim_{n\to\infty} T_n(\lambda,\omega) = T_\infty(\lambda,\omega) < \infty \quad \text{a. s.} \quad (15)$$

因而由(15) 及 $n = O(n)$,有

$$\limsup_{n\to\infty} \frac{1}{n}\log T_n(\lambda,\omega) \leqslant 0 \quad \text{a. s.} \quad (16)$$

由式(5) 与(11) ~ (14) 有

$$\frac{1}{n}\log T_n(\lambda,\omega) = \frac{1}{n}\sum_{k=m}^{n}\big[(-\lambda\log p_k(X_k \mid X_{k-m}^{k-1})) - \log E(p_k(X_k \mid X_{k-m}^{k-1})^{-\lambda} \mid X_{k-m}^{k-1})\big]$$

$$(17)$$

由(16)(17) 有

$$\limsup_{n\to\infty} \frac{1}{n}\sum_{k=m}^{n}\big[(-\lambda\log p_k(X_k \mid X_{k-m}^{k-1})) -$$

$$\log E(p_k(X_k \mid X_{k-m}^{k-1})^{-\lambda} \mid X_{k-m}^{k-1})\big] \leqslant 0 \quad \text{a. s.} \quad (18)$$

由(18) 有

$$\limsup_{n\to\infty} \frac{1}{n}\sum_{k=m}^{n}\big[(-\lambda\log p_k(X_k \mid X_{k-m}^{k-1})) -$$

$$E(-\lambda\log p_k(X_k \mid X_{k-m}^{k-1}) \mid X_{k-m}^{k-1})\big]$$

$$\leqslant \limsup_{n\to\infty} \frac{1}{n}\sum_{k=m}^{n}\big[\log E(p_k(X_k \mid X_{k-m}^{k-1})^{-\lambda} \mid X_{k-m}^{k-1}) -$$

$$E(-\lambda\log p_k(X_k \mid X_{k-m}^{k-1}) \mid X_{k-m}^{k-1})\big] \quad \text{a. s.} \quad (19)$$

易知由不等式

$$\mathrm{e}^x - 1 - x \leqslant \frac{1}{2} x^2 \mathrm{e}^{|x|}$$

有

$$x^{-\lambda} - 1 - (-\lambda)\log x \leqslant \frac{1}{2}\lambda^2 (\log x)^2 x^{-|\lambda|}$$

$$(0 \leqslant x \leqslant 1) \tag{20}$$

又由不等式

$$\log x \leqslant x - 1 \quad (x \geqslant 0)$$

及(9)(19)与(20),且注意到

$$\max\{(\log x)^2 x^h, 0 \leqslant x \leqslant 1, h > 0\} = \frac{4\mathrm{e}^{-2}}{h^2}$$

当 $0 < |\lambda| < t < \alpha$ 时,有

$$\limsup_{n \to \infty} \frac{1}{n} \sum_{k=m}^{n} \left[(-\lambda \log p_k(X_k \mid X_{k-m}^{k-1})) - \right.$$

$$E(-\lambda \log p_k(X_k \mid X_{k-m}^{k-1}) \mid X_{k-m}^{k-1}) \Big]$$

$$\leqslant \limsup_{n \to \infty} \frac{1}{n} \sum_{k=m}^{n} \left[E(p_k(X_k \mid X_{k-m}^{k-1})^{-\lambda} \mid X_{k-m}^{k-1}) - \right.$$

$$1 - E(-\lambda \log p_k(X_k \mid X_{k-m}^{k-1}) \mid X_{k-m}^{k-1}) \Big]$$

$$\leqslant \limsup_{n \to \infty} \frac{1}{n} \sum_{k=m}^{n} E \Big[\frac{1}{2}\lambda^2 (\log(p_k(X_k \mid X_{k-m}^{k-1})))^2 \cdot$$

$$p_k(X_k \mid X_{k-m}^{k-1})^{-|\lambda|} \mid X_{k-m}^{k-1} \Big]$$

$$= \frac{\lambda^2}{2} \limsup_{n \to \infty} \frac{1}{n} \sum_{k=m}^{n} E \Big[\log^2 (p_k(X_k \mid X_{k-m}^{k-1}) \cdot$$

$$p_k(X_k \mid X_{k-m}^{k-1})^{\alpha - |\lambda|} p_k(X_k \mid X_{k-m}^{k-1})^{-\alpha} \mid X_{k-m}^{k-1} \Big]$$

$$\leqslant \frac{\lambda^2}{2} \limsup_{n \to \infty} \frac{1}{n} \sum_{k=m}^{n} E \Big[\frac{4\mathrm{e}^{-2}}{(\alpha - |\lambda|)^2} \cdot$$

$$p_k(X_k \mid X_{k-m}^{k-1})^{-\alpha} \mid X_{k-m}^{k-1} \Big]$$

$$\leqslant \frac{2\lambda^2 \mathrm{e}^{-2}}{(\alpha - t)^2} \limsup_{n \to \infty} \frac{1}{n} \sum_{k=m}^{n} E\big[p_k(X_k \mid X_{k-m}^{k-1})^{-\alpha} \mid X_{k-m}^{k-1} \big]$$

$$= \frac{2\lambda^2 \mathrm{e}^{-2}}{(\alpha - t)^2} \limsup_{n \to \infty} \frac{1}{n} \sum_{k=m}^{n} E\big[p_k(X_k \mid X_{k-m}^{k-1})^{-\alpha} \cdot$$

$$\big(I_{\{p_k(X_k \mid X_{k-m}^{k-1}) \leqslant C\}} + I_{\{p_k(X_k \mid X_{k-m}^{k-1}) > C\}} \big) \mid X_{k-m}^{k-1} \big]$$

$$\leqslant \frac{2\lambda^2 \mathrm{e}^{-2}}{(\alpha - t)^2} \Big\{ \limsup_{n \to \infty} \frac{1}{n} \sum_{k=m}^{n} E\big[p_k(X_k \mid X_{k-m}^{k-1})^{-\alpha} \cdot$$

$$I_{\{p_k(X_k \mid X_{k-m}^{k-1}) \leqslant C\}} \mid X_{k-m}^{k-1} \big] + \limsup_{n \to \infty} \frac{1}{n} \sum_{k=m}^{n} C^{-\alpha} \Big\}$$

$$= \frac{2\lambda^2 \mathrm{e}^{-2}}{(\alpha - t)^2} \Big\{ \limsup_{n \to \infty} \frac{1}{n} \sum_{k=m}^{n} E\big[p_k(X_k \mid X_{k-m}^{k-1})^{-\alpha} \cdot$$

$$I_{\{p_k(X_k \mid X_{k-m}^{k-1}) \leqslant C\}} \mid X_{k-m}^{k-1} \big] + C^{-\alpha} \Big\}$$

$$= \frac{2\lambda^2 \mathrm{e}^{-2}}{(\alpha - t)^2} \{ b_\alpha + C^{-\alpha} \} \quad \text{a. s.} \tag{21}$$

当 $0 < \lambda < t < \alpha$ 时, 由 (21) 有

$$\limsup_{n \to \infty} \frac{1}{n} \sum_{k=m}^{n} \big[\big(-\log p_k(X_k \mid X_{k-m}^{k-1}) \big) -$$

$$E\big(-\log p_k(X_k \mid X_{k-m}^{k-1}) \mid X_{k-m}^{k-1} \big) \big]$$

$$\leqslant \frac{2\lambda \mathrm{e}^{-2}}{(\alpha - t)^2} \{ b_\alpha + C^{-\alpha} \} \quad \text{a. s.} \tag{22}$$

取 $0 < \lambda_i < \alpha (i = 1, 2, \cdots)$, 使得 $\lambda_i \to 0 (i \to \infty)$. 则对一切 i, 由 (22) 有

$$\limsup_{n \to \infty} \frac{1}{n} \sum_{k=m}^{n} \big[\big(-\log p_k(X_k \mid X_{k-m}^{k-1}) \big) -$$

$$E\big(-\log p_k(X_k \mid X_{k-m}^{k-1}) \mid X_{k-m}^{k-1} \big) \big] \leqslant 0 \quad \text{a. s.} \tag{23}$$

类似的, 当 $-\alpha < -t < \lambda < 0$ 时, 利用 (21) 可证有

$$\liminf_{n \to \infty} \frac{1}{n} \sum_{k=m}^{n} \big[\big(-\log p_k(X_k \mid X_{k-m}^{k-1}) \big) -$$

$$E\big(-\log p_k(X_k \mid X_{k-m}^{k-1}) \mid X_{k-m}^{k-1} \big) \geqslant 0 \quad \text{a. s.} \qquad (24)$$

由(23)(24)即证有

$$\lim_{n\to\infty}\frac{1}{n}\sum_{k=m}^{n}\big[(-\log p_k(X_k \mid X_{k-m}^{k-1})) -$$

$$E(-\log p_k(X_k \mid X_{k-m}^{k-1}) \mid X_{k-m}^{k-1})\big] = 0 \quad \text{a. s.} \qquad (25)$$

又注意到

$$H_k(X_k \mid X_{k-m}^{k-1}) = -\sum_{x_k\in S}p_k(x_k \mid X_{k-m}^{k-1})\log p_k(x_k \mid X_{k-m}^{k-1})$$

$$= E(-\log p_k(X_k \mid X_{k-m}^{k-1}) \mid X_{k-m}^{k-1})$$

于是由(5)(7)与(25)便有

$$\lim_{n\to\infty}\Big[f_n(\omega) - \frac{1}{n}\sum_{k=m}^{n}H_k(X_k \mid X_{k-m}^{k-1})\Big]$$

$$= \lim_{n\to\infty}\frac{1}{n}\sum_{k=m}^{n}\big[-\log p_k(X_k \mid X_{k-m}^{k-1}) -$$

$$E(-\log p_k(X_k \mid X_{k-m}^{k-1}) \mid X_{k-m}^{k-1})\big] +$$

$$\lim_{n\to\infty}\frac{1}{n}\big[-\log p_o(X_0,\cdots,X_{m-1})\big] = 0 \quad \text{a. s.} \qquad (26)$$

从而,定理证毕.

3. 状态有限空间下的若干随机 Shannon-McMillan 定理

推论 1　设 $\{X_n, n \geqslant 0\}$ 是具有分布(1)并于字母集 $S = \{1,2,\cdots,N\}$ 上取值的任意信源, $f_n(\omega)$ 由(7)定义,设

$$H_k(X_k \mid X_{k-m}^{k-1}) = -\sum_{x_k=1}^{N}p_k(x_k \mid X_{k-m}^{k-1})\log p_k(x_k \mid X_{k-m}^{k-1})$$

则有

$$\lim_{n \to \infty} \left[f_n(\omega) - \frac{1}{n} \sum_{k=m}^{n} H_k(X_k \mid X_{k-m}^{k-1}) \right] = 0 \quad \text{a. s.}$$

$$(27)$$

证明　在定理中设 $0 \leqslant \alpha < 1$，由(9) 有

$$b_\alpha = \limsup_{n \to \infty} \frac{1}{n} \sum_{k=m}^{n} E \left[p_k(X_k \mid X_{k-m}^{k-1})^{-\alpha} \cdot \right.$$

$$I_{\{p_k(X_k \mid X_{k-m}^{k-1}) \leqslant C\}} \mid X_{k-m}^{k-1} \right]$$

$$\leqslant \limsup_{n \to \infty} \frac{1}{n} \sum_{k=m}^{n} E \left[p_k(X_k \mid X_{k-m}^{k-1})^{-\alpha} \mid X_{k-m}^{k-1} \right]$$

$$= \limsup_{n \to \infty} \frac{1}{n} \sum_{k=m}^{n} \sum_{x_k=1}^{N} p_k(x_k \mid X_{k-m}^{k-1})^{1-\alpha}$$

$$\leqslant \limsup_{n \to \infty} \frac{1}{n} \sum_{k=m}^{n} N = N < \infty \quad \text{a. s.} \quad (28)$$

所以(9) 自然成立. 由(10) 即得式(27) 成立.

注　在推论 1 中令 $m = 1$ 即得杨卫国，刘文的定理 2.

推论 2　设 $\{X_n, n \geqslant 0\}$ 为无记忆信源. 设 $H(p_k(1), \cdots, p_k(N))$ 表示分布$(p_k(1), \cdots, p_k(N))$ 的熵. 即

$$H(p_k(1), \cdots, p_k(N)) = - \sum_{x_k \in S} p_k(x_k) \log p_k(x_k)$$

$$(29)$$

则有

$$\lim_{n \to \infty} \left[f_n(\omega) - \frac{1}{n} \sum_{k=m}^{n} H(p_k(1), \cdots, p_k(N)) \right] = 0 \quad \text{a. s.}$$

$$(30)$$

证明　由推论 1 知此时有

$$p_k(X_k \mid X_{k-m}^{k-1}) = p_k(X_k)$$

从而有

$$H_k(X_k \mid X_{k-m}^{k-1}) = H(p_k(1), \cdots, p_k(N))$$

由(27)即得(30)成立.

4. 衍生结论

推论3　设 $\{X_n, n \geq 0\}$ 是具有 m 维初始分布(3)
与 m 阶转移概率(4)的 m 阶非齐次 Markov 信源,
$f_n(\omega)$ 与 $H_k(X_k \mid X_{k-m}^{k-1})$ 分别由(6)与(8)定义. 设 $\alpha > 0, 0 < C < 1$,有

$$C_\alpha = \limsup_{n \to \infty} \frac{1}{n} \sum_{k=m}^{n} E\left[p_k(X_k \mid X_{k-m}^{k-1})^{-(2+\alpha)} \cdot \right.$$

$$I_{\{p_k(X_k \mid X_{k-m}^{k-1}) \leq C\}} \mid X_{k-m}^{k-1} \right] < \infty \quad \text{a. s.} \quad (31)$$

则有

$$\lim_{n \to \infty} \left[f_n(\omega) - \frac{1}{n} \sum_{k=m}^{n} H_k(X_k \mid X_{k-m}^{k-1}) \right] = 0 \quad \text{a. s.}$$

$$(32)$$

证明　当 $0 < |\lambda| < \alpha$ 时,由定理中式(21)的第
二个不等式,注意到

$$0 \geq \log x \geq 1 - \frac{1}{x} \quad (0 < x < 1)$$

简记

$$p_k(X_k \mid X_{k-m}^{k-1}) = p_k$$

有

$$\limsup_{n \to \infty} \frac{1}{n} \sum_{k=m}^{n} \left[(-\lambda \log p_k(X_k \mid X_{k-m}^{k-1})) - \right.$$

$$E(-\lambda \log p_k(X_k \mid X_{k-m}^{k-1}) \mid X_{k-m}^{k-1}) \right]$$

$$\leqslant \limsup_{n\to\infty} \frac{1}{n} \sum_{k=m}^{n} E\Big[\frac{1}{2}\lambda^2 (\log(p_k(X_k \mid X_{k-m}^{k-1})))^2 \cdot$$

$$p_k(X_k \mid X_{k-m}^{k-1})^{-|\lambda|} \mid X_{k-m}^{k-1}\Big]$$

$$\leqslant \frac{\lambda^2}{2} \limsup_{n\to\infty} \frac{1}{n} \sum_{k=m}^{n} E\Big[\log^2(p_k(X_k \mid X_{k-m}^{k-1})) \cdot$$

$$p_k(X_k \mid X_{k-m}^{k-1})^{-\alpha} \mid X_{k-m}^{k-1}\Big]$$

$$= \frac{\lambda^2}{2} \limsup_{n\to\infty} \frac{1}{n} \sum_{k=m}^{n} E\Big[(\log p_k)^2 p_k^{-\alpha} \cdot$$

$$(I_{\{p_k(X_k \mid X_{k-m}^{k-1}) \leqslant C\}} + I_{\{p_k(X_k \mid X_{k-m}^{k-1}) > C\}}) \mid X_{k-m}^{k-1}\Big]$$

$$\leqslant \frac{\lambda^2}{2} \Big\{ \limsup_{n\to\infty} \frac{1}{n} \sum_{k=m}^{n} E\Big[\Big(1 - \frac{1}{p_k}\Big)^2 p_k^{-\alpha} \cdot$$

$$I_{\{p_k(X_k \mid X_{k-m}^{k-1}) \leqslant C\}} \mid X_{k-m}^{k-1}\Big] + \limsup_{n\to\infty} \frac{1}{n} \sum_{k=m}^{n} C^{-\alpha}(\log C)^2 \Big\}$$

$$\leqslant \frac{\lambda^2}{2} \Big\{ \limsup_{n\to\infty} \frac{1}{n} \sum_{k=m}^{n} E\Big[p_k^{-(2+\alpha)} \cdot$$

$$I_{\{p_k(X_k \mid X_{k-m}^{k-1}) \leqslant C\}} \mid X_{k-m}^{k-1}\Big] + C^{-\alpha}(\log C)^2 \Big\}$$

$$= \frac{\lambda^2}{2} \{C_\alpha + C^{-\alpha}(\log C)^2\} < \infty \quad \text{a. s.} \tag{33}$$

当 $0 < \lambda < \alpha$ 时由(33)有

$$\limsup_{n\to\infty} \frac{1}{n} \sum_{k=m}^{n} \Big[-\log p_k(X_k \mid X_{k-m}^{k-1}) -$$

$$E(-\log p_k(X_k \mid X_{k-m}^{k-1}) \mid X_{k-m}^{k-1})\Big]$$

$$\leqslant \frac{\lambda}{2}\{C_\alpha + C^{-\alpha}(\log C)^2\} \quad \text{a. s.}$$

仿照(23)～(26)的证明方法即得(32)成立.

方法科学中的熵与现象科学中的熵①

中国矿业大学北京研究生部的李超英教授于 1992 年在提出信息论等学科是方法科学的基础上,相应地提出自然科学和社会科学可统称为现象科学,等分析了这两类科学的特点. 指出信息论熵属于方法科学,其他各种熵属于现象科学. 而是方法与应用的关系. 应用 Shannon 定理的原始公式为信息论熵的定义式;信息论熵没有具体量的单位;热力学熵无量纲.

§1　方法科学与现象科学

科学既是知识体系又是动态的知识生产过程. 科学方法也就是生产知识的方

附录二

---

① 引自《中国科学技术协会首届青年学术年会论文集》中国科学技术协会首届青年学术年会执行委员会编(交叉学科分册),中国科学技术出版社,2009,北京.

法. 但有些方法在生产知识的同时自己也凝结进知识体系内, 如数学、逻辑方法凝结为物理学各公式、定律的形式和它们之间的数学、逻辑关系. 因此这些方法也是"知识的表现形式和把知识组织成体系的方法". 随着人们对这些方法的专门研究, 它们从应用它们的学科中独立出来, 形成专门的方法性学科. 这就是鲁品越所称的"科学的'旁系发展'". 这些学科以科学方法为研究对象. 根据科学对象分类是科学分类的最基本原则. 它们研究的并非自然界或人类社会, 所以应是"单独的一类——方法科学". 相应地, 所有以客观现象为研究对象的学科(即自然科学和社会科学)可称为"现象科学".

不同的研究对象导致了不同科学的特点.

现象科学既然研究的是客观现象, 它的理论当然就要与现象相符, 而且对同一现象不应有相互矛盾的解释. 这就是现象科学的客观性和唯一性. 例如对光本质的解释, 早期有"微粒说"和"波动说"两种不同的理论. 它们虽然都能解释当时人们已知的光现象, 但互相矛盾, 所以人们并不认为它们都能成立. 现在的波粒二象说是一个整个的无矛盾的新理论, 并不是把两种互相矛盾的学说拼在一起. 从粒子图像出发的矩阵力学和从波动图像出发的波动力学在被证明实质上是等价的之后才被人们一起接受.

方法科学既然不研究客观现象, 它的理论也就无所谓与客观相符. 虽然可以把方法用于客观现象, 但这只能检验应用的对错, 并不能鉴定方法本身. 如对"$\frac{1}{4}$

个人""－3个太阳"等荒谬现象我们只能说这是对有理数使用(用来"计数")的错误,而不能判定有理数本身是错的. 数学结论"谈不上是否为实践所推翻,是否为实践所证实". 对同一现象可有不同的研究或描述方法. 虽然人们常根据研究的目的和条件选择一种较方便的方法,但别的方法并非就是谬误."一种几何学不会比另一种几何学更真;它只能是更为方便而已."这就是方法科学的主观性和多样性.

客观规律不以人的主观意志为转移,这体现为现象科学的唯一性;而它的表示形式可随人的主观偏好选择,这体现为方法科学的多样性. 现象科学是客观真理;方法科学是真理的形式. 客观现象由人发现;而认识客观的方法由人发明.

科学方法发展为方法科学的标志是形式化."只有形式化才能彻底从具体使用它的学科中分离出来,获得独立发展和走在应用前面的能力;也只有无具体内容的形式才能方便地套入各种内容,得到广泛应用."逻辑学、数学、相似理论、系统论、信息论、控制论等就是已经形式化的方法性学科. 正是由于这一点,方法科学也被称为"形式科学"或"符号科学"(后两个名称着眼于表面现象,前一个名称着眼于本质).

§2 熵理论已成为方法科学

熵的概念最早出现在热力学中,以后量子论、通信理论、生物学等领域都使用了这个概念. 但具有最广泛意义的还是通信理论中的熵. Shannon 把它定义在概率的基础上. 概率是事件的函数,事件是样本点的集合,样本点是随机试验的结果. 而"试验"没有定义,可作各种解释,与客观现象没有确定的关系. 公理化的概率论早已形式化,在此基础上建立的信息论熵自然也是形式化的. 而且抽象掉具体载体的通信过程不存在热运动,那里没有热力学的研究对象. 熵概念能用到通信理论中只能是移植方法. 另外从 Shannon 定义熵的方式中也可以看出,他完全是在选择一种好用的函数形式. 连续性、单调性、可加性并不是对客观存在的"熵"进行分析后得出的,而是为了计算方便主观选定的. Shannon 定理完全是在数学范围内证明的. 因此,熵理论在这里只能是方法科学. 正是由于熵理论已成为方法科学,它才能被广泛使用. 而热力学熵则是信息论的熵理论即信息论熵在热力学中的一种应用. 就像速度是导数在运动学中的一种应用一样. 从逻辑上说似乎应先有方法,再投入应用;而实际当中往往是先在解决问题中创造出方法,然后再把它抽出来专门研究.

熵概念可以移植到各个领域中,但它在通信理论中被彻底形式化从而独立出来,却有相当的必然性. 通

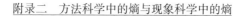

信理论研究的就是通信中量的问题,它并不涉及通信的内容,这就决定了这个学科的理论是相当形式化的.仅"信道容量""传输速率"等概念含有物理内容(时间).而通信量的定义必然是形式化的.

§3　信息论熵与热力学熵岂能换算

在熵理论的发展历史上,"信息论熵与热力学熵可以换算"这个观点影响很大,虽然有人提出过疑义,但下面这个公式仍被广泛引用

$$1 \text{ 比特} = k\ln 2 \approx 10^{-16} \text{尔格}/{}^{\circ}\text{K} \tag{1}$$

几乎所有谈到两种熵关系的文章都对此肯定.然而,这真是一个联系两种熵的换算公式吗?

让我们回到 Shannon 定理的原始公式上来

$$H = -K \sum_{i=1}^{n} P_i \log aP_i \tag{2}$$

这里有两个常数 K 和 a.只要 $K > 0, a > 1$,它们可以取任意值.也就是说熵有无穷多种计算单位.现假定有一只有两种等概状态的系统,$P_i = \dfrac{1}{2}, i = 1, 2$.我们来计算一下它的熵.我们可以取 $K = 1, a = 2$,这时的单位即为大家熟悉的"比特".代入式(2)即得

$$H = \log_2 2 = 1 (\text{比特})$$

我们也可以取 $K = 1.380\ 66 \times 10^{-16}, a = e$,姑且称这时的单位为"$X$",于是

$$H = 1.380\ 66 \times 10^{-16} \ln 2 \approx 10^{-16} X$$

同一系统的熵当然应该相等. 于是有

$$1\text{ 比特} \approx 10^{-16} X \qquad (3)$$

这个式(3)不正是前面的式(1)吗? 可上述推导过程哪里丝毫涉及到热力学的内容呢? 可见式(1)根本就不是信息论熵和热力学熵的换算公式! 它本质上只是信息论熵的不同单位之间的换算公式. 仅当等概状态用来表示分子的微观状态时,热力学可以把这个公式搬过去用而已. 就像把"1 打 = 12 个"这个换算式用到实物中成为"1 打笔 = 12 支笔"一样,并不是又出来一个"打"和"支"的换算式.

热力学只选用了

$$K = k,\ a = e$$

且

$$P_i = \frac{1}{n} \quad (i = 1, 2, \cdots, n)$$

时的信息论熵. 其实不搬式(3),从 Planck 的熵表达式也可以直接推出式(1)(W 为可能状态数)

$$S = k\ln W = k\ln 2\log_2 W \qquad (4)$$

设

$$S' = \log_2 W$$

则

$$S = k\ln 2 S' \approx 10^{-16} S'$$

于是

$$1\text{ 单位 } S' \approx 10^{-16} \text{尔格}/{}^\circ K \qquad (5)$$

这里也没让信息论插手,一个对数换底就出来了!

(S' 与 S 只差个系数,其物理意义本质上是一样的,这里可看作以另一种单位计算的热力学熵.)式(5)或式(1)之所以会等到信息论建立后才被"发现",实在只是因为热力学用不着它.

方法科学的概念虽然本身没有具体内容,但一旦它们用到具体现象上,就有了相应的具体含义.如果式(1)是对分子微观状态不肯定程度的测度,那它的左边就已经不是抽象的信息论熵了,而是把信息论熵的计算方式之一用到热力学中算出的一个"新的"热力学量,其本质就是热力学熵.就像当导数用于测度时间与位移的关系时其结果已不是抽象的导数,而是速度一样.如果式(1)算的不是分子系统,那它右边又怎么会是热力学熵呢?

方法与使用者的关系不是换算关系.导数可以用来计算速度、斜率、温度梯度、密度等,但它们之间并不能换算.信息论熵与热力学熵同样也没有换算关系,它们分别是不同层次的数和量.式(1)只有两边都是同一种熵时才有意义.

§4 反思熵的定义式、单位、量纲

那么为什么 §3 的式(1)会长期被那么多人接受呢?

Shannon 证明的满足三个性质的测度公式其完整形式是 §3 的式(2).由于它有两个任意申常数(其实对数换底也是乘一个系数,所以实质上只有一个常

数),因此它只是在形式上是唯一的,具体使用时有无穷多种.理论上我们不能排除任何一种.然而 Shannon 定义

$$H = -\sum_{i=1}^{n} P_i \log_a P_i$$

为熵,这就使 K 只能取 1;在随后的例子中他又都取 $a = 2$,以至给人的印象信息论熵只是

$$H = -\sum_{i=1}^{n} P_i \log_2 P_i \qquad (1)$$

这样在信息论中当然就找不到

$$H = -1.380\,66 \times 10^{-16} \sum_{i=1}^{n} P_i \ln P_i \qquad (2)$$

这个定义式了,更导不出 §3 的式(3).只好到热力学中去找.因此,为保证定义式的完整性,应以 §3 的式(2)为信息论熵的定义式,而式(1)(2)只是当选定常

数后,§3 的(2)的简化式,正如库仑定律 $F = k\dfrac{q_1 q_2}{r^2}$ 中

k 可以取 1,也可以取 $8.987\,5 \times 10^9$ 一样.相应的两种电量单位之间当然可以换算,这根本不需要证明.

　　熵作为形式化的方法似乎与其他形式化方法不太一样.像形式化的导数本身是没有单位的,只有速度、温度、梯度等应用它的现象科学概念才有单位.而熵本身就有单位.这就很容易使人们把它当成一个客观现象的量而去寻找它与其他量的关系.其实即使对式(1)来说它在用到客观现象中时其数值仍不是唯一的.举一个最简单的例子:从一个装着两个不同颜色色子的口袋中摸出一个色子.如果只考虑颜色,这个试验

的熵是 1 比特;如果只考虑拿出来时朝上的是几,则熵是 2. 58 比特;如果两者都考虑,那熵就是 3. 58 比特;要是再考虑朝其他几个方向的数字是几,那熵又是 5. 58 比特了. 还可以有其他一些考虑方式,从而算出另一些不同的熵值来. 这些差别绝不是测量误差,完全是人们定义不同的样本点的缘故. 不像速度那样,对一个在具体时间或空间的物体,只要给出单位,其数值就是确定的. "对于某一事物,如果我们从不同的角度去研究,可以有完全不同的熵或信息的值." 上面那个例子抽象到信息论中是几个完全不同的系统,可见熵确实不是一种客观的量,而是一种并不针对特定对象的测度方法. 比特等熵的单位与客观事物的量没有对应关系,人们在应用它们的时候还得根据需要对计量标准——什么样算 1 个试验结果——进行定义. 无论 §3 的(4)还是本节的式(1),用到一具体物系上时,只要定义"以分子的 1 个可能微观状态为 1 个试验结果",算出来的就是热力学熵,否则就是别的什么熵(Planck 的表达式本来就不是专为热力学熵而写的). 至于形式上用"比特"还是用"尔格/°K"那都无关紧要. 其实比特的本意是一个数用二进制表示时需要的位数,至于这个数是以什么为单位的什么量都与它有关. 它并不是具体量的单位. 说信息论的"本质基本上是一种数数",就在于此. 熵本质上没有单位.

　　导数用到运动学中就引入运动学单位,用到传热学中就引入传热学单位,否则无法计算. 一般只要看使用的单位就可以区别方法和它的各种应用. 而 §3 的式(1)两边偏偏摆着不同学科的单位,这就很容易使人们以为两边是不同的熵. 其实尔格/°K 的物理意义——也就是热力学熵定义式

$$dS = \frac{dQ}{T}$$

的意义——是能量/温度,而温度的本质是分子平均平动动能. 我们完全可以用后者"来作为温度的尺度",只是历史上已选定了开尔文温标,为使用方便起见才在国际单位制中把开尔文作为基本单位. 就像电量,它完全可以用力和距离作为尺度(即静电单位),只是为方便起见才增加一个基本量——电流,再用它定义电量单位. 所以§3 的式(1)右边单位的意义本质上是能量/能量. 一化简,§3 的式(1)不就完全成§3 的式(3)了吗? 可见§3 的式(1)的两边都没有量纲,更不可能反映能量与信息的联系. 正是由于热力学熵无量纲,§3 的式(1)左边才能不引入热力学单位就算出数字. 实际上,由于熵的计算以概率为基础,这就注定了它在各种应用中都是无量纲的. 我们不可能从单位上区分不同的熵.

§3 的式(1)在科学技术中没有任何用途,它之所以能广泛流传很大程度上是一些哲学家的兴趣使然. 信息论的广泛使用吸引着哲学家去研究信息的"本质",要把它"上升"为哲学范畴. §3 的式(1)正好可用来"证明"它有普遍的联系,非常重要,能与能量并列,因此被刻意强调等式两边在形式上的不同. 其实信息"不是一个哲学范畴,用不着哲学去对它的内涵进行界说. 正如能量的概念外延也很广,可我们并不感到必须有个'哲学的'能量一样."信息论熵是形式化的

科学方法,其他各种熵都是它在各门现象科学中的应用. 不认清这一点,即使放弃了§3 的式(1),总还会想着去找那两种熵或其他各种熵之间"真正"的换算公式. 就像不清楚热力学定律的人虽多次失败仍想造出"永动机"那样.

文学与信息论[①]

信息论是从系统论中衍生出的一门学科,它最初应用于通信技术领域,后来它向自然科学和社会科学的诸多领域扩展,成了一门应用于极广的学科. 在比较文学中,它属于跨学科研究的范畴.

§1 信息论的基本原理及与文学的关系

一、信息论和信息学

信息论是研究信息的本质,并用数学方法研究信息的计量、传递、变换、储存的科学,是研究通信和控制系统中信息传递的规律,并研究如何提高信息传递系统的有效性、可靠性的理论.

信息论的创始人是美国的科学家 Shannon 和 Wiener 等. Shannon 在 1948 年发表了论文《通信的数学理论》,提出了包括信源、编码器、信道、译码器、信息的通信系统基本模型,并提出了提供信号出现概率计算量的 Shannon 公式,初步解决了信道、编码的一系列理论问题等,从而奠定了现代信息论的基础.

信息论的建立与发展,不仅为现代通信技术的发展提供了基本理论工具,而且它已被应用于工程控制、神经生理、生物等、心理学、哲学、历史、文学艺术等诸多研究领域,是一个门用途广泛、前景广阔的学科.

信息学是一门以信息的全部过程为处理对象的学科. 它涉及信息论、控制论、符号学、电子学、计算机科学、人工智能、系统工程学和自动化技术等多门学科的理论和方法,是一门尚在发展中的学科.

二、信息及信息产品

(一)信息.

关于什么是信息,不同领域的人们的说法和理解往往是不同的. 在日常生活中,人们常常把信息和情报、消息、通知等混为一谈. 在一些纯理论性的研究中,信息究竟是物质的、精神的或其他的也往往是各执一词. 中外学者们对信息的说法也往往是不同的,比较有代表性的说法有:

Wiener 的说法是:

信息是人们在适应外部世界并且使这种适应反作用于外部世界的过程中,同外部世界进行交换内容的

名称. 信息就是信息,既不是物质也不是能.[①]

由车济炎、林德宏主编的《新知识词典》中的说法是:

运动的质. 物质运动的属性包括能量和运动状态的其他性质——由有序程度、有序内容两个方面组成的有序性. 其中能量代表运动的量,有序性则是运动的质——信息相联系的. 由于在一定条件下有序性仍然与能量有关,因而信息应是除去能量之外的运动属性.[②]

由金哲、姚永抗、陈燮君主编的《世界新学科总览》一书中的说法是:

所谓信息,是指人类、自然和机器关于信息的获取、存贮、变换、传递、处理、利用和控制等过程.[③]

在《人工智能的认识论问题》一书中,概括了国内外专家们的以下几种说法:

一是把信息与物质、能量割裂开来,认为信息是非物质的精神实体的特性,是纯粹精神的活动;二是把信息与物质、能量机械地等同起来,认为信息是物质实体或者以"场"的形态存在的物质——"信息场";三是认为信息既不是物质,也不是意识,而是与物质和意识并

① 转引自金哲、姚永抗、陈燮君主编:《世界新学科总览》,24 页,重庆:重庆出版社,1987.

② 引自车济炎、林德宏主编:《新知识词典》,954 页,南京:南京大学出版社,1987.

③ 引自金哲、姚永抗、陈燮君主编:《世界新学科总览》,77 页,重庆:重庆出版社,1987.

列的第三种"根本的东西";四是认为信息是一切物质
的普遍属性,信息概念是哲学范畴,这一看法称为信息
问题的"属性论";五是认为信息是系统的功能现象,
它仅为生物、人和自动机等控制系统所具有;六是主张
"信息是事实和数据的组合",或者认为信息是具有新
内容、新知识的消息.①

《辞海》中的说法是:

信息是指对消息接受者来说预先不知道的报道.

(二)信息的存在及信息产品.

信息的生成范围极其广泛. 大千世界中的一切事
物大至宏观世界中的地球、太阳系、银河系、总星系,小
到微观世界中的分子、原子、基本粒子都能生成信息.
风雨雷电是自然信息,岩层和矿藏是地质信息,遗传密
码是生物信息,文物古迹是历史信息,语言文学是社会
信息,总之,构成客观世界的一切事物都能发出信息.
事物都在不停地运动变化中,信息也总是在不停地生
成中. 因此,信息是无处不有、无时不有的.

信息尽管是抽象的东西,但它能表现为具体的信
息产品,较为常见的信息产品有:

1. 文字形态的信息产品.

即以书面文字为载体的信息资料. 这类信息产品
主要有报纸、杂志、文学作品、专著、各类专业文献、各
机关和企事业单位的公文、计划、总结、简报、调查报

---

① 引自金哲、姚永抗、陈燮君主编:《世界新学科总览》,
24 页,重庆:重庆出版社,1987.

告、会议记录、消息、通信、新闻述评、统计资料、图谱、图录、样图、地图、档案等.

2. 声像形态的信息产品.

狭义的声像形态信息产品是指脱离了文字形式,用录音和摄像设备记录和摄制而成的唱片、录音带、录像带、新闻影片、科教影片、影碟、光盘等,它们是随着声像技术的进步而产生的信息产品. 它们的特点是:传播时能使人听到其声,看见其形,给人以直观感觉,更能真实全面地达到吸收信息的目的. 随着科学技术的发展,制作和播映手段的越来越现代化,这类产品越来越多,在信息领域内的被应用的机会也越来越多. 一般新闻事件、科技成果的研制、重要会议、广告宣传、工程纪实等领域中已普遍使用录音、录像或拍摄影片来收集、传播信息.

广义的声像形态的信息产品还包括属于"像"这类形态的信息产品的以实物形态存在的"物",如各种技术产品的实物、古代建筑物、文物、自然界里新发现的物等. 它们的存在,它们的被发现以及它们本身的"像",都包含着许多信息,如煤、银、铜、铁、锡往往在岩石中透出信息,金矿往往是从沙粒中透露出信息,岩层往往透露出地壳变化和自然变迁的信息,化石往往透露出生物进化衍变的信息. 专家们通过对古代文物的考证鉴定,可以得出数百年、几千年、上万年、数十万年以前的社会生产、自然变迁、文化沿革等诸方面的信息,将这些信息运用于当今的社会实践和生产实践中,有时可以获得意想不到的价值.

3. 记忆形态的信息产品.

是指在人际交流的过程中产生、传播和被吸收而又在人的大脑中存储的不具有确定的记录载体的信息产品. 与文字形态和声像形态的信息产品相比,这类信息不是依靠固定的载体提供的大多是已经发生了的事情的信息. 它们是人们在旅馆、餐厅、街头、贸易市场、车站、码头、机场、汽车、火车、轮船、飞机上等公众场合中,打破了等级、专业、行业、工种、职别、年龄等界限而进行的广泛的议论中所获得的信息. 它们的特点是分散、零碎,真实性和可靠性较差,但往往是在各种文献中难以找到的最新的信息. 它们能给信息工作者或管理者带来出乎意料地启发.

三、信息论的主要研究内容

（一）信息的变换和传递.

信息论把"编码→译码""调制→解调"作为信息变换和传递的途径. "编码→译码"是发回信息之间的符号变换,"调制→解调"是便于信息传递、接收的手段. 符号信息编码的目的是为了使经过变换后的符号信息适合于传输、保存和处理,有时还为了保密、安全. 译码是把编码翻译成原来的符号信息形式,以达到便于传输的目的. 解调是指把调制信号恢复成原有形式的转换.

（二）进行信息的度量.

信息作为事物之间内在联系的表征,是一个从不确定到确定性的运动变化过程. 在信息论中,度量信息的基本出发点是把信息作为用来消除"不确定性"的东西. 信息数量的大小用消除"不确定性"的多少来表示, 而事物"不确定性"的多少则用概率函数来描述. 从概率论的角度来看, 信息是一种概率增加. Shannon 等人为此还确立了信息量单位和信息量的计算公式.

四、信息论文学

信息论文学是运用信息论探索文学问题的一门学科, 是信息论与文学交叉渗透的产物. 信息论认为文学是向读者传递信息的一种特殊方式, 从作者开始创作到读者阅读欣赏文学作品的过程构成了一个信息系统. 信息论与文学作品的创作、文学作品的阅读与欣赏、文学作品的评价与研究、文学作品的翻译等都有着极为密切的关系.

(一)信息论与文学创作.

从信息论的观点来看, 作家进行创作就是把自己的思想转变为他人可以接受的信息, 是作家进行编码的过程, 作家所起的作用是编码器的作用. 这种作用有两个层次, 第一层次是编码器(即作家)把来自信息源(即生活)的种种感受加上自己的主观感受变形或折射转换成信息(即创作素材), 在信息贮存器(即作家的头脑)中贮存下来, 这是编码器的第一次编码. 这第一次编码要受到作者搜集信息能力(即作者深入生活的程度和发掘创作素材的能力)的局限;第二个层次是编码器(作家)把已经贮存的信息(创作素材), 按照信息处理原则运用符号(语言文字)和传输信道(即诗歌、散文、戏剧、小说等文字体裁)加工转换成有序化、系统化的文字形态的信息产品(即文学作品). 这第二

次编码要受到编码器(作家)对信息的加工处理能力(创作才能)的局限. 如果编码器(作家)在其编制出的信息产品中所播送出的信息很少具有"不确定性",全是确定无误的已知的东西,那么,这就是一部无人愿意阅读的陈腐不堪的作品. 相反,如果信息产品中所传播出的信息多属于具有"不确定性"特点的信息,读者就会感到陌生而不能理解. 能否在信息的新颖度和可理解度之间找到一个最优化的加工处理方法,这是衡量一个作家创作才能高低和一部作品优劣的准绳.

(二)信息论与文学阅读和欣赏.

在信息论看来,文学阅读和欣赏就是读者把作家编写的信息按照自己的理解还原为自己可以接受的内容的过程,在这一过程中,读者实际上起了一个译码器的作用,阅读和欣赏文学作品的过程就是译码的过程. 这种译码也有两个层次:第一个层次是译码者(即读者)将信息产品(即文学作品)译为自己可以理解的意义. 如果译码者(读者)不懂得信息产品(文学作品)的符号(即语言文字),译码就无法进行,读者就看不懂该作品. 第二个层次是译码者(读者)在译码时(即阅读欣赏作品时)往往是根据自己的文化水平、社会经历、知识积累、美学情趣、个人爱好等进行编译,由于译码者在上述诸方面存在差异,所以就会出现对同一作品有种种不同看法和理解的现象,所谓"有一个个读者,就有一千个哈姆莱特"正是如此.

(三)信息论与文学作品翻译.

信息论认为,文学作品的翻译实际上是信息符号的一种转换. 由于信息类型的不同,在转换时的难易程度也就有所不同. 文学作品主要是由语义型信息和审美型信息组成的. 语义型信息是易于转换的,而审美型信息则较难. 因为相对于语义型信息来说,审美型信息是一种多余的信息量,它是在传递相同的信息量的严格需要之外多余的符号数. 这种多余的信息量既不能脱离创作主体而存在,也不能脱离审美主体而存在,它往往是在编码过程中有所暗示,而在译码时由于符号转换者的理解上的不同和不同语言文字表现方式方法的不同,很难做到不失原意地转换过来. 于是就出现了一些文学作品可以不失原意地由一种语言文字转换成另一种语言文字,也就是说可以将一组信息编码的符号系统基本上不失原意地转换为另一种信息编码的符号系统,而另一些作品则较难的情况. 一般说来,神话传说、民间故事、小说较易于翻译,诗歌、戏剧则较难. 这是因为,相对来说,神话传说、民间故事、小说中语义型信息较多,诗歌、戏剧则语义型信息较少的缘故. 尤其是诗歌,其所包含的信息中审美型信息较语义型信息多,故诗歌是最难翻译的. 中国的唐诗宋词元曲是人类文学史上最优美的诗歌,但它至今却没有在世界文坛上获得它应有的巨大影响,就是因为中国古典诗词中所蕴含的中国人文精神、中华文明的独特的历史文化、审美观念、审美视野等信息,是非常难以翻译成其他语言的,是翻译过程中最容易丢失的东西. 中国现代著名文学家闻一多先生在《英译李太白诗》中就曾说过,李白诗的长处,就在于他的浑璞的气势,而这正是

其最难翻译之处,弄不好,李白的诗歌被译成了英文,李白却"死"掉了,因为去掉了浑璞的气势,就等于去掉了李白. 闻一多先生所说的李白诗歌的"气势",实际上就是李白受传统文化的浸染而在他的诗歌中体现出的对世界的独特感受和审美表达,这些往往是很难被翻译过去的. 所以,诗歌的翻译往往只能是一种再创作. 其实,即便是小说在翻译时,其中所含的审美型信息也是难以被翻译的,往往是故事内容可以被完整地译为另一种文字,而作品中的文化底蕴和审美信息却往往难以翻译出来. 如《红楼梦》中的人物的名字"黛玉""宝钗""鸳鸯""晴雯"等就带有很深的文化内涵和很强的审美信息,倘若采用音译,这些就会全部丧失了,而采取意译之法,则又不像是人的名字了. 人物的姓名要译好都如此的不容易,其他方面就更不用说了.

(四)信息论与文学研究.

首先,信息论把文学作品看成是文字形态的信息产品,文学作品中包含着大量的信息,既有作品所产生时代的社会生产、生活习俗、文化知识、经济状况、政治形势等诸方面的信息,也蕴含着作者的人生观、世界观、身世经历等诸方面的信息. 所以文学作品既是了解它所产生的那个时代社会面貌的重要文献,也是了解和研究作者本人情况的重要依据.

例如古希腊的荷马史诗,之所以在人类文学史上享有极为崇高的地位,除了它有极高的艺术价值和思想价值之外,更重要的是由于荷马史诗对上古时代希腊的生产状况、社会制度、宗教信仰、风俗习惯、部落战争、体育竞技、家庭生活乃至天文、地理等都有极为详尽的描述,带有大量关于上古时代希腊社会生活的、在现今看来极为珍贵的信息. 在《伊利亚特》中,人们可以看到当时社会组织的细胞是父系氏族,由氏族结成胞族、部落,以至部落联盟,部落中的最高权力属民众大会,长老会议是一个决策机构,史诗中的英雄是部落首领,不是统治者. 氏族公社的基本组织形式仍完整地保留着. 但是私有财产已经出现,氏族内部已分化成贵族和平民,他们对战争持不同态度. 贵族之间也因战利品的分配问题而发生冲突. 在《奥德赛》中,可以看到奴隶制已经萌芽. 但这是一种属于胚胎形态的奴隶制即家长奴隶制或家内奴隶制. 如俄底修斯的家里就有五十个奴隶,他们中有的是战争俘虏或劫夺来的,有的是用货物换来的,如俄底修斯的乳母欧啦克莱亚就是俄底修斯的父亲拉厄尔特斯用二十头牛换来的. 这些奴隶在家庭内有一定的地位,和主人之间还没有不可逾越的阶级界限. 上层妇女在家里照样劳动,纺纱织布、洗衣服. 在《奥德赛》的最后写俄底修斯到庄园去探视他父亲拉厄尔特斯时,这位老人正在葡萄园里劳动. 在《奥德赛》中,可以看到夫权业已确立,俄底修斯之妻珀涅罗珀为夫守节二十年,就被视为贤贞女性的范例. 但是,和几百年以后的希腊文学中所描写的希腊妇女比较起来,荷马史诗中的妇女地位就高多了,她们的生活还是比较自由的. 在荷马史诗中,读者可以看到各种不同的手工艺人,如木工、冶金、制革、制陶和车船工人,但他们的分工并不严格,他们常常要干好几种手

工艺活. 当时的工艺技巧和农业技术都已有了相当高的水平,如阿喀琉斯的盾牌上就雕刻有山川湖海、日月星辰、春种秋收、婚丧祭礼等图案. 当时的人们已很精通园艺技术. 那些岛主的宫苑里往往种植着各种花木,他们的宫殿里有金钩、银栏、铜栏杆,器物摆设十分考究. 当时的社会已有了物品交换,但还没有专门的市场和商人,也没有货币,通常是以牛作为价值的尺度. 如一副铠甲值一头牛,一位会刺绣的女奴隶的身价是四头牛,当时所使用的器皿、工具、武器多是青铜制造的,但在《奥德赛》中,已多次提到了铁. 由此可见,荷马史诗所描写的希腊已由青铜时代逐渐进入了铁器时代. 总之,两大史诗所透露出来的信息是古代希腊人生活的全面反映,是后世的人们认识、研究古希腊社会的极其珍贵的历史文献,是了解人类童年时代面貌的完美的"诗史".

据《兰州晚报》2003 年 9 月 6 日所载《莎士比亚部分作品被证实系他人所为》一文中说:"莎士比亚作品到底出自谁手,这个问题长期以来一直都没有定论. 文艺复兴问题研究专家布莱恩·维克斯在最近出的一本新书中澄清了这个人们争论已久的问题. 在《莎士比亚·合著者》一书中,65 岁的维克斯教授展示了历代学者如何通过无数测试证明,在五部莎翁戏剧中都有大量内容出自其他剧作家之手. 这些学者对修辞手法和韵律习惯等进行研究后得以识别整部作品的作者或作品中一部分章节的作者,在早期的版本中并没有给真正的作者署名. 这些作品并不是最经典的莎翁戏剧,但书中的大量证据无可争辩地表明,《泰特斯·安德洛尼克斯》有将近三分之一出自乔治·皮尔之手,《雅典的泰门》大约有五分之三是托马斯·米德尔顿写的,《泰尔亲王配力克里斯》中的五幕有两幕的作者是乔治·维尔金斯,《亨利八世》中超过一半的内容出自约翰·弗莱彻的笔下,1634 年首次出版的莎士比亚与弗莱彻合著的《维罗那二绅士》只有五分之二为莎士比亚所作."

其次,由于信息论是一门以数学为基本表达方式的学科,将信息论引入文学研究就意味着文学研究的数学化. 这种数学化在信息技术已高度发达、各门学科正走向整一化的当今社会中有着广阔的前途,现在,将文学作品输入电脑,用统计学的方法进行文体风格和个人艺术特征的辨析的研究已经取得了可喜的成就. 一些文学研究者通过对不同作者在用词的频率、词长、句长、词序、节奏、韵律、特征词等方面的各自爱好上的不同进行分类统计,来确定难以描述和定性的不同作者的风格特色,判断其作者是谁,是他哪个生活阶段的作品.

例如,到 1978 年为止,《莎士比亚全集》译本篇目基本相同,均为《维纳丝与阿童尼》《路克丽丝受辱记》两首长诗,《情女怨》《凤凰与斑鸠》《爱情的礼赞》《乐曲杂咏》四首杂诗,154 首十四行诗,37 个剧本. 但是在美国,1974 年出版的《滨河莎士比亚全集》(*Riversied Shakespeare*) 就把一个名为《两个高贵的亲戚》(*The Two Noble Kinsmen*) 的剧本纳入其中. 1986 年,英国的

牛津《莎士比亚全集》也把此剧收入了. 以后, 西方的多家出版社都把此剧纳入了他们所出版的《莎士比亚全集》中, 《两个高贵的亲戚》纳入莎翁全集似乎已成为定局. 在此以前的 1985 年, 牛津《莎士比亚全集》的编辑 Gary Taylor 宣布发现了一首莎士比亚的诗. 1997 年, 《滨河莎士比亚全集》又把历史剧《爱德华三世》(Edward Ⅲ) 和长诗《挽歌》(A Funeral Elegy) 纳入了其中. 这样一来, 到 1997 年为止, 新被确认的莎士比亚的作品就达到了四部. 确认的办法主要有手稿笔迹对照辨认, 和在电脑上进行单词拼写习惯、词语、句法、意象、思想等的对比分析等手法.

1985 年, 深圳大学中文系和电脑中心联合制作了《红楼梦》的电脑多功能检索系统, 在此基础上, 张卫东、刘丽川等先生运用统计学的方法对《红楼梦》的前 80 回和后 40 回的语言风格要素和风格手段进行了比较研究. 120 回《红楼梦》输入电脑时, 采用的是标准《信息交换用汉字编码字符集 (基本集)》, 该集拥有汉字 6 763 个, 分为两级字库, 第一级字库含 3 755 个常用汉字, 第二级字库含 3 008 个次常用汉字. 深圳大学的《红楼梦》检索系统在这两级字库之外, 还用了 240 个非常用汉字, 如 "媕婀" 等, 240 个非常用的汉字在前 80 回和后 40 回中出现率是有所不同的, 这 240 个汉字只有 10 个是既出现于前 80 回, 又出现于后 40 回. 余下的 230 个字中, 210 个只出现于前 80 回, 只有 20 个出现于后 40 回. 出现频率在 2 至 16 次之间的生僻汉字只见于前 80 回的为 49 个, 只见于后 40 回的为 5

个. 由此可见,《红楼梦》的前 80 回和后 40 回在用词习惯上是很不相同的,加以大量统计材料显示的后 40 回作者造句用词的"京味儿"及深厚的北京方言基础,说明了《红楼梦》这部书不可能只出自一个作者的手笔,后 40 回也不可能像最近一些学者推测的为一个江南女子杜芷芳所写. 而钱学烈先生在利用同一电脑检索系统写成的《试论〈红楼梦〉中的"把"字句》一文中,谈到了对《红楼梦》中"把"字句和"将"字句进行了穷尽的统计和分析,论述了这两种句式在口语和叙述语中的消长及其在前 80 回和 40 回中的不同表现. 文章还对《红楼梦》中出现的表行为方式把字句、否定句式把字句、不完全把字句等特殊句式进行了具体分析并穷尽其例句,得出了与众不同的结论.

从上述事例可以看出,把信息论的方法运用于文学研究尽管尚在尝试的初始阶段,但取得的成果已是十分喜人的,可以预见,它的前景将是十分广阔的.

西方信息研究进路述评

附 录 四

由于信息概念在众多学科中都起着重要的作用,不同学科根据其不同的目标和不同的历史背景,分别采取了不同的方式来处理信息概念. 南京大学哲学系与宗教学系的周理乾博士 2017 年根据研究进路的不同,将西方信息研究分为九类:数学进路目的在于为信息的测量提供精确的数学方法,主要有通信的数学理论、计算理论和组合理论;语义进路研究被数学进路所忽视的语义信息,目的在于提出信息的语义内容的测量;逻辑进路则将信息概念应用于逻辑之中,为逻辑研究带来了新的启示;动力学理论则关注信息的因果动力学过程,力图理清信息与因果过程的关系,为信息研究提供科学基础;信号博弈论则运用合作博弈论的成果,以自然主义的精神来解决信号是如何自发地涌现出来的问题;泛信息主义则将信息视为像物质、能量一样的宇宙的基本性质——信息不是被解释的对象,而是解释其他现象的出发点. 符号学进路则跟随 Pierce 符号学的脚步,提出了富有洞见的符号学信息理论;哲学进路则研究信息概念或信息现象的哲学意蕴,主要包含信息的哲学反思和信息哲学作为第一哲学两种观点;跨学科进路认为信息是多层次涌现的复杂现象,应该以跨学科的角度进行研究. 虽然不同研究进路中信息概念的含义不尽相同,但却可以相互借鉴,为信息研究的未来发展提供坚实的基础.

"在科学中,信息概念是个中心统一概念. 它在物理学、计算与控制论、生物学、认知神经科学,当然还有社会科学中扮演了关键的角色. "近些年来,由于信息与通信技术的广泛应用,以及由此带来的社会生活方式的变革,同时由于当代自然科学研究中生命与认知研究领域得到高度重视,信息因其关键角色而成为不同学科所关注的焦点. 近几年来,信息研究的新成果层出不穷,不同学科涌现出了不同的研究进路."他山之石,可以攻玉",为进一步推进中国信息科学的发展,使国内信息科学研究者充分了解当代西方信息研究的最新发展,本章打算将西方学者在这方面近几十年来的研究与发展进行一个系统的介绍.

由于不同学科的追求目标不同,历史背景不同,每个学科处理信息概念的方式也不尽相同. 这些学科所采用的进路多种多样,从纯粹量化的到纯粹质性的,各种进路应有尽有. 本章所介绍的第一条进路是数学进

路,代表性理论有 Shannon 和 Weaver 的通信的数学理论,Kolmogorov 的计算理论和 Penrose 的信息组合理论. 第二条进路是语义信息研究进路,它是由 Yehoshua Bar-Hillel 和 Rudolf Carnap 建立的, 又被 Fred Dretske 与 Luciano Foloridi 进一步发展. 第三条的逻辑进路,开始于 David Israel 和 John Perry 的经典工作,又进一步被 Johan van Bethem 发展. 第四条进路为信息的动力学理论,主要代表有 John Collier 和 Terrence Deacon. 第五条进路为信号博弈论,该理论首先由 David Lewis 创立,由 Brian Skyrms 及他的同事进一步发展. 第六条是泛信息主义,主要代表有 John Wheeler、David Chalmers 和 Tom Stonier. 该进路将信息视为宇宙的一个基本性质. 第七条是符号学进路,主要是一些符号学家提出和坚持的,比如 Winfred Nöth. 这条进路的当代发展还包括生物符号学中对信息概念的讨论. 第八条是哲学进路,这条进路或者将信息概念应用于传统的哲学问题,以带来新的启示,像 Gareth Evans、Fred Dretske 和 Ruth G. Millikan;或者以信息概念为出发点建立全新的哲学,如 Luciano Foloridi. 最后一条为跨学科进路,它首先由 Norbert Wiener 和 Gregory Bateson 所倡导,Fritz Machlup 所坚持, 在当代被 Wolfgang Hofkirchner,Søren Brier 和 John Mingers 进一步推进.

本章的划分并不是十分严格的,不同进路之间也不是互不相容,甚至同一个人的理论可以被划分成不同的研究进路. 这是由于信息概念本身的模糊性以及不同研究进路之间的非线性互动所导致的结果. 在本章中将简单介绍这九大研究进路:首先介绍他们的目标、研究方法和内容,然后初步反思当它们应用于解释日常信息现象时的优点和局限性.

一、数学进路

尽管信息这个术语的起源与哲学纠缠在一起,具有很长的历史,但它的科学意义却源于信息的数学理论. 其中,数学方法用于衡量信息的量. 信息的数学研究进路并不关注信息的意义,因为信息的语义方面由于是质性的而很难被转换成数学. 根据 Kolmogorov 的划分,主要有三个信息的一般数学理论:Shannon 和 Weaver 的通信的数学理论、Penrose 的信息组合理论和 Kolmogorov 的计算理论. 另外,这一节也会简要地讨论 Leo Szilard 和 Rolf Landauer 关于信息在物理学基础方面的工作以及 Neumann 关于量子力学和粒子物理学中的一些信息问题. 再加上生物信息研究,这些理论构成了自然科学中的信息研究进路.

1. 通信的数学理论

继承于 Harry Nyquist 和 Ralph Hartley 的先驱工作,Shannon 与他的同事 Weaver 一起发展了通信的一般数学理论. 根据 Weaver 的说明,通信问题有三个层次:关注通信过程中符号传递精确性的技术问题,关于接收者理解意义的语义问题以及着重于通信的有效性问题. 尽管技术问题看起来是表面的问题,语义问题和有效性问题包含了通信问题绝大部分的哲学性内容,

但后两个层次深深地依赖于前一个层次,因为它们要受前者的约束. 因此,技术问题的理论是对信息与通信进行哲学反思的基础. 由于只关心工程问题,而通信的语义方面与此无关, Shannon 的通信的数学理论(MTC)为技术问题提供了一个一般理论.

对于 Shannon 来说,通信有意义的方面是从一组可能的消息中实际上选择出来的消息. 信息是对一个人在选择消息时的自由度的测量. MTC 的目的在于探索如何设计实现这一选择过程的人工通信系统,这个系统能够将发送者意图发送的信息传递给接收者. 这个项目的主要任务是测量这类通信系统的传输能力. 为了实现这个目标,它必须比较从信源发送的意向信息的量与接收到的信息的量. 比较的结果就是信道的稳定性和传输能力. 因此,必须找到测量信息量的一般方法. Shannon 将信息定义为选择的不确定性的消除,这能够用概率来测量. 假设一个信源存在有限的可能状态,每个状态的概率相同,这些状态构成了潜在的不同消息. 信源中这些消息的概率总和为 1,那么信源可看作意向消息产生概率的函数,这一般被表示为对数方程

$$I = k \log_2 p$$

I 表示意向消息的信息的量,p 是意向消息产生的概率,对数的底数一般取 2,因为它对应着逻辑值的量:真和假. 这个等式的基本含义是:一个消息的可能性越大,它所包含的信息就越少. 换句话说,一个人的选择

自由度越大,他所获得的信息就越多. 由于这个等式在数学上类似于热力学熵的测量等式,Shannon 听了Neumann 的意见后,也将其结果称为信息熵.

由于 MTC 纯粹量化的取向和对信息质性方面的忽视而恶名远扬. 由于学术界越来越关注信息语义和语用方面,他们批评 MTC 并不是信息的理论,因为它丢失了信息概念本来的含义. 然而,我们不能在倒洗澡水时,连同里面的孩子一起倒掉. 如果将 MTC 置之不顾,我们不可能建立起一个完整的信息理论. 如果我们想要在信息研究上走得更远,我们可以从 MTC 中至少学到三点经验:第一,正如 Weaver 所说的,MTC 揭示了信息过程的物理限制. 信息只能在某个具体的通信系统中传递,这依赖于信道的传输能力和整个系统的稳定性(噪声问题). 第二,Shannon 和 Weaver 将信息定义为一个人选择消息的自由度和不确定性的消除,这意味着"信息概念不是应用于个体消息(正如意义概念那样),而是这个情境整体. "换句话说,信息所指称的是整个通信过程,而非从信源传送到目的地的某种实体性东西. 由于信息的测量是对一个人选择消息的自由度的测量,这意味着信息过程是主体相关的,尽管它是一个客观过程. 这是信息意义的起源,因为消息的选择能够满足通信参与主体的特定目的. 第三,信息熵与热力学熵的相似性不仅仅是表面的. 从后面将要介绍的 Deacon 的工作中,我们可以看到在两种熵之间存在着深刻的联系,这能够为信息过程奠定物理动力

学基础,并为信息的语义学方面的说明提供新的启示.因此,MTC 并不是我们应该丢进历史垃圾堆的东西,而是信息研究新探索的起点.

2. 其他信息的数学理论

Penrose 的信息组合理论的形式类似于 MTC,不过它依赖于组成系统宏观和微观状态的频率,而非消息的概率. 在这里,一条消息等价于一个微观状态[①]. 微观状态与另一个信息的关键概念,即冗余紧密相连. 简单来说,冗余或者是信息的直接重复,或者是结构中的关联,这个关联能够约束它所提供的信息. 尽管冗余降低了一个信号所能传递的信息的量,但它使理解该信号的信息得以可能,因为它为理解者提供了可预测性.这与信息过程的动力学结构有着深刻的联系.

信息的冗余也与第三种信息的数学理论,也就是算法理论相联系. 计算理论或信息的算法理论的基本思想是,一条消息所包含的信息的量是这条消息最短描述的长度. 根据通用计算机,如图灵机,所有的描述都能够被编码为二进制程序. 我们可以用计算时间来测量一个描述所包含的信息量. Collier 认为,Kolmogorov 对信息的测量要比 MTC 和组合理论更基本,因为它并不是根据概率理论来界定的,并且可以应用于个别情况. 这个理论也可以从其他方面来测量信息的冗

---

①　Hartley 的先驱性的通信理论也是基于元素的频率(1928).

余. 简单冗余只是系统微观状态的重复. 另一种形式的重复是 Markov 冗余. 在时间序列中, 每个微观状态都会约束下一个微观状态. 也存在层次性冗余. 这就是说, 在超越系统特定层次上发现的冗余或形式并不能在较低的层次发现. 追随 Kolmogorov 的脚步, Charles Benett 用逻辑深度来计算层次冗余的测量. 从它的压缩形式来看, 产生一个简单冗余的表面结构的计算时间很短, 因为计算它的结果很容易. 但很难计算长序列或层次性的压缩形式的冗余, 因为它们的逻辑深度很深. 不论是组合理论, 还是算法理论, 都可以应用于通信的高效编码的构建. 这条研究进路被高达娜·道迪格－肯格维克和马克·巴尔金所继承与进一步发展.

3. 自然科学中的其他信息理论

以上三种信息的数学理论都是纯粹量化的, 目标在于计算信息的测量而非关注信息的意义. 因此, 它们远离了信息的日常使用, 尽管它们在技术、工程方面的应用给日常生活带来了颠覆性的变化. 除了这三种数学理论, 在自然科学中还有其他三种研究信息的进路: 物理学中的信息, 量子信息和生物信息.

尽管我们都从 Wiener 的名言中得知通信过程中的能量消耗不能够成为信息的精确测量, 但信息过程确实依赖于物理过程, 并且会消耗一定的能量. 基于信息的算法理论, Szilard 和 Landauer 发现, 信息过程存在着物理限制: "在将 1 比特重置为 0 时, 不存在比转换 ln 2 焦耳的功更好地重置运作的物理实现". 也就

是说,不存在不消耗能量的信息,1 比特的信息至少要消耗 ln 2 焦耳的能量.

Neumann 将 MTC 应用于量子理论,用量子比特作为经典比特的普遍形式,这用一个具有两个状态的量子力学系统的量子状态来描述. 这在形式上等同于一个复数上的二维矢量空间. 这个理论在计算机科学中有着深远的影响,并已经成为量子计算机的理论基础. 这也启发一些学者将信息看作具有像物质和能量一样的基本性质,例如 Wheeler 的"万物源于比特".

由于 DNA 双螺旋结构的发现,信息在生物学中也扮演了重要的角色. 对于很多生物学家来说,生命最显著的特征是它可以被看作信息的表达. DNA 的复制可以被视为信息传递的过程,其目的是用来传递生命信息的编码. 生物信息理论的任务就是研究这个过程如何使生命得以可能.

以上所有的这些理论构成了自然科学中的信息理论. 我们从中可以看出,这些理论要么关注信息概念的纯粹量化问题,要么关注信息过程的因果基础. 尽管它们为信息研究提供了科学基础,但它们对我们理解信息概念的日常含义不可能有什么帮助.

二、信息语义学进路

1. Bar-Hillel 和 Carnap 的语义信息理论

通信的数学理论的目标在于为有效通信系统的设计提供理论基础,而非澄清信息的内容,因为信息的语义方面与它的目标无关. 然而,由于 MTC 的广泛影响和信息概念的滥用,MTC 误导人们将信息的数量与信息的内容相混淆,将信息的定义从"信息 = 信号序列所表达的东西"转换为"信息 = 信号的序列". 因此,语义信息的测量理论不同于符号序列的测量理论.

根据这个澄清和归纳概率理论,Bar-Hillel 和 Carnap 建立了语义测量的形式理论. 这个语义信息理论的形式与 MTC 的形式相似. 正如 MTC 假设了信源存在有限的状态,以便于能够计算意向消息的概率,这个理论假设了一个有有限语言元素的固定语言系统,这些元素都有语义内容. 利用归纳逻辑理论,通过测量所排除句子的数量,我们能够根据一个句子在这个形式知识基础(即固定的语言系统)中的出现概率来计算它的内容的量. 正如 MTC,意向句子所排除的其他句子越多,它所包含的信息内容也就越多. 这被称为倒转关系原理. 这个理论与 MTC 的本质不同在于,这个理论是语义内容相关的. 比如说,根据 MTC,一个没有意义的符号序列与一个拥有相同序列的句子的语义可以有相等的量. 但对于语义信息理论,无意义句子的内容的量为 0. 只有当两个句子互不相干时,相加性原理才成立. 另外,分析性句子内容的量是零,因为它的内容可以从它的前提中推演出来.

这个语义信息理论的缺陷是显而易见的. 首先,它的逻辑起点是一个想象的具有有限句子的固定语言系统. 这与我们的直觉相悖. 因为自然语义富有创造性,能够产生无穷多的句子. 因此,不存在像这类固定语言

系统的自然语义来作为决定所有真句子的基础. 第二,
Bar-Hillel 的目的在于发展一个摆脱发送者和接收者
的纯粹语义信息理论. 然而,最近的研究表明,在语义
学和语用学之间不存在明显的界限. 并且,没有发送者
和接收者,信息不可能被理解. 第三,尽管它被称为语
义信息理论,但除了提供了一种测量信息内容数量的
方式之外,它对于信息的本来含义仍然没有说什么. 第
四,这个理论隐含着一个悖论,即自我矛盾悖论. 根据
倒转关系原理,自我矛盾的句子包含最多的信息内容.
语义信息研究的进路被凯米尼、斯穆克勒和海廷加进
一步发展.

2. Dretske 的语义信息理论

基于 MTC,Dretske 从一个辨别开始也建构了一个
语义信息理论. Dretske 的这个辨别是信息与含义的不
同. 含义可错而信息不能,因为直觉上,信息给接收者
带来知识,而知识是真的. 假设 F 是一个世界事件的
特定状态,s 是信源,k 是接收者的背景知识,r 是某个
依赖于意向信息的东西,一个信号携带 s 是 F 的信息
必须满足如下三个条件:

"(A)这个信号所携带的关于 s 的信息与 s 是 F
这个事件所产生的信息一样多. "

"(B)s 是 F. "

"(C)这个信号所携带关于 s 的信息的量是(或者
包含)s 是 F(而非,比如说,s 是 G)这个事件产生的
量. "

那么,信息的内容是:

"给定 r(和 k),信号 r 所携带的信息 s 是 $F = s$ 是 F 的条件概率是 1(但是,如果只给定 k,它将会小于 1)."

Dretske 的进路令人印象深刻,因为它将 MTC 与信息的语义内容联系了起来. 由于信息与认识论之间的深刻联系,他将这个定义应用于认识论. 信息是独立于任何认知主体的东西,但当这些主体使用信息时,却能给他们带来知识. "知识是信息产生的信念." 然而,这个语义信息理论中仍然存在着内在的紧张. 首先,如果信息是独立于任何观察者的东西,那么信息与其他因果事件之间的关系是什么? 或者说,信息是否是与因果事件不同的东西? 如果是,我们如何将信息与其他的因果关系区分开来? 第二,Dretske 所描述的信息过程仍旧是一个理想的过程,实际的信息并不是这么实现的. 正如 Millikan 所批评的:"从这样一个信号中学到某些东西似乎要去要求这个有机体不仅仅有发现携带信息的信号的途径,还要求存在某种独特的信息通道,同时还要知道什么样的语义映射函数,什么样的翻译规则,如何去应用的途径."

3. 强语义信息理论

最新的语义信息理论是由 Foloridi 发展的,与他称之为弱语义信息理论(TWSI)的 Bar-Hillel 和 Carnap 的理论对照,他称之为强语义信息理论(TSSI). Folori-di 从倒转关系原理所暗含的悖论出发,他认为使 TWSI

走向悖论的原因是因为它基于概率分布. TSSI 通过依靠真值,可以避免这个悖论. 语义信息是很好构成的有意义的真数据. 正如 Dretske 一样,Foloridi 指出,语义信息是内在地为真,它先验地包含了真理,而虚假信息和误传信息并不是真正的信息,它们的信息功能是从真信息派生出来的. 通过预设一个包含了关于系统的完美完整信息的理想文本,Foloridi 认为尽管所有的信息为真,但信息的真值却有程度上的变化. 因为,在信号所携带的信息与给定的世界状态之间总是存在着某种程度的不符. 然后,他建立了一种形式方法来计算信息性的度量. "关于某个情境的语义信息呈现了与至少一个而非全部其他可能性不一致的实际可能性. 矛盾并不是信息 – 富含的,因为它不是一个可能性;同义反复也不是信息 – 富含的,因为它排除了任何可能性. "

乍一看,Foloridi 的理论富有前景,因为它的确解决了 Bar-Hillel 悖论. 然而,笔者并不认为它如它所看起来的那样富有前景. 首先,追随 Bar-Hillel 和 Carnap 的足迹,Foloridi 预设包含了完美信息的理想文本是可能的. 然而,在真实世界中并不存在完全信息,因为信息的内容高度地依赖接收者的局部利益. 不得不承认,不管是 Bar-Hillel 的语义信息理论,还是 Foloridi 的语义信息理论,它们在逻辑和数学上都很漂亮,但真实世界中的信息并不是这个样子. 除非我们先验地假设一个理想的或高度约束的条件,语义信息内容的策略是不可能的. 第二, 信息并不是先验地预设了真理而内在为真的, 因为信息是高度语境敏感的, 在不同的情境中, 同样的消息可能会有不同的真值. 第三, Foloridi 对语义信息量的计算靠的是模糊逻辑, 信息的信息性是变量. 但根据 Dretske 的分析, 根据自然与逻辑的必然性, 只有当某信号出现的概率为 1 时, 它才携带了关于信源的信息. 换句话说, 信息是全有或全无, 不存在中间状态. 信息的信息性程度只是一个假设.

三、逻辑进路

严格说来, 由 Bar-Hillel 和 Carnap 与 Foloridi 发展的语义信息测量的理论是关于信息的逻辑理论, 因为他们将逻辑作为工具来处理语义信息. 这一节所论述的逻辑进路则是最近发展的理论, 是指那些探索信息在逻辑中所起作用的理论, 是由 David Israel 和 John Perry 开创的. 根据 Johan van Bethem 的划分, 信息的逻辑研究主要有三类: 作为幅度的信息, 作为关联的信息和作为编码的信息.

作为幅度的信息的观念是说, 可能存在用来刻画在某个时刻的信息状态的概率幅度. 获得新信息将会缩小概率的幅度, 也就是对于系统的实际状态来说降低不确定性. 这个直觉的观点与 MTC 一致, 将信息看作不确定性降低的函数. 然而, 不同于 MTC, 作为幅度的信息也关注信息的更新过程, 也就是信息的动力学过程. 通过获取新的信息, 主体能够持续地改变它们的认知状态, 更新它们关于认识对象的知识. 这个观点

为语义信息和认知逻辑的多方面研究提供了新的视角.

作为关联的信息关注信息的"关于性"方面. 信息总是趋向于关于与信息主体相关的某些对象,这种关于性能够将不同的情境关联起来. 这与信息流的观念相连. 由于系统的结构和情境的约束,该系统某个组成部分的某个状态能够包含一个在时空上相当远的组成部分的信息. 这个观念在情境理论中得到发展,称之为关联范式. 这个范式探讨信息是如何从系统的一部分流向其他的部分. 这置身于情境的结构之中. 这个论述为指称和意义的哲学问题提供了新的启示.

作为编码的信息研究语法和推理的方面,以及信息结构的计算. 根据这个观点,作为编码过程,信息为推理提供了新的洞见. 研究这些方面的逻辑设置是证明论. 由于它与信息的编码方面紧密相关,它基于信息的算法理论来研究信息的计算. 信息的动力学过程对于这个观点也十分本质,因为无论是推理还是计算,它们都是操作语法表征的解释方式.

通过以上讨论,我们可以看到,信息的逻辑研究进路并不探讨信息的本质,而是将信息理论与相关观念应用于逻辑的研究. 因此,逻辑进路实际上不是信息的研究,而是逻辑的研究. 即便如此,由于信息研究的不同进路之间的非线性互动,它仍然为信息研究提供了新的启发. 首先,这个进路关注了以往经典信息理论所忽视的信息动力学过程. 正如逻辑进路所指出的那样,信息的动力学过程与信息的语义方面是本质相关的. 第二,逻辑的情境理论将重心放在信息的语境特征上,强调信号所携带的关于某个事实的信息并不是信号的内在形式,而是相对于它所置身其中的语境的. 它表明,不存在着一种脱离具体语境的一般意义上的信息过程.

四、信息的动力学进路

尽管不同于自然界中的其他物理过程,信息过程首先仍是某种物理动力学过程. 信息动力学进路认为,为了去理解信息,我们应该理解它所置身其中的物理过程;如果不想将信息视为某种不能被人类心灵所理解的神秘现象,我们必须承认信息是自发地从自然过程中涌现出来的. 学者们之所以将信息看作某种与其他物理过程本质上不相同的东西,原因在于信息的内容或意义不能够被还原为它的物理载体. 可是,它们中的大多数忽视了信息与物质过程之间关系的其他方面,也就是信息的内容或意义能够产生物理后果. 换句话说,尽管信息不能还原为实现它的物理过程,但它仍可能有物理后果. 信息动力学理论试图探讨信息的这些方面.

1. Collier 信息的动力学基础解释

作为最有影响力的 MTC 信息理论忽略了信息的语义方面,而大多数当代信息研究者却特别关注语义信息. 然而,John Collier 认为,在这些当代信息研究者中,大多数走得似乎太远了,以至于并不关注信息的因

果方面. 正如 Weaver 所指出的那样,信息是由因果过程实现的,并受其约束. 过去的理论从先验概率的降低来思考信息. 降低是接收到的信息对接收者的效果. 作为物理对象的内在形式,信息包含于它们的物理结构之中,这使信息有能力来产生这样的效果. 因此,在他一系列的研究中,Collier 指出,如果我们想要把握信息的本质,那就很必要去理解信息的因果动力学过程.

对照"熵",他将信息定义为"负熵 + 使成形",将之等同于秩序,秩序是由系统的最大熵减去系统实际熵的结果来定义的. 使成形是信息的形式或结构约束:"负熵是在系统内做功的能力;它表征了因果力量的能量方面. 另一方面,使成形是改变事物形式的能力;它表征了因果的组织方面,是引导能量的能力. "为了以这种方式定义信息,Collier 预设了一个自动体,他认为这是功能、意向和意义的起源:"没有意向就没有意义;没有功能就没有意向;没有自动体就没有功能. "通过过程和互动的双重闭合,自动体获得了它所需要的信息,这预设了拥有特定宏观状态的基于融合的非平衡开放系统. "融合是由系统的部分之间的因果互动所产生的,这使它对系统的微观状态的扰动不敏感. "它作为施加于系统可能状态的幅度上的约束来起作用. 负熵和使成形的相互转换在这个融合的过程中发生,这产生了信息,使信息在系统的不同部分之间,甚至不同系统之间流动.

Collier 的信息动力学理论让人印象深刻,因为他将我们的注意力转向了信息的因果和动力学方面. 但它对于信息的语义内容几乎没说什么, 所以它仍然不能够说明日常信息现象的理论. 如果我们将信息视为客体的内在形式, 那么这就说明, 任何东西都可以被看作信息. 这种解释会带来两个危险. 首先, 信息被还原为因果过程, 在信息和其他因果过程之间不存在任何差异, 那么, 信息就成了一个多余的词汇. 第二, 这将导向泛信息主义, 也就是说, 信息充满着宇宙 (下一节将会介绍这种观点). 另外, 这个理论中的自动体、功能等概念都是继承自人工智能的功能主义, 同时也将这些概念的不足继承下来. 由于这些困难, Collier 自己最近也承认, 他没能提供一个融贯的信息理论; 不过通过符号学或者说符号理论以及自动体理论, 他看到了新的希望所在 (私人通信).

2. 信息的涌现动力学

正如 Collier, Terrence Deacon 也将他的信息理论构建于系统的非平衡动力学. Deacon 以这个问题开始他的理论: "我 (通过信息) 所表征的东西何以能够具有物理后果?" 这个问题暗含了两个层次的含义: 第一, 信息是某种在本质上不同于物理过程的东西; 第二, 信息能够产生物理作用. 过去的理论不能够对信息做出让人信服的说明, 是因为它们主要关心信息是什么, 而信息的关键是它不是什么. 空缺是信息的本质. "传输信息的能力依赖于与明确没有产生的事物的关系." 换句话说, 信息是它所不是的, 或者说信息表征

了并非信息载体本身的东西. 空缺的这个本质使信息区别于其他的物理过程. 信息指称能力的秘密能够由构建性空缺来解释, 而构建性空缺具有涌现动力学基础, 这也反过来能够为信息提供涌现动力学解释.

"构建性空缺可以被定义为根据 (或者是通过) 呈现于 (也是潜在的或投射的) 某些外在对象或过程中的属性来结构地或动力学地组织的性质." 换句话说, 空缺是来自于外在来源的约束的结果. 也就是说, 约束是其他的状态的减少. 这与信息的本来本质, 即不确定性的减少相一致. 指称信息是约束传送的函数. 因此, 本质上说, 信息流是约束流. 我们可以将约束流视作两个系统状态之间的动力学耦合互动. 通过这种耦合, 指称得以可能. 这是指称信息的动力学基础. 信息也有作为规范性维度的理解方面. 如果没有理解维度, 指称信息只是潜在的, 因为物理过程的动力学耦合互动到处都在发生. 这意味着如果它们之间存在耦合互动, 任何状态都能够传递其他状态的指称信息. 信号与它指称物之间的关系的稳定性是类似于自然选择过程的结果.

通过以上的解释, 迪肯明确地解释了信息的三个层次: 热力学层次、指称层次和理解层次. 我认为, 迪肯的尝试基本上是成功的. 他的贡献可以被总结为两点: 第一, 他将信息的隐喻从流转换为空缺, 这使信息研究能够逃离物质和能量的意识形态; 第二, 他提供了一个让人信服的信息动力学模型, 这个模型从动力学上基本统一了信息的三个层次. 除此之外,他的信息动力学理论是基于他的动力学涌现理论,他试图用这个理论解释生命和心灵是如何从物质中涌现出来的. 从这个方面来说,这个理论也是某种信息跨学科理论. 另外, Stuart Kauffman, Robert K. Logan 和他们的同事一起也发展了一种类似的信息理论——"信息就是约束".

五、泛信息主义进路

在 Wiener 的不朽之作《控制论:或关于在动物和机器中控制和通信的科学》中,Wiener 做出了那个著名的、具有深远影响的关于信息的论断:"但是,机器每个操作的能量消耗还是小得几乎可以忽略不计,甚至不能成为机器运转的有效衡量……信息就是信息,不是物质也不是能量. 不承认这一点的唯物论,在今天就不能存在下去. "这个强论证可能是触发关于信息的不可还原的性质的观点的源头. 于是,一些学者走向了与还原论相对立的另一个极端,信息是像物质、能量那样的宇宙的基本性质,宇宙从根本上是由信息构建的. 我们将这种进路称为泛信息主义.

1. 泛计算主义

由于名言"万物源于比特",John Wheeler 被视为泛信息主义的符号性人物. 在 20 世纪早期的物理学革命之后,量子物理学所描述的世界图景对于回答千年难题"万物从何处来"提出了新的难题. 由于波尔对量子理论的解释,即量子系统的状态依赖于外在的观察者,Wheeler 总结的"万物源于比特"表达了这样的观

点:

"万物源于比特. 换句话说,每一个存在——每个粒子、每个力场、甚至时空连续统本身——都从引发回答是或否问题、二元选择、比特的装置中派生它的功能、它的意义、它本身整个的存在——即使是间接地在某些语境中. "

"万物源于比特符号化了这样的观点,物理世界的每个事物从根底上——在大多数情况下,是非常深的根底——有一个非物质的根源和解释;我们称之为实在的东西最终来自于回答是或否的问题和这样设备 – 诱发回答的装置;简单来说,所有物理的东西在起源上都是信息 – 理论的,这是一个参与的宇宙. "

正如 Foloridi 所评论的,Wheeler 命题实际上是,宇宙的本质特征是数码的,宇宙从根本上是数码的,由信息组成. 由这个判断引发的结论是:宇宙充满了纯粹的信息. 如果这个命题是正确的,那么就很容易去预设一个参与到宇宙的形成与演化的绝对观察者. 这将导致无穷倒退. 第二个质疑是,Wheeler 命题所描述的信息与日常意义上的信息并不相同,而我们想解释的是这个在日常生活中叫作信息的现象. 当代 Wheeler 的追随者包括高达娜·道迪格 – 肯格维克,她提出了强版本的泛计算主义.

2. 信息作为组织

追随 Wheeler,Tom Stonier 在他雄心勃勃的著作中也指出,信息是宇宙的基本性质. 他首先区分了信息、消息和意义. 信息是组织, 是原始材料. 当信息被传送时, 可以提供消息. 意义是接收者对消息的理解. Stonier 认为, 信息是我们在几乎所有系统中都能发现的组织, 因此信息无处不在. 因为作为组织的实现的秩序在宇宙中无处不在. 根据热力学第二定律, 熵是一个系统无序性的量度, 我们也可以通过对一个系统秩序的量度来测量信息. 因为能量是宇宙的基本性质, 信息有许多性质与能量类似, 因此, 信息也是宇宙的基本性质. 能量与物质可以相互转化, 信息和能量也可以.

Stonier 的进路有两点疑惑. 首先, 既然信息等同于组织, 那么信息就成了组织不必要的同义词. 既然我们用组织就能够说清楚的事情, 为何还需要信息这个概念? 第二, 信息一直在增加, 因为秩序无处不在, 无时不在增加, 这将会引向无穷悖论.

3. 信息双重维度理论

在他关于意识的理论中, David Chalmers 发展了一种独特的泛信息主义理论, 信息双重维度理论. 根据他对意识的简单问题和困难问题的区分, Chalmers 将信息也分为两个互补的方面: 物理方面和现象方面. 基于 Shannon 的信息概念, Chalmers 假设信息空间是一个有特定状态的抽象空间. 信息空间可以被物理世界和现象世界同时实现. 物理方面可以用 Bateson 的格言来解释: 信息就是制造差异的差异. 这是说, 信息的物理方面是通过因果路径和这条路径终点的可能效果空间来定义的. 现象方面是在经验中实现的, 经验是意识的

不可还原的性质. 信息的物理方面和现象方面的关系满足由 Chalmers 定义的意识原理:结构融贯原理和组织不变性原理. 结构融贯原理是说,在物理方面的结构和现象方面的结构之间存在着某种融贯对应. 组织不变性原理是指,拥有相同组织的两个物理信息系统或状态将会有相同的现象信息. 因此,在物理方面和现象方面之间存在着关键的联系:"每当我们发现信息空间现象地实现,我们就会发现信息空间物理地实现."

Chalmers 的信息双重维度理论满足了我们对信息的直觉认识. 一方面它强调信息的不可还原性,另一方面又讲信息必须有物理基础. 那么,剩下的问题就是去寻找这两方面的桥梁. 不幸的是,由于信息的现象方面是不可还原的,Chalmers 走向了某种泛灵论,尽管他自己认为他的立场更像是自然主义二元论. 这种信息二元理论仍然不能让人满意. 首先,这个理论除了将之归为经验,并没有讲清楚现象信息是什么. 在他的著作中,除了一些现象描述外,经验这个概念本身也缺乏明晰的解释. 第二,Chalmers 认为现象方面和物理方面的联系很关键,但却没有给我们提供一个能够解释这个联系的动力学理论. 泛信息主义注定会失败,因为,如果我们把信息视为宇宙的基本性质,那么这意味着我们拒绝了进一步的解释. 因为被解释的不应该是信息,信息应该为其他现象提供解释. 如果我们想追求更有解释力的理论,这样的态度是不能让人接受的.

六、信号博弈论进路

目前,我们已经论述的进路都关注信息是什么,却没有关注信息与它的载体,即信号之间的关系. 信号博弈论,由 David Lewis 首先提出的,被 Skyrms 进一步发展,该理论试图给出描述性形式理论来解释信号是如何能够推带特定信息的. 尽管这个理论已经诞生了几乎半个世纪了,但它的新发展却是相当晚近的,至今方兴未艾.

信号博弈论的本体论承诺是,信号能够自发地获取它所携带的信息. 这个理论的目标是去提供如何可能的描述的形式理论. 这个问题可被重新构建为"在没有预先存在的信号发送系统来建立约定前,信息的内容是如何能自发地附着到约定信号上的. "通过融合信号博弈论、通信的数学理论、达尔文自然选择学说和试错学习理论,Skyrms 发展了一种信号理论. 因为信号发送是接收者获取发送者意图发送的信息的过程,信号博弈形式化了信息的主体间性方面的机制. 信息具有主体间性,这就是说,在同一个信号发送共同体中,任何人都能从同一个信号中读取相同的信息,尽管信号可能被误读. 换句话说,不论哪个个体接收者接收,一个信号总是携带特定的信息.

Lewis 信号博弈的基本模型,也就是发送者 – 接收者博弈,包括一对发送者和接收者,N 个世界的可能状态,N 个能够携带这些状态的信息的可能信号和 N 个可能的行动. 发送者能够观察到世界并获取世界状态的信息,并且能从可能信号中选择特定的信号来表征这个世界状态来发送给接收者. 接收者能够选择特定

行动来回应它从接收到的信号所获取的信息. 对于每个状态来说, 只有一个"正确的"对应行动, 通过这个行动, 不论是发送者还是接收者都能够获得 1 个单位的回报, 如果接收者采取了其他行为, 那么回报则为 0. 发送者的策略是从状态到信号的函数; 接收者的则是从信号到行动的函数. 如果它们保证总是能采取正确的行为, 那么这两个策略构成了信号系统的平衡.

Skyrms 和他的同事发现, 世界状态的信息和信号之间的指称关系能够在相当长的时间内稳定下来. 这个过程在两个层次上发生: 个体层次和群体层次. 学习动力学, 比如试错学习, 能够应用于个体层次的信号系统的分析; 而演化动力学, 例如复制动力学, 则可用来分析群体层次的信号系统. 但这两个层次之间的逻辑是相同的. 通过这个理论, 我们可以发现, 信号系统的稳定过程不仅能够在信号博弈的基本模型中发生, 还能够在更复杂的模型中发生. 欺骗①、同义词②、瓶颈③、范畴④的形成、新信号的发明和信号网络都能够用这

---

① 欺骗是说, 为了从接收者正确的对应行动中获得更多的回报, 接收者有意发送假信息给接收者.

② 同义词是说, 如果存在比世界状态更多的信号, 那么两个甚至更多的信号将指称同一个状态.

③ 瓶颈是同义词的对立面, 也就是说, 如果存在比世界状态更少的信号, 那么一个信号可能同时指称两个或更多的状态.

④ 范畴的意思是, 存在表征信号类型的元信号.

个自发地产生.

除了语义信息的形式理论,信号博弈论为信息研究提供了另一种形式理论. 但不同于关注信息的语义内容的测量的信息语义理论,这个理论关注了在动力学语用语境中的信息的主体间层次. 我们不能指望这个理论揭示了信息的本质,因为它并不关心这方面,但它却为我们解开了信号诞生之谜.

七、符号学进路

符号学,或者符号理论,研究符号过程,即符号在自然和文化中表征和创造理解项的过程. 由于信息也是某种符号过程,因此符号学也可被看作信息研究的另一种进路,尽管前者比后者有更开阔的视野. 在这一节,我们并不打算论述一般意义上的符号学,因为这将偏离我们的主题,而是关注由符号学家 Winfred Nöth 明确阐述的符号学中的信息概念和通信概念. 第二,在符号学另外一个现代进路,也就是生物符号学中,信息也是一个关键概念. 生物符号学试图从符号学的角度来解决生命的本质是什么的问题.

1. Peirce 的信息理论

Peirce 将通信定义为说者和听者之间的符号学互动,在其中,说者发送符号给听者,听者理解接收到的符号. 在符号学中,符号是具有表征项、理解项和对象三方面的能动者. 符号的目的是表征对象,并在理解者的心灵里创造理解项. 存在两种符号模式:一种是语法的,一种是语义的. 语法决定是指规则,这是符号的词

位方面,其根基在符号的演化史之中;而语义模式则包含在符号长期倾向对应的它所表达的事实中. 作为说者和听者之间的互动,通信要求两者具有共同的背景知识,能够相互合作. 在这种意义上,说者和听者在通信的过程中融合在了一起. 基于 Peirce 对通信概念的分类,存在多种不同的通信功能模型.

Peirce 还发展了一种信息理论,该理论与基于概率的现代信息理论相当不同. 这个理论长期以来被忽视了,直到最近才被 Nöth 重新发现. 不是计算信号或者信号所表征的状态出现的概率,Peirce 的信息理论测量象征符号的内涵和外延的逻辑量. 象征符号的内涵和外延都有本质的和实质的深度和广度."一个术语的本质深度包含所有的'在其定义中能够预测到的真正确信的质',而他的本质广度则是指所有'根据其本来含义,这个术语可预测的真正的事物'.""那么,实质性广度指这个术语可预测的'真正实体的累积',而实质性深度意思是这个术语可预测的任何'真正的具体形式'."

"进一步来说,它不仅计算由新的信息性命题所传输的实际信息的值,而且还计算在象征符号的历史中所获得的积累起来的信息. 因此,这既是知识获取的理论,也是象征符号生长的理论."

我们必须承认,Peirce 的信息理论无论是在量度的意义上,还是在哲学的意义上都十分优美,意义深刻,需要未来进一步的发展. 然而,由于时代局限性,这个理论缺少动力学基础来为它联系物理过程和信息过程,正如 Deacon 所说的,"缺少这样的基础,符号学理论只会是未成熟的现象分类,而不是自然系统表征过程的动力学解释."这个批评对于这个信息理论来说也是正确的.另一个缺陷是,这个理论中关于信息的讨论只局限于符号语言之中,而信息的范围远比它广泛得多,哪里有生命,哪里就有信息.

2. 编码二元性和自然符号学

自保存生命信息的单位 DNA 发现以来,信息在生命系统中扮演着关键角色.然而,Jesper Hoffmeyer 和 Clause Emmeche 认为,这个对信息的滥用隐藏了真正的问题,使生物学走向了一个模糊不清的隐喻,这个隐喻混淆了形式和质料.因此,需要一个新的理论来找回生命的真正问题.他们所发现的理论是自然符号学或者说生物符号学.符号过程是生命的本质,被主流生物学所忽视的个体意向性在连接形式与质料中起着关键作用.生物信息是通过符号过程来实现的.这是生物符号学所研究的对象.

Jesper Hoffmeyer 和 Clause Emmeche 指出,Bateson 的信息定义,即"制造差异的差异"揭示了信息连接形式和质料的能力.

"信息与质料之间的关系相当不同于身心关系.在我们的描述中,信息和质料是分开的概念,而在'真实'世界中,这两者却是不可分的,它们是同一个世界的不同方面.除非信息被物质和能量所实现(内在

于），否则不会存在."

　　生命系统通过编码二元性使此得以可能. 在自然界中存在多种多样的差异. 生命系统有能力来选择和回应周围环境中与它们的生存相关的差异. 这种能力就是编码二元性. 根据信号过程的普通理论,模拟信号是对信源中的变量的连续性表征,而数字信号是离散性表征. Hoffmeyer 为编码二元性提供了一个崭新的理解,编码二元性是用两种不同编码——模拟编码和数字编码——表征信息的能力. 生命系统用数字编码来重新描述相关的差异,而用模拟编码来将数字编码重新换成大自然中的差异,以能够与自然界物理地相互作用. 模拟编码和数字编码共同形成了一个自指环,这构成了信息的完整过程. 对于生命系统来说,数字编码相对于认知,从周围环境中获取相关的信息;而模拟编码相对于行动,获得物理的生存. 模拟编码和数字编码的相互转换赋予了信息连接形式和质料的能力,一方面形式通过质料来实现,另一方面质料的结构和过程要受形式的约束.

　　尽管生物符号学的编码二元性理论目的并不在于建构一个信息理论,但它对于厘清生物学中的形式和质料概念贡献巨大. 而这两个概念与信息概念具有深刻的内在联系,因此,信息研究仍然能够从中获取很多启示. 另一方面,这个理论也为信息是如何可能的提供了一个明晰的机制,为澄清生命科学中的信息概念、连接因果性和规范性提供了一条富有前景的道路. 因此,

未来的信息研究应该能够从中受益匪浅. 生物符号学
也深刻地影响了跨学科进路,这将在最后介绍.

八、信息研究的哲学进路[①]

在信息理论的早期,那些先驱们就已经发现,信息
概念对于哲学的本体论和认识论具有深刻的影响. 随
着信息和通信技术在当代社会中的广泛应用,越来越
多的人开始思考这些现象背后的哲学意蕴. 不过本节
所说的信息哲学,都是关于信息本身的哲学,而非关于
信息与通信技术的哲学. 关于信息哲学,有两种观点.
第一,信息一方面能够为传统哲学问题提供新的启发,
另一方面也会带来新的问题. 几乎大多数学者都赞同
这个观点. 第二种观点是,信息如此彻底地改变了我们
的生活和社会,以至于我们应该从信息的角度来重新
定义哲学. 相比于第一个观点,持这个观点的哲学家比
较少.

1. Evans 关于心灵哲学中的信息概念的论述

Evans 可能是第一个严肃考虑信息在哲学中的作
用的学院派哲学家. 在他的遗作中,Evans 认为,信息
是理解知觉和认知的关键. 意义、信念和思想的问题都
可以从这个角度来重新思考. 当考虑知觉和认知问题
时,经典分析哲学将信念和理由放在第一位,因为信念
和理由控制着我们感知和认识世界的方式. Evans 对

---

① 严格说来,信息哲学并不能算作研究进路,而是信息
概念对哲学的影响.

此并不赞同. 他认为, 是客观的、独立于信念和理由的信息在认知过程中起了基础性的作用. 信息系统的运作要比信念和理由更原始. 携带信息 x 的信念并不等于关于 x 的信念. 信息并不是信念的充分条件, 因为两个拥有相同内容的信息状态可能包含相同的信息, 但却未必支持相同的信念. 换句话说, 拥有特定信息并不意味着觉察到了拥有该信息. 传统理性主义陷入谬误的原因就在于混淆了这两个层次. 不同于信念, 信息是中立的, 与外在世界具有因果联系. 指称、认知、信念和思想都应该建基其上, 而非相反.

Evans 的信息进路为重新思考心灵哲学中的传统问题提供了新的方式. 他的观点被后来的哲学家进一步发展, 尽管他们可能并没有意识到. 然而, 正如麦克道威尔所批评的, Evans 并没有搞清楚信息是如何能够连接理性逻辑空间和自然逻辑空间的. 也就是说, 这个理论仍需要一个信息如何起作用的论述.

2. Dretske 语义信息理论在认识论中的应用

在前面, 我们已经论述了 Dretske 的语义信息理论. 然而, Dretske 的工作的目的并不仅仅在于发展一个语义信息理论, 而是想基于信息概念来建构信息认识论, 以重建知识理论. "如果 K 有关于这个对象的信念, 这个信念是这是 F, 那么, 当且仅当这个信念是由信息'这是 F'引起的(或因果支撑的), 这个信念才算作知识. "然后, 他利用模拟编码和数字编码之间的区分和转换来厘清知觉和认知的困惑, 重新思考信念和概念. 根据 Dretske 的论证, 当信号用数字形式来编码信息时, 除了它被意图携带的信息外, 不会携带额外的信息; 当信号用模拟形式来编码信息时, 则会携带额外的信息[①]. 主体通过知觉所获取的是模拟信息, 然后通过认知将模拟信息转换为数字形式. 换句话说, 模拟信息和数字信息在认识的过程中可以相互转换. 尽管信念是基于信息的, 但信念不是信息, 因为信念是可错的, 而信息不可错. 信念是可错的是因为信念是被主体推动的. 也就是说, 在模拟形式的信息被转换为数字形式的信息时, 某些东西可能失真. Dretske 认为, 从信息的这个方面来说: "一个概念有两面的结构: 一面往后看信息的起源; 另一面往前看作用和结果. 除非它既有往后看, 也就是信息的方面, 又有往前看, 也就是功能的方面, 一个结构才能算作概念. 但赋予这个结构概念认同性的, 也就是使它是这个概念而不是那个概念的, 是它的起始的独特性. "

Dretske 是第一个综合发展信息认识论的人. 这个理论为分析哲学和心灵哲学带来了新的理解. 即便如此, 在他的意义理论中仍然残留着理性主义. 他对模拟形式的信息和数字形式的信息的解释很有创新性. 但是, 模拟形式和数字形式是相对的, 这就使他的理论失去了合法性基础. 换句话说, 不论信息置身于什么样形

---

① 应该注意到的是, 这里模拟编码和数字编码的含义与前面生物符号学中的编码二元性中的两种编码的含义并不相同.

式的信号之中,在具体的情境中,一个信号总会携带额外的信息. 另外,没有信息理解者,模拟和数字概念也变得让人困惑.

3. Millikan 的自然主义符号理论

受生物学范畴的启发,Millikan 创立了一个更加成熟的符号和意义理论. 她的理论与 Evans 和 Dretske 的理论在精神上是一致的,但却比它们更精致、详尽,更有说服力,因为它更详细地论述了信息如何在具体语境中起作用的机制,而不仅仅是描述理想的信息过程. 尽管 Millikan 自己称她的理论为生物语义学或目的语义学,而非信息哲学,我们仍将之视为一种信息哲学,因为信息和符号的概念在这理论中处于核心地位,而且她的论证与 Dretske 的信息认识论有着密切的关系.

Millikan 的意义和信息理论是从错误表征问题开始的. 由于信息是客观的,有助于知识的形成,因此,会很自然地认为信息是内在为真的. 然而,在通信中,虚假信息和误传信息确实存在. 如果信号携带的信息是内在的为真,那么信息理论就需要解释为什么信号可能传递错误信息. 为了解决这个困惑,Millikan 小心地区分了符号过程的三种不同含义:专有功能或稳定功能,语义映射函数和内涵. 专有功能是符号设想具有的功能,语义映射函数解释了符号和它所表征的世界事件之间的关系;内涵是个体用来辨别前两种意义以来满足自己目的的意义,不管任何个体的目的是什么,只要是正常条件,专有功能就能实现. 换句话说,专有功能与个人意向实现的功能和实际上实现的功能不同. 这三个层次的意义都是在历史演化的过程中实现的. 专有功能是稳定的,但不是不可改变的. 通过这个区分,错误信息的问题可以轻而易举地解决. 如果符号并不是在能够实现其专有功能的正常条件下被使用,那么它的专有功能就不能得到实现,也就是说,它不能传递它被设想传送的信息. 换句话说,符号完全可能传递错误信息.

在她后面的工作中(2004),Millikan 提出了自己的符号理论,用来阐明这三个层次的意义是如何能够自发地从自然过程中涌现出来的. 存在两种符号:自然符号和意向符号. 如果一对世界事件之间存在着恒常的关系,一个世界事件就可以是另一个世界事件的自然符号,这个恒常关系就是它们之间语义映射函数. 语义映射函数使我们能够追踪符号的所指. 存在映射关系保存于一定的域之中,在这个域里,信道条件由于某种原因而持续存在或发生. 意向符号是由符号使用者目的性地产生的符号. 意向符号是从由符号生产者和符号消费者组成的合作系统中涌现出来的,生产者和消费者都有他们自己的目的. 尽管意向符号不同于自然符号,因为意向符号是关于普遍类型的,具有规范性方面,而自然符号只表征个别事件,但意向符号的功能建基于局部自然符号,但当自然符号有意地携带了特定信息时,也可以成为意向符号. 自然符号和意向符号

之间实际上并没有明确地分界线,因为两者是层次地置身的. 在能动者与它们的地方自然周围环境的动力学互动过程中,意向符号能够逐渐地由自然符号形成.

通过这个自然主义符号学,Millikan 雄心勃勃地与哲学中最持久的统治者——理性主义——战斗着. 传统上,理性主义坚持认为,知觉、认知和行动总是预设了理由和推理,我们总是先验地知道或者 Descartes 式的确定我们所认识的某个个别事物是否为真. 正如 Evans,Millikan 认为意义理性主义混淆了实现专有功能和意识到实现专有功能. 为了拯救理性主义,除了认识论的基础主义,我们还需要放弃意义的基础主义,否则我们将落入整体论的陷阱而被迫放弃实在论. 正如在她的符号的自然主义理论所指出的那样,意义和意向性也只是自然的产物. 这个彻底的自然主义进路能够拯救实在论,而不会掉入整体论的陷阱. 尽管 Millikan 的符号的自然主义理论十分出色,充满着洞见,但这个理论中的关键术语——信息——却缺乏澄清. 如果这个理论要想更明晰、更具有说服力,必须阐明信息概念.

4. Foloridi 的信息哲学

正如上面我们所看到的,将信息概念介绍进哲学会产生丰硕的成果. 但一些哲学家认为,信息对于哲学的重要性要远远超过这些. 他们中的杰出代表是 Foloridi. 他认为,信息对哲学来说如此具有革命性,以至于信息哲学应当成为第一哲学或元哲学,信息哲学的信息转向应该取代分析哲学的语言转向. 在他的代表作《信息哲学》中，Foloridi 构建了完整的信息哲学，在其中阐明了它的产生背景、问题、基本方法论，然后又构建了前面所提到的语义信息理论，并阐释了这个理论对哲学的意义. 在前面，我们已经叙述了 Foloridi 语义信息的定义和理论，这里我们将只讨论他的信息定义在处理传统哲学问题时所带来的结果.

Foloridi 也提出了解决符号是如何获取意义的问题的方案. 他称该问题为符号奠基问题. 利用抽象层次方法和基于行为的语义学，他将符号奠基问题放到语用语境中来探讨. 基本上来说，如果一个能动者要能够与世界打交道，也就是认知和行动，它至少要有两个层次的组织：一个层次是模拟层次，这个层次能够与具体的周围物理环境相耦合；另一个是数字层次，这个层次能够认知世界来获得有用的数据. 语义内容是在能动者和它的周围环境动力学互动的演化过程中附着到数据上的. 利用这个理论，Foloridi 发展了真理正确性理论，"对于这些消费者来说，真理是关于构建和处理信息人工物以及与它们成功互动的，不仅仅是被动地经历它们."在论证了葛梯尔问题不可解决后，他根据前面我们所论述的逻辑进路，进一步发展了信息逻辑. 接着，他也提供了知识的信息主义理论，"语义信息要算作知识，不但需要是真的，还要是相关的."最后，在拒绝了泛信息主义之后，Foloridi 拥抱了结构实在论，因为作为信息基础的数据在另一种意义上是结构的.

Foloridi 发展的信息哲学是对分析哲学的继承与叛逆. 信息哲学也综合了人工智能哲学和计算机哲学的相关工作,可以被看作是这些哲学的高阶版本. 由于它从不同的学科中吸收相关知识,并尝试回答来自不同学科的问题,因此,它也可以被看作信息研究的跨学科进路. 在处理分析哲学所面临的困境时,信息哲学显得十分出色,给传统的哲学问题提供了创造性的解决方案. 许多学者进一步将之发扬光大. 然而,它并不见得像它看起来的那么富有前景以至于能够形成革命性的哲学. 这个哲学承诺发展超越分析哲学的创新性哲学,但它内部残留了太多的理性主义,因此,Millikan 对理性主义的批评也适用于它.

九、跨学科进路

一些学者认为,信息是一个复杂现象,并不只存在于系统的任何独特的层次上,因此,应该通过探究系统不同层次的涌现动力学——从最初级的物理层次到对高级的规范性社会层次——来研究. 目前不存在任何学科能够单独地阐明信息. 因此,信息研究需要跨学科进路. 实际上,在信息理论和控制论早期,信息就已经被学者们视为跨学科现象. Wiener 和 Bateson 就是其中的代表. 在今天的信息研究中,跨学科学者变得越来越活跃,新的研究成果不断涌现. 这一节,我们将阐述三位跨学科学者的工作:Mingers、Brier 和 Hofkirchner.

1. Mingers 的信息系统理论

由于传统理论往往将信息定义为"过程数据"或"数据加意义",而不厘清数据、信息和意义之间的区别和关系. 通过综合性地将马图拉纳和瓦雷拉的认知理论和哈贝马斯的交往行为理论融合进 Dretske 的语义信息理论,Mingers 在他一系列的工作中,尝试为这三个概念提供一个融贯一致的分析. 信息系统总是通过身体置身于周围环境之中. 也就是说,身体是能动者和它周围环境的中介面. 信息系统中最基本的元素是差异,差异构成了数据,为信息奠定了基础. 意义是由符号携带的信息产生的,而非相反. "信息是客观的,但对排除在意义世界之外的人来说,是终极不可认识的. 意义是主体间性的——这是说,基于共享的约定或理解——而不是纯粹主观的. 信息和信息过程系统存在于更广阔的意义或意义制造的语境之中,信息科学学科需要考虑这一点." 将信息转换成意义涉及模拟的数字化. 因此,信息的语义和语用维度都可以包含在这个框架内.

Mingers 的信息理论为我们提供了一个能够连接信息和通信的个体和主体间层次的理论. 由于他说信息是由符号携带的,但他并没有讲清楚符号是如何能够携带信息的. 另外,他拒绝马图拉纳和瓦雷拉的术语"结构决定性",因为他认为这个术语太强了,很容易走向生物还原论,但却没有给出合适的替代性方案.

2. 控制符号学

经过 30 多年的持续努力,Brier 发展了一个他称之为控制符号学的跨学科理论框架,它涵盖了信息、认知、意义、传播和意识. Brier 的工作是从信息处理范式中存在的难题开始的. 信息处理范式只以逻辑或概率的方式来研究信息,但信息研究更实质的、更有趣的问题是:在经典信息理论中,信息被客观地、概率地定义,是物质本体论的,这样的信息如何能够变得对生命系统来说是有意义的和经验性的? 因为信息是跨越了因果性的、意向性的和规范性的领域的现象,所以我们需要一个能够跨越物质、生命和共同体的信息理论.

通过融合控制论,包括一阶和二阶,生物符号学,自创生理论(尤其是卢曼的社会交往系统理论),Brier 提出了控制符号学这个跨学科理论. "符号过程是这些过程的关键部分,它使系统变得有生命力,通过将化学中的形式因的信息域推进到符号过程中的最终因,将它们从动力因的物理世界中解脱出来,因此使它们不同于机器和计算机的人工智能." 反过来,符号过程需要生命系统理论来解释生命的起源,这可以由自创生理论来提供. 符号过程构成了生命系统的意义圈,因为它能够满足生命系统的相关目的. 利用二阶控制论和将自创生系统扩展到社会－交往层次的自创生系统理论,第一人称经验或信息的现象方面和规范性方法可以被引入信息过程中来,这使编码成为可能. 生命体依赖于编码来认知和作用于这个世界. 所有这四个层次,即因果的(物质能)、生命的(生命或意向性)、经验的(意识)和规范的(社会意义),形成了控制符号学的星形架构,在这个构架中,这些层次是融贯一致的.①

Brier 的控制符号学是真正跨学科的,没有残留任何还原论. 这个理论框架对于信息研究、认知科学、传播学和符号学都具有启发性. 它也为两种文化提供了富有前景的桥梁. 然而,它雄心太过庞大了,不可能为整个世界刻画一个详尽的图景. 而这正是这个理论框架想做的. 因此,这个理论框架还需要进一步的发展.

3. 统一信息理论

在 1999 年,Hofkirchner 和 Rafael Capurro 提出,如果我们要想建立未来的信息科学,就需要统一信息理论. 14 年后,Hofkirchner 兑现了他们的承诺,出版了《涌现的信息——一个统一信息理论的框架》(*Emergent Information：A Unified Theory of Information Framework*). 不同于其他从讨论信息概念开始的理论,他发展了演化系统理论,将信息概念放在这个理论框架中来讨论. 通过融合一般系统论、自组织理论、自创生理论和黑格尔的辩证法,Hofkirchner 解释了人类系统是

---

① 值得注意的是,在 Brier 之前,Doede Nauta 在她的著作《信息的意义》(*The Meaning of Information*)中已经尝试将控制论、符号学和信息联系起来. 不幸的是,由于其本身时代的局限性以及生物符号学和二阶控制论的发展而显得不成熟,这本著作长期被忽视了.

如何从生命系统中自发涌现出来的,生命系统又是如何从物质系统中自发涌现出来的. 在这三个层次中,存在两个相变:从物理的层次到生命的层次和从生命的层次到社会的层次. 受 Peirce 符号学启发,他将信息定义为"这样的关系:(1)自发建立的秩序 O(signans:符号);(2)反映了扰动 P(signandum/sygnatum;(成为)所指);(3)演化系统 Se 的负熵方面(signator;符号产生者)." 通过这个定义,他提出了涵盖认知、交往和合作的 C 三角模型. 这个模型对于相关的问题具有很强的解释力.

利用他全新的范式和统一信息理论,Hofkirchner相信我们能够处理全球性挑战,建立一个全球可持续发展的信息社会,这能够为我们人类期许更美好的生活. 由于这只是一个框架,它本身不能一劳永逸地解决所有问题;相反,我们能够从中得到启发来提出更多的问题,以便于充实它、丰富它,例如每个层次的涌现动力学是什么. 这个框架也缺少对信息语法、语义和语用方面的澄清. 另外,似乎这个理论几乎完全无视了过去的信息理论,以至于在倒掉洗澡水时把孩子也倒掉了.

十、结论

"一千个读者眼里有一千个哈姆雷特." 这同样适用于信息概念. 毫无疑问,如果笔者审查得更仔细,信息研究进路的清单将会变得更长. 正如本章开头所讲的,对于来自不同背景的不同学者来说,在信息理论上达成一致是件让人绝望的事情. 然而,这并不是说在不同的进路之间不存在共同性. 我们仍然能够从这些进路中学到很多, 进而推动信息研究的进一步发展. 信息是个跨越了因果性、意向性和规范性领域的复杂现象. 一个能够让人满意的信息理论, 不但要阐明置身于这些领域中的信息的语法、语义和语用方面, 还必须理清信息这三个方面之间的关系, 以及因果性、意向性和规范性之间的动力学涌现关系. 同时, 也能够解释信息的量和质的方面. 能够详细阐明信息每一个细节的描述性理论或许不可能, 但能够厘清信息不同方面, 并为相关学科提供创新性观念的结构性理论是可能的. 通过信息和对它的澄清, 我们相信: 通过信息科学的深入研究和发展, 科学和人文这两种文化能够逐渐被融合进一种新型文化: 信息文化.

有限传输设备系统的 Feinstein 引理

§1 引 言

北京大学的马希文教授 1964 年利用 Shannon 引理研究了有限传输设备系统的统一编码问题,给出了 Feinstein 引理的结果,本章的前半部分讨论了在抽象变量场合下半信息稳定的 Feinstein 引理.

§2 Shannon 引 理

设 (Q,V) 是传输设备, (Y,S_Y) 与 $(\tilde{Y}, S_{\tilde{Y}})$ 是入口与出口信号空间. 并设 $0 < C(Q,V) < \infty$,如果随机变量 $(\eta, \tilde{\eta})$ 与传输设备结合,则有 $I(\eta, \tilde{\eta}) < \infty$,从而

$$p_{\eta\tilde{\eta}} \ll p_\eta \times p_{\tilde{\eta}}$$

相应的密度是

$$a_{\eta\tilde{\eta}}(y,\tilde{y}) = 2^i_{\eta\tilde{\eta}}(y,\tilde{y}).$$

对任何 $(y,\tilde{y}) \in Y \times \tilde{Y}$，令

$$R(y,\tilde{y}) = \{z : z \in Y, a_{\eta\tilde{\eta}}(z,\tilde{y}) \geqslant a_{\eta\tilde{\eta}}(y,\tilde{y})\} \quad (1)$$

及

$$r_{\eta\tilde{\eta}}(y,\tilde{y}) = p_\eta(R(y,\tilde{y})) \quad (2)$$

我们有：

引理 1　$r_{\eta\tilde{\eta}}(y,\tilde{y})$ 是可测函数，而且按 $p_\eta \times p_{\tilde{\eta}}$ 几乎处处地成立

$$r_{\eta\tilde{\eta}}(y,\tilde{y}) a_{\eta\tilde{\eta}}(y,\tilde{y}) \leqslant 1 \quad (3)$$

证　令

$$R = \{(y,z,\tilde{y}) : a_{\eta\tilde{\eta}}(y,\tilde{y}) \leqslant a_{\eta\tilde{\eta}}(z,\tilde{y})\} \quad (4)$$

则 $R \in S_Y \times S_Y \times S_{\tilde{Y}}$，且 R 的 $(y,\tilde{y})$ 截面 $R_{y\tilde{y}} = R(y,\tilde{y})$.
因此

$$r_{\eta\tilde{\eta}}(y,\tilde{y}) = p_\eta(R_{y\tilde{y}})$$

是可测函数.

对任何 $B \in S_Y \times S_{\tilde{Y}}$ 有

$$p_\eta \times p_{\tilde{\eta}}(B) = \int_Y p_{\tilde{\eta}}(B_y) p_\eta(\mathrm{d}y) \quad (5)$$

其中 B_y 是 B 的 y 截面. 而

$$p_{\tilde{\eta}}(B_y) = p_{\eta\tilde{\eta}}(Y \times B_y)$$

$$= \int_{Y \times B_y} a_{\eta \tilde{\eta}}(z, \tilde{y}) p_\eta \times p_{\tilde{\eta}}(\mathrm{d}z, \mathrm{d}\tilde{y}) \qquad (6)$$

由（4）可知在 R 的 y 截面 R_y 上

$$a_{\eta \tilde{\eta}}(z, \tilde{y}) \geqslant a_{\eta \tilde{\eta}}(y, \tilde{y}) \qquad (7)$$

结合（6）与（7）即有

$$p_{\tilde{\eta}}(B_y) \geqslant \int_{(Y \times B_y) \cap R_y} a_{\eta \tilde{\eta}}(z, \tilde{y}) p_\eta \times p_{\tilde{\eta}}(\mathrm{d}z, \mathrm{d}\tilde{y})$$

$$\geqslant \int_{(Y \times B_y) \cap R_y} a_{\eta \tilde{\eta}}(y, \tilde{y}) p_\eta \times p_{\tilde{\eta}}(\mathrm{d}y, \mathrm{d}\tilde{y})$$

$$(8)$$

注意

$$(Y \times B_y) \cap R_y \in S_Y \times S_{\tilde{Y}}$$

其 $\tilde{y}$ 截面是

$$((Y \times B_y) \cap R_y)_{\tilde{y}} = \begin{cases} R_{y \tilde{y}}, \text{当} \tilde{y} \in B_y \\ \varnothing, \text{当} \tilde{y} \notin B_y \end{cases} \qquad (9)$$

结合（8）与（9）可得

$$p_{\tilde{\eta}}(B_y) \geqslant \int_{B_y} a_{\eta \tilde{\eta}}(y, \tilde{y}) p_{\tilde{\eta}}(\mathrm{d}\tilde{y}) \int_{R_{y \tilde{y}}} p_\eta(\mathrm{d}z)$$

$$= \int_{B_y} a_{\eta \tilde{\eta}}(y, \tilde{y}) r_{\eta \tilde{\eta}}(y, \tilde{y}) p_{\tilde{\eta}}(\mathrm{d}\tilde{y}) \qquad (10)$$

结合（5）及（10），就有

$$p_\eta \times p_{\tilde{\eta}}(B)$$

$$\geqslant \int_Y p_\eta(\mathrm{d}y) \int_{B_Y} a_{\eta \tilde{\eta}}(y, \tilde{y}) r_{\eta \tilde{\eta}}(y, \tilde{y}) p_{\tilde{\eta}}(\mathrm{d}y)$$

$$= \int_B a_{\eta \tilde{\eta}}(y, \tilde{y}) r_{\eta \tilde{\eta}}(y, \tilde{y}) p_\eta \times p_{\tilde{\eta}}(\mathrm{d}y, \mathrm{d}\tilde{y})$$

由此即可证明引理.

Shannon 信息熵定理

现在设 L 为任一正整数,设 $\zeta_1(\widetilde{\omega}),\cdots,\zeta_L(\widetilde{\omega})$ 是在 (Y,S_Y) 上取值的概率场 $(\widetilde{\Omega},\widetilde{\mathfrak{B}},\widetilde{P})$ 上的独立同分布 $p_\eta(\cdot)$ 的 L 个随机变量.

如果 $\mathfrak{E}$ 是任一个对于 $\widetilde{\mathfrak{B}} \times S_{\widetilde{Y}}$ 可测的集合,用 $G(\widetilde{\omega})$ 表示它的 $\widetilde{\omega}$ 截面,则 $Q(\zeta_i(\widetilde{\omega}),G(\widetilde{\omega}))$ 是 $\widetilde{\omega}$ 的可测函数,且

$$\mathfrak{B}_i(\mathfrak{E}) = \int_{\widetilde{\Omega}} Q(\zeta_i(\widetilde{\omega}),G(\widetilde{\omega}))\widetilde{P}(\mathrm{d}\widetilde{\omega}) = MQ(\zeta_i(\widetilde{\omega}),G(\widetilde{\omega}))$$

$$(11)$$

是 $\widetilde{\mathfrak{B}} \times S_{\widetilde{Y}}$ 上的概率测度, $i = 1,\cdots,L$. 此外可证

$$\mathfrak{B}_i(\mathfrak{E}) = \int_{\mathfrak{E}} a_{\eta\widetilde{\eta}}(\zeta_i(\widetilde{\omega}),\widetilde{y})\widetilde{P} \times p_{\widetilde{\eta}}(\mathrm{d}\widetilde{\omega},\mathrm{d}\widetilde{y}) (12)$$

当

$$\mathfrak{E} = \{(\zeta_1,\cdots,\zeta_L,\widetilde{y}) \in G\}$$

其中

$$G \in S_Y \times \cdots \times S_Y \times S_{\widetilde{Y}}$$

则 $\mathfrak{E}$ 的 $\widetilde{y}$ 截面是

$$\mathfrak{E}_{\widetilde{y}} = \{(\zeta_1,\cdots,\zeta_L) \in G_{\widetilde{y}}\}$$

其中 $G_{\widetilde{y}}$ 是 G 的 $\widetilde{y}$ 截面. 简记 $(\zeta_1,\cdots,\zeta_{i-1},\zeta_{i+1},\cdots,\zeta_L)$ 为 $\widetilde{\zeta}_i$,并视之为取值于空间 $(Y \times \cdots \times Y,S_Y \times \cdots \times S_Y)$ 的随机变量,则 ζ_i 与 $\widetilde{\zeta}_i$ 相互独立,故对任何 $\widetilde{y} \in \widetilde{Y}$,有

$$\int_{\mathfrak{E}_{\widetilde{y}}} a_{\eta\widetilde{\eta}}(\zeta_i(\widetilde{\omega}),\widetilde{y})\widetilde{P}(\mathrm{d}\widetilde{\omega})$$

$$= \int_{\{(\zeta_1, \cdots, \zeta_L) \in G_{\widetilde{y}}\}} a_{\eta\widetilde{\eta}}(\zeta_i(\widetilde{\omega}), \widetilde{y}) \widetilde{P}(\mathrm{d}\widetilde{\omega})$$

$$= \int_Y a_{\eta\widetilde{\eta}}(y_i, \widetilde{y}) \widetilde{P}\{\widetilde{\zeta}_i \in G_{y_i\widetilde{y}}\} p_\eta(\mathrm{d}y_i) \qquad (13)$$

其中 $G_{y_i\widetilde{y}}$ 是 G 的 $(y_i, \widetilde{y})$ 截面, 而后一等号是由于如下的一般等式得到的: 如 $(\zeta, \widetilde{\zeta})$ 是取值于 $(Z \times \widetilde{Z}, S_Z \times S_{\widetilde{Z}})$ 的相互独立的随机变量, $u(z)$ 是非负可测函数, $B \times S_Z \times S_{\widetilde{Z}}$, 则

$$\int_{(\zeta, \widetilde{\zeta}) \in B} u(\zeta) \widetilde{P}(\mathrm{d}\widetilde{\omega}) = \int_B u(z) p_\zeta \times p_{\widetilde{\zeta}}(\mathrm{d}z, \mathrm{d}\widetilde{z})$$

$$= \int_Z u(z) p_{\widetilde{\zeta}}(B_Z) p_\zeta(\mathrm{d}z)$$

$$= \int_Z u(z) \widetilde{P}\{\widetilde{\zeta} \in B_Z\} p_\zeta(\mathrm{d}z)$$

其中 B_Z 是 B 的 z 截面.

结合 (12) 与 (13) 有

$$\mathfrak{B}_i(\mathfrak{E}) = \int_{\widetilde{Y}} p_{\widetilde{\eta}}(\mathrm{d}\widetilde{y}) \int_Y a_{\eta\widetilde{\eta}}(y_i, \widetilde{y}) \widetilde{P}\{\widetilde{\zeta}_i \in G_{y_i\widetilde{y}}\} p_\eta(\mathrm{d}y_i)$$

$$= \int_{Y \times \widetilde{Y}} \widetilde{P}\{\widetilde{\zeta}_i \in G_{y_i\widetilde{y}}\} p_{\eta\widetilde{\eta}}(\mathrm{d}y_i, \mathrm{d}\widetilde{y}) \qquad (14)$$

现在令

$$A_{ij} = \{(y_1, \cdots, y_L, \widetilde{y}) : a_{\eta\widetilde{\eta}}(y_i, \widetilde{y}) > a_{\eta\widetilde{\eta}}(y_i, \widetilde{y})\}$$

及

$$A_i = \bigcap_{j \neq i} A_{ij}$$

并取

$$\mathfrak{u}_i = \{(\zeta_1, \cdots, \zeta_L, \widetilde{y}) \in A_i\}$$

则 (14) 成为

$$\mathfrak{B}_i(\mathfrak{U}_i) = \int_{Y \times \tilde{Y}} \widetilde{P}\{\tilde{\zeta}_i \in (A_i)_{y_i \tilde{y}}\} p_{\eta \tilde{\eta}}(\mathrm{d}y_i, \mathrm{d}\tilde{y})$$

$$(15)$$

其中 $(A_i)_{y_i \tilde{y}}$ 是 A_i 的 $(y_i, \tilde{y})$ 截面,而

$$\{\tilde{\zeta}_i \in (A_i)_{y_i \tilde{y}}\} = \{(\zeta_1, \cdots, \zeta_{i-1}, y_i, \zeta_{i+1}, \cdots, \zeta_L, \tilde{y}) \in A_i\}$$

$$= \bigcap_{j \neq i} \{(\zeta_1, \cdots, \zeta_{i-1}, y_i, \zeta_{i+1}, \cdots, \zeta_L, \tilde{y}) \in A_{ij}\}$$

$$= \bigcap_{j \neq i} \{a_{\eta \tilde{\eta}}(y_i, \tilde{y}) > a_{\eta \tilde{\eta}}(\zeta_j, \tilde{y})\}$$

$$= \bigcap_{j \neq i} \{\zeta_j \in Y \backslash R(y_i, \tilde{y})\}$$

因此

$$\widetilde{P}\{\tilde{\zeta}_i \in (A_i)_{y_i \tilde{y}}\} = \prod_{j \neq i} \widetilde{P}\{\zeta_j \in Y \backslash R(y_i, \tilde{y})\}$$

$$= \prod_{j \neq i} p_\eta(Y \backslash R(y_i, \tilde{y}))$$

由于 $\zeta_1, \cdots, \zeta_L$ 独立同分布 $p_\eta(\cdot)$,故

$$\widetilde{P}\{\tilde{\zeta}_i \in (A_i)_{y_i \tilde{y}}\} = (1 - r_{\eta \tilde{\eta}}(y_i, \tilde{y}))^{L-1}$$

代入(15),得到

$$\mathfrak{B}_i(\mathfrak{U}_i) = \int_{Y \times \tilde{Y}} (1 - r_{\eta \tilde{\eta}}(y, \tilde{y}))^{L-1} p_{\eta \tilde{\eta}}(\mathrm{d}y, \tilde{y})$$

$$(16)$$

用 $A_i(\tilde{\omega})$ 表示 $\mathfrak{U}_i$ 的 $\tilde{\omega}$ 截面,由(11)及(16)易证:

引理 2 对于如上定义的 $A_i(\tilde{\omega}), i = 1, \cdots, L$,有

$$MQ(\zeta_i(\tilde{\omega}), A_i(\tilde{\omega})) = \int_{Y \times \tilde{Y}} (1 - r_{\eta \tilde{\eta}}(y, \tilde{y}))^{L-1} p_{\eta \tilde{\eta}}(\mathrm{d}y, \mathrm{d}\tilde{y})$$

$$(17)$$

此外,对任意 $\widetilde{\omega} \in \widetilde{\Omega}, A_1(\widetilde{\omega}), \cdots, A_L(\widetilde{\omega})$ 互不相交.

证 只用证 $A_1(\widetilde{\omega}), \cdots, A_L(\widetilde{\omega})$ 互不相交,为此只需证 $\mathfrak{U}_1, \cdots, \mathfrak{U}_L$ 不相交. 但由 A_{ij} 之定义易知:当 $i \neq j, i, j = 1, \cdots, L,$ 有

$$A_{ij} \cap A_{ji} = \varnothing$$

故

$$A_i \cap A_j \subset A_{ij} \cap A_{ji} = \varnothing \quad (i \neq j, i, j = 1, \cdots, L)$$

即 A_i 与 A_j 不相交,从而 $\mathfrak{U}_i$ 与 $\mathfrak{U}_j$ 也不相交. 这就证明了引理.

引理3 设 L 是任一正整数,θ 为任一正数,则存在一组集合 $A_i(\widetilde{\omega}) \in S_{\widetilde{y}}, i = 1, \cdots, L, \widetilde{\omega} \in \widetilde{\Omega},$ 使得

$$MQ(\zeta_i(\widetilde{\omega}), A_i(\widetilde{\omega})) \geqslant p_{\eta\widetilde{\eta}}(i_{\eta\widetilde{\eta}}(y, \widetilde{y})$$
$$\geqslant \mathrm{ld}\, L + \theta) - 2^{-\theta} \quad (18)$$

(其中 ld 表示以 2 为底的对数),而且对任何 $\widetilde{\omega} \in \widetilde{\Omega},$ $A_1(\widetilde{\omega}), \cdots, A_L(\widetilde{\omega})$ 互不相交.

证 令

$$F = \{(y, \widetilde{y}) : i_{\eta\widetilde{\eta}}(y, \widetilde{y}) \geqslant \mathrm{ld}\, L + \theta\} \quad (19)$$

我们来证明引理 2 中的那一组集合 $A_i(\widetilde{\omega}), i = 1, \cdots, L, \widetilde{\omega} \in \widetilde{\Omega},$ 就满足(18),实际上,由(17) 可知

$$MQ(\zeta_i(\widetilde{\omega}), A_i(\widetilde{\omega})) \geqslant \int_F (1 - r_{\eta\widetilde{\eta}}(y, \widetilde{y}))^{L-1} p_{\eta\widetilde{\eta}}(\mathrm{d}y, \mathrm{d}\widetilde{y})$$
$$(20)$$

注意对 $(y, \widetilde{y}) \in Y \times \widetilde{Y}$ 总有 $0 \leqslant r_{\eta\widetilde{\eta}}(y, \widetilde{y}) \leqslant 1$ 就有

$$(1 - r_{\eta\tilde{\eta}}(y,\tilde{y}))^{L-1} \geq 1 - Lr_{\eta\tilde{\eta}}(y,\tilde{y}) \qquad (21)$$

另一方面,由(19) 对$(y,\tilde{y}) \in F$ 有

$$a_{\eta\tilde{\eta}}(y,\tilde{y}) \geq L2^{\theta}$$

用引理 1,(3) 可知对$(y,\tilde{y}) \in F$ 有

$$r_{\eta\tilde{\eta}}(y,\tilde{y}) \leq \frac{1}{L}2^{-\theta} \qquad (22)$$

结合(20)(21)(22) 即得

$$MQ(\zeta_i(\tilde{\omega}),A_i(\tilde{\omega})) \geq p_{\eta\tilde{\eta}}(F) - 2^{-\theta} \qquad (23)$$

此即(18),再由引理2,对于固定的$\tilde{\omega} \in \tilde{\Omega},A_1(\tilde{\omega}),\cdots,$ $A_L(\tilde{\omega})$ 互不相交. 引理证完.

设传输设备(Q,V) 中 V 由 N 个实值可测函数 $\pi_j(y,\tilde{y})(j = 1,\cdots,N)$ 及 N 维集合 $\overline{V}$ 给定,因此

$$(M\pi_1(\eta,\tilde{\eta}),\cdots,M\pi_N(\eta,\tilde{\eta})) \in \overline{V} \qquad (24)$$

令

$$\delta_j^i(\tilde{\omega}) = \int_{\tilde{Y}}\pi_j(\zeta_i(\tilde{\omega}),\tilde{y})Q(\zeta_i(\tilde{\omega}),d\tilde{y})$$

$$(i = 1,\cdots,L,j = 1,\cdots,N) \qquad (25)$$

则可知$\delta_j^i(\tilde{\omega})$ 是独立同分布的随机变量,而且

$$M\delta_j^i(\tilde{\omega}) = M\pi_j(\eta,\tilde{\eta}) \qquad (26)$$

设$\varepsilon > 0$,用$\overline{V}_{\varepsilon}$ 表示一切这样的点的集合,对其中任一点$(v'_1,\cdots,v'_N)$ 可找到一个点$(v''_1,\cdots,v''_N) \in v$,使得

$$\max_{j=1,\cdots,N} \mid v'_j - v''_j \mid \leq \varepsilon$$

在 $(Q,\overline{V})$ 中把 $\overline{V}$ 改变为 $\overline{V}_\varepsilon$ 得到的新传输设备记为 (Q, V_ε).

引理 4　如果对某一与 (Q,V) 结合的 $(\eta,\widetilde{\eta})$ 及 $\overline{b} > 0$,有

$$\overline{c} = \min_{j=1,\cdots,N}\{\mid \pi_j(\eta,\widetilde{\eta}) - M\pi_j(\eta,\widetilde{\eta}) \mid^{1+\overline{b}}\} < \infty$$

又设 $p_1,\cdots,p_L$ 是一组非负实数, $\sum_{i=1}^{L} p_i = 1$, $\max_{i=1,\cdots,L} p_i \leq \dfrac{2^{①}}{L}$,则对任何 $\varepsilon > 0$,可以找到只与 $\overline{b},\varepsilon$ 有关(而与 $L,\overline{c}$, $p_1,\cdots,p_L$ 无关)的正数 D 及 N_0,使得当 $L > N_0(\overline{c})^{\frac{1}{\overline{b}}}$ 时就有

$$\widetilde{P}\Big\{\Big(\sum_{i=1}^{n} p_i\delta_1^i(\widetilde{\omega}),\cdots,\sum_{i=1}^{n} p_i\delta_N^i(\widetilde{\omega})\Big) \in \overline{V}_\varepsilon\Big\} \geq 1 - \frac{D(\overline{c}+1)N}{L^{\min(1,\overline{b})}}$$

$$(27)$$

证　可知

$$M\{\mid \delta_j^i(\widetilde{\omega}) - \delta_j^i(\widetilde{\omega}) \mid^{1+\overline{b}}\} \leq \overline{c} < \infty$$

又存在只与 $\overline{b},\varepsilon$ 有关的 D 与 N_0,使 $L > N_0(\overline{c})^{\frac{1}{\overline{b}}}$ 时就有(注意 (26))

$$\widetilde{P}\Big\{\Big| \sum_{i=1}^{L} p_i\delta_j^i(\widetilde{\omega}) - M\pi_j(\eta,\widetilde{\eta}) \Big| > \varepsilon\Big\} \leq \frac{D(\overline{c}+1)}{L^{\min(\overline{b},1)}}$$

---

①　以下我们把满足这种条件的 $p_1,\cdots,p_L$ 叫作一个 L 数组.

$$(j = 1, \cdots, N)$$

由此可知

$$\widetilde{P}\Big\{ \bigcup_{j=1}^{N} \Big| \sum_{i=1}^{L} p_i \delta_j^i(\widetilde{\omega}) - M\pi_j(\eta, \widetilde{\eta}) \Big| > \varepsilon \Big\} \leqslant \frac{ND(\overline{c} + 1)}{L^{\min(1, \overline{b})}}$$

$$(28)$$

但对于

$$\widetilde{\omega} \in \widetilde{\Omega} \backslash \bigcup_{j=1}^{N} \Big\{ \Big| \sum_{i=1}^{L} p_i \delta_j^i(\widetilde{\omega}) - M\pi_j(\eta, \widetilde{\eta}) \Big| > \varepsilon \Big\}$$

有

$$\Big| \sum_{i=1}^{L} p_i \delta_j^i(\widetilde{\omega}) - M\pi_j(\eta, \widetilde{\eta}) \Big| \leqslant \varepsilon \quad (j = 1, \cdots, N)$$

由(24),此即

$$\Big(\sum_{i=1}^{L} p_i \delta_1^i(\widetilde{\omega}), \cdots, \sum_{i=1}^{L} p_i \delta_N^i(\widetilde{\omega}) \Big) \in \overline{V}_\varepsilon$$

由此及(28)就可推得(27)引理证完.

现在我们来证明 Shannon 引理:

基本引理(Shannon 引理) 设给了传输设备序列 (Q^t, V^t),对于充分大的 t 有随机变量 $(\eta^t, \widetilde{\eta}^t)$ 与它结合,其中 $(\eta^t,, \widetilde{\eta}^t)$ 具有信息密度 $i_{\eta\widetilde{\eta}}^t(y, \widetilde{y})$. 设对某一 $\overline{b} > 0$ 及任何 $a > 0$ 有

$$\overline{c}^t = \max_{j=1,\cdots,N^t} M(\mid \pi_j^t(\eta, \widetilde{\eta}) - M\pi_j^t(\eta, \widetilde{\eta}) \mid^{1+\overline{b}})$$

$$= o((L^t)^a) \tag{29}$$

及

$$N^t = o((L^t)^a) \tag{30}$$

其中 L^t 是正整数序列,$L^t \to \infty$,又设 $p_i^t, i = 1, \cdots, L^t$ 是

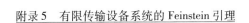

任一 L^t 数组

$$\sum_{i=1}^{L^t} p_i^t = 1 \quad (0 \leqslant p_i^t \leqslant \frac{2}{L^t}, i = 1, \cdots, L^t)$$

则对任何 $\theta_1^t > 0, \theta_2 > 1$ 及 $\varepsilon > 0$，存在 T 当 $t \geqslant T$，对任一 L^t 数组 $p_1^t, \cdots, p_{L^t}^t$ 就存在 $y_1^t, \cdots, y_{L^t}^t \in Y^t, A_1^t, \cdots,$ $A_{L^t}^t \in S^{\tilde{Y}t}$，使得：

（Ⅰ）对固定的 $t, A_1^t, \cdots, A_L^t$ 互不相交.

（Ⅱ）

$$\sum_{i=1}^{L^t} p_i^t Q^t(y_i, A_i)$$

$$\geqslant 1 - \theta_2 p_{\eta\bar{\eta}}^t (i_{\eta\bar{\eta}}(y, \tilde{y}) < \mathrm{ld}\, L + \theta_1^t) - \theta_2 2^{-\theta_1^t}$$

（Ⅲ）

$$(v_1^t, \cdots, v_{N^t}^t) \in \left[V^t \right]_\varepsilon$$

其中

$$v_j^t = \sum_{i=1}^{L^t} p_i^t \int_{\tilde{Y}t} \pi_j^t(y_i, \tilde{y}) Q^t(y_i, \mathrm{d}\tilde{y}) \quad (j = 1, \cdots, N^t)$$

$$(31)$$

证　由引理 3，对任何 t，存在一组集合 $A_i^t(\tilde{\omega})$，$i = 1, \cdots, L^t, \tilde{\omega}^t \in \tilde{\Omega}$，对固定的 $t, \tilde{\omega}^t, A_1^t(\tilde{\omega}), \cdots,$ $A_{L^t}^t(\tilde{\omega})$ 互不相交，且

$$MQ(\zeta_i(\tilde{\omega}), A_i(\tilde{\omega}))$$

$$\geqslant p_{\eta\bar{\eta}}^t(i_{\eta\bar{\eta}}(y, \tilde{y}) \geqslant \mathrm{ld}\, L + \theta_1) - 2^{-\theta_1^t}$$

所以

$$M\Big(1 - \sum_{i=1}^{L^t} p_i^t Q^t(\zeta_i(\widetilde{\omega}), A_i(\widetilde{\omega}))\Big)$$

$$\leqslant p_{\eta\tilde{\eta}}^t(i_{\eta\tilde{\eta}}(y,\widetilde{y}) < \mathrm{ld}\, L + \theta_1) + 2^{-\theta_1^t}$$

但是

$$1 - \sum_{i=1}^{L^t} p_i^t Q^t(\zeta_i(\widetilde{\omega}), A_i(\widetilde{\omega})) \geqslant 0$$

故有

$$\widetilde{P}^t\Big\{1 - \sum_{i=1}^{L} p_i Q(\zeta_i(\widetilde{\omega}), A_i(\widetilde{\omega})) < \theta_2 p_{\eta\tilde{\eta}}^t(i_{\eta\tilde{\eta}}(y,\widetilde{y}) <$$

$$\mathrm{ld}\, L + \theta_1) + \theta_2 2^{-\theta_1^t}\Big\} > 1 - \theta_2^{-1} \qquad (32)$$

另一方面,由(29),当 t 充分大

$$L^t > N_0(\bar{c}^t)^{\frac{1}{b}}$$

其中 N_0 是由引理 4 所确定的. 于是用引理 4 可得

$$\widetilde{P}\Big\{\Big(\sum_{i=1}^{L^t} p_i \delta_1^i(\widetilde{\omega}), \cdots, \sum_{i=1}^{L^t} p_i \delta_N^i(\widetilde{\omega}) \in \overline{V}_\varepsilon\Big\}$$

$$\geqslant 1 - \frac{D(\bar{c}^t + 1)N^t}{(L^t)^{\min(1,\bar{b})}}$$

而 D 只与 $\bar{b}, \varepsilon$ 有关,与 t 及 p_i^t 无关. 由(29)及(30)可知当 t 充分大

$$\widetilde{P}^t\Big\{\Big(\sum_{i=1}^{L} p_i \delta_1^i(\widetilde{\omega}), \cdots, \sum_{i=1}^{L} p_i \delta_N^i(\widetilde{\omega})\Big) \in \overline{V}_\varepsilon\Big\} > \frac{1}{\theta_2}$$

$$(33)$$

所以必有 $\widetilde{\omega}_0^t \in \widetilde{\Omega}$ 同时属于(32)及(33)左端之集合. 取

$$y_i^t = \zeta_i(\widetilde{\omega}_0) \quad (i = 1, \cdots, L^t)$$

$$A_i^t = A_i^t(\widetilde{\omega}_0) \quad (i = 1, \cdots, L^t)$$

则(当 t 充分大)

$$1 - \sum_{i=1}^{L^t} p_i^t Q^t(y_i, A_i)$$

$$< \theta_2 p_{\eta\tilde{\eta}}^t(i_{\eta\tilde{\eta}}(y, \tilde{y}) < \mathrm{ld}\, L + \theta_1) + \theta_2 2^{-\theta_1^t}$$

由此即得(Ⅱ),由(25)及(31)有

$$\sum_{i=1}^{L^t} p_i \delta_j^{i,t}(\widetilde{\omega}_0) = v_j^t \quad (i = 1, \cdots, N^t)$$

由此即得(Ⅲ),再注意 $A_1^t(\widetilde{\omega}_0), \cdots, A_{L^t}^t(\widetilde{\omega}_0)$ 对固定的 t 互不相交,即得(Ⅰ),引理证完.

设 (Q, V) 是传输设备. $p_1, \cdots, p_L$ 是一个 L 数组, $y_1, \cdots, y_L \in Y, \widetilde{A}_1, \cdots, \widetilde{A}_L \in S_{\tilde{Y}}$. 如果:

(1) $\widetilde{A}_1, \cdots, \widetilde{A}_L$ 不相交;

(2)

$$\sum_{i=1}^{L} p_i Q(y_i, \widetilde{A}_i) > 1 - \varepsilon$$

(3)

$$(v_1, \cdots, v_N) \in \overline{V}$$

其中

$$v_k = \sum_{i=1}^{L} p_i \int_{\tilde{Y}} \pi_k(y_i, \tilde{y}) Q(y_i, \mathrm{d}\tilde{y}) \quad (k = 1, \cdots, N)$$

(而 $\pi_1(y, \tilde{y}), \cdots, \pi_N(y, \tilde{y})$ 和 $\overline{V}$ 是用以确定 V 的那组可测函数和集合);则称 $(y_1, \cdots, y_L; \widetilde{A}_1, \cdots, \widetilde{A}_L)$ 为 (Q, V)

关于 L 数组 $p_1, \cdots, p_L$ 的 ε 专线组.

这样我们就可以证明如下的 Feinstein 引理:

定理(Feinstein 引理) 设给了传输设备序列 (Q^t, V^t) 及实数序列 $\mathscr{L}^t \rightarrow \infty$. 如存在与它结合的随机变量序列 $(\eta^t, \overset{\sim}{\eta}{}^t)$,具有信息密度 $i^t_{\eta\tilde\eta}(\cdot, \cdot)$,且对任何 $\delta > 0$,满足

$$P^t\left\{ \frac{i_{\eta\tilde\eta}(\eta, \overset{\sim}{\eta})}{\mathscr{L}^t} < 1 - \delta \right\} \rightarrow 0 \qquad (34)$$

而且对每一个 $\overline{b} > 0$ 及任何 $a > 0$ 有

$$\overline{c}{}^t = o(2^{a\mathscr{L}^t}) \qquad (35)$$

其中 $\overline{c}{}^t$ 由(29)确定. 此外,设对任何 $a > 0$ 有

$$N^t = o(2^{a\mathscr{L}^t}) \qquad (36)$$

对任何 $\varepsilon > 0$,令 $L^t = [2^{(1-\varepsilon)\mathscr{L}^t}]$,则当 t 充分大时对任何 L^t 数组就存在 $(Q^t, \overline{V}^t_\varepsilon)$ 的 ε^t 专线组,使 $\varepsilon^t \rightarrow 0$,对一切 L^t 数组一致地.

证 注意 $\dfrac{2^{(1-\varepsilon)\mathscr{L}^t}}{L^t} \rightarrow 1$,则由(35)及(36)可以推出(29)及(30),因此基本引理的条件全部满足. 所以只需证明可以取 $\theta^t_1 > 0$ 及 $\theta_2 > 1$ 使

$$\theta_2 p^t_{\eta\tilde\eta}(i_{\eta\tilde\eta}(y, \tilde{y}) < \mathrm{ld}\, L + \theta_1) + \theta_2 2^{-\theta^t_1} \rightarrow 0 \quad (37)$$

即可.

取 $\theta^t_1 = \dfrac{\varepsilon}{2}\mathscr{L}^t$,可知

$$\mathrm{ld}\, L^t + \theta^t_1 \leqslant \left(1 - \frac{\varepsilon}{2}\right)\mathscr{L}^t \qquad (38)$$

及

$$2^{-\theta_1} \to 0 \qquad\qquad (39)$$

再取 $\theta_2 = 2$,结合(34)(38)(39) 即可得(37),引理证完.

§3　有限传输设备系统的 Feinstein 引理的证明

设 (Q_γ, V_γ), $\gamma \in \Gamma$ 是一组传输设备,对一切 $\gamma \in \Gamma$(Q_γ, V_γ) 具有相同的入口信号空间 (Y, S_Y) 与出口信号空间 $(\tilde{Y}, S_{\tilde{Y}})$,而且 V_γ 由 N_γ 个可测函数 $\pi_{\gamma k}(y, \tilde{y})$, $k = 1, \cdots, N_\gamma$ 及 N_γ 维实数空间中的集合 $\overline{V}_\gamma$ 给出. 我们称 $(Q_\gamma, V_\gamma, \Gamma)$ 为传输设备系统,特别,当 Γ 具有有限个元素时叫作有限传输设备系统,本节只讨论这种情况.

设

$$\tilde{\eta}_\Gamma = \{\tilde{\eta}_\gamma, \gamma \in \Gamma\}$$

是一组随机变量,η 是一个随机变量,对任何 $\gamma \in \Gamma$,(η, η_γ) 与 (Q_γ, V_γ) 结合,则称 $(\eta, \tilde{\eta}_\Gamma)$ 与 $(Q_\gamma, V_\gamma, \Gamma)$ 结合.

首先证明下面的引理:

引理　(I) 设 $(\eta, \tilde{\eta}_\Gamma)$ 与 $(Q_\gamma, V_\gamma, \Gamma)$ 结合,其中 Γ 有 J 个元素,$\{q_\gamma, \gamma \in \Gamma\}$ 是一组非负实数

$$\sum_\gamma q_\gamma = 1$$

令

$$p_{\eta\tilde{\eta}}(\cdot) = \sum_{\gamma} q_{\gamma} p_{\eta\tilde{\eta}_{\gamma}}(\cdot) \tag{1}$$

则 $p_{\eta\tilde{\eta}}(\cdot)$ 是一个分布.

（Ⅱ）如果还有 $i_{\eta\tilde{\eta}_{\gamma}}(\cdot,\cdot),\gamma \in \Gamma$ 存在，则 $i_{\eta\tilde{\eta}}(\cdot,\cdot)$ 存在，而且对任何实数 θ_1,θ_2 有

$$p_{\eta\tilde{\eta}}\{(y,\tilde{y}):i_{\eta\tilde{\eta}}(y,\tilde{y}) < \theta_1\}$$

$$\leqslant \sum_{\gamma} q_{\gamma} p_{\eta\tilde{\eta}_{\gamma}}\{(y,\tilde{y}):i_{\eta\tilde{\eta}_{\gamma}}(y,\tilde{y}) < \theta_1 + \theta_2\} + J2^{-\theta_2} \tag{2}$$

证 （Ⅰ）是显然的. 现在证（Ⅱ），首先，由（1）得

$$p_{\tilde{\eta}} = \sum_{\gamma} q_{\gamma} p_{\tilde{\eta}_{\gamma}}(\cdot) \tag{3}$$

及

$$p_{\eta} \times p_{\tilde{\eta}}(\cdot) = \sum_{\gamma} q_{\gamma} p_{\eta} \times p_{\tilde{\eta}_{\gamma}}(\cdot) \tag{4}$$

由此可看出，对于 $q_{\gamma} > 0$ 的 γ 有

$$p_{\eta} \times p_{\tilde{\eta}_{\gamma}}(\cdot) \ll p_{\eta} \times p_{\tilde{\eta}}(\cdot) \tag{5}$$

由于 $i_{\eta\tilde{\eta}_{\gamma}}(\cdot,\cdot),\gamma \in \Gamma$，都存在，可知

$$p_{\eta\tilde{\eta}_{\gamma}}(\cdot) \ll p_{\eta} \times p_{\tilde{\eta}_{\gamma}}(\cdot) \tag{6}$$

结合（5）及（6），对于 $q_{\gamma} > 0$ 的 γ 有

$$p_{\eta\tilde{\eta}_{\gamma}}(\cdot) \ll p_{\eta} \times p_{\tilde{\eta}}(\cdot) \tag{7}$$

结合（1）及（7）即可知

$$p_{\eta\tilde{\eta}}(\cdot) \ll p_{\eta} \times p_{\tilde{\eta}}(\cdot)$$

于是 $i_{\eta\tilde{\eta}}(\cdot,\cdot)$ 存在，现在证明（2），设

$$B_{\gamma} = \{i_{\eta\tilde{\eta}}(y,\tilde{y}) < \theta_1, i_{\eta\tilde{\eta}_{\gamma}}(y,\tilde{y}) \geqslant \theta_1 + \theta_2\} \tag{8}$$

则由（1）有

$$p_{\eta\tilde{\eta}}(i_{\eta\tilde{\eta}}(y,\tilde{y}) < \theta_1)$$

$$\leqslant \sum_{\gamma} q_{\gamma} \big[p_{\eta \tilde{\eta}_{\gamma}} (i_{\eta \eta_{\gamma}} (y, \tilde{y}) < \theta_1 + \theta_2) + p_{\eta \tilde{\eta}_{\gamma}} (B_{\gamma}) \big]$$

因此只需证明

$$q_{\gamma} p_{\eta \tilde{\eta}_{\gamma}} (B_{\gamma}) \leqslant 2^{-\theta_2} \qquad (9)$$

即可. 令

$$\widetilde{A}_{\gamma} = \{ \tilde{y} : p_{\eta} ((B_{\gamma})_{\tilde{y}}) > 0 \}$$

其中 $(B_{\gamma})_{\tilde{y}}$ 是 B_{γ} 的 $\tilde{y}$ – 截面. 则

$$p_{\eta} \times p_{\tilde{\eta}_{\gamma}} (B_{\gamma} \cap Y \times (\tilde{Y} \backslash \widetilde{A}_{\gamma}))$$

$$= \int_{\tilde{Y} \backslash \widetilde{A}_{\gamma}} p_{\eta} ((B_{\gamma})_{\tilde{y}}) p_{\tilde{\eta}_{\gamma}} (\mathrm{d}\tilde{y}) = 0$$

从而

$$p_{\eta \tilde{\eta}_{\gamma}} (B_{\gamma} \cap Y \times (\tilde{Y} \backslash \widetilde{A}_{\gamma})) = 0$$

所以

$$p_{\eta \tilde{\eta}_{\gamma}} (B_{\gamma}) = p_{\eta \tilde{\eta}_{\gamma}} (B_{\gamma} \cap Y \times \widetilde{A}_{\gamma})$$

$$\leqslant p_{\eta \tilde{\eta}_{\gamma}} (Y \times \widetilde{A}_{\gamma}) = p_{\tilde{\eta}_{\gamma}} (\widetilde{A}_{\gamma})$$

由 (3) 可知对 $q_{\gamma} > 0$ 的 $\gamma, p_{\tilde{\eta}_{\gamma}} \ll p_{\tilde{\eta}}$, 以 $\tilde{b}_{\gamma} (\tilde{y})$ 表示相应的密度, 则上式成为

$$p_{\eta \tilde{\eta}_{\gamma}} (B_{\gamma}) \leqslant \int_{\widetilde{A}_{\gamma}} \tilde{b}_{\gamma} (\tilde{y}) p_{\tilde{\eta}} (\mathrm{d}\tilde{y}) \qquad (10)$$

另一方面, 由 (1) 对任何 $B \subset S_Y \times S_{\tilde{Y}}$ 有

$$q_{\gamma} p_{\eta \tilde{\eta}_{\gamma}} (B) \leqslant p_{\eta \tilde{\eta}} (B)$$

即

$$q_{\gamma} \int_B a_{\eta \eta_{\gamma}} (y, \tilde{y}) p_{\eta} \times p_{\tilde{\eta}_{\gamma}} (\mathrm{d}y, \mathrm{d}\tilde{y})$$

$$\leqslant \int_B a_{\eta\tilde{\eta}}(y,\tilde{y}) p_\eta \times p_{\tilde{\eta}}(\mathrm{d}y,\mathrm{d}\tilde{y}) \qquad (11)$$

对于 $(y,\tilde{y}) \in B_\gamma$,由 (8) 有

$$a_{\eta\tilde{\eta}_\gamma}(y,\tilde{y}) \geqslant 2^{\theta_1+\theta_2} \qquad (12)$$

$$a_{\eta\tilde{\eta}}(y,\tilde{y}) < 2^{\theta_1} \qquad (13)$$

结合 $(11)(12)(13)$,对 $B \subset B_\gamma$ 有

$$q_\gamma \int_B p_\eta \times p_{\tilde{\eta}_\gamma}(\mathrm{d}y,\mathrm{d}\tilde{y}) \leqslant 2^{-\theta_2} \int_B p_\eta \times p_{\tilde{\eta}}(\mathrm{d}y,\mathrm{d}\tilde{y})$$

特别,对任何 $\tilde{A} \in S_{\tilde{Y}}$,有

$$q_\gamma \int_{(Y\times\tilde{A})\cap B_\gamma} p_\eta \times p_{\tilde{\eta}_\gamma}(\mathrm{d}y,\mathrm{d}\tilde{y})$$

$$\leqslant 2^{-\theta_2} \int_{(Y\times\tilde{A})\cap B_\gamma} p_\eta \times p_{\tilde{\eta}}(\mathrm{d}y,\mathrm{d}\tilde{y})$$

即

$$q_\gamma \int_{\tilde{A}} p_\eta((B_\gamma)_{\tilde{y}}) p_{\tilde{\eta}_\gamma}(\mathrm{d}\tilde{y})$$

$$\leqslant 2^{-\theta_2} \int_{\tilde{A}} p_\eta((B_\gamma)_{\tilde{y}}) p_{\tilde{\eta}}(\mathrm{d}\tilde{y})$$

从而

$$q_\gamma \int_{\tilde{A}} p_\eta((B_\gamma)_{\tilde{y}}) \tilde{b}_\gamma(\tilde{y}) p_{\tilde{\eta}}(\mathrm{d}\tilde{y})$$

$$\leqslant 2^{-\theta_2} \int_{\tilde{A}} p_\eta((B_\gamma)_{\tilde{y}}) p_{\tilde{\eta}}(\mathrm{d}\tilde{y})$$

由于 $\tilde{A}$ 是任意的,所以

$$q_\gamma p_\eta((B_\gamma)_{\tilde{y}}) \tilde{b}_\gamma(\tilde{y}) \leqslant 2^{-\theta_2} p_\eta((B_\gamma)_{\tilde{y}})$$

对于 $\tilde{y} \in \tilde{A}_\gamma$,$p_\eta((B_\gamma)_{\tilde{y}}) > 0$,故

$$q_\gamma \tilde{b}_\gamma(\tilde{y}) \leqslant 2^{-\theta_2} \qquad (14)$$

结合(10)(14)有

$$q_\gamma p_{\eta\tilde{\eta}_\gamma}(B_\gamma) \leqslant 2^{-\theta_2} \int_{\tilde{A}_\gamma} p_{\tilde{\eta}}(\mathrm{d}y) = 2^{-\theta_2} p_{\tilde{\eta}}(\tilde{A}_\gamma) \leqslant 2^{-\theta_2}$$

此即(9). 于是引理证完.

设 $p_1, \cdots, p_L$ 是 L 数组. 一组 $(y_1, \cdots, y_L, \tilde{A}_1, \cdots, \tilde{A}_L)$ 叫作 $(Q_\gamma, V_\gamma, \Gamma)$ 对于 L 数组 $p_1, \cdots, p_L$ 的 ε 专线组, 如果:

(1) $\tilde{A}_1, \cdots, \tilde{A}_L$ 不相交;

(2)

$$\sum_{i=1}^{L} p_i Q_\gamma(y_i, \tilde{A}_i) > 1 - \varepsilon \quad (\gamma \in \Gamma)$$

(3)

$$(v_{\gamma_1}, \cdots, v_{\gamma_{N_\gamma}}) \in \overline{V}_\gamma$$

其中

$$v_{\gamma_k} = \sum_{i=1}^{L} p_i \int_{\tilde{Y}} \pi_{\gamma_k}(y_i, \tilde{y}) Q(y_i, \mathrm{d}\tilde{y})$$

$$(\gamma \in \Gamma, k = 1, \cdots, N_\gamma)$$

换言之, 如果对任何 $\gamma \in \Gamma$, $(y_1, \cdots, y_L; \tilde{A}_1, \cdots, \tilde{A}_L)$ 是 (Q_γ, V_γ) 对于 L 数组 $p_1, \cdots, p_L$ 的 ε 专线组.

定理(有限传输设备系统的 Feinstein 引理)　设 $(Q_\gamma^t, V_\gamma^t, \Gamma)$ 是传输设备系统序列(其中 Γ 与 t 无关), Γ 具有 J 个元素, 又设 $\mathscr{L}^t \to \infty$ 是一个实数序列. 如果对一切 $\gamma \in \Gamma$, 存在序列 $(\eta^t, \tilde{\eta}_\Gamma^t)$ 与 $(Q_\gamma^t, V_\gamma^t, \Gamma)$ 结合, 信

息密度 $i^t_{\eta\tilde{\eta}_\gamma}(\cdot,\cdot)$ 存在,而且使得,对任何 $\delta > 0$ 及 $\gamma \in \Gamma$ 有

$$p^t\left\{\frac{i_{\eta\tilde{\eta}_\gamma}(\eta,\tilde{\eta}_\gamma)}{\mathscr{L}} < 1 - \delta\right\} \to 0 \qquad (15)$$

对某一 $\bar{b} > 0$ 及任何 $a > 0$ 有

$$\bar{c}^t = \max_{\substack{\gamma \in \Gamma \\ k=1,\cdots,N^t_\gamma}} M\{|\pi^t_{\gamma_k}(\eta,\tilde{\eta}_\gamma) - M\pi^t_{\gamma_k}(\eta,\tilde{\eta}_\gamma)|^{1+\bar{b}}\}$$

$$= o(2^{a\mathscr{L}^t}) \qquad (16)$$

此外,对任何 $a > 0, \gamma \in \Gamma$ 有

$$N^t_\gamma = o(2^{a\mathscr{L}^t}) \qquad (17)$$

任给 $\varepsilon > 0$,令 $L^t = [2^{(1-\varepsilon)\mathscr{L}^t}]$,则存在 T,当 $t \geq T$ 就存在 $(Q^t_\gamma, [V^t_\gamma]_\varepsilon, \Gamma)$ 对于任何 L^t 数组的 ε 专线组.

证 设

$$Q^t(\cdot,\cdot) = \frac{1}{J}\sum_\gamma Q^t_\gamma(\cdot,\cdot) \qquad (18)$$

$$\bar{\pi}^t_{\gamma_j}(y) = \int_{\tilde{Y}^t} \pi^t_{\gamma_j}(y,\tilde{y}) Q^t_\gamma(y, \mathrm{d}\tilde{y}) \qquad (19)$$

$$\bar{V}^t = \underset{\gamma \in \Gamma}{\times} \bar{V}^t_\gamma \qquad (20)$$

则(18)(19)(20)之左端共同确定一个传输设备序列 (Q^t, V^t),其中

$$V^t = \{p^t_{\eta\tilde{\eta}}: (M\bar{\pi}^t_{\gamma_1}(\eta),\cdots,M\bar{\pi}^t_{\gamma_{N^t_\gamma}}(\eta)) \in \bar{V}^t_\gamma, \gamma \in \Gamma\}$$

(Q^t, V^t) 满足 §2 的引理 3 的条件,实际上,对定理假设中的 $(\eta^t, \tilde{\eta}^t_\Gamma)$ 令

$$p^t_{\eta\tilde{\eta}}(\cdot) = \frac{1}{J}\sum_\gamma p^t_{\eta\tilde{\eta}_\gamma}(\cdot) \qquad (21)$$

注意到 $(\eta^t, \widetilde{\eta}^t_\Gamma)$ 与 $(Q^t_\gamma, V^t_\gamma, \Gamma)$ 结合, 故 $(\eta^t, \widetilde{\eta}^t_\gamma)$ 与 (Q^t_γ, V^t_γ) 结合, $\gamma \in \Gamma$. 因此由 (18) 及 (21) 可证对任何 $A^t \in S^t_Y$ 及 $B^t \in S^t_{\widetilde{Y}}$ 有

$$p^t_{\eta\bar\eta}(A \times B) = \int_{A^t} Q^t(y, B) p^t_\eta(\mathrm{d}y) \qquad (22)$$

及

$$M\overline{\pi}^t_{\gamma_j}(\eta) = \int_{Y^t} p^t_\eta(\mathrm{d}y) \int_{\widetilde{Y}^t} \pi^t_{\gamma_i}(y, \widetilde{y}) Q^t_\gamma(y, \mathrm{d}\widetilde{y})$$

$$= \int_{Y^t \times \widetilde{Y}^t} \pi^t_{\gamma_j}(y, \widetilde{y}) p^t_{\eta\widetilde{\eta}_\gamma}(\mathrm{d}y, \mathrm{d}\widetilde{y})$$

$$= M\pi^t_{\gamma_j}(\eta, \widetilde{\eta}_\gamma) \qquad (23)$$

从 (22) 及 (23) 可知 $(\eta^t, \widetilde{\eta}^t)$ 与 (Q^t, V^t) 结合. 再由引理, 对任何 $\delta > 0$ 有

$$p^t_{\eta\bar\eta}\{i_{\eta\bar\eta}(y, \widetilde{y}) < (1-\delta)\mathscr{L}\}$$

$$\leqslant \frac{1}{J} \sum_\gamma p^t_{\eta\bar\eta_\gamma}\left\{i_{\eta\bar\eta}(y, \widetilde{y}) < \left(1 - \frac{\delta}{2}\right)\mathscr{L}\right\} + J_2^{-\frac{\delta}{2}\mathscr{L}}$$

$$(24)$$

结合 (15) 及 (24) 有

$$p^t_{\eta\bar\eta}\{i_{\eta\bar\eta}(y, \widetilde{y}) < (1-\delta)\mathscr{L}\} \to 0$$

此即 §2 的 (34). 此外, 利用函数 $|u|^{1+\bar{b}}$ 的凸性及 (23) 可以证明

$$M\{|\overline{\pi}^t_{\gamma_j}(\eta) - M\overline{\pi}^t_{\gamma_j}(\eta)|^{1+\bar{b}}\}$$

$$\leqslant M\{|\overline{\pi}^t_{\gamma_j}(\eta, \widetilde{\eta}) - M\pi^t_{\gamma_j}(\eta, \widetilde{\eta})|^{1+\bar{b}}\} \qquad (25)$$

由 (16) 及 (25) 即得 §2 的 (35), 最后, 由 (17) 可知

$\overline{\pi}^t_{\gamma_j}(\cdot)$ 的数目共有

$$\sum_{\gamma \in \Gamma} N^t_{\gamma} = o(2^{a\mathscr{L}^t})$$

此即 §2 的(36).

由此,对任何 L^t 数组 $p^t_1,\cdots,p^t_{L^t}$,存在 (Q^t,V^t_{ε}) 的 ε^t 专线组,使 $\varepsilon^t \to 0$,对一切 L^t 数组一致地. 取 T 充分大,使 $t \geq T$ 时

$$\varepsilon^t < \frac{1}{J}\varepsilon$$

用 $y^t_1,\cdots,y^t_{L^t}$ 与 $\widetilde{A}^t_1,\cdots,\widetilde{A}^t_{L^t}$ 表示相应的 ε^t 专线组,则对任何 $t \geq T$

$$\begin{cases} 1° \widetilde{A}^t_1,\cdots,\widetilde{A}^t_{L^t} \text{ 互不相交} \\ 2° \sum_{i=1}^{L^t} p^t_i Q^t(y_i,\widetilde{A}_i) > 1 - \varepsilon/J, i = 1,\cdots,L^t \quad (26) \\ 3° (v^t_{\gamma_1},\cdots,v^t_{\gamma_{N_\gamma}}) \in [\overline{V}^t_\gamma]_\varepsilon, \gamma \in \Gamma \end{cases}$$

其中 $v^t_{\gamma_k}$ 由 §2 的式(2) 定义(3° 的成立由于 $[\overline{V}^t]_\varepsilon = \underset{\gamma \in \Gamma}{\times} [\overline{V}^t_\gamma]_\varepsilon$). 由(1) 可知

$$\sum_{i=1}^{L^t} p^t_i Q^t_\gamma(y_i,\widetilde{A}_i) \geq 1 - \sum_{i=1}^{L^t} \sum_{\gamma} p^t Q^t_\gamma(y_i,\widetilde{Y}\backslash\widetilde{A}_i)$$

$$= 1 - \sum_{i=1}^{L^t} p^t_i J Q^t(y_i,\widetilde{Y}\backslash\widetilde{A}_i) \quad (27)$$

结合(2) 与(27) 可知,当 $t \geq T, \gamma \in \Gamma$ 有

$$\sum_{i=1}^{L^t} p^t_i Q^t_\gamma(y_i,\widetilde{A}_i) > 1 - \varepsilon$$

由此及(26) 的 1° 与 3° 即可知 $y^t_1,\cdots,y^t_{L^t}$ 与 $\widetilde{A}^t_1,\cdots,\widetilde{A}^t_{L^t}$

就是 $(Q^t,[V^t_\gamma]_\varepsilon,\Gamma)$ 的 ε 专线组. 定理证完.

附注   如果传输设备系统序列 $(Q^t_\gamma,V^t_\gamma,\Gamma^t)$ 中传输设备的数目 J^t 也依赖于 t, 则定理中的条件必须作如下的修改: 条件 (15) 改为: 对任何 $\delta > 0$ 有

$$\sum_{\gamma \in \Gamma^t} p\left\{ \frac{i^t_{\eta\tilde{\eta}_\gamma}(\eta,\overset{\sim}{\tilde{\eta}_\gamma})}{\mathscr{L}^t} < 1 - \delta \right\} \to 0 \qquad (15')$$

条件 (17) 改为: 对任何 $a > 0$ 有

$$\sum_{\gamma \in \Gamma^t} N^t_\gamma = o(2^{a\mathscr{L}^t}) \qquad (17')$$

$$J^t = o(2^{a\mathscr{L}^t}) \qquad (17'')$$

实际上, 在证明中 (24) 仍成立. 于是可知

$$p^t_{\eta\tilde{\eta}}(i_{\eta\tilde{\eta}}(y,\tilde{y}) < (1-\delta)\mathscr{L}) = o\left(\frac{1}{J^t}\right) \qquad (24')$$

这样 §2 的引理 3 的条件除了 §2 的 (34) 可以加强为 (24') 以外, 其他都满足, 在 §2 的定理中很容易看出, 当 §2 的 (34) 加强为 (24') 时就有

$$\varepsilon^t = o\left(\frac{1}{J^t}\right)$$

这样, 在定理的证明中仍然可以找到 T, 当 $t \geqslant T$ 时 $\varepsilon^t < \frac{1}{J^t}\varepsilon$. 于是证明可以按上节中的办法继续进行下去了.

当 J^t 有界时 (15) 与 (15') 等价, (17) 与 (17') 等价, 而 (17'') 自然成立.

§4 专线组的大小

引进通过能力

$$C(\Gamma) = C(Q_\gamma, V_\gamma, \Gamma) = \sup_\gamma \inf I(\eta, \widetilde{\eta}_\gamma)$$

其中 sup 是对一切与 $(Q_\gamma, V_\gamma, \Gamma)$ 结合的随机变量组

$(\eta, \widetilde{\eta}_\Gamma)$ 取的. 那么我们可以证明下面的：

定理 设 $(Q_\gamma^t, V_\gamma^t, \Gamma^t)$ 是任意的(不必为有限的)

传输设备系统序列,设 $\mathscr{L}^t \to \infty$. 若对任何 $\varepsilon > 0$ 及

$L_\varepsilon^t = [2^{(1-\varepsilon)\mathscr{L}^t}]$ 都存在 T,当 $t \geq T$, $(Q_\gamma^t, [V_\gamma^t]_\varepsilon, \Gamma^t)$ 的

关于任何 L_ε^t 数组 $p_1^t, \cdots, p_{L_\varepsilon^t}^t$ 的 ε 专线组存在,则存在

$\varepsilon^t \to 0$ 使

$$\lim_{t \to \infty} \frac{C(Q_\gamma^t, [V_\gamma^t]_{\varepsilon^t}, \Gamma^t)}{\mathscr{L}^t} \geq 1 \qquad (1)$$

特别,如果对一切充分大的 t 一致地成立

$$\lim_{\varepsilon \to 0} C(Q_\gamma^t, [V_\gamma^t]_\varepsilon, \Gamma^t) = C(Q_\gamma^t, V_\gamma^t, \Gamma^t) \qquad (2)$$

则

$$\lim_{t \to \infty} \frac{C^t(\Gamma)}{\mathscr{L}^t} \geq 1 \qquad (3)$$

证 由(1)和(2)推出(3)是显然的,只用证明

(1).可知存在 $\varepsilon^t \to 0$,使对任何 t $(Q_\gamma^t, [V_\gamma^t]_{\varepsilon^t}, \Gamma^t)$ 的关

于任何 $L_{\varepsilon^t}^t$ 数组 $p_1^t, \cdots, p_{L_{\varepsilon^t}^t}^t$ 的 ε^t 专线组就存在.用

$(y_1^t, \cdots, y_{L_{\varepsilon^t}^t}^t, \widetilde{A}_1^t, \cdots, \widetilde{A}_{L_{\varepsilon^t}^t}^t)$ 表示这个专线组.

令 $(\eta^t, \tilde{\eta}_\gamma^t)$ 是某一概率空间上遵从分布

$$p_{\eta\tilde{\eta}_\gamma}^t(B) = \sum_{i=1}^{L_{\varepsilon^t}^t} p_i^t Q_\gamma^t(y_i, B_{y_i}) \quad (\gamma \in \Gamma^t, B^t \in S_\gamma^t \times S_Y^t)$$

的随机变量,令 $\tilde{\eta}_\Gamma^t = \{\tilde{\eta}_\gamma^t, \gamma \in \Gamma^t\}$,则不难证明 $(\eta^t, \tilde{\eta}_\Gamma^t)$ 与 $(Q_\gamma^t, [V_\gamma^t]_{\varepsilon^t}, \Gamma^t)$ 结合,设

$$f^t(\tilde{y}^t) = \begin{cases} 0, \tilde{y}^t \in \tilde{Y}^t \setminus \bigcup_{i=1}^{L_{\varepsilon^t}^t} A_i \\ i, \tilde{y}^t \in \tilde{A}_i^t, i = 1, \cdots, L_{\varepsilon^t}^t \end{cases}$$

则 $(\eta^t, f^t(\tilde{\eta}_\gamma^t))$ 是取有限值的随机变量,满足 Fano 不等式的条件,于是可知

$$\begin{aligned} I(\eta^t, \tilde{\eta}_\gamma^t) &\geqslant I(\eta^t, f^t(\tilde{\eta}_\gamma^t)) \\ &= H(\eta^t) - MH\left(\frac{\eta^t}{f^t(\tilde{\eta}_\gamma^t)}\right) \\ &\geqslant H(\eta^t) + \varepsilon^t \mathrm{ld}\,\varepsilon^t + \\ &\quad (1 - \varepsilon^t)\mathrm{ld}\,\varepsilon^t - \varepsilon^t \mathrm{ld}\,L_{\varepsilon^t}^t \end{aligned}$$

特别,如果

$$p_1^t = \cdots = p_{L_{\varepsilon^t}^t}^t = \frac{1}{L_{\varepsilon^t}^t}$$

则

$$H(\eta^t) = \mathrm{ld}\,L_{\varepsilon^t}^t$$

故

$$\begin{aligned} I(\eta^t, \tilde{\eta}_\gamma^t) &\geqslant \varepsilon^t \mathrm{ld}\,\varepsilon^t + (1 - \varepsilon^t)\mathrm{ld}\,\varepsilon^t + \\ &\quad (1 - \varepsilon^t)\mathrm{ld}\,L_{\varepsilon^t}^t \\ &\geqslant (1 - \varepsilon^t)\mathrm{ld}\,L_{\varepsilon^t}^t - 1 \end{aligned}$$

所以

$$C(Q_\gamma^t, [V_\gamma^t]_{\varepsilon^t}, \Gamma^t) \geq (1 - \varepsilon^t) \operatorname{ld} L_{\varepsilon^t}^t - 1$$

再注意

$$\frac{\operatorname{ld} L_{\varepsilon^t}^t}{(1 - \varepsilon^t)\mathscr{L}^t} \to 1$$

就可以得到(1). 定理证完.

这个定理给出了专线组的大小的上方的界限. 只要对于 $\mathscr{L}^t = C^t(\Gamma)$，§3 的定理中的各条件仍然满足，则这个界限是可以达到的. 与此有关的详细讨论我们就不进行了.

利用本章中的结果，可以证明单个消息经有限传输设备系统用统一传输方法传输的 Shannon 定理.